高温界面化学

荻野和己

アグネ技術センター

まえがき

　夏の雨あがり，草や木の葉が水気を帯び，その緑色が一段と美しさをとり戻しているなかで，里芋の大きな葉の上では雨水が水滴となっているのがみられる．また木の葉の先端には水滴が落ちそうに大きくなっている．これらの水滴の形は，同じ水である池や川の水の形状とは随分違っていることに気付くであろう．このような現象は，はるか昔よりこの地球上において実現し，われわれ人類がこの地球上に現れて以来，日常的にしばしば見出されたことであろう．この一見不思議な水の形状の違い，すなわち液体の表面現象は古く18世紀のCapillary Phenomenaの解明から広く学問の対象となった．それ以来，多くの研究者によって科学のメスが加えられてきた．

　一方，人類が火を取り扱うようになって，いわゆる冶金によって金属を入手し，またガラスを溶かして多くの器具や装飾品を作るようになった．これら作業の最中，きっと金属やガラスの小片が溶けると水滴と同じように球形状になることを見たであろう．ちょうど筆者の子供の頃，鋳物工場のガラ捨て場のノロの中から小さな鋳物の小球を見つけて喜んだように．このときすでに人類によって高温における界面現象が見出されていたのである．しかし，このような金属やガラスが球形を呈する高温の界面現象に科学の手が差し延べられたのは19世紀中頃のことである．

　産業革命を経て人類は多量の金属を生産し，使用するようになった．われわれが日常使用するこれら金属材料のほとんどは溶融状態で生産され，数100Kから2300Kを越える高温で取り扱われている．この製錬過程では，金属は同時に溶融スラグや溶融塩と共存する場合が多い．さらに金属の加工においても，鋳物，溶接，粉末冶金などにおいても溶融金属が関係する．以上のようなプロセスは均一系ではなく，いわゆる不均一系であり関連する諸相の間に多くの界面現象が生じる．例えば金属の製錬過程においては固相として，耐火物，非金属介在物，未溶解石灰など，液相として溶融金属，溶融スラグ，溶融塩など，また気相として雰囲気ガス，反応生成ガスなどが存在する．これらの諸相間に，ぬれ，吸着，付

着，泡立ち，エマルジョンなどのように常温においてみられる多くの界面現象が生じている．また焼結材料，サーメットの製造においても金属－金属，金属－非金属間のぬれ性が大きな役割をはたし，ほうろう，セラミックコーティングなどの金属の表面処理においては金属と酸化物の付着性が重要な役割をはたしている．

このように高温においてみられる，いろいろな界面現象を正しく把握し，理解することは高温における素材の製造プロセスの検討，解明にとって極めて重要であることはいうまでもない．また最近，特に関心が持たれている繊維強化金属（FRM）のような複合材料の製造にあたって，素材間のぬれ性が大きな問題になっている．さらに将来，われわれが宇宙空間において工業材料を製造する場合，重力の極めて小さい環境下においては，表面張力の役割りが大きいといわれ，ぬれ性なども含め界面性質，界面現象にたいする正しい理解が大きな手助けになることが考えられる．

しかし，高温融体の表面・界面性質や高温界面現象に関する研究は必ずしも多くない．そのため筆者が大学学部卒業研究において「はんだ合金とフラックスとの界面張力の測定」を行って以来約50年にわたって取り組んできた高温界面化学について浅学，非才をも顧みず，取りまとめを試みた次第である．そのため筆者の非力に起因する問題も多々あることと思う．忌憚のない御指摘をいただき，漸次改めていきたいと念願する次第である．

なお，本書に引用した多くの文献の単位は，若干のものを除いてSI単位に統一した．また，ロシア語の文献については論文題目を日本語に訳し，読者に理解しやすくした．

本書には筆者の大阪大学時代の研究室においてなされた研究成果が引用されているが，これらの成果は西脇 醇博士，原 茂太博士，野城 清博士，ならびに泰松 斉博士をはじめ多くの研究室卒業生諸君の尽力によるものであり，心より謝意を表する次第である．

2008年 6月

荻野 和己

目　次

まえがき

第 I 編　高温における物質の表面・界面の性質とその測定

緒　言

1 章　物質の表面および高温における界面現象の分類 …… 3
　1.1　毛管現象 …… 3
　1.2　液体の表面 …… 4
　1.3　表面張力と表面応力 …… 5
　1.4　種々な物質の表面張力 …… 7
　1.5　高温における表面，界面と界面現象の分類 …… 8

2 章　高温融体の表面張力の測定 …… 10
　2.1　概　説 …… 10
　2.2　静滴法 (Sessile drop method) …… 13
　　2.2.1　測定原理 14　2.2.2　測定方法 15　2.2.3　測定装置と測定手順 19
　　2.2.4　計算方法の例（コンピュータによる計算）23　2.2.5　適用例と問題点 25
　　2.2.6　静滴法の測定精度向上への試み 25
　2.3　最大泡圧法 (Maximum bubble pressure method) …… 26
　　2.3.1　測定原理 27　2.3.2　測定方法 29　2.3.3　測定装置と測定手順 30
　　2.3.4　適用例と問題点 32
　2.4　垂直板法または Wilhelmy 法 (Vertical plate method or Wilhelmy method) …… 33
　　2.4.1　測定原理 33　2.4.2　測定装置と測定手順 35　2.4.3　適用例と問題点 37
　2.5　輪環法 (Ring method) または浸漬円筒法 (Dipping cylinder method) …… 37
　　2.5.1　測定原理 37　2.5.2　測定装置 40　2.5.3　適用例と問題点 42
　2.6　滴重量法 (Drop weight method) …… 42
　　2.6.1　測定原理 42　2.6.2　測定方法 43　2.6.3　適用例と問題点 44
　2.7　懸滴法 (Pending drop method) …… 45
　　2.7.1　測定原理 45　2.7.2　測定装置と測定方法 48　2.7.3　適用例と問題点 48
　2.8　振動滴法（レビテーション法）(Oscillating drop method) …… 49
　　2.8.1　測定原理 49　2.8.2　測定方法 49　2.8.3　測定装置 51　2.8.4　適用例と問題点 51

2.9 毛管法 (Capillary method) ……… 52
2.9.1 測定原理 52　2.9.2 測定方法 53　2.9.3 測定装置 54　2.9.4 適用例と問題点 55
2.10 2000Kを越える高温, および高圧, 高真空, 微小重量下における測定 ……… 55
2.10.1 2000Kを越える高温における測定 56　2.10.2 高圧下における測定 59
2.10.3 超高真空下における測定 59　2.10.4 微小重力下における測定 59
2.11 各種測定法の比較 ……… 59
2.11.1 溶融金属 60　2.11.2 溶融非金属 61
2.12 表面張力測定に必要な融体の密度の問題 ……… 62
2.12.1 表面張力測定における融体の密度について 62　2.12.2 融体の密度測定 64

3章　高温における融体－融体間の界面張力の測定 ……… 74
3.1 概説 ……… 74
3.2 静滴法 (Sessile drop method) ……… 76
3.2.1 測定原理 77　3.2.2 測定装置と測定方法 77
3.3 浮遊レンズ法 (Floating lense method) ……… 79
3.3.1 測定原理 79　3.3.2 測定装置と測定方法 81
3.4 毛管降下法 (Capillary depression method) ……… 83
3.4.1 測定原理 83　3.4.2 測定装置と測定方法 84
3.5 メニスカス伸延法 (Meniscus elongation method) ……… 85
3.5.1 測定原理 85　3.5.2 測定装置と測定方法 87
3.6 滴引き離し法 (Drop detachment method) ……… 88
3.6.1 測定原理 88　3.6.2 測定装置と測定方法 89
3.7 最大圧力法 (Maximum pressure method) ……… 90
3.7.1 測定原理 90　3.7.2 測定装置と測定方法 90
3.8 滴重量法 (Drop weight method) ……… 92
3.8.1 測定原理 93　3.8.2 測定装置と測定方法 94
3.9 その他の方法 ……… 94
3.9.1 三相境界における接触角の測定 94　3.9.2 メニスカス法 95
3.9.3 液－液界面におけるプレートにかかる力による方法 95　3.9.4 懸滴法 95

4章　固体の表面張力および固体－液体間の界面張力の測定 ……… 98
4.1 概説 ……… 98
4.2 固体の表面張力の測定 ……… 99
4.2.1 ゼロクリープ法 (Zero creep method) 99
4.2.2 多相平衡法 (Multi-phase equilibrium method) 102　4.2.3 へき開法 (Cleavage method) 105

4.2.4　電界電子顕微鏡法 (Field emission microscopy method) *107*
　　　4.2.5　その他の方法 *109*
　4.3　金属系における液体－固体間の界面張力の測定 ································· *109*
　　　4.3.1　Gibbs-Thomson の式に基づく方法 *109*　4.3.2　微小粒子の融点降下より求める方法 *110*
　　　4.3.3　多相平衡法 *110*　4.3.4　静滴法による溶融金属－セラミックス間の界面エネルギーの測定 *112*
　　　4.3.5　固－液界面エネルギーの計算 *112*

5章　高温融体の表面性質 ·· *117*
　5.1　概　説 ··· *117*
　　　5.1.1　溶融金属 *119*　5.1.2　溶融酸化物，フッ化物など *120*　5.1.3　高温融体の構造 *123*
　5.2　溶融金属の表面張力 ·· *125*
　　　5.2.1　純金属の表面張力 *126*　5.2.2　合金系の表面張力 *138*　5.2.3　表面活性元素の効果 *145*
　　　5.2.4　過冷金属の表面張力 *153*
　5.3　溶融非金属の表面張力 ··· *154*
　　　5.3.1　概　説 *154*　5.3.2　溶融酸化物 *154*　5.3.3　溶融フッ化物 *177*
　　　5.3.4　溶融硫化物 *182*　5.3.5　塩化物，炭酸塩など *184*
　　　5.3.6　溶融酸化物，フッ化物の表面張力と二三の物理量との関係 *186*
　5.4　融体の表面張力の温度係数 ·· *192*
　　　5.4.1　概　説 *192*　5.4.2　溶融金属の表面張力の温度係数 *193*
　　　5.4.3　溶融非金属の表面張力の温度係数 *199*　5.4.4　表面張力の温度係数の推定 *203*
　5.5　融体の表面張力と圧力 ··· *205*
　5.6　融体に関する表面張力の理論 ··· *205*
　　　5.6.1　溶融純金属 *206*

6章　高温融体間の界面張力 ··· *228*
　6.1　概　説 ··· *228*
　6.2　溶融金属－スラグ系 ·· *229*
　　　6.2.1　溶鉄合金－スラグ系 *229*　6.2.2　非鉄金属とスラグ，フラックス系の界面張力 *237*
　6.3　溶融金属－溶融塩系 ·· *238*
　　　6.3.1　アルミニウム－クリオライト系 *238*　6.3.2　アルミニウム－溶融塩系 *240*
　　　6.3.3　マグネシウム電解精錬浴とマグネシウム *241*　6.3.4　種々なメタルとフラックス *241*
　6.4　溶融硫化物－メタル，スラグ系 ·· *242*
　　　6.4.1　硫化物の組成と界面張力 *243*　6.4.2　スラグ組成と界面張力 *243*
　6.5　実操業におけるメタル－スラグ間の界面張力 ································ *244*
　　　6.5.1　溶鋼と製鋼スラグ間の界面張力 *244*　6.5.2　溶鋼と脱酸生成物間の界面張力 *245*

  6.5.3 連鋳パウダーと溶鋼間の界面張力 246 6.5.4 溶鋼処理合成スラグと溶鋼間の界面張力 247
  6.5.5 溶接スラグと溶鋼間の界面張力 247
 6.6 融体間の界面張力の温度依存性 ………………………………………………… 247
 6.7 スラグーメタル系の界面張力の計算 ………………………………………… 248

7章 固体の表面張力および固体−融体間の界面張力 ……………………… 253
 7.1 概　説 ……………………………………………………………………………… 253
 7.2 固体金属の表面エネルギー …………………………………………………… 254
  7.2.1 純金属 254 7.2.2 合金 256
 7.3 非金属固体の表面エネルギー ………………………………………………… 258
  7.3.1 アルカリハライド 258 7.3.2 純酸化物 259 7.3.3 炭化物, グラファイト 260
  7.3.4 ガラス 261
 7.4 固体−融体間の界面エネルギー ……………………………………………… 261
  7.4.1 金属の固−液間界面エネルギー 262 7.4.2 異種金属間の界面エネルギー 264
  7.4.3 非金属固体と溶融純金属, 合金間の界面エネルギー 264
  7.4.4 溶融非金属と固体金属間の界面エネルギー 266
 7.5 界面エネルギーの温度依存性 ………………………………………………… 267

第Ⅱ編　高温融体に関する界面要素現象

緒　言

8章 吸　着 …………………………………………………………………………… 273
 8.1 吸着の一般的概念 ……………………………………………………………… 273
  8.1.1 吸着とは 273 8.1.2 Gibbsの吸着式 274 8.1.3 吸着等温線 276 8.1.4 吸着係数 276
  8.1.5 吸着と温度 277
 8.2 溶融金属表面における吸着 …………………………………………………… 278
  8.2.1 溶融金属表面における溶質の吸着量 278
  8.2.2 溶融金属における表面活性元素の吸着形態 281 8.2.3 溶融金属における吸着熱 283
  8.2.4 表面活性成分が2種類ある場合の吸着 284
  8.2.5 溶鉄における連合吸着 (Associative adsorption) 284 8.2.6 吸着と温度の関係 285
 8.3 溶融非金属表面における吸着 ………………………………………………… 286

8.4　融体－融体（スラグ－メタル）界面における吸着……287
8.5　融体－固体界面における吸着……288
8.6　高温における固体金属表面のO, Pの吸着……289

9章　ぬれ現象……295

9.1　一般的概念……295
9.1.1　ぬれ(Wetting) 295　9.1.2　接触角とYoungの式 296
9.1.3　固体－液体間の付着の仕事と接触角 296　9.1.4　前進接触角と後退接触角 298
9.1.5　固体の表面状況とぬれ 298　9.1.6　拡がり係数(Spreading coefficient) 299

9.2　高温におけるぬれの測定……299
9.2.1　常温におけるぬれの測定 299　9.2.2　高温におけるぬれの測定 300
9.2.3　その他のぬれの定量的評価法 302　9.2.4　高温における繊維のぬれ測定 302
9.2.5　高温におけるぬれ測定の問題点 303

9.3　高温における融体－固体系のぬれ……304
9.3.1　融体－固体系のぬれに影響を与える因子 304　9.3.2　溶融金属－固体非金属 308
9.3.3　溶融金属－固体金属系 317　9.3.4　溶融非金属－固体金属系 319
9.3.5　溶融非金属－固体非金属 325

9.4　高温における融体のぬれ速度（拡がり速度）……326
9.4.1　拡がりの測定 326　9.4.2　固体平板上の融体の拡がり速さ 326

9.5　溶融金属と固体非金属とのぬれと固体表面の微細構造の関係……327
9.6　溶融金属によるSiC繊維のぬれ……328
9.7　ぬれの寸法効果……330
9.8　イオンボンバードによる表面改質……330
9.9　融体－融体間のぬれ……331

10章　付　着……338

10.1　付着の一般的概念……338
10.1.1　付着力 338　10.1.2　付着の機構 339

10.2　高温における付着現象と付着力の評価……339
10.2.1　高温における付着現象 339　10.2.2　付着力の評価方法 340

10.3　溶融金属－非金属固体における付着仕事……342
10.3.1　溶融金属－酸化物系における付着 342　10.3.2　溶融金属－黒鉛, 炭化物系 351

10.4　固体金属－溶融非金属間の付着仕事……353
10.4.1　固体金属－ガラス, セラミックス系 353　10.4.2　固体鉄と連鋳パウダー 355

10.5　溶融金属－溶融非金属系の付着仕事……355

10.5.1 溶鉄－スラグ系の付着仕事 356　10.5.2 種々な溶融金属と溶融酸化物の付着仕事 356
10.6 金属薄膜の付着力 ··· 357
10.7 高温における付着の機構 ·· 358
　　10.7.1 メタル－ガラス系 359　10.7.2 メタル－セラミックス系 359
10.8 付着仕事の推算 ·· 360

11 章　泡立ち ·· 363
11.1 緒　言 ··· 363
11.2 分散系 ··· 363
　　11.2.1 分散系の分類と高温分散系の整理 363　11.2.2 高温分散系の生成と具体例 364
11.3 泡立ちの一般的概念 ·· 365
　　11.3.1 泡(Foam) 365　11.3.2 泡の定義 366　11.3.3 泡の安定性 366
　　11.3.4 水溶液の泡立ちの測定 369
11.4 高温におけるスラグの泡立ち ·· 369
　　11.4.1 高温におけるスラグの泡立ちの定量 369　11.4.2 スラグの泡の寿命 371
　　11.4.3 スラグの泡立ち高さ 373　11.4.4 不混和域とスラグの泡立ちとの関係 374
　　11.4.5 吹き込みガスの種類とスラグの泡立ち 375
　　11.4.6 化学反応によるスラグの泡立ち 377
11.5 スラグの泡立ちと物性 ··· 379
　　11.5.1 スラグの泡立ち現象と物性との関係 379　11.5.2 表面張力 381　11.5.3 粘度 382
　　11.5.4 表面粘度 383　11.5.5 ぬれ性 384
11.6 スラグの泡立ちの機構 ··· 385
　　11.6.1 X線透視法などによるスラグの泡立ち現象の観察 385
　　11.6.2 スラグの泡立ちのモデル 387
11.7 単一気泡 ··· 389
　　11.7.1 水溶液の単一気泡(シャボン玉) 389　11.7.2 高温における単一気泡 390
11.8 気泡を含んだスラグの特性 ··· 393
　　11.8.1 分散系の粘度 393　11.8.2 気泡を含むスラグの粘度 393

12 章　エマルジョン ·· 398
12.1 一般的概念 ·· 398
　　12.1.1 エマルジョンの定義と分類と生成 398　12.1.2 自然乳化 399
　　12.1.3 エマルジョンの安定度 400
12.2 高温におけるエマルジョン ··· 400
　　12.2.1 スラグ中酸化鉄の還元プロセスにおいて生じるスラグ－メタルエマルジョン 401

　　　　12.2.2　スラグ－メタル反応によるマイクロエマルジョンと自然乳化 *402*
　　　　12.2.3　強制的外力による混合によって生じるスラグ－メタルエマルジョン *404*
　　　　12.2.4　スラグ－メタルエマルジョンのミクロ構造と安定化の条件 *405*
　　　　12.2.5　溶融塩系におけるエマルジョン *406*
　　　　12.2.6　溶融ホウ化物中の液－液分散系 *407*

13章　界面電気現象 ·· *410*
13.1　一般的概念 ··· *410*
　　　　13.1.1　電気毛管現象 *410*　　13.1.2　界面電気二重層の構造 *411*
13.2　高温における界面電気現象 ·· *413*
　　　　13.2.1　電気毛管曲線 *414*　　13.2.2　界面電気二重層の容量 *421*　　13.2.3　表面電荷密度 *425*
　　　　13.2.4　電気毛管運動 *427*

14章　表面流動 ··· *435*
14.1　表面流動の一般的概念 ·· *436*
14.2　温度の局所的変化によって駆動される表面張力流 ····································· *438*
　　　　14.2.1　表面張力流の測定 *438*　　14.2.2　浮遊帯における表面対流 *440*
　　　　14.2.3　るつぼの容器内にある液体の自由表面での表面対流 *441*
　　　　14.2.4　溶接プールにおける表面流動 *443*
14.3　濃度の局所的変化によって駆動される表面張力流 ····································· *444*
　　　　14.3.1　研究方法 *444*　　14.3.2　固体酸化物の溶融酸化物への局所溶損現象（基礎研究）*446*
14.4　電位の局所的変化によって駆動される表面張力流 ····································· *447*
　　　　14.4.1　研究方法 *448*　　14.4.2　電位の変化による溶融金属自由表面上のスラグ滴の運動 *448*
　　　　14.4.3　溶融塩－液体金属電極間の界面張力 *449*
14.5　界面撹乱と物質移動 ··· *449*
　　　　14.5.1　ガス－メタル界面における界面撹乱と物質移動 *450*
　　　　14.5.2　スラグ－メタル界面における界面撹乱と物質移動 *451*

15章　化学反応の進行と界面現象 ··· *455*
15.1　一般的概念 ··· *455*
　　　　15.1.1　界面を通しての物質移行と界面状況 *455*　　15.1.2　自然乳化現象 *456*
15.2　高温における融体－融体間の化学反応と界面の状況 ··································· *457*
　　　　15.2.1　スラグ－メタル間反応進行時の界面張力の変化 *457*
　　　　15.2.2　界面張力変化と化学反応との量的関係 *461*

16章　気　泡 ··· 464
16.1　気泡の一般的概念 ·· 464
16.2　液体中における気泡の生成 ·· 465
16.2.1　水中の気泡生成 466　16.2.2　融体中における気泡の生成 467
16.3　液体中の気泡の運動 ·· 476
16.3.1　水中における気泡の観察と測定 476　16.3.2　融体中の単一気泡の運動 478
16.3.3　気泡の微細化 481
16.4　気-液, 液-液界面を通過する気泡 ······································· 482
16.4.1　気-液界面を通過する気泡 482　16.4.2　液-液界面を通過する気泡 483
16.4.3　液-液界面に付着した気泡 484

17章　液　滴 ··· 489
17.1　液滴に関する一般概念 ·· 489
17.1.1　液滴の挙動の研究方法 490　17.1.2　ノズルの先端部で形成される液滴 490
17.1.3　液滴の運動とそのときの形状 491　17.1.4　液滴の合一 (Coalescence) 492
17.2　高温における融体滴の形成 ·· 492
17.2.1　加熱された金属の一部が溶解して形成される液滴 492
17.2.2　ガス気泡によって形成される液滴 494　17.2.3　化学反応によって生成する液滴 497
17.3　融体中の液滴の運動 ·· 498
17.3.1　自然落下運動 498　17.3.2　電気毛管現象によって誘導された運動 499
17.3.3　融体中を運動する液滴内の挙動 500
17.4　融体滴の合体 ·· 500
17.5　融体表面上の融体滴の形状 ·· 500
17.5.1　常温における液体表面上の液滴の形状 500　17.5.2　高温における融体レンズの形状 502
17.6　融体-融体分散系 ·· 504

付　録　Bashforth and Adamsの表 ·· 507
データ索引 ·· 567
事項索引 ·· 581

下 巻 目 次

第Ⅲ編　生産プロセスと高温界面現象

 18章　融体反応プロセス

 19章　融体加工プロセスと高温界面現象

 20章　粉体加工プロセスと高温界面現象

 21章　接合プロセスと高温界面現象

 22章　材料開発プロセスと界面現象

第 I 編

高温における物質の表面・界面の性質とその測定

緒　言

　第Ⅰ編では，高温における種々な物質の表面張力，界面張力の測定方法および得られた測定結果をまとめたものである．高温における測定は困難が多く，測定値も多くない．従って，界面現象を正しく理解するためには，測定精度の向上に努力が必要である．

1章　物質の表面および高温における界面現象の分類

　固体や液体は，常にその表面をわれわれに見せているが，なかでも液体は液滴の形状からも明らかなように，その表面の特性を極めて変化に富んだ形状の変化としてわれわれに示している．また液体の表面特性によって引き起こされる毛管現象のような界面現象もわれわれの身近に起こる現象であり，古くから科学者の注目するところであった．そのためレオナルド・ダ・ビンチをはじめニュートン，ラプラス，ヤングなどの著名な科学者による液体表面に関する観察や見解，解析が報告されている．一方，固体の表面は液体のようにはその表面の形状を変え得ないため，表面特性によって引き起こされる固体のガス吸着のような現象を通じて関心が持たれるようになった．しかし固体は液体と異なって，その表面の構造は種々の器機の進歩によって分析同定可能であることから，この方面からの観察，研究に基づいてその性状が明らかになり，特に近年著しく発展してきた．

　常温液体に関する見解や，固体の表面構造についての議論は数多くの成書によって与えられているので，本書ではその概念的な部分についてのみふれることにした．

1.1　毛管現象

　日常生活において，われわれは一端が水に浸っているタオルが，水を吸いあげることをよく経験する．また2枚のガラス板の狭い隙間に水が這い上ることもよく知られている．これらの現象は毛管現象，あるいは毛細管現象といわれ，古くより科学者の興味の対象となってきた．その最初の観察はレオナルド・ダ・ビンチといわれている．

　いま細い管を液体につけると，その内部には図1.1(a)のように毛管現象によって液体が上昇する．管の中の液体の上端は中央が凹んだ曲面（メニスカス）になっている．管の中を液体が上昇するのは図1.2のようにメニスカスの周

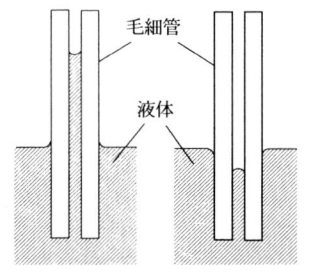

図1.1　毛管現象

囲の管と接するところに働く表面張力によるもので，その上向きの
力の垂直方向の分力が上昇した水の重量を支えている．すなわち，

$$2\pi r\gamma \cos\theta = \pi\rho h r^2 g \tag{1-1}$$

ここに，r：管の半径，θ：水と管との接触角，γ：表面張力，h：液体
の上昇高さ，ρ：液体の密度，g：重力加速度．
この関係より，

$$\gamma = \frac{\rho g r h}{2\cos\theta} \tag{1-2}$$

$$h = \frac{2\gamma\cos\theta}{\rho g r} \tag{1-3}$$

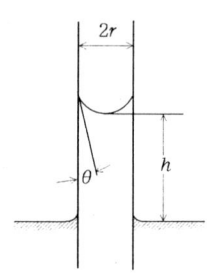

図1.2 表面張力と毛管現象

なる関係が得られる．きれいなガラス管と水の場合，$\theta = 0$であるから

$$\gamma = \frac{1}{2}\rho g r h \tag{1-4}$$

$$h = \frac{2\gamma}{\rho g r} \tag{1-5}$$

$\theta > 90° \sim 180°$では，$h < 0$となり，図1.1(b)のようにメニスカスは液面より下にくる．
この例は水銀中にガラス管を挿入した場合にみられる．

1.2 液体の表面

管の先端に石鹸水をつけて，他端より圧力を加えると他端にシャボン玉ができるが，圧力を
保持しないとシャボン玉は表面張力でしぼんでしまう．このことは液体の曲面が釣り合って，
その力を保つためには曲面の両側の圧力が異なる必要があることを示している．

いま，図1.3のような曲面を考える．その主曲率はR_1，R_2であり，曲面の凸面側および凹
面側の圧力をP_1，P_2とし，曲面上の小さな四辺形ABCDを外側に法線方向にdRだけふくら
ませたとする．小さな四辺形はA′B′C′D′に拡がる．圧力差$P_2 - P_1 = p$によってなされる仕
事は$p \cdot xy \cdot dR$である．表面積の増加は$d(xy)$であるから，表面エネルギーの増加は$\gamma \cdot d(xy)$と
なる．そこで平衡条件は

$$p \cdot xy \cdot dx = \gamma \cdot d(xy) = \gamma(x\,dy + y\,dx) \tag{1-6}$$

ABO_1とA′B′O$_1$は相似であるから，

$$\frac{x + dx}{R_1 + dR} = \frac{x}{R_1} = \frac{dx}{dR} \tag{1-7}$$

$$dx = \frac{x}{R_1} dR \tag{1-8}$$

同様に

$$dy = \frac{x}{R_2} dR \tag{1-9}$$

よって

$$p = \left(\frac{1}{R_1} + \frac{1}{R_2}\right) \tag{1-10}$$

これをLaplaceの式という．図1.2のように管中の液体の曲面は球面の一部であるから$R_1 = R_2 = R$，よって

$$p = \frac{2\gamma}{R} \tag{1-11}$$

となる．

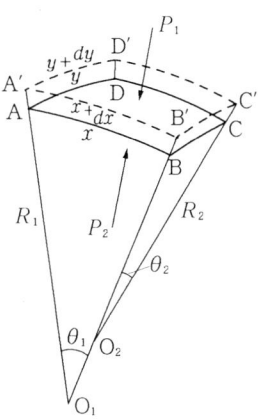

図1.3 曲面による圧力差

液体の表面になぜ表面張力が働くのか．これは液体の表面に存在する液体構成粒子は，内部の粒子と異なって，過剰の自由エネルギー，全エネルギーを有していることによる．この過剰のエネルギーは液体構成粒子間の相互作用に原因するものである．いま分子性液体の表面近傍を拡大図示すると，図1.4のように液体内部にある分子Aはz個の隣接分子から引力を受けているが，表面の分子Bは分子Aの半分$z/2$個の分子から引力を受けていることになる．この引力を分子対間の結合エネルギーεと考えると，A分子のポテンシャルエネルギーは$z\varepsilon$だけ低下していることになる．一方，表面分子Bのポテ

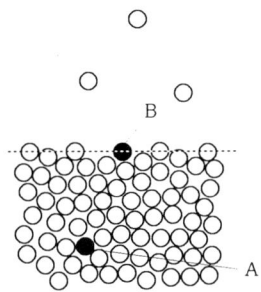

図1.4 液体表面および内部の分子

ンシャルエネルギーの低下は$1/2 z\varepsilon$であり，表面分子Bは内部の分子Aにくらべて$1/2 z\varepsilon$だけ余分のエネルギーを持つ．これが表面エネルギーである．

1.3 表面張力と表面応力

いま，図1.5のように，針金で枠ABCDをつくり，その上に可動な針金EFを置き，DCFEの部分に石鹸液の膜を張ると，針金EFは表面張力のために引張られてDCの方へ動こうとする．これを妨げるためには力fを加えることが必要である．この力fは長さlに比例し，

$$f = 2\gamma l \tag{1-12}$$

で与えられる．(1-12)式で2を乗じたのは膜面が表裏2枚あるためである．次に，力fによる

仕事を考える．針金EFを力fでE'F'までaだけ動かすに要する仕事は(1-13)式で与えられる．

$$W = f \cdot a = 2 \cdot \gamma l \cdot a \qquad (1-13)$$

この移動によって増加した面積Sは$2la$であるから，単位面積あたりの仕事は

$$W/S = \gamma \qquad (1-14)$$

で示され，これは表面張力に等しい．すなわち，γは膜の表面積を単位面積だけ広げるとき外部からなされる仕事で，この変化が温度一定の条件でなされると，熱力学的にはヘルムホルツの自由エネルギーの増加である．表面張力はまた単位

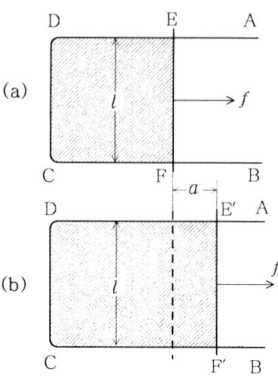

図1.5 液体膜の表面張力

面積当たりのヘルムホルツの自由エネルギーということができ，式(1-15)で与えられる．

$$\gamma = \left(\frac{\partial G}{\partial S}\right)_{T,P,n} \qquad (1-15)$$

この定義は通常の場合には十分であるが，厳密な熱力学の立場からは問題が残るといわれている．
　表面張力の温度係数は負のエントロピーを表わしている．

$$\frac{\partial G}{dT} = S_{xs} \qquad (1-16)$$

このエントロピーは液体の内部から表面へ，原子，分子を持ちきたすに必要なものと定義されている．
　一方，固体の表面張力の定義は，単位の表面を等温可逆的に増加するときに外から加えられる必要のある仕事とみなされる．液体の表面を取り扱う場合は，表面張力を定義するだけでよいが，固体の表面の場合，表面張力と表面応力を明確に区別しなければならない．
　一般に表面を拡げるための仕事として2つの異なった方法が定義される．その一つは表面の歪みの状態を変えることなしに表面を拡げる方法，図1.6(a)であり，言いかえると元の表面と同じ状態にある表面を新しく作って表面を拡げることになり，表面にある原子数は増加する．もう一方の拡げ方は図1.6(b)のように表面の歪みの状態をかえて表面を拡げる方法で表面の原子間の距離を伸ばして表面積を拡げる方法である．この場合表

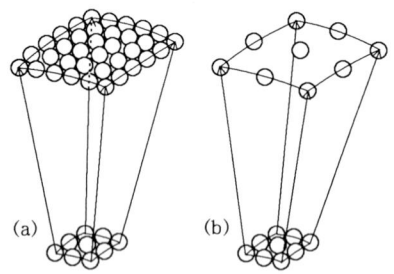

図1.6 物質表面の拡げ方
(a) 元の表面と同じ状態で表面を拡げる
(b) 表面原子数を変えずに表面を拡げる

面にある原子の数は変化しない．

前者のような拡げ方で等温，等圧のもとで表面をdAだけ可逆的に拡げるに要する仕事dWは(1-17)式のように書ける．

$$dW = \gamma dA \qquad (1-17)$$

ここにγは表面張力(N/m)であり，表面を単位面積だけ増加させるに要する仕事であり，1成分系の場合単位面積当たりの表面自由エネルギーf^sに等しい．

後者の場合，表面を拡げるに要する可逆仕事δWは(1-18)式のように示される．

$$\delta W = g dA \qquad (1-18)$$

ここにgは表面応力(N/m)であり表面を弾性的に拡げようとする時，それに対応する表面の機械的な抵抗であり，単位長さ当たりの力という次元をもっている．

液体の場合，後者のように弾性的に表面を拡げるに要する仕事として表面応力を定義できるが，液体の分子は容易に移動しうるため弾性的に表面を拡げようとしても，ただちに液体内部より分子が移動し，もとの表面と同じ表面状態になる．そのため1成分系の液体の表面張力は表面応力に等しい．

固体の場合には弾性的に表面を拡大可能であり，表面張力と表面応力とを区別せねばならない．

1.4 種々の物質の表面張力

物質(固体)の表面に関する知識は表面分析機器の著しい進歩，発達によって，近年急速に増加した．しかし，液体，特に高温の液体の表面については，固体に使用された機器の使用は現在のところ極めて少なく，この分野からのアプローチは緒についたところである．そのため融体の表面に関する研究は一般的には融体の表面張力のデータより推論がなされている段階である．一方，液体の表面張力は液体を構成する粒子間の結合力に抗して，その粒子を表面に持ちきたす際の仕事であるから，当然液体の結合様式と密接な関係

表1.1 種々の物質の結合様式と表面張力

結合様式	物質	表面張力 (mN/m)	温度(K)
金属結合	W	2500	3770
	Fe	1900	1823
	Ag	900	1233
共有結合	Al_2O_3	660	2323
	FeO	580	1673
	Cu_2S	410 (Ar)	1403
イオン結合	Li_2SO_4	220	1133
	$CaCl_2$	145 (Ar)	1073
	KCl	81	1273
分子結合	H_2O	76	273
	S	56	393
	CCl_4	29	273
	CO_2	9	248
	H_2	3	-14.5

白石裕：溶鉄・溶滓の物性，第2回西山記念講座，(1968), 33～57.
佐々木恒孝，伊勢村壽三：界面化学(現代化学ⅠJ)
(1956), p.6(岩波書店)．等を参考に作成

を有している．その詳細については後述するが，種々の液体の表面張力と結合様式との関係を表1.1に示しておく．強い結合様式である金属では表面張力は大きく，分子結合では表面張力は小さい．

1.5 高温における表面，界面と界面現象の分類

金属製錬（精錬），溶接，ろう付け，粉末冶金などにおいては，固相（金属，酸化物，炭素など），液相（金属，酸化物，フッ化物，塩など），気相（雰囲気ガス，反応生成ガス，吹錬ガスなど）の間に種々な界面現象が生じている．例えば，鉄鋼製錬の酸素転炉内では，固相として耐火物，造さい用石灰，鋼スクラップ，液相には溶鋼，溶融スラグが，気相には吹錬酸素ガス，反応生成ガスが共存し，それら相互間において，ぬれ，付着，泡立ち，吸着など種々な界面現象が生じている．いま，金属に関連深い種々界面現象を分類すると，表1.2のように示すことができる．この表には，界面現象と関連深いと考えられる界面化学の分野を併記した．

表1.2 高温におけるメタルを中心とした界面現象の分類

境界		界面現象とその分類		界面化学
二相	気-液	ガス/液体酸化物（スラグ，ガラス） ガス/液体金属	スラグの泡立ち 脱炭反応，脱ガス 金属粉末の製造	金属製錬 金属製錬 粉末冶金	表面張力，泡 表面張力，ぬれ 付着
	液-液	液体金属/液体酸化物 （スラグ，ガラス） 液体非金属/液体酸化物	スラグ−メタル反応 溶鋼中の介在物 スラグロス	金属製錬，溶接 ガラス製造，連鋳 非鉄製錬	界面張力，付着 界面張力，付着 界面張力
	固-液	液体金属/固体酸化物 液体金属/炭素，炭化物，窒化物 液体金属/固体金属 液体酸化物/固体金属 液体酸化物/固体酸化物	溶融金属と耐火物 溶鋼中の介在物 凝固現象 ほうろう，潤滑 セラミックコーティング 耐火物の侵食	金属製錬 〃 金属製錬 複合材料の製造 鋳造，粉末冶金 ろう付け，複合材料 金属の表面処理 〃 金属製錬	ぬれ，付着 ぬれ，付着 ぬれ，付着 界面張力 ぬれ，界面張力 ぬれ，付着 ぬれ，界面張力
三相	*三相	ガス/液体金属/固体金属 ガス/液体金属/固体酸化物 ガス/液体スラグ/固体酸化物 液体スラグ/液体金属/固体酸化物 液体スラグ/液体金属/固体金属	脱酸 耐火物の侵食 耐火物の侵食 溶鋼中の介在物	溶接，ろう付け 金属製錬 金属製錬 金属製錬 溶接，ろう付け	ぬれ，付着 ぬれ，界面張力 ぬれ，界面張力 ぬれ，界面張力 ぬれ，界面張力

＊ 三相：気−液−固，液−液−固

まず気－液界面では，製錬，溶接のように形成されるスラグやフラックスと気相の間，あるいは取鍋精錬などの二次精錬や底吹き転炉のように溶鋼中にガスを吹き込む場合，あるいは脱炭反応のようにCOガスが溶鋼中で形成される場合がこれにあたる。さらに，脱ケイプロセスや酸素転炉において発生するスラグの泡立ち現象も気－液分散系である。

液－液系は金属製錬や溶接のようにスラグや溶融状態の介在物と溶鋼，あるいは非鉄製錬におけるスラグとマット系であり，この場合スラグ中に微細なマット，メタルが存在する液－液分散系を呈する。またフローティングガラス製造の場合にも，ガラス－溶融スズと液－液系が形成される。

固－液系は金属製錬では炉や取鍋の耐火物と溶融金属やスラグ，固体金属表面へのセラミック，ガラスあるいは金属のコーティング，ろう付け，ハンダ付け，さらには焼結材料，複合材料の分野においてみられる。

以上は二相境界であるが，実際には，例えば炉内における液体と固体との接触部をみると単に二相境界だけでなく固－液－気，固－液－液のように三相境界が形成されている。これらの三相境界は常温における界面とはかなり異なった挙動を示すことが知られている。例えば，耐火物のスラグラインにおける侵食では局部侵食が生じるが，その原因として界面張力流に基づく考えが支配的である。

このように高温においては二相境界あるいは三相境界にさまざまな界面現象が生じ，その解明には界面化学的知識を必要としている。

参考書

1) N. K. Adams: The physics and chemistery of surfaces, Oxford at the Clarendon, Press (1938).
2) 関根幸四郎：表面張力測定法, 理工図書 (1957).
3) J. T. Davies and E. K. Rideal: Interfacial phenomena, Academic Press, (1961).
4) 日本化学会編：実験化学講座7, 界面化学, (第3版), 丸善 (1966).
5) 桜井俊男, 玉井康勝編：応用界面化学, 朝倉書店 (1967).
6) 中垣正幸：表面状態とコロイド状態, 東京化学同人 (1968).
7) J. J. Bikerman: Physical surface, Academic press., NY and London, (1970).
8) 日本化学会編：新実験化学講座, 18界面とコロイド, 丸善 (1977).
9) 近藤 保：界面化学 (第2版), 三共出版 (1980).
10) 小野 周：表面張力, 共立出版 (1980).
11) A. W. Adamson: Physical chemistry of surface. Fourth Edition, John Wiley and Sons (1982).

2章 高温融体の表面張力の測定

2.1 概 説

　常温における液体の表面張力や界面張力の測定には種々な方法が考案され使用されてきた．界面化学の書物にはこれらの方法がまとめられている．その一例を表2.1に示すが，いずれも数十年以前に考案されたものである．しかし，これらの方法がすべて高温において利用されているとは限らないが，創意工夫により対象となる高温融体の反応性や測定温度に応じて適当な方法が選択されている．歴史的にみれば，溶融金属にたいして表面性質の測定がなされたのはずい分古く，Quinck(1868)はAg，Auなどの融体が滴下する時の重量を測定し，表面張力を求めた．以後，Quinck(1869)，Siedentopf(1897)らが静滴法によって二三の金属について測定を行った．20世紀になってからも，1950年頃まで毎年表面張力に関する数編の論文が発表され，それ以後は種々な高温融体について，数多くの表面張力測定がなされるようになった．

表2.1 液体の表面張力の測定法（室温）

1. 毛管上昇法 (capillary rise method)	12. 静滴法および静泡法 (sessile-drop and sessile-bubble method)
2. Natelsen, Pearlの方法	12.1 静滴法 (sessile drop method)
3. Youngの方法	12.2 静泡法
4. 二板間隙上昇法	13. Sentisの方法
5. 毛管曲線法 (capillary curve method)	14. Anderson, Bowenの方法
6. 最大泡圧法 (maximum bubble pressure method)	15. 泡圧法 (bubble pressure method)
7. 毛管圧力法 (capillary manometric method)	16. 液膜形状法 (shape of film method)
8. 引き離し法 (pull method)	17. さざ波法 (ripple method)
8.1 輪環法 (ring method)	17.1 定常波法
8.2 水平円板法 (horizontal plate method)	17.2 干渉波法
9. 付着法 (adhesion method) Wilhelmy method	17.3 進行波法
9.1 鉛直板法 (vertical plate method)	18. 振動液滴法 (oscillating drop method)
9.2 鉛直枠法 (vertical frame method)	19. 振動液柱法 (oscillating jet method)
10. 液滴重量法 (drop weight method)	
11. 懸滴法 (pendant drop method)	

関根幸四郎：表面張力測定法，理工図書，(1957) より作成

2.1 概　説

これまでの数多くの高温融体の表面張力に関する研究を見ると，溶融金属，溶融非金属についてそれぞれ特有の測定方法が定着している．それらを両融体について示すと，

溶融金属に対しては，
1) 静滴法（sessile drop method）
2) 最大泡圧法（maximum bubble pressure method）
3) 懸滴法（pendant drop method）
4) 滴重量法（drop weight method）
5) レビテーション法（levitation method）
6) 毛管法（capillary method）

などが利用されている．

なかでも高温では静滴法の利用が比較的多い．しかし，2000K以上の高温融体の場合，静滴法や最大泡圧法では溶融金属とるつぼ，支持台，毛細管の材料である耐火材料（主として酸化物）との反応の影響をさけることはできない．そのため，溶融金属と耐火材料とが接触しない測定方法である懸滴法，レビテーション法が利用されている．

一方，スラグ，ガラス，塩などの溶融非金属に対しては，
1) 最大泡圧法（maximum bubble pressure method）
2) 浸漬円筒法（dipping cylinder method）
3) 浸漬円環法（dipping ring method）
4) 引き離し法（Wilhelmy method）
5) 静滴法（sessile drop method）
6) 滴重量法（drop weight method）

が利用されている．

この場合の特徴は，金属材料と溶融非金属とのぬれが良いことを利用して，最大泡圧法とともに浸漬円筒法，Wilhelmy法などの引き離し法が多用されていることである．これと逆に，溶融金属に対して多く用いられた静滴法の利用は稀である．

以上のように高温融体の表面張力の測定方法は対象となる融体の種類，温度によって相違する．これらの測定法の利用状況を方法別にまとめると表2.2のようになる．溶融金属に対しては静滴法が，スラグ，塩類等の溶融非金属に対しては最大泡圧法あるいは浸漬円筒法が高温で有効であるといわれている．

表2.2　高温における融体の表面張力測定法

方　法	溶融金属 高温	溶融金属 低温	スラグ	塩	ガラス
最大泡圧法	○	○	◎	◎	◎
静滴法	◎	○	○		○
滴重量法		○	○		
浸漬円筒法			◎	○	◎
浸漬円環法			○	○	
懸滴法	○	○	○		
振動法	○				
毛管法	○				

◎比較的多く利用されている方法
○利用されている方法

なお一般液体ならびに高温融体の表面張力測定法が記載されている成書の一例を以下に示す.

一般液体に関するもの
1) N. K. Adam : The physics and chemistry of surface, Oxford at the Clarendon Press (1938), 363～389.
2) 日本化学会編:実験化学講座,7 界面化学,丸善 (1956), 2～33.
3) 関根幸四郎:表面張力測定法,理工図書 (1957)
4) J. I. Davies and E. K. Rideal : Interfacial phenomena, Academic Press,(1961), 42～52.
5) Ed. E. Malijevic : Sruface and Colloid Science, Vol.1, Wiley‐Interscience,(1969), 101～251.
6) J. J. Bikerman : Physical surface, Academic Press (1970), 13～33.
7) 日本化学会編:新実験化学講座18,界面とコロイド,丸善 (1977), 69～92.
8) A. W. Adamson : Physical chemistry of surfaces, JohnWilley & Sons Inc. (1982), 10～39.

高温融体を対照としたものとしては以下の成書がある.
1) J. O'M. Bockris, J. L. White and J. D. Mackenzie : Physicochemical measurements at high temperature, Butterworth Scientific Pub. (1959), 208～224.
2) W. D. Kingery : Property measurements at high temperatures, John Wiley and Son (1959), 370～377.
3) V. K. Semenchenko : Surface phenomena in metals and alloys, Pergamon Press (1961), 43～59.
4) 溶融塩委員会編:溶融塩物性表,化学同人 (1963), 622～629.
5) S.I.Filippov, P.P.Aresentew, V.V.Yakovdev, M.G.Krashen : (冶金プロセス研究の物理化学的方法),冶金図書出版 (1968), 149～208. (ロシア語).
6) Ed. R. A. Rapp : Physicochemical measurement in metals research. Part2, John Wiley and Sons (1970), 308～326.
7) 日本鉄鋼協会編:溶鋼-溶滓物性値便覧,日本鉄鋼協会 (1972), 116～122.
8) L. E. Murr : Interfacial phenomena in metal and alloys, Addison-awesely Pub. Co (1975), 90～100.
9) 日本金属学会編:金属の化学的測定法Ⅰ,日本金属学会 (1976), 125～143.
10) Comittee for Fundamental Metallurgy : Slag atlas, Verlag Stahleisen M. B. H. Düsseldorf (1981).
11) 加藤誠:高温におけるスラグ及びメタルの特性測定,コンパス社 (1987), 262～274.

一方，融体の表面張力測定法に関するレビューも多く，その代表的なものを示す.
1) D.W.G.White : Theory and experiment in methods for the precision measurment of surface tension, Trans. ASM., 55 (1962), 757～777.
2) G.Volorick and J.Himbert : Principles methodes de mesures de la tension superficiells et application aux mesures, sous haute pression, J. Chim. Phys., 64 (1967), 359～369.
3) G.J.Janz., J.Wong and G. R. Lakshminarayanan : Surface-tension techniques for molten salts, Chem. Instrum., 1 (1969), 261～272.
4) D.W.G.White : The surface tension of liquid metals and alloys, Metall. Rev., 13 (1968), 73～96.
5) C.K.Mckenzie, R.Minto and W.G.Davenport : Interfacial energies in pyrometallurgical processes, Can. Met. Quart., 14 (1975), 191～197.

2. 2 静滴法（Sessile drop method）

　少量の水銀をガラス板のような平滑な面上に置くと，写真2.1のような球面に近い形状を呈することはわれわれのよく経験することである．このような平滑面上に静止した液滴のことを静滴（sessile drop）というが，その形状は滴を平坦にしようとする作用力『重力』と滴の表面積を最小にしようとする液体の『表面張力』との釣り合いによって決定される．そのため，このような静滴の形状と滴の各所寸法から表面張力を求めることができる．この方法は古くはQuinckeの方法とよばれ，19世紀より表面張力の測定に用いられている[1][2]．

　溶融金属や溶融非金属の少量を，それと反応しにくく，かつ，ぬれにくい固体材料の平滑板上に置くと，写真2.2のように，ガラス板上の水銀滴と同じように静滴形状を呈する．このことから静滴法は高温融体，特に溶融金属の表面張力の測定方法としても広く用いられている．この方法の特徴は平滑な板上に試料を置き，それが溶解し，形成された静滴の寸法を測定すれ

写真2.1　ガラス板上の水銀滴の形状

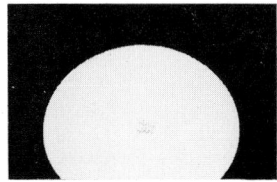

写真2.2　アルミナ板上の溶鉄滴
（O：25ppm，1873K）

ば良いので，高温測定として比較的簡単なことである．さらに表面張力の経時変化，ぬれ性(接触角)および密度の測定も同時に可能である．しかし，高温では平滑板と融滴との間に，反応が生じることがある．また融滴の作り方に

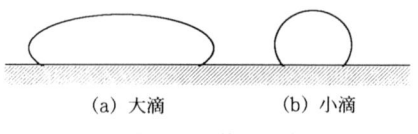

(a) 大滴　　　　(b) 小滴

図2.1　平板上の液滴

も問題点を含んでいる．この方法は常温における測定方法としては，他の方法に比較して，精度があまり良くないといわれているが，高温における他の測定方法の適用の困難さを考慮すると，溶融金属に対しては適当な方法と考えられる．そのため，これまでに最も多くの測定例がある．溶融非金属に対する静滴法の適用も，黒鉛の平板を用いて，ガラス，スラグについてなされている．

静滴法も静滴の形状，寸法から表面張力を求める方法として，次の方法に分けられる(図2.1)．

(a) 大滴法；Dorsey法[3]
(b) 小滴法；Bashforth and Adamsの方法[4]

溶融金属の表面張力の測定にこの方法を適用する場合，大滴法によるか，小滴法によるかは研究目的によって決定される．大滴法では試料自体が大きいため，高温測定では特に装置の大型化とそれによって必要経費も多くなる．一般に高温測定では特別な場合を除いて，大滴法よりは小滴法の方がよく利用されている．ただスラグとの界面張力を溶融金属の自由表面上のスラグ滴の形状より測定する場合に，溶融金属を大滴として表面張力を測定している例もある[5]．

2.2.1　測定原理

平坦な板上にある液滴の曲面は曲面上の点 (x, z) (図2.2)においてLaplaceの関係式をもとに(2-1)式によって表わせる．

$$\frac{1}{(\rho/b)} + \sin\varphi\left(\frac{x}{b}\right) = 2 + \left(\frac{z}{b}\right)\beta \tag{2-1}$$

$$\beta = (\rho_1 - \rho_2)g \cdot b^2 / \gamma \tag{2-2}$$

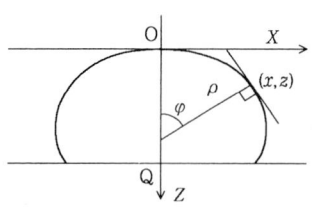

図2.2　静滴プロファイルと座標の定義

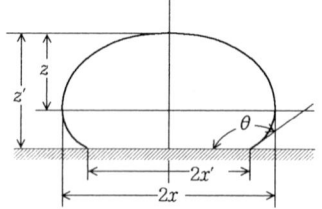

図2.3　静滴法によって表面張力を求めるための測定寸法

2.2 静滴法 (Sessile drop method)

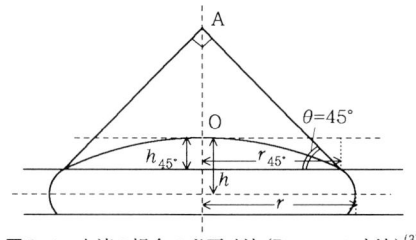
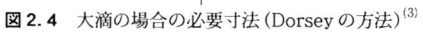
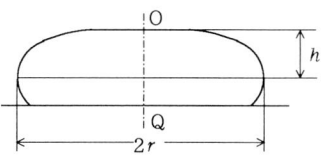

図 2.4 大滴の場合の必要寸法 (Dorseyの方法)[3]

図 2.5 大滴の場合の必要寸法 (Porterの方法)[6]

ここに ρ は曲面上の点 (x, z) における曲率半径, b は滴の寸法因子で原点における曲率半径である. 滴およびそれと接する媒体の密度 ρ_1, ρ_2 がわかれば表面張力 γ が式(2-2)によって計算される.

Bashforth and Adams[4] は式(2-1)をもとにして表面張力を求めるために, 液滴がOQなる垂直軸の周りの回転図形であるとして種々な β, φ に対す x/b, z/b の値を計算し, これを表にした. いわゆるBashforth and Adamsの表[4] (付録参照)である. これを使用して図2.2の $\varphi = 90°$ の場合, すなわち最大水平断面の x, z を測定, この表より x/z から β を求め, β に対する x/b, z/b から b を求め, 式(2-3)によって表面張力 γ を求めることができる.

$$\gamma = g\left(\frac{b^2}{\beta}\right)(\rho_1 - \rho_2) \tag{2-3}$$

大滴の場合, Dorseyは測定を簡単にして図2.4のように $\theta = 45°$ のときの $h_{45°}$, $r_{45°}$ を用いて表面張力を求めている[3].

$$\gamma/g(\rho_l - \rho_v) = r^2(0.05200/f - 0.12268 + 0.0481f) \tag{2-4}$$

$$f = (r_{45°} - h_{45°})/r - 0.41421 \tag{2-5}$$

さらに大滴の場合の計算法として, 図2.5のように最大水平面の径 r と滴の最大水平面から頂点までの高さ h を用いて表面張力を求め得るPorterの式(2-6)がある[6].

$$\beta^2 = \frac{1}{2}h^2 - 0.3047 \cdot \frac{h^3}{r}\left(1 - 4\frac{h^2}{r^2}\right) \tag{2-6}$$
$$\beta = \gamma/g \cdot \rho$$

ここに, g は重力加速度, ρ は密度, γ は表面張力である.

2.2.2 測定方法

高温において融滴を作成し, その必要寸法を求めるにあたっては, 方法論的に二つに大別される. 一つは静滴を得る方法であり, 他はその形状を記録し, 所要寸法を測定する方法である. 精度のよい表面張力の値を得るためには, 対称形性の良い融滴を得ることと, またこのプ

ロファイルを精度良く記録することが必要である．そのためには，後述するように測定装置に種々な工夫がなされてきた．

a. 高温において融滴を作る方法

高温において，固体平板上に融体の静滴を作る方法は，最初から板上に試料をおいて昇温，溶解する方法と，高温において滴下装置より試料融体を板上に滴下する方法とがある．前者では，固体平板と固体試料の接触の状況によって，融体になったときの形状に影響がある．これは固体試料の溶けかたの不均一さと，昇温中試料と平板との反応などによるもので，この方法では対称性の良い溶融静滴は得にくい．そのため固体試料の形状を円筒状や球形状にしたり，また固体平板との接触部分をできるだけ小さくするような試みがなされ，上記の弊害を避ける努力がなされている．しかし，このような努力によって作られた融滴でも対称性はあまり良くないものが多く，その形状から求めた表面張力の値には誤差が大きい．

また滴を同一試料について異なった方向より複数回撮影し，その平均を求める方法がある．Kozakevitch[7]は同一試料について4回の測定を行っている．この方法では回転することによって滴の形のくずれることが予想され，Kozakevitchも回転前の一番目の測定値が最も信頼性が高いと報告している．

上記の弊害を避けるためには，高温において融滴を平板上に直接滴下する方法が用いられる．平板上に融滴を静かに滴下するため，図2.6に示すような種々な滴下装置が用いられている[8]．静かに滴下された融滴の形状の対称性は比較的良好であり，これより求まる表面張力の値のばらつきは少ない．

滴下法による融滴の形成は，蒸気圧の高い金属や化学的活性金属の合金の測定の場合にも使用されている[9][10]．溶融金属を滴下する場合，表面の酸化物を除去する方法としてフィルターを利用することがある．図2.7に示すように圧縮したシリカウールをはさんだ黒鉛フィルターを通して溶融Znを清浄化して滴下している[11]．

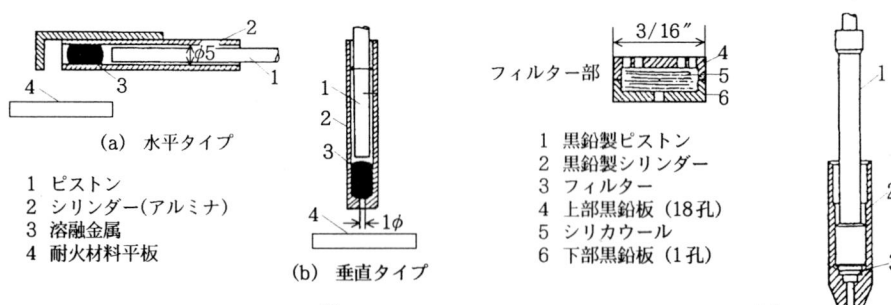

図 2.6　溶融金属試料の滴下装置[8]

図 2.7　フィルター付滴下装置[11]

一方，大滴は平板上に多量の融体を保持しても形成することができるが，滴は不安定であり，一般に皿状るつぼに入れて形成させる．この場合大滴の形状を保つには図2.8のようにるつぼの先端部の直径よりも，滴の最大径を大きくしなければならない[12]．すなわち，るつぼの上縁より上部に過剰の融体を保持せねばならない．この過剰の融体の量は融体とるつぼとのぬれ（接触角 θ），るつぼ上縁の角 α，融体の表面張力と密度によって決定される．図の角 φ が接触角 θ に達したときに融体はあふれ出す．しかし実際には縁部分の水平度，振動等で流れだすことがある．

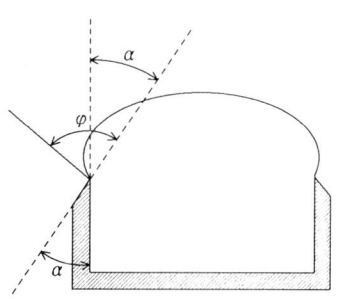

図2.8 大滴法における溶融金属滴[12]

大滴の最大直径がるつぼの直径をこえるためには，$\varphi > \alpha$ が必要であり，$\alpha < \varphi < \theta$ の条件内に角度を設定する．るつぼの加工面から α は $10 \sim 20°$ が可能で溶融金属を酸化物のるつぼに入れる場合 $\theta \sim 120°$ として α は約 $20°$ にする．過剰部分の試料の量は，表面張力，滴の径等を用いて近似計算で求めるか，あるいは実験的に求める．さらにるつぼ自体に工夫をこらして，溶融金属をピストンで押し上げて注意深く大滴を作ることもなされている．

b. 静滴形状の記録と必要寸法の測定

高温融体において液滴の形状を記録し，その寸法を測定する方法には，光学的に行う場合とX線を用いる場合とがある．1273Kを越える温度で背後より強力な照明を行って測定した報告もある[13]．一般には光学的な方法が用いられる．高温融体では加熱されて融滴は輝き，背景とのコントラストが強いから，その形状を直接カメラによって撮影記録することができる．しかし温度が低い場合には，直接融滴の形状を撮影することは困難で，背後より照明をほどこし，融滴の形状が撮影される．この場合の方が滴の輪郭は明瞭である．一般に，この光学的方法は一方向よりカメラで撮影されるが，滴の対称性を問題にする場合，三台のカメラで同時に撮影を行ったり，また液滴を支持台ごと90°回転し，複数方向より撮影を行うこともある．一方，融滴の蒸気圧が高い場合や，一定の気相分圧で測定せねばならない場合，光学的手段では困難が多く，X線透過法によって撮影がなされる．

大滴法の場合の注意すべき点として向井ら[5]は横型炉では大滴の頂部が真の位置より低く撮影されることを指摘している．この対策として背景となる暗黒部に適当な発光体（黒鉛板）をおいて頂部の位置を正しく撮影することがなされている．

静滴の必要寸法の測定は，直接スクリーンに拡大し，その寸法を測定するものと，一旦フィルムに記録したものを，万能投影機によって拡大し，その寸法を測定するものとがある．寸法の測定にあたっては，静滴の水平最大直径（図2.3の $2x$）の測定に細心の注意が必要であり，

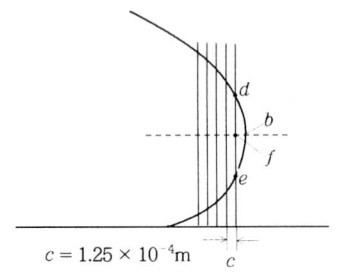
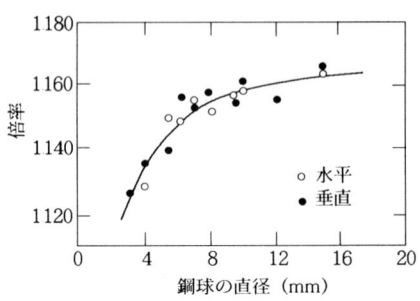

図2.9 静滴の最大径を精度よく求める方法[14]

図2.10 X線写真の倍率

精度を高める手法が報告されている．それは図2.9のように滴の端部に近いところで，等間隔（$c = 1.25 \times 10^{-4}$ m）に垂直線を立て曲面間との交点d，eの中点fを延長して径最大の点bが求められる[14]．X線透過法の場合，滴の必要寸法の測定にあたっては滴の外周部にボケが生じているため，特に注意を要する．

以上の滴の必要寸法の測定は，一般的には肉眼によって読み取りがなされるが，フォト・パターン・アナライザーによって自動的になされる場合もある．さらに，透過X線を用いる場合，X線は完全な平行線でないことや散乱などにより滴が実際よりも大きく撮影されるために，測定寸法の補正が必要である．筆者らは直径既知の鋼球によって補正を行った．縦横の倍率の変化の一例を図2.10に示す．また光学的手法を用いる場合の倍率測定も被測定物体（融滴）と同じ位置に鋼球をセットし，この状態で設営したネガフィルム上の鋼球の像と実物の大きさとの比から求める．さらにカメラの撮影条件自体をそのままにして，ノギスの目盛りを撮影して倍率を求める方法も用いられている．最近はデジタルカメラを用い精度の向上がはかられている．

c. 静滴保持平滑面の材質と表面状態

静滴の形状は，それを保持する平滑面の状態によって支配される．特に高温においては，試料融体滴と平滑面材料との反応の有無が，表面張力の値に大きな影響を与える．また平滑面の粗さ一つの因子となると考えられる．

融滴を保持するために，種々の材料の平滑面が用いられている．それらをまとめて表2.3に示すが，溶融金属に対しては主として難溶融酸化物，Al_2O_3，MgO，BeO，ThO_2，ZrO_2 が用いられる．いずれも高純度な粉末を圧粉，焼結したものである．稀に，これら酸化物の単結晶が使用されることがある．もし，これら酸化物と溶融金属との反応が無視されるならば，得られた表面張力の値に相違はない．しかし1873Kのような高温で，かつ還元性もしくは真空の雰囲気下では酸化物が還元または解離することが考えられる．その結果，溶融金属滴に平滑面

2.2 静滴法 (Sessile drop method)

表2.3 静滴法に用いられる平滑板の材質

融 体	材 質
金 属	MgO, BeO, CaO, Al$_2$O$_3$, 単結晶アルミナ, ZrO$_2$, TiO$_2$, ThO$_2$, SiO$_2$, 黒鉛
ガラス, スラグ（酸化鉄等黒鉛で還元される成分を含まないもの）	黒 鉛

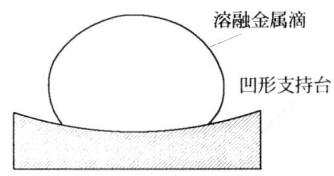

図2.11 凹形支持台[10]

材料から解離した構成元素が溶解し，表面張力に影響を与えるから，高温においては融滴を保持する平滑材料の選択には十分に留意せねばならない．溶融非金属に対しては主として黒鉛が用いられている．

融滴と接する平滑面は十分に研磨する必要がある．一般にはコランダム粉末で研磨し，さらにダイヤモンドペーストによって入念に研磨する．

静滴の保持を容易にする目的で図2.11のように静滴の保持板が凹型のものを使用した例も見られる[7]．この支持台はスラグとメタルとの界面張力測定に使用され，特にスラグ-メタル反応によって滴の移動が生じる場合に有効である．

2.2.3 測定装置と測定手順

高温における静滴法による表面張力測定装置は，多くの研究者により種々な形式，種々な材料を使用した装置が開発され使用されている．試料の加熱方式には高周波炉による方式[15][16]，(図2.12) および横型[15]～[19]（図2.13～15），縦型[7][20]（図2.16, 17）のタンマン炉，抵抗炉による方式がある．また融滴の形状の撮影には光学的手法およびX線透過法とがある．測定装置と測定手順の一例を次に示す．

図2.15はNiおよびNi合金の表面張力への酸素の影響を測定した横型炉による測定装置である[19]．炉は高温用として，Mo線を炉芯管に巻いたタイプで，雰囲気中の酸素分圧の調整を可能にするために，アルミナ反応管に溶融金属滴をセットするようになっている．この装置では，横型の金属滴下装置を有して，所定温度で金属滴をアルミナ板上に滴下することができ

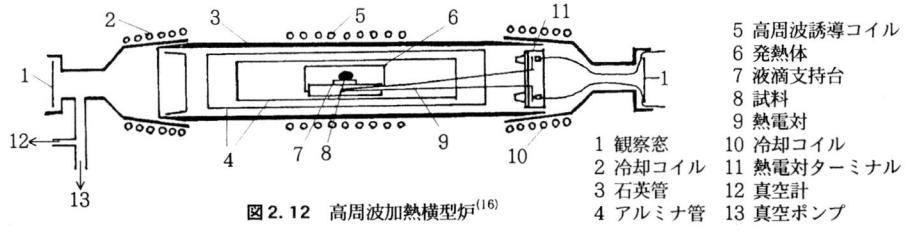

図2.12 高周波加熱横型炉[16]

1 観察窓　2 冷却コイル　3 石英管　4 アルミナ管　5 高周波誘導コイル　6 発熱体　7 液滴支持台　8 試料　9 熱電対　10 冷却コイル　11 熱電対ターミナル　12 真空計　13 真空ポンプ

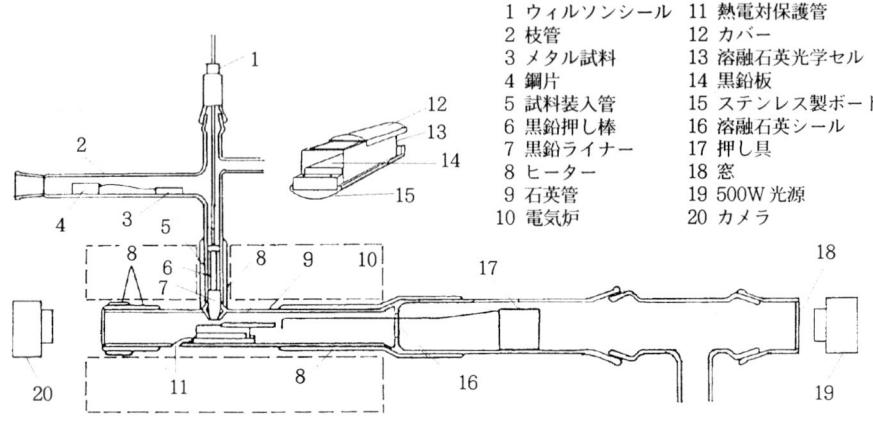

1 ウィルソンシール	11 熱電対保護管
2 枝管	12 カバー
3 メタル試料	13 溶融石英光学セル
4 鋼片	14 黒鉛板
5 試料装入管	15 ステンレス製ボート
6 黒鉛押し棒	16 溶融石英シール
7 黒鉛ライナー	17 押し具
8 ヒーター	18 窓
9 石英管	19 500W 光源
10 電気炉	20 カメラ

図2.13 横型加熱炉における測定装置（文献(17)により作成）

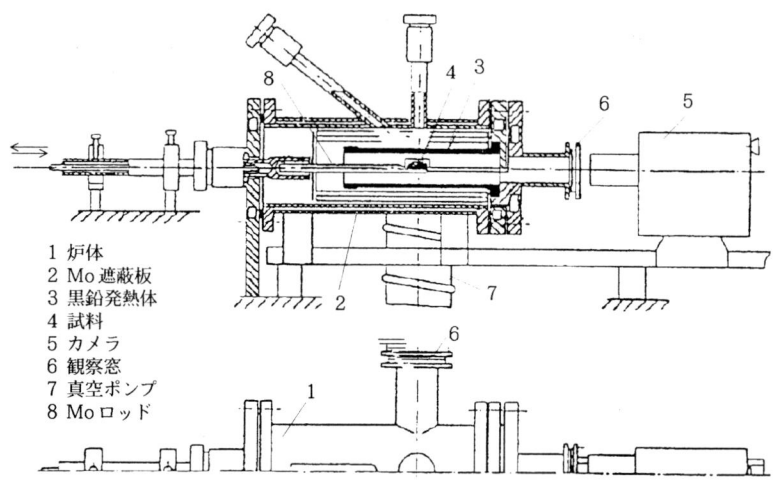

1 炉体
2 Mo 遮蔽板
3 黒鉛発熱体
4 試料
5 カメラ
6 観察窓
7 真空ポンプ
8 Mo ロッド

図2.14 タンマン炉による測定装置（横型）[18]

る．さらに測定試料に近い位置に，酸素分析用試料を保持し，測定終了後分析に供する．静滴の形状は望遠カメラによって撮影し，温度の測定はPt-Rh合金熱電対によっている．

　静滴法の測定手順を，筆者らが図2.15に示す装置によって行った測定例について示す．まず昇温前に炉内の均熱部相当位置に，水準器によってAl_2O_3板を水平にセットする．ついで試料滴下装置のAl_2O_3管内に表面張力測定用のNi試料を約2.5g挿入し，酸素分析用の参照試料を約3.0g参照試料台上に置いたのち，炉内をAr＋5% H_2もしくはH_2ガスで置換後昇温する．炉

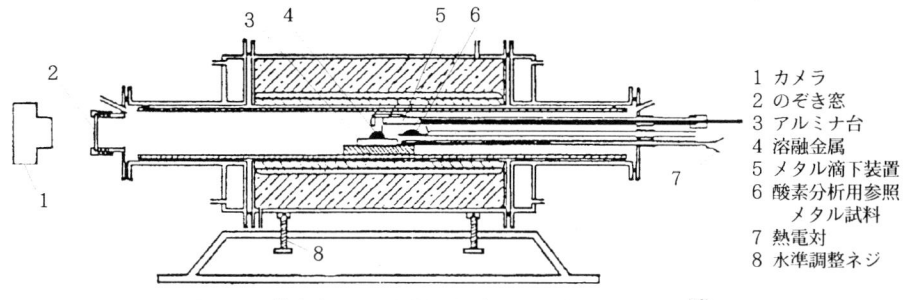

2.2 静滴法 (Sessile drop method)

図 2.15 静滴法による溶融金属の表面張力測定装置 (横型)[19]

1 カメラ
2 のぞき窓
3 アルミナ台
4 溶融金属
5 メタル滴下装置
6 酸素分析用参照メタル試料
7 熱電対
8 水準調整ネジ

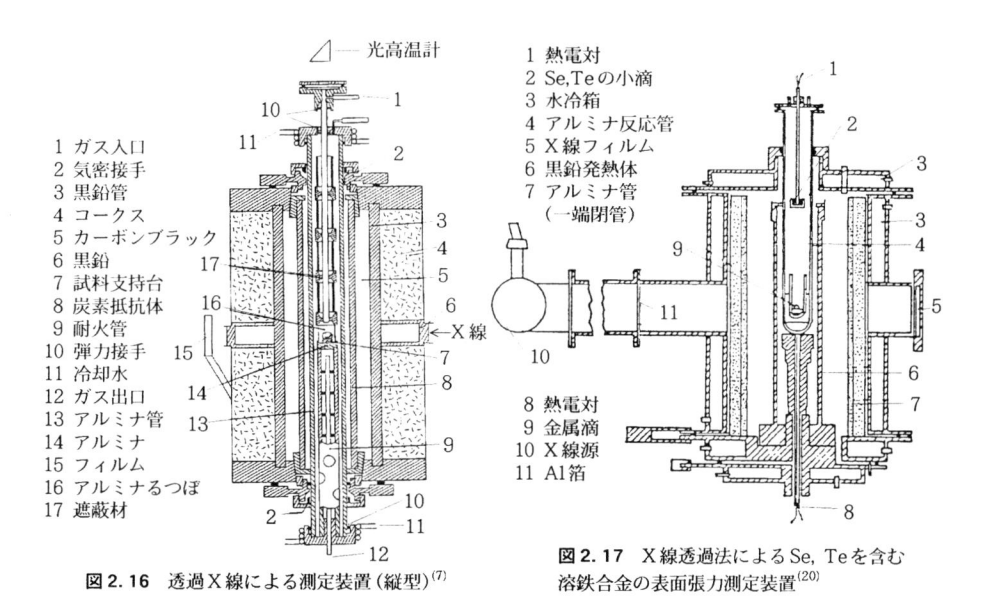

図 2.16 透過X線による測定装置 (縦型)[7]

1 ガス入口
2 気密接手
3 黒鉛管
4 コークス
5 カーボンブラック
6 黒鉛
7 試料支持台
8 炭素抵抗体
9 耐火管
10 弾力接手
11 冷却水
12 ガス出口
13 アルミナ管
14 アルミナ
15 フィルム
16 アルミナるつぼ
17 遮蔽材

図 2.17 X線透過法による Se, Te を含む溶鉄合金の表面張力測定装置[20]

1 熱電対
2 Se, Te の小滴
3 水冷箱
4 アルミナ反応管
5 X線フィルム
6 黒鉛発熱体
7 アルミナ管 (一端閉管)
8 熱電対
9 金属滴
10 X線源
11 Al箔

内温度が約1673Kになった時点で，炉内にArガスで希釈した所定の混合比のH_2O/H_2混合ガスを流入し，実験温度1673Kに到達後約1時間保持する．このようにして炉内を完全に混合ガスで置換したのち，酸素分析用参照試料を低温部からAl_2O_3板横の均熱部に移動させる．ついで試料滴下装置を低温部からAl_2O_3板直上に移す．滴下装置内の表面張力測定試料が溶解し測定温度になったのち試料融滴を静かにアルミナ板上に滴下する．

メタル滴がAl_2O_3板上で静止してから，約40分間適当な時間間隔で滴の形状の写真撮影を行う．測定終了と同時に，酸素分析用参照試料を低温部に移動，急冷する．このようにして得られた酸素分析用参照試料は，Heガスキャリア型酸素分析装置 (LECO) によって酸素分析を行

い，表面張力測定用試料の酸素量を決定した．従来は炉冷した表面張力測定試料の酸素分析によって実験温度における測定試料の酸素量の決定がなされてきたが，冷却条件の差異による酸素量の誤差が除去できない欠点があった．しかし，最近ではこのようにして，より正確な酸素量の決定がなされている．撮影したフィルム面上の滴の形状は，万能投影機（Nikon,V-16A）によって読み取り，Bashforth-Adamsの方法を用いて表面張力を計算した．

図2.17は溶鉄の表面張力へのTe，Seの影響を，X線透過法によって測定した装置である[20]．この場合，耐火物，黒鉛発熱体はX線の透過が可能であるから，金属滴のX線透過像を得るためには障害にならない．そこで，図のように黒鉛発熱体を有するタンマン炉を用い，さらに蒸気圧の高いSe，Teを含む溶鉄合金の測定のためアルミナ質一端閉管内に試料を設置し，所定の温度にSe，Te小滴を加熱してSe，Te分圧を保っている．炉自体も雰囲気調整が可能で，特にX線透過方向の部分は炉体に孔をあけ鋼管を通し，その端部はアルミニウムの薄板で遮蔽し，気密が保たれている．溶鉄試料滴の形状は，所定温度において耐火物，黒鉛を透過してX線フィルムに撮影される．試料が炉内雰囲気（この場合アルゴン）と同一で良い場合は，雰囲気制御のためのアルミナの一端閉管は不要である．X線の代りにγ線によって溶融金属滴の形状を測定することもなされている[21]．

静滴法測定上の誤差については，すでに引用した文献のほかいくつかの論文に記載されている．Bernard，Lupis[13]は静滴法による誤差を検討し，測定誤差を図2.18よって説明している．すなわち表面張力γの相対誤差は2つの寄与要因の和で示される（式2-7）．

$$\frac{\Delta \gamma}{\gamma} = E_1 + E_2 \qquad (2\text{-}7)$$

ここに，E_1はx/Xに基因する誤差への寄与，E_2はZ/xに基因する誤差への寄与である．

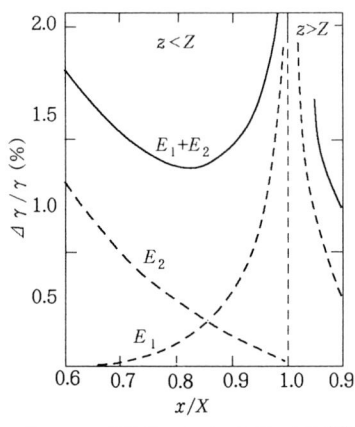

図2.18 静滴法における誤差の解析[13]

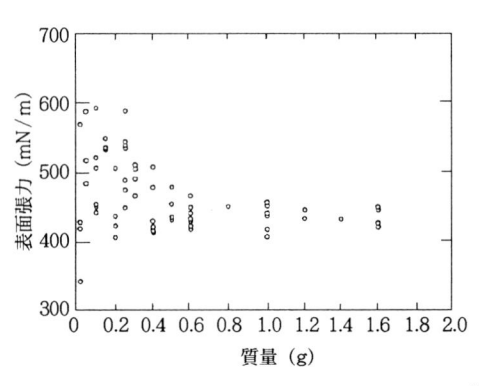

図2.19 水銀の質量と表面張力値のばらつきの関係[23]（Ar雰囲気）

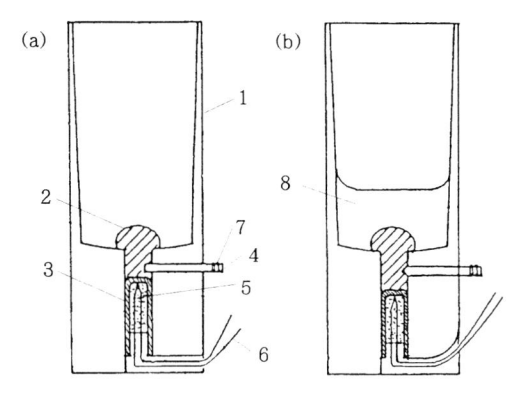

2.2 静滴法 (Sessile drop method)

1 アルミナるつぼ
2 溶融Cu
3 ジルコニアチューブ
4 LaCrO₃電極
5 Ni－NiO粉末
6 Pt－Pt13％Rh熱電対
7 Pt導線
8 溶融スラグ

図2.20 溶銅の表面張力および溶銅-スラグ間の界面張力と溶銅中酸素の同時測定のための装置[23]

図からz/Z，$0.8<(x/X)<0.9$の範囲において測定がなされるとき約1.3％の最低の誤差を示す．

静滴法では液滴の形状によってBashforth and Adamsの表を用いて静滴法の形状より表面張力を求める場合，滴の大きさ，すなわち形状が得られる表面張力値に影響を与えることが報告されている．中江[22]によれば図2.19のようにHgの表面張力は，質量の小さい場合ばらつきは大きく質量の増加とともにばらつきは小さくなる傾向を示す．また，Naidichら[12]はCuについて滴形状による表面張力値の偏差について報告している．

一般に融体の表面張力の測定と同時に融体の組成の定量を行うことは極めて稀である．図2.20 (a)に静滴法を利用し，固体電解質を用いて溶銅の表面張力と溶銅中の酸素とを同時に測定する筆者の研究室における装置を示す[23]．

アルミナるつぼ底部のくぼみ中におかれた溶銅滴の形状はX線透過法によって観察され，同時に溶銅滴下部に挿入されたジルコニア固体電解質を用いて構成される電池 (2-8) の起電力を測定し，溶銅内の酸素が定量される．

$$\text{Pt}/\text{Ni}-\text{NiO} \mid \text{ZrO}_2 \mid \text{CaO} \mid \text{O(溶銅)}/\text{LaCrO}_3 \cdot \text{Pt} \qquad (2\text{-}8)$$

図2.20 (b) のようにるつぼ内にスラグを装入すると，溶銅とスラグ間の界面張力と溶銅中の酸素含有量とを同時に測定することが可能である．

これらの方法によって溶融金属－ガス，溶融金属－スラグ間の反応によって変動する溶融金属の表面張力，界面張力と酸素含有量の関係を明らかにすることが可能となる．

2.2.4 計算方法の例（コンピュータによる計算）

静滴法の場合，表面張力の計算には，まずフイルム上に撮影した静滴の最大径$2X$および最大径上の高さZ（図2.3）を読み取る．これを望遠写真機の倍率あるいはX線の倍率によって実

寸に補正する．補正値 X_1, Z_1 の比 X_1/Z_1 より，Bashforth and Adams の表より補間法を用いて β を求める．次に β より Bashforth and Adams の表により補間法を用いて X_1/b_1, Z_1/b_2 を求める．X_1, Z_1 を用いて b_1, b_2 を求め，平均値として b を導出する．このようにして式 (2-3) の諸数値 g, b, ρ_1, ρ_2 が判明するから，表面張力 γ を求め得る．

Bashforth and Adams の表を用いて静滴の表面張力を計算するためには多数の数値の検索と補間のために非常に繁雑である．また，表の使う部分によっては計算精度の低い部分（補間の幅が大きい部分）があり，そのため液滴の大きさに制約が加わる場合がある．例えば，表面張力値が不明の場合には，あらかじめ予備的に測定を行ってから試料滴の大きさを決定する必要がある．これらの事情より最近，コンピュータを用いた計算法が広く採用されるようになった．

コンピュータを用いて静滴の形状より表面張力を計算する方法として，すでに Curve Fitting 法が知られている[24]~[26]．この方法は滴の周囲の座標を頂点から固体平面との接触角の間で10~20点測定し，測定した座標に一致するように連立微分方程式

$$dX/d\phi = \gamma \cos \phi \tag{2-9}$$

$$dZ/d\phi = \gamma \sin \phi \tag{2-10}$$

$$\gamma = \frac{1}{\beta Z - \sin\phi/X + 2} \tag{2-11}$$

$$\beta = \frac{\rho g b^2}{\gamma} \tag{2-12}$$

を解いて形状を決定し，β, b を求め，表面張力，接触角を算出する方法である．この方法で求めた滴の形状の曲線は多数の測定値を通る最小誤差曲線であり，静滴法の計算方法として理想的な計算方法であるが，計算量が膨大であるため，収束に時間を要し，大型コンピュータが必要である．

泰松[27]は従来の Bashforth and Adams の表を用いる方法と Curve Fitting 法とを組み合わせて，小型コンピュータでも高速で精度よく計算する方法を開発した．先に示した連立微分方程式をコンピュータで計算するにあたって，Runge-Kutta 法によって数値計算をして表面張

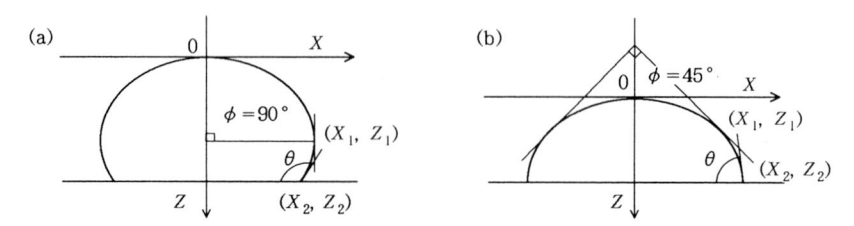

図 2.21 表面張力計算のための座標[27] (a) ぬれにくい場合，(b) ぬれやすい場合

力を求めた．この計算による誤差は，コンピュータの有効桁数にもよるが，$(\Delta\phi)^5$ 程度である．したがって，$\phi=0$ から，$\Delta\phi=3°$ で計算すれば，あらゆる β の値に対して十分な精度の $X(=x/b)$，$Z(=z/b)$ を求めることができる．

実際に計算を行う際にあらかじめ β を仮定する必要があり，必要な範囲の β について，0.1間隔で図2.21のように $\theta>90°$ の「ぬれにくい場合」には $\phi=90°$ の時の X/Z を，$\theta<90°$ の「ぬれやすい場合」には $\phi=45°$ の時の X/Z を計算し，データとして記憶させておき，測定値と比較して β を求める．密度が既知であれば，式(2-2)によって表面張力を求めることができる．また接触角および密度の計算に必要な滴の体積を求めることができる．この計算方法による有効数字は6桁であり，Bashforth and Adamsの表を用いて補間法により計算する場合に比べて2桁精度が高い．記憶させておく β の範囲を変えれば，あらゆる範囲の β に対応して計算可能である．また負の β を用いれば，懸滴法の場合にも使用できる．

最近，加藤ら[28]は静滴法の投影画像データをCCDカメラにより，パソコンへ入力して滴の輪郭データを作成し，大型計算機へ転送して理論形状と比較することによって表面張力を求める方法を確立した．

2.2.5 適用例と問題点

静滴法は融体，特に溶融金属の測定法として最も多く用いられている．また，この方法は透過X線を用いて溶融金属とスラグ，フラックスとの界面張力の測定も可能で多用されている．さらに，この方法によって融滴を保持する固体とのぬれ性（接触角）も同時に測定可能であり，ぬれ現象の研究のためにも有用な方法である．

測定精度も，未熟な場合には個人差が大きいが，熟練すると純鉄で±30mN/m程度である．

測定上の問題点としては，いかに対象性の良い静滴をつくることができるかであり，また，Bashforth and Adamsの表を用いる場合には滴の最大径と高さが表の利用において精度の良い領域にくるようにすることが望ましい．すなわち適当な重量の試料を用いることである．このことから小さい滴の場合には滴寸法の測定精度の向上が必要である．

2.2.6 静滴法の測定精度向上への試み[29]

従来の静滴法による溶融金属の表面張力の測定結果には±3〜7%の誤差が伴っているといわれている．その原因は，基板の状態や基板と滴との接触部の不明瞭さなどで，滴の形状の歪みに原因があると考えられている．中本[29]は滴の形状・大きさとその歪みによる誤差との関係について，Laplaceの式を直接解くことによるシミュレーションより，滴を大きくすることによって，形状の歪みによる表面張力への影響を減少させることを確認した．

しかし，従来の基板上で大滴を安定に保持することは困難であるため，中本は図2.22に示す装置，るつぼを用いた大滴法による測定を試みている．なお滴の形状はハロゲンランプを光

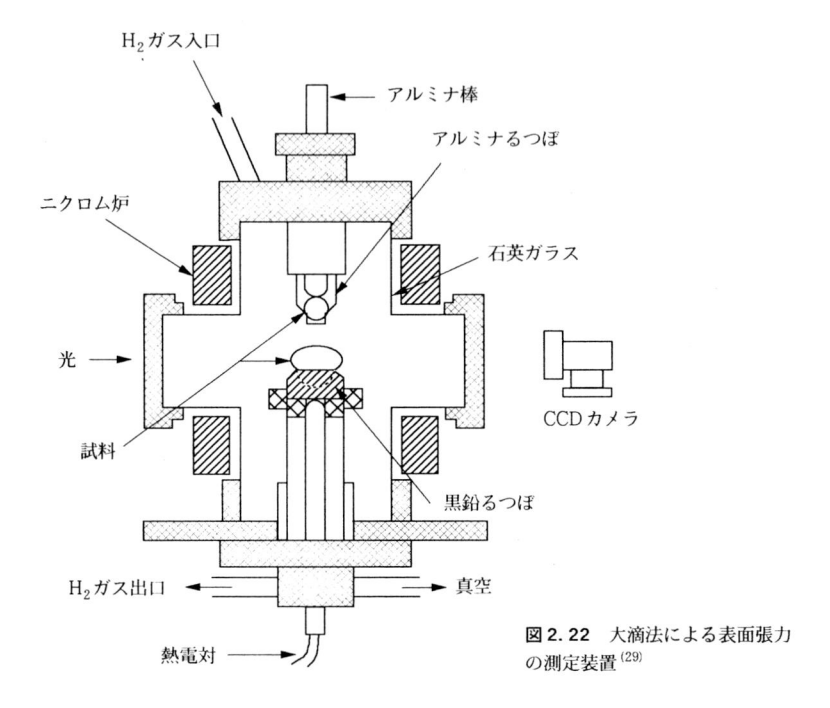

図2.22 大滴法による表面張力の測定装置[29]

源とし，それによって形成される液滴のシルエット像をSONY CCD VIDEO CAMERA MODULE XC-77でコンピュータに512×512画素の画像として取り込む方法により，コンピュータによって表面張力を求める方法を開発した．その結果，測定誤差は±0.1程度と大きく向上した．

2.3 最大泡圧法（Maximum bubble pressure method）

　水中に細い管，例えばストローを挿入し，ゆっくり息を吹き込むと，ストローの先端に気泡ができては離れ，また続いて気泡ができては離れていく．この場合，細管先端部の気泡内の圧力は先端部の静水圧と表面張力に抗して形成される気泡圧によって決まってくる．そのため液体内にある細管の先端において気泡を形成し，そのときの圧力を測定すれば液体の表面張力が測定できる．この方法の適用は19世紀中頃，Simon[30]によって最初に示唆され，Jaeger[31]によって発展，溶融塩の測定に用いられた．その後，金属[32]やガラス[33]などの測定が開始された．この方法はJaeger方法として広く認められ，現在は主としてスラグ，フラックスなどの溶融非金属の表面張力の測定に適用されている．

2.3 最大泡圧法 (Maximum bubble pressure method)

2.3.1 測定原理

液体にある深さまで垂直に細管を挿入し，管中にガスを送り込むと図2.23のように細管の先端に気泡が形成されついには管の先端より離れていく．この気泡内の圧力は管先端部の静水圧と，気泡曲面において表面張力によって生じる圧力とよりなっている．そのため管の径と管先端部の深さが既知であれば，曲面内圧力を測定することによって表面張力を求めることができる．この方法はJaegerの方法といわれている[31]．

細管の場合には，気泡の形状は球の一部となり，気泡が半球，すなわち気泡の半径と管の半径が等しいときに気泡内の圧力は最大となる．気泡内の圧力は式(2-13)で表わされる．

$$P = P_1 + P_2 = gh(\rho_l - \rho_g) + \frac{2\gamma}{r} \tag{2-13}$$

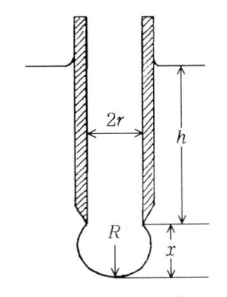

図2.23 最大泡圧法の測定原理図

全圧Pは管の先端部における静水圧$=P_1=gh(\rho_l-\rho_g)$と気泡曲面において表面張力によって生じる圧力γ/rの和である．γは液体の表面張力，rは管先端部の内径，hは管先端部の深さ，gは重力加速度，ρ_l，ρ_gは液体，気体の密度である．

式(2-13)は細い毛細管の場合にのみ適用できる．しかし，実際には写真2.3のように，気泡の形状は半球からはずれているし，またナイフ・エッジの場合を除いて図2.23のように半径rのところで気泡が破れるとは限らない．式(2-13)を適用するにあたって接触角が0でない場合，毛管先端における気泡の生成状況と最大泡圧との関係を知る必要がある．Porter[34]はこの気泡形成の機構を解析しているが，それによると図2.24(a)のように，管先端では毛管内径から外径へと(1〜6)メニスカスが順次形成され，3，5の位置において最大圧力を示す．2つの極大を明確に把握できないと，半径rにどれを選ぶか判断しがたい．この最大圧力を示す位

写真2.3 水中のガラス管先端における気泡の形状

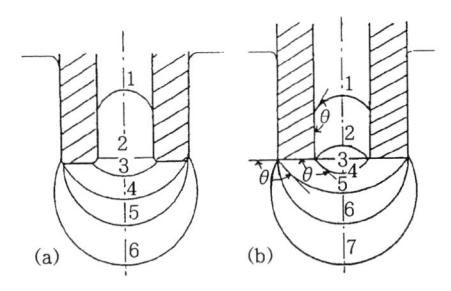

図2.24 薄肉毛細管の先端におけるガス気泡の形成[34] (a) 丸みのあるエッジ，(b) 鋭いエッジ．

置は毛管の内径，外径および毛管と液体の接触角の特性値に依存する．同様の例が溶融銑鉄の表面張力測定において報告されている[35]．毛管先端部において形成される気泡が正確な半球にならないことから補正する必要があり，いろいろな補正式が提出されているが，Schrödingerの補正式とよばれる式 (2-14) がよく使用される[36]．

$$\gamma = \frac{rg(h_m\rho_m - h_s\rho_s)}{2}\left[1 - \frac{2}{3}\frac{r\rho_s}{(h_m\rho_m - h_s\rho_s)} - \frac{1}{6}\left(\frac{r\rho_s}{h_m\rho_m - h_s\rho_s}\right)^2\right] \quad (2\text{-}14)$$

ここに γ：融体の表面張力，r：毛細管先端部の内径，h_m：マノメーターのヘッド差，h_s：毛細管の浸漬深さ，ρ_m；マノメーター液の密度，ρ_s：融体の密度，g：重力加速度．

この方程式は次の仮定を含んでいる．(1)細管先端部で形成される気泡の形は半球である．(2)融体の粘度の影響は，圧力が最大圧力においてゼロに向うように配置することによって無視できる．通常，細い毛細管を使用すれば式(2-14)右辺カッコ内第3項は無視しうる．また $h_s = 0$ の点で計算すれば式(2-14) は次のようになる．

$$\gamma = \frac{rgh_m\rho_m}{2}\left[1 - \frac{2r\rho_s}{3h_m\rho_m}\right] \quad (2\text{-}15)$$

計算に際して，高温融体の測定の場合，毛細管の内径は測定温度における熱膨張による補正を必要とする．また毛細管の浸漬による液面の上昇は一般には無視している．

太い管によって測定する時には式 (2-13)，式 (2-15) は適用できない．Sugdenは毛管の先端での正味の圧力に相当する測定液柱高さ $h = (H\rho_2 - H\rho_1)/\rho_1$ と毛管の内径 r の比，r/h が大きい場合Bashforth and Adamsの表をもとに管の先端における気泡の歪について補正表を作り，これによる表面張力の測定法を提案した[37]．

最大泡圧法の測定において液体の自由表面の位置を決定するわずらわしさを避けるために，Sugdenは図2.25のように内径の異なる2本の毛管を液中に同じ深さだけ挿入して測定を行った[38]．内径それぞれ r_1，r_2 ($r_1 < r_2$) の毛管を液中に同じ深さ挿入し，それぞれについて最大泡圧を求め，その差 ΔP をとると，

$$\gamma = \frac{1}{2}\left(\frac{\Delta P}{\frac{1}{x_1} - \frac{1}{x_2}}\right) \quad (2\text{-}16)$$

の関係が得られる．ここに，x_1，x_2 は内径の異なる2本の毛管それぞれにおける最大泡圧時の泡の底部の曲率半径である．

最終的には式(2-16)から，1/1000の精度で次の式(2-17)の経験式が求められる．

$$\gamma = A\Delta\rho\left(1 + 0.69r_2\frac{g\rho}{\Delta P}\right) \quad (2\text{-}17)$$

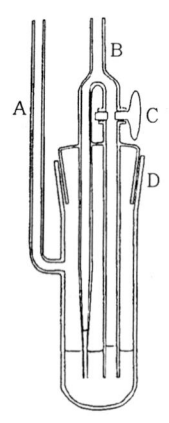

図 2.25 Sugdenによる最大泡圧法の測定装置[38]

2.3 最大泡圧法 (Maximum bubble pressure method)

ここに，r_2は2mmを越えない，r_1は約0.1mm，ρは液体の密度，Aは定数である．

2.3.2 測定方法

最大泡圧法において測定上，最も重視せねばならない項目は，毛細管先端部における気泡の形成と気泡圧の測定である．

a. 毛細管先端部における気泡の形成

毛細管先端部における気泡の形成には毛細管先端部の形状，毛細管と液体とのぬれ性，送気速度などが影響を与える．特に，ぬれ性に起因する気泡の形成状況は先に示した表面張力算出式における管径とも密接に関係する．いま，ガラス管を水中に挿入し，その先端で気泡の形成，離脱を行う．この場合，ガラス管のままのものと，パラフィンで管をコートし，水とのぬれを悪くしたものを用いる．その結果，気泡の形成の状況は両者で異なり，ぬれ性の良いガラス-水系では管先端部の内側に気泡の端(縁)があり(写真2.3参照)，パラフィン-水のぬれにくい系では，気泡の縁は管の外径になっている．このように気泡の形成状況は毛細管と液体とのぬれ性によって変化することを示している．そのため，図2.26に示すような種々の先端形状の毛管を用いて溶融金属の表面張力が測定されている[39]．測定結果から(a)の形状のものが適するといわれている．融体に使用されている毛細管材料を表2.4に示す．

毛管の先端部は最大泡圧法による測定値に大きく影響するため，使用する前に測定の精度を確認する必要がある．筆者の研究室においては，研磨調整した毛管によって脱イオン水の表面張力を測定し，精度の良い値が得られるまで毛管先端部の研磨調整をくり返し，測定を行っている．

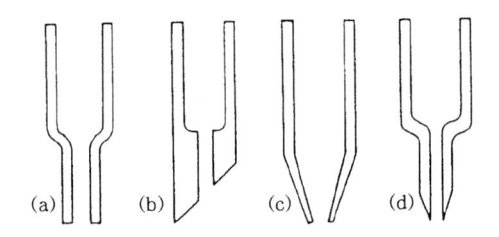

図2.26 毛細管の種々な形状[39]

表2.4 最大泡圧法で使用される毛細管の材料

融 体	毛細管の材料	最高使用温度 (K)
金 属	石英ガラス	1473
	アルミナ	1873
	タンタル*	1853
非金属	Au合金**	1273
酸化物	Pt，Pt合金	1873
フッ化物	Mo，W	2273
塩化物	黒鉛***	1873

*Baの測定　　**溶融塩
***CaO-SiO$_2$-Al$_2$O$_3$系スラグ

b. 気泡圧力の測定

　最大泡圧法において気泡形成による圧力変化を検出する方法として従来の研究では，マノメーターによる圧力柱高さの肉眼観察および電気的圧力検出の二つに大別される．前者のマノメーターによる検出はマノメーター内の位置をカセトメーターによって追跡し読み取る．この方法は肉眼による測定であるため，長時間にわたる測定では疲労による読み取り精度の低下が問題になる．

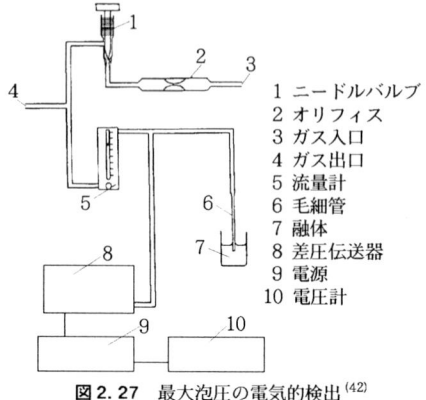

　一方，後者の電気的検出は管内圧力を差圧伝送器とデイストリビューターを用いて電圧に変換し，デジタル表示，記録するものである．筆者の研究室において使用している測定システムを図2.27に示す．なお，あらかじめ水マノメーターを用いて圧力と出力の検量線を作成し，差圧伝送器を検定した．

図2.27　最大泡圧の電気的検出[42]

1　ニードルバルブ
2　オリフィス
3　ガス入口
4　ガス出口
5　流量計
6　毛細管
7　融体
8　差圧伝送器
9　電源
10　電圧計

c. 毛細管先端と融体との接触位置の確認

　毛細管先端部が液体面に接触した点，すなわち深さ0の点の検出は浸漬深さと圧力変化の測定の原点として重要な問題である．この検出は圧力計，マノメーターの急変位によって知ることが多い．電気的に検出する試みもある[40]．この場合，金属製の毛細管，るつぼを使用するときには容易であるが，アルミナのような絶縁性の大きい材料を使用する場合には不可能である．ただ，高温において，アルミナの導電性が良好になることを利用し高温部にW線を巻いて検出する試みもある[41]．

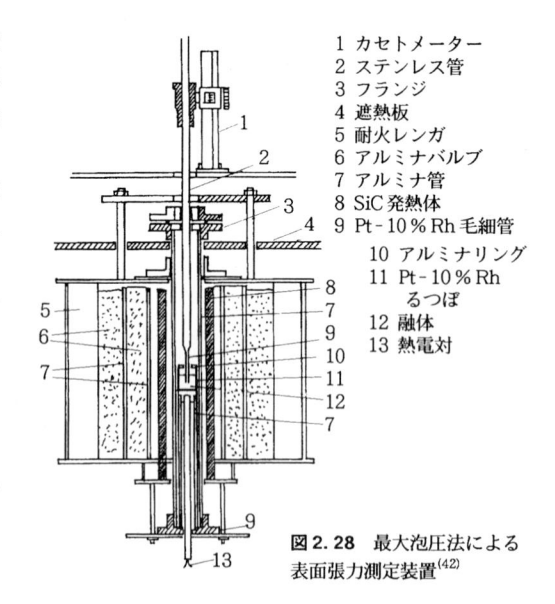

2.3.3　測定装置と測定手順

　図2.28に筆者等がCaF$_2$の表面張力の測定に用いた装置の概略を示す[42]．加熱炉には炭化ケイ素質ダブルスパイ

1　カセトメーター
2　ステンレス管
3　フランジ
4　遮熱板
5　耐火レンガ
6　アルミナバルブ
7　アルミナ管
8　SiC発熱体
9　Pt-10% Rh 毛細管
10　アルミナリング
11　Pt-10% Rh るつぼ
12　融体
13　熱電対

図2.28　最大泡圧法による表面張力測定装置[42]

2.3 最大泡圧法 (Maximum bubble pressure method)

ラル発熱体を用いて，1873Kまで昇温可能である．アルミナ質反応管内にはるつぼ支持用アルミパイプが置かれる．るつぼはPt-10%Rh合金製（内径45mmφ×高さ50mm）である．反応管内には脱水および浄化したアルゴンガスを流した．測温はるつぼ底部をPt-6%Rh-Pt-30%Rh熱電対によって行った．表面張力の測定は先端部を毛細管にしたPt-10%Rh合金製パイプを用いた．毛管部の先端は表面張力測定にとって最も重要であり，毛細管の先端部の研磨には十分に注意し，研磨に

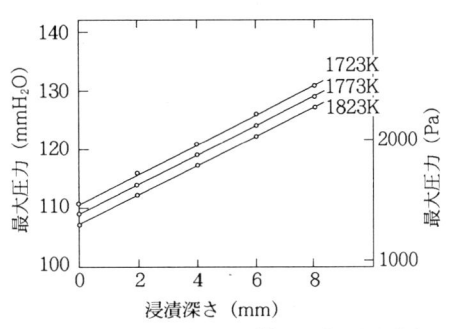

図2.29 CaF_2 融体中のPt毛管の浸漬深さと最大圧力[42]

際して，特にエッジが管内部へ折れ込まないようにする必要がある．内径を精密に測定し，使用に供した．毛細管の内径は1.0mmである．Pt合金製パイプの長さは，約100～160mmでアルミナパイプと高温用接着剤によって固定，接続した．このアルミナパイプは炉体上部に固定されたカセトメーターに取り付け，上下移動と移動距離の測定がなされる．

Pt合金製の毛細管は溶融したスラグ中に挿入し，純度99.999mass%以上の超高純度アルゴンを送入した．融体中に浸漬した毛細管先端部で気泡が生成し，離脱する際に得られる最大圧力は圧力変換器を用いて電圧に変え，デジタル電圧計で読み取る．また圧力変換器の読みは水柱マノメーターを用いて補正される．最大圧の測定に用いた気泡の生成速度は毎分1個程度である．最大圧は毛細管を浸漬する深さを変えて測定するが，その一例としてCaF_2融体について得られた毛細管の浸漬深さと気泡の最大圧力の関係を図2.29に示す．図のように浸漬深さと最大圧力との間には良い直線関係が成立し，この直線と深さ0における縦軸との交点より表面張力が求められる．表面張力の計算には融体中に形成される気泡形成に関するSchrödingerの式を用いた．高温におけるPt毛細管の内径は常温での実測値とPtの膨張係数とから決定した．

2本の毛管を用いるSudgenの方法を高温に適用した例としてPugachev[43]ら（図2.30）およびE. E. Shpil'rainら[44]の測定がある．図2.30の装置は基盤3上にセットされた石英ベルジャー内に装入されている．上下移動可能な支持台上測定融体（Fe, Cu）を入れたアルミナるつぼが置かれている．内径の異なった2本のアルミナ製毛管が湾曲した耐火材の管と耐火セメントで固定されている．加熱は高周波で，測温は上方から光高温計によってなされた．ベルは排気管15を通じて10^{-4}mmHgに排気後，るつぼ内のメタルは高周波で加熱溶解される．暫時経過後，るつぼは昇降装置によって上昇され，毛管は融体中に一定深さ浸漬される．純Ar，Neが毛管を通じて吹き込まれ，圧力変化がマノメーターで測定され(2-15)式を用いて表面張力が測定される．この方法による相対誤差は毛管の半径，圧力の測定において2～3%を越えな

い．この装置によってCuの表面張力が1873Kまで，アームコ鉄では1773〜2073Kまで測定がなされ，良好な値を得ている．

毛細管材料として，対象になる融体に応じて種々なものが使用されている．材料選択の条件としては，融体と反応の無いことが第一である．それは最大泡圧法による測定において最も重要な毛細管先端部の形状，寸法に影響を与えるからである．そのため，溶融金属に対しては非金属材料，溶融非金属には金属材料の毛細管が使用されている．それらを一括し表2.4に示した．非金属材料としてはアルミナが，また金属材料としては主としてPt，Pt-Rh，高温ではMo，Wが使用されている．

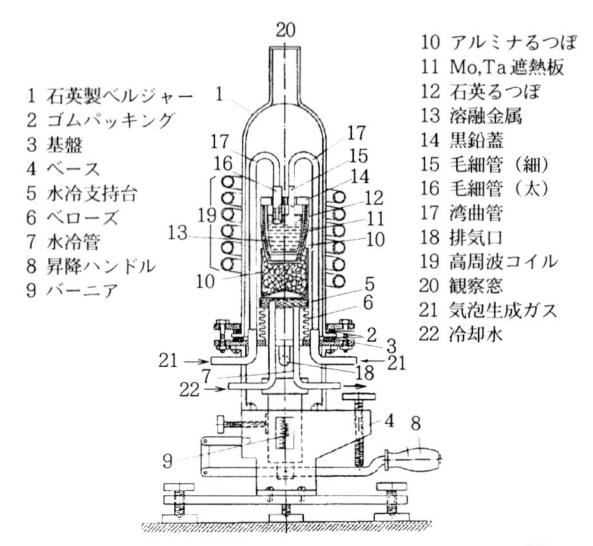

1 石英製ベルジャー
2 ゴムパッキング
3 基盤
4 ベース
5 水冷支持台
6 ベローズ
7 水冷管
8 昇降ハンドル
9 バーニア
10 アルミナるつぼ
11 Mo,Ta遮熱板
12 石英るつぼ
13 溶融金属
14 黒鉛蓋
15 毛細管（細）
16 毛細管（太）
17 湾曲管
18 排気口
19 高周波コイル
20 観察窓
21 気泡生成ガス
22 冷却水

図2.30 2本の毛細管を用いた高温用表面張力測定装置[43]

2.3.4 適用例と問題点

本測定法は一般的に，スラグ，フラックス溶融塩などの融体に対し，金属製毛管を用いた測定が多く，精度も高い．筆者の研究室において行った溶融CaF_2における誤差は±3mN/m（1873K），溶融Al_2O_3で±12mN/m（2373K）であった．しかし，本測定法は毛細管先端部で形成される気泡の圧力を測定するが，この場合，毛細管先端部の形状，寸法は測定精度を決定する重要な問題である．それと共に気泡の生成状況と圧力との関係も重要である．気泡の生成状況は，毛細管の材料と，融体とのぬれ性に大きく依存する．特に，ぬれない場合，最大圧を与える気泡の位置が確定していないので，この方法による溶融金属の表面張力の測定には若干の問題点を有している．粘い融体に対しても適応可能で5〜250Pa・sの粘度の溶融ガラスに対して誤差約1％という報告[46]もある．気泡の生成速度はできるだけゆっくりとした方が良好な結果が得られ，スラグ，フラックス融体で1分間1〜2個である．

毛管先端部が測定上重要であるので，被測定融体によって浸食されるかどうか，毎回チェックする必要がある．また，先端部と融体との接点の確認の精度も必要で，送気ガスによる融体の冷却などについて注意を要する．

2.4 垂直板法またはWilhelmy法 (Vertical plate method or Wilhelmy method)

いま，水とよくぬれるガラス棒を水につけて，ゆっくり引き上げ，水から引き離す過程を示すと図2.31のようになり，棒の位置と液体柱の関係は (a) から (e) のように変化する．棒には，下方に引っ張る棒の重量，棒の円周に働く表面張力，および棒に付着した液柱の曲面部に起因する圧力差が作用し，この二つの力の和をPとする．このPの大小と棒の位置の関係をみると，液柱にくびれが生じる直前の (c) の状態でPが最大になる．

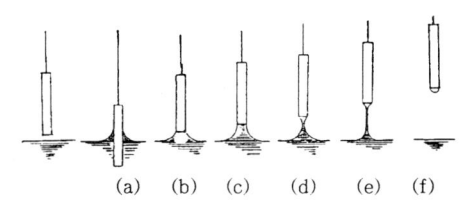

図2.31 水に付けた棒を引き離す過程

このPの最大値と，棒の寸法，および棒によって引き上げられた液柱の容積より表面張力を求める方法が引き離し法 (pull method) である．(c) 以前の状態におけるPの値を測定して，表面張力を求める方法が付着法 (adhesion method) である．前者の引き離し法としては，輪環法 (ring method)，浸漬円筒法 (dipping cylinder method)，ピン法 (pin method)，水平円板法 (horizontal plate method) がある．後者の付着法は，一般にはWilhelmy法，垂直板法 (vertical plate method) といわれている．本節では，Wilhelmy法について述べ，次節に引き離し法を述べる．

この方法は，Wilhelmyが1863年，アルコールの表面張力測定に用いた方法であり[46]，Wilhelmy法の名がある．高温融体に対しては，薄いPtプレートを用いた溶融塩の測定[47]，細いPt-Rh合金の丸棒を用いた溶融酸化物の測定[48]があり，金属としては液体Naの測定[49]がMoプレートを用いて行われている．

2.4.1 測定原理

棒状の試料，例えば半径r，質量Mのガラス棒を図2.32のように水中にhだけ浸漬すると，このガラス棒には重力Mg，浮力$B=\pi r^2 h\rho$と，表面張力$L\gamma$が作用する．表面張力は図のように水面と棒とが接するところLにおいて，ぬれ角（液体の棒に対する接触角）に沿って$2\pi r\gamma\cos\theta$で与えられる．ガラスと水の場合，$\theta=0°$であるので，表面張力は$L\gamma=2\pi r\gamma$である．上向きの力をTとすると，この場合の力の釣り合いは

$$T + \pi r^2 h\rho = Mg + 2\pi r\gamma \qquad (2\text{-}18)$$

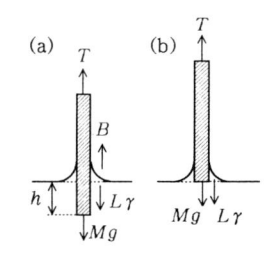

図2.32 垂直板法 (Wilhelmy法) の測定原理図

(a)

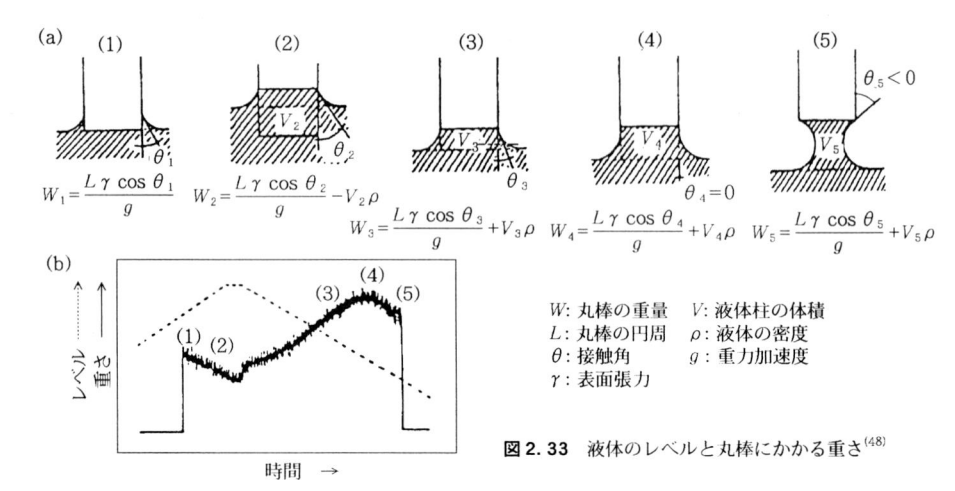

(1) $W_1 = \dfrac{L\gamma\cos\theta_1}{g}$

(2) $W_2 = \dfrac{L\gamma\cos\theta_2}{g} - V_2\rho$

(3) $W_3 = \dfrac{L\gamma\cos\theta_3}{g} + V_3\rho$

(4) $W_4 = \dfrac{L\gamma\cos\theta_4}{g} + V_4\rho$, $\theta_4 = 0$

(5) $W_5 = \dfrac{L\gamma\cos\theta_5}{g} + V_5\rho$, $\theta_5 < 0$

(b)

W: 丸棒の重量　　V: 液体柱の体積
L: 丸棒の円周　　ρ: 液体の密度
θ: 接触角　　　g: 重力加速度
γ: 表面張力

図2.33 液体のレベルと丸棒にかかる重さ[48]

で示される.

　種々な深さに丸棒を浸漬し，そのときのTを測定し，Tとhの関係をもとにγを求めることができる．しかし高温融体の場合，融体に浸漬する材料と融体との接触角θは必ずしも0でないから，このことを考慮する必要がある．この場合の融体と浸漬棒との関係は図2.33のように示される．天秤で測定する重量と融体，棒との関係は図2.33(a)のようになり，$\theta = 0$の点において，$T_{\max}$となる．この値よりγを求めることができる．

　$\theta = 0$の点において半径rの丸棒が持ちあげた融体の体積をVとすると，表面張力γは式(2-19)によって決定できる．

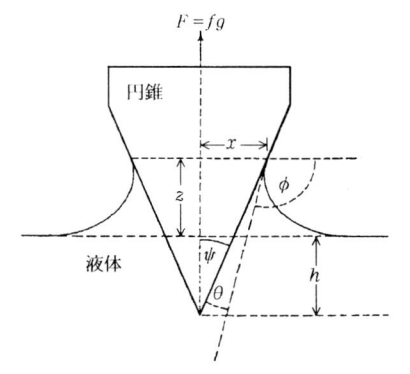

図2.34 円錐を用いた表面張力測定の原理図[50]

$$\gamma = (T - V)_{\max} \dfrac{g}{\pi r} \tag{2-19}$$

　最近，Kidd, Gaskell[50]はPadday[51]が水溶液に用いた円錐体に働く力の測定による表面張力測定技術を溶融酸化鉄に適用した．図2.34に示すように，円錐に働く力Fは式(2-20)で与えられ，

$$F = 2\pi x\gamma\cos(\phi - \theta) + \pi zx^2\rho g - \dfrac{1}{3}\pi x^2(Z + h)\rho g \tag{2-20}$$

　毛管係数k，表面張力γを用いて式(2-20)を無次元化し式(2-21)を得る．

2.4 垂直板法またはWilhelmy法 (Vertical plate method or Wilhelmy method)

$$\frac{F}{\gamma k} = \frac{2\pi x \cos(\phi - \theta)}{k} + \frac{\pi x^2 z}{k^3} - \frac{\pi x^2 (z+h)}{3k^3} = \frac{V}{k^3} \qquad (2\text{-}21)$$

ここに,Vは水面上にある液体の体積から水面下の円錐体の部分で置換された体積を差し引いた体積である.

Paddayは $\theta = 0°$ の場合,種々なψに対して V/k^3 を求めている[52]. V/k^3 の最大値 $V_{\max}/k^3$ を円錐定数(cone constant)とし

$$C = \frac{V_{\max}}{k^3}$$

とすると,もし$F=fg$ならば円錐体に働く最大力から表面張力 γ が求まる.

$$\frac{fg}{\gamma k} = C, \qquad \gamma = g\rho^{1/3} \left(\frac{f}{C}\right)^{2/3} \qquad (2\text{-}22)$$

2.4.2 測定装置と測定手順[48]

1873Kにおいて溶融酸化物の表面張力の測定に用いられたWilhelmy法の装置を図2.35に示す.引き上げ用棒状体は,るつぼの大きさとの関係による.るつぼ壁の影響,スラグ中への挿入による液面変動,および高温における変形等を考慮して,直径2mm,長さ100mmの円柱棒が用いられている.この円柱棒は炉体の上方の天秤よりワイヤーによって吊り下げられる.スラグはPtるつぼ(内径22mm)中で溶解され,るつぼはアルミナ管上に設置されている.るつぼは炉体下部のシンクロナスモーターによって,ゆっくりと上昇,下降が可能であり,Pt合金の円柱棒とスラグを接触,挿入,引き上げの操作が可能である.炉は$LaCr_2O_3$発熱体の抵抗電気炉で,発熱体の内側中央にアルミナ反応管(ID 28mm)が保持されている.

測定方法はまず,シンクロナスモーターによってPtるつぼはゆっくりと上昇し,るつぼ内のスラグの液面は上方にあるPt合金製円柱棒と接触する.接触後,円柱棒のスラグへの挿入,引き上げのプロセスにおける円柱棒とスラ

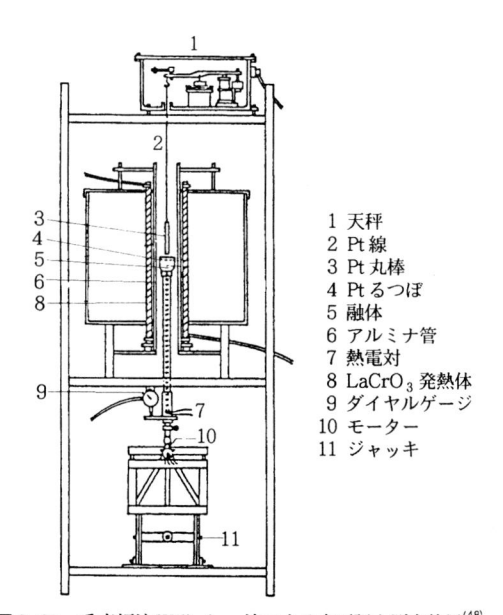

1 天秤
2 Pt線
3 Pt丸棒
4 Ptるつぼ
5 融体
6 アルミナ管
7 熱電対
8 $LaCrO_3$発熱体
9 ダイヤルゲージ
10 モーター
11 ジャッキ

図2.35 垂直板法Wilhelmy法による表面張力測定装置[48]

グとの関係，および天秤の荷重の変化を図2.33(b)に示す．棒とスラグ液表面とが接した瞬間は(1)の状態にあり，荷重(1)を示す．次にるつぼを上昇させると液面は上昇し，円柱棒はスラグ中に挿入され，挿入部分に相当する浮力が働き，荷重は減少し(2)の状態になる．この状態より，るつぼをゆっくり降下させる．すなわち円柱棒からみれば，ゆっくり引き上げたことになり，スラグ中にある円柱棒の浮力は減少し，逆に荷重は増大して(3)の状態になる．さらにるつぼを降下させると，円柱棒外面とスラグとの接触角 $\theta = 0$ の状態(4)に達し，それ以上るつぼを引き下げると棒先端部とスラグはくびれた形状のスラグによって接続し θ は負になり，荷重が減じる．るつぼの下降をつづけると，ついに棒とスラグとの接触は切れる．これらの各状態における荷重 W は図中の各状態の下に示した数式によって示されている．これらの各々の状態より表面張力を求めることができるが，W の算出に重要な役割りをはたす θ の測定が不能であるため，$\theta = 0$ の(4)の状態より式(2-23)，式(2-24)に従って表面張力が求められる．

$$W_4 = \frac{L\gamma}{g} + V_4 \rho \tag{2-23}$$

$$\gamma = (W - V\rho)_{max} \frac{g}{L} \tag{2-24}$$

スラグのように粘い液体の場合，粘度に抵抗してスラグを引き上げるために天秤に働く力が増大し，見掛け上 γ が大きく求められることがある．特に連続的にるつぼを降下させた場合に顕著であり，注意を要する．この対策として間欠降下によって粘度の影響を除くことができる．

この方法による測定において融体の密度を同一の測定装置において求めるために図2.36のような浮子が用いられている[52)(53)．この場合最初に円錐体先端部の小さな棒状部を融体につけ，表面張力を測定する．

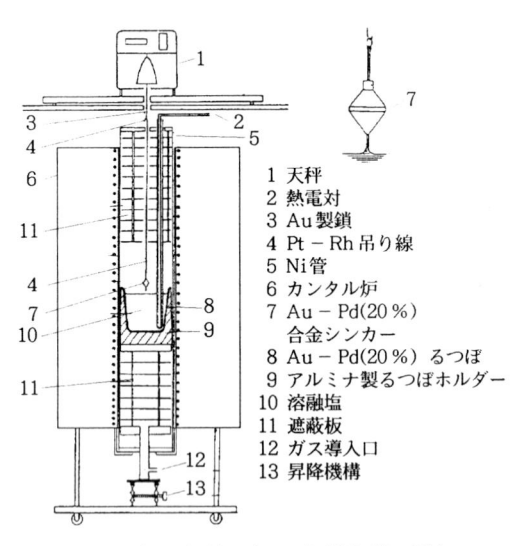

1 天秤
2 熱電対
3 Au製鎖
4 Pt-Rh吊り線
5 Ni管
6 カンタル炉
7 Au-Pd(20%)合金シンカー
8 Au-Pd(20%)るつぼ
9 アルミナ製るつぼホルダー
10 溶融塩
11 遮蔽板
12 ガス導入口
13 昇降機構

図2.36 アルキメデス法によって密度が同時に測定できる表面張力測定装置[52]

2. 4. 3 適用例と問題点

　本測定は融体とぬれる材料によって作られたプレート，丸棒，円錐体を用いれば両者間に反応のない場合，どのような融体でも測定が可能である．溶融金属についてはぬれる材料として固体金属が考えられるが，金属同士では反応，溶解の生じることが考えられ，溶融金属についての高温の測定は例がない．溶融酸化物についてはPt合金を用いればぬれるために測定可能であるが，適用例は少ない．

　この方法は粘度の大きい融体の場合，垂直板と融体の間隔を連続的に離すと著しい誤差を生じる．粘度が10^2Pa・s以上の場合，間欠的に引き離すことによって，粘度の影響を除くことができる．

2. 5 輪環法(Ring method)または浸漬円筒法(Dipping cylinder method)

　輪環法，浸漬円筒法は，引き離し法（pull method）の代表的な方法であり，液体と付着させる物体の形状が輪環状または円筒状のために，このように名付けられている．常温液体では比較的良く使用される方法で，輪環法を極めて簡単に行えるようにしたDu Nouyの張力計は有名である[54]．そのためDu Nouyの方法といわれることもある．高温融体に関してはWashburn，Libman[55]が浸漬円筒法をガラスの測定に適用して以来，溶融ガラスの測定には広く用いられている[56][57]．さらに溶融スラグに対してはKozakevitch[58]によるFeO基スラグおよびKing[59]の種々なケイ酸塩に関する測定が有名である．ガラスやスラグはこれと反応せず，よくぬれるPtの薄い円筒を測定に使用できるため，円筒法が多用されている．輪環法は強度，変形等の関係で，ガラス，スラグのような高温融体に対しては使用された例は少ない．一方，溶融金属に対しては，それとよくぬれ，かつ反応しない材料が高温においては見出されないので金属，合金融体に関する測定はみられない．

2. 5. 1 測定原理

a. 輪環法または浸漬円筒法

　この方法は引き離し法の代表的なものであり，図2.37 (a) のように細い針金の輪を液面と平行に，また図2.37 (b) のように肉薄い円筒を液面と鉛直につけ，そのままゆっくりと液面と鉛直方向に引き上げる．針金や，円筒と液体とがぬれると，それらについて引き上げられ，そのとき要する力が針金や円筒に付着した液体に働く表面張力および引き上げられた液体の重量との和に釣り合っている．この関係を利用して，表面張力を求める．

　いま輪環が液面から上方に離れるにつれて引き上げられた液面の形状は図2.37 (a) のように変化し，そのためPも変化する．輪環が液面から離れる瞬間において引き上げられた液面が輪環の面に対して垂直になりPは最大になる．その力P_{max}は式(2-25)で与えられる．

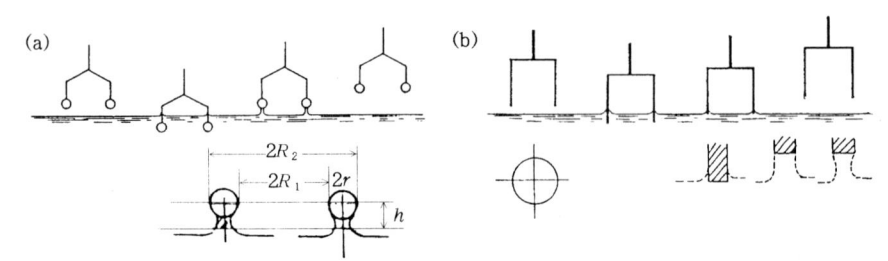

図 2.37 水につけた輪環，円筒を引き離す過程[56]

$$P = 2\pi(R_1 + R_2)\gamma + \rho g h \pi (R_1^2 - R_2^2) \tag{2-25}$$

$$\gamma = \frac{P}{2\pi(R_1+R_2)} - \frac{\rho g h}{2}(R_1 - R_2) \tag{2-26}$$

ここに，R_1, R_2：輪環の内外半径，r：針金の半径，P：引き離す力，ρ：液体の密度，h：持ち上げられた液体部分の高さ，g：重力加速度である．針金の太さrがR_1, R_2と比較して小さいときは第2項は省略でき，R_1, R_2の平均値Rで輪環の半径をあらわすとγは近似的に

$$\gamma = \frac{P}{4\pi R} \tag{2-27}$$

と表すことができる．しかし，実際には式 (2-27) によってγの正しい値を求め得ない．それは引き上げられた液体が輪環から離れるときの挙動は複雑で，液柱が環の側面と平行ではなく，また輪環の平均半径Rと液柱の平均半径とが同一ではない．また輪環には液体が付着するなどによるものとされている．そのため種々の補正の方法が提示されているが，Harkinsによる補正式 (2-28) を示す[60]．この補正式はFreudら[61]の理論とも良好な一致を示す．

$$\gamma = F\frac{P}{4\pi R} \tag{2-28}$$

Fは補正因子で輪環の場合，式(2-29)で与えられ，

$$F = f\left(\frac{R^3}{v}, \frac{R}{r}\right) \tag{2-29}$$

R^3/v, R/rのみの関数で与えられ，vは輪環が持ち上げた液体の体積に相当する．

吊輪法においては吊輪が肉厚を有するため，その補正を必要とする．Verschaffeltは吊輪の肉厚に対する補正項として式 (2-30)，式 (2-31) を導出している．

$$\gamma = \frac{\phi F_{max}}{4\pi R} = \frac{\phi W_{max} g}{4\pi R} \tag{2-30}$$

$$\phi = 1 - \left(2.8284 + 0.6095\sqrt{\frac{h}{R}}\right)\frac{\delta}{\sqrt{hR}} + \left(3 + 2.585\sqrt{\frac{h}{R}} + 0.371\frac{h}{R}\right)\frac{\delta^2}{hR} \tag{2-31}$$

2.5 輪環法(Ring method)または浸漬円筒法(Dipping cylinder method)

ただし、

$$h = \frac{F_{\max}}{\pi R^2 \rho g} = \frac{W_{\max}}{\pi R^2 \rho}$$

ここに、ρ は試料の密度、2δ は吊輪の肉厚である。

日野ら[62]は被測定融体の密度によって補正項 ϕ の変化することを見出し、補正項 ϕ の密度依存性を求め、ϕ を式 (2-32) のように示した。

$$\phi = a + b\left(\sqrt{\frac{\rho}{F}}\right) + c\left(\sqrt{\frac{\rho}{F}}\right)^2 = a + b'\left(\sqrt{\frac{\rho}{W_{\max}}}\right) + c'\left(\sqrt{\frac{\rho}{W_{\max}}}\right)^2 \quad (2\text{-}32)$$

ϕ は $(\rho/W_{\max})$ の2次関数として与えられている。a, b, c, b', c' は定数。

表面張力既知の融体の ρ および $W_{\max}$ を測定し、真の補正値 ϕ'(輪の肉厚および試料の密度に対する補正項)を式(2-32)の関係から逆算して求め ϕ' と $\rho/W_{\max}$ の関係を求めている。日野らはこのことよりまず試料の ρ および $W_{\max}$ を測定し、ϕ を決定して表面張力を算出している。

一方、円筒法[59]においても式(2-26)によって表面張力を求め得るが、F の補正因子は輪環法のそれと異なっており、表面張力の既知の液体によって補正する必要がある R^3/v と F の関係を図2.38 に、また接触角 θ と最大引張り力 P との関係も種々な液体により補正

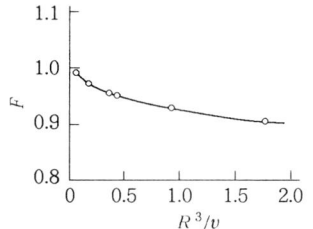

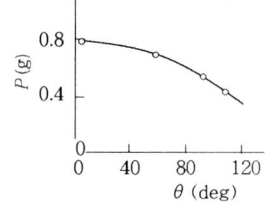

図2.38 補正係数 F と R^3/v との関係[59]

図2.39 最大引張り力 P と接触角との関係[59]

する必要がある。その関係を図2.39に示す[59]。スラグの測定においてはこれらの関係は無視できない。MnやFeのケイ酸塩ではCa, Mgケイ酸塩よりも大きく、θ の影響によるものと考えられる。

Shpil'rainら[63]は浸漬円筒法による表面張力の測定において種々の直径と肉厚を持つ12個の円筒を用いて肉厚、直径の影響を検討しVerschaffeの補正項に類似の式 (2-33) に示している。

$$\gamma'_0 = \gamma'(1 - 0.91\Delta K_1 - 0.48\delta) \quad (2\text{-}33)$$

ここに、$K_1 = \frac{1}{k} = \left(\frac{\rho g}{2\gamma}\right)^{\frac{1}{2}}$ はキャピラリー係数の逆数、$\delta = \Delta/Rh$ は相対厚さ、$\Delta = R_2 - R_1$ は円筒の肉厚である。

円筒法における測定において二つの統計的な誤差、円筒の厚さと円筒が液体から離れるとき液体表面に生じるメニスカスの直径の収縮に対する補正についてShpil'raninら[63]は詳細に報

告している.

この装置では水のような液体に対しては非常に高い精度が可能であるが，スラグに対しては種々な因子，例えば粘度が高いスラグでは平衡に達するのに十分な時間がない場合，γの高い値が得られ精度も悪い．そのため測定温度領域は十分な流動状態にあらねばならない．

修正因子Fには密度の知識が必要であり，密度の値の5％の誤差は表面張力に対し0.5％影響する．

b. 水平円板法 (horizontal plate method)[64]

この方法は輪吊や円筒の代りに薄い円板を用いる方法である[62][63]．薄い円板を図2.40のように液面に平行に接触して，鉛直に引き上げるとき，円板に付着してつり上げられた液柱が破れる直前の高さをh，液体の密度をρとすると円板の下面の圧力は上面より$\rho g h$だけ小さい．よって円板を液体より引き離すための最小の力Pは，円板の半径をRとすると，

$$P = \pi R^2 \rho g h \tag{2-34}$$

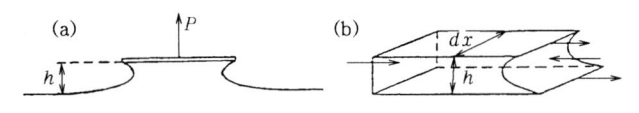

図2.40 水平円板法の原理図[64]

で与えられる．hとγとの関係は，液体の表面張力および液面の曲率による外圧との釣り合いより，接触角が0の場合，

$$h = 2\sqrt{\gamma/\rho g} \tag{2-35}$$

となる．式(2-34)，式(2-35)より，

$$\gamma = \frac{P^2}{4\pi^2 R^4 \rho g} \tag{2-36}$$

によってPを測定すれば液体の表面張力が求められる．

2.5.2 測定装置

高温融体に対する測定装置は主に浸漬円筒法によってなされている．そのため測定装置の一例として浸漬円筒法によるものを図2.41に示す．この装置はKing[59]が溶融ケイ酸塩スラグの表面張力測定に用いたもので，最高1893Kまで測定可能である．スラグはPt-10％Rhの皿状容器(直径73.0×深さ19.0mm)に入れられる．これはPt-10％Rh線炉によって加熱される．この炉は上下に移動可能である．温度はPt-13％Rh熱電対によってるつぼの底部を測定している．

表面張力測定用シリンダーはPt-10％Rh製(直径12.7×高さ19.0mm)で天秤から細いワイ

2.5 輪環法(Ring method)または浸漬円筒法(Dipping cylinder method)

ヤー環によってつり下げられた薄いPt管と溶着している．

　この方法において引き離す力の測定と同様重要な測定として，円筒の円周の寸法がある．これが測定精度の一つの限界要因である．Kingは0.01mmの精度の読み取り顕微鏡によって10箇所の直径を測定している[59]．さらに測定に際して円筒は垂直になっていなければならないので厳重にチェックする必要がある．円筒の傾きは吊り線によって較正される．円筒が強度を備え，底面が融体表面と平行を保つため，図2.42のような上部が円錐状になった円筒が用いられている[66]．

　水平円板法による溶融アルミナの測定装置の一例を図2.43に示す[65]．円板はMo板であり，最高2823Kまで測定可能である．

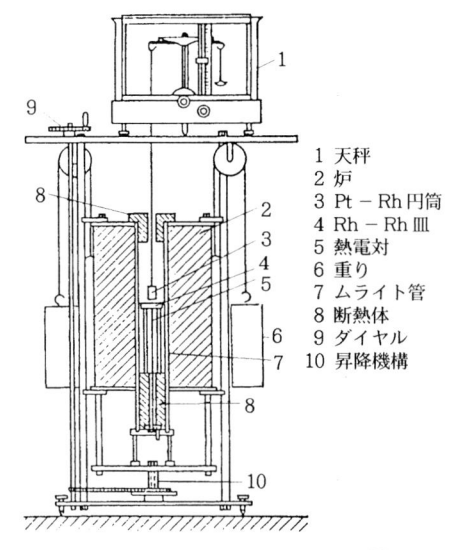

図2.41　円筒浸漬法による測定装置[59]

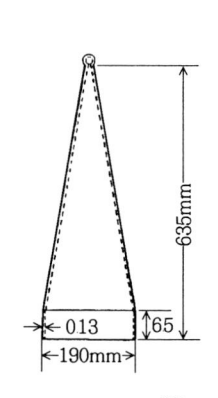

1　天秤
2　炉
3　Pt－Rh円筒
4　Rh－Rh Ⅲ
5　熱電対
6　重り
7　ムライト管
8　断熱体
9　ダイヤル
10　昇降機構

図2.42　改良型円筒[66]

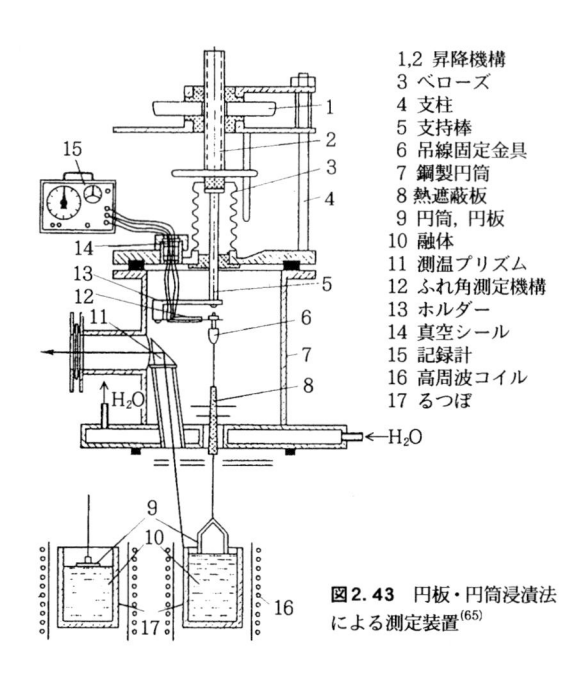

図2.43　円板・円筒浸漬法による測定装置[65]

1,2　昇降機構
3　ベローズ
4　支柱
5　支持棒
6　吊線固定金具
7　鋼製円筒
8　熱遮蔽板
9　円筒，円板
10　融体
11　測温プリズム
12　ふれ角測定機構
13　ホルダー
14　真空シール
15　記録計
16　高周波コイル
17　るつぼ

2.5.3 適用例と問題点

この測定方法はガラス,スラグ,溶融塩等の溶融非金属について,それと反応しないPt,Pt合金等を用いて古くから利用されている.輪吊や円筒と融体との離れかたが理想的に行われるためには,輪吊,円筒の下端面が融体の自由表面と平行であることが必要で,それを保つために吊り線とこれらの面とが完全に垂直になっている必要がある.この点に十分に留意すべきである.最近は約2273Kの高温における測定も行われるようになった.

2.6 滴重量法 (Drop weight method)

浴室の天井や雨傘の骨の先端から水滴がある大きさになると滴下することはよく経験することであろう.これは水滴の重量が水滴を支えている表面張力に打ち勝つときには滴となって落下する現象である.そのため水滴の重量を測定することによって表面張力を求めることが可能である.液滴の重さと表面張力の関係はTate[67]以来多くの研究がなされているが,まだ満足すべき理論は得られていない.この原理に基づいて考えられた表面張力測定法が滴重量法である.液滴は管の先端より落下させたり,丸棒状試料の先端を溶かして落下させたりして,その重量が測定されている.この方法は溶融金属の表面張力を最初に測定したQuincke[68]が1868年に採用した方法として知られている.

2.6.1 測定原理

垂直に立てた管の下端に懸垂する液滴の落下過程は図2.44のように示される.この液滴の形状,重量は,管の太さ,形成速さ,管と液体のぬれ等によって異なる.落下直前の場合,簡単には滴の重量と管の周囲に沿って鉛直方向に働く表面張力が釣り合って,mを滴の重量,gを重力加速度,rを滴がつくられる棒の径とすると,

$$mg = 2\pi r \gamma \quad (2\text{-}37)$$

が成立する.しかし実際に落下する液滴の重量は図のように管の下端にその一部が残るためこの m より少ない.

このように滴の重量を表面張力との関係によって簡単に表すことができない.そのため補正をせねばならないが,Harkins,Brown[69]は補正式として式(2-38)を与えている.

$$\gamma = \frac{mg}{r} \cdot F \quad (2\text{-}38)$$

ここに,Fは滴の体積Vとrによって決まる補正係数で,

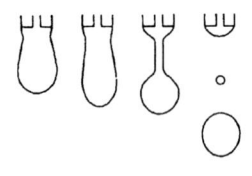

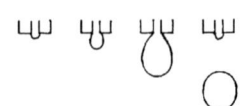

図2.44 懸滴の落下過程

$$F = \frac{1}{2\pi f(r/V^{1/3})} \tag{2-39}$$

この関数 $f(r/V^{1/3})$ は Harkins によって表に示されている．

2.6.2 測定方法

細管の先端や丸棒の先端から滴下する滴の重量を測定すればよいから，重量測定には2通りの方法がある．1つは細管より滴下した液滴を採取して，その重量を測定する方法であり，他は丸棒の先端が溶解し，滴下する重量を測定する方法である．液体金属の場合，細管は金属と反応しないものを選択せねばならないが，金属自身の丸棒による場合はその心配がないので高融点金属に対しても適用性がある．

a. 細管の先端より液滴を滴下する方法

この方法による表面張力の測定は主として低融点金属の場合に用いられている．図2.45に測定装置の一例を示す[70]．先端部に毛細管を有する硬質ガラス製管状容器内に溶融金属を吸い上げ，次に容器内に圧力を徐々に加えていくと，毛細管先端より金属滴が滴下する．この場

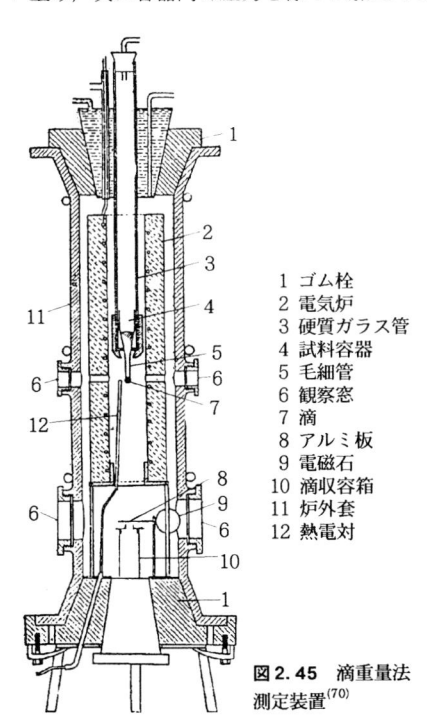

1 ゴム栓
2 電気炉
3 硬質ガラス管
4 試料容器
5 毛細管
6 観察窓
7 滴
8 アルミ板
9 電磁石
10 滴収容箱
11 炉外套
12 熱電対

図2.45 滴重量法測定装置[70]

図2.46 水銀の滴下速度と表面張力の関係[71]

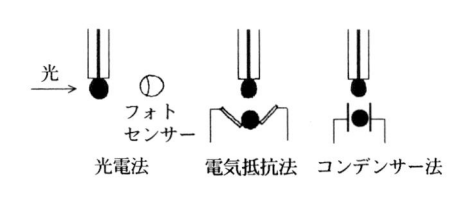

図2.47 滴下液滴の計測法（光電法，電気抵抗法，コンデンサー法）

合,表面張力と重力との釣り合が十分とられるためには,滴下速度はできるだけ遅い方がよい.図2.46は水銀について滴下速度と表面張力の関係を示したもので,滴下速度の大きいときには低い表面張力値が得られている[72].滴下した金属滴の数とその重量が測定されれば式(2-38)の関係より表面張力を求めることができる.滴の計数の方法は種々考えられているが,二三の例を図2.47に示す.他の重要な問題として細管の径の測定がある.液滴重量法による測定は低融点金属について若干の測定がある[73][74].

b. 丸棒状試料の先端部を溶解し滴下する方法

丸棒状試料の先端部が溶解,滴下する場合その重量を測定すれば良いが,直接測定する方法として図2.48に示すように,天秤の一方のアームに試料丸棒を取付け試料先端部の滴下によって生じる重量減少を天秤によって直接測定するものである[75].この方法による丸棒状試料の先端部の形状は金属の種類,寸法によって,かなり相違する.これは金属の組成,熱伝導度,雰囲気による相違であるが,これより滴下する金属液滴の重量が相違し,それにより求められる表面張力の値が変ってくる.細管の先端より液滴を滴下する方法と違って,この方法では溶融金属は耐火材料と接触しないから,高融点金属の測定が可能である.Petersonら[75],Allen[76]らはそれぞれ高融点金属,Ti,Zr,HfおよびCrの表面張力の測定を行っている.また金属試料先端部の液滴をスラグ中で形成させれば,メタル-スラグ間の界面張力を求めることができる.

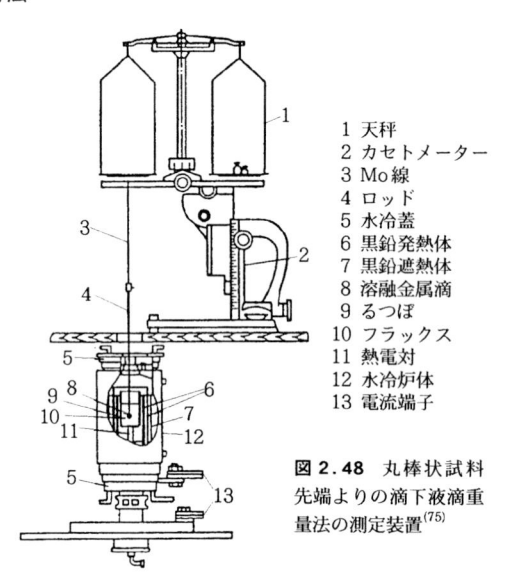

1 天秤
2 カセトメーター
3 Mo線
4 ロッド
5 水冷蓋
6 黒鉛発熱体
7 黒鉛遮熱体
8 溶融金属滴
9 るつぼ
10 フラックス
11 熱電対
12 水冷炉体
13 電流端子

図2.48 丸棒状試料先端よりの滴下液滴重量法の測定装置[75]

2.6.3 適用例と問題点

細管より融体を滴下する方法は主として低融点金属に適用されている.この場合,滴下速度が大きいと図2.46のように見掛け上低い表面張力値を与えることがある[72].

一方,丸棒状試料先端部の溶解により滴下させる方法は2273K以上の高温まで適用できるため高融点材料の測定に用いられている.この測定では,CuやAl$_2$O$_3$の測定で比較的良好な値を得ている.しかし,CaF$_2$ではかなり大きい値を報告している例がある[75].この方法によっ

て表面張力を求める場合，融点より温度を高く上げられないし，先端部での滴の形成の際に必ずしも試料径を使用して計算するのが良いかどうか判断しにくい場合もあるため，適切な表面張力値が得られるかどうかは問題点が残る．これに対してCampbell[77]は径の大きな場合に適用できる補正式を提案している．

2.7 懸滴法（Pending drop method）

垂直な管の下端に管内の液体がぶら下がる場合，あるいは丸棒の先端部が溶けて滴状にたれ下がる場合，その液滴の形状は液体の表面張力と重力とによって決定される．そこでこの形状から液体の表面張力を求めることができる．

高温融体に適応されたのは比較的新しいが，金属棒の先端を溶解するだけで測定が可能であるから特に高融点の金属に適用されている．また溶融酸化物に対する測定も報告されている．

2.7.1 測定原理

鉛直に立てられた管にゆっくり液体を送り込んで，その下端で液滴をつくるとき，そのたれ下がった状態，懸滴の形状は，液体と管とのぬれ，管の寸法によって大きく異なることはすでに19世紀に明らかにされていた[78]．図2.49は同一寸法のガラス管よりたれ下がった水(a)，水銀(b)の形状である．図2.50は管の径を変化させた場合の懸滴の形状であるが，細い管④と太い管①では形状は大きく異なる．④はストローの先の水滴の形状であり，①は浴室の天井にみられる水滴の形状に近い[79]．

これらの懸滴の形状は原理的にはラプラスの式に基づいて求められ，懸滴の形と液体の物性との関係は式(2-40)で与えられる．

$$\frac{2\gamma}{b} - \gamma\left(\frac{1}{R_1(z)} + \frac{1}{R_2(z)}\right) = \rho g z \tag{2-40}$$

ここに，γ は液体の表面張力，R_1, R_2 は位置 z における界面の曲率半径，b は $z=0$ における滴の半径，懸滴の形は式(2-41)の微分形を使って解析できる．

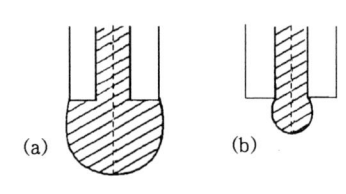

図2.49 同一内径のガラス管先端より出現する液体の形状 (a)水，(b)水銀

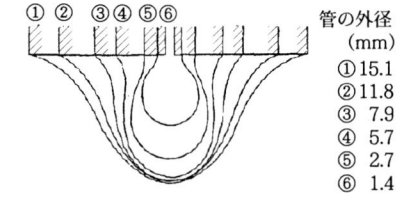

図2.50 種々な外径の管先端部に形成される水の懸滴[79)80]

管の外径 (mm)
① 15.1
② 11.8
③ 7.9
④ 5.7
⑤ 2.7
⑥ 1.4

$$\left(\frac{\rho g b^2}{\gamma}\right)\left(\frac{z}{b}\right) = 2 - b\left[\frac{d^2z/dr^2}{\{1+(dz/dr)^2\}^{3/2}} + \frac{dz/dr}{r\{1+(dz/dr)^2\}^{1/2}}\right] \tag{2-41}$$

この2階非線形微分方程式はbと式(2-42)で示されるβの2つのパラメーターを含んでいる．

$$\beta = -\rho g b^2/\gamma \tag{2-42}$$

これらのパラメーターは式(2-41)で表される懸滴の大きさと形を決定する．βは静滴法でも用いられたが，懸滴法では負の値になる．

懸滴の形状から表面張力を求める方法はWorthington[78]以来数多く試みられている．液滴と表面張力の釣り合いより検討する．図2.51に示す懸滴の斜線をほどこした部分の重さと，それを支える表面張力との釣り合いを考える[80]．原点を滴の最下端にとり，水平にx，垂直にz軸をとる．$P(x,z)$における接線，すなわち表面張力の働く方向がx軸となす角をαとすれば，釣り合いは，

$$2\pi x \cdot \gamma \sin\alpha = p \cdot \pi x^2 + \pi \rho g \int_0^z x^2 dz \tag{2-43}$$

図 2.51 懸滴法の原理図[80]

ただし，ρは液滴の密度と雰囲気の密度の差，pはPQ面上の静水圧である．外圧をBとすると$p = B - \rho g z$であるから

$$z - \frac{1}{x^2}\int_0^z x^2 dz = \frac{B}{\rho g} - \frac{2\gamma}{\rho g}\cdot\frac{\sin\theta}{x} \tag{2-44}$$

となる．ここに$X = \dfrac{\sin\theta}{x}$，$Y = z - \dfrac{1}{x^2}\int_0^z x^2 dz$，$b = \dfrac{B}{\rho g}$，$a^2 = \dfrac{2\gamma}{\rho g}$とおくと式(2-44)は

$$Y = b - a^2 X \tag{2-45}$$

となる．滴表面の各点でX, Yを求め図示すると直線関係が得られる．この直線の勾配はa^2であり，毛管係数を与える．よって表面張力を求めることができる．しかし，この方法では式(2-44)の関係を精度よく求めるには滴表面の多くの点について測定を行わねばならない．b, βの2つのパラメーターを正確に見出すことは困難である．そこでAndreas[81]は表面張力を容易に測定できる量の関数として表し，その関数の形から実験的に決めた表を用いる方法を提出した．

Andreasは図2.52の液滴の水平断面の最大直径をd_e，液滴の先端からd_eだけ上部における直径をd_sとすればd_sとd_eとの比Sで与えられる関数$1/H$が表示されている．表面張力γは式(2-46)によって与えられる．

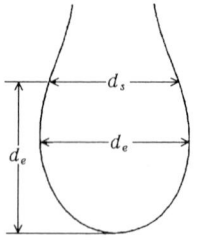

図 2.52 懸滴法の測定原理図[81]

2.7 懸滴法 (Pending drop method)

$$\gamma = \frac{g d_e^2 \rho}{H} \tag{2-46}$$

ただし，ρ は液体の密度，$1/H$ は d_s/d_e の関数で実験的に求められている．$r_s/r_e = S$ と変数 H より表面張力を求める方法は，b を求める必要がなくなったが，r_s の決定に不正確さが残る．Stauffer[82]によれば r_s の測定誤差1%を見込んで，$S = 0.4$ に対し γ/ρ は20%の誤差となる．

懸滴法の測定精度の向上のためには滴の長さと直径の比を大きくすれば良く，$3.0 r_e \sim 4.0 r_e$ が提唱されている．しかし，測定対象となる物質の比が必ずしも，これほど大きくない．溶融アルミナで$2.2 \sim 2.6 r_e$[83]，Nb $1.4 r_e$[84] CaO − SiO_2 スラグ $1.1 r_e$[86] である．このように長さと直径の比を大きくとれないことによる精度の低下を補う目的でLihrmannらは滴の形状全体を測定の対象とした[83]．そのために r_e を想定し，r_e/b によって定義される β の値を決定した．これによって想定した r_e の値に対して種々の滴の形が b の関数で与えられる．特定の r_e に対する滴の外形の一例を図2.53に示す．このようにして$2.17 \sim 4.07$ mmの r_e に対し15の r_e と，$-0.25 \sim -0.55$ までに20個の β に対して300個の理論形状を求め，これと実測された滴の形状を比較して表面張力を決定した．その結果 Al_2O_3 の表面張力の測定誤差はHe中で 625 ± 14 (mJ/m^2) となり従来の測定値にくらべて精度が向上した．

静滴法に類似の方法として，リングに支えられた液滴の形状より表面張力を求めることができる．Samoilenko[85]は図2.54に示すような，Pt合金リングによって玄武岩融体を支え，その形状を写真撮影し，式(2-47)によって最高1973Kまでの表面張力の測定を行っている．

$$\gamma = \frac{mg}{\pi d (\cos \alpha_1 - \cos \alpha_2)} \tag{2-47}$$

ここに，d：リングの直径，m：滴の重量，g：重力加速度，α_1, α_2：滴の上下部の端におけるメニスカスと垂線との角度．

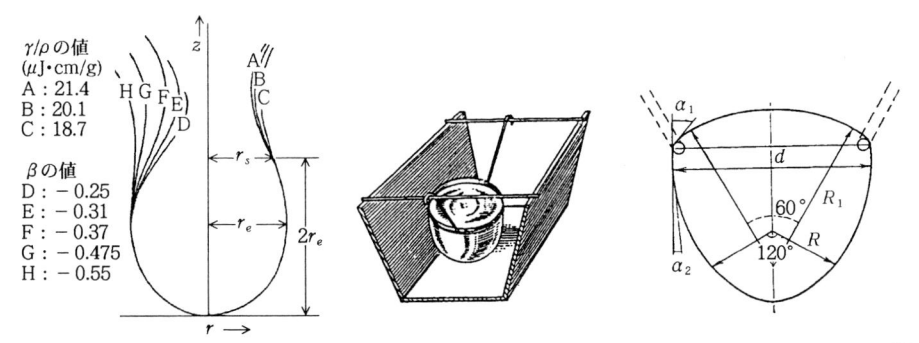

図 2.53 一定の最大径に対して計算される懸滴の形状[83]

図 2.54 Ptリングによって形成される溶融酸化物の懸滴の形状[85]

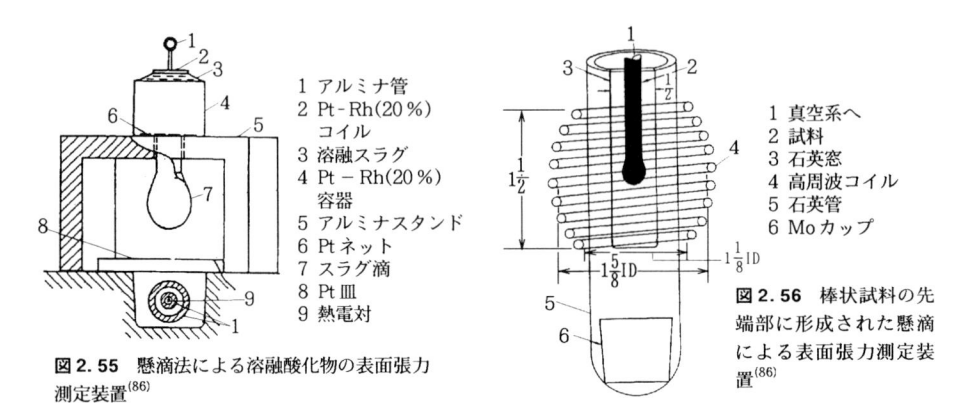

図2.55 懸滴法による溶融酸化物の表面張力測定装置[86]

ラベル:
1 アルミナ管
2 Pt-Rh(20%)コイル
3 溶融スラグ
4 Pt-Rh(20%)容器
5 アルミナスタンド
6 Ptネット
7 スラグ滴
8 Pt皿
9 熱電対

図2.56 棒状試料の先端部に形成された懸滴による表面張力測定装置[86]

ラベル:
1 真空系へ
2 試料
3 石英窓
4 高周波コイル
5 石英管
6 Moカップ

2.7.2 測定装置と測定方法

　高温において懸滴法を適用するにあたって金属,特に難溶融金属の場合には鉛直に保持した金属製丸棒の先端部を加熱,溶解せねばならない.また,溶解した金属液滴の形状のプロファイルを写真撮影せねばならない.そのために加熱方法にも制限がある.B.C.Allen[84]は電子ビーム溶解法によって試料の加熱,溶解を行った.10^{-5}〜10^{-7}mmの真空下で要するパワーはCuに対して30W,4mmのWに対して1300Wであった.

　一方,溶融スラグの場合は金属のように細いロッドを作り,使用するには問題点が多い.そのためスラグと反応しないPtの肉薄の筒よりスラグ滴を懸滴させる方法がとられる[87].図2.55に示すようなアルミナ台にセットされたPt合金製ホルダー内にスラグを溶解保持し,ホルダーの底に取り付けた細管(内径2.9〜3.9mm,厚さ0.3mm)の先端よりスラグ滴が垂れ下がるようになっている.スラグ滴の形状はホルダー内スラグ上面に接触させた.Pt,Rhコイルを上下させて調節することができる.ホルダー内の底部にはPt線の網が敷かれ,スラグの急激な流動等を防ぎ,滴の落下を防止している.この装置全体を炉の均熱部に設置し,測定を行う.この方法であればスラグの温度を容易に変えることが可能である.

　一方,高融点金属に対する測定装置の一例を図2.56に示す.

2.7.3 適用例と問題点

　懸滴法は融滴を支える物体との反応が生じるような高温において,融体の表面張力を測定する場合,例えば,W等の高融点金属に対しては効果的である.丸棒状の測定試料の先端部を加熱し懸滴を作れば良い.また,溶融酸化物についてはそれをPt合金などよくぬれる高融点金属で支えればよい.また,高圧下のような特別な条件下における測定も容易である.

2.8 振動滴法（レビテーション法）(Oscillating drop method)

振動している液滴の自然振動数がその液体の表面張力に関係することは，Rayleigh[87]によって1879年に見出されている．振動滴法 (oscillating drop method) が高温融体の表面張力測定に適用されたのは比較的新しく，1971年，Fraserら[88]による研究が最初である．この方法は電磁力による浮遊溶解技術と液滴の自然振動数測定とを組み合わせた従来にない表面張力測定法で，これまでの解説書には記載されていない．高温における他の表面張力測定法との決定的な相違点は，レビテーション溶解のためるつぼやその材料との接触のないことであり，表面張力算出に必要な密度の決定が不要であり，また過冷状態の測定が可能などの点である．

2.8.1 測定原理

Rayleighは次の仮定を基に，液体の表面張力と自然振動数との関係式 (2-48) を提示している．
a) 滴の球形状からの偏位は小さい．
b) 液体の粘度は液滴の自然振動へのdamping効果が無視されるほど小さい．
c) 液体は非圧縮性である．

$$\gamma = \left(\frac{3}{8}\right) \pi m \omega^2 \tag{2-48}$$

ここに，γ：表面張力 (mN/m)，m：液滴の重量 (g)，ω：振動数 (Hz)．

式 (2-48) からも明らかなように液滴の重量とその振動数がわかれば，表面張力を求めることが可能である．ことに表面張力測定に必要であり，かつ表面張力値の不一致の大きな原因の一つと考えられている液滴の密度の値が不要なことが特徴である．またるつぼを使用しないため，試料は容易に過冷状態となり，その状態の表面張力の測定が可能である．

2.8.2 測定方法

Fraserら[88]が最初に振動法を高温融体の表面張力測定に適用するにあたっては，レビテーション法によって浮遊状態にある融体滴の振動数を測定した．特別に設計されたコイル（図2.57[88][89]）の電磁場に置かれた金属片は電磁力によって浮遊すると同時に加熱，溶解し，液滴状となる．Okessらの使用したコイル（図2.57 (a) は単に金属を浮遊溶解するだけであるが，表面張力測定に必要な振動数の測定には浮遊状態の融滴の形状変化を把握する必要があり，必要なコイルの形状も図2.57 (b) のように相違する．浮遊溶解された液滴はある周波数を持って振動しているが，この振動数を高速度カメラによって観察された滴の形状変化より求めることができる．最近のコイルの形状を図2.57 (c)，2.57 (d) に示す．図2.57 (c) コイルを用

いフーリエ解析計（Fouries analyser）によって周波数が求められる[91]。フーリエ解析計装置によって得られた溶融滴の振動数の分布を図2.58に示す。図には3つのピークが見られるが，48.25, 56.0Hzのピークは滴の不安定性に起因したピークである。この2つのピークは滴が安定の場合には，52Hzの値に近づき，不安定の場合にはブロードになる。52Hzのピークは滴の安定，不安定に関係なく出現し，安定度の高いときほど，その強度は大である。そのため表面張力の計算には52Hzの値が用いられる。最近，滴の安定性の向上をはかるため図2.57(d)に示すような形状のコイルを用いて，図2.59のような安定かつ強度の強いピークを得ている[92]。

(a) 溶解用[89]

(c) 最近の表面張力測定用[92]

(b) 初期の表面張力測定用[88]

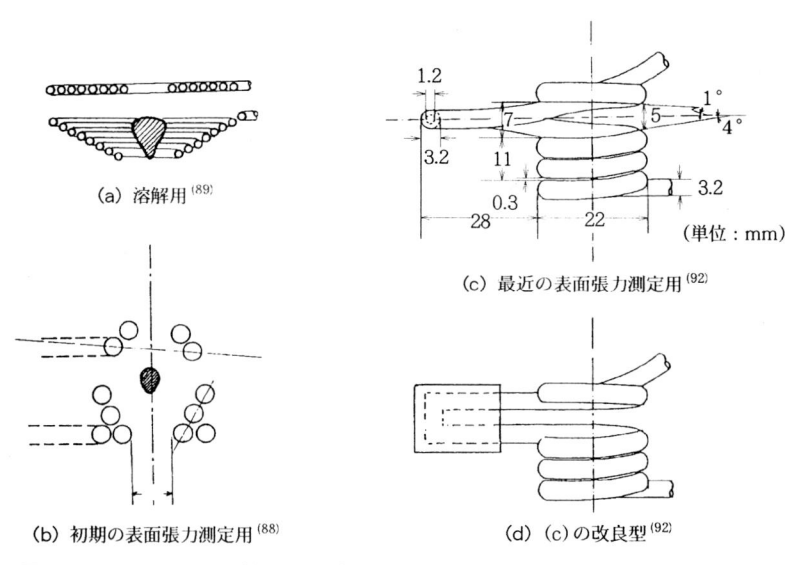

(d) (c)の改良型[92]

図2.57 レビテーション溶解用およびレビテーション法による表面張力測定用コイル

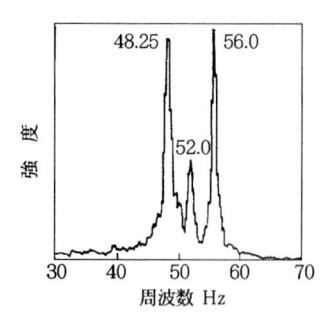

図2.58 図2.57のコイル(c)使用による浮遊液滴の振動数の分布[90]

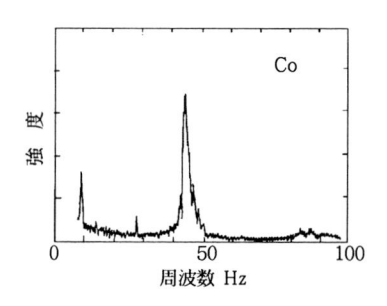

図2.59 図2.57のコイル(d)使用による浮遊液滴の振動数の分布[92]

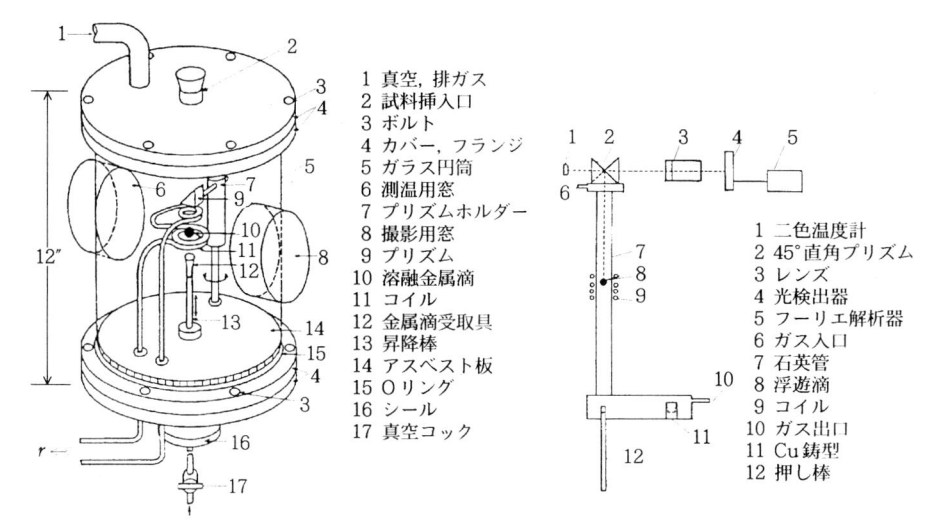

2.8 振動滴法（レビテーション法）(Oscillating drop method)

図2.60 浮遊滴法による測定装置（初期）[88]

1 真空, 排ガス
2 試料挿入口
3 ボルト
4 カバー, フランジ
5 ガラス円筒
6 測温用窓
7 プリズムホルダー
8 撮影用窓
9 プリズム
10 溶融金属滴
11 コイル
12 金属滴受取具
13 昇降棒
14 アスベスト板
15 Oリング
16 シール
17 真空コック

図2.61 浮遊滴法による測定装置[93]

1 二色温度計
2 45°直角プリズム
3 レンズ
4 光検出器
5 フーリエ解析器
6 ガス入口
7 石英管
8 浮遊滴
9 コイル
10 ガス出口
11 Cu鋳型
12 押し棒

この際，滴の不安定に基づくピークは，わずかに主ピークの両サイドに現れている．これによって精度の高い表面張力値が得られている．このようにして得た振動数と滴の重量より表面張力を求める．この場合，1つのコイルによって浮遊と加熱を行うために，金属によっては必要温度を得るためには浮遊力が大きく浮き過ぎることがある．この場合には上方からガス流によって浮遊を制限し観察に必要な位置に保持することもなされている．

2.8.3 測定装置

図2.60にFraserら[88]が最初に高温融体の表面張力測定に用いた装置を示す．ガラスチャンバー内にレビテーションコイル（銅製1/8）が置かれる．コイルには10kW，高周波（450kHz）の電源によってパワーが供給される．チャンバーは10^{-1}mmHgに排気可能で，その両側面にガラス平板が取り付けられ，浮遊している液滴の形状を観察することができる．コイルの上方にはプリズムが取り付けられ，上方より液滴の形状を同時に観察，記録可能である．最近の測定システムを図2.61に示す[93]．

2.8.4 適用例と問題点

原理的には低温より高温まで，あらゆる溶融金属の表面張力測定が可能である．これまでにこの方法によって測定された金属はFe, Ni, Co, Au, Ag, Snなどである．

レビテーション法は高周波によって加熱，浮遊させるため，るつぼからの汚染を避けること

ができ，特に高温測定には有用である．しかし，高周波加熱はスキン効果のため融滴表面部分と内部の温度の相違が問題になる．電磁撹拌を受けているから小さな滴内の温度分布は均一とする見解もあるが，しかし表面活性元素を含む合金系では吸着元素の存在は数Å程度の表面層内であり，かつ吸着効果も温度に大きく依存するから，十分に留意せねばならない．もし，表面活性元素の存在するとされている表面に極めて近い部分の温度差が高周波加熱により，内部より高いとすると，表面吸着量は高温ほど低下するから，高い表面張力値を与えることが考えられる．また，周波数と重量を測定するだけでよいので測定精度は他の方法より高い．ただ，この方法は1273K以下の測定は困難である．

2.9 毛管法（Capillary method）

水中に細いガラス管を垂直に立てると，水が管内を上昇することは日常よく知られていることである．いわゆる毛細管現象で，上昇する水の高さは管内の水と気体との界面，水の曲面，メニスカスの両側の圧力差によって表われるものである．一方，水銀中に同様のガラス管を立てると管内の水銀のレベルは管外の水銀面よりも下がっている．これらの現象は毛管現象とよばれ，古くから良く知られた現象である．一説によればこのような毛管現象を最初に観察したのは，レオナルド・ダ・ビンチ（1490）といわれている[94]．この現象は液体の表面張力と毛管と液体とのぬれ性によって支配されているから，この現象より表面張力を測定することが可能であり，一般に毛管法（capillary method）と呼ばれている．

2.9.1 測定原理

液体中に細管を垂直に立てた場合，液体が管内を上昇または降下するがそれを図2.62に示す．内径rの管中を液体が上昇し，平衡に達した高さをh_0とする．液体が管壁を完全にぬらす場合，接触角は0である．また管の径が小さい場合，管内の液体のメニスカスは半円形と考えると，表面張力は式(2-49)で与えられる．

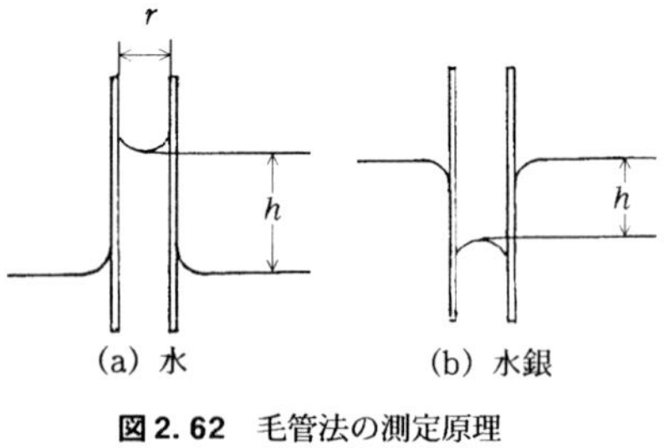

図2.62 毛管法の測定原理

$$\gamma = \frac{1}{2} r h \rho g \qquad (2\text{-}49)$$

ここに，γは液体の表面張力，ρは液体の密度（厳密には周囲の気体の密度との差），gは重力加速度，hは毛管中を上昇した液柱の容積を$2\pi r$で割った値で$h = h_0 + h'$で与えられる．管内のメニスカスが半円形であれば，

2.9 毛管法 (Capillary method)

$$h = h_0 + \frac{1}{3}r \tag{2-50}$$

となる．

　水銀のように管内に沈み込む場合も，管壁と水銀とが完全にぬらさない場合，すなわち接触角180°の場合には同様に式(2-49)が成り立つ．溶融金属の場合は，耐火管をぬらさないので，水銀のように管内を沈み込む．そのため沈み込みの量を如何に測定するかが問題点である．

2.9.2　測定方法

　高温において，毛管法は殆んどが溶融金属に対するものである．溶融金属は毛管をぬらさないから，溶融金属は毛管内を降下する．そのため毛管低下法 (capillary depression method) という．毛管内を降下した溶融金属のメニスカスの高さの測定は困難が多いが，種々の方法が用いられている．図2.63(a)～(d)にそれらの方法を示す．その中には，圧力差によって毛管内の降下した溶融金属を上昇するようにした改良型毛管上昇法 (capillary rising method) も利用されている．沈み込んだ深さの測定にはX線透過法[95][96]，探針法[97][98]によって測定される．X線透過法では図2.63(a)，(b)のようなるつぼを使用すれば溶融状態で直接沈み込み深さを測定することができる．ただX線は平行光線のようにはいかないので寸法既知の物体によって補正することが必要である．一方，探針法では，高温での高さの測定は可能であるが，図2.63(c)のように探針最先端部がメニスカス最上部(頂点)に接しているかどうか不安定要素が大きい．X線透過法によらず，毛管内のメタルの位置を測定する方法として図2.63(d)に示すような透明管による吸い上げ法[99][100]も試みられている．最近，溶融塩に対し毛管上昇法の適用も報告されている[101]．

a. 液柱降下法による測定

　図2.63(b)のような黒鉛ブロックに大小3個の孔をあけ，この内において溶解する金属が連

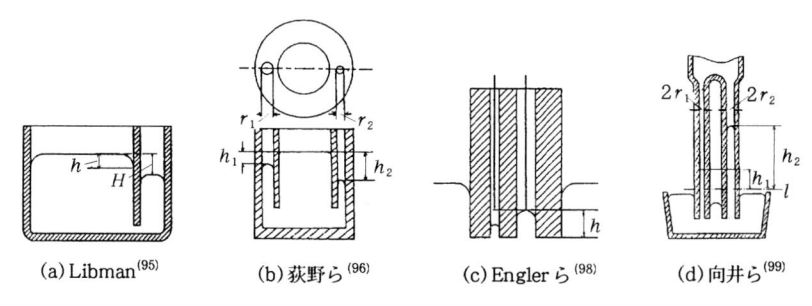

図2.63　毛管法に用いられる種々な毛管

(a) Libman[95]　　(b) 荻野ら[96]　　(c) Englerら[98]　　(d) 向井ら[99]

絡するよう孔の底を連結してある．金属が溶解すると，各々の孔の内部の金属のレベルは図のように，細い管ほど液面の降下は大きい．この場合，中央の最も大きい孔内の金属表面の基準として大小2個の細管内の金属表面までの距離を h_1，h_2 とすると式(2-51)が成り立つ．

$$\rho g h_1 + \frac{2\gamma \cos\theta}{r_1} = \rho g h_2 + \frac{2\gamma \cos\theta}{r_2} \tag{2-51}$$

ここに，ρ：液体金属の密度，g：重力加速度，γ：表面張力，θ：融体と管壁との接触角である．表面張力 γ は式(2-52)で与えられる．

$$\gamma = \frac{\rho g r_1 r_2}{2\cos\theta} \cdot \frac{h_1 - h_2}{r_2 r_1} \tag{2-52}$$

細管の内径 r_1，r_2 はX線透過法により得られたネガフィルム上で測定される．

この場合，管内の金属表面は球面に近い形状であり，理論上の深さは測定した h を補正せねばならない．式(2-53)の H は液柱上面が球面の一部として，液柱の体積を帯の断面積で割った値に相当する．補正高さは，

$$H_i = h_i - (\Delta h_i/2 - \Delta h_i^3/6r_i^2) \quad (i=1, 2) \tag{2-53}$$

となる．

b. **改良型毛管法による測定**[99]

上部において連結した径の異なる2本の透明石英管を液体メタル中に垂直に挿入し，その内圧を減少させると，図2.63のように液体メタルは管内を管径に応じて上昇する．この2本の管内のメタル液中の高さより表面張力を求めることができる．表面張力を求めるには式(2-53)と同様であり，またメタル表面の形状による高さの補正も同様である．石英管中のメタルの高さは，直接光学的に読み取り顕微鏡によって測定可能である．この方法では管内圧力の調整が可能であるから，一定温度において高さを種々変化させて測定できる利点がある．

2.9.3 測定装置

電気探針による測定装置を図2.64に示す．一端閉管の硬質ガラス管の底に溶融金属を入れ，上方より石英細管を挿入し，細管内に昇降可能な電気検針を装備してある．ガラス管内には溶融金属の表面の位置を把握するための電気検針が細管に接して備えられている．

この方法は毛管内の液体金属の沈みの深さを測定するためのものであり，測定上重要なシリカチューブ内の溶融金属との接触角の測定が直接できない難点がある．そのため別の装置によって，同質石英管内の溶融金属のメニスカスの形状より接触角を求める必要がある．また，毛管内を上昇中の液柱の高さの測定のため動的要因が付加され誤差の原因となる．

一方，改良型毛管法は溶融金属の沈み込み深さを測定するのではなく，毛管内を減圧し毛管

2.10 2000Kを越える高温,および高圧,高真空,微小重力下における測定　　　55

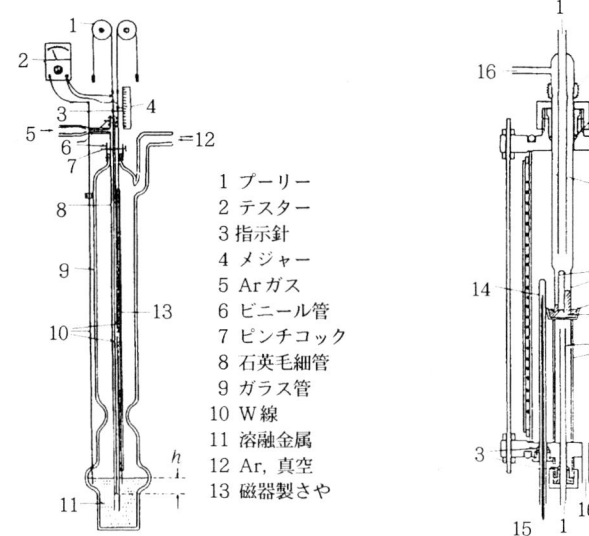

図 2.64 毛管法による表面張力測定装置[100]

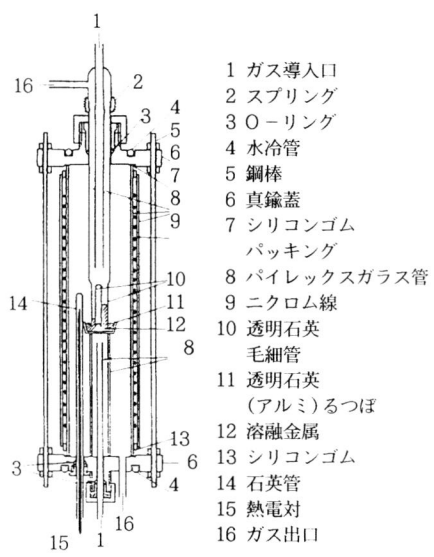

1 プーリー
2 テスター
3 指示針
4 メジャー
5 Arガス
6 ビニール管
7 ピンチコック
8 石英毛細管
9 ガラス管
10 W線
11 溶融金属
12 Ar,真空
13 磁器製さや

図 2.65 引き上げ式毛管測定装置[99]

1 ガス導入口
2 スプリング
3 O-リング
4 水冷管
5 鋼棒
6 真鍮蓋
7 シリコンゴム
 　パッキング
8 パイレックスガラス管
9 ニクロム線
10 透明石英
 　毛細管
11 透明石英
 　(アルミ)るつぼ
12 溶融金属
13 シリコンゴム
14 石英管
15 熱電対
16 ガス出口

内の溶融金属の高さを直接可視的に測定できるようにしてある.図2.65に測定装置の概略を示す.毛管内の液柱の高さは,加熱炉のパイレックスガラスを通して炉外より読み取り顕微鏡を用いて光学的に直接測定できる.溶融金属の容器は透明石英るつぼあるいは焼結アルミナを用いている.毛管は透明石英管で長さ方向における管径ならびに光学的特性の均一性が望まれる.

溶融塩の測定に用いられた毛管上昇法では0.5mm,2.0mmの2本の透明石英製毛管を用い,2本の毛管内の液柱のヘッド差を0.005mm単位で測定し,このヘッド差よりSudgen[102]の表を用いて表面張力を求めている.

2.9.4　適用例と問題点

毛管法は融体がぬれないような耐火性毛管(酸化物)が使用できるような場合に適用される.測定は溶融金属に対するものがほとんどである.耐火物中の溶融金属の位置(高さ)と接触角の精度の良い測定が必要である.また,毛管の精度の高い加工が必要である.

2.10　2000Kを越える高温,および高圧,高真空,微小重力下における測定

融体の表面張力測定は一般的条件下より厳しい条件,すなわち,高温,高圧,高真空のよう

な条件下における測定が要求されるようになった．それは高温，高圧といった条件下に存在する融体の界面現象の解明や，不純物を含有する可能性を著しく制限する目的の高真空といった条件下における測定が求められている．

このような厳しい条件下の測定は実験技術上困難が多いために極めて少ない．

2.10.1　2000Kを越える高温における測定

2000Kを越える融体の物性の測定にあたっては，それ以下の温度と比べてより高度な実験技術を必要とする[103][104]．最近，関心の高いレフラクトリメタル（耐火金属），あるいは高融点酸化物はいずれも2273Kを超える融点を有している．これらの物性値の測定は純学問的だけでなく，新材料開発の面からも重要な問題となってきている．このような高融点物質の表面張力の測定もいくつか報告されている．測定方法自体，特に高温用に開発されたものはなく，いずれも一般的な方法である．ただ高温のため非接触状態における測定の利用度が高い．また測定にあたって使用する関連材料も高融点材料である．

a. 測定方法

高温における測定方法をメタル，酸化物に対して代表的な例について分類すると表2.5のように非接触法と接触法に大別される．高温融体の表面張力の測定方法は高温特有のものでなく一般的な方法と同一と考えて良い．ただ，非接触方式の場合の加熱方式や，接触方法の場合での使用材料の選択に高温測定の特色がみられるにすぎない．

一般の金属の表面張力の測定では，るつぼ材をはじめ毛管，滴支持台など，いずれも酸化物などの非金属材料が使用されている．しかし高温では，これらの材料はメタルとの反応を生じるため使用するのは望ましくない．そのため必然的に高融点金属の場合には，非接触法を採用することになり，滴重量法，懸滴法，レビテーション法によることになる．一方，酸化物，フッ化物のような溶融非金属では，るつぼ，毛管等の材料としてMo，W，Nbのような耐火金属を使用することができる．そのため表2.5(a)のように高融点金属に比べて酸化物，フッ化物では多くの方法の使用が可能である．高温では溶融酸化物とMo，Wとの反応が危惧されるが，筆者の研究室における経験によれば厚さ0.3mmのMo板より作製したるつぼを用い，CaO-SiO_2-Al_2O_3系融体を2073K，30hrに保持した場合，融体中のMo，Wの含有量は0.004〜0.006％にすぎず，大きな問題ではない[103]．しかし2273Kを越える高温ではMoカプセルを用いて，アルミナの表面張力を測定した場合，測定値が相違することから，Moによる汚染が危惧される．すなわち，雰囲気中に酸素が残存すると，るつぼなどに用いたMoが酸化し，MoO_3が生成，溶融酸化物，特に塩基性溶融酸化物に溶解することがある．この場合，その融体の表面張力が低下する．

2.10 2000Kを越える高温,および高圧,高真空,微小重力下における測定

(i) 非接触方式

表2.5 高温における表面張力の測定方式（1973K以上）

融体		西暦	表面張力測定方式	加熱方式	最高測定温度(K)	文献
メタル	タングステン	1957	滴重量法	電子ビーム	3653	105
酸化物	Al_2O_3	1959	懸滴法		2323	106
	Al_2O_3-(ZrO_2, MgO, CaO-TiO_2)	1985	懸滴法	レーザービーム(CO_2)	2973	83

(ii) 接触方式（溶融非金属）

融体	西暦	表面張力測定方式	加熱方式	るつぼ支持台材料	その他の接触材料 シンカー,パイプ,カプセル		最高測定温度(K)	文献
Al_2O_3	1971	メニスカス法	Wメッシュ		Mo, W	カプセル	2973	107
Al_2O_3	1973	最大泡圧法	W抵抗体	Mo, W	Mo, W	パイプ	2988	108
BeO	1974	最大泡圧法	W抵抗体	W	W	パイプ	3104	109
B_2O_3	1972	浸漬円筒法	W抵抗体	Mo, Nb	Mo, Nb	円筒	2273	63
B_2O_3	1974	最大泡圧法	W抵抗体	Mo, Nb	Mo, Nb	パイプ	2373	110
TiO_2	1971	浸漬円筒法	W抵抗体	Mo, W	Mo, W	円筒,平板	2623	111

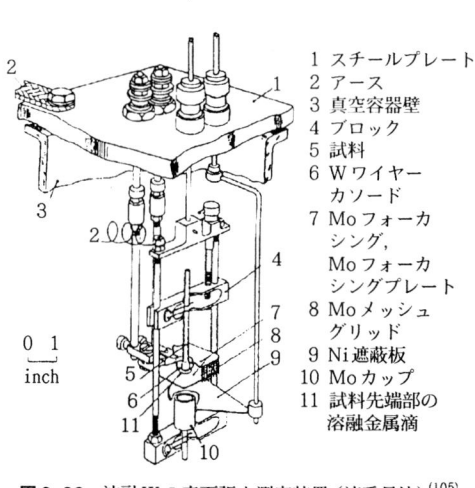

図2.66 溶融Wの表面張力測定装置（滴重量法）[105]

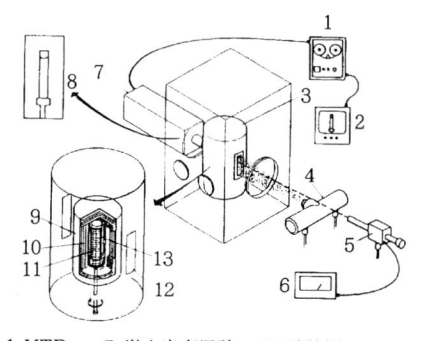

1 スチールプレート
2 アース
3 真空容器壁
4 ブロック
5 試料
6 Wワイヤーカソード
7 Moフォーカシング,Moフォーカシングプレート
8 Moメッシュグリッド
9 Ni遮蔽板
10 Moカップ
11 試片先端部の溶融金属滴

図2.67 X線ラジオグラフィによる表面張力測定装置[107]

1 VTR
2 モニターTV
3 炉
4 300kV X線源
5 微小光高温計
6 温度計
7 イメージオルシコンカメラ
8 X線写真
9 水冷銅
10 遮熱板
11 Wメッシュ発熱体
12 石英窓
13 金属溶解るつぼ

b. 測定装置

i）非接触方式

表2.5(i)に示すように非接触方式によって種々な高温融体の表面張力の測定がなされている．高融点金属の表面張力に使用される非接触方式の測定装置の一例を図2.66に示す[105]．こ

れは溶融タングステンの表面張力を滴重量法によって測定した場合に使用された装置である．タングステンの融点3653Kに加熱するため電子ビームを使用している関係で電極近傍に若干の工夫がこらされているほか雰囲気として，10^{-2}Paの真空が用いられている以外，特に指摘する点はない．

簡単に装置を説明すると，試料5は試料ホールダー4に固定され，その下端はタングステンワイヤー陰極6に向かい合っている．この陰極はモリブデンの焦点板7の間にはさみこまれている．7は陰極と同じ電位であり，溶融滴を生ずるために必要なパワーを下げる役割をはたしている．さらに，この役割を補助するために，モリブデンのメッシュのグリッド8が上の焦点板からつり下げられている．これらの電極系は上方の鋼板からつり下げられ，真空チャンバー中に設置されている．電子ビームによって加熱されたタングステン棒の先端部は溶解し，滴状になり，その液滴の体積を増し，ついに滴下する．その落下した滴はタングステン棒の下方にあるモリブデン容器に受けとめられ秤量され，表面張力が前述の2.6滴重量法で求められる．この場合の誤差は±5％である．なお得られたタングステンの融点における表面張力は2300mN/m（10^{-2}Pa）である．

X線透過法による融体の形状の観察より表面張力を測定する装置を図2.67に示す[107]．

(ⅱ) 接触方式

この方式はるつぼ内や，支持台上で融体を保持し，またパイプや棒を接触させて融体の表面張力を測定するもので静滴法，最大泡圧法[109][110]，引き上げ法[63]がこれに属する．引き上げ方式を高温融体に適用した装置の一例を図2.68に示す[63]．これは溶融B_2O_3の表面張力を測定するために用いた装置である．モリブデンるつぼ（内径：66mm，高さ：30mm，厚さ：9.5mm）に融体が入れられ，加熱はタングステン抵抗体でなされた．浸漬円筒はMoまたはNbで直径18～23mm，肉厚0.1～0.17mmである．雰囲気はAr，またはHe，測温は熱電対で補正さ

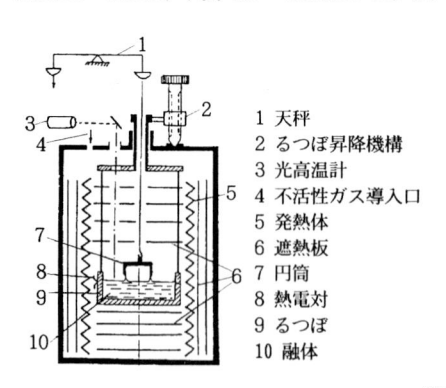

1 天秤
2 るつぼ昇降機構
3 光高温計
4 不活性ガス導入口
5 発熱体
6 遮熱板
7 円筒
8 熱電対
9 るつぼ
10 融体

図2.68 高温用円筒引き上げ法による測定装置[63]

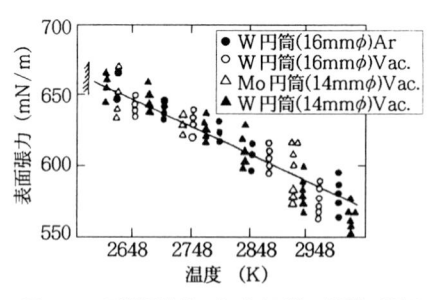

図2.69 円筒浸漬法における円筒の材質，寸法と表面張力（Al_2O_3融体）[112]

れた光高温計でなされた．種々の寸法の円筒を用いた浸漬円筒法による溶融アルミナ3023Kまでの測定結果を図2.69に示す[112]．

2.10.2 高圧下における測定

高圧下における液体の表面張力の測定は常温液体について1950年代より報告がみられる．測定方法は高圧容器内において測定容易な毛管法，懸滴法などであり，10^2MPaに達する測定がなされている．高圧下における高温融体の測定は極めて少ないが，マグマを対象として若干の測定が報告されている[114]．この場合，懸滴法によって最高気圧まで測定がなされている．なお，高温融体の高圧下の測定は極めて稀である．

2.10.3 超高真空下における測定

超高真空下における融体の表面張力測定は極めて少ない．低融点金属Inに対して用いられたものを図2.70に示す[115]．

2.10.4 微小重力下における測定

宇宙空間を想定した微小重力下における溶融金属の表面張力の測定に関する若干の報告がある[116]～[120]．これらの報告は航空機あるいは落下塔を用いて行われたもので，

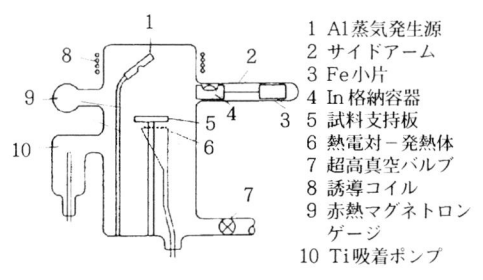

1 Al蒸気発生源
2 サイドアーム
3 Fe小片
4 In格納容器
5 試料支持板
6 熱電対－発熱体
7 超高真空バルブ
8 誘導コイル
9 赤熱マグネトロンゲージ
10 Ti吸着ポンプ

図2.70 超高真空，静滴法の装置[114]

その詳細については第Ⅲ編22章に述べる．なお現在，微小重力下の溶融金属の表面張力の測定は，微小重力の特性を活かして主としてレビテーション法[116]～[120]が用いられている．

2.11 各種測定法の比較

高温融体の表面張力の測定方法は既に述べたように数多くの方法がある．しかし対象とする融体によって，その利用のされ方は表2.2(p.11)に示したように相違する．2.1においてはその理由，比較については十分に述べることはなされなかったので，ここで測定方法の比較について述べる．測定方法の比較にあたっては，同一の研究機関において，同一の試料を用いて，かつ異なった方法で行われた結果，あるいは同一試料を異なった研究機関において種々の測定方法によって測定した結果について論じるのが望ましい．これはすでに述べたように，特に金属では微量の表面活性元素の存在が表面張力値を大きく左右する．また，測定雰囲気の良否も決定的に表面張力値に関与する．そのため，異なった研究機関において異なった被測定物質を対象としてなされた測定方法の比較については，それぞれの固有の誤差を含むことに留意すべ

きである．なお対象となる融体の種類によって若干事情が異なるため，溶融金属，溶融非金属に分け，比較して述べる．

2.11.1 溶融金属

測定方法は金属の特性（融点，蒸気圧，反応性など）および測定温度によってほぼ決定される．そのため静滴法，最大泡圧法等の接触方式であれば支持台，送気管の材料などと融体との反応の有無によっておのずから最高使用温度は決定される．特に活性な金属やそれらを含む場合にはより明確である．それらの点を考慮して測定法を温度に対して表示すると，図2.71のようになる．

同一測定者によるCu-Sn合金の表面張力測定において，最大泡圧法と静滴法との比較が報告されている[40]．しかし図2.72のように，両測定とも測定値のバラツキはかなり大きく，どちらが優位にあるかどうかの判断は困難である．

同一試料を異なった研究機関において測定した例として，英国NPL（National Physical Laboratory）とカナダ・トロント大学において実施された結果を表2.6に示す[91]．純鉄は良好な一致を示すが，Coの相違は約2％であった．ステンレス鋼の場合，雰囲気の影響があるが，H_2雰囲気では良好な一致がみられた．

表2.6 同一試料による溶融金属の表面張力(mN/m)の測定結果[91]（1873K）

研究機関	National Physical Laboratory（英国）			トロント大学（カナダ）		
金属	雰囲気	表面張力	標準偏差	雰囲気	表面張力	標準偏差
Fe	H_2 + Ar	1882	41	H_2	1889	11
Co	H_2 + Ar	1935	34	H_2	1893	21
316L	H_2 + Ar	1541	40			
ステンレス鋼	H_2	1707	20	H_2	1721	25

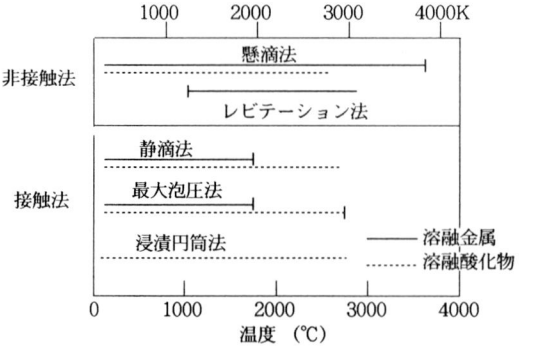

図2.71 融体の表面張力測定法の利用温度範囲

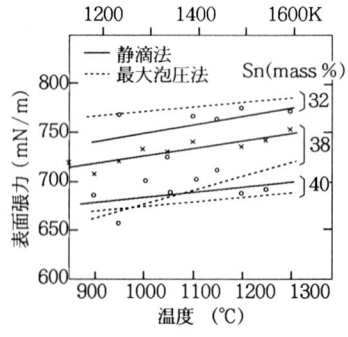

図2.72 Cu-Sn合金の表面張力の測定法による比較[40]

2.11 各種測定法の比較

測定方法との関係について，測定の多い静滴法とレビテーション法との結果をSnとAuについて比較する．その結果を図2.73に示すが，Snでは静滴法とレビテーション法との間に明確な相違がみられるのに反して，Auでは特に融点近くでは一致のみられるものも多い．

Nogiら[121]は種々な金属についてレビテーション法によって得られた測定値と他の測定方法によって得られた表面張力の平均値を比較している．いま式(2-54)によって表面張力値の偏差を示す．

$$\Delta \gamma (\%) = \frac{\gamma_1 - \gamma_2}{\gamma_2} \quad (2-54)$$

ここに，γ_1：他の方法の平均値，γ_2：レビテーション法による値．

$\Delta \gamma$ は金属によって相違するが，酸化物の標準生成自由エネルギー$\Delta G°$（kJ/mol O_2）に対してプロットすると図2.74のように$\Delta G°$と$\Delta \gamma$との間に明瞭な関係が成立する．すなわち酸化しやすい金属では$\Delta \gamma$は大きく，貴金属では0に近く，雰囲気中の酸素に影響されないことを示している．

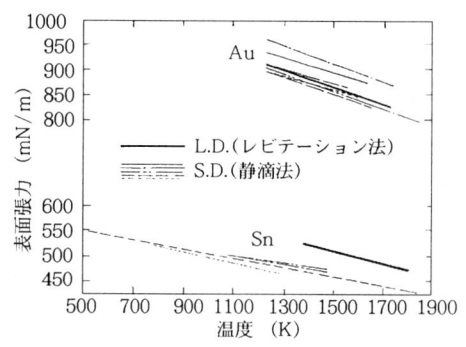

図2.73 レビテーション法と静滴法の比較（文献(91)より作成）

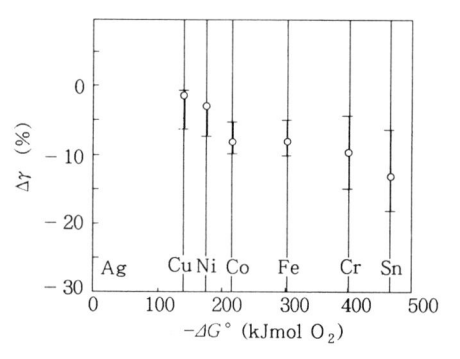

図2.74 測定法による表面張力値の相違$\Delta \gamma$と酸化物生成自由エネルギー$\Delta G°$との関係[121]

しかし，Cu，Feについてはレビテーション法の方が静滴法よりそれぞれ60mN/m，50mN/mの高い値が得られ，この原因として静滴法における支持台材料からの表面活性成分による溶融金属の汚染が考えられている．

2.11.2 溶融非金属

溶融非金属のうち主要な酸化物，溶融フッ化物はPt合金，W，Moと高温においても比較的反応が少ない．そのため金属と違って接触方式を高温まで利用できる．表2.5(ⅱ)，図2.71に示したようにすべての方式の利用が可能である．ただ，それらの測定方式のうちどれが最も妥当な表面張力値を与えるかについては，同一物質を対象としてすべての測定方式を比較した例はみられないため，正確に比較できないが，例えば測定値の多いNa_2O-CaO-SiO_2系[122]（1473K），CaO-SiO_2系[86][123]（1873K），Al_2O_3[124]（>2273K）について比較してみる．Na_2O-CaO-SiO_2（1473K）についてはBoni，Derge[122]が測定方法の比較検討を行ってい

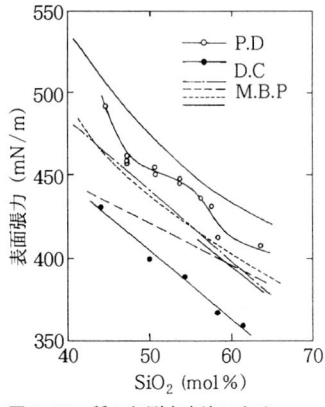

図2.75 種々の測定方法による CaO-SiO$_2$ 融体の表面張力[86], [123]

表2.7 種々の測定法によるNa$_2$O-CaO-SiO$_2$融体の表面張力値 (mN/m) の比較 (1473K)[122]

融体			測定方法				
Na$_2$O	CaO	SiO$_2$	最大泡圧法	浸漬円筒法	バブル法	静滴法	るつぼ滴重量法
17	10	73	304 305 307	304 265	310		405 470
42		58	296	286 315		298	290
33		67	288 291 355	162 281 321			292

る。表2.7のように最大泡圧法，浸漬円筒法，静滴法，滴重量法などの方法によって得られた結果の間には比較的良好な一致がみられる．精度，測定の迅速性，装置の簡易さ，データの解析の難易などより，Boniらは測定法の信頼性を最大泡圧法，浸漬円筒法，静滴法，滴重量法の順としている．

CaO-SiO$_2$ (1823K) では図2.75のように最大泡圧法は，ほぼ類似した測定値を示すのに対し，浸漬円筒法は一例しかないため何ともいい難いが，最大泡圧法より低値を与えている．

表2.8 種々の測定法による溶融アルミナの融点における表面張力 (mN/m)

測定法	表面張力	雰囲気	年度	文献
懸滴法	690	He	1959	106
	680	Vac.	1968	124
	574±68	Vac.	1971	107
	625	He	1985	84
最大泡圧法	670	He	1973	121
	605	Ar	1989	125
引上げ法	660	Vac., Ar	1970	113
滴重量法	670	Vac.	1968	74
	600	Ar	1968	
静滴法	690	Vac.	1969	

溶融 Al$_2$O$_3$ については表2.8に示すように測定方法間に信頼性の差はない．特に，この融体は高温であり，測定技術上の難易がつよく影響すると考えられる．筆者の研究室において Al$_2$O$_3$ の表面張力を最大泡圧法によって測定しているが，温度測定などかなり困難が大きい．

2.12 表面張力測定に必要な融体の密度の問題

2.12.1 表面張力測定における融体の密度について

測定によって融体の表面張力を求めるには融体の測定温度における密度の数値を必要とす

2.12 表面張力測定に必要な融体の密度の問題

る．そのため密度値の精度は表面張力値に反映する．測定法によっては静滴法のように直接的に影響を与える場合と，最大泡圧法のように間接的に影響を与える場合とがある．そのため表面張力を測定している融体自体の密度が同時または他の測定方法によって同一測定者によって測定されることが望ましい．

静滴法では滴の形状から，また最大泡圧法では毛管の浸漬深さを変化させて，それぞれ同時に密度を求めることができる．しかし，静滴法もしくは最大泡圧法はそれぞれ溶融金属または溶融酸化物の密度を求める測定方法として必ずしも最適の方法でない．例えば，最大泡圧法によって表面張力測定用の毛管を使用して溶融MF_2の密度を測定した場合，図2.76にみるように各温度における測定値のばらつきは大きい．この融体に対して最も精度の高い密度測定方法としてアルキメデス法があるが，それによる測定を図2.76に併記すると最大泡圧法よりも測定値のばらつきの小さいことがわかる．このことから溶融酸化物，フッ化物等の溶融非金属の表面張力測定においては，可能であれば表面張力を最大泡圧法で測定し，アルキメデス法で測定した密度値を用いると良い．ただし，表面張力測定用の毛管の形状，寸法はその目的のために選定されているから，必ずしも密度測定に最適とはいえない．そこで密度測定に最適な形状，寸法の毛管を選出し，測定時にとり替えて表面張力，密度を最大泡圧法によって測定することも可能である．

溶融金属の場合，表面張力測定には静滴法が広く用いられているが，静滴が液体状態で滴下され，良好な対称性をもった形で形成されているときには，その形状から精度の良い密度値が得られる．筆者の研究室においては±2％の誤差で高温における密度を測定している．この場合，密度測定には静滴の重量測定が必要であり，静滴と支持台との反応のない場合に限られる．静滴法と支持台とが反応する場合には重量の測定は不可能となり，他の測定あるいは文献値を用いねばならない．文献値の利用にあたっては，信頼性の高い値を用いることが望ましい．

一方，同一の測定装置を用いて表面張力と密度とを同時に測定している例として，改良したピン法（2.4 垂直板法またはWilhelmy法）がある．Janzら[52]は図2.77に示すような形状の8％Au-20％Pd合金のシンカーを用い，溶融KNO_3の表面張力

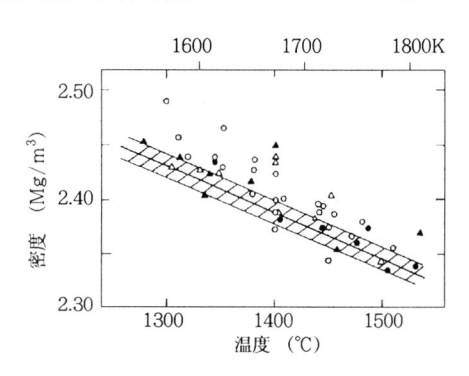

△▲○● 最大泡圧法による測定値
///// アルキメデス法による測定値

図2.76 溶融MgF_2の密度測定法の比較[43]

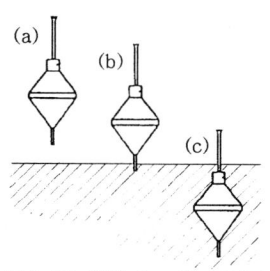

図2.77 Wilhelmy法，アルキメデス法による表面張力，密度の同時測定[53]

と密度の同時測定を行っている．シンカーの先端は細い棒状とし，それを融体につけ融体より離れる場合の力の測定により表面張力が測定され，さらにシンカー全体を融体中に浸漬し，それに作用する浮力を測定し，密度が求められている．この場合，密度測定としては最適な方法であるアルキメデス法であるが，ピン法による表面張力測定法の精度が問題となる．

2.12.2 融体の密度測定

参考のために，溶融金属の密度も精度良く測定できるようになった静滴法および溶融非金属において最も信頼性の高いアルキメデス法について述べる．

a. 静滴法

静滴法による液滴の密度は，まず液滴の形状よりBashforth and Adamsの表を用いて体積

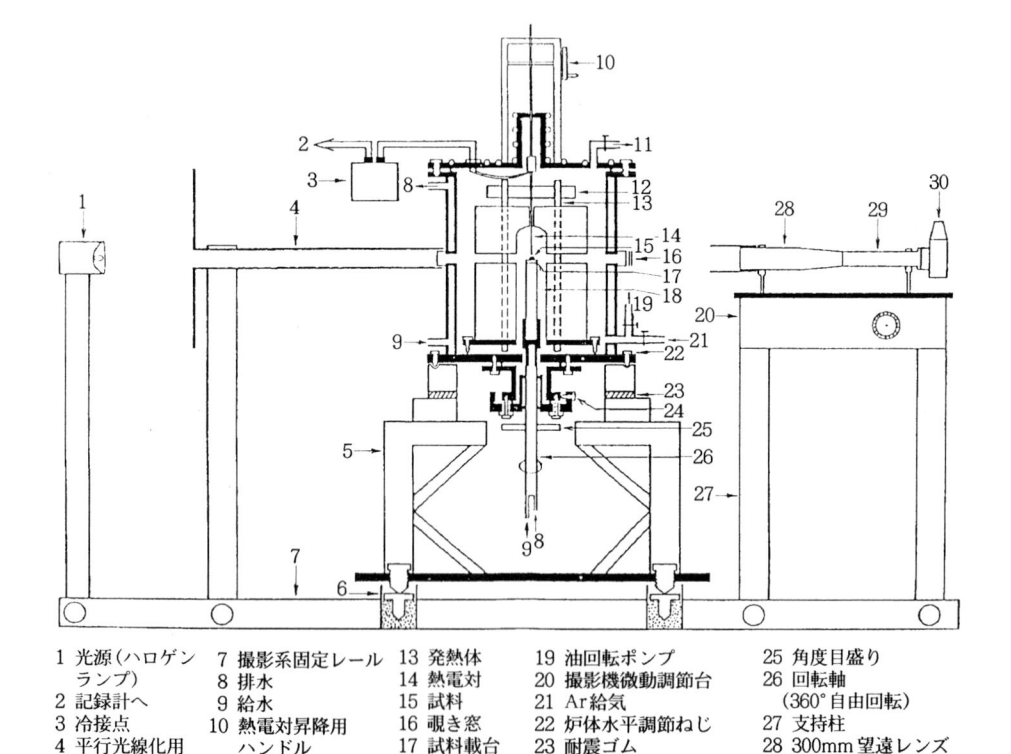

1 光源（ハロゲンランプ）	7 撮影系固定レール	13 発熱体	19 油回転ポンプ	25 角度目盛り
2 記録計へ	8 排水	14 熱電対	20 撮影機微動調節台	26 回転軸（360°自由回転）
3 冷接点	9 給水	15 試料	21 Ar給気	27 支持柱
4 平行光線化用パイプ	10 熱電対昇降用ハンドル	16 覗き窓	22 炉体水平調節ねじ	28 300mm望遠レンズ
5 炉体支持台	11 Ar排気	17 試料載台	23 耐震ゴム	29 410mmベローズ
6 耐震台	12 ニッケル板	18 載台受け	24 回転軸位置調節ねじ	30 カメラ

図2.78 静滴法による溶融金属の密度測定装置[127]

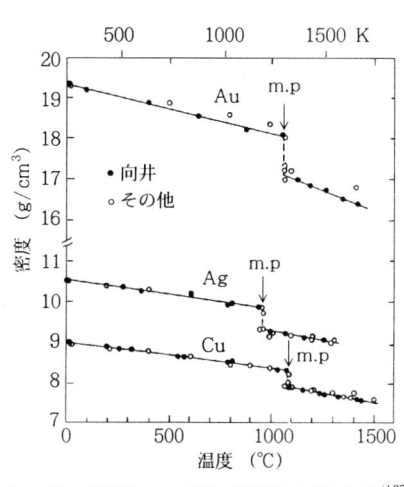

2.12 表面張力測定に必要な融体の密度の問題

図2.79 静滴法による固-液両相の密度測定[127]

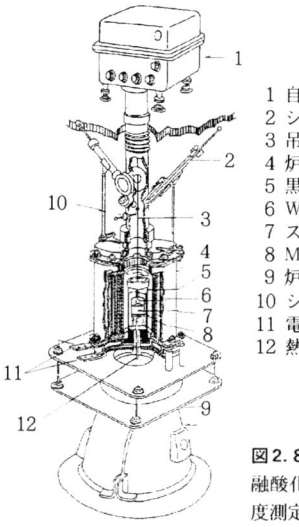

図2.80 高温における溶融酸化物,フッ化物の密度測定装置[104]

1 自記天秤
2 シンカー格納パイプ
3 吊り線(Mo)
4 炉体(水冷式)
5 黒鉛発熱体
6 Wシンカー
7 スラグ
8 Moるつぼ
9 炉体昇降機
10 シンカー交換器
11 電流端子
12 熱電対

を式(2-55)により求める.

$$V = \frac{\pi b^2 x^2}{\beta}\left\{\frac{2}{b} - \frac{2\sin\phi}{x'} + \frac{\beta z'}{b^2}\right\} \tag{2-55}$$

ここに β, b および x', z' は本章2.2(静滴法,p.14)を参考にされたい.

液滴の重量 W が測定できれば,密度 $\rho = W/V$ が求められる.

最近,高温において精度良く溶融 Ni-Cr 合金の密度測定がなされている装置を図2.78に示す[126][127].この装置によって測定された Au,Ag,Cu の実測値と従来の測定値の比較を図2.79に示す.固体から液体にわたって良好な結果が得られている.

b. アルキメデス法

酸化物,フッ化物などの溶融非金属の密度を最も精度良く測定する方法はアルキメデス法であり,融体中に Pt-Ph 合金(高温では Mo, W)のシンカーをつけ,その浮力を測定して密度が求められる.

大小2個または複数個のシンカーを融体に別々につけ,その浮力を測定する.シンカーの体積を V_1, V_2 とし,浮力をそれぞれ B_1, B_2 とすると,密度 ρ は式(2-56)で与えられる.

$$\rho = \frac{B_1 - B_2}{V_1 - V_2} \tag{2-56}$$

高温においてはシンカーは膨張し,体積が増加する.そのためシンカーの体膨張係数 β によって補正する必要がある.20℃におけるシンカーの体積差を ΔV_{20} (m³) とすると t ℃にお

ける密度 ρ_t は式(2-57)で与えられる.

$$\rho_t = \frac{B_1 - B_2}{(1 + \beta) \Delta V_{20}} \tag{2-57}$$

β は線膨張率(文献値)を引用し,その値を3乗して用いている.

一例として筆者の研究室において溶融 $CaO-Al_2O_3$, 溶融 Al_2O_3 の密度を最高2373Kまで測定した測定装置を図2.80に示す.

c. 最大泡圧法

最大泡圧法による融体(主として溶融非金属)の密度は毛細管の浸漬深さに対して最大圧力差をプロットすると直線関係が得られ,その傾きから求められる.この測定方法,測定装置はすでに本章2.3において述べた.測定は図2.27に示す装置により,表面張力測定と同時に行うことができるが,アルキメデス法より精度の劣ることはすでに図2.76に示した.これは表面張力測定用の毛細管が密度測定によって最適でないことによるものである.そのため密度測定に最適な毛細管の寸法を知ることができれば,表面張力測定終了後に毛細管を取り替えて密度測定を行えばよい.

引用文献

(1) G.Quincke: Ueber die Capillaritäts-Constanten geschmolzener chemischer Verbindungen, Ann. d. Phys., **138** (1869), 141~155.

(2) H.Siedentopf: Ueber Capillaritätsconstanten geschmolzener Metalle, Ann. d. Phys., **61** (1897), 235~266.

(3) N.E.Dorsey: A new equation for the determination of surface tension from the form of a sessile drop or bubble, J. Wash. Acad. Sci., **18** (1928), 505~509.

(4) F.Bashforth and J.C.Adams: An attempt to test the theories of capillary action, Cambridge Univ. Press and Deighton Bell & Co., Cambridge, (1883).

(5) 向井楠宏,加藤時夫,坂尾 弘:溶融鉄合金と $CaO-Al_2O_3$ スラグとの間の界面張力について,鉄と鋼, **57** (1973), 55~62.

(6) A.W.Porter: The calculation of surface tension from experiment. Part I, Sessile drops, Phil. Mag., **15** (1933), 163~170.

(7) P.Kozakevitch and G.Urbain: Surface tension of pure liquid iron, cobalt, and nickel at 1550 ℃, J. Iron and Steel Inst., **186** (1957), 167~173.

(8) K.Ogino: Measurement of wettability of refractory by molten metal, Taikabutsu Overseas, **2** (1982), 80~84.

(9) A.A.Ofitserov, V.V.Golubtsov, M.N.Dubrovin, A.N.Makarova, A.S.Syromyatnikova, M.E.

Zaretskii: (高い蒸気圧のメタルの表面張力の決定), Izv. VUZ. Tsvet. Met., (1975), No.4, 171~170. (ロシア語)

(10) A.M.Pogodaev, I.A.Sladkova, E.E.Lukashenko: (化学的に活性な金属の合金の表面張力．密度測定のための改善された方法), Zarod. Lab., **39** (1973), 826.(ロシア語)

(11) D.W.G.White: The surface tension of liquid metals and alloys, Metall. Rev., **13** (1968), 73~96.

(12) Yu.V.Naidich, V.N.Eremenko, V.V.Fesenko, M.I.Vasiliu and L.F.Kirichenko: Variation of the surface tension of pure copper with temperature. The Role of Surface Phenomena in Metallurgy., Consultants Bureau., N.Y (1963), 41~45.

(13) G.Bernard and C.H.P.Lupis: The surface tension of liquid silver alloys: Part 1. Silver–Gold alloys. Metal. Trans., **2** (1971), 555~559.

(14) C.F.Baes, Jr. and H.H.Kellogg: Effect of dissolved sulphur on the surface tension of liquid copper, J.Metals, **5** (1953), 643~648.

(15) W.D.Kingery and M.Humenik, Jr.: Surface tension at elevated temperatures, I. Furnace and method for use of the sessile drop method, Surface tension of silicon, iron and nickel, J. Phys. Chem., **57** (1953), 359~363.

(16) E.K.Borobulin, K.T.Kurochkin, P.V.Umrikhin: (溶鉄とその合金の表面張力へのNの影響), 鋼製造の物理化学的基礎, (1968), 21~26.(ロシア語)

(17) D.W.G.White: The surface tension of zinc, Trans. AIME., **236** (1966), 796~803.

(18) A.P.Andreev, V.A.Izmailov, V.I.Kashin: (融体の密度，表面張力測定の一般的方法), Zavod. Lab., **40** (1974), 420~421.(ロシア語)

(19) 荻野和己, 泰松 斉:溶融Niの表面張力およびAl_2O_3との濡れ性に及ぼす酸素の影響,日本金属学会, **43** (1979), 871~187.

(20) K.Ogino, K.Nogi and O.Yamase: Effects of selenium and tellurium on the surface tension of molten iron and the wettability of alumina by molten iron, Trans. ISIJ., **23** (1983), 234~239.

(21) D.M.Zir, B.I.Shestakov: (高温において，表面張力と接触角の決定のためのγ線の利用), Zhur. Prikl. Khim., **32** (1959), 1967~1970.(ロシア語)

(22) 中江秀雄:アルミニウム溶湯と非金属の濡れ,軽金属, **39** (1989), 136~146.

(23) 小林 功:溶融金属の表面張力と金属中酸素の同時測定,大阪大学工学部冶金工学科卒業論文(1983).

(24) D.N.Staicopolus: The computation of surface tension and of contact angle by the sessile–drop method, J. Coll. Sci., **17**, (1962), 439~447.

(25) J.N.Butler and B.H.Bloom: A curve–fitting method for calculating interfacial tension from the shape of a sessile drop, Surf. Sci., **4** (1966), 1~17.

(26) Y.Rotenberg, L.Boruvka and A.W.Neumann: Determination of surface tension and contact angle

from the shapes of axisymmetric fluid interfaces, J. Coll. Interface Sci., **93** (1983), 169~183.
(27) 泰松 斉:酸素を含む溶融金属と固体酸化物間のぬれ及び反応に関する研究(学位論文), (1987), 大阪大学.
(28) 加藤 誠, 垣見英信:理論形状との比較による静滴の表面張力及び接触角の測定, 材料とプロセス, **2** (1989) 148.
(29) 中本将嗣:大滴法を利用した溶融 Ga, Sn, Bi および In の表面張力, 大阪大学工学部材料開発工学科卒業論文 (1999).
(30) P.M.Simon: Recherches sur la capillarité, Ann. Chim. Phys. [3] **32** (1851), 5~41.
(31) F.M.Jaeger: Über die Temperaturabhängigkeit der Molekularen freien Oberflächenenergie von Flüssigkeiten in Temperaturbereich von-80 bis +1650 ℃, Z. Anorg. Chem., **101** (1917), 1~214.
(32) T.R.Hogness: The surface tensions and densities of liquid mercury, cadmium, zinc, lead, tin and bismuth, J. Am. Chem. Soc., (1921), 1621~1630.
(33) C.W.Parmelee and C.G.Harman: The effect of alumina on the surface tension of molten glass, J. Am. Ceram. Soc., **20** (1937), 224~230.
(34) A.W.Porter: Notes on surface–tension, Phil.Mag., **9** (1930), 1065~1073.
(35) K.I.Vashkhenko, A.P.Rudin: (銑鉄の表面張力の測定方法), Izv. VUZ, Chern. Met., (1959), No.9, 133~139.(ロシア語)
(36) E.Schrödinger : Notiz über den Kapillardruck in Gasblasen, Ann. der. Phys., **46** (1915), 413~418.
(37) S.Sugden : The determination of surface tension from the maximum pressure in bubbles, J. Chem. Soc., **121**, (1922) 858~866.
(38) S.Sudgen : The determination of surface tension from the maximum pressure in bubbles. part Ⅱ, J. Chem. Soc., **128**, (1924) 27~31.
(39) 川合保治, 岸本 誠, 鶴 博彦:溶融 Cu-Sn 合金の表面張力および密度, 日本金属学会誌, **37** (1973), 668~672.
(40) J.W.Taylor: The surface tension of sodium, J. Inst. Metals, **83** (1954-55), 143~152.
(41) L.Ya.Kozlov, B.M.Shugol, O.V.Kataev: (金属融体の粘度, 表面張力の測定に関する諸問題), Zavod. Lav., **45** (1979), 233~234.(ロシア語)
(42) 荻野和己, 原 茂太:アルカリ金属およびアルカリ土類フッ化物融体の密度および表面張力の測定, 鉄と鋼, **64** (1978), 523~532.
(43) P.P.Pugachev, V.I.Yashkichev: (銅の表面張力の温度依存性), Izv. Akad. Nauk SSSR., Otd. Khim. Nauk, (1959), 806~810.(ロシア語)
(44) E.E.Shpil'rain, V.A.Fomin, V.V.Kachalov: (高温において液体金属の密度, 表面張力の研究方法と実験装置), Tepf. Vys. Temp., **20**(1982), No.1, 54~58.(ロシア語)
(45) C.A.Bradley, Jr.: Measurement of surface tension of viscous liquids, J. Am. Ceram. Soc., **21**

(1938), 339~344.
- (46) L.Wilhelmy: Ueber die Abhängigeit der Capillaritäts–Constanten des Alkohols von Substanz und Gestalt des benetzten festen körpers, Ann. d. Phys. **119** (1863), 177~217.
- (47) G.Bertozzi and G.Sternheim: Surface tension of liquid nitrate systems, J. Phys. Chem., **68** (1964), 2908~2912.
- (48) 菅井幹夫, 宗宮重行: 1600 ℃における $SiO_2–TiO_2–Al_2O_3$ 系溶液の密度, 粘度及び表面張力の測定, 窯業会誌, **90** (1982), 262~269.
- (49) C.C.Addison, D.H.Kerridge and J.Lewis: Liquid metals, Part I, The surface tension of liquid sodium, the vertical–plate technique, J. Chem. Soc., (1954), 2861~2866.
- (50) M.Kidd and D.R.Gaskell: Measurement of the surface tensions of Fe–saturated iron silicate and Fe–saturated calcium ferrite melts by padday's cone technique, Metal. Trans., **178** (1985), 771~776.
- (51) J.F.Padday, A.R.Pitt and R.M.Pashley: Menisci at a free liquid surface: Surface tension from the maximum pull on a rod, J. C. S. Faraday, Trans. I, **71** (1975), 71, 1919~1931.
- (52) G.J.Janz and M.R.Lorenz: Precise measurement of density and surface tension at temperatures up to 1000 ℃ in one apparants, Rev. Sci. Inst., **31** (1960), 18~20.
- (53) K.Grjotheim, J.L.Holm, B.Lillebuen and H.A.ϕye: Surface tension of liquid binary and ternary chloride mixtures, Acta Chem, Scand., **26** (1972), 2050~2062.
- (54) P.L.Du Nouy: A new apparatus for measuring surface tension, J. Gen. Physiol., **1** (1919), 521~524.
- (55) E.W.Washburn and F.E.Libman: Surface tension of glass at high temperatures, Bull. Univ. Illin. Engin. Exper. Stat. 140., **21** (1924), Nr.33, 51~71.
- (56) C.L.Babcock: Surface tension measurements on molten glass by a modified dipping cylinder method, J. Am. Ceram. Soc., **23** (1940), 12~17.
- (57) L.Shartsis and A.W.Smock: Surfase tensions of some optical glasses, J. Research N.B.S., **38** (1947), 241~250.
- (58) P.Kozakevitch: Tension superficielle et viscosité des scories synthétiques, Rev. Met., **46** (1949), 505~516.
- (59) T.B.King: The surface tension and structure of silicate slags, J. Soc. Glass Tech., **35** (1951), 241~259.
- (60) W.D.Harkins and H.F.Jordan: A method for the determination of surface and interfacial tension from the maximum pull on a ring, J. Am. Chem. Soc., **52** (1930), 1751~1771.
- (61) B.B.Freud and H.Z.Freud: A theory of the ring method for the determination of surface tension, J. Amer. Chem. Soc., **52** (1930), 1722~1782.
- (62) 日野光久, 江島辰彦, 亀田満雄: 溶融珪酸鉛の表面張力および密度の測定, 日本金属学会誌,

31 (1967), 113~119.
(63) E.E.Shpil'rain, K.A.Yakimovich and A.F.Tsitsarkin: Investigation of the surface tension of liquid boron oxide to 2000 ℃ by the cylinder pulling method, High Temp.–High Press., **4** (1972) 67-76.
(64) 関根幸四郎：表面張力測定法，理工図書，(1957), 47~49.
(65) R.L.Tiede: Modification of the dipping cylinder method of measuring surface tension, Ceram. Bull., **51** (1972), 539~541.
(66) M.A.Maurakh, B.S.Mitin: (溶融高融点酸化物), 冶金図書出版，モスコウ (1979), 94. (ロシア語)
(67) T.Tate: On the magnitude of a drop of liquid formed under different circumstances, Phil. Mag. **27** (1986), 176~180.
(68) von G. Quincke: Ueber die Capillaritätsconstanten geschmolzener Körper, Ann. d. Phys., **135** (1868), p.621~646.
(69) W.D.Harkins and F.E.Brown: The determination of surface tension (free surface energy), and the weight of falling drops : the surface tension of water and benzene by the capillary height method, J. Am. Chem. Soc., **41** (1919), 499~524.
(70) 松山芳治：溶融金属及び合金の表面張力について，金属の研究，**3** (1926), 45~53.
(71) 荻野和己：溶融金属の表面張力に及ぼすフラックスの影響及び溶融金属の広がりについて，大阪大学工学部冶金学科卒業論文，(1953).
(72) 美馬源次郎，倉貫好雄：液体金属とフラックスとの間の界面張力に関する研究 (第 1 報) 装置の試作と Sn‐Pb 合金の表面張力について，日本金属学会誌，**22** (1958), 92~95.
(73) R.N.McNally, H.C.Yeh and N.Balasubramanian: Surface tension measurements of refractory liquids using the modified drop weight method, J. Mater. Sci., **3** (1968), 136~138.
(74) S.B.Yakobashvili, I.I.Frumin: (スラグ－メタル境界における界面張力と溶接スラグの表面張力の研究), Avtom. Svarka, (1961), No.10, C 14~19.(ロシア語)
(75) A.W.Peterson, H.Kedesdy, P.H.Keck and E. Schwarz: Surface tension of Titanium, Zirconium, and Hafnium, J. Appl. Phys., **29** (1958), 213~216.
(76) B.C.Allen: The surface tension of liquid chromium and manganese, Trans. AIME., **230** (1964), 1357~1361.
(77) J.Campbell: Surface tension measurement by the drop weight technique, J. Phys. D. Appl. Phys., **3** (1970), 1499~1504.
(78) A.M.Worthington: On pendent drops, Proc. Roy. Soc., **32** (1881), 362~377.
(79) 関根幸四郎：水滴の重さについて，応用物理，7 (1936), 104~110.
(80) 関根幸四郎：表面張力測定法，理工図書，(1957), 58~62.
(81) J.M.Andreas, E.A.Hauser and W.B.Tucker: Boundary tension by pendant drops, J. Phys. Chem.,

42, (1938), 1001~1019.

(82) C.E.Stauffer: The measurement of surface tension by the pendant drop technique, J. Phys. Chem., **69** (1965), 1933~1938.

(83) J.M.Lihrmann and J. S. Haggerty: Surface tensions of alumina – containing liquid, J. Am. Ceram. Soc., **68** (1985), 81~85.

(84) B.C.Allen: The surface tension of liquid transition metals at their melting points, Trans. AIME., **227** (1963), 1175~1183.

(85) B.I.Samoilenko: (1975 - 1976 年噴火した際の玄武岩の表面張力と温度の関係), Vulkanol. Seismol. (1985), No.3, 32~38.(ロシア語)

(86) 向井楠宏, 石川友美 : 懸滴法による CaO - SiO_2, CaO–Al_2O_3, CaO–Al_2O_3 - SiO_2 系溶融スクラグの表面張力の測定, 日本金属学会誌, **45** (1981), 147~154.

(87) L.Rayleigh: On the capillary phenomena of Jets, Proc. Roy. Soc. London, **29** (1879), 72~97.

(88) M.E.Fraser, W-K.Lu, A.E.Hamielec and R.Murarka: Surface tension measurements on pure liquid iron and nickel by an oscillating drop technique, Met. Trans., **2** (1971), 817~823.

(89) E.C.Okress, D.M.Wroughton, G.Comenetz, P.H.Brace and J.C.R.Kelly: Electromagnetic levitation of solid and molten metals, J.Appl. Phys., **5** (1952), 545~552

(90) B.J.Keene, K.C.Mills and R.F.Brooks: Surface properties of liquid metals and their effects on weldability, Mater. Sci., Technol., **1** (1985), 568~571

(91) B.J.Keene, K.C.Mills, A.Kasama, A.Mclean and W.A.Miller: Comparison of surface tension measurements using the levitated droplet method, Metal. Trans., **17** (1986), 159~162.

(92) 野城 清 : 私信 (1989)

(93) K.Nogi, K.Ogino, A.McLean and W.A.Miller: The temperature coefficient of surface tension of pure liguid metals, Metall. Trans., **17B** (1986), 163~170.

(94) 小野 周 : 表面張力, 共立出版, (1980), 5~7.

(95) E.E.Libman: Surface tension of molten metals. I. Copper, Proc. Nat. Acad. Sci., **13**(1927), 588~592.

(96) 荻野和己, 西脇 醇, 原 茂太 : X 線透視法による鉄鋼製錬プロセスの研究, 大阪冶金会誌, **12** (1978), 110~118.

(97) D.A.Melford and T.P.Hoar: Determination of the surface tensions of molten lead, tin, and indium by an improved capillary method, J. Inst. Metals, **85** (1956-57), 197~205.

(98) Von S.Engler und R.Ellerbrok: Messungen der oberflächenspannung flüssiger Aluminium-legierungen, Giesserei Forsch., **26** (1974), 43~48.

(99) 向井楠宏 : 改良型毛管上昇法による液体スズ, 鉛の表面張力の測定, 日本金属学会誌, **37** (1973), 482~487.

(100) K.Okajima and H.Sakao: Density and surface tension of molten zinc–bismuth alloys, Trans. JIM., **23** (1982), 111~120.

(101) 江島辰彦, 佐藤 譲, 深沢幹雄, 阿部研二: 溶融アルカリ金属臭化物および沃化物の表面張力, 第19回溶融塩化学討論会要旨集, (1986.11.5), 7~78.

(102) S.Sudgen: The determination of surface tension from the rise in capillary tubes, J. Chem. Soc., **119** (1921), 1483~1492.

(103) 荻野和己, 西脇 醇, 原 茂太:1700℃を越える高温における溶融スラグの物性測定, 金属物理セミナー, **2** (1977), 211~218.

(104) 荻野和己:高温における酸化物, 弗化物融体の物性測定, 高温学会誌, **7** (1981), 137~147

(105) A.Calverley: A determination of the surface tension of liquid tungsten by the drop-weight method, Proc. Phys. Soc., **B70** (1957), 1040~1044.

(106) W.D.Kingery: Surface tension of some liquid oxides and their temperature coefficient, J. Am. Ceram. Soc., **42** (1959), 6~10.

(107) J.J.Rasmussen and R.P.Nelson: Surface tension and density of molten Al_2O_3, J. Am. Ceram. Soc., **54** (1971), 398~401.

(108) E.E.Shpil'rain, K.A.Yakimovich, A. F. Tsitsarkin: (2750℃の温度までのアルミナの表面張力と融点近くにおけるぬれ角の実験的研究), Teplofiz. Vys. Temp., **11** (1973), 1001~1009. (ロシア語)

(109) E.E.Shpil'rain, K.A.Yakimovich, A.F.Tsitsarkin: (溶融酸化ベリリウムの密度と表面張力の研究), Teplofiz. Vys. Temp., **12** (1974), 277~281. (ロシア語)

(110) E.E.Shpil'rain, K.A.Yakimovich, A.F.Tsitsarkin: (2100℃までの温度における溶融酸化ボロンの表面張力), Teplofiz. Vys. Temp., **12** (1974), 77~82. (ロシア語)

(111) M.A.Maurakh, B.S.Mitin: (溶融高融点酸化物), 冶金図書出版, (1979), 105~106. (ロシア語)

(112) V.P.Elyutin, B.S.Mitin, Yu.A.Nagibin: (溶融酸化アルミニウムの表面張力の温度係数の測定方法), Zavod. Lab., (1975), No.2, 129~131. (ロシア語)

(113) G.Volvick et J.Himbert: Principales méthodes de mesures de la tention superficielle, et application aux mesures sous haute pression, J. Chim. Phys., **64** (1967), 359~369.

(114) N. I. Khitarov, E. B. Lebedev, A. M. Dorfman, N. Sh. Bagdasarov: (溶融玄武岩の表面張力への温度, 圧力, 揮発成分の影響), Geokhimiya, (1979), No.10, 1427~1438. (ロシア語)

(115) R.G.Aldrich and D.V.Keller Jr.: Investigation of the contact angle between indium (1) and an aluminum substrate in ultrahigh vacuum, J. Appl. Phys., **36** (1965), 3546~3548.

(116) I.Egry, G.Lohöfer, P.Neuhaus and S. Sauerland: Surface tension measurement of liquid metals using lavitation, microgravity, and image processing, Intern. J. Thermophysics, **13** (1992), 65~74.

(117) I.Egry, G.Lohöfer, G.Jacobs: Surface tension of liquid metals: Results from measurements on

ground and in space, Phys. Rev. letters, **75** (1995), 4043~4046.

(118) H.Fujii, T.Matsumoto and K.Nogi: Analysis of surface oscillation of droplet under microgravity for its surface tension, Acta mater. **48** (2000), 2933~2939.

(119) 野城 清, 松本大平, 藤井英俊：微小重力環境を利用した液体の熱物性測定, 溶融塩および高温化学, **43** (2000), 113~122.

(120) H.Fujii, T.Matsumoto, N.Hara, T.Nakano, M.Kohno and K.Nogi: Surface tension of molten silicon measured by the electro-magnetic levitation method under microgravity, Metall. and Mater. Trans., **31A** (2000), 1585~1589.

(121) K.Nogi, W.B.Chung, A.McLean and W.A.Miller: Mater. Trans. JIM, **32** (1991), 164~168.

(122) R.E.Boni and G.Derge: Surface tension of silicates, J. Metals (1956), 53~59.

(123) J.H.Swisher and C.L.McCabe: Cr_2O_3 as a foaming agent in $CaO-SiO_2$ Slags, Trans AIME, **230** (1964), 1665~1675.

(124) V.I.Elyutin, V.I.Kostikov, M.A.Maurakh, B.S.Mitin, I.A.Penkov: (液状耐火金属, 酸化物の物理的性質), 融体中の表面現象, キエフ (1968), 155~159.(ロシア語)

(125) 池宮範人：大阪大学大学院工学研究科冶金工学専攻修士論文 (1989).

(126) 河合達志, 長谷川二郎, 加藤 誠：歯科用合金の密度測定装置, 歯科材料器機, **1** (1982), 89~97.

(127) 河合達志：温度に依存する金・銀・銅の密度変化と凝固収縮, 歯科材料器機, **1** (1982), 286~298.

3章 高温における融体-融体間の界面張力の測定

3.1 概説

室温における液-液間の界面張力の測定は、原理的には表面張力の測定法がいずれも適応可能である。それら室温における液-液間の界面張力測定法を表3.1に示す。しかし高温においてはこれらの方法がすべて利用されているとは限らないが、高温測定用に種々工夫されたいくつかの方法が使用されている。

表3.1 室温における液-液界面張力測定法記載例

出典 測定法	表面張力 測定法	実験化学講座7 界面化学	新実験化学講座18 界面とコロイド
毛管上昇法	○	○	
液滴法		○	○
輪環法	○		○
懸滴法	○	○	○
静滴法	○	○	
文献	1	2	3

○利用されている方法

融体間の界面張力の測定は融体の表面張力の測定に比べるとそう古くない。最初の測定は1930年代にキャピラリーエレクトロメータによってPb, Snなどの低融点金属と溶融塩との系についてなされている[4]。しかし、溶鉄-スラグ系のような高温の界面張力の測定は、1950年ソ連のPopel, Esin[5]が溶銑-スラグ系に対しX線透過法を用いて静滴法によって行われたものが最初であろう。筆者は、1953年に溶融金属と溶融塩との界面張力を滴重量法によって測定した[6]。1954年にはフランス国立鉄鋼研究所(IRSID)においてKozakevitchら[7]がPopelらと同様の方法によってスラグ中の溶鉄滴の形状を観察している。また1955年にはKholodovら[8]、1957年にはMikiashiviliら[9]がそれぞれ溶鉄表面上のスラグ滴の形状より界面張力を測定した。1959年にはPatrovら[10]が圧力法によって溶鉄-スラグ間の界面張力の電位による変化—電気毛管現象—の研究を行っている。一方1961年、Yakovashiviliら[11]は細い棒状の鋼試料の先端を溶解する液滴重量法による溶鋼-溶接フラックス間の界面張力を測定している。以後、溶鉄-スラグ系の界面張力の測定法はスラグ中の溶鉄静滴の形状を透過X線によって撮影する方法、および溶鉄表面上のスラグレンズ滴の形状より求める浮遊レンズ法が主流となっている。

3.1 概説

近年，El. Gammalら[12]による滴引き離し法，Garinら[13]によるメニスカス伸延法，Howieら[14]による最大圧力法，Grigorevら[15]によるメニスカス法などによる測定があり，スラグーメタル系，溶融塩-メタル系においてかなり多様な測定方法が実用されるようになった．我が国においては，1955年森ら[16]によるX線透過法を用いた静滴法，1963年筆者ら[17]による溶鉄表面上のスラグ滴の形状より求める浮遊レンズ法によって，スラグ，溶鉄間の界面張力の測定が開始され，以後向井ら[18]，大井ら[19]，竹内ら[20]と広く行われるようになった．

現在，溶融金属-溶融スラグ・フラックス系の界面張力測定に用いられている方法を整理すると

1) 静滴法 (sessile drop method)[5][7][16]
2) 浮遊レンズ法 (floating lense method)[8][9][17][18]
3) 液滴重量法 (drop weight method)[6][11]
4) 毛管降下法 (capillary depression method)[29][30]
5) 滴引き離し法 (drop detachment method)[12]
6) メニスカス伸延法 (meniscus elongation method)[13]
7) 最大圧力法 (maxmum pressure method)[10][14]
8) メニスカス法 (meniscus method)[15]

などであり，種々な方法が開発されている．これらの方法の利用状況を各融体-融体系について表3.2に示す．

表3.2 高温における融体/融体系の界面張力測定の利用状況

測定方法 \ 融体/融体系	スラグ，フラックス Fe, Ni	スラグ Pb, Ni	スラグ マット	溶融塩 Pb, Cd, Mg, Al
静滴法*	◎	○	◎	○
浮遊レンズ法*	◎	○		
毛管法*			○	○
メニスカス伸延法				○
滴引き離し法	○	○		
最大圧力法				○
メニスカス法				○
液滴重量法*				○
液滴法		○		○

*類似の方法を含む，◎比較的多く利用されている方法，○利用されている方法

高温における融体-融体間の界面張力の測定法に関して書かれたレビューの一部を以下に示す．

1) S. I. Filippov, P. P. Arsentev, V. V. Yakovlev, M. G. Krasheninnikov：(冶金プロセスの物理化学的測定法)，冶金図書出版，モスコウ，(1980), 200～208.(ロシア語)

2) Ed. R. A. Ropp : Physicochemical measurement in metals research, part 2, John Wiley and Sons, (1970) 308〜326.
3) 日本鉄鋼協会編：溶鋼−溶物性値便覧Ⅳ, 表面張力, 界面張力, 日本鉄鋼協会, (1972) 121〜122.
4) L. E. Murr : Interfacial phenomena in metal and alloys, Addison Awesely Pub. Co, (1975), 90〜100.
5) 日本金属学会編：金属の化学的測定法Ⅰ, 3. 界面性質の測定, 日本金属学会, (1976), 125〜133.
6) B. J. Keene : The Physicochemical properties of slags, PartⅣ, A survey of data on interfacial properties between molten metals and molten slags containing CaF_2, NPL Report Chem., **99** (1979), June 4〜15.

3.2 静滴法 (Sessile drop method)

2.1.2に示したように，図3.1の滴をとりまく環境が滴と溶け合わない液体であれば，表面張力の計算に用いた式(2-3)を適用して液−液間の界面張力を求めることができる．この場合，界面張力の算出に必要な滴の各部分の寸法を求めるには，L_1 をとりまく L_2 が透明な液体であれば光学的にも可能であるが，その場合も屈折率などの変化による補正など多くの困難な問題が存在する．また高温で透明な容器（るつぼ）として容易に入手，使用できるものは透明石英に限られ

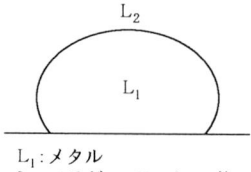

L_1：メタル
L_2：スラグ, フラックス, 塩

図3.1 液体中の静滴

るため，この容器を利用すると厳密には L_2 はシリカ飽和の条件のみということになる．そのため静滴法の場合，光学的手法を種々のスラグ，フラックスに適用することは極めて困難であり，一般にX線透過法が利用されている．X線透過法は表面張力の測定に使用した場合と同様であるが，空気に比べはるかに密度の大きいスラグ，フラックスが存在するため，種々な問題が生じる．例えば，L_1 と L_2 との密度差はX線透過写真像のコントラストに大きく影響し，さらにこれは2.2.2でも示した滴周辺部のボケにも関係する．FeOを含むスラグでは密度が $4Mg/m^3$ に近く，密度の小さい CaF_2 系（約 $2.5Mg/m^3$），$CaO-SiO_2-Al_2O_3$ 系（約 $2.7Mg/m^3$）の場合に比べて溶鉄とのコントラストは悪い．そのためX線照射時間，るつぼと溶滴との幾何学的大小関係に留意せねばならない．また L_1，L_2 両融体に浸食されにくいるつぼの選択も大きな問題である．また滴の寸法測定精度の向上のためのX線源と液滴，液滴とフィルム間の距離についても検討を要することは表面張力の場合と同様である．さらに本方法では計算上，両融体の密度の値が必要である．

3.2 静滴法 (Sessile drop method)

3.2.1 測定原理

表面張力の場合と同様であるので,詳細は2.1.2を参照されたい.界面張力の計算は式(3-1)による.

$$\gamma_{ms} = g\left(\frac{b^2}{\beta}\right)(\rho_m - \rho_s) \tag{3-1}$$

ここに,γ_{ms}:スラグーメタル間の界面張力,b:メタル滴の頂点における曲率半径,β:メタル滴の形状のパラメーター,ρ_m, ρ_s:メタル,スラグの密度,g:重力加速度.

本方法では関連する両融体の密度の値が必要であるが,この数値は文献を引用するよりはできるだけ測定されることが望ましい.

スラグーメタル間の界面張力の測定において,両相間に反応が生じる場合,メタル滴の形状は球形状でなく偏平になることがある.この場合は界面張力の著しく低い状態であり,界面張力の算出にあたって,式(3-1)を使用することはできないのでWorthingtonの方法を使用する[22].この方法では図3.2に示す液滴の最大半径rと,最大径より上の液滴の高さZを求め,式(3-2)によって界面張力を計算することができる.

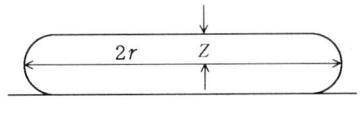

図3.2 偏平な静滴

$$\gamma_{ms} = \frac{1}{2}g(\rho_m - \rho_s)Z^2\left(\frac{1.641r}{1.641r + Z}\right) \tag{3-2}$$

3.2.2 測定装置と測定方法

図3.1に示すような静滴法の場合,X線透過法による界面張力の測定装置の一例を図3.3に示す[24].雰囲気制御可能なタンマン炉を使用し,鮮明なX線写真を得るために,発熱体にはX線透過能が大きい黒鉛発熱体が用いられている.この発熱体はスリット入りで,下部端子よりの通電のみで加熱可能である.炉体にはX線の透過を容易にするため炉体を貫くパイプがあり,その両端はアルミニウム板(厚さ0.2mm)によってシールされている.発熱体に炭化ケイ素の棒状のものを使用することもあるが,この場合,発熱体をX線の透過路からはずせば,炉体を貫くパイプの設置は不要である.

X線源は医療用,工業用が用いられるが,医療用では管球電流が大きいためX線照射時間が短く,動的な現象の撮影も容易である.

るつぼはメタル,スラグ両相を同時に溶解するため耐食性およびX線の透過性を考慮し,緻密な純アルミナ質のものが使用される.るつぼの形状は,それ自体によって溶融金属滴を保持する場合,界面張力の測定が容易なように丸底とされている.場合によってはメタル滴の保持が容易であるように,上面を凹型にした同質のアルミナディスクが用いられる(図3.4参照).

図3.3のようにるつぼを炉内にセットし，炉内雰囲気をArガスで置換後1853Kまで徐々に昇温する．1853Kに保持した後，装入口より石英管を用いて鉄試料（約5g）をるつぼ内に投入し溶解後，スラグ試料（約15g）を同様に投入する．酸素含有量が高い鉄試料を用いるときは，スラグと接触する前に鉄中の酸素が雰囲気により脱酸されるのを防ぐ

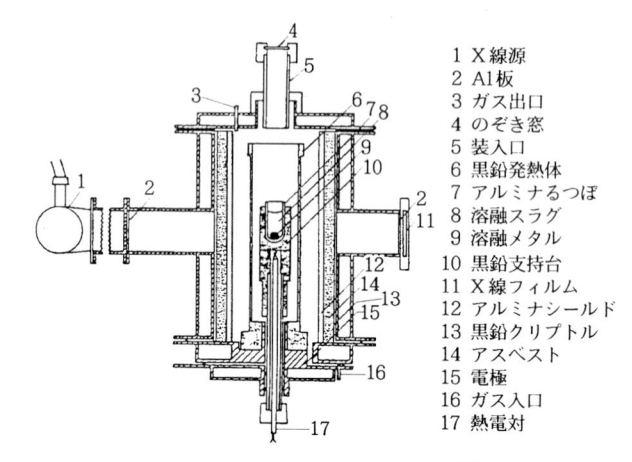

1 X線源
2 Al板
3 ガス出口
4 のぞき窓
5 装入口
6 黒鉛発熱体
7 アルミナるつぼ
8 溶融スラグ
9 溶融メタル
10 黒鉛支持台
11 X線フィルム
12 アルミナシールド
13 黒鉛クリプトル
14 アスベスト
15 電極
16 ガス入口
17 熱電対

図3.3 X線透過法による界面張力測定装置[24]

ため，鉄試料とスラグ試料の投入順序を逆にすることがある．鉄試料，スラグ試料が溶解後，管電圧115kV，管電流200mA，露出時間0.8s，2〜4回重ね撮りの条件でX線フィルム（Fuji X ray film I×100）に撮影した．X線フイルムは現像後，実物投影機を用いて溶鉄滴の最大径，高さを測定し，界面張力が算出される．読み取り誤差は±50mN/mであった．代表的なX線写真を写真3.1に示す．本測定におけるX線源からるつぼ中心部（滴中心）までの距離は890mm，るつぼからX線フィルムまでの距離は150mmである．X線管球の焦点は3mm×3mmである．測温はW-5%Rh/W-20%Rh熱電対によってるつぼの底部についてなされている．

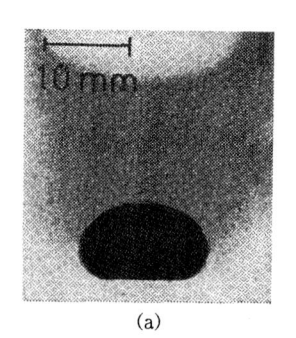

写真3.1 スラグ中の溶鉄滴の形状．(a) CaO(50)-Al₂O₃(50)スラグ，(b) FeO(70)-CaO(10)-SiO₂(20)スラグ，1853K，(　)内mass%

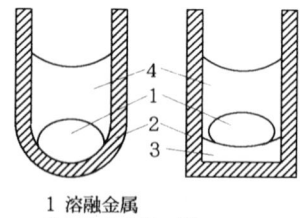

1 溶融金属
2 アルミナるつぼ
3 アルミナディスク
4 溶融スラグ

図3.4 静滴保持用るつぼ，ディスク

3.3 浮遊レンズ法（Floating lense method）

　この方法は水面上にあるパラフィンなどの有機液体滴の形状観察に用いられるものである[25]。溶融金属を適当な皿状容器に入れて溶かすと，溶融金属表面上に比較的平坦な自由表面が形成される。この表面上にスラグの融滴を静かに滴下すると，スラグ滴は写真3.2のようにレンズ状となる。溶融金属表面下の部分は直視できないが，有機液体のようにスラグ滴の下面は凹型をしていることは，そのまま凝固

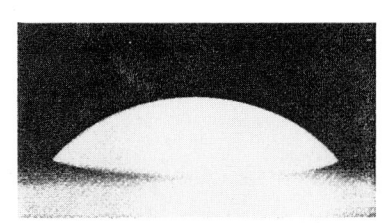

写真3.2 溶鉄表面上のスラグ滴 ($Ca-SiO_2-Al_2O_3$系)

させた場合に確認されている。溶融金属表面上のスラグの形状は溶融金属，スラグ，気相の三層間の平衡によって決定される。この三相の平衡はスラグ滴が溶融金属表面に滴下されるやほとんど瞬時に形成される。このスラグ滴の形状を側面より撮影することによって界面張力を求めることができる。

　この方法のスラグ－メタル系に対する適用はソ連のKholodovら[8]，Mikiashvili[9]らによってなされた。筆者らも1963年この方法によって炭素飽和溶鉄とスラグ間の界面張力を測定した[17]。

　本方法では，鉄表面上のスラグ滴の形状を側方より写真撮影すれば良いので，光学的撮影方法が可能である。またメタル重量に比してスラグ－メタル間の界面積が小さいために，スラグ・メタル反応によるメタルの汚染やスラグによるるつぼの浸食によるスラグ組成の変化が生じにくい。しかしメタル表面上のスラグの形状はレンズ状であるため，界面張力が小さいときはスラグレンズが肉薄となり，接触角が小さく測定誤差が大きくなる。さらに，スラグ滴は支持するものがなければ，メタル上に長時間静止し得ないので，特殊な工夫をしないと界面張力の経時変化の測定はできない。

3.3.1　測定原理[17]

　一般に液体Aの自由表面上に相互に溶け合わない別の液体Bの少量を置いた場合（水面上の油滴），BはA上に一様な厚さで連続フィルムをつくるか，あるいはAの表面上でBは拡がらずレンズ状を呈する。このレンズの形状は液滴に働く各張力の大きさによって種々変化する。溶融金属の自由表面上にスラグの小滴をおくと，一般には図3.5のようなレンズ状になる。スラグ滴にはスラ

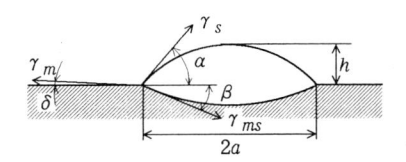

図3.5 溶融金属自由表面上のスラグ滴の形状

グ，メタルの表面張力 γ_m，γ_s およびスラグ-メタル間界面張力 γ_{ms} が働いて力学的平衡を保っている．これらの張力の間には式(3-3)，式(3-4)が成り立つ．

$$\gamma_m \cos\delta = \gamma_s \cos\alpha + \gamma_{ms} \cos\beta \tag{3-3}$$

$$\gamma_m \sin\delta + \gamma_s \sin\alpha = \gamma_{ms} \sin\beta \tag{3-4}$$

ここに，α，β，δ は図3.5に示す角度である．一般に δ はきわめて小さく，無視しうるから，式(3-3)，式(3-4)より

$$\gamma_m = \gamma_s \cos\alpha + \gamma_{ms} \cos\beta \tag{3-5}$$

$$\gamma_s \sin\alpha = \gamma_{ms} \sin\beta \tag{3-6}$$

式(3-5)，式(3-6)より

$$\gamma_{ms} = \sqrt{\gamma_m^2 + \gamma_s^2 - 2\gamma_m \gamma_s \cos\alpha} \tag{3-7}$$

式(3-7)式より，γ_m，γ_s が既知であれば，α を測定して γ_{ms} を求めることができる．接触角の可視部 α は図3.5から明らかなように溶融金属表面上に見えるスラグとの接触角に相当するから光学的に測定可能である．

スラグ重量が少ないときにはスラグレンズの表面形状は球面の一部と考えられ，スラグの寸法より式(3-8)によって α を求めることができる．

$$\cos\alpha = \frac{a^2 - h^2}{a^2 + h^2} \tag{3-8}$$

Kholodov[8]，Mikiashvili ら[9]はメタル表面上のスラグ滴をメタル内部に入りこんだスラグ部分を無視して図3.6に示すように考え，式(3-9)によって界面張力を求めている．

$$\gamma_{ms} = \gamma_m - \gamma_s \cos\alpha \tag{3-9}$$

この場合，式(3-9)で得られた γ_{ms} の値は式(3-7)の値より約4％小さくなる．

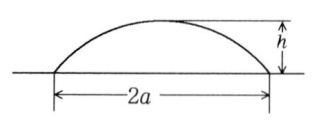

図3.6 溶融金属表面上のスラグ滴の形状
（スラグによる溶液金属面のくぼみがないとした場合）

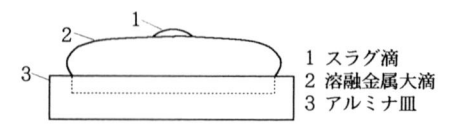

図3.7 溶融金属大滴上のスラグ滴

1 スラグ滴
2 溶融金属大滴
3 アルミナ皿

3.3 浮遊レンズ法 (Floating lense method)

この浮遊レンズ法において溶融金属を図3.7のように大滴になるようにすると,スラグ滴下前に溶融金属の表面張力を測定できる[18].

3.3.2 測定装置と測定方法

測定装置は溶融金属の自由表面をできるだけ大きくするための容器と,メタル表面上にスラグの小滴を滴下させる装置およびスラグ滴の形状を光学的に撮影する装置と高温炉とよりなっている.炉は横型,縦型とがある.

測定装置の一例として筆者の使用した装置を図3.8に示す[26].加熱炉は直径20mmの孔のあいた黒鉛管 ($74\phi \times 60\phi \times 300L$) を発熱体とする縦型特殊タンマン炉である.この孔を通してスラグの形状の撮影と測温がなされる.炉体は上下の蓋および炉胴いずれも水冷可能である.炉胴には直径方向に貫通する孔があり,発熱体の孔と黒鉛パイプで連結している.この孔の一方は撮影用であり,他方は温度測定用である.上蓋にはスラグ滴下装置が取り付けられ,下蓋には試料昇降装置が取り付けられている.また上下の蓋は発熱体への電流供給端子であり,炉胴とはOリングにより絶縁されている.

メタル試料はアルミナ製の皿 ($50\phi \times 8h$) に入れられ,約100gまで装入できる.この皿は試料昇降装置上部のアルミナ台上に設置される.スラグ滴下装置は図3.9 (a) のように溶融スラグの小滴をゆっくりメタル表面上に滴下するため,先端部に小孔 (1.5ϕ) を有する黒鉛製シリンダ (ホッパー) とピストンとよりなっている.スラグが黒鉛と反応する場合には図3.9 (b) に

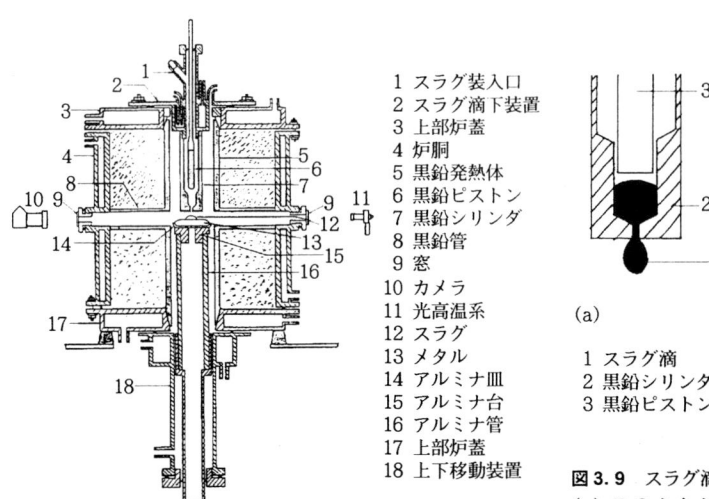

1 スラグ装入口
2 スラグ滴下装置
3 上部炉蓋
4 炉胴
5 黒鉛発熱体
6 黒鉛ピストン
7 黒鉛シリンダ
8 黒鉛管
9 窓
10 カメラ
11 光高温系
12 スラグ
13 メタル
14 アルミナ皿
15 アルミナ台
16 アルミナ管
17 上部炉蓋
18 上下移動装置

図3.8 浮遊レンズ法による界面張力測定装置[26]

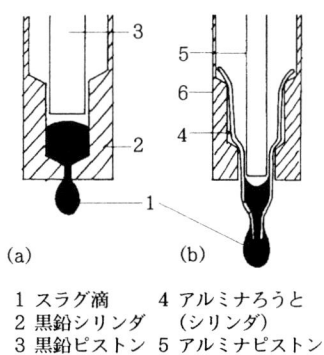

1 スラグ滴
2 黒鉛シリンダ
3 黒鉛ピストン
4 アルミナろうと (シリンダ)
5 アルミナピストン
6 黒鉛容器

図3.9 スラグ滴下装置
(a) FeOを含まないスラグ系に用いる
(b) FeOを含むスラグ系に用いる

示すようなアルミナ製のるつぼと押し棒が使用される．

メタル試料昇降装置は鋼製シリンダ内を鋼製ピストンが移動する方式であり，ピストン上部にアルミナ管を置き，その先端にアルミナ皿を置くようになっている．これによってスラグ滴とメタル表面との距離の調整が容易になる．撮影は望遠カメラによる．

図3.8による測定方法はまず，炉内均熱部に鉄試料約100gを入れたアルミナ製の皿を置き，炉内をArガスに置換後，昇温する．試料が溶解し，測定温度に達した後，上部スラグ滴下装置先端部と試料自由表面間の距離を，スラグ滴が静かに滴下されるに適した距離（数mm）に調整し，スラグをゆっくり滴下する．溶鉄表面に拡がったスラグ滴の写真をのぞき窓より望遠カメラで撮影する．滴は暫くして溶鉄の縁に移動するので，この操作をくり返し撮影する．温度は撮影側と反対の窓より光高温計によって測定した．分析用メタル試料の必要なときはのぞき窓より細い石英管で吸引採取する．測定終了後は下方に引き上げ冷却する．

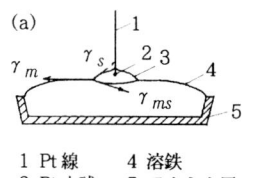

図3.10 (a) Pt線によって保持された溶融金属上のスラグ滴[27], (b) Pt線バスケットによって保持された溶融金属上のスラグ滴[28]．

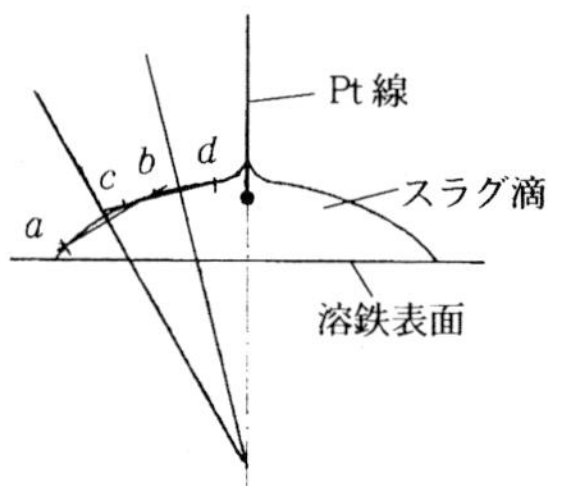

1 Pt線　4 溶鉄
2 Pt小球　5 アルミナ皿
3 スラグ滴

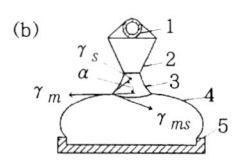

1 アルミナ管　3 溶融スラグ
2 Pt・PtRh　4 溶鉄
　バスケット　5 マグネシア皿

図3.11 Pt線でスラグを溶鉄表面に保持したときのスラグ滴の曲率の求め方[27]

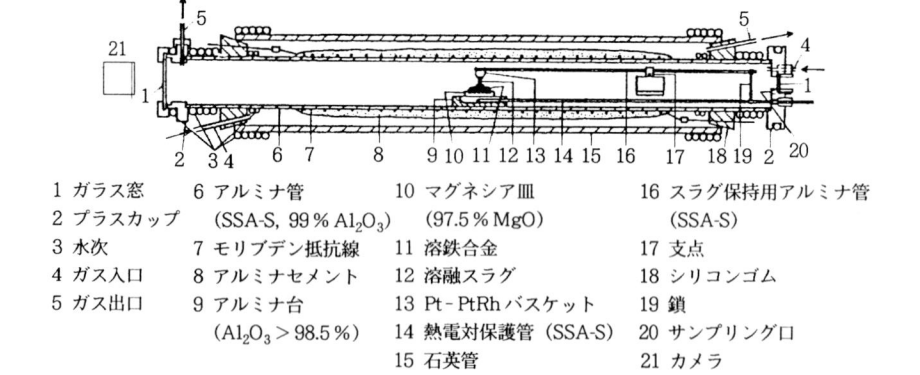

図3.12 溶融金属の大滴自由表面上のスラグ滴の形状より界面張力を測定する装置[28]

1 ガラス窓　　　6 アルミナ管　　　　10 マグネシア皿　　　16 スラグ保持用アルミナ管
2 プラスカップ　　（SSA-S, 99% Al$_2$O$_3$）　（97.5% MgO）　　　　（SSA-S）
3 水次　　　　　7 モリブデン抵抗線　11 溶鉄合金　　　　　17 支点
4 ガス入口　　　8 アルミナセメント　12 溶融スラグ　　　　18 シリコンゴム
5 ガス出口　　　9 アルミナ台　　　　13 Pt-PtRhバスケット　19 錘
　　　　　　　　　（Al$_2$O$_3$ > 98.5%）　14 熱電対保護管（SSA-S）20 サンプリング口
　　　　　　　　　　　　　　　　　　15 石英管　　　　　　21 カメラ

図3.8の滴下装置ではメタル表面上に滴下したスラグ滴は長時間滞留せず，時間による変化の測定は困難である．そのため，メタル表面上のスラグ滴の保持には特別な装置によってスラグ滴をメタル表面に静止させることがなされている．図3.10(a)は先端部を球状にしたPt線によってスラグ滴を静止させる方法である．この方法によるとPt線の部分でぬれによる曲面の変化が生じる．そのため球面の一部とはしにくいので，図3.11のようにPt線とはなれた部分の曲面の曲率より球相当半径を求める．一方，図3.10(b)はPt線によってつくられた籠状のホールダーで，これによってスラグ滴を保持する．この場合は曲面の変化が大きく，接触角は分度器によって測定される．横型炉を用いた測定装置を図3.12に示す[28]．

3.4 毛管降下法（Capillary depression method）

液体に毛管を押し込むと毛管とぬれの悪い液体は，水銀中にガラス管を押し込んだ場合のように毛管内を降下する．この現象は毛管上昇と同様，よく知られた現象である．しかし，この現象を利用して高温融体間の界面張力の測定を行った例は極めて稀である．1951年，Vlack[29]によってCu-CuS間について，また1977年，Dewing, Desclaux[30]によってAlと氷晶石間の界面張力の測定に使用された．この方法を高温に適用するためには毛管内の融体間界面の位置を決定する手段，および毛管材料と融体との接触角を知る必要がある．

3.4.1 測定原理

図3.13に示すように容器にA，B2液体を入れ，上方より毛管Cをゆっくり液中に挿入する．Cの上部は横になった細管に連絡してある．この細管Dの中に液体のメニスカスEを作っておく．Cを液体A中に挿入していくと，細管D中のメニスカスは移動する．管Cが液体Bの表面に到達すると，液体Aは管Cの内部に入れなくなる．また液体Bも表面張力によってその中に入るのが防がれる．続いて管Cを液体A，B界面を通って液体B中に押し込むと，メニスカスの動きがとまる．この条件は管Cに液体Bが入っていくまで継続する．その後さらに管

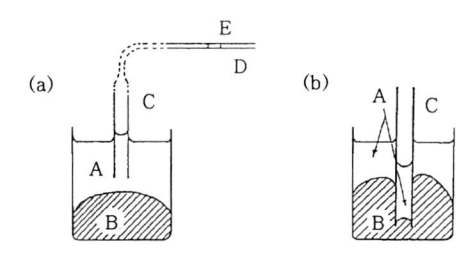

図3.13 (a) 液体B中に管Cを押し込む前の様子，(b) 液体B中に管Cを押し込んだ後の様子[30]．

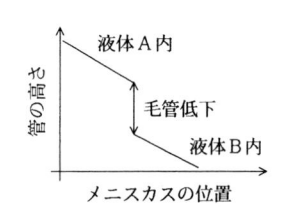

図3.14 細管D内の指示液体の動き[30]

Cを押し込んでいくと細管中のメニスカスは移動する．管Cの挿入深さと細管D中のメニスカスの位置との関係を示すと図3.14のように示され，両液体中における変化は平行な線で示される．この両線の差が毛管低下（capillary depression）である．

この場合，界面張力と毛管低下との関係は式(3-10)で示される．

$$\frac{2\gamma\cos\theta}{r} = g\rho h \tag{3-10}$$

ここに，γ：界面張力，θ：液体Bと管Cとの接触角，r：管Cの内径，g：重力加速度，ρ：液体Bの密度，h：毛管低下（数学的には負）．

いま，r，g，ρは既知であり，hは測定で求め得る．θ は測定可能である．そこで式(3-10)より界面張力を求め得る．しかしhには若干の補正が必要である．第一には管C中に液体Bが入るときの液体Bのメニスカスの曲率に由来する．管の内径が小さいときはその内面に入る液の形状は半球とみなせるからその高さの補正は式(3-11)で示される．

$$\pi r^2 \delta = \frac{2}{3}\pi r^3 \quad (ここに，\delta = \frac{2}{3}r) \tag{3-11}$$

管Cが液体Bに挿入される際，B表面の上昇，B表面の曲率による圧力補正，およびB表面の形状の変化による補正が必要である．それらの補正を行って式(3-10)は式(3-12)のように示される．

$$2\gamma\left(\frac{1}{r} - \frac{1}{r_1} - \frac{r'}{r_c^2}\right) = \frac{\rho g h}{\cos\theta} \tag{3-12}$$

ここに，r_c：容器の径，r'：管Cの外径，r_1：管Cの到達点における液体B表面の曲率で試行錯誤の計算によって求められる．

一方，大小2本の毛管を図3.15のように同時に用いた場合，界面張力は式(3-13)で与えられる[29]．

$$\gamma = \frac{\Delta H g(D-d)}{2\cos\phi} \cdot \frac{b_1 b_2}{(b_2 - b_1)} \tag{3-13}$$

ここに，ϕは接触角，ΔHは両毛管内のメニスカスレベルの差，D，dは両融体の密度，gはガス定数，b_1，b_2は2本の毛管内のメニスカスの中央における曲率半径である．この曲率半径は毛管の径とBashforth and Adamsの表に対するSugdenの補正法によって得られた近似的な毛管定数から計算される．

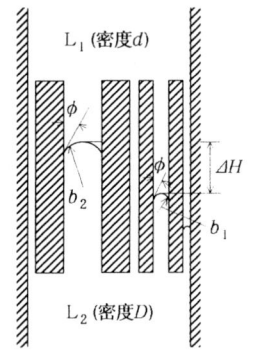

図3.15 2本の内径の異なる毛管による毛管降下法の測定原理

3.4.2 測定装置と測定方法

図3.13に示すようにAlを100g装入したアルミナるつぼ（内径44，高さ70mm）が黒鉛るつぼ内に入れられインコネル反応管内Ar中で加熱される．黒鉛るつぼは20mmの孔のあいた

黒鉛の蓋がされている．温度は黒鉛るつぼとインコネル反応管の間に置かれた熱電対で測定する．毛管降下を測定するために，内径5mm，外径8mmのアルミナ管が使用され，正確な径はその都度カセトメーターで測定される．このアルミナ管の上部はガラス管に接続し，さらに水平に置かれたパイレックス管（内径2.5mm）に連絡している．水平のパイレックス管中にはブチルフォサレイトが1～2cm長さになるように入れられている．

測定の前にアルミナ管は炉中にゆっくり入れられ，融体の直上に置かれる．このときのブチルフォサレイトの位置を記録する．アルミナ管はそこでスムースに

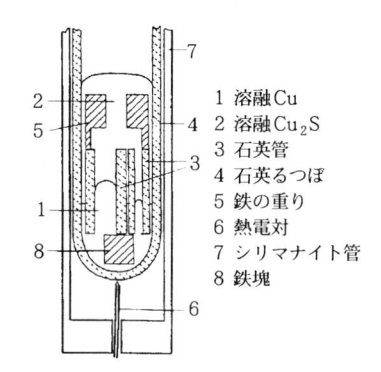

1 溶融Cu
2 溶融Cu_2S
3 石英管
4 石英るつぼ
5 鉄の重り
6 熱電対
7 シリマナイト管
8 鉄塊

図3.16 毛管降下法による測定装置[29]

そして急速に（数秒で）必要な位置にさげられ，そこでクランプされる．このときの急速な動きが終わるやいなやブチルフォサレイトの新しい位置より，移動距離を求める．そののち，アルミナ管上の標点の垂直位置がカセトメーターで決定される．管は融体上に再びセットされ，温度が一定となるまで数分保持される．

メタルとアルミナ間の接触角は凝固後の試料より測定されたが約177°であった．同一試料に対し2, 3回の測定がなされた．測定後，融体の分析がなされている．融体はAl_2O_3で飽和(0.53wt%)している．代表的な毛管降下の際の垂直アルミナ管の位置とブチルフォサレイトの移動距離の関係を図3.14に示す．

一方，2本の毛管を同時に用いて毛管降下を直接観察測定する装置を図3.16に示す[29]．この際，両毛管のメニスカスレベルの差，ΔHはX線透過法によって測定される．

3.5 メニスカス伸延法（Meniscus elongation method）

1973年，Kurdyumovら[31]によってAlとフラックス間の界面張力測定に適用され，1979年にGarinら[13]は溶融Alと溶融塩の間の界面張力の測定を行った．

3.5.1 測定原理[13]

図3.17の2つの液体L_1, L_2間の界面（S）上の点Pにブレイドを押し込むと，界面Sのメニスカスは変形する．この際ブレイドに加わる力を測定して界面張力を求めることができる．界面における点Pにおいてラプラスの法則は式(3-14)のように書くことができる．

$$\gamma_{LL}\left(\frac{1}{R_1} + \frac{1}{R_2}\right) - \Delta \rho g y = \text{const.} \tag{3-14}$$

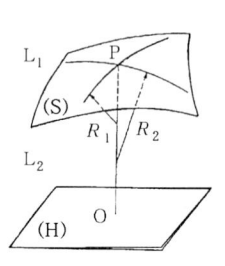

図3.17 2つの液体L_1, L_2間の界面（S）

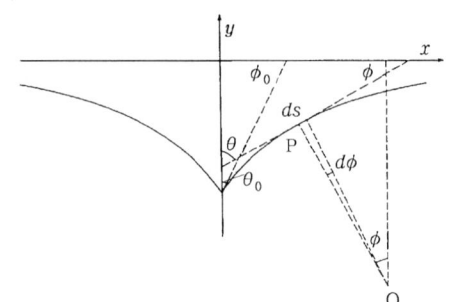

図3.18 垂直平板で変形された界面の断面[13]

ここに，$\Delta\rho$：2つの液体の密度差，γ_{LL}：液体L_1, L_2間の界面張力，R_1, R_2：点Pにおける曲率半径，y：点Pから水平面（H）までの距離，g：重力加速度．

式(3-14)は界面が平面でしかも無限大の長さでかつ垂直に保持された平板によって変形されるような単純な幾何学的図形の場合に解くことができる．図3.18に垂直な平板で圧下され，変形された界面の断面を示す．界面上の点Pにおいて，紙面と直角方向の曲率は無限大である．他の曲率は$R_1=ds/d\phi$である．

ブレイドから無限大距離において，変形のない界面を参照平面として取り扱うと，式(3-14)は

$$y = \frac{\gamma_{LL}}{\Delta\rho g}\frac{d\phi}{ds} \tag{3-15}$$

となる．この方程式の解は数学的関係で導かれる結論として式（3-16）で与えられる．

$$\gamma_{LL} = \frac{f^2}{\Delta\rho g y^2} + \frac{\Delta\rho g y^2}{4} \tag{3-16}$$

ブレイドに毛管力が作用すると，メニスカス高さyすなわち，距離の違いと同じであり，2つの液体の密度差$\Delta\rho$は実験的に求められる．これらの測定によってγ_{LL}が求まる．曲線$f=f(y)$は押し込み深さの関数としてブレイドに作用される力として与えられ，逐一決定される．図3.19は実験的に得られた曲線の一例である．これらの曲線はOA，AB，BCの3つの部分よりなっている．

OAの部分ではブレイドは液体L_1につかり，L_2には接触していない．ABでは最初の界面のレベル以下にあるブレイドの移動によって生じる次のような

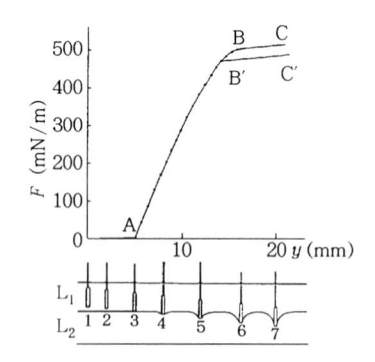

図3.19 押し込み深さとブレイドに支えられる浮力の関係[13]

種々の物理的効果を含んでいる．
a) ブレイドにかかる浮力の変化，
b) 液体 L_1，L_2 の密度の差によって生じるブレイドの浮力変化，
c) メニスカスが形成される間に界面張力によって引き起こされる力は式(3-17)で示される．

$$f = y\sqrt{\left(\Delta\rho g \gamma_{LL} - \frac{\Delta\rho^2 g^2 y^2}{4}\right)} \tag{3-17}$$

BCの部分は位置6から出発して，ブレイドは変形なしにメニスカスを押し込む．毛管力は一定で浮力の変化のみが力の直線的変化としてあらわれる．毛管力とメニスカスの高さはABの部分だけで変化する．曲線のこの部分が γ_{LL} の決定するのに用いられる．ABの数学的関数は式(3-18)で与えられる．

$$f = y\sqrt{\left(\Delta\rho g \gamma_{LL} - \frac{\Delta\rho^2 g^2 y^2}{4} + ay\right)} \tag{3-18}$$

ここに，a は，ブレイドの単位押し込みの深さ・単位ぬれ・周囲あたりの浮力係数．

実測値より $[(f-ay)/y]^2$ は y^2 の関数としてプロットされる．その結果，曲線は直線で式(3-19)で与えられる．

$$\left(\frac{f-y}{y}\right)^2 = \Delta\rho g \gamma_{LL} - \frac{\Delta\rho^2 g^2 y^2}{4} \tag{3-19}$$

この勾配と座標軸における切片は γ_{LL} の値を与える．この測定における誤差は曲面に対する計算上の仮定と実際るつぼ内での曲面との差，温度分布などに基づいている．

3.5.2 測定装置と測定方法

測定装置の一例を図3.20に示す．るつぼ(3)は直径225mm，高さ135mm，厚さ15mmで融体と反応しない材料でつくられている．ブレイド(4)は接続器でアルミ棒(直径2mm)で接続されている．これらに重さ200gが付加される．ブレイド，支持棒の重量は電磁天秤に接続される．天秤は熱から良くシールされ308Kで操作されている．るつぼは下部にある移動装置で上下され，ブレイドに適当な深さの変化を与える．測定にあたって，るつぼに最初Alが

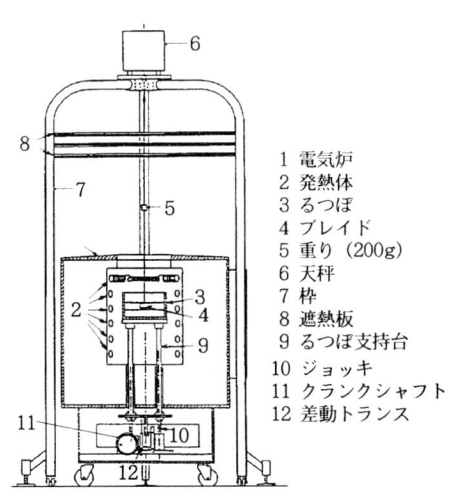

1 電気炉
2 発熱体
3 るつぼ
4 ブレイド
5 重り (200g)
6 天秤
7 枠
8 遮熱板
9 るつぼ支持台
10 ジョッキ
11 クランクシャフト
12 差動トランス

図3.20 メニスカス伸延法による測定装置[13]

装入され，溶解し，浮きかすを除去したのちフラックス（NaCl-KCl）が装入される．両液体の深さは約40mmである．ブレイドはAlに着かないようにしてフラックス中に完全に浸漬され，天秤によってブレイドの見かけの重さが測定される．るつぼが上方に動かされブレイドはAlと接触する．この接触点が精度を決定する．

浮力の測定は浸漬深さ1mm毎にブレイドが界面を通過するまでなされる．同様の測定が異なった長さ，同一厚さのブレイドで再度なされる．

3.6 滴引き離し法（Drop detachment method）

1980年，El. Gammalら[12]によって溶鉄－スラグ系に対し開発された方法で，滴が毛管の先端から離脱する瞬間に，離脱する力を測定する方法である．液滴法の類似の方法であり，両液の密度の知識なしに界面張力を求めることができる．その後，Keskinenら[32]によって Pb/PbO_2-SiO_2系に使用された．

3.6.1 測定原理[12][13]

一般の液滴では滴の重さ W は（3-20）式のように示される．

$$W = mg = V\rho g = 2\pi r \gamma \qquad (3\text{-}20)$$

ここに，γ：界面張力，r：毛管の半径．
離脱滴は図3.21に示すように，3つの力，重力（F_g），アルキメデスの浮力（F_A），界面張力（F_i）の影響をうける．それぞれは

$$\left.\begin{array}{l} F_g = V_m \rho_M g \\[4pt] F_A = V_m \rho_S g \\[4pt] F_i = 2\pi r \gamma_{S/M} \end{array}\right\} \qquad (3\text{-}21)$$

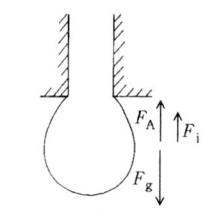

図3.21 毛管先端部において離脱しようとする液滴に働く力

ここに，ρ_M，ρ_S はメタル，スラグの密度である．
滴が離脱した時点において

$$F_i = F_g - F_A \qquad (3\text{-}22)$$

$$2\pi r \gamma_{S/M} = V_m g(\rho_M - \rho_S) \qquad (3\text{-}23)$$

重量変化は滴の離脱時に測定され，

$$m = V_m(\rho_M - \rho_S) \qquad (3\text{-}24)$$

$$\gamma_{S/M} = \frac{mg}{2\pi r} \qquad (3-25)$$

実際には補正因子 Ψ が必要で,

$$\gamma_{S/M} = \frac{mg}{2\pi r \Psi} \qquad (3-26)$$

で表わされている. Ψ は Harkins, Brown[33] によって $r/V_m^{1/3}$ の関数として与えられている.

滴離脱法によると,図3.22(a)のように軽い液体 L_1 中で重い液体 L_2 を滴下する場合,滴の形成から滴下にかけて,時間と滴重量の関係は図3.22(b)のように示される.Drop-detachment 法では m を m_1, m_2 に分けて示すことができ,滴の m_1, m_2 の測定によって系の界面張力を求めることができる.

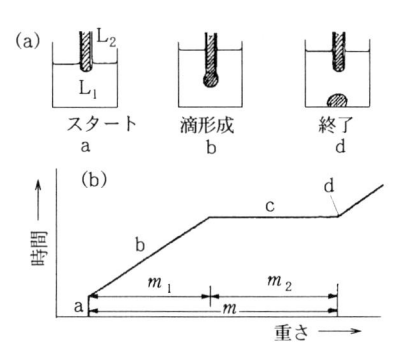

図3.22 滴離脱法の操業モード(a)と時間の関数としての重さの変化の記録(b)

滴が毛管の先端でゆっくりと大きくなる間,容器の液体の体積は浮力に対応して増加する.浮力の時間に対しての増加は記録計によって図3.22(b)中a,bのように記録される.a,b上の各点は形成される滴の時々刻々の体積の浮力 m_1 に対応する.

このプロセスは妨げ合う2つの力,滴の相対滴重量 m_2,界面張力 γ_{ab} がTateの法則を満足するところで平衡状態(図(a)中b)を越えた時,滴は毛管を離れる.この時天秤は図(b)中のbからcに示されるように容器の重量の急激な増加を記録する.この変化は m_2 で,滴の離れるときの解き離す力に対応する.これは界面張力に直接関係する.

3.6.2 測定装置と測定方法

測定装置を図3.23に示す.上部るつぼ(7)中には溶融金属が入れられ,その先端部の小孔よ

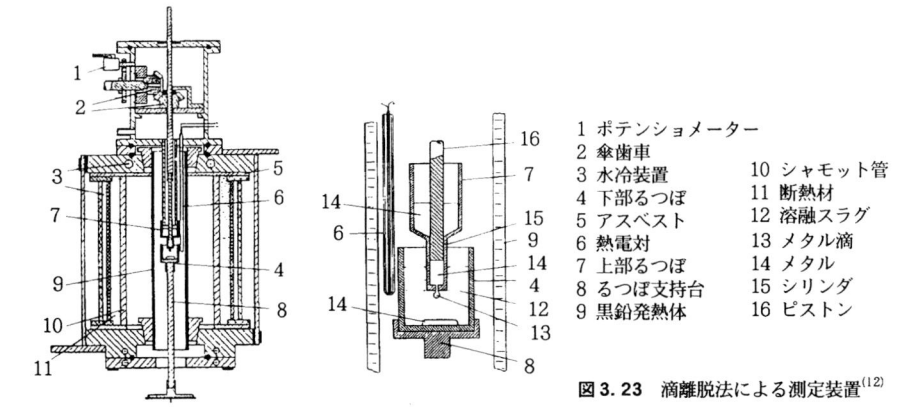

1 ポテンショメーター
2 傘歯車
3 水冷装置
4 下部るつぼ
5 アスベスト
6 熱電対
7 上部るつぼ
8 るつぼ支持台
9 黒鉛発熱体
10 シャモット管
11 断熱材
12 溶融スラグ
13 メタル滴
14 メタル
15 シリンダ
16 ピストン

図3.23 滴離脱法による測定装置[12]

りピストン(16)によって押し出される.下部るつぼは天秤の上部に連絡し,重量が測定されるようになっている.内には溶融フラックスが入れられている.メタルが小孔より押し出されていくと記録計には図3.22(b)のように時間と共に重量変化が記録される.

3.7 最大圧力法(Maximum pressure method)

2.3に示したように融体中に挿入した細管にガスを送り,細管先端においてガス気泡を形成し,その圧力変化より融体の表面張力を求める最大泡圧法は融体-融体間の界面張力測定にも応用できる.毛管により融体にガスを送り込む代りに融体を送り込み,毛管先端において融体滴を形成させれば良い.

この方法はこれまでにメタル中に溶融塩を送り込んだGoldmannら[34],Howieら[14]によるはんだ(solder)とフラックスとの界面張力の測定,また溶融塩にメタルを送り込んだReding[21]によるMgと溶融塩の界面張力の測定,およびPatrov[10]によって開発されたスラグ-溶鉄系の界面張力の測定がある.特に,Patrovの測定はスラグ-メタル系の電気毛管曲線の測定に応用された.

3.7.1 測定原理[10]

原理的には表面張力の測定(2.3.1)に同じであり,式(3-27)によって界面張力 γ_{ms} を求めることができる.

$$\gamma_{ms} = \frac{P \cdot r}{2} \tag{3-27}$$

ここに,r:毛管の半径, P:最大圧力.

3.7.2 測定装置と測定方法

最大圧力法によるはんだとフラックス間の界面張力の測定装置の一例としてHowieらのものを図3.24に示す[14].半径の異なった2本の毛管が使用され,測定においてはこの2本の毛管は同時に上下し,同時にはんだ表面に垂直にタッチするようにセットされている.毛管は毛管に巻かれたヒーターによって加熱できるようになっている.圧力の測定は電気的変換器(electrical transducer)によってなされた.毛管の先端部におけるフラックス滴の形成と離脱はこの測定において最も重要であり,各種の形状のノズ

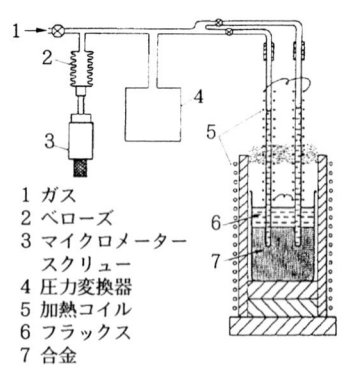

1 ガス
2 ベローズ
3 マイクロメータースクリュー
4 圧力変換器
5 加熱コイル
6 フラックス
7 合金

図3.24 溶融金属-溶融フラックス間の界面張力測定に用いられる最大圧力法[14]

3.7 最大圧力法 (Maximum pressure method)

ルが使用された．図3.25に示す4例のうち(d)が最も良い構成であったとされている．溶融合金上にフラックスが添加され，深さ100mmのフラックス層を形成する．加熱された毛管内にフラックスを吸い入れ，その後メタル浴を上昇し，毛管をメタル中に挿入する．次に毛管にガスを送り，その力によって溶融したフラックスをメタル中に押し出し毛管先端部でフラックス滴を形成し，離脱させ，最大圧力を測定する．この場合の界面張力の計算は式(3-28)によった．

$$\Delta H \rho g = \Delta P = \left(\frac{1}{r_1} - \frac{1}{r_2}\right) 2\gamma \qquad (3-28)$$

ここに，γは界面張力，r_1, r_2は毛管の半径，ΔHはマノメーターの高さの差（マノメーター液は水），ρは水の密度，ΔPは最大圧の差，この場合の誤差は±3％以下である．

Howieの方法とは逆に溶融マグネシウムの滴をオリフィスから溶融塩中に送り出して界面張力を求めたReding[21]の測定装置を図3.26に示す．この装置によってMgCl$_2$-KCl-BaCl$_2$系溶融塩と溶融Mgとの界面張力が948〜1173Kの温度範囲で測定されている．

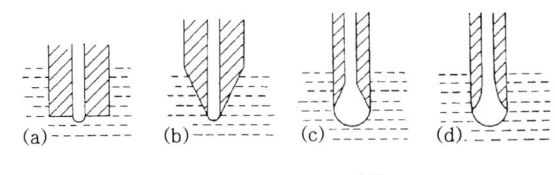

図3.25 種々な管先端部[14]

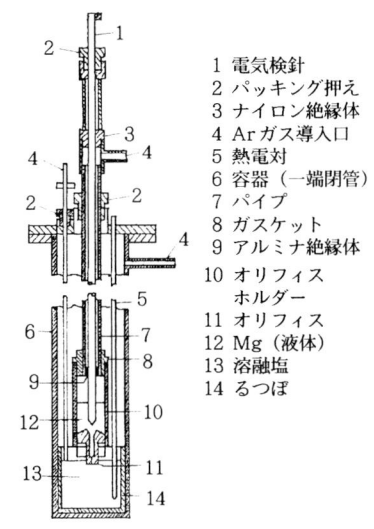

図3.26 フラックス中に溶融Mg滴を押し出す最大泡圧法の測定装置[21]

1 電気検針
2 パッキング押え
3 ナイロン絶縁体
4 Arガス導入口
5 熱電対
6 容器（一端閉管）
7 パイプ
8 ガスケット
9 アルミナ絶縁体
10 オリフィスホルダー
11 オリフィス
12 Mg（液体）
13 溶融塩
14 るつぼ

一方，Patrovの用いた測定装置の主要部分を図3.27に示す．セルは焼結アルミナ製で底部には長さ15〜20mmの毛管を有している．特にこの毛管の上端部すなわち液滴が形成される部分は重要で毛管断面が真円であるように，また端部が毛管の軸に対し直角になるように入念に研磨される．また毛管の肉厚は0.1mmを越えない．内径の二方向の差は0.02〜0.04mm以内である．

るつぼ内で塩を溶解し，所定の温度になるとメタルが装入される．測定用セルがゆっくりとるつぼ内の溶融金属以下までおろされ，セル中のメタルの上に塩が投入される．セル底部の毛管内にメタルが侵入しセル壁と毛管の間の空間を満たす．るつぼ内のメタルと，測定セル内のメタルには図3.28のように電極が挿入されている．いま，測定セルをゆっくり引き上げると

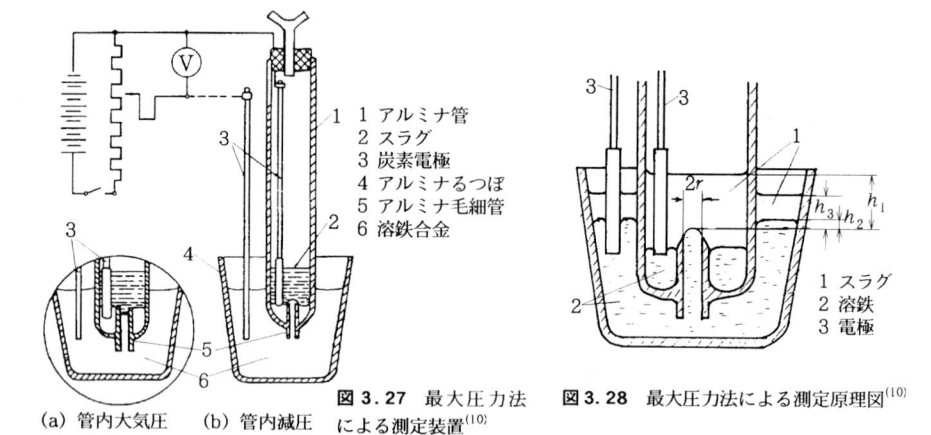

図 3.27 最大圧力法による測定装置[10]
(a) 管内大気圧 (b) 管内減圧

図 3.28 最大圧力法による測定原理図[10]

1 アルミナ管
2 スラグ
3 炭素電極
4 アルミナるつぼ
5 アルミナ毛細管
6 溶鉄合金

1 スラグ
2 溶鉄
3 電極

分極回路は切れ，溶融塩から毛管内のメタルのメニスカスに働く圧力はるつぼ内のメタルと溶融塩の圧力で釣り合う．この位置における測定セルでその挿入深さの修正は不要である．毛管の上端におけるメタルのメニスカスに働く水圧が0であるとして，

$$h_1 \cdot d_1 = h_2 \cdot d_2 + h_3 \cdot d_3 \tag{3-29}$$

ここに，h_1, d_1 は測定セル内の溶融塩の深さと密度，h_2, d_2 は毛管とるつぼ内のメタルレベルの差とメタルの密度，h_3, d_3 はるつぼ内の塩の深さと密度．

測定セルがるつぼ内のメタルレベルとの関係で必要とされる位置におかれるときに測定が開始される．セル内がゆっくりと排気されると毛管を上昇してきたメタルは毛管の上端において滴を形成する．この滴は体積が最大になると上端部を離れる．界面張力 γ_{12} は最大排気圧 P と毛管の内径 r によって式 (3-30) により求められる．

$$\gamma_{12} = \frac{P \cdot r}{2} \tag{3-30}$$

毛管の半径は滴が球状でないために Sugden の表[35]によって補正される．毛管の内径はできるだけ小さい方が補正も小さくてすむ．毛管の適当な内径は 2×10^{-3} m で，この場合，界面張力の測定誤差は2％を越えない．

3.8 滴重量法 (Drop weight method)

滴重量法は毛管の先端より滴下する液滴の重量を測定し，表面張力を求める方法として低融点金属の測定に用いられている．また，毛管よりの溶融金属の滴下を溶融塩やスラグの中で行えば界面張力の測定が可能である．溶融塩と溶融金属内の界面張力の測定は，筆者[6]および

3.8 滴重量法 (Drop weight method)

美馬ら[36]によってなされている．この場合，毛管より溶融塩中で形成滴下する溶融金属滴1個当たりの重量を測定せねばならないが，滴1個の重量を測定する場合と，複数個の滴の重量より求める場合とがある．透明な溶融塩であれば，滴の形成，滴下が直視可能であるが，不透明な場合には，他の計数法を必要とする．高温におけるスラグ－メタル系については，この方法の適応は困難が多く，その例は極めて稀である[37]．そのため，毛管の代わりに細棒状の金属試料の先端部をスラグ中で溶解滴下する方法が用いられている[11]．

3.8.1 測定原理[6][36]

測定原理は2章(2.6)に述べたと同様であり，界面張力 γ_{ms} は式(3-31)で求められる．

$$\gamma_{ms} = \frac{m \Delta \rho_s \cdot g \cdot F}{2 \pi r \rho_m} \tag{3-31}$$

ここに，m：メタル滴の重量－置き換えられたスラグの重量，r：毛管または細い棒状試料の径，$\Delta \rho_s$：メタルの密度 ρ_m とスラグの密度 ρ_s との差，F：Harkins, Brownの補正係数．

液滴が大滴の場合

$$\gamma_{ms} = \frac{(g \Delta \rho)^{1/3}}{k} \left(\frac{3W}{4\pi}\right)^{2/3} \tag{3-32}$$

ここに，$\Delta \rho$：密度差，k：無次元の定数，W：滴の重量．

この大滴重量法 (large drop weight method) の適用例としてCampbell[38]による溶融塩化物フラックスとCu, Al, Zn, Pbの界面張力の測定がある．

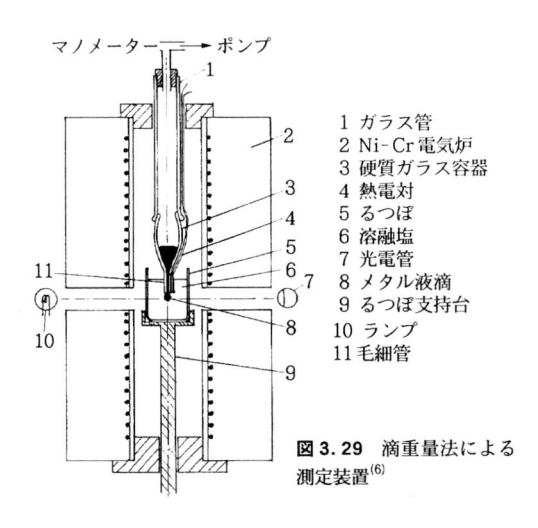

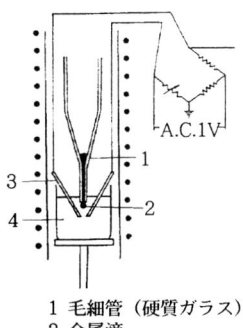

図3.29 滴重量法による測定装置[6]

1 ガラス管
2 Ni-Cr電気炉
3 硬質ガラス容器
4 熱電対
5 るつぼ
6 溶融塩
7 光電管
8 メタル液滴
9 るつぼ支持台
10 ランプ
11 毛細管

図3.30 滴重量法による測定の際の滴の数の計測法（抵抗法）[36]

1 毛細管（硬質ガラス）
2 金属滴
3 コンデンサー用プレート
4 フラックス

3.8.2 測定装置と測定方法

a. 低温用（溶融塩－メタル系）

筆者の用いた測定装置を図3.29に示す．先端が毛管になったガラス製容器内にPb-Sn合金を吸い上げ，次にこの先端部を溶融フラックス（$ZnCl_2 + NH_4Cl$）内につけ，ガラス容器内の圧力を除々に上昇させ，毛管先端部に溶融合金滴を形成，滴下させる．滴下の状況は直視または図3.30のように電気的に測定し，滴1個当たりの重量を測定する．

b. 高温用（スラグ－メタル系）

丸棒の一端を溶解滴下する方法によってYakovashiviliが溶接用フラックスと種々な鋼との界面張力測定に用いた装置を2章の図2.45に示す[11]．被測定鋼材の細い棒の先端部がフラックス中で溶解され，その液滴の重量が，細い棒状試料と接続した天秤で直接測定されるようになっている．Yakovashiviliの方法では融点から離れた温度における測定がどちらかといえば不正確になる．

3.9 その他の方法

以上述べた方法以外に，高温における融体－融体間の界面張力の測定方法としていくつかの報告がある．

3.9.1 三相境界における接触角の測定[39]

溶融金属やマットの小滴がスラグ表面に浮いている場合，あるいは溶融金属滴がスラグで完全に覆われていない場合，図3.31のように液－液－気三相境界が形成される．この三相境界における接触角の測定より界面張力を求めることができる．三相境界においては式(3-33)が成立する．

$$\gamma_{ms} = \frac{(g\Delta\rho)^{1/3}}{k}\left(\frac{3W}{4\pi}\right)^{2/3} \quad (3\text{-}33)$$

式(3-33)よりγ_m，γ_{ms}は式(3-34)，(3-35)で与えられる．

$$\gamma_m = \gamma_s \frac{\sin\theta}{\sin\beta} \quad (3\text{-}34)$$

$$\gamma_{ms} = \gamma_s \frac{\sin\alpha}{\sin\beta} \quad (3\text{-}35)$$

図3.31 メタル－スラグ－ガス三相境界において働く力[23]

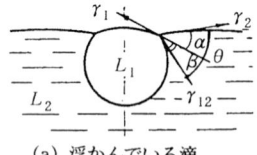

(a) 浮かんでいる滴
(b) 静置された滴

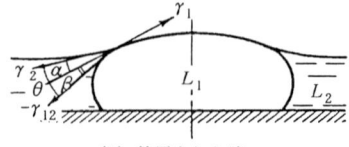

もし γ_s が既知であれば，γ_m，γ_{ms} は同時に測定でき，γ_{ms} は γ_m，ρ_m の数値がわからなくても求めることができる．Fe-C合金とCaO(40)-SiO$_2$(40)-Al$_2$O$_3$(20)間の三相境界における接触角と界面張力が求められている．Deryabinら[39]はこの方法によってスラグによるFe-C合金のスラグによる脱硫時の界面張力変化を測定している．

3.9.2 メニスカス法

液－固－気，液－液－固界面において形成される液体のメニスカスの形状は，液－気，液－固，液－液それぞれの界面のエネルギーによって決定される．そのため，この形状より界面張力を求めることができる．Grigorevら[40]はこの方法によって ZnCl$_2$－Pb系の673Kの界面張力値として270mN/mを得ている．

3.9.3 液－液界面におけるプレートにかかる力による方法

Rempelら[41]は液－液界面に置かれたプレートにかかる力を測定し，界面張力を測定する方法を開発した．この方法によって溶融PbとKCl-NaCl当モル溶融塩の界面張力の測定を行った．

3.9.4 懸滴法

最近，El-Saroutら[42]は懸滴法を用いスラグ－メタル系の界面張力を測定した．この際 CaO-SiO-Al$_2$O$_3$ スラグ中の溶鉄滴の形状の判定は透過X線を用いて行っている．

界面張力の計算にあたってはガウス・ラプラスの微分方程式の最適解を探すために溶鉄滴の全プロファイルからの情報を用いている．この解が十分に検討され，計算プログラムが発展されている．

引用文献

(1) 関根幸四郎：表面張力測定法，理工図書出版，(1957)，81~86．
(2) 日本化学会編：実験化学講座，7 界面化学，丸善 (1956)，28~30．
(3) 日本化学会編：新実験化学講座，18 界面とコロイド，丸善 (1977)，90~91．
(4) S.Karpachev, I.A.Stromberg: (溶融電解質中の電気毛管現象の諸問題), Zh. Fiz. Khim., **7** (1936), 754-762. (ロシア語)
(5) S.I.Popel, O.A.Esin, P.V.Geld: (高温における界面張力測定法), Doklad. Akad. Nauk SSSR., **74** (1950), 1097~1100.(ロシア語)
(6) 荻野和己：溶融金属の表面張力に及ぼすフラックスの影響及び溶融金属の拡がりについて，大阪大学工学部冶金学科卒業論文，(1953)．
(7) P.Kozakevitch, G.Urbain and M.Saga: Tension interfachale fonte-laitier et méchanisme de désulfuration, Comp. Rend., (1954), 166~168.

(8) A.I.Kholodov, S.I.Suchilnikov, I.P.Malkin: (電気製鋼スラグのぬれ特性の研究), Doklad. Akad. Nauk SSSR., **101** (1955), 1093~1096.(ロシア語)

(9) Sh.M.Mikiashvili, A.M.Samarin, L.M.Tsylev: (スラグ－鉄間の界面張力と $MnO-SiO_2-Al_2O_3$ 系融体の表面張力), Izv. Akad. Nauk SSSR., Otd. Tekh. Nauk., (1957), No.4, 54~62.(ロシア語)

(10) B.V.Patrov: (銑鉄－スラグ系における電気毛管現象), Izv. VUZ. Chern. Met., (1959), No.6, 3~7.(ロシア語)

(11) S.E.Yakobashivili, I.I.Frumin: (スラグ－メタル間における界面張力と溶接スラグの表面張力の測定), Avtom. Svarka (1961), No.10, 14~19.(ロシア語)

(12) T.El.Gammal und R.D.Müllenberg: Simultane Ermittlung der Dichte und Grenzflächenspannung von flüssigen Schlacken und Metallen, Arch. Eisenhüttenw, **51**(1980), 221~226.

(13) L.M.Garin, A.Dinet and J.M.Hicter: Liquid-liquid interfacial tension measurements applied to molten Al－halide Systems, J. Mater. Sci., **14** (1979), 2366~2372.

(14) F.H.Howie and E.D.Hondros: The surface tension of tin-lead alloys in contact with fluxes, J. Mater. Sci., **17** (1982), 1434~1440.

(15) G.A.Grigolev, V.S.Beleevskii: (液体の表面張力と界面張力の測定), Zavod. Lab., **39** (1973), 176~177.(ロシア語)

(16) 森 一美, 藤村理人: 溶鉄－スラグ間の界面張力, 鉄と鋼, **41** (1955), 495~500.

(17) 足立彰, 荻野和己, 西脇醇, 井上尚志: 炭素飽和溶鉄と $CaO-SiO_2-Al_2O_3$ 系スラグ間の界面張力の測定, 鉄と鋼, **41** (1963), 1331~1332.

(18) 向井楠宏, 加藤時夫, 坂尾弘: 溶融鉄合金と $CaO-Al_2O_3$ スラグとの間の界面張力の測定について, 鉄と鋼, **59** (1973), 55~62.

(19) 大井浩, 野崎努, 吉中裕: 溶鉄－$CaO・SiO_2・Al_2O_3$ 系スラグ間の界面張力におよぼす化学反応の影響, 鉄と鋼, **58** (1972), 830~141.

(20) 竹内栄一, 岸本誠, 森克巳, 川合保治: $CaO-SiO_2-Al_2O_3$ スラグによる溶鉄の脱硫速度と界面現象, 鉄と鋼, **64** (1978), 1704~1713.

(21) J.N.Reding: Interfacial tension between molten magnesium and salts of the $MgCl_2-KCl-BaCl_2$ system, J. Chem. Eng. Data. **16** (1971), 190~195.

(22) A.M.Worthington: On the error involved in professor Quincke's method of calculating surface-tensions from the dimensions of flat drop and bubbles, Phil. Mag., **20** (1885), 51~66.

(23) V.G.Baryshnikov, A.A.Deryavin, S.I.Popel, A.M.Panfilov: (二相に分離した液体の表面特性の同時測定法), Zh. Fiz. Khim., **46** (1972), 1843~1845.(ロシア語)

(24) 荻野和己, 原茂太, 三輪隆, 木本辰二: 溶鉄－溶融スラグ間の界面張力に及ぼす溶鉄中の酸素の影響, 鉄と鋼, **65** (1979), 2012~2021.

(25) C.G.Lyons: The angle of floating lenses., J. Chem. Soc., (1930), 623~634.

(26) 足立彰, 荻野和己, 末滝哲郎:溶融金属と CaO-SiO$_2$系スラグ間の界面張力の測定, 鉄と鋼, **50** (1964), 1838~1841.
(27) L.D.Luca: 私信
(28) 向井楠宏, 古河洋文, 土川孝:溶鉄と CaO-SiO$_2$系スラグ間の界面張力に及ぼす酸化鉄の影響, 鉄と鋼, **63** (1977), 1484~1493.
(29) L.H.Van Vlack: Intergranular energy of iron and some iron alloys, Trans. AIME., **191** (1951), 251~259.
(30) E.W.Dewing and P.Desclaux: The Interfacial tension between aluminum and cryolite Melts saturated with Alumina, Met. Trans. B. **8B** (1977), 555~561.
(31) A.V.Kurdyumov, G.A.Grigor'ev, S.V.Inkin, E.V.Vygovskii and V.I.Stepanov: Investigation of thermodynamic conditions for flux refining of aluminium alloys, Sov. Non–Ferrous Met. Res., **2** (1973), No.4., 211~215.
(32) K.Keskinen, A.Taskinen and K. Lilius: Interfacial tension between lead and lead silicates, Scand. J. Metallurgy, **13** (1984), 11~14.
(33) W.D.Harkins and F.E.Brown: The determination of surface tension (Free surface energy), and the weight of falling drops: The surface tension of water and benzene by the capillary height method, J. Am. Chem. Soc., **41** (1919), 499~524.
(34) L.S.Goldmann and B.Krall: Measurement of solder-flux-vapor surface tension by a modified maximum bubble pressure technique, Rev, Sci. Inst. **47** (1976), No.3, 324~325.
(35) S.Sugden : The determination of surface tension from the maximum pressure in bubbles, J. Chem. Soc., **121** (1922), 858~866.
(36) 美馬源次郎, 倉貫好雄:液体金属とフラックスとの間の界面張力に関する研究(第2報)Snとフラックスとの間の界面張力について, 日本金属学会誌, **22** (1958), 95~99.
(37) A.A.Deryabin, R.A.Saidulin, S. I. Popel: (滴重量法による液体金属の界面張力の決定), Zavod. Lab., **36** (1970), 292~293.(ロシア語)
(38) J. Campbell: Surface tension measurement by the drop weight technique, J. phys. D. Appl.phys., **3** (1970), 1479~1504.
(39) A.A.Deryabin, S.I.Popel, V.G.Baryshnikov: (メタルからスラグへのSの移動プロセスにおける融体の表面特性の変化), Izv. Akad. Nauk SSSR., Met., (1973), No.6, 67~70.(ロシア語)
(40) G.A.Grigoryev, V.S.Beleevskii: (付着の最大仕事法によるメタル−フラックス境界における界面張力の研究), Izv. VUZ. Chern. Met., (1973), No.12, 7~10. (ロシア語)
(41) S.I.Rempel, L.V.Yuleva: (界面張力の研究方法), Zavod. Lab., **23** (1957), 934~936. (ロシア語)
(42) M.El-Sarout und K.W.Lange: Optimierungsverfahren zur berechnung der Grenzflächenspannung nach der Methode des hängenden Tropfens, Z. Metallkde., **78** (1987), 184~190.

4章 固体の表面張力および固体－融体間の界面張力の測定

4.1 概説

固体の表面張力の測定は液体の場合とは対照的に比較的新しく，1930年代にはじめられている．固体の表面張力の測定には，すでに述べた液体の表面張力の測定方法は必ずしも適用できないが，これまでにいくつかの方法が用いられている．それらの方法は，Bikerman[1]，Hondros[2]，Tyson[3]，Kumikovら[4]のレビューに記載されているものをまとめると，表4.1のようになる．金属に対するこれらの方法の利用状況をみるため，Hondros が行ったように，表面張力の測定値を測定温度(T)を融点(T_m)によって無次元化したT/T_mに対してプロットすると，図4.1のように示される．表面張力，測定温度はTysonの引用した72のデータを使用し，プロットした．プロットは測定方法によって区別したが，図からも明らかなようにゼロ

表4.1 固体の表面張力の測定法[1]~[4]

1. ゼロクリープ法 (zero creep method)
2. 多相平衡法 (maltiphase equilibrium)
3. 電界放射顕微鏡法 (field emission microscopy method)
4. へき開法 (creavage method)
5. 溶解熱測定法 (heat of solution)
6. 薄膜相変態法 (thin film phase transformation method)
7. 表面かき傷緩和法 (surface scratch relaxation method)
8. 粒界溝動力学法 (grain boundary grooving method)
9. 熱量測定法 (calorimetric method)

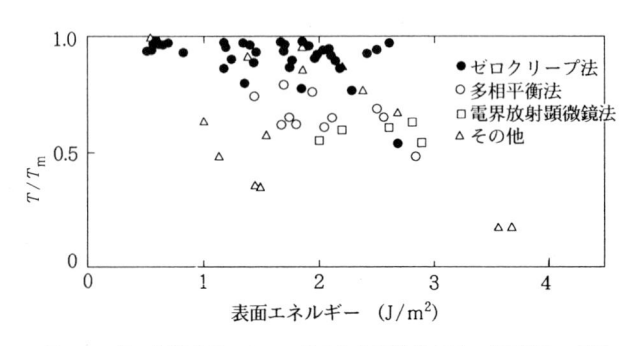

図4.1 種々な測定法によって得られた固体純金属の表面張力の比較（W.R.Tyson[3]の論文より作成）

クリープ法(zero creep method)が圧倒的に多く、全体の57％に達している。そのほかに多相平衡法（multi-phase equilibrium method）、電界放射顕微鏡法（field emission microscopy method）がそれぞれ17％、8％でこれら3種類の方法だけで82％を占めることになる。Kumikovらも純金属に対して117の測定例をまとめているが、上記3種類の方法が全体に占める割合は、それぞれ58％、11％、6％（合計75％）とほぼ同様である。このように固体、特に固体金属の表面エネルギーの測定法については、上記3種類の方法の占める割合が全体の3/4以上である。そこで本稿においては、これら3種類の方法を中心として述べる。

固体の表面張力の測定に関するレビューは液体の表面張力測定に比べてきわめて少ない。以下にそれらの一例を示す。L.E.MurrおよびE.D.Hondrosのレビューが参考になる。

固体の界面エネルギー測定に関しては以下が参考になる。

1) 日本化学会編：実験化学講座 7. 界面化学, 丸善 (1956), 31～33.
2) J. J. Bikerman : Surface energy of solids, Phys. Staus Solidi., **10** (1965), 3～26.
3) Ed. R. A. Rapp : Physicochemical measurements in metals research, Part. 2.
   E. D. Hondros : Surface energy measurements, Ⅲ.Techniques for the determination of solid/vapor surface energy, Intersci. Pub. (1970).
4) L. E. Murr : Interfacial Phenomena in metals and alloys, Addison-Wesley Rup. Co., (1975), 116～122.
5) S. K. Rhee : Theoretical base and experimental techniques for determination of surface energies of ceramic materials, J. Am. Ceram. Soc., 58 (1975), 441～446.
6) 日本金属学会編：界面物性（金属物性基礎講座10）, 丸善 (1976), 19～22.
7) 日本化学会編：新実験化学講座18, 界面とコロイド, 丸善 (1977), 91～93.
8) 中村勝吾：表面の物理, 共立出版 (1982), 128～131.

4.2 固体の表面張力の測定

4.2.1 ゼロクリープ法 (Zero creep method)

ゼロクリープ法による固体の表面張力の測定は Chapman, Porter[5]や Sawai, Nishida[6]によってなされた高温におけるAu, Ag箔の収縮の研究、Tammann[7]のAu箔による表面張力の測定に起源を有しているといわれている。Udinら[8]はTammannらの方法を改良して、融点直下の高温に置かれたCu細線に種々な荷重をかけ、図4.2の応力−ひずみ線図より、ひずみゼロに相当する応力からCuの固体の表面張力を求めた。この方法の原理は、薄い箔(foil)や、細線 (wire) のように体積に対して大きな表面を有する金属が高温に加熱されるとき、表面張力によって試料が収縮するという簡単な観察に基づいている。この方法は融点近傍の測定という

制約にもかかわらず，固体の表面エネルギー測定として最も広く用いられ，In, Sn のような低融点金属から Nb, Mo のような高融点金属まで，多くの金属について適用されている．また，この方法に基づいて固体ガラスの表面エネルギーの測定もなされている[9]．

a. 測定原理

金属の細線や箔を融点直下に保持すると，金属自身は表面張力によって収縮しようとする．この細線や箔に鉛直方向に小さな荷重をかける．この荷重によって線や箔は伸びようとするが，荷重が適当であれば，表面張力の収縮する力と釣り合って線の長さが変化しない．このとき平衡荷重 w と固体の表面張力 γ との間には細線（半径 r）の場合，式(4-1)が成立する[8]．

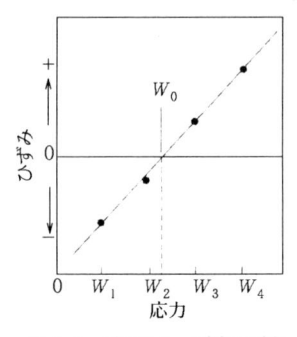

図4.2 ゼロクリープ法の測定原理

$$w = \pi r \gamma \tag{4-1}$$

この関係は単結晶の場合には成立するが，多結晶の場合には粒界の効果に関する補正を必要とする．Udin[10] は多結晶体の補正式として，式(4-2)を与えている．

$$w = \pi r \gamma - \left(\frac{n}{l}\right) \pi r^2 \gamma_b \tag{4-2}$$

ここに，γ_b は結晶粒界の界面張力，$\left(\frac{n}{l}\right)$ は線の単位長さ当たりの結晶粒の数である．

Udin は，結晶粒界の界面張力を表面張力の 1/3 と仮定している[10]．γ_b は熱エッチングによって得られた粒界溝における二面角 (dihedral angle) θ から式(4-3)によって決定できる．

$$\gamma_b = 2 \gamma \cos \frac{\theta}{2} \tag{4-3}$$

θ は顕微鏡観察によって求められるが，その測定方法は本章4.3に示す．

b. 測定装置と測定方法

図4.3に Udin らが用いた装置を示すが，同一の細線にそれぞれ異なった荷重をかけ，その試料の長さの変化を測定し，応力－歪線図を作成する[8]．この方法は融点直下において測定がなされるため，Mo, Nb のような高融点金属の測定では，2273K を越える高温は電子ビーム加熱によって得られている[11]．図4.4に Hondros が Fe, Fe 合金の表面張力測定に用

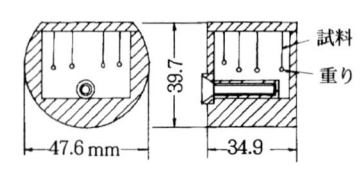

図4.3 Udin の用いた銅の表面エネルギーの測定装置[8]

4.2 固体の表面張力の測定

いた装置を示す[12]。SiC発熱体によって最高1873Kまで加熱可能で，測定温度における試料の寸法測定はX線によって行っている。また，Parikh[9]がガラスの測定に用いた装置を図4.5に示す。図4.3，4.4，4.5に示すように同一条件下において予め調整された複数の試料（ワイヤー，箔）がつり下げられ，一定時間保持され，寸法変化が測定される。Nbのような高温の測定では，図4.6に示すように単

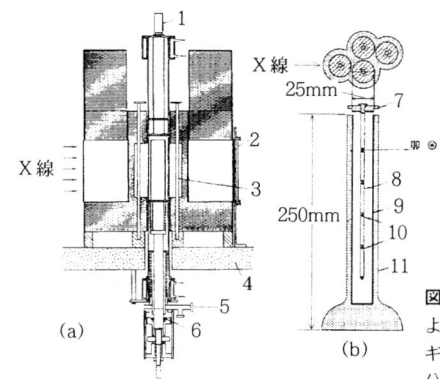

図4.4 ゼロクリープ法による高温での表面エネルギー測定装置(a)と試料部分(b)[12]

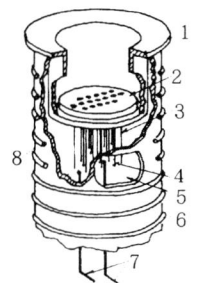

1 真空ゲージ
2 X線フィルム
3 SiC発熱体
4 コンクリートベッド
5 高真空管
6 ネオプレーンシール
7 蓋
8 試料（箔）
9 箔状囲い
10 試料荷重
11 アルミナセル

1 アルミナホルダー
2 溶融シリカ支持台
3 Pt標準体
4 ガラス繊維
5 溶融シリカの窓
6 ヒーター
7 熱電対
8 アルミナ炉心管

図4.5 繊維状試料を用いたガラスの表面エネルギー測定法（ゼロクリープ法）[9]

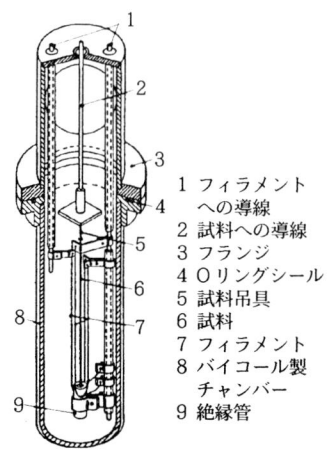

1 フィラメントへの導線
2 試料への導線
3 フランジ
4 Oリングシール
5 試料吊具
6 試料
7 フィラメント
8 バイコール製チャンバー
9 絶縁管

図4.6 電子ビーム加熱方式のゼロクリープ法による固体金属の表面張力測定装置[11]

表4.2 ゼロクリープ法による固体金属の表面張力の測定例[3]

物質	測定温度(K)	融点(K)	雰 囲 気
Ag	1073〜1193	1233.5	N_2, H_2
Au	1048〜1298	1336	N_2, He, Vac., 空気
Bi	512	544.3	Vac., Ar
β-Co	1627, 1718	1768	H_2, He
Cu	1173,〜1323	1356	Vac., He, H_2, $P_{O_2} \times 10^{-27}$
γ-Fe	1623, 1653	1812	Ar, Ar-H_2
δ-Fe	1683〜1753	1812	He, H_2, Ar, Ar-H_2
In	415	429.4	Vac., Ar
Mo	2623	2898	Ar
〃	2773	〃	〃
Nb	2523	2688	Vac.
Ni	1543	1728	Ar, He
〃	1333	〃	He
Pb	582〜590	600	Vac., Ar, H_2
β-Sn	488〜504	504.9	Vac., Ar, H_2
β-Ti	1873	2093	Vac.
β-Tl	545	573	Vac., Ar
Zn	653	692	He
β-Zr	2073	1852	Vac.

一試料について測定されている[12](注)。ゼロクリープ法による固体金属の表面張力の測定例を表 4.2 にまとめて示す。

4.2.2 多相平衡法 (Multi-phase equilibrium method)

複数の相が平衡状態にある場合，それぞれの相の有する表面エネルギーや，相間の界面エネルギーの釣り合いによって，相間界面の形状が決定される。例えば，固体－液体－気体の三相の場合，図 4.7(a), (b) のように，また液体－液体－気体では図 4.7(c), (d) のように変化する。一方，固体内にある第 2 相（液相）は図 4.8(a)～(d) のように，ぬれの状態によってその形状は変化する。

このように固相と他相との存在状態を変化させ，それぞれより得られる接触角，二面角の測定値を基にして，固体の表面エネルギーを求める方法が多相平衡法である。

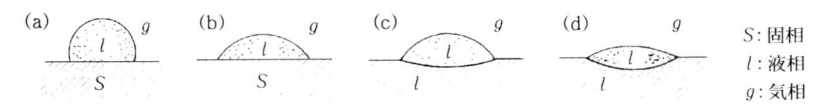

図 4.7 固－液－気，液－液－気平衡と液相の形（多相平衡）

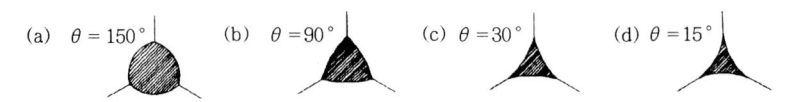

S：固相
l：液相
g：気相

図 4.8 固相内の第二相（液相）の形状と固－液接触角[14]

a. 測定原理[18],[20]

固相のそれを取り巻く環境をいくつか変えた場合の固相界面形状と界面に作用する各種表面界面エネルギーを図 4.9 に示す。不活性気体，金属蒸気を含む不活性気体，さらに，液体金属を雰囲気とした場合の各状態における表面エネルギー，界面エネルギーの釣り合いを式 (4-4)，(4-5), (4-6), (4-7) に示す。

$$2\gamma_{SV}\cos(\psi/2) = \gamma_{SS} \tag{4-4}$$

$$2\gamma_{SV}^{*}\cos(\psi*/2) = \gamma_{SS} \tag{4-5}$$

$$2\gamma_{SL}\cos(\phi/2) = \gamma_{SS} \tag{4-6}$$

$$\gamma_{SL}\cos\beta + \gamma_{LV}\cos\theta = \gamma_{SV}^{*} \tag{4-7}$$

(注) レーザー干渉法を用いたゼロクリープ法によって Sn, Al, Ni の薄膜 (0.02～0.025 mm) の表面張力が測定されている[13]。この際レーザー干渉によって 0.3 μm オーダーの試料長さの変化が計測された。

4.2 固体の表面張力の測定

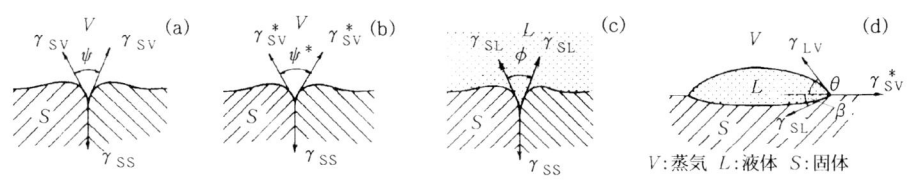

図4.9 各種環境下における固相界面とそれに作用する各種界面エネルギー[18]

ここに，γ_{LV}は固相と接触する液体の表面張力であり，種々な方法によって別に測定可能である．またθ，βは接触角であり，静滴法によって測定が可能である．一方，ϕ，ψ，$\psi*$は二面角として測定可能である．

そこで，式(4-8)～(4-11)よりγ_{SV}，γ_{SS}およびγ_{SL}が求められる[18]．

$$\gamma_{SV} = \gamma_{LV} \frac{\cos\theta \cos(\phi/2) \cos(\psi*/2)}{\cos(\psi/2)\{\cos(\phi/2) - \cos\beta \cos(\psi*/2)\}} \quad (4\text{-}8)$$

$$\gamma_{SS} = 2\gamma_{LV} \frac{\cos\theta \cos(\phi/2) \cos(\psi*/2)}{\cos(\phi/2) - \cos\beta \cos(\psi*/2)} \quad (4\text{-}9)$$

$$\gamma_{SV}^* = \gamma_{LV} \frac{\cos\theta \cos(\phi/2)}{\cos(\phi/2) - \cos\beta \cos(\psi*/2)} \quad (4\text{-}10)$$

$$\gamma_{SL} = \gamma_{LV} \frac{\cos\theta \cos(\psi*/2)}{\cos(\phi/2) - \cos\beta \cos(\psi*/2)} \quad (4\text{-}11)$$

しかし，この方法は適当な固体/液体の組み合わせが少ないから広く用いられない．

試料の切断面に現われている相間角，二面角は，三次元構造をランダムに切断しているため，必ずしも真の釣り合いの角を表わしていない．そのため，この方法の利用にあたっては，測定上の統計的なアプローチを採用せねばならないので苦労が多い．少なくとも150以上のランダムな測定により，その分布から平均の二面角を求めねばならない．この方法で固体金属の表面張力が求められているのは，表4.3に示した代表例のように，高融点金属が多い．この方法は，Al_2O_3のような高融点酸化物の固体の表面エネルギーの測定にも利用されている[20]．

表4.3 多相平衡法による固体金属の表面張力の測定条件の一例

固相金属	液相金属	温度 (K)	雰囲気	文献
Cu	Pb	1123	H_2	15
Cr	Ag	1473	Ar	16
		1673	Ar	16,17
Mo	Sn	1873	Ar	16
	Sn	1623～2273	Ar	17
	Cu	1773	Ar	17,18
Nb	Cu	1773	Ar	18
Ta	Cu	1773	Ar	18
W	Sn	2273	Ar	17
		1773	Ar	18
Ni Co Fe	硫化物	973～1773	S	19

b. 測定方法[19]

　測定方法の一例として，Ni，Co，Feと溶融硫化物との組み合わせによる場合について述べる．試料は表面を研磨し，真空中で焼鈍し，受けた加工の歪みを除去する．その後熱処理がなされる．次に再度表面が研磨され，その後イオウ雰囲気で処理され，試料表面上に硫化物相が形成される．この処理の後，試料を急冷し，光学顕微鏡観察によって二面角が測定される．倍率は1200倍で精度±1°である．

　顕微鏡による観察は試料の二次元的表面についてなされ，それより求められた接合角

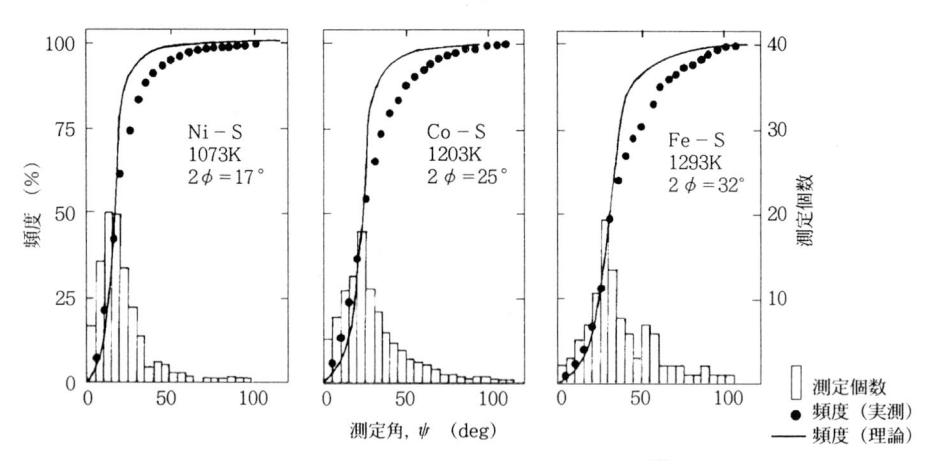

図4.10 Ni-S，Co-S，Fe-S系におけるヒストグラムと分布曲線[19]

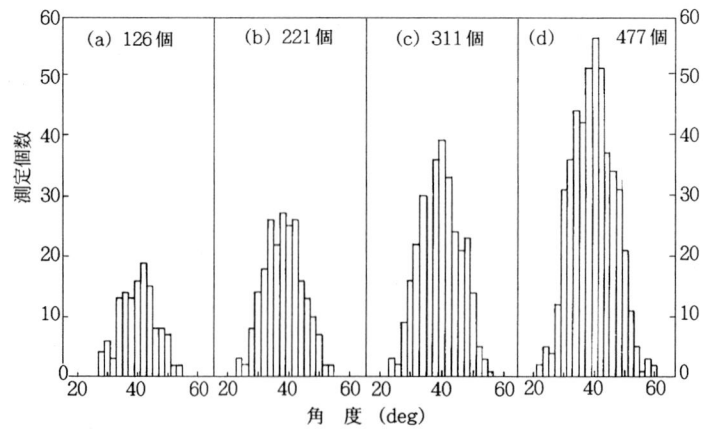

図4.11 Bi/Bi-20%Sn系における二面角の測定個数の分布状況（483K）[22]

(junction angle) の多くの測定値の分布のモードから二面角が求められる．この方法による分布の一例を図4.10に示す．この方法は実験的により良い精度で測定され得る中央角 ϕ_{med} が実験的にモード角 ϕ_{mode} と近似的に等しいことを示したRiegger, Van Vlack[21]によって改良されたものである．この方法では1試料につき150以上の母集団の角度が必要である．母集団が600～700以上であれば分布の中央角 ϕ_{med} の標準偏差は極端に減少する．筆者の研究室における測定においても，図4.11に示すように331個以上において良好な結果が得られている[22]．

Nikolopoulos[20]は Al_2O_3 の表面エネルギーを多相平衡で求めるために，Al_2O_3 表面の粒子間のくぼみ角，(groove angle)，二面角（dihedral angle）を次の三つの条件下で測定し，

1) 不活性気体（Ar）
2) 不活性気体＋金属蒸気（Ar＋Me）
3) 溶融金属（Sn, Co）

さらに Al_2O_3 と溶融金属（Sn, Co）との接触角を測定した．これらの測定より式(4-8)によって γ_{SV} を求めている．

固体酸化物に対する多相平衡法の適用例を表4.4に示す．

一方，固体酸化物と種々な純金属との接触角の測定から，セラミックスの表面エネルギーを測定する試みがある[26][27]．この方法は接触角法として分類されることもある．

表4.4 多相平衡法による固体酸化物の表面張力の測定条件

固体酸化物	溶融金属	測定温度範囲 (K)	文献
Al_2O_3	Sn Co	611～1280 1888～2113	20
UO_2	Ni Ni Cu	1773～2173 1773 1673～1973	23 24 25

4.2.3 へき開法（Cleavage method）

固体の表面張力の定義は，表面を単位面積だけ可逆的に増加させるのに必要な仕事とされている．そのため結晶のへき開面をつくるのに必要な仕事がこれに近いと考えられる．この原理に基づいて最初に固体の表面張力を測定を行ったのはObreimoff[28]であり，雲母をへき開面に沿って"さく"ことによってその表面張力を求めた．高真空下における表面張力が空気中よりも大きいことを見出し，表面におけるガス吸着の存在を示した．その後 Gilman[29] によってLiF(100), MgO(100), CaF_2(111), BaF_2(111), $CaCO_3$(10$\bar{1}$0), Si(111), Zn(0001) など種々の物質の表面張力測定に用いられた．

a. 測定原理[29]

図4.12に示すように試料は直方体で，その一端は割れ目によって2つに分かれている．割れ目にくさびをゆっくり押し込むことによって力Fが加えられる．この場合の機構を解析するために Bendow and Roesler の等方性弾性

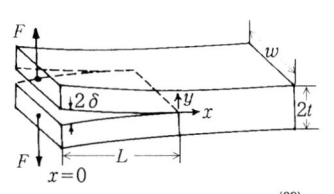

図4.12 へき開法の模式図[29]

説 (elasticity theory) が用いられている. Gilman はこれを結晶体の解析に適応した[29].

図4.12に示す部分的に割れ目の入った結晶は，機械的には長さ L，高さ t，幅 w，厚さ t，慣性モーメント $I = wt^3/12$ の対の片持ビームと等価である．もし，力 F が $x=0$ において作用させられると，各ビームの曲げモーメントは $M(x) = Fx$ となり，この曲げモーメントに起因する歪エネルギー U は，式 (4-12) で示される．

$$U = \frac{1}{2EI}\int_0^L M^2(x)dx = \frac{F^2 L^3}{6EI} \tag{4-12}$$

ここに，E は割目の伝播方向のへき開面のヤング率である．力の作用している点 $x = 0$ における各ビームの曲げによるたわみ δ はビーム理論 (Castigliano's theorem) から，式 (4-13) で示される．

$$\delta_0 = \frac{\partial U}{\partial F}\bigg|_{x=0} = \frac{FL^3}{3EI} \tag{4-13}$$

割れ目が dL 拡大するときになされる増加仕事 dW は，式 (4-14) で示される[30]．

$$dW = Fd\delta_0 = \left(\frac{F^2 L^2}{EI}\right)dL \tag{4-14}$$

もし，へき開がゆっくりとかつ可逆的に生じると，エネルギーのバランスは全系に関して存在し，なされた仕事は歪エネルギーの増加 dU と新しく生成した表面のエネルギー $d\varepsilon$ の和と等しい．

$$dW = dU + d\varepsilon \tag{4-15}$$

あるいは

$$\left(\frac{F^2 L^2}{2EL}\right)dL = \left(\frac{F^2 L^2}{2EL}\right)dL + \gamma w dL \tag{4-16}$$

$$\gamma = \frac{6F^2 L^2}{Ew^2 t^3} \tag{4-17}$$

後に，Westwood, Hitch[32] は式 (4-18) を提示した．

$$\gamma = \frac{6F^2 L^2}{Ew^2 t^3 (1+C)} \tag{4-18}$$

$$C = \frac{\alpha E t^2}{4GL^2}$$

ここに，G はせん断率 (Shear modulus)，C は修正因子で $L < 3t$ のときには無視できない．上記の式との関係から，

$$\frac{1}{\gamma} = \frac{1}{\gamma_0} + \left(\frac{\alpha E}{4\gamma_0 G}\right)\left(\frac{t}{L}\right)^2 \tag{4-19}$$

4.2 固体の表面張力の測定

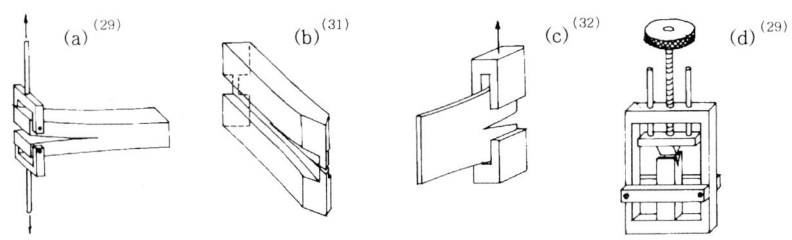

(a)⁽²⁹⁾ (b)⁽³¹⁾ (c)⁽³²⁾ (d)⁽²⁹⁾

図4.13 へき開法における試料治具

なる関係を示し，$(t/L)^2$に対する$1/\gamma$のプロッティングにおいて，$(t/L_0)^2=0$における切片$1/\gamma$はより正確な表面エネルギーを与える．

b. 測定方法[28]

へき開法による試料のへき開の方法と試料の形状を図4.13 (a)～(c)に示す．また，試料断面の形状は矩形のものが多いが，I字型のものもみられる．

試料結晶は図4.13 (d)の装置によって，くさびをねじで押し込んで割れ目がつけられる．試料は装置ごと液体窒素中につけられ，低温で割れ目を発生させる．試料に加える力の測定はインストロン引張試験機によってなされた．試料の各所寸法はマイクロメーターで測定され，クラックの長さは各テストの前後の測定より求められた．

表4.5 へき開による測定例

物 質		へき開面	文献
金属	Zn	0001	29, 31
	Si	100, 110	30
		111	29
	Ge	100, 110	29
酸化物	MgO	100	29, 33
弗化物	LiF	100	29
	CaF_2	111	29
	BaF_2	111	29
塩化物	KCl	100	32
炭酸塩	$CaCl_3$	1010	29

この方法は弾性変形下でないと測定できないので，金属への適用は限られている．Siについてなされた Gilman[29]の測定値は $\gamma_{(111)}=1240\text{mJ}/\text{m}^2$，Joccodine[30]の測定値は $\gamma_{(111)}=1230\text{mJ}/\text{m}^2$ と良く一致している．また Zn(0001)に関するGilmanの値は $\gamma=105\text{mJ}/\text{m}^2$ (77K)であるが，Zn(0001)に対し，3つの異なった形状の試料を用いてへき開表面エネルギーを測定した Maitland, Chadwick[31]は～400mJ/m^2 (室温)の値を得ている．

へき開法による固体の表面エネルギーの測定例を表4.5に示す．

4.2.4 電界電子顕微鏡法（Field emission microscopy method）

固体の表面を加熱すると，表面拡散，蒸発，凝集などの種々の移動現象が生じる．例えば，単結晶の表面に振幅の小さい正弦波的な凹凸の起伏をつけ，それを一定温度に加熱保持すると，一種の緩和現象が生じ，振幅は減少し，平滑化しようとする．表面の起伏が正弦波でなく，任意の周期的形状の場合，基本振動数の整数倍の振動を含むフーリエ級数に分解することによって，上記の方法と同様に取り扱うことができる．すなわち電界放射（電子）顕微鏡

(Field Emission Microscopy：FEM) を用いることによって上記の方法の応用として固体の表面張力の測定が可能となった．

a. 測定原理[34]

試料先端に強い電位を加えたまま加熱すると特定の結晶面が盛り上がる．電位を除いてこの試料の先端部を加熱するともとの半球面に近づく．このチップの形状の変化はFEMによる電子線の変化の観察によって測定できる．この場合，チップ形状の変化は主として表面の移動 (migration) に支配される．電界が印加されていない場合の回復速度は式 (4-20) で与えられる．

$$\left(\frac{dz}{dt}\right)_0 = -\frac{\gamma_s \Omega_0^2}{A_0} \frac{D_0 e^{-Q/RT}}{kT} \frac{1.25}{r^3} \quad (4\text{-}20)$$

ここに，dz：チップの変化量（長さ），γ_s：表面張力 (mN/m)，Ω_0：1原子当たりの体積 (10^{-6}m^3)，A_0：1原子当たりの表面積，Q：活性化エネルギー，D_0：表面移動のための拡散定数，r：チップ頂点における曲率である．

一方，電界が印加された場合の回復速度は式 (4-21) で与えられる．

$$\left(\frac{dz}{dt}\right)_{F_0} = \left(1 - \frac{1}{C_0}\frac{rF_0^2}{16\pi\gamma}\right)\left(\frac{dz}{dt}\right)_0 \quad (4\text{-}21)$$

ここに，F_0はDC電圧，C_0は先端部における係数である．電極の減退速度はDC電位の増加によって減少し，その関係に電位の極性に関係なく電位の2乗に比例して減少する．$C_0 = 0.5$として

$$\gamma = rF_{01}^2/8\pi \quad (4\text{-}22)$$

ここに，F_{01}は電極先端の減退速度が0に減少する場合に必要とされる最小電位である．この場合，式 (4-21) の左辺がゼロとなるので，式 (4-22) によってr，F_{01}が得られれば表面エネルギーが求められる．

b. 測定装置

測定は超高真空容器内 (1.33×10^{-10}Pa) の陽極部に電解研磨によって鋭くされた試料（直径0.1～1 μm）が取付けられ，真空中で加熱される．陽極の形状は電顕のシャドーグラフによって観察測定される．この実験容器は超高真空 (1.33×10^{-10}Pa) に保たれている．

FEM法による固体金属の表面張力の測定例を表4.6に示す．

表4.6 FEM法による固体金属の表面張力測定例[3],[4]

	測定温度(K)	雰囲気	文献
Mo	1750	Vac.	3
	1700	Vac.	3, 4
	1773	10^{-9}Torr	4
W	2000	Vac.	3
	2303	Vac.	3
	1573	Vac.	3, 4
	2023	10^{-10}Torr	4
	2273	10^{-9}Torr	4
	2373	10^{-8}Torr	4
Nb	1673	10^{-8}Torr	4
Re	1903	Vac.	3
		10^{-9}Torr	4
Ta	NA	10^{-10}Torr	4

Vac.：真空

4.2.5 その他の方法

Wawra[35]は超音波を用いた試験によって種々な金属の単結晶固体の表面自由エネルギーを求めている．

4.3 金属系における液体-固体間の界面張力の測定

金属系における固-液間の界面エネルギーは液相中における固体の核生成結晶成長，ぬれ現象（ろう付け），液相焼結，液体金属による固体の脆化などの界面現象において重要な役割を果たしている．金属，合金の固-液界面エネルギーに関しては数多くの測定，あるいは計算による推定がなされている．またこれらを総括した優れたレビューも多く，Eustathopoulos[36]のものが興味深い．

金属，合金に関する固-液間の界面エネルギーγ_{LS}の最も初期の評価は純金属に関するTurnbullの均質核生成実験および合金系に関するSmith[13]による二面角の測定によるものである．しかし，Turnbullによって推論された値は，ほとんどの場合，近似値にすぎず不正確であり，他方，実測によって得られたSmithの値も，固体の粒界間の表面張力との比較値に過ぎないといわれている．しかし，γ_{SL}の評価は上述のように種々な界面現象にとって極めて重要であり，そのより正確な測定値を得ることが強く望まれている．

固体-液体間の界面エネルギーを実験によって求める方法は，(1) 液相中の固体粒子の平衡温度の寸法依存性を与えるGibbs-Thomsonの式によるものと，(2) 固-液界面と他の界面において形成される二面角の測定によるものに大別される．さらに，界面エネルギーを理論計算によって求めようとする試みも多くなされている．

4.3.1 Gibbs-Thomsonの式に基づく方法

Gibbs-Thomsonの式は曲面の力学的平衡と化学平衡の条件を結びつけて導出されたもので，無限大の液体中にある半径rの純粋の球状粒子の場合，式(4-23)で与えられる[36]．

$$T_m - T = \frac{2\gamma_{SL}}{r \cdot \Delta S_f} \quad (4\text{-}23)$$

ここに，T_mは正常な融点（$r = \infty$の固体の融点），Tは固体粒子の融点，ΔS_fは単位体積当たりの融解のエントロピー，γ_{SL}は固-液間の界面エネルギーである．式(4-23)は均質核生成，融点降下による界面エネルギー測定の基本式である．

純金属の固-液界面エネルギーの測定値の多くは

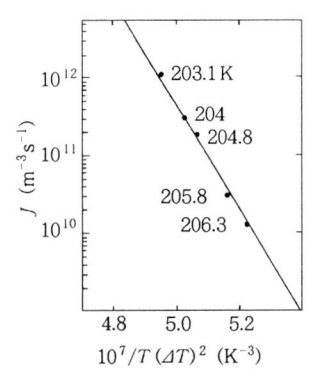

図4.14 Ga_qについての核生成プロット[36]

Turnbull[37][38]によって最初に実施された均質核生成の方法によって得られている.

均質核生成の頻度 J は過冷度の関数として式(4-24)で与えられる.

$$J = K_V \exp\left(-\frac{W^*}{kT}\right) = K_V \exp\left(-\frac{16\pi}{3kT}\frac{\gamma_{SL}^3}{(\Delta S_f)^2 (\Delta T)^2}\right) \tag{4-24}$$

ここに,W^* は臨界核生成の可逆仕事であり,K_V は狭い温度範囲では一定とする.

$J(\Delta T)$ は非常に狭い温度範囲,例えば Ga_α では206.3Kから203.1Kの間で測定されている.不溶性の不純物による不均質核生成をさけるために,実験は非常に小さな滴(数 μm から数100 μm)によってなされ,膨張計法(dilatometric technique)を用いて等温における多くの滴の凝固分率が測定された.図4.14に示すように $\log J$ と $1/T(\Delta T)^2$ の間には直線関係が成立し,その勾配から γ_{SL} が求められる[36].

4.3.2 微小粒子の融点降下より求める方法

この方法は微小結晶の融点の測定を含み,式(4-23)を基礎にしている.金属は,その寸法が非常に小さくなれば,図4.15の例のように,表面エネルギーの寄与が大きくなり,融点が低下することが知られている[39][40].γ_{SL} はこの関係を基礎にして求めることができる.微粒子の凝固を取り扱うために補正を行い,式(4-25)が求められている[36][40].

$$\frac{T_m - T}{T_m} = \frac{2}{\rho_s L_f}\left[\frac{\gamma_{SL}}{r - t_0} + \frac{\gamma_{LV}}{r}\left(1 - \frac{\rho_S}{\rho_L}\right)\right] \tag{4-25}$$

ここに,L_f/M は1g当たり溶融の潜熱,γ_{LV} は液体-蒸気間の表面張力,ρ_S,ρ_L は固体,液体の密度,r は粒子の直径,t_0 は粒子の表面の薄い殻の厚さの限界値.

γ_{SL},t_0 は未知であるが,式(4-25)に実験値 $T(r)$ をフィッティングすることにより知ることができる.実際には金属の微小結晶($r <$ 50nm)が真空蒸着法によって反応しない基板上に形成され,その融点は電子線回折によって決定される.平均の曲率半径は電子顕微鏡によって凝固粒子のサイズ分布のヒストグラムより得られる.この方法によって若干の純金属の界面エネルギーが測定されている.

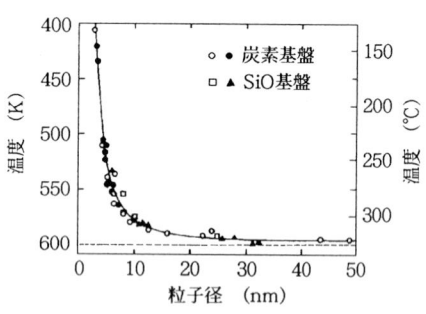

図4.15 Pbの粒子径とその融点[40]

4.3.3 多相平衡法

図4.16に示すように,固体面上に液体滴を置いた場合,固相-液相-気相間で平衡状態にあるとき,相界面に生じる諸界面エネルギーバランスによって,接触角 θ,二面角 ϕ_{LS},

4.3 金属系における液体－固体間の界面張力の測定

ϕ_{VS} が生じる.

これらの諸界面エネルギー間には式(4-26)(4-27)(4-28)が成立する.

$$\gamma_{gb} = 2\gamma_{SL}\cos(\phi_{LS}/2) \qquad (4\text{-}26)$$

$$\gamma_{gb} = 2\gamma_{SV}\cos(\phi_{SV}/2) \qquad (4\text{-}27)$$

$$\gamma_{SV} = \gamma_{SL} + \gamma_{LV}\cos\theta \qquad (4\text{-}28)$$

これらの式より式(4-29)が導出される.

$$\gamma_{SL} = \gamma_{LV}\cos\theta \frac{\cos(\phi_{VS}/2)}{\cos(\phi_{LS}/2) - \cos(\phi_{VS}/2)} \qquad (4\text{-}29)$$

式(4-29)において θ, ϕ_{VS}, ϕ_{LS} は実測され, γ_{LV} は別に測定し, γ_{SL} を求めることができる. 参考のためにCu-Pb系における気－液－固各相間の接触角を図4.16に示す.

この方法で, Al-Sn[41], Cu-Pb[15], Zn-Sn[42], Zn-In[43], Zn-Bi[43], Fe-(Ag, Cu)[44], Ag-Pb[45], Zn-Pb[46] の各々の金属間の界面エネルギーが求められている. なお, 二面角法によって得られた多くの金属系の固－液界面エネルギーに対して興味あるレビュー[47]および, この方法への数学的なアプローチも報告されている[48].

なお, 筆者らの行った二面角の測定を以下に示す. Bi と Bi-Sn合金融体との界面エネルギーの測定を行うに当たって, 図4.17の装置によって試料を作成し, 二面角の測定を行った. 黒鉛るつぼ中に Bi-Sn合金を入れて溶解し, 炉内の水冷装置によって黒鉛るつぼの外側より冷却する. るつぼ内では冷却によって初晶としてBiが析出し, それと残留する溶融Bi-Snとの間に固－液界面が形成され

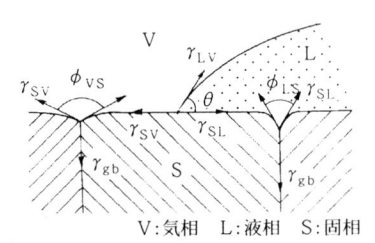

図4.16 固相・液相・気相における多相平衡

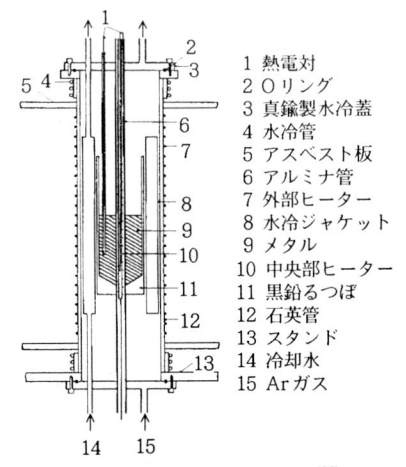

V:気相　L:液相　S:固相

図4.17 二面角測定用試料作製装置[22]

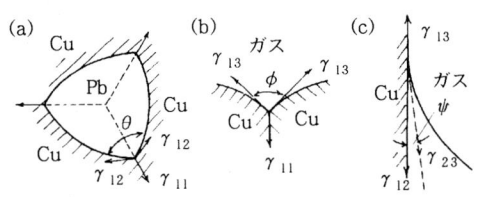

1 熱電対
2 Oリング
3 真鍮製水冷蓋
4 水冷管
5 アスベスト板
6 アルミナ管
7 外部ヒーター
8 水冷ジャケット
9 メタル
10 中央部ヒーター
11 黒鉛るつぼ
12 石英管
13 スタンド
14 冷却水
15 Arガス

図4.18 Cu-Pb, Cu-ガス, Cu-Pb-ガス界面の形状[15]

る．冷却試料の固－液界面部分について顕微鏡観察により二面角の測定をする．二面角の測定は4.2.2 b(p.104)に示したものと同様の方法でなされた．

固相中に存在する第二相の形状は両相間の二面角の大きさによって変化する．種々な二面角による第二相の形状の変化を図4.18に示す．これから図4.18(a)に示したCu-Pb系の二面角は約120°である．

以上，図4.16，図4.18，に二面角を図に示したが，いずれも二次元的である．接触角が約60°，約120°の場合，三次元的に表現した二面角の例を図4.19に示す．

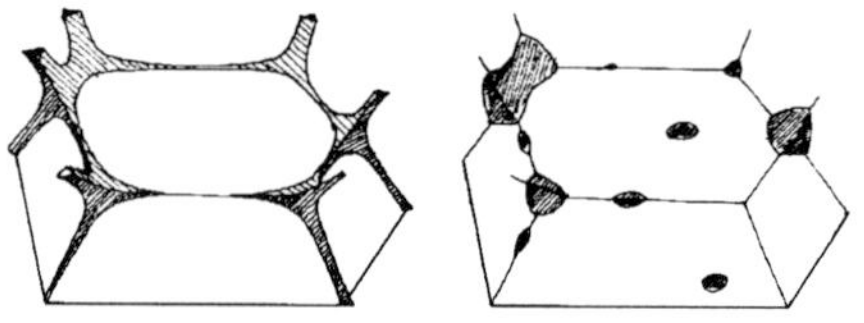

(a) 接触角約60°　(b) 接触角約120°

図4.19　三次元的にみた第二相の状態[14]

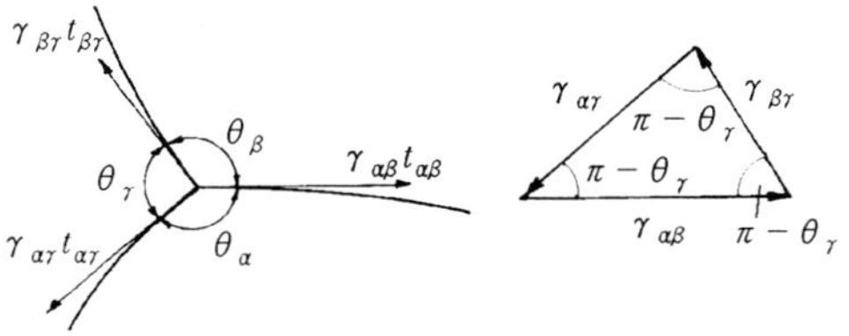

また，α，β，γ三相が接触する場合，各相間に働く界面張力は図4.20のように示される．

図4.20　三相が接触する場合，相間に働く張力とその間の関係

4.3.4　静滴法による溶融金属－セラミックス間の界面エネルギーの測定

固－液間の接触角は静滴法によって測定することが可能であり，特に溶融金属と固体セラミックス間の界面エネルギーを求めることができる．

図4.16において

$$\gamma_{SL} = \gamma_{SV} - \gamma_{LV} \cos\theta \tag{4-30}$$

である．

式(4-30)により γ_{SV} が既知の場合，γ_{SL} は求め得る．筆者らはこの方法によって溶鉄－アルミナ間[49]および溶融Co, Co-Fe合金－アルミナ間[50]の固－液界面エネルギーへの溶融合金中のOの影響について報告をしている．

4.3.5　固－液界面エネルギーの計算

固－液界面エネルギーの計算で求めるための方法は純金属についてはSkapski[51]の提案したものが最も一般的である．界面エネルギーは式(4-31)で与えられる[36]．

$$\gamma_{SL} = \frac{mL_f}{\Omega_S} + \frac{2}{3}\frac{\Delta V}{V_S}\gamma_{LV} \tag{4-31}$$

ここに，mは最近接原子の分率，L_fは融解熱，ΔVは融解における体積変化，V_Sは融点におけ

る固体の体積，Ω_Sは固体単分子層中の原子のモル当たりの面積で，式(4-32)で計算される．

$$\Omega_S = fN(V_S/N)^{2/3} \tag{4-32}$$

Nはアボガドロ数，fは表面の結晶学的方位に依存する因子である．

Zadumkin[52]は電子－イオンの相互作用を含む金属結晶の凝集エネルギーを表わすのに用いられる原子的に平滑な界面のモデルを考え界面エネルギーを計算した．

Ewing[53]はγ_{SL}へのエネルギー項（U_{SL}）とエントロピー項（$-TS_{SL}$）の寄与を考えた界面モデルを提唱し，液体の動径分布関数を用いるγ_{SL}の理論を発展させた．このモデルを用いて Waseda，Miller[54]は多くの金属系のγ_{SL}を求めている．合金系の界面エネルギーの計算についても，いくつかの報告がある[55][56]．

拝田ら[57]は，Fe, Co, Niの固－液界面自由エネルギーの理論計算を行うに当たって，過冷実験，凝固実験，二面角測定および，界面構造モデルに基づく界面エネルギーの計算等について種々検討を加えている．拝田らはEwing理論に基づき，精密なX線回折実験より得られた動径分布関数を用いて固－液界面エネルギーを計算した．得られた結果は実測値より小さい可能性があり，±10％の範囲内で補正された実験値と一致することを示している．また，誤差は10～30％程度と推定している．

引用文献

(1) J.J.Bikerman: Surface energy of solids, Phys. Stat. Sol., **10** (1965), 3~26.
(2) E.D.Hondros: The measurements of liquid-vapor and solid-vapor surface energies, Physicochemical measurements in metals research, part 2. (Ed. R. A. Rapp), (1970), 293~346.
(3) W.R.Tyson: Surface energies of solid metals, Can. Metal. Quart., **14** (1975), 307~314.
(4) V.K.Kumikov and Kh.B.Khokonov: On the measurement of surface free energy and surface tension of solid metals, J. Appl. Phys., **54** (1983), 1346~1350.
(5) J.C.Chapman and H.L.Porter: On the physical properties of gold leaf at high temperature, Proc. Roy. Soc., (London) A, **83** (1910), 65~68.
(6) I.Sawai und M.Nishida: Über die schrumpfungskraft der Blattmetalle bei hoher Temperatur, Z. Anorg. Allg. Chem., **190**, (1930), 375~383.
(7) Von G.Tammann und W.Boehme: Die Oberflächenspannung von Goldlamellen, Ann. Phys., **12** (1932), 820~826.
(8) H.Udin, A.J.Shaler and J.Wulff: The surface tension of solid copper, Trans. AIME., **185** (1949), 186~190.
(9) N.M.Parikh: Effect of atmosphere on surface tension of glass, J. Am. Ceram. Soc., **41** (1958), 18~22.

(10) H.Udin: Grain boundary effect in surface tension measurement, Trans. AIME., **189** (1951), 63.
(11) S.V.Radcliffe: The surface energy of solid niobium, J. Less–Common Metals, **3** (1960), 360~366.
(12) E.D.Hondros: The influence of phosphorous in dilute solid solution on the absolute surface and grain boundary energies of iron, Proc. Roy. Soc., **A286** (1965), 479~498.
(13) G.A.Jablonski and A.Sacco. Jr.: Laser interferometric measurement of the surface tension of thin foils, J. Mater. Res., **6** (1991), 744~748.
(14) C.S.Smith: Grains, phases, and interfaces : An interpretation of microstructure, Trans. AIME., **175** (1948), 15~51.
(15) G.L.J.Bailey and H.C.Watkins: Surface tensions in the system solid copper–molten lead, Proc. Phys. Soc., **B63** (1950), 350~358.
(16) B.C.Allen: Effect of rhenium of the interface energies of chromium, molybdenum, and tungsten, Trans. AIME., **236** (1966), 903~915.
(17) B.C.Allen: The interfacial free energies of solid chromium, molybdenum and tungsten, J. Less–Common Metals, **29** (1972), 263~282.
(18) E.N.Hodkin, M.G.Nicholas and D.M.Poole: The surface energies of solid molybdenum, niobium, tantalum and tungsten, J. Less–Common Metals, **20** (1970), 93~103.
(19) A.Passerone and R.Sangiorgi: Grain boundary penetration of liquid sulphides in nickel, cobalt and iron, Mater. Sci. and Techn., **2** (1986), 42~46.
(20) P.Nikolopoulos: Surface, grain–boundary and interfacial energies in Al_2O_3 and Al_2O_3-Sn, Al_2O_3-Co systems., J. Mater, Sci., **20** (1985), 3993~4000.
(21) O.K.Riegger and L.H.Van Vlack: Dihedral angle measurement, Trans AIME., **218** (1960), 933~935.
(22) 原 茂太, 花尾方史, 荻野和己 : 固体銅と液体Cu-BiおよびCu-Pb合金間の界面張力, 日本金属学会, **57** (1993), 164~169.
(23) P.Nikolopoulos: S. Nazaré and F. Thümmler : Surface, grain-boundary and interfacial energies in UO_2 and UO_2-Ni, J. Nucl. Mater., **71** (1977), 89~94.
(24) R.J.Bratton and C.W.Beck: Surface energy of Uranium dioxide, J. Am. Ceram. Soc., **54** (1971), 379~381.
(25) E.N.Hodkin and M.G.Nicholas: Surface and interfacial properties of stoichiometric uranium dioxide, J. Nucl. Mater., **47** (1973), 23~30.
(26) S.K.Rhee: Critical surface energies of Al_2O_3 and graphite, J. Am. Ceram. Soc., **55** (1972), 300~303.
(27) T.M.Valentine: On the use of critical energy techniques for the measuerment of surface energies of ceramics, Part II, The temperature variant method, Mater. Sci., Eng., **30** (1977), 211~218.

(28) J.W.Obreimoff: The splitting strength of mica, Proc. Roy. Socl. (London), **A127** (1930), 290~297.
(29) J.J.Gilman: Direct measurements of the surface energies of crystals, J. Appl. Phys, **31** (1960), 2208~2218.
(30) R.J.Joccodine: Surface energy of germanium and silicon, J. Electrochem. Soc., **110** (1963) 524~527, 1293~1294.
(31) A.H.Maitland and G.A.Chadwick: The cleavage surface energy of zinc, J. Phil. Mag., **19** (1969), 645~651.
(32) A.R.C.Westwood and T.T.Hitch: Surface energy of {100} potassium chloride, J. Appl. Phys., **34** (1963), 3085~3089.
(33) A.R.C.Westwood and D.L.Goldheim: Cleavage surface energy of {100} magnesium oxide. J. Appl. Phys., **34** (1963), 3335~3339.
(34) J.P.Barbour, F.M.Charbonnier, W.W.Dolan, W.P.Dyke, E.E.Martin and J.K.Trolan: Determination of the surface tension and surface migration constants for turgsten, Phys. Rev., **117** (1960), 1452~1459.
(35) H.Wawra: Zahlenvergleiche der durch Ultraschalltests oder andere konventionelle Prüfmethoden gewonnenen Werte zur Temperaturabhängigkeit der freien Oberflächenenergie fester substonzen, Z. Metallkd., **66** (1975), 395~401
(36) N.Eustathopoulos: Energetics of solid/liquid interfaces of metals and alloys, Intern Metals Review, **28** (1983), 189~210.
(37) D.Turnbull and R.E.Cech: Microscopic observation of the solidification of small metal droplets, J. Appl. phys., **21** (1951), 804~810.
(38) D.Turnbull: Kinetics of solidification of supercooled liquid mercury droplets, J. Chem. Phys., **20** (1952), 411~424.
(39) Y.Miyazawa and G.M.Pound: Homogeneous nucleation of crystalline gallium from liquid gallium, J. Cryst. Growth, **23** (1974), 45~57.
(40) C.J.Coombes: The melting of small particles of lead and indium, J. Phys. F : Metal Phys., **2** (1972), 441~449.
(41) N.Eustathopoulos, L.Coudurier, J.C.Joud et P.Desré: Tension interfaciale solide–liquide des systèmes Al–Sn, Al–In et Al–Sn–In, J. Cryst. Growth, **33** (1976), 105~115.
(42) A.Passerone N.Eustathopoulos and P.Desre: Interfacial tensions in Zn, Zn–Sn and Zn–Sn–Pb systems, J. Less–Common Metals, **52** (1977), 37~49.
(43) A.Passerone, R.Sangiorigi N.Eustathopoulos and P.Desre: Microstructure and interfacial tensions in Zn–In and Zn–Bi alloys, Metal Sci., **13** (1979), 359~365.
(44) D.Pique, L.Coudurier et N.Eustathopoulos: Adsorption du cuivre a l'interface entre Fe solide et Ag

liquide a 1100 ℃, Scr. Metall., **15** (1981), 165~170.
(45) A.Passerone R.Sangiorgi and N.Eustathopoulos: Interfacial tensions and adsorption in the Ag–Pb system, Scr. Metall., **16** (1982), 547~550.
(46) D.Chatain, C.Vahlas et N.Eustathopoulos: Etude des tensions interfaciales liquide–liquide et solide–liquide dans les systemes a monotectique Zn-Pb et Zn-Pb-Sn. Acta Metall., **32** (1984), 227~234.
(47) L.F.Mondolfo, N.L.Parisi and G.J.Kardys: Interfacial energies in low melting point metals, Mater. Sci. Eng., **68** (1984~1985), 249~266.
(48) A.Passerone and R.Sangiorgi: Solid–liquid interfacial tensions by the dihedral angle method, A mathematical approach, Acta Metall., **33** (1985), 771~776.
(49) K.Ogino, K.Nogi and O.Yamase: Effect of selenium and tellurium on the surface tension of molten iron and the weittability of alumina by molten iron, Trans. ISIJ., **23** (1983), 234~239.
(50) 荻野和己, 泰松斉, 中谷文忠: 溶融 Co, Co–Fe 合金の表面張力および Al_2O_3 との濡れ性に及ぼす酸素の影響, 日本金属学会誌, **46** (1982), 957~962.
(51) A.S.Skapski: A theory of surface tension of solids–I. Application to metals, Acta Metall., **4** (1954), 576~582.
(52) S.N.Zadumkin: (結晶–融体境界における金属の相間エネルギーの統計的電子理論), Fiz. Met. Metalloved., **13** (1962), 24~32. (ロシア語)
(53) R.H.Ewing: The free energy of the crystal–melt interface from the radial distribution function, J. Cryst. Growth, **11** (1971), 221~224.
(54) Y.Waseda and W.A.Miller: Calculation of the crystal–melt interfacial free energy from experimental radial distribution function data, Trans. JIM., **19** (1978), 546~552.
(55) R.Warren: Solid–liquid interfacial energies in binary and pseudo–binary systems., J. Mater, Sci., **15** (1980), 2489~2496.
(56) D.Chatani, D.Pique, L.Coudurier, N.Eustathopoulos: Calculation of the solid–liquid interfacial tension in metallic ternary systems, J. Mater. Sci., **20** (1985), 2233~2244.
(57) 拝田治, 江見俊彦: 鉄, コバルトおよびニッケルの固/液界面自由エネルギーの理論計算, 鉄と鋼, **63** (1977), 1564~1571.

5章 高温融体の表面性質

5.1 概説

　高温における融体の表面,界面の性質やそれの関連する界面現象を検討し,理解するにあたって高温融体が如何なる特性を有し,またどのような構造を持つかということの知識が必要である.高温融体,特に溶融金属に関しては詳細な内容の成書があるように,高温融体の特性,構造について詳しく述べれば膨大なものになる.本書においては高温融体自体すべての性質や,その構造に重点を置くものではないので,高温における界面性質,界面現象を理解するに必要な程度の高温融体の性状について述べるにとどめる.高温融体の定義は必ずしも明確でないが,本書においては金属製錬,鋳造,溶接,窯業などの高温反応プロセスから,電子材料,複合材料の製造プロセスにも及ぶ高範囲なプロセスにおいて存在する液体状物質を対象とした.さらに天然に存在する高温融体として火山活動に関連深いマグマもこれに含まれる.そのため高温融体は溶融金属,溶融非金属に大別され,それぞれはさらに細かく分類される.それらの分類ならびに融体の関連する製造プロセスを表5.1にまとめて示す.

表5.1 高温融体の分類

融体			関連する製造プロセスおよび技術など
溶融金属	純金属		金属製錬,鋳造,溶接,電子材料,複合材料および歯科材料の製造
	合金		
溶融非金属	酸化物	純酸化物 シリケイト アルミネイト ボーレイト 希土類酸塩 製錬スラグ 溶接フラックス ガラス	金属製錬,鋳造,溶接, 固体イオニクス材料の製造, ガラス・セラミックの製造, 塵埃,汚泥の溶融処理
		マグマ	天然に存在する溶融非金属
	フッ化物	純フッ化物- フッ化物混合体 酸化物- フッ化物混合体	金属精錬(ESR),溶接(ESW) (ESR:エレクトロスラグ再溶解) (ESW:エレクトロスラグ溶接)
	硫化物		非鉄金属製錬
	炭酸塩		燃料電池,蓄熱材料,金属製錬

これらの融体に関連する界面現象を考える上において，融体の表面界面の性質はもちろんのこと，それ自体すなわちバルク（内部）の性質や構造に関する知識の必要なことはいうまでもない。

物質の液体状態は，その特性—例えば密度の変化—から固体に近いことがわかっている．ただ液体が容易にその形状を変えうることから，液体の構成粒子は固体に近い詰まり方をしているが，また動きやすい状態にあることが理解できる．液体の構成粒子がどのような詰まり方，並び方をしているかは金属について固体と同様，X線回折法により，また，時には中性子線回折法などにより知ることができる．溶鉄のような高温融体についてX線回折，中性子線回折も可能になったが，このような構造の研究によって，長範囲規則性(long range order)を示す固体状態にくらべて，溶鉄はややルーズな構造を持ち，短範囲規則性(short range order)を示すことが明らかになった．

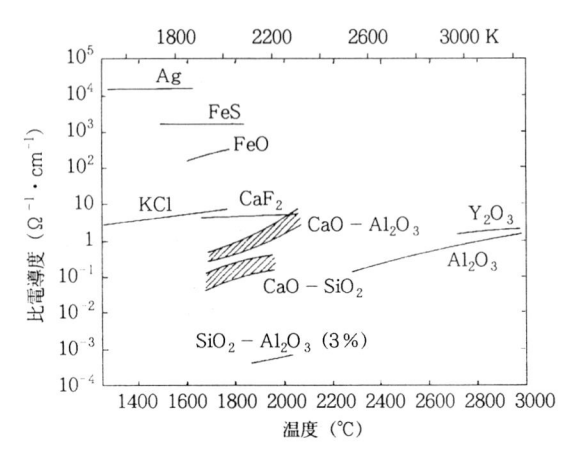

図5.1 種々な融体の比電導度

表5.2 種々な高温融体の粘度　＊モル分率

	融体		温度(K)	粘度(m Pa·s)	文献
金属		Hg	293	1.6	1
		Cu	1473	3.9	1
		Fe	1823	5.0	2
非金属	酸化物	アルミナ Al_2O_3	2373	50	3
		シリカ SiO_2	2573	10^7	3
		酸化鉄 FeO	1673	44	3
		スラグ FeO-SiO_2 (FeO:0.6〜1.0)*	1673	1100〜20	3
		CaO-SiO_2 (CaO:0.4〜0.55)*	1873	800〜200	3
		ガラス Na_2O-SiO_2 (Na_2O:0.20〜0.35)*	1673	10^4〜2300	5
	フッ化物	CaF_2	1773	0.7〜30	4
	塩化物	NaCl	1273	0.7	6

金属，非金属が固体において，それぞれ特有の性状を持つように，液体状態においても，それぞれ特有の構造に基づいた特性を有している．高温融体の二三の性質について比較してみると，例えば物質の特性を強く反映する電気伝導度は図5.1のように示される．電子伝導体である金属は一般に高く，次に半導体である硫化物，酸化鉄，次にイオン伝導体である酸化物，塩化物の順となり，さらに共有結合が強いSiO_2-Al_2O_3は極めて小さい値を示す．性質の他の例として粘度をみると，表5.2のようにこれも物質の構造を強く反映している．すなわちケイ酸(SiO_2)をはじめケイ酸塩のような複雑な構造を持つものは粘性流動の単位が大きく，融体の粘

度は大きい．一方，溶融金属や溶融塩のように単純な構造のものの粘度はかなり小さい値を示す．以上のように，各融体はそれぞれ固有の構造を有し，それを反映した特性を示している．

5.1.1 溶融金属

　純金属は単原子より構成されているから，古くから液体の科学的追求のための物質として広く用いられてきた．また多くの金属素材が溶融状態を通って製造されるため，その技術面からの要請によって，溶融状態における金属の種々の性質の研究がなされてきた．

　金属の溶融状態を理解するために，溶融によって金属の性質がどのように変化するかを検討する．純金属の固体及び液体の密度は表5.3のように示される．Biのような例外を除いて，ほとんどの金属は溶融することによって密度はわずかに減少する．固体金属はそれぞれ固有の結晶構造を示し，金属原子は結晶格子の格子点に規則正しく配置している．この原子相互間の相対的な位置は固体状態では温度が上昇しても大きく変らない．溶融によって密度が減少するのは固体の結晶状態がくずれ，原子配列に乱れが生じ，空隙の多い構造になったことによる．このような原子の配列の乱れは図5.2に示すX線解析によって明確にされてきた．結晶状態（固体）の動径分布関数は図5.2のように，ある特定の位置にのみ現われ，その位置は結晶構造によって決定される．すなわち，ある原子を中心としてその周囲に他の原子の配位する確率は明瞭になっている．しかし，液体の場合，ある特定の原子を中心としてその周囲に他原子の配位する確率は原子分布曲線によって示されるように波打ち，最近接原子に対してのみいくらか明瞭であるが，それより遠くに離れるにつれて明瞭さはなくなっていく．すなわち短範囲規則性を示している．この最近接原子の数は表5.4にみられるように液体金属では8〜11程度である．これは金属固体の面心立方（fcc）構造の8あるいは六方

表5.3 液体および固体における金属の密度[7]
単位：10^{-3}kg/m^3

金属	固体(293K)	液体(融点)
Na	0.97	0.929
Cu	8.96	8.25
Zn	7.14	6.66
Al	2.70	2.37
In	7.30	7.03
Pb	11.68	10.60
Sb	6.68	6.50
Bi	9.80	10.06

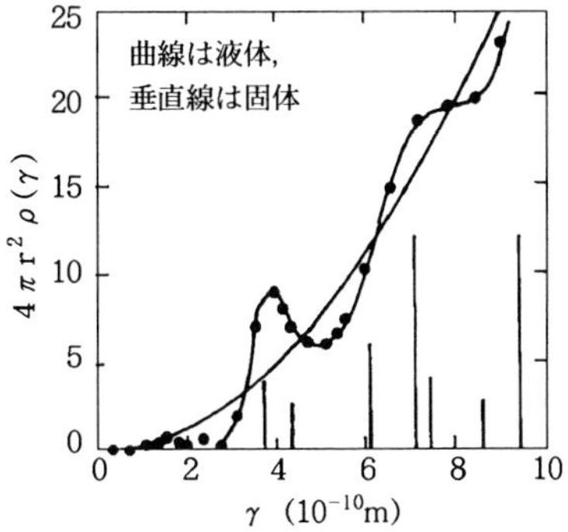

図5.2 Naの原子分布曲線[8]
（曲線は液体，垂直線は固体）

表5.4 金属の配位数[9]

金属	結晶構造	固体	液体
Na	体心立方	8	9.5
K	体心立方	8	9.5
Mg	稠密六方	12	10.0
Al	面心立方	12	10.6
Ge	体心立方	4	8.0
Pb	面心立方	12	8.0
Bi	菱面体	3, 3	7.8
Cu	面心立方	12	11.5
Ag	面心立方	12	10.0
Au	面心立方	12	8.5
Hg	菱面体	6, 6	10.0
Sn(白色)	正方晶	4, 2	8.5

最密（hcp）構造の12に近い値である．これらのことから液体金属は固体状態と類似の構造をもつものと考えられる．合金系の融体について，その性質は当然融体の組成によって変化する．密度，粘度などのバルクの構造を反映する性質は組成による急激な変化はみられない．しかし，融点に近い温度では固相の特性（例えば化合物の生成，構造変化）を反映するような組成との対応がみられることがある．ただ表面張力は後述するように微量の添加物によって急激な変化がみられる．

5.1.2 溶融酸化物，フッ化物など

酸化物，フッ化物，塩化物などの溶融非金属は，主としてイオン結合，共有結合をもち，酸化物(Me-O)，フッ化物(Me-F)，塩化物(Me-Cl)，炭化物(Me-C)のように金属と非金属原子間の化合物融体である．これら各種化合物の性質は化合物を構成する金属－非金属間の結合特性によって決定される．例えばCaについてみると非金属との間に種々な化合物CaO，CaF_2，$CaCl_2$，CaC_2 が形成され，これらの化合物は特性が相違することから明らかであろう．これらの化合物が単独で融体となる場合もあるが一般には同種化合物間で，例えば酸化物－酸化物，フッ化物－フッ化物等，あるいは異種化合物間で，例えば酸化物－フッ化物などで融体を形成する．高温溶融非金属を大別すると溶融酸化物系，溶融非酸化物系（溶融フッ化物，溶融

表5.5 主要な酸化物の特性[10]

酸化物	融点(K)	結晶構造		陽イオンの電気陰性度	結合のイオン特性の割合	イオン半径(10^{-10}m)	イオン－酸素間引力	酸化物の分類
		結晶系	構造型					
K_2O	980	正方晶	−	0.8	68	1.33	0.27	↑
Na_2O	1193	立方晶	−	0.9	65	0.95	0.36	
Li_2O	2000	−	−	0.95	63	0.60	0.50	
BaO	2196	正方晶	−	0.9	65	1.35	0.53	塩基性
SrO	2703	立方晶	−	1.0	61	1.13	0.63	
CaO	2860	立方晶	NaCl	1.0	61	0.99	0.70	
MnO	2058	立方晶	NaCl	1.4	47	0.80	0.83	↕
FeO	1641	立方晶	NaCl	1.7	38	0.75	0.87	
ZnO	2248	六方晶	−	1.5	44	0.74	0.87	
MgO	3073	立方晶	NaCl	1.2	54	0.65	0.95	
BeO	2843	六方晶	ZnS	1.5	44	0.31	1.37	中性
Cr_2O_3	2573	六方晶	α-Al_2O_3	1.6	41	0.64	1.44	
Fe_2O_3	1835	六方晶(α)	α-Al_2O_3	1.8	36	0.60	1.50	
Al_2O_3	2320	六方晶(α)	α-Al_2O_3	1.5	44	0.50	1.66	↕
TiO_2	2128	正方晶	α-TiO_2	1.6	41	0.68	1.85	
GeO_2	1389	正方晶	−	1.8	36	0.53	2.14	
B_2O_3	723	単斜晶(α)	−	2.0	31	0.20	2.34	酸性
SiO_2	1993	六方晶(β石英)	−	1.8	36	0.41	2.44	
P_2O_5	836	斜方晶(835K)	−	2.1	28	0.34	3.31	↓

文献(10)を参考に作成

5.1 高温融体概説

塩化物などの溶融塩）になる．

溶融酸化物は金属製錬時のスラグ，フラックスあるいはガラスやマグマなどがその対象となるが，これらはいずれも数種類の酸化物を含む多成分系であり，かつ一般に SiO_2 を含むところから溶融ケイ酸塩とよばれている．このほか SiO_2 を含まない溶融アルミン酸，溶融フェライトなどがある．またガリウム・ガドリニウム・ガーネット（G・G・G）やニオブ酸リチウムなど希土類酸化物を含む融体も固体イオニクス素材や酸化物超電導体材料の製造にとって重要になってきた．

これら溶融酸化物の基本となるのは構成成分である単独酸化物であり，ついで二元系，三元系などの融体である．酸化物の多くは融点が高く，そのため単独酸化物の性状が十分明確になっているとはいい難いが，高温測定技術の発展によって順次明確になりつつある．表5.5に単独酸化物の特性を示す．固体における結合様式は酸素と金属原子間の電気陰性度の差によって変化し，図5.3に示すように電気陰性度の差の大きい化合物ではイオン性を示すが，差が小さくなると共有結合がかなり現われてくる．

溶融酸化物の特性において，次に注目されるものは，スラグ，ガラス，マグマの基本系である二元系溶融酸化物であり，その中で最も一般的なものは MO-SiO_2 あるいは M_2O-SiO_2 で示される二元系ケイ酸塩である．この二元系は MO, M_2O の種類および SiO_2 含有量によってその特性が支配されている．塩基性酸化物 M_2O の含有量が増加すると SiO_2 の三次元的 Si-O 結合すなわち網目構造は徐々に形を変え，ケイ酸陰イオンの大きさは小さくなり，最終的には SiO_4^{4-} の構造を持つようになる．

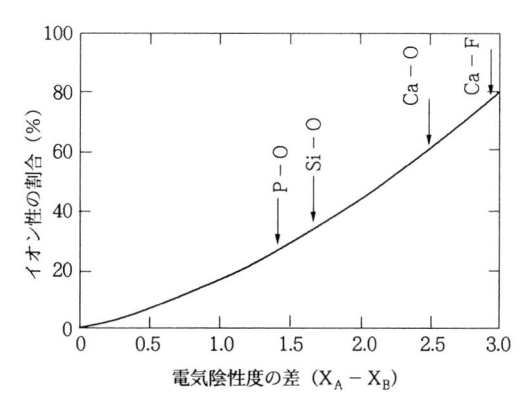

図5.3 イオン間の電気陰性度の差とイオン結合の割合との関係[10]

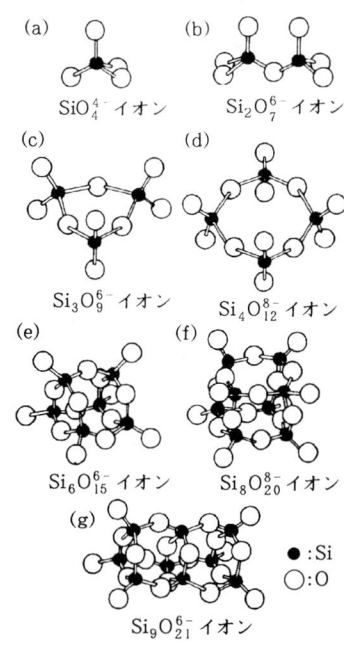

図5.4 ケイ酸イオンの形態[5][11]

(a) SiO_4^{4-} イオン
(b) $Si_2O_7^{6-}$ イオン
(c) $Si_3O_9^{6-}$ イオン
(d) $Si_4O_{12}^{8-}$ イオン
(e) $Si_6O_{15}^{6-}$ イオン
(f) $Si_8O_{20}^{8-}$ イオン
(g) $Si_9O_{21}^{6-}$ イオン

● : Si
○ : O

ケイ酸陰イオンの形態の例を図5.4に示す[5][11]．これら以外に鎖状，板状のSi-O結合様式の提示もある．塩基性酸化物の増加によるSi-O網目構造の崩壊やケイ酸陰イオンの大きさの減少は二元系融体の粘度の値に顕著に反映し，粘度は低下する．ケイ酸の濃度と存在するケイ酸イオンの形態に関しては表5.6に示すように多くの説があり，存在するイオンの形態にも相違がある．

一方Si, O原子の詰まり方もケイ酸イオンの形状によって変化し，ケイ酸イオンの形状の小形化とともに，より詰まった状態を示す．このようなイオンの詰まり方は密度（モル体積）の変化に現われる．また導電率からみると，塩基性酸化物の増加とともに電気を運ぶ陽イオンが増加し，導電率は良好になる．このように溶融ケイ酸塩はCa^{2+}のような陽イオンとSiO_2の濃度によって形の変わる$Si_xO_y^{z-}$陰イオンより構成された濃厚イオン溶液である．塩基性酸化物の種

表5.6 ケイ酸塩，リン酸ガラスの構造の現代の理論[12]

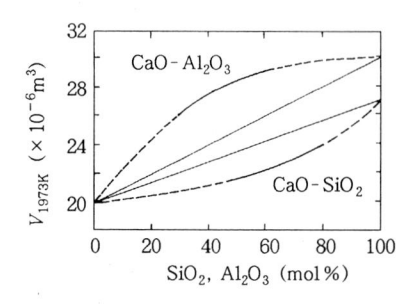

モデル	酸化物のモル% 0 – 70
A	←―――――rnw―――――→ | unspecified
B	rnw |←―rnw+s―→|s|←c+s+r→| ∞c+r | c+r | c+SiO$_4$
C	←――vit. Silica + M$_2$SiO$_2$――
D	←―rnw―|⋯⋯|←―discrete ions + r―→| r | c+r | c+SiO$_4$
E	←―rnw―→| vit. SiO$_2$ + M$_2$Si$_2$O$_5$ |←――d+r――→| r | c+r | c+SiO$_4$
F	――――――rnw――――――| c+r | c
G	←―rnw―|⋯⋯| vit. SiO$_2$ + d + r→| d+r |←r+c→| c+SiO$_4$

rnw：不規則網目構造，s：板状構造，c：鎖状構造，r：環状構造，d：独立イオン

図5.5 CaO-SiO$_2$，CaO-Al$_2$O$_3$系融体の1973Kにおけるモル体積V_{1973K}と組成との関係[13]

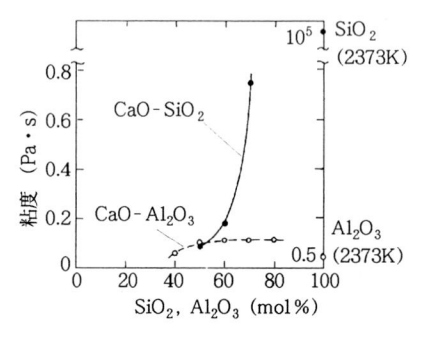

図5.6 CaO-SiO$_2$，CaO-Al$_2$O$_3$系融体の粘度（1973K）[13]

類によってMe-O間の結合力は相違するから，それは溶融ケイ酸塩の特性に大きく反映する．

SiO_2を含まないCaO-Al_2O_3二元系では CaO-SiO_2系とは異なった挙動を示し，例えばモル体積は図5.5のようにCaO-SiO_2系では加成性から負に偏位するのに対し，CaO-Al_2O_3系では正に偏し，構造的に大きく相違する．また粘度についても図5.6のようにAl_2O_3とSiO_2とは大きく相違し，溶融状態のSiO_2の粘度はAl_2O_3に比べてはるかに大きい．

次にCaO-SiO_2-Al_2O_3三元系においては，Al_2O_3の両性酸化物としての挙動を等粘度曲線にみることができる[14]．Al_2O_3は塩基性領域では酸として，酸性領域では塩基として挙動することが明らかとなっている．

溶融非酸化物であるフッ化物，塩化物等の融体は一般的には溶融塩とよばれている．これらは，いずれも溶融状態では正負のイオンより構成されているイオン性融体である．溶融塩に関しては古くから学問的な対象としてまた溶融塩電解工業の電解浴として研究がなされてきた．その融点が比較的低いこともあって溶鉄や溶融スラグなどの高温融体に比較して，かなりの程度まで構造や特性が明らかになっている．溶融塩は図5.1，表5.2からも明らかなように導電率は良好で，粘度も小さく，単純なイオン性融体の特性を示している．X線回折によると構造的には溶融金属と同様に短範囲規則性を示すが，ただ両イオンの配列は電気的に中性を保つことが必要である．他の融体と際だって変わった特徴として溶融塩はかなりの空孔を有していることで，それは融点における密度変化より明らかであり，体積の大きな増加（20％以上）にあらわれている．溶融塩を単純なイオン性融体と先に述べたが，イオン間の会合や錯イオンの形成も認められている．それは$MgCl_2$-$CsCl$系のように導電率と組成の関係に反映し，$MgCl_2$・$CsCl$に相当する組成において導電率が最小になる．他の特徴として溶融塩には金属を溶解する場合があり，いわゆる金属霧(metal fog)として電流効率の低下の原因となる．

このほかにも非鉄金属製錬において重要な溶融硫化物があるが，その特性の測定は極めて少ない．

5.1.3 高温融体の構造

高温融体の構造を明確にするために，従来，多くの方法がとられてきた．それらをまとめると次の三つの方法に要約できる．

1) 高温融体に対し直接的に構造解析を行う方法

溶融金属に対してはX線，中性子線などによる回折法による構造解析がなされている[15][16]．溶融非金属，主として溶融ケイ酸塩に対してもX線回折[17]，赤外線吸収[18]，ラマン分光[19]などによる直接的構造解析が行われている．

2) 融体を急冷し得られた試料に対し，室温においての構造解析を行い溶融状況の構造を推定する方法

ケイ酸塩，ガラスなどの急冷凝固試料に対しX線回折，赤外線吸収，ラマン分光分析など

によって構造解析を行い,溶融状態の構造を推定する方法で,ケイ酸塩のガラス化物質に対して古くから良く利用されてきている.
3) 融体の物性測定より構造を推定する方法

融体の種々な物性測定より得られたデータより融体の構造を推定する方法で溶融ケイ酸塩に対してなされたBockris一派の測定は有名である.

以上は融体そのものに直接,間接に接する方法によって,融体の構造を解明しようとするものである.いわゆる構造解析の手法は最近の微細構造の決定手段の高度化,精密化に伴い,新しい手法が次々と用いられるようになっている.しかしこれらの手法は急冷試料を対象としたものが主体であり,依然間接的な手法にとどまっている.

一方,融体への直接的構造解析も若干実施されつつあるが実験技術上困難が多い.特に1900Kを越える融体に対しては困難が大きく,そのため実施例は数少ない.融体の物性測定より推定する方法も,その根拠となる物性測定の精度が,特に高温では依然として向上していない.そのため構造の推定も限界がある.融体の構造を実験的手段によって解明しようとする試み以外に分子動力学を用いコンピュータシミュレーションによってその物性,構造を解明しようとする試みがなされている[20].

一方,溶融ケイ酸塩の構造について,融体中に種々の陰イオンを考え,それらの平衡関係から各SiO_2組成における陰イオンの分布状態を計算し,推定した報告もみられる[21].

融体の表面の構造は内部の構造と大きく相違することはすでに述べたが,その実験的解明は極めて困難である.固体の試料に対しては,その表面部分の微小部分の分析が可能となり,かつ原子レベルにおける構造の解明もなされつつある.しかし融体についてはこれらの分析手法の適用は極めて制限されていたが,オージェ電子スペクトル分析によってAl, Snの溶融状態の表面分析が報告されるようになった[22].このような手法の適用が増加し,さらに,改良によって,今後,融体の表面構造の解明が進歩するであろう.

高温融体の諸性質や構造については多くの成書,レビューがある.それらのうち代表的なものを以下に示す.
<溶融金属>
1) 下地光雄:溶融金属の構造と物性,冶金物理化学,現代の金属学製錬編4,(1979), 10〜16.
2) M. Shimoji : Liquid metals ; an introduction to the physics and chemistry of metals in the liquid state, Academic Press, (1977), 345〜356.
3) T. Iida and R. I. L. Guthrie : The physical Properties of Liquid metals, Oxford Science Pub.,(1988).
<溶融金属・溶融スラグ>
4) F. D. Richardson : Physical Chemistry of Melts in Metallurgy, Vol.Ⅱ, Academic

Press, London & N.Y., (1974).
5) 鉄鋼基礎共同研究会：溶鋼・溶滓部会編集, 溶鉄溶滓の物性値便覧 (1971), 日本鉄鋼協会.
6) O. A. Esin, P. V. Geld：(乾式冶金プロセスの物理化学), 冶金図書出版 (1966). (ロシア語)
7) 川合保治, 柳ヶ瀬 勉, 荻野和己：溶融スラグ, 冶金物理化学, 現代の金属学製錬編 4, (1979), 137〜159.
8) E. T. Turkdogan : Physicochemical properties of molten slags and glasses, The Metals Society (1983), London .
9) 松下幸雄, 盛 利貞, 不破 祐, 館 充, 森 一美, 瀬川 清：冶金物理化学, 丸善 (1970), 16〜38.
10) 荻野和己：溶鉄およびスラグの物性, 鉄鋼製錬の基礎, 朝倉書店 (1971), 168〜201.
11) Ed. Y. Kawai, Y. Shiraishi : Handbook of Physico-chemical properties at high temperature, ISIJ (1989).

<溶融スラグ>
12) Verein Deutscher Eisenhüttenleute : Schlackenatlas, verlay stahleisen M. B. H. Düsseldorf, (1981).
13) 鉄鋼基礎共同研究会特殊精錬部会・第4分科会報告：エレクトロスラグ再溶解スラグの性質, 日本鉄鋼協会 (1979).
14) 荻野和己：酸化物融体の物性と構造, 日本結晶成長学会誌, **15** (1988), 34〜43.
15) 荻野和己, 原 茂太：スラグの物性, 西山記念講座 (第 122, 123 回), 日本鉄鋼協会 (1988), 125 〜147.

<溶融塩>
16) 江島辰彦：溶融塩, 冶金物理化学, 現代の金属学製錬編 4, 日本金属学会, (1979), 160〜178.

<溶融マット>
17) 永森 幹, 矢沢 彬：溶融マットの性質について, 日本金属学会会報, **14** (1975), 163〜172

<溶融ガラス>
18) J. D. Mackenzie : The Physical chemistry of simple molten glasses, Chem. Rev., **56** (1956), 455〜470.

5.2 溶融金属の表面張力

　溶融金属の表面張力の測定はずい分古く, 19世紀中頃にさかのぼるが, 今世紀に入り液体自体への研究が進むに従って, 単原子液体である溶融金属は液体理論の立場からも興味の対象となり, その一環として, 溶融純金属の表面張力測定とその理論的取り扱いがともに進行した. さらに金属製錬, 鋳造, 溶接などにおいて見られる高温では, 金属が溶融状態で関連する多くの表面現象の解明のため, 数多くの合金系について表面張力の研究が行われてきた.

純金属や合金の溶融状態の表面張力の測定はこれまでに数多くあるが，純金属に関しては65種類について測定がなされている．合金系も低融点のアマルガム合金，アルカリ金属合金から高融点のPt合金，W合金と種々な合金系について二元，三元の基本系から実用材料まで広範囲にわたっている．しかし，溶融金属の表面張力の測定はHgのように室温の測定という恵まれた条件においてさえ，測定者によって相違が大きい．Fe, Cuなどの高融点金属では測定値の相違ははるかに大きく，測定方法も含め再検討の時期に来ていると考えられる．

さらに溶融純金属の表面張力に対する液体論の立場からの理論的アプローチも多くみられるようになった．溶融合金の表面張力に対する理論的取り扱いについては純金属にくらべて困難が多く，数も少ない．

5.2.1 純金属の表面張力

a. 純金属の表面張力とその評価

Allen[23]は純金属の表面張力について従来の多くの測定値を整理し55種の金属について，融点における値，測定方法，雰囲気，密度，温度依存性について表示している．その後に表面張力の報告されたものは10元素あり[24]~[26]，これまでに測定値の得られている金属元素は65種に達している．各元素の測定値はHgのように18世紀以来200件に達するものから，ただ1件のものまであり，また測定の多い元素についても測定結果にかなり大きな相違を示している．比較的測定の多い若干の金属元素について表面張力の測定値の報告の状況とその評価を示す．

(i) Hg

Hgは純金属のなかで最も古くから，最も多くの測定がなされている．Semenchenko[27]は31の独立したHgの表面張力値をリストアップしているが，測定値に対し明確な結論を出すことは困難であると結論づけている．

Wilkinson[28]はHgの表面張力を18世紀にまで遡って収集し，測定条件と表面張力値の関係について興味深いレビューを発表している．それによると1773年Morveanがplate detachment法によってHgの表面張力の測定を行って以来，種々な方法により多くの研究者によってなされた数多くの測定値が収集されている．約200の有用な測定値を年度別に示したものが図5.7である．Wilkinsonによって表示された値は古くはMorvean (1773) の563mN/m，最近

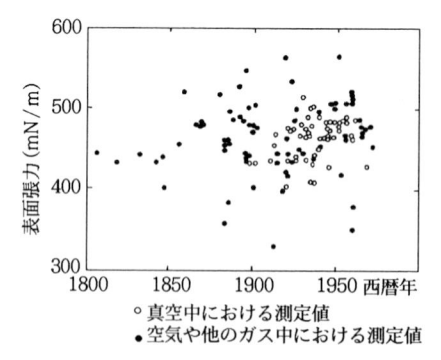

図5.7 水銀の表面張力の測定値の推移[28]
○ 真空中における測定値
● 空気や他のガス中における測定値

5.2 溶融金属の表面張力

のものではShwanekeら(1970)の484.6mN/mである.図には真空(○),空気,他のガス(●)で区別して示してあるが,依然として大きくばらついている.全測定値の平均は466.3mN/mで,標準偏差33.0mN/mである.これらの測定値の分布を見ると図5.8のように年代別で1773年以降のものは2つのピークがあり,435.0mN/mと475.0mN/mとにわかれる.1940年以降では435mN/mのピークのみである.真空中の測定では2つのピーク(435,475mN/m),空気や他のガス雰囲気中では445mN/mのピークは475mN/mよりはるかに小さい.図5.8(a)中の低い方のピークは主として真空中の値である.480mN/mを越える値

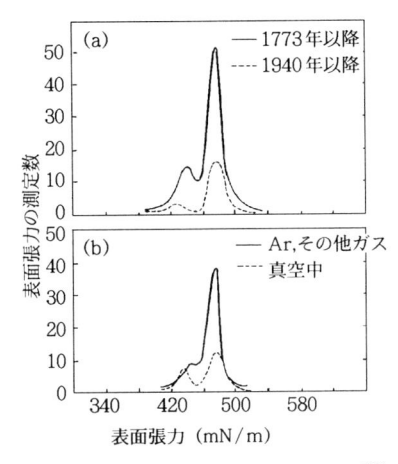

図5.8 Hgの表面張力測定値の統計分計[28]

の数は急に減少し,495mN/mを越える数の10%にすぎない.そこでWilkinsonはHgの表面張力は多分500mN/mより低く,420mN/mが最低値と考えている.

Allen[23]は丹念に実験されたHgの表面張力測定5件を選び,真空中または1atm中,298Kで485±1mN/mと評価した.Lang[30]は最大泡圧法でHgの表面張力を測定するとともに,1868年以降1972年までの代表的な42個の表面張力の測定値を表示し,最も確からしい測定値(7件)よりHgの室温(293K)における表面張力を485.0mN/mと評価している.

Hgの表面張力の推移をより詳細に評価するために,筆者はWilkinsonのデータおよび1970年以降のデータを補足し,1945年以降35年間のHgの表面張力値を年代順に図示した.測定値は図5.9のように,1960年代中頃よりばらつきは小さくなってはいるが,依然460～490mN/mの範囲に68件中47件の測定が分散している.これらの測定値の個々の報告について詳細に検討し,測定値の妥当性を評価せねばならないが,各報告とも必ずしも十分詳細な記述があるとはいえない.White[29]はHgが正確に表面張力が測定される最初の金属であろうと予言しているが,Allen[23],White[29],Lang[30]が妥当と評価したHgの表面張力の測

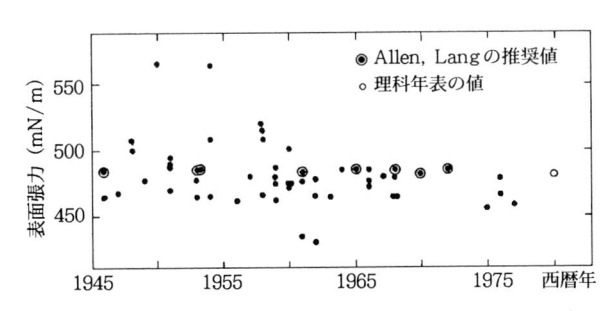

図5.9 1945年以降の水銀の表面張力の測定値とAllen,Langによる推奨値

表5.7 液体水銀について精度良く測定された表面張力の値（25℃, 298K）

研究者	年	測定方法	雰囲気	表面張力 (mN/m)	文献
Kemball	1946	静滴法	真空	485.1±1.5	31
Zeising	1953	静滴法	真空	484.9±1.8	32
Bering and Ioileva	1954	最大滴圧法	真空	484.4±0.8	33
				485.8±0.8	〃
Nicholas et al.	1961	静滴法	1×10^{-7}mmHg	483.5±1.0	34
			He	482.2±1.0	〃
			H_2	483.4±1.0	〃
			N_2	482.1±1.0	〃
			O_2	483.1±1.0	〃
			CO	484.2±1.0	〃
			CH_4	484.3±1.0	〃
Olson and Johnson	1963	静滴法	真空	485.1	35
Roberts	1964	静滴法	真空	485.4±1.2	36
Melik-Gaikazyan	1968	静滴法	真空	484.6±1.3 (25℃)	37
Lange	1972	最大泡圧法	Ar	484.9±0.3 (21.5℃)	30

定値を表5.7にまとめて示す．表よりAllenが示したようにHgの表面張力は293Kにおいて485mN/mと考えて妥当であろう．

Langの報告以降，Hgについて若干の測定がみられるが，いずれも480mN/mよりは若干低い値である．1980年頃の専門書[38]〜[43]，便覧など[1][44]〜[46]では比較的古いデータを引用したものが多く，表5.7に示した数値を引用してあるのは1件にすぎない[44]．理科年表（2001）にはHgの表面張力の値として482.1mN/mが記されている[45]．

(ii) 溶融純鉄

高温において，測定例の多い溶融金属として純鉄がある．溶融純鉄に対する測定は高温のため困難が多く，本格的な研究は他の金属にくらべて遅く，1949年頃より報告がなされている．1949年より現在までに報告された純鉄の表面張力を年代順に図示すると図5.10のようになる[47]．測定数が61と少ないため統計的にも図5.8に示したHgの例のように明瞭な分布はみられない．しかし，測定値は1710〜1880mN/mの範囲に全体の約70％が含まれている．この場合もHg同様，一定値に収れんすると考えることは現在のと

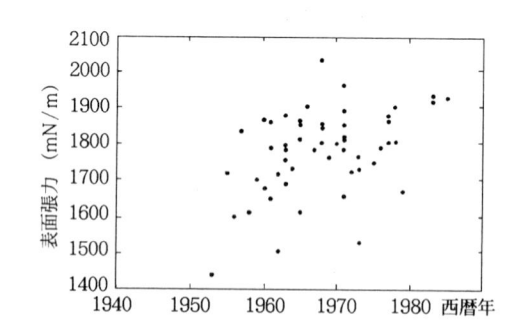

図5.10 溶融純鉄の表面張力の測定値の推移
（文献(47)のデータより作成）

5.2 溶融金属の表面張力

表5.8 純金属の融点における表面張力 (mN/m)

IA	IIA	IIIA	IVA	VA	VIA	VIIA	VIII			IB	IIB	IIIB	IVB	VB	VIB	VIIB	
																	2 He
3 Li 398	4 Be 1390											5 B 1070	6 C	7 N	8 O	9 F	10 Ne
11 Na 191	12 Mg 559											13 Al 1050	14 Si 865	15 P	16 S	17 Cl	18 Ar
19 K 115	20 Ca 361	21 Sc	22 Ti 1650	23 V 1950	24 Cr 1850	25 Mn 1090	26 Fe 1950	27 Co 1873	28 Ni 1778	29 Cu 1380	30 Zn 782	31 Ga 718	32 Ge 621	33 As	34 Se 106	35 Br	36 Kr
37 Rb 85	38 Sr 303	39 Y 610	40 Zr 1480	41 Nb (Cb) 1900	42 Mo 2250	43 Tc	44 Ru 2250	45 Rh 2000	46 Pd 1500	47 Ag 903	48 Cd 570	49 In 556	50 Sn 598	51 Sb 367	52 Te 180	53 I	54 Xe
55 Cs 70	56 Ba 277	57～71 ランタニド族	72 Hf 1630	73 Ta 2150	74 W 2500	75 Re 2700	76 Os 2500	77 Ir 2250	78 Pt 1800	79 Au 1140	80 Hg 498	81 Tl 464	82 Pb 468	83 Bi 375	84 Po	85 At	86 Rn
87 Fr	88 Ra	89～103 アクチニド族															

ランタニド族	57 La 847	58 Ce 791	59 Pr 775	60 Nd 797	61 Pm	62 Sm 526	63 Eu 318	64 Gd 810	65 Tb 806	66 Dy 832	67 Ho 791	68 Er 849	69 Tm	70 Yb 431	71 Lu 1081
アクチニド族	89 Ac	90 Th 978	91 Pa	92 U 1550	93 Np	94 Pu 550	95 Am	96 Cm	97 Bk	98 Cf	99 Es	100 Fm	101 Md	102 No	103 Lr

文献(23)に測定値を追加して作成した

ころ困難である．1980年代は純鉄の表面張力の測定が少なく，それもレビテーション法による測定が主である．この方法によって得られた表面張力はこれまでの測定値より若干大きく，融点において1918mN/mである．同じ測定者によって静滴法による測定もなされているが，レビテーション法より50mN/m低いといわれている[48]．ただ純鉄の表面張力はO，Sなどの表面活性元素の影響を受けやすいため，たとえ10^{-3}mass%の酸素の存在によっても50mN/mの減少となって現われることを考えると，含有酸素量を制御することによって，より精度の高い純鉄の表面張力を決定できるであろう．

b. 種々な純金属の表面張力

Hgのような常温の液体である金属においても表面張力の測定値に相違がみられ，また溶融純鉄の表面張力の測定値については大きな相違がみられる．高温の溶融金属の表面張力の測定値に影響を与える因子として，
 (1) 溶融金属中の不純物の含有量，特に表面活性元素
 (2) 雰囲気の制御—空気の混入による溶融金属の汚染
 (3) 読み取誤差—溶融金属滴の寸法，マノメーターなどの測定上の読み取り誤差
などがある．

現在の測定では，これらの因子について細心の注意がはらわれている．しかし得られた結果は，溶融純鉄で1700〜2000mN/mの範囲にあり，大きく分散している．また同一の測定方法，測定装置，測定者による測定であっても最小で±30mN/mのばらつきを含んでいる．このように高温の溶融金属の表面張力測定は困難が多いが，これまでに純金属として85元素のうち65元素についての測定が報告されている．各金属元素の表面張力を表5.8に示す．

表5.8はAllen[23]が従来の多くの測定値を整理し，融点における値として示した数値を基礎とし，その後報告された測定において比較的信頼性の高い数値を参考にして示してある．この場合，Allenの示した数値と実測値とがさほど相違しないものはそのままとし，相違の大きいものについては，最近の実測値を示した．また，Allenが数値を示していない元素について，実測値があれば記載した．

多くの純金属の測定例のうち酸素との反応性の強い金属については測定値に問題がある．例えば，Alについてみると，これまでいくつかの測定があり，1970年

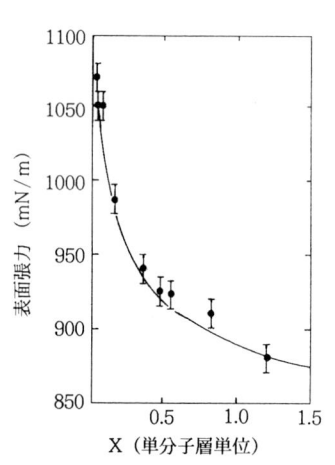

図5.11 溶融Alの表面張力と表面の酸化物被覆[22]

代の測定値は真空中，高純度試料について得られた760〜915mN/mである．Goumiriら[22]によってAlの表面張力が超高真空下において静滴法で測定され，表に示すように1050mN/m（973K）の値が得られている．この値は従来の測定値よりかなり大きい．この原因についてGoumiriらはAugerスペクトラムによってAl表面層の定量分析を行い，表面層がOによって覆われていくに従って図5.11のように表面張力が低下することを示した．同様にOの影響は他の金属についてもみられ，例えばSnについてみてみると，超高真空下で得られ値は従来の測定値540〜600mN/mよりも大きい613mN/m（m.p.）である．これらの事実より，多くの純金属について表面張力値の厳密な条件下での再測定が望まれる．

表5.9 希土類元素の表面張力（mN/m）（融点）

元素	原子番号	文献(23) 1972年	文献(25) 1975年	文献(26) 1980年	文献(27) 実験値 1983年	文献(27) 計算値 1983年
Sc	21	(1160)				
Y	39	(880)	610			
La	57	720		729	847	785
Ce	58	740		707	791	864
Pr	59	(760)		690	775	846
Nd	60	689		685	797	879
Pm	61	(1000)				
Sm	62	(700)			526	912
Eu	63	(460)			318	342
Gd	64	810	670		802	914
Tb	65	(880)	700		806	939
Dy	66	(820)			832	861
Ho	67	(920)			791	965
Er	68	(1000)			849	980
Tm	69	(1020)				
Yb	70	(500)			431	400
Lu	71	(1100)			1081	1035

（　）内はAllenによる推定値

近年，希土類元素が種々の機能性材料として注目されている．しかし，Allenのまとめた表[23]には4種類が記載されているにすぎない．1975年以降ソ連において若干の測定があるが，測定値にかなりの相違がみられる[24]〜[26]．参考のために表5.9に希土類元素の表面張力値を示す．

c. 純金属の表面張力と二三の物理量との関係

表面張力の数値は各元素の特性の表現にほかならない．金属元素の特性は元素の有する他の物理的な性質にも反映しているから，これらの物理量（例えば融点，モル体積，蒸発熱など）と表面張力の間に関係のあることは容易に考えられる．このような観点に立脚した考えは一般液体の表面張力に対する見解においても同様であり，19世紀後半すでに有名なEötvös[49]によってモル体積と表面張力との関係が提示されている．その後，現在に至るまで表面張力を他の物理量と関係づける試みが多くなされ，それに基づいて未知の表面張力値を推定しようとする努力がなされている．しかし，表面張力と結びつける他の物理量についても，その数値の信頼性，妥当性について吟味する必要があり，少なくとも表面張力よりは精度の良い測定がなされていなければならない．また仮に，表面張力と物理量の関係がある特定の関係で表わされた

としても,その関係によって求められる表面張力はあくまでも推定値である.当然のことながら測定値のない金属の表面張力はやはり手段をつくして測定を行うべきであると考える.また,先に述べたAl, Snの例のように,より精度の高い測定値が得られるようになると,以下に述べる物理量との関係も修正されることも起こりうる.

(i) 融点と表面張力

物質の融点はその構成粒子の結合力の強さと関連することはすでにのべたように良く知られている.すなわち一般に結合力が強い物質ほど融点は高い.液体の表面張力は,分子論的には分子を液体内部から表面へもちきたす際の分子間引力に対してなされる仕事であるから,表面張力と結合力との間に融点を介して関連性のあることは容易に理解できる.いま,純金属の融点と融点における表面張力との関係を図示すると図5.12のように示される.プロットはかなり分散しているが,融点の高い金属ほど表面張力の値は大きい傾向を示す.もちろん温度範囲が狭いと必ずしもこの関係は成立しないが,概略的にみれば表面張力と融点の関係は図中の曲線のように示すことができる.

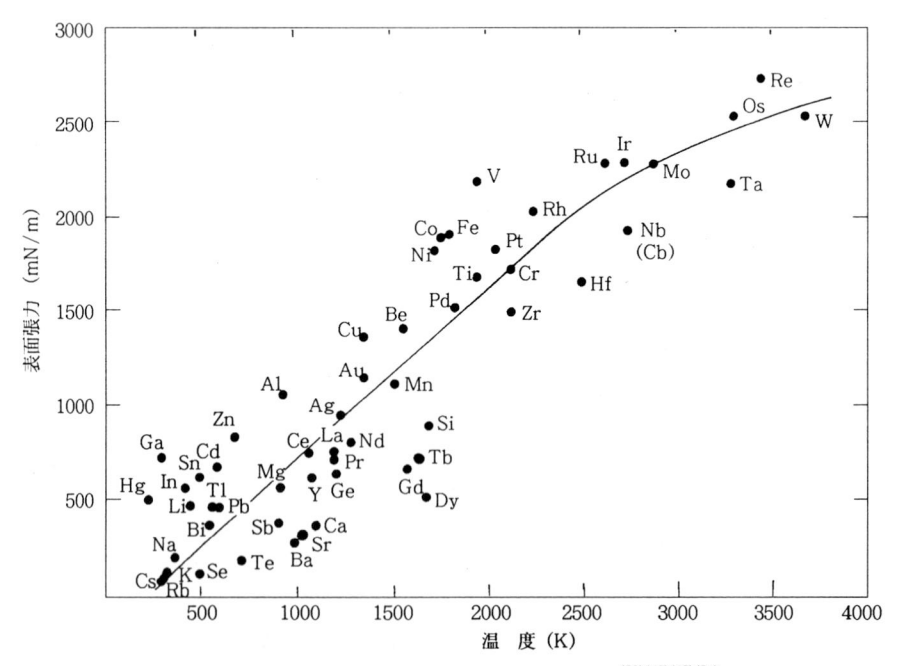

図5.12 種々な金属の融点における表面張力[23][43][47][51]

5.2 溶融金属の表面張力　　133

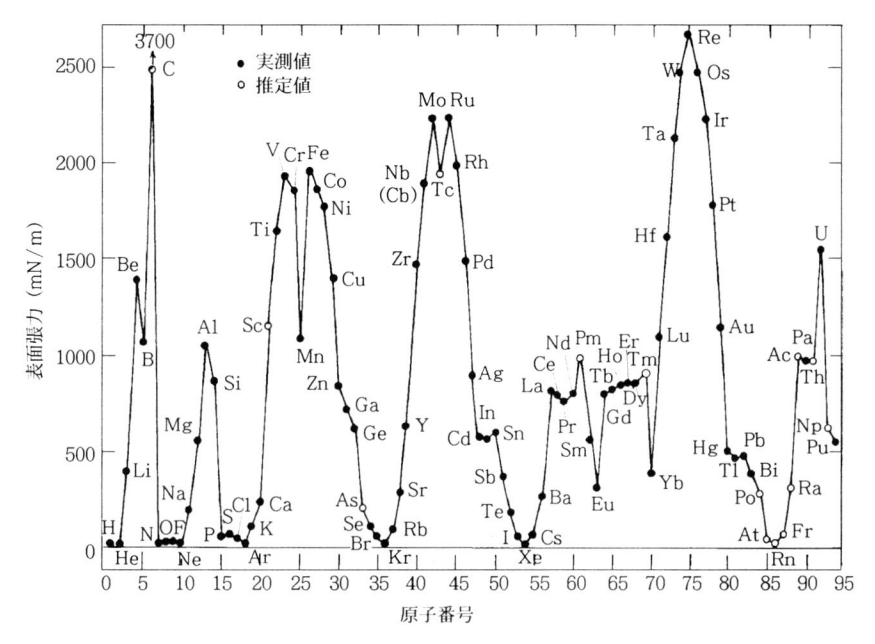

図5.13　種々な元素の融点における表面張力（文献(23)を参考とし，表5.8の数値を用いて作成）

(ⅱ) 原子番号（原子量）と表面張力

　Smith[50]は溶融金属の表面張力に関して，それまでの測定結果を調査するとともに，毛管降下法によって若干の金属の表面張力を測定した．彼はそれらの結果を周期率表に基づいて考察し，原子量（原子番号）と表面張力との間に関係のあることを最初に示した．Allen[51]は全元素の表面張力を推定値も含めて評価し，原子番号と表面張力の関係を図5.13のように示している．図から表面張力はⅤA，ⅥA，ⅦA族元素を最大に，稀ガス元素を最低として各周期について上下を繰り返している．Kunin[52]も同様の関係を示している．この関係は図5.14に示すように，特に第6周期について明瞭である．ただ第4周期についてはMnが例外的に低い値を示す．

(ⅲ) 原子容と表面張力

　Smith[50]は溶融金属の表面張力と金属の原子容との関係を最初に示した．同様の関係は後にAtterton, Hoar[53]によっても指摘されている．Gogate, Kothari[54]は溶融金属の表面張力を電子論的立場より検討し，表面張力が原子容の $-4/3$ 乗に比例することを見出している．Taylor[55]は未測定の金属の表面張力を評価するため，種々な物理量と表面張力の関係を検討したが，その一環として全表面エネルギーと原子容の関係を $\log-\log$ プロットして図5.15の

図 5.14 溶融純金属の融点における表面張力と原子番号の関係[51]

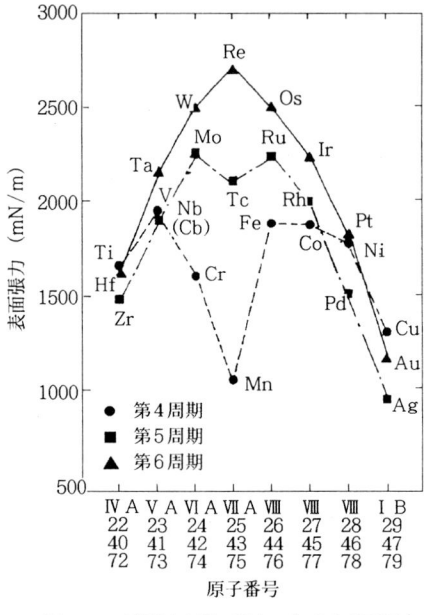

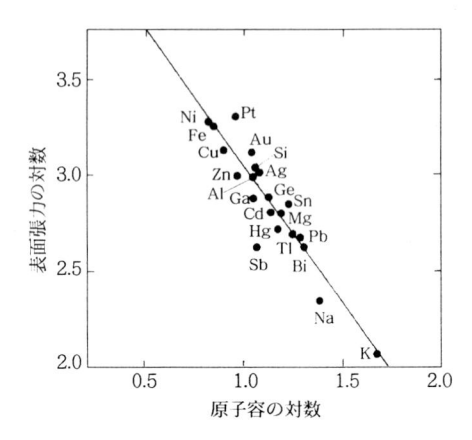

図 5.15 溶融純金属の表面張力と原子容との関係[55]

ように良好な直線関係を得ている。すなわち、全表面エネルギー γ_T は、原子量を A, T K における密度を ρ とすると、式 (5-1) の関係で与えられる。

$$\gamma_T \propto \left(\frac{A}{\rho}\right)^{-1.41} \tag{5-1}$$

式 (5-1) の関係は Gogate, Kothari[54] の示した式 (5-2) の関係

$$\gamma_T \propto \left(\frac{A}{\rho}\right)^{-4/3} \tag{5-2}$$

に類似している。

(iv) $T_m/V^{2/3}$ と表面張力

表面張力と融点 T_m を表面における原子の数で割った値、すなわち原子1個当たりの結合エネルギー、$T_m/V^{2/3}$（V：原子容）との関係は古く Eötvös[49] によって式 (5-3) のように与えられている。

$$\gamma_m \cdot V_m^{2/3} = k(T_c - T_m) \tag{5-3}$$

Schytil[56]は12種のメタルの融点における表面張力を$T_m/V^{2/3}$に対してプロットし，NaからPtにいたる広い範囲で直線関係が成立することを示した．Taylor[55]も19種のメタルについて同様の関係をプロットし良好な直線関係を得ている．これらの関係は本質的には，良く知られたEötvösの法則と合致するものであり，またLennard-Jones，Cormer[57]による厳密な理論により導出されたものでもある．

Allenら[51]は図5.12の各純金属に対する表面張力を$T_m/V_m^{2/3}$に対してプロットし，実験点のばらつきの小さい良好な直線関係の成立を示した．しかし，さらにAllenら[23]は，Eötvösの法則，式(5-3)に，臨界温度に対する近似関係，式(5-4)

$$T_c \sim 6.6\, T_m \tag{5-4}$$

および$k = 0.64\,\mathrm{erg\,K^{-1}}$を代入して式(5-5)なる関係を得ている．

$$\gamma_m = 0.64(T_c - T_m)V_m^{-2/3} = 3.6\, T_m(V_m)^{-2/3} \tag{5-5}$$

この関係は，図5.16に示すように原点を通る直線で示されている．

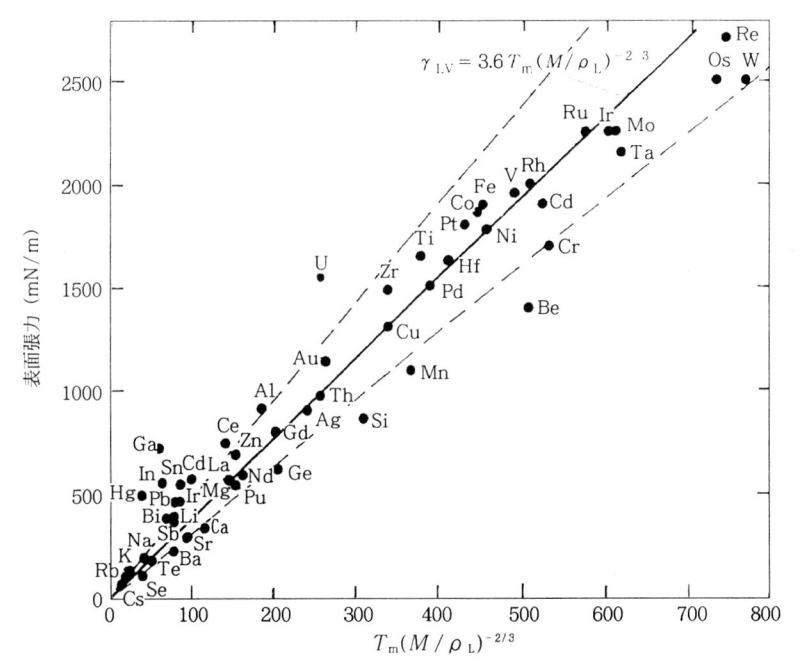

図5.16 溶融純金属における表面張力と$T_m(M/\rho_L)^{-2/3}$との関係[23]

Turkdogan[58]はLenard-Jones, Cornerの関係[57]をもとに，また飯田ら[59]は調和振動子モデルなどにより表面張力と$\alpha T_m/V^{2/3}$の関係を式(5-6)[57], (5-7)[59]で示している．

$$\gamma_m = 3.26 T_m V^{-2/3} \text{ mN/m} \tag{5-6}$$

$$\gamma_m = 4 T_m V^{-2/3} \text{ mN/m} \tag{5-7}$$

(ⅴ) モル蒸発熱と表面張力

Skapski[60]は原子間結合強さの尺度でもある蒸発熱と表面張力の関係を評価した．彼はモル表面エネルギーE_M^Eを式(5-8)で示した．

$$E_M^E = \left(\gamma_M - T\frac{d\gamma_M}{dT}\right) = [(z-z_s)/z]\Delta H_v \tag{5-8}$$

ここに，ΔH_v：モル蒸発熱，z：液体中原子の配位数，z_s：表面配位数，$(z-z_s)$：バルクから表面に原子がもたらされたときの破壊結合数．fcc液体について，$(z-z_s)/z$は0.25, hcp, bccについては，それぞれ0.33, 0.36である．純金属についてE_M^EとΔH_vの関係を図示すると

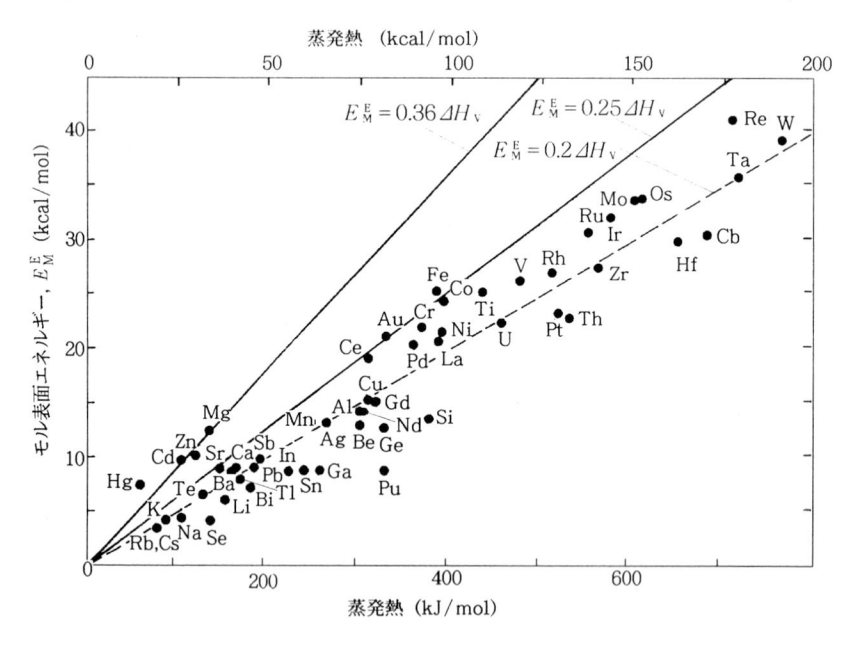

図5.17 溶融金属のモル表面エネルギーと0Kにおける単原子ガスへの蒸発熱との関係 (Sb, Se, Teは二原子ガス)[23]

図 5.17のように示され，実測値の関係は式 (5-9) のように示される．

$$E_M^E = 0.2 \Delta H_v \tag{5-9}$$

$(z-z_s)/z$ は0.2となり，先に示した0.25，0.33，0.36と相違する．この相違は表面原子がバルク原子と比べ過剰の拘束エネルギーを持つことによって説明されている．

Oriani[61]は，Skapskiが表面およびバルクの原子の結合力が等しいと仮定したのに対し，それらが同じでないとして表面における過剰のエネルギー ϕ を式 (5-10) のように示した．

$$\phi = \frac{2}{Z_s}\left[\left(\frac{Z_i - Z_s}{Z_i}\right)\Delta H_s - \gamma_0\right] \tag{5-10}$$

ここに，Z_i, Z_s は液体のバルク，表面の原子の配位数，ΔH_s は蒸発熱，γ_0 は全モル表面自由エネルギーで式 (5-11) で与えられる．

$$\gamma_0 = fN^{1/3}\left(\frac{A}{\rho}\right)^{2/3}\left(\gamma - T\frac{d\gamma}{dT}\right) \tag{5-11}$$

f：表面における原子の充填分率 (packing fraction)，N：アボガドロ数，A：原子量，ρ：密度，γ：TKおける比表面張力，$d\gamma/dT$ は表面張力の温度係数．

ϕ は式 (5-10) からも明らかなように蒸発熱 ΔH_s と近似的に比例する．Orianiは9種のメタ

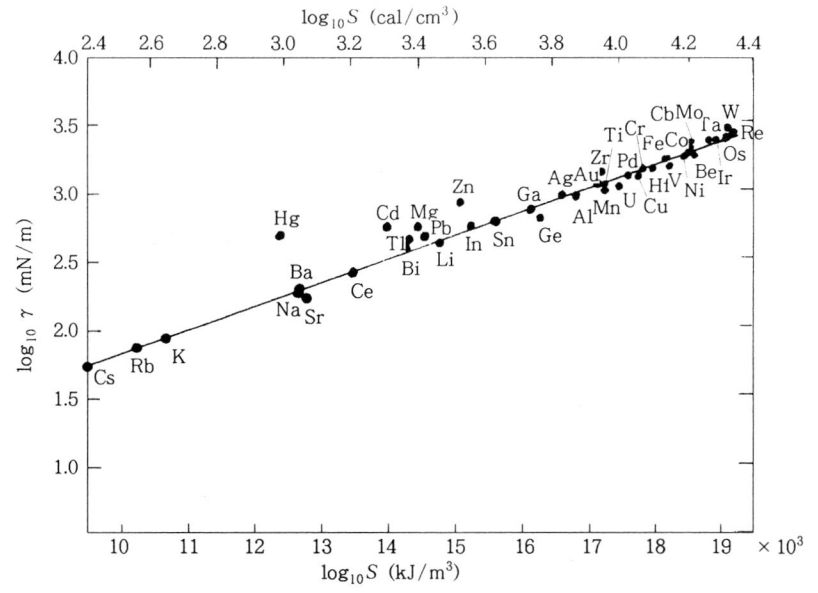

図 5.18 溶融金属の融点における単位体積当たりの表面張力，蒸発エネルギーのlog-logプロット[62]

ルについて ΔH_s と γ との関係はほぼ直線的で式 (5-11) の成り立つことを示している. Allen[23] も Skapski[60] が示した $\gamma_0 - \Delta H$ の比例定数 $(z-z_s)/z$ について論じている.

Strauss[62] は表面張力と単位体積当たりの蒸発のエネルギーの関係が,金属について成立するかどうかについて検討し,図5.18のような結果を得ている. いずれの金属についても表面張力 γ, エントロピー S は文献により引用しているが $\log \gamma$ と $\log S$ との間には直線関係を示し,プロットは大きく分散しない. ただ Mg, Cd, Hg, Zn が大きくそれている. このことから Strauss は表面張力と単位体積当たりの蒸発のエネルギーとは同じ基本的性質に依存しているとしている.

その後 Grosse[63] は融点における蒸発熱と自由表面エネルギーとの関係も検討し,立方最密,四面体構造のメタルと六方最密,八面体構造のメタルと別々の直線で示している. その他 Kumin[52], Overburyら[64], Glushchenko[65], Lang[66], Miedema[67] らによって表面張力と物理量の関係が論じられている. そのうち Overbury[64] の蒸発熱とモル表面自由エネルギーとの関係を図5.19に示す.

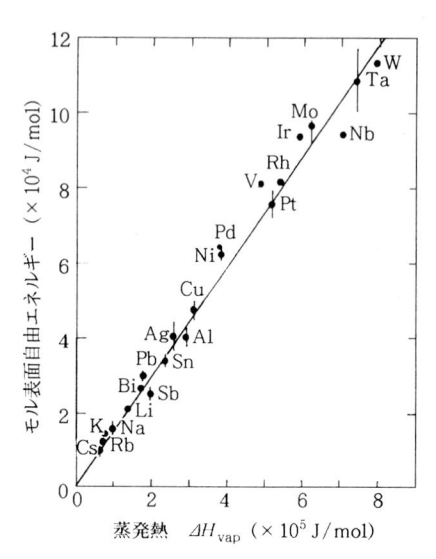

図 5.19 溶融金属のモル表面自由エネルギーと蒸発熱との関係[64]

5.2.2 合金系の表面張力

溶融合金の表面張力についても,これまでに数多くの測定がなされてきた. しかし合金系の測定値は二元系,三元系のような基本系に関する測定が主であり,数成分系よりなる実用材料に関する測定は稀である.

a. 合金系の表面張力

ある金属元素に他の元素が添加された場合の合金の表面張力は一般に

$$\gamma_{12} = N_1 \gamma_1 + N_2 \gamma_2 \tag{5-12}$$

の関係よりも負に偏している. ここに N_1, N_2 は成分 1, 2 のモル分率, γ_1, γ_2 は表面張力である.

この問題は Gibbs によって熱力学的に取り扱われ,式 (5-13) のいわゆる Gibbs の吸着式によって示されるように,表面張力の低い方の成分が表面に吸着し,表面濃度がバルクとは相違

し，バルク組成の表面張力よりも低下させるためである．

$$\Gamma = -\frac{1}{RT} \cdot \frac{\gamma}{\ln a_2} \tag{5-13}$$

ここに，Γ：単位面積当たりの溶質の吸着量，γ：溶液の表面張力，R：ガス定数，T：絶対温度，a_2：溶質の活量．

　二元系合金については，これまでに数多くの系について測定がなされているが，V.I. Nizhenkoら[68]は約250種の二元合金についてその表面張力値を収集し，組成との関係および温度係数について明らかにしている．合金系の表面張力の測定は一つの系について多くの報告のあるものから，ただ1報のみというものまであり，一つの合金系について得られた複数の結果も十分一致しているとはいいがたい．

　A-B二元系合金の表面張力と組成の関係を検討するにあたって，AにBを添加してAの表面張力がどれほど変化するかを (1) 少量のBの添加による変化，すなわち稀薄溶液および (2) A-B全域における変化にわけて考えることができる．(1) 稀薄溶液はいわゆるBのAに対する表面吸着，すなわちBが表面活性であるかどうかを評価することであり，(2) はAB間における原子間の相互作用を全域を通じて検討することになる．(1) については本章5.5.3表面活性元素の効果として詳細に述べることにして，ここではAの表面張力に対するBの効果の大小関係のなかに含めて概略を述べるにとどめる．約250種類の二元系合金について上記 (1) または (2) の項目について比較するのは限られた紙面の関係で不可能であるため，二元系状態図のタイプによって分類された特徴をもった数種類の合金系と，Fe合金以下，Cu合金，Al合金等若干の実用合金系について述べるにとどめる．

　稀薄溶液の場合についてみると，少量の添加によって表面張力を低下させるものとして，Fe合金[69]，Cu合金[70]ではⅥB族のO，S，Se，Teがあり，その効果もO＜S＜Se＜Teと原子番号の順である．これら元素以外にFe，Cuの表面張力をかなり低下させるものとしてⅢB，ⅣB，ⅤB族の原子番号の大きいB，Sn，Biがある．これらの元素以外の元素の表面張力低下効果はきわめて小さい．一方，AlおよびHgの二元素合金ではⅠA族，ⅡA族のアルカリ，アルカリ土類金属が表面張力を大きく低下させる．この場合も，Al合金[71]，Hg合金[72]ではLi＜Na＜K＜Rb＜Csの順にその効果は大きい．

　Aに対するBの効果の (2) の場合，全系にわたってその効果を論じることになる．合金系では元素間の組み合わせによって構成元素間の相互作用が相違するが，それは平衡状態図によってもわかるように，種々異なった状態を示す．このことは固体状態と比べ液体状態では明確でないが，元素間の相互作用の相違がその性質に反映されると考えられる．すなわち元素の組み合わせによって，原子間の相互作用を反映する表面張力の濃度依存性にもあらわれることが推察される．二元系合金は，状態図によるとAu-Agのように極めて単純なものから，Cu-Snなどのように複雑なものまで多くの種類に分かれる．しかし，これらを特徴に応じて類似のもの

140   5章 高温融体の表面性質

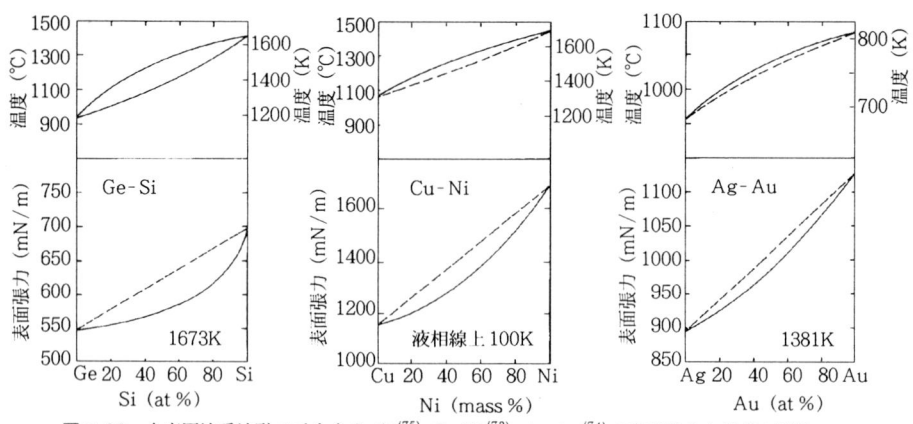

図 5.20 全率固溶系溶融二元合金 Ge-Si[75], Cu-Ni[73], Ag-Au[74] の表面張力と組成の関係

を含め数種類に分類することができる．このような状態図の特徴による各グループの合金系に対して液相での表面張力と濃度との関係を以下に示す．

(i) 全率固溶系

この系は Cu-Ni[73], Ag-Au[74], Ge-Si[75] のように成分元素がお互いに類似していて，全組成域にわたって無秩序な均一固溶体を作る系である．表面張力と濃度の関係を図5.20に示すが，表面張力の組成による変化は滑らかであり，組成による特異な変化はみられない．また，先に示した式 (5-12) の関係よりいずれも負に偏している．

(ii) 不混和領域を有する系

全率固溶とは反対に混合しにくい，お互いに相反発する元素の組み合わせよりなる合金系である．ほとんど全域が不混和領域を示す．Ga-Pb[76], Al-Pb[77], Al-Bi[77] 系，また一部分に不混和領域を有する Bi-Zn[77][78] について表面張力が測定されている．その一例を図5.21に示すが，いずれも不混和領域では組成による変化はみられない．$L_1 + L_2$ 相の

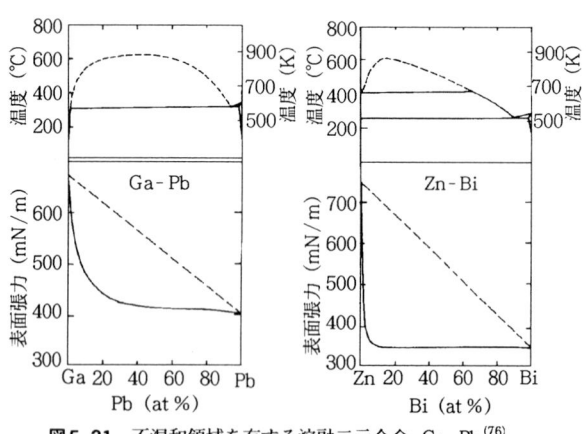

図 5.21 不混和領域を有する溶融二元合金, Ga-Pb[76], Zn-Bi[77][78] の表面張力と組成との関係 (973K)

表面張力は表面張力の小さい液体の値を示す．また不混和領域の生成温度以上の均一な液相における表面張力も式 (5-12) の関係よりの偏倚は極めて大きい．

(iii) 共晶系

固体状態では一部分しか固溶体を作らず，かつ中間相のできない場合，単純な共晶合金としてはCd-Pb[78]，Pb-Sn[79]，Au-Si[80]などがある．これらの二元系の表面張力と組成の関係を図5.22に示す．

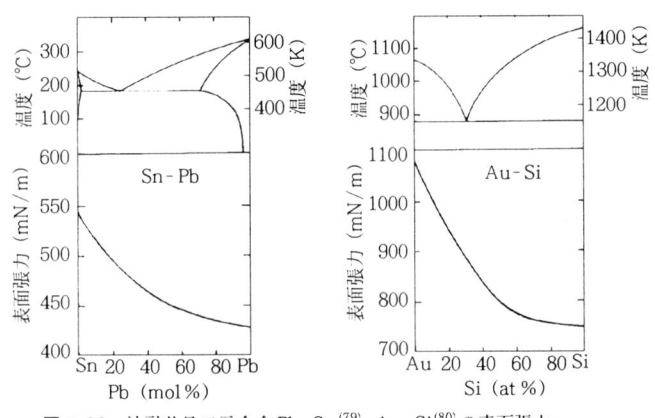

図 5.22 溶融共晶二元合金 Pb-Sn[79]，Au-Si[80] の表面張力

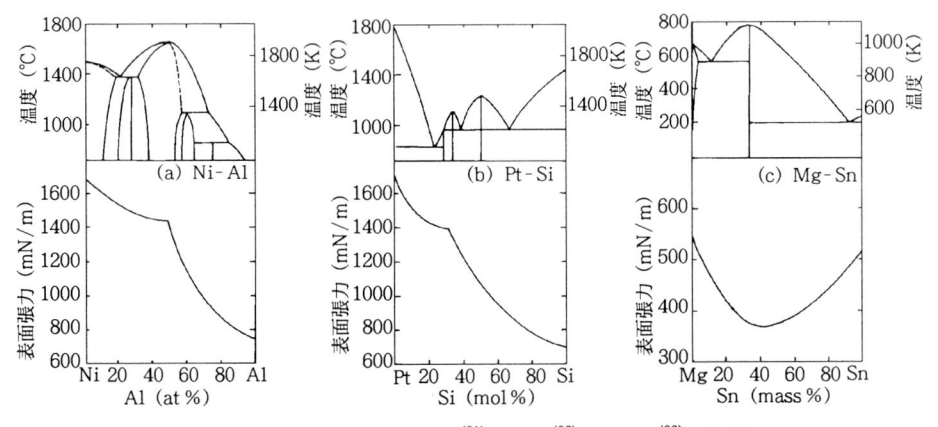

図 5.23 中間相を有する溶融二元合金 Ni-Al[81]，Pt-Si[82]，Mg-Sn[83] の表面張力

(iv) 中間相をもつ系

二元系合金には中間相，金属間化合物を有するものが多い．このような中間相，金属間化合物のなかには，その結合がかなり強固なものもあり，中には構成元素の融点より高い融点のものもある．このような化合物の存在が融体の性質に影響を与えることは多く報告されている．表面張力についても，化合物や中間相に相当する組成において表面張力の変化することが若干の系について報告されている．変化の様子も，図5.23 (a)のように化合物や中間相に相当する組成において表面張力が加成性より大きいものにAl-Ni[81]，Pt-Si[82]系があり，また図5.23 (c)のように化合物相当組成の表面張力が低いものもある．Mg-Sn[83]，Mg-Pb[83]系がそれにあたる．また，前者に属するものとしてFe-Si系があるが，この系については，従来の研究では図5.24に示すようにFeSiに相当する組成においてNi-Al系と同様の変化のみられる場合[84][85]とみられない場合がある[86][87]．しかし，新しい測定によると同図に併記したようにFeSiに相当する組成による表面張力の変化はみられない[88]．このことから化合物相，中間相の相当組成における表面張力の変化については再検討が必要であろう．

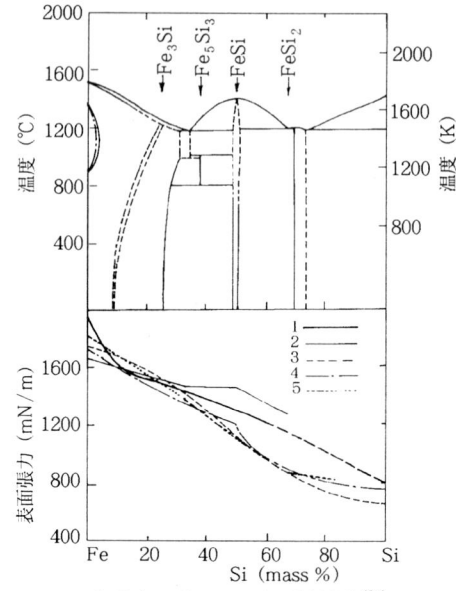

1. Dzhemilev et al. (1823K)[84]
2. 門間ら (1873K)[85]
3. Popel et al. (1823K)[87]
4. Schade et al. (1823K)[88]
5. 川合ら (1823K)[86]

図5.24 Fe-Si溶融二元合金の表面張力

b. 溶鉄合金の表面張力

Ⅷ族元素Feの溶融合金の表面張力は高融点であるにもかかわらず，これまでに比較的多くの測定がある．しかし，二元系，三元系のような基本系に関するものが主体であり，多成分系や実用鋼に関するものは稀である．測定方法には静滴法，最大泡圧法が利用されるが，ほとんどが静滴法である．ただ高温の関係で，蒸気圧の高い元素を含む場合には，種々の工夫がなされている．また最近はレビテーションによる測定が多くなされるようになった．得られた結果は便覧，成書，レビューにまとめられているが，B.J.Keene[47]による溶鉄合金に関するレビューが興味深い．

溶鉄の表面張力への第二成分の影響は元素によって広範囲にわたっている．溶質元素の組成

5.2 溶融金属の表面張力

表 5.10 Fe-X 系溶融合金の表面張力への X 元素の影響

表面張力への影響の程度	無いか,極めて小さい	若干影響を与える	比較的影響する	極めて大きく影響を与える（表面活性元素）
$d\gamma/d(\mathrm{at\%X})$	<5	$10\sim999$	$1000\sim6000$	>6000
元素	Co, Cr, Ni, Pt, C, Mo, Rh, W, V	Cu, Ga, Ge, Mn, P, Pd, S, Al, As, Ti, B	Sb, Sn, N, Y, Zr	O, S, Se, Te

Keene の論文(47)を参考に作成

の影響を Kozakevitch[89] は $d\gamma/d(\mathrm{at\%}溶質)$ で評価し, 周期律表のグループ別に表示している. また最近 Keene[47] は Fe-X 二元系の表面張力について添加元素の影響を詳細に検討し, その効果を求め $d\gamma/d(\mathrm{at\%X})$ で示している. Keene の示した効果を筆者が分類し, 表 5.10 に示した.

溶鉄の表面張力に対し測定されている添加元素の影響はⅢA, ⅣA, ⅤA, ⅥA, ⅦA, Ⅷ, ⅠB, ⅢBに属する多くの元素は表面活性でなく,

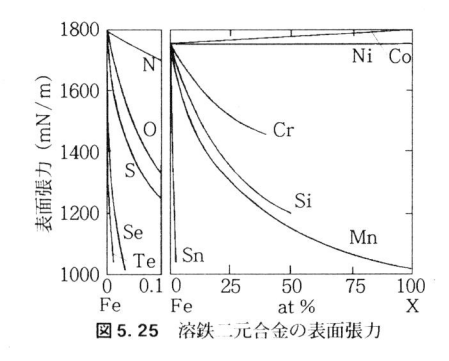

図 5.25 溶鉄二元合金の表面張力

ⅥBのO, S, Se, Teは表面活性が極めて大きく, ⅣB族のSn, ⅤB族のAs, Sbが若干表面活性に近い挙動を示す. それら表面活性元素および他の元素が溶鉄の表面張力に与える影響を図 5.25 に示す. 表面活性の程度はⅥB族ではTe＞Se＞S＞Oの順となり[69], またⅤB族においてもSb＞Asの順となっている. ⅣBにおいてもSn族はAsと同様の効果を有する.

表面活性でない元素についても, それらの影響に若干の相違があり, その効果によってCu, Ni, Co, Cのように極めて効果の小さいものと添加による影響が若干見られるMn, Siなどのグループに分類できる.

Feを含む三元系については全組成域にわたって測定されたものは極めて稀で, 実用材料, 構成元素の特性等の関係もあってFeを主成分とするものである. 例えば, Fe-Ni-Cr系[90], Fe-C-Si[86]系などである.

c. 銅合金系

純Cu表面張力への第二成分の影響においてとくに顕著なものはFe合金と同様ⅥB族O, S, Se, Teであり[70], 少量の添加によって著しく表面張力を低下させる. PbもCu-Pb系が本章 5.2.2a(ii)に示した不混和領域を有する系であるため, Cuの表面張力を急激に低下させる[91]. 一方, Cu-X全域にわたる測定もCu-Ni, Cu-Sn, Cu-Ag, Cu-Al, Cu-Si, Cu-Coなど多くの系でなされている[68]. Cu-Ni, Cu-Ag, Cu-AlなどCu-X二元系全域の表面張力

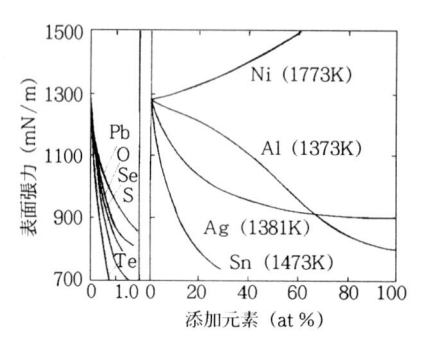

図 5.26 溶銅二元合金の表面張力と組成の関係
(Cu-Pb[91], Cu-Ni[93], Cu-Sn[92], Cu-Ag[94], Cu-Al[95])

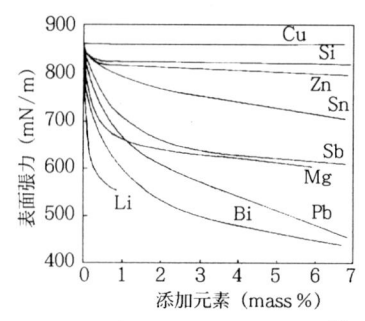

図 5.27 溶融Al二元合金の表面張力[71]

の組成による変化を図5.26に示す．これらの系において表面張力と組成との関係はほとんどが単調である．ただCu-Sn系[92]で，Cu_4Snの金属間化合物組成において表面張力値の異常変化がみられる．Cu_4Sn組成近くの融体については他の物性（帯磁率，電気抵抗，混合熱など）にも異常変化の存在が報告されている[94]．さらに，この組成付近では$d\gamma/dT$も正でかつ最大であり，クラスターの存在が予想される．

d. Al合金系

一般にAl合金はシルミンなどの若干を除いてAl以外の成分は数％である．そのためAlの少量の添加成分の影響を測定したものが多い．Alの表面張力はQuincke (1897) 以来数多くの測定がある．最近の純Alの測定値は1000mN/mを越えている．Al-X二元系については約30の系について測定が報告されている．添加元素の影響についてKorolkov[71]は数％までRanshofen[96]は0.6％までについてまとめている．さらにGoumiri[77]もBi, Pb, Snの影響を報告している．Koralkovの結果を図5.27に示す．両者の間には若干の相違があるが，総合して考えるとLi, Bi, Pb, Tlはいずれも少量の添加でAlの表面張力を著しく低下させる．その傾向はLi＞Bi＞Pb＞Tlの順であり，このうちBi, PbはAlと不混和領域を有する系である．

多量の添加成分を含む系についてはAl-Ga, Al-Fe, Al-Mg, Al-Cu, Al-Ni, Al-Ag, Al-Znなどの系について全域にわたって表面張力が測定されている[68]．組成との対応において特徴的なものはAl-Ni系であり，NiAlの金属間化合物組成で異常な変化を示す．NiAlほどの大きな変化ではないが，Al-CuのCu_3Al組成[96]，Al-Znの共晶組成[71]においても異常変化が報告されている．

e. その他の合金系

二元系合金の表面張力については Nizhenko[68]のレビューによれば250余にのぼり，さらに増加する傾向にある．

5.2.3 表面活性元素の効果

多くの二元系稀薄溶融合金の表面張力測定から，少量の溶質の添加によって純金属の表面張力を著しく減少させる元素の存在が明らかになった．表5.11に，現在明らかになっている溶媒元素と表面張力を著しく低下させる溶質元素，およびその効果を示す．表面活性を量的に表現する場合，溶質単位濃度に対する表面張力低下量 $d\gamma/dc$ によって比較されることが多い．単位濃度として Goumiri[77]は0.1at%を，Kozakevitch[89]，Keene[48]は 1at%を用いているが，表5.11では1at%を用いて示してある．次にどれほどの $d\gamma/dc$ が表面活性であるかを評価せねばならない．水溶液系の例として10,000dyn/cm/mol・lit.が示されている[97]．また同書には金属の場合の例としてFe-Oで7000mN/m/M(M = Fe：1l中に0.32g)が与えられている．さらにKozakevitchは1,000dyn/at%程度を目安として表面活性効果の量的評価を行っている[89]．

表5.11 現在判明している溶融金属系における溶質の表面活性効果

溶媒	溶質の表面張力低下効果 $d\gamma/dc$ (dyn/at%)	
	> 1,000	> 10,000
Hg	Li, Na, K	
Al	Li (Mg)	Rb, Cs
Bi	K	Na
Fe	S,O	Se,Te
Cu	S,O	Se,Te
Zn	Bi	
Co	O	
Ni	O	
Ag	O	

それらの元素はすでに示したようにFe，CuではVIB族，O，S，Se，Teであり，またVB族，Sb，Bi，IVB族，SnもVIB族元素ほど顕著ではないが，表面張力を大きく低下させる．一方Alでは第I族Li，Naまた第II族MgがAlの表面張力を著しく低下させる．しかしTeは，その効果が少ない．さらに低融点のHgでは第I族が著しく表面張力を低下する[73]．このように金属によって，その表面張力を低下させる元素は相違するが，共通点は表面張力を低下させる効果が同族元素では原子量の増大の順に大きくなることで，FeにおけるVIB族のO < S < Se < Te およびHg[73]におけるI族のLi < Na < K < Rb < Csの順である．

カルコゲン族元素であるVIB族元素のO，S，Se，Teはすでに述べたように，いわゆる表面活性元素である．カルコゲン族元素を含む合金系の表面張力の測定は表5.12に示すように若干の合金系についてなされている．しかし，その中で，測定例の多いものは

表5.12 VIB族（カルコゲン族）元素を含む合金系の表面張力が測定されている金属

VIB族元素	金 属
O	Fe, Ni, Co, Cu, Ag, Pb, Na, Cr, Sn
S	Fe, Ni, Co, Cu, Pb, Na
Se	Fe, Ni, Co, Cu, Pb, Na, Bi, In, Sn, Ga
Te	Fe, Ni, Co, Cu, Pb, Na, Bi, In, Sn, Ga

Fe-O, Fe-S系にすぎない．また，カルコゲン族元素のFe, Ni, Co, Cu以外の元素への表面活性効果は小さい．Se, Teは蒸気圧が高く，特にFeに添加された場合には測定温度が高いために，蒸発による組成の変動はさけ難い．例えばFe-Se合金の1873Kにおける測定においては，時間経過とともにSe含有量は図5.28のように減少し，表面張力は上昇する[98]．このように蒸気圧の高い元素を含有する系では蒸発を防ぐ方策を講じる必要がある．筆者らはFe-Se, Fe-Te系合金の1873Kにおける測定においては，Fe中のSe, Te量を維持するために，雰囲気ガスAr内にSe, Te蒸気分圧を与える方法を用いた．このように表面活性元素を含む合金系の表面張力の測定，特に高温におけるものは少ないが代表的な金属について表面活性元素の効果を以下に示す．

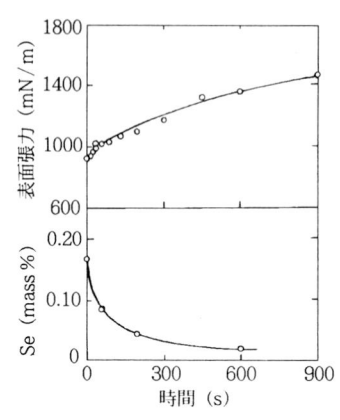

図5.28 溶融Fe-0.247mass% Se合金の表面張力とSe含有量の経時変化[98] (1873K)

a. 溶融金属の表面張力への酸素の影響

図5.29〜図5.32に示すように，酸素を含む二元系溶融金属の表面張力はFe-O, Cu-O, Ag-O, Co-O, Ni-O等について測定がなされている．いずれの系においても少量のOの添加によって溶鉄の表面張力は急激に減少する．

Fe-O系は最も多くの測定がある[99]〜[108]．しかし，図5.29に示すように測定者による相違も大きい．この系の測定はMurarkaら[105]，Kasamaら[106]のレビテーション法によるものを除き，すべて静滴法でなされている．測定法によって比較するとレビテーション法によるものが，比較的高い値を示している．これは高周波浮遊溶解によるため，滴表面層が撹拌をうけ，表面層のO量が減少したものと考えられる．また，表面張力の低い測定に対しては，静滴の支持台アルミ

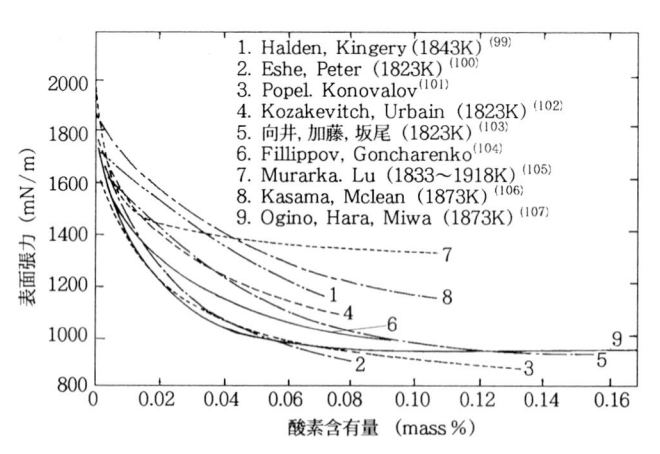

1. Halden, Kingery (1843K) [99]
2. Eshe, Peter (1823K) [100]
3. Popel. Konovalov [101]
4. Kozakevitch, Urbain (1823K) [102]
5. 向井，加藤，坂尾 (1823K) [103]
6. Fillippov, Goncharenko [104]
7. Murarka. Lu (1833〜1918K) [105]
8. Kasama, Mclean (1873K) [106]
9. Ogino, Hara, Miwa (1873K) [107]

図5.29 溶鉄の表面張力への酸素の影響

ナとの反応によるとの指摘もある[106].

Cu-O系についてみると,この場合,数例の測定があるが,溶銅中のO濃度は気相の酸素分圧P_{O_2}で示されている.図5.30に$\log P_{O_2}$と表面張力の関係を示す.図に示すようにGalloisら[109], Mehrotraら[110]の結果は良好な一致を示している.表面張力はP_{O_2}の増加とともに減少するが,3つの異なった段階を示している.第1段階はP_{O_2}の極めて低い領域でP_{O_2}の影響は僅かである.この段階では溶銅の表面は部分的にOによって覆われているに過ぎない.第2段階ではP_{O_2}によって表面張力は急激に減少する.そのスロープは一定であり,この場合表面にはOが飽和している.第3の段階のP_{O_2}の大きい領域では表面張力は一定値に対し,漸近線となっている.この段階の挙動がこの系の特徴なのか単に銅の酸化によるのかは確かめられない.図5.30のような表面張力と酸素量の関係は他の金属-酸素系においても類似している.

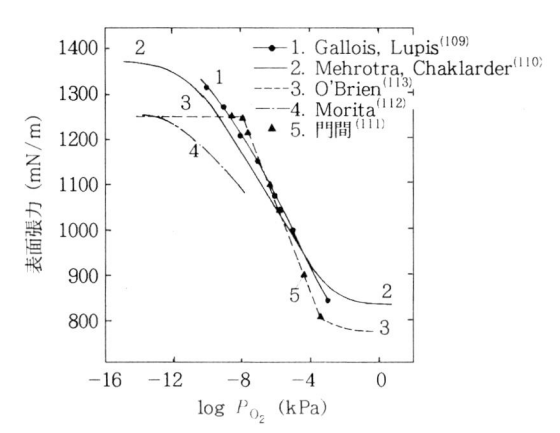

図5.30 溶銅の表面張力への酸素の影響

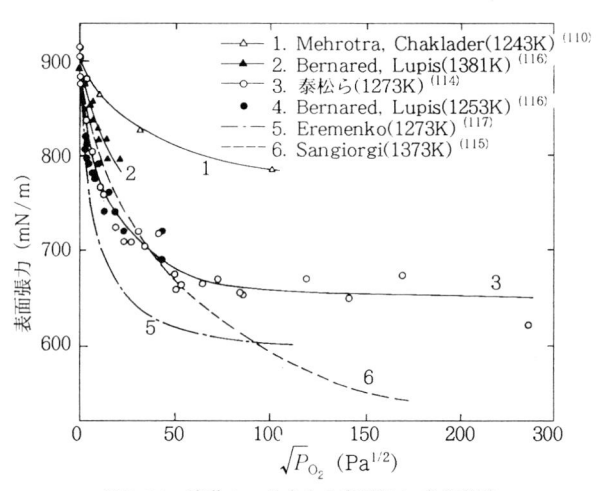

図5.31 溶融Ag-O合金の表面張力(1273K)

Ag-O系については図5.31に示すように表面張力は他金属と同様,少量の酸素によって急激に減少しているが,$\sqrt{P_{O_2}}$が100以上では表面張力は変化しない.またMehrotra[110]によれば低酸素域においても表面張力の変化は小さい.

Ni-O, Co-O系についても図5.32に示すようにOの増加とともに,ほぼ同様に減少する[118][119]. Ni-O系についてはEremenkoの測定[120]が良く引用されているが,筆者らの結果とは大きく相違し,またO量との関係から妥当とはいえない.

合金系における酸素の挙動も純金属と同様である．一例としてFe-Co-O系について図5.33に示す[119]．

以上のように種々な溶融金属中のOはいずれも同様な挙動を示す．このような急激な表面張力の減少は酸素の表面吸着現象による．吸着酸素量は式(5-13)に示すGibbsの等温吸着式によって求めることができる．溶融金属中の酸素のように希薄濃度領域ではヘンリーの法則が成り立ち，活量係数が一定であると考えられる場合には式(5-13)は式(5-14)のように書くことができる．

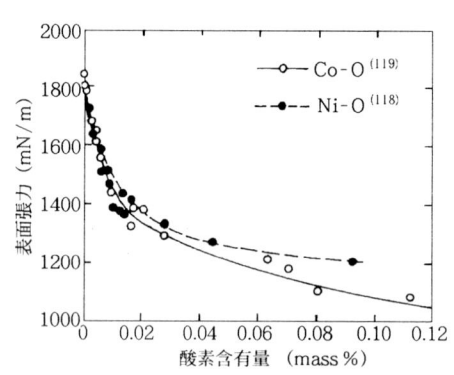

図5.32 Co-O, Ni-O合金の表面張力(1873K)

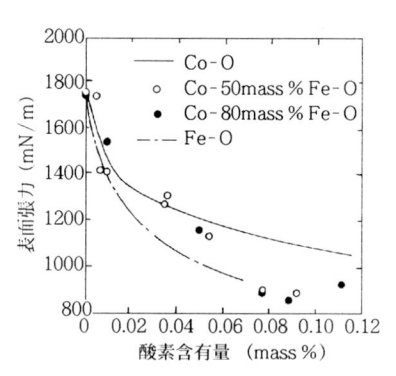

図5.33 溶融Fe-Co合金の表面張力への酸素の影響[119]

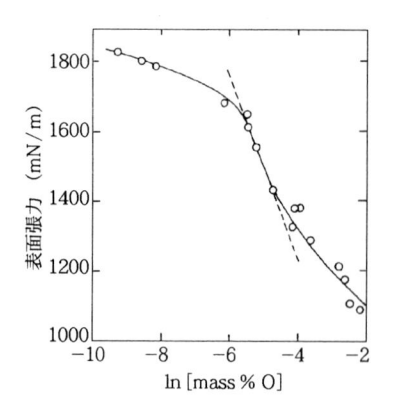

図5.34 溶融Co-O合金の表面張力とln[mass % O]との関係[119]

表5.13 種々な金属-酸素系における表面過剰酸素量

系	温度 (K)	表面過剰酸素量 Γ $\times 10^{14}$ mol/m^2
Fe-O[102]	1823	18.1
Fe-O[99]	1843	21.8
Fe-O[105]	1833〜1918	14.5
Fe-O[107]	1873	23
Fe-O[106]	1873	19.4
Co-O[119]	1873	17
Ni-O[118]	1873	18
Cu-O[111]	1423	9.3
Cu-O[111]	1503	10.4
Cu-O[111]	1573	11.5
Cu-O[113]	1473	14.3
Ag-O[114]	1273	5.8
Ag-O[115]	1373	18.8
Ag-O[116]	1381	5

$$\varGamma = -\frac{d\gamma}{RT\,d\ln[\mathrm{mass\%O}]} \tag{5-14}$$

式(5-14)を用いて$\varGamma$を計算するためには,図5.29～図5.32の測定結果を$\ln[\mathrm{mass\%O}]$に対して整理し$d\gamma/d\ln[\mathrm{mass\%O}]$の勾配を求めればよい.Co-O系の場合の例を図5.34に示す[119].このようにして得られた種々な溶融金属の酸素吸着量を表5.13に示す.

b. 溶融金属の表面張力へのSの影響

溶融金属中にSを添加すると表面張力はOと同様急激に低下する.Fe,Cuなど種々な溶融金属について測定されているが,一例としてFe-S系の結果を図5.35に示す.この系の測定値はFe-O系のように測定者によって大きく分散していない.溶融CuへのSの影響についても若干の報告がある[127]～[129].この系についてもOと同様Sの吸着量が求められるが,それを表5.14に示す.

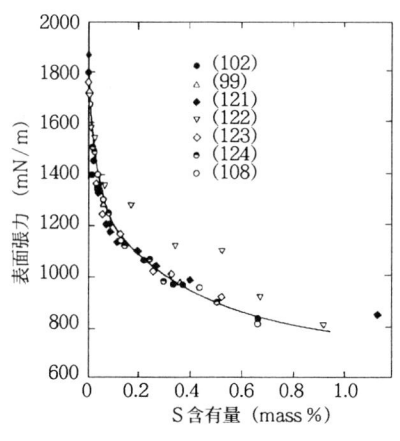

表5.14 金属-イオウ系の表面過剰イオウ量

系	温度（K）	表面過剰酸素量$\varGamma$ $\times 10^{14}\mathrm{mol/m^2}$	文献
Fe-S	1823	13	102
	1843	11.6	99
	1823	10.6	122
	1873	14.9	129
Cu-S	1393	11.4	124
	1387	16.1	125

図5.35 溶鉄の表面張力へのSの影響

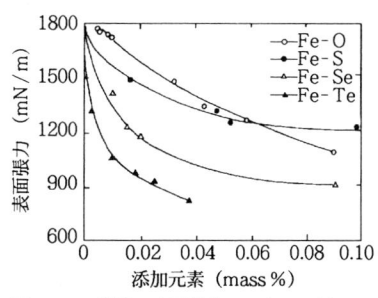

図5.36 溶鉄の表面張力へのカルコゲン族元素の影響[98]

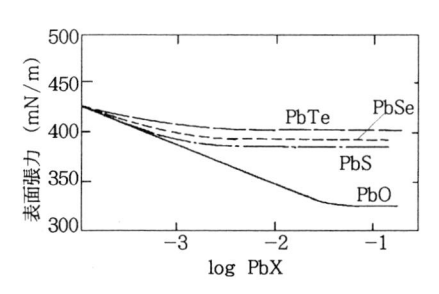

図5.37 溶融Pbの表面張力へのカルコゲン族元素の影響[128] (X = O, S, Se, Te)

c. 溶融金属の表面張力への Se, Te その他元素の影響

Se, Te は Fe, Ni, Cu, Pb などの金属についてその影響が測定されている。その表面張力への効果は必ずしも同様でなく,図5.36のようにFeの場合S, Oに比べてより大きく表面張力を低下させるが[98], Pbでは図5.37のように,Se, Teの効果はS, Oよりも小さく,Feの場合とは大きく相違する[128]。

上記の系以外にAl, Hgなどについて他の元素の吸着挙動が報告されている[71]。また,Wilsonによって11種類の溶融金属について表面活性,表面活性元素の分類が報告されている[129]。しかし,Wilsonの報告に示された表面活性元素が必ずしも表面活性でない場合も多い。

これらの溶融金属中の吸着挙動については後述の第Ⅱ編10章吸着現象において詳細に記述する。

d. 溶融金属中に2種類の表面活性元素を含む場合

実際問題として溶融金属中には複数の表面活性元素が含まれることがある。少なくとも2種類の表面活性元素を含む場合,その効果についてはこれまで測定は稀で,わずか2件にすぎない[130][131]。一例として溶鉄中にOとSが共存する場合の表面張力とO, S含有量の関係を表5.15に示す。

表面活性な溶質の吸着による溶鉄の表面張力の低下は式(5-15)で表される[131]。

$$\gamma^P - \gamma = RTT^s_i \log(1 + k_i \cdot a_i) \tag{5-15}$$

表5.15 溶融Fe-O-S合金の表面張力[130]

濃度 (mass%)		表面張力 (mN/m)	
O	S	実測値	計算値
0.0025	0.001	1720	1719
0.0035	0.001	1700	1673
0.0050	0.001	1640	1613
0.0034	0.003	1610	1613
0.0056	0.001	1610	1592
0.0022	0.008	1560	1561
0.0030	0.008	1510	1522
0.0025	0.011	1500	1499
0.0053	0.006	1480	1467
0.0092	0.005	1450	1485
0.0027	0.012	1450	1475
0.0100	0.002	1380	1431
0.0085	0.006	1360	1368
0.0058	0.015	1320	1314
0.0169	0.001	1260	1328
0.0034	0.032	1240	1264

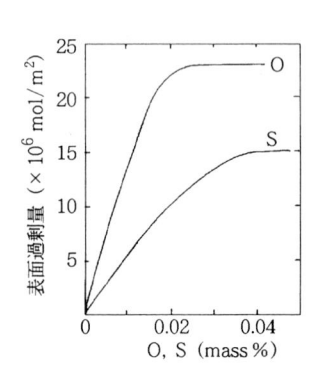

図5.38 溶鉄におけるO, Sの表面過剰量 (1873K)[130]

5.2 溶融金属の表面張力

ここで，γ^P：溶融純鉄の表面張力，γ：表面活性成分iを含む溶鉄の表面張力，Γ^S_i：iの溶鉄表面における飽和吸着量，k_i：iの吸着係数，a_i：溶鉄中の成分iの活量．

式(5-15)はSzyszkowskiの式[132]として，表面活性物質の希薄水溶液の表面張力をよく記述することが知られており，近年多くの研究者[133]によって溶融鉄合金系にも適用され，その表面張力をよく表わすことが明らかにされている．OおよびSの飽和吸着量はFe-O，Fe-S系について図5.38からそれぞれ$23.0 \times 10^{-6} \mathrm{mol/m^2}$，$14.9 \times 10^{-6} \mathrm{mol/m^2}$が得られている[130]．$a_i = (\mathrm{mass}\%)_i$とし，両系の実験結果について式(5-15)におけるγ^P，k_iの値を求めると溶融Fe-O系については式(5-16)，溶融Fe-S系については式(5-17)で表わされる．

$$\gamma = 1870 - 825 \log(1 + 210 \mathrm{mass}\% \mathrm{O}) \quad (\mathrm{mN/m}) \tag{5-16}$$

$$\gamma = 1760 - 510 \log(1 + 185 \mathrm{mass}\% \mathrm{S}) \quad (\mathrm{mN/m}) \tag{5-17}$$

式(5-16)，(5-17)から明らかなように溶融Fe-O系から求められた溶融純鉄の表面張力の値と溶融Fe-S系から求められた溶融純鉄の表面張力の値とは一致していない．これは式(5-15)で示されるFe-O合金中にはいずれのO濃度の試料中にも0.001mass％のSが不純物として含まれ，式(5-16)で示されるFe-S合金中には0.0025～0.0034mass％のOが不純物として含まれていたことによる．

式(5-15)は単一の表面活性成分iを含む場合の表面張力を表わす式であり，複数の表面活性成分i，jを含む溶液の表面張力を満足に表わす式は現在のところ与えられていないようである．

いま，2種類の表面活性成分i，jを含む場合の溶液の表面張力は式(5-18)で表わされると仮定する．

$$\gamma = \gamma^P - RT\Gamma^S_i \log(1 + k_i \cdot a_i) - RT\Gamma^S_j \log(1 + k_j \cdot a_j) \quad (\mathrm{mN/m}) \tag{5-18}$$

溶融Fe-O-S系のγ^Pの値はFe-O合金中に含まれるS（0.001mass％），Fe-S合金中に含まれるO（0.0025～0.0034mass％）の溶融純鉄の表面張力への寄与を式(5-18)によってそれぞれ40mN/m，150～190mN/mと見積もるとSを含まないFe-O合金から求めた溶融純鉄の表面張力は式(5-16)のγ^Pに40mN/mを加算した1910mN/m，Oを含まないFe-S合金から求めた溶融純鉄の表面張力は式(5-17)のγ^Pに150～190mN/mを加算した1910～1950mN/mとなる．従って本研究ではO，Sを含まない溶融純鉄の表面張力として1910mN/mを採用した．さらにΓ^S_i，Γ^S_j，k_i，k_jの値として式(5-16)，(5-17)の値を用いると溶融Fe-O-S系の表面張力は式(5-19)で表わすことができる．

$$\gamma = 1910 - 825 \log(1 + 210 \mathrm{mass}\% \mathrm{O}) - 540 \log(1 + 185 \mathrm{wt}\% \mathrm{S}) \quad (\mathrm{mN/m}) \tag{5-19}$$

式(5-19)の適用範囲は次のように考えることができる．

表面層がたとえば O で飽和しているとすると，S が添加されたとしても表面層における吸着座はすべて O によって占められているため S は表面に吸着することはできない．S が表面に吸着するためにはそれに対応する量の O がバルク中に戻らなければならない．従って式 (5-18) は表面が O と S の両者で飽和するまでの濃度で成立する．すなわち $0 \leq$ (O の吸着率) + (S の吸着率) ≤ 1 (ただし吸着率＝吸着量/飽和吸着量) が式 (5-19) 式の適用範囲と考えられる．Fe-O，Fe-S 系の表面吸着量は O，S のバルク濃度がそれぞれ 0.0250mass％，0.0400mass％ で飽和吸着に到達する．一方，バルク濃度と吸着量とがほぼ直線関係を満足するのは O，S の濃度がそれぞれ 0.0160mass％，0.0300mass％ までである．従って溶鉄中の O，S 濃度の関数として式 (5-19) の適用範囲を考えると $0 \leq$ mass％O : 0.0160 + mass％S : 0.0300 ≤ 1 とするのが妥当であろう．

　式 (5-19) を用いて各々の O，S 濃度に対応する表面張力を計算した結果と実測値との対比を表 5.15，図 5.39 に示す．本研究における表面張力の測定誤差が ±30mN/m であることを考えると式 (5-19) による計算値は測定値と良い一致を示している．

　溶融純鉄の表面張力については現在までに多くの研究者によって報告されているが，研究者による差異は大きい．表 5.16 に現在までに報告されている溶融純鉄の表面張力の値のうち，試料中の O，S 量が与えられているものについて式 (5-19) を用いて表面張力を算出した結果を示す．測定の多くは 1823K で行われており，式 (5-19) は 1873K における表面張力を表わす式であるが，溶鉄の表面張力の温度係数は $-0.02 \sim -0.50$ mN/m・K であるとされており，50K の温度差は表面張力の値に 1～25mN/m の相異を生ずるのみである．したがって，Esche ら[100]，Tsarevskii ら[136] の結果を除けば，表 5.16 の測定値と本研究で求めた計算値とは良い

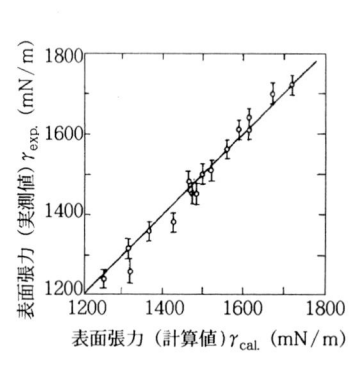

図 5.39 溶融 Fe-O-S 合金の表面張力の実測値と計算値[130]

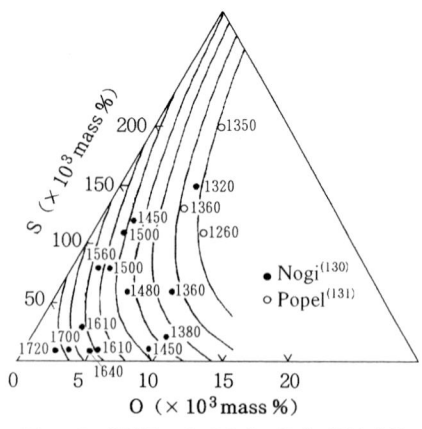

図 5.40 溶融 Fe-O-S 合金の等表面張力曲線 (1873K)[130][131]

5.2 溶融金属の表面張力

表5.16 溶鉄の表面張力の測定値と計算値

測定者	西暦	温度(K)	濃度 (mass%) O	濃度 (mass%) S	表面張力 (mN/m) 実測値	表面張力 (mN/m) 計算値	文献
F.A.Halden et al.	1955	1823	0.006	0.005	1717	1714	99
W.Esche et al.	1956	1823	0.007	0.004	1591	1456	100
P.Kozakevitch et al.	1957	1823	0.0008	tr.	1835	1854	134
L.Bogdandy et al.	1958	1823	0.001	0.005	1670	1688	135
B.V.Tsarevskii et al.	1961	1873	0.0042	0.004	1710	1553	136
B.C.Allen	1963	1807	0.00006	tr.	1880	1810	51
V.N.Eremenko et al.	1963	1823	0.0008	0.002	1830	1781	137
B.F.Dyson	1963	1873	0.001	0.001	1754	1764	123
K.Mukai et al.	1967	1833	0.0014~0.0024	(0.001)	1680	1724~1778	188
M.E.Fraser et al.	1971	1873	<0.001	<0.001	1813	1801	189
K.Mori et al.	1975	1873	≈0.001	≈0.001	1735	1801	90
K.Nogi, K.Ogino	1979	1873	0.0025	0.001	1720	1719	129

一致を示している．Escheらの値と本研究で求めた値との相異の原因としてはO, Sの分析精度が考えられる．溶融Fe-O-S合金の等表面張力線図を図5.40に示す．

e. 低圧プラズマ雰囲気における純金属の表面張力[140]

低圧アルゴンプラズマ雰囲気下における溶融金属の表面張力（溶融金属とアルゴンプラズマ間の界面張力）はプラズマ雰囲気でない場合に比べて低く，Cuの場合で約200mN/m，Feで約80mN/mとCuの方がFeより低下が著しい．これは両金属表面におけるO原子の表面偏析の差によるものである．

5.2.4 過冷金属の表面張力

一般に液体金属の表面張力の測定は融点以上であるが，測定方法によっては過冷状態の表面張力の測定が可能である．Schadeら[88]はレビテーションによってFe, Ni, Co等の純金属やFe-Si, Co-Si合金の過冷状態の表面張力を測定した．図5.41に示すようにFeでは538K（$\Delta T/T_m = 0.30$）に達する大きな過冷を示し，測定温度範囲も液体状態のそれの2倍に達している．過冷状態を含め650Kに達する広い温度域の測定が可能となっている．過冷状態の表面張力は液体状態の延長で示されている各金属について液体，過

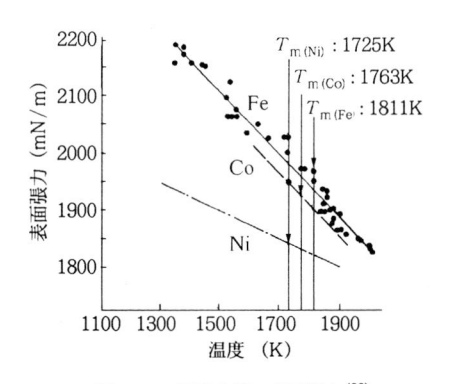

図5.41 過冷金属の表面張力[88]

冷両域を含め表面張力は次のように示される．

$\gamma_{Fe} = 1938 - 0.54(T - 1811)$ (mN/m)　　$1300K < T < 2000K$

$\gamma_{Co} = 1931 - 0.56(T - 1763)$ (mN/m)　　$1610K < T < 1925K$

$\gamma_{Ni} = 1946 - 0.25(T - 1725)$ (mN/m)　　$1300K < T < 2000K$

広い温度範囲の測定から得られた表面張力の温度依存性は既存の報告とほぼ一致している．

5.3 溶融非金属の表面張力

5.3.1 概　説

　溶融非金属は既に本章5.1において述べたように，多くの種類とそれぞれ異った結合形式の物質からなっている．また，その存在する温度も500Kの低温のものから2300Kを越えるものまで広い範囲にわたっている．これらの溶融非金属の表面張力に関する測定は，初期には比較的低融点の塩化物について実施され，精度の良い結果が多く報告されている．しかし融点の高いスラグあるいはアルミナのような純酸化物については，1950年代以降に測定が実施されるようになったが，いまだにそれほど多くはない．さらに時代の要請，金属精錬技術の発展に伴ってCaF_2のようなフッ化物にも関心が高まり，1970年代より測定が増えてきている．しかし，ガリウム・カドリニウム・ガーネットやニオブ酸リチウムなどのような固体イオニクス材料の融体に関する表面張力の測定は現在のところ極めて稀である．さらに，溶融非金属には反応性の強いものも多く，高温における表面張力の測定には困難が多い．また，その測定例は全体的にみて金属ほど多くない．

5.3.2 溶融酸化物

　溶融酸化物には純酸化物，ケイ酸塩，アルミン酸塩，ホウ酸塩，稀土類酸塩，ガラス，スラグ，マグマなどがあり，単一系から，多成分よりなるものまで広い範囲にわたっている．

a. 溶融純酸化物

　純酸化物は一部のものを除いて融点の高いものが多い．そのため溶融状態において表面張力が測定された純酸化物は，ごくわずかで17種類にすぎない．これは純金属の64種類に比べてはるかに少ない．近年，高温測定の普及によってAl_2O_3，TiO_2，BeOなどの高融点酸化物の測定が多く行われるようになった．しかし，スラグやフラックスを構成する主要成分であるCaO，MgOなどについては，高融点（2873K，3073K）の関係からいまだに測定はみられない．

(i) Al_2O_3

Al_2O_3の表面張力の測定は，その融点が2323Kと極めて高いにもかかわらず，他の純酸化物に比較して最も多く測定がなされている．最初の測定はWartenbergら[141]（1936）の滴重量法によるものである．2323Kにおいて580 ± 30mN/mの値を得ている．その後はKingery（1959）の研究まで測定はなく，Kingery[142]は静滴法によって融点における測定値を報告しているにすぎない．その後，いくつかの報告がなされているが，それらをまとめ溶融アルミナの表面張力，測定方法を表5.17に示す．融点における表面張力は550～680mN/mの間に分散しており，最近の筆者らの測定では606mN/mを得ている．また，Al_2O_3の表面張力の温度係数についてはいくらかの報告があるが，Zubarevら[146]は3100Kに達する高温までの測定を行っている．アルミナの表面張力は表5.18のように温度の関数式で与えられ，温度との関係を図5.42に示す．図5.42には，筆者の研究室における測定結果[153]を示してあるが，温度依存性はZubarevら[146]，Shpil'rainら[149] Elyutinら[150]のように大きくはない．

表5.17 融点における溶融アルミナの表面張力

No	西暦	表面張力（mN/m）	測定方法	雰囲気	測定者	文献
1	1936	580（±30）	滴重量法	Vac.	Wartenberg et al.	141
2	1959	690（±48）	滴法	He	Kingery	142
3	1965	551	接触角より	Vac.	Bartlett	143
4	1967	670	懸滴法	Ar	Maurakh et al.	144
		680	滴重量法	Ar	〃	〃
5	1968	600	静滴，懸滴法	Ar	Mcnally et al.	145
6	1969	690	静滴法	Vac.	Zubarev et al.	146
7	1971	360±40	メニスカ法(Mo)	Vac.	Rasmussen, Nelson	147
		638±100	メニスカ法(W)	Vac.	Rasmussen, Nelson	〃
		574±68	懸滴法	Vac.	Rasmussen, Nelson	〃
8	1971	660	引き離し法	Vac.Ar	Elyutin et al.	148
9	1973	660	最大泡圧法		Shpil'rain et al.	149
10	1973	570	最大泡圧法	He	Elyutin et al.	150
11	1976	670	静滴法	Vac.	Zubarev et al.	151
12	1985	665	懸滴法	空気	Lihrmann et al.	152
		625	〃	He	〃	〃
		610	〃	90%He-10%H_2	〃	〃
13	1989	606	最大泡圧法	Ar+H_2	原ら	153

表5.18 溶融アルミナの表面張力の温度依存性

	温度式	温度範囲	西暦	文献
1	$690 - 0.46(t - 2054)$	mp～3100K	1969	146
2	$660 - 0.195(t - 2030)$	mp～2750K	1971	148
3	$1560.6 - 522.2 \times 10^{-3}t + 43.2 \times 10^{-6}t^2$	mp～2750K	1973	149
4	$570 - 0.187(t - 2050)$	mp～2300K	1973	150

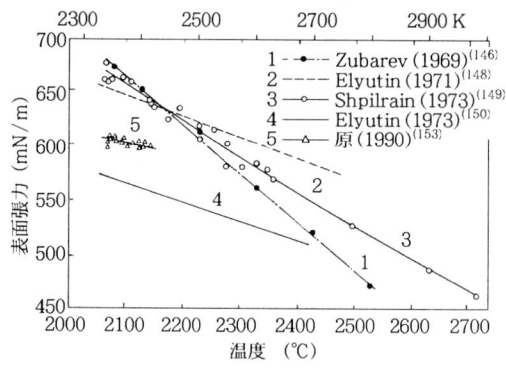

図 5.42 溶融 Al_2O_3 の表面張力

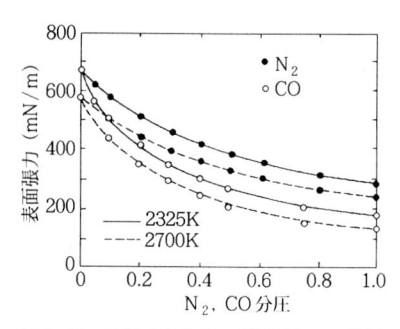

図 5.43 溶融アルミナの表面張力への温度,雰囲気,ガス分圧の影響[150]

溶融アルミナの表面張力は雰囲気ガスの種類,分圧に依存する。Zubarevら[146]はCO,N_2の分圧を$10^2 \sim 10^5$Paに変化させて,その影響を測定した。その結果を図5.43に示すが,真空中の値はCO,N_2の分圧の増加とともに減少する。これはCO,N_2の化学吸着によって表面張力が減少するためである。

一方,Lihrmannら[152]は空気,He,He+H_2の各雰囲気において溶融アルミナの表面張力を測定し,空気中:665mN/m,He中:625mN/m,He+H_2中:610mN/mと変化することを明らかにした。これは,雰囲気中の有効酸素の増加とともにアルミナの表面張力が増大する傾向にあることを示している。

(ii) BeO

BeOの表面張力の測定はBartlettら[143]によって,BeOのぬれ性研究の一環として測定され,融点上100K(3000K)における表面張力は,300mN/mと報告されているが,直接測定でないために,信頼性は低い。一方,広い測定温度範囲にわたるBeOの表面張力の本格的な測定は,Shpil'rainら[154]によって最高3100Kまで最大泡圧法を用いてなされている。融点2550℃(2823K)における表面張力の値は415mN/mであり,その温度依存性は式(5-20)で与えられる。

$$\gamma = 762.7 - 139.3 \cdot 10^{-3}(T-273) \quad (T は温度(K))\ (mN/m) \tag{5-20}$$

(iii) TiO_2,Ti_2O_3

溶融チタン酸化物の表面張力の測定はTiO_2[144][156]およびTi_2O_3[153]についてなされている。それらの表面張力の温度との関係は図5.44および式(5-21)で示されている[158]。

5.3 溶融非金属の表面張力

図5.44 チタン酸化物融体の表面張力

図5.45 B_2O_3融体の表面張力

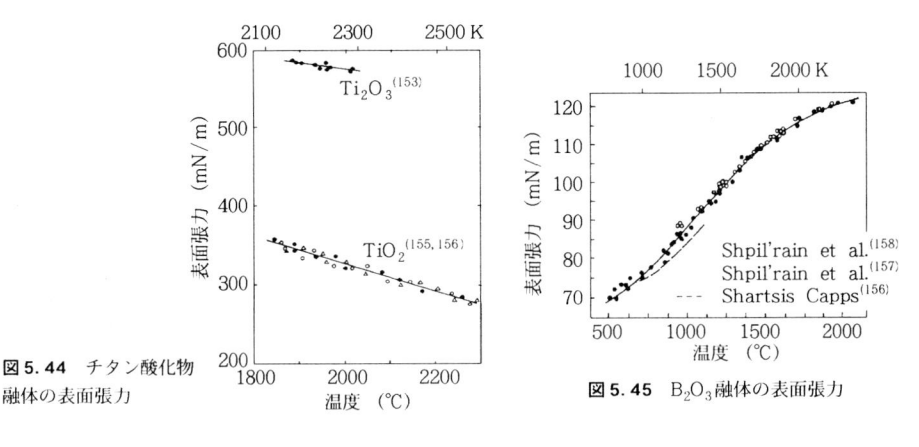

$$\gamma = 353 - 0.174(T-2143) \text{ (mN/m)} \tag{5-21}$$

また，Maurakhら[144]は融点におけるTiO_2の表面張力の値として，滴の形から380mN/m，滴重量から360mN/mを与えている．Ti_2O_3については筆者らの測定によるとTiO_2よりかなり大きく，融点近傍2073Kにおいて584mN/mであった[153]．

(iv) B_2O_3

B_2O_3の融点(1000K)は高くないが低温で極めて粘い融体であり，973～1573Kの範囲の測定が一般的である．1173Kにおける表面張力は約80mN/mと極めて小さい[156]．Shpil'rainら[157](1972)は浸漬円筒法によって2219Kに達する測定を行い，さらにShpil'rainら(1974)は最大泡圧法によって2362Kまでの測定を行っている[158]．図5.45に示すようにB_2O_3の表面張力は温度の上昇とともに増加し2300K付近で$d\gamma/dT$は小さくなっている．温度との関係は式(5-22)で示される．

$$\gamma = 72.11 - 33.38 \cdot 10^{-3}(T-273) + 70.57 \cdot 10^{-6}(T-273)^2 - 20.88 \times 10^{-9}(T-273)^3$$
$$(500 \sim 2100 \text{°C}) \text{ (mN/m)} \tag{5-22}$$

融点の表面張力を式(5-22)によって求めると，約75mN/mとなる．

(v) その他の純酸化物

Kingery[142]はGeO_2，SiO_2，P_2O_5の表面張力を懸滴法で，Kozakevitch[159]はFeOを，Davies[160]はBi_2O_3を浸漬円筒法でそれぞれ測定を行っている．またKarginら[161]はBi_2O_3を静滴法で測定している．そのほかPbO[162]，Nb_2O_5[163][164]，Ta_2O_5[144]，Fe_3O_4[144]，WO_3[144]，MoO_3[144]，V_2O_5[163]~[169]，Nb_2O_5[164]，UO_2[166]，Sm_2O_3[167]についても測定

表5.19 種々な溶融純酸化物の表面張力の実測値

酸化物	表面張力(mN/m)	温度 (K)	文献	酸化物	表面張力(mN/m)	温度 (K)	文献
BeO	415	2823	154	Nb_2O_5	220	1773	163
B_2O_3	83	723	156	MoO_3	70, 68	1068	144
Al_2O_3	606	2320 ± 8	153	La_2O_3	560	2593	141
SiO_2	307	2073 ± 50	142	Ta_2O_5	280, 260	2153	144
P_2O_5	60	373	142	WO_3	100, 90	1748	144
TiO_2	380, 60	2123	155	PbO	153	1273	162
V_2O_5	95	945	144	Bi_2O_3	213	1103	160
Cr_2O_3	812 ± 89	(不明)	167	UO_2	513	3306	166
FeO	584	1673	159	Sm_2O_3	785 ± 125	2623	167
GeO_2	250	1423	142	〃	~815 ± 168	~2773	〃

がある．実測されている種々な溶融純酸化物の表面張力を表5.19にまとめて示す．

b. 溶融ケイ酸塩

スラグやガラスは多成分系であり，SiO_2 を多量に含有しているから多成分系のケイ酸塩である．ガラスの基本系として Na_2O-SiO_2 系，あるいは Na_2O-CaO-SiO_2 系のような二元系，三元系のケイ酸塩の表面張力の測定は1910年代と比較的古くからなされてきた．一方，CaO-SiO_2 系，FeO-SiO_2 系，CaO-SiO_2-Al_2O_3 系などのスラグの基本系も1950年代より測定がある．

(i) アルカリケイ酸塩

LiO_2，Na_2O，K_2O，Rb_2O，Cs_2O などのアルカリ金属の酸化物と SiO_2 との二元系ケイ酸塩に関しては，幾つかの報告がある[168]～[172]．Appenら[168]は，すべての二元系アルカリケイ酸塩の表面張力と SiO_2 量との関係を測定しているが，それ以前の，報告とあわせて示すと図5.46のようになり，SiO_2 の影響は系によって大きく相違する．これらの系においては SiO_2 約15mol%以下の測定がなされていないが，Me_2O 濃度ゼロへ測定値を延長すると 250～300mN/m に集まる．逆にいえばこれらのケイ酸塩の表面張力は SiO_2 の 250～300mN/m より放射状に Me_2O の増加と共に変化し，Na_2O-SiO_2，LiO_2-SiO_2 系では Me_2O の添加によって表面張力は増大し，一方 K_2O-SiO_2，Rb_2O-SiO_2，Cs_2O-SiO_2 系では Me_2O の添加によっ

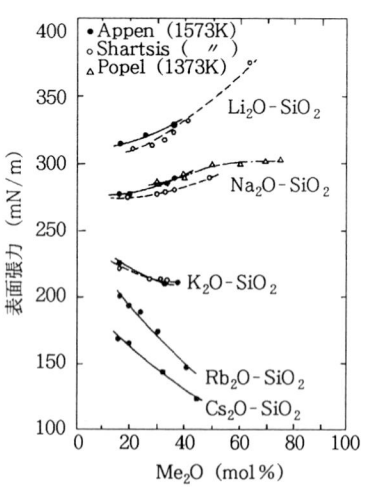

図5.46 溶融アルカリケイ酸塩の表面張力と組成の関係[168]

5.3 溶融非金属の表面張力

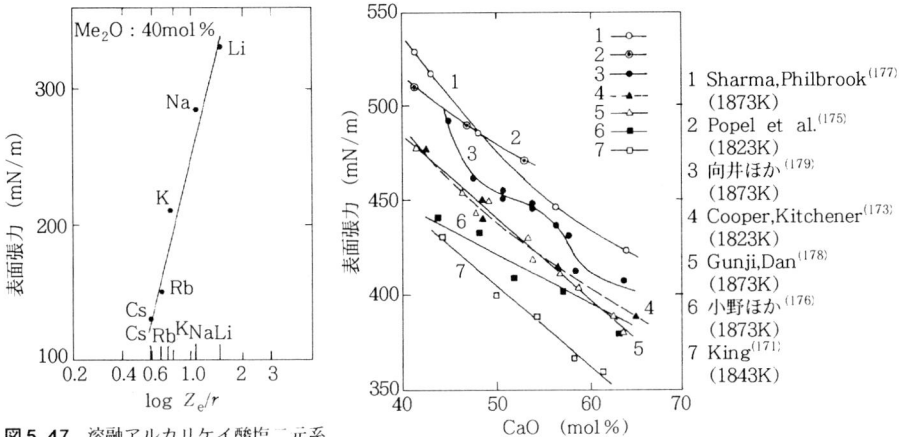

図5.47 溶融アルカリケイ酸塩二元系のMeO：40mol％における表面張力とイオンポテンシャルとの関係

図5.48 溶融CaO-SiO_2の表面張力と組成の関係

1 Sharma, Philbrook[177] (1873K)
2 Popel et al.[175] (1823K)
3 向井ほか[179] (1873K)
4 Cooper, Kitchener[173] (1823K)
5 Gunji, Dan[178] (1873K)
6 小野ほか[176] (1873K)
7 King[171] (1843K)

て減少を示す．SiO_2 一定モル濃度においては表面張力の大きさは Li_2O-SiO_2 > Na_2O-SiO_2 > K_2O-SiO_2 > Rb_2O-SiO_2 > Cs_2O-SiO_2 の順となり，アルカリ金属の原子番号の順になっている．これはすでに本章5.2.2において示したようにアルカリ金属の表面張力が原子番号の大きくなるほど小さくなっているのと同様である．いま，各々のアルカリケイ酸塩のMeO_2含有量が40mol％の場合の表面張力とアルカリ金属酸化物のMe-Oの引力の大きさ（Z_e/r）との関係を示すと図5.47のように直線で示される．ここにZ_eは電荷数，rはイオン半径である．表面張力はLi > Na > K > Rb > Csの順にZ_e/rの増加とともに増大し，相互引力の大きい系ほど表面張力は大きいことを示している．

(ii) アルカリ土類ケイ酸塩

アルカリ土類ケイ酸塩二元系について表面張力の測定がなされているのはCaO-SiO_2，MgO-SiO_2のみである．CaO-SiO_2系はスラグの基本系として測定が多く，その結果を図5.48に示す．この系の表面張力はSiO_2の増加とともに減少するが，表面張力は測定者によってかなり大きな相違がみられる．この系の測定は最大泡圧法によるものが主であり，浸漬円筒法によって得られたKingの値は全ての測定中の最低を示している．最大泡圧法による測定について相互間の評価を行うと，Sharma, Philbrookの値[177]が若干高い値を与えるが，すべての測定値は±30～40mN/mのばらつきの間にある．

(iii) その他の二元系ケイ酸塩

PbO-SiO_2系は融点が低いため比較的測定が容易であり，かつ純PbOを含めPbOの多い領域

の測定が可能であるため，若干の測定がある[162][180]〜[182]．一方，FeO-SiO$_2$系は鉄鋼製錬，銅精錬スラグの基礎系として重要であり，これについてもPbO-SiO$_2$同様純FeOからFeOの多い領域の測定であり，若干の測定がある[159][171][175]．

以上，二元系ケイ酸塩の表面張力と組成との関係を一括して図5.49に示す．SiO$_2$の増加と共に表面張力が減少することは，融体の表面層でのSiO$_2$濃度の増加を意味する．すなわち，溶質の吸着現象である．その吸着量はGibbsの等温吸着式を用いて求めることができる．Popelら[183]によって求められたSiO$_2$の最大の吸着量は4.5×10^{-10} mol/cm^{2}を越えることはなく，溶融金属におけるFe-O，Fe-Sの各系の酸素，イオウの吸着量に比べてかなり小さな値である．

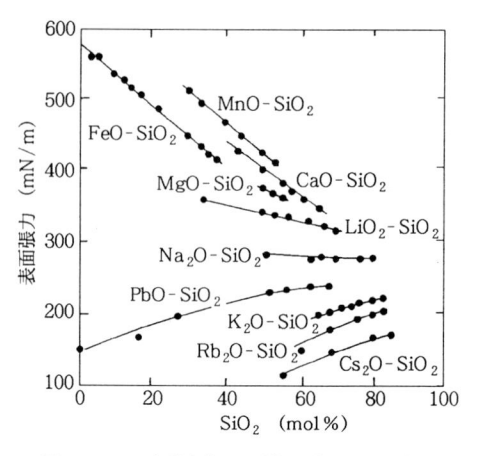

図5.49 二元系溶融ケイ酸塩の表面張力と組成との関係

(iv) 三元系ケイ酸塩

三元系溶融ケイ酸塩中における塩基性酸化物の挙動についてCaO-SiO$_2$-Al$_2$O$_3$系のCaOを等量のBaO，MgOで置換することによって評価されている．1773K，酸性スラグ（MO/SiO$_2$＝0.58）による結果を表5.20に示す[187]．表面張力の大きさはMg^{2+}，Ca^{2+}，Ba^{2+}の各イオンのイオンポテンシャル，Z_e/rの順に増大している．これはMg^{2+}がCa^{2+}，Ba^{2+}より弱い塩基性イオンであり，ケイ酸アニオン中のOイオンとの結合がCa^{2+}，Ba^{2+}などより強いために大きな表面張力を示していると考えられる．このことは純酸化物，二元系ケイ酸塩の場合と同様の傾向である．

CaO-SiO$_2$-Al$_2$O$_3$三元系において，広範囲の組成について表面張力を測定したKrinochkin

表5.20 MO(M：Ca, Ba, Mg)-SiO$_2$-Al$_2$O$_3$系融体の表面張力[184]

	名称	組成 （mol%）					表面張力 (1500℃) mN/m	MOのイオン化 ポテンシャル Z/R
		CaO	MgO	BaO	SiO$_2$	Al$_2$O$_3$		
1	酸性 CaO	33.5			57.3	9.2	455	1.89
2	塩基性 CaO	49.8			41.1	9.1	500	
3	酸性 MgO		33.5		57.2	9.2	460	2.56
4	酸性 BaO			33.5	57.2	9.4	420	1.40
5	塩基性 BaO			49.8	41.2	9.0	409	

ら[185]の結果より，Al_2O_3 一定として CaO を SiO_2 で置換したとき表面張力は著しく低下する．CaO を一定にして Al_2O_3 を SiO_2 で置換しても表面張力の変化は小さい．

c. 溶融アルミン酸塩

CaO-Al_2O_3 を代表とする溶融アルミン酸塩は溶鋼処理フラックス[186]あるいは酸化物系エレクトロスラグ再溶解用スラグ AN シリーズの一部[187]として工業的に利用されてきた．そのため CaO-Al_2O_3 二元系および CaO-Al_2O_3 基融体に関する測定が多い．近年，アルミナ，ムライト系などのセラミック繊維の製造に関連して，高温系溶融アルミン酸塩の表面張力の測定がなされるようになった．測定対象となった系；Al_2O_3-SiO_2[190]，Al_2O_3-MgO[152][189]，Al_2O_3-Cr_2O_3[152][190]，Al_2O_3-BeO[188]，Al_2O_3-CaO[189]，Al_2O_3-ZrO_2[152]，Al_2O_3-TiO_2[152]などのような Al_2O_3 基二元系酸化物は，高融点系であり，最高 3000K に達する高温の測定が行われている[152][188]～[191]．Maurakh, Mitin は上記5種類の Al_2O_3-M_xO_y 二元系の表面張力を各系の組成に対して数式で与えている．ただここで与えられている Al_2O_3 の表面張力の値は融点において 575mN/m であり，5.3.2 a.純酸化物のところで述べたように Al_2O_3 にとって表面張力の低いグループに属している．Al_2O_3 を一成分とするアルミン酸塩二元系の表面張力のうち Elyutin らによってなされた5種類二元系アルミン酸の結果を図5.50に示す[188]～[191]．これらの二元系については最高 2723K に達する高温まで測定がなされ，測定組成範囲はほぼ全域に近い．図5.50はそれぞれの組成における融点の表面張力をプロットしてある．測定組成範囲が広いために表面張力への組成の影響が明瞭である．MgO はあまり大きな影響を与えないが CaO は 50mol% までは若干表面張力を低下させ，それ以上では再び増大を示す．SiO_2 は表面張力を低下させるが，BeO は SiO_2 ほど大きく低下させない．

溶融純 Al_2O_3 においてみられたように，Al_2O_3-M_xO_y 二元系においても雰囲気による表面張力の変化が報告されている[152]．空気，He，90%He-10%H_2 の3種類の雰囲気について測定されているが，Al_2O_3 の表面張力はそれぞれ 665，625，610mN/m となり，雰囲気の有する有効酸素量の多いほど表面張力は大きい．そのため Al_2O_3 への添加元素の影響も，図5.51

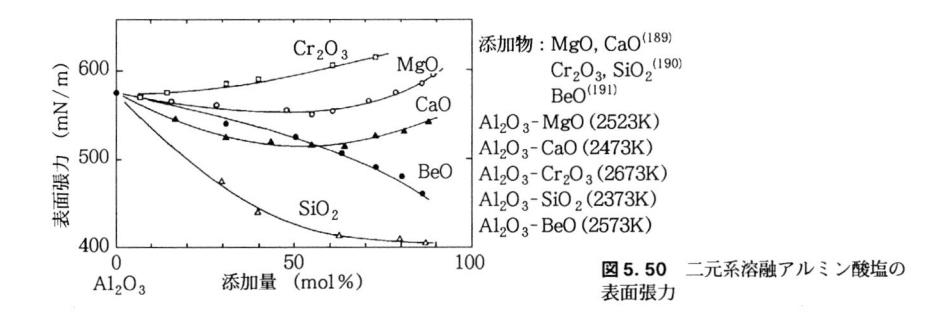

図 5.50 二元系溶融アルミン酸塩の表面張力

添加物：MgO, CaO[189]
　　　　Cr_2O_3, SiO_2[190]
　　　　BeO[191]
Al_2O_3-MgO (2523K)
Al_2O_3-CaO (2473K)
Al_2O_3-Cr_2O_3 (2673K)
Al_2O_3-SiO_2 (2373K)
Al_2O_3-BeO (2573K)

に示すように雰囲気によって変化する．特にCr_2O_3は雰囲気によって大きく影響されるが，MgOは雰囲気による変化は小さい．また，TiO_2も空気中の方が表面張力を大きく低下させる．これは高温において酸素圧による影響の大小によるが，MgOのように安定な成分とCr_2O_3のように酸素圧によってその形態の変化する成分によって表面張力への変化が生じるものと考えられる．LihrmannはAl$_2$O$_3$-ZrO$_2$二元系についても表面張力を全域にわたって空気中で測定しているが，その表面張力はZrO$_2$含有量に対して複雑な変化を示すことを報告している[152]．

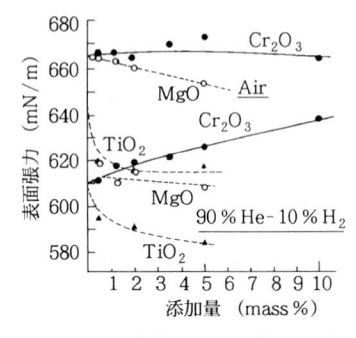

図 5.51 溶融アルミン酸塩の表面張力と雰囲気の関係[152]

溶鋼処理用フラックスあるいは酸化物系エレクトロスラグ再溶解スラグとしてCaO-Al_2O_3をベースとする系の合成スラグ系が利用されている．これらの合成スラグ系の特性を考える場合には，CaO-Al_2O_3系ならびにそれへの添加物の影響を知る必要がある．1873K近傍におけるCaO-Al_2O_3系の表面張力に関して若干の報告がある[192]～[194]．この系の表面張力は組成による変化が少なく，590～630mN/mの範囲内に分布している．54.9％CaO，45.1％Al_2O_3組成（$CaO/Al_2O_3 = 1.22$）のスラグの表面張力への種々の添加物の影響を図5.52に示す．アルカリ金属酸化物，ホウ化物，特にホウ酸の添加による表面張力の低下は大きい．SiO_2，TiO_2による表面張力の低下は陰イオンの形成による．MgOの挙動はAl_2O_3-MgO系に類似する．CaO-Al_2O_3系への添加成分の影響についてはEvseevら[192]の報告もみられるが，CaO-Al_2O_3系自体の表面張力は図5.52のものに比べて若干低い値を示している．しかし，添加成

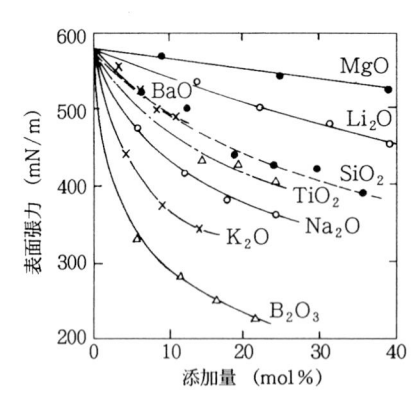

図 5.52 CaO-Al_2O_3 ($CaO/Al_2O_3 = 1.22$) 融体の表面張力への酸化物の影響[194]

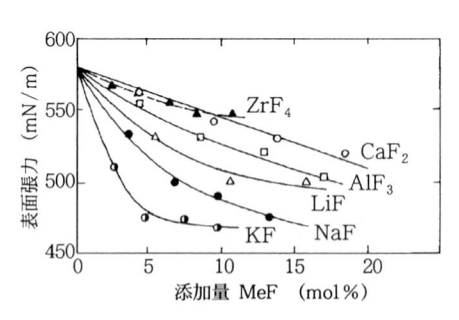

図 5.53 CaO-Al_2O_3 ($CaO/Al_2O_3 = 1.22$) 融体の表面張力へのフッ化物の影響[194]

分の影響について評価するのには差しつかえはない．一方，NaF，CaF_2 などのフッ化物の添加によって図5.53のように表面張力は大きく低下する．その傾向はKF＞NaF＞LiF＞AlF_3＞CaF_2 の順である．

d. 酸化鉄を含む融体

酸化鉄を含む基本系融体の表面張力に関してはMillsらによる興味深いレビューがある[195]．溶融酸化鉄は平衡する気相の酸素分圧によって，融体内の Fe^{2+}，Fe^{3+} の比率が変化する．すなわち，酸素分圧が大きいと Fe^{3+} 量は増加する．表面張力の測定対象となっている溶融酸化鉄は実験上の関係から鉄と平衡する場合が多く，この場合酸化鉄は主として Fe^{2+} よりなっており，FeOの表面張力は表5.19に示すように約580mN/mである．しかし図5.86のイオン化ポテンシャルと表面張力との関係からみると若干低い値を示している．

溶融純酸化鉄に対する測定によると表面張力は図5.54に示すように同時に含有する Fe_2O_3 の含有量の増加とともに減少する[196]～[198]．Fe_2O_3 が表面張力を低下させる理由に関してDin-Fenらは融体中での Fe_2O_3 の存在形態として $Fe_2O_5^{4-}$ イオンを考え，ケイ酸陰イオンと同様の挙動をとることによるとしている．

最近のHaraら[199]の測定において，Pt-Rhるつぼを用い，酸素分圧を制御した気相と平衡する溶融酸化鉄の表面張力を測定した．それらの結果を図5.54に併記する．空気＋CO_2 ガスと平衡する溶融酸化鉄，$FeO_{1.5}$ 68%，59%において，融体の表面張力は1903Kで600，603mN/mであった．さらに，H_2＋CO_2 混合ガスと平衡する溶融酸化鉄（$FeO_{1.5}$：37.2mol%）においても，表面張力は603mN/mであった．この事実より，FeO-Fe_2O_3 系の表面張力については再検討を要する．

FeOに種々の酸化物を加えた場合の表面張力の変化は Kozakevitch[159] によって図5.55のように示された．Al_2O_3 を除いていずれの酸化物も表面張力を低下させるが，特に P_2O_5 の影響は大きい．しかし，表面張力の低下の程度は200mN/m/mass% P_2O_5 であり，溶融Fe，Cu中のO，Sなどの表面活性元素の表面張力の低下の程度に比べてはるかに小さい．P_2O_5 の影響についてはDin-Fen[196] も同様の結果を得ている．

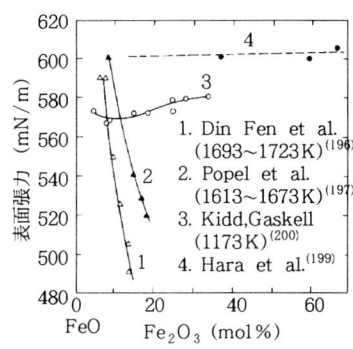

図5.54 溶融FeO-Fe_2O_3 の表面張力

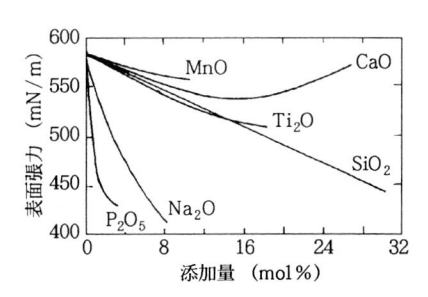

1. Din Fen et al. (1693～1723K)[196]
2. Popel et al. (1613～1673K)[197]
3. Kidd, Gaskell (1173K)[200]
4. Hara et al.[199]

図5.55 溶融Fe_xO の表面張力への添加物の影響[159]

Kidd, Gaskell[200]は鉄飽和の溶融酸化鉄系の表面張力について報告している。その結果は前述のKozakevitchやDin-Fenらの結果とかなり相違する。FeO-SiO$_2$系ではFeO-SiO$_2$系ではSiO$_2$含有量の少ない領域においてKingらよりも低い値であり、またFeO-CaO系では組成による最小値はみられない。さらにFeO-Fe$_2$O$_3$系でのFe$_2$O$_3$増加による表面張力値の低下は図5.54に示すようにみられない。Kiddらの測定方法は三角錐による引き離し法であり、FeOを含む系において十分に確立した方法とは考えられていない。そのためFeO-Fe$_2$O$_3$系の表面張力をより明確にするために雰囲気制御を行い、それと平衡する融体の表面張力の測定を行う必要がある。

筆者らはPt-Rhるつぼを用い空気+CO$_2$, H$_2$+CO$_2$ガスと平衡する溶融酸化鉄の表面張力の測定を行い、FeO-Fe$_2$O$_3$系について図5.54に示すようにFe$_2$O$_3$ 38〜64%の範囲において表面張力には大差はない。Fe$_2$O$_3$含有量の少ない領域のガス-溶融酸化鉄の平衡実験ではFeの析出の生じる可能性があり困難が大きい。そのためFe$_2$O$_3$ 10〜30%の範囲においての表面張力の変化には未確定な部分が残っている。

FeO-CaO系の表面張力についてはKozakevitchの古いデータ(図5.55)が最近も良く引用されている。その後、吾妻ら[201]、川合ら[202]によって報告されているが、この系の等表面張力図は定性的にはKozakevitchと同様の傾向を示している。

FeO-CaO-SiO$_2$系における添加物の影響がPopel[203]によって報告されている。P$_2$O$_5$, Na$_2$O, CaF$_2$などの少量の添加によって表面張力は図5.56のように低下する。このデータはFeOを含むスラグの泡立ち現象の解釈に有力な手がかりを与えている。

銅の連続精錬においてFe$_2$O$_3$を基本とするスラグが利用されているが、Fe$_2$O$_3$を含むフェライト融体の表面張力について若干の測定がある。角田[204], King[171]は二元系溶融フェライトの表面張力をそれぞれリング引き上げ法、円

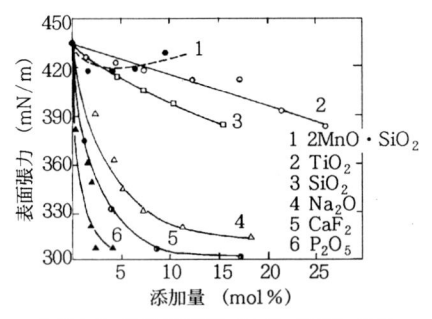

図5.56 FeO(36%)-Fe$_2$O$_3$(6%)-CaO(27%)-SiO$_2$(31%)系スラグの表面張力への添加物の影響[203]

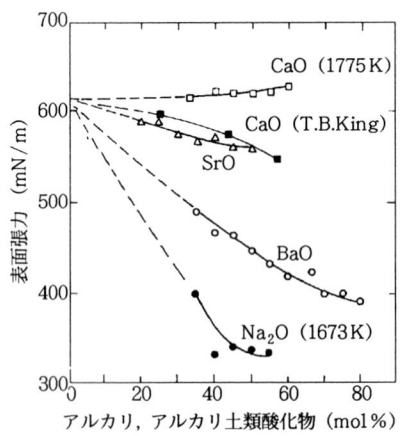

図5.57 二元系溶融フェライトの表面張力とアルカリ、アルカリ土類酸化物の影響[204]

筒引き上げ法によって測定している．図5.57にCaO, MgO, BaO, Na₂Oを含む二元系フェライトの表面張力と組成の関係を示す．純Fe_2O_3は高融点のため測定されていないが，角田らの結果を延長すると約600〜610mN/mと考えることができる．

Fe_2O_3基二元系では図5.57のように表面張力の値は$Na_2O < BaO < SrO < CaO$の各系の順に大きい．これは，Na_2O, RO (R：Ba, Sr, Ca)の含有量の増加により酸素錯陰イオンを形成したFe^{3+}イオンの重合度の増加によると考えられている．

e. ホウ酸塩系

ホウ酸（B_2O_3）はガラス，エナメルの構成成分として重要な位置を占め，その挙動は古くから研究の対象となっていた．B_2O_3を含む基礎系の表面張力はアルカリ，アルカリ土類の各金属酸化物およびPbO, ZnOらとの二元系についての測定がある[205]〜[209]．これらの融体においてアルカリホウ酸塩を除く各系には明瞭な二液相分離領域を有することが特徴である．そのため，表面張力と組成の関係にもきわだった特色がある．二液相分離領域を有するホウ酸塩系の表面張力と組成の関係を図5.58に示す．二液相分離領域では，表面張力はほとんど変化がない．その値は表5.21に示すように各系ともほとんど同じ値で，しかもその値はB_2O_3単独の場合とほぼ合致する．このことは合金系における

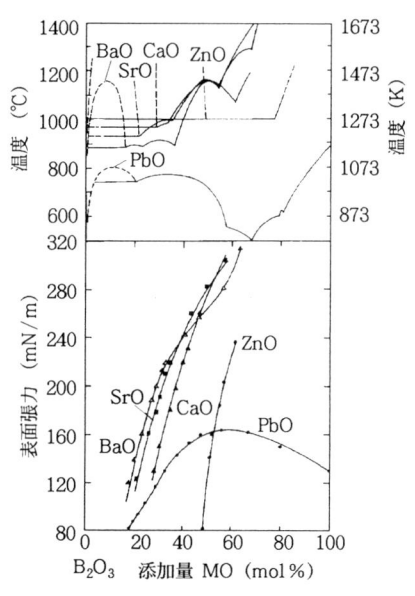

図5.58 B_2O_3-MO系融体の表面張力[205][207]

表5.21 B_2O_3および MO-B_2O_3系＝液相領域における融体の表面張力

系	二液相領域の濃度 (mol%)	MO (mol%)	表面張力 (mN/m)						文献
			1073K	1173K	1273K	1373K	1473K	1573K	
B_2O_3	—	—	75.9	79.4	83	86.5	90.11	93.0	205
CaO-B_2O_3	0-27	2.3	—	81.4	84.4	87.6	91.4	95.8	207
		7.7	—	80.7	83.5	87.3	91.1	95.1	
SrO-B_2O_3	0-21	2.7	—	—	82.4	86.0	88.6	93.2	207
		7.7	—	80.0	83.0	86.7	91.0	95.0	
BaO-B_2O_3	0-16	2.0	—	80.0	84.0	88.6	93.4	96.3	207
		7.7	—	79.4	82.4	87.2	91.8	96.3	
PbO-B_2O_3	0-19	19	75.5	79					206
ZnO-B_2O_3	0-49	10	—	78.4	82.0	86.5	91.1	95.2	205
		50	—	79.7	83.2	87.9			

二液相分離領域での表面張力の挙動と類似している．また二液相分離領域における表面張力の温度係数も正であり，B_2O_3のそれと一致することは極めて興味深い．

均一相領域においてはB_2O_3に金属酸化物が添加されるに従って表面張力は急激に増加する．しかし$Na_2O-B_2O_3$，$K_2O-B_2O_3$，$PbO-B_2O_3$系においては，ある組成において最大値を示し，以後低下する挙動がみられる．最大値における表面張力は$Li_2O>Na_2O>K_2O$の順であり，イオンポテンシャルの順と一致する．溶融アルカリ土類ホウ酸においても，図5.58のように均一相の30mol％までは$BaO-B_2O_3>SrO-B_2O_3>CaO-B_2O_3$のように，イオンポテンシャルの順である．しかし，50mol％MO以上ではイオンポテンシャルの順と一致しない．以上のアルカリ，アルカリ土類ホウ酸以外に$ZnO-B_2O_3$，$PbO-B_2O_3$系においても二液相分離領域を有し，その領域における表面張力の挙動はアルカリホウ酸塩の場合と同様である．

f. その他の基本系と二元系における酸性酸化物の挙動

上記のようにケイ酸塩，ホウ酸塩二元系はSiO_2，B_2O_3と種々の塩基性酸化物と組み合わせて，主として塩基性酸化物の挙動を評価した．これらの二元系以外に$CaO-V_2O_5$系[165][208]，$Na_2O-P_2O_5$系[209][210]などのバナジン酸塩，リン酸塩の二元系についても基本系として表面張力の測定がなされている．これらのデータと前記のケイ酸塩，アルミン酸塩，ホウ酸塩とより同一塩基性酸化物への酸性酸化物，中性酸化物の挙動を検討する．

まずCaOとSiO_2，Al_2O_3，B_2O_3，V_2O_5，P_2O_5などとの二元系の表面張力と組成の関係を図5.59に示す．M_xO_yの増加とともに表面張力は減少するが，B_2O_3，V_2O_5の影響はSiO_2より大きく，M_xO_y一定の組成（50mol％）において表面張力の大きさは$CaO-Al_2O_3>CaO-SiO_2>CaO-B_2O_3>CaO-P_2O_5>CaO-V_2O_5$の順で，ほぼ添加される酸化物の表面張力の大きさの順となっている．図5.59の実測値を$M_xO_y \to 0$に延長すると表面張力は$M_xO_y=0$すなわちCaOについて600〜650mN/mの範囲に収れんする．この値は図5.59に記載した各系の選択において，特に測定例の多いものに任意性があるため厳密な値とは考えられない．

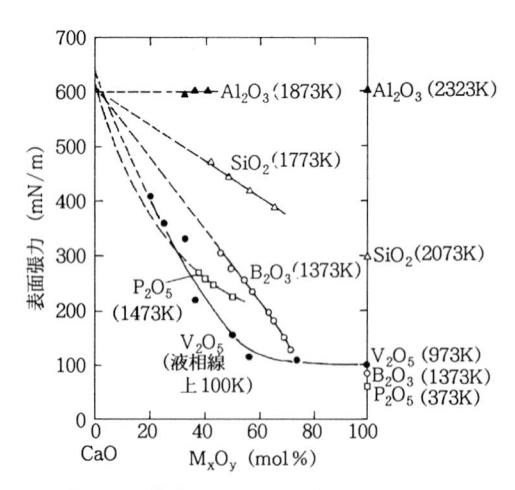

図5.59 溶融$CaO-M_xO_y$の表面張力

5.3 溶融非金属の表面張力

g. 冶金スラグ，連鋳パウダー，溶接スラグ

溶鉱炉，製鋼炉など各種，製錬，精錬プロセスにおいて生成する冶金スラグ，また連続鋳造用として各種素原料を混合して合成される連鋳パウダー，さらにアーク溶接時に生成する溶接スラグはこれまで述べてきたような単純な二元，三元系ではなく，数種類以上の酸化物を含み，その他に若干のフッ化物，硫化物等を含むことがある．冶金スラグの組成の一例を表5.22に示す．このような多成分系融体は精緻な研究の対象として取り上げられることは稀である．しかし実際の操業時の界面現象を検討するにあたっては，やはり多成分系の表面性質に関する知識が必要となってくる．そのため，後述する表面張力因子や，他の種々な推算式はこのような多成分系の表面張力を測定せずに計算によって求めようとするためのものである．しかし，実際のスラグ，パウダーの表面張力の測定値があれば申し分がない．実炉のスラグの組成は操業条件，原料等によって大きく変化する．そのため必要とするスラグについて実測するのが望ましいことはいうまでもない．参考として実炉のスラグについての直接測定された数値の若干の例を以下に示す．

(i) 高炉スラグ（溶鉱炉スラグ，製銑スラグ）

高炉スラグについては古くは，Sauerwaldの最大泡圧法による測定があり[211]，わが国においても静滴法による測定が報告されている[212]．実炉スラグの測定はソ連において若干みられる[213]〜[215]．高炉スラグの表面張力の一例を表5.23に示すが，測定値は370〜490mN/mにあ

表5.22 冶金スラグの組成

製錬の種類	スラグの種類	化学組成 （mass%）					その他の成分
		SiO$_2$	CaO	FeO	Al$_2$O$_3$	MgO	
銅製錬	溶鉱炉スラグ	30〜40	5〜15	35〜50	5〜10	1〜3	Zn, S, Cu
鉛製錬	溶鉱炉スラグ	25〜40	10〜25	30〜40	5〜10	—	Zn, Pb, S
鉄鋼製錬	溶鉱炉スラグ 転炉スラグ 電気炉スラグ （還元期）	30〜40 10〜20 15〜20	35〜45 40〜50 60〜65	— 10〜25 <1.0	12〜18 — <3.0	3〜8 4〜10 5〜10	MnO MnO, P$_2$O$_5$, CaF$_2$ CaF$_2$

表5.23 高炉スラグの表面張力の測定例

	スラグ組成 （mass%）								CaO/SiO$_2$	表面張力 （mN/m）				文献
	CaO	SiO$_2$	Al$_2$O$_3$	MgO	TiO$_2$	MnO	FeO	T.S		1573K	1673K	1723K	1773K	
1	39.2	35.5	15.6	7.6	0.5	0.6	0.4	0.9	1.18	—	487	475	479	212
2	36.3	39.0	17.5	5.5	—	1.6	0.2	0.3	0.93	440	406	385 (1713K)	375 (1813K)	213
3	35.9	39.3	17.6	5.4	—	1.2	0.8	0.6	0.91	454	418	372	—	213

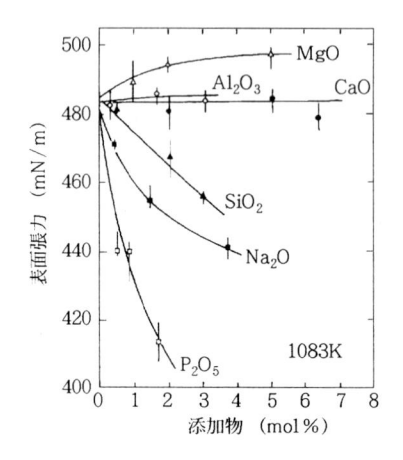

図 5.60 高炉系基本スラグ（CaO：38.7%，SiO$_2$：39.0%，Al$_2$O$_3$：22.3%）の表面張力への添加成分の影響[216]

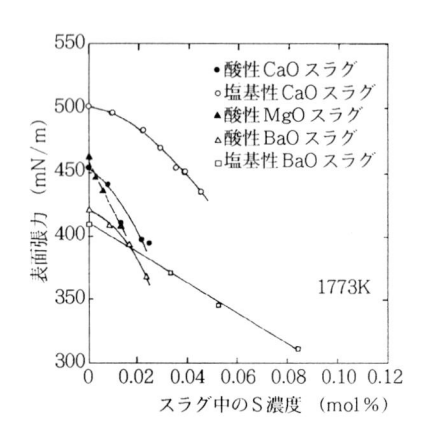

図 5.61 MO-SiO$_2$-Al$_2$O$_3$ 系三元スラグの表面張力（スラグ組成は表5.20参照）[184]

る．DemidenkoらはKrivorozhstalの5基の高炉のスラグについて測定し，CaO/SiO$_2$ = 1.22〜1.29で350〜480mN/m，平均値411.1mN/m（n = 11）（1523K）であった[214]．この場合，塩基度を1.06〜1.41と大きく変化させた場合，傾向としてはCaO/SiO$_2$の増加とともに増大する[215]．この変化の程度はCaO-SiO$_2$二元系と比較するとかなり大きい．現場スラグのような多元系を取り扱うために実験計画法を利用した表面張力値を決定する試みもみられる[214]．高炉スラグの基本系であるCaO-SiO$_2$-Al$_2$O$_3$スラグへの添加成分の影響を図5.60に示す[216]．またスラグ中のSの影響は図5.61に示すように表面張力を低下させるが，その効果は溶融金属の場合に比べてかなり小さい[184][218]．

(ii) 製鋼スラグ

　20世紀初頭より全盛を極めた平炉製鋼法も第二次大戦後の酸素上吹き転炉の出現によって減少を続け，先進諸国においては完全にその地位は逆転した．我が国においては，1978年以降平炉製鋼法は廃止されている．それに伴い製鋼スラグも平炉スラグから，転炉スラグへと変わってきたが，製鋼プロセスが溶銑の酸化製錬であることには変わりがないので，そのためスラグの組成もFeO，CaO，MnO，SiO$_2$を主成分とする多元系ケイ酸塩である．製鋼スラグの表面張力の測定は極めて少なく，ソ連における平炉スラグに関するものが若干みられるのみである．その一例を表5.24に示す．

5.3 溶融非金属の表面張力

表 5.24 製鋼 (平炉) スラグの表面張力[203]

溶解	試料 No	スラグ組成 (mass %)								表面張力 mN/m	表面張力の温度係数 1673～1803K
		CaO	SiO$_2$	FeO	Fe$_2$O$_3$	MnO	MgO	Al$_2$O$_3$	P$_2$O$_5$		
A	1	23.3	26.5	4.6	2.4	18.0	6.2	5.5	0.34	465	−0.25
	2	27.0	26.0	6.8	0.8	18.7	10.8	5.4	0.90	465	−0.20
	3	30.5	25.2	8.3	1.0	19.6	6.3	5.9	0.48	460	−0.25
	4	33.1	20.0	11.6	2.7	17.9	7.2	5.7	0.57	450	−0.20
	5	33.6	22.1	12.0	3.2	15.8	5.6	4.8	1.39	455	−0.25
	6	33.5	20.4	8.5	1.3	15.4	12.3	5.9	1.20	475	−0.20
	7	36.5	20.4	6.8	1.7	14.8	11.7	5.2	1.58	475	−0.25
B	1	25.7	25.0	13.9	2.8	18.2	6.9	3.1	1.39	415	−0.25
	2	30.7	21.9	10.1	2.4	17.1	6.1	5.0	2.00	410	−0.20
	3	33.2	20.6	8.6	1.5	15.8	7.6	4.0	2.10	445	−0.20
	4	38.3	19.9	10.3	1.7	13.8	5.7	6.8	1.83	420	−0.30
	5	40.1	17.4	9.7	2.5	10.5	5.4	8.0	1.44	410	−0.25
	6	37.8	20.0	10.1	2.8	12.0	4.7	7.9	1.14	415	—

表 5.25 1873K における電気炉スラグ (ホワイトスラグ) の表面張力[219]

試料 No	スラグ組成 (mass %)						表面張力 mN/m
	CaO	SiO$_2$	Al$_2$O$_3$	MgO	CaF$_2$	NaAlF$_6$	
1	50.4	17.4	17.4	8.7	6.1	—	423
2	54.2	18.7	4.7	9.3	13.1	—	400
3	53.7	18.5	9.25	9.25	6.5	2.8	406

表 5.26 連続鋳造パウダーの表面張力[220]

試料 No	スラグ組成 (mass %)										CaO : SiO$_2$	表面張力 mN/m
	SiO$_2$	CaO	MgO	Al$_2$O$_3$	Cr$_2$O$_3$	FeO	MnO	S	F	Na$_2$O		
1	61.2	13.5	0.20	1.00	—	0.21	0.29	0.07	—	21.0	0.22	320
2	56.8	13.1	0.20	10.10	—	0.36	0.44	0.06	5.85	16.9	0.23	280
3	34.0	18.2	0.20	29.00	—	0.46	0.41	0.07	9.15	7.5	0.54	330
4	45.6	29.6	0.20	11.70	0.09	0.27	2.52	0.07	10.80	13.1	0.65	300
5	52.3	21.8	0.20	1.90	0.17	0.77	0.35	0.12	7.50	13.0	0.42	300
6	47.1	24.6	0.20	10.00	0.21	0.30	2.68	0.12	8.15	12.4	0.52	350
7	52.2	29.0	0.20	2.00	0.20	0.27	2.50	0.12	7.96	10.1	0.56	300
8	20.6	46.9	0.30	1.07	—	0.38	0.17	0.11	21.80	5.2	2.28	290

(iii) 電気炉スラグ

電気炉スラグはCaOを多量に含み，また蛍石をも含有する．ホワイトスラグの表面張力の測定例を表5.25に示す．

(iv) 連鋳パウダー

連続鋳造の普及とともに連鋳パウダーの特性への関心が高まっている．連鋳パウダーの成分

表5.27 溶接スラグの組成と表面張力 *

フラックス No	スラグ組成 (mass%)										測定温度 K	表面張力 mN/m
	SiO_2	CaF_2	Al_2O_3	CaO	MgO	MnO	FeO	K_2O+Na_2O	B_2O_3	S	P	
48-OF-6	2.0	52.2	23.0	19.6	3.0	−	−	−	−	0.016	0.018	1653	380
AN-30	3.3	21.2	40.8	17.8	16.3	−	−	−	−	0.028	0.042	1593	440
AN-20	20.0	28.8	29.0	6.0	10.2	−	−	3	−	0.040	0.030	1573	375
AN-28	8.0	14.1	39.0	36.8	0.4	−	−	−	−	0.031	0.038	1633	360
AN-17	18.3	19.3	25.0	15.0	9.8	4.4	8.1	−	−	0.029	0.041	1453	310
AN-348A	41.2	4.4	2.6	4.7	7.7	37.0	2.0	−	−	0.037	0.076	1473	350
AN-12	35.2	20.2	15.8	14.3	1.3	13.12	−	−	−	0.028	0.020	1493	330
OSTs-45	43.8	6.8	1.93	4.3	−	41.4	−	−	−	0.036	0.074	1753	315
LPI-2	38.2	−	12.2	3.8	2.71	42.08	−	−	0.39	0.034	0.028	1753	310
AN-70	3	21.3	36.6	33.7	−	−	−	8 NaF	−	0.031	0.030	1753	420
AN-291	−	17.60	40.40	26.30	15.17	−	−	−	−	0.027	0.041	1733	430
AN-292	−	−	57.40	36.20	6.40	−	−	−	−	0.033	0.036	1783	610
UD	27.6	2.0	15.7	46.3	6.4	−	−	−	−	0.025	0.032	1693	480
AN-60	44.2	7.0	3.7	5.0	1.6	38.1	−	−	−	0.060	0.073	1503	330

* 文献 (194) の131〜137ページ

はCaO, SiO_2, Al_2O_3を主成分とし,これにNa_2O, CaF_2等を若干含有する合成製品である.連鋳パウダー自体には炭材の粉末を数%含有するが,表面張力の測定では,この炭材を除いて実施されている.表面張力の測定例を表5.26に示す.パウダーの組成からみて高炉スラグに近く約300mN/m程度である.連鋳パウダーの基本系合成スラグ CaO-SiO_2-Al_2O_3-NaF 4成分系について表面張力が1773Kで測定されているが,その値は300〜450mN/mの範囲にある[221].CaO/SiO_2の増加とともに増加し,NaFの増加によって低下する.

(v) 溶接スラグ

フラックスを使用する溶接においては,溶接時にスラグが形成され,溶融池と接触する.このスラグの組成は溶接時の精錬効果を満たすため,フラックスに種々な成分が添加され多成分系となっている.溶接スラグの表面張力については若干の測定が報告されているが,その測定例を表5.27に示す.

表5.28 銅製錬スラグの組成と表面張力 (1473K) [222]

No	FeO	CaO	SiO_2	Fe_2O_3	表面張力 mN/m
1	61.8	0.1	34.1	1.8	426
2	55.9	4.4	35.8	2.5	407
3	50.8	7.4	35.4	3.7	414
4	44.1	12.8	36.5	3.7	438
5	38.8	17.4	38.9	2.7	431
6	33.7	20.7	40.9	2.2	428
19	57.6	0.1	31.5	8.4	416
20	53.3	3.8	33.9	7.5	432
21	47.0	8.0	34.3	8.4	432
22	43.0	11.3	35.2	8.0	442
23	37.0	16.2	37.0	8.2	435
24	32.7	19.8	37.3	7.9	434
25	57.1	0.1	31.3	10.0	428
26	52.2	3.6	31.4	9.8	431
27	46.1	7.0	32.7	11.5	435
28	41.7	9.9	34.4	11.0	429
29	31.1	15.1	33.9	17.1	444
30	27.9	18.6	35.5	16.2	435

(vi) 非鉄製錬スラグ

非鉄製錬スラグは対象とする金属によって若干相違するが主成分は CaO, SiO_2, FeO, Fe_2O_3 であり, 連続精銅の三菱法はカルシウムフェライト系である. 非鉄製錬の実炉スラグの測定例は稀である. 銅製錬スラグの測定例を表5.28に示す[222].

h. ガラス

ガラスの表面張力は残留気泡の問題など実操業の面から粘度とともにずいぶん古くから測定がなされている. それらは, 工業ガラスの基本系である Na_2O-CaO-SiO_2 三元系の測定, およびこれに種々の添加物を加え, 表面張力がどのように影響されるかに関する測定である. 代表的なガラスの組成を表5.29示す.

ガラスの表面張力の測定は表5.30に示すように, 古く Quinck (1868) の静滴法による測定以来, 種々の方法が適用されている. ガラスの表面張力測定の変遷は, 高温融体の表面張力の測定の歴史そのものである[223]~[229]. しかし, 1930年代以降は溶融非金属 (ガラスを含む) の表面張力測定方法の大勢がそうであるように, 最大泡圧法, 浸漬円筒法, リング引き上げ法, 特に最大泡圧法による測定が主流を占めている. ただガラスの場合, SiO_2 の多い粘い組成領域においては最大泡圧法が必ずしも最善とはいえない. 一方, Badger[224] らによってガラス自身の表面張力が添加成分によってどのように変化するかが図5.62のように示されている. 基本となったガラスはモル比 $1.4Na_2O : 0.9CaO : 6.0SiO_2$ (17.4% Na_2O, 10.1% CaO, 72.5mass% SiO_2) であり, 19種類の酸化物と CaF_2 がそれぞれ陽イオン量を同一にするようにして添加されている. これら添加物の影響は PbO, V_2O_5 を除き基本スラグの表面張力値 304mN/m の 5

表5.29 各種ガラス組成分析例 (mass%) *

	SiO_2	Al_2O_3 Fe_2O_3	B_2O_3	CaO	MgO	Na_2O	K_2O	PbO	Li_2O	TiO_2	Zr_2O	BaO	SrO	ZnO		
板ガラス	71.8	1.7		7.9	4.0	13.5	0.8									
瓶用ガラス	69.6	2.3		7.4	4.5	14.7	1.5									
電球用	71.7	1.0		9.3	0.4	16.8	0.3									
Pyrex	80.5	2.0	11.8	0.3	0.1	4.4	0.2									
鉛クリスタル	63.1	0.2	1.1			2.0	12.0	21.7								
E-ガラス	53.3	15.2	8.5	17.5	4.5	0.4									長繊維用	無アルカリ
C-ガラス	66.9	4.3	4.0	6.5	2.7	11.4	0.6									ホウケイ酸
A-ガラス	72.4	1.7		7.5	4.5	13.2										ソーダ石灰
耐アルカリガラス	69.5					15.0			2.0	2.0	9.5					
無アルカリガラス	48.5	10.9	14.4			0.1	0.0					25.1	0.4		電子用基盤ガラス	
低膨張ガラス	59.3	16.0	4.2	1.3	9.2	1.2	0.8			1.0			5.7		フォトマスク用	

*私信による

表5.30 ガラスの表面張力測定法[223]

測定方法	最初に用いられた年
静滴法	1868
棒の先端から滴下する滴の重量	1911
ファイバーの収縮	1914
液滴の形状	1920
管の先端から滴下する滴の重量	1924
浸漬円筒法	1924
最大泡圧法	1937

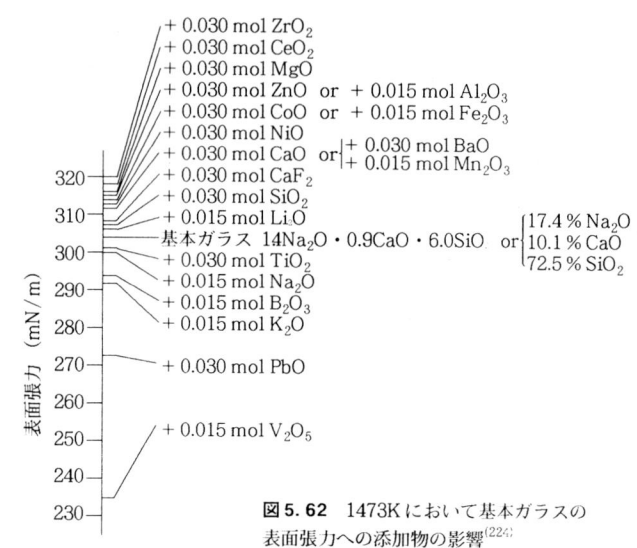

図5.62 1473Kにおいて基本ガラスの表面張力への添加物の影響[224]

％以内にある．ただPbO(-11％)，V_2O_5(-23％)が大きく表面張力を低下させているのが特徴である．

新しいガラスの一例として重金属フッ化物ガラスがある．例えば$62ZrF_4$・$33BaF_2$・$5LaF_3$（mol％）ガラスの表面張力が懸滴法によって測定されている[230]．

i. 固体イオニクス材料

エレクトロニクス産業の発展とともに種々な固体イオニクス材料ガラスが用いられるようになった．その材料の製造にあたっては，チョクラルスキー法によって結晶が育成されている．酸化物系固体イオニクス材料のうち代表的なものを表5.31に示すが2300K近辺の融点を有するものも多い．これらの融体についてはその物性値の測定は極めて稀であり，表面張力についても測定例はShigematsu[232]，原[233]の2例にすぎない．筆者の研究室において酸化物固体イオニクス材料である$BaTiO_3$，$LiNbO_3$，$LiTaO_3$の表面張力を測定した．その結果を図5.63に示す．Shigematsuら[232]の測定値は1573Kで158mN/mと筆者らの測定値の

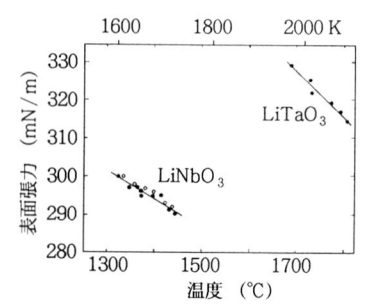

図5.63 固体イオニクス材料$LiNbO_3$，$LiTaO_3$の溶融状態の表面張力[233]

5.3 溶融非金属の表面張力

表5.31 チョクラルスキー法によって育成される酸化物系固体イオニクス材料(融点1773K以上)の一例[231]

化合物	融点(K)	容器	化合物	融点(K)	容器
Al_2O_3	2323	Ir,W,Mo	$MgAl_2O_4$	~2408	Ir
$BaTiO_3$	1891	Ir	$MnFe_2O_4$	1773	Ir
$BaWO_4$	1833	Ir	NbO	2218	W
$CaO \cdot 2Al_2O_3$	~1973	Ir	$Nd_3Ga_5O_{12}$	1788	Ir
$CaY_4(SiO_4)O$	2333	Ir	$Sm_3Ga_5O_{12}$	1893	Ir
$CaWO_4$	1923	Rh	$SrMoO_4$	1773	Ir
$CdWO_4$	1883~1893	Ir,Rh	$Tb_3Ga_5O_{12}$	1983	Ir
$Dy_3Ga_5O_{12}$	2003	Ir	Ti_2O_3	2093~2193	Mo
$Er_3Ga_5O_{12}$	2038	Ir	$Y_3Al_5O_{12}$	2123	Ir
$GdAlO_3$	~2343	Ir	$Y_3Ga_5O_{12}$	2093	Ir
$Gd_3Ga_5O_{12}$	2098	Ir	YVO_4	2213	Ir
$LiTaO_3$	1923	Ir			

約半分である．再測定されたShigematsuらの測定値は筆者らの値と類似の値を報告している．

　$BaTiO_3$の測定も行ったが容器のMoと若干反応を生じ，Moを溶解するため測定方法に検討を要する．なお，Al_2O_3も固体イオニクス材料に含まれるが，すでに本章5.3.2.aに述べてあるので参考にされたい．

j. マグマ

　マグマは自然に存在する溶融酸化物であり，火山活動に伴って我々が手にすることができる．その組成の一例を表5.32に示す．その組成からも明らかなようにマグマは溶融ケイ酸塩である．マグマの基本系であるMgO-SiO_2，Al_2O_3-SiO_2系の表面性質についてはすでに

表5.32 各地の玄武岩の組成(mass%)[234]

成分	キルグリッチ	コロンビア川	ガラパゴス
SiO_2	52.5	50.71	46.14
TiO_2	0.82	0.70	2.01
Al_2O_3	15.16	14.48	16.10
Fe_2O_3	4.48	4.89	2.26
FeO	5.16	9.07	9.07
MnO	0.10	0.22	0.19
MgO	9.48	4.68	10.43
CaO	9.29	8.83	9.19
Na_2O	2.46	3.16	3.64
K_2O	0.89	0.77	0.28
P_2O_5	0.13	0.36	0.24
	100.12	99.91	100.03

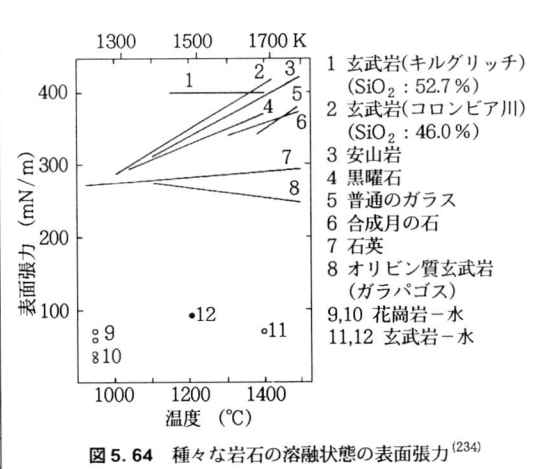

図5.64 種々の岩石の溶融状態の表面張力[234]

1 玄武岩(キルグリッチ) (SiO_2: 52.7%)
2 玄武岩(コロンビア川) (SiO_2: 46.0%)
3 安山岩
4 黒曜石
5 普通のガラス
6 合成月の石
7 石英
8 オリビン質玄武岩 (ガラパゴス)
9,10 花崗岩－水
11,12 玄武岩－水

5.3.2.b, 5.3.2.c において述べた。マグマの表面張力に関しては若干の報告がある[234]〜[236]。種々な岩石の溶融状態の表面張力を図5.64に示す。実在のマグマは高圧下において存在するため常圧の場合と，その特性において相違する。Khitarovら[234]はキルグリッチの玄武岩について圧力の影響を測定している。1473K，1atmで約400mN/mの表面張力値はN_2 5000atmで約300mN/mに，水蒸気3000atmで200mN/mと高圧下では低下する。これは溶融ケイ酸塩が高圧力下で多量のガスを含有することによるといわれている。

k. 多成分系溶融酸化物の表面張力の推算

溶融酸化物の表面張力の基本系については，かなりの測定がなされている。しかし，ガラス，スラグのように実炉における溶融酸化物，特にガラスのように製品となるべき融体の場合，その特性を正確に把握することが必要である。しかし，多成分系であるため多くの測定を必要とする。酸化物ガラスについては比重，比熱，熱膨張率などの物性値について，その成分の存在割合によって全体の性質を評価することが古くから行われている。表面張力に対しても，この推算はガラス系について始まり，スラグに対してもなされるようになった。

表 5.33 表面張力の添加計算(1173K)[239]

1mass%当たりの表面張力因子 (mN/m)			
Li_2O	4.6	SiO_2	3.40
Na_2O	1.5	TiO_2	3.0
K_2O	0.1	V_2O_5	-6.1
MgO	6.6	ZrO_2	4.1
CaO	1.8	CaF_2	3.7
BaO	3.7	Fe_2O_3	
PbO	1.2	CoO	
ZnO	4.7	NiO	} 4.5
B_2O_3	0.8	MnO	
Al_2O_3	6.2		

表 5.35 溶融ケイ酸塩構成成分の1モル当たりの表面張力[186]

	$\bar{r}_i$ (mN/m)					
	CaO	MgO	FeO	MnO	SiO_2	Al_2O_3
Appen[241]	510	520	490	390	290	580
Boni[172]	600	510	580	650	235	640
Popel[242]	520	530	590	590	400	720
Mills*[245]	625	635	645	645	260	655

＊部分モル表面張力，r_i (1773K)

表 5.34 種々な酸化物の表面張力因子[172]

酸化物	Z/R	表面張力因子 (mN/m)		
		1573K	1673K	1773K
K_2O	0.75	168	156	
Na_2O	1.02	308	297	
Li_2O	1.28	420	403	
BaO	1.40		366	366
PbO	1.51	140	140	
PbO*	1.51	138	140	
CaO	1.89		602	586
CaO	1.89		614	586
MnO	2.17		653	641
ZnO	2.38	550	540	
FeO	2.44		570	560
FeO*	2.44		584	
MgO	2.56		512	502
ZrO_2	2.55		470	
Al_2O_3	5.26		640	630
TiO_2	6.25		380	
SiO_2**	10.2		285	286
SiO_2***	10.2		181	203
B_2O_2	14.3		96	

＊ 測定値
＊＊ SiO_2の多い二元系から得た値
＊＊＊ SiO_2の少ない二元系から得た値

(i) ガラス系

溶融酸化物の表面張力は構成成分の含有量によって大きく変化する．ガラス産業の実操業において多成分系であるガラスの表面張力を推定することは操業上の指針の一つとして重要であった．そのためガラス組成と表面張力との関係を計算で求める努力はすでに Tillotson (1912)[237] によってはじめられ，その後 Babcock (1940)[238]，Dietzel (1942)[239] は表面張力測定の精度を上げ，酸化物1%当たりの表面張力値を与える因子を提案した．Dietzel の与えた各種酸化物の表面張力因子を表5.33に示す．Lyon (1944)[240] は組成よりガラスの表面張力を求める因子を57種のガラスの測定データより SiO_2, Fe_2O_3, Al_2O_3, B_2O_3, CaO, MgO, BaO, Na_2O, K_2O について導入した．この因子を用いて求めたガラスの表面張力は1473Kにおいて77種のガラス中56種は4mN/m（平均4.4%）以下の差であり，また1673Kでは72種中59種が4mN/m内の差であった．

(ii) スラグ系

ガラス系と同様に，スラグ系においても構成成分の濃度より表面張力を求める方法がいくつか提案されている．Appen (1952) は Na_2O, P_2O_5 を含まない系に対し表面張力因子による計算法を提示した[241]．Boni ら (1956) は Dietzel のガラス系に用いた計算方法の表面張力因子を検討し，各酸化物に対し表5.34のような数値を与えた[172]．Appen, Boni, Popel らの1モル当たりの表面張力の比較を表5.35に示す．Boni らの値を用いて多成分系の表面張力 γ_{cal} を式 (5-23) で求めることができる．

$$\gamma_{cal} = \sum M_i \cdot F_i \tag{5-23}$$

ここに M_i, F_i は i 成分のモル分率と表面張力因子である．Popel ら[242] は $CaO-SiO_2-Al_2O_3$, $CaO-MgO-SiO_2$ 系スラグの表面張力の測定に基づいて表面張力因子を提出しているが，特に，SiO_2 の表面張力因子としてアルミナを含有する場合400mN/mと大きい値を提示している．

これらの方法はいずれもガラスに対する方式の適用であり，多成分系スラグの表面張力を推算する簡便法としてよく利用されている．この方法で求めた表面張力は表5.36のように実測値とよく一致する場合が多い．

最近，スラグの組成からより精度良く表面張力を求める計算法が検討されている．一連の研究によると，スラグの各構成成分の表面張力だけでなく，各成分の相互作用も考慮した計算方式が提案されている．例えば，Burylev ら[244] は式 (5-24) の理論式が，最も実測値とよく一致すると報告している．

$$\gamma(y_1, y_2) = 580 + 33.0 y_2^2 - 29.3 y_1^2 + 74.5 y_1 - 127 y_2 - y_1 y_2 \tag{5-24}$$

ここに，$y_1 = x_{Al_2O_3}/x_{CaO}$, $y_2 = x_{SiO_2}/x_{CaO}$ (x: モル分率) である．

表5.36 表面張力因子を用いて計算した表面張力値と実測値の比較

スラグ組成 (mol%)			温度 (K)	表面張力 (mN/m)		文献
CaO	SiO$_2$	Al$_2$O$_3$		計算値	実測値	
67	—	33	1773	599.7	590.1	243
64	—	36	〃	602.2	590.9	〃
60	—	40	〃	603.6	601.2	〃
32	61	7	〃	411.2	414.0	216
41	50	9	〃	439.6	465.0	〃
35	53	12	〃	431.4	442.5	〃
49	42	9	〃	465.2	494.0	〃
44	42	14	〃	466	479.5	〃
34	47	19	〃	452.9	484.5	〃
37	36	27	〃	490	505	〃

表5.37 2000KにおけるCaO-SiO$_2$-Al$_2$O$_3$系融体の表面張力[245]

スラグ組成（モル分率）			表面張力 (mN/m)		
X_{CaO}	X_{SiO_2}	$X_{Al_2O_3}$	実測値	数式による計算	
				式(5-26)	式(5-27)
0.500	0.500	0	470	470	470
0.475	0.475	0.050	490	477	481
0.394	0.394	0.212	515	515	516
0.350	0.350	0.300	524	522	533
0.300	0.300	0.400	530	550	551
0.670	0	0.330	625	625	625
0.603	0.100	0.297	588	603	595
0.570	0.150	0.280	575	588	580
0.469	0.300	0.231	535	541	539
0.402	0.400	0.198	517	514	513
0.302	0.500	0.148	485	475	476

表5.38 表面活性成分の部分モル表面張力を計算する式[246]

スラグ成分	$x_i \bar{\gamma}_i$ for $x<N$	N	$x_i \bar{\gamma}_i$ for $x>N$
Fe$_2$O$_3$	$-3.7 - 2972x + 14312x^2$	0.125	$-216.2 + 516.2x$
Na$_2$O	$0.8 - 1388x - 6723x^2$	0.115	$-115.9 + 412.9x$
K$_2$O	$0.8 - 1388x - 6723x^2$	0.115	$-94.5 + 254.5x$
P$_2$O$_5$	$-5.2 - 3454x + 22178x^2$	0.12	$-142.5 + 167.5x$
B$_2$O$_3$	$-5.2 - 3435x + 22178x^2$	0.10	$-155.3 + 265.3x$
Cr$_2$O$_3$	$-1248x + 8735x^2$	0.05	$-84.2 + 884.2x$
CaF$_2$	$-2 - 934x + 4769x^2$	0.13	$-92.5 + 382.5x$
S	$-0.8 - 3540x + 55220x^2$	0.04	$-70.8 + 420.8x$

さらにBurylev[245]は二元系の表面張力の濃度依存の式を解析し，任意のCaO-SiO$_2$-Al$_2$O$_3$三元系に適用できる表面張力-組成式を導いている．

$$\gamma = 590 x_{CaO} + 380 x_{SiO_2} + 620 x_{Al_2O_3} - 60 x_{CaO} \cdot x_{SiO_2}$$
$$+ 170 x_{CaO} \cdot x_{Al_2O_3} - 30 x_{SiO_2} \cdot x_{Al_2O_3} \quad (5\text{-}25)$$

$$\log \gamma = x_{CaO} \log 590 + x_{SiO_2} \log 380 + x_{Al_2O_3} \log 620 - 0.01288 x_{CaO} \cdot x_{SiO_2}$$
$$+ 0.08105 x_{CaO} \cdot x_{Al_2O_3} + 0.08973 x_{SiO_2} \cdot x_{Al_2O_3} \quad (5\text{-}26)$$

これらの2式を用いた結果，および実測値を表5.37に示す．

また，Mills, Keene[246]は部分モル表面張力(Partial molar surface tension)なる概念を用いて，スラグの組成より表面張力を求める方法を提唱している．これは従来のBoniらの方

法に対して特にP_2O_5，Na_2O，B_2O_3などの表面活性成分の存在する場合の適用性に改良を加えたものである．主要成分の部分モル表面張力を表5.38に示す．また表面活性成分の部分モル表面張力を計算する式を表5.38に示す．この方法によって得られた $(\gamma_{calc} - \gamma_{exp})/\gamma_{calc}$ の標準偏差は10％以下である．

5.3.3 溶融フッ化物

溶融フッ化物の表面張力は古くはJaeger(1917)ら[247]によって低融点のフッ化物の測定がなされて以来，アルカリ金属フッ化物，氷晶石などについて測定がなされてきた．しかし第二次大戦後，新しい技術として出現したESR法（エレクトロスラグ再溶解法），ESW法（エレクトロスラグ溶接法），あるいは実現はしていないが溶融塩原子炉構想などを発展させるため，CaF_2をはじめとする高融点フッ化物，溶融混合フッ化物に対する測定が多くなされている．さらに，固体イオニクス材料や新しいフッ化物ガラスについての測定もなされるようになってきた．フッ化物，特にCaF_2を含む融体の表面性質についてはいくつかのレビュー，データ集がある[248]~[250]．

a. 溶融純フッ化物

これまでに溶融純フッ化物の表面張力について得られた結果をまとめると表5.39のようになる．溶融CaF_2については比較的測定が多いが，図5.65のように測定者による相違がみられ

表5.39 溶融純フッ化物の表面張力[251~253]

弗化物	融点 (K)	融点における表面張力 (mN/m)	表面張力の温度係数 $d\gamma/dT$
LiF	1121	234.4	0.097
NaF	1269	183.5	0.103
KF	1131	140.7	0.123
RbF	1048	127.9	0.089
CsF	954	108.4	0.088
MgF_2	1536	229.3	0.043
CaF_2	1691	297.2	0.093
SrF_2	1673	281.9	0.086
BaF_2	1593	235.4	0.090
GdF_3	1515	307.9	0.082
NdF_3	1679	287.9	0.087
LaF_3	1772	286.0	0.109
ThF_4	1383	238	0.161
UF_4	1303	195	0.192

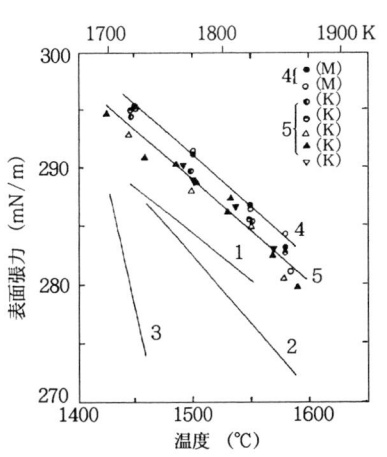

1 Winterhager et al.[254]
2 Zhmoiden[256]
3 Kipov et al.[255]   M：西独メルク社製 CaF_2
4, 5 原, 荻野[251]   K：関東化学社製 CaF_2

図5.65 溶融CaF_2の表面張力[251]

る．1773Kにおける測定者間のばらつきは10mN/m程度である．図5.65には筆者らが行った2種類のCaF$_2$試料に対する7回の別個の測定値を示してある．これらの測定値より表面張力は試料によって数mN/mの相違がみられ，測定誤差（相対誤差）は±1.0％以下である．この原因は試料純度による相違と考えられる．CaF$_2$については図5.65に示した測定値のほかにYakovashivili[194]の変

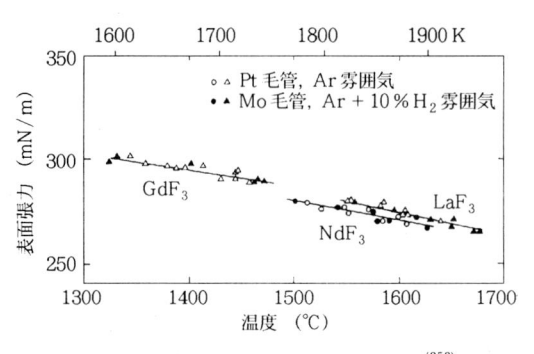

図5.66 溶融希土類フッ化物の表面張力[252]

形滴重量法（第I編2章2参照）による測定があるが，1673Kで400mN/mと図5.65の値よりもかなり大きい．これは測定法に問題があるものと考えられる．YakovashiviliらはCaF$_2$-X二元系の表面張力の評価にもこの値を基準として用いている．

アルカリ金属フッ化物，アルカリ土類金属フッ化物についてそれぞれ，表面張力の大きさを比較すると，前者ではLiF＞NaF＞KFの順に，後者ではCaF$_2$＞SrF$_2$＞BaF$_2$＞MgF$_2$の順に表面張力値が整理できる．この順序は周期律におけるアルカリ，アルカリ土類金属の規則性と類似している．フッ化物は金属イオンとF$^-$イオンとより構成されているから，そのイオン間の結合力の強さは表面張力に関連すると考える．その詳細は本章(5.3.6)に述べるが，MF，M$_2$F溶融フッ化物ではイオン間に働く静電引力の増加とともに，融点近傍におけるフッ化物融体の表面張力は増加を示し，異種イオン間に働く静電引力の大きいほど，相互作用の大きいほど表面張力は大きいことを示している．この結果は物質の結合様式と表面張力，金属の融点と表面張力などの一連の関係と類似の関係である．表面張力が測定されている純フッ化物はアルカリ金属およびアルカリ土類金属フッ化物のみである．原ら[252]によって測定された希土類の溶融フッ化物の表面張力を図5.66に示す．

b. CaF$_2$基溶融混合フッ化物

CaF$_2$を主成分とし，共通イオンを含む溶融混合フッ化物については，若干の系統的な研究がある．すなわち，CaF$_2$にアルカリまたは，アルカリ土類のフッ化物を組み合わせた二元系CaF$_2$-NaF，CaF$_2$-LiF，CaF$_2$-MgF$_2$，CaF$_2$-BaF$_2$，CaF$_2$-SrF$_2$についてなされたもので，溶融混合フッ化物の表面性質を理解するのに役立っている．これら二元系の表面張力と組成の関係を図5.67に示す．CaF$_2$-Xの表面張力はSrF$_2$を除き，加成性からやや負に偏している．図5.67にはこれらの系について理想溶液を仮定した場合のGuggenheimの式を適応して求めた表面張力の値を点線で併記した．CaF$_2$-BaF$_2$，CaF$_2$-NaFは計算値よりも低い値を与えて

いるが，このような挙動は錯イオン形成の傾向のないアルカリハライド混合塩において広くみられ，これら融体がほぼ理想溶液に近い挙動をすることを示している．

溶融CaF_2-SrF_2の測定値は計算値とほとんど差がなく，表面張力は組成に対してほとんど直線的に変化している．これは両フッ化物の表面張力の差が小さいためと考えられ，この二元系が理想溶液的挙動を示す．一方，CaF_2-LiF，CaF_2-MgF_2系は融体の表面張力は計算値より若干高い値を与え，上記の融体と異なる挙動を示す．

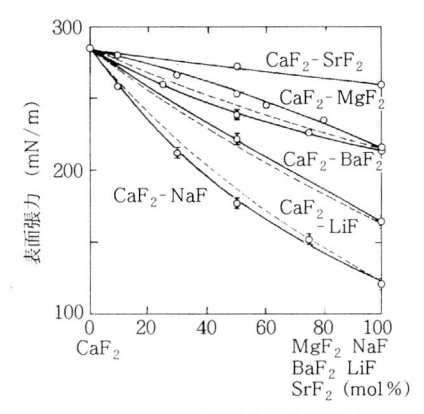

図5.67 CaF_2基二元系溶融フッ化物の表面張力[258]

上記のように溶融CaF_2-SrF_2を除いて，それらCaF_2基二元系溶融フッ化物の表面張力の測定値は理想溶液を仮定したGuggenheimの式を満足しない．そこで，これらの系に対して正則溶液に対するGuggenheimの式の適応について検討した結果，その適用が認められている．

c. CaF_2基溶融オキシフッ化物

酸化物は溶融CaF_2に溶解し，溶融オキシフッ化物を形成する．この場合，酸化物はCaF_2の電気伝導度を低下させることからCaF_2-CaO，CaF_2-Al_2O_3系などの溶融フッ化物-酸化物系オキシフッ化物は良好なESRスラグとなる．そのため，その表面性質についても数多くの研究がある．CaF_2に種々な酸化物を加えた二元系融体の表面張力と酸化物の添加量の関係を図5.68に示す．筆者らの行った MgO，CaO および Yakobashivili の測定による TiO_2，ZrO_2，SiO_2 を併記した．Yakobashivili の測定は前述のように表面張力値が大きいので添加成分の挙動をみるため，CaF_2の値を筆者らの測定値に合わせて図示した．MgO，CaOなど塩基性酸化物は表面張力を増加し，SiO_2，TiO_2などの酸性酸化物は表面張力を低下させる．Cr_2O_3，Al_2O_3は影響が少ない．CaF_2を主成分とするCaF_2-酸化物二元系は図5.68のように，測定される組成範囲は広くない．

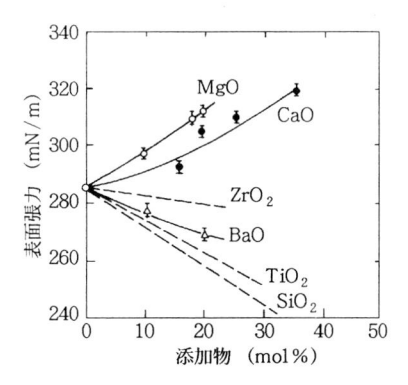

図5.68 CaF_2基二元系溶融オキシフッ化物の表面張力[259]

d. CaF_2 基三元系融体

CaF_2 を含む三元系として CaF_2-CaO-Al_2O_3, CaF_2-CaO-SiO_2 系など若干の測定があり,特に CaF_2-CaO-Al_2O_3 系は ESR スラグとして重要な系である.ESR スラグについては次項に記述するが,ここでは両三元系の擬二元系 CaF_2-CaO·Al_2O_3, CaF_2-$2CaO$·SiO_2 などについて述べる.

CaF_2-CaO·Al_2O_3 (1:1) 擬二元系では全域にわたって測定が可能である.その結果を図5.69に示す.CaO·Al_2O_3 に CaF_2 を少量添加するだけで表面張力は 580mN/m から急激に減少し,40mass% CaF_2 で 300mN/m に低下する.しかし 40mass% 以上の CaF_2 を添加しても表面張力は大きく変化しない.この結果はフッ化物-酸化物系融体の挙動を理解するのに効果的である.もちろん表面張力の結果以外に密度,粘度などの諸物性の変化をも加味して判断されるのはもちろんのことではあるが,これらの諸物性の変化をもとに考えると,40mass%近傍までの変化は,CaF_2 の添加によって溶融 CaO-Al_2O_3 中の Ca-O 結合が,これよりも結合力の弱い(約 1/2)Ca-F 結合に置き換えられることによって生じると考えられる.すなわち CaF_2 の添加が約 40mass% に達すると,(O^-…Ca^{2+}…O^-)結合がすべて(O^-…Ca^{2+}…F^-)結合へ移行することと対応している.CaF_2 を含む多元系については若干の報告がある.筆者らの行った CaF_2-CaO-SiO_2 系の測定結果によると,この系を CaF_2-$(CaO)_n$·$(SiO_2)_{1-n}$ 擬二元系で示すと,表面張力は図5.70 のようになる.

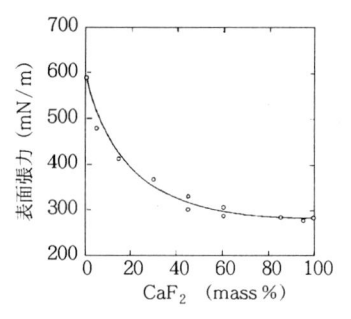

図5.69 CaO·Al_2O_3-CaF_2 擬二元系融体の表面張力(1823K)[260]

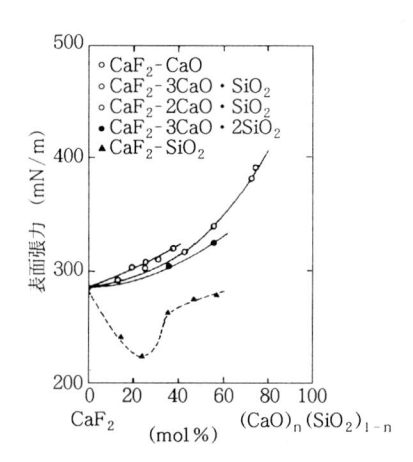

図5.70 CaF_2-$(CaO)_n$·$(SiO_2)_{1-n}$ 擬二元系融体の表面張力(1823K)[261]

CaF_2 に単独で SiO_2 を添加すると表面張力は Gamullin の結果のように急激に低下する.しかし,CaO が共存する場合表面張力は増加するが,融体中では $3CaO$·SiO_2, $2CaO$·SiO_2, $3CaO$·$2SiO_2$ のような化合物が形成され,フッ素イオンによる SiO_2 ネットワークの切断効果が生じないためであろうと考えられている.

e. ESR スラグ

ESR スラグは CaF_2 を主成分とする合成スラグで,その代表例を表5.40に示す.表から明ら

5.3 溶融非金属の表面張力

表5.40　ESRスラグの組成

	系	CaF$_2$	SiO$_2$	CaO	Al$_2$O$_3$	MgO	BaO	ZrO$_2$	NaF	TiO$_2$	名称
2元系	CaF$_2$-SiO$_2$	92	5								ANF-1
	CaF$_2$-CaO	95		5							ANF-1P
	CaF$_2$-CaO	70		30							ANF-7
	CaF$_2$-Al$_2$O$_3$	70			30						ANF-6
	CaF$_2$-MgO	80				20					ANF-9
	CaF$_2$-BaO	80					20				ANF-20
	CaF$_2$-ZrO$_2$	80						20			ANF-19
	CaF$_2$-NaF	80							20		ANF-5
3元系	CaF$_2$-CaO-Al$_2$O$_3$	60		20	20						ANF-8
	〃	50		40	10						ANF-26
	CaF$_2$-Al$_2$O$_3$-TiO$_2$	50			25					25	ANF-21
4元系	CaF$_2$-CaO-Al$_2$O$_3$-MgO	45		20	20	15					ANF-30
5元系	CaF$_2$-SiO$_2$-CaO-Al$_2$O$_3$-MgO	60	10	10	10	10					AFN-14

荻野：エレクトロスラグ再溶解スラグ，日本金属学会誌，18(1979), 684-693．より作成

かなように初期のESRスラグは一般の冶金スラグと異なって，合成スラグであり基本系とほぼ一致する．そのため二元，三元の基本系スラグの物性値がそのまま役立つ．しかし，多元系となっている場合，必ずしも実用スラグと直接対応する基本系スラグの実測値はない．

f. フッ化物系ガラス

最近，重金属フッ化物ガラスが脚光をあびている．この一例として，ZrF$_4$-BaF$_2$-LaF$_3$ガラスの表面張力が懸滴法（凝固後の試料による寸法測定）によって測定されている．得られた値は823Kで174±55 (mN/m) である[230]．

g. 氷晶石および溶融塩電解浴

アルミニウム電解浴の表面性質は，電解浴において生じる二次的反応，例えば浴の炭素ライニングの孔内への電解液の浸入，電解浴からの炭素粒子の分離などにおいて影響を与える因子の一つである．アルミニウム電解浴に関してはGrjotheimら[263]によるレビューが興味深い．

(i) 氷晶石

アルミニウム電解浴の主成分である氷晶石(Cryolite, Na$_3$AlF$_6$)の表面張力の測定は1930年代より実施され，以後若干の測定がある．それらをまとめて表5.41に示す．古くはZhivovの測定値[263]およびVajna[264]の融点(1273K)における測定値は各々，145.4, 148.3mN/mであるが，近年の報告では融点(1273K)における表面張力は133.6[251], 135.8mN/m[266]である．

表5.41 氷晶石 Na_3AlF_6 の表面張力 (1273K)

	年次	融点における表面張力 (mN/m)	測定方法	文献
1	1936	145.4	−	263
2	1951	148.3	リング法	264
3	1978	133.6	最大泡圧法	251
4	1983	135.6	ピン法	265
5	1986	135.8	ピン法	266

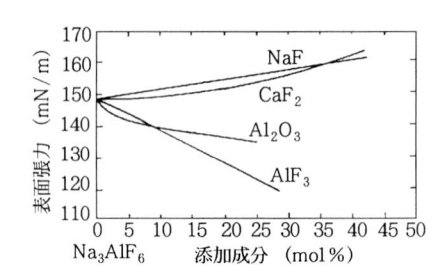

図 5.71 氷晶石の表面張力への添加物の影響 (1273K)[263]

(ii) アルミニウム電解浴

電解浴は氷晶石に少量の AlF_3, CaF_2 を含んでいる.さらに Al_2O_3 を溶解させている.そこでこれらの添加物の氷晶石の表面張力への影響を知る必要がある.Vajna の結果を図5.71に示す.Vajna の結果では氷晶石の表面張力は148mN/mと最近の値より高いが,添加成分の影響については,その評価は可能である.添加成分の挙動は Al_2O_3 を除いてそれぞれの表面張力値に向って変化していると考えられる. Na_3AlF_6-Al_2O_3 の表面張力は加成性より著しく負に偏している.これと同様の挙動は先に示した $CaO \cdot Al_2O_3$-CaF_2 系においてもみられ,Al-O 網目構造の破壊によって生じるAl-O錯イオンの形状変化によるものと考えられる.このような Al_2O_3 の挙動は CaO-Al_2O_3 系,Na_3AlF_6-Al_2O_3 における分子容の加成性からの大きな偏奇と一致する.

5.3.4 溶融硫化物

Cu,Ni,Pbなどの非鉄金属の乾式製錬において,すなわちその溶錬工程においてこれらの金属は硫化物の形態をとり,マットを形成する.マット(matte)の組成の一例を表5.42に示す.マットは表より明らかなように,いくつかの硫化物が溶けあって生成する融体である.Cuマットは Cu-Fe-S 系(Cu_2S-FeS),Niマットは硫化鉱を原料とした場合,Ni-Cu-Fe-S 系(Ni_3S_2-Cu_2S-FeS),酸化鉱を原料とした場合,Ni-Fe-S 系(Ni_3S_2-FeS)と考えられる.

マットの表面張力は Cu,Ni

表5.42 各種マットの組成(mass%)(貴金属分は除く)

	Cu	Fe	S	Pb	Zn	Ni
溶鉱炉Cuマット	42.4	24.5	24.5	1.6	1.6	−
反射炉Cuマット	43.6	26.7	24.8	−	−	−
自溶炉Cuマット	59.3	16.0	22.8	0.59	0.57	−
三菱法Cuマット	64.6	10.6	22.0	−	−	−
Ni-Cuマット	4.0	54.2	24.7	−	−	9.4
Ni-Cu(脱鉄後)	22.7	1.0	21.2	−	−	55.1 (Ni+Co)
Pb製錬Cuマット(ドロスを電炉で処理)	40.0	7.0	19.3	16.0	3.5	−

日本金属学会編:非鉄金属製錬,(1980), p.54 より作成

5.3 溶融非金属の表面張力

表 5.43 溶融純硫化物の表面張力

硫化物	温度 (K)	表面張力 (mN/m)	文献
FeS	1473	323	273
	1473	360	271
	1473	350	268
	1523	340	270
	1466	380	269
Cu_2S	1403	410	269
	1473	396	273
	1523	378	270
	1573	420	271
	1573	378	268
Ni_3S_2	1473	450	272

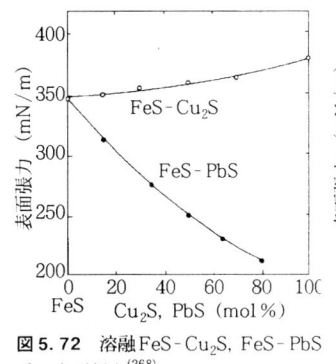

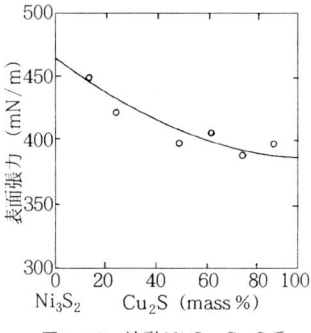

図 5.72 溶融 $FeS-Cu_2S$, $FeS-PbS$ 系の表面張力[268]

図 5.73 溶融 $Ni_3S_2-Cu_2S$ 系の表面張力[268]

の乾式製錬においては有価金属が金属状，あるいは硫化物の状態でスラグ中に損失する，いわゆるスラグロスを界面現象として取り扱う場合に必要である．マットを含む溶融硫化物の表面張力の測定はスラグやフラックス，あるいはその基礎となる酸化物，溶融フッ化物に比べてかなり少ない．マットに関するレビューとしてVanyukov[268]，Zaitsev[270]のものがまとまっている．

a. 溶融純硫化物

溶融純硫化物の表面張力は表5.43に示すように，硫化物の表面張力は300～500mN/m程度で酸化物よりも若干低く，塩化物よりは大きい．

b. 硫化物系混合融体

表5.43で示したようにマットはCu_2S-FeS，Ni_3S_2-FeS系など擬二元系溶融硫化物である．合成された二元系およびマットに関してはCu_2S-FeS，$Ni_3S_2-Cu_2S$，$FeS-Ni_3S_2$，Cu_2S-PbS，$FeS-PbS$の各系についての測定がある．その一例としてCu_2S-FeS，$FeS-PbS$の組成結果を図5.72に示す．系全域に関する測定は少なく，いずれも組成に対して特異な関係はみられない．図5.73に$Ni_3S_2-Cu_2S$系の表面張力を示す．この系においてもCu_2S-FeSと同様，表面張力の低い硫化物の含有量が多いほど表面張力は小さく，組成による特異な変化はみられない．

硫化物系やマットの表面張力と組成との関係はしばしば，Cu量やS量に対して示されることがある．合成マットの表面張力のSによる変化はあまり大きくはない．

マット中には主要な硫化物以外に硫化物，酸化物が含まれる．それらの影響をCuマットについて図5.74に示す．

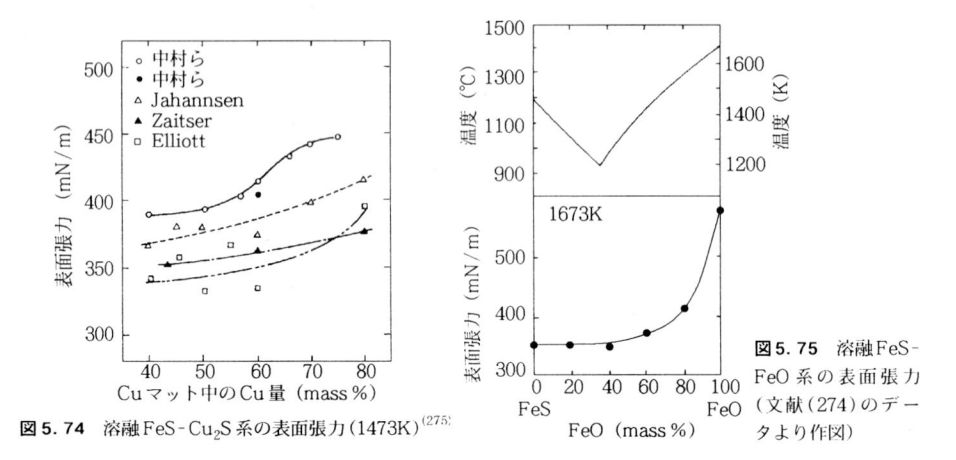

図5.74 溶融FeS-Cu$_2$S系の表面張力（1473K）[275]

図5.75 溶融FeS-FeO系の表面張力（文献(274)のデータより作図）

c. 硫化物酸化物混合融体

硫化物と酸化物は溶け合う場合があり，その一例として溶融FeS-FeO系の表面張力を図5.75に示す．

5.3.5 塩化物，炭酸塩など

いわゆる狭義に溶融塩と称される物質群であり，塩化物，炭酸塩，硝酸塩の溶融状態の表面張力はJaegerら[247]の研究をはじめ，溶融塩電解工業技術を支える学問的要請により古くから多くの測定がみられる．それらは過去の多くのデータ集，便覧など[276]～[278]に記載され利用されている．なかでもBelyaevらの著書[277]は溶融塩の界面現象，界面性質について多くのページをさいていて興味深い．

これらの溶融塩はいずれも融点が低く比較的測定が容易である．ただH_2O，CO_2などのガスを吸収しやすいため測定の前にCl_2ガスを吹き込んでそれらを除去する必要がある．また反応性の強い溶融塩に対しては，それに耐える測定用材料を用いる必要があり，Au合金がよく使用される．

a. 単塩系

単塩の表面張力についてはそれぞれ若干の測定があり，例えばNaClについても図5.76にみるようにある測定値を基準にして，その離反率（はずれ）がJanzら[278]によって示されている．NaCl，KClなど比較的測定の多いものの離反率は±3％程度以内である．

Janzら[278]が最良と評価した測定値に基づいて単塩の融点における表面張力を表5.44に示す．Ia族アルカリ金属の単塩に関する表面張力が最も多く測定されている．一般的にアルカ

5.3 溶融非金属の表面張力

表5.44 溶融塩の融点における表面張力(mN/m)

		Cl$^-$	Br$^-$	I$^-$	CO$_3^{2-}$	NO$_3^-$	SO$_4^{2-}$
I a	Li$^+$	126	–	–	244	116	225
	Na$^+$	114	104	101	212	120	195
	K$^+$	101	89	79	119	111	143
	Rb$^+$	98	89	74	–	108	355
	Cs$^+$	106	84	87	–	91	294
II a	Mg^{2+}	67					
	Ca^{2+}	148	120	87			
	Sr^{2+}	168	150	107			
	Ba^{2+}	166	153	135			
I b	Cu$^+$	92					
	Ag$^+$	179	154			150	
II b	Zn^{2+}	54	51				
	Cd^{2+}	100	111				
	Hg^{2+}	56	65				
III b	Ga^{3+}	27					
IV b	Sn^{2+}	104					
	Pb^{2+}	138					
V b	Bi^{3+}	65	99				

文献(278)より作成

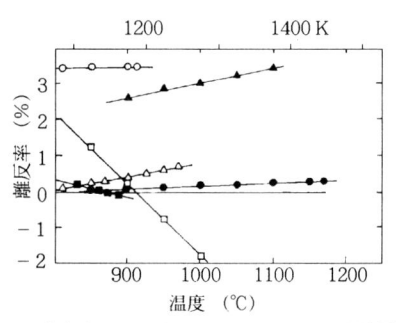

図5.76 溶融NaClの表面張力測定に関する離反率の比較[278]

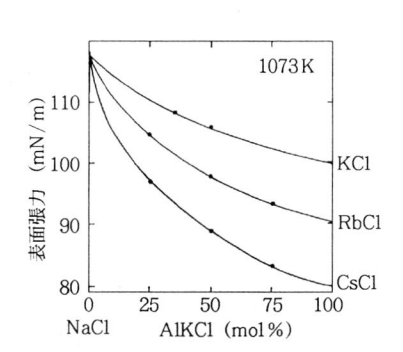

—Sokolova and Voskresenskaya (1962)
○ Bertozzi (1965)
● Jaeger (1917)
△ Desyatnikov (1956)
▲ Semenchenko and Shikhobalova (1947)
□ Bloom Davis and James (1960)
■ Lantratov (1961)

図5.77 二元系溶融塩化物の表面張力（AlK:KCl, RbCl, CsCl）[280]

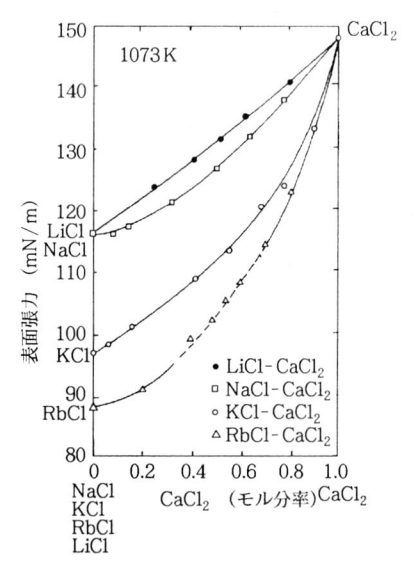

図5.78 溶融CaCl$_2$-アルカリ金属塩化物系の表面張力[281]

リ金属塩化物の表面張力は LiCl > NaCl > CsCl > KCl > RbCl の順である．この順序は原子番号の順とは一致しないが，1073 K 以上における表面張力値は原子番号の順 LiCl > NaCl > KCl > RhCl > CsCl となっている．

b. 混合塩

混合塩の表面張力の一例を図 5.77，5.78 に示す．

5.3.6 溶融酸化物，フッ化物の表面張力と二三の物理量との関係

酸化物，フッ化物などとそれら物質の特性の一例を図 5.1，表 5.2 (p.118) に示す．純金属に関して 5.3.1c において述べたと同様に，溶融非金属についても表面張力とその物理量との関係について検討がなされている．いくつかの関係について述べる．

a. 融点と表面張力

純酸化物および純フッ化物の融点における表面張力をその融点に対してプロットすると図 5.79 のように示される．両者とも融点の高いものは表面張力も大きい．その関係はフッ化物では LiF および希土類フッ化物を除き，比較的ばらつきは少なく 1 本の直線で示されるが，酸化物はフッ化物に比べて大きく分散し，明確な定量的関係を示し得ない．

b. 融体の分子容と表面張力

溶融非金属に関しても，溶融金属と同様に単位面積当たりの構成粒子の数，すなわち分子容の 2/3 乗の逆数と表面張力の関係を酸化物，フッ化物，塩化物について示すと，図 5.80 (a) ～ (c) のようになり，いずれもの場合も明確な相関関係がみられない．しいて言えば，塩化物，フッ化物の場合，アルカリ金属，アルカリ土類金属塩（1価塩，2価塩別）について，例外を除いて，1つの直線関係を示すこともできる．Iida[282] は無機塩類を (a) アルカリハライド，(b) アルカリハライド以外の無機ハライド，(c) 炭酸塩，硝酸塩，

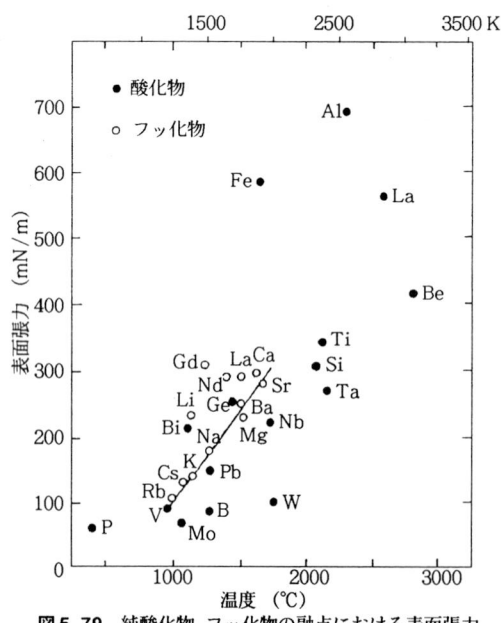

図 5.79 純酸化物，フッ化物の融点における表面張力

5.3 溶融非金属の表面張力

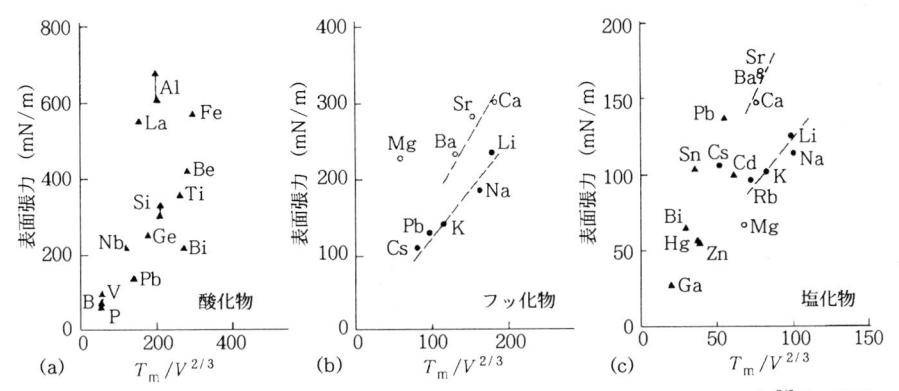

図5.80 純酸化物 (a), 純フッ化物 (b), 純塩化物 (c) の融点における表面張力と $T_m/V^{2/3}$ との関係

(100) NaCl型 $K=1$

(111) CaF$_2$型 $K=4/\sqrt{3}$

(110) ルチル型 $K=\sqrt{1+\sqrt{2}}/2$

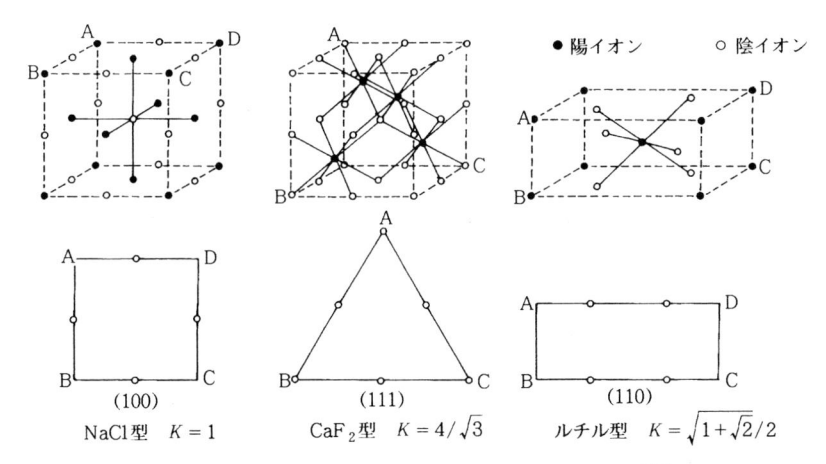

図5.81 NaCl型, 蛍石 (CaF$_2$) 型, ルチル型結晶構造の模式図[253]

硫酸塩の3グループに分類し, 各グループについて, 表面張力と $T_m/V^{2/3}$ の間にそれぞれ直線関係の成立することを示している.

筆者らは表面張力と $T_m/V^{2/3}$ との相関関係を明らかにするため, 陰イオンを共有する溶融フッ化物のみについて, 構造因子を導入して, アルカリ金属, アルカリ土類金属フッ化物の表面張力と $T_m/V^{2/3}$ の関係を示した[253]. フッ化物の構造因子を導入するにあたって, CaF$_2$, SrF$_2$, BaF$_2$ はそれぞれの固体のイオン結晶が蛍石型構造をとり, またアルカリ金属フッ化物は NaCl型構造, 上記フッ化物と離れた関係を示す MgF$_2$ はルチル型構造である.

いま, NaCl型, 蛍石型, ルチル型構造の単位胞を図5.81に示す. ここで, 融体の表面は固

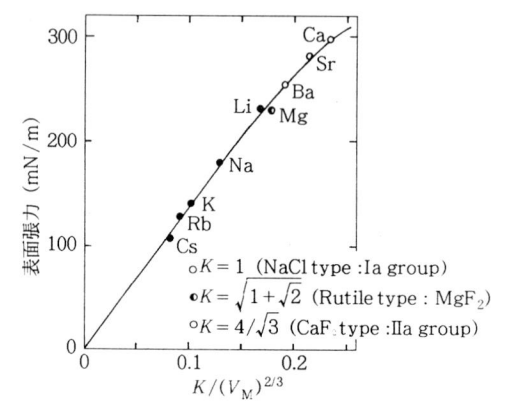

図 5.82 溶融フッ化物の融点における表面張力と分子容との関係[251]（表面構造を考慮した場合）

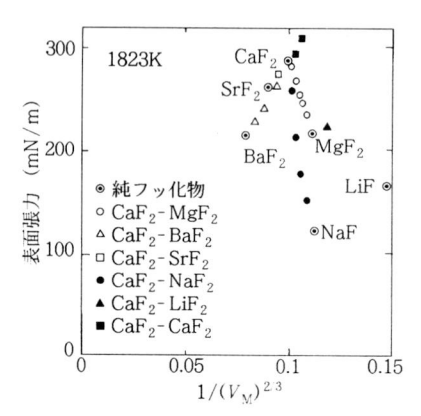

図 5.83 CaF_2 基二元系融体に関する表面張力と分子容の関係[258]

体の場合と同様に表面エネルギーが最小の面，すなわち，へき開面（最稠密面）であるとすれば，NaCl 型では (100) 面，蛍石型では (111) 面，ルチル型では (110) 面となる．さらに，これらの面に存在する陰イオン（この場合，フッ素イオン）の数を考え，NaCl 型の場合の単位面積当たりの陰イオンの数を $K=1$ とすると，蛍石型で $4/\sqrt{3}$，ルチル型で $\sqrt{1+\sqrt{2}}/2$ となり，各結晶構造についての単位面積当たりのフッ素イオンの数に相当するものは $K/V_M^{2/3}$ として表わすことができる．すなわち結晶構造を吟味したパラメータ，構造因子 K を表面張力と分子容の関係に導入することができる．各フッ化物の融点と 1823 K における $K/V_M^{2/3}$ との関係は図 5.82 に示すように一つの直線で表すことができる．この結果は，融体の表面が固体結晶におけるへき開面と類似した構造をとることを示している．

各フッ化物同様の考えを二元系混合融体について拡張し適用した．いま融体が特定の構造を有していないとして，表面張力と $1/V_M^{2/3}$ の関係を 1823 K で示したのが図 5.83 である．ここで，混合融体の分子容は，CaF_2-MgF_2 系では加成性が成り立つので，すべての系について純成分の分子容から，混合系では加成性が成り立つとして計算して求めた．図 5.82 から，各々の系では，直線関係を示すが，全体として相関関係がないことがわかる．そこで，上述の構造因子 K を混合系の場合にも導入した．

$$K_{mix} = K_1 x_1 + K_2 x_2 \tag{5-27}$$

ここで，K_{mix} と K_1，K_2 は，それぞれ混合系と純成分 1，2 の構造因子である．また，CaO については，CaO が NaCl 型構造をとり，さらに電荷を考えて K は 4 とした．このような K を導入して，混合系の表面張力と $K/V_M^{2/3}$ の関係を求めたが，CaF_2-(MgF_2，BaF_2，SrF_2) 系では直線関係があるが，CaF_2-(CaO，NaF，LiF) 系では大きくずれていた．

そこで，筆者らは，Kの決定に問題があると考えた．すなわち，Kはフッ化物の構造を吟味した結果導出されたパラメータであるから，Kは式(5-17)で計算するより次式で計算する方が妥当であると考える．

$$K_{\text{mix}} = K_1 x_1' + K_2 x_2' \tag{5-28}$$

ここで，x_1'，x_2'は純成分1, 2の表面濃度である．

表面濃度は，理想溶液についてのGuggenheimの式から計算値式(5-13)で近似できると考え，式(5-27)と式(5-28)からKを求めた．

このKの値を用いて，二元系混合融体における1823Kでの表面張力$K/V_M^{2/3}$の関係を図5.84に示す．これから明らかなように，これら6つの系について表面張力と混合系の分子容から計算される単位面積当たりのフッ素イオンの数（$K/V_M^{2/3}$）との関係は1つの線上で整理することができた．この結果は，二元系混合溶融フッ化物についても，表面張力は，表面濃度を考慮に入れると，単位面積当たりのフッ素イオンの数で整理できることを示している．すなわち，二元系混合溶融フッ化物においても，表面張力は融体表面におけるフッ素イオンの充填度に大きく依存していると考えられる．

溶融酸化物についてはAl_2O_3，FeOを除くSiO_2, GeO_2, Nb_2O_5, V_2O_5, B_2O_3, P_2O_5の融体について表面張力と$T_m/V^{2/3}$の間に直線関係が成立することを示している．しかし，最近測定されたTiO_2，Bi_2O_3などのデーターを含め総合的に考えると，図5.80(a)に示すように，大きく分散し，必ずしも1本の直線で近似できない．酸化物に対してはフッ化物のように結晶構造を考慮した取り扱いは，現在のところ行われていない．

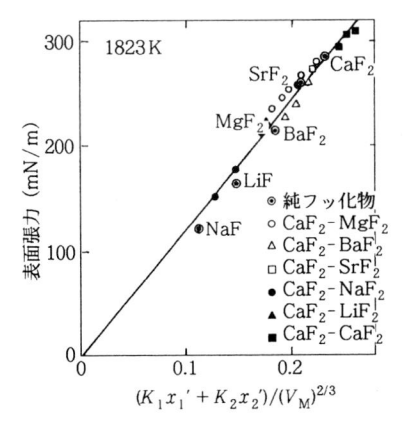

図5.84 表面構造，表面濃度を考慮した場合のCaF_2基二元系融体の表面張力と分子容の関係[258]

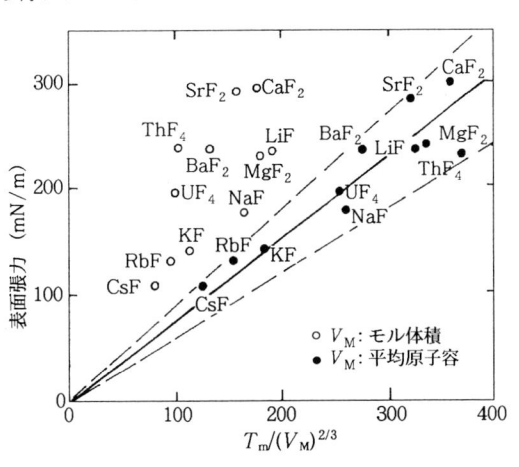

図5.85 融点における溶融フッ化物の表面張力と$T_m/V_M^{2/3}$との関係

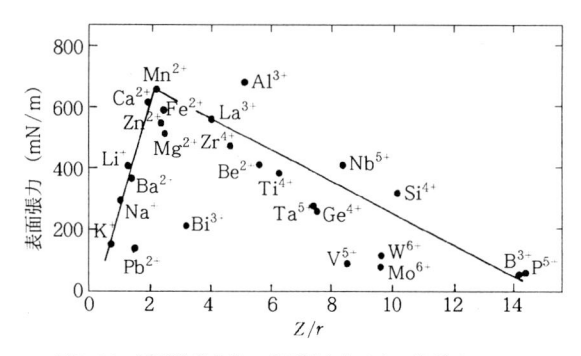

図 5.86 溶融純酸化物の表面張力とイオン化ポテンシャルの関係（文献(171)をベースにデータを追加し作成）

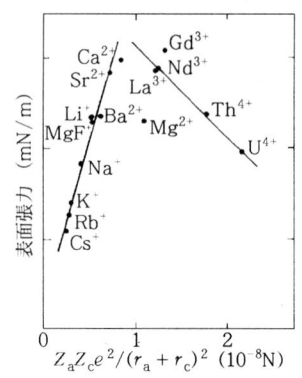

図 5.87 溶融フッ化物の表面張力と陽イオン−陰イオン間の引力との関係[252]

一方，図 5.80(b) に示すように，モル体積と表面張力の間には1価，2価，4価のすべてのフッ化物を統一した関係で示すことはできない．筆者らはモル体積の代わりに平均原子容を用いて表面張力との関係を整理した．結果を図 5.85 に示す．平均原子容を用いると，すべてのフッ化物は20％の範囲内で一つの直線で示すことができる．希土類フッ化物を含む場合も同様の結果を得ている[252]．塩化物については図 5.80(c) に示すように，ⅠA族，ⅡA族の各々の範囲内で $T_m/V^{2/3}$ と表面張力の間に直線関係が成立している．

c. イオンポテンシャルと表面張力

表面張力は液体を構成する粒子間の相互作用－結合力に起因する．Dietzel[283] は金属イオンの半径と，その原子価との比 r/Z とガラスに単位重量パーセントの酸化物を加えることによって生じる表面張力の増加量 F との間の関係を与えている．

一方，King[171] はこの関係を，よく知られている相互作用の尺度としてのイオン化ポテンシャル Z/r（Z：Mイオンの電荷，r：Mイオンのイオン半径）を用いて純酸化物の表面張力を整理した．それを基にして，種々の酸化物の表面張力とイオン化ポテンシャルとの関係を図 5.86 に示す．図には King の示した酸化物以外の純酸化物の値をも併記してある．Z/r の増加とともに K^+ より Ca^{2+} まで表面張力は直線的に増加する．アルカリ金属，アルカリ土類金属の酸化物の場合 MgO を除きこの関係は明瞭である．しかし Z/r が3より大きい Al^{3+}，Zr^{4+}，Ti^{4+}，Si^{4+}，B^{3+}，Ge^{4+}，P^{5+} などの O^{2-} イオンを引き付けて陰イオンを作るグループは必ずしも塩基性酸化物と同様に扱えない．

原ら[252]は陽イオン−陰イオン間に働く力 F として静電引力をとり，それによって表面張力を整理を行っている．図 5.87 に溶融フッ化物の表面張力と静電引力との関係を示す．静電引力 F と表面張力の関係は2つの直線によって示される．すなわちアルカリ金属，アルカリ土類

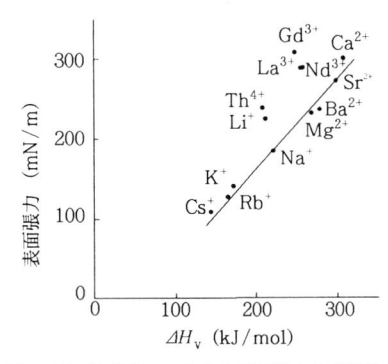

図5.88 溶融純フッ化物の表面張力と蒸発熱との関係（文献252のデータにより作成）

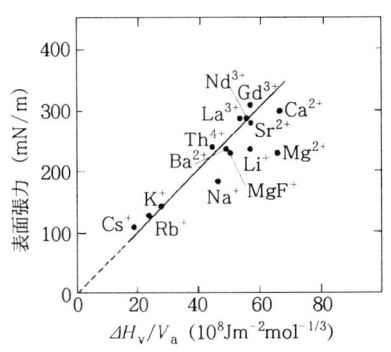

図5.89 溶融純フッ化物の表面張力と蒸発熱との関係[252]

金属については静電引力の増加とともに融体の表面張力は増加し1つの直線で示される．

一方，3価希土類フッ化物や4価のThF$_4$，UF$_4$の融体では静電引力Fの増加とともに表面張力の減少するほかの直線で示される．図5.87のような傾向は図5.86で示した溶融酸化物の場合と類似している．溶融酸化物の場合はイオンポテンシャルが大きくなると陽イオンは酸化物を配位して錯イオンを形成すると説明されている．この考え方を溶融フッ化物に適用すれば，ThF$_4$やUF$_4$ではイオンを配位して錯イオンを形成する傾向を持つと考えることができる．希土類金属フッ化物については幾分その傾向は確かめられるが，主としては単独イオンとして存在するものと考えられる．一方，図5.87中MgF$_2$については，他のアルカリ土類金属フッ化物の直線から大きく離れている．溶融マグネシウムハライドに関するBerkowitzら[284]の質量分析法による研究によると，MgF$_2$の挙動はアルカリハライドと類似し，MgF$_2$はMgF$^+$・F$^-$として扱うことが合理的であろうといわれている．このような仮定を用いると図5.87のようにMgF$^+$は他のアルカリ土類金属フッ化物と同一直線上に位置する．

d. 溶融非金属の表面張力と蒸発熱

融体構成粒子間に働くエネルギーの関数として蒸発熱ΔH_V，表面張力の関係を溶融金属について図5.17（p.136），図5.18（p.137）に示した．

溶融非金属についても蒸発熱と表面張力の関係を取り扱った例は極めて少ない．溶融酸化物では明確な関係はみられないが，溶融フッ化物については図5.88のようにアルカリ金属，アルカリ土類金属フッ化物の表面張力と蒸発熱の間に明確な関係を示すことができる．ただ図5.88では希土類金属フッ化物ThF$_4$や3価のLa，Gdはその関係より大きくはなれている．

いま，ΔH_Vの代りに$\Delta H_V/V_a$を用いて表面張力を整理すると図5.89のようにすべてのフッ化物の関係を統一して取り扱うことができる．V_aは平均原子容である．

5.4 融体の表面張力の温度係数

5.4.1 概説

一般に多くの液体の表面張力は温度の上昇と共に減少することは古くから知られている。また臨界点において、液体と蒸気の界面は消滅する。表面張力の温度変化を与える実験式を古くEötvösが1855年に提示している[49]。いま分子量M, 密度ρで対象系の分子1g分子当たりの表面面積は$(M/\rho)^{2/3}$に比例する。従って、1 molの表面が有する表面エネルギーは$\gamma(M/\rho)^{2/3}$に比例することになる。そのため、表面エネルギーと温度の間には式(5-29)〜(5-32)の関係が成立する。

$$\gamma\left(\frac{M}{\rho}\right)^{2/3} = k(T_c - T) \tag{5-29}$$

$$\gamma(V_L)^{2/3} = k(T_c - T) \tag{5-30}$$

$$\frac{\gamma(V_L)^{2/3}}{T_c} = k\left(1 - \frac{T}{T_c}\right) \tag{5-31}$$

$$\gamma = k\frac{T_c - T}{(V_L)^{2/3}} \tag{5-32}$$

$T = T_c - 6$において、表面張力がなくなるという事実と関連づけると、式(5-29)は次のように書ける（T_cは臨界温度）。

$$\gamma\left(\frac{M}{\rho}\right)^{2/3} = k(T_c - T - \delta) \tag{5-33}$$

ここに、δは6に近い定数である。

Eötvösの関係は、臨界温度の近くではあまりよく合わないので、種々の補正式、例えば片山・Guggenheimによる式(5-34)が提出されている[285]。

$$\gamma = \gamma_0\left(1 - \frac{T}{T_c}\right)^{11/9} \tag{5-34}$$

式(5-35)はNe, Ar, N_2, O_2などの液体に対して実測値と非常によく一致するといわれる。金属を含む種々の液体の表面張力と温度の関係を図5.90に示す[286]。Ar, H_2O, C_8H_{18}に比べて、溶融金属の測定温度範囲は低融点のRbでは比較的広いが、Cuのような高融点の金属ではきわめて狭い。

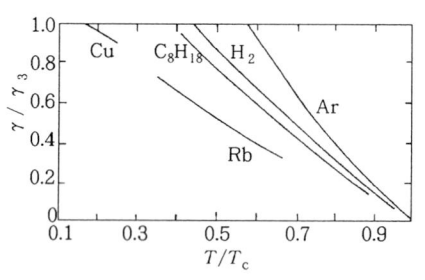

図5.90 種々の液体の表面張力と温度の関係[286]
（γ_3：三重点の表面張力，T_c：臨界温度）

融体の表面張力の温度係数の測定は一部の融体を除き，融点上100～200Kの狭い温度範囲にとどまっている．しかし，高温における測定技術の向上によって，2973Kに達する測定も可能になった関係で，融点上1000Kまで測定温度範囲が拡大している．

5.4.2 溶融金属の表面張力の温度係数

a. 溶融純金属

溶融純金属の表面張力の温度係数については，これまでに数多くの測定がある．しかし，測定された温度範囲は低融点のものでは比較的広い範囲にわたっているが，高融点のものはあまり広くない．測定温度の上限は金属によって相違するが，沸点に達するものはみられない．得られた温度係数はいずれの金属の場合も測定者によってかなり大きく相違している．Nizhenko[68]は多くの純金属について，測定値を収集し，整理している．それによると，純金属の表面張力の温度係数は金属によって若干相違し，比較的大きいものにFeがあり，小さいものはPb，Agであり，いずれも負の値を示す．しかし，Cd，Znについては正の温度係数を示す結果と，負を示す結果とが報告されている[287]～[291]．若干の例外を除き，溶融金属の表面張力は温度の上昇とともに減少する．融点に対し比較的高温まで測定のあるアルカリ金属について温度と表面張力の関係を図5.91に示す[292]．測定は1000Kまでであるが，それをそれぞれの臨界温度c.p.（表面張力はゼロ）にまで推定，評価している．

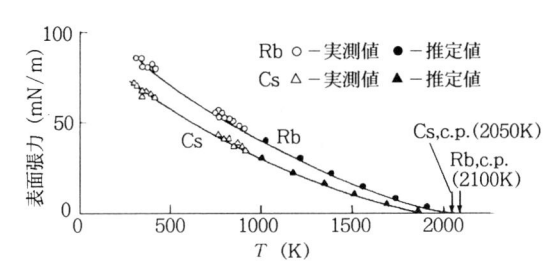

図5.91 溶融Rb，Csの表面張力と温度との関係[292]

Groose[292]は表面張力と温度の関係を求めるため式(5-35)を用いている．

$$T_{red}^* = (T - T_{m.p.})/(T_{c.p.} - T_{m.p.}) \tag{5-35}$$

ここに，T_{red}^*，$T_{m.p.}$，$T_{c.p.}$はそれぞれ対応状態温度，融点，臨界点である．

一方，表面張力は融点で最大値をとり，臨界温度で0になる．そこで対応状態の表面張力として

$$\gamma_{red} = \gamma_T / \gamma_{m.p.} \tag{5-36}$$

を定義すると，$T_{red}^* = 0 \sim 1$でγ_{red}は$1 \sim 0$に変化する．アルカリ金属について$\gamma_{red} - T_{red}^*$の関係を図5.92に示す[292]．$\gamma_{red} - T_{red}^*$の関係は簡単な曲線で示され，図5.92には理想液体であるArの関係も併記してある．Rb，Csの曲線はArのそれと類似し，液体領域の35％は理想挙動を示すとみてよい．実測値のない領域について，Arの挙動を基礎にRb，Csについて評価

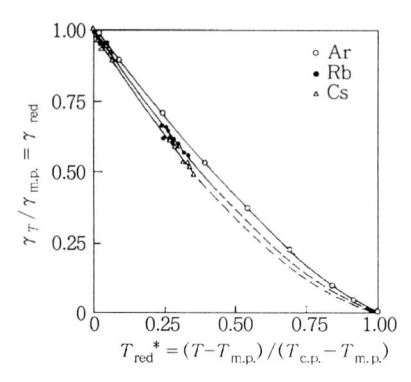

図 5.92 溶融 Ar, Rb, Cs の γ_{red} と T_{red}^* との関係[292]

表 5.45 種々な金属の臨界温度[51]

金属	融点(K)	臨界温度(K)	$T_c = 6 \cdot T_m$
Mo	2903	17500	17418
Co	1767	11200	10602
Cu	1358	9000	8136
Na	371	2409	2226
Cs	301.5	2050	1809
W	3653	23400	21918
Fe	1809	10400	10854
Rh	2233	14500	13398
Ni	1726	10900	10356
Pt	2042	14900	12252
K	336	2063	2016
Rb	312.6	2100	1876

した臨界点までの曲線を図に併記する。種々な金属についての臨界温度 T_c を表 5.45 に示す[51]。また $T_c = 6T_m$ で表されることから，$6T_m$ 値も併記した。

b. 溶融金属の表面張力の温度依存性の不一致について

多くの金属について得られた表面張力の温度係数は一致がみられず，大きく相違している。その理由については明確な回答は得られていないが，Nogi ら[291]は 8 種類の金属について測定された 66 件の報告を調査した結果，いずれの金属についても，表面張力の測定値とその温度係数との間に関係のあ

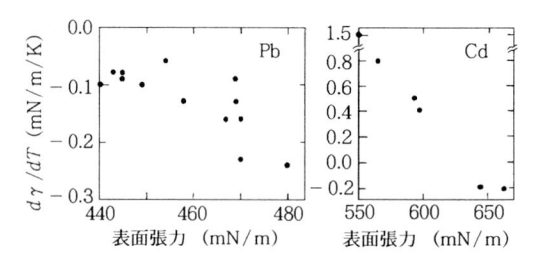

図 5.93 表面張力の温度係数と表面張力との関係[291]

ることを見出した。すなわち表面張力の測定値が低い場合には温度係数は大きく，大きな表面張力の値の得られている測定では温度係数が小さいことを見出した。一般に溶融金属の表面張力は不純物の存在によって低下する。そのため表面張力の低い測定は不純物を含む試料によるものと考えることができる。その例として，Pb, Cd の表面張力の測定値と温度係数の関係を図 5.93 に示す。

溶融金属の表面張力は金属中に含まれる表面活性元素によって大きく影響を受け，その含有量が大きいと表面張力は低下する。このことより Nogi らは，温度係数と金属中の表面活性元素含有量の間に関連性の存在することを指摘している[291]。

ところで，表面張力の温度係数は熱力学的には式 (5-37) で与えられる[291]。

$$\frac{d\gamma}{dT} = S^S_0 + \sum_i \Gamma_i d\frac{\mu_i}{dT} \tag{5-37}$$

ここに，S^S_0 は表面エントロピー，Γ_i は i 成分の表面過剰量，μ_i は化学ポテンシャル．二元系では式(5-37)は式(5-38)のように表わされる．

$$-\frac{d\gamma}{dT} = S^S_0 + \Gamma_1 \frac{d\mu_1}{dT} + \Gamma_2 \frac{d\mu_2}{dT} \tag{5-38}$$

ここに，成分1は溶質，2は溶媒である．平衡状態では

$$d\mu_1 = -S_1 dT + \left(\frac{\partial \mu_1}{\partial C}\right) dC \tag{5-39}$$

$$d\mu_2 = -S_2 dT + \left(\frac{\partial \mu_2}{\partial C}\right) dC \tag{5-40}$$

ここに，S_1，S_2 は部分モルエントロピー，C はバルク中の溶質のモル分率，式(5-39)，式(5-40)を式(5-38)に代入し，

$$-\frac{d\gamma}{dT} = \left(S^S_0 - \Gamma_1 S_1 - \Gamma_2 S_2\right) + \left(\Gamma_1 \frac{\partial \mu_1}{\partial C} + \Gamma_2 \frac{\partial \mu_2}{\partial C}\right) \frac{dC}{dT} \tag{5-41}$$

そこで，$(1-C)\frac{\partial \mu_1}{\partial C} + C\frac{\partial \mu_2}{\partial C} = 0$ であるから式(5-41)は，

$$-\frac{d\gamma}{dT} = \left(S^S_0 - \Gamma_1 S_1 - \Gamma_2 S_2\right) + \left(\Gamma_2 - \frac{C}{1-C}\Gamma_1\right) \frac{\partial \mu_2}{\partial C} \cdot \frac{dC}{dT} \tag{5-42}$$

式(5-42)の第1項は表面層における吸着への温度の影響に直接関係するが，第2項は関係しない．

いま，dC/dT は吸着の度合いにおける変化に対し，バルク相の組成の温度による変化を与える．もし液体中に強力な表面活性成分があると，第2項は温度による影響を持ち，それも優勢である．この場合，表面張力の温度係数は大きく正である．そのため溶液中，気相中に表面活性成分があると表面張力は小さく，$d\gamma/dT$ は大きくなる．

以上のような考え方より，温度係数として，表面張力の測定値の大きい場合の値を採用し，表5.46にまとめて示す．

表5.46 表面張力値の最も大きい値の得られた測定時の温度係数[291]

原子番号	金属	温度係数	表面張力 (mN/m)	測定法
50	Sn	-0.13	630	LD
26	Fe	-0.61	1938	LD
27	Co	-0.57	1996	LD
28	Ni	-0.43	1845	LD
29	Cu	-0.47	1394	SD
47	Ag	-0.15	927	SD
92	Pb	-0.24	480	SD
30	Zn	-0.24	834	SD
48	Cd	-0.21	663	LD

LD：浮遊滴法，SD：静滴法

c. 溶融Zn，Cdの温度係数

Zn，Cdの表面張力と温度の関係は図5.94，図5.95に示すように他の多くのメタルのそれと

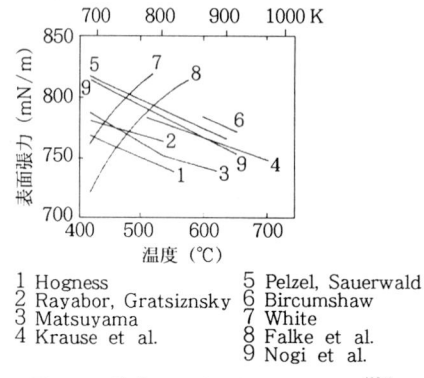

図5.94 溶融Znの表面張力の温度係数[291]

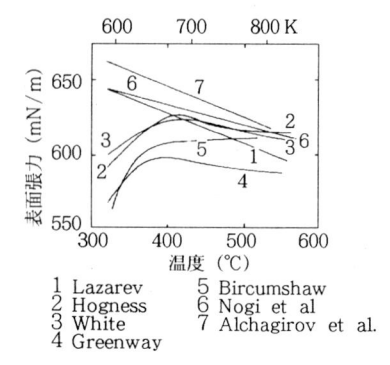

1 Hogness
2 Rayabor, Gratsiznsky
3 Matsuyama
4 Krause et al.
5 Pelzel, Sauerwald
6 Bircumshaw
7 White
8 Falke et al.
9 Nogi et al.

図5.95 溶融Cdの表面張力の温度による変化[288][290]

1 Lazarev
2 Hogness
3 White
4 Greenway
5 Bircumshaw
6 Nogi et al
7 Alchagirov et al.

大きく相違している．すなわちZnでは温度係数の正の場合があり，またCdでは最大点を有する曲線で与えられるものが見られる．図5.94，図5.95を注意深く見ると表面張力の温度係数の異常を示すものは，いずれも融点における表面張力が小さいものが多い．White[288]，Alchagirovら[290]は，正の温度係数を示す理由として非平衡状態にあることをあげているが，これら正の温度係数を示すメタルの蒸気圧が表5.47のように極めて大きい点も注目に値する．融点以上200Kにおいて，それぞれの蒸気圧は2230Pa(Zn)，2750Pa(Cd)で，他のメタルの約1000倍もあり，正の温度係数を示す原因の一つとも考えられる．Nogiら[291]はCd，Znにおいて融点における表面張力の小さいものが正の温度係数を示すことに着目し，表面張力を低下させる表面活性元素との関連において，Cd，Znの正の温度係数に対する一つの見解を提出している．

表5.47 種々な金属の蒸気圧と酸化物形成のための平衡酸素分圧 P_{O_2} [291]

メタル	蒸気圧 (Pa)		融点における P_{O_2} (Pa)
	融点	融点上200K	
Fe	22.4	24.0	1.93×10^{-4}
Co	1.32×10^{-3}	2.08×10^{-2}	3.75×10^{-2}
Ni	3.89×10^{-2}	6.95	3.24
Cu	4.21×10^{-2}	1.62	0.36
Zn	22.3	2230	5.07×10^{-38}
Ag	0.34	12.5	*
Cd	13.5	2750	1.0×10^{-30}
Sn	4.59×10^{-21}	2.33×10^{-12}	6.38×10^{-44}
Pb	4.63×10^{-7}	5.79×10^{-3}	2.23×10^{-23}

＊酸化物は融点において安定でない

高温で溶融Cd，Znの表面からは多量のCd，Zn原子が放出され，表面近くの気相中にCd，Zn原子の濃度が増加し，その部分のO原子と反応し，酸素圧は減少していることが考えられる．そのためメタルの表面層のO原子は減少し表面張力は大きい．一方融点近くの低温では蒸発は小さく，メタルの酸素吸収は大きくそのため表面張力は低い値を示す．すなわちCd，Znのように蒸発によって気相中の酸素と結びつきやすい原子が存在するとメタルの表面にあるOは減少し，その表面は著しく清浄になる．この傾

向は温度が高くなるほど大きくなる．この考え方を図に示すと図5.96のように表わせる．いま純度の高いH_2ガスと少量のH_2Oを含むガス雰囲気の下でZnの表面張力を測定することによって，表面活性元素の存在の効果を明らかにすることができる．純度の高いH_2ガスの下ではZnの表面張力は温度の上昇とともに直線的に低下している．しかしH_2中にH_2Oが少量存在すると表面張力は図5.97の他の測定者のように融点近くでは表面張力は低く温度の上昇と共に増大し，温度係数は正となる．またその傾向はH_2O含有量の多いものほど顕著であり，蒸気圧の高い金属において表面活性元素，特にその金属蒸気と結合しやすい元素の存在が表面張力と温度の関係に異常性を示すことを報告している．

Maze, Burnet[293]は蒸発のエントロピー生成に基づいて生じる非平衡状態における溶融金属の表面張力の温度依存性の計算と測定を行っている．Pb, Biについて得られた実測値を図5.98に示す．測定は5×10^{-9}torrの超高真空下で実施され，BiはZnにおいてみられたと同様の温度依存性の異常が認められ，表面エントロピーに溶融金属の蒸発によって生成されるエントロピーを考慮した計算式と一致する．

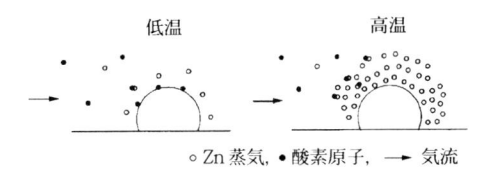

図5.96 溶融Zn表面における酸素原子吸着の模式的表現[291]

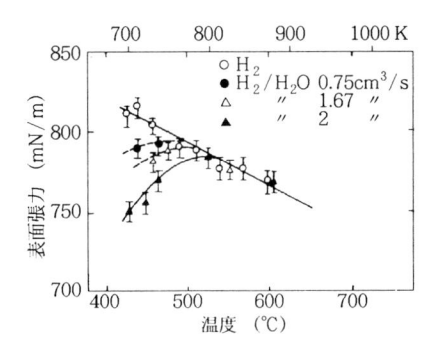

図5.97 溶融Znの表面張力の温度依存性への雰囲気中の水蒸気の影響[291]

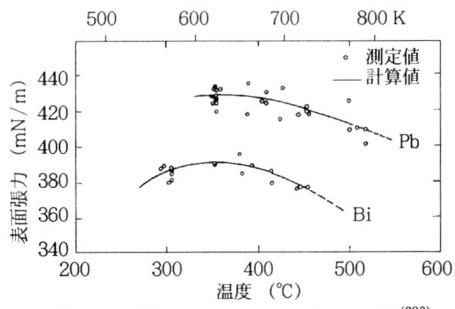

図5.98 Bi, Pbの表面張力の温度依存性[293]

d. 溶融合金の温度係数

溶融合金の表面張力の温度係数は図5.99，図5.100の例に示すように濃度との関係は2つに大別される．それはFe-Cr系[294]のように温度によって表面張力の濃度依存性が大きく変わらないものと，Fe-O系[131]のように温度による濃度依存性が大きく変化するものとである．後者はFe-O系でわかるように表面活性元素を含む系においてみらる現象である．温度係数は図5.100のようにO含有量によって変化し，Oが少ないと負であるがOが多くなるに従って正に変化している．Fe-O，Fe-S系における表面張力の温度変化を図5.101に示す．Fe-O系に

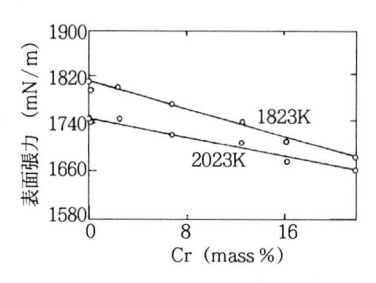

図 5.99 溶融 Fe-Cr 合金の表面張力への温度の影響 H_2, H_2-N_2 雰囲気 [294]

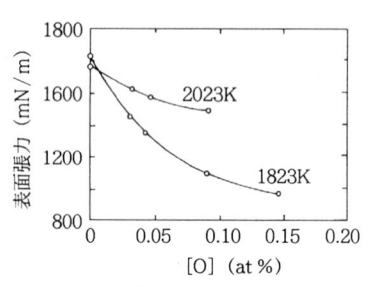

図 5.100 溶鉄の表面張力への酸素の影響の温度との関係 [131]

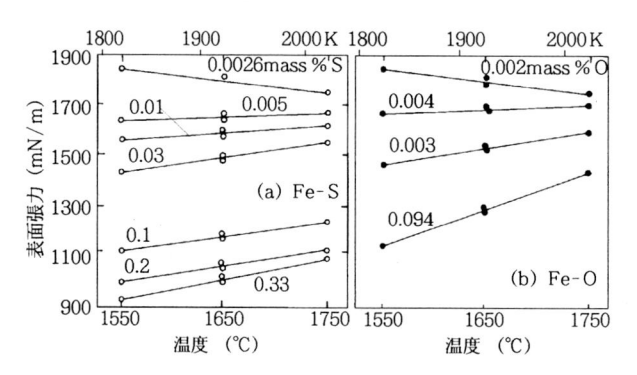

図 5.101 溶融 Fe-S, Fe-O 合金の表面張力の温度依存性 [131]

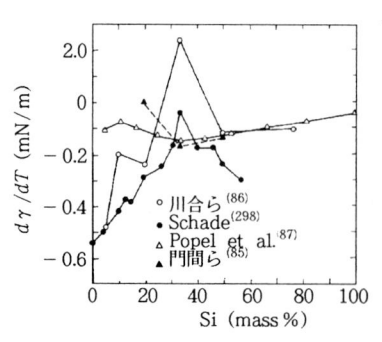

図 5.102 溶融 Fe-Si 合金の表面張力の温度係数

ついて同様の結果が報告されている [295]。これは表面活性剤を含む水溶液においてみられる現象 [296] であり,表面活性元素の吸着量が温度によって変化するものと考えられている。同様の傾向は Sn-Na, Sn-K 系においても見ることができる [297]。

溶融合金の表面張力の温度係数に影響する因子として,合金中の金属間化合物組成近傍の異常変化を示す報告が,Fe-Si [85]~[87],Cu-Sn [92],Ni-Si [298] についてなされている。Fe-Si 系の Fe・Si 組成においては図 5.102 のように極大を示し Ni-Si 系においても Ni_2Si 組成において極大を示す。Cu-Sn 系においても Sn32mass% においても最大値を示す。これらは,いずれもこの組成においては高温においてもクラスターの存在によるものと推察されている。

表5.48 溶融純酸化物の表面張力の温度依存性

酸化物	温度係数 (mN/m/K)	温度範囲 (K)	文献
P_2O_5	−0.021	413〜573	145
GeO_2	0.056	1423〜1673	145
B_2O_3	0.0055	973〜1473	145
B_2O_3	0.03	785〜2362	161
Al_2O_3	−0.436	2320〜3100	149
Al_2O_3	−0.193	2323〜2700	151
Al_2O_3	−0.327	2063〜2988	152
BeO	−0.153	2875〜2604	157
PbO	−0.02	1173〜1473	104
TiO_2	−0.175	2123〜2623	166

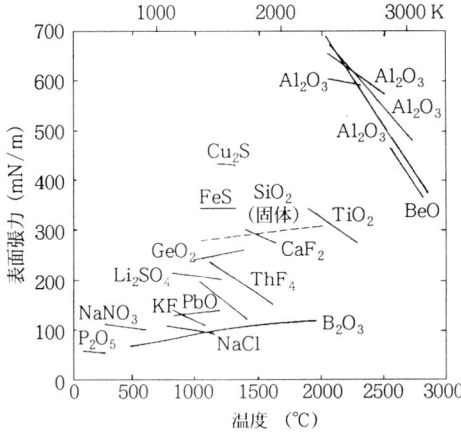

図5.103 種々な溶融非金属の表面張力の温度依存性

5.4.3 溶融非金属の表面張力の温度係数

　スラグやガラスのような溶融ケイ酸塩の表面張力の温度係数は0.1mN/m/K以下のものが多くメタルの場合よりかなり小さい．またケイ酸塩，ホウ酸塩では正の温度係数を示す場合もある．これに比べてフッ化物系はやや大きい温度係数を示す．純酸化物，フッ化物等の溶融非金属の表面張力と温度の関係を図5.103に示す．

a. 純酸化物

　純酸化物については本章5.3において示したようにB_2O_3，Al_2O_3など数種のものについて報告がある．その中で特にB_2O_3の挙動は特異であり，図5.103のように温度の上昇とともに，かなりの高温まで表面張力は増大する．2273Kにおいてもなお増加の傾向を示している．他のAl_2O_3，TiO_2については図5.41，図5.43に示すように温度の上昇とともに表面張力は低下する．しかし，特にAl_2O_3の表面張力の低下は急激である．筆者らの測定は最も低いものに属している．この不一致は2773Kを越える測定の困難さによるものと考えられる．純酸化物の温度係数を表5.48に示す．

b. 溶融混合酸化物

　種々な溶融混合酸化物の表面張力と温度の関係を図5.104に示す．溶融ケイ酸塩の表面張力の温度においてはしばしば表面張力が温度の上昇とともに増加する場合がある．二元系ケイ酸塩について温度係数とSiO_2濃度の関係を示すと図5.105のように，どの系においても温度係数はSiO_2濃度の増加とともに負から正の方向に変化するのがみられる．この場合，温度に対す

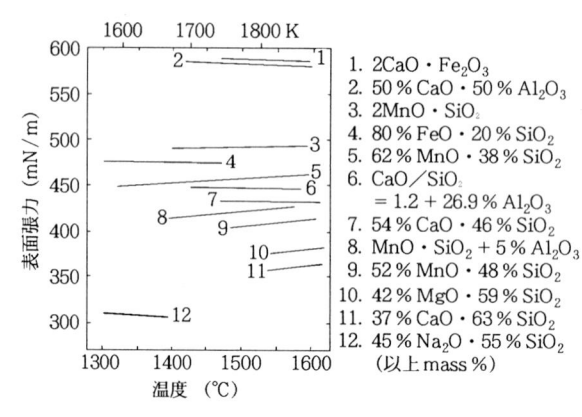

図 5.104 溶融酸化物の表面張力と温度の関係[171]

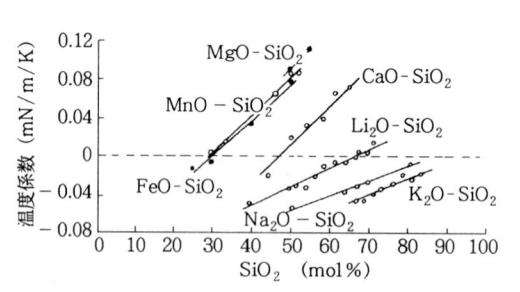

1. 2CaO・Fe$_2$O$_3$
2. 50% CaO・50% Al$_2$O$_3$
3. 2MnO・SiO$_2$
4. 80% FeO・20% SiO$_2$
5. 62% MnO・38% SiO$_2$
6. CaO/SiO$_2$ = 1.2 + 26.9% Al$_2$O$_3$
7. 54% CaO・46% SiO$_2$
8. MnO・SiO$_2$ + 5% Al$_2$O$_3$
9. 52% MnO・48% SiO$_2$
10. 42% MgO・59% SiO$_2$
11. 37% CaO・63% SiO$_2$
12. 45% Na$_2$O・55% SiO$_2$
(以上 mass %)

図 5.105 二元系ケイ酸塩の表面張力の温度係数と組成との関係[299]

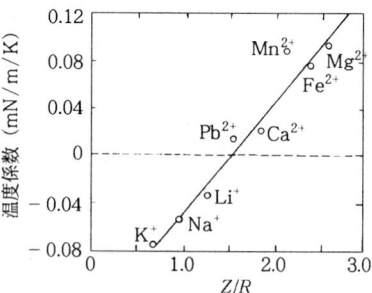

図 5.106 溶融ケイ酸塩（オルソシリケート組成）の表面張力の温度係数とイオンポテンシャルとの関係[299]

る表面張力の変化は必ずしも直線的でないので約 150 K の範囲の平均値を採用した。SiO$_2$ の含有量の大きいときは正の偏奇をする。温度係数の大きさは系によって異なっているから同一 SiO$_2$ 含有量，オルソシリケート組成で比較すると，図 5.106 のように Z/R との間に直線関係が成立する。温度係数の値はカチオン－酸素引力が強いほど正の係数になる傾向がある。

このように温度係数が正になる現象は B$_2$O$_3$ 基融体においてもみられ，また CaO-SiO$_2$-Al$_2$O$_3$ 三元系においても見ることができる。三元系の一例を図 5.107 に示す。温度の上昇とともに表面張力はわずかに増加している。SiO$_2$ の多いほどこの傾向が強い。以上のように表面張力の温度係数の異常を説明するために King は 3 つの機構を提案している[299]。第一は温度の上昇にともなって液体の表面における溶質の濃度が低下するために表面張力は上昇する機構で，Shartsis, Spinner がアルカリケイ酸塩に対して用いた。第二は非対称性分子群が表面と平行の方向性を有し，このため表面張力が減少するが，この程度は温度の上昇とともに減少する。このことは表面張力の上昇につながる。この機構は Dietzel がホウ酸塩系で暗示した。最

5.4 融体の表面張力の温度係数

後は液体が会合性であれば温度の上昇とともに会合度が減少し，ケイ酸塩の場合 Si-O 陰イオンの構造が小さく壊れていくためと考えられる．この機構は King によって強調された．

ホウ酸についても図5.108のように B_2O_3 の多い領域（MO，$M_2O \sim 20 mol\%$）において溶融アルカリ，アルカリ土類ホウ酸塩の表面張力の温度係数は正である．

この領域は表面張力において述べたように二相分離の領域であり，溶融 B_2O_3-MO，B_2O_3-M_2O 系の表面張力は純 B_2O_3 に近い値を示している．このことから温度係数においてもこれら

	1	2	3	4	5	6	7
CaO	29.0	37.0	31.0	44.0	38.9	28.4	29.2
SiO_2	59.7	48.6	50.0	40.3	39.6	42.5	30.9
Al_2O_3	11.3	14.4	19.0	15.7	21.5	29.1	39.9

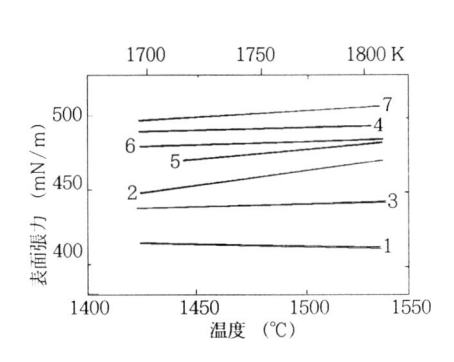

スラグの組成（mass %）

図 5.107 溶融 CaO-SiO_2-Al_2O_3 三元系の表面張力の温度依存性[216]

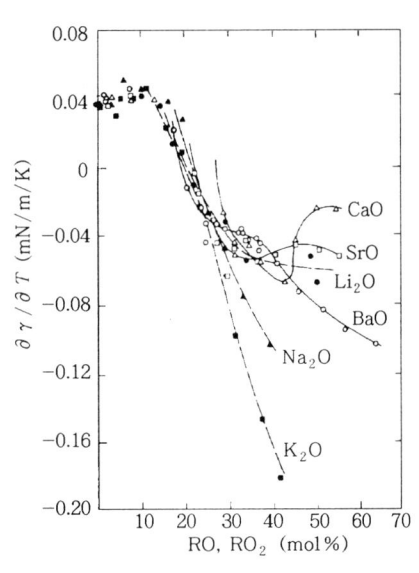

図 5.108 溶融アルカリ，アルカリ土類ホウ酸塩の表面張力の温度係数との関係[206][207]

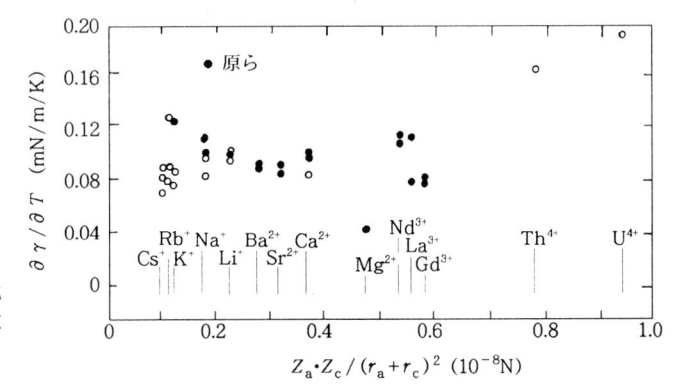

図 5.109 溶融純フッ化物の表面張力の温度係数とイオニックポテンシャルの関係[252][253]

の融体の表面性質を支配するB_2O_3の温度係数のように正の値を示したものと考えられる．

　これらの二元系溶融ホウ酸塩の均一融体組成における表面張力の温度係数はB_2O_3-M_2O系においてはM_2Oの増加とともに減少する．減少の程度は$K_2O > Na_2O > Li_2O$の順に大きく，図5.105に示した二元系溶融ケイ酸塩におけるようにイオンポテンシャルの順と同じである．

　一方，B_2O_3-MO系においては温度依存性はどの系も負の領域にあるが，MO量によって複雑な変化を示す．

c. 溶融フッ化物

　溶融純フッ化物の表面張力の温度依存性は図5.103に示すようにケイ酸塩よりは若干大きい．純フッ化物の表面張力の温度係数を表5.39に示す．MF，MF_2融体についてその静電引力と表面張力の温度係数の関係を図示すると図5.109のようになる．図5.109には原ら[252]の測定および他の測定者によるものとを区別して示した．温度係数は錯イオン形成の可能性のあるMgF_2，ThF_4，UF_4を除いて静電引力によって変化はみられない．

　溶融混合フッ化物についても若干の報告がある．CaF_2-MF，CaF_2-MF_2系における表面張力の温度係数と組成との関係を図5.110に示す．

d. その他の単純溶融塩

　硫化物，塩化物，炭酸塩などの単純溶融塩の表面張力の温度係数についての測定があるが，その一例として図5.103に併記する．アルカリ金属の種々の塩類の表面張力の温度係数は表5.49に示すように0.052〜0.123mN/m/Kの範囲にある．溶融硫化物の温度係数の一例を表5.50

表5.49 アルカリ金属塩の表面張力の温度係数(mN/m/K)[278]

陽イオン	Cl^-	Br^-	I^-	NO_3^-	SO_4^{2-}	F^-
Li^+	0.0716			0.064	0.068	0.097
Na^+	0.070	0.069	0.052	0.064	0.056	0.103
K^+	0.071	0.066	0.066	0.076	0.063	0.123
Rb^+	0.088	0.069	0.070	0.075	0.052	0.089
Cs^+	0.079	0.061	0.059	0.073	0.052	0.088

表5.50 溶融硫化物の表面張力の温度係数[270]

組成 (%)		温度係数
FeS	Cu_2S	(mN/m/K)
100	0	−0.01
80	20	−0.033
50	50	−0.119
20	80	−0.116
0	100	−0.09

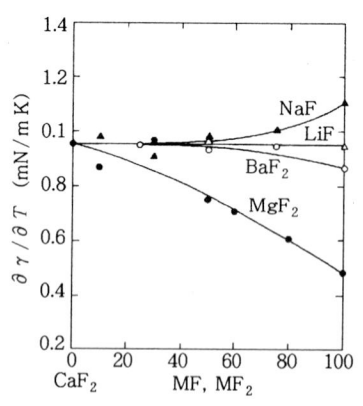

図5.110 溶融CaF_2基二元系フッ化物の表面張力の温度係数と組成の関係（文献(258)の表3より作成）

5.4.4 表面張力の温度係数の推定

　純金属の表面張力の温度係数を他の簡単な物理量，構造因子，熱力学数値より計算しようとする試みも若干みられる[300]～[303]．さらに，より理論的取り扱いも報告されている[304]．計算によって求められた温度係数の値を周期率表に記入し，検討すると，次のような傾向が認められる．金属の温度係数の変化の大きさは，Allen[51]が示した融点における表面張力と原子番号の関係に類似しIVA～VIII族元素で大きく，その両側で順次温度係数は小さくなる．アルカリ金属およびアルカリ土類金属においては，原子番号が大きくなるに従って温度係数は小さくなる傾向を示す．

　溶融金属の表面張力とバルクの諸性質との間に関連のあることはすでに5.2.1cで詳細に述べた．この関係を適用して，溶融金属の温度係数を求める試みがいくらか報告されている．

　笠間ら[300]は溶融金属の温度変化を現象論的立場より検討し，原子容あるいは密度のみのパラメーターを用いて温度係数を表面張力の式(5-43)によって表している．

$$\frac{d\gamma}{dT} = -\frac{1}{3} \cdot \frac{\pi C^2}{N} \cdot \frac{T_m b \beta^2}{M^{2/3}} \times \left\{ 2(1+\alpha)^2 d_T^{1/3} \cdot d_m^{2/3} - 3(1+\alpha) d_m^{-1/3} \right\} \quad (5\text{-}43)$$

ここに，N：アボガドロ数，C：定数($2.8 \times 10^{12} \sim 3.1 \times 10^{12}$)，$T_m$：融点(K)，$b$：定数，$M$：原子量，$\alpha$：定数，$\beta$：定数，$d_m$：融点の密度，$d_T$：温度$T$における密度．

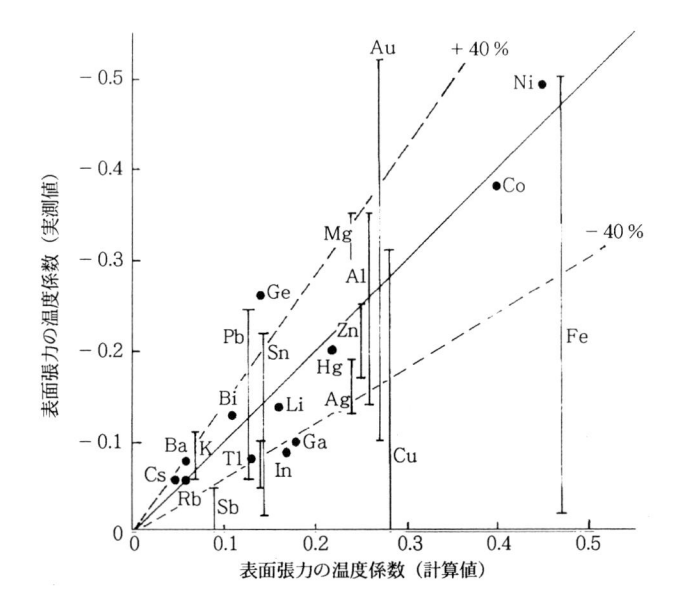

図5.111 溶融純金属の表面張力の温度係数の実測値と計算値の比較（文献(300)より作成）

αは1個の原子対を引き離すのに必要な仕事Wを具体的に計算する際，式の取り扱いを単純化するために実際のポテンシャルを調和振動子模型に基づくポテンシャルに置き換えたときに導入される物理量である．金属の種類によらず1/2程度である．βは液体状態における原子の振動数ν_sと固体の振動数ν_lとの比を表わす量である．

笠間ら[300]は，各種純金属について，温度係数の実測値と計算値を対比している．これらの結果を図示すると図5.111のようにかなり分散している．

Papazian[301]は温度係数を熱膨張より求めようとし，式(5-44)を与えている．

$$\frac{d\gamma}{dT} = \gamma/(T_c - T)\left[\{2(T_c - T)/3\rho\}d\rho/dT - 1\right] \tag{5-44}$$

ρ：密度，T_c：臨界温度（Groose[292]による）

一方，Alchagirovら[302]は，純金属を金属原子－空孔の2成分系と考えて，Zhukhovitsukinら，Zadumkinらの示した式を用いて，熱力学的に式(5-46)，式(5-47)によって表面張力の

表5.51 溶融純金属表面張力の温度係数（×10^{-3}・J・m^{-2}・deg^{-1}）

金属	計算値				測定値		
	(a)	(b)	(c)	(d)	(e)	(f)	(g)
Li	-0.16	-0.14	-0.11	-0.12	-0.14		
Na	-0.14	-0.06	-0.21	-0.18	-0.10		
K	-0.07	-0.03	-0.10	-0.08	-0.08		
Rb	-0.06		-0.11	-0.09			
Cs	-0.05		-0.06	-0.04			
Cu	-0.28	-0.30	-0.55	-0.53	-0.21	-0.31	-0.23
Ag	-0.24	-0.22	-0.26	-0.10	-0.16	-0.13	-0.19
Au	-0.27	-0.24	-0.14	-0.20	-0.52		-0.25
Mg	-0.24	-0.12	-0.37	-0.28	-0.35		
Ca	-0.14	-0.03					
Ba	-0.06	-0.04			-0.08		
Zn	-0.25	-0.14	-0.31	-0.26	-0.17		
Cd	-0.23	-0.11	-0.21	-0.19	-0.10		
Hg	-0.22	-0.13			-0.20		
Al	-0.26	-0.38	-0.40	-0.42	-0.35		
Ga	-0.18	-0.13					
In	-0.17	-0.02			-0.09		
Tl	-0.13	-0.20					
Ge	-0.14	-0.05			-0.08		
Sn	-0.14	-0.13			-0.07	-0.13	-0.09
Pb	-0.13	-0.11			-0.13		-0.13
Sb	-0.09	-0.02			-0.05		
Bi	-0.11	-0.02			-0.07		
Fe	-0.47	-0.44	-0.29	-0.24	-0.49	-0.49	
Co	-0.40	-0.39	-0.60	-0.50	-0.49	-0.57	
Ni	-0.45	-0.35	-0.46	-0.40	-0.38	-0.43	

(a) 笠間ら[300]
(b) Papazian[301]
(c) 式(5-45) Alchagirov[302]
(d) 式(5-46) Alchagirov[302]
(e) Papazian[301]
(f) Nogi[291]
(g) 笠間ら[300]

(f)の値は浮遊溶解法による結果

温度係数を評価した．

$$\frac{d\gamma}{dT} = \frac{R}{\omega}\left[(\ln\chi_v^\omega - \ln\chi_v^\alpha)(1-2\alpha_l T) + \frac{W_v^\omega - W_v^\alpha}{kT}\right] \quad (5\text{-}45)$$

$$\frac{d\gamma}{dT} = \frac{R}{\omega}\left\{\left[\ln\chi_v^\omega - \ln\chi_v^\alpha - \frac{3L}{4kT}\left(1-\frac{f^\omega}{f}\right)\right](1-2\alpha_l T) + \frac{W_v^\omega - W_v^\alpha}{kT} + \frac{3L}{4kT}\left(1-\frac{f^\omega}{f}\right)\right\}$$
$$(5\text{-}46)$$

ここに，α_l は線膨張係数，W_v^ω，W_v^α は空孔形成エネルギー，χ_v^ω，χ_v^α は表面とバルクメタルにおける濃度，f^ω，f はメタルの表面およびバルクの原子の配位数である．

各種の方法によって得られた，各種金属の表面張力の温度係数の比較を表5.51に示す．表には実測値も併記した．

5.5 融体の表面張力と圧力

高圧下おける高温融体としてはマグマが最も良く知られている．マグマの表面張力と圧力との関係を図5.112に示すが，N_2，H_2雰囲気とも表面張力は圧力の増加とともに減少を示す．溶融酸化物は高圧下では多量のガスを含有するが，表面張力の低下は，このガスの影響によるものと考えられている．

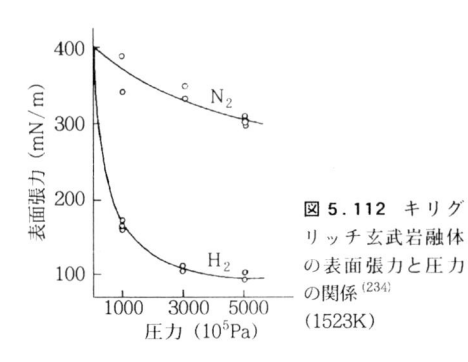

図5.112 キリグリッチ玄武岩融体の表面張力と圧力の関係[234] (1523K)

5.6 融体に関する表面張力の理論

液体の表面張力は，液体表面を単位面積だけ拡げるに要する仕事であるから，液体の構成粒子間の相互作用に支配されることはすでに述べた．この粒子間の結合力を評価することによって表面張力を理論的に計算することができる．この場合，まず液体を微視的にどのように考えるかということであり，次に，そのような液体の表面をどう考えるかということである．液体を分子，原子のような構成粒子の集合体と考える微視的な取り扱いである液体論は1935年頃より研究され，それに伴って液体の性質を理論的に求めようとする努力がなされるようになった．このような多くの粒子より構成された体系に対しては統計力学を用いて処理され，この体系の状態和（分配係数）がわかれば，表面張力をはじめとする物理量を計算で求めることができる．これが統計力学的方法である．これに対して簡単な物理量で表面張力を表現する近似モデル法がある．

液体の表面張力理論は最初アルゴンのようなVan der Waals力によって結合している分子

性液体についてなされている．Fowler[305]は分子間力および分子分布関数を用いて統計力学的に表面エネルギーを論じている．この場合，表面をどのように考えるかが重要で，表面付近の密度に関する知識は特に重要である．しかし，表面近傍を正しく把握することは極めて困難である．液体表面に対して最も簡単な仮定として，幾何学的な平面を考え，表面近傍の密度を気相は密度ゼロ，液相では一様であるとする．その結果，表面張力は式(5-47)のように簡単に示すことができる．

$$\gamma = \frac{\pi n^2}{8} \int_0^\infty r^4 \frac{d\phi(r)}{dr} g(r) dr \tag{5-47}$$

ここに，$\phi(r)$：二体間相互作用エネルギー，$g(r)$：液体内部の二体分布関数．

分子がまったく球形で，双極子モーメントもなく，量子効果もほとんどない液体アルゴンについて式(5-48)を用いて表面張力が計算されているが，計算値は14.9 mN/mで実測値の11.9 mN/mに近い値が得られている．

Fowler以後，Kirkwood[306]，Harashimaら[307]数多くの研究者によって液体の表面張力が統計力学的立場より検討が加えられてきた．

5.6.1 溶融純金属

アルゴンのような簡単な液体に対しては古くから理論的取り扱いが行われてきたが，高温の融体である溶融金属に対してはX線や中性子線回折実験の結果に基づいて，その構造に関する情報が得られるようになった．その結果，溶融金属はアルゴンなどの液体に比べて電子の存在を含むはるかに複雑な相互作用を大きな近似において評価できるようになった．

液体表面の構造に関してもすでに液体アルゴンについては理論的手法によって求めた表面張力と測定値に良好な一致がみられている．しかし溶融金属については表面エネルギーが電子効果に支配されるためアルゴンのような単純な液体に用いた理論的手法は使用できない．ただ，溶融金属の表面構造のモデルや相互作用に対し，種々な仮定をおくことによって理論的な取扱いも多く行われ

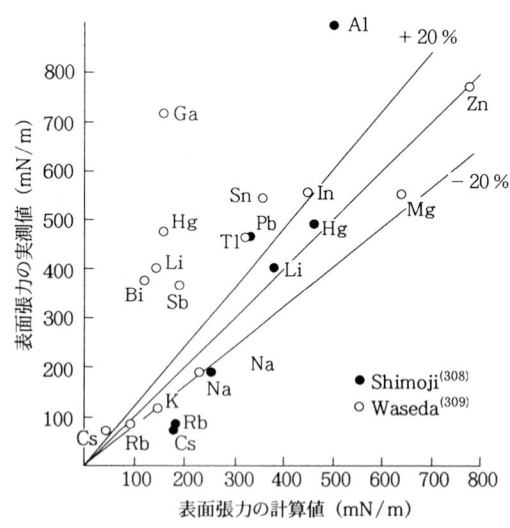

図5.113 溶融金属の表面張力の実測値と計算値の比較．(文献(308),(309)のデータより作成)

5.6 融体に関する表面張力の理論

下地[308]はペアポテンシャルおよび動径分布関数より，式(5-48)によって溶融金属の表面張力を求めている．

$$\gamma = \frac{\pi \rho^2}{8} \int_0^\infty g(r) u'(r) r^4 \, dr \qquad (5\text{-}48)$$

ここに，$g(r)$：動径分布関数，$u'(r)$：ペアポテンシャル．

早稲田ら[309]も，これらの知識からBorn-Green方程式を線型化連立方程式法によって解き，イオン間相互作用に関する情報を導出し，この情報を分布関数理論に適用して表面張力を式(5-49)によって計算している．

$$\gamma = \frac{\pi}{8} \rho_0^2 \int_0^\infty g(r) \frac{d\phi(r)}{dr} r^4 \, dr \qquad (5\text{-}49)$$

ここに，$g(r)$：動径分布関数，$\phi'(r)$：ペアポテンシャル．

下地，早稲田の計算値と実測値の関係は図5.113にみるように一部の金属を除いて必ずしも良好な対応はみられるとはいいがたい．

現在に至るも溶融金属表面に関する理論的研究は活発であり，Evans[310]，Evans, Kumaravadivel[311]，Mon, Stroud[312]，Amokraneら[313]，Badialiら[314]，Hasegawaら[315]，Chacónら[316]，Iakubovら[317]などによる報告がある．液体における自由エネルギーの計算のために，擬原子モデル，イオン－電子擬ポテンシャル，密度関数理論などが提出され，相互作用を種々仮定した理論計算によって，アルカリ金属などについて表面張力が計算されている．1980以降，比較的簡単な構造の溶融アルカリ金属の表面張力の計算値を表5.52に示す．Hasegawaら[315]やIakubovら[317]，Woodら[319]の報告では良好な一致が報告されているが，Chacónら[316]はHasegawaら[315]の結果に対し，計算値と測定値の一致は全くの偶然であり，電子－イオン間の相互作用により正しい仮定の必要性を強調している．またWoodら[319]の計算もZn，Alでは計算値は測定値の3倍近く，大きく相違している．Inkubovら[317]は密度関数理論（density functional theory）によってNaの表面張力を求めている．

Lai[318]は局所密度汎関数法（local density functional formalism）を擬ポテンシャルの非局所性を含めて溶融金属の表面張力計算に用いたが，実験値とは2倍以上の開きがあった．Zeng, Stroud[320]は伝統的な剛体球モデルに代わる一成分プラズマモデルを使用してアルカリ金属，Alの表面張力を計算によって求めている．その結果はアルカリ金属では比較的良好な一致がみられるが，Alは実測値よりかなり大きい値を得ている．このように溶融金属の表面張力の理論計算はすべての金属に対し，十分な精度で測定値に近い値を示すに至っていない．

一方，純理論とは別に，簡単な物理量によって表面張力を表現する近似モデル法は5.2.1cの表面張力と物理量の関係において述べたが，例えば，Gogateらによる原子体積による表面張力の表現，

表5.52 理論計算のよって求められた液体アルカリ金属の表面張力

	西暦	Li	Na	K	Rb	Cs	Al	文献
Allen (実測値)			398	191	115	85	70	914	23
Mon, Stroud	1980	242	151.6	88	74	57		312
Badaiali, Lepare	1981	141〜146	95〜97	56〜57	49	36		314
Amokrane, Badaiali	1981	311.4	169.6	88.6	72.4	58.2		313
Hasegawa, Watabe, Young	1981		(170) 138					315
Evans, Hasegawa	1981		419	229	189	154		324
Hasegawa, Watabe	1982	332	170	104	95	81		322
Goodisman, Rosinberg	1983		420.2			154.0		323
Wood, Stroud	1983		213 207	112.2	89.0	71.9	2709	319 〃
Chacón, Flores, Navascués	1983		91.5				15	316
Iakubnov	1986		171.3					317
Lai	1986		493.1 419.0	279.2 229.0	229.8 189.0	179.8 154.0		318 〃
Zeng, Stroud	1987	392	205 199	94.4	74.4	55.3	1723	320 〃

$$\gamma = kv^{-4/3} \tag{5-50}$$

ここに, γ：表面張力, v：原子体積.
あるいは飯田ら[326]による融点, 原子体積による表現,

$$\gamma = 4T_m / V^{2/3} \tag{5-51}$$

ここに, T_m：融点.
および吉田[327]によるエントロピーと表面張力との関係,

$$\log \gamma = -3.29 + 1.97 \log(S_V - 58.6) \tag{5-52}$$

などにみることができる.
　これらの方法はいずれも, 実測値をある物理量によって近似的に示すために種々な仮定, 補正を行っているものである.

引用文献

(1) 日本金属学会編：金属データブック, 丸善, (1974), 14.
(2) 日本鉄鋼協会編：溶融・溶滓物性値便覧, 日本鉄鋼協会, (1972), 38.

(3) Verein Deutscher Eisenhüttenleute : Slag Atlas, Verlag Stahleisen M.B.H, (1981).
(4) 日本鉄鋼協会編:エレクトロスラグ再溶解スラグの性質, 日本鉄鋼協会, (1979), 18.
(5) J.O'M.Bockris, J.D.Mackenzie and J.A.Kitchener: Viscous flow in silica and binary liquid silicates, Trans. Faraday Soc., **51** (1955), 1734~1748.
(6) A.I.Belyaev, E.A.Zhemchuzhina, L.A.Firsanova: (溶融塩の物理化学), 科学技術出版, (1957), 96.(ロシア語)
(7) 野口精一郎:物性から見た気, 液, 固相の相違, 液体金属の構造と物性, 日本金属学会, (1971), 1~16.
(8) 日本金属学会編:冶金物理化学, 日本金属学会, (1964), 95
(9) 日本金属学会編:現代の金属学, 製錬編4. 冶金物理化学 (1979), 8
(10) R.G.Ward: An introduction to the physical chemistry of iron and steelmaking, Edward Arnold LTD, (1962), 3~21.
(11) W.D.Kingery: Introduction to ceramics, John Wiley & Sons (1960), 120~121.
(12) J.D.Mackenzie: General aspects of the vitreous state, Modern aspects of the vitreous state, Butterworth (1960), 1~9.
(13) 荻野和己:高温における酸化物, フッ化物融体の物性測定, 高温学会誌, **7** (1981), 137~147.
(14) P.Kozakevitch: Viscosité et éléments structuraux des aluminosilicates fondus : Laiters $CaO-Al_2O_3-SiO_2$ entre 1600 et 2100 ℃, Rev. Metall, **57** (1960), 149~160.
(15) Y.Waseda, F.Takahashi and K.Suzuki: Apparatus for X-ray diffraction of liquid metals and several results, Sci. Rep. RITU, **23A** (1971), 127~138.
(16) 早稲田嘉夫, 徳田昌則, 大谷正康:X線回折による溶融Fe及びFe-C合金の構造に関する研究, 鉄と鋼, **61** (1975), 54~70.
(17) 早稲田嘉夫, 水渡英昭:溶融アルカリ金属珪酸塩の構造, 鉄と鋼, **62** (1976), 1493~1502.
(18) 柳ヶ瀬勉, 森永健次:赤外, 遠赤外吸収スペクトルによる珪酸塩の構造解析, 金属物理セミナー, **3** (1978), 13~20.
(19) 樫尾茂樹, 井口泰孝, 不破祐, 仁科雄一郎, 後藤武生:ラマン分光法による珪酸塩スラグの構造解析, 鉄と鋼, **68** (1982), 1987~1993.
(20) 松宮徹, 中村正和, 大橋徹郎:$CaO-SiO_2$融体におけるCaの拡散係数の推定-分子動力学によるスラグのシミュレーションと物性の推定, 第1報-, 鉄と鋼, **72** (1986), 930.
(21) C.R.Masson: An approach to the problem of ionic distribution in liquid silicates, Proc. Roy. Soc., **A287** (1965), 201~221.
(22) L.Goumiri and J.C.Joud: Auger electron spectoroscopy study of aluminium-Tin liquid system, Acta Metall., **30** (1982), 1397~1405.
(23) B.C.Allen: The surface tension of liquid metals, S. Z. Beer. ed., Liquid metals (chemistry and

physics), Marcel Dekker. Inc., (1972), 161 ~212.

(24) V.I.Kononenko, A.L.Sukhman, V.G.Shevchenko: (希土類金属の表面およびバルクの性質), Izv. Akad. Nauk SSSR. Met., (1980), No.2, 53~56. (ロシア語)

(25) A.A.Fogel, T.A. Sidorova, G.E.Chuprikov, M.M.Mezdrogina: (イットリア基合金の表面張力の測定), Izv. Akad. Nauk SSSR. Met., (1975), No.1, 50~53.(ロシア語)

(26) V.I.Kononenko, S.L.Gruverman, A.L.Sukhman :(液体希土類金属の表面エネルギー), Izv. Akad. Nauk SSSR. Met., (1983), No.6, 59~62.(ロシア語)

(27) V.K.Semenchenko: Surface phenomena in metals and alloys, Pergamon Press, (1961), 395.

(28) M.C.Wilkinson: The surface properties of mercury, Chem. Rev., **72** (1972), 575 ~ 625.

(29) D.W.G.White : The surface tension of liquid metals and alloys, Metall. Rev., **13** (1968), 73~96.

(30) G.Lang: The surface tension of mercury and liquid lead, tin and bismuth. J.Inst.Metals, **101** (1973), 300 ~308.

(31) C.Kamball: On the surface tension of mercury, Trans. Faraday Soc., **42** (1946), 526~537.

(32) G.M.Ziesing: The determination of surface tension by sessile drop measurements, with application to mercury, Aust. J. Phys., **6** (1953), 86~ 95.

(33) B. P. Bernig, K.A.Ioileva: (水銀表面の蒸気の吸着), Doklad. Akad. Nark SSSR., **93** (1953), 85~88.(ロシア語)

(34) M.E.Nicholas, P.A.Joyner, B.M.Tessem and M.D.Olson: The effect of various gases and vapors on the surface tension on mercury, J.Phys. Chem., **65** (1961), 1373~1375.

(35) D.A.Olsen and D.C.Johnson: The surface tension of mercury – thallium and mercury - indium amalgams, J. Phys. Chem., **67** (1963), 2529~2531.

(36) N.K.Roberts: The surface tension of mercury and the adsorption of water vapour and some saturated hydrocarbons on mercury, J. Chem. Soc., **64** (1964), 1907~1915.

(37) V.I.Melik-Gajkazan, V.V.Voronchikhina, E.A.Zakharova: (懸滴法による真空中でのHgの表面張力の測定), Elektrokhim, **4** (1968), 1420~1425. (ロシア語)

(38) J.J.Bikerman: Physical surface, Academic Press, (1970), 46.

(39) F.D.Richardson: Physical chemistry of melts in metallurgy, vol.2, Acad. press (1974), 427.

(40) L.E.Murr: Interfacial phenomena in metals and alloys, Addison- Wesley Pub. Co. (1975), 104.

(41) 日本金属学会編 : 界面物性 , 金属物理基礎講座 10, 丸善 (1976), 204.

(42) C.H.P.Lupis: Chemical thermodynamics of materials, North – Holland, (1983), 380.

(43) E.T.Turkdogan: Physical chemistry of high temperature technology, Acad. Press (1980), 94.

(44) 日本化学会編 : 化学便覧 , 基礎編 II, 丸善 (1975), 610.

(45) 東京天文台編 : 理科年表 , 丸善 (2001), 物 28, (452).

(46) R.C.Weast, M.J.Astle: CRC Handbook of Chemistry and physics, 61st Edition, CRC Press,

(1980~1981), F30~F38.
(47) B.J.Keene: Review of data for the surface tension of iron and its binary alloys, Inter. Mater. Rev., **33** (1988), 1~37.
(48) B.J.Keene, K.C.Mills, A.Kasama, A.Mclean and W.A.Miller: Comparison of surfacetension measurements using the levitated droplet method, Metall,Trans., **17B**(1986), 159~162.
(49) von R.Eötvös: Ueber den Zusammenhang der Oberflächenspannung der Flüssigkeiten mit ihrem Molecular–volumen, Wied. Ann., **27** (1885), 448~459.
(50) S.W.Smith: The surface tension of molten metals, J. Inst. Metals, **12** (1914), 168~213.
(51) B.C.Allen: The suface tension of liquid transition metals at their melting points, Trans AIME, **227** (1963), 1175 ~1183.
(52) L.L.Kunin: (金属の表面張力理論の最近の状況に関する諸問題), 冶金プロセスの理論, 冶金図書出版 (1965), 67~76.(ロシア語)
(53) D.V.Atterton and T.PL.Hoar: Surface tension of liquid metals, Nature, **167** (1951), 602.
(54) D.V.Gogate and D.S.Kothari: On the theory of surface tension of liquid metals, Phil. Mag., **20** (1935), 1136 ~1144.
(55) J.W.Taylor: An estimation of same unknown surface tension for metals, Metallurgia, **50** (1954), 161~165.
(56) F.Schytil: Eine einfache Ableitung einer Formel für die Oberflächenspannung von Flüssigkeiten, Z. Naturforsch., **4** (1949), 191~194.
(57) J.E.Lennard-Jones and J.Corner: The calculation of surface tension from intermolecular forces, Trans. Faraday Soc., **36** (1940), 1156~1162.
(58) 文献 (43) p.95.
(59) 飯田孝道, 笠間昭夫, 三沢正勝, 森田善一郎: 融点近傍における金属液体の表面張力について, 日本金属学会誌, **38** (1974), 177~181.
(60) A.S.Skapski: The surface tension of liquid metals, J. Chem. Phys., **16** (1948), 389~393.
(61) R.A.Oriani: The surface tension of liquid metals and the excess binding energy of surface atoms, J. Chem. Phys, **18** (1950), 575 ~578.
(62) S.W.Strauss: The surface tension of liquid metals at their melting points, Nucl. Sci. Engin, **8** (1960), 362~363.
(63) A.A.V.Grosse: The relationship between surface tension and energy of liquid metals and their heat of vaparization at the melting point, J. Inorg. Nucl. Chem., **6** (1964), 1349~1361.
(64) S.H.Overbury, P.A.Bertrand and G.A.Somorjai: The surface composition of binary systems, predication of surface phase diagrams of solid solution, Chem. Rev., **75** (1975), 547~560.
(65) V.G.Glushkhenko, V.P.Sidorov, V.P.Posternakh: (融体表面張力への元素の基礎的構造－エネ

ルギーパラメーターの影響), Liteinoe Proizv., (1975), No.12. 3~4. (ロシア語)
(66) G.Lang: Abschätzung unbekannterk Oberflächenspannungswerte von flüssigen Metallen, Z. Metallk, **67** (1978), 549~558.
(67) A.R.Miedema and R.Boom: Surface tension and electron density of pure liquid metals, Z. Metallk., **69** (1978), 183~190.
(68) V.I.Nizhenko, L.I.Floka: (液体金属・合金(一, 二元系)の表面張力), 冶金図書出版(1981). (ロシア語)
(69) K.Ogino, K.Nogi and O.Yamase: Effects of selenium and tellurium on the surface tension of molten iron and the wettability of alumina by molten iron, Trans. ISIJ., **23** (1983), 236~239.
(70) K.Monma and H.Suto: Effects of dissolved sulphur, oxygen, selenium and tellurium on the surface tension of liquid copper, Trans. JIM., **2** (1961), 148~153.
(71) A.M.Korolkov: (金属, 合金の鋳造性), 科学出版, (1967), 52. (ロシア語)
(72) 文献(71) p.38.
(73) V.V.Fesenko, V.N.Eremenko and M.I.Vasiliu: Surface tension of copper-nickel alloys, The Role of Surface Phenomena in Metallurgy (Ed.V.N. Eremenko), Consultants Bureau (1963), 31~32.
(74) G.Bernard and C.H.P.Lupis: The Surface tension of liquid silver alloys, Part I. Silver-gold alloys. Met. Trans., **2** (1971), 555~559.
(75) M.G.Kekua, D.V.Khamtadze, F.N.Tavadze: (Ge-Si系合金の密度と表面張力), 融体における表面現象, (1968), 163~165. (ロシア語).
(76) V.I.Kononenko, A.L.Sukhman, A.N.Kuznetsov, V.G.Shevcheinko, N.A.Bykova: (合金の熱力学, 動力学的性質への層分離の影響), Zhur. Fiz. Khim., **49** (1975), 2570~2547. (ロシア語)
(77) L.Goumiri, J.C.Joud, P.Desre: Tensions superficielles d'alliages liquides binaires présentant un caractère d'immiscibilité: Al-Pb, Al-Bi, Al-Sn et Zn-Bi, Surface Sci., **83** (1979), 471~486.
(78) A.A.Ofitserov, A.N.Makarova, A.V.Vanyhov: (Cd-Pb, Zn-Bi系合金の表面張力の測定), Zhur. Prikl. Khim., **46** (1973), 764~768. (ロシア語)
(79) T.P.Hoar and D.A. Melford: The surface tension of binary liquid mixtures : Lead+tin and lead+indium alloys, Trans. Faraday Soc., **53** (1957), 315~326.
(80) Yu.V.Naidich, V. M. Perevertailo, L.P.Obushkhak: (Au-Si, Au-Ge合金の密度と表面張力), Porosh. Metall., (1975), No.5, 73~75. (ロシア語)
(81) V.N.Eremenko, V.I.Nizhenko, N.I.Levi, B.B.Bogatyrenko: (液相線カーブに最大点をもった溶融二元系合金の表面張力), Ukr. Khim. Zhur., **28** (1962) 500~505. (ロシア語)
(82) E.L.Dubinin, V.M.Vlasov, N.A.Vatolin, A.I.Chegodaev, A.I.Timofeev, N.Yu.Negodaeva: (Pt-Pd, Pt-Si, Rh-Si系液体合金の表面張力と密度), Izv. Akad. Nauk. SSSR. Met., (1976), No.2, 94~97. (ロシア語)

(83) A.M.Korolkov, A.A.Igumnova: (金属間化合物の表面張力), Izv. Akad. Nauk SSSR. Metall. i Tepl., (1961), No.6, 95~99. (ロシア語)

(84) N.K.Dzhemilev, S.I.Popel, B.V.Tsarensky: (Fe‐Si 融体の密度と表面張力エネルギー), Fiz. Metal. Metalloved., **18** (1964), No.1, 77~81. (ロシア語)

(85) 門間改三, 須藤一: 置換型二元系合金の表面張力の測定, 日本金属学会誌, **24** (1960), 163~170.

(86) 川合保治, 森克巳, 岸本誠, 石倉勝彦, 下田俊郎: 溶融Fe‐C‐Si合金の表面張力, 鉄と鋼, **60** (1974), 29~37.

(87) S.I.Popel, L.M.Shergin, B.V.Tsurevskii: (Fe — Si合金の密度, 表面張力と温度との関係), Zhur. Fiz. Khim., **44** (1970), 144~145. (ロシア語)

(88) J.Schade, A.Mclean and W.A.Miller: Surface tension measurements on oscillating droplets of undercooled liquid metals and alloys, Conf. Proc. Undercooled alloy phase (Hume‐Rothery Memorial Syumposium) New Orleans, March, 2~6 (1986), 233~248.

(89) P.Kozakevitch: Surface activity in liquid metal solution, Surface phenomena of metals, S.C.I. Monograph No.28, Society of Chemical Industry (1968), 223~245.

(90) 森克巳, 岸本誠, 下瀬敏憲, 川合保治: 溶融鉄−ニッケル−クロム系合金の表面張力, 日本金属学会誌, **39** (1975), 1301~1307.

(91) J.C.Joud, N.Eustathopoulos, A. Bricard et P.Desre: Determination de la tension superficielle des alliages Ag‐Pb et Cu‐Pb par la methode de la goutte posee., J. Chim. Phys. Physicochim. Biol., **70** (1973), 1290~1294.

(92) 川合保治, 岸本誠, 鶴博彦: 溶融Cu‐Sn合金の表面張力および密度, 日本金属学会誌, **37** (1973), 668~672.

(93) 笠間昭夫, 乾隆信, 森田善一郎: 溶融Ag‐Anおよび Cu‐(Fe, Co, Ni)2元合金の表面張力測定 日本金属学会誌, **42** (1978)1206~12.

(94) P.Sebo, B.Gallois and C.H.P.Lupis: The Surface tension of liquid silver–copper alloys, Metall. Trans., **8B** (1977), 691~693.

(95) P.Laty, J.C.Joud, P.Desré et G.Lang: Tension superficielle déalliages liquides aluminium‐cuivre. Surf. Sci., **69** (1977), 508~520.

(96) G.L.Ranshofen: Gietßeigenschaflen und Oberflächenspannung von Aluminium und binären Aluminiumlegierungen, Aluminium, **49** (1973), No.3, 231~238.

(97) J.J.Bikerman: Physical Surface, Academic Press (1970), 82.

(98) 荻野和己, 野城清, 山瀬治: 溶鉄の表面張力および固体酸化物の濡れ性におよぼす Se, Te の影響, 鉄と鋼, **66** (1980), 179~185.

(99) F.A.A.Halden and W.D.Kingery: Surface tension at elevated temperatures. II. Effect of C, N, O

and S on liquied iron surface tension and interfacial energy with Al$_2$O$_3$, J. Phys. Chem., **59** (1955), 557~559.

(100) W.Eshe und O.Peter: Bestimmung der Oberflächenspannung an reinem und legiertem Eisen, Arch. Eisenhüttenw., **27** (1956), 355~366.

(101) S.I.Popel, G.F.Konovalov: (低炭素鋼と脱酸生成物間の界面張力) Izv. VUZ., Chern. Met., (1959) No.8, 3~7. (ロシア語)

(102) P.Kozakevitch et G.Urbain:Tension superficielle du fer liquide et de ses alliages, Mem. Sci. Rev. Met., **58** (1961), 517~534.

(103) 向井楠宏, 加藤時夫, 坂尾 弘:溶融鉄合金とCaO-Al$_2$O$_3$スラグとの間の界面張力の測定について, 鉄と鋼, **59** (1973), 55~62.

(104) S.I.Filippov and O.M.Goncharenko: Surface tension and the properties of iron–oxygen molten alloys, Steel in the USSR, (1974), 719~722.

(105) R. Murarka, W.K.Lu and A.E.Hamielec: Effect of dissolved oxygen on the surface tension of liquid iron, Can. Met. Q., **14** (1975), 111~115.

(106) A.Kasama, A.Mclean, W.A.Miller, Z.Morita and M.J.Ward: Surface tension of liquied iron– oxygen alloys Can.Met.Q., **22** (1983), 9~17.

(107) 荻野和己, 野城 清, 越田幸男:溶鉄による固体酸化物の濡れ性に及ぼす酸素の影響, 鉄と鋼, **59** (1973), 1380~1387.

(108) K.Ogino, S.Hara, T.Miwa and S.Kimoto: The effect of oxygen content in molten iron on the interfacial tension between malten iron and slag, Trans. ISIJ., **24** (1984), 522~531.

(109) B. Gallois and C. H. P. Lupis: Effect of oxygen on the surface tension of liquid copper, Met. Trans., **12B** (1981), 549~557.

(110) S.P.Mehrotra and A.C.D Chaklader: Interfacial phenomena between molten metals and sapphire substrate, Met. Trans., **16B** (1985), 567~575.

(111) 門間改三, 須藤 一:溶融銅の表面張力におよぼす酸素の影響, 日本金属学会誌, **24** (1960), 377~379.

(112) Z.Morita and A.Kasama: Effect of a slight amount of dissolved oxygen on the surface tension of liquid copper, Trans. JIM., **21** (1980), 552~530.

(113) T.E.O'Brein and A.C.D.Chaklader: Effect of oxygen on the reaction between copper and sapphire, J. Am. Ceram. Soc., **57** (1974), 329~332.

(114) 泰松 斉, 阿倍倫比古, 中谷文忠, 荻野和己:溶融Agによる固体酸素の濡れ性に及ぼす溶解酸素の影響, 日本金属学会誌, **49** (1985), 523~528.

(115) R.Sangiorgi M.L.Muolo and A.Passerone: Surface tension and adsorption in liquid silver– oxygen Alloys, Acta Metall., **30** (1982), 1597~1604.

(116) G.Bernard and C.H.P.Lupis: The surface tension of liquid silver alloys, Part II. Ag-O Alloys, Met. Trans., **2B** (1971), 2991~2998.

(117) V.N.Eremenko: Surface activity of oxygen in the silver-oxygen system, The role of surface phenomena in metallurgy, Consultants Bureau N.Y. (1963), 65~67.

(118) 荻野和己, 泰松 斉: 溶融 Ni の表面張力及び Al_2O_3 との濡れ性に及ぼす酸素の影響, 日本金属学会誌, **43** (1979) 871~876.

(119) 荻野和己, 泰松 斉, 中谷文忠: 溶融 Co, Co-Fe 合金の表面張力及び Al_2O_3 との濡れ性におよぼす酸素の影響, 日本金属学会誌, **46** (1982) 957~962.

(120) V.N.Eremenko, Yu.V.Naichich: (Ni の表面張力およびアルミナへの濡れ角への酸素の影響), Izv. Akad. Nauk SSSR., OTH, Metall i Teplivo, (1960), No.2, 53~55. (ロシア語)

(121) Van Tszin-Tan, R.A.Karasev, A.M.Samarin: (Fe-Mn, Fe-S 系融体の表面張力) Izv. Akad. Nauk SSSR. Met. i Topl., (1960) No.2, 49~52. (ロシア語)

(122) B.V.Tsarevskii, S.I.Popel: (鉄の表面性質への P, S の影響) Fiz. Metall i metalloved., **13** (1962), 451~454. (ロシア語)

(123) B.F.Dyson: The surface tension of iron and some iron alloys, Trans. AIME., **227** (1963), 1098~1102.

(124) H.Gaye, L.D.Luca, M.Olette and P.V.Riboucl: Proc. Intn. Symp. on Interface phenomena in metallurgical system, CIM, Hamilton, Aug. (1981).

(125) C.F.Baes, Jr. and H.H.Kellog: Effect of dissolved sulphur on the surface tension of liquid copper, J. Metals. **5** (1953) 643~648.

(126) 門間改三, 須藤 一: 溶融銅の表面張力に及ぼす硫黄の影響, 日本金属学会誌, **24** (1960), 374~377.

(127) W.Gans, F.Pawlek und A.von Ropenack: Einfluß von verunreinigungen und Beimengungen auf Viskositat und Oberflächenspannung Geschmelzenen Kupfers, Z. Metallkde., **54**(1963), 147~153.

(128) D.H.Bradhurst and A.S.Buchanan: The surface properties of liquid lead in contact with uranium oxide, J. Phys. Chem., **63** (1959), 1486~1488.

(129) Wilson: The structure of liquid metals and alloys, Metal. Rev., **10** (1965), 490~496.

(130) 荻野和己, 野城 清, 細井千秋: 溶融 Fe-O-S 合金の表面張力, 鉄と鋼, **69** (1983), 1989~1994.

(131) S.I.Popel, B.V.Tsarevskii, V.V.Pavlov, E.L.Furman: (Fe の表面張力への O, S の共同の影響), Izv. Akad. Nauk. SSSR., Metall., (1975), No.4, 54~58. (ロシア語)

(132) B.von Szyskowski: Experimentelle Studien über Kapillare Eigenschaften der Wässerigen Lösungen von Fettsäuren, Z. Physikal. Chem., **64** (1908), 385~414.

(133) 例えば G.R.Belton: Langmuir adsorption the Gibbs adsorption isotherm and interfacial kinetics in liquid matal systems, Matall. Trans., **7B** (1976), 35~42.

(134) P.Kozakevitch and G.Urbain: Surface tension of pure liquid iron, Cobalt, and Nickel at 1550 ℃, J. I. S. I., **186** (1957), 167.

(135) L. von Bogdandy, R. Schmolke and G.Winzer: Bedingungen für das Erschmelzen von reineisen, Arch. Eisenbüttenw, **29** (1958), 231~234.

(136) B.V.Tsarevskii, S. I. Popel: 溶鉄および溶鉄合金と固体酸化物の付着), 鋼生産の物理化学的基礎(1961), ソ連科アカデミー出版, 97~105. (ロシア語)

(137) V.N.Eremenko, Yu.N.Izashchenko and B.B.Bogatyrenko: Surface tension of pure iron and of alloys of the iron-carbon system, The Role of surface phenomena in metallurgy.(1963), 37~40.

(138) 向井楠宏, 坂尾弘, 佐野幸吉: 溶鉄と Al_2O_3, SiO_2 との間のぬれについて, 日本金属学会誌, **31** (1967) 923~928.

(139) M.E.Fraser, W.K.Lu., A.E.Hamielec and R.Murarka: Surface tension measurements on pure liquid iron and nickel by on oscillating drop technique, Metall. Trans, **2B** (1971) 817~823.

(140) P.Sahoo and T.Debroy: Interfacial tension between low pressure argon plasma and molten copper and iron, Metall. Trans., **18B** (1987), 597~601.

(141) H.v.Wartenberg, G.Wehner und E.Saran: Die Oberflächenspannung von geschmolzenem Al_2O_3 und La_2O_3, Nachr.Ges.Wiss.Göttingen, Jahresber. Geschäftsiahr, Math.-Physik. Kl., Fachgruppen Ⅱ, N.F., **2**, (1936), 65~71.

(142) W.D.Kingery: Surface tension of some liquid oxides and their temperature coefficients, J. Am. Ceram. Soc., **42** (1959), 6~10.

(143) R.W.Bartlett, J.K.Hall: Wetting of several solids by Al_2O_3 and BeO liquids: Amer. Ceram. Bull., **44** (1965), 444~451.

(144) M.A.Maurakh, B.C.Mitin, M.B.Roitberg: (高温における液体酸化物の表面張力, 密度の非接触測定), Zavod. Lab., **33** (1967), 984~985.(ロシア語)

(145) R.N.Mcnally, H.C.Yen and N.Balasubramanian: Surface tension measurement of refractory liquids using the modified drop weight method, J. Mater. Soc., **3** (1968), 136~138.

(146) Yu.V.Zubarev, V.I.Kostikov, V.S.Mitin, Yu.A.Nagibin: (液体酸化アルミニウムの若干の性質), Izv. Akad. Nauk SSSR, Neorgan. Mater., **5** (1969), No.9, 1563~1565. (ロシア語)

(147) J.J.Rasmussen and R.P.Nelson: Surface tension and density of molten Al_2O_3, J. Am. Ceram. Soc., **54** (1971), 398~404.

(148) V.I.Elyuin, B.S.Mitin and Yu.A.Nagibin: (溶融アルミナの表面張力の温度係数), Zab. Lab., (1971) No.2. 194~196. (ロシア語)

(149) E.E.Shpil'rain, K.A.Yakimovich, A.F.Tsitsarkin: (アルミナの2750℃までの表面張力と融点近くでのぬれ角の実験的研究), Teplofiz.Vys.Temp., **11** (1973), 1001~1009. (ロシア語)

(150) V.P.Elyutin, B.S.Mitin, Yu.S.Anisimov: (Al_2O_3-BeO 融体の表面張力と密度), Neorg. Mater.,

9 (1973), 1585~1587. (ロシア語)

(151) Yu.V.Zubarev, B.S.Mitin, V.V.Nishcheta, Yu.P.Semevenko: (液体酸化アルミニウムの表面張力へのガス雰囲気の影響), Zhur. Fiz. Khim., **50** (1976), 461~4. (ロシア語)

(152) J.M.Lihrmann and J.S.Haggerty: Surface tensions of alumina containing liquids, J. Am. Ceram. Soc., **68** (1985) No.2, 81~85.

(153) 原 茂太, 池宮範人, 荻野和己 : 溶融 Al_2O_3 および Ti_2O_3 の表面張力と密度, 鉄と鋼, **76** (1990), 2144~2151.

(154) E.E.Shpil'rain, K.A.Yakimovich, A.F.Tsitsarkin : (液体酸化ベリリウムの密度と表面張力の実験的研究), Telplofiz. Vys. Temp., **12** (1974), No.12. 277 ~281.(ロシア語)

(155) B.S.Mitin, Yu.A.Nagibin: (溶融二酸化チタンの性質), Neorgan, Mater., **7** (1971), 814~816. (ロシア語)

(156) L.Shartsis and W.Capps: Surface tension of molten alkali borates, J. Am. Ceram. Soc., **35** (1952), 169~172.

(157) E.E.Shpil'rain, K.A.Yakimovich and A.F.Tsitsarkin: Investigation of the surface tension of liquid boron oxides to 2000 ℃ by the cylinder pulling method, High Temp High Press., **4** (1972) 67~76.

(158) E.E.Shpil'rain, K.A.Yakimovich, A.F.Tsisarkin: (2100℃までの温度における液状ホウ酸の表面張力), Teplofiz. Vys. Temp., **19** (1974), 77. (ロシア語)

(159) P.Kosakevitch: Tension superficielle et viscosite des scorrer synthétiques, Rev. Met., **46** (1949), No.8, 1~23.

(160) J.E.Davies: The surface tension of Bi_2O_3 based fluxes used for the growth of magnetic garnet films, J. Mater. Sci. letters, **11** (1976), 976~979.

(161) Yu.F.Kargin, V.M.Skorikov, V.A.Kutvitskin, V.P.Zhereb: (液体状態にある Bi_2O_3 - MoO_3, Bi_2O_3 - WO_3 系), Neorg. Mater, **13** (1977) No.1, 132~134.(ロシア語)

(162) 伊藤 尚, 柳ヶ瀬 勉, 杉之原幸夫 : 溶融珪酸鉛の表面張力, 日本鉱業会誌, **77** (1961) 895~898.

(163) A.I.Manakov., B.M.Lepinskukh: (Nb_2O_5, V_2O_5 を含む溶融酸化物の表面張力と密度), Izv. Akad. Nauk SSSR Met., (1965) No.4, 68~71.(ロシア語)

(164) A.I.Manakov, O.A.Esin, B.M.Lepinshikh: (溶融 Nb_2O_5 の表面層の構造), Doklad. Akad. Nauk SSSR, **136** (1961), No.3. 644~646. (ロシア語)

(165) G.K.Tarabrin, A.I.Kozin: (溶融 CaO - V_2O_5 の密度と表面張力), Izv. VUZ. Chern. Met., (1972) No.5, 15~17. (ロシア語)

(166) P.Nikolopoulos and B.Schulz: Density, thermal expansion of stainless steel and interfacial properties of UO_2 - stainless steel above 1690K, J. Nucl. Mater., **82** (1979), 172~178.

(167) J.J.Rasmussen: Surface tension, density, and volume change on melting of Al_2O_3 systems, Cr_2O_3 and Sm_2O_3, J. Am. Ceram. Soc., **55** (1972), 326.

(168) A.A.Appen, S.S.Kayalova: (溶融アルカリケイ酸塩の表面張力), Doklad. Aauk. Nauk SSSr., **145** (1962), 3, 592~594. (ロシア語)

(169) L.Shartsis and S.Spinner: Surface tension of molten alkali silicates, J. Res. NBS., **46** (1951), No.5, 385~390.

(170) 足立 彰, 荻野和己, 鳥谷博信: 溶融珪酸塩の表面張力について, 日本金属学会誌, **23** (1959), 453~456.

(171) T.B.King: The surface tension and structure of silicate slags, J. Soc. Glass. Technol., **35** (1951), 241~259.

(172) R.E.Boni and G.Derge: Surface tension of silicates, J. Metals, **8** (1956), 53~59.

(173) C.F.Cooper and J.A.Kichener: The foaming of molten silicates, J. Iron and Steel Inst., **193** (1959), 48~55.

(174) J.H.Swisher and C.L.McCabe: Cr_2O_3 as a foaming agent in $CaO-SiO_2$ slags, Trans. AIME., **230** (1964), 1669~1675.

(175) S.P.Popel, V.P.Sokolov, O.A.Esin: (溶融 $MeO-SiO_2$ 二元系の表面張力), Zhur. Fiz. Khim., **43** (1969), 3175~3178. (ロシア語)

(176) 小野清雄, 郡司好喜, 荒木 透: $CaO-SiO_2$ 2成分系溶融スラグの表面張力について, 日本金属学会誌, **33** (1969), 299~304.

(177) S.K.Sharma and W.O.Philbrook: Improved values of surface tension of calcium silicate melts, Scr. Met., **4** (1970), 107~109.

(178) K.Gunji and T.Dan: Surface tension of the molten $CaO-SiO_2$ binary and $CaO-SiO_2-Al_2O_3$ ternary systems, Trans. ISIJ., **14** (1974), 162~169.

(179) 向井楠宏, 石川友美: 懸滴法による $CaO-SiO_2$, $CaO-Al_2O_3$, $CaO-Al_2O_3-SiO_2$ 系溶融スラグの表面張力の測定, 日本金属学会誌, **45** (1981), 147~154.

(180) L.Shartsis, S.Spinner and A.W.Smock: Surface tension of compositions in the systems $PbO-B_2O_3$ and $PbO-SiO_2$, J. Research NBS., **40** (1948), 61~66.

(181) E.M.Lepinskikh, O.A.Esin, G.A.Teterin: (PbO, V_2O_5, SiO_2 を含む融体の表面張力と密度), Zhur. Neorg. Khim., **5** (1960) No.3, 642~648. (ロシア語)

(182) 日野光久, 江島辰彦, 亀田満雄: 溶融珪酸鉛の表面張力および密度の測定, 日本金属学会誌, **31** (1967), 113~119.

(183) S.I.Popel: (スラグ融体の表面張力), 冶金スラグと建設業における応用, 建設, 建築, 建材に関する文献出版, (1962), 97~127. (ロシア語)

(184) R.E.Boni and G.Derge: Surface structure of nonoxidizing slags containing sullphur, J. Metals, (1956), 59~64.

(185) E.V.Krinochkin, K.T.Kurochkin, P.V.Uzhrikkin: (溶融 $CaO-Al_2O_3-SiO_2$ の表面張力と密度),

融体における表面現象の物理化学), Nauka Dumka, Kiev., (1971), 179~183. (ロシア語)
(186) S.G.Voinov, A.G.Shalimov, L.F.Kosoi, E.S.Kalinnikov: (合成スラグによる金属の処理), 冶金図書出版 (1964). (ロシア語)
(187) 日本鉄鋼協会編: エレクトロスラグ再溶解スラグの性質, 日本鉄鋼協会 (1972), 125.
(188) V.P.Elyutin, B.S.Mitin, Yu.S.Anisimov: (溶融 Al_2O_3 - BeO の表面張力と密度), Neorgan. Mater., **9** (1973), 1585~1587. (ロシア語)
(189) V.P.Elyutin, B.S.Mitin, Yu.S.Anisimov: (溶融 Al_2O_3 - BeO の表面張力と密度), Izv. VUZ Tsuvet, Met., (1974) No.4, 42~44. (ロシア語)
(190) Yu.S.Anisimov, E.F.Gritz, B.S.Mitin: (Al_2O_3 - SiO_2, Al_2O_3 - Cr_2O_3 の表面張力と密度), Neorgan, Materi., (1977), 1444~1446. (ロシア語)
(191) M.A.Maurakh, B.S.Mitin: (液体耐火酸化物), 冶金図書出版 (1979), 100~105. (ロシア語)
(192) P.P.Evseev, A.F.Filippov: (CaO - Al_2O_3 - Me_xA_y 系スラグの物理化学的性質 2), Izv VUZ. Chern. Met., (1967), No..3, 55~59. (ロシア語)
(193) 向井楠宏, 坂尾弘: CaO - Al_2O_3 - TiO_2 系スラグの表面張力と密度, 豊田研究報告, **21** (1968), 18~24.
(194) S.B.Yakovashivili: (溶接フラックス, スラグの表面性質), 技術出版, キエフ, (1970) 121~125. (ロシア語)
(195) K.C.Mills and B.J.Keene: Physical properties of BOS slags, Intn. Mater. Rev., **32** (1987) 55~114.
(196) U.Din-Fen, A.F.Vishkarev, V.I.Yavoiski: (鉄・石灰系スラグの表面張力), Izv. VUZ. Chern. Met., (1963) No.1, 27~32. (ロシア語)
(197) S.I.Popel, O.A.Esin: (単純酸化物系の表面張力), Zhur. Fiz. Khim., **30** (1956), 1193~1201. (ロシア語)
(198) U.Din-Fen, A.F.Vishkarev, V.I.Yavoiskii: (燐酸スラグの表面張力), Izv. VUZ. Chern. Met., (1958), No.3, 40~45. (ロシア語)
(199) S.Hara, H.Yamamoto, S.Tateishi, D.R.Gaskell and K.Ogino: Surface tension of melts in the FeO - Fe_2O_3 - CaO and FeO - Fe_2O_3 - $2CaO \cdot SiO_2$ systems under Air and CO_2 atmosphere, Mater. Trans. JIM., **32** (1991), 826~836.
(200) M.Kidd and D.R.Gaskell: Measurment of the surface tensions of Fe-saturated iron silicate and Fe-saturated calcium ferrite melts by radday's cone technique, Metall. Trans, B, **173** (1986), 771~776.
(201) 吾妻潔, 岡村周良, 李承珥, 福富勝夫: 上皿天秤によるスラグの表面張力の測定, 日本鉱業会誌, **89** (1973), 171~175.
(202) 川合保治, 森克己, 白石博章, 山田昇: 溶融 FeO-CaO-SiO_2 スラグの表面張力および密度, 鉄と鋼, **62** (1976), 53~61.

(203) S.I.Popel: (製鋼スラグの表面張力), Izv. VUZ. Chern. Met.., (1958) No.4, 61~68. (ロシア語)
(204) 角田成夫, 森永健次, 柳ヶ瀬 勉: 2元素系フェライト融体の密度と表面張力, 日本金属学会誌, **47** (1983), 127~131.
(205) L.Shartsis and R.Canga: Surface tension of molten zinc borates, J. Research, N.B.S., **43** (1949) 221~226.
(206) L.Shartsis and W.Capps: Surface tension of molten alkali borates, J. Am. Ceram. Soc., **35** (1952), 169~172.
(207) L.Shartsis and H.F.Shermer: Surface tension, density, vircosity and electrical resistivity of molten binary alkali–earth borates., J. Am. Ceram. Soc., **37** (1954), 544~551.
(208) A.I.Kozin, O.S.Bobkova: (融体の表面張力への雰囲気の影響), Izv. VUZ. Chern. Met., (1975), No.11, 19~21. (ロシア語)
(209) C.F.Callis, J.R.von Wazer and J.S.Metcalf: Structure and properties of the condensed phosphates, VIII density and surface tension of molten sodium phosphates, J. Am. Chem. Soc., **77** (1955) 1468~1470.
(210) B.T.Bradbury and W.R.Maddocks: Studies of phosphate melts and glasses, Part II Surface tension measurements on binary phosphates, J. Soc. Glass. Tech., **43** (1959), 325T~336T.
(211) F.Sauerwald, B.Schmidt, F.Pelka: Die Oberflächenspannung von $Fe-C-$Legierungen, Hg_5Tl_2, $NaHg_2$ und die Oberflächenspannung von Schlacken, Z. Allg. Chem., **223** (1935), 84~90.
(212) 越田孝久, 小笠原武司, 岸高 壽: 硬質水砕スラグ製造温度域における高炉スラグと合成スラグの粘度, 表面張力, 密度, 鉄と鋼, **67** (1981), 1491~1497.
(213) Z.I.Shcherbakova, M.K.Zil'ber: (高炉スラグの表面張力), Izv. VUZ Chern. Met., (1962), No.2 18~21. (ロシア語)
(214) T.V.Demidenko, N.N.Chernov, L.A.Safina: (実験計画法による高炉スラグと表面張力の研究), Izv. VUZ., Chern. Met., (1981), No.6, 9~11. (ロシア語)
(215) L.A.Safina, N.N.Chernov: (高炉スラグの脱硫力へのスラグの組成, 表面張力, 粘度の影響), Izv. Akad. Nauk SSSR. Met., (1979), No.1, 43~48. (ロシア語)
(216) 大見勝平: 高炉系合成スラグの表面張力の測定, 関西大学工学部金属工学科卒業論文, (1977).
(217) R.Benesch, R.Knihnicki and M.Jaworski: Viscosity, density and surface tension of the $CaO + SiO_2 + Al_2O_3 + MgO + MnO$ Blast-furnace type slags, Arch. Hut. **29** (1984), 277~283.
(218) S.V.Nesterenko: ($CaO-MgO-SiO_2-5\%Al_2O_3$, 2%S 系の合成スラグの表面張力), Izv. Akad. Nauk SSSR. Met., (1976), No.3, 57~59. (ロシア語)
(219) A.M.Yakushev, V.D.Smolyarenko, F.P.Edneral: (溶鋼と電炉ホワイトスラグ間の界面張力), Izv. VUZ. Chern. Met., (1966), No.11, 35~38. (ロシア語)

(220) G.F.Konovalov, V.S.Esaulov, S.I.Popel, V.I.Sokolv: (連続鋳造に用いられるスラグと15K鋼間の界面張力と付着) : Izv. VUZ. Chern. Met., (1974), No.2, 15~17. (ロシア語)

(221) 中戸 参, 江見俊彦, 江島彬: 連鋳鋳型内における溶融フラックスへの固体アルミナの溶解機構, 鉄と鋼, **60** (1974), A15.

(222) F.Johannsen und W.Wiese: Das Absetzverhalten von Kupferstein und Kupfer in flüssigen Schlacken, Erzmetall, **11**(1958), 1~15.

(223) G.Keppeler und A.Albrecht : Zur Kenntnis der Oberflächenspannung von Gläsern, Glastechnischer Berichte, **18** (1940) No.8, 201~245.

(224) A.E.Badger, C.W.Parmelee and A.E.Williams: Surface tension of various molten glasses, J. Am. Ceram. Soc., **20** (1937), 325~329.

(225) J.K.Davis and F.E.Bartell: Determination of surface tension of molten materials – adaptation of pendant drop method, Anal. Chem., **20** (1948), 1181~1185.

(226) C.W.Parmelee and C.G.Harman: The effect of alumina on the surface tension of molten glass, J. Am. Ceram. Soc., **20** (1937), 224~230.

(227) A.Prabhu, G.L.Fuller, R.L.Reed and R.W.Vest: Viscosity and surface tension of a molten lead borosilicate glass, J. Am. Ceram. Soc., **58** (1975), 144 ~145.

(228) L.Shartsis and A.W.Smock: Surface tensions of some optical glasses, J. Reserch NBS, **38** (1947), 241~250.

(229) C.W.Parmelee and K.C.Lyon: The surface tensions of molten glass, Univ., Illinois Eng. Expt. Sta. Bull., No.311 (1939).

(230) N.P.Bansal and R.H.Doremus: Surface tension of ZrF_4-BaF_2-LaF_3 glass, communication of the Am. Ceram. Soc., (1984), C-197.

(231) 固体イオニクス材料研究会: 固体イオニクス材料の製造加工技術に関する調査研究報告書, (昭和62年11月), p.73.

(232) K.Shigematsu, Y.Anzai, S.Morita, M.Yamada and H.Yokoyama: Growth conditions of subgrain free $LiNbO_3$ single crystals by the Czochralski method, Japn. J. of Appl. Phys., **26**(1987), 1988~1996.

(233) 原 茂太, 池宮範人, 荻野和己: 溶融ニオブ酸リチウムおよびタンタル酸リチウムの表面張力と密度, 日本金属学会誌, **53** (1989), 1148~1152.

(234) N.I. Khitarov, E.B.Lebedev, A.M.Dorfman, N.Sh.Bagdasarov: (溶融玄武岩の表面張力への温度, 圧力, 揮発成分の影響, Geokhimiya, (1979), No.10, 1427~1438.(ロシア語)

(235) T.Murase and A.R.Mcbirney: Properties of some common igneous rocks and their melts at high temperature, Geol. Soc. Am. Bull., **84** (1972), 3563~3572.

(236) A.R.Mcbirney and T.Murase: Factors governing the formation of pyroclastic rocks, Bull.

Volcanol., **34** (1971), 729~739.

(237) E.W.Tillotson Jr.: On the surface tension of silicate and borosilicate glasses, J. Ind. Eng. Chem., **4** (1912), 6541~652.

(238) C.L.Babcock: Surface tension measurements on molten glass by a modified dipping cylinder method, J. Amer. Ceram. Soc., **23** (1940), 12~17.

(239) Von A.Dietzel: Praktische Bedeutung und berechnung der Oberflächenspannung von Gläsern, Glasuren und Emails, Sprechsaal, **75** (1942), Nr.9/10, 82~85.

(240) K.C.Lyon: Calculation of surface tensions of glasses, J. Amer. Ceram. Soc., **27** (1944), 186~189.

(241) A.A.Appen, K. A. Shishov, S.S.Kayalova: (複雑なシリケート融体の表面張力とその組成との関係), Zhur. Fiz. Khim., **26** (1952), 1131~1138. (ロシア語)

(242) S.I.Popel, O.A.Esin: (溶融シリケートの表面張力), Zhur. Neorg. Khim., **2** (1957), 632~641. (ロシア語)

(243) 荻野和己, 末滝哲郎, 築田凌一, 足立 彰: $CaO-SiO_2-Al_2O_3$, $CaO-Al_2O_3$ 系スラグの表面張力, 鉄と鋼, **52** (1966), 1427~1429.

(244) B.P.Burylev, V.M.Milman: ($CaO-SiO_2-Al_2O_3$ 系融体の表面張力), Izv. VUZ. Chern. Met., (1984), No.11, 1~4. (ロシア語)

(245) B.P.Burylev: (表面張力の濃度関係式の解析), Izv. Akad. Nauk SSSR. Metal., (1985), No.3, 70~74. (ロシア語)

(246) K.C.Mills and B.J.Keene: Physicochemical Properties of BOF slags, Chap.10 Models to estimate some properties of slag, NPL Report (1985),

(247) Von F.M.Jaeger: Über die Temperaturabhängigkeit der Molekularen freien Oberflächenenergie von Flüssigkeiten in Temperaturbereich von -80 bis $+1650$ ℃ Z. anorg. u. allgem. Chem., **101** (1917), 1~212.

(248) 日本鉄鋼協会:エレクトロスラグ再溶解スラグの性質, 日本鉄鋼協会 (1979), 34~45.

(249) B.J.Keene and K.C.Mills: The physicochemical properties of slags, Part Ⅰ. Review of the density and surface tension of CaF_2 based slags, NPL Chem. Report. 60 (1976).

(250) K.C.Mills and B.J.Keene: Physicochemical properties of molten CaF_2-based slags, Intern Metals Rev., (1981), 21~69.

(251) 荻野和己, 原 茂太:アルカリ金属およびアルカリ土類金属フッ化物融体の密度および表面張力の測定, 鉄と鋼, **64** (1978), 523~532.

(252) 原 茂太, 池宮範人, 荻野和己:溶融希土類金属フッ化物の表面張力と密度:電気化学と工業物理化学, **58** (1990), 156~161.

(253) S.Hara and K.Ogino: The densities and the surface tensions of fluoride melts, ISIJ Intern, **29** (1989), 477~485.

(254) H.Winterhager, R.Kammel and A.Gad: Electrical conductivity, density and surface tension of fluoride containing slags for electroslag remelting, Forschungsberichte des Landes Norderhein westfalen (1970), Nr.2115.

(255) I.G.Kipov, S.N.Zddumkin: (アルカリ土類金属フッ化物の表面張力), Zhur. Fiz. Khim., (1972) 1852~1853. (ロシア語)

(256) G.I.Zhmoiden: (溶融フラックスの密度と表面張力), Zhur. Fiz. Khim., **49** (1975), 1486~1489. (ロシア語)

(257) A.D.Kirshenbaum and J.A.Cahill: Surface tension of liquid uranium and thorium tetrafluorides and a discussion on the relationship between the surface tension and critical temperature of salts, J. Phys. Chem., **10** (1966), 3037~3041.

(258) 荻野和己, 芝池秀治, 原 茂太: CaF_2を主成分とする二元系融体の密度と表面張力, 鉄と鋼, **66** (1980), 169~178.

(259) 原 茂太, 荻野和己: CaF_2- MO (M : Mg, Ca, Ba) 系融体の密度と表面張力, 日本金属学会誌, **52** (1988), 1098~1102.

(260) 荻野和己, 原 茂太: フッ化カルシュウムを主成分とするESR用フラックスの密度, 表面張力, 電気伝導度, 鉄と鋼, **63** (1977), 2141~2151.

(261) 原 茂太, 荻野和己: CaF_2- CaO- SiO_2系融体の密度と表面張力, 鉄と鋼, **75** (1989), 439~445.

(262) A.A.Gainullin, N.V.Malikov, V.E.Roshzhin: (CaF_2- SiO_2-希土類金属酸化物系溶融スラグの密度と表面張力), Izv.VUZ Chern.Metall., (1985), No.2, 4~7.

(263) K.Grjotheim, C.Krohn, M.Malinovský, K.Matišovský, J.Thonstad: Aluminium electrolysis, Aluminium – Verlag GmbH・Düsseldorf, (1978), 118~130.

(264) A.Vajna: Tension superficiali dei bagni criolitici allo stato fuso, Alluminio, **20** (1951), 29~38.

(265) D.Bratland, C.M.Ferro and T.Østvold: The surface tension of molten mixtures containing cryolite, Ⅰ. The binary systems cryolite – alumina and cryolite – calcium fluoride, Acta Chem. Scand., **37** (1983), 487~491.

(266) R.Fernandez, K.Grjotheim and T.Østvold: Physicochemical properties of cryolite and cryolite alumina melts with KF addition, 2. Density and surface tension, Light Met., (1986), 1025~1032.

(267) A.Vajna: Bagni fluoclorurati per la elettrolisi della allumina, la metallurgia italiana, (1957), Nr.2. 124~126.

(268) A.V.Vanyukov, V.Ya.Zaitsev: (非鉄冶金のスラグとマット, 第3章 酸化物・硫化物冶金融体の表面張力), 冶金図書出版, モスコウ, (1969), 72~100. (ロシア語)

(269) O.K.Sokolov: (不活性ガス雰囲気, 融点における若干の硫化物, 酸化物の表面張力の計算), Izv. Akad. Nauk, SSSR., Met., (1965), No.1, 95~103. (ロシア語)

(270) V.Ya.Zaitsev, A.V.Vanyukov, V.S.Kolosova: (鉄シリケート融体と Ni_3S_2- FeS, Cu_2S- FeS 系

硫化物との相互作用), Izv. Akad. Nauk SSSR Met., (1968), No.5, 39~45. (ロシア語)
(271) S.Tokumoto, A.Kasama and Y.Fujioka: Measurments of density and surface tension of copper mattes, Tech. Rept. Osaka Univ., (1972), 453~463.
(272) V.V.Mechev, B.V.Lipin, F.E.Lomagin, V.D.Romanov: (Cu-Ni マットの表面張力と密度), Izv. VUZ Tsvet. Met., **16** (1973) No.1, 27~30. (ロシア語)
(273) H.F.Elliott and M.Mounier: Surface and interfacial tensions in copper matte-slag systems, 1200℃, Can. Met. Quart., **21** (1981), 415~428.
(274) A.A.Vostryakov, L.N.Shibanova: (Fe-O-S 融体の表面張力と密度), Zhur. Fiz. Khim., **60** (1986), 2252~2255. (ロシア語)
(275) 中村 崇, 野口文男, 植田安昭, 中條 聡:溶融マットおよび銅スラグの密度, 表面張力, 日本鉱業会誌, **104** (1988), 463~468.
(276) 溶融塩委員会編:溶融塩物性値, 化学同人 (1963).
(277) A.I.Belyaev, E.A.Zhemchuzhina, L.A.Firsanova: (溶融塩の物理化学, 第7章 溶融塩の表面現象), 科学技術出版 (1957), モスコウ. (ロシア語)
(278) G.J.Janz, G.R.Lakshminarayanan, R.P.T.Tomkins and J.Wong: Molten salts, volume 2. Section 2. Surface tension data, Nat. Stand. Ref. Data Ser., NBS (1969), 49~110.
(279) 文献 (278), 57~58.
(280) G.Bertozzi: Surface tension of liquid alkali halide binary systems, J. Phys. Chem., **69** (1965), 2606~2607.
(281) K.Grjotheim, J.L.Holm, B.Lillebuen and H.A.Øye: Surface tension of liquid binary and ternary chloride mixtures, Acta Chem., Scand., **26** (1972), 2050~2062.
(282) T.Iida, R.I.L.Guthrie: The physical properties of liquid metals, Oxford Sci. Pub. (1988), 242~246.
(283) A.Dietzel: Zusammenhänge zwischen Oberflächen-spannung und Struktur von Glasschmelzen, Kolloid-Z., **100** (1942), 368~380.
(284) J.Berkowitz and J.R.Marquart: Mass-spectrometric study of the magnesium halides, J. Chem. Phys., **37** (1962), 1853~1865.
(285) 小野 周:表面張力, 共立出版 (1980), 64~65.
(286) V.K.Semenchenko and N.P.Pugachevich: On the temperature dependence of the surface tension of alkali metals, Phys. Met. Metall., **52** (1981), No.3, 180~185.
(287) D.W.G.White: The surface tension of zinc, Trans AIME., **236** (1966), 796~803.
(288) D.W.G.White: The surface tensions of indium and cadmium, Metall. Trans., **3** (1972), 1933~1936.
(289) W.L.Falke, A.E.Schwaneke and R.W.Nash: Surface tension of zinc, The positive temperature coefficient, Metall. Trans. B, **8B** (1977), 301~303.

(290) B.B.Alchagirov, B.Kh.Unezhev, Kh.B.Khokonov: (液体カドミウムの表面張力の温度依存性について), Izv. Akad. Nauk SSSR., (1979), No.3, 81~84. (ロシア語)

(291) K.Nogi, K.Ogino, A.Mclean and W.A.Miller: The temperature coefficient of the surface tension of pure liquid metals, Metall. Trans., **17B** (1986), 163~170.

(292) A.V.Groose: Surface tension of the alkali metals from the melting point to the critical region, J. Inorg. Nucl. Chem., **30** (1968), 1169~1174.

(293) C.Maze and G.Burnet: Estimation of non–equilibrium surface tension, Surface Sci., **27** (1971), 411~418.

(294) E.V.Krinochkin, K.T.Kurochkin, P.V.Umrikhin: (種々の雰囲気下における Fe-(Cr, Si, C) 合金の密度と表面張力), Izv. Akad. Nauk SSSR., Metal., (1971), No.5, 67~71. (ロシア語)

(295) 滝内直裕, 谷口貴之, 田中泰邦, 篠崎信也, 向井楠宏 : 溶鉄の表面張力およびアルミナとのぬれ性におよぼす酸素と温度の影響, 日本金属学会誌, **55** (1991), 189~185.

(296) P.Rehbinder, A.Taubmann: Grenzflächenaktivität und Orientierung polarer Moleküle in Abhängigkeit von der Temperatur und der Natur der Trennungsfläche, Z. Phys. Chem., **147** (1930), 188~205.

(297) N.L.Pokrovskii, N.D.Galanina: (溶融金属の性質. IV Sn, Sn-N 合金の表面張力), Zh. Fiz. Klrim., **23** (1949), 324~331. (ロシア語)

(298) J.Schade: Surface tension measurement of liquid Fe–Si, Ni–Si, and Co–Si alloys using the levitation melting technique, 学位論文 (Uiv.Toronto). (1986).

(299) T.B.King: Anomalies in surface tension of silicate, The physical chemistry of melts, Inst. of Mining and Metallurgy London (1953), 35~45.

(300) 笠間昭夫, 飯田孝道, 森田善一郎 : 溶融金属の表面張力の温度変化について, 日本金属学会誌, **40** (1976), 1030~1038.

(301) H.A.Papazian: Calculation of surface tension temperature coefficients, Scr. Metall., **18** (1984), 1041~1403.

(302) B.B.Alchagirov, M.B.Kokov, B.Kh.Unezhev, Kh.B.Khokonov: (液体カドミウムの表面張力の温度依存性について), Izv. Akad. Nauk SSSR., (1979), No.3, 81~84. (ロシア語)

(303) D.P.Partlow, H.D.Smith and D.M.Mattox: Variation in the surface tension of molten sodium borate with temperature, Phys. and chemistry glasses, **21** (1980), 221~223.

(304) I.T.Yakubov, A.G.khrapak, V.V.Pogosov and S.A.Trigger: Thermodynamial characteristics of liquid metal droplets, Phys. State. Sol. (b), **145** (1988), 455~466.

(305) R.H.Fowler: A tentative statistical theory of Macleod's equation for surface tension, and the parachor, Proc Ray. Soc., **A159** (1937), 229~246.

(306) J.G.Kirkwood and F.P.Buff: The statistical mechanical theory of surface tension, Chem. Phys.,

17 (1949), 338.
(307) A.Harashima: Statistical mechanics of surface tension, J. Phys. Soc., Japan, **8** (1953), 343~347.
(308) 下地光雄：金属融体の統計力学日本金属学会会報, **5** (1966), 551~557.
(309) 早稲田嘉夫, 大谷正康：金属融体のイオン間有効相互作用と物性, 日本金属学会誌, **36** (1972), 1016~1025.
(310) R.Evans: A pseudo–atom theory for the surface tension of liquid metals, J. Phys. C., Solid State Phys., (1974), 2808~2830.
(311) R.Evans, R.Kumaravadivel: A thermodynamic perturbation theory for the surface tension and ion density profile of a liquid metal, J. Phys. C., Solid. State Phys., **9** (1976) 1891~1906.
(312) K.K.Mon and D.Stroud: Theory of the surface tension of simple liquids; Application to liquid metals, Phys. Rev. letter, **45** (1980) 817~820.
(313) S.Amokrane, J.-P.Badaiali and M.-L.Rosinberg: First–order model for the surface properties of liquid metals : Electroneutrality conditions and interionic correlations, J. Chem. Phys., **75** (1981) 5543~5555.
(314) J.P.Badiali and A.Lepape: Surface tension calculations for liquid, metals, Phys. Chem. Liq., **10** (1981), 243~272.
(315) M.Hasegawa, M.Watabe and W.H.Yung: Theory of the surface tension of liquid metals, J. Phys, **F11** (1981), L173~177.
(316) E.Chacón, F.Flores and G.Navascués: Hasegawa and watanabe pseudopotential perturbation theory for the surface tension of liquid metals : an improved calculation, J. Phys., C : Solid State Phys., **16** (1983), L187~189.
(317) I.T.Iakubov, A.G.Khropak, V.V.Pogosov and S.A.Trigger: The surface tension of liquid metals and its temperature dependence, Solid State Cmmum., **56** (1984), 709~712.
(318) S.K.Lai: Density functional approach to the surface tension of liquid metals, Phys. Stat. Solidi, **B136** (1986), 685 ~691.
(319) D.M.Wood and D.Stroud: Density–functional theory of the surface tension of simple liquid metals, Phys. Rev., **B28** (1983) 4374 ~4386.
(320) X.C.Zeng and D.Stroud: Calculation of the surface tension of liquid metals using a one–components–plasma reference system, J. Phys. F : Met. Phys., **17** (1987), 2345~2352.
(321) S.D.Kaim, Yu.P.Krasnyy, V.P.Onishchenko and I.P.Khasilev: Microscopic theory of the surface energy of liquid alkali metals, Phys. Met. Metall., **56**(1983), No.4, 30~38.
(322) M.Hasegawa and M.Watabe: Pseudopotential perturbation theory for the surface tension of liquid metals, J. phys, **C15** (1982), 353~375.
(323) J.Goodisman and M-L.Rosinberg: Density functional calculations for liquid metal surfaces, J.

Phys. C. Solid State Phys., **16** (1983), 1132~1152.

(324) R.Evans and M.Hasegawa: A self-consistent theory of inhomogeneous liquid metals: Calculations of the electron and ion density profiles and the liquid-vapour surface tension of the alkali metals, J. Phys. C : Solid State Phys., **14** (1981), 5225~5246.

(325) D.V.Gogate and D.S.Kothari: Phil. Mag., **20** (1935),1136.

(326) 飯田孝道, 笠間昭夫, 三沢正勝, 森田善一郎:融点近傍における金属液体の表面張力について, 日本金属学会誌, **38** (1974), 177~181.

(327) 吉田秋登:金属の蒸発エントロピーと融点近傍の表面張力, 日本金属学会誌, **43** (1979), 815~820.

6章　高温融体間の界面張力

6.1　概説

　異相間，特に凝縮相間界面について，界面張力は表面張力と同様，新しい界面を作るのに必要な仕事として定義づけられる．新しい界面を作るには A, B両相間に何の分子間力も作用しなければ，界面を作ることはA, B両相を独立に拡げるのと同じであるから，界面張力 γ_{AB} は γ_A と γ_B との和になる．しかし，実際には両相間には何らかの相互作用が存在するから界面作用力を評価せねばならない．水溶液と炭化水素との場合，両相界面において主に分散力が働くとすると，界面張力 γ_{AB} は式(6-1)で与えられる[1]．

$$\gamma_{AB} = \gamma_A + \gamma_B - 2\phi(\gamma_A^d \cdot \gamma_B^d)^{1/2} \qquad (6-1)$$

ここに，γ_A^d, γ_B^d は液体A, Bの表面張力に寄与する分散力成分，ϕ は2つの液体間の相互作用による定数である．

　熱力学的には，2つの凝縮相間の界面張力は両相がお互いに他相で飽和している場合をいう．その大きさは実験室的には飽和相の表面張力の差として与えられることがあり，Antonoffの法則[2]として知られている．

$$\gamma_{AB} = |\gamma_A' - \gamma_B'| \qquad (6-2)$$

ここに，γ_A', γ_B' は飽和相の表面張力である．

　この法則は，理論的な根拠は明らかでないが，実験的には水－有機液体間ではよく成立する[3]．しかし，高温のスラグ－メタル系では，表6.1に示すように，溶融酸化鉄と平衡する溶鉄の場合を例外として，多くの系においては成立しない[4]．そのためスラグ－メタル系のような高温の融体間の界面張力は両相の表面張力から求めることはできず，そのため実測によらねばならない．最近，Girifalcoら[1]の方法を高温に適用して，高温融体間の界面張力を両相の表面張力より評価しようとする試みがみられる[5]．3章で示した種々の方法によって，多くの融体－融体系の界面張力が測定されている．高温における融体－融体系は主として金属の製錬

表 6.1 種々なメタルとスラグ間の界面張力[4]

メタル	表面張力 (mN/m)		アントーノフの法則による計算値(mN/m) $\gamma_{ms}=|\gamma_m-\gamma_s|$	実測値 γ_{ms} (mN/m)	文献
	γ_m	γ_s			
Ag	680	580*	100	650	
Cu	1135	580*	535	900	6
Ni	1500	580*	920	1105	
Fe-O	900	600**	300	300	7

* CaO:45%, Al$_2$O$_3$:50%, MgO:5% ** FeO(ウスタイト)
γ_m, γ_s：メタル，スラグの表面張力
γ_{ms}：スラグとメタル間の界面張力

や精錬においてみられる二液相系であり，スラグーメタル系，スラグーマット，溶融塩ーメタル系などがある．これらの各系は製錬反応系，あるいは分散系として重要な役割を果たしている．前者の製錬反応系では融体間における反応が加わる場合もある．また後者の分散系では脱酸生成物ー溶鋼系やスラグロスのように融体中に他の融体粒子が分散する．この場合には両融体相の分散挙動に対して，界面張力が大きな役割を果たしている．

融体間の界面張力の測定は最初，低融点金属（Pb, Cdなど）と溶融塩（KCl＋LiCl）との系において実施された[8]．このような低温の融体系では測定温度も低くエレクトロキャピラリーメーターが使用されている．スラグーメタル，スラグーマットなどの溶融酸化物ー溶融金属，溶融酸化物ー溶融硫化物のような高温融体系では，X線透過法による静滴法によって測定されたものが多い[9],[10]．これら以外に，溶鋼ー脱酸生成物系[11]，溶鋼ー溶接フラックス系[12]など種々な融体ー融体系に対して界面張力の研究がなされている．一方，高温において，融体間には反応が進行している際に両相間の界面張力が著しく小さくなることがKozakevitchら[13]の報告以来数多く報告されているが，その詳細については第Ⅱ編8章において述べる．

6.2 溶融金属ースラグ系

6.2.1 溶鉄合金ースラグ系

溶銑や溶鋼はそれぞれ高炉や，製鋼炉内においてスラグと接触し，溶鉄合金ースラグ系を形成するだけでなく，溶銑処理，溶鋼処理の工程においても合成フラックスとの接触や，脱酸過程で溶鋼中形成される液状介在物との接触においても溶鉄合金ースラグ系を形成する．さらにESRなどのようなスラグ中において鋼が再溶解される場合においても，溶鋼がスラグやフラックスと接触するため溶鉄合金ースラグ系が形成される．このように溶鉄ースラグ系は他の融体ー融体系に比べて組成からみてはるかに多くの組み合わせがあり，そのためこの系の界面張力の測定も比較的多い．

a. 溶鉄ースラグ間の界面張力とスラグ組成

溶鉄とスラグ間の界面張力については，これまでに数多くのスラグ系について測定がなされ

ているが，それらを表6.2に示す．スラグ系を大別するとCaO, SiO_2, Al_2O_3 を主成分とする系，FeO, MnO を含む系，および CaF_2 を含む系等である．スラグの構成成分が界面張力にどのような影響を及ぼすかについては，特定のスラグ系と溶鉄との界面張力を基準として，それへの添加量と界面張力の関係を測定することによって知ることができる．その一例を図6.1，図6.2に示す．図6.1はCaO (45mass%) - Al_2O_3 (50)

表6.2 溶鉄－スラグ間の界面張力測定系

プロセス	溶融金属 （溶鉄）	溶融非金属 （スラグ，フラックス）
製銑	溶銑	CaO - SiO_2 - Al_2O_3
製鋼	溶鋼	FeO - CaO - SiO_2
脱酸	溶鋼	FeO - SiO_2
		MnO - SiO_2 - Al_2O_3
		FeO - MnO - SiO_2
取鍋処理	溶鋼	CaO - Al_2O_3 - MgO
エレクトロ スラグ再溶解	溶鋼 （合金鋼）	CaF_2, CaF_2 - Al_2O_3, CaF_2 - Al_2O_3 - CaO

- MgO (5) スラグと溶鋼との界面張力を基準として，このスラグに種々な酸化物を添加したとき，この界面張力変化を示したものである．図6.2はCaO - SiO_2 - Al_2O_3 系スラグにおける成分の影響についての Popelら[15]の結果で，これらを併わせて検討し，添加成分について次のような特徴的な挙動を把握することができる．

1) FeO, MnO は少量の添加で界面張力を大きく低下させる．
2) BaO, SiO_2, CaO の添加による界面張力の変化は比較的小さい．

これらの添加物の挙動は，先に述べたスラグの表面張力に対する添加成分の挙動と大きく異なっている．それらを示すために，図6.3にスラグ中の添加成分の含有量による界面張力および表面張力の変化を模式的に示す．まず，スラグの表面張力を低下させる SiO_2, CaF_2 は界面張力への影響が大きくないことであり，逆に表面張力への影響の少ないFeO, MnO，特に

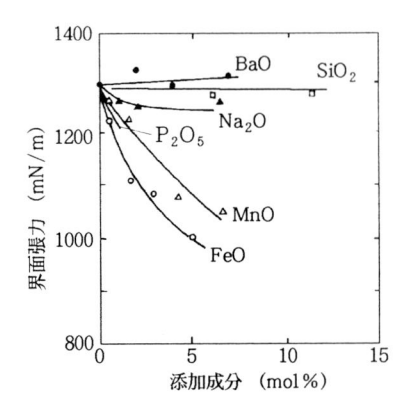

図6.1 溶鉄－スラグ（CaO-MgO-Al_2O_3系）間の界面張力とスラグ組成の関係（文献14より作成）

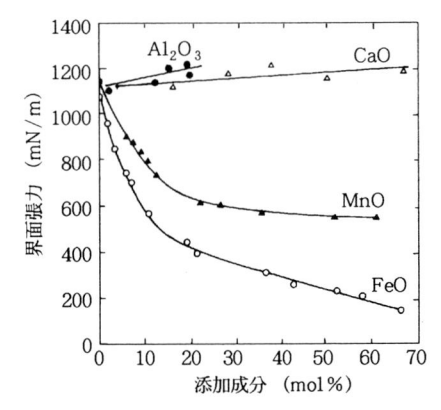

図6.2 溶鉄とCaO-SiO_2-Al_2O_3系スラグ間の界面張力へのスラグ組成の影響[15]

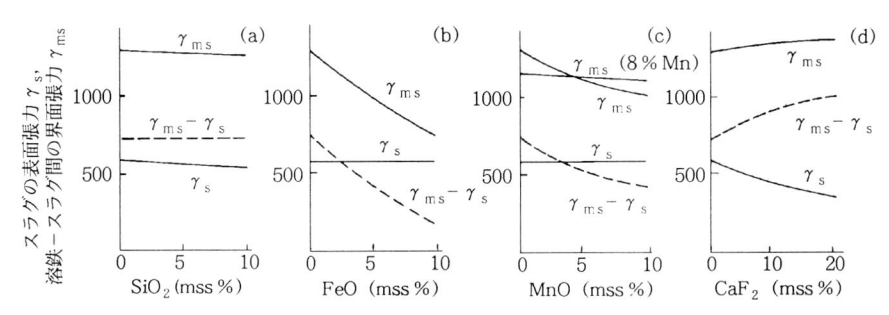

図6.3 溶鉄-スラグ間の界面張力，スラグの表面張力とスラグ組成との関係を示す説明図

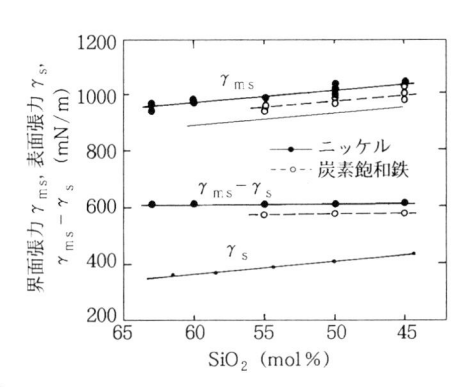

図6.4 CaO-SiO$_2$と溶融金属間の界面張力，スラグ表面張力とスラグ組成との関係[16]

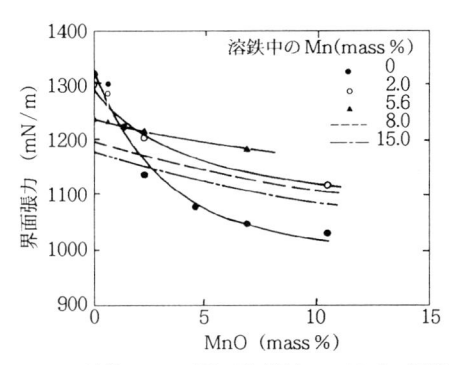

図6.5 溶鉄-スラグ間の界面張力へのMnOの影響（文献17のデータにより作成）

FeOの少量の添加量で界面張力を急激に低下させることである．これらの原因については次のように考えることができる．

SiO$_2$の添加の影響は図6.3(a)に示すように界面張力をわずかに減少させる．SiO$_2$はスラグの表面張力 γ_s を低下させるが，その効果が，界面張力へのSiO$_2$の影響にどのように関与するかを知るために，$\gamma_{ms} - \gamma_s$ をSiO$_2$に対してプロットしている．図6.3(a)のように $\gamma_{ms} - \gamma_s$ はSiO$_2$に対してほぼ一定であり，SiO$_2$添加による界面張力の低下は γ_s の低下によるものと考えられ，SiO$_2$の影響をより明確に示している．CaO-SiO$_2$スラグと溶融ニッケルおよび炭素飽和溶鉄との結果を図6.4に示す．$\gamma_{ms} - \gamma_s$ は溶融金属の種類に関係なく，SiO$_2$含有量によって変化せず一定である．

スラグ中にFeOが添加されると，それと平衡する溶鉄中のO量は増大する．スラグ中にMnOが添加された場合も，

$$(\text{MnO}) + \text{Fe} = \underline{\text{Mn}} + (\text{FeO}) \tag{6-3}$$

の反応によって溶鉄中のOの増加が考えられる．その結果，溶鉄の表面エネルギーが低下し，界面エネルギーが低下する．図6.5に示すように，あらかじめ溶鉄中にMnを添加しておいた場合，式(6-3)の反応の進行は抑制されるから，溶鉄中のOの増加はMnを溶鉄中に含まない場合よりも小さい．その結果，スラグ中へMnOを添加しても界面張力の大きな減少に結びつかない．その効果は，5.6mass％Mn以上では変わらない[17]．この事実は，スラグ中へのFeO，MnOの添加による界面張力の低下が溶鉄中のOの増加によるものとする考え方を裏付けるものである．

界面張力へのスラグ組成の影響については多くの研究があるが，それらを比較する場合，界面張力の値をそのまま用いることには問題がある．それは，測定方法はもちろん，測定条件が相違するためであり，後に詳細を述べるが溶鋼中の元素，特に酸素量による界面張力の相違が大きいためである．そのため界面張力へのスラグ組成の影響を検討するにあたっては，2つの因子を考える必要がある．その1つは溶鉄にOを供給するスラグ中のFeO，MnO含有量であり，他はそれら以外の成分である．スラグ－メタル界面における酸素の過剰量は後述するように一定酸素含有量においてガス－メタル界面のそれとほぼ等しい．このことはスラグ－メタル界面とガス－メタル界面における酸素の吸着挙動が同様と仮定できる．ある酸素含有量の溶鉄の表面張力γ_mおよびスラグとの間の界面張力γ_{ms}とするとこれらの差$\Delta\gamma(=\gamma_m-\gamma_{ms})$はスラグ相の存在によって生じる界面張力の低下と考えることができる．図6.6は種々のスラグと溶鋼とについて$\Delta\gamma$と酸素含有量の関係を示す[7]．

酸素含有量が低い領域（[O]＜0.05mass％）では，ある組成のスラグに対し溶鉄中の酸素含有量が変化しても$\Delta\gamma$はほぼ一定の値を示す．これは溶鉄表面の酸素の吸着量が変化しても$\Delta\gamma$すなわちスラグの存在による溶鉄の表面張力の低下量は変わらないことを示すと考えられる．

一方，溶鉄中の酸素含有量が同一の場合で比較すると，$\Delta\gamma$にはスラグ組成の相違による若干

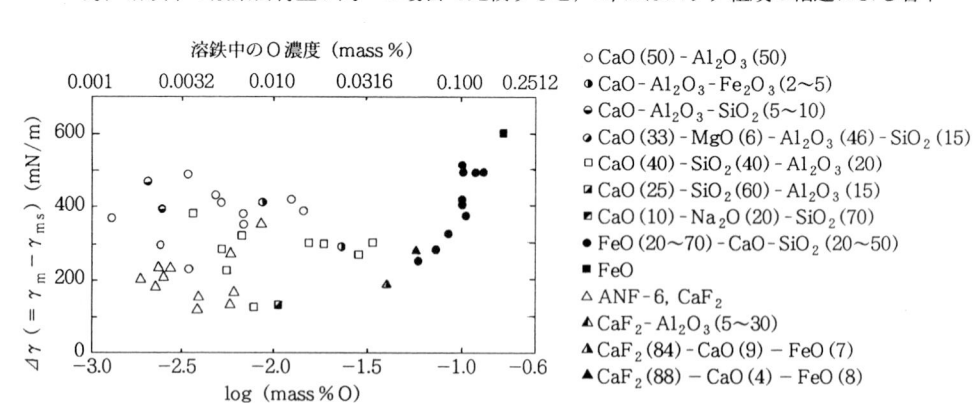

図6.6　溶鉄－スラグ間の界面張力と鉄中Oの影響[7]（1853K）

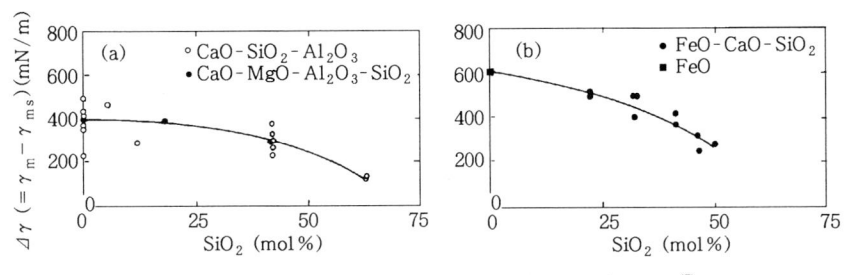

図6.7 スラグ中のSiO$_2$による$\Delta\gamma$ ($=\gamma_m-\gamma_{ms}$)の変化[7]

の相違が認められる．すなわちフッ化物系スラグは酸化物系スラグに比べて一般に$\Delta\gamma$は小さく，酸化物系スラグではスラグ中のSiO$_2$含有量が大きくなる程$\Delta\gamma$は小さくなる傾向がみられる．CaO-SiO$_2$-Al$_2$O$_3$系について$\Delta\gamma$とスラグ中のSiO$_2$含有量との関係を図6.7(a)に示す．SiO$_2$含有量が20mol％以下では$\Delta\gamma$はあまり変化しないが40～60mol％に増加すると$\Delta\gamma$は大きく減少する．これはSiO$_2$含有量の増加によりスラグ側の界面構造が変化し，スラグと溶鉄との相互作用が小さくなるためであると考えられる．

酸素含有量が高い領域（[O]＞0.05mss％）のFeO-CaO-SiO$_2$系スラグについては，図6.6から溶鉄中の酸素含有量の増加に従い$\Delta\gamma$は増大するようにみえる．しかし，これらのスラグのSiO$_2$含有量は異なっているから，この系についても$\Delta\gamma$とスラグ中のSiO$_2$含有量との関係を示すと図6.7(b)のようになり，CaO-SiO$_2$-Al$_2$O$_3$系スラグと同様にスラグ中のSiO$_2$含有量の増加に従い$\Delta\gamma$は減少する傾向を示す．従って図6.6で溶鉄中の酸素含有量の増加に従い$\Delta\gamma$が増大するようにみえるのは，スラグ中のSiO$_2$含有量の減少が大きく影響していると考えられる．しかし，C飽和溶鉄の場合，CaO-SiO$_2$-Al$_2$O$_3$スラグ中のSiO$_2$の影響はほとんどみられない[18]．

図6.6より，CaF$_2$を含むスラグとSiO$_2$の多いCaO-SiO$_2$-Al$_2$O$_3$，Na$_2$O-CaO-SiO$_2$系は$\Delta\gamma$が小さい．すなわちこれらの系ではスラグ相の存在の影響が小さいと考えられる．同様の傾向はFeO-CaO-SiO$_2$系についてもみられる．このことはSiO$_2$がスラグ－メタル界面構造に寄与していることを示している．

ESR用スラグはCaF$_2$を主成分としているが，特にESR再溶解の界面挙動を検討する場合には界面張力へのCaF$_2$の挙動を把握しておかねばならない．CaF$_2$基スラグと溶鋼との界面張力とスラグ組成の関係を図6.8に示す．CaO-Al$_2$O$_3$スラグ中へのCaF$_2$の添加は界面張力を若干増加させる傾向を示し，CaF$_2$のみでは界面張力はかなり高く，1520mN/mに達している．CaF$_2$添加によって界面張力が増加することは，付着仕事からみるとそれの減少となり，後述する溶鋼－スラグの付着力の減少すなわちスラグの剥離性の向上と結びつくと考えられる．逆にCaF$_2$にCaOを添加した場合，界面張力は急激に減少するが，これは溶鋼－スラグ間の付着

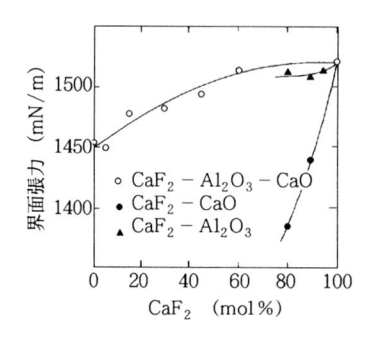

図6.8 溶鉄とCaF$_2$基スラグの界面張力[19] (1873K)

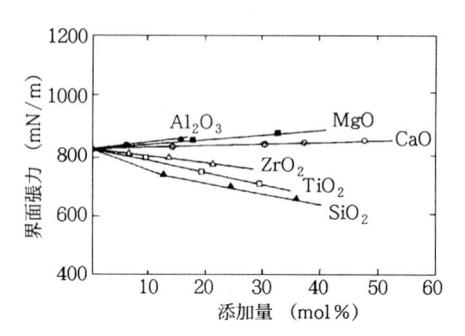

図6.9 低炭素鋼とCaF$_2$基二元系融体間の界面張力[20]

力の増加すなわち剥離性の悪化と結びつく．CaF$_2$-CaO系のESRスラグ，ANF-7によってESR溶解した場合の再溶解鋳塊表面とスラグスキンの剥離性の悪さと実験的には一致する．CaF$_2$への種々な酸化物Al$_2$O$_3$, CaO, SiO$_2$, MgO, ZrO$_2$, TiO$_2$の添加による界面張力の変化に関してはYakobashviliら[20]の報告があり，図6.9のように酸性酸化物はSiO$_2$ > TiO$_2$ > ZrO$_2$の順に界面張力を低下させる．

その他，溶鉄-スラグ系の界面張力へのスラグ中成分の影響としてCaC$_2$[21], CaS[22]などの報告がある．CaC$_2$は少量で界面張力を低下させ，その程度は350mN/m/mass％である．一方，スラグ中へのSの添加も界面張力を低下させるが，それは60mN/m/mass％とそれほど大きくない．Sの影響はSの形態によって若干相違し，CaSの方がMnSよりも界面張力への影響が大きい．

b. 溶鉄とスラグ間の界面張力へのメタル中元素の影響

図6.10にみるように界面張力への溶鉄中の元素の影響は溶鉄の表面張力へのそれらの元素の影響と同様である．O, Sは溶鉄-スラグ界面においても界面活性元素として挙動する．そのため溶鉄-スラグの界面張力はメタル中のOおよびSの含有量に関係が深い．また先に述べたスラグ組成の影響，例えばFeO, MnOも溶鉄中のOによって検討することが可能である．このように溶鉄中のOはスラグ-メタル界面張力を決定する重要な因子ということができる．筆者はこのような観点

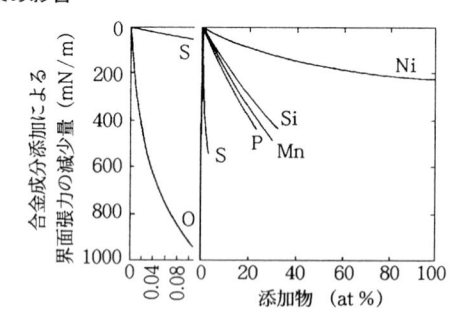

図6.10 溶鉄とCaO-MgO-Al$_2$O$_3$系スラグとの間の界面張力への溶鉄中元素の影響（文献7, 17より作成）

6.2 溶融金属-スラグ系

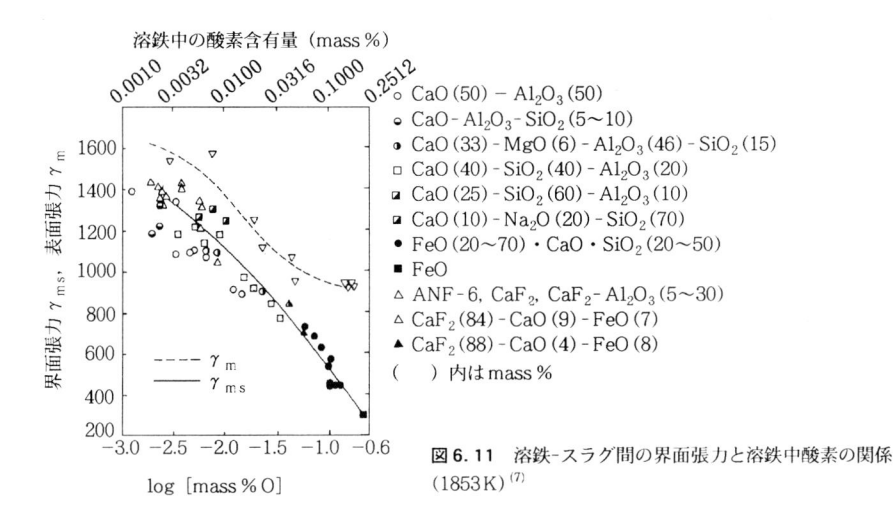

図6.11 溶鉄-スラグ間の界面張力と溶鉄中酸素の関係 (1853 K)[7]

溶鉄中の酸素含有量 (mass %): 0.0010, 0.0032, 0.0100, 0.0316, 0.1000, 0.2512

- ○ CaO (50) – Al_2O_3 (50)
- ○ CaO – Al_2O_3 – SiO_2 (5〜10)
- ▽ CaO (33) – MgO (6) – Al_2O_3 (46) – SiO_2 (15)
- □ CaO (40) – SiO_2 (40) – Al_2O_3 (20)
- △ CaO (25) – SiO_2 (60) – Al_2O_3 (10)
- ■ CaO (10) – Na_2O (20) – SiO_2 (70)
- ● FeO (20〜70)・CaO・SiO_2 (20〜50)
- ■ FeO
- △ ANF-6, CaF_2, CaF_2 – Al_2O_3 (5〜30)
- △ CaF_2 (84) – CaO (9) – FeO (7)
- ▲ CaF_2 (88) – CaO (4) – FeO (8)
- ( ) 内は mass %

縦軸: 界面張力 γ_{ms}, 表面張力 γ_m
横軸: log [mass % O]
破線: γ_m, 実線: γ_{ms}

より種々の組成のスラグと溶鉄との界面張力を透過X線による静滴法により測定し，界面張力の変化を溶鉄中のOによって整理した[7]．その結果を図6.11に示す．界面張力は溶鉄中のOの増加とともに急激に減少を示す．減少の傾向は表面張力へのOの影響と類似する．酸素含有量の低い場合にはスラグ組成の影響をみることができる．この場合 CaF_2 > CaF_2 基 > CaO-SiO_2-Al_2O_3（酸性）> CaO-SiO_2-Al_2O_3（塩基性）> CaO-Al_2O_3 の順に界面張力は小さくなる．Olette ら[23] も同様の結果を得ている．

溶鉄中酸素量の増大による界面張力の減少はスラグ-メタル界面における酸素の吸着によるものと考えられ，溶鉄-気相界面の場合と同様，酸素の飽和吸着量を求めることができる．その結果はスラグ-メタル界面で 17×10^{-10} mol/cm^2 で，溶鉄-気相界面の飽和吸着量 16×10^{-10} 〜 23×10^{-10} mol/cm^2 に類似している．従って溶鉄表面の飽和酸素吸着量は気相がスラグ相に代わっても大きな変化はないと考えられる．

Kozakevitch ら[13] はスラグによる溶鉄の脱硫過程を透過X線法によって観察し，図6.12のように

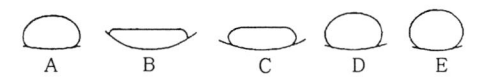

図6.12 溶鉄滴中のSがスラグで脱硫される過程における溶鉄滴の形状の経時変化[11]
（A, B, C, D, E）

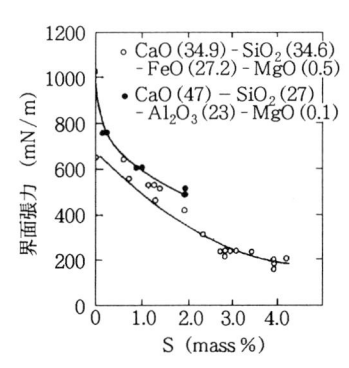

図6.13 溶鋼-スラグ間の界面張力への鋼中Sの影響 (1803〜1843 K)[24]

- ● CaO (34.9) – SiO_2 (34.6) – FeO (27.2) – MgO (0.5)
- ○ CaO (47) – SiO_2 (27) – Al_2O_3 (23) – MgO (0.1)

縦軸: 界面張力 (mN/m)
横軸: S (mass %)

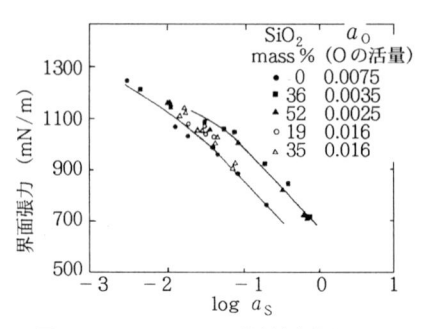

図 6.14 Fe-S-O-Si系溶鉄合金とCaO-SiO$_2$-Al$_2$O$_3$-FeO系スラグ間の界面張力へのSの活量の影響（1873K）[23]

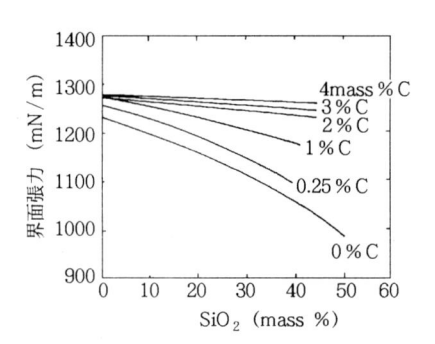

図 6.15 Fe-C系溶鉄合金とCaO-SiO$_2$-Al$_2$O$_3$系間のの界面張力[18]

スラグ中の溶鉄滴の形状が著しく変化することをはじめて明らかにした．この滴の形状の変化はSの移行過程において界面張力が大きく変化していることを示している．このようにスラグによる脱硫反応の進行過程を界面化学的に考えるには，スラグーメタル間の界面張力へのSの影響に関する知識が必要である．

Popelら[24]は製銑，製鋼スラグの基礎系スラグCaO-SiO$_2$-Al$_2$O$_3$，CaO-FeO-SiO$_2$系と溶鉄間の界面張力への溶鉄中のSの影響を明らかにしている．その結果を図6.13に示すが，CaO-SiO$_2$-Al$_2$O$_3$スラグの方が少量のSによる界面張力の減少の大きいことを示している．この場合，Sによる界面張力の減少はSの微量域において（250mN/m/mass%S）で，溶鉄中のSの影響に比べてはるかに小さい．またCaO-FeO-SiO$_2$系ではSによる界面張力の低下は，CaO-SiO$_2$-Al$_2$O$_3$系と比較するとかなり小さい．これはFeOを含むスラグではOの吸着が同時に生じており，Sを含まない場合においても界面張力は約600mN/mと低く，Oの吸着がSの吸着による効果を減じているものと考えられている．

最近Gayeら[23]はCaO-SiO$_2$-Al$_2$O$_3$-FeOスラグと Fe-S-O-Si系の界面張力を測定し，図6.14のように界面張力は溶鉄中のa_sにより整理し得ることを示した．これはスラグーメタル系の界面張力がa_Oによって整理できるのと類似している．

スラグ，特に塩基性スラグと接触している溶鉄中のSは脱硫され，スラグーメタル界面を通過する．この場合，界面張力にも影響のあることはKozakevitchの報告[13]や他の多くの研究からも明らかである．このような物質移行に伴う界面張力の変化については第II編8章において詳しく述べる．

Fe中へのCの影響についてBretonnetら[18]はCaO-SiO$_2$-Al$_2$O$_3$スラグとの間に広範囲な測定を行った．その結果を図6.15に示す．Cの影響はスラグ中のSiO$_2$の含有量によって変化し，SiO$_2$の多いほどその影響は大きく，Cの増加とともに界面張力は増大する．C：2〜4%で

はスラグ中のSiO₂による影響をうけない.

その他, 溶鉄-スラグ系の界面張力へのFe中成分の影響として, Mn[17],[25], P[17], Si[17],[25], Cr[25], Ni[17] などがある.

6.2.2 非鉄金属とスラグ, フラックス系の界面張力

a. 非鉄純金属とスラグ系

スラグ-メタル間の界面張力へのメタル相の役割を正確に把握するために, 純金属とスラグとの界面張力の測定がなされている[6]. 溶融Ni, Cu, Ag と CaO(45) - Al₂O₃(50) - MgO(5 mass%) スラグ間の界面張力を図6.16に示す. 界面張力の大きさはNi, Cu, Agの順であり, 温度との関係は同様である. 界面張力の大きさはこれらの金属の表面張力の大きさの順と一致する.

この場合, スラグ組成は同一であるから, スラグ-メタル界面においてスラグ側の構造は一定と考えられ, このようなアルミネート融体では多分 O^{2-} イオンが界面に配列するものと考えられる. そのため界面張力の相違はNi, Cu, Ag と O^{2-} イオンとの相互作用の大小関係によって評価できる. ガラスなどにおいて用いられる分極力 (polarizing power) によって, それらメタルと O^{2-} との間の相互作用を比較することができる分極力として Z_e/r^2 (Z_e: 電荷数, r: 金属イオンの半径) を用い界面張力との関係を図6.17に示す. 図のように Z_e/r^2 の増加にともなって表面張力と界面張力との差

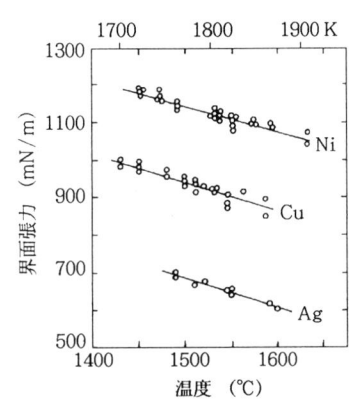

図6.16 溶融純金属とCaO-MgO-Al₂O₃系スラグ間の界面張力への温度の影響[6]

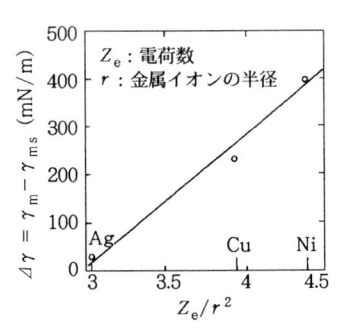

図6.17 溶融金属-スラグ間の表面-界面張力差 $\Delta\gamma(=\gamma_m-\gamma_{ms})$ と分極力, Z_e/r^2 との関係[6]

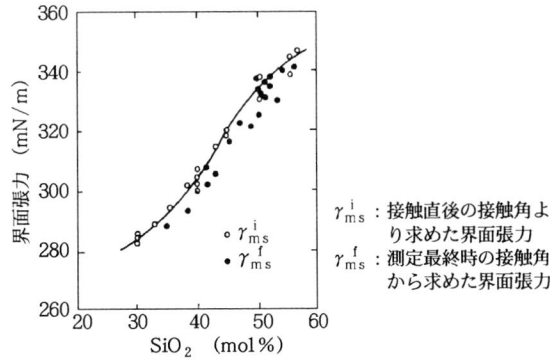

図6.18 溶融Pb と PbO-SiO₂系融体との間の界面張力 (1173K)[27]

γ_{ms}^i: 接触直後の接触角より求めた界面張力
γ_{ms}^f: 測定最終時の接触角から求めた界面張力

$\Delta\gamma$ はほぼ直線的に増加し，分極力の大きいほど $\Delta\gamma$ が大きく，その効果のあることを示している．

非鉄金属－スラグ系の他の例として，$Pb/PbO-SiO_2$ 系[26][27] があるが，図6.18のように界面張力は SiO_2 の増加と共に増加し，$PbO-SiO_2$ 系の表面張力と同様の傾向を示している．しかし，Keskinenら[26] の測定では温度による組成の影響は大きく相違している．この相違に対して向井ら[27] はスラグの粘度による補正係数の適確な利用，耐火るつぼからの浸食による組成変化などによることを指摘している．

b. 溶融非鉄合金とスラグ間の界面張力

溶融非鉄合金－スラグ間の界面張力に関しては Ni-Cu, Cu-Ag 系と $CaO-MgO-Al_2O_3$ 系について測定がある[6]．これらの合金は全率固溶，合金共晶合金であるが，界面張力と組成との関係は特に異常はみられない．

6.3 溶融金属－溶融塩系

Al, Mg などの軽金属は溶融塩の電気分解によって精錬される．この場合，例えば溶融 Al と溶融塩電解浴間の界面張力は界面の物理的状態—流動，振動—にも影響を与える因子の一つとも考えられている．

一方，この系においては電気分解が界面において進行しているが，電位を印加された状態における界面張力の変化，すなわち電気毛管現象（electrocapillary phenomena）が生じている．電位を印加された状態の界面張力の変化については第Ⅱ編13章において記述する．

6.3.1 アルミニウム－クリオライト系

アルミナ電解の Hall-Heroult 電解浴において，アルミニウムと電解浴の間の界面張力は界面の安定性や界面の形状に影響を与える重要な因子の一つである．しかし，この系の界面張力の測定は極めて少なく，数編の報告があるにすぎない[28]～[32]．この系の界面張力は，Beryaev (1961), Utigardら (1985) はX線透過法によって，Dewing (1977) は毛管降下法によって測定を行っている．

アルミニウムとクリオライト系の界面張力は図6.19に示すように，一つの例外を除き，NaF/AlF_3 比の増加とともに減少している．クリオライト（Na_3AlF_6）組成における界面張力は 1273K で 450～550mN/m の間にあり，Utigard の報告では 481mN/m (1304K) である．

AlF_3 の多い組成の界面張力は 650mN/m で，この値は Al の表面張力 (795mN/m) と AlF_3 の値 (130mN/m) との差にほぼ等しく，いわゆる Antonoff の法則が成立している．

図6.19から明らかなように，界面張力は NaF の増加と共に減少する．これは Na の活量の増

加による界面におけるNaの吸着によるものと考えられる．Utigardら[31]はNaの活量a_{Na}と界面張力との関係を求めているが，図6.20に示すように，NaFを含む種々の溶融塩浴の組成とアルミニウム間の界面張力はa_{Na}のパラメーターによって浴の組成に関係なく統一的に表わすことができる．この傾向は，溶鉄－スラグ系の界面張力が溶鉄中のOの活量によって表されたのと類似している．

図6.20に界面張力とAl中のNaの活量との関係を示す．界面張力はAl中のNaの活量の増加とともに減少し，各電解質の

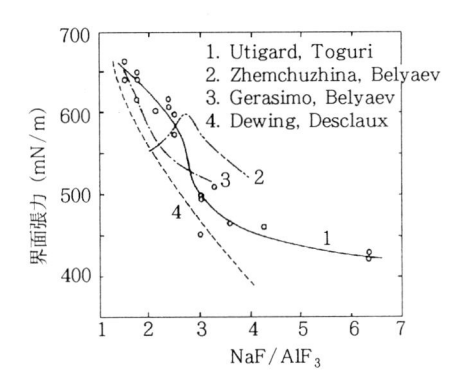

図6.19 溶融AlとクリオライトとNaの界面張力 (1273K)[31]

測定値が誤差範囲内で一つの曲線で示される．この挙動は溶鉄－スラグ系の界面張力がO, Sによって主として支配される場合と類似している[7],[23]．また，図6.20において，2mass% AlF_3 に相当する組成において界面張力－組成曲線の変曲点を示している．この点においてAl－電解浴界面にNaの単分子層が形成されると考えられる．この変曲点における曲線の勾配から界面におけるNa原子の濃度がGibbsの吸着式より計算される．計算されたNa原子の濃度は8.5原子/nm^2で，この値は原子半径0.19nmのNa原子の稠密充填の単純な球状モデルを仮定した場合の計算値 8.0原子/nm^2 に近い．

Al電解浴には最も重要な含有物としてAl_2O_3があり，その影響については図6.21に示すよ

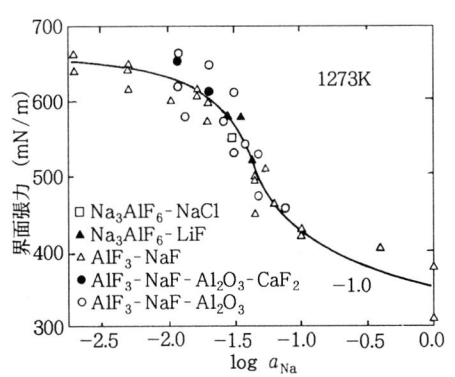

図6.20 溶融Alと種々の溶融塩との間の界面張力へのNa活量の影響[31]

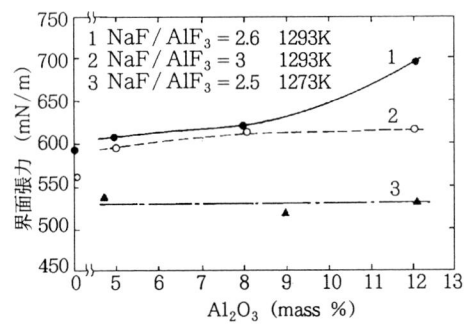

図6.21 溶融Alとクリオライト間の界面張力へのAl_2O_3の影響[28],[29]

うにAl_2O_3 5～8mass％の範囲においてその影響は小さい。Al_2O_3 約12mass％を含むクリオライトとAlとの界面張力では測定者によってかなり相違がみられる。

アルミニウム電解浴は，$NaF-AlF_3$ 以外にAl_2O_3，CaF_2，NaCl，LiFなどを含有する。これらの成分の界面張力への影響については，Zhemchuzhinaら[28]によってNaF-$AlF_3$88mass％（71.4mol％NaF，28.6mol％AlF_3）＋12mass％Al_2O_3 電解浴へのAlF_3，MgF_2，CaF_2，LiF，KF，NaClの影響が，またUtigardら[31]によってNa_3AlF_6 へのAlF_3，NaF，Al_2O_3，CaF_2，LiF，KF，NaClの影響が測定されている。Aluminium Electrolysisに引用されたBelyaevの結果を図6.22に示すがAlF_3，MgF_2，CaF_2，LiFは界面張力が増加するのに対し，NaF，KFは減少を示す。Utigardらの結果もAlF_3，Al_2O_3，CaF_2，LiFは増加，NaF，KFは低下を示しほぼ同様であるが，NaClのみが相違する。またAl中の不純物の影響については，Belyaevによる報告がある[32]。Cu，Mn，Mg，Ni，Tiは0.5mass％の添加で界面張力は45～137mN/m低下する。

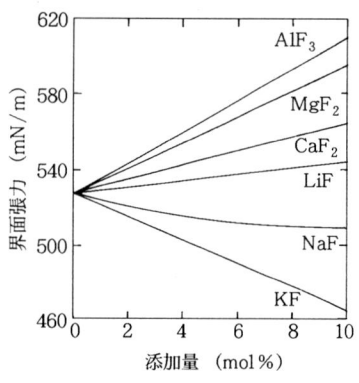

図6.22 NaF（71.4mol％）－AlF_3（28.6mol％）電解質と溶融Al間の界面張力への添加物の影響[29]（1273K）

6.3.2 アルミニウム－溶融塩系

Al合金の溶解プロセスにおいては金属中に生じる固体介在物の除去のためにフラックスが使用される。このフラックスはアルカリ金属やアルカリ土類金属の塩化物が主体である。この除去のプロセスに対する界面化学的な検討は溶鋼の介在物除去に対する基礎的検討と同様である。その場合，フラックスと固体介在物，フラックスと溶融Al合金間のぬれ性に対する評価が必要であり，その基礎としてAl合金－フラックス間の界面エネルギーは必要な物性である。

NaCl-KCl当モル組成を主成分とするフラックスにおいて種々の添加物の界面張力への影響がGarinら[33]，Kurdyumovら[34]によって測定されている。その結果を図6.23に示す。NaCl-KClとAlとの界面張力は1013Kで792mN/mであり，KF，LiF，

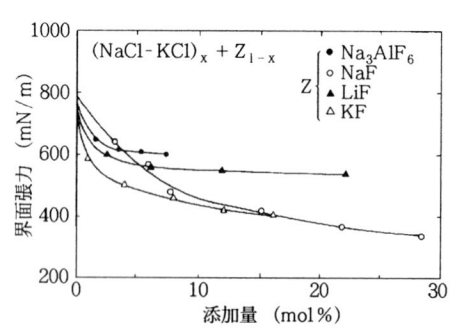

図6.23 溶融AlとNaCl-KCl基フラックス間の界面張力へのフッ化物の影響[33]

NaF, Na_3AlF_6 の少量添加で減少を示す.

6.3.3 マグネシウム電解精錬浴とマグネシウム

マグネシウム電解精錬浴は塩化物・フッ化物混合浴である. NaCl・KCl(当モル比 1:1)-$MgCl_2$ 15mass%, NaCl:KCl(当モル) + 15mass% $MgCl_2$, 17mass% CaF_2 の両電解浴とMg合金の界面張力が最大泡圧によって1023K(750℃)において測定されている[35]. Mgと電解浴(A)との界面張力は417mN/mであり, Reding[36] も $MgCl_2$-KCl-$BaCl_2$ 系溶融塩とMgとの界面張力を最大泡圧法によって測定し, 組成との関係を示している. 界面張力は948～1173Kにおいて350～450mN/mである. PatrovはMgと共存するAl, Zn, Mn, Ce, Nd 等の影響について報告している.

6.3.4 種々なメタルとフラックス

a. 非鉄金属とソーダ系フラックス

Utigard, Toguri ら[37] はAg-Cu, Bi, Pb, Snの純金属と種々なソーダ系フラックスNaF, NaCl, Na_2CO_3, Na_3AlF_6, Na_2SiO_2 間の界面張力を測定している. それらを一括整理して表6.3に示す. 表よりAg, Bi, Pb, Snとフラックスの界面張力はそれら金属の表面張力よりも大きい場合がある.

Utigard[37] はGirifalco, Good[1] の提出した二液相間の付着力および凝集のエネルギーを考慮した式(6-4)の関係をメタル-フラックス系に適用している.

表6.3 溶融純金属とソーダ系フラックス間の界面張力

金属	フラックス					溶融金属の表面張力 mN/m
	NaF	NaCl	Na_2CO_3	88mass% Na_3AlF_6-12mass% Al_2O_3	$Na_2O \cdot SiO_2$	
Ag	978 (a)	782 (c)	897 (b)	922 (b)		881 (c) 897 (b)
Bi	352 (c)	316 (c)	376 (a)	428 (b)	442 (d)	334 (a) 327 (b) 320 (c)
Cu	1267 (c)	1155 (c)	1264 (d)		1045 (d)	1356 (c)
Pb	439 (c)	370 (c)	462 (a) 409 (b) 405 (d)	465 (b)	531 (d)	394 (a) 381 (b) 368 (c)
Sn				566 (b)		474 (b)
フラックスの表面張力	117 (c)	79 (c)	210 (a) 205 (b) 200 (d)	132 (b)	397 (d)	

(a) 1173K, (b) 1273K, (c) 1373K, (d) 1390K, 文献(37)より作成

$$\gamma_{12} = \gamma_1 + \gamma_2 - 2\phi(\gamma_1 \cdot \gamma_2)^{1/2} \tag{6-4}$$

ここに，γ_{12} は界面張力，γ_1，γ_2 は表面張力，ϕ は二液相間の相互作用に関係する定数である．

$\phi = 0$ とすると二液相間の相互作用はなく，界面張力は二液相の表面張力の和である．ϕ が大きいと二液相間の相互作用は大きい．ソーダフラックス－メタル系での ϕ は平均0.31であると報告している[37]．

b. Pb-Sn合金とフラックス

Pb-Sn合金と $ZnCl_2$ フラックス間の界面張力は美馬ら[38]，Howieら[39] によって測定されている．673Kにおける界面張力と合金組成との関係を図6.24に示す．これら両者の間にはかなりの相違がある．合金組成と表面張力の関係も併記してあるが約200mN/m美馬らの値が大きい．この場合比較が困難であるため，$\Delta\gamma = \gamma_m - \gamma_{mf}$ による比較を併記するが，傾向は同様である．

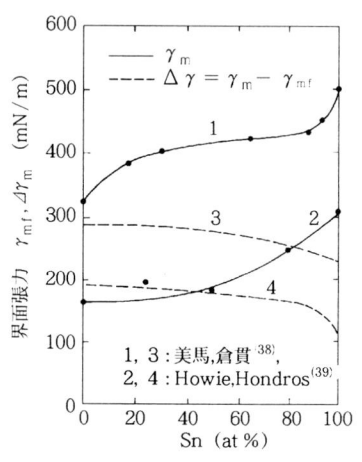

図6.24 溶融Pb-Sn合金と $ZnCl_2$ フラックスとの界面張力と合金組成の関係[38][39]

6.4 溶融硫化物（マット）－メタル，スラグ系

溶融硫化物－メタル，溶融硫化物－スラグ系は非鉄製錬において重要な役割を果たし，界面化学的にも興味ある系である．マット－スラグ系で生じるスラグロスは，マットがスラグ中に化学的，物理的に移行するもので，特に物理的移行現象の解明にはマット－スラグ分散系に関する知識が必要であり，両相間の界面張力はその現象を支配する重要な性質の一つである．溶融硫化物（マット）－メタル，スラグ系の界面張力はX線透過法により測定されているが，メタル－スラグ系に比較してはるかに少ない．

Vlack[40]は，X線透過法による毛管法によって溶融 $Cu-Cu_2S$ 系の界面張力を測定した．Fe飽和系で71～98mN/m（1397～1482K），鉄と無関係な場合76～90mN/m（1394～1489K）であった．いずれもメタル－スラグ系，スラグ系の界面張力に比べて極めて小さい値を示している．

溶融硫化物－スラグ系の界面張力の測定は主としてソ連においてX線透過法による静滴法によってなされている．77.71mass%Cu，20.47mass%S，1.82mass%Feの硫化物と72mass%（FeO + SiO_2），12mass%CaO，16mass% Al_2O_3 スラグの界面張力が1473～1523Kにおいて

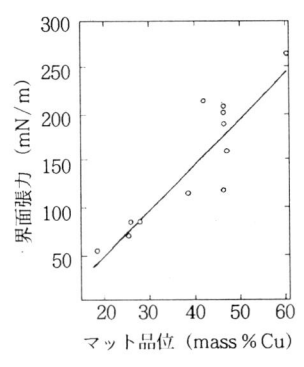

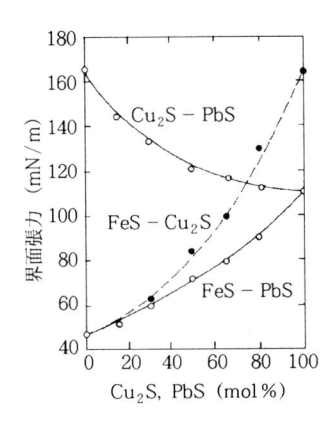

図 6.25 鉄飽和ケイ酸鉄スラグとマットの界面張力へのマット品位の影響[42]

図 6.26 マットの基本形, FeS-Cu_2S, FeS-PbS, Cu_2S-PbS 二元系溶融硫化物とスラグとの界面張力[41]

求められている[41]. スラグ中にFeOを含まないときの界面張力は340mN/m, 50mass%FeOで150mN/mである.

6.4.1 硫化物の組成と界面張力

硫化物の組成と界面張力の関係はVanyukov[41], Elliottら[42]によって測定されている. いずれも銅マット中のS含有量が増大するほど界面張力は低下する. Elliottの結果を図6.25に示す. 複合硫化物については, FeS-PbS, PbS-Cu_2S, Ni_3S_2-FeS, Ni_3S_2-Cu_2S, Cu_2S-FeSについてスラグとの間の測定がなされている[41]. 例えばFeS-Cu_2S系とFeS-PbS, Cu_2S-PbSとスラグ系の界面張力は図6.26のように示される.

6.4.2 スラグ組成と界面張力

マットと共存するスラグの組成はFeO, SiO_2, CaO, Al_2O_3, MgO系に若干の酸化物を含む多成分系であり, FeOをかなり含有している. その結果, スラグ自体の表面張力は300～500mN/mと比較的大きな値を示すが, 硫化物との界面張力は極めて小さく, 前述のように30～160mN/mである. このことはスラグ中へのマットの分散の起こりやすいことを示している. 一例として, FeO-CaO-SiO_2スラグと19.42mass%Cu, 31.78mass%Sを含むマットとの界面張力を表6.4に示す[43]. 界面張力へのスラグ組成

表6.4 マット (19.4mass%Cu, 31.8mass%S) と種々なFeO-SiO_2-CaOスラグとの界面張力とスラグ組成の関係[43] (1573K)

スラグ組成 (mol%)			界面張力 (mN/m)
FeO	SiO_2	CaO	
67.0	33.0	—	88.5
60.0	33.0	7.0	45.1
51.0	33.0	16.0	31.0
40.5	33.0	26.5	53.0
43.5	43.0	13.5	90.0
40.0	47.9	12.1	108.5

の影響はFeO-SiO$_2$-CaO-Al$_2$O$_3$系ではFeOによって支配され，その増加とともに減少する．実操業ではこの4成分以外にも数種の酸化物を含む場合がある．他の酸化物の効果としてMgOは界面張力を増加し，Fe$_3$O$_4$, Na$_2$O, V$_2$O$_5$, ZnO, Cr$_2$O$_3$の添加は界面張力を大きく低下させ，Na$_2$O, ZnOはその効果が大きい[44]．

6.5 実操業におけるメタル-スラグ間の界面張力

実操業において生じる界面現象の解明には，すでに述べた数多くの基本系の界面張力などの界面性質の数値が有用であるが，より実際的には実際その場に存在する融体や物質に関する界面性質が判明しているのが望ましい．しかし，実操業に直接関係する物質の界面性質が明らかにされているのは極めて少ない．それは実操業に関するメタル-スラグ系が多成分系であり，それらに関して得られたデータを普遍的に利用するためには多くの多成分系について得られた値を整理する必要がある．スラグやメタルの表面張力と比べてスラグ-メタル系の界面張力ではスラグ-メタル間に膨大な組み合わせが考えられ，それらの系の測定に費やされる労力は莫大なためである．

実操業に関する融体間の界面張力については主にソ連において報告されている．以下にそれを示す．

6.5.1 溶鋼と製鋼スラグ間の界面張力

現在の製鋼プロセスは酸素転炉法が主流である．しかし転炉スラグと溶鋼界の界面張力の測定は稀である．その例を表6.5に示す．

表6.5 高リン転炉スラグと溶鋼間の界面張力(1873K)[45]

No	スラグ組成 (mass %)						界面張力測定値 mN/m	界面張力(アントーノフの法則による計算値)
	FeO	P$_2$O$_5$	CaO	MgO	SiO$_2$	CaO/SiO$_2$		
1	28	3.4	46	4.7	8.7	5.3	380	516
2	21	4.01	42.4	8.4	9.6	4.4	340	512
3	30	5.0	40.0	5.4	8.9	4.5	420	517
4	32	6.1	49.9	4.9	10.0	5.0	390	519
5	29.0	7.33	48.0	6.6	9.2	5.2	420	513
6	30.6	8.43	48.4	5.4	14.8	3.3	380	503
7	32.1	9.1	48.0	3.6	10.3	4.7	380	479
8	−	−	37.5	7.6	36.7	1.02	220	472
9	2.24	2.7	39.02	7.8	32.3	1.2	260	470
10	4.68	5.4	40.05	7.02	27.9	1.5	260	472
11	7.84	9.05	43.6	6.6	22.03	1.9	280	478
12	11.7	13.5	45.1	6.2	14.8	3.05	280	441

6.5 実操業におけるメタル-スラグ間の界面張力

表6.6 種々な鋼と電気炉スラグ間の界面張力[46]（1873K）

鋼　種	ス　ラ　グ	接触角 θ (°)	界面張力 (mN/m)
アームコ鉄	白スラグ1 + 15% Al_2O_3 白スラグ2 + 7% CaF_2 白スラグ3 + 5% Al_2O_3 + 3% Na_3AlF_6	53 51 52	1242 1237 1240
12KhN3 A	白スラグ1 + 15% Al_2O_3 白スラグ2 + 7% CaF_2 白スラグ3 + 5% Al_2O_3 + 3% Na_3AlF_6	49 44 44°30′	1178 1163 1160
40Kh	白スラグ1 + 15% Al_2O_3 白スラグ2 + 7% CaF_2 白スラグ3 + 5% Al_2O_3 + 3% Na AlF_6	50 48 47	1263 1260 1250
ShKh15	白スラグ1 + 15% Al_2O_3 白スラグ2 + 7% CaF_2 白スラグ3 + 5% Al_2O_3 + 3% Na_3AlF_6	53°30′ 51 51	1280 1268 1269

表6.7 鋼の組成（mass%）と表面張力

	C	Mn	Si	Cr	Nl	P	S	O	密度 g/cm³	表面張力 mN/m
アームコ鉄	0.03	0.15	0.18	—	0.14	0.020	0.020	0.0110	6.57	1450
12khN3 A	0.15	0.40	0.28	0.90	3.00	0.026	0.018	0.0073	6.00	1415
40Kh	0.40	0.60	0.28	1.0	0.30	0.030	0.013	0.0071	6.20	1490
ShKh15	0.98	0.30	0.35	1.3	0.30	0.027	0.015	0.0068	6.45	1490

表6.8 白スラグの組成（mass%）と表面張力（1873K）

No	CaO_2	SiO_2	Al_2O_3	MgO	CaF_2	$NaAlF_6$	表面張力 mN/m
1	50.4	17.4	17.4	8.7	6.1	—	423
2	54.2	18.7	4.7	9.3	13.1	—	400
3	53.7	18.5	9.25	9.25	6.5	2.8	406

また電気炉スラグと溶鋼間の界面張力，鋼およびスラグの組成，表面性質を表6.6～表6.8に示す．

6.5.2 溶鋼と脱酸生成物間の界面張力

溶鋼の脱酸には種々な脱酸剤が使用され，生成する脱酸生成物の組成も多くのものがある．これらの脱酸生成物のうち，極少数のものについて溶鋼との間の界面張力が測定されているにすぎない．

一例としてのシリコカルシウム（CaSi）脱酸による脱酸生成物の組成を想定して合成されたCaO-SiO_2系スラグと軸受鋼ShKh15（1.0%C, 0.34%Mn, 0.26%Si, 0.025%P, 1.40%Cr,

0.0016％S, 0.23％Cu, 0.15％Ni）との間の界面張力を表6.9に示す[47]．測定はX線透過法による静滴法である．

このShKh15軸受鋼の表面張力は1460mN/m（1823K），スラグとの界面張力は950〜1170mN/mでSiO_2の増加とともに減少する．次にこの生成物に共存するFeO, MnOの影響も調査されているがFeO, MnOの添加は，すでに述べたように界面張力の減少につながる[46]．

フェロシリコン，フェロマンガンなどの脱酸剤によって生成する脱酸生成物はFeO-MnO-SiO_2系である．この脱酸生成物と溶鋼（Mn mass％：0.1, Si：0.1, C：0.03, S：≦0.009）との間の界面張力の測定では，FeO, MnOの多いほど界面張力は低く，既に述べたようにこの系と平衡する溶鋼中のOによって整理すると明瞭に種々な組成の生成物との界面張力との関係が示される[11]．

6.5.3 連鋳パウダーと溶鋼間の界面張力

溶鋼の連続鋳造時の連鋳パウダーはCaO, SiO_2, Al_2O_3を主成分としNa_2O, F等を含む組成である．溶鋼との界面張力の一例を表6.10に示す[48]．溶鋼の組成は0.12mass％C：0.14Si, 0.49Mn, 0.034S, 0.022P, 0.011Cである．パウダーの組成による界面張力の変化は75mN/mでさほど大きくはない．筆者らがSCW48LT鋼と5種類のパウダーについて測定した場合もパウダーの組成による界面張力の変動は20mN/mと小さい．

表6.9 ShKh15鋼とCaO-SiO_2スラグ間の界面張力（1823K）[47]

スラグ組成（mass％）				界面張力
CaO	SiO_2	MgO*	FeO	mN/m
21.1	62.7	15.4	0.86	950
29.2	61.9	8.2	0.70	875
23.6	62.2	14.2		970
29.8	61.9	8.3		835
31.1	59.8	9.1		890
37.7	52.6	9.7		1030
42.2	44.5	12.9	0.41	1050
47.0	43.8	8.9	0.33	1170

＊ MgOは溶鋼滴支持板材料より

表6.10 15K鋼と連鋳パウダー間の界面張力[48]

スラグ組成（mass％）										γ_m	γ_{ms}
SiO_2	CaO	MgO	Al_2O_3	Cr_2O_3	FeO	MnO_2	S	F	Na_2O	mN/m	mN/m
61.2	13.5	0.20	1.00	—	0.21	0.29	0.07	—	21.0	320	1065
56.8	13.1	0.20	10.10	—	0.36	0.44	0.06	5.85	16.9	280	1085
34.0	18.2	0.20	29.00	—	0.46	0.41	0.07	9.15	7.5	330	1070
45.6	29.6	0.20	11.70	0.09	0.27	2.52	0.07	10.80	13.1	300	1045
52.3	21.8	0.20	1.90	0.17	0.77	0.35	0.12	7.50	13.0	300	1010
47.1	24.6	0.20	10.00	0.21	0.30	2.68	0.12	8.15	12.4	350	1025
52.2	29.0	0.20	2.00	0.20	0.27	2.50	0.12	7.96	10.1	300	1035
20.6	46.9	0.30	1.07	—	0.38	0.17	0.11	21.80	5.2	290	1050

15K鋼（C：0.12, Si：0.14, Mn：0.49, S：0.034, P：0.02, O：0.011 mass％）

表6.11 溶鋼処理スラグと溶鋼間の界面張力[49]

鋼種	スラグ組成（％）				温度 (K)	界面張力 (mN/m)	表面張力 (mN/m)	
	CaO	Al_2O_3	SiO_2	MgO			スラグ	鋼
30KhGSA	56	44	—	—	1813	773	610	1299*
40KhNMA	56	44	—	—	1813	638	610	1183*
ShKh15	56	44	—	—	1813	1032	610	1600*
30KhGSA	51.5	39.5	9	—	1813	1026	466	1299*
40KhNMA	51.5	39.5	9	—	1813	888	466	1183*
ShKh15	51.5	39.5	9	—	1813	1290	466	1600*
30KhGSA	51.5	39.5	—	9	1813	947	542	1250**
40KhNMA	54.5	42.5	—	3	1793	978	600	

* 1823K，** 1798K

表6.12 溶接フラックスと低炭素鋼間の界面張力[12]

フラックス	化学組成（mass％）						温度 (K)	密度 (Mg/m^3)	表面張力 (mN/m)		界面張力 (mN/m)
	SiO_2	CaF_2	Al_2O_3	CaO	MgO	K_2O			スラグ	鋼	
AN-20	21.0	29.8	30.0	6.8	10.2	2.1	1673	2.40	375	1120	875
AN-28	8.0	14.1	39.0	36.8	0.4	2.4	1723	2.54	359	1120	905
AN-30	3.3	21.2	40.8	17.8	16.3	—	1693	2.73	440	1120	870
48-OF-6	2	52.2	24.0	19.6	3	—	1693	2.36	378	1120	880

6.5.4 溶鋼処理合成スラグと溶鋼間の界面張力

溶鋼を合成スラグによって処理する方法はペラン法をはじめ古くから種々行われている．ソ連においてはCaO-Al_2O_3系合成スラグによる溶鋼のスラグ処理が盛んであり，主に脱硫や介在物除去に適している[49]．この合成スラグと溶鋼間の界面張力を表6.11に示す．

6.5.5 溶接スラグと溶鋼間の界面張力

溶接スラグと溶鋼間の界面張力を表6.12に示す．低炭素鋼の場合，フラックスによる界面張力は870〜905mN/mと大きな変化はない．鋼中にCr，Vなどを含む場合にはフラックスとの反応が生じ界面張力の減少がみられる．

6.6 融体間の界面張力の温度依存性

界面張力の温度依存性については一例としてCaO-SiO_2-Al_2O_3系スラグと溶銅，溶融炭素飽和鉄との界面張力の温度変化を図6.27に示す．溶銅とCaO-SiO_2-Al_2O_3系スラグのように

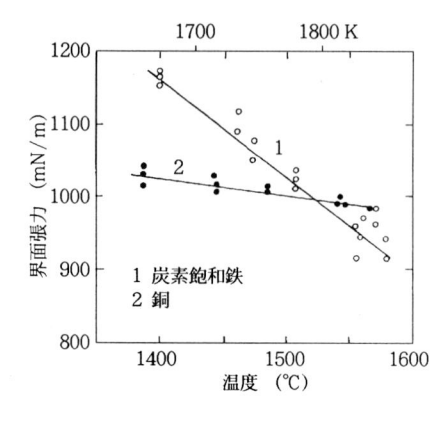

図 6.27 溶融炭素飽和鉄，溶銅と CaO-SiO$_2$-Al$_2$O$_3$ 系スラグ間の界面張力と温度との関係

1 炭素飽和鉄
2 銅

相互に反応の生じていない系では温度依存性は溶融金属，溶融酸化物に近い値を示すが，炭素飽和溶鉄－スラグ系では高温ほど反応が激しく，界面張力の測定値は温度が上昇するとばらつきが大きい．

6.7 スラグーメタル系の界面張力の計算

6.1の概説で述べたようにスラグーメタル系の界面張力をGirifalcoらのモデルを適用して求めようとする試みがなされている[5][50]．Girifalco, Goodの関係式においてm, s, gでメタル，スラグ，ガスを示すと(6-5)となる．

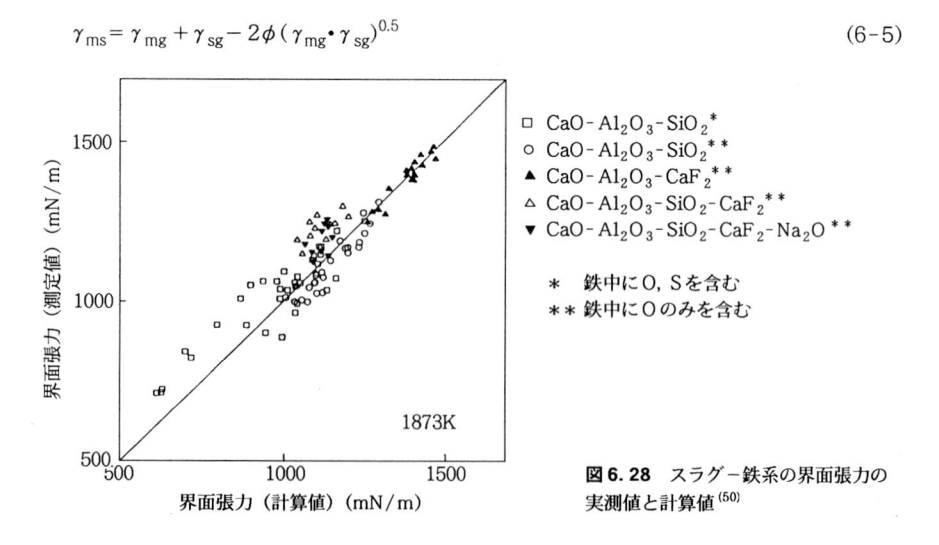

$$\gamma_{ms} = \gamma_{mg} + \gamma_{sg} - 2\phi(\gamma_{mg} \cdot \gamma_{sg})^{0.5} \tag{6-5}$$

□ CaO-Al$_2$O$_3$-SiO$_2$ *
○ CaO-Al$_2$O$_3$-SiO$_2$ **
▲ CaO-Al$_2$O$_3$-CaF$_2$ **
△ CaO-Al$_2$O$_3$-SiO$_2$-CaF$_2$ **
▼ CaO-Al$_2$O$_3$-SiO$_2$-CaF$_2$-Na$_2$O **

* 鉄中にO, Sを含む
** 鉄中にOのみを含む

図 6.28 スラグー鉄系の界面張力の実測値と計算値[50]

ここに，ϕ は系の両相間の相互作用がないときには0で，両相間の相互作用の増加とともに増加する特性値である．ϕ 値は $CaO-CaF_2-SiO_2-Al_2O_3$ 系に対して0.4〜0.6の間にあり，また鋼中のO，S量に依存しない．

$CaO-SiO_2-Al_2O_3$ 系に対しては

$$\phi = 0.004676(\%Al_2O_3) + 0.005973(\%SiO_2) + 0.005806(\%CaO) \tag{6-6}$$

$CaO-CaF_2-Al_2O_3$ 系に対して

$$\phi = 0.003731(\%Al_2O_3) + 0.003900(\%CaF_2) + 0.006904(\%CaO) \tag{6-7}$$

で示される．

スラグ，メタルの表面張力と ϕ から界面張力を求めることができる．計算値と実測値の関係は図6.28のように比較的良好な一致を示している．

引用文献

(1) L.A.Girifalco and R.J.Good: A theory for the estimation of surface and interfacial energies. I. Derivation and application to interfacial tension, J. Phys. Chem., **61** (1957) 904〜909.

(2) G.N.Antonoff: Sur la tension superficielle a la limite de deux couches, J. Chim. Phys., **5** (1907), 372〜385.

(3) W.C.Reynolds: On Interfacial tension. Part Ⅱ. The relation between interfacial and surface tension in sundry organic solvents in contact with aqueous solutions, J. Chem. Soc., **119** (1921), 466〜476.

(4) 荻野和己：スラグ・メタル界面, 冶金物理化学, 日本金属学会 (1982), 152〜158.

(5) T. Utigard, J.M.Toguri and K.Grjotheim: Interfacial tension of the aluminum−Cryolite and iron−slag systems., Can.Met.Quart., **26** (1987), 129〜135.

(6) 荻野和己, 足立 彰：溶融銀, 銅, ニッケルおよびその溶融二元合金と溶融スラグ間の界面性質について, 日本金属学会誌, **30** (1966), 965〜970.

(7) 荻野和己, 原 茂太, 三輪 隆, 木本辰二：溶鉄−溶融スラグ間の界面張力に及ぼす溶鉄中の酸素の影響, 鉄と鋼, **65** (1979), 2012〜2021.

(8) S.V.Karpachev, A.G.Stromberg: (溶融塩中における電気毛管現象), Zhur. Fiz. Khim, **7** (1936), 754〜762. (ロシア語)

(9) S.I.Popel, O.A.Esin, P.V.Geld: (高温における界面張力の測定方法について), : Dokoad. Akad. Nauk SSSR., **74** (1950), 1097〜1100. (ロシア語)

(10) A.V.Vanyukov, A.N.Popkov: (硫化物とメタル, ケイ酸塩融体の表面性質と密度の研究), Izv. VUZ Tsuvet., Met., (1961), No.4, 63〜70. (ロシア語)

(11) S.I.Popel, G.F.Konovalov: (低炭素鋼と脱酸生成物との境界における界面張力), Izv. VUZ Chern, Met., (1959), No.8, 3~7. (ロシア語)

(12) S.B.Yakobashvili, I.I.Frumin: (スラグ－メタル境界における界面張力と溶接スラグの表面張力の研究), Avtom. Svarka., (1961), No.10, 14~19. (ロシア語)

(13) P.Kozakevitch, G.Urbain and M.Saga: Tension interfaciale fonte–laitier et mécanisme de désulfuration, Comp. Rend., (1954), 166~168.

(14) 足立 彰, 荻野和己, 末滝哲郎, 斉藤哲也: 溶鋼－溶融スラグ間の界面張力におよぼすスラグ組成の影響, 鉄と鋼, **51** (1965), 1857~1860.

(15) S.I.Popel: (溶鉄との界面張力への酸化物融体の成分の影響), Zhur. Fiz. Khim., **32** (1958), 2398~2402.(ロシア語)

(16) 向井楠宏, 加藤時夫, 坂尾 弘: 溶融鉄合金と $CaO-Al_2O_3$ スラグとの間の界面張力の測定について. 鉄と鋼, **59** (1973), 55~62.

(17) 荻野和己, 末滝哲郎, 新岡克夫, 足立 彰: 溶鋼－スラグ間の界面張力への合金元素の影響, 鉄と鋼, **53** (1967), 769~771.

(18) J.L.Bretonnet, L.D.Lucas, M.Olette: Détermination expérimentale de grandeurs interfaciales entre alliage fer-carbone et laitier liquides, C.R.Acad. Sci.Paris, 285 (1977), Sér.c, 45~47.

(19) 荻野和己: エレクトロスラグ再溶解スラグについて. 日本金属学会会報, **18** (1979), 684~693.

(20) S.B.Yakobashvili, I.I.Frumin: (CaF_2 をベースとした二元系融体の表面, 界面張力), Avtom. Svarka, (1962), No.10, 41~45. (ロシア語)

(21) S.I.Popel, A.A.Deryabin: (軸受鋼 ShKh-15 の表面張力とスラグへの付着), Izv. VUZ Chern. Met., (1963), No.9, 16~19. (ロシア語)

(22) Sh.M.Mikiashvili, A.M.Samarin: (溶鉄と酸化物－硫化物融体との界面張力), 鋼生産の物理化学的基礎, (1964) 42~47.(ロシア語)

(23) H.Gaye, L.D.Lucas, M.Olette and P.V.Riboud: Metal–slag interfacial properties: Equilibrium values and "Dynamic" phenomena, Can. Met.Quart., **23** (1984), 179~191.

(24) S.I.Popel, O.A.Esin, G.F.Konovalov, N.S.Smirnov: (メタル－スラグ境界における界面張力へのSの影響), Doklad. Akad. Nauk SSSR. **112** (1957), 104~106.(ロシア語)

(25) 原 茂太, 野城 清, 荻野和己: 溶融 $CaO-Al_2O_3-CaF_2$ スラグと溶鉄合金間の界面張力, 高温学会誌, **15** (1989), 71~78.

(26) K.Keskinen, A.Taskinen and K.Lilius: Interfacial tension between lead and lead silicates, Scand. J. Metal., **13** (1984), 11~14.

(27) K.Mukai, J.M.Toguri, I.Kodama and J.Yoshitomi: Effect of applied potential on the interfacial tension between liquid lead and $PbO-SiO_2$ slags, Can. Met. Quart., **24** (1986), 225~231.

(28) E.A.Zhemchuzhina, A.I.Belyaev: (溶融塩との境界における液体Alの界面張力), 溶融塩とス

ラグの物理化学, 冶金図書出版, (1962), 207~214. (ロシア語)

(29) K.Grjotheim, C.Krohn, M.Malinovský, K.Matiašovský, J.Thonstad: Aluminum Electrolysis, Aluminum Verlag GmbH, Düsseldorf, (1977), 123~124.

(30) E.W.Dewing and P.Desclaux: The interfacial tension between aluminum and cryolite melts saturated with alumina, Met. Trans. **8B** (1977), 555~561.

(31) T.Utigard and J.M.Toguri: Interfacial tension of aluminum in cryolite melts. Metal Trans., **16B** (1985), 333~338.

(32) A.I.Belyaev, E.A.Zhemchuzhina: (溶融クラオライトーアルミナ中のメタル損失と Al との界面張力への Al 中元素の影響), Izv. Akad. Nauk SSSR. OTN, Metall i Teplivo, (1961), No.5 11~18. (ロシア語)

(33) L.M-Garin, A.Dinet and J.M.Hicter: Liquid–liquid interfacials tension measurements applied to molten Al–halide systems, J. Mater. Sci., **14** (1979), 2366~2372.

(34) A.V.Kurdyumov, G.A.Grigor'ev, S.V.Inkin, E.V.Vygovskii, V.I.Stepanov: Investigation of thermodynamic conditions for flux refining of aluminium alloys, Sov. Non-Ferrous Met. Res., **2** (1973), 211~215.

(35) B.V.Patrov, V.A.Polous, I.A.Barannik: (溶融塩化物ーフッ化物との境界における Mg 合金の界面張力), Zhur. Plikl. Khim., **57** (1984), 2452~2455. (ロシア語)

(36) J.N.Reding: Interfacial tensions between molten magnesium and salts of the $MgCl_2$-KCl-$BaCl_2$ system, J. Chem. Eng. Data, **16** (1971), 190~195.

(37) T.Utigard, J.M.Toguri, T.Nakamura: Interfacial tension and flotation characteristics of liquid metal–sodium flux systems, Metal. Trans., **17B** (1986), 339~346.

(38) 美馬源次郎, 倉貫好雄: 液体金属とフラックスとの間の界面張力に関する研究 (第 3 報) Sn-Pb 合金の界面張力について, 日本金属学会誌, **22** (1958), 196~199.

(39) F.H.Howie, E.D.Hondros: The surface tension of tin–lead allorys in contact with fluxes, J. Mater. Sci., **17** (1982), 1434~1440.

(40) L.H.Van Vlack: Intergranular energy of iron and some iron alloys, J. Metals, **3** (1951), 51~259.

(41) A.V.Vanyukov,V.Ya.Zaitsev: (冶金系における界面張力), 非鉄冶金のスラグとマット, 冶金図書出版, (1969), 144~164. (ロシア語)

(42) J.F.Elliott and M.Mounier: Surface and interfacial tension in copper matte–slag systems, 1200 ℃, Can. Met. Quart., **21** (1982), 415~428.

(43) A.V.Vanyukov. V. Ya. Zaitsev: (銅マットとケイ酸塩系融体における密度, 表面張力, 界面張力の研究), Izv. VUZ, Tsvet. Met., (1962), No.4, 80~85. (ロシア語)

(44) A.V.Vanyukov, V. Ya. Zaitsev: (溶融ケイ酸塩中微細分散マット粒子の凝集), Izv. VUZ. Tsvet. Met., (1962), No.5, 39~47. (ロシア語)

(45) Yu.A.Minaev, T.V.Kin: (高リン転炉スラグの界面張力), Izv. VUZ. Chem. Met., (1987), No.1, 144~145. (ロシア語)

(46) A.M.Yakushev, V.D.Smolyarenko, F.P.Edneral: (電気炉のホワイトスラグとの境界における溶鋼の界面張力), Izv. VUZ. Chem. Met, (1966), No.11, 35~38. (ロシア語)

(47) S.I.Popel, A.A.Deryabin, O.A.Esin: (軸受鋼の脱酸生成物を構成する酸化物系の表面性質), Izv. VUZ. Chem. Met, (1963), No.12, 5~8. (ロシア語)

(48) G.F.Konovalov, V.S.Esaulov, S.I.Popel, V.I.Sokolov: (連続鋳造の際,使用されるスラグと15k鋼との界面張力と付着相), Izv. VUZ. Chem. Met., (1974), No.2, 15~17. (ロシア語)

(49) S.G.Voinov, A.G.Shalinov, L.F.Kosoi, E.S.Kalinnikov: (合成スラグによる金属の精製), 冶金図書出版, (1964), 200~209. (ロシア語)

(50) A.W.Gramb and I. Jimb: Calculation of the interfacial properties of liquid steel – slag systems, Steel Research, **60** (1989), 157~165.

7章 固体の表面張力および固体-融体間の界面張力

7.1 概 説

　固体の金属やセラミックスの表面エネルギーは，それらと融体，あるいはそれらの粒界における固-液，固-固界面における諸現象を理解する上において極めて重要な物性である．実用上の問題では，最近の先端技術分野における複合材料(FRM)，電子材料をはじめ凝固，焼結，接合などのプロセスにおいて極めて重要な特性である．しかし，第4章において述べたように，固体の表面エネルギー，固-液界面エネルギーの測定は，溶融金属，溶融酸化物などに比べて少なく，精度にも問題がある．また，実用上の観点から，例えば，複合材料，繊維強化金属(FRM)に用いられる金属やセラミックスのフィバーそのものの表面エネルギーについては，重要な問題であるにもかかわらず直接測定はなされていない．

　一方，固体の表面エネルギーとともに固-液間の界面エネルギーも凝固，介在物，焼結，接合などの分野において極めて重要な性質であり，固体金属-溶融金属，固体非金属-溶融金属などの界面エネルギーに関する知識が必要である．これらの固-液界面エネルギーに関する報告もあまり多くはない．

　金属，セラミックスなどの固体の表面エネルギー，および高温における固体-融体間の界面エネルギーに関する成書，レビューを次に示す．

1) 日本金属学会編：界面物性(金属物性基礎講座 10)，丸善 (1973), 19～23.
2) L.E.Murr : Interfacial Phenomena in Metals and Alloys, Addison-Wesley Pub. Co. (1975), 116～130.
3) 小野 周：表面張力 (物理学 One Point-9)，共立出版 (1980), 86～96.
4) C.H.P.Lupis : Chemical Thermodynamics of Materials, North～Holland, (1983).
5) 新居和嘉：固体金属表面の熱力学，電気化学, **41** (1973), 508～814.
6) 新居和嘉：表面張力と表面応力について，日本金属学会会報, **13** (1974), 321～327.
7) A.R.Miedema : Surface energies of solid metals, Z. Metallkde, **69** (1978), 287～292.
8) N.Eustathopoulos : Energetics of solid/liquid interface of metals and alloys,

International Metals Review, **28** (1983), 189〜210.
9) A.R.Miedema and F.J.A.den Broeder : On thew interfacial energy in solid-liquid and solid-solid metal combinations. Z. Metallkde., **70** (1979), 14〜20.
10) 筏 義人 : 表面の科学, 産業図書 (1990), 86〜113.

7.2 固体金属の表面エネルギー

7.2.1 純金属

Tysonはそれまでに提出された22種の金属の表面エネルギーに関する論文72件を収集し, 比較検討を行った[1]。Kumikovらも26種の金属について多くのデータ117件を収集し, 比較検討を行っている[2]。

測定方法も前者11種類[1], 後者17種類[2]に分類しているように数多くの方法が利用されている. その中にあってゼロクリープ法はそれぞれの報告で全体の57%, 58%と約60%におよ

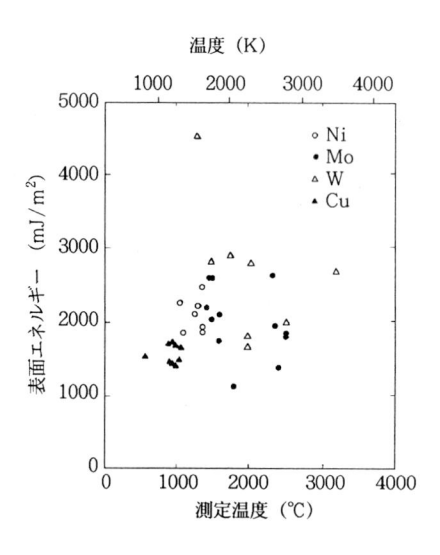

図7.1 多くの研究者によって測定された固体金属の表面エネルギー値 (Tyson[1], Kumikov[2]のレビューより作成)

表7.1 種々な金属の表面エネルギー[2]

金属	温度 (K)	表面エネルギー (mJ/m²)	融点における表面張力 (mN/m)
Ag	1100〜1160	1205	903
Al	423〜 482	1140	914
Au	1210〜1270	1410	1140
Be	973	1000	1390
Bi	509〜 518	501	371
Cd	563〜 573	675	642
β-Co	1610〜1690	2424	1810
Cr	1970〜2070	2090	1700
Cu	1223〜1283	1520	1370
δ-Fe	1678〜1788	1910	1859
Ga	283〜 293	767	718
In	385〜 416	633	566
Mo	2540〜2680	2630	2120
Nb	2410〜2530	2210	1900
Ni	1630〜1710	1940	1800
Pb	557〜 589	560	452
Pt	1900〜 980	1950	1800
Sn	453〜 495	673	545
Ta	2900〜3060	2480	2150
Ti	1411〜1589	1938	1650
Tl	525〜 559	562	464
W	3380〜3540	1690	2500
Zn	669	868	767

7.2 固体金属の表面エネルギー

んでいる．その次に多いものとしては，いずれも多相平衡法（17％，11％），電界放射顕微鏡法（field emission microscopy）（8％，6％）となり，これら3つの方法でそれぞれ（76％，82％）を占めている．固体金属の表面エネルギーの正確な測定は困難であり，得られた測定値は図7.1に示すようにばらつきが大きい．

図7.1から明らかなように，固体Cuの測定値のばらつきの幅は，300mJ/m^{2}と他の金属と比較して小さいが，溶融Cuの表面エネルギー値のばらつきの幅150mJ/m^{2}に比べてかなり大きく，固体金属の表面エネルギーの測定が十分に成熟していないことを示している．

Tyson[1]，Kumikovら[2]は，これらの測定値を収集し，Kumikovは，表7.1に示す数値を優良値として選んでいる．純金属の液体状態の表面張力も表7.1に併記したが，一部を除き固体状態の方が大きい．

金属の表面エネルギーがその凝集エネルギーと関連することは，表面エネルギーの定義からも明らかである．0Kにおけるモル凝集エネルギー$H(0)$とモル表面エネルギー$\gamma_0 A$の関係をTysonは式(7-1)のように与えている[1]．

$$\gamma_0 A = N \Delta Z \frac{\phi}{2} = \frac{\Delta Z}{Z} H(0) \tag{7-1}$$

ここに，ΔZはN個の原子を含む表面が創り出されるときに破壊される結合の数（Number of bonds），ϕは"化学結合"のエネルギー，γ_0はモル体積，表面エントロピーおよび推奨値より0Kに延長して求めた．$\gamma_0 A$と$H(0)$の関係を図7.2に示す．両者の間には，約10％の偏差で直線で示される．直線の勾配は0.25 $(=\Delta Z/Z)$であり，これは固体の表面においては内部の1/4の原子間結合が除かれた状態であることを示している．

Overburyら[3]は固体金属の表面エネルギーと蒸発熱ΔH_{sub}との関係を得るために，多くの

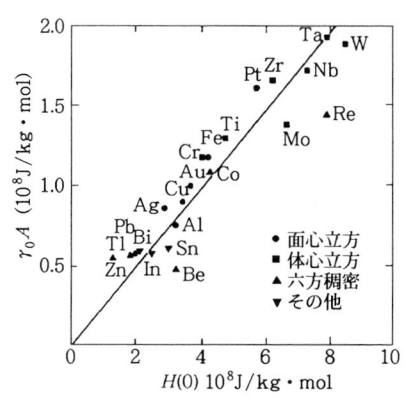

図7.2 0Kにおける表面自由エネルギー$\gamma_0 A$と凝集エネルギー$H(0)$との関係[1]

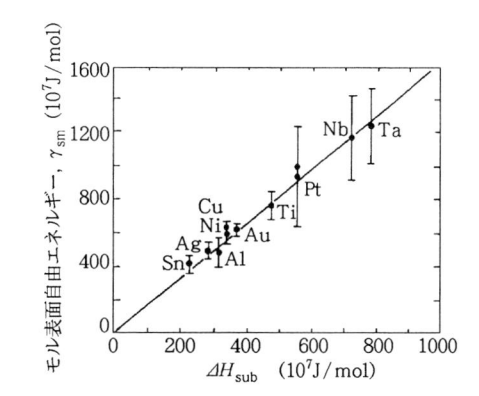

図7.3 種々な固体金属のモル表面自由エネルギーと蒸発熱との関係[3]

測定値に温度補正を行い固体のモル表面エネルギー γ_{sm} と蒸発熱の関係を示した。その関係を図7.3に示す。ただ Cu, Ni の例からもわかるように温度補正は測定値の誤差範囲内である。モル表面エネルギー γ_{sm} と蒸発熱 ΔH_{sub} の間には式 (7-2) の関係が成立する。

$$\gamma_{sm} = 0.16 \Delta H_{sub} \tag{7-2}$$

この直線の標準偏差は8%である[3]。

7.2.2 合 金

a. 表面活性元素を含む合金

Fe, Cu, Ag などの溶融金属の表面張力が表面活性成分である酸素の含有量の増加とともに急激に減少することは5章 (5.2.4) においてすでに述べた。固体金属においても，その表面エネルギーは試料をとり囲む雰囲気の酸素含有量によって大きく影響をうける。Buttner ら[4]が Ag の表面エネルギーへのOの影響を検討して以来，Fe[5],[6], Cu[7]~[10] について若干の測定がある。図7.4に固体の Fe, Cu, Ag の表面エネルギーと雰囲気の酸素分圧との関係を示す。また比較のため溶融 Cu, Ag の表面エネルギーの場合を併記する。Hondros[5]がゼロクリープ法によって種々な酸素分圧下，1683Kにおいて測定した α-Fe の表面エネルギーは酸素分圧 $\log P_{O_2}$ の増加とともに $\log P_{O_2}-15$ まで，ほぼ直線的に減少し，それ以上 $\log P_{O_2}$ が増加をしても表面エネルギーは大きく変化しない。同様の傾向は，Cu-O系においても Mclean ら[8]

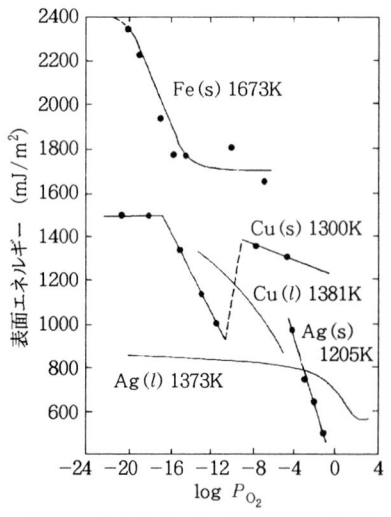

図7.4 酸素分圧による固体金属表面エネルギーの変化 [4][5][9]

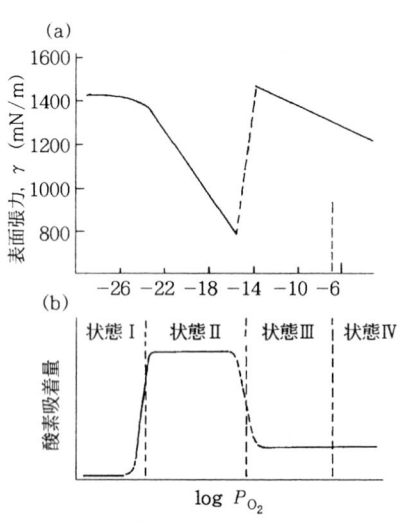

図7.5 酸素圧による Cu の表面張力および吸着量の変化 [10] (1200K)

7.2 固体金属の表面エネルギー

Hondros[7]によって報告されている。ただこの場合は$\log P_{O_2}$の増加とともに表面エネルギーは$\log P_{O_2} = -21 \sim -16$間はほぼ直線的に低下するが、$\log P_{O_2} > -16$では表面エネルギーと$\log P_{O_2}$との関係は不連続となる。$\log P_{O_2} = -12$において極微量酸素領域の表面エネルギー値にまで上昇し、以後

表7.2 固体金属表面の過剰酸素量

金属	過剰酸素量 (酸素原子/m^2)	温度 (K)	文献
Fe	4.08×10^{18}	1683	5
Cu	4.27×10^{18}	1300	9
Ag	1.98×10^{18}	1205	4

再び低下する。図7.4に示したCuの結果はBauerら[9]によって確認されたものである。固体Ag, Feの表面エネルギーの酸素分圧による変化は測定酸素分圧内ではCuのような挙動はみられない。

新居[10]はCuの表面エネルギーと酸素分圧との関係に対して、雰囲気中の酸素ガスと平衡に存在する固体金属表面は酸素圧によって、4つの状態に分類して説明を行っている。すなわち、図7.5に示すように、状態Ⅰは酸素圧が平衡酸素圧よりずっと低く、酸素の吸着量も極めて少ない状態で、表面は清浄で表面エネルギーも大きい。次に酸素圧が増加すると酸素の吸着は多くなり、ほぼ一定になる(状態Ⅱ)。この間、表面エネルギーは急激に減少する。さらに酸素圧が上昇すると不連続な変化が起こり状態Ⅲとなる。ここでは表面エネルギーの減少は状態Ⅱより小さく、酸素の吸着量も少ない。状態Ⅳは固体金属の酸化物が安定な領域である。

以上のように、Fe, Cu, Agいずれの金属も固体状態において、表面エネルギーは溶融状態と同様、雰囲気の酸素分圧P_{O_2}の影響を強くうけるが、図7.4の直線部分の勾配よりGibbsの吸着式を用いて表面における吸着酸素量を求めることができる。各金属について得られた表面過剰酸素量を表7.2に示す。

b. 表面活性成分を含まない合金系

酸素以外にP, Sbも図7.6のように固体のFe, Cuの表面エネルギーを低下させる[11],[12]。この場合には結晶形によってその傾向の相違することがHondrosによって報告されている[11]。Pについて求められた表面過剰量は固体表面において2.3×10^{-9} g・atom・cm^{-2}である。

表面活性元素を含まない合金系の固体の表面張力の一例としてNi-Cu系の計算値を図7.7に示す[13]。図7.7からNiの表面エネルギーはCuの添加によって若干低下するが、組成による急激な変化はない。図7.7には液体状態の表面エネルギーを併記した[14]。この場合、オージェ分析によって固体Cu-Ni合金の表面濃度が得られているが、図7.8のように合金表面ではCuが富化をしている[15]。

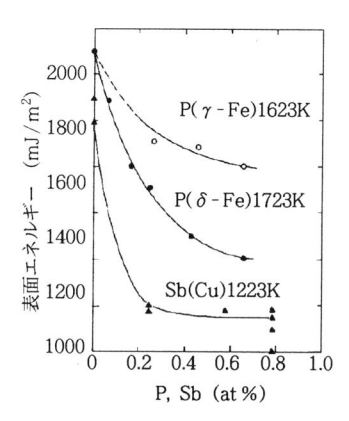

図7.6 固体Fe, Cuの表面エネルギーへのP, Sbの影響[11][12]

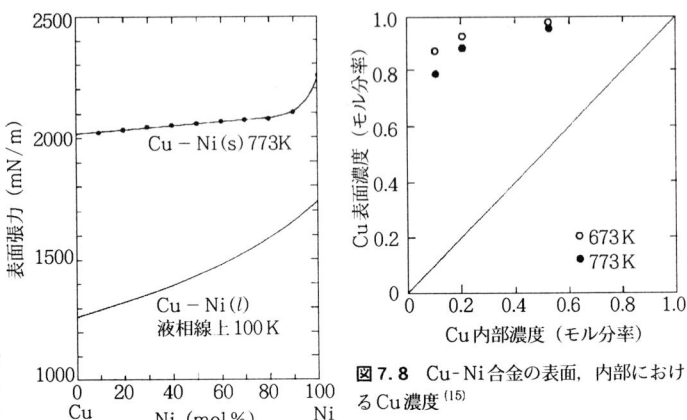

図7.7 Cu-Ni系二元合金の固体[13], 液体[14]の各状態における表面張力

図7.8 Cu-Ni合金の表面, 内部におけるCu濃度[15]

7.3 非金属固体の表面エネルギー

非金属固体の表面エネルギーに関する測定あるいは理論的取り扱いは金属に比べてかなり少ないのが現状である. 以下, 各非金属固体について述べるが, セラミックス表面に関するStoneham[16]のレビューは興味深い.

7.3.1 アルカリハライド

アルカリハライドに関しては計算による若干の報告がある. その中で比較的報告の多いNaF, NaCl, KClについて表面エネルギーを表7.3に示す. いずれも結晶面による相違は大きいが, NaF, NaCl, KClの順序は同様である. しかし研究者による測定値のばらつきは大きい.

Livey[18]はNaClについて固体状態における各結晶面における表面エネルギーの値と液体状態における測定値を0Kに外挿して得られた値, $190 mJ/m^2$ と比較し, 液体状態の表面エネルギー値より, 固体状態の値を推定することの不可能なことを示している. 固体の表面エネル

表7.3 アルカリハライドの表面エネルギー (mJ/m^2) の結晶面による変化[17]

結晶面	(100)					(110)				(111)
測定者	(1)	(2)	(3)	(4)	(5)	(6)	(1)	(4)	(5)	(7)
NaF	171	272	237	289	321	641	555	691	717	641
NaCl	155	151	167	181	180	445	354	399	392	483
KCl	134	108	152	161*	162	352	298	–	321	445

(1) R.Shttleworth (1949)
(2) Tosi (1964)
(3) Benson, Yun (1965)
(4) Mackrodt, Stewart (1977)
(5) Tasker (1979)
(6) Benson, Yun (1967)
(7) Livey, Murray (1956)

*Heyes et al. (1977)

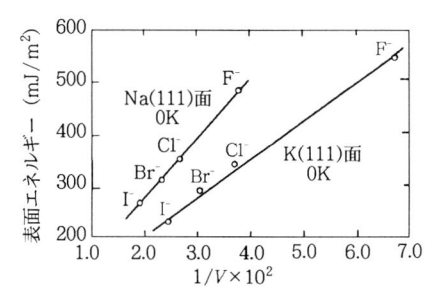

図7.9 アルカリハライドに関する表面エネルギーとモル体積の関係[18]

ギーと種々な物理量の関係についてアルカリハライドの場合，同一アルカリ金属，同一結晶面については図7.9のように，表面エネルギーと$1/V$との間に液体状態と同様直線関係が成立することが示されている[18]．

最近，Tasker[17]はアルカリハライドの表面エネルギーを計算によって求めると

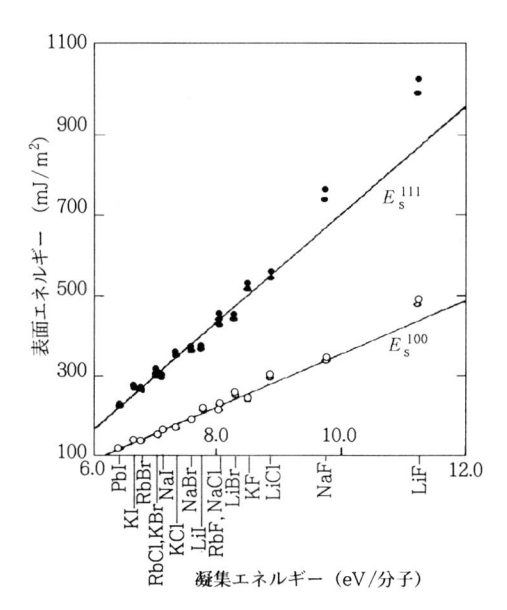

図7.10 アルカリハライド結晶の(100), (111)面に関する表面エネルギーと凝集エネルギーの関係[17]

ともに，結晶の凝集エネルギーとの関係を図7.10のように示している．表面エネルギーは分子単位当たりの凝集エネルギーイオン半径の増加とともに増加することを示している．また図から結晶面については(110)面の方が結晶面の充填度を反映して(100)面より表面エネルギーが大きい．

7.3.2 純酸化物

純酸化物の表面エネルギーはアルカリハライドと同様に格子エネルギーやモル体積など，固体物質について既知の物理化学量より計算によって求められている[18]．一方，固体酸化物と液体金属との接触状態より，いわゆる多相平衡法によってAl_2O_3，UO_2などの高融点酸化物の表面エネルギーが測定されるようになった．

Liveyら[18]の計算によるMO型酸化物の表面エネルギーは表7.4，図7.11のように示さ

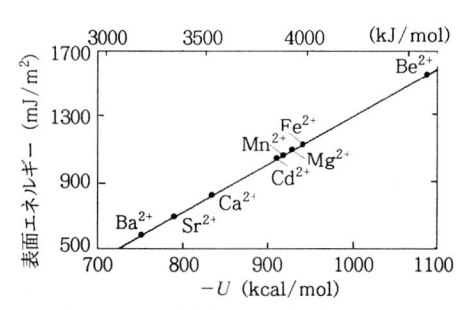

図7.11 MO酸化物の0K, (100)面における表面エネルギーと格子エネルギーの関係[18]

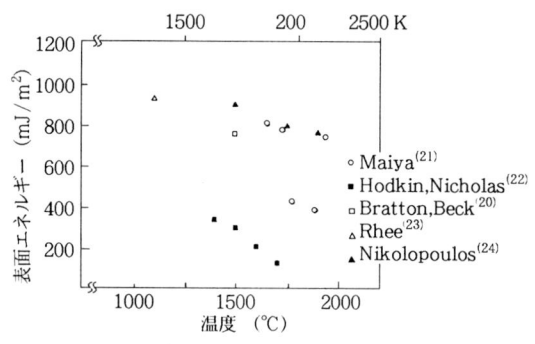

図 7.12 固体 UO_2 の表面エネルギー

表 7.4 固体酸化物の表面エネルギー [18]

酸化物		0Kにおける表面エネルギー (mJ/m^2)
MO	MgO	1090
	FeO	1060
	MnO	1010
	CaO	820
	SrO	700
	BaO	605
	BeO	>1420
	CdO	530
	ZnO	600
	PbO	250
MO_2	ZrO_2	800 ⎫
	UO_2	640 ⎬ ±20%
	ThO_2	530 ⎭

れ、0Kにおける表面エネルギーと格子エネルギーの間に明瞭な直線関係が示されている。表面エネルギーと$1/V$の間にも同様の直線関係が示されている[18]。

一方、Al_2O_3 [19]、UO_2 [20] の表面エネルギーについては、NiやCoを用いる多相平衡法によって2173、2113Kに達する高温まで測定されている。固体酸化物の高温における表面エネルギーの値は、高温におけるぬれ現象を理解する上で極めて重要である。測定値の多いUO_2に関する結果を図7.12に示すが、測定値間の相違が大きい。

Al_2O_3についての測定値は少なく、これも大きく相違している。最近、Ownbyら[25]によってサファイヤの表面エネルギーの評価がなされ、式(7-3)が与えられている。

$$\gamma_{sv} = 1.961 - 4.7 \times 10^{-4}(t+273) \, J/m^2 \quad (927 \sim 2077℃) \tag{7-3}$$

この評価はNikolopoulos[19]のものと若干相違する。

7.3.3 炭化物、グラファイト

炭化物の表面エネルギーは多相平衡法によって測定されている。測定値を表7.5に示す。

表 7.5 固体炭化物の表面エネルギー

炭化物	Livey[18] (1373K)	Hodkin[27] (1373K)	Warren[26]	Govila[27] (1273K)
ZrC	800±250	730±41		
UC	1000±300			
TiC	1190±350			
TaC	1290±390			
VC	1675±500			$VC_{0.88}$: 2200±200
HfC			2130±150 (1723K)	
			1825±150 (1773K)	
NbC			2300± 50 (1823K)	

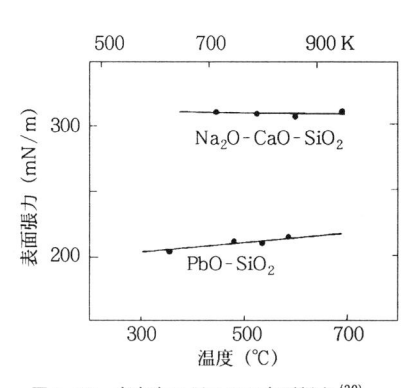

図7.13 真空中のガラスの表面張力[30]

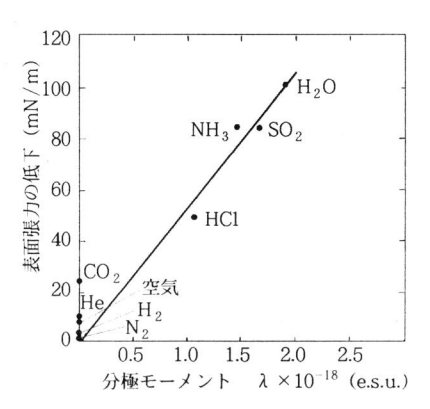

図7.14 種々な分極モーメントのガスによるソーダライムガラスの表面張力の低下[30]

Liveyら[18]に比べてWarren[26]の測定値はかなり高値を示している.

グラファイトについても溶融金属(Ag, Cu)とのぬれ性の研究より表面エネルギーが求められている.この場合結晶面で若干相違し次のように示されている[29].

パイロライトグラファイト(c面) $1139 - 0.13T$ (℃) (erg/cm^2)

〃　　　　　　　　(a面) $1300 - 0.17T$ (℃) (erg/cm^2)

7.3.4 ガラス

ケイ酸塩ガラスの表面エネルギーは高温におけるゼロクリープ法[30]や清浄なガラス表面上の水,メチレンニオダイト,Hg,Gaなどの液体との接触角を常温で測定して得られている[31].ガラスの表面エネルギーは雰囲気によって変化し,Na_2O-CaO-SiO_2ガラスに対して,H_2, N_2, He,空気はほとんど影響を与えないが,HCl<NH_3<SO_2<H_2Oの順に表面エネルギーを低下させることがParikh[30]によって報告されている.その傾向は図7.14のように分極特性の順と一致する.H_2Oの影響は,その分圧の平方根に比例して低下する.その原因はガラス表面におけるこれらガス分子の吸着によるものであり,Gibbsの吸着式を用いH_2Oの場合に求められる過剰表面濃度は7.7×10^{14}分子/cm^{2}であり,OHイオンの単分子層と同一オーダーである.

7.4 固体-融体間の界面エネルギー

固体-融体間の界面は概略次のように分類できる.

1) 純金属M_1(固体)-純金属M_1(液体)

表 7.6　均質生成法によって得られた純金属の固-液界面エネルギー [32]

元素	T_m(K)	γ_{SL}(mJ/m^2)	測定方法	元素	T_m(K)	γ_{SL}(mJ/m^2)	測定方法
Hg	234	31.2	NF	Ge	1231	251	NF
		23.0	NF	Ag	1234	143	NF
Ga-β	257	40.4	NF	Au	1336	≧132	MS
Ga-α	303	67.7	NF			(270±10)	DMP
In	429	30.8	NF			(190±100)	CA
Sn	505	59	NF	Cu	1356	200	NF
		(62±10)	DMP			(237±26)	DA
Bi	544	60.2	NF			(270±150)	CA
		(74±3)	DA	Mn	1493	≧206	MS
		(55〜80)	DMP	Ni	1725	≧255	MS
Pb	600	46	MS	Co	1765	≧234	MS
		(40±7)	DMP	Fe	1809	≧204	MS
Zn	692	(87±15)	DA	Pd	1825	≧209	MS
Sb	904	≧101	MS	Pt	2042	≧240	MS
Al	933	≧121	MS				
		(158±30)	DA				
		(131〜153)	DMP				

NF: Nucleation frequency（核生成頻度）, CA: Contact angle（接触角）
MS: maximum supercooling（最大過冷度）, DA: dihedral angle（二面角）
DMP: depression of melting point（融点降下）
(　)内の値は均質核生成以外の方法で得られた値

2) 純金属 M_1（固体）- 純金属 M_2（液体）
3) 非金属 M_1X（固体）- 金属 M_2（液体）
4) 非金属 M_1X（液体）- 金属 M_2（固体）

これらの固-液界面エネルギーの測定方法は4章において述べたが，純金属の固-液界面を除いて，主として多相平衡による二面角，接触角の測定によってなされている[32]．

7.4.1　金属の固-液間界面エネルギー

a. 純金属の固-液間界面エネルギー

核生成頻度，過冷度，二面角，接触角，融点降下などの各方法によって測定された純金属の固-液間の界面エネルギーを表7.6に示す．各金属の融点と界面エネルギーとの関係を図7.15 示すが，融点の上昇とともに固-液間界面エネルギーは増大する．高融点の金属ほどばらつきが大きい．

b. 合金における固-液間界面エネルギー

大橋ら[33]はFe-C合金の固-液界面の観察によって，固-液界面エネルギーをGibbs-Thomsonの界面平衡式（7-4）を用いて算出している．

7.4 固体-融体間の界面エネルギー

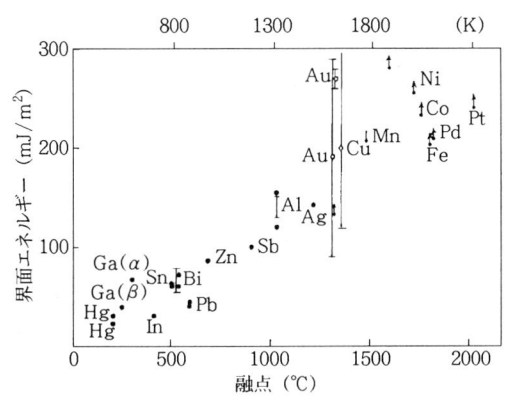

図7.15 融点における純金属の固-液界面エネルギー[35]
(表7.6より作成)

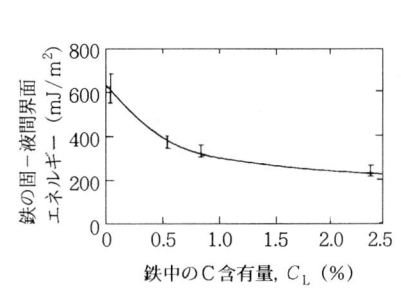

図7.16 鉄の固-液界面エネルギーへの
C含有量の影響[33]

$$\gamma_{ms} = \frac{\rho \cdot H_s \cdot r \cdot \Delta T}{2 T_s} \tag{7-4}$$

ここに，γ_{ms}：界面エネルギー，ρ：溶鋼の密度，H_s：鋼の凝固潜熱，r：界面の曲率半径，ΔT：界面過冷，T_s：平衡凝固温度．

ρ, H_s は文献値を，T_s は界面近傍の固相濃度よりFe-C二元状態図より判定し，界面の曲率半径はデンドライト先端の曲率半径を走査電子顕微鏡によって実測している．界面過冷については結晶成長速度と過冷の関係より評価している．得られた結果は図7.16のように，純鉄に近い場合の約630mJ/m^2 は溶鉄中のC濃度の増加とともに減少し，溶鉄中のC濃度が1％で半分の300mJ/m^2 となりさらにC濃度の増加とともに減少を示している．

c. アモルファス合金

Nisiら[34]によってPa-16.5at％Si合金ガラスについて固-液界面エネルギーが核生成頻度，融点，ガラス転移温度，液体粘度，融解エントロピー変化を用いて求められ，90.4，2.7mJ/m^2 が得られている．この値は図7.17のように，純金属とメタロイドとの間にある．

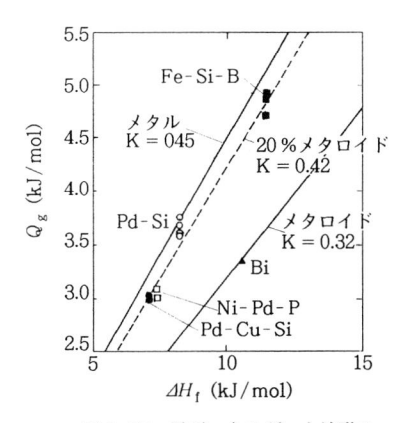

図7.17 界面エネルギーと溶融の
エントロピー変化との関係[34]

7.4.2 異種金属間の界面エネルギー

溶解度のない合金系において異種金属間の界面エネルギーが二面角法，多相平衡法によって測定されている．それらの一例を表7.7に示す．一方，溶解度を有する異種金属間の界面エネルギーは液体金属への固体金属の溶解度と関連する．その関係をCu，Alが固体金属の場合について図7.18に示すが，液体金属(Sn，Bi-Sn, Pb-Sn, Cd-Sn)へのAlの溶解度，Pb，Pb-BiへのCuの溶解度の増加によって低下する[35]．

表7.7 異種金属の固−液間の界面エネルギー [32]

系 A(s)−B(l)	T_m^A K	$T_{max}-T_{min}$	$(X_A^L)_{max} - (X_A^L)_{min}$	γ_{SL}^A
Cu-Pb	1356	1200〜632	0.25〜0.004	237±26
Al-Sn	933	850〜520	0.55〜0.03	158±30
Zn-Sn	692	610〜473	0.50〜0.15	90±15
Zn-In	962	645〜420	0.60〜0.05	87±15
Zn-Bi	962	685〜530	0.35〜0.10	85±15

7.4.3 非金属固体と溶融純金属，合金間の界面エネルギー

a. 固体酸化物と溶融純金属，合金間の界面エネルギー

溶融金属の表面張力とその静滴と固体酸化物との接触角および固体酸化物の表面エネルギーが既知であれば，式(7-5)によって静滴法により固体酸化物と溶融金属間の界面エネルギーを求めることができる．

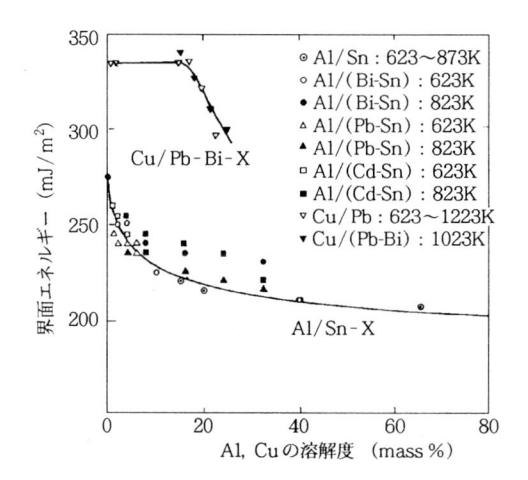

図7.18 異種金属間の界面エネルギーと液体金属への固体金属の溶解度 [35]

$$\gamma_{SL} = \gamma_S - \gamma_L \cos\theta \tag{7-5}$$

Hardingら[36]は種々の固体酸化物と溶融金属間のぬれ性の研究を行い，表7.8に示す両相間の界面エネルギーを報告している．この場合，測定に用いた固体酸化物の表面エネルギーがどのような値を有するかを評価することは困難が多いが，同一固体酸化物を使用し種々の溶融金属との間の界面エネルギーを比較検討する場合には酸化物の表面エネルギーを文献値を参考にして評価して良い．

固体酸化物と溶融金属間の界面エネルギーは純金属に添加される元素によって大きく変化する．特に，酸素は図7.19のように界面エネルギー低下の効果が大きい．また，固体酸化物と

7.4 固体－融体間の界面エネルギー

表7.8 固体酸化物と溶融金属の界面エネルギー

セラミックス	金属	接触角 (deg.)	温度 (K)	界面エネルギー (mJ/m^2)	金属の表面エネルギー (mJ/m^2)	文献
Al_2O_3	Sn	123	m.p.	1404	573	36
	In	124	m.p.	1400	540	36
	Ga	130	m.p.	1514	632	36
	Fe	140	1873	2050	1700	38
	Ni	104	1873	1180	1770	40
	Co	130	1873	1910	1800	41
	Ag	130	1273	1520	900	42
MgO	Sn	121	m.p.	1324	573	36
	In	133	m.p.	1405	540	36
	Ga	116	m.p.	1327	632	36
	Fe	127	1873	720	1700	38
SiO_2	Sn	124	m.p.	900	573	36
	In	128	m.p.	927	540	36
	Ga	126	m.p.	971	632	36
	Ag	130	1273	1170	900	42
ZrO_2	Fe	123	1873	802	1700	38
	Ni		2123	970	1700	39
$3Al_2O_3 \cdot 2SiO_2$ ムライト	Fe	131	1873	536	1700	38
$UO_{2.01}$	Ni		1873	1470	1700	37

表7.9 種々な炭化物と溶融金属間の界面エネルギー[43]

系	温度 K	界面エネルギー (mJ/m^2)
TiC-Fe	1773	580
TiC-Ni	1773	580
TiC-Cu	1373	2020
TiC-Co	1773	615
ZrC-Co	1773	575
HfC-Co	1773	760
VC-Co	1773	540
NbC-Co	1773	715
TaC-Co	1773	855
WC-Co	1723	495
WC-Cu	1373	1330
UC-U	1773	400

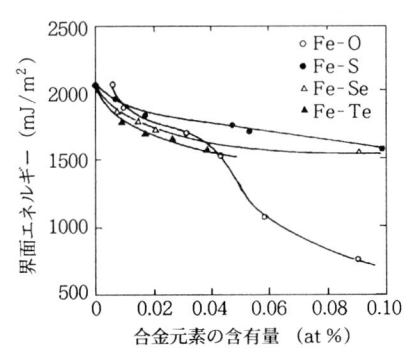

図7.19 アルミナと溶鉄間の界面エネルギーへの鉄中合金元素の影響[39]

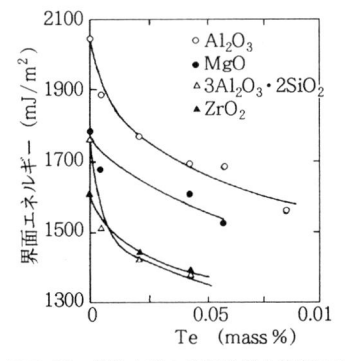

図7.20 溶鉄と種々な固体酸化物間の界面エネルギーへの鉄中Teの影響[38]（1873K）

溶融金属間の界面エネルギーは図7.20のように酸化物の種類によって相違するが，Teの影響は同様である．

b. 炭化物－溶融純金属

種々な炭化物と溶融純金属間の界面エネルギーを表7.9に示す．

7.4.4 溶融非金属と固体金属間の界面エネルギー

溶融非金属と固体金属間の界面エネルギーは,古くから問題となる"ほうろう"あるいはガラスコーティングなど最終製品に直接関係するものから,連続鋳造における鋼塊表面への連鋳パウダーの付着のように素材製造工程における問題にまで広く関連がある.

a. ガラス,溶融ケイ酸塩と固体金属

ほうろうの基礎研究としてガラスや溶融ケイ酸塩と種々な固体金属とのぬれ性が測定されている[44].その結果を基にして,Youngの式を用いて,固体金属と溶融Na_2O-SiO_2との間の界面エネルギーを求めた結果を表7.10に示す.

表7.10 溶融Na_2O-SiO_2と種々な固体金属間の界面エネルギー

	接触角*	表面エネルギー**1173 K (mJ/m^2)	界面エネルギー (mJ/m^2)
Ag	70	1225	1122
Cu	60	1600	1450
Ni	55	1450	1943

* Zackay[44]   ** Tyson[1],Kumikov[2]の論文より推算

b. 連鋳パウダーと固体鉄

図7.21に連鋳パウダーの基本フラックスとしてCaO-SiO_2-Al_2O_3(CaO-SiO_2 = 0.80,Al_2O_3〜6%)にCaF_2,Li_2Oをそれぞれ添加したときの固体鉄との間の界面エネルギーの変化を示す[45].図から明らかなようにCaF_2,Li_2Oの添加は界面エネルギーを低下させる.さら

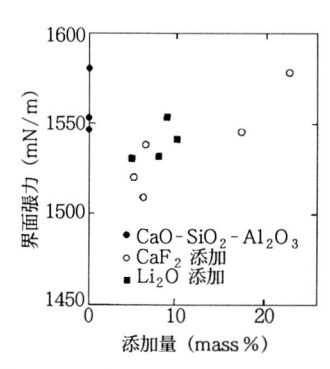

図7.21 固体鉄とCaO-SiO_2-Al_2O_3基フラックス間の界面張力[45]

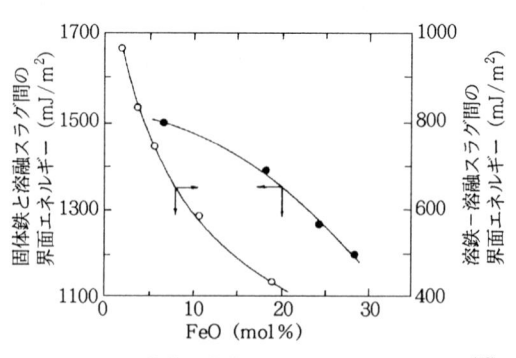

図7.22 固体鉄と溶融スラグ間の界面エネルギー[46]および溶鉄-溶融スラグ間の界面エネルギー[47]へのスラグ中FeO含有量の影響

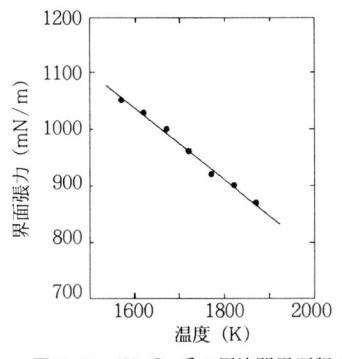

図7.23 W-Cu系の固液間界面張力の温度変化[48]

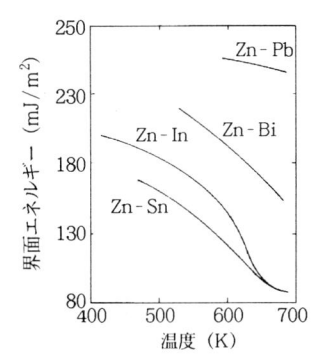

図7.24 異種金属間の界面エネルギーの温度依存性[49]

に,井口ら[46]は固体鉄と溶融スラグ間のぬれの研究において,両相間の界面エネルギーを推算している.その結果とスラグ中のFeOの関係を図に示すと,図7.22のようになり,FeOの増加によって界面エネルギーが減少するのがわかる.しかし,図7.22に併記した溶鋼と溶融スラグ間の界面張力へのFeOの影響よりもかなり小さい.

7.5 界面エネルギーの温度依存性

固-液界面の界面エネルギーの温度依存性に関する研究は極めて少ない.村松ら[48]は多相平衡法によってW-Cu系の界面エネルギーを1573~1873Kで測定した.その結果を図7.23に示す.1773Kにおける測定値は920mN/mでHodkin[50]らの測定値780mN/m,Warrenら[43]の計算値980mN/mに近い値である.

Zn-X系における界面エネルギーの温度依存性は図7.24に示すように,温度の上昇とともに減少を示す.

引用文献

(1) W.R.Tyson: Surface energies of solid metals, Can. Metall. Quart., **14** (1975), 307~314.
(2) V.K.Kumikov and Kh.B.Khokonov: On the measurement of surface free energy and surface tension of solid metals, J. Appl. Phys., **54** (1983), 1346~1350.
(3) S.H.Overbury, P.A.Bertrand and G.A.Somorjai: The surface composition of binary systems. Prediction of surface phase diagrams of solid solutions, Chem. Rev., **75** (1975), 547~560.
(4) F.H.Buttner, E.R.Funk and H.Udin: Adsorption of oxygen on silver, J. Phys. Chem., **56** (1952), 657~660.

(5) E.D.Hondros: The effect of adsorbed oxygen on the surface energy of B. C. C. Iron, Acta Metal., **16** (1968), 1377~1380.

(6) M.D.Chadwick: Comments on the effect of adsorbed oxygen on the surface energy of B. C. C. iron, Scr. Metall., **3** (1969), 871~878.

(7) E.D.Hondros and M.Mclean: Preferential chemisorption on crystalline surfaces – Cu/O system, Nature, **224** (1969), 1296~1297.

(8) M.Mclean and E.D.Hondros: Interfacial energies and chemical compound formation, J. Mater. Sci., **8** (1973), 349~351.

(9) C.E.Bauer, R.Speiser and J.P.Hirth: Surface energy of copper as a function of oxygen activity, Met. Trans., A, **7A** (1976), 75~79.

(10) 新居和嘉：固体金属表面の熱力学, 電気化学, **41** (1973), 808~814.

(11) E.D.Hondros: The influence of phosphorus in dilute solid solution on the absolute surface and grain boundary energies of iron, Proc. Roy. Soc., **A286** (1965), 479~498.

(12) M.C.Inman, D.Mclean and H.R.Tipler: Interfacial free energy of copper – antimony alloys, Proc. Roy. Soc., **A273** (1963), 538~557.

(13) B.S.Ashavskiy, B.S.Bokshteyn and G.S.Nikol'skiy: A new method of determining the surface tension of alloys, Phys. Met. Metall., **54** (1982), 114~118.

(14) T.J.Whalen and M.Humenik, Jr.: Surface tension and contact angles of copper – nickel alloys on titanium carbide, Trans. AIME., **218** (1960), 952~956.

(15) H.H.Brongersma and M.J.Sparnaay and T.M.Buck: Surface segregation in Cu – Ni and Cu – Pt alloys : a comparison of low – energy ion – scattering results with theory, Surf. Sci., **71** (1978), 657~678.

(16) A.M.Stoneham: Ceramic Surfaces : Theoretical studies, J. Am. Ceram. Soc., **64** (1981), 54~60.

(17) P.W.Tasker: The surface energies, surface tensions and surface structure of the alkali halide crystals, Phil. Mag., **A39** (1979), 119~136.

(18) D.T.Livey and P.Murray: Surface energies of solid oxides and carbides, J. Amer. Ceram. Soc., **39** (1956), 363~372.

(19) P.Nikolopoulos: Surface, grain – boundary and interfacial energies in Al_2O_3 and Al_2O_3 – Sn, Al_2O_3 – Co systems, J. Mater, Sci., **20** (1985), 3993~4000.

(20) R.J.Bratton and C.W.Beck: Surface energy of uranium dioxide, J. Am. Ceram. Soc., **54** (1971), 379~381.

(21) P.S.Maiya: Surface diffusion, surface free energy, and grain – boundary free energy of uranium dioxide. J. Nucl. Mater., **40** (1971), 57~65.

(22) E.N.Hodkin and M.G.Nicholas: Surface and interfacial properties of stoichiometric uranium

(23) S.K.Rhee: A Method for determining surface energy of solids, Mater. Sci. Eng., **11** (1973), 311~318.

(24) P.Nikolopoulos, S.Nazaré and F.Thümmler: Surface, grain boundary and interfacial energies in UO_2 and UO_2- Ni, J. Nucl. Mater., **71** (1977), 89~94.

(25) P.D.Ownby and Jenqliu: Surface energy of liquid copper and single-crystal sapphire and the wetting behavior of copper on sapphire, J. Adhesion Sci. Technol., **2** (1988), 255~269.

(26) R.Warren and M.B.Waldron: Surface and interfacial energies in systems of certain refractory-metal monocarbides with liquid cobalt, Nature (London) Phys. Sci., **235** (1972), 73~74.

(27) E.N.Hodkin, D.A.Mortimer, M.G.Nioholas and D.M.Poole: The surface and interfacial energies of the uranium-uranium carbide system, J. Nucl. Mater., **39** (1971), 59~68.

(28) R.K.Govila: Cleavage fracture of VC monocrystals, Acta Metal., **20** (1972), 447~457.

(29) S.K.Rhee: Critical surface energies of Al_2O_3 and graphite, J. Am. Ceram. Soc., **55** (1972), 300~303.

(30) N.M.Parikh: Effect of atmosphere on surface tension of glass, J. Am. Ceram. Soc., **41** (1958), 18~22.

(31) S.K.Rhee: Surface energies of silicate glasses calculated from their wettability data, J. Mater, Sci., letters, **12** (1977), 823~824.

(32) N.Eustathopoulos: Energetic of solid/liquid interfaces of metals and alloys, Intern. Metals Rev., **28** (1983), 189~210.

(33) 大橋徹郎, W.A.Fischer: 鋼のミクロ凝固組織形成に関する一考察, 鉄と鋼, **61** (1975), 3077~3091.

(34) Y.Nisi, A.Igarashi, Y.Kubo, N.Ninomiya and K.Mikagi: Solid-liquid interfacial energy of Pd-16.5 at%, Si glasses, Mater. Sci. Eng., **97** (1988), 199~201.

(35) J.W.Taylor: An eveluation of interface energies in metallic systems, J. Inst. Met., **86** (1957), 456~463.

(36) F.L.Harding and P.R.Rossington: Wetting of ceramic oxides by molten metals under ultrahigh vacuum, J. Am. Ceram. Soc., **53** (1970), 87~90.

(37) P.Nikolopoulos, S.Nazaré and F.Thümmler: Surface, grain boundary and interfacial energies in UO_2 and UO_2 − Ni, J. Nucl. Mater., **71** (1977), 89~94.

(38) K.Nogi and K.Ogino: Role of interfacial phenomena in deoxidation process of molten iron, Can. Met. Quart., **22** (1983), 19~28.

(39) 荻野和己, 野城 清, 山瀬 治: 溶鉄の表面張力および固体酸化物の濡れ性におよぼすSe, Teの影響, 鉄と鋼, **66** (1980), 179~185.

(40) 荻野和己, 泰松 斉 : 溶融Niの表面張力およびAl$_2$O$_3$との濡れ性に及ぼす酸素の影響, 日本金属学会誌, **43** (1978), 871~876.
(41) 荻野和己, 泰松 斉, 中谷文忠 : 溶融Co, Co-Fe合金の表面張力及びAl$_2$O$_3$との濡れ性におよぼす酸素の影響, 日本金属学会誌, **46** (1982), 957~962.
(42) 泰松 斉, 阿部倫比古, 中谷文忠, 荻野和己 : 溶融Agによる固体酸化物の濡れ性に及ぼす溶解酸素の影響, 日本金属学会誌, **49** (1985), 523~528.
(43) R.Warren: Solid–liquid interfacial energies in binary and pseudo–binary systems, J. Mater. Sci., **15** (1980), 2489~2496.
(44) V.F.Zackay, D.W.Mitchell, S.P.Mitoff and J.A.Pask: Fundamentals of glass–to–metal bonding : 1, Wettability of some group Ⅰ and group Ⅶ metals by sodium silicate glass, J. Am. Ceram. Soc., **36** (1953), 84~89.
(45) 藤池一博, 河井信明, 篠崎信也, 森 克巳, 川合保治 : 溶融フラックスと固体鉄, 溶融間の界面張力, 鉄と鋼, (1986), S929.
(46) 井口義章, 山下澄雄, 井上道雄 : 固体鉄, 溶融スラグ間の濡れ, 日本金属学会誌, **51** (1987), 543~547.
(47) S.I.Popel: (溶鉄との界面張力への溶融酸化物成分の影響), Zhur. Fiz. Khim., **32** (1958), 2398~2402.(ロシア語)
(48) 村松祐治, 原田幸明, 檀 武弘, 磯田幸宏 : W-Cu系の固液間界面張力, 日本金属学会誌, **54** (1990), 679~684.
(49) A.Passerone and N.Eustathopoulos: Equiribrium structural transitions of solid-liquid interfaces in zinc based alloys, Acta Metall., **30** (1982), 1349~1356.
(50) E.N.Hodkin, M.G.Nicholas and D.M.Poole: The surface energies of solid Molybdenum, Niobium, Tantalum and Tungsten, J. Less–Common Metals, **20** (1970), 93~103.

第 II 編

高温融体に関する界面要素現象

緒　言

　高温融体の関連する多くの生産プロセスを界面化学的に解明する場合，高温融体の表面張力，界面張力などの物理的性質についての知識を持つことは当然であるが，さらに界面現象を構成する要素現象についても十分な知識と理解が必要である．界面現象の要素現象をどのように考えるかについては意見のあることであるが，筆者は界面化学の分野において広く取扱われている項目を参考にして，次の各項目を選んだ．すなわち，吸着，ぬれ，付着，泡，エマルジョン，表面流動，界面電気現象，反応進行下の界面状況の各項目である．なお，高温の界面現象には気泡，液滴が関係することが多い．そのため上記の各項目に準ずるものとして，これらの気泡，液滴の2項目についても記述した．

8章 吸　　着

　金属製錬においては気-液界面を通じてガス吸収，ガス放出の現象がみられ，気-液界面における表面活性成分の挙動すなわち吸着現象が重要な役割をはたしている．同じ吸着現象は溶接における溶融池のとけ込みとも関連するともいわれている．一方，スラグの泡立ちのように液表面や，気泡薄膜の表面においても表面活性成分の吸着挙動が関連すると考えられている．これらのように，種々の界面現象を検討するにあたって，その要素現象として，吸着は重要なものの一つである．

8.1　吸着の一般的概念

8.1.1　吸着とは[1]

　液相や気相から溶質や気体分子が固体の表面に吸い取られる現象を吸着（adsorption）という．すなわち，吸着現象の発見が，木炭がガスを吸う（sorbeo, ラテン語）ということを知った事実に基づいていることからも理解できるであろう．しかし，吸着は固体表面だけに起こる現象ではなく，液体表面や液液界面においても見られる現象である．アルコールの水溶液表面にはアルコール分子が集まる傾向のあることは良く知られている．この場合，アルコール水溶液の表面張力は水より低く，アルコールの量の増加とともに表面張力はより低下する．

　このように気相や液相の界面付近で濃度が内部と異なっていることを吸着といい，界面付近の濃度が増加していれば正吸着，減じていれば負吸着という．吸着は界面化学の主要な問題である．

　吸着に関しては成書，レビューが多数あり，また界面化学としての成書中の章として記述されていることも多い．若干の例を以下に示す．

1) J.T.Davies and E.K.Rideal : Interfacial Phenomena, chap.4, Adsorption at liquid, interfaces, Academic press, N.Y. (1961), 154〜216.
2) P.Kozakevitch : Surface activity in liquid metal solution, S.G.I. Monograph No.

28, Surface phenomena of metals, Soc. of Chem. Ind., (1968), 223〜245.
3) J.J.Bikerma : Physical surface, Ⅶ. ; Adsorption, Academic Press. N.Y.(1970), 301〜367.
4) G.R.Belton : Langmuir adsorption, the Gibbs adsorption isotherm and interfacial kinetiecs of liquid metal systems, Metall. Trans. B, **7B** (1976), 35〜42.
5) 慶伊富長 : 吸着, 共立出版 (1978).
6) N.Eustathopoulos and J.C.Joud : Interfacial tension and adsorption of metallic systems. Current Topics in Materials Sci., Vol.4 (chap 6) North Holland N.Y. (1980), 281〜360.
7) C.H.P.Lupis : Chemical thermodynamics of materials. ⅩⅣ Adsorption. North-Holland N.Y. (1983), 389〜435.
8) 近藤保 : 界面化学, 三共出版 (1984), 4〜14.
9) E.Ricci, A.Passerone : Thermodynamic study of adsorption in liquid metal-oxygen systems. Surface Science, **206** (1988), 533〜553.
10) A.W.Adamson : Physical chemistry of surface, John. Wily & Sons (1982)(N.Y.)
11) P.Sahoo, T.Debroy and M.J.McNallan : Surface tension of binary metal surface active solute systems under conditions relevant to welding metallurgy, Metall. Trans B, **19B** (1988), 483〜491.

8. 1. 2　Gibbsの吸着式[(2)]

溶液の表面張力は, 一般に溶質濃度の増加とともに減少する. 図8.1(a) にその模式図を示す. 溶質が表面吸着物質である場合, Fe-O, Fe-S 系のように (第Ⅰ編5章, 図5.35, 5.36) 濃度による表面張力の低下は著しい. このような表面張力の変化は, 表面における溶質の濃度が内部と相違することに基づいていることがGibbsによって熱力学的に結論づけられた.

いま, 体積V, 浸透圧P, 表面積A, 表面自由エネルギーγの溶液の全自由エネルギーGは式 (8-1) で与えられる.

$$dG = -PdV + \gamma dA \qquad (8-1)$$

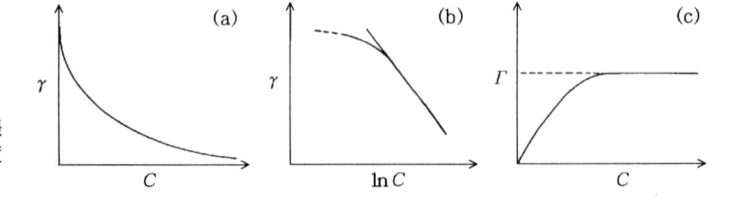

図8.1　溶液の表面張力および表面過剰濃度と溶質濃度との関係

8.1 吸着の一般的概念

従って，

$$\partial G/\partial V = -P, \quad \partial G/\partial A = \gamma$$

両式を再度微分して

$$\partial^2 G/\partial V \cdot \partial A = -\partial P/\partial A, \quad \partial^2 G/\partial A \cdot \partial V = \partial \gamma/\partial V$$

両式より

$$-\partial P/\partial A = \partial \gamma/\partial V \tag{8-2}$$

が得られる．次にP, V, Aを濃度cで表し，単位面積当たりの吸着量をa, 溶質の全量をnとすると

$$c = (n - aA)/V \tag{8-3}$$

$$\partial c/\partial V = -(n - aA)/V^2 = -c/V, \quad \partial c/\partial A = -a/V$$

である．稀薄溶液の理論によって$P = cRT$であるから

$$\partial P/\partial c = RT \tag{8-4}$$

である．この3つの偏微分の値で先に得た式を書き直すと，

$$0 = \frac{\partial P}{\partial A} + \frac{\partial \gamma}{\partial V} = \frac{\partial P}{\partial c} \cdot \frac{\partial c}{\partial A} + \frac{\partial \gamma}{\partial c} \cdot \frac{\partial c}{\partial A}$$

$$= -RT\frac{a}{V} - \frac{\partial \gamma}{\partial c}\frac{c}{V} \tag{8-5}$$

$$a = -\frac{c}{RT}\frac{\partial \gamma}{\partial c} \tag{8-6}$$

これがGibbsの吸着式で，表面張力の濃度による変化で吸着量を表わしている．この式は気－液界面だけでなく，固－液界面においても成立する．

溶液の表面張力の濃度による変化を濃度の対数$\ln C$に対してプロットすると図8.1(b)のように示される．この場合，式(8-7)

$$\Gamma = -\frac{1}{RT}\frac{d\gamma}{d\ln C} \tag{8-7}$$

で表され，吸着量Γは図8.1(b)に示す$\gamma - \ln C$の関係より接線の勾配として求めるでとができる．さらに，得られたΓを濃度に対して表すと，図8.1(c)のように示され，ある濃度以上では吸着量は飽和する．Γ^{sat}は図8.1(c)における直線部分に相当する．

Γは溶液表面の溶質の吸着量をモル数で表したもので，表面過剰（surface excess）ともいわれる．

8.1.3 吸着等温線[1]

等温において，平衡圧と吸着量との関係は吸着等温線によって表示される．種々な吸着等温線が提示されているが，その主なものをあげると

1. ヘンリー型 (Henry type)
2. ラングミュア型 (Langmuir type)
3. フロイントリッヒ型 (Freundlich type)

などがある．それらを図示すると図8.2のように示される．

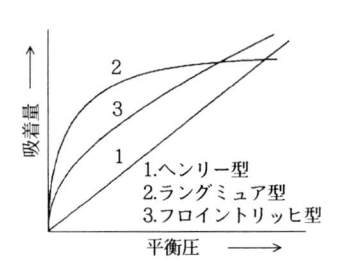

図8.2 吸着等温線[1]

ヘンリー型は吸着量v，平衡圧をP，平衡濃度Cとすると，

$$v = aP \tag{8-8}$$

$$= a'C \tag{8-9}$$

で示される．ここにa, a'は定数．

吸着層が単分子層に近い場合に成り立つ．式(8-10)はラングミュアの式といわれる．

$$v = \frac{abP}{1+aP} \tag{8-10}$$

ここにa, bはP, vに無関係な定数，bは飽和吸着量，いまv/bを吸着率θで表すと式(8-11)のようになる．

$$\frac{\theta}{1-\theta} = aP \tag{8-11}$$

フロイントリッヒ型は式 (1-12) に従う吸着である．

$$v = aP^{1/r} \tag{8-12}$$

ここに，a, rは定数．

8.1.4 吸着係数

Lupis[3]は吸着挙動を解析するにあたって，吸着係数 (adsorption coefficient) として式(8-13)で与えられるν_2を導入した．

$$\nu_2 = \frac{\bar{\Gamma}_2}{X_2} \frac{1}{k} \tag{8-13}$$

ここに，Γ_2は成分2の吸着量，X_2は成分2の濃度，kはν_2を無次元化するための普遍化定数 (normalization const.) である．希薄溶液では，単分子層モデルとして計算されるように，純溶媒1の単位面積当たりの原子の数として選ぶことができ，式 (8-14) で与えられる．

$$k = \Gamma_1^\circ = 0.918(N_0)^{-1/3}(V_{m,l})^{-2/3} \tag{8-14}$$

単分子層モデルにおいてはν_2は式(8-15)あるいは式(8-16)で与えられる．

$$\nu_2 = \frac{1}{\Gamma_1^\circ}\frac{n^m}{s}\left(\frac{X_2^{(m)}}{X_2} - 1\right) \tag{8-15}$$

あるいは

$$\nu_2 \simeq \frac{X_2^{(m)}}{X_2} - 1 \tag{8-16}$$

$X_2^{(m)}$は単分子層における成分2のモル分率．

式(8-16)からもわかるように吸着係数ν_2は溶液表面の単分子層の溶質の濃度と溶液内部の濃度との比を表している．

溶質の表面活性度J_2 (surface activity)は$\gamma - X_2$の曲線のスロープで示される．

$$J_2 = -\left(\frac{\partial \gamma}{\partial X_2}\right)_{X_1 \to 1} \tag{8-17}$$

ギブスの吸着式，ヘンリー則の仮定を用いて，希薄溶液では

$$\frac{J_2}{RT} = -\frac{1}{RT}\left(\frac{\partial \gamma}{\partial X_2}\right)_{X_1 \to 1} = \Gamma_2^{(1)}\left(\frac{\partial \ln a_2}{\partial X_2}\right)_{X_1 \to 1} = \left(\frac{\Gamma_2^{(1)}}{X_2}\right)_{X_1 \to 1} = \left(\frac{\overline{\Gamma}_2}{X_2}\right)_{X_1 \to 1} \tag{8-18}$$

J_2は$\Gamma_2^{(1)}$あるいは$\overline{\Gamma}_2$とX_2との関係曲線のスロープで与えられる．

もし，表面における原子の数が成分によって変化することがないと仮定すると，無限希薄溶液では式(8-18)は式(8-19)で与えられる．

$$J_2 = (RT\Gamma_1^\circ)\nu_2^\infty \tag{8-19}$$

8.1.5 吸着と温度

純粋液体の表面張力は温度の上昇とともに低下する．しかし，表面活性成分を含む場合には図8.3に示すように，表面活性成分のある濃度領域においては逆に温度の上昇とともに表面張力は上昇する．

Rehbinder, Taubmann[4]はp-トルイジン水溶液の表面張力を濃度，温度を変えて測定し，図8.4に示すように各種温度における表面張力-濃度曲線を得ている．図のうち，aの領域は温度の上昇とともに表面張力が低下する．いわゆる正常溶液の領域であるが，cの領域は温度の上昇とともに表面張力が上昇する異常溶液の領域である．

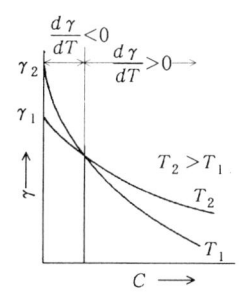

図8.3 表面活性成分を含む溶液の表面張力

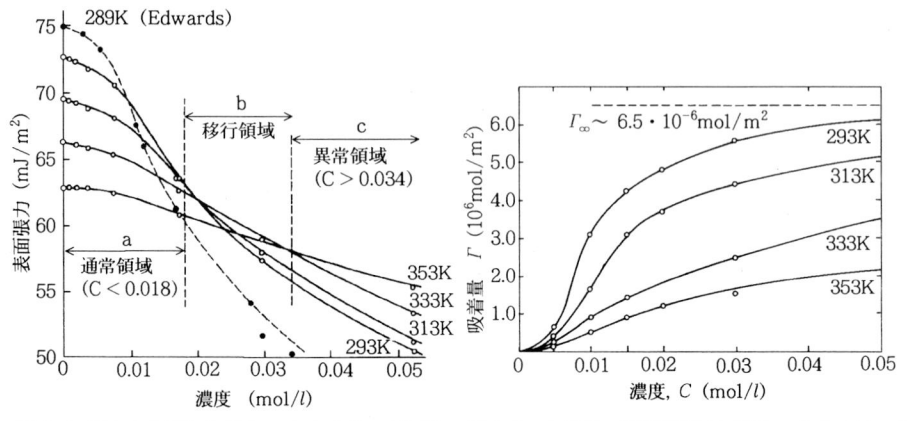

図8.4 種々な温度におけるp-トルイジン水溶液の表面張力−濃度曲線[4]

図8.5 水溶液−空気界面におけるp-トルイジンの等温吸着[4]

これらの溶液について各温度で求めた吸着量の変化を図8.5に示すが,温度の上昇とともに吸着量は低下しており,図8.4に示す表面張力の温度依性の逆転を説明しうる.

8.2 溶融金属表面における吸着

第I編5章において述べたように,溶融金属の場合,少量の添加元素によって表面張力が急激に低下することがしばしばみうけられる.その一例を図8.6(図5.36)に示すが,溶鉄の表面張力はTe 0.02mass%の添加によって半減する.このような表面張力の急激な低下は溶液表面に溶質が吸着することを意味しているが,高温融体においても同様の現象と考えられる.すなわち融体表面においては表面活性成分の濃度が著しく増加し,融体内部とは大きく相違することを示している.

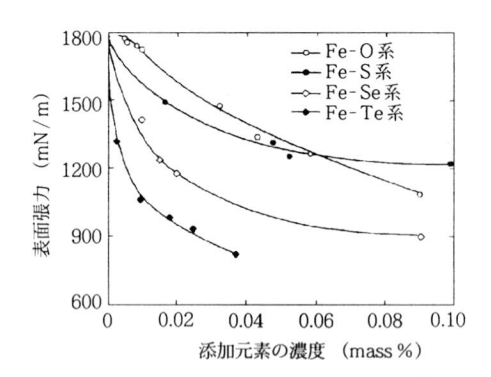

図8.6 溶鉄の表面張力へのVI B族元素の影響[5]

8.2.1 溶融金属表面における溶質の吸着量

図8.6に示すような元素による表面張力の低下を定量的に評価するにあたって,Kozakevitch[6]

は溶質の濃度0におけるγ-C曲線への接線の勾配によって概略値を得ている．

$$\left(\frac{d\gamma}{dc}\right)_{c\to 0} \quad (8-20)$$

ここに，cは溶質の濃度(mass%)．

Kozakevitchの示した溶鉄中の各

表8.1 Fe-X希薄溶液に関する表面活性度$d\gamma/dc$(mass%)[6]

周期率表のグループ			
III	IV	V	VI
B : ～26	C : ～30	N : 850	O : 8600
Al : ～38	Si : 4～7.5	P : 10～16	S : 15400
—	—	As : 100～300	Se : 54600
	Sn : ～1655	Sb : ～3900	Te : > 54600

元素の表面活性度の比較を表8.1に示す．表から，溶鉄中でVI族元素の表面活性度が他に比べて著しく大きく，またVI族においても，原子番号の大きくなるほど，表面活性度は大きくなる．Teについては当時，正確な測定値がなく，表8.1にはSeの値よりは大きいことのみが示されているにすぎない．筆者らが行った溶鉄の表面張力へのSe，Teの影響の測定の結果を図8.6より判断すると，Teの表面活性度はSeよりはるかに大きいことが明らかである．

Fe以外にも，同様の現象はCu，Ag等においてもみられるが，それらを整理すると表8.2のように示される．

8.1.4に示したように，Lupisは吸着挙動を解析するために吸着係数ν_2を導入し，無限希薄溶液について式(8-19)を与えている．種々の溶融金属中の表面活性元素の吸着係数ν_2^∞を得ているが，それらを表8.3に示す．表からも明らかなように，溶融金属表面における表面活性元素の濃度はバルクの濃度の数千倍以上にも達していることがわかる．

固体の場合，その表面層の濃度は分析技術の進歩によってかなり定量できるようになり，また表面部分の構造についても多くの知見が得られるようになった．しかし液体，特に高温融体

表8.2 種々の溶融金属に対し，測定によって明らかにされた表面活性元素($d\gamma/dc>100$ mN/m/mass%)

溶媒	溶質
Al	(Li, Na, K, Rb, Cs)[7], O[8]
Cr	O[9]
Fe	O[10～19], S[10,12,13,15,18,20,24], Se[5,12,15～23], Te[5,12,21], Sn[24,25], B[27]
Co	O[29]
Ni	O[30～32], Se[23], Te[23]
Cu	O[33～39], S[40～42]
Pd	O[43]
Ag	O[44～47]
Sn	Na[48]
Hg	K[49]

表8.3 溶融金属中におけるVI族元素の吸着パラメーター[3]

溶媒	溶質	温度(K)	ν_2^∞	$\Gamma_2^{(1)sat}\times 10^6$ (mol/m²)	A_2 (nm/at.)
Fe	O	1823	2500	16.1	1.03
	S	1823	4500	11.0	1.51
	Se	1823	27000	11.2	1.47
	Te	1823	>27000	11.1	1.50
Cu	O	1373	10000	5.7	2.9
	S	1393	14000	～11.4	～1.45
	Se	1423	14000	14	1.19
	Te	1423	7800	12	1.38
Ag	O	1253	1750	4.8	3.4
Pb	O	1023	650	4.9	3.4
	S	1023	520	—	—
	Se	1023	350	—	—
	Te	973	130	0.7	240

A_2：吸着パラメーター

の表面構造の解明には固体に用いた手段を適用することが困難であり，そのため融体の表面張力変化より求められる等温吸着式から表面過剰量を求め，それに基づいて類推するより方法がないのが現状である．ただ，溶融 Al の表面分析にオージェスペクトルを適用した例が報告されている[45],[46]．

表8.4　金属−カルコゲン族元素系における表面活性成分の表面過剰量

系	温度 (K)	表面過剰量(測定値) $\times 10^{-6}$ mol・m^{-2}	文献	結晶構造	面	表面過剰量(計算値) $\times 10^{-6}$ mol・m^{-2}	格子定数
Fe-O	1823 1843 1823 1833,1918 1873 1873	18.1 21.8 23.4 14.5 23 19.4	12 10 18 13 14 17	NaCl	(111)	20.7	a = 4.309
Co-O	1873	17	16			21.1	a = 4.267
Ni-O	1873	18	17			21.8	a = 4.195
Cu-O	1423 1503 1573 1381 1423	9.3 10.4 11.5 5.72 5.0	18 18 18 19 20	Cu$_2$O	(100)	9.1	a = 4.270
Ag-O	1273 1253 1381 1258	5.8 4.8 4.5 4.0	21 4 4 19			7.4	a = 4.73
Pb-O	1023	4.9	22			5.7	a = 5.39
Fe-S	1823 1853 1823 1873	13 11.6 10.6 14.9	2 11 23 14	NiAs	(0001)	16.1	a = 3.45 c = 5.77
Cu-S	1393 1387	11.4 16	24 25	anti-CaF$_2$	(111)	12.3	a = 5.57
Fe-Se	1823 1873	12.7 12.8	2 14	NiAs	(0001)	14.5	a = 3.64 c = 5.97
Cu-Se	1423	14	26	anti-CaF$_2$	(111)	11.2	a = 5.58
Fe-Te	1873	10.4	14	NiAs	(0001)	13.2	a = 3.81 c = 5.66
Cu-Te	1427	11	26	anti-CaF$_2$	(111)	10.3	a = 6.11
Sn-O	1273	0.24	51	PbO			
Pd-O	1833	7.3	43	PtS			
Cr-O	1973	5	9				

高温における融体の表面張力の測定精度は既述のように十分に高くはない．そのため表面活性成分の濃度の対数による表面張力の微分量として得られる表面過剰量の精度はさらに低下する．このことより表面過剰量の測定例の少ない高温融体に対しては，水溶液のように容易に表面における吸着形態を類推し，安易な結論を引き出すのは問題であると考えられる．

種々な金属に対するカルコゲン族元素の表面過剰量を表8.4に示す．

8.2.2 溶融金属における表面活性元素の吸着形態

溶融金属においては金属に応じて種々な元素が表面活性効果を示すが，必ずしも同じ元素が他の溶融金属においても表面活性であるとは限らない．これまでになされた溶融金属に対する表面活性効果の研究はカルコゲン族元素，特に酸素に関するものが最も多い．

溶融金属における表面活性元素は表8.2に示されているように，高融点のFe，CuではVIB族のO, S, Se, Teが，低融点のAlではIA族のLi, Na，また常温で液体金属であるHgではIA族Li, Na, K, Rb, Csが表面活性を示し，金属によって表面吸着する元素が異なる．そこで溶融金属表面における表面活性元素の吸着形態を論じるにあたって，溶融金属に対する酸素の吸着現象を取り上げることにした．溶融金属表面における酸素の吸着形態はKozakevitch[6],[11]によって初めて検討がなされた．その後Bernard, Lupis[45]によって，また泰松[52]はNi, Co, Agに関する実測と従来の結果に基づいてKozakevitchのモデルの検討を行っている．

a. Kozakevitchのモデル[6][11]

Kozakevitchは溶鉄の表面張力へのO, S, Se, Teの影響を測定し，それより溶鉄表面へのこれら表面活性元素の吸着量を求めた．その結果に基づいて，これら元素の吸着状態について次に示す考えを提案した．すなわち，溶鉄表面層に吸着した原子はFeとともにイオン化し分極して電気二重層を形成する．その結果，原子の形で吸着するよりも表面エネルギーをより低下させる．したがって，例えばO^{2-}の吸着の場合図8.7に示すように表面第一列にO^{2-}が並び，その内側にFe^{2+}が配位する．この際の吸着層は単分子層である．一般に液体の表面は内側に向って圧縮されているから，表面吸着層の構造はより稠密な配列をとる．さらにこの配列は対

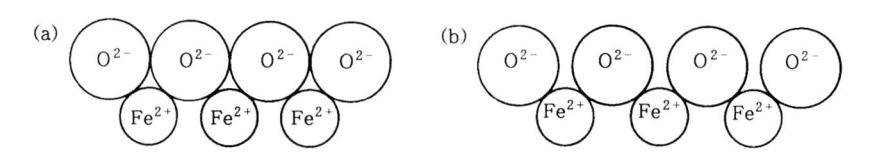

図8.7 溶融金属表面に吸着した$Fe^{2+}O^{2-}$層の垂直断面[6]．(a) Fe^{2+}イオンがO^{2-}層の下にある，(b) Fe^{2+}イオンがO^{2-}シート内にわずかに侵入している．実際にはこの図式のようにFe^{2+}イオンとO^{2-}イオンとは同じ垂直断面には存在しない．

称性を有している．S, Se, Te の場合も同様に，S^{2-}, Se^{2-}, Te^{2-} が表面第一列に配置すると考えられる．

このような観点から Kozakevitch は溶鉄の表面層は固体に近い状態であると考え，Fe-O, Fe-S, Fe-Se, Fe-Te 系の化合物の中で最も低級な化合物であるFeO, FeS, FeSe, FeTeの結晶面の中で上記の条件を満足する結晶面を溶鉄表面におけるこれら表面活性元素の吸着層の配列と考えた．例えば，Fe-O系の場合，FeOはNaCl型であり，O^{2-}イオンが表面第一層で，最稠密な面は（111）面である．

このようにKozakevitchのモデルは単分子吸着を仮定した非常に単純なモデルであり，任意性を含まない．最近溶融金属-カルコゲン族元素系の表面張力の検討において，Szyszkowski[53]の実験式(8-21)の適応がしばしばみられる[11],[12]．

$$F = \gamma_0 - \gamma = C\gamma_0 \log\left(1 + \frac{c}{a}\right) \qquad (8-21)$$

ここに，F：溶液濃度の増加による表面張力の低下，γ_0：純溶媒の表面張力，γ：溶液の表面張力，C：定数，c：溶質の濃度．

Szyszkowskiの式はLangmuirの吸着式とGibbsの吸着式を結合し誘導したものであり，単分子層を仮定した式である．この式は，水溶液-脂肪酸系において良好な適応性を示すことが知られている．溶融金属表面における表面活性元素の吸着に対しても良好な適応性を示すことは，溶融金属表面においてもカルコゲン族元素が単分子層吸着し，吸着種同士の相互作用の少ない層を形成していると考えて良いであろう．

b. Kozakevitch のモデルの適用[50]

溶融金属-カルコゲン族元素系において，その表面張力の測定から表面過剰量が求められている系は表8.4に示すようにFe-O, Fe-S, Fe-Se, Fe-Te, Ni-O, Co-O, Cu-O, Cu-S, Cu-Se, Cu-Te, Ag-O, Pb-O, Cr-O, Pd-O, Sn-Oの各系である．これらの各系に対しKozakevitchのモデルを適用するとその吸着層はFeO, FeS, FeSe, FeTe, NiO, CoO, Cu_2O, Cu_2S, Cu_2Te, Ag_2O, Pb_2O の各化合物の構造を持つと考えられる．これらの化合物の結晶

NaCl型　　　Cu₂O型　　　逆蛍石型　　　NiAs型

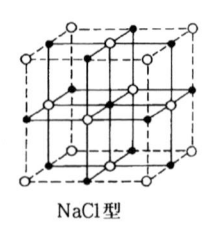

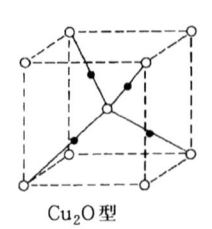

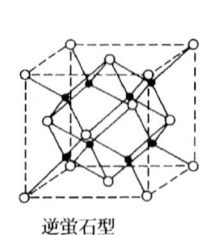

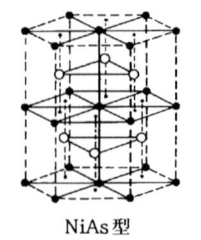

図8.8 NaCl, Cu_2O, 逆蛍石, NiAsの各タイプの化合物の構造[52]（○陰イオン，●陽イオン）

構造は図8.8に示す[50]．NaCl型(FeO, CoO, NiO), Cu_2O型(Cu_2O, Ag_2O, Pb_2O), NiAs型(FeS, FeSe, FeTe), 逆CaF_2型(Cu_2S, Cu_2Se, Cu_2Te)に分類される．各結晶構造について先に示したKozakevitchのモデルを満足する面は，NaCl型構造(111)面である．

それぞれの化合物の格子定数から上記の各面に配列するカルコゲン族元素イオン1個の占有する面積Aを計算によって求め，式(8-22)を用いて表面過剰量の計算値$\Gamma_{cal.}$が得られる．

$$\Gamma_{cal.} = \frac{1}{N \cdot A} \quad (8\text{-}22)$$

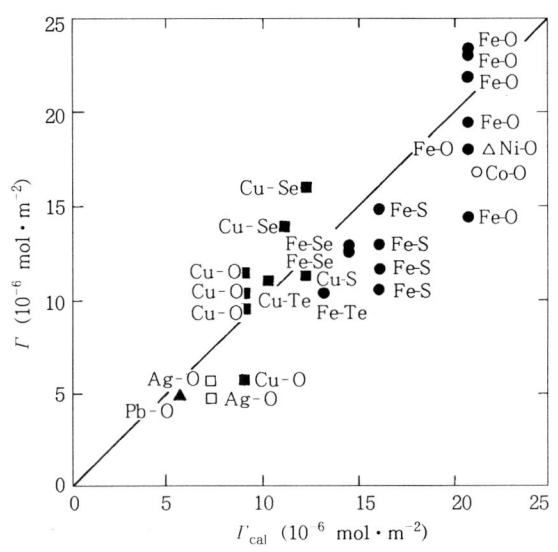

図8.9 溶融金属表面における表面活性元素の表面過剰濃度の実測値(Γ)と計算値(Γ_{cal})の比較[52]

このようにして得られた計算値と実測値を図8.9に示す．

図8.9より明らかなように計算値よりも実測値が若干小さい値を示しているが，低温の格子定数による$\Gamma_{cal.}$の計算，実測値に含まれる誤差を考えれば，いずれの系においても良好な相関が認められる．このことよりKozakevitchのモデルは溶融金属表面のカルコゲン族元素の吸着状態をよく表現していると考えられる．

8.2.3 溶融金属における吸着熱

吸着熱は表面活性成分の吸着に伴う発熱量であり，熱量計によって直接測定もできるが，一般にはクラジウス-クラペイロンの式(8-23)を適用して求めることができる．

$$\Delta H = kT^2 \left(\frac{d}{dT} \log c \right) \quad (8\text{-}23)$$

ここに，ΔH：吸着熱，T：温度，c：溶質濃度．

溶融金属溶液について求められた吸着熱を表8.5に示す[54]．

一方，Belton[13]もFe-S, Cu-S, Ag-O系について吸着熱を求めているが，それぞれ，-150, -170, -200kJ/molであり，これらの系における第VI族元素

表8.5 溶融合金における吸着熱[54]

溶質原子	溶液	ΔH (kJ/mol)
Bi	Pb-Bi	6.2 6.0
Bi	Sn-Bi	12.6 12.1
Pb	Sn-Pb	8.0 7.8

8.2.4 表面活性成分が2種類ある場合の吸着

荻野ら[18]は溶鉄に2種類の表面活性元素，S, Oが存在する場合の表面張力の測定を行い，一方，S, Oそれぞれに Szyszkowskiの式[53]を適用し，実測値と計算値の比較を行い式(8-24)が±30mN/mで有効であることを示している．

$$\gamma = 1910 - 825\log(1 + 210\text{mass\%O})$$
$$- 540\log(1 + 185\text{mass\%S}) \,(\text{mN/m}) \quad (8\text{-}24)$$

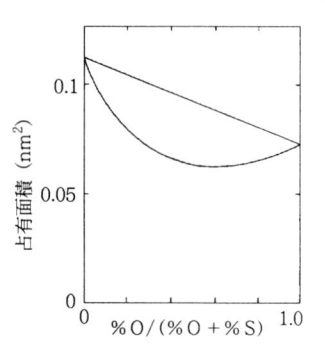

いま，式(8-22)を適用して，S/O＝一定のもとで占有面積を求めると図8.10のように，溶融Fe-O-S系の占有面積は下に凸な傾向を示している．このことは，表面層においてOとSとが共存する場合，それぞれが単独で存在する場合よりもよく詰まっていることを示している．同様の測定がPopelら[15]によって行われている．

図8.10 溶鉄表面に吸着したOとSの占有面積と濃度O/(O+S)との関係[18]

8.2.5 溶鉄における連合吸着（Associative adsorption）[55]

溶鉄の表面張力は図8.11に示すようにCrあるいはCの添加によってさほど大きく低下しない．しかし，0.125at%のCを含むFe-Cr-C系の表面張力は図8.11に示すようにCr含有量の増加とともに減少し，$X_{Cr}=0.18$において最小値を有する滑らかな曲線で示されている．Fe-Cr，Fe-C系をFe-Cr-C系と比較するために，Fe-Cr, Fe-Cのそれぞれの実測値をFe-Cr-Cの純鉄の値に合わせて図8.11に示した．図よりFe-Cr-C系はそれぞれ単独のFe-C, Fe-Cr系に比べてCrの増加による表面張力の低下は大きい．これはCrとCとによって形成されるCrCが表面活性化合物として作用しているものと考えられ，これと同様な傾向はFe-Si-C系においても見ることができるといわれている．

Beltonは表面活性化合物の吸着量Γ_{CrC}を式(8-25), (8-26)で与えている．

$$\Gamma_{CrC} = -\frac{1}{RT}\frac{d\gamma}{d\ln(a_{Cr}a_C)} \quad (8\text{-}25)$$

$$\Gamma_{CrC} = -\frac{1}{RT}\frac{d\gamma}{[\ln X_{Cr}X_C - 5.4X_{Cr}]} \quad (8\text{-}26)$$

いまFe-Cr-C系の表面張力を$\log X_{Cr}X_C - 5.4X_{Cr}$に対してプロットすると図8.12のように示され，単純な曲線で与えられる．

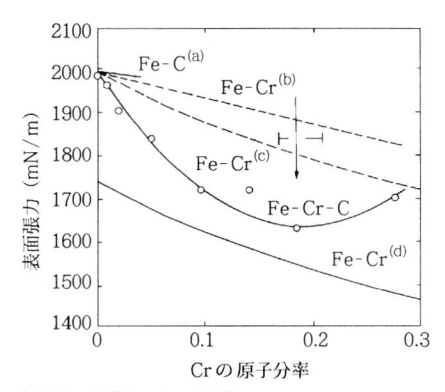

(a) Fe-C (Kozakevitch)
(b) Fe-Cr (Kozakevitch)
(c) Fe-Cr (森ら:(d)の実測値を移動して示した)
(d) Fe-Cr (森ら:実測値1550℃)
(a)(b)(c) は Fe-Cr-C 系と比較のため純鉄において表面張力値を揃えてある

図8.11 Fe-Cr-C 溶融合金の表面張力 (1350℃)[55]

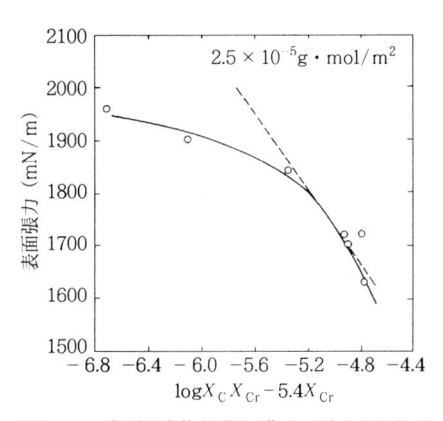

図8.12 表面化合物が"CrC"と一致するとしてプロットされた Fe-Cr-C 合金の表面張力[55]

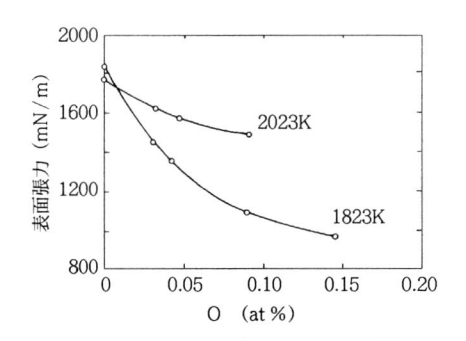

図8.13 溶鉄の表面張力への酸素の影響[15]

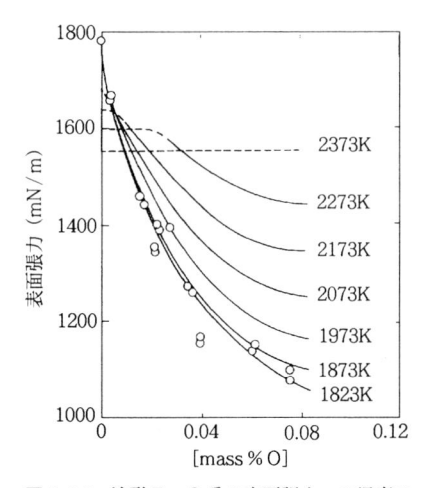

図8.14 溶融 Fe-O 系の表面張力への温度の影響[56] (1823K, 1873K は実測値 (kozakevitch), 他は計算による)

8.2.6 吸着と温度の関係

8.1.5に示したように表面活性成分を含む水溶液の表面吸着量は温度の上昇とともに低下する. 高温においてもO, Sなどの表面活性元素を含むFe-O, Fe-Sなどの系において水溶液と同様の関係がみられる. Popel[15]はFe-O, Fe-S系について1823K, 2023Kにおける表面張力とO, Sの影響を測定している. その一例としてFe-O系の結果を図8.13に示すが, 2023Kにお

ける溶鉄の表面張力へのOの影響は1823Kより小さく，高温ほどOの吸着量が低下していることを示している。この結果より高温においても水溶液と同様の結果を示すことが明らかである。この測定以後Fe-B系についても表面張力への温度の影響が測定され，高温の方がB含有による表面張力低下は少ないことが報告されている[26]。以上のように，表面活性元素を含む溶融金属の表面張力の温度依存性が測定されているが，いずれも2023Kを越える高温の測定は見られない。Chohら[56]は計算によって2373Kまでの溶鉄の表面張力へのO，Sの影響を求めている。その結果の一例を図8.14に示す。温度の上昇によって表面張力へのOの影響が急激に小さくなり，2873Kではなくなることを示している。

8.3 溶融非金属表面における吸着

溶融非金属における吸着現象として，スラグ-ガス界面の場合について述べる。スラグ，フラックスの表面張力の測定は比較的多く，いくつかの成分が表面張力を著しく低下させることが明らかにされている。これらの成分の挙動を若干の基本スラグについて図8.15に示す。FeO，CaO-Al$_2$O$_3$，およびFeO-CaO-SiO$_2$-Fe$_2$O$_3$系について，P$_2$O$_5$，B$_2$O$_3$，Na$_2$O，K$_2$O，CaF$_2$，NaFなどが，これら溶融非金属の表面張力を著しく低下させる。しかし，低下の程度はFe，Cu中におけるO，S，Se，Teなどの表面活性元素の影響に比べてはるかに小さい。図8.15から，表面張力低下の最も大きいNaFでも120mN/m/mol％程度である。MeO-SiO$_2$系（Me=Fe, Mn, Ca）について計算されたSiO$_2$の吸着量を表8.6に示す。溶融非金属の表面構造に関しては，直接測定はもちろん吸着量から推定される構造モデルについての報告もない。ただ，表面張力を低下させる成分が融体表面に吸着すると考えると，融体表面層において，それらの成分の含有量が内部より増加しているであろうと推定される。このことは表面層の物性，例えば表面粘度の変化に結びつくと考えられる。

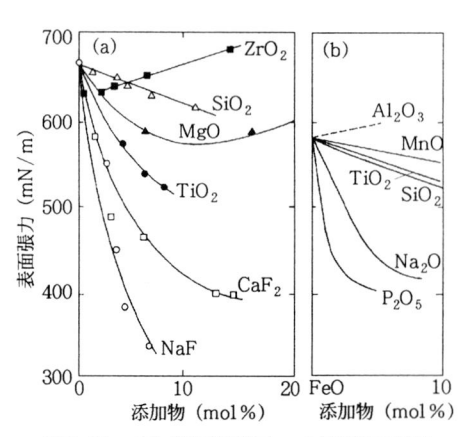

図8.15 スラグの表面張力への添加物の影響．
(a) CaO-Al$_2$O$_3$系（1883〜1953K）[57]，(b) FeO（1693K）[58]

表8.6 MeO-SiO$_2$系におけるSiO$_2$の吸着[59]

N_{SiO_2}	Γ_{SiO_2} (10^{14} mol/m^2)		
	FeO-SiO$_2$	MnO-SiO$_2$	CaO-SiO$_2$
0.1	3.2	—	—
0.3	4.1	2.2	—
0.4	4.5	2.8	—
0.5	—	3.4	2.2
0.6	—	—	2.4

8.4 融体−融体(スラグ−メタル)界面における吸着

　溶鉄−スラグ間の界面張力は第Ⅰ編6章において示したように溶鉄中のOやSの増加とともに急激に減少する．その挙動は図8.16に示すように溶鉄中における酸素の挙動に類似している．このことは溶鉄−スラグ界面においても，溶鉄−気相界面におけるように溶鉄−スラグ界面において酸素の吸着の可能性を示唆している．$\gamma_{ms}-\log[\mathrm{mass}\%\mathrm{O}]$ プロットの勾配より溶鉄−スラグ界面における酸素の吸着量を計算したものを表8.7に示す．表から明らかなように溶鉄−スラグ界面における酸素の界面過剰量は溶鉄−ガス界面と類似した値を示している．こ

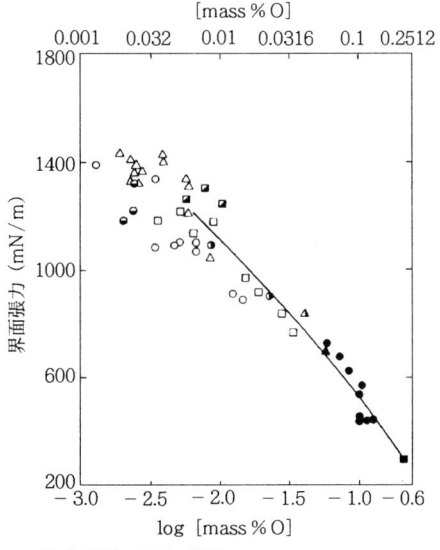

表8.7 溶鉄-ガス界面，溶鉄-スラグ界面における酸素の界面過剰量（$10^{-6}\mathrm{mol/m^2}$）

界面	界面過剰量	研究者	文献
Fe-O/ガス	18.1	Kozakevitch	12
	21.8	Halden, Kingery	10
	23.4	Tsin Tan	11
	14.5	Murarka	16
	23	Ogino	5
	19.4	Kasama	17
	18±2	Jimbo	19
Fe-O/スラグ	17	Ogino	60
	15	Gaye	63
	24	Mukai	62
	16	Popel	61

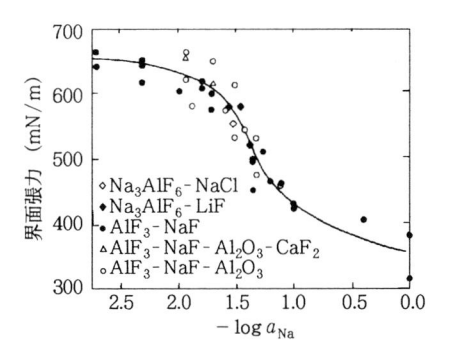

○ CaO(50)-Al$_2$O$_3$(50)
◐ CaO-Al$_2$O$_3$-Fe$_2$O$_3$(2-5)
◐ CaO-Al$_2$O$_3$-SiO$_2$(5-10)
　CaO(33)-MgO(6)-Al$_2$O$_3$(46)-SiO$_2$(15)
■ CaO(40)-SiO$_2$(40)-Al$_2$O$_3$(20)
□ CaO(25)-SiO$_2$(60)-Al$_2$O$_3$(15)
　CaO(10)-Na$_2$O(20)-SiO$_2$(20-50)
● FeO(20-70)-CaO-SiO$_2$(20-50)
■ FeO
△ ANF-6, CaF$_2$, CaF$_2$-Al$_2$O$_3$(5-30)
▲ CaF$_2$(84)-CaO(9)-FeO(7)
▲ CaF$_2$(88)-CaO(4)-FeO(8)

図8.16 溶鉄-スラグ間の界面張力への溶鉄中酸素の影響[60]

図8.17 アルミニウムと種々な溶融塩（電解質）との間の界面張力とNaの活量との関係（1273K）[64]

のことは溶鉄表面に存在する酸素量は溶鉄と接する相が気体であってもスラグであっても同様の挙動を示すことを意味している．溶鉄中のイオウの挙動についても酸素と同様の挙動をとるものと考えられる．すなわち酸素，イオウを含む溶鉄の界面構造およびその挙動はスラグと接していても，溶鉄中の酸素，イオウ量に大きく依存し，支配されることを意味する．これらのことから溶鉄－スラグ界面において反応等により部分的に酸素，イオウの濃度が変化すると界面張力勾配が生じ，それによって界面張力流が発生することをが考えられ，それがさらにメタル－スラグ反応に影響を与えることになる．このような現象については石灰るつぼ中においてFeOを含むスラグによる脱硫速度の研究において，界面張力流による脱硫速度の加速現象において指摘されている．

以上のほか融体－融体界面における吸着現象としてToguriら[64]は溶融クリオラクトと溶融Al界面へのNaの吸着現象を報告している．図8.17にAlと電解質との間の界面張力のNaの活量による変化を示すが，この関係は，溶鉄の表面張力へのO，Sの影響と類似している．界面におけるNaの濃度は図8.17より約8.5原子/nm^{2}と計算されるが，この値は原子半径0.19nmのNa原子の稠密充填構造の球体モデルに基づく計算による8.0原子/nm^{2}と良く一致している．

8.5 融体－固体界面における吸着

静滴法によって表面張力を測定する場合，同時に接触角が測定されるから，固体の表面エネルギーσ_{SV}が既知であると，式(8-27)によって，固－液界面エネルギーγ_{SL}が求められる．

$$\gamma_{SV} = \gamma_{SL} - \gamma_{LV} \cdot \cos\theta \tag{8-27}$$

溶鉄にO，S，Se，Teなどの表面活性元素を含むと，これらの元素は溶鉄表面に吸着すると同時に接触するアルミナとの界面においても吸着現象が生じる．溶鉄－アルミナ間の界面エネルギーと表面活性元素の濃度の関係を図8.18に示すが，表面張力と同様，界面エネルギーは急激に減少する．

図8.18の界面エネルギーの値にGibbsの吸着式を適用し，それぞれの界面過剰量，界面における1原子の占有面積を求めた結果を表8.8に示す．なお参考のため，溶鉄表面の値を併記する．

表8.8から，表面活性元素の表面過剰量は界面

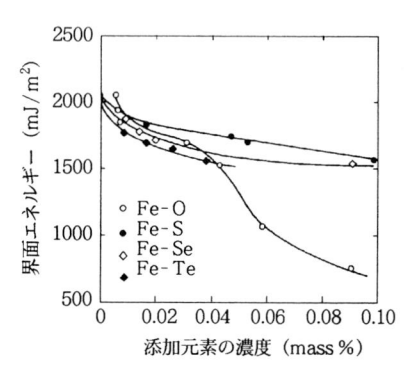

図8.18 溶鉄とアルミナ間の界面エネルギーへのVIB族元素の影響[5]

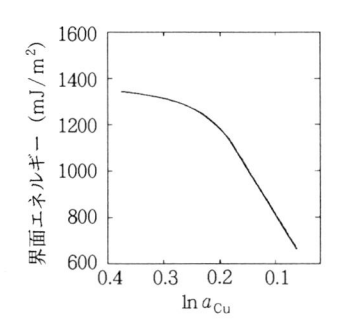

図8.19 固体Feと液体Ag間の界面エネルギーとAg中Cuの活量との関係[66]

表8.8 溶鉄表面および溶鉄-アルミナ界面におけるⅥ族元素の表面・界面過剰量と占有面積[5]

系	表面過剰濃度 (mol/cm² × 10¹⁰)		占有面積 (nm² × 10²)	
	表面	界面	表面	界面
Fe-S	14.9	13.7	11.2	12.1
Fe-Se	12.8	9.3	12.9	18.0
Fe-Te	10.4	7.2	15.0	23.2

表8.9 1823KにおけるFe-Si融体とアルミナとの界面エネルギー[65]

Si mass %	表面張力 (mN/m)	接触角 (deg.)	界面エネルギー (mJ/m²)
0.066	1450	137.5	2000
0.265	1400	132.8	1885
0.97	1425	124.6	1745
3.10	1440	119.2	1640
8.72	1425	114.9	1537

より表面における方が大きく，1原子当たりの占有面積は表面における方が小さい．

溶融金属と固体金属との界面における吸着現象の解明のためには，界面エネルギーの測定が必要であるが，困難が多く実測は少ない．そのため金属の固-液界面における吸着現象の研究は，溶融金属，気相界面に比べてはるかに少ない．

Kingery[65]はFe-Al_2O_3間の固-液界面のエネルギーを測定しFe中のSiの影響を検討した．表8.9に示すようにFe-Si合金の表面張力はSi含有量によって大きく変化しないが，界面エネルギーは，Si量の増加とともに減少する．このことからSiはメタル-酸化物界面に化学吸着するが金属表面では吸着しない．

Piqueら[66]は固体Fe-液体Ag界面の界面エネルギーへのCuの影響を測定し，Cuの吸着挙動を検討した．固-液界面エネルギーはCuの添加によって減少するが，その低下率は50 mN/m/mass%程度とあまり大きくない．界面エネルギーとCu濃度の対数の関係は図8.19のように示される．

8.6 高温における固体金属表面のO，Pの吸着

第Ⅰ編7章において述べたように，固体の金属の表面エネルギーは雰囲気の酸素分圧の増加とともに急激に減少する．このような現象はFe[67][68]，Cu[69]，Ag[70]について報告されている．その一例として，δ-Fe，1673Kにおける表面エネルギーとP_{O_2}との関係を図8.20に示す[67]．δ-Feの表面エネルギーは$\log P_{O_2} = -20 \sim -15$の領域で$P_{O_2}$の増加とともに，直線的に急激に減少する．この直線の勾配から，Gibbsの等温吸着式によってδ-Fe表面における吸着

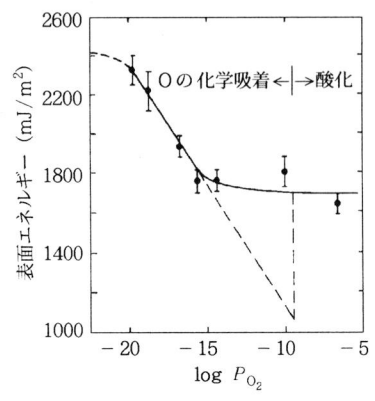

図 8.20 δ-Feの表面エネルギーとlogP_{O_2}の関係 (1673K)[67]

図 8.21 δ-FeにおけるPの平衡表面過剰量

量が求められる．表面過剰濃度Γは，

$$\Gamma = 3.38 \times 10^{-6} \ (\mathrm{mol/m^2}) \tag{8-28}$$

この値は，液体Feの場合の$16〜23\times10^{-6}\mathrm{mol/m^2}$と比較してかなり小さい．

一方，δ-Fe表面における単位面積$\mathrm{m^2}$当たりの酸素原子数は4.08×10^{18}個である．Ag[70]では，1.98×10^{19}個，Cuは4.27×10^{18}個と報告されている．

δ-Fe表面におけるPの吸着については，Hondros[71]が1723Kにおいて測定している．その結果を図8.21に示す．δ-Fe表面エネルギーとlog$X$ (at%P) との関係から，Pの表面過剰濃度$2.3\times10^{-11}\mathrm{g\cdot atom/mm^2}$あるいは，$1.4\times10^{-17}\mathrm{g\cdot atom/mm^2}$が得られている．

引用文献

(1) 慶伊富長：吸着，共立出版 (1978)
(2) 水島三一郎編：物理化学 4, 共立出版 (1949), 1050~1052.
(3) C.H.P.Lupis: Chemical thermodynamics of materials. XIV Adsorption. North‐Holland, (1983), 397~435.
(4) P.Rehbinder und A.Taubmann: Grenzflächenaktivität und Orientierung polarer Moleküle in Abhängigkeit von der Temperatur und der Natur der Trennungsfläche. VI. Grenzflächeneigenshaften aromatischer Amine und ihrer Salze, Z. Phys. Chem., (1929), 188~205.
(5) 荻野和己，野城清，山瀬治：溶鉄の表面張力および固体酸化物の濡れ性におよぼすSe, Teの影響，鉄と鋼，**66** (1980), 179~185.
(6) P.Kozakevitch: Surface activity in liquid metal solutions, Surface phenomena of metals, Soc. Chem.

Ind., (1968), 223~245.
(7) A.M.Korolikov: (液体金属, 合金の表面張力), 金属・合金の鋳造性質, 第3章, ＜ナウカ＞ モスコウ, (1967), 34~66. (ロシア語)
(8) L.Goumiri and J.C.Joud: Auger electron spectroscopy study of aluminium‐tin liquid system, Acta Metall., **30** (1982), 1397~1405.
(9) W.B.Chung, K.Nogi, W.A.Miller and A.Mclean: Surface tension of liquid Cr‐O system, Mater. Trans. JIM, **33** (1992), 753~757.
(10) F.A.Halden and W.D.Kingery: Surface tension at elevated temperatures. II.Effect of C, N, O and S on liquid iron surface tension and interfacial energy with Al_2O_3, J. Phys. Chem., **59** (1955), 557~559.
(11) W.Tsin Tan, R.A.Karassev, A.M.Samarin: (溶鉄の表面張力へのC, Oの影響) Izv. Akad. Nauk SSSR. Otd. Tekhn.Nauk, Metal. i Tepliv., (1960), No.1, 30~35. (ロシア語)
(12) P.Kozakevitch et G.Urbain: Tension superficielle du fer liquide et de ses alliages, Mem. Sci., Rev. Met., **58** (1961), 517~534.
(13) G.R.Belton : Langmuir adsorption: the Gibbse adsorption isotherm, and interfacial kinetics in liquid metal system, Met. Trans., **7B** (1976), 35~42.
(14) S.I.Filippov and O.M.Goncharenko: Surface tension and the properties of iron‐oxygen molten alloys, Steel in the USSR., (1974), 719~722.
(15) S.I.Popel , B.V.Tsarevskii, V.V.Pavlov, E.L.Furman: (溶鉄の表面張力へのO, Sの共同の影響), Izv. Akad. Nauk SSSR., Metall, (1975), No.4, 54~58. (ロシア語)
(16) R.N.Murarka, W‐K, Lu and A.E.Hamielec: Effect of dissolved oxygen on the surface tension of liquid iron, Can. Met. Quart., **14** (1975), 111~115.
(17) A.Kasama, A.Mclean, W.A.Miller, Z.Morita and M.J.Ward: Surface tension of liquid iron and iron‐oxygen alloys, Can. Met. Quart., **22** (1983), 9~17.
(18) 荻野和己, 野城清, 細井千秋 : 溶融Fe‐O‐S合金の表面張力, 鉄と鋼, **69** (1983), 1989~1994.
(19) I.Jimbo and A.W.Cramb: Computer aided interfacial measurements, ISIJ International, **32** (2992), 26~35.
(20) B.F.Dyson: The surface tension of iron and some iron alloys, Trans AIME. **227** (1963), 1098~1102.
(21) W.D.Kingery: Surface tension at elevated temperatures. IV. Surface tension of Fe‐Se and Fe‐Te alloys, J. Phys. Chem., **62** (1958), 878~879.
(22) Yu.V.Svlikov, V.P.Alferov, V.A.Kalmykov, V.A.Vazin: (Fe‐Se融体の表面性質), Izv. VUZ Chern. Metall., (1973) No.7, 15~17. (ロシア語)
(23) Yu.V.Sveshkov, V.A.Kalmykov, V.A.Mironov: (Fe‐Se, Ni‐Se, Ni‐Te融体の表面張力), Izv.

Akad. Nauk SSSR., Metall., (1975) No.3, 84~86.(ロシア語)

(24) Yu.V.Sveshkov, V.P.Alferov, V.A.Kaplnykov, S.A.VAgin: (溶鉄中の Se の吸着と表面活性), Izv. Akad. Nauk SSSR Metall., (1973), No.6, 74~76. (ロシア語)

(25) V.I.Nizhenko, L.I.Floka: (Fe‐Sn 融体の密度と表面性質), Izv. Akad. Nauk SSSR., Metall., (1973) No.4 73~76. (ロシア語)

(26) A.A.Zhukov, I.L.Maslova: (Fe‐Sn 融体の密度と表面張力), Izv. ANSSSR Met., (1981) No.3, 36~37. (ロシア語)

(27) N.A.Manyak, O.A.Ogunlana, E.F.Dolzhenkova: (Fe‐B 融体の表面張力). Izv. VUZ. Chern. Metall., (1986), No.8. 147~148. (ロシア語)

(28) D.H.Bradhurst and A.S.Buchanan: The surface properties of liquid lead in contact with uranium oxide, J. Phys. Chem., **63** (1959), 1486~1488.

(29) 荻野和己, 泰松斉, 中谷文忠：溶融 Co, Co‐Fe 合金の表面張力および Al_2O_3 との濡れ性に及ぼす酸素の影響, 日本金属学会誌, **46** (1982) 957~962.

(30) V.I.Eremenko, Yu.V.Naidich: (Ni の表面張力と酸化アルミニウムへの Ni の濡れ角への O の影響), Izv. Akad. Nauk SSSR., OTH, Metal i Teplivo, (1959), No.2. 53~55.(ロシア語)

(31) 荻野和己, 泰松斉：溶融 Ni の表面張力および Al_2O_3 との濡れ性に及ぼす酸素の影響, 日本金属学会誌, **43** (1979), 871~876.

(32) 泰松斉, 荻野和己, 中谷文忠：溶融 Ni による MgO の濡れ性に及ぼす酸素の影響, 日本金属学会誌, **50** (1986), 176~180.

(33) 門間改三, 須藤一：溶融銅の表面張力におよぼす酸素の影響, 日本金属学会誌, **24** (1960), 377~379.

(34) V.I.Eremenko, Yu.V.Naidich, A.A.Posopovich: (Cu‐O 融体中の O の表面活性), Zh. Fiz. Khim., **34** (1960), 1018~1020. (ロシア語)

(35) T.B.O'brien and A.C.D.Chaklader: Effect of oxygen on the reaction between copper and sapphire, J. Am. Ceram. Soc., **57** (1974), 329~332.

(36) Z.Morita and A.Kasama: Effect of a slight amount of dissolved oxygen on the surface tension of liquid copper, Trans JIM., **21** (1980), 522~530.

(37) Y.Sasaki and G.R.Belton: The steady‐state reaction of CO_2‐H_2 mixtures with liquid copper at 1423K. Met.Trans, **11B** (1980), 221~224.

(38) G.Gallois and C.H.P.Lupis: Effect of oxygen on the surface tension of liquid copper, Met.Trans. B, **12B** (1981), 549~557.

(39) S.P.Mehotra and A.C.D.Chaklader: Interfacial phenemena between molten metals and sapphire substrate., Met. Trans. B, **16B**, (1985), 567~575.

(40) C.F.Base and H.H.Kellogg: Effect of dissolved sulphur on the surface tension of liquid copper, J.

Metals, **5** (1953), 643~648.
(41) 門間改三, 須藤 一: 溶融銅の表面張力に及ぼす硫黄の影響, 日本金属学会誌, 24 (1960), 374~379.
(42) Von W. Gans, F.Pawlek und A.von Röpenack: Einflutz von Verunreinigungen und Beinengungen auf Viskosität und Oberflächenspannung geschmelzenen kupfers, Z. Metallkde, **54** (1963), 147~153.
(43) H.Taimastu, H.Tani, H.Kaneko: Effect of oxygen on the wettability of sapphire by liquid palladium, J. Mater. Sci., **31**(1996), 6383~6387.
(44) V.N.Eremenko, Yu.V.Naidich: Surface activity of oxygen in the silver-oxygen system. "The Role of surface phenomena in metallurgy" Ed. by V.N.Eremenko, Consultants Bureau N.Y. (1963), 65~67.
(45) G.Bernard and C.H.P.Lupis: The surface tension of liquid silver alloys : Part II. Ag-O alloys, Met. Trans., **2** (1971), 2991~2998.
(46) R.Sangiargi, M.L.Muolo and A.Passerone: Surface Tension and adsorption in liquid silver-oxygen alloys, Acta metall., **30** (1982) , 1597~1604.
(47) 泰松 斉, 阿部倫比古, 中谷文忠, 荻野和己: 溶融 Ag による固体酸化物の濡れ性に及ぼす溶解酸素の影響, 日本金属学会誌, **49** (1985), 523~528.
(48) N.L.Pokravskii, N.D.Galanina: (金属融体の性質IV . Sn, Sn-Na 合金の表面張力), Zhur. Fiz. Khim., **23** (1949), 324~331. (ロシア語)
(49) P.P.Lugachevich, O.A.Timofeevicheva: (カリウムアマルガムの表面張力). Dokld. Akad. Nauk SSSR., **79** (1951), 831~832.(ロシア語)
(50) R.Sangiorgi, C.Senillou and J.C.Joud: Surface tension of liquid tin-oxygen alloys and relationship with surface composition by auger electron spectaroscopy, Surface Science, **202** (1988), 509~520.
(51) H.Taimatsu and R.Sangiorgi: Surface tension and adsorption in liquid tin-oxygen system, Surf. Sci., **261** (1992), 375~381.
(52) 泰松 斉: 酸素を含む溶融金属と固体酸化物間の濡れと反応に関する研究, 学位論文, 大阪大学(1986).
(53) B.Von.Szyszkowski: Experimentalle studien über kapillare Eigenschaften der wässerigen lösungen von Fettsäuren, Z. Phys. Chem., **64** (1908), 385~414.
(54) M.Ishiguro: On the adsorption of solution atoms on surfaces of solutions (molten metals). Mem. Inst. Sci. Ind. Reserach Osaka, Univ., **9** (1952), 127~129.
(55) G.R.Belton: Associative adsorption on liquid iron, Metall.Trans., **3** (1972), 1465~1469.
(56) T.Choh und M.Inouye: Über das Grenzflächenverhalten flüssigen Eisens mit oberflächenaktiven Stoffen bei der Aufstickung, Arch. Eisenhuttenw., **45** (1974), 657~662.

(57) P.P.Evseev, A.F.Filippov: (CaO-Al_2O_3-Me_xO_y系スラグの物理化学的性質), 第2報, Izv. VUZ. Chern. Metall., (1967), No.3, 55~58. (ロシア語)

(58) P.Kozakevitch: Tension superficielle et viscosit'e des scories synthétiques, Rev. Met., **46** (1949), 505~516.

(59) S.I.Popel: (スラグ融体の表面張力), 冶金スラグと建設業におけるその応用, (1962), 97~127. (ロシア語)

(60) 荻野和己, 原 茂太, 三輪 隆, 木本辰二: 溶鉄−溶融スラグ間の界面張力に及ぼす溶鉄中の酸素の影響, 鉄と鋼, **65** (1979), 2021~2021.

(61) S.I.Popel, G.F.Konobalov : (脱酸生成物との境界における低炭素鋼の界面張力), Izv. VUZ Chern. Metal., (1959) No.8, 3~7.(ロシア語)

(62) 向井楠宏, 加藤時夫, 坂尾 弘: 溶融鉄合金と CaO-Al_2O_3 スラグとの間の界面張力の測定について, 鉄と鋼, **59** (1973), 55~62.

(63) H.Gaye, L.D.Lucas, M.Olette and P.V.Riboud: Metal-Slag interfacial properties : Equilibrium values and "dynamic" phenomena, Can. Metall Q., **23** (1984), 179~191.

(64) T.Utigard and J.M.Toguri: Interfacial tension of aluminum in cryolite melts, Metall. Trans. B, **16B** (1985), 333~338.

(65) W.D.Kingery: Metal-ceramic interactions : IV Absolute measurement of metal-ceramic interfacial energy and the interfacial adsorption of silicon from iron-silicon alloys, J. Amer. Ceram. Soc., **37** (1954), 42~45.

(66) D.Pique, L.Coudurier et N.Eustathopoulos: Adsorption du cuivre a l'interface entre Fe solide et Ag liquide a 1100℃, Scr. Metall., **15** (1981), 1645~170.

(67) E.D.Hondros: The effect of adsorbed oxygen on the surface energy of B.C.C.iron, Acta Metall., **16** (1968), 1377~1380.

(68) M.D.Chadwick: Comment on the effect of absorbed oxygen on the surface energy of B.C.C. iron, Scrip. Metall., **3** (1969), 871~878.

(69) C.E.Bauer, R.Speiser and J.P.Hirth : Surface energy of copper as a function of oxygen activity. Metall. Trans. A., **7A** (1976), 75~79.

(70) F.H.Buttner, E.R.Funk and H.Udin: Adsorption of oxygen on silver, J. Phys. Chem., **56** (1952), 657~660.

(71) F.D.Hondros: The influence of phosphorus in dilute solid solution on the absolute surface and grain boundary energies of iron, Proc. Roy. Soc. A , **286** (1965), 479~498.

9章　ぬれ現象

　我々は日常生活において液体を取り扱う場合，"ぬれる"という言葉をよく用いる．高温の生産プロセスにおいても，液体すなわち融体が関係する場合，耐火物がスラグに"ぬれる"とか，介在物と溶鋼との"ぬれ性"とか，あるいは接合プロセスにおいても"ぬれる"という言葉がよく用いられる．この"ぬれ"（wetting），"ぬれ性"（wettability）は界面化学の中の大きな分野の一つであり，固−液界面の現象として重要である．また，この現象は金属製錬プロセスだけでなく，新素材製造分野を界面化学的に理解する上においても重要な要素現象である．

9.1　一般的概念[1]〜[8]

9.1.1　ぬれ（Wetting）

　ガラス板上に液体として水銀あるいは水を置くと，その形状は図9.1のように水銀は球状になり，水はガラス板上を拡がる．ただし，ガラス板面がきわめてきれいな場合には，水銀とガラスの接触角θは90°より小さく，水はガラスに完全にぬれて$\theta = 0°$になる．図9.1の場合，

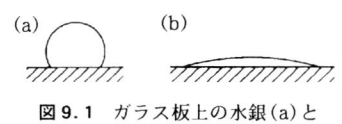

図9.1 ガラス板上の水銀(a)と水(b)の形

水はガラスをぬらすが，水銀はぬらさないという．一方，布や紙の一端を水につけると，水はそれらにしみ込んでいく．いわゆる毛管現象である．この場合，現象が生じるのは布や紙の素材が水にぬれるからといわれる．以上のように，固体が液体に接する場合の"ぬれ方"はいずれも異なっている．このような"ぬれ方"を次のように分類することがよくなされている[9]．

　（1）水がガラス板を拡がるような場合 — 拡張ぬれ（spreading wetting）
　（2）水が布にしみ込むような場合 — 浸漬ぬれ（浸潤ぬれ）（immersional wetting）
　（3）水銀滴をガラス板上に置いたような場合 — 付着ぬれ（adhesional wetting）

これら3つのタイプのぬれ現象に対する自由エネルギー的解釈，ぬれの条件などの詳細は後述する．

9.1.2 接触角とYoungの式

"ぬらす","ぬらさない"という表現は極めてあいまいであるから,定量的表現(尺度)が必要となる.この"ぬれ"を表す直感的な尺度として,一般に接触角(contact angle)が用いられる.このように固体平板と液滴が接する場合に,ある角度を有することはYoung[10]によって初めて提唱された.いま,図9.2のように液体と固体表面との交点において,液体表面に引いた切線と固体面とのなす角で液体を含むものを接触角 θ とよぶ.

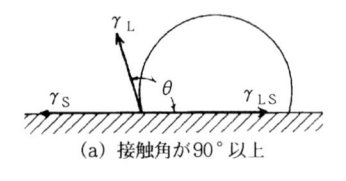

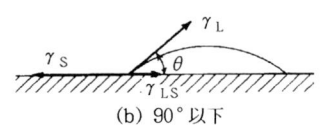

図9.2 固体上の液滴の形状
(a) 接触角が90°以上
(b) 90°以下

この場合,液体,固体ならびに液体-固体間に働く張力は固体,液体の種類が決まると一定であり,その間にはベクトル的釣り合いが生じるために接触角 θ は一定となる.すなわち平衡になっていることは,自由エネルギーが最小になっていることである.従って,液体から固体の面上をわずか前進しても自由エネルギーの変化は0である.

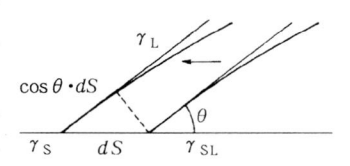

図9.3 接触角の平衡条件

この場合,前進の前後の液体面は平行であるとみなされるから,図9.3のように dS だけ前進したとすると,固体-液体,固体-気体,液体-気体の各界面の面積の増加は, dS, $-dS$, $\cos\theta \cdot dS$ となる.そのため各界面の表面自由エネルギー(単位面積当たり)を γ_{SL}, γ_S, γ_L とすると

$$\gamma_{SL} dS - \gamma_S dS + \gamma_L \cos\theta \, dS = 0$$

$$\therefore \gamma_{SL} - \gamma_S + \gamma_L \cos\theta = 0$$

すなわち,

$$\gamma_S = \gamma_L \cos\theta + \gamma_{SL} \tag{9-1}$$

(Youngの式) が得られる.

9.1.3 固体-液体間の付着の仕事と接触角

接触角は固体と液体との"ぬれ"を評価する直感的尺度として有用であり,同一液体の固体に対する"ぬれ性"や,同一固体への異なった液体の"ぬれ性"を比較する場合の尺度として適している.しかし,液体,固体がそれぞれ異なる場合,特にお互いが異なるにもかかわらず,同一接触角を与える場合の"ぬれ性"の比較には適当ではない.またぬれ性は固体,液体を構成する粒子(原子,分子,イオン)間の親和力と関係するが,接触角自体は既に述べたように

9.1 一般的概念

固体，液体，および固-液間の表面，界面エネルギーによって決定される量であり，固-液間の相互作用を直接示す量でない．そのため，接触角は，"ぬれ性"を熱力学的，物性論的に考察するためには適当でない．

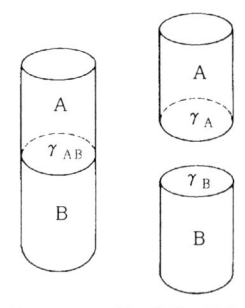

"ぬれ性"を熱力学的に評価するには，"ぬれ"に際して生じる表面あるいは界面の自由エネルギー変化を考えねばならない．お互いに相が接触している場合，両相界面における自由エネルギーをγ_{AB}とし，二相のそれぞれの表面自由エネルギーをγ_A，γ_Bとする．これら二相を引き放すには仕事が必要であり，図9.4のようにお互いが離れるときに獲得するエネルギーγ_Aとγ_Bとの和から失うエネルギーγ_{AB}を引いたもので示される．これを付着仕事（work of adhesion）W_{ad}といい，式(9-2)で与えられる．

図9.4 AB間の付着の仕事

$$W_{ad} = \gamma_A + \gamma_B - \gamma_{AB} \tag{9-2}$$

AA同士またBB同士よりもAB間の引力が強すぎるときには$\gamma_{AB} \leq 0$となり，両方は混合してしまう．

付着の仕事に対して同じ物質Aを引き放すに要する仕事を凝集の仕事（work of cohesion）W_Cという．
$\gamma_{AA} = 0$であるから，W_Cは式(9-3)で与えられる．

$$W_C = \gamma_A + \gamma_A - \gamma_{AA} = 2\gamma_A \tag{9-3}$$

式(9-1)と式(9-2)よりW_{ad}は式(9-4)で与えられ，液体の表面張力γ_{LG}と固体との接触角θを測定すれば求めることができる．

$$W_{ad} = \gamma_{LG}(1 + \cos\theta) \tag{9-4}$$

また，凝集の仕事W_Cは$2\gamma_{LG}$に等しいから，したがって式(9-4)のγ_{LG}をW_Cにおきかえて

$$\cos\theta = 2W_{ad}/W_C - 1 \tag{9-5}$$

となる．

式(9-5)はθがW_{ad}とW_Cとの釣り合いで決まることを示している．$W_{ad} = 0$ならば$\theta = 180°$であり，これは固-液分子間に全く引力の作用しない場合である．これは一般には起こらない．$W_{ad} = W_C/2$のとき

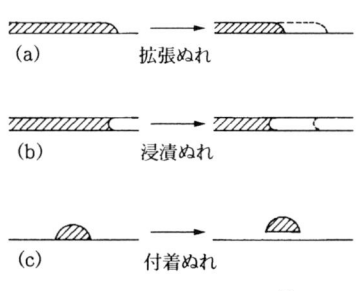

(a) 拡張ぬれ

(b) 浸漬ぬれ

(c) 付着ぬれ

図9.5 ぬれの3つの型[9]

には $\theta = 90°$, $W_{ad} \leq W_C$ ならば $\theta = 0$ となる. $\theta = 0°$ のときに液体は固体を"完全にぬらす"といい, $0 < \theta < 180°$ のときは"不完全にぬらす"という.

先に示したぬれの3つのタイプのモデルを図9.5に示す. これらの現象を自由エネルギーの面より考える. ぬれ現象は既存界面の消失と新しい界面の生成によって進行するから, その場合のぬれの仕事は変化前後の自由エネルギーの変化で示される. 拡張ぬれの場合, 消失される界面は固-気界面で γ_{SG}, 生成する界面は固-気界面で γ_{SL}, 液-気界面は γ_{LG} であるから, ぬれの仕事 W_S は式(9-6)で与えられる.

$$W_S = \gamma_{SG} - \gamma_{SL} - \gamma_{LG} \tag{9-6}$$

ぬれが生じる条件は, $W_S > 0$ であるから

$$\gamma_{SG} - \gamma_{SL} - \gamma_{LG} = \gamma_{LG}(\cos\theta - 1) > 0$$

$$\theta = 0$$

同様に浸漬ぬれ W_I, 付着ぬれ W_A は, それぞれ

$$W_I = \gamma_{SG} - \gamma_{SL} = \gamma_{LG} \cos\theta \tag{9-7}$$

$$W_A = \gamma_{SG} - \gamma_{SL} + \gamma_{LG} = \gamma_{LG}(\cos\theta + 1) \tag{9-8}$$

であり, ぬれの生じる条件は, それぞれ $\theta < 90°$, $\theta < 180°$ となる.

9.1.4 前進接触角と後退接触角

液滴を置いた固体表面の一端を持ち上げると図9.6のように液滴はすべり落ちようとする. このすべり落ちる前面にできる接触角 θ_a は大きく, 後退する部分の接触角 θ_r は小さい. θ_a は前進接触角 (advancing contact angle), θ_r を後退接触角 (receding contact angle) という. このように液滴の両側の接触角の相違する原因として, 1) 摩擦説, 2) 吸着説, 3) 粗面説があり, 常温液体に対して検討されているが, 実際にはこれらの説が単独で説明されるのでなく, 各因子の総合したものとして考えるのが妥当である.

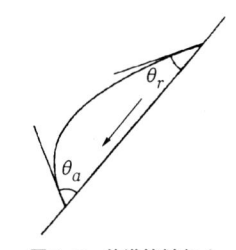

図9.6 前進接触角 θ_a と後退接触角 θ_r

9.1.5 固体の表面状況とぬれ

固体と液体のぬれは表面の状況によって大きく異なることはすでにガラス面上の水銀滴が静浄な表面では θ が 90°より小さく, 通常の場合よりぬれやすいことも明らかである. この原因としてガラス表面の汚れ, 吸着物などの影響であるといわれる. 炉材として用いられる耐火物のように表面は必ずしも平滑でなく多くの凹凸がみられ, さらに耐火物は焼結体であるため

粒界の影響をも考慮せねばならない．

Wenzel[11]は表面が完全に平滑でない場合，Youngの式は成立しないことを指摘し，表面の粗さを考慮したYoungの式の補正式(9-10)を提出した．

$$R(\gamma_{SG} - \gamma_{LS}) = \gamma_{LS} \cos \theta' \tag{9-9}$$

ただし θ' は粗面に対する見かけの接触角，R は粗面因子(roughness factor)とよばれるものであり，固体表面のみかけの表面積と真の表面積との比で表す．式(9-9)とYoungの式とを組み合わすと，

$R \cos \theta = \cos \theta'$ となり，$R > 1$ であるから

$$\theta > 90° \text{ では } \theta < \theta', \quad \theta < 90° \text{ では } \theta > \theta', \quad \theta = 90° \text{ では } \theta = \theta' \tag{9-10}$$

となる．このことから溶鉄と固体酸化物の場合のように $\theta > 90°$ であるから $\theta < \theta'$ が予測される．後述するようにこの場合Wenzelの関係は成立する．

9.1.6 拡がり係数 (Spreading coefficient)

清浄な固体の平面上の水滴はよくぬれる．すなわちよく拡がる．しかし，水銀滴は拡がらない．このように固体上の液体が拡がるか，拡がらないかは，拡がり係数によって示すことができる．凝集仕事，付着仕事の定義から考えて，物質A上に物質Bが存在するとき，拡がり係数は，

$$S = W_{AB} - W_C \tag{9-11}$$

と定義できる．物質Bが物質A上を拡がるかどうかは，Bの構成粒子とAの構成粒子と付着仕事が物質Aの凝集仕事より大きいか小さいかによってきまる．

$S > 0$ では拡がり，$S < 0$ では拡がらない．拡がり係数 S は熱力学的式(9-12)のように導かれる．

$$S = \gamma_A - \gamma_B - \gamma_{AB} \tag{9-12}$$

この式は拡張ぬれの仕事の式(9-6)と同じである．

9.2 高温におけるぬれの測定

9.2.1 常温におけるぬれの測定 [1][2][8]

常温におけるぬれの測定は接触角測定が一般的である．接触角を測定するにも多くの方法が

接触角の測定	直接法――光反射法,拡大映像法*,傾板法,回転円筒法
	間接法――液滴形状法*,気泡形状法*,毛管上昇法*,圧力変位法,ねじりばかり法*,浸透速度法

*印は高温において適用されている方法

図9.7 常温におけるぬれ測定(接触角の測定)の分類[1]

あり,直接法,間接法に分類できる.その詳細については成書に詳しい.ここでは図9.7の分類のみにとどめる.

9.2.2 高温におけるぬれの測定

a. 直接測定法

高温において $\theta < 90°$ のようによくぬれる場合の接触角の測定は,固体と液体を種々な方法で接触させ,その角度を直接測定することによって得ることができる.固体と液体の接触のパターンを図9.8に示す.

図9.8(a)は金属と溶融金属,固体酸化物と溶融スラグ,塩類などの測定に用いられている静滴法である[12].図9.8(b)は小試料と溶融金属,あるいはSiC繊維-溶融金属の測定に用いられる[13].図9.8(c)は単結晶の浮遊溶解時にみられる場合である[14][15].図9.8(d)もチョクラルスキー溶解時の単結晶とその溶液との場合に用いられている[16].

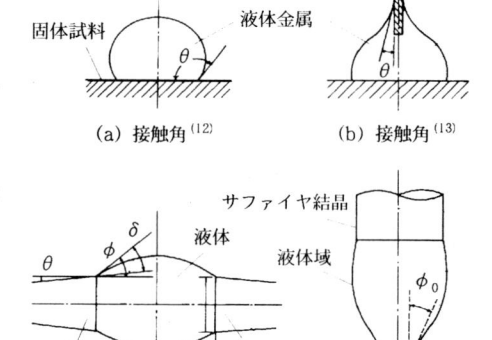

図9.8 高温における接触角,メニスカス角の直接測定法

(a) 接触角[12]
(b) 接触角[13]
(c) メニスカス角[14]
(d) メニスカス角[16]

b. 液滴形状法

この方法は融体の表面張力測定法の一つで,すでに述べた静滴法であり,付着ぬれ,拡張ぬれの測定に用いられる.

c. 気泡形状法

この方法は結晶とそれ自身の融体の間の接触角の測定に利用されている[17].図9.9のように,結晶とその融体との界面に下方より小さなノズルによって小さな気泡を送り,界面に付着させ,固-液界面に付着した気泡の形状はそのまま液体

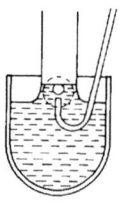

図9.9 結晶-液体界面の気泡形状より接触角を求める方法[17]

を凝固させてとじ込めてしまうか，あるいは直接観察する方法によってそのプロファイルを測定し，接触角を求めることができる．

d. 毛管上昇法

この方法は図9.10に示すように毛管内に吸い上げられた融体のメニスカスと管内壁の接触角を直接観察して求める方法である[18][19]．毛管内の融体のメニスカスを直接測定するには毛管材料は透明でなければならない．もし透明でない材料を用いる場合にはX線透過法によらねばならない．

接触角 θ は毛管内の液面部分が球面の一部として式 (9-13) で求められる[19]．

$$\theta = 90° + 2\tan^{-1}(\Delta h / r) \tag{9-13}$$

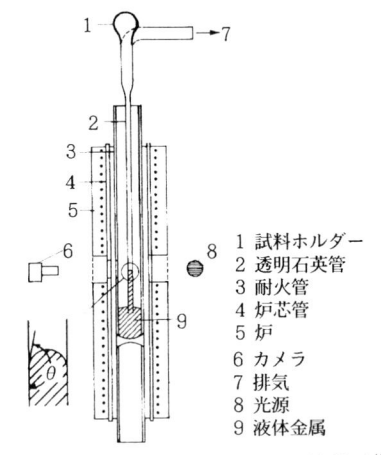

図9.10 毛管上昇法によるぬれの測定装置[18]

1 試料ホルダー
2 透明石英管
3 耐火管
4 炉芯管
5 炉
6 カメラ
7 排気
8 光源
9 液体金属

e. ねじりばかり法（メニスコグラフ法）[20]

これは，主としてはんだづけ性の評価に使用されるものであるが，表面張力測定に用いられる du Nouy法，Wilhelmy法に類似の方法である．液体に半径 r の棒を一定の深さ h だけ浸漬

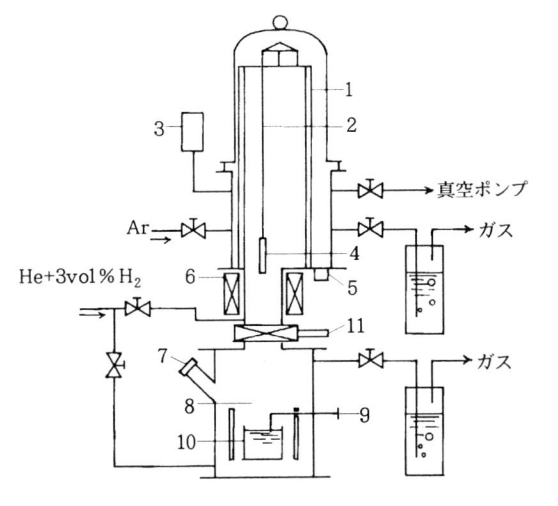

1 垂直回転シャフト
2 石英支持棒
3 ピラニゲージ
4 試料
5 モーター
6 予熱炉
7 観察窓
8 溶解炉
9 スキーマー
10 溶融金属
11 ゲートバルブ

図9.11 メニスコグラフ法によるぬれの測定[20]

させ，T なる張力でこれを上向きに支えたときの釣り合いは，式 (9-14) で示される．

$$T + \pi r^2 h \rho_1 g = M + 2\pi r \gamma_1 \cos\theta \tag{9-14}$$

ここに，γ_1，ρ_1 は液体の表面張力と密度，θ は棒と液体の接触角，M は棒に作用する重力，式 (9-15) より θ を求める．

$$\cos\theta = \frac{T + \pi r^2 h \rho_1 g - M}{2\pi r \gamma_1} \tag{9-15}$$

測定装置の概要を図9.11に示す．

9.2.3 その他のぬれの定量的評価法

沖ら[21]はSiC試料を溶融Alに浸漬し，一定時間接触させ，SiC表面がAlによって被覆されている面積と全表面積との割り合いによってぬれ性を評価した．この場合溶融Alにさらす場合とKCl+NaCl混合溶融塩で被覆する場合とでSiC表面のAl被覆面積の割合は塩被覆で大きくAr雰囲気では小さい．これはSiCあるいはAl表面に生じる酸化物の存在がぬれ性に影響を及ぼしていることを示している．このことからSi，Al，Ti，Zr等の酸化しやすい金属またはそれらの化合物のぬれ性評価にとって興味深い方法である．

FRMのような複合材料の製造の際には，種々なファイバーとメタルとのぬれが重要な役割をはたしていることはいうまでもない．Sinoharaら[22]はファイバーにメタルを蒸着させ，それを高温に加熱し，メタル滴の形状よりぬれの良否を判定している．また，筆者らは静滴法で，高温顕微鏡を用いてSiCファイバーとメタルとのぬれ測定を行った[23]．

9.2.4 高温における繊維のぬれ測定

繊維強化金属 (FRM) では種々な繊維が用いられる．このような複合材料の製造には繊維と溶融金属とのぬれが重要な役割をはたすことは良く知られている．しかし，繊維は直径10～100nmと極めて細い．そのため従来直接繊維に対してぬれ測定は行わず，静滴法など測定しやすい材料によるシミュレーション実験で評価されてきた．しかし，繊維とシミュレーション実験に用いられる材料とは同一でないため，当然のことながらシミュレーションによる問題がある．

そのため，繊維に対する溶融金属のぬれ測定の検討が，軽金属学会ぬれ部会においてなされ，筆者らは，静滴法による測定を計画し，高温顕微鏡を用い，SiC繊維に対するCu，Alなどの金属のぬれ性を世界にさきがけて成功した[23]．

測定装置はMo発熱体を用いた抵抗加熱炉によるものと，イメージ炉によるものの2種類の装置を用いて行われた．図9.12に抵抗加熱炉法と図9.13にゴールドファーネスタイプ炉によるものを示す．

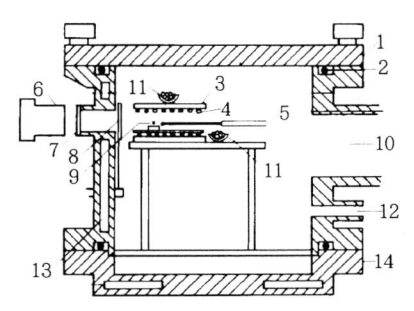

9.2 高温におけるぬれの測定　　　303

| 1 上蓋　　　5 熱電対　　10 真空ポンプ
| 2 Oリング　　6 カメラ　　11 Tiゲッター
| 3 アルミナ　　7 のぞき窓　　12 ガス出口
| 4 Moコイル　8 シャッター　13 水冷ジャケット
| 　（ヒーター）9 試料　　　14 下蓋

図9.12 高温におけるSiC繊維と金属とのぬれの測定装置[23]

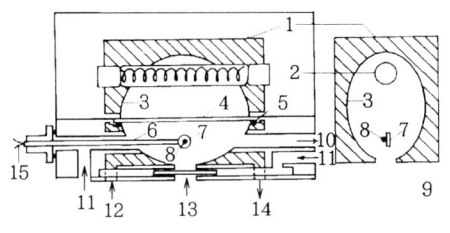

1 水冷ボックス　6 アルミナ管　　11 ガス入口
2 赤外線熱源　　7 試料保持台　　12 冷却水入口
3 反射鏡　　　　8 試料　　　　　13 観察窓
4 石英ディスク　9 ガス出口　　　14 冷却水出口
5 Oリング　　　10 冷却溶ガス出口　15 熱電対

図9.13 溶融金属によるSiC繊維のぬれ測定装置[84]

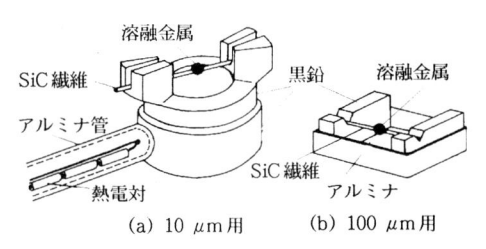

繊維のホルダーとして，直径 $100\,\mu m$ の繊維に対して図9.14(b)のものが用いられた．しかし，10数 μm の繊維は図9.14(a)では付着した溶融金属の重量によってたわむことが考えられ，図9.14(a)のように支点間距離をできるだけ短くする工夫がしてある．次に細い繊維に溶融金属を付着させる方法であるが，Cu，Niでは粉末状試料を繊維試料に塗布すれば測定

(a) $10\,\mu m$ 用　　(b) $100\,\mu m$ 用

図9.14 高温におけるSiC繊維と金属とのぬれ測定用繊維ホルダー

可能であった．しかし，Alの場合，粉末試料の使用は酸化物被膜でカバーされているため粉末試料は使用できない．それに代わるものとしてAl箔の小片を繊維上にのせることによって繊維上に溶融金属のぬれ挙動を評価できた．

9.2.5 高温におけるぬれ測定の問題点

一般的にぬれは固体表面と液体との接触で生じるため，固相の表面状況は重要な条件である．特に高温においては，雰囲気との反応によって固体，融体の表面が酸化物に被覆されることが考えられる．そのため高温におけるぬれ測定においては，雰囲気の制御と表面の処理方法に留意せねばならない．

例えば，Al，Ti，Zrなど酸素との結合力の強い金属と酸化物，炭化物のような固体とのぬれ測定においては，これらの金属の酸化物の生じる気相酸素分圧は極めて低く，このような低

い酸素分圧に気相を制御することは極めて困難である．高真空にするだけでなく，Mg炉，Ti炉を用いたり[24]，あるいは黒鉛質の発熱体を真空中で使用するなど種々の方法が試みられている．しかし，これら金属の表面は肉眼的には観察できないが，ミクロな薄い酸化物層が存在する可能性がある．一方，固体表面についても雰囲気との反応によって生じる酸化物層の存在の有無が問題である．そのため還元性ガスによって固体表面の酸化物層を反応除去する処理がなされることもある．結局，固体，液体ともその表面をいかに清浄にして接触させるかという問題である．

固体表面を清浄にするため，その表面をイオン衝撃処理を行い，その効果がBhatら[25]によって報告されている．イオン衝撃処理を行った鋼の表面上のガラスの接触角は処理しない場合に比較して2〜3°大きい．

9.3 高温における融体−固体系のぬれ

生産プロセスにおいては多くの種々の融体が関連し，それらの関連するぬれ現象は極めて多岐にわたっている．高温におけるぬれ現象のなかで，最近，最も多くの測定のみられるのが，酸化物，炭化物のような固体の非金属と溶融金属との場合である．特に複合材料，繊維強化金属（FRM）の製造の基礎研究としてまた電子材料，歯科材料の分野においても重要になってきている．高温における融体−固体系のぬれの分類を表9.1に示す．

9.3.1 融体−固体系のぬれに影響を与える因子

融体−固体のぬれは，関連する物質の状態や，その特性，さらに，これらをとりまく気相，温度などが密接に関係し，ぬれに影響を与える．それらの因子としては液体側，固体側および，これらをとりまく気相側について，次のものを考えることができる．

a. 固体の表面状況（粗さ，結晶粒度，結晶面）
b. 固体の種類と組成
c. 融体の組成
d. 両相の化学ポテンシャルの差
e. 温度
f. 雰囲気

表9.1 高温における融体−固体系のぬれの分類

融体	固体	分野
金属	酸化物 炭化物 窒化物	金属製錬 金属鋳造 複合材料 電子材料 歯科材料
金属	金属	はんだ付け ろう付け 液相焼結（粉末冶金） 鋳造，凝固
ガラス	金属	ほうろう 接合
スラグ	金属	金属製錬
スラグ	酸化物	金属製錬（焼結鉱，耐火物溶損）

固体の表面状況（粗さ，結晶粒度，結晶面）
＜表面粗さ＞

　触針法によって実用材料の表面の粗さを調べると，図9.15のようになり，かなりの凹凸がみられる．野城らは仮焼結したアルミナ板の表面を種々な粗さのエメリー紙で研磨して，種々の粗さの表面を作り，その後高温（1600～1800℃）で焼結したアルミナ板と溶鉄との接触角を1873K（1600℃）で測定した[26]．図9.15に示すアルミナ板の表面粗さ，Rは図9.16のようにモデル化して，見掛けの表面積S_rと真表面積s_rの比でもって示した．

$$R = S_r/s_r \tag{9-16}$$

$$R = L^{-1}[\{(A_1B_1)^2/(A_1H_1)\} + \{(B_1C_1)^2/(H_1A_2)\} + \cdots \{(B_6A_7)^2/(H_6A_7)\}] \tag{9-17}$$

粗さ係数，$R = 1.28$が得られる．このようにして種々な表面粗さのアルミナ板と溶鉄との接触角を測定し，粗さ係数に対して示すと図9.17のようにRの増加と共にθは増大する．図中の実線は実測値であり，点線は式(9-18)によって求めたものである．すなわち表面が粗くなるほどぬれにくくなることを示している．$\cos\theta$とRの関係は直線関係が成立し，Wenzelの関係，式(9-18)を満足している．

$$\cos\theta' = R\cos\theta \tag{9-18}$$

ここに，θ：真の接触角，θ'：見掛けの接触角，R：表面粗さ係数

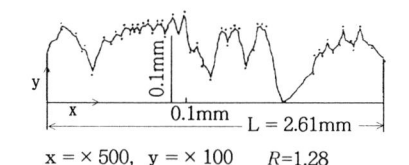

図9.15 試料表面の凹凸（検針法）[26]
$x = \times 500$, $y = \times 100$　$R = 1.28$

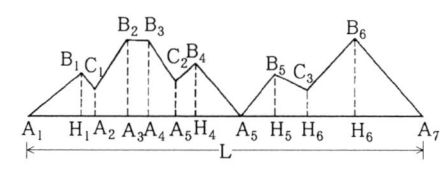

図9.16 粗さ因子を求めるための試料表面凹凸のモデル化[26]

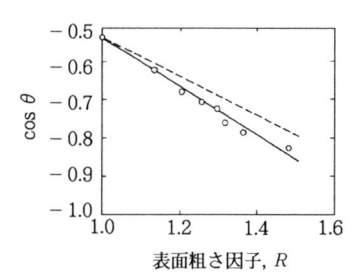

図9.17 アルミナ試料の表面粗さ因子と$\cos\theta$との関係[26]

<結晶粒度>

　単結晶を除けば固体試料は多結晶である．そのため，その試料を用いて得られるθは結晶粒界の影響をうける．表面粗さを同じ程度にしたアルミナの単結晶と多結晶の比較を表9.2に示す．表から明らかなように単結晶では多結晶体に比べてθは若干小さくなる．Fe以外の金属についても McDonald, Eberhart[27]のNiに対する結果をみると，1773K真空中において単結晶では$\theta = 108°$，多結晶では$\theta = 120〜128°$であり，単結晶のほうが若干小さい．

表9.2 多結晶アルミナ，単結晶アルミナと種々な溶融純金属との接触角

	金属	温度(K)	雰囲気	接触角	文献
多結晶	Ni	1773	真空	120	27
	Ni	1773	H_2 または Ar	128	27
	Ag	1273	真空	144	27
	Ag	1273	Ar-5%H_2	160	28
	Cu	1473	真空	138	27
単結晶	Ni	1773	真空	108	27
	Ag	1273	Ar-5%H_2	130	28
	Ag	1273	$P_{O_2} = 10^{-17}$MPa	160	29
	Ag	1273	$= 10^{-17}$MPa	159	30
	Cu	1473	$= 10^{-16}$MPa	157	30
	Cu	1473	$= 10^{-17}$MPa	124	29

<表面の処理状況>

　Brennan, Pask[31]は種々な表面状況のサファイアについてAlとのぬれを測定している．その結果を図9.18に示すが，受け入れ材，水につけた場合，熱処理をした場合について，ぬれと温度の関係は大きく相違する．

<結晶面>

　結晶体はそれぞれの結晶面によって固有の原子の配列を有している．単位面積当たりの原子数が異なることから，それぞれの結晶面の表面エネルギーも相違する．このことから結晶面によって，ぬれ現象の相違が予想される．

　筆者らはMgOの種々な結晶面について溶融金属のぬれ現象を観察した．その結果Cu, Feなど高温においては結晶面による相違はみられなかったが，Pb, Cdなどを対象とした低温の

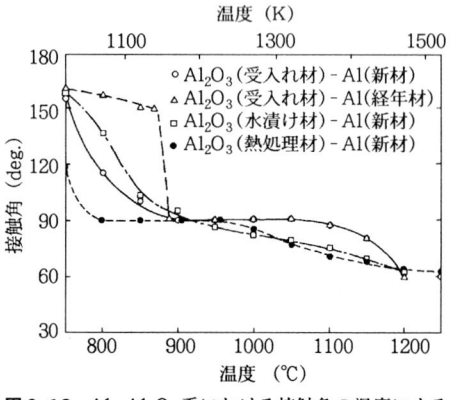

図9.18 Al-Al_2O_3系における接触角の温度による変化[31]

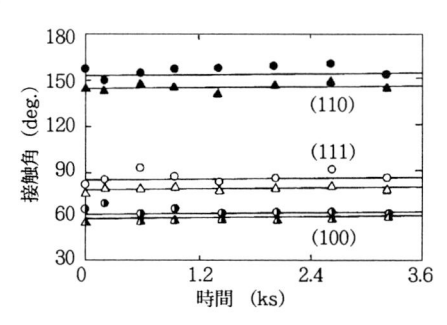

図9.19 溶融Snによる種々な結晶面のMgO単結晶のぬれ[32] (874K, H_2)

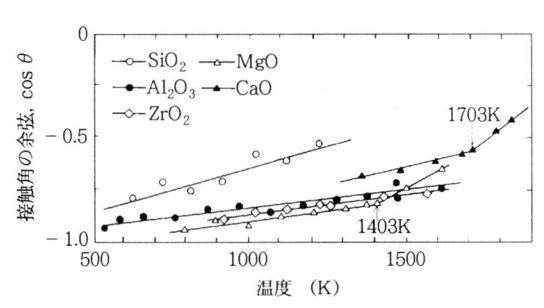

9.3 高温における融体-固体系のぬれ

図 9.20 溶融純 Sn と種々な固体酸化物との接触角の余弦の温度依存性[33]

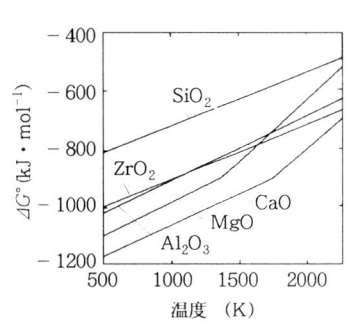

図 9.21 種々な酸化物の標準生成自由エネルギーの温度依存性

測定では明らかに結晶面による相違がみられた．その一例として Sn の場合の結果を図 9.19 に示す．結晶面によって接触角は変化し (110) > (111) > (100) の順となっている[32]．

温度

溶融純金属 Sn による種々な酸化物 (SiO_2, Al_2O_3, MgO, CaO, ZrO_2) のぬれ性の温度依存性を図 9.20 に示す．一般に，温度の上昇によって $\cos\theta$ は増加する．すなわち，接触角は減少する．特に，注目すべき点は MgO, CaO の場合，1403K, 1703K において折点を有することである．この温度は MgO と CaO の標準生成自由エネルギーと温度との関係を示すエリンガム図 (図 9.21) にみられる折点の温度と対応している．

雰囲気

はんだ付け作業において経験するように，金属表面に酸化物層が存在する場合，はんだ合金はぬれにくく，拡がらない．このように固体が金属の場合，気相の酸素分圧によって融体のぬれ性は大きく変化する．Cu 板上の溶融 Sn の場合，表 9.3 に示すように，雰囲気，すなわち酸

表 9.3 Cu 板上の溶融 Sn 滴の接触角と雰囲気酸素分圧との関係[34] (573K)

雰囲気	酸素分圧 (Pa)	接触角 (deg.)
Ar	1.6	71
H_2	2.2×10^{-46}	58
H_2^*	1.1×10^{-64}	31

H_2^*：液体 N_2 を通した浄化 H_2 ガス

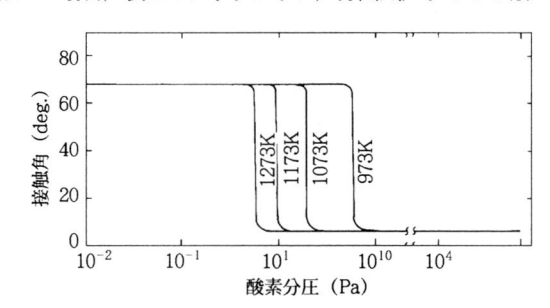

図 9.22 Pt と B_2O_3 ガラスの接触角への雰囲気圧の影響[35]

素分圧によって接触角は大きく変化し，P_{O_2}の小さいほど接触角は小さく，ぬれは良好になる．融体がガラスの場合でも，図9.22に示すように，あるP_{O_2}より急激に接触角が低下することがある．

"b.固体の種類と組成"，"c.融体の組成"の2つの因子については，本章の各項において述べるのでここでは省略する．

9.3.2 溶融金属－固体非金属

a. 溶融金属－固体酸化物系

溶融金属と酸化物とのぬれ現象は多くの組み合わせについて測定がなされている．

表9.4 種々の酸化物と溶融金属との接触角 [36]

No	酸化物	金属	温度 K	接触角 deg.(文献)	ΔZ *	No	酸化物	金属	温度 ℃	接触角 deg(文献)	ΔZ *
1	Al_2O_3	Ag	1273	159 (30)		32	Fe_3O_4	Cu	1200	57	102
2	〃	Ag	1273	130 (28)		33	〃	Sn	1000	52	89
3	〃	Ag	1273	160 (28)		34	MgO	Ag	1235	136	49
4	〃	Al	1523	48	0	35	〃	Cu	1150	160	65
5	〃	Au	1373	138	98	36	〃	Fe	1550	130	65
6	〃	Co	1773	125	62	37	〃	Ni	1500	152	20
7	〃	Cr	2173	65	35	38	〃	Ni	1600	118 (38)	70
8	〃	Co	1873	131 (37)	62	39	〃	Si	1450	101	12
9	〃	Cu	1373	155	82	40	〃	Sn	1100	139	-7
10	〃	Cu	1373	158 (30)		41	NiO	Cu	1200	68	12
11	〃	Fe	1423	141	53	42	〃	Sn	1000	27	25
12	〃	Ni	1773	150	67	43	SiO_2	Ag	1000	130 (28)	62
13	〃	Ni	1873	104 (38)	67	44	〃	Au	1100	140	44
14	〃	Pd	1833	127 (39)		45	〃	Cu	1100	134	40
15	〃	Pb	1173	132	77	46	〃	Ni	1500	125	52
16	〃	Si	1723	82	25	47	〃	Sn	900	127	71
17	〃	Sn	1373	174	66	48	ThO_2	Cr	1900	92	86
18	BeO	Cr	2173	100	48	49	〃	Fe	1550	111	13
19	〃	Fe	1823	147	50	50	〃	Ni	1500	132	48
20	〃	Ni	1773	152	82	51	TiO_2	Si	1450	107	52
21	〃	Pb	1173	132	92	52	ZnO	Ag	1000	106	55
22	〃	Pt	2053	125	92	53	ZrO_2	Fe	1550	111	13
23	〃	Si	1723	76	41	54	〃	Ni	1500	130	2
24	〃	V	2073	35	34	55	〃	Si	1450	71	85
25	CaO	Fe	1823	132	72	56	UO_2	Al	1100	46	80
26	〃	Ni	1773	135	92	57	〃	Bi	700	155	39
27	CdO	Ag	1243	112	27	58	〃	Cu	1100	125	82
28	〃	Co	1773	70	0	59	〃	Na	500	40	26
29	〃	Ni	1773	58	-4	60	〃	Pb	700	140	164
30	〃	Sn	1173	～0	-7	61	〃	Si	1420	90	26
31	Cr_2O_3	Fe	1823	88	16	62	〃	Sn	1100	110	164

* $\Delta Z = \Delta Z' - \Delta Z''$ (kcal/g-酸素原子)

9.3 高温における融体-固体系のぬれ

Naidich[36]は多くの溶融金属-酸化物系のぬれ現象を整理し，表9.4のようにまとめている．表にはNaidichの整理以降の結果も併記した．

接触角 θ は式(9-19)によって示される．

$$\cos\theta = 2\frac{W_{AD}}{W_C} - 1 \tag{9-19}$$

液相が同一物質の場合，W_C は変わらないから，酸化物相が変わった場合，接触角は W_{AD} に支配される．酸化物を構成する酸素イオンは表面層を形成しているといわれているから，この酸素と溶融金属との相互作用と，酸化物の結合力が関係している．

Naidich[36]は溶融金属-酸化物系の接触角を整理するため，酸化物-金属間の結合力として，溶融金属が酸化物を生成するときの標準生成自由エネルギー $\Delta Z'$ と酸化物を構成する金属の酸化物を生成するときの標準生成自由エネルギー $\Delta Z''$ との差 ΔZ (kcal/g-酸素原子)を導入した．

$$\Delta Z = \Delta Z' - \Delta Z'' \tag{9-20}$$

接触角 θ と結合力 ΔZ との関係は図9.23のように，ΔZ の増加とともに接触角は増大し，ぬれにくくなっていくことを示している．すなわち溶融金属が酸化しやすいほど，また酸化物が熱力学的に不安定であるほど，接触角が小さく，ぬれやすい傾向にあることを示している．図9.23は酸化物と溶融金属すべての組み合わせをプロットしてあるが，同一酸化物，例えば Al_2O_3 に対して金属を変化させた場合も，図中の●印のプロットのように，同様の傾向を示す．また同一金属Cuについて酸化物を変化させた場合も，図中の◉印のように同様の傾向を示す．

野城ら[33]は同一溶融金属に対して酸化物を変化させ，ぬれ性を評価しているが，溶融SnとSiO$_2$，Al$_2$O$_3$，MgO，CaO，ZrO$_2$との接触角は図9.20に示すように，接触角の余弦 ($\cos\theta$) は温度の上昇とともに増加する．酸化物の種類によって接触角は相違するが，その大きさを酸化物の標準生成自由エネルギーについて示すと図9.24のようになる．こ

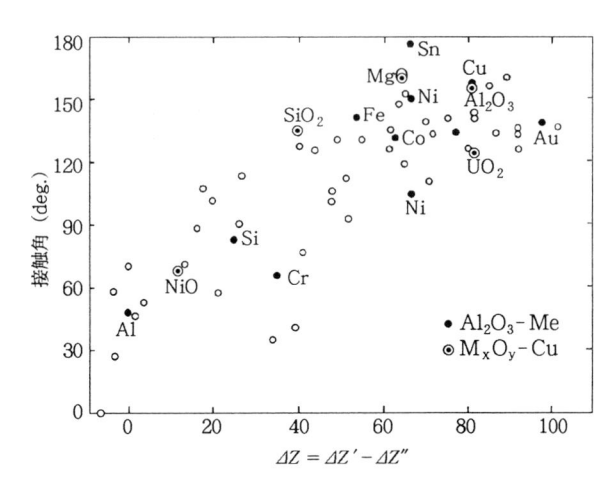

図9.23 固体酸化物と溶融金属との接触角と酸化物生成自由エネルギー ΔZ との関係（文献(36)のデータにより作成）

の場合，上記のように酸化物の安定なほど接触角が増大する傾向は $SiO_2 < Al_2O_3 < ZrO_2 < MgO$ の間では成立するが，より安定な酸化物である CaO では接触角は再び小さくなっている．CaO が Al_2O_3, ZrO_2, MgO よりぬれやすくなっていることは，溶融金属が同一であるため，付着仕事の増大を意味する．

付着仕事に関しては，10章付着において詳細に述べるが，一般に酸化物の表面は酸素イオンが露出し，それより内部に存在する陽イオンによって分極されている．分極の程度は陽イオンの半径に依存する．CaO の場合，Ca^{2+} イオンは，Si, Zr, Al より大きく，酸素イオンの分極の程度が最も小さく，その結果，溶融金属と酸化物表面の酸素との間の結合が大きくなり付着仕事は増大することになり，接触角は小さくなると考えられる．このように，溶融金属と酸化物のぬれ挙動には酸化物の熱力学的安定性（標準生成自由エネルギー）だけでなく，酸化物表面の酸素イオンの状態をも十分に考える必要がある．

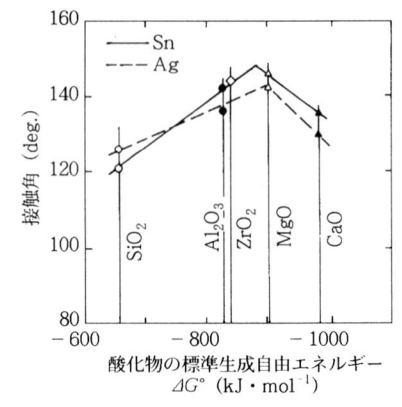

図9.24 酸化物の標準生成自由エネルギー $\Delta G°$ と Sn, Ag との接触角の関係[33]

酸化物が2種類の酸化物よりなる場合，溶融金属とのぬれの変化の一例として Al_2O_3-SiO_2 系，Al_2O_3-Cr_2O_3 系と溶鉄の関係を図9.25に示す．この二元系酸化物では，酸化物相の組成の変化による接触角 θ の変化には特異な状況はみられない．

溶融金属－酸化物系のぬれ現象は溶融金属中に含まれる元素によっても影響をうける．接触角は式 (9-5) からも明らかなように，溶融金属の凝集力 W_C にも依存する．$W_C = 2\gamma_m$ であるから，溶融金属の表面張力に影響を与える元素による接触角の変化が考えられる．特に溶融金属の表面張力に大きな影響を与える表面活性元素の影響は大きい．

溶融金属－酸化物系への酸素の影響については表9.5に示すように多くの系について測定がなされている．代表例として Fe-O, Ni-O, Co-O と Al_2O_3, MgO とのぬれを図9.26に示す．いずれも O の添加によって接触角は減少する．ただ Ni-O/Al_2O_3 および Fe-O/Al_2O_3 において，酸素量によって接触角の最大値がみられることは興味深

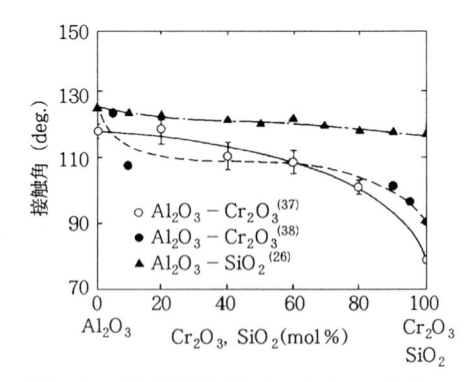

図9.25 二元系酸化物 Al_2O_3-Cr_2O_3, Al_2O_3-SiO_2 系固体酸化物と溶鉄とのぬれ

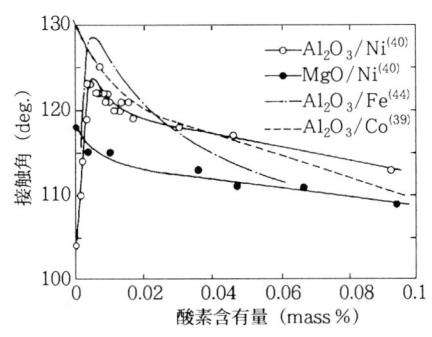

9.3 高温における融体-固体系のぬれ　311

図9.26 溶融 Fe-O, Co-O, Ni-O 合金と固体酸化物との接触角

表9.5 酸化物-(Me-O)系のぬれ

Me-O	酸化物	文献
Fe-O	多結晶アルミナ	42
	〃　〃	43
	〃　〃	44
Ni-O	多結晶アルミナ	40
	〃　〃	45
Co-O	多結晶アルミナ	39
Ag-O	単結晶アルミナ	28
	多結晶アルミナ	28
	シリカ	28
Cu-O	単結晶アルミナ（サファイア）	29
	〃　〃	30
Pd-O	単結晶アルミナ（サファイア）	41

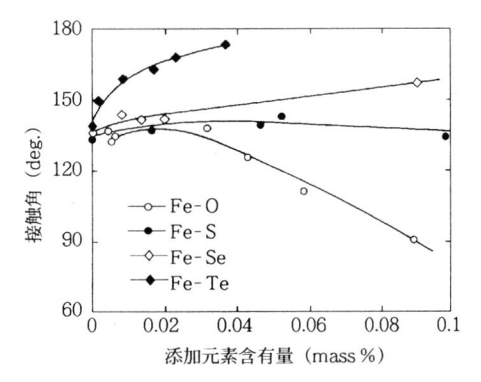

図9.27 アルミナと溶鉄との接触角への鉄中第VI族元素の影響[46]

い．O以外のS, Se, Teの接触角への影響は図9.27に示すように，Oと同様でなく，Se, Teは逆に接触角を増加させる．特にTeにその効果は著しく，0.04at%の添加によって，溶鉄-アルミナ間の接触角は136°から173°と増大する．すなわち極めてぬれにくくなることを示している．

凝固後の試料によって表面活性元素を含む鉄相とアルミナとの界面は，S, Se, Teの場合，反応はみられず明瞭に判別ができたが，Fe-Oの場合には酸素量の多い場合には，界面層（$FeAl_2O_4$）が生成しており酸素の含有による接触角の低下の原因となっていると考えられる．

b. 溶融金属-炭化物

溶融金属とのぬれ性が測定されている炭化物は従来，IVA, VA, VIA族の難溶融金属炭化物を対象にした研究が多くみられたが，最近は複合材料としてSiCが注目され，それに関するものも報告されるようになった．

ぬれ測定に用いられる炭化物試料はそのほとんどが焼結体であるから密度，焼結方法，焼結条件などが相違するため同一炭化物であっても，接触角は相違し，また測定値の比較においても十分に留意すべきである．

静滴法によるぬれ測定に用いられる平板状SiC試料は市販されているが，これは反応焼結によって製作されるために，数％の金属Siを含有している．そのため反応焼結試料の使用にあたってはSiの融点（1414℃（1687K））以上のぬれ測定には，この影響を考慮する必要がある．市販品以外に筆者らはホットプレスによってSiC粉末より平板状試料を作成している．この場合，焼結性を向上させるため1mass％のB_4Cを添加したものも作成した．これら以外に，CとSiとより電気炉によってSiCを製造する際に得られるSiC単結晶を入手し，これによるぬれ測定も実施した．

SiCと溶融金属のぬれを考えるにあたって，金属にとってはSiおよびCの溶解性の有無が重要な問題であり，次の3つのグループに分けられる．
1) Si，Cいずれも溶解しない金属：Pb
2) Siのみ溶解する金属：Cu, Sn, Ge, Ag
3) Si，Cのいずれも溶解する金属：Fe, Co, Ni

これらの金属と種々なSiCとのぬれ性の結果を表9.6に示す．また，種々なSiCとPb，Ge，Feのぬれ挙動を図9.28～9.30に示す．

表9.6 SiCと各種溶融金属の接触角[47]

金属	SiC	温度(℃)	接触角	雰囲気
Sn	R.B	1100	131	Ar
	H.P	1100	151	Ar
	S.C	1024	139	10^{-5}mmHg
	S.C	1200	124	10^{-5}mmHg
Ge	R.H	1020	164	Ar
		1200	42	Ar
		1300	0	Ar
		1420	0	Ar
	H.P	1300	165	Ar
	S.C	1230	135	10^{-5}mmHg
Pb	R.B	330	161	Ar
	H.P	330	168	Ar
Cu	R.B	1135	107	Ar
	H.P	1135	167	Ar
	H.P	1135	138	Ar
	S.C	1120	161	Ar 1atm
Al	S.C	1100	66	10^{-5}mmHg
Fe	R.B	1600	15～40	Ar
	H.P	1600	24	Ar
	H.P	1600	21～37	Ar

R.B：反応焼結SiC（10％Si）
H.P：ホットプレスSiO
H.P*：B_4C添加，ホットプレスSiC
S.C：単結晶

Si，Cのいずれとも溶解しないPbの接触角は図9.28のように603Kで160°以上と大きく，時間による変化もみられない．Geの場合，図9.29のように測定温度に大きく依存し，反応焼結SiCの場合1293Kでは接触角の時間変化はみられない．しかし，1473K，1573K，1693Kと温度の上昇とともに接触角の経時変化は急激となり，1573Kで6.6ks，1693Kで3.6ksで，接触角は0°，すなわち完全にぬれてしまう．一方ホットプレスによって作成したSiCは1573Kにおいても接触角は165°と大きく，かつ経時変化はみられない．これは，それぞれのSiCと溶融Geとの反応進行の有無によるもので，特に反応焼結SiCの場合SiCに含まれるフリーSiが温度上昇とともにGeに急速に溶解するため，ぬれが急速に進行すると考えられる．

溶融純鉄の場合，SiCの種類によらず接触角は20～40°と小さく，接触直後より良好なぬれを示す．これはFeがSi，Cいずれも溶解することおよび，測定温度が1873Kと高いため，Si，Cの溶解反応は極めて急速に進行するためと考えられる．

SiC単結晶（α-SiC, 0001面）と溶融Cuとのぬれにおいて，条件によっては六角形状のぬれを生じることがある．その原因はエッチピットの生成・合体・成長の機構と関連し，単結晶

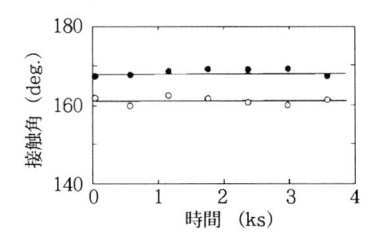

9.3 高温における融体−固体系のぬれ

図9.28 SiCと溶融Pbとの接触角の経時変化[47]（603K）

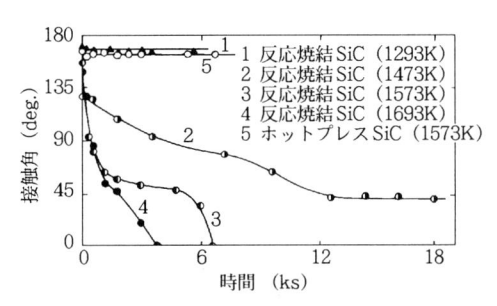

図9.29 種々の温度における反応焼結SiCと溶融Geとの接触角の経時変化[47]

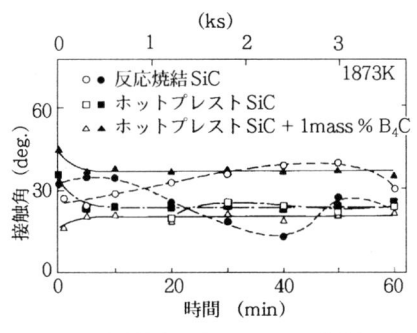

図9.30 溶融純鉄と種々のSiCとの接触角の経時変化[47]

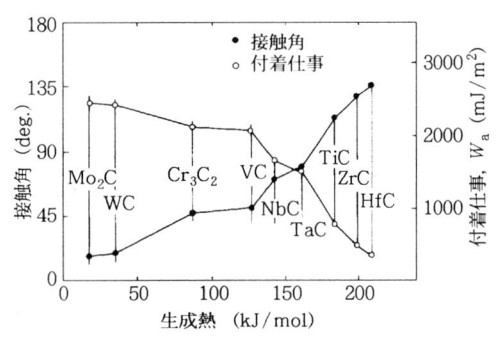

図9.31 Cu-炭化物系における炭化物生成熱と接触角,付着仕事との関係（1373K,真空）[49]

α-SiCのCu中への溶解速度が結晶方位によって異なることに起因するといわれている[48].

次に同一金属に対して,炭化物を変化させた場合のぬれについては,同一測定者の研究によって比較検討することができる.Ramqvist[49]の測定結果より真空中1373KにおいてCuによる種々の炭化物のぬれを測定し,図9.31に示すように,接触角,付着仕事と炭化物の生成熱との間に密接な関係のあることを明らかにした.接触角は生成熱の増大とともに増大し,ぬれにくくなっているのが明瞭である.この傾向はFe,Co,Niと種々の炭化物の場合においても同様の傾向を示している.このことは,ぬれが炭化物の生成のしやすさに関係することを示している.

c. 溶融金属−黒鉛,ダイヤモンド

溶融金属による炭素,黒鉛ダイヤモンドのぬれは,ダイヤモンド工具におけるダイヤモンドの接着の基礎研究として多くの金属との間にぬれ性が測定されている.近年は炭素繊維を用い

る複合材料製造のための基礎研究として，特にアルミニウムのような軽合金と黒鉛，炭素とのぬれ測定が増加しつつある．

炭素，黒鉛，特にその単結晶であるダイヤモンドと金属については，Naidichらによる詳細な研究がある[50]．しかし，この研究においては，ダイヤモンドの結晶面についてはふれられていない．表9.7に各種溶融金属とダイヤモンド，黒鉛との接触角を示す．また，表9.8に筆者らのダイヤモンドの測定を含む各結晶面に対する接触角を示す．

黒鉛，ダイヤモンドをぬらさない金属も，炭化物を生成する元素を添加するとぬれ性は改善される．図9.32にGeにTa，Nb，V，Ti，Cr，Mn，Niを添加した場合の接触角の変化を示す．添加元素の効果はTa＞Ti＞Nb＞V＞Cr＞Mn＞Niの順であり，特にTaの効果が大きい．このぬれ性の改善，接触角の減少量は，これら添加元素の炭化物の生成熱の順，Ti＞Ta＞Nb＞V＞Cr＞Mn＞Niとほぼ同様の傾向である．この場合ぬれを付着の仕事で評価し，それと炭化物の標準生成自由エネルギーとの関係を見ると図9.33のように標準生成自由エネルギーの大きいほど付着仕事が大きく，ぬれ性が良いことが明らかである．この傾向はCu，Ga，Sn，Auの場合も同様である．ただ，個々の添加元素が各金属において接触角，付着仕事に対する挙動には相違するものがあり，例えば，CrなどはGe中では図9.33のように大きな影響を与えないが，Cu中では少量の添加によって急激な効果を示す．図9.34にNogiら[56]，Mortimer[57]の結果を示すが，0.2〜0.3％Cr含有量を境に黒鉛とCuのぬれ性は急激に変化する．Crのこのような各金属中での挙動の相違はCrの活量などの相違によるものと考えられている．

表9.7 種々な金属とダイヤモンド，黒鉛とのぬれ[50]

金属	ダイヤモンド			黒鉛		
	温度 (K)	接触角 (deg.)	雰囲気	温度 (K)	接触角 (deg.)	雰囲気
Cu	1373	145	Vac.	1373	140	Vac.
Ag	1373	120	Vac.	1253	136	Vac.
Au	1373	151	Vac.	—	—	Vac.
In	1373	142	Vac.	1073	141	Vac.
Ge	1373	131	Vac.	1273	139	Vac.
Sn	1373	125	Vac.	1273	149	Vac.
Pb	1273	110	H_2	1073	138	Vac.
Sb	1173	120	H_2	1173	140	H_2

表9.8 ダイヤモンドの結晶面と種々な溶融金属との接触角 (deg.)

金属	khl			文献
	(100)	(110)	(111)	
Bi	113 (853)	106 (853)	98 (853)	54
Pb	110 (873)	117 (873)	101 (873)	54
Sn	133 (1023)	135 (1023)	130 (1023)	54
Sn	137 (1373)		149 (1373)	53
Ag	135 (1273)	103 (1273)	147 (1273)	54
Ag	142 (1273)		146 (1273)	53
Cu	147 (1373)		158 (1373)	53
Cu			135 (1373)	51
Au	157 (1373)		158 (1373)	53
Ge	152 (1373)		156 (1373)	53
Fe	42		64	52
Fe-3.9％C	95		130	52

（ ）内は測定温度 (K)

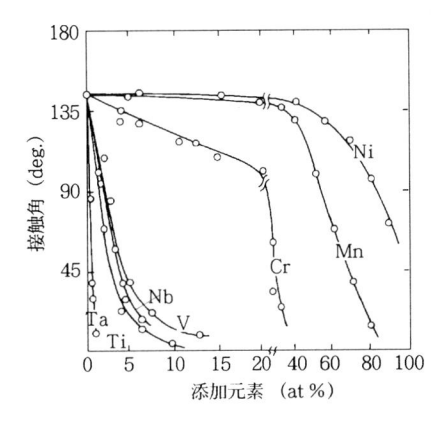

図9.32 Ge溶融合金による黒鉛のぬれ (1473K)[55]

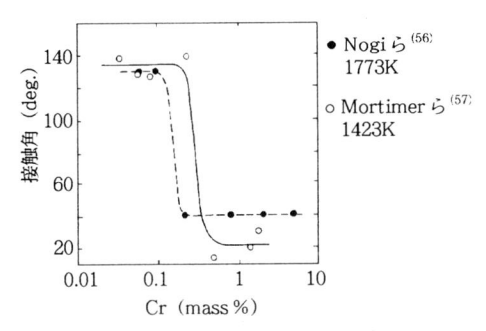

図9.34 黒鉛と溶融Cuとの間の接触角へのCu中Crの影響[56)(57]

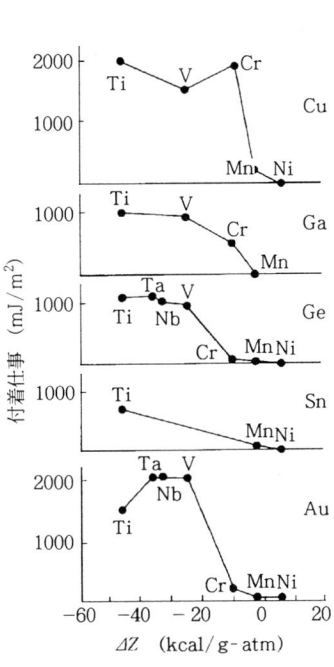

図9.33 種々な金属と炭素の付着仕事と添加元素の炭化物生成自由エネルギーの関係[55]

d. 溶融金属 – 窒化物

窒化物と溶融金属のぬれは複合材料の製造にとって重要な問題で，AlN，Si_3N_4などについて報告がみられる．これらの窒化物と溶融純金属の接触角を表9.9に示す．表よりAlNに対してCu，Ag，Ni，Al，Inは接触角は90°より大きくぬれにくい．Si_3N_4に対しては測定例は少ないがCuはぬれにくく，Siはぬれやすい．

Ni-AlN系のぬれ性がNi中の添加元素によってどのように変化するかについて，M.Trontelj ら[59]の結果を図9.35に示す．図は，Niに周期律表Ⅳ，Ⅴ，Ⅵ族の元素を2mass％添加してぬれ性への影響を検討しているが，V，Nb，Ta，Cr，Mo，W添加によっても接触角は時間とと

表9.9 種々な溶融純金属と窒化物との接触角

金属	接触角（deg）			
	AlN（温度K）	文献	Si_3N_4（温度K）	文献
Cu	131(1473)	62	145 (1373)	61
Ag	129(1373)	62		
Ni	135(1773)	59	98 (1753)	58
Si			30* (1755)	63
			41** (1755)	63
Al	145(1273)	60		
In	145(1273)	60		

＊反応焼結，＊＊ホットプレス

表9.10 Al-M系における化合物のギブス自由エネルギー(1773K)[59]

化合物	ΔG (kJ/mol)	化合物	ΔG (kJ/mol)
HfN	-230	VN	-105
ZrN	-218	Cr_2N	-13
TiN	-192	Mo_2N	+42
TaN	-130	AlN	-113
NbN	-113	AlNi	-142

もにわずかに減少する．一方，Hf，Zr，Tiは接触角は急激に減少し，ぬれ性は大きく改善される．

このぬれ性への影響は，添加元素の窒化物生成と密接に関係することが，界面のミクロ観察から明らかになっている．1773Kにおける窒化物の生成自由エネルギーは表9.10に示すが，ぬれ性を改善するHf，Zr，Tiは，ΔGが他の添加元素より小さく，それらの窒化物の安定なことも示している．添加元素（M）がNiに加えられるとAlNと次のように反応する．

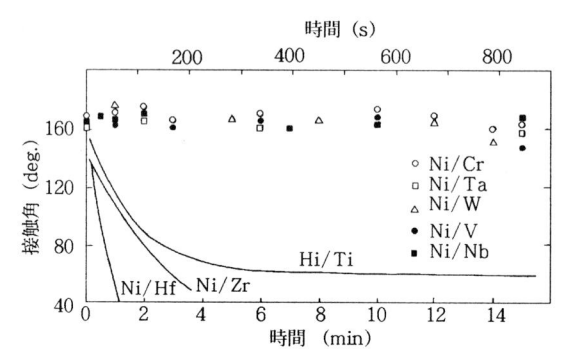

図9.35 ホットプレスAlN板上の溶融Ni合金の接触角[59]

$$AlN + M \rightarrow MN + Al \tag{9-21}$$

$$Al + Ni \rightarrow AlNi \tag{9-22}$$

$$AlN + Ni \rightarrow AlNi + 1/2 N_2 \tag{9-23}$$

$$xM + yAl \rightarrow M_xAl_y \tag{9-24}$$

式(9-21)，(9-22)はぬれる系について生じ，式(9-23)，(9-24)はぬれにくい系について生じる．式(9-21)，(9-23)のΔGの差$\Delta G_{(9-21)} - \Delta G_{(9-23)}$は$\Delta G_{MN} - \Delta G_{AlNi}$を示し，これはMNとAlNi相の相対的安定度を示す．Hf，Zr，Tiは$\Delta G < 0$で窒化物安定型であり，Ta，Nb，V，Cr，Moは$\Delta G > 0$でAlNi安定型である．

9.3.3 溶融金属－固体金属系

はんだ付け，ろう付け，溶融Znメッキなどに関係する系であり，過去数多くの系について測定がなされている．これらの多くの研究から，溶融金属－固体金属系のぬれ現象に与える因子として，

  a. 固体表面の研磨方法
  b. 固体の冷間加工度
  c. 固体試料の熱処理
  d. 温度
  e. 雰囲気

をあげることができる．これらの各項目について固体Cu平板上の溶融Snのぬれ挙動を例として述べる．

表9.11 Cu板上の溶融Sn滴の接触角とCu板およびその表面の処理方法[64]

測定温度 (K)	接触角 (deg.)			
	機械研磨*		電解研磨	
	熱処理なし	熱処理	熱処理なし	熱処理
573	58	36	47	49
673	42	25	20	20
793	23	13	9	8
923	0	0	0	0

＊サンドペーパーによる研磨

a. 固体表面の研磨方法

一般に固体金属の表面の研磨は機械的研磨（サンドペーパーによる研磨）と電解研磨によってなされる．

Cu板表面をこれら2つの方法によって研磨し，Snのぬれの測定を行った結果を表9.11に示すが，機械的研磨の方が電解研磨よりもぬれが悪い．さらにHasounaら[64]によって興味深い研究が行われている．図9.36のようにCu試料表面の半分を機械研磨し，他の半分を電解研磨し，その境界に溶融Sn滴を滴下した．滴下直後は図9.36(b)のようにSn滴は機械研磨，電解研磨の境界にとどまっているが，時間経過とともに図9.36(c)のように，Sn滴は電解研磨した部分に引きよせられるように移行するのがみられる．これは機械研磨と電解研磨によって生じるCuの表面歪み（表面エネルギーの差）によるものと考えられる．

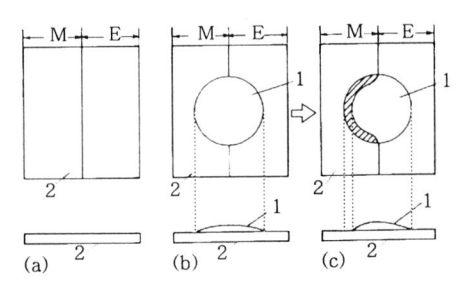

1 溶融Sn滴　M 機械研磨（サンドペーパーによる）
2 Cu板　　　E 電解研磨

図9.36 Cu板表面の研磨方法の相違によるSnのぬれ状況の変化を示す説明図[64]．(a) Cu板の研磨の状況 (b) 研磨の境界に溶融Snを滴下した瞬間の状態，(c) 時間が経過したときの溶融Snの状態

b. 固体の加工度

Hasounaら[64]は，純Cu板に種々の加工を与え，溶融Snのぬれ性を測定した．その結果を表9.12に示す．この場合，ぬれ性と加工度との関係はプレス加工とロール加工によって相違

し，プレス加工では加工度の増加によって接触角は増大するのに反して，ロール加工では，加工度の増加によって接触角は減少を示す．またロール加工の方がプレス加工よりも接触角は小さい．

接触角は固体の表面構造と，それによる表面エネルギーによって支配されるが，表9.12に示す加工法，加工度によるCu板に対する溶融Snのぬれ現象の相違も，加工度によるCu板の表面状況の相違によるものと考えられる．X線回折によるCu表面の(111)面の強度はプレス加工の方がロール加工のそれよりも大きく，それによる表面エネルギーの相違に起因するものと考えられている．

表9.12 Cu板上の溶融Sn滴の接触角とCu板の加工度との関係[64]

加工法	加工度板厚の減少率(%)	接触角 (deg.)	
		機械研磨*	電解研磨
—	0	42	20
プレス	6	33	
〃	11		
〃	13	29	
〃	18	43	41
〃	19		
〃	20		44
ロール	8	36	
〃	23		15
〃	31	22	

*サンドペーパーによる研磨

c. 固体試料の熱処理

機械研磨によって表面を平滑にした固体試料の溶融金属によるぬれは熱処理によって大きく改善される．Hasounaら[64]は溶融Snによる固体Cuのぬれと熱処理の関係を測定し，表9.11に示すように機械研磨した試料について熱処理（300K，60s，H_2中）によって接触角が大きく減少することを示した．表9.11には電解研磨による試料についても熱処理の影響を示したが，この場合は，熱処理の影響は極めて少なく電解研磨による固体Cu表面への影響が少ないことを示している．

熱処理温度とぬれ性との関係についてKawakatsuら[65]はSn-Pb 共晶合金による純Cuとのぬれについて測定し，図9.37に示すような結果を得ている．図より，溶融合金の拡がり面積は焼純温度の上昇とともに減少し，673K以上では変化は少ない．拡がり面積の温度による変化は硬度の温度変化とも対応している．

d. 温度

一般に物体の表面エネルギーは固体，液体とも温度の上昇とともに低下する．そのため接触角も温度とともに減少する．しかし，溶融金属による固体金属のぬれの場合，測定温度における両金属間の相互作用と形成される平衡相の問題がある．

そのため固体Cuと溶融Snとの各温度における接触角はHasounaら[64]，横田ら[66]によって測定されているが，図9.38のように温度に対して一様に変化せず，最小値最大値を有している．すなわち，673K近くまでは単調に減少を示すが，693Kで急激に減少し，極小値を示す．その後，温度の上昇によって接触角は再び増大し，720〜750K付近で極大点を示し，さらに温度が上昇すると再び減少を示す．不連続性を示す673Kは $\varepsilon + \text{melt}\,\eta$ の包晶温度に相当し，不

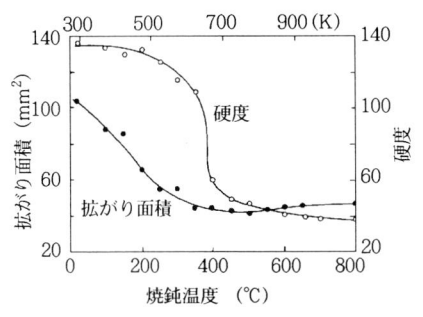

図9.37 Cu板上のはんだ合金の拡がりとCu板の焼鈍温度との関係[65] (接触角の測定温度533K)

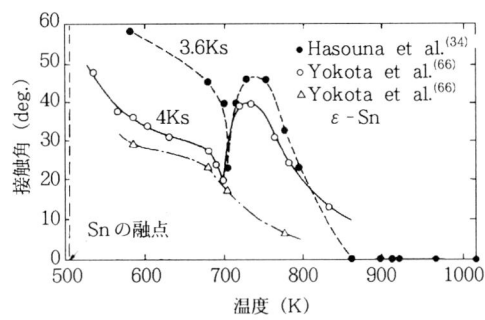

図9.38 固体Cuと液体Sn間の接触角と温度の関係 (H_2雰囲気)

連続性は融体の接する固体相の相違によるものと考えられている.横田[66]は ε (Cu_3Sn組成, 38.37mass%Sn) 合金基板に対する純Snのぬれ性を測定しているが,その結果は図9.38に併記したように,693Kにおける不連続性はみられない.

e. 雰囲気

固体金属の表面の状態は雰囲気の酸素分圧に大きく依存している.溶融SnによるCuのぬれにおいて雰囲気とぬれの関係はすでに表9.3に示した.明らかに酸素分圧の減少とともに接触角は減少し,ぬれやすくなっている.

9.3.4 溶融非金属-固体金属系

この系は古くは,ほうろう,エナメルなど金属の表面コーティング,あるいは,電球,真空管のリード線のガラスの封じ込めなどのプロセスで重要な役割をはたしてきた.近年はセラミックファイバーを製造する際の2300Kを越えるアルミナ,ムライト融体とMo電極,ガラスファイバー用ガラス溶解の際のPt合金との相互作用,あるいは燃料電池における電極材料と溶融塩とのぬれの基礎研究として重要である.溶融非金属は主としてガラス類であるが,アルミナ,ムライトのような融体も検討されつつある.この系の組み合わせを表9.13に示すが数百度Kから2300Kを越える高温まで広範囲な温度域においてぬれの測定がなされている.

表9.13 溶融非金属による固体金属のぬれに関する分野

溶融非金属	固体金属	分野
ガラス	鋼 貴金属 Pt, コバール Mo, W	表面処理 七宝 電球 ガラスウール
エナメル	鋼	ほうろう
セラミックス	Mo, W	セラミックス

a. 溶融ガラスと鉄および鋼のぬれ

溶融ガラスと鉄,鉄合金,鋼とのぬれは,ほうろうや電球,電子管の気密封止の技術にとって重要な問題であり,古くから多くの研究がある.

固体鉄表面における溶融ガラスのぬれを支配する因子として,

(1) 鉄の純度(種類,組成)
(2) 鉄の表面状況(処理)
(3) ガラス中の成分(O/Si比,FeO,Fe_2O_3の含有量)
(4) 雰囲気(P_{O_2})

があげられる.

1173Kにおいて,研磨された極低炭素鋼板上に置かれた,(Na-Fe)シリカガラス滴の接触角の経時変化を図9.39に示す[67].経時変化はガラス中のFe量によって相違し,Fe量の多いほど前進接触角の低下は大きい.また,平衡接触角は表9.14のように,ガラス中のFe量の多いほど低く,かつFe^{3+}単独の方が$Fe^{2+}+Fe^{3+}$よりも低下率は大きい.

同一組成の$Na_2O \cdot SiO_2$ガラスに対して,雰囲気を変えた場合の純鉄に対するぬれの結果は,FeO,Fe_2O_3の1273Kにおける解離圧1.5×10^{-10}Pa,6.4×10^{-10}Paより小さい$P_{O_2}\sim10^{-17}$Paでは接触角の経時変化は大きく5.4ksで0°になる.雰囲気のP_{O_2}が$\sim10^{-7}$Paでは接触角の変化はかなりゆるやかである.

このように溶融ガラスと鉄とのぬれを支配する因子として酸化鉄の存在があり,またガラスと鉄との界面における反応が考えられる.界面のミクロ観察や分析によってガラス-鉄界面で生じるRedox反応の進行状況に大きく支配される.それは界面で進行する式(9-25),(9-26)の反

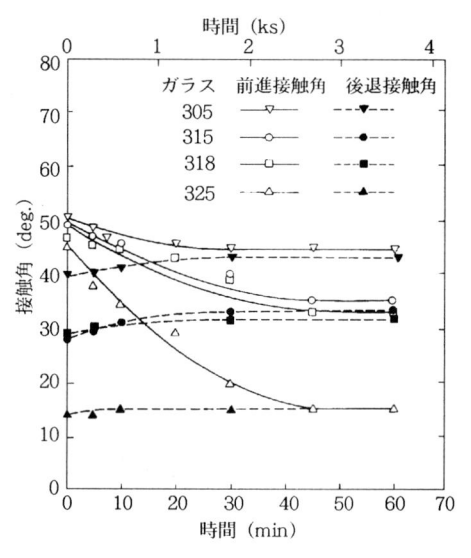

図9.39 極低炭素鋼とNa-Fe-SiO_2ガラスのぬれ[67](1173K,Ar)(ガラスの組成は表9.14参照)

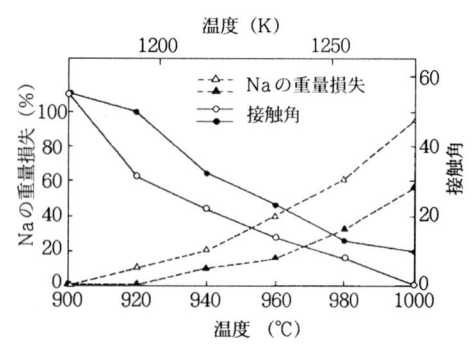

図9.40 Marz鉄上にある$Na_2O \cdot 2SiO_2$からの全Na重量損失と接触角の温度による変化(2.6×10^{-4}Pa,7.2ks後)[68]

表 9.14 Na-Fe-SiO$_2$ガラスの組成と極低炭素鋼との接触角 (1173K, Ar)[67]

ガラス No	組成				接触角		
	SiO$_2$	Na$_2$O	FeO	Fe$_2$O$_3$	前進接触角 θ_a	後退接触角 θ_r	平衡値
305	61.4	32.1		3.8	44	43	43.5
315	56.8	28.8		11.4	35	33	34
318	55.9	28.6		13.8	33	36	32.5
325	52.1	26.1		19.1	15	15	15
205	64.8	28.2	1.7	3.5	51	46	48.5
220	53.0	26.5	8.9	9.9	30	28	29
243	41.1	20.5	17.3	17.3	25	25	25

応によるNaの蒸発量

$$x\,Fe° + Na_2Si_2O_5 = x\,FeO_{(int)} + Na_{2-2x}Si_2O_{5-x} + 2x\,Na°_{(g)} \quad (9\text{-}25)$$

$$x\,Fe_{(s)} + x\,Na_2O_{(gl)} = x\,FeO_{(int)} + 2x\,Na_{(g)} \quad (9\text{-}26)$$

と接触角の関係より明らかである.図9.40にNa$_2$O・2SiO$_2$ガラスがMarz鉄と接触する場合のNaの損失量を示すが,Naの損失量の増加とともに接触角は減少している.これは,式(9-25),式(9-26)の反応の進行によってガラス-メタル界面にFeOが導入されるためで,この反応は温度,時間,圧力,P_{O_2}に敏感であり,これらの条件によるぬれの変化は上記Redox反応の進行に支配されるといえる.

固体鉄-溶融非金属系の他の例として,固体鉄-スラグ系のぬれがある.この問題は,溶鉱炉の融着帯における多孔質鉄層とスラグ,溶融還元によって生じる鉄粒とスラグあるいは連続鋳造における凝固殻と連鋳パウダーとの場合など多くの実例を見ることができる.

井口ら[69]は純鉄プレートとCaO-SiO$_2$,CaO-SiO$_2$-Al$_2$O$_3$,CaO-SiO$_2$-MgOの各系スラグにFeOを所定量混合したスラグとの接触角を1723Kにおいて測定している.この場合,接触角は図9.41に示すように,スラグ中のFeO量に大きく依存し,FeOの増加とともに接触角は減少し,FeO 28mol%を越えるとスラグは鉄板表面を覆い,接触角は0°になる.

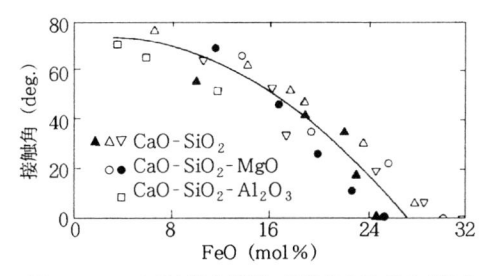

図 9.41 スラグと固体鉄間の接触角とFeO含有量との関係[69]

b. 溶融ガラスと貴金属(白金,金,銀)とのぬれ

1879年エジソンが製作した白熱電球は,そのフィラメントが日本の竹を用いたことで有名であるが,金属とガラスの封着のため白金を用いたことも有名である.白金が用いられた理由

は，熱膨張率が軟質ガラスのそれと類似していること，また白金は展延性に富み，封着時のひずみをよく吸収，緩和するためでもあり，かつガラスとの結合が強固なことでもある．

白金を中心とした貴金属とガラスとのぬれの測定はかなり多くの報告がある．この場合も金属の表面状況，特に表面へのガス吸着（CO_2，O_2）およびガラス相中の成分がぬれ性にどのように影響されるかについて検討がなされている．

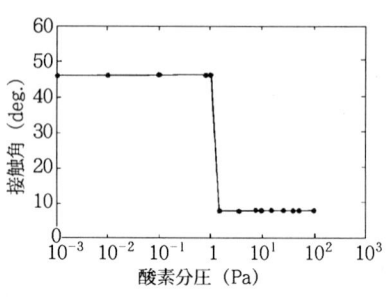

図9.42 Au-Naホウ酸ガラスの接触角と酸素分圧との関係（1173K）[70]

金属の表面におけるガス吸着は雰囲気，特に酸素分圧に密接に関係し，金属表面が酸化物で覆われているとき，ガラスのような溶融酸化物はぬれやすいことは直感的に理解できる．貴金属に対し気相の酸素分圧を大きく変化させた場合の接触角の変化の例として，Au-Naホウ酸ガラスについて図9.42に示す．この場合も酸素分圧1Paを境として接触角が大きく変化している．酸素分圧が1Paより低い領域では接触角は若干相違するが，1Pa以上では接触角はほぼ同様である．酸素分圧1Paを境とするぬれ性の大きな変化は金属表面における酸素ガスの吸着の有無によると考えられている．多分，金属表面にはPt，Auの酸化物相が形成されているものと考えられる．

Au-Naホウ酸ガラスのぬれへの雰囲気の影響について，真空（10^{-3}Pa），N_2（100kPa）では接触角は1173Kでいずれも40°と同じであった．雰囲気にH_2Oが存在するとAu-ガラス界面で気泡の発生がみられ，接触角も39～60°と変動する．

メタル-ガラスのぬれに対するガラス中の成分の影響について，Copleyら[72]は$Na_2O \cdot SiO_2$ガラスにCaO，B_2O_3，TiO_2，ZrO_2，ZnO，Al_2O_3，PbO_2をSiO_2：Na_2O比を4：1に保ちながら添加して，Ptとの接触角の変化を調査している．その変化は接触時間（60s，600s，6ks平衡），温度（1273K，1378K，1453K）によって相違するが平衡接触角は図9.43のようにガラス

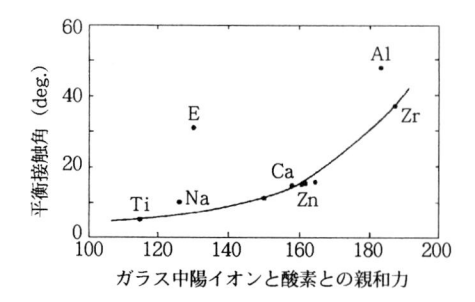

図9.43 ガラス中の陽イオンと酸素との親和力と平衡接触角との経験的関係[72]（E：市販のホウケイ酸ガラス）

表9.15 Eガラスと白金族金属との平衡接触角（deg.）[73]

金属	温度（K）				平均値
	1283	1373	1418	1453	
Pt	25	18	23	20	22
Pd	40	31	33	34	35
Ir	33	34	—	37	35
Rh	60	51	50	50	52

Eガラス：市販のホウケイ酸ガラス

内のカチオンと酸素との親和力との間に，一部の例外を除き関係のあることが明らかである．親和力の大きいほど接触角が大きい傾向がある．メタル－ガラスのぬれの度合はメタルとガラス中のカチオングループ，アニオングループとの間の不架橋酸素イオンの価電子の競合に関係する．第三成分の添加には，酸素イオンの競合状態のバランスに影響を与えるためである．

メタルの種類とぬれの関係はPt族元素に対して報告があり，表9.15のように特にPtがぬれ性が良好である．

c. 難融酸化物融体と耐火金属

Al_2O_3，BeOなどの高融点酸化物とW，Moなどの耐火金属のぬれについても若干の報告がある[75][76]．一般的にこれらの系のぬれは良好で両相の接触直後の接触角も60°よりは大きくない．これらの系においてもぬれは，1) 耐火金属の種類，2) 高融点酸化物の種類およびそれへの添加成分，3) 雰囲気および接触時間 (反応の有無) に支配される．

Bartlett[74] らが溶融 Al_2O_3，BeOとW，Taについて測定した結果を表9.16に示す．表から Al_2O_3 とBeOとではW，Taに対してぬれ性が大きくことなることを示している．Al_2O_3 の場合についても雰囲気，接触時間によって相違が大きい．表9.16の最終値は120s後の値である

表9.16 各種雰囲気下における耐火金属と溶融 Al_2O_3，BeOの接触角[75]

融体	メタル	真空		H_2		CO		N_2	
		接触直後	120s後	接触直後	120s後	接触直後	120s後	接触直後	120s後
Al_2O_3	W	51±2	49±2	17±2	16±2	22	18	37±2	35±4
	Ta	38±4	12±3	43±2	35±2	NR	NR	NR	NR
BeO	W	0	0	0	0	12	12	20	20
	Ta	0	0	11	0	0	0	0	0

NR：測定値分散

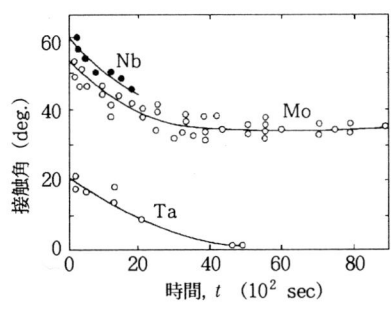

図9.44 溶融アルミナによる各種耐火金属 (Nb, Mo, Ta) のぬれ性の経時変化[75]

表9.17 固体耐火金属と高融点溶融酸化物とのぬれ[76]

溶融酸化物	温度 K	接触角 (deg.)			
		Mo	W	Nb	Ta
BeO	2855	–	0	–	0
Cr_2O_3	2655	0	0	–	0
Al_2O_3	2325	15	7	40	30
TiO_2	2075	0	0	0	0
Ta_2O_3	2105	0	0	5〜7	5〜7

が，より短時間の接触角の変化を測定した例を図9.44に示す．溶融Al_2O_3とのぬれはMoでは接触後0.4sで一定値（36°）を示すが，Taは0.5s後には接触角は0°で完全にぬれる．このように高融点酸化物と耐火金属のぬれの測定値の比較は測定条件を同一にする必要がある．Maurakh, Mitin[76]は高融点酸化物と耐火金属のぬれをもとめているが，それを表9.17に示す．アルミナを除いてぬれは極めて良好である．

高融点酸化物への添加成分の影響についても報告があるが，溶融アルミナ－タングステンの場合SiO_2, V_2O_5, Cr_2O_3, TiO_2などを10mass％以上添加すると接触角は減少し，Cr_2O_3 20mass％, SiO_2 40mass％, V_2O_5, TiO_2約60mass％を含有すると接触角は0°になる．Moの場合も同様の傾向を示す．Al_2O_3にBN, AlN, ZrN, ZrC, ZrB_2, $ZrSi_2$などを数％添加しても接触角は約10°に減少する．B_4Cは1〜2mass％Al_2O_3とMo, Nb, Wとの接触角を0°に低下させる．これらの系の界面状況の観察の結果，TaについてはTaO_3, $TaAlO_4$などの中間相の生成がみられるが，Wについては明瞭でない．

d. 溶融塩と固体金属

溶融炭酸塩燃料電池を対象とした溶融塩－メタル系に関するぬれの測定がある．

筆者らが$K_2CO_3+Li_2CO_3$（モル比1:1）と純Niについて行った測定結果を図9.45に示す．図から接触角（接触後1.2ks）は雰囲気によって相違するが，いずれも温度の上昇にともない減少する傾向を示す．その傾向は，$CO_2 > H_2+CO_2$（CO_2:20.18mass％）$> H_2$の順に顕著である．同一温度において，接触角を比較すると，$CO_2 > H_2+CO_2 > H_2$の順となり，CO_2が最も小さい．雰囲気による接触角の相違は，雰囲気の酸素分圧の相違によるNi表面の酸化の程度の相違と関係すると考えられる．この場合，$H_2 < H_2+CO_2 < CO_2$の順に酸化が著しく，生成される酸化物が溶融炭酸塩に溶解することによって，接触角が減少すると考えられている．

Fisherら[78]も$Li_2CO_3 : K_2CO_3 = 62 : 38$mol％溶融塩と種々な金属間の接触角を$H_2$-$CO_2$

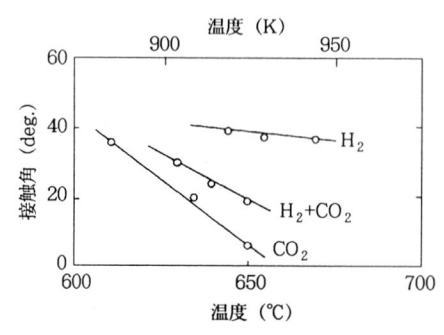

図9.45 溶融塩と純Niとの接触角におよぼす温度，雰囲気の影響[77]

表9.18 溶融塩（$Li_2CO_3 : K_2CO_3 = 62 : 38$mol％）と種々なメタルとの接触角（1023K, $H_2 : CO_2 = 80 : 20$）

メタル	接触角（deg.）
Rh	43
Ru	92
Au	63
Ag	63
Monel 400	43
Nickel 200	50
Pd	41
Cu	88
Pt	49

雰囲気で測定している．その結果を表9.18に示す．これらの金属のうち，Au, Ag, Ru, Cuの接触角は60°よりも大きく，ぬれにくく，かつ腐食に対しても抵抗力を持っている．

9.3.5 溶融非金属－固体非金属

溶融非金属－固体非金属の例としては，溶融スラグ－耐火物，溶融スラグ－黒鉛が代表的である．

a. 溶融スラグ－耐火物

溶融スラグと耐火物とのぬれの問題は，耐火物の溶損や非金属介在物の除去の問題を考える上において重要である．溶融スラグは酸化物系耐火物に対してよくぬれる．その結果，測定される接触角は耐火物の気泡の有無によって変化する．同一物質よりなる耐火物であっても，多孔質な場合，接触したスラグは耐火物に吸い込まれ，滴の状態が観察できなくなり，接触角は0°になる．しかし，緻密な場合はある接触角が保持される．

緻密な酸化物系耐火物と溶融スラグとの接触角の測定例を図9.46に示すが，接触後数秒以内に約20°に減少する．さらにそのまま保持すると，スラグと耐火物との反応（溶解反応）によって同化してしまう．

b. 溶融スラグ－黒鉛

黒鉛とスラグのぬれ現象は高炉下部における界面現象を検討する基礎研究として重要な問題である．高炉系スラグ（$CaO-SiO_2-Al_2O_3$系）と黒鉛とは一般にはぬれにくい．しかし接触時間が長くなると，スラグ中のSiO_2と黒鉛との反応によってぬれ性は変化する．西脇[80]の測定によると，図9.47に示すように，$35CaO-50SiO_2-15Al_2O_3$スラグと黒鉛との接触角は接触時の155°のものが時間の経過とともに減少していく．この場合，接触角の変化はスラグの作成

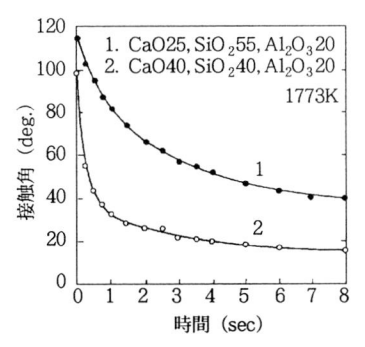

図9.46 溶融スラグによるアルミナのぬれ性におよぼすスラグ組成の影響[79]

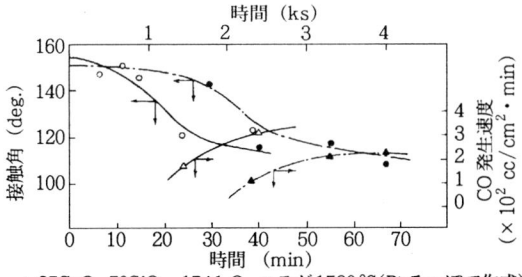

図9.47 $CaO-SiO_2-Al_2O_3$スラグと黒鉛との接触角とCO発生速度（1630℃）[80]

○△ $35CaO・50SiO_2・15Al_2O_3$スラグ 1560℃（Ptるつぼで作成）
●▲ $35CaO・50SiO_2・15Al_2O_3$スラグ 1560℃（黒鉛るつぼで作成）

方法によって相違し，Ptるつぼ中で作成したものの方が黒鉛るつぼのものよりも接触角の減少は遅い．スラグ中のSiO_2とCとの反応によるCOガスの発生挙動を併記したが，COガスの発生現象とぬれ現象（接触角の変化）とが対応していると考えられる．

9.4 高温における融体のぬれ速度(拡がり速度)

9.4.1 拡がりの測定

固体表面上の液滴の拡がり，接触角θの拡がりは，液滴の直径R，液滴の接触面積Aの時間変化によって求められる．接触角の測定は本章9.2に示したが，ぬれ速度の大きい固－液系では，高速度カメラあるいはCCDカメラによる測定が望ましい．

固体表面上にある液滴の直径（半径）の測定は液滴の上方より，直接かつ連続的に行う場合と冷却後の試料より読み取る方法とがある．直接上方より連続撮影を行う装置の一例を図9.48に示す[80]．

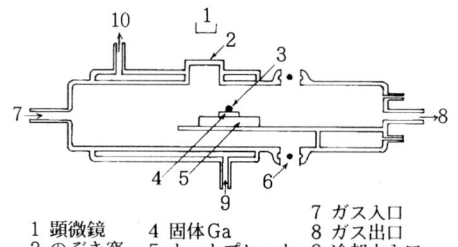

1 顕微鏡	4 固体Ga	7 ガス入口
2 のぞき窓	5 ホットプレート	8 ガス出口
3 溶融In	6 O-リング	9 冷却水入口
		10 冷却水出口

図9.48 固体Ga板上の溶融Inの拡がり測定装置[81]

9.4.2 固体平板上の融体の拡がり速さ

筆者ら[82]は固体酸化物への溶融スラグのぬれ速度を固体平板上に滴下したスラグ滴の形状変化を側面より高速カメラで撮影し測定した．アルミナ平板上の$CaO-SiO_2-Al_2O_3$スラグ滴の接触角の経時変化の一例を図9.49に示す．スラグによるアルミナのぬれは極めて早く温度の高いほど，また，同一温度ではSiO_2含有量の少ないものが接触角の減少は早い．これらのことよりぬれ速度にはスラグの粘性抵抗が関与していることが予想される．

Yin[83]は液滴がある接触角ϕまで拡がるに要する時間tを式(9-27)で示している．

$$t = K(\phi) \cdot \left(\frac{\eta}{2}\right) \cdot \left(\frac{3V}{\pi}\right)^{1/3} / (S_0 I_1 + \gamma_1 I_2) \tag{9-27}$$

ここに，$K(\phi)$, I_1, I_2はϕのみの関数であるから，時間tは液滴の体積Vの1/3乗と粘度ηに比例し，液体の表面張力γに反比例することを示している．アルミナに対する種々な$CaO-SiO_2-Al_2O_3$スラグのデータを用いて，接触角が60°に達する時間を粘度－表面張力（η/γ_1）の関数として図9.50に示した．

図9.50より明らかなように$CaO-SiO_2-Al_2O_3$スラグによるアルミナのぬれ挙動は式(9-27)の関係を満たしている．この関係は$CaO-Al_2O_3-CaF_2$スラグによるアルミナのぬれ挙動にも

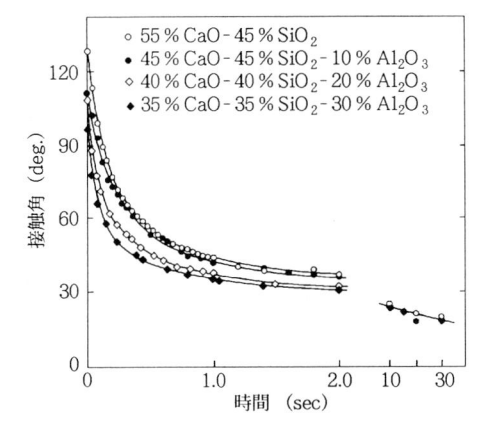

図9.49 アルミナ板上の溶融 $CaO-SiO_2-Al_2O_3$ 系スラグのぬれ速度におよぼす初期 Al_2O_3 濃度の影響[82]

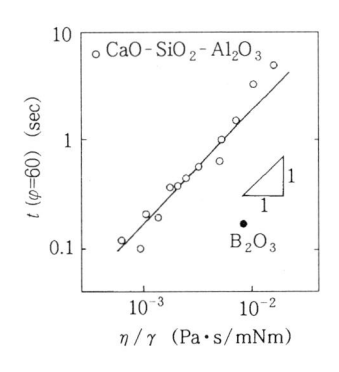

図9.50 アルミナ/溶融 $CaO-SiO_2-Al_2O_3$ スラグ系とアルミナ/溶融 B_2O_3 系における t ($\varphi = 60$) と η/γ の関係[82]

成立し,これらのスラグ系によるアルミナ平板のぬれ速度は,スラグの表面張力,スラグ-アルミナ間の界面張力の差による拡張力とスラグの変形抵抗である粘性抵抗の釣り合によって整理できると考えられる.

9.5 溶融金属と固体非金属とのぬれと固体表面の微細構造の関係

溶融金属と固体非金属とのぬれ現象の究極的な見解は固体表面における原子と金属原子との相互作用によって支配されると考えられる.

固体表面に関する原子レベルの情報は従来困難とされていたが,最近の表面分析技術の急速な進歩によって次第に得られるようになってきている.走査トンネル顕微鏡(Scaning tunnel microscope STM)の開発によって導電体の表面構造に関する原子レベルの情報が得られるようになり,STMの利用できない酸化物のような非導電体の表面構造の解明には原子間力顕微鏡(Atomic force microscope, AFM)が用いられるようになった.

筆者らはAFM(Nanoscope II-Digital Instrument)を用いMgO,ダイヤモンドの表面状況の観察を行うとともに種々の金属とのぬれの測定を行い,固体表面の微細構造とぬれ性との関係について検討を行った[83][84].

図9.51にMgO(111)面における溶融Pbの接触角を示すが,受入材と焼鈍材とでは約10°の相違がみられる.AFMによるMgO表面の観察の結果,焼鈍によって表面原子の配列が緩和され,原子間距離も大きくなっていることが明らかにされている.

固体-液体間のぬれ現象はミクロには固体表面の原子と液体粒子間との相互作用によって支

表9.19 AFM探針とダイヤモンド表面に働く相互作用エネルギーとBi-ダイヤモンド間の付着仕事[54]

結晶面 (hkl)	探針とダイヤモンド表面に働く相互作用エネルギー(J)	Bi 1原子当たりの付着仕事 (J/atom)
(111)	4.1×10^{-17}	3.7×10^{-20}
(110)	2.9×10^{-17}	3.1×10^{-20}
(100)	0.8×10^{-17}	2.6×10^{-20}

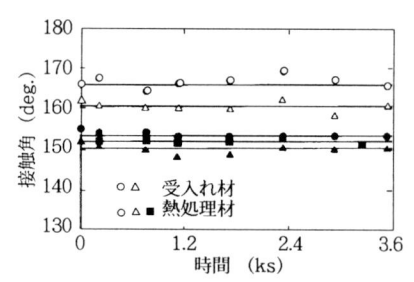

図9.51 溶融Pbと熱処理したMgO(111)面との接触角[32]

配されているから,固体表面における原子の配列に関する情報は重要である.AFMによって受入材と焼鈍材との表面の原子配列が明らかにされたことによって,図9.50に示すぬれ性の相違についても説明することができる.

野城ら[54]はダイヤモンドの(111),(110),(100)面について種々な溶融金属とのぬれを測定すると共に,ダイヤモンドの各面についてAFM観察を行ない原子配列の微視的な検討を行っている.さらに,AFMによって試料表面と探針との間に働くVan der Waals力に起因する原子間力も測定可能であるので,それと接触角の測定より得られるダイヤモンドと溶融金属との付着仕事とを比較検討した.表9.19にダイヤモンド表面と探針との原子間力とBiとの付着仕事を示す.

以上のように,AFMなどによるミクロな表面分析の進歩によって,固体表面の原子配列等に関する情報が得られ,ぬれ現象への理解が深まると思われる.

9.6 溶融金属によるSiC繊維のぬれ

繊維強化金属(Fiber Reinforced Metal, FRM)の製造において,重要な問題の一つとして溶融金属による繊維のぬれ性がある.

しかし,FRMに使用される実際の繊維に対する溶融金属のぬれ性の高温における測定は従来行われてこなかった.野城ら[23][84]は図9.12, 9.13に示す装置によってSiC繊維と溶融金属(Cu, Ag, Sn, Al)のぬれ性の測定を行っている.

水平な基板上の液滴の場合,観察方向の如何にかかわらず,接触角は,理論的には一定値を示す.しかし,繊維に付着した液滴の場

表9.20 SiC繊維とCu-Ni溶融合金との接触角の測定値[23]

金属	繊維軸に平行 (deg.)		繊維軸に直角 (deg.)	
	室温	1473K	室温	1473K
Cu-2mass%Ni	—	133.7	133.7	134.5
Cu-5mass%Ni	—	120.5	119.6	121.8

9.6 溶融金属による SiC 繊維のぬれ

合,繊維軸方向と繊維軸に垂直な方向との二方向からの接触角が考えられる.筆者らが Cu-Ni 合金滴と SiC 繊維(直径約 140 μm)について測定した結果,表9.20に示すように両方向の接触角の間には有意な相違は見られていない.これは金属滴が極めて小さく(直径約 100 μm～140 μm)重力の影響がなかったため繊維の曲率の影響が現れなかったものと考えられる.Cu, Ag, Sn と SiC 繊維との接触角と水平基板を用いて測定した接触角の比較を図9.52に示す.

一方,二宮ら[85]は浸漬被覆法によってアルミナ繊維と Al 間のぬれ性の測定を行っている.測定は γ-アルミナ繊維(85mass% Al_2O_3,15mass% SiO_2,繊維直径 16 μm)を 1923K,3.6ks 間減圧下に保持して表面の不純物を除去したものを 3000 本石英管の先端に固定したものを Al 溶湯に浸漬し,適当時間後引き上げ冷却された.その後,この試料表面を写真撮影し,繊維へのメタルの被覆率 α を求めている.1273K における結果を図9.53に示す.ぬれの状況はブロック試料と同様に初期にはぬれを示さない誘導期 τ が存在し,ある時間経過後にぬれが始まっている.誘導期の長さはブロック系と比較して,約6倍長く,ブロック系に比較してぬれ性は良好とはいえない.一方,Al-Ca 合金の場合を図9.54に示すが,これは逆にブロックに比べてぬれはよくなる.ただ,この浸漬被覆法は繊維束を並べた粗面上における溶融金属のぬれ性を対象としている関係上,測定されるぬれ性の影響が現れると考えられる.

Wenzel[11]によれば,ぬれの悪い接触角 $\theta > 90°$ の場合には粗面では,ぬれはより悪くなる.一方,ぬれのよい接触角

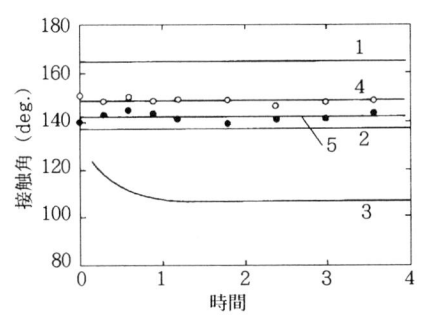

1 ホットプレス SiC(1408K)　3 反応焼結 SiC(1408K)
2 ホットプレス SiC +　　　　4 SiC 繊維(A)(1393K)
　1mass% B_4C(1408K)　　5 SiC 繊維(B)(1443K)

図9.52 SiC 上の溶融純 Cu の接触角の経時変化[23]

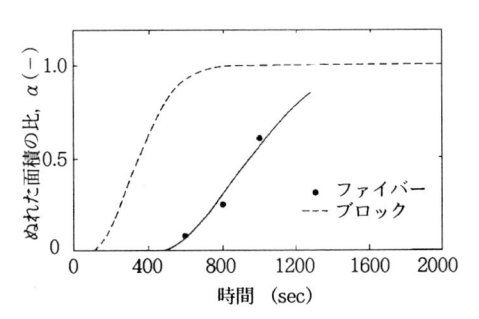

図9.53 1273K におけるアルミナファイバーおよびブロックの純 Al に対するぬれ過程の比較[85]

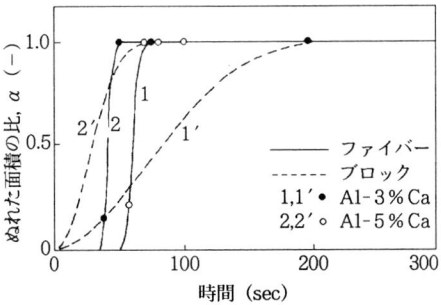

図9.54 1273K におけるアルミナファイバーとブロックの Al-Ca 合金に対するぬれ過程の比較[85]

$\theta<90°$ の場合，粗面ではよりぬれるようになるといわれている．アルミナブロックとAlとの接触角は $\theta>90°$ であり，またAl-Ca合金では $\theta<90°$ といわれている．このことから考えて，図9.53,9.54のブロックと繊維とのぬれ挙動の差は，繊維試料の粗面の影響によるものと説明されている[85]．

繊維と溶融金属とのぬれの状況を冷却後，走査電子顕微鏡によって行った例が若干報告されている．炭素繊維とCu，Cu合金について行ったLiuら[88]の結果，接触角の測定はなされていないが，繊維上のCu滴の形状の観察より，ぬれは良好でないが，Mo, Cr, V, Fe, Coの添加によってぬれが改善されることが示されている．

9.7 ぬれの寸法効果

液滴の寸法が小さくなると表面エネルギーの影響が現われ，融点の降下などの現象があらわれる．このことからぬれ性にもその影響が考えられる．Gladaikhら[89]は電子顕微鏡で微小溶融金属滴の形状を観察しぬれ性への寸法効果を測定した．その結果を図9.55に示すが，炭素質材料とSnとの接触角は滴の径が30nm以下になると低下を示す．これはSnの表面エネルギーならびに炭素質材料との間の界面エネルギーの低下によるものである．

9.8 イオンボンバードによる表面改質

融体と固体とのぬれの測定において，固体表面は一般には大気中で研磨され，洗浄され，さらに加熱され測定に供される．真空中において測定される場合には減圧加熱によって固体表面が清浄化されている．Bhat[25]は鋼板とNa-Fe-SiO$_2$ガラスの接触角の測定において，鋼板表

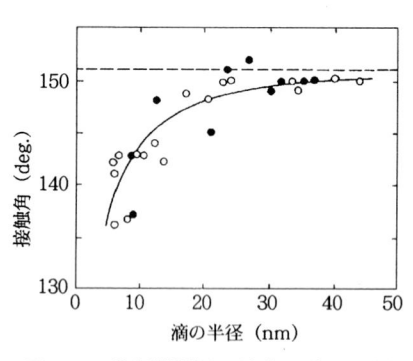

図9.55 炭素質薄膜上の溶融Sn滴の大きさと接触角[89]

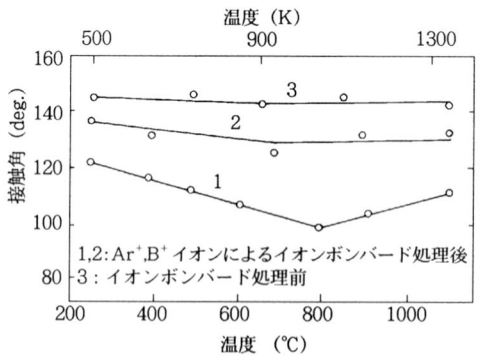

図9.56 Snによる黒鉛のぬれ性へのイオンボンバード処理の影響[90]

面にArイオンボンバード処理を行った場合の効果について調査した．その結果，処理をしない場合に比して処理を行った鋼板の方が接触角は2～5°高い値を得ている．このことは，明らかに，イオンボンバード処理の効果を示すものと考えられ，これはイオンボンバード処理によって，鋼板表面上の吸着酸化物量の減少が推定される．

Digilovら[90]は黒鉛表面をAr^+あるいはB^+によってイオンボンバード処理（100～150keV 10^{15}～10^{16}イオン/cm^2，$5×10^{-6}$mmHg）を行い，接触角を測定した．その結果を図9.56に示す．イオンボンバード処理によって接触角は28～45°低下する．すなわちぬれやすくなることを示している．

9.9 融体－融体間のぬれ

融体と融体とが接触する場合，密度の小さい融体の量が他方よりはるかに少ないと，この密度の小さい融体滴は他の融体の自由表面上に保持される．スラグ滴が溶融金属表面上に置かれた場合がこれに相当する．この場合，溶融金属表面上のスラグ滴は図9.57のようにレンズ状を呈し，その形状，すなわち，拡がりは融体の組成に依存している．その一例を表9.21に示す．

表から溶鉄上の高炉系スラグ$CaO-SiO_2-Al_2O_3$系では，51°～62°であるのに対して，FeOを含むスラグでは，FeO：5.4％の少量であっても，接触角は29°40′と大きく低下する．これはスラグ中にFeを含むことによって，溶鉄との界面張力

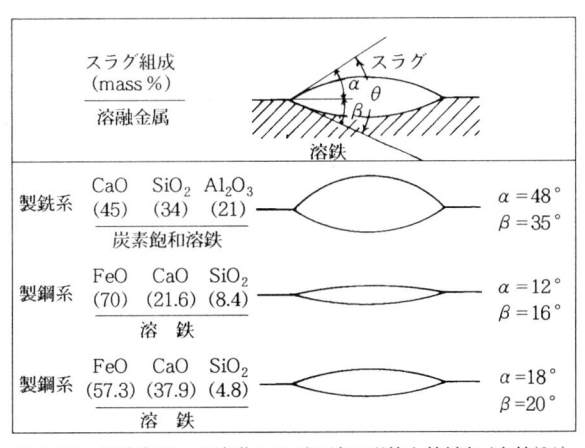

図9.57 溶鉄表面上の溶融スラグの滴の形状と接触角（文献(91)より作成）

表9.21 溶鉄-スラグ間の接触角[91]

スラグ組成（％）					溶鉄	接触角 (deg.)			温度
CaO	SiO_2	Al_2O_3	MgO	FeO	C%	α	β	θ	K
54.3	—	45.7	—	—	4.3	45°00′	27°50′	72°50′	1833
53.3	46.7	—	—	—	4.3	52°40′	20°00′	72°40′	1844
50	29	21	—	—	4.4	47°	35°	80°	1803
54.3	—	45.3	—	—	0.12	54°14′	12°40′	76°20′	1823
50	29	21	—	—	0.6	36°	16°	52°	1843
21.6	8.4	—	—	70	0.04	12°	16°	28°	1833
37.9	4.8	—	—	57.3	0.04	18°	20°	36°	1833
43.3	—	46.9	4.4	5.4	0.16	19°10′	10°30′	29°40′	1813

表9.22 溶融金属とCaO-Al$_2$O$_3$-MgO スラグとの接触角，拡がり係数（1550℃）

金属	接触角 (deg)	拡がり係数 (J/m^2)
Ag	115	－580
Cu	84	－350
Ni	58	－190

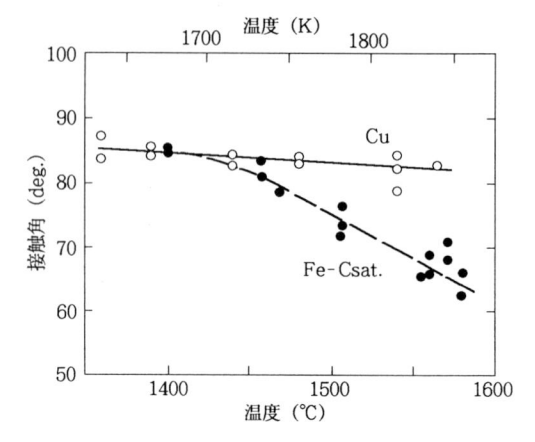

図9.58 CaO-SiO$_2$-Al$_2$O$_3$系スラグとCuおよび炭素飽和鉄（Fe-Csat.）との接触角の温度による変化

が減少するためである．同一組成のスラグに対し，金属の種類を変えた場合，接触角は表9.22のように，拡がり係数の大きい金属の場合に小さく，よく拡がっていることを示している．

また，溶融金属上のスラグの拡がりは両相間の反応の有無によって大きく相違する．図9.58にCaO-SiO$_2$-Al$_2$O$_3$スラグとCuおよび炭素飽和鉄間の接触角と温度の関係を示す．図よりCuとスラグとの接触角は温度の上昇によって若干低下するだけであるが，炭素飽和鉄の場合，高温になるほど接触角はばらつき，大きく低下する．これは，両相間の反応によるものであると考えられる．

引用文献

(1) 日本化学会編：界面化学（実験化学講座7），丸善 (1956), 63~118.
(2) 日本化学会編：界面とコロイド（新実験化学講座18) 2・2接触角および湿潤張力，丸善 (1977), 93~117.
(3) 日本化学会編：界面物性，丸善 (1976), 193~197.
(4) 中垣正幸：表面状態とコロイド状態（現代物理化学講座9），東京化学同人 (1968), 139~160.
(5) 桜井俊男，玉井康勝編：応用界面化学，三相系の界面化学，朝倉書店 (1967), 77~112.
(6) 近藤 保：界面化学，第6章 固体－液体界面，三共出版 (1980), 63~78.
(7) R.J.K.Wassink，竹本 正，藤内 伸一訳：ソルダリング・イン・エレクトロニクス，2.表面のぬれ，日刊工業新聞社 (1986), 11~51.
(8) J.J.Bikerman: Physical surface, Academic Press(1970), 239~299.
(9) F.E.Bartell: Wetting of solids by liquids, Alexander's "Colloid Chemistry" Vol.3 (1931), 41~60.

(10) T.Young: An essay on the cohesion of fluids, Trans. Roy. Soc., (Philosophical), **95** (1805), 65~87.

(11) R.N.Wenzel: Resistance of solid surfaces to wetting by water, Ind. Eng. Chem, **28** (1936), 988~994.

(12) 例えば,
  (a) J.Senkara, W.L.W Losinski: Surface phenomena at the interface of the tungsten-liquid Cu-Sb alloy system, J. Mater. Sci., **20** (1985), 3597~3604.
  (b) A.P.Tomsia, J.A.Pask: Kinetica of iron-sodium disilicate reactions and wetting, J. Am. Ceram. Soc., **64** (1981), 523~528.
  (c) 横山誠二,藤沢敏治,鰐部吉基,坂尾弘:アルミナ系レンガ上における溶融 $FeO-SiO_2$ 系スラグ滴の経時変化,鉄と鋼, **70** (1984), S.1006.

(13) K.Nogi.Y.Osugi and K.Ogino: A new method of wettability measurement utilizing a small and its application to graphite or α-SiC and liquid Cu-Cr alloy systems, ISIJ International, **30** (1990), 64~69.

(14) T.Surek: The meniscus angle in germanium crystal growth from the melt, Scripta Met., **10** (1976), 425~431.

(15) T.Surek and B.Chalmers: The direction of growth of the surface of a crystal in contact with its melts, J. Cryst. Growth, **37** (1977), 1~11.

(16) A.B.Dreeben, K.M.Kim and A. Schujko: Measurement of meniscus angle in laser heated flat zone growth of constant diameter sapphire crystals, J. Cryst. Growth, **50** (1980), 126~132.

(17) G.Gramge, B.Mutaftschiev: Methode de measure de l'angle de contact a l'interface cristal-bain fondu, Surface Sci., **47** (1975), 723~728.

(18) K.Okajima and H.Sakao: Density and surface tension of molten zinc-bismuth alloys, Tran. JIM **23** (1982), 111~120.

(19) 向井楠宏:改良型毛管上昇法による液体スズ,鉛の表面張力測定,日本金属学会誌, **37** (1973), 482~487.

(20) 中江秀雄,山本和弘,佐藤健二:メニスコグラフ法による溶融Alおよび Al-Si 合金と黒鉛の濡れ性の測定,日本金属学会誌, **54** (1990), 839~846.

(21) 沖猛雄, 長 隆郎, 日比野 淳:SiCとアルミニウムの間のぬれ性およびこれに及ぼす合金添加元素 Si, Mn, Fe および Cu の影響,日本金属学会誌, **49** (1985), 1131~1137.

(22) K.Shinohara and S.Umekawa: Adhesive bonding of various metals onto SiC or C Fibers, Bull. P. M. E. (t. I. T.), **54** (1984), 17~21.

(23) 野城清,上坂伸哉,荻野和己:静滴法による純金属(Cu, Ag, Sn)によるSiC繊維の濡れ性の測定,日本金属学会誌, **47** (1983), 828~833.

(24) 森信幸,空野博明,北原晃,大城桂作,松田公扶:溶融Alと黒鉛, Al_2O_3, SiO_2 の濡れ性に及

ぼすCaの影響, 日本金属学会誌, **47** (1983), 1132~1139.
(25) V.K.Bhat and C.R.Manning Jr.: Systems of Na‐Fe‐SiO$_2$ glasses and steel, Ⅰ, Wetting and adherence, J. Am. Ceram. Soc., **56** (1973), 455~458.
(26) 野城 清：溶鉄合金による固体酸化物の濡れ性と溶鋼の脱酸過程の界面化学的研究, 学位論文(大阪大学)(1983).
(27) J.E.McDonald and J.G.Eberhart: Adhesion in aluminum oxide‐metal systems, Trans. AIME., **233** (1965), 512~517.
(28) 泰松 斉, 阿部倫比古, 中谷文忠, 荻野和己：溶融Agによる固体酸化物の濡れ性に及ぼす溶解酸素の影響, 日本金属学会誌, **49** (1985), 523~528.
(29) T.E.O'brien and A.C.D.Chaklader: Effect of oxygen on the reaction between copper and sapphire, J. Am. Ceram. Soc., **57** (1974), 329~332.
(30) S.P.Mehratra and A.C.D.Chaklader: Interfacial phenomena between molten metals and sapphire substrate, Met. Trans., B **16B** (1985), 567~575.
(31) J.J.Brennan and J.A.Pask: Effect of nature of surface on wetting of sapphire by liquid aluminum, J. Am. Ceram. Soc., **51** (1968), 569~573.
(32) K.Nogi, M.Tsujimoto, K.Ogino and N.Iwamoto: Wettability of MgO single crystal by liquid pure Pb, Sn and Bi, Acta Metall. Mater., **40** (1992), 1045~1050.
(33) 野城 清, 大石恵一郎, 荻野和己：溶融純金属による固体酸化物の濡れ性, 日本金属学会誌, **52** (1988), 72~78.
(34) A.T.Hasouna, K.Nogi and K.Ogino: Effect of temperature and atmosphereon the wettability of solid copper by liquid tin, Trans. JIM., **29** (1988), 748~755.
(35) G.A.Holmquist and J.A.Pask: Effect of carbon and water on wetting and reactions of B$_2$O$_3$‐containing glasses on platinum, J. Amer. Ceram. Soc., **59** (1976), 384~386.
(36) Yu.V.Naidich: The wettability of solid by liquid metals, Proc. Surf. Membr. Sci., **14** (1981), 353~484.
(37) 新谷宏隆, 玉井康勝：Al$_2$O$_3$‐Cr$_2$O$_3$系固溶体の化学組成が溶融金属とのぬれ性に及ぼす影響, 窯業協会誌, **89** (1981), 480~487.
(38) Yu.V.Naidich: (難溶融酸化物と金属融体とのぬれ), 金属融体中の接触現象, ウクライナ科学アカデミー, キエフ (1972), 63~68.(ロシア語)
(39) 荻野和己, 泰松 斉, 中谷文忠：溶融Co, Co‐Feの表面張力およびAl$_2$O$_3$との濡れ性に及ぼす酸素の影響, 日本金属学会誌, **46** (1982), 957~962.
(40) 荻野和己, 泰松 斉：溶融Niの表面張力およびAl$_2$O$_3$との濡れ性に及ぼす酸素の影響, 日本金属学会誌, **43** (1987), 871~876.
(41) H.Taimatsu and H.Kaneko: Surface tension of liquid palladium-oxygen alloys and wettability of

sapphire by them, 第13回日本熱物性シンポジウム, 秋田 (1992.9.28)
(42) 荻野和己, 野城 清, 越田幸男:溶鉄による固体酸化物の濡れ性に及ぼす酸素の影響, 鉄と鋼, **59** (1973), 1380~1387.
(43) 瀧内直祐, 谷口貴之, 田仲泰邦, 篠崎信也, 向井楠宏:溶鉄の表面張力およびアルミナとのぬれ性におよぼす酸素と温度の影響, 日本金属学会誌, **55** (1991), 180~185.
(44) 中島邦彦, 瀧平憲治, 森 克己, 篠崎信也:溶鉄によるアルミナ基板の濡れ性-溶鉄中の酸素および基板の純度の影響, 日本金属学会誌, **55** (1991), 1199~1206
(45) V.I.Eremenko, Yu.V.Naidich: (Niの表面張力へのOの影響とNiによるアルミナのぬれ角), Izv. Akad. Nauk SSSR., OTH, Met i Teplivo, (1960), No.2, 53~55.(ロシア語)
(46) 荻野和己, 野城 清, 山瀬 治:溶鉄の表面張力および固体酸化物の濡れ性におよぼすSe, Teの影響, 鉄と鋼, **66** (1980), 175~185.
(47) 野城 清, 荻野和己:溶融純金属によるSiCの濡れ性, 日本金属学会誌, **52** (1988), 786~791.
(48) 野城 清, 池田幸司, 嶋田修造, 荻野和己:溶融純金属による単結晶SiCの濡れ性, 日本金属学会誌, **52** (1988), 663~669.
(49) L.Ramqvist: Wetting of metallic carbides by liquid copper, nickel cobalt and iron, Intern J. Powder Metall., **1** (1965), 2~21.
(50) Yu.V.Naidich, G.A.Kolesnichenko: (ダイヤモンド黒鉛の表面と金属融体との相互作用), (1967). キエフ. (ロシア語)
(51) P.M.Scott, M.Nicholas and B.Dewar: The wetting and bonding of diamond by copper-base binary alloys, J. Mater. Soc., **10** (1975), 1833~1840.
(52) V.I.Kostikov, M.A.Maurakh, A.V.Nozhkina: (溶融Fe-Ti合金とダイヤモンド, 黒鉛とのぬれ), Porosch. Met., (1971), No.1, 79~82.(ロシア語)
(53) Yu.V.Naidich, V.M.Perevertailo, O.B.Loginoba, N.D.Polyanskaya: (ダイヤモンドの種々な結晶面と黒鉛に対して化学的に安定な金属とのぬれ), 超硬材料, (1985), No.4, 17~18.(ロシア語)
(54) 野城 清, 岡田行正, 荻野和己, 岩本信也:溶融純金属によるダイヤモンドの濡れ性, 日本金属学会誌, **57** (1993), 63~67.
(55) Yu.V.Naidich, V.I.Perebertailo, O.B.Loginoba: (黒鉛-金属融体系における付着と熱力学的性質), Zhur. Fiz. Khim., **57** (1983), 577~580.(ロシア語)
(56) K.Nogi, Y.Osugi and K.Ogino: A new method of wettability measurement utilizing a small sample and its application to graphite or α-SiC and liquid Cu-Cr alloy systems, JISI Intern., **30** (1990), 64~69.
(57) D.A.Mortimer and M.Nicholas: The wetting of carbon and carbides by copper alloys, J.Mater. Sci., **8** (1973), 640~648.
(58) A.D.Panasyuk, A.B.Belykh: (窒化アルミニウムとNi合金との相互作用), Poroshk. Met.,

(1982), No.4, 79~84.(ロシア語)

(59) M.Trontelj and D.Kolar: Wetting of aluminium nitride by nickel alloys, J. Am. Ceram. Soc., **61** (1978), 204~207.

(60) R.Sangiorgi, M.L.Muolo and A.Passerone: Wettability of sintered sintered aluminium nitride by liquid aluminium and indium, Private commumication.

(61) M.Naka and I.Okamoto: Wetting of silicon niteride by copper‐titanium or copper-zirconium alloys Trans. JWRI., **14** (1985), 29~34.

(62) S.K.Rhee: Wetting of AlN and TiC by liquid Ag and liquid Cu, J. Am. Ceram. Soc., **53** (1970), 639~641.

(63) T.J.Whalen and A.T.Anderson: Wetting of SiC, Si_3N_4, and carbon by Si and binary Si alloys, J. Am. Ceram. Soc., **58** (1975), 396~399.

(64) A.T.Hasouna, K.Nogi and K.Ogino: Effects of surface finish, heat treatment and cold working on the wettability of solid copper by tin , Trans JIM., **29** (1988), 786~791.

(65) I.Kawakatsu and T.Osawa: Effect of cold warking and annealing of copper sheet on solderability, Soc. Manufact Eng. (1974), Tech. Paper, AD74~409.

(66) 横田 勝, 野瀬正照, 高ノ由重, 三谷裕康 : Cu‐Sn 2 元系の固相－液相間におけるぬれと界面反応について, 日本金属学会誌, **44** (1980), 770~775.

(67) V.K.Bhat and C.R.Manning, Jr.: Systems of Na-Fe-SiO_2 glasses and steel, I, Wetting and Adherence, J. Amer. Ceram. Soc., **56** (1973), 455~458.

(68) A.Tomsia and J.A.Pask: Kinetics of iron‐sodium disilicate reactions and wetting, J. Amer. Ceram. Soc., **64** (1981), 523~528.

(69) 井口義章, 山下澄雄, 井上道雄 : 固体鉄, 溶融スラグ間の濡れ, 日本金属学会誌, **51** (1987), 543~547.

(70) S.T.Tso and J.A.Pask: Wetting and adherence of Na Borate glass on gold, J. Amer. Ceram. Soc., **62** (1979), 543~544.

(71) G.A.Holmquist and J.A.Pask: Effect of carbon and water on wetting and reactions of B_2O_3 － Containing glasses on platinum, J. Am. Ceram. Soc., **59** (1976), 384~386.

(72) G.J.Copley, A.D.Rivers: The wetting of three component silicate glasses on platinum, J. Mater. Sci., **10** (1975), 1291~1299.

(73) G.J.Copley and A.D.Rivers: Contact angle measurements silicate glasses, J. Mater. Sci., **10** (1975), 1285~1290.

(74) R.W.Bartlett, J.K.Hall: Wetting of several solids by Al_2O_3 and BeO liquid, Am. Ceram. Soc. Bull., **44** (1965), 444~448.

(75) M.A.Maurakh, B.S.Mitin: (液状耐火酸化物), 冶金出版, (1979), 203~209. (ロシア語)

(76) M.A.Maurakh, B.S.Mitin: 文献 (75), 191.
(77) 荻野和己, 野城 清：溶融炭酸塩と純Niとのぬれ (未発表)
(78) J.M.Fisher, P.S.Bennett: Corrosion and wetting behaviour of metals and steel with molten alkali carbonates, J. Mater. Sci., **26** (1991), 749~755.
(79) 荻野和己, 内山 滋：溶融スラグによるアルミナの濡れ, 鉄と鋼, **57** (1971), S466.
(80) 西脇 醇：X線透過直接観察法による鉄鋼製錬関連物質の反応と性質に関する研究 (学位論文)
(81) A.A.Bergh: The spreading of molten indium over gerumanium, J. Electorochem. Soc., **110** (1963), 908~914.
(82) 原茂太, 内山滋, 荻野和己：溶融スラグによる固体酸化物の濡れ速度. 学振19委介在物小委 物化－8(1992).
(83) T.P.Yin: The kinetics of spreading, J. Phys. Chem., **73** (1969), 2413~2417.
(84) K.Nogi K.Ogino, N.Iwamoto: Wettability of SiC fibers by liquid Al alloys and reaction between SiC fibers and liquid alloys: Rept.of the research group for studies on interface characteristics of aluminum composite, The Light Metal Educational Foundation, (1991), 107~112.
(85) 二宮崇, 長隆郎：アルミナ繊維の溶融アルミニウム合金への濡れ性, 軽金属, **41** (1991), 528~533.
(86) 二宮崇, 長 隆郎：アルミナ繊維と溶融アルミニウム合金との濡れ性評価, 78回軽金属学会大会講演概要, (1990), 3~4.
(87) 中田博造, 長隆郎：溶融アルミニウム合金とSiCおよび炭素繊維との濡れ性評価, 78回軽金属学会大会講演概要, (1990), 1~2.
(88) H.Liu, T.Shinoda, Y.Mishima and T.Suzuki: Effect of alloying on the wettability of copper to carbon fibers, ISIJ International, **29** (1989), 568~575.
(89) N.T.Gladaikh, V.I.Larin, O.V.Usatenko: (ぬれの寸法効果), Fiz. Khim. Obrabot. Material., (1979) No.2, 96~103. (ロシア語)
(90) M.Yu.Digilov, V.I.Kostikov, Yu.A.Pavlov: (イオン処理をうけた炭素質物質の表面と液体金属とのぬれ), Izv. VUZ. Chern. Met., (1979), No.9, 95~96.(ロシア語)
(91) 日本鉄鋼協会編：溶鋼溶滓物性値便覧, 日本鉄鋼協会 (1972), 158~159.

10章 付　着

　付着という現象は2つの物体が接触し，お互いに引き合っている状態をいう．液体と固体，液体と液体，固体と固体の場合のそれぞれについて重要な意味を持っている．特に液体の関与する場合には固体とのぬれ性が付着性と密接に関係する．すなわち，付着するためには，ぬれなければならない．この関係は，我々が日常よく体験することである．高温においても，ぬれやすさと付着しやすさの関係については同様に考えることができる．高温界面化学的に極めて重要な項目であり，一部はぬれ現象と重複するところもあるが，付着の章を別にもうけた．

10.1 付着の一般的概念 [1]～[3]

10.1.1 付着力

　付着は接触する2つの物体が相互間に作用する何らかの力によって引き合うために生じるが，相互に作用する力はVan der Waalsの力（分子力間）や化学結合力などである．このお互いに作用する力，付着の仕事，W_{ad}(work of adhesion)（接着の仕事ともいう）は図10.1に示すように，A, B2つの物体が付着した状態とお互いに引きはなされた状態での表面，界面自由エネルギーの変化によって求めることができ，式(10-1)で表わされる．

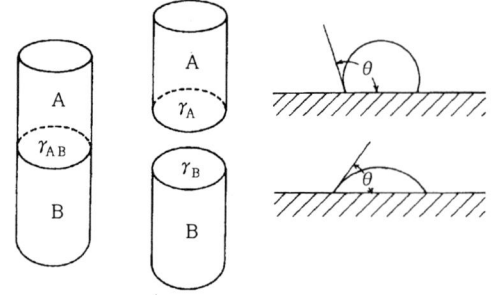

$$W_{ad} = \gamma_A + \gamma_B - \gamma_{AB} \quad (10-1)$$

γ_A, γ_B, γ_{AB}はA, Bの表面自由エネルギー，およびA−B間の界面自由エネルギーである．

　固体と液体とが接する場合には，図10.2に示すように固体平面上の液体の形状より接触角θを求め，式(10-2)によってW_{ad}を計算することができる．

図10.1　AB間の付着の仕事　　**図10.2**　固体平板上の液滴

$$W_{ad} = \gamma_L(1+\cos\theta) \tag{10-2}$$

ここに，γ_L は液滴の表面張力．

液体－液体系では，固体－液体系のように接触角を求めて算出するよりは，γ_{AB} を別に求めて，それぞれの液体の γ_A, γ_B より式（10-1）で求めればよい．

10.1.2 付着の機構[4]

付着の機構については現在十分に理解されているとはいえず，多くの理論が提出されている．
  a. 機械的なつなぎ合わせ（mechanical interlocking）
  b. 拡散理論（diffusion theory）
  c. 電子的理論（electronic theory）
  d. 吸着理論（adsorption theory）

機構的なつなぎ合わせによる付着は，両相の接触面が入り組み機械的につなぎ合わさることによって付着するものである．拡散理論はBorroffらが1949年に提唱したもので，高分子同士が接触面を通して混じり合って1つのものに接触する場合に用いられる．電子的理論は両相の電子結合構造が相違すると電子の移動によりフェルミレベルのバランスをとるため界面に電気二重層が形成され，それによって生じる付着である．吸着理論は最も一般的な理論で，2つの層における原子間に作用するいわゆるVan der Waals 力による付着である．

10.2 高温における付着現象と付着力の評価

10.2.1 高温における付着現象

金属製錬，素材製造の分野においては，高温における付着現象を多く見ることができる．それらは表10.1に示すが，金属製錬分野においては，脱酸プロセスのように，溶鋼と介在物は付着性が悪い方が望まれ，また逆に素材製造分野では複合材料のように付着性の良好なことが望まれている．

また，先の脱酸の場

表10.1 高温における付着現象の分類

界面	固相	液相	付着現象	
固－液	非金属介在物	溶鋼	介在物の凝集,浮上	高温で付着が問題となる場合
	非金属介在物	スラグ	介在物の吸収,同化	
	耐火物	溶鋼	耐火物の浸食	
	耐火物	スラグ		
	SiC, アルミナ繊維	Al	複合材料	低温においても付着性が問題となる場合
	アルミナ, 窒化アルミ	Cu, Al	IC基盤	
	鋼	エナメル	ほうろう	
液－液	非金属介在物	溶鋼	介在物の凝集,浮上	高温で付着が問題となる場合

合のように製鋼温度のように高温で付着性が問題とされる場合とメタライジングやほうろうのように高温の処理温度で付着性が重要なことはもちろん，その素材が使用される温度（処理温度よりはるかに低温）において付着性が問題となる場合とがある．

このような高温における付着現象は製錬，素材製造において製造される素材そのものの特性価値を決定する重要な役割をはたしているということができる．

10.2.2 付着力の評価方法[4],[5]

2つの物体間の付着性の評価は常温では古くから問題となり，例えば図10.3に示すように，

1) 剪断力 (shear strength)
2) はぎとり強さ (peel strength)

などによって行われてきている．しかし，高温における固－液間の付着力の評価はこのような方法が使用できないことはいうまでもない．

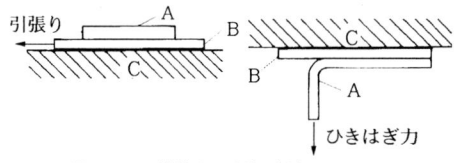

図10.3 付着力の評価方法

a. 高温における付着性の評価方法

固－液間の付着力を高温において直接評価することは極めて困難であり，一般的には前述の式 (10-2) によって付着仕事を評価する方法である．静滴法などによって表面張力，接触角が測定されると式 (10-2) によって付着の仕事 (work of adhesion) が求められる．高温における固－液間の付着力はほとんどがこの方法によって計算されている．この場合，静滴法によって接触角などを測定する場合，静滴となる溶液金属滴は望遠カメラによってその形状が撮影されるのが一般的である．しかし，微小滴（直径 $0.4\mu m$）の形状を走査電子顕微鏡によって計測し，付着力を求めている例がある[6]．

b. 冷却試料による付着性の評価方法

高温で処理されて後，冷却後使用される物体間の付着力は先に示した常温の評価方法が利用されている．

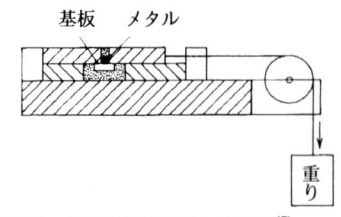

図10.4 剪断力試験装置の模式図[7]

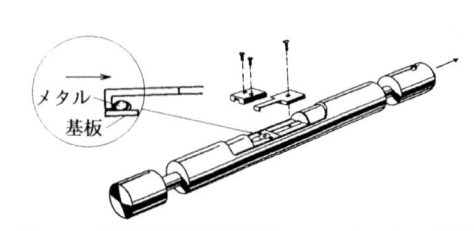

図10.5 基板から静滴を剪断するのに用いられる装置図[8]

i) 剪断力測定 (shear strength measurement)

Moore, Thornton[7]は溶融シリカ円板上にAu滴を置いた静滴法によってシリカとAuを接合させ，冷却後，図10.4に示す剪断力測定装置によって剪断力を測定した．Ritterら[8]は同様にサファイヤとNi，Ni合金の静滴を対象にして，より精度の高い剪断力試験装置を使用している．装置の概略を図10.5に示すが，静滴に引掛けた鍵状のフックとそれを押えるカバーが特徴で全体構造としてインストロン型引張試験機に装填されるように設計されている．

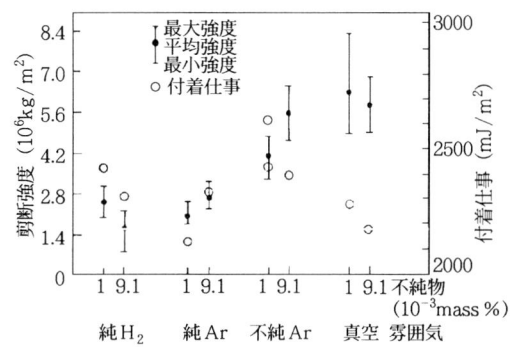

図10.6 サファイヤ上の純Ni滴の剪断強度と付着仕事[8]

この方法によって得られた引張強度は，あくまでサファイヤ板と固体金属とを切り離すために必要な力であり，サファイヤとメタル間の真の付着力の測定ではない．しかし，測定された剪断力は真のサファイヤと溶融金属との付着を支配する因子の一つに関連すると考えられている．

Ritterら[8]は種々の雰囲気の下においてサファイヤとNi，Ni-Ti，Ni-Cr合金との剪断強度を測定するとともに，静滴の形状より表面張力，接触角を測定し，付着の仕事を計算した．Ni-サファイヤ系について，各種雰囲気における剪断強度と付着仕事との関係を図10.6に示す．純H_2，純Arの雰囲気において類似の傾向を示すが，全体的にみて，剪断強さと付着仕事の間には明確な相関はみられない．

ii) 引きはぎテスト (peel strength)

原理は図10.3に示すが，メタル-ガラス間の付着力の測定に用いられた例を以下に示す．Weirauch[9]はFe-Ni合金とガラス質コーティング間の付着力を図10.7によって測定した．このT-はぎとり試験 (T-peel test) はメ

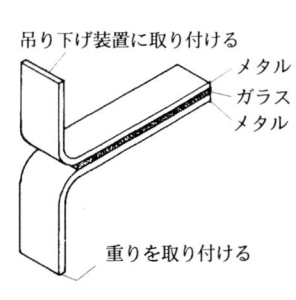

図10.7 T-はぎとり試験片[9]

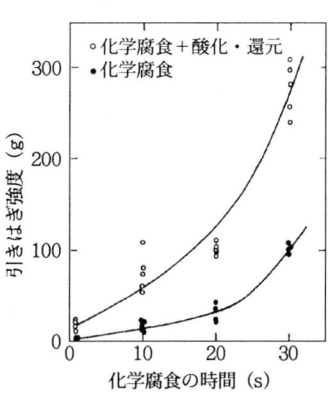

図10.8 幅0.25インチの試験片によるガラス-メタル引きはぎ強度[9]

タルとメタルの間にガラスをサンドウィッチ状にはさみ込んでその間の接合力を下部メタルに荷重をかけ引きはがすに要する荷重を求めて接合力を評価するものである．

D.F.Weirauch[9]はソーダライム窓ガラスとの熱膨張率を一致させるために46%Ni-54wt%Fe合金を用いて測定を行っている．この場合ガラスと接するメタルの表面は化学的腐食法や酸化還元法によって種々の粗さに調整された．その結果，引きはぎ強さ（peel strength）は図10.8のように化学腐食時間すなわち表面の粗さに依存することが明らかになった．これはガラス－メタル間界面に境界層の生成しない場合の機械的結合の機構を明らかにしている．

iii) 引張り試験（tensile test）

最近，Coddetら[10]は金属板と酸化チタニウムのフィルムとの付着と引張り試験によって測定した．図10.9に引張り試験機を示す．エポキシ樹脂によって直径3mmの小さな鋲がクリップにより酸化物層の表面に固定され，その後，クリップを取り除いて，微小引張試験機で付着力が測定される．

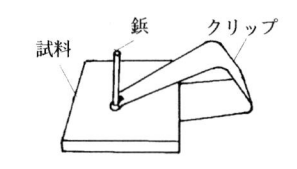

図10.9 酸化物膜の付着力測定のための原理図[10]

10.3 溶融金属－非金属固体における付着仕事

溶鋼と固体非金属介在物，溶鋼と耐火材料との接触や，複合材料（FRM）などには溶融金属と非金属固体間の付着仕事が重要な役割をはたしている．そのためこれらに関しては，付着仕事に関するいくつかの報告がある．それらのうち最も多くの報告のあるものは溶融金属－アルミナ系であり，この系を中心に述べる．

10.3.1 溶融金属－酸化物系における付着

a. 溶融金属－アルミナ系

McDonald[11]はセラミック上の金属薄膜の付着力が金属の酸化物の生成自由エネルギーと関連するという知見に基づいて，溶融純金属－アルミナ系の付着仕事と純金属の酸化の自由エネルギーとの関係を従来の多くの測定値を用いて検討した．純粋状態で測定値のない一部の金属（Mo，W，Ti，Zr，Cr）についての付着仕事は二元合金より評価している．アルミナの材質および雰囲気についてはそれぞれ次の組み合わせによって整理した．多結晶アルミナ－真空，多結晶アルミナ－H_2，Ar，単結晶－真空いずれの条件においても，図10.10に示すように，W_{ad}は純金属の酸化物の生成自由エネルギーの増加と共に直線的に増加することを見出した．

このような関係よりMcDonaldは，溶融金属とアルミナ間の付着仕事が何によって生じるかを検討した．Al_2O_3についてはO^{2-}イオンとAl^{3+}イオンとから構成されているが，Al^{3+}の半径はO^{2-}のそれに対してずっと小さいから，アルミナ表面はO^{2-}イオンが並んでいる状態と考

えられている．界面では，アルミナの表面上に金属原子がやってくるから，まず金属原子と酸素の結合が W_{ad} に関係していることがわかる．そこで酸化物の標準生成自由エネルギー，$-\Delta G°_f$ と W_{ad} との関係を示すと，図10.10のように $-\Delta G°_f$ と W_{ad} とは直線関係が成立する．

$$W_{ad} = -a\Delta G°_f + b \tag{10-3}$$

ここに，a,b は定数（正の値をとる）．

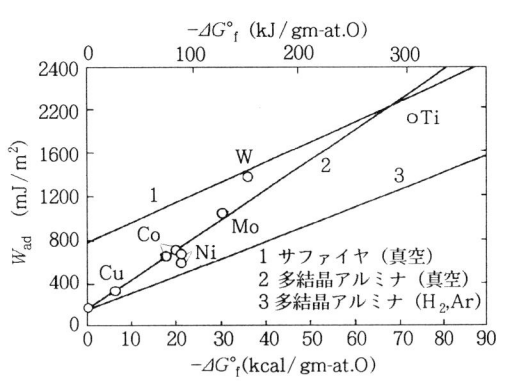

図10.10 種々な液体金属に関する酸化物の標準生成自由エネルギーとアルミナへの付着の仕事[11]

いま，アルミナ単結晶の表面を稠密充填 <0001> と考える．この面とメタルとが接するが，メタル原子の来そうな2つのサイトがある．その1つはAサイトとよばれ図10.11に示すように第2層のAlイオンの六方稠密な配列の中心の直上にある．ここにおかれた原子は表面上の酸素と酸化物の結合力と匹敵する結合力で化学結合されていると仮定される．一方，第2層のAlイオン直上の位置がBサイトとよばれ，メタル原子とVan der Waalsの力によって表面酸素が引き合っている．バルク液体中のメタル原子とA，Bサイトを占めているメタル原子との間の自由エネルギーの差を ΔG_A，ΔG_B で示し，表面単位面積当たりのA，Bサイトの数を n_A，n_B で示すと，W_{ad} は

$$W_{ad} = -n_A \cdot \Delta G_A - n_B \cdot \Delta G_B \tag{10-4}$$

で示される．ΔG_A，ΔG_B，n_A，n_B を評価すれば W_{ad} を理論的に求めることができる．理論的に得られた W_{ad} と実測による W_{ad} を各金属について比較すると図10.12のように良好な一致を示す．たしかにMcDonaldの理論的に導出した純金属とサファイヤとの付着仕事がNi，Cr，Ti，Zrの金属の場合良好な一致を示しているが，次のような多くの問題点を有していると考えられる．

第一に溶融状態のCr(2130K)，Ti(1943K)，Zr(2125K)とアルミナ（サファイヤ）の付着仕事の実測値が用いられていない点である．特にTi，Zrのように酸素との親和力の大きく，かつ融点が高い金属の測定は極めて困難であり，精度の良い値が得られ

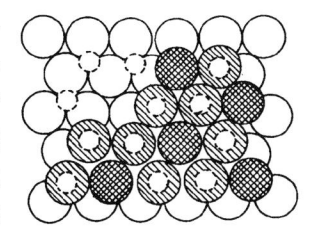

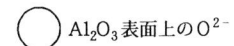

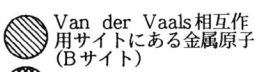

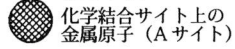

図10.11 サファイヤの (0001) 面の表面構造[11]

○ Al_2O_3 表面上の O^{2-}
◌ Al_2O_3 第2層上の Al^{-3}
▨ Van der Waals相互作用サイトにある金属原子（Bサイト）
▩ 化学結合サイト上の金属原子（Aサイト）

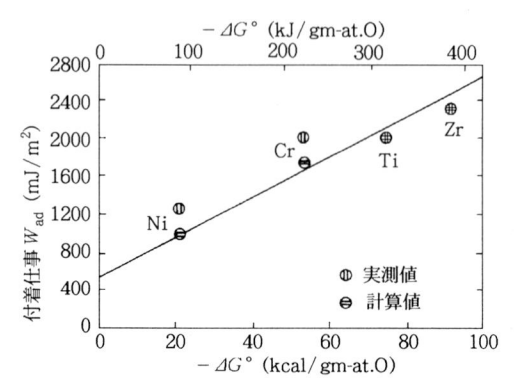

図10.12 真空下における種々の溶融金属とサファイアとの付着仕事の実験値と理論値の比較[11]

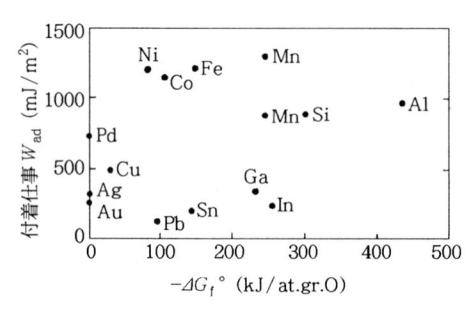

図10.13 種々の金属の酸化物の生成エネルギーとアルミナとの付着仕事[13]

表10.2 アルミナ-金属系の接触角,表面張力,付着仕事[13]

金属	温度 K	接触角 deg	表面張力 mN/m	付着仕事 mJ/m^2
Ag	1373	130	905	323
Al	1150	82	834	950
Au	1373	140	1131	265
Co	1803	113	1870	1140
Cu	1423	128	1274	490
Fe	1853	109	1787	1205
Ga	1173	118	650	345
In	429	124	550	245
Mn	1823	103	1113	863
Mn	1873	80	1095	1285
Ni	1773	109	1768	1192
Pb	1173	132	392	130
Pd	1873	120	1470	735
Si	1723	80	745	875
Sn	1373	125	478	204

るかどうか疑問がある.

第二にNiについてもアルミナとの付着仕事はNi中の酸素量によってかなり大きく変化するが[12], McDonaldの実測値には酸素量の表示がない.

第三にFe, Cu, Co, Agや,低融点金属(Pb, Snなど)の比較的測定しやすい純金属についての測定および計算値が無い.

Chatainら[13]はアルミナ-メタル系の付着仕事に関するデータを収集,整理している.その結果を表10.2に示すが,McDonaldらにより数多くのメタルについて,特に低融点金属の結果が示されている.これらの結果をMcDonaldが示すように付着の仕事を$\Delta G°$に対してプロットすると,図10.13のように広く分散し,McDonaldらの図10.10のような直線関係はみられない.このことはLi[14]によっても確かめられている.また,金属酸化物の生成エンタルピー$\Delta H°$に対してプロットしても$\Delta G_f°$と同様広く分散する[13].そこで,Chatainらは非反応金属Me-MO_n系の付着仕事を式(10-5)のように表示することを提唱した[14].

$$W = -\frac{\alpha}{\Omega}\left(\Delta \bar{H}_{O(Me)}^{\infty} + \frac{1}{n}\Delta \bar{H}_{M(Me)}^{\infty}\right) \tag{10-5}$$

ここに,αは調整可能因子,Ωは界面モル面積,$\Delta \bar{H}_{O(Me)}^{\infty}$,$\Delta \bar{H}_{M(Me)}^{\infty}$は溶融金属Me中のOおよびMメタルそれぞれの無限希薄状態における混合エンタルピーである.

10.3 溶融金属-非金属固体における付着仕事

式(10-5)の関係より,アルミナ-メタル系の付着の仕事 $W_{\exp}$ を式(10-6)の Q に対してプロットしたものを図10.14に示す.

$$Q = -\frac{1}{\Omega}\left(\Delta \bar{H}^{\infty}_{O(Me)} + \frac{2}{3}\Delta \bar{H}^{\infty}_{Al(Me)}\right) \tag{10-6}$$

ここに,$\Delta \bar{H}^{\infty}_{O(Me)}$ は不明であるから,1酸素原子当たりの MeO_n の生成エンタルピー $H°_f$ を用いて式(10-7)で求められる.

$$\Delta \bar{H}^{\infty}_{O(Me)} = 0.4 H°_f \quad (1酸素当たり) \tag{10-7}$$

界面モル面積 Ω は式(10-8)より求められる.

$$\Omega = 1.091 N \left(\frac{V}{N}\right)^{2/3} \tag{10-8}$$

ここに,V:溶融金属のモル体積,N:アボガドロ数.

図10.14に示すように W と Ω との間には良好な直線関係が成立している.このことはアルミナ-メタル界面において,化学結合の存在の間接的な証拠となると考えられている.Li Jian'guo[14] も図10.14と同様の結果を得ている.

溶融純金属に添加される元素によって,その表面性質が変化することはすでに第Ⅰ編5章において述べた.また,第Ⅱ編9章においては接触角に対しても影響を与えることが知られている.そのため,これら両者によって決定される付着仕事も添加元素によって大きく変化するものもみられる.

溶融金属-アルミナ系の場合,特に顕著な挙動を示す元素として第ⅥB族元素O,S,Se,Teがある.荻野ら[15] は表面活性元素O,S,Se,Teを含む溶鉄とアルミナの付着仕事を静滴法により求めた.その結果を図10.15に示す.酸素を除き表面活性元素の添加によって付着仕

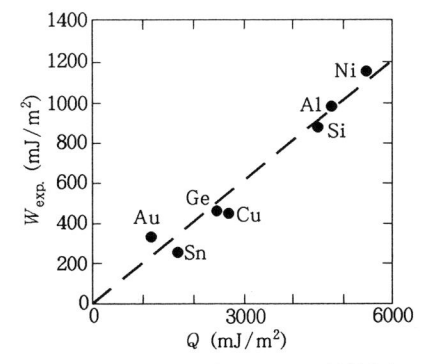

図10.14 アルミナ上のメタルの付着仕事の実験値と Q との関係[14]

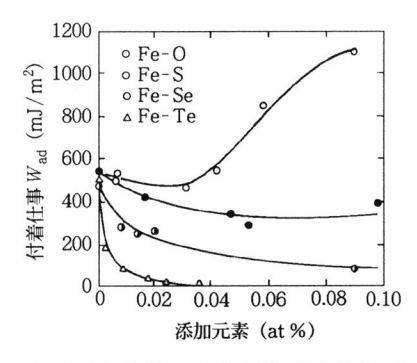

図10.15 溶鉄とアルミナ間の付着仕事への表面活性元素の影響[15] (1873K)

事は低下する．特に，Teの添加によって溶鉄とアルミナの付着仕事は急激に低下し，0.04at％において0になる．このことは溶鉄にTeを添加することによってアルミナと溶鋼とが離れやすくなることを意味する．これはアルミニウムによる溶鋼の脱酸にTeの添加が効果的なことを説明できる．

図10.15に見るように表面活性元素の中でOのみが他の元素とは異った挙動を示すが，この挙動は他の金属にもみられる．Niに対する酸素の影響は荻

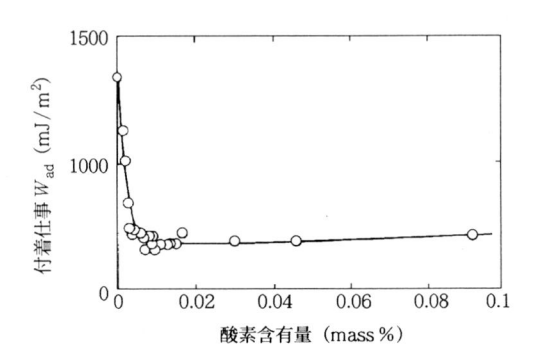

図10.16 液体Niとアルミナ間の付着仕事のNi中酸素による変化[12]

野ら[12]によって測定されているが，図10.16のようにOの添加によって付着仕事は[O]＝0.003mass％まで急激に減少し，これを境として以後ゆるやかに増加している．このように溶融金属とアルミナとの付着仕事はO含有量によって大きく変化する．そのため付着仕事の測定値の比較にあたってはO含有量を正確に把握する必要がある．

b. 溶融純金属－シリカ系の付着仕事

この系の付着仕事は静滴法による計算によって求められている．これまでSiO_2と種々なメタルとの系について数多くの測定がある．Sangiorgiら[16]がまとめたものを表10.3に示すが，測定温度，雰囲気，表面張力，接触角が示され，式(10-2)によって付着仕事W_{ad}が求められている．McDonald，Eberhart[11]がAl_2O_3と溶融金属において示した式(10-3)の関係をシリカ－メタル系について示すと図10.17のようになり，アルミナ－メタル系図10.14と同様，W_{ad}と$-\Delta G°_f$との関係は相関が見られず，広く分散している．そこでシリカ－メタル系に関しても，付着仕事W_{ad}

表10.3 シリカ上の溶融金属の接触角，付着仕事[16]

金属	温度 K	雰囲気	接触角 deg	表面張力 mN/m	付着仕事 mJ/m²	西暦
Ag	1373	He-5％H_2	142	820	174	1985
Au	1373	HV	140	1051	246	1972
〃	1353	HV	143	1125	227	1988
Co	1803	Ar	121	1857	901	1980
Cu	1423	HV	128	1233	474	1972
Fe	1873	H_2	117	1673	913	1970
Ga	303	UHV	126	632	261	1970
〃	1323	HV	119	646	333	1983
In	429	UHV	128	540	208	1970
Ni	1773	HV	125	1883	803	1972
〃	1753	Ar	120	1883	942	1980
Pb	1198	Ar	116.5	393	218	1980
〃	1000	He	120	406	203	1988
Si	1723	Ar	87	826	869	1988
Sn	505	UHV	124	573	253	1970
〃	1423	HV	125	464	198	1980
Al	1073	HV	90	844	844	1977

HV：高真空，UHV：超高真空

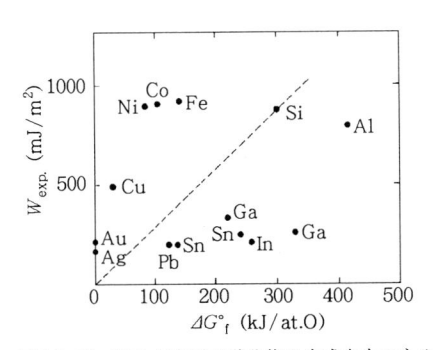

図10.17 種々な金属の酸化物の生成自由エネルギーとシリカとの付着仕事[16]

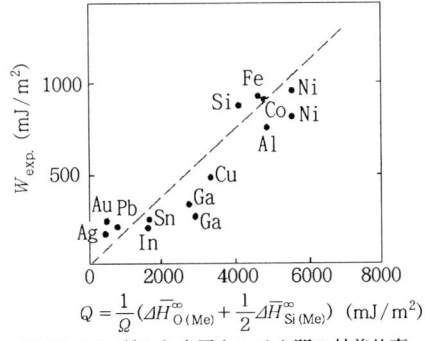

図10.18 種々な金属とシリカ間の付着仕事と Q との関係[16]

を式(10-9)の Q に対してプロットすると図10.18のように示され，W_{ad} と Q の間にアルミナ－メタル系と同様，直線関係が成立した．

$$Q = \frac{1}{\Omega}\left(\Delta \overline{H}^{\infty}_{O(Me)} + \frac{1}{2}\Delta \overline{H}^{\infty}_{Si(Me)}\right) \tag{10-9}$$

c. 溶融金属－酸化物系の付着仕事と酸化物相の総合判断

酸化物の表面は図10.19に示すように，酸素で覆われていると考えられている．このような表面に溶融金属が接触した場合，酸化物表面の酸素原子と溶融金属原子との親和力が付着性に関連することが明らかである．金属が同一で酸

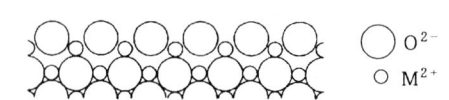

図10.19 酸化物の表面構造のモデル

化物が変化する場合，酸化物表面の酸素と金属との親和力は同一であり，それに影響を与える酸化物内の酸素－メタル(酸化物構成金属)との親和力の比較によって評価する必要がある．Naidich[17]は固体酸化物と溶融純金属内の接触角を溶融純金属の酸化物の標準生成自由エネルギー $\Delta G'$ と酸化物の $\Delta G''$ との差 $(\Delta G' - \Delta G'') = \Delta G$ によって評価している．金属相が同一の場合 $\Delta G'$ 一定であり，$\Delta G''$ のみで接触角ひいては付着仕事も固体酸化物側で評価できるものと考えられる．以上の事実より固体酸化物の熱力学的性質を比較するために，表面自由エネルギー変化を求める．

いま1モルの物質が1原子(分子)の厚さに拡がる時の表面自由エネルギー変化を $W_{a \cdot mol}$ とすると，付着仕事との関係は式(10-10)で与えられる[18]．

$$W_{a \cdot mol} = (M/\rho)^{2/3} N^{1/3} f \cdot W_{ad} \tag{10-10}$$

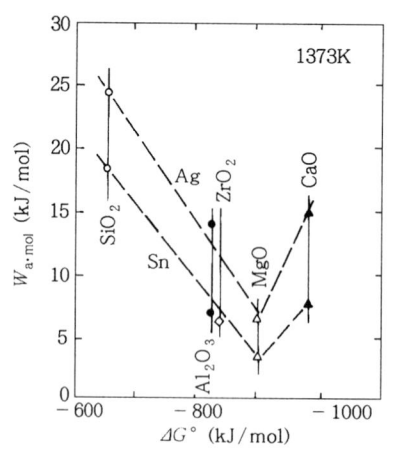

図10.20 表面自由エネルギー変化と酸化物の標準生成自由エネルギー変化との関係[18]

表10.4 種々なチタン酸化物とCuとの接触角と付着仕事（1423K）[19]

酸化物	電導タイプ	O/Ti	接触角 deg	付着仕事 mJ/m^2
Ti_2O_3	半金属電導	1.5	113	740
$TiO_{1.14}$	金属電導	1.14	82	1460
$TiO_{0.86}$	金属電導	0.86	72	1650

表10.5 873Kにおける溶融純Sn, Pb, BiとMgO結晶との付着仕事（mJ/m^2）[20]

結晶面	金属		
	Sn	Pb	Bi
(100)	121	97	88
(110)	8	14	32
(111)	84	63	52

ここに，ρ：固体酸化物の密度，M：分子量，N：アボガドロ数，f：充鎮係数，W_{ad}：付着仕事．
式(10-10)によって$W_{a \cdot mol}$を計算するためには，fの値が必要である．fは固体酸化物の結晶の構造や方位によって異なると考えられる．野城ら[18]は研究に使用した酸化物が焼結体であり，結晶表面における結晶方位も同定できないこともあり，$f=1$と仮定して$W_{a \cdot mol}$を求めている．各酸化物の$W_{a \cdot mol}$とその酸化物の標準生成自由エネルギーとの関係を図10.20に示す．図10.20はSn，Agについて示されているが，類似の傾向を示し，CaOの場合を除き，固体酸化物の標準生成自由エネルギー変化の値の小さいほど，すなわち，酸化物が安定なほど$W_{a \cdot mol}$の値は小さく，溶融金属と固体酸化物との間の結合力が弱いことを示している．ただ，CaOはSiO_2，Al_2O_3，MgOなどと挙動が異なっている．これはCaOを構成するCa^{2+}のイオン半径が他の酸化物に比してO^{2-}に近く，その結果CaO表面のOイオンの分極の程度が小さく，CaO表面のイオン性が最も大きいと考えられる．そのため，溶融金属を接触させるとCaOとの界面において，溶融金属原子の電子がCaO表面のO^{2-}イオンによって強く引き付けられ，両者間の結合力が大きくなり，付着仕事（表面自由エネルギー変化）も増大すると考えられる．

同一の酸化物であっても，金属と酸素の割合によって付着仕事は大きく変化することがNaidich[19]によって報告されている．表10.4に示すようにチタン酸化物中の酸素/メタル比が減少するに従って付着仕事は増大する．$TiO_{1.14}$，$TiO_{0.86}$のような金属的酸化物（metallic-like oxide）の界面結合はより金属的となり，そのため付着仕事は著しく増大する．

一般に酸化物の表面は酸素イオンが配列していると考えられている．酸化物が単結晶の場合，その結晶面によって固有の表面構造を有するから，酸素イオンの配列も結晶面によって相

違する.その結果,付着仕事も変化する.野城ら[20]がMgOについて(100),(111),(110)の各結晶面についてSn, Pb, Biとの接触角を測定し,付着仕事を求めている.表10.5にその結果を示すが,各メタルについて(100) > (111) > (110)の順となっている.この相違は表面の酸素イオンの数および表面の酸素イオン第2層のMgイオンとの相互作用力が結晶面によって相違することによると考えられている.

酸化物が2成分よりなる固溶体の場合については,新谷ら[21]のAl_2O_3-Cr_2O_3系と溶融Ⅰb族金属(Cu, Ag, Au)および鉄族金属(Fe, Co, Ni)

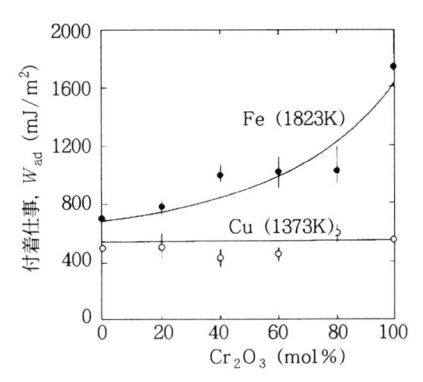

図10.21 Al_2O_3-Cr_2O_3固溶体上の溶融Fe, Cuの付着仕事[21]

とについての測定がある.付着仕事は図10.21に示すように,AuではCr_2O_3含有量の増加によっても変化は少ない.Au, Agも同様の傾向を示す.これはCu, Ag, Auは安定な金属であり,Al_2O_3-Cr_2O_3固溶体との間で反応は極めて小さく,付着仕事はvan der Waalsの相互作用のエネルギーで表される.一方,Feの場合は図10.21に示すように,Cr_2O_3の増加とともに付着仕事は増大する.この原因はCr_2O_3の増加とともに固-液界面での化学的相互作用の寄与が大きくなるためといわれる[21].

d. 温度,圧力と付着仕事

一般に液体の表面張力は温度の上昇とともに減少する.固体上の液滴の接触角も温度の上昇とともに減少するが,付着の仕事は増加する.野城ら[18]は種々な酸化物と純金属とのぬれ性の結合力において,図10.22の付着仕事と温度との関係を示した.図10.22に示すように

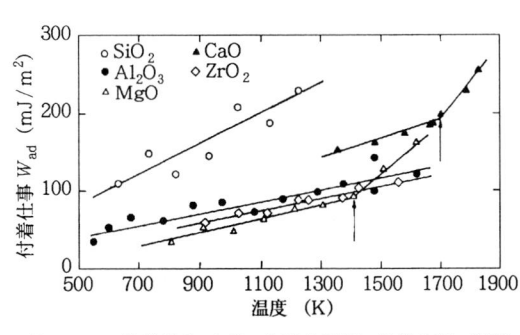

図10.22 液体純Snと種々の酸化物間の付着仕事の温度依存性[18]

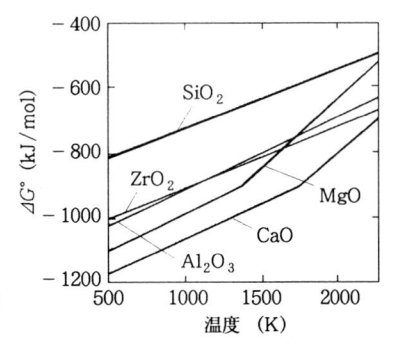

図10.23 種々の酸化物の生成標準自由エネルギー温度図(エリンガムダイヤグラム)

SiO$_2$，Al$_2$O$_3$，MgO，CaO，ZrO$_2$の各種酸化物とSnとの付着仕事は温度上昇とともに増加する．ただ，MgO，CaOは1676Kと1976Kにおいて折点がみられる．同様の傾向はAgの場合にも見ることができる．MgOの1676K，CaOの1976Kで見られる折点は酸化物の標準生成自由エネルギー変化と温度の関係を表すエリンガム図（図10.23）においてもMgO，CaOについて見られる．このことから，固体酸化物と純金属の付着仕事が固体酸化物の熱力学的性質と深く関係していることを示唆していると考えられる．

e. 減圧下における溶融金属と固体酸化物との付着

現在，製鋼過程において溶鋼の真空処理は一般的になっている．溶鋼の真空処理においては処理設備内での溶鋼と耐火物あるいは溶鋼と一次介在物との相互作用は溶鋼の汚染と関連する重要な問題である．

溶融金属と固体酸化物との付着挙動は減圧においては常圧と相違する．野城ら[22]は溶融鉄合金による固体酸化物のぬれ性を減圧下において測定し，固体酸化物の種類によって付着挙動が大きく異なることを見いだしている．

図10.24に溶融Fe-0.22mass％C合金とアルミナ，マグネシアとの減圧下における付着挙動を示す[22]．アルミナの場合溶鉄合金と接触10分(0.6ks)後に付着仕事は最大値900mJ/m^{2}に達し，30分(1.8ks)後には230mJ/m^{2}に減少する．

一方，マグネシアの場合，アルミナと対照的に付着仕事は当初減少を示すが，接触300s後に最小値450mJ/m^{2}を示し，それ以降急増し，720s後には1500mJ/m^{2}に達する．

付着仕事は式(10-2)に示すように，溶鉄合金の表面張力と固体酸化物との接触角によってもとめられるから，図10.24にはそれらを併記してある．図10.24に示す溶鉄合金とアルミナ，マグネシアの付着仕事の経時変化は表面張力，接触角の経時変化と良く対応している．特に，

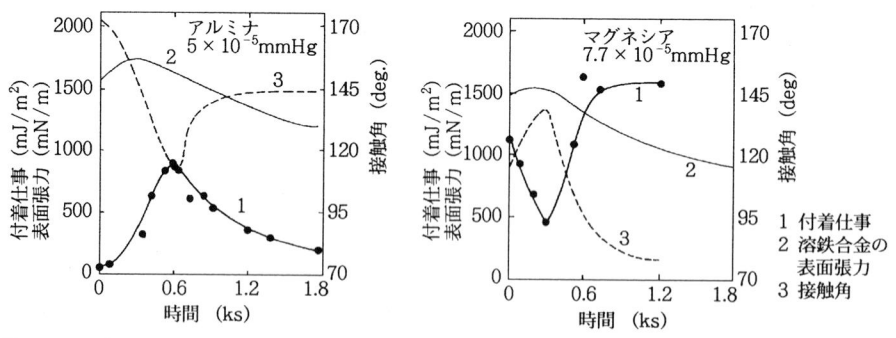

図10.24 減圧下における固体酸化物（アルミナ，マグネシア）と溶鉄合金（Fe-0.22mass％C）との付着，接触角および溶鉄合金の表面張力の経時変化[22]

接触角との対応が明らかである．

減圧下1873Kにおいて，溶融Fe-0.22mass％C合金とアルミナあるいはマグネシアとが接触した場合，アルミナ，マグネシアの解離とそれに溶融して生じた元素の溶解が生じ，さらに溶鉄中のCとの反応が生じる．

$$Al_2O_3 = 2\underline{Al} + 3\underline{O} \tag{10-11}$$

$$3\underline{C} + 3\underline{O} = 3CO\uparrow \tag{10-12}$$

$$Al_2O_3 + 3\underline{C} = 2\underline{Al} + 3CO\uparrow \tag{10-13}$$

$$MgO = Mg\uparrow + \underline{O} \tag{10-14}$$

$$\underline{C} + \underline{O} = CO\uparrow \tag{10-15}$$

$$MgO + \underline{C} = Mg\uparrow + CO\uparrow \tag{10-16}$$

これら式(10-11)～(10-16)に示す酸化物の解離，溶解，反応はアルミナとマグネシアでは大きく相違する．すなわち，アルミナの場合，溶鉄中にAlが残留するのに対して，マグネシアではMgは蒸発する．その結果，溶鉄中のO量は表10.6に示すように大きく相違する．

溶鉄中におけるAlの存在は式(10-11)の反応の制御に働き，溶鉄合金－アルミナの相互作用を減じ，付着仕事の低下に結びつく．一方，マグネシアの場合，接触時間の経過とともに溶鉄中の酸素量は増大し，溶鉄－マグネシア間の相互作用は増大し，接触後180sにはメタル－ガス－マグネシア三相境界には界面層が形成され，これが付着仕事の増大に寄与していると考えられている．Armustrongら[23]もこの界面層の形成を報告している．

表10.6 減圧下において酸化物と接触している溶融Fe-0.22mass％C合金中の酸素含有量(ppm)(急冷試料による分析値)[22]

酸化物	接触時間 (sec)			
	0	480	900	1800
アルミナ	—	24	74	52
マグネシア	49	43	116	403

10.3.2 溶融金属－黒鉛，炭化物系

a. 黒鉛

黒鉛またはダイヤモンドと溶融金属とが接触した場合，Au，Cuのように溶解度もなく，反応性のない金属は，ぬれ性が悪く，付着性もよくはない．しかし，これらの金属にCと反応して炭化物を生成するような元素を添加すると，ぬれ性は向上し，付着性は増大する．Naidichら[24]はCu，Ga，Ge，Sn，Auの各金属について，Ti，Ta，Nb，V，Cr，Mn，Niの各元素を5at％添加し，黒鉛との付着仕事を測定した．その結果を，各添加元素の炭化物生成自由エネルギー$\varDelta G$に対してプロットし，図10.25に示す．図から，どの金属においても$\varDelta G$の増加によって付着仕事は減少する傾向がみられる．

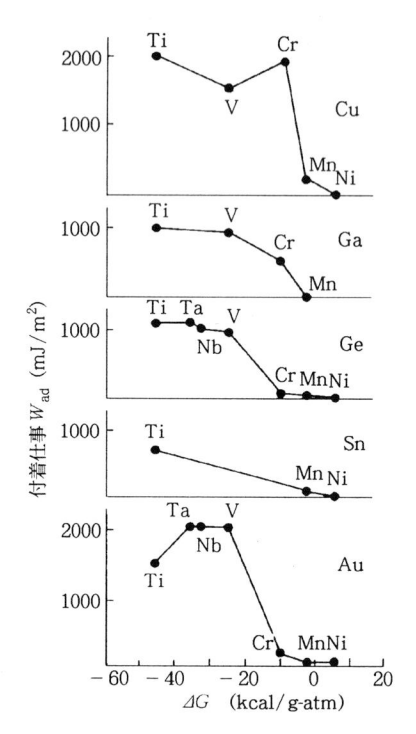

図10.25 種々の溶融金属と炭素との付着仕事と金属中添加元素の炭化物生成自由エネルギーとの関係[24]

b. 炭化ケイ素とその他の炭化物

炭化ケイ素 SiC は将来性のある新素材の一つであり，高温複合材料として有望視されている．そのため，基礎研究として SiC と溶融金属との付着性の研究が望まれ，いくらかの報告がある．ただ，この場合，試料として使用する SiC はその製造の方法によって特性が異なり，その結果，ぬれ性付着性が大きく相違する．野城ら[25]は種々の SiC 試料について，各種金属とのぬれ性付着性を測定し，その結果を表10.7にまとめて示す．表から SiC の製造方法によって付着仕事が相違する．SiC 試料と溶融金属とが接触する場合，SiC 試料の溶解を考えねばならない．表10.7の結果を検討するにあたって，参考のために各金属の Si および C の測定温度における溶解度を表10.7に示す．ホットプレスで約2373Kで加熱圧縮成型された試料(H.P)の場合，Fe，Ni，Co の鉄族元素を除き，付着仕事は小さい．また，Ag，Ge，Cu は Si を溶解するにもかかわらず試料中の Si 含有量も0である．

焼結性を向上させるために SiC に B_4C を添加しホットプレスによって成型された試料も，鉄

表10.7 種々な金属とSiCとの付着仕事（文献(25)より作成）

SiCの種類	Sn	Pb	Ag	Ge		Cu	Fe	Ni	Co
ホットプレスによって加熱圧縮成形した試料（H.P）		$\frac{9}{0}$ (1167)	$\frac{191}{0}$ (1283)	$\frac{26}{0}$ (1573)		$\frac{36}{0}$ (1408)	$\frac{2334}{46.0}$ (1873)		$\frac{1696}{42.1}$ (1803)
B_4Cを少量添加してホットプレスによって加熱圧縮成形した試料（H.P + B_4C）	$\frac{64}{0}$ (1373)					$\frac{344}{1.1}$ (1408)	$\frac{2333}{43.0}$ (1873)	$\frac{1936}{33.6}$ (1773)	
反応焼結によって製造された試料（金属Siが存在する）(R.)	$\frac{163}{0.1}$ (1373)	$\frac{25}{0}$ (1161)	$\frac{310}{4.8}$ (1283)	$\frac{31}{0.9}$ (1293)	$\frac{1168}{34.5}$ (1473)	$\frac{893}{4.3}$ (1408)	$\frac{2278}{48.2}$ (1873)	$\frac{2033}{33.3}$ (1773)	$\frac{1858}{42.1}$ (1803)
単結晶（S.C）	$\frac{19.8}{0.3}$ (1297)			$\frac{258}{0.5}$ (1503)					
金属中Siの溶解度（状態図より）	0.7 (1373)		20 (1283)	6 (1293)	33 (1473)	58 (1473)	100	100	100

表中の数字は $\frac{\text{付着仕事(mJ/m}^2\text{)}}{\text{金属中のSi含有量(at\%)}}$，（ ）は測定温度（K）

族元素を除き，付着仕事は小さい．

一方，反応焼結によって製造されたSiCは金属Siを数％含有するため，溶解度を有する金属とは反応を生じ，付着仕事はホットプレス成型のSiCに比べて大きい．また，Siの融点（1687K）を越えると，特にその傾向は厳しい．Geについてみると，1293Kでは比較的付着仕事は小さいが，1473Kでは付着仕事，溶解度とも急増する．

10.4 固体金属－溶融非金属間の付着仕事

固体金属と溶融非金属間の付着現象はメタル－エナメル系やメタル－セラミックシーリングなどの技術の基礎であり，メタル－ガラス系に代表される．メタル－ガラス系については，1950年代より多くの研究があり，種々なメタルと主としてソーダガラス間の付着仕事に関する知見が得られている．

10.4.1 固体金属－ガラス，セラミックス系

メタル－ガラス，セラミックスの付着を支配する因子として，(1)メタルの組成，(2)ガラス，セラミックスの組成，(3)雰囲気，(4)温度，(5)固体の表面状況，などが考えられる．

a. メタルの組成
一定の雰囲気（一定の酸素分圧）の下で，種々なメタルと一定のガラス組成との付着仕事は

Zackay[26]の測定値を用いて計算できる。表10.8のようにメタルの種類によって接触角，付着仕事は若干相違する。メタルによるこの相違を定量的に評価するためZackayらはpolarizabilityを導入している。polarizabilityはpolarizing powerの逆数でZ_e/r^2で与えられる。ここに，Z_eは電荷数，rは陽イオンの半径である。W_{ad}とZ_e/r^2との大小関係を比較すると大体の傾向としてZ_e/r^2の大きいものはW_{ad}も大きい。

表10.8 固体金属と溶融Na_2O-SiO_2系ガラスとの付着仕事[26]

金属	接触角 (deg.)	付着仕事 (mJ/m^2)	分極力 Z_e/r^2
Ag	70	403	3.04
Au	60	450	3.05
Pt	60	450	3.48
Pd	55	472	3.54
Cu	60	450	3.94
Ni	55	472	4.38

1173K, He雰囲気 Na_2O-SiO_2の表面張力300mN/m

b. スラグ，エナメルの組成

Adamsら[27]は，溶融ソーダガラスと鋼板とのぬれ挙動を静滴法によって検討し，ガラス中のFe量が増加すると接触角は低下することを報告している。この場合，付着仕事は求められていないが，Feを含むガラスの表面張力を推定し，接触角の実測値とより，式(10-2)により計算した付着仕事を図10.26に示す。図より，付着仕事はFe量の増加と共に増大することが明らかになった。このことは，O'brien[28]が示した，エナメルの方がガラスよりもAu, Ptとの付着仕事が大きいという結果を説明し得る。

Brennanら[29]もFe, Co, Ni表面上のNa_2O・SiO_2ガラスの接触角を測定し，ガラス中にFeO, CoO, NiOをそれぞれ添加した場合の影響を調査した。その際，ガラスとメタルとの付着状況を評価しているが，その一例を表10.9に示す。この結果は，Adamsら[27]の結果と同様，ガラス中のFeO量の増加によって，付着力が増加していることを示している。さらに，Brennanらの結果によるCoO, NiOについても，同様の傾向を示すことが報告されている。

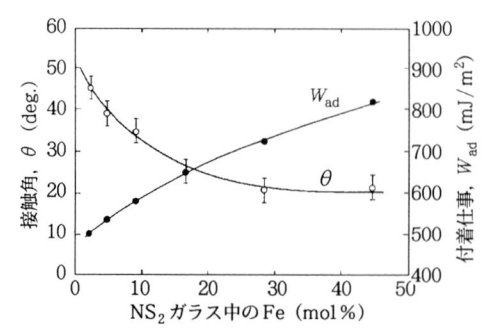

図10.26 鉄とNS_2ガラス($Na_2Si_2O_5$)との接触角θ, 付着仕事W_{ad}へのガラス中酸化鉄の影響（1273K, 10^{-3}Pa）[27]

表10.9 固体金属とガラスとの付着仕事へのFeOの影響

金属	ガラス中のFeO	付着状況
Fe	2.9	弱い
	6.0	普通
	9.0	良好
Co	2.9	弱い
	6.0	弱い
	9.0	良好
Ni	2.9	弱い
	6.0	良好
	9.0	良好

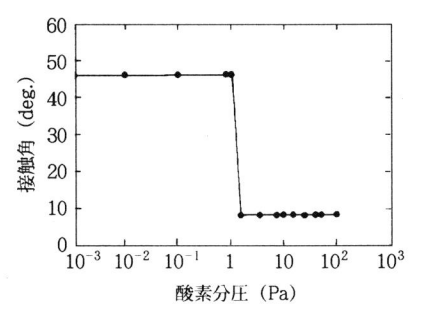

図10.27 Au上のホウ酸ガラスについての接触角と酸素分圧の関係（1173K）[30]

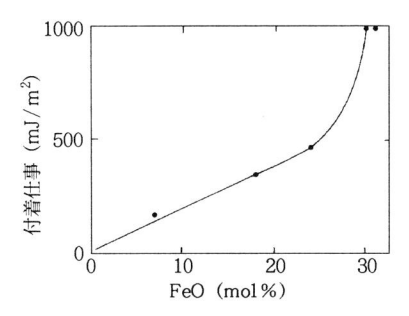

図10.28 固体鉄と溶融スラグの付着仕事とスラグ中FeOとの関係（1723K）[31]（付着仕事は井口らの測定値より計算で求めた）

c. 雰囲気

ガラスとメタル間の接触角は雰囲気中の酸素分圧によって急激に変化することはすでに述べた．例えば，Tsoら[30]の測定では図10.27に示すように，Auとホウ酸ソーダガラスとの1173Kの接触角は雰囲気中の酸素分圧が1Paを境に大きく変化する．これより，酸素分圧が大きいときは接触角6°，小さい場合は46°とに別かれる．このことより，1Paを境にして，界面にAuの酸化物が生成しガラスとメタルの付着状況の変化していることが推察される．

10.4.2 固体鉄と連鋳パウダー

井口ら[31]は，固体鉄と連鋳パウダーとのぬれ性を測定し，9章図9.41に示したように，パウダー中のFeOの増加とともにぬれ性がよくなり，接触角は減少し，FeO≒27mol％で0になることを見出している．この際，付着仕事は式（10-2）によって求められるが，FeOの増加によってパウダーの表面張力は増加の傾向にあるとしても，接触角の減少により，W_{ad} は図10.28のように増加すると考えられている．

10.5 溶融金属－溶融非金属系の付着仕事

融体－融体系の付着仕事はスラグ－メタル系，液状介在物－メタル系，スラグ－マット系，溶融ガラス－メタル系のように数多くの融体間に関連する．介在物（液状）の溶鋼からの除去，あるいは溶鋼へのスラグ，介在物の巻き込みをはじめスラグマット，エマルジョンによるスラグロスの現象，あるいはフローテングガラスの表面清浄性，分離性と密接に関連することはいうまでもない．

10.5.1 溶鉄-スラグ系の付着仕事

溶鉄とスラグ系との付着はメタル,スラグの組成両層間の反応の有無が密接に関係する.両層間の界面張力に大きな影響を有する酸素は重要なメタル含有成分であり,またスラグ側からみれば酸素を供給するFeO, MnO等は重要な役割を果たす.

図10.29に溶鉄と種々なスラグ系の付着仕事と溶鉄中の酸素量の関係を示す[32].低酸素域<0.032mass％Oにおいては,明らかにスラグ組成による付着仕事の相違がみられる.付着仕事は$CaO-Al_2O_3$ > $CaO-SiO_2-Al_2O_3$(塩基性) > $CaO-SiO_2-Al_2O_3$(酸性) > CaF_2基系の順に大きくなっている.CaF_2, CaF_2基スラグと溶鋼との付着仕事の小さいことは,ESR溶解においてこれらのスラグが鋳肌に良い影響を与える事実と一致する.またころも造塊用フラックスも酸性スラグであることからガラス質物質と溶鋼との界面での付着仕事の小さい事実とよく一致する.

酸素含有量が0.032％の領域では鋼中酸素量の増加とともに付着仕事は増大する.スラグ組成でいえば,FeO, MnOの増加とともに溶鋼との付着仕事は増大することを意味する.スラグ中へ少量のFeOを添加したときの溶鋼との付着仕事の変化を図10.30に示す.

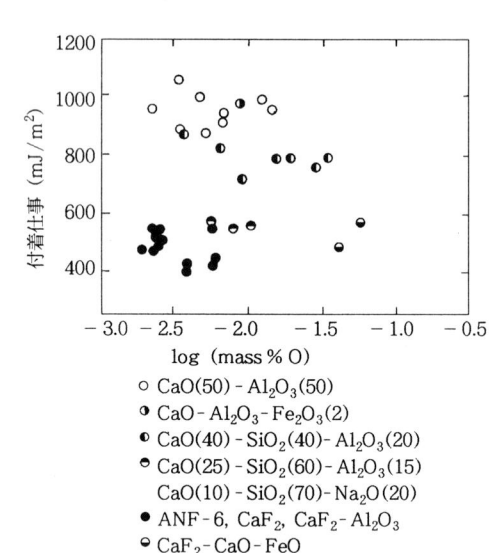

図10.29 種々なスラグと溶鉄間の付着仕事と溶鉄中酸素の関係[32]

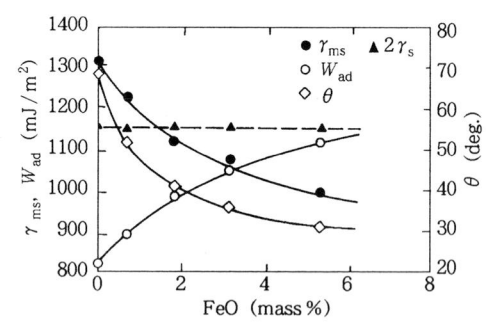

- ○ $CaO(50)-Al_2O_3(50)$
- ◐ $CaO-Al_2O_3-Fe_2O_3(2)$
- ◓ $CaO(40)-SiO_2(40)-Al_2O_3(20)$
- ◒ $CaO(25)-SiO_2(60)-Al_2O_3(15)$
- $CaO(10)-SiO_2(70)-Na_2O(20)$
- ● ANF-6, CaF_2, $CaF_2-Al_2O_3$
- ◌ $CaF_2-CaO-FeO$

図10.30 溶鋼-スラグ間の界面張力(γ_{ms}),付着の仕事(W_{ad}),スラグの凝集力($2\gamma_s$),接触角(θ)へのFeOの影響

10.5.2 種々な溶融金属と溶融酸化物の付着仕事

Ni, Cu, Agの各溶融金属と溶融アルミネートとの付着仕事は1823Kにおいて,それぞれ970, 800, 605mJ/m²と報告されている[33].この場合溶融酸化物はCaO(45％)Al_2O_3(50％)MgO(5mass％)であり,これと溶融金属との界面での付着仕事を考えるためには,ア

表10.10 1823Kにおける溶融金属と溶融アルミネートとの付着仕事[33]

メタル	イオニックポテンシャル Z_e/r^2	付着仕事 W_{ad}	溶融シリケートと固体金属との付着仕事 W_{ad}
Ag	3.04	605	395
Cu	3.94	800	442
Ni	4.38	970	462

アルミネート CaO：45%, MgO：5%, Al_2O_3：50mass%
シリケート Na_2O：31〜37%, SiO_2：63〜69mass%

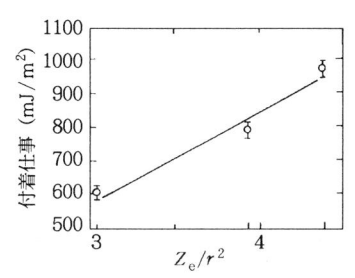

図10.31 溶融金属-スラグ間の付着仕事と分極力, Z_e/r^2 の関係（1823K）[33]

ルミネートの表面の状態を推定する必要がある．アルミネートの表面構造はアルミナの表面構造が酸素イオンであることから推察して，一応酸素イオンが表面に配列しているものと考える．それとAg, Cu, Niの各原子との付着を考えるMcDonaldら[11]のAl_2O_3溶融金属系と同様にΔGとW_{ad}との関係，および分極力（Z_e/r^2）について表10.10に示す．表10.10よりΔGの増加およびZ_e/r^2の増加とともにW_{ad}の増加が認められる．分極力（Z_e/r^2）とW_{ad}との関係は図10.31のようにアルミネート，シリケートともほぼ直線的関係を示すことが認められた．

Cu-Ni, Cu-Ag系と溶融アルミネート間の付着仕事も1823Kにおいて求められているが組成との関係は滑らかであり，特異な変化はみられない．

10.6 金属薄膜の付着力

金属薄膜は高真空中において，蒸着法によってガラスや他の結晶体の基板上に金属を付着させ作成する．蒸着に当たっては，基板は十分に洗浄され，高真空容器内において100〜1000Åの厚さに金属が蒸着される．得られた金属薄膜の付着力は，金属の種類，蒸着時間，真空度によって大きく変化する．金属の種類による付着力の一例を図10.32に示す[35]．Auは時間による変化はなく，わずかに2gの垂直力によってはがれる．この力は，剪断力で$10 \times 10^7 N/m^2$である．Al, Feは時間によって変化し，Feは時間とともに急激に増加し，剪断力で$300 \times 10^7 N/m^2$に達し，それ以後変化はない．Alも最初は，Auと同様の挙動を示すが，時間の経過とともに，若干増加し，

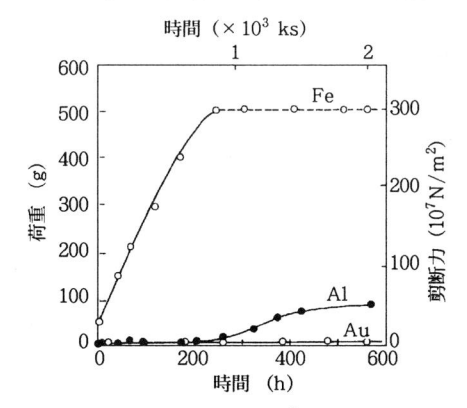

図10.32 減圧下（1.33×10^{-3}Pa）においてガラス板に蒸着した種々の金属フィルムの付着力の経時変化[35]

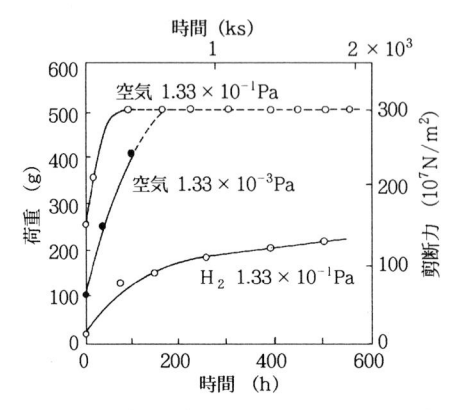

図 10.33 種々な雰囲気下においてガラス板に蒸着したFeフィルムの付着力の蒸着時間変化[35]

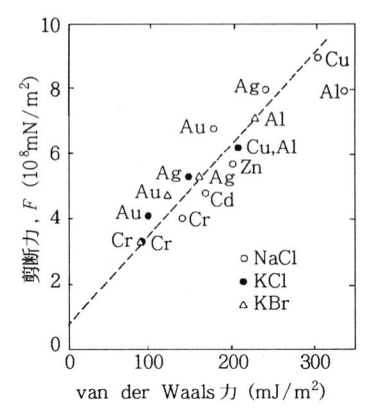

図 10.34 アルカリハライドの (100) 面とそれに蒸着した金属膜との剪断力に対するアルカリハライドのvan der Waals力の関係[36]

250h以降増加の傾向を示し，剪断力で$50 \times 10^7 \mathrm{N/m^2}$ に達する．

Benjamin[35]の研究では，金属の付着の状況を3つのグループに分類している．

a) Rh, Pd, Pt, Au
b) Ni, Cu, Ag, In
c) Be, Al, Cr, Mn, W, Pb, Vs

付着力は，雰囲気に大きく依存し，図10.33に示すように，ガラス上のFe薄膜の付着力の強さは雰囲気中の酸素分圧の増加とともに，より急速に上昇することが明らかになった．

Benjamins[36]はアルカリハライド結晶の (100) 面に種々な金属薄膜を蒸着し，薄膜をはがすために，剪断力で付着力を評価している．図10.34に示すようにアルカリハライド上の金属薄膜はガラスに比較して剪断力は小さく，その大きさは，Van der Waals力に支配されることが明らかである．

10. 7 高温における付着の機構

2つの物質の付着の機構を検討するにあたっては，付着部分の観察が必要である．現在，付着界面部分の観察，特にミクロな観察は常温においてなされるのが一般的である．そのため高温状態における付着の機構を検討するに当たっても，試料は冷却し，観察がなされている．観察は界面張力部分を光学顕微鏡，電子顕微鏡，走査電子顕微鏡，EPMA (Electron Probe Micro Analysis) などを用いて行われている．

固体非金属－メタル間の付着の機構の検討は，ほうろうや気密封止に関して古くから検討さ

れてきている．それらを以下に示すが，これらの機構に関する考え方は，最近のメタル－セラミックス系における付着の機構を検討する上において参考になる．

10.7.1 メタル－ガラス系

ほうろうにおける鉄とガラスの接着機構として，次のいくつかが提唱されている[37]．
(1) 機械的結合：図10.35に示すようにメタルとガラスとが相互に入り組んだ界面張力によるかみ合い結合である．この機械的結合の機構がほうろうの接着において重要な役割をはたしている．
(2) 化学的結合：メタル－ガラス間の電子の共有による結合
(3) 遷移層結合：鉄－ガラス界面に中間酸化物層が生成する結合
(4) van der Waals結合：静電的相互作用によって生じる結合

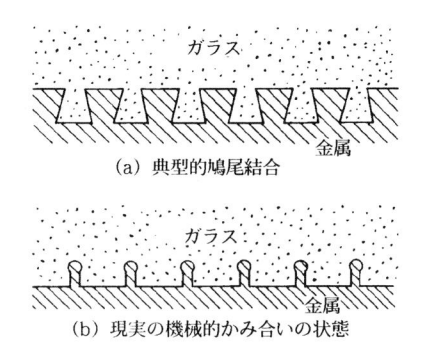

図10.35 ガラスと金属の機械的結合モデル[37]
(a) 典型的鳩尾結合
(b) 現実の機械的かみ合いの状態

10.7.2 メタル－セラミックス系

メタル－セラミックス系についてみると，Al_2O_3－Ni系では付着力は溶融Ni中のO量に大き

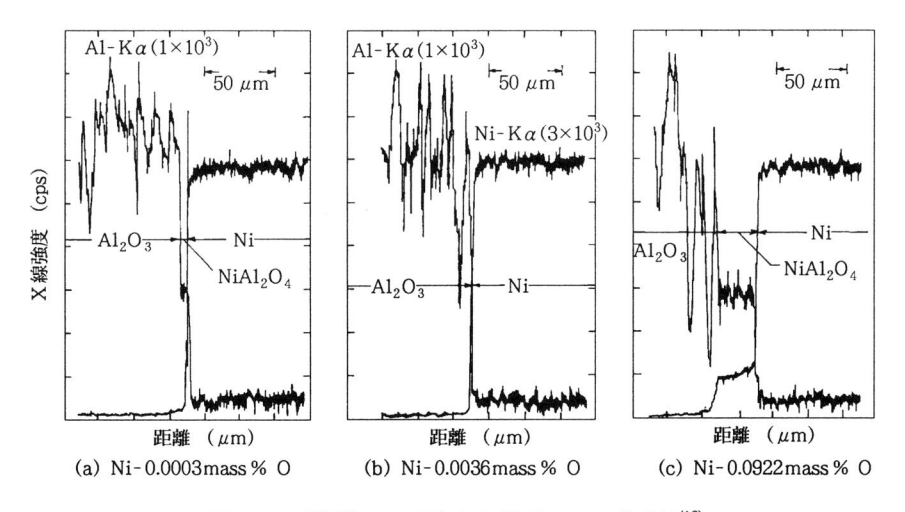

(a) Ni-0.0003mass％O
(b) Ni-0.0036mass％O
(c) Ni-0.0922mass％O

図10.36 凝固後のNi-O/Al_2O_3界面のEPMA線分析[12]

く依存する[12]．その関係は，低酸素領域ではAl_2O_3との間に非常に強い付着力が働き，酸素量の最も少ない0.0003mass％における付着力は，0.003〜0.005mass％付近の付着力の約2倍である．それらの場合の界面の状況ならびにEPMAによる線分析図を図10.36に示すが，酸素量0.0003mass％ではNi-Al_2O_3界面は入り組み，図10.35に示した機械的結合形式と類似している．

10.8 付着仕事の推算

界面において両層間に働く力より付着仕事を推算することがなされている．中野ら[38]は非化学的付着と化学的付着について付着仕事の推算を試みている．

非化学的付着の場合，界面にはたらく力を分散力と斥力のみと考え，そのポテンシャルエネルギーより1cm^2当たりの付着仕事，W_{ad}を式(10-17)で与えている．

$$W_{ad} = -\frac{3\alpha_1\alpha_2}{4} \times \frac{I_1 I_2}{I_1 + I_2} \times r_0^{-6} N \tag{10-17}$$

ここに，αは分極率，Iはイオン化エネルギー，r_0は平衡原子間距離，Nは1cm^2当たりの表面酸素数である．

中野らは式(10-17)を用いて，Ag-MgO系についてW_{ad}を求め，45mJ/m^2を得ている．この値は実測値[38]とよく一致している．また式(10-17)は第二近接以遠の酸素および金属イオンの効果は含まれていないが，それらを考慮しても，式(10-17)で得られた値の1.1倍程度となるに過ぎないと述べている．

Ag-Al_2O_3系についてなされた式(10-17)による計算では，$W_{ad} = 146 mJ/m^2$となり，実測値[38]（60mJ/m^2）とは相違している．

引用文献

(1) 小野 周：表面張力, 6-4, ぬれと付着, 共立出版 (1980), 76~82.
(2) 水島三一郎編：物理化学 4, 5. 二液の界面自由エネルギー, 共立出版 (1949), 1035~1036.
(3) 近藤 保：界面化学(2版), 第6章 固体－液体界面, 三共出版 (1980), 64~66.
(4) A.J.Kinloch: The science of adhesion Part.1 Surface and interface aspects, J. Mater. Sci., **15** (1980), 2141~2166.
(5) A.J.Kinloch: The science of adhesion Part.2 Mechanics and mechanisms of failure, J. Mater. Sci., **17** (1982), 617~651.
(6) L.E.Murr: Measurement of interfacial energy and energy of adhesion by scanning electron microscopy, Mater. Sci. Eng., **12** (1973), 277~283.
(7) D.G.Moore and H.R.Thornton: Effect of Oxygen on the bonding of gold to fused silica, J. Research

NBS., **62** (1959), 127~135.

(8) J.E.Ritter Jr. and M.S.Burton: Adherence and wettability of nickel nickel-titanium alloys, and nickel‐chromium alloys to sapphire, Trans. AIME., **239** (1967), 21~26.

(9) D.F.Weirauch: Mechanical adhesion between a vitreous coating and an iron‐nickel alloy, Ceram. Bull., **57** (1978), 420~423.

(10) C.Coddet, A.M.Chaze and G.Beranger: Measurements of the adhesion of thermal oxide films : application to the oxidation of titanium, J. Mater. Sci., **22** (1987), 2989~2994.

(11) J.E.McDonald and J.G.Eberhart: Adhesion in aluminum oxide‐metal systems, Trans. AIME, **233** (1965), 512~517.

(12) 荻野和己, 泰松斉: 溶融Niの表面張力およびAl$_2$O$_3$との濡れ性に及ぼす酸素の影響, 日本金属学会誌, **43** (1979), 871~876.

(13) D.Chatain, I.Rivollet et N.Eustathopoulos: Adhesion thermodynamique dans les systimes non‐reactifs metal liquide‐Alumine, J. Chim. Phys., **83** (1986), 561~567.

(14) Li Jian'guo: Wetting and adhesion in liquid metal/alumina system, Rare Metal (Eng.Ed), **10** (1991), 81~85.

(15) 荻野和己, 野城 清, 山瀬 治: 溶鉄の表面張力および固体酸化物の濡れ性におよぼすSe, Teの影響, 鉄と鋼, **66** (1980), 179~185.

(16) R.Sangiorgi, M.L.Muolo, D.Chatain and N.Eustathopoulos: Wettability and work of adhesion of nonreactive liquid metals on silica, J. Am. Ceram. Soc., **71** (1988), 742~748.

(17) Yu.V.Naidich: (冶金融体における接触現象), キエフ (1972). (ロシア語)

(18) 野城 清, 大石惠一郎, 荻野和己: 溶融純金属による固体酸化物の濡れ性, 日本金属学会誌, **52** (1988), 72~78.

(19) Yu.V.Naidich: The mettability of solid by liquid metals, Prog. Surf. Membr. Sci., **14** (1981), 353~483.

(20) K.Nogi, M.Tujimoto, K.Ogino and N.Iwamoto: Wettability of MgO single crystal by liquid pure Pb, Sn and Bi, Acta Metall. Mater., **40** (1992). 1045~1050.

(21) 新谷宏隆, 玉井康勝: Al$_2$O$_3$-Cr$_2$O$_3$固溶体の化学組成が溶融金属とのぬれに及ぼす影響, 窯業協会誌, **89** (1982), 481~487.

(22) 野城 清, 荻野和己, 倉智哲馬: 減圧下における溶鉄合金による固体酸化物の濡れ性, 鉄と鋼, **74** (1988), 648~655.

(23) W.M.Armustrong and D.J.Rose: Interface reactions between metals and ceramics Part Ⅲ : MgO-Fe alloy system, Trans. AIME., **227** (1963), 1109~1115.

(24) Yu.V.Naidich, V.M.Perevertailo, O.B.Logineva: (黒鉛−溶融金属系における付着と熱力学的性質), Zhur. Fiz. Khim, **57** (1983), 577~580.(ロシア語)

(25) K.Nogi, K.Ogino: Wettability of Silicon Carbides by liquid metals : Proc. International Sym. on Advanced Structural Materials, Montreal, Canada Aug. 28-31, (1988), 97~104.
(26) V.F.Zackry, D.W.Maktchell, S.P.Mitoff and J.A.Pask: Fundamentals of Glass-to-Metal Bonding: I, wettability of some group I and group VIII metals by sodium silicate glass, J. Am. Ceram. Soc., **36** (1953), 84~89.
(27) R.B.Adams and J.A.Pask: Fundamentals of glass-to-metal bonding : VII. Wettability of iron by molten sodium silicate containning iron oxide, J. Am. Ceram. Soc., **44** (1961), 430~433.
(28) T.E.O'brien and A.C.D.Chaklader: Effect of oxygen on the reaction between copper and sapphire, J. Am. Ceram. Soc., **57** (1974), 329~332.
(29) J.J.Brennan and J.A.Pask: Effect of composition on glass-metal interface reactions and adherence, J. Am. Ceram. Soc., **56** (1973), 58~62.
(30) S.T.Tso and J.A Pask: Wetting and adherence of Na borate glass on gold, J. Am. Ceram. Soc., **44** (1979), 543~544.
(31) 井口義章, 山本澄雄, 井上道雄：固体鉄, 溶融スラグ間の濡れ, 日本金属学会誌, **51** (1987), 543~547.
(32) 荻野和己, 原 茂太, 三輪 隆, 木本辰二：溶鉄−溶融スラグ間の界面張力に及ぼす溶鉄中の酸素の影響, 鉄と鋼, **65** (1979), 2012~2021.
(33) 荻野和己, 足立 彰：溶融銀, 銅, ニッケルおよびその溶融二元系合金と溶融スラグ間の界面性質, 日本金属学会誌, **30** (1966), 965~970.
(34) P.Benjamin and C.Weaver: Adhesion of metal films to glass, Proc. Roy. Soc., (London)Ser, **A254** (1960), 177~183.
(35) P.Benjamin and C.Weaver: The adhesion of evaporated metal films to glass, Proc. Roy. Soc., (London) Ser, **A261** (1961), 516~531.
(36) P.Benjamin and C.Weaver: The adhesion of metal films to crystal faces, Proc. Roy. Soc., (London) Ser, **A274** (1963), 267~273.
(37) 鮫島幸治, 西山雅男：ガラス対金属封止における接着機構, 新日本電気技報, **2** (1967), 39~51.
(38) 中野昭三郎, 大谷正康：溶融金属と金属酸化物間の付着仕事について, 日本金属学会誌, **34** (1970), 562~567.

11章　泡立ち

11.1　緒　言

　金属製錬は不均一系であり，高温で液体中に気泡や高温粒子が分散することはよく知られている．いわゆる分散系を形づくっている．特にスラグが泡立つ現象は平炉製鋼の時代から操業上の大きな問題であった．さらにCu製錬や，Ni製錬においてスラグ中にマットや金属Cu，Niの分散する（一種のエマルジョン）いわゆるスラグロスも非鉄製錬における重要な問題である．広義の分散系では泡もエマルジョンも同じカテゴリーに属している．また現象的にも泡とエマルジョンが同じ原因で発生する場合もあり，Kozakevitchの論文[1]の"Foam and emulsion in steelmaking"のように同時に論じられることもあるが，本書では泡とエマルジョンは章をわけて示すことにした．さらに，本章における泡はスラグフォーミングの基礎研究を対象として記述した．実炉におけるスラグのフォーミングや，その抑制については第III編（下巻）18章融体反応プロセスにおいて述べることにする．
　本章では分散系に対する考え方と，泡の最も基本的な状態である単一気泡，さらにガス吹き込みによるスラグの泡立ち，ならびに実験室的規模において反応によって発生する泡の直接観察から考えられる泡立ちの機構などについて述べる．

11.2　分散系

11.2.1　分散系の分類と高温分散系の整理

　一般に常温における分散系については多くの研究があり，その定義，分類もほぼ確定している．分散系は分散媒と分散相とからなり，多量の分散媒中に分散相粒子が互いに独立して存在する浮遊系と，粒子が沈降または浮上して互いに接触または結合してその間隔を分散媒が満たしている集積系とにわかれる．分散系の研究はコロイド分散系より着手されたが，その進展につれて採用される理論や研究方法の大部分はそのまま粗大分散系にも適用できることが明らか

になっている．分散系（粗大分散系も含めて）は分散媒，分散相の種類によって表11.1のように分類される[2]．

金属製錬設備装置内で生じる分散系については，必ずしも明確になっていないが，種々な観察，経験により選定し，分類したものを表11.2に示す[3]．表から高温における分散系は，液−気系の泡沫と液−液，液−固系のエマルジョンとに大別される．

表11.1 分散系の分類[2]

分散媒	分散相	分散系	
		浮遊系	集積系
気相	液体 固体	霧 気体コロイド 煙 (エーゾル, 煙霧質)	— 粉体 多孔体*, キセロゼル*
液相	気相 液相 固相	気泡 エマルジョン サスペンション (懸濁液)	泡沫（泡塊） クリーム ゲル コロイド状 沈殿
固相	気相 液相 固相	固体コロイド	固体コロイド

*固相は分散相とも分散媒とも考えられる（ゼリー状態）

そのため本編においては11章に泡沫，12章にエマルジョンに分離して記述することにした．

11.2.2 高温分散系の生成と具体例

表11.2に示した高温分散系はどのようにして生成するのか．これについては実操業における直接観察が困難であるため，必ずしも明確でない．小型炉における透過X線観察や実炉よりの採取試料から高温における分散状況が推察されている．

分散系はお互いに混じり合わない相同士が，種々な原因によって混合，分散して形成されるが，次のような生成要因を考えることができる．

1) 吹き込みガス
2) 反応生成ガス
3) 機械的巻き込み
4) 化学反応

1) は，インジェクションによる溶鋼へのガス吹き込みで溶鋼中にガスホールドアップが生じ，気−液分散系が形成される．粉体をインジェクションする場合は，気−液分散系に固相，液相が混合した，より複雑な分散系が形成される．

2) の反応生成ガスによる代表的な分散系は脱ケイ処理，転

表11.2 高温分散系の分類[3]

分散媒	分散相	分散物質		分散系	
		分散相	分散相	浮遊系	集積系
液相	気相	スラグ	吹き込みガス 反応生成ガス	インジェクション, 化学反応による気泡	スラグの 泡立ち*
		メタル	吹き込みガス 反応生成ガス	インジェクション, 化学反応による気泡	
液相	液相	スラグ	メタル	スラグ中のメタル エマルジョン	
		メタル	スラグ 介在物	溶鋼中の介在物	
液相	固相	メタル	介在物	溶鋼中の介在物 サスペンション	

*若干の固相，液相粒子を共存する

炉，溶融還元におけるスラグのフォーミングである．また酸素転炉におけるスロッピングもこれに属する．一方，スラグ－メタル界面，スラグ－マット系界面を反応生成ガスが通過する場合にスラグ中へメタルやマットがショットとして分散されることがある．

3)の機械的巻き込み現象としては，スラグ－メタル界面の乱れによる溶鋼中へのスラグや，連鋳パウダーの巻き込み現象である．

4)の化学反応による反応生成物の分散現象として代表的なものは溶鋼の脱酸時の脱酸生成物（非金属介在物）の溶鋼中への分散である．さらに，スラグ－メタル間に反応が生じる場合，界面のミクロな乱れと，マイクロエマルジョンが生成する．

佐野[4]も製鋼プロセスの将来進むべき方向として，分散工学的観点よりの検討を提唱し，製鋼プロセスにおける分散現象を分類している．

11.3 泡立ちの一般的概念[5]

現象的にはよく知られている"泡立ち"とは如何なる現象であろうか．これを理解するための実験として，よく引用されるものにブチルアルコールとサポニンの水溶液を別々の試験管に入れて同時に振とうする例がある．この場合，前者からは多量の泡が生じるが，後者からはわずかしか泡は生じない．しかし，これらの泡が消えるまでの時間（泡の寿命）は後者の方がはるかに長い．おおまかに考えると"泡立ち"はこれら2つの因子"泡立ちやすさ"と"消えにくさ"によって説明することができる．これらの因子は起泡力(foaming power)，泡沫安定度(foam stability)と呼ぶが，これらの2つの因子は同時に泡立ちに影響を与える．前の例では，ブチルアルコール水溶液は起泡力が大で，安定度は小，一方，サポニン水溶液は起泡力が小で安定度は大ということになる．

起泡力は一定条件で振とう，撹拌するとき，どれだけの気体が気泡となって液体中に分散させられるかによって決まり，液体の流体力学的条件や表面張力に関係するが，薄膜の粘度，弾性にはあまり関係がない．一方，泡の安定度は表面弾性，表面剛性，表面粘性，動的表面張力に関係するといわれているが，そう簡単ではない．泡の安定性には固相の晶出も関係するといわれ，それと液体とのぬれなども間接的に関連する．

11.3.1 泡 (Foam)

液体の泡立ち現象は石鹸やビールの泡などのように日常身近に多く見ることができる．そのため古くから科学者の興味を引き，その科学的な検討が加えられてきた．一方，金属工業においても貧鉱の処理方法として浮遊選鉱法のように有用鉱物粒を気泡に付着させて分離回収する泡の利用があり，また高温冶金プロセスにおいては平炉製鋼における ore boiling, lime boiling のように冶金反応によってスラグの泡立つ現象がみられ，冶金技術者にも興味深いも

のであった．近年，酸素転炉法が普及したが，転炉内で進行する激しい冶金反応の結果，スラグの泡立ち，スロッピング現象が大きな問題となり，また最近，溶銑の脱ケイ，鉱石の溶融還元，ソーダ系フラックスの使用などにおいてもスラグの泡立ちが関心を集めている．

溶液系の泡立ち現象に関してはすでに述べたように古くから学問の対象となってきた関係上種々の検討が加えられ，その性状がよく把握されている．しかし最近問題となっている高温のスラグの泡立ち現象に関しては現場的観察，基礎的研究とも極めて少ない状況である．ただ1986年より鉄鋼基礎共同研究会において界面移動現象部会が発足し，筆者は「スラグの泡立ちグループ」の世話役を勤めた．5年間にわたる大学，企業等のフォーミングに関する共同研究は大きな成果を上げたと自負している．

11.3.2 泡の定義[5][6]

泡に関して用いられる用語に気泡，泡沫および分散気泡がある．これらはときとして混同されて用いられる．気泡(bubble)は固体または液体中に存在するか，またはこれらの薄い膜で囲まれた気体の粒の1つ1つを言う．泡沫(foam, froth)は気泡が多数集合して互いに薄い液体または固体膜で隔てられたものである．分散気泡(dispersed gas)は多数の気泡が液体または固体中に浮かんだものである．泡という用語はこれらを区別せずに使用される．表11.3にはこれらの実例を示す．図11.1には発泡性の潤滑油にデフューザストーンを通じて空気を吹き込んだときの状態を示しているが，泡沫層と分散気泡層は明確に区別される．この区別は単に形態的なものだけでなく本質的相違が存在する．

表11.3 気泡，分散気泡，泡沫[6]

気泡 (bubble)	分散気泡や泡沫を構成する気体粒子
分散気泡 (dispersed gas)	多数の気泡が液体または固体中に分散している状態
泡沫 (foam)	気泡が多数集合し，互いに薄い液体や固体の膜によって隔てられた状態

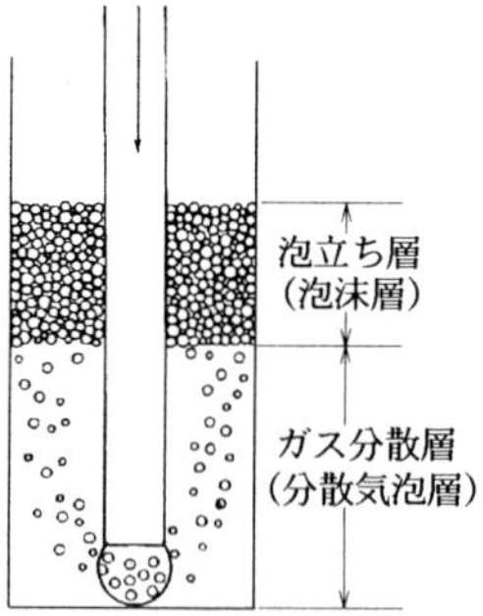

図11.1 泡立ち層とガス分散層[5]

11.3.3 泡の安定性[5]〜[8]

純粋な液体は安定な泡沫を作ることはなく，泡立ち液体のほとんどが混合液または溶液であることは知られているが，なぜ泡立つかは解明されていない．しかし現象論的には先に述べた起泡力あるいは液体が泡の安定性条件を満たすとき泡立ち現象が生じる．

泡沫の生成は液体表面の増大を伴うから，その意味では表面張力が小さいほど起泡力は大きい．しかし，泡沫はもともと発生の際の撹乱とそれに続く泡膜液の流下，蒸発による膜の破

壊,収縮を伴う動的非平衡系である．したがって,平衡表面張力の絶対値よりもその濃度や時間による変化が問題となり,吸着膜に関しても吸着量の絶対値の大小だけでなく吸着膜の外力に対する強度が重要である．

以上のような観点から動的表面張力,表面粘弾性による泡沫の生成安定化機構が重要な意味を持つ．溶液表面での粘弾性の発生機構に関してギブス弾性(Gibbs elasticity),マランゴニ効果(Marangoni effect),くさび効果 (wedge effect) が知られている[7]．これは表面の変形に際して表面張力や吸着膜物質の表面膜内拡散や溶液内部より表面への拡散の総合的効果として生ずる抵抗力である．

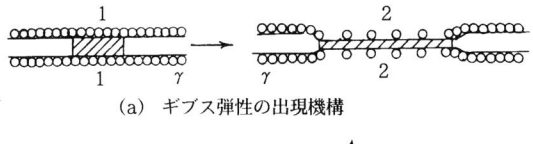

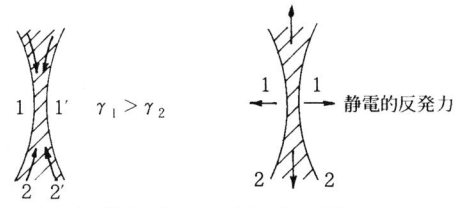

(a) ギブス弾性の出現機構
(b) マランゴニ効果による気泡の安定化
(c) くさび効果による気泡の安定化

図11.2 ギブス弾性の出現機構と気泡膜の安定化機構[7]

ギブス弾性は図11.2(a)に示すように,表面活性成分を吸着した液体薄膜の一部を体積を変えずに引張ると,新しく生じた面に表面活性成分が吸着するために膜内部の濃度の減少を起こし,吸着量はこの減少した濃度に平衡な量にまで減少する．その結果,拡張された表面張力の大きい部分2と拡張されていない元の部分で表面張力の小さい部分1が生じることになる．

表面張力の小さい部分1は相対的に拡大し,表面張力の大きい部分2は収縮しようとすることから,薄膜の伸びに対する弾性力として働く機構をとることになる．その量は式(11-1)で示される．

$$E = 2[(d\gamma/ds)T]N_1 \cdot N_2 \tag{11-1}$$

ここに,sは膜面積,γは表面張力,Tは温度,N_1,N_2は膜中の成分の量である．

マランゴニ効果は局所的な表面張力の大小によって発生する流れが膜の変形に対する抵抗力となる現象である．図11.2(b)に示すような成長しつつある気泡では,先に形成された面2,2′では表面活性成分の吸着により表面張力はγ_2まで低下している．新しく形成された面1,1′は表面活性成分の吸着の遅れにより,大きい表面張力γ_1を持つ．いま液の粘度が低く,表面活性成分の移動速度が速い場合には2,2′より1,1′に向かう急激な流れが生じ,気泡膜液の流下に対する抵抗力となる．圧力差は式(11-2)で与えられる．

$$\pi = K \cdot S(ds/dt)/T \tag{11-2}$$

ここに,Kは定数である．

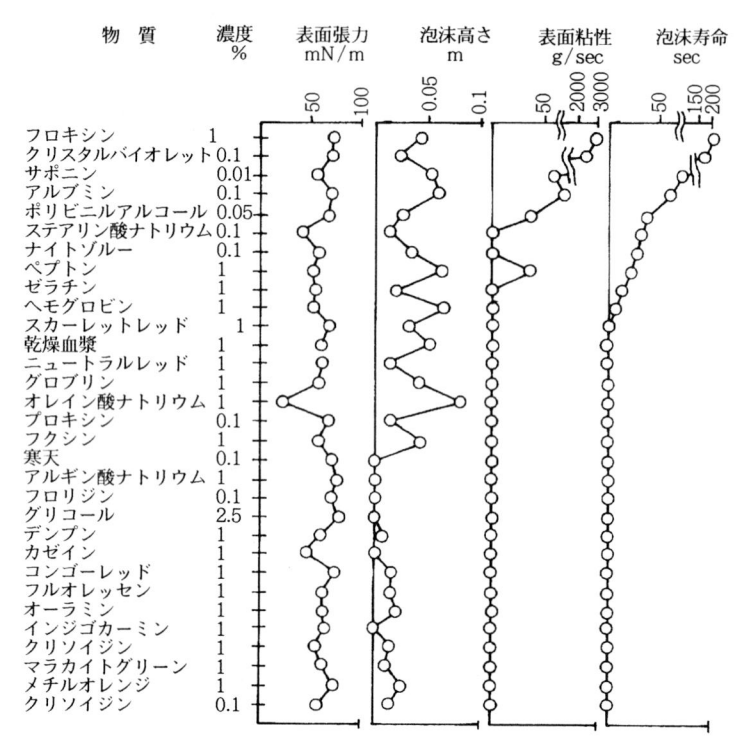

物質	濃度 %	表面張力 mN/m	泡沫高さ m	表面粘性 g/sec	泡沫寿命 sec
フロキシン	1				
クリスタルバイオレット	0.1				
サポニン	0.01				
アルブミン	1				
ポリビニルアルコール	0.05				
ステアリン酸ナトリウム	0.1				
ナイトゾルー	0.1				
ペプトン	1				
ゼラチン	1				
ヘモグロビン	1				
スカーレットレッド	1				
乾燥血漿	1				
ニュートラルレッド	1				
グロブリン	1				
オレイン酸ナトリウム	1				
プロキシン	0.1				
フクシン	1				
寒天	0.1				
アルギン酸ナトリウム	1				
フロリジン	0.1				
グリコール	2.5				
デンプン	1				
カゼイン	1				
コンゴーレッド	1				
フルオレッセン	1				
オーラミン	1				
インジゴカーミン	1				
クリソイジン	1				
マラカイトグリーン	1				
メチルオレンジ	1				
クリソイジン	0.1				

図11.3 泡沫高さ,泡沫寿命と表面張力,表面粘性との関係[5]

ギブス弾性とマランゴニ効果との相違は前者が平衡値であるのに対し,後者は速度に依存し,動的状況の膜にのみ現れる点である.

くさび効果(wedge effect)はイオン性の液体の薄膜系にのみ出現する.図11.2(c)のように気泡は系全体のエネルギーを減少しようとして,1,1′面,2,2′面に囲まれた液体を排出しながら,その膜厚を減じ,ついには合体する.ところで,溶液系が比較的大きいサイズの表面活性イオンを含む場合,気泡を隔てている膜の両側の表面に吸着した表面活性イオン間に働く静的反発力は膜厚の減少につれて増加し,10^{-7}〜10^{-8} mにまで膜厚が低下すると出現するといわれている.

図11.3には種々な水溶液の泡立ち(泡沫高さ,泡沫寿命)と表面物性(表面張力,表面粘性)との関係を示す.水溶液の泡立ちにおいては静的な表面張力よりは表面粘性がかかわっていることを示している.

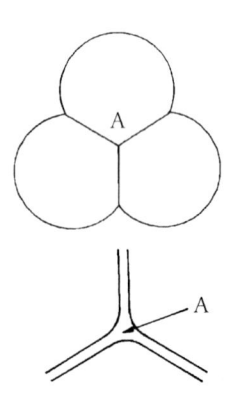

図11.4 Plateau境界[10]

ここに示した表面の粘弾性の理論は主として表面吸着膜の諸性質だけが扱われてきたが、一般に薄膜の運動全体をみると泡膜中の液への重力の作用や、Plateau border(Gibbs triangle)(図11.4参照)に向かう泡の毛管力による移動が泡膜の厚さの減少を生じ、膜の破壊に至るプロセスが重要である．一方、溶液に対して有限の接触角を持つ微粉体は気泡の表面に集まる性質があり、多数の粉体粒子で覆われた気泡は安定化して、三相泡沫を形成するといわれている．

11.3.4 水溶液の泡立ちの測定[9]

水溶液の泡立ちの測定は多くの方法が用いられているが、それらのうち代表的なものを表11.4に示す[9]．

表11.4 水溶液の泡沫の測定法[9]

泡沫の高さ
消失までの時間
泡膜液量
泡膜液や泡容積の半減期・減少速度

水溶液など常温における泡沫、泡立ち現象に関する著書、レビューを以下に示す．

1) 佐々木恒孝：泡沫, 実験化学講座 7, 界面化学, 丸善 (1967), 181～216.
2) J.T.Davies and E.K.Rideal : Interfacial phenomena, Academic Press (1961), 395～416.
3) R.J.Akers : Foam, Academic Press (1976).
4) 阿部友三郎：あわの科学, 地人書館 (1984).
5) J.A.Kitchener : Foam and free liquid films, Recent progress in surface science, Vol. I (1964), 56～93.
6) J.J.Bikerman : Foams and Emulsions, Ind. Eng. Chem., **57** (1965), 56～62.
7) J.J.Bikerman : Foams, Springer-Verlag (1973).
8) J.A.kitchener and C.F.Cooper : Current concepts in the theory of foaming, Quart. Rev. of the Chem. Soc., **13** (1959), 71～97.
9) 近藤 保：界面化学, 第9章 泡と泡沫, 三共出版 (1980), 101～106.
10) 化学工学協会編：気泡・液滴工学, 日刊工業新聞社 (1969), 181～184.
11) 佐々木恒孝：泡沫現象, 工業化学, **58** (1955), 809～814.
12) シドニー・パーコウィツ著, はやしはじめ・はやしまさる訳：泡のサイエンス, 紀伊國屋書店 (2001).

11.4 高温におけるスラグの泡立ち

11.4.1 高温におけるスラグの泡立ちの定量

スラグの泡立ちの定量には、水溶液のように振とう法の適用は困難である．過去の若干の測

定はCooper, Kitchener[11]によって初めて行われたスラグ中に浸漬した細管にガスを吹き込む方法が用いられている．この場合，
1) 泡沫の寿命
2) 泡沫の高さ

の二通りの測定が行われている．

泡沫の寿命の測定は図11.5に示すようにるつぼ内に一定距離をおいて2つの印をつけ，泡立ったスラグの最高部がこの印の間を降下するに要する時間によって測定される．図11.5はCooper, Kitchener[11]の用いた測定装置であるが，それ以降同種の研究はすべて類似のものである．

スラグの泡立ち高さの測定は図11.6に示すように送気管よりスラグ中に送入された気体によって生成する泡の高さを何らかの方法によって定量すればよい．スラグが電導性を有するから電気的な方法で高さを探知することができる．図11.6は筆者の研究室において行った方法である．すなわち泡立てる以前のスラグ表面の位置を電気的に探知して測定し，一定条件で泡立てた後，泡の上面の位置を測定し，泡の厚さを決定している．

スラグの泡の寿命の測定においても，泡立ち高さの測定においても，測定位置の温度が同一でないと都合が悪い．そのため泡立ちの測定装置は温度の均熱帯を十分に広くとる必要がある．また細管より気体を吹き込んでスラグを泡立てるため，ガスノズルも留意せねばならない．一般に小さな気泡を作り出す方が，少量の送気量で泡立てることができる．スラグの表面張力は水溶液に比べて，はるかに大きいため，できるだけ小さいノズル径が望ましい．特に，

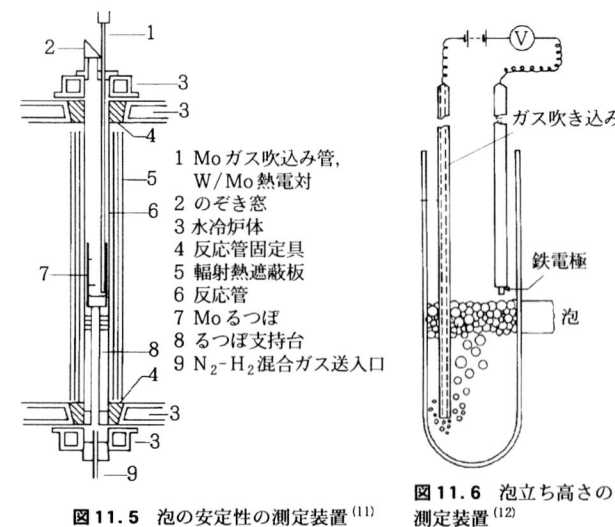

1 Moガス吹込み管，W/Mo熱電対
2 のぞき窓
3 水冷炉体
4 反応管固定具
5 輻射熱遮蔽板
6 反応管
7 Moるつぼ
8 るつぼ支持台
9 N_2-H_2混合ガス送入口

図11.5 泡の安定性の測定装置[11]

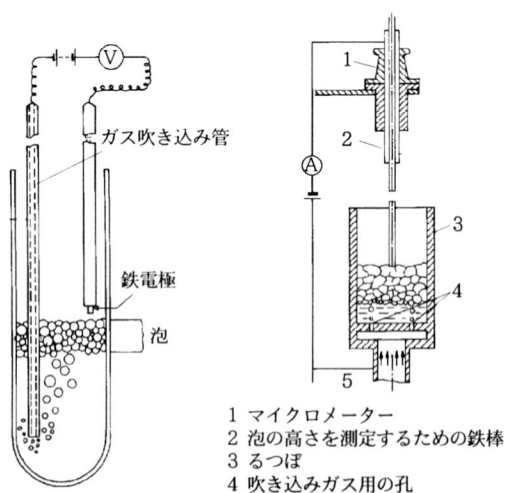

図11.6 泡立ち高さの測定装置[12]

1 マイクロメーター
2 泡の高さを測定するための鉄棒
3 るつぼ
4 吹き込みガス用の孔
5 電気回路

図11.7 泡立ち測定装置[13]

11.4 高温におけるスラグの泡立ち

表11.5 スラグの泡立ち測定の実験条件

測定者	西暦	ノズル		スラグ	泡の径 (mm)	るつぼ径 (mm)	文献
		材質	内径				
Cooper, Kitchener	1959	Mo	1/16″	$CaO-SiO_2-(P_2O_5)$	5		11
Popel et al.	1963	Fe	るつぼの底の孔よりガスを吹き込む	$CaO-SiO_2-FeO$		50	13
Swisher, McCarbe	1964	Pt-10%Rh	1/16″	$CaO-SiO_2-(P_2O_5)$	5		14
成田ほか	1974	Fe	0.5	$CaO-SiO_2-FeO$		44	15
原ほか	1983	ステンレス	内径6mm内に0.2mmの線多数充填	$CaO-SiO_2-FeO$	≦5	20	12
Ito, Fruehan	1989	ステンレス	2mm	$CaO-SiO_2-FeO$	5～20	32～50	16
Yoon, Shin	1990	ステンレス	2.5mm	$CaO-SiO_2-FeO$	10～40	30	17
Jiang, Fruehan	1991	アルミナ	1.6mm	$CaO-SiO_2-FeO$	5～20	45	18

気泡の形状を決定するノズル径は重要である．スラグの泡立ちの測定に用いられたノズルを表11.5に示す．筆者らのノズルは内径6mmのステンレス鋼管内に0.2mmのステンレス線を多数充填し，外側のステンレス管をかしめてあるため，その部分より生成する気泡は極めて小さく，泡立測定が有効である．Itoら[16]のナイフエッジノズル径2.1mm，Yoonら[17]は2.5mmと大きく，表11.5に示すように，形成される気泡の径もるつぼ内径に比してもかなり大きくなっている．このような実験では，実際のプロセスの泡の特徴をよく再現しているかは疑問がある．

Popelら[13]は吹き込み用の細管を用いず，図11.7のようにるつぼの底の穴より気泡をスラグ中に送り込みスラグの泡立ち性の測定を行っている．泡の高さは電気的探知法によっている．

11.4.2 スラグの泡の寿命

スラグの泡の寿命に影響する因子としてはスラグ組成，温度があり，$CaO-SiO_2$，$FeO-CaO-SiO_2$系をベースにするスラグ系について泡の寿命の測定がなされている．$CaO-SiO_2$スラグ単独では泡立ちは起こらないが，これにP_2O_5[11]，Cr_2O_3[14]を添加すると泡立ちがみられる．この場合，P_2O_5，Cr_2O_3は泡の安定性を生じる結果となっている．図11.8に示すように，$CaO/SiO_2 = 0.69$，$P_2O_5 = 0.2mol\%$と組成を一定にした場合，泡の寿命は温度の上昇とともに急激に減少する．P_2O_5を添加することによって泡は安定化するが，その効果はCaO/SiO_2比の小さいほど，またP_2O_5の多いほ

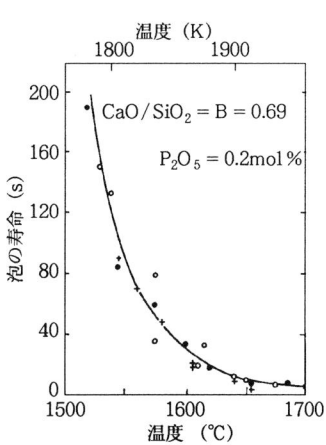

図11.8 スラグの泡の寿命の温度依存性[11]（同一組成3試料による結果）

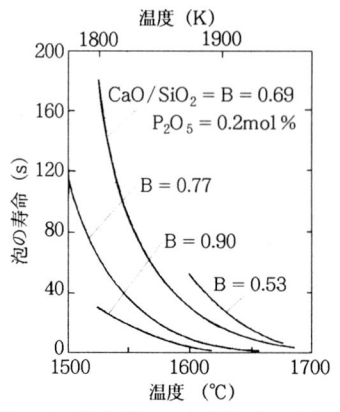

図11.9 CaO-SiO$_2$スラグ（P$_2$O$_5$: 0.2mol％）の泡の安定性（泡の寿命）の変化[11]

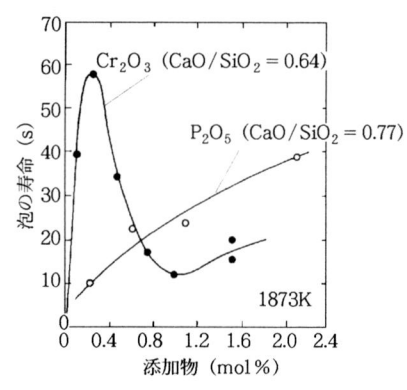

図11.10 P$_2$O$_5$あるいはCr$_2$O$_3$を添加した場合の泡の安定性（泡の寿命）の変化[11],[14]

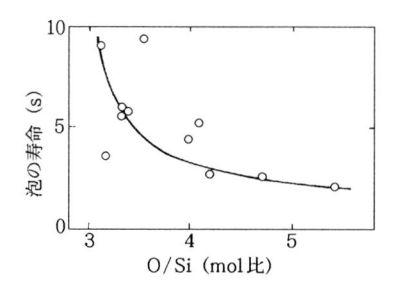

図11.11 泡の寿命とスラグ組成のO/Si比の関係[12]

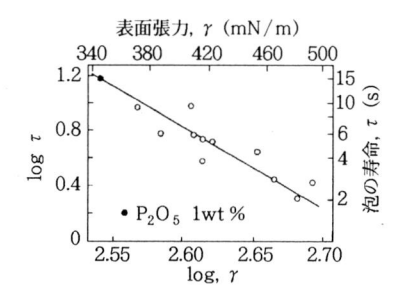

図11.12 FeO-CaO-SiO$_2$系における泡の寿命と表面張力の関係[12]

ど大きい．その結果を図11.9，11.10に示す．Cr$_2$O$_3$をCaO-SiO$_2$系に添加した場合も同様の結果が得られているが，Cr$_2$O$_3$の影響は図11.10に示すように複雑である．

泡の寿命は酸化鉄を含むスラグについても測定されているが，その結果も図11.11に示すようにスラグのO/Si比に関係する．O/Si＜3.5の酸性スラグでは泡の寿命は増大し，前述の系と同様の挙動を示している．

このようにスラグ中のSiO$_2$の形態が泡の寿命に何らかの形で関連すると考えられるが，泡の寿命にスラグのどのような性質が関係するかについてはCooperら[11]，Swisherら[14]の報告によっても明確でない．筆者らのFeO-CaO-SiO$_2$系の測定結果より，粘度との関係はみられず，むしろ図11.12に示すような，表面張力との間に相関がみられる[12]．すなわち泡の寿命は表面張力の低下とともに増加する傾向を示す．これは表面張力の小さい液体ほど生成する気泡の寸法が小さいことから，この小さい気泡が生成されると，合体速度も遅く，その結果泡の寿命は

11.4 高温におけるスラグの泡立ち

増加すると推察されている．

一方，CaO：40.9mass％，SiO_2：34.1mass％，Al_2O_3：10.2mass％，ΣFe：14.8mass％の合成スラグの泡の寿命へのCaO，MgOの影響を測定したYavoiskii[7]によると，CaO，MgO＞12mass％では泡の寿命が長い．この場合CaO，MgO＞12mass％では不均質融体となり微細な固相－カルシウム・フェライトやマグネシウム・フェライトが形成される．このことが泡の寿命の一因になるとも考えられている．

11.4.3 スラグの泡立ち高さ

泡立ちのほかの特性として泡立ち高さがある．この泡立ち高さについては$FeO-CaO-SiO_2$系の測定があり，図11.13に示すように，吹き込み速度の増加とともに泡立ち高さが増加する．一定吹き込み量に対する泡立ち高さはスラグ組成に大きく依存する．それらの結果をO/Si比に対して示すと（図11.14），泡立ち高さも泡立ちと同様，O/Si比の増加とともに減少し，O/Si＜3.5の酸性スラグでは増大する．このことは泡立ち高さもスラグ中のケイ酸の存在状態に関係することがわかる．しかし，よりSiO_2の多いNa_2O：30％，SiO_2：70％スラグの泡立ち高さは図11.15のようにO/Si＝2.42と酸性であるにもかかわらず，泡立ち高さは$FeO-SiO_2$（30mol％）よ

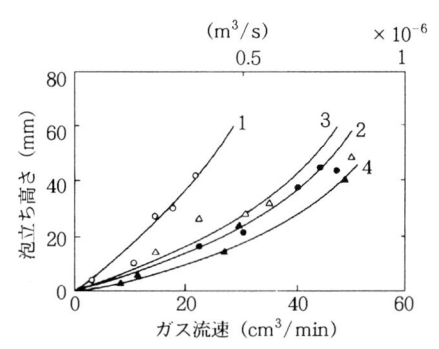

1 ○ $65FeO-35SiO_2$　2 ● $55FeO-30SiO_2-15CaO$
3 △ $70FeO-30SiO_2$　4 ▲ $40FeO-30SiO_2-30CaO$

図11.13 酸化鉄を含むスラグの泡立ち高さとガス流量との関係[12]

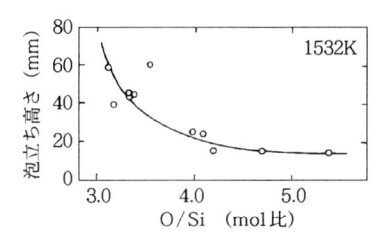

図11.14 ガス流量$5 \times 10^{-5} m^3/s$における泡立ち高さとスラグ組成のO/Si比の関係[12]

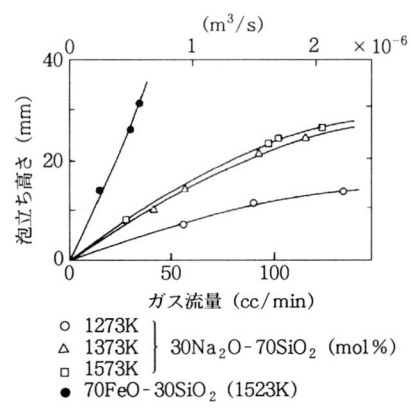

○ 1273K
△ 1373K　$30Na_2O-70SiO_2$（mol％）
□ 1573K
● $70FeO-30SiO_2$（1523K）

図11.15 Na_2O-SiO_2スラグと$FeO-SiO_2$スラグの泡立ち高さと吹き込みガス流量の関係[12]

表11.6 Na_2O-SiO_2融体の性質[12]

温度 K	粘度 Pa·s	表面張力 mN/m
1273	177.0	306
1373	52.2	293
1573	8.1	283

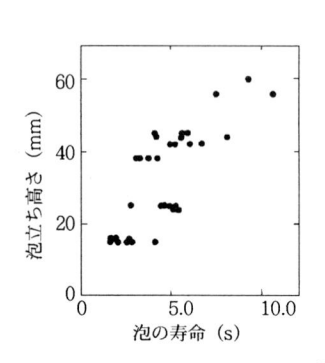

図11.16 ガス吹き込み流量$5\times10^{-5} m^3/s$における泡立ち高さと泡の寿命の関係[12]

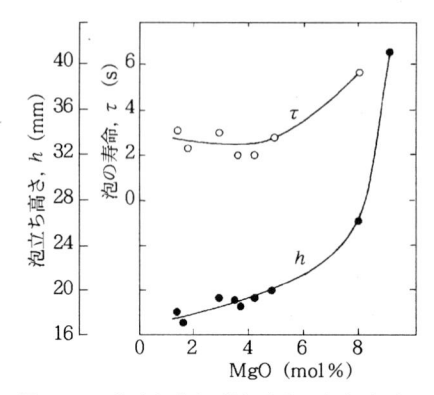

図11.17 泡立ち高さ(h)と泡の寿命(τ)へのMgOの影響[13] (1673K, ガス流速$1.1\times10^{-5} m^3/s$)

りはるかに小さい．このことは表11.6に示すように，スラグの粘度が必ずしも対応していないことを示している．

泡立ち高さを泡の寿命に対してプロットすると図11.16に示すようによい相関があり，スラグの泡立ち高さは泡の寿命に依存していることがわかる．同様の傾向はPopelら[13]によるFeO-CaO-SiO_2-MgO系の泡立ち性の測定によって得られた図11.17の結果からも明らかである．

11.4.4 不混和域とスラグの泡立ちとの関係

スラグは溶融状態で必ずしも均質ではなくFeO-CaO-P_2O_5系，CaF_2-CaO-Al_2O_3系などにおいて，時には二相分離(不均質)な場合の存在することはよく知られている．このような不均質系融体における泡立ちについては，特にこれらの系を対象に測定が行われていないが，Swisherら[14]はCaO-SiO_2系に少量のCr_2O_3を添加した場合，泡立ちの測定において不均質領域に言及している．

CaO-SiO_2系においてCaO/SiO_2 = 0.64とした場合，Cr_2O_3を少量添加したときの泡の寿命の変化を図11.10に示したが，Cr_2O_3の添加とともに泡の寿命は上昇し，0.26mol%で最大値を示し，さらにCr_2O_3を添加すると泡の寿命は低下する．この系の1873Kにおける状態図を図11.18に示すが，かなり広い二相分離領域があり，CaO/SiO_2比0.64におけるCr_2O_3の溶解度は0.7mol%である．泡の寿命はCr_2O_3の溶解度0.7mol以前に最大値を示すことになる．

高温融体における類似の現象はCaO-SiO_2-Fe_2O_3系にみることができる．北村ら[19]によって100kg高周波炉において1623Kにおける泡立ち実験の結果を図11.19に示すが，SiO_2飽和領域付近において泡立ちが最も激しく，これより塩基性側および，二相領域側において泡立ちは

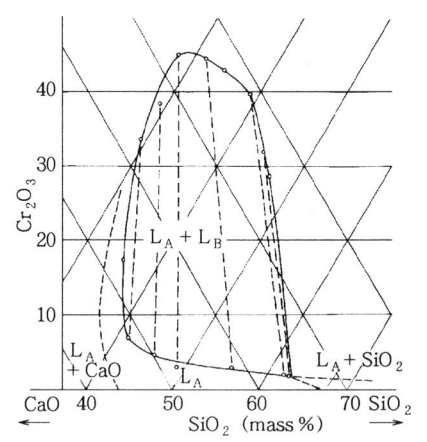

図11.18 CaO-SiO$_2$-Cr$_2$O$_3$系における不混和領域(1873K)[14]

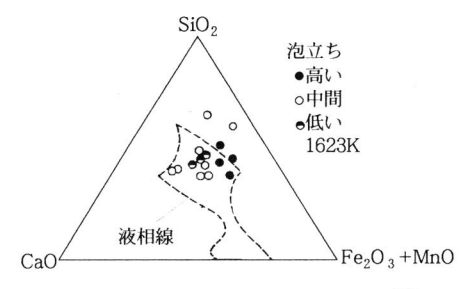

図11.19 泡立ち性とスラグ組成との関係[19]

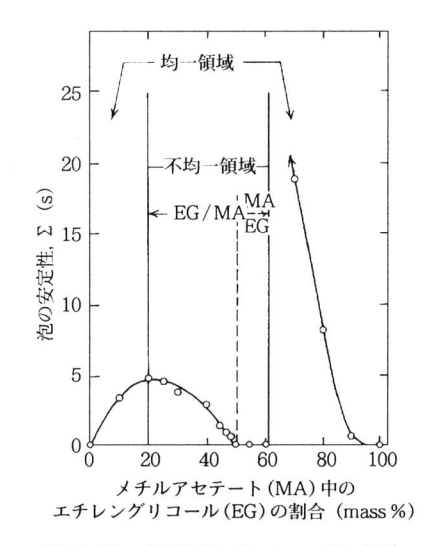

図11.20 メチルアセテート-エチレングリコール混液系における泡の安定性の組成による変化(293K)[20]

低下している．

不均質溶液の泡立ちに関する室温における研究としてRossら[20]のエチレングリコール-メチル系があり，泡の寿命は図11.20のように，不均質領域直前において著しく増大するのがみられている．

二液相領域を有する高温融体の測定例として，筆者らによるBaO-B$_2$O$_3$系の泡立ちがある[21]．この系はB$_2$O$_3$側に広い二液相領域があり，二液相領域の近傍の組成において，4cc/mmと比較的弱いガス吹き込みでも泡立ちがよく，かつB$_2$O$_3$の多い融体において泡立ちが大きい．

11.4.5 吹き込みガスの種類とスラグの泡立ち

実炉における泡立ち現象は，反応生成ガスによるところが大きい．すなわち転炉スラグのように比較的還元されやすいFeOを含むスラグにおいては，FeOと反応するガスによって泡立ち性はどのように変化するであろうか．

実験室的基礎研究

原ら[12]はFeO-SiO$_2$，FeO-CaO-SiO$_2$系スラグに対して吹き込みガスのArに3mass％の

H₂を混合してその効果を測定した。泡立ち高さの影響を図11.21に示す。Ar＋3％H₂混合ガスの場合，泡立ち性は増加した。泡立ちの状況を観察するとH₂を含むガスの場合の方がAr単独の場合より，気泡の寸法は小さい。また泡の寿命の測定によると表11.7のようにAr＋3％H₂ガスの方が泡の寿命は増加している。このようにH₂ガスによる泡立ち性の増加の原因については次の事項が考えられる。

1) 気泡寸法の減少による気泡の合体，消滅速度の低下
2) 気泡面における固体子（金属鉄粒子）の存在が気泡の合体を防げる
3) スラグの還元のため部分的に表面張力の差によって生じるマランゴニ効果

伊藤ら[22]も脱ケイスラグを実験室的規模で種々のガスを用いて泡立ちの効果を測定した。その結果を図11.22に示すが，同一流量で$N_2＋7mass％CO＞Ar＞$空気，すなわち還元性＞中性＞酸化性の順に泡立ち高さが大きいことを示している。北村ら[19]もAr，CO，CO_2のガスを脱ケイスラグに吹き込み泡立たせ，CO，CO_2とも泡立ち性を助長すると報告している。これらの事実よりCOガスはスラグの泡立ちに寄与していることが明らかであり，転炉内で発生するCOガスは中性ガスにくらべて泡立ちに効果的である。

天辰[23]はアルミナるつぼ中で$CaO-SiO_2-Al_2O_3$系スラグにArガス吹き込みによる泡立ち現象を上面から観察し，泡の成長過程（上昇流）と消滅過程（下降流）でプラトー境界の膜厚，形状に相違のあることを認めている。成長過程で

表11.7 ArガスとAr＋3％H₂ガスによる泡の寿命の比較[12]

No	スラグ組成 (mass%)			泡の寿命 (s)	
	FeO	SiO₂	CaO	Ar	Ar＋3％H₂
1	65	35	−	9.3	9.9
5	80	20	−	2.8	5.4
7	30	45	25	3.6	5.6
2	55	30	15	4.5	8.8

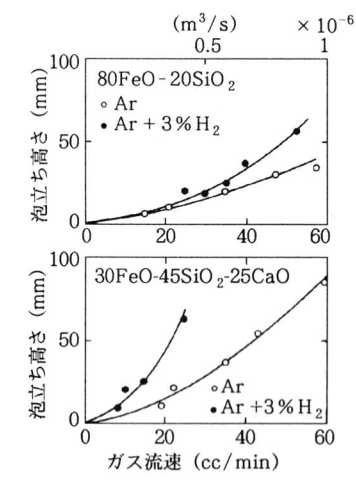

図11.21 泡立ち高さとガス流速との関係へのAr中H₂添加の影響[12]

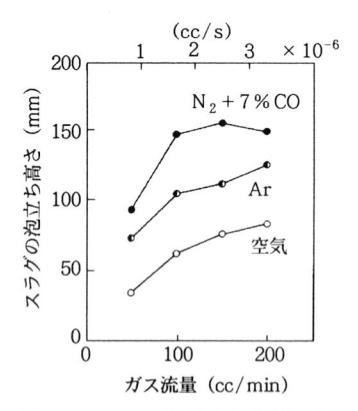

図11.22 スラグの泡立ち高さとガス流量，ガス組成との関係[22]

はプラトー境界は厚く丸みを帯び，消滅過程では薄く，多面体を呈している．さらにFeOを添加するとスラグ中の気泡は分散しやすく，径は減少し，起泡性が増大した．一方，泡の寿命は減少するが，これはFeOの添加により，粘性の低下が生じプラトー膜の排液が促進され，液膜厚さが薄くなることによると考えられている．

11.4.6 化学反応によるスラグの泡立ち

スラグとメタルあるいはスラグと固体との反応において，しばしばスラグの泡立ちがみられる．例えば，スラグ中の酸化鉄の還元反応やスラグと黒鉛との反応などがそれにあたる．

a. 黒鉛によるスラグ中のFeOの還元による泡立ち

原ら[24]は1623Kに加熱されたアルミナるつぼ中に $FeO-SiO_2$ (25mass%) スラグを装入し，溶解後黒鉛棒 (6mm) をスラグ中に挿入し，X線透過法による観察を行っている．その場合，スラグ表面上部に泡立つのが見られる．そのスケッチを図11.23に示す．泡立ち層は時間の経過と共に増加してゆくのが明瞭である．この際の反応は初期には式(11-3)

$$FeO + C_{(gr)} \rightarrow Fe + CO \quad (11-3)$$

のみであるが，泡立ち層が形成されると式(11-4)の反応，

$$FeO + CO \rightarrow Fe + CO_2 \quad (11-4)$$

が進行すると考えられる．生成するFeは泡立層上面やるつぼ底部にみられ，特にるつぼ底部にたまったものは黒鉛棒のCを溶解し，$Fe-C_{sat}$合金となり，スラグと

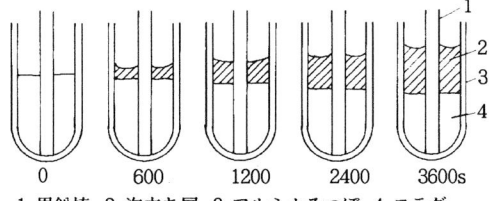

1 黒鉛棒, 2 泡立ち層, 3 アルミナるつぼ, 4 スラグ

図11.23 黒鉛によるFeO(75mass%)-SiO_2(25mass%)スラグの還元においてX線透視法で観察されたスラグの泡立ち (1623K)[24]

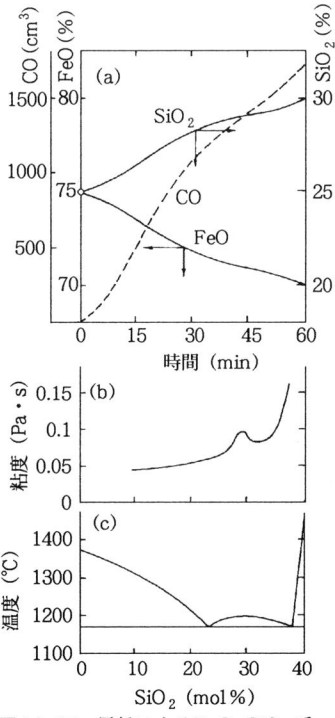

図11.24 黒鉛によるFeO-SiO_2系スラグの還元過程のCO発生量，スラグ組成の変化(a)，とFeO-SiO_2系スラグの粘度(b)，状態図(c)

活発に反応し，ついにはスラグを吹き上げる．同じ実験において発生するCOガスを定量し，これがすべてFeOの還元反応に使用されたとして濃度の変化を示すと図11.24のようになる．るつぼよりスラグが飛び出す時刻のスラグ組成はSiO_2約30％に近い．この組成ではスラグの粘度は図11.24(b)に示すように，その周辺の組成より大きい．さらにSiO_2の増加によってこの系の表面張力は低下していることから表面におけるSiO_2の濃度は増加の傾向を示すとすれば表面において固相が晶出しているかもしれない．

さらに，泡立ち層表面にはCOガスによって還元されたFeの粒の堆積がみられこの層が時間と共に厚くなっていることが観察された．

b. 溶鉄中のCによるスラグ中FeOの還元反応による泡立ち

溶鉄中のCによるFeOの還元はスラグ－メタル界面における式(11-5)の反応によって進行する．

$$(FeO) + C = CO_{(g)} + Fe_{(l)} \tag{11-5}$$

この際，発生するCO気泡によって泡立ちが生じる．

還元反応の進行状況はX線透過法による観察によって明らかにされつつある[23]～[32]．この方法によって得られた結果より，スラグ－メタル界面で発生する気泡が小さいほど泡立ちは大きい．例えば，黒鉛るつぼ中で溶解された炭素飽和溶鉄上に$CaO-SiO_2-Al_2O_3-MgO-BaO$スラグを装入し，その中に鉄鉱石ペレットを添加した場合，泡立ち高さとスラグ－メタル界面で発生するCO気泡の直径の経時変化を図11.25に示す．ペレットが投入され，溶解するときに発生する酸素ガスによる気泡は非常に小さく，そのため急激な泡立ちが生じる．図の最初のピークに相当するこの泡立ちは，ペレットの溶解終了とともに収まるが，スラグ中に増加する酸化鉄と溶鉄中のCとの反応により，CO気泡による泡立ちが起こる．この反応による気泡は

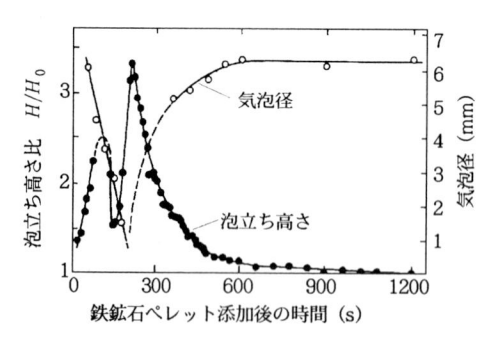

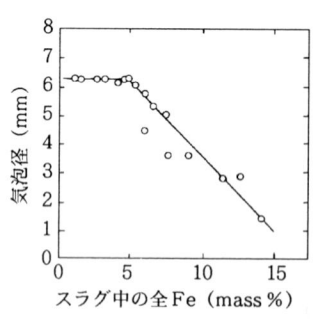

図11.25 反応によって生成する気泡径と泡立ち高さ[29] (1773K，スラグ重量0.1kg，初期T.Fe：15mass％)

図11.26 気泡径へのスラグ中酸化鉄含有量の影響(1873K，高炉スラグ0.7～0.8mass％S)[29]

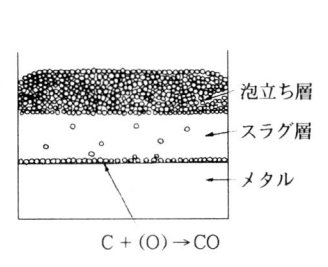

図11.27 X線透視観察よりみられる化学反応によるスラグの泡立ち[30]

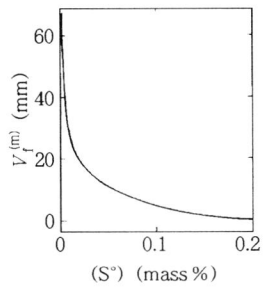

図11.28 スラグの最高泡立ち高さ、$V_f^{(m)}$ とスラグ中のイオウ濃度 (S°) との関係[32]

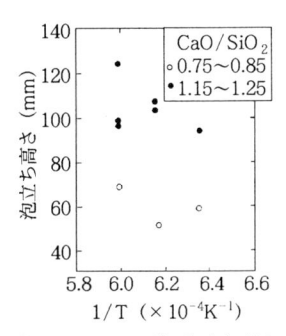

図11.29 スラグの泡立ち高さと温度、スラグ組成との関係[33]

図11.26に示すように、スラグ中のFeの増加とともに減少し、泡立ちに寄与することになる。

泡立ち高さが低下すると、図11.27のようにスラグ層は見かけ密度の高い部分と、泡立ち部分にわかれる。下部のスラグ層は泡の層から流れ落ちてきた液体によって構成されていると考えられている。

スラグ-メタル界面からの気泡の離脱は気泡の浮力と界面の付着力の釣り合いによると考えられる。スラグ中のFeO濃度が増加するとスラグとメタルの接触角が減少し、浮力が小さい気泡でも離脱する。このことは、FeO濃度が高くなると、スラグ-メタル界面で小さい気泡の発生することを示唆している。

石井ら[31]もFeOを含むスラグと炭素飽和鉄の反応過程をX線透過法によって観察し、FeOが2.6mass%と10.2mass%とで現象が相違することを報告している。

向井ら[32]も酸化鉄を含むスラグと高炭素濃度溶鉄との反応をX線透過法によって観察し、特に溶鉄中のSと泡立ち高さの関係を図11.28のように明らかにした。メタル中のSの増加とともに泡立ちの最大高さは急激に減少するが、これはSがCO発生量、起泡力、泡の寿命をいずれも減少させ、それらの相乗効果によるとしている。

Kitamuraら[33]も黒鉛るつぼ中で溶鉄-スラグ反応によって泡立ちの測定を行い、図11.29のように、温度の上昇とともに泡立ち高さが増加することを示した。

11.5 スラグの泡立ちと物性

11.5.1 スラグの泡立ち現象と物性との関係

スラグの泡立ちは実験室における基礎的な測定においても複雑な様相を呈している。すでに述べたようにスラグ中にノズル先端部より送り出された気体に注目すると、それがスラグ中を

上昇し，スラグ表面に積み重なっていわゆる泡の下部に到達する。気泡，気泡間の液相部は排液（drainage）と気泡の浮力による上昇によって次第に少なくなり，その間隔は狭くなる。気泡の上昇は続くが，その間に気泡間の液相部の流下と気泡同士の接近は継続し，ついに薄い膜状になる。すでに気泡の形状は球形ではなく多面体状を呈している。この間，薄い膜の消滅によって気泡は合体するが体積の増大は浮力の増加となりより速く上昇し，ついに泡立ちの表面（最上部）に達しこの時点で残った気泡は消滅する。一定の吹き込み速さで気泡が送り込まれると，その上昇，合体，および，上昇によってある寿命で消滅する過程と釣り合って一定の高さの泡立ちが生じる。

ノズルからのガスの吹き込みが停止すると，ある高さを持った泡の層は気泡の補給が無いために，その時点で存在する気泡群の上昇，合体と気泡間の液相部の流下のみが生じるため結果的には泡立ち高さの減少となり泡の最上部は下降していく。これらの過程では，それぞれの現象において，種々の物質の性質が関連する。例えば，ノズル先端部における気泡の形成では，液体の表面張力が，また液中の気泡の上昇あるいは，気泡が集合した場合，気泡間の排液が進行し，気泡間が極めて薄い膜で区切られるようになると泡の安定性の機構において述べたように，表面の性質（表面張力，表面粘性など）が関連するようになる。このように，泡の生成から消滅にかけて種々の物性との関係が存在する。

前述のような基礎的研究および後述する実炉におけるフォーミング現象の観察の結果よりスラグの泡立ちに効果的な添加物をまとめて表11.8に示す。表よりP_2O_5，Cr_2O_3，Fe_2O_3，V_2O_5，CaF_2，Na_2Oはいずれも表面張力の低下に役立ち，また固体酸化物の析出がスラグの泡立ちに効果を与えている。これらの事実から，以上の各過程に対してスラグの諸物性が関与することは明白であるが，いわゆる泡立ち高さ，あるいは寿命という1つの量に対して，個々の物性がどのように関係するかを検討してみる。泡は極めて狭いスラグ液相部（固相として存在する可能性もある）と気泡とによって構成されている。スラグの泡立ちと物性の関係を考え

表11.8 溶融スラグ中の泡立ち安定性化添加物

スラグ系	添加物	文献
$CaO-SiO_2$	P_2O_5, Cr_2O_3, Fe_2O_3, V_2O_5	11, 14
$FeO-CaO-SiO_2$	CaF_2, Na_2O, Cr_2O_3, P_2O_5	12
$FeO-CaO-SiO_2-Al_2O_3$ （平炉スラグ）	カルシウムフェライト マグネシウムフェライト	34, 7
LD転炉スラグ	$2CaO \cdot SiO_2$ CaO, MgO, Cr_2O_3	35, 36, 37

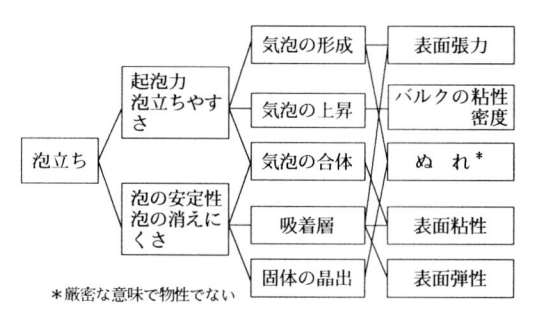

図11.30 スラグの泡立ち現象とスラグの物性

＊厳密な意味で物性でない

る場合，本質的にはこの薄い液相部の物性との関係をみるべきであるが，現在，この薄膜(層)の組成については不明であるため，泡の下方に存在するバルクの物性値によって評価せざるを得ない．この泡立ち現象の関係は水溶液の泡立ちの知識から，例えば，気泡間の薄い液相部の流下を考えればその粘度が関係するように考えられ，また泡立ちの極めて薄い膜を考えれば，表面粘性や表面弾性が関係するとみられる．さらに，実炉において泡の層中には未溶解石灰や折出物で$2CaO \cdot SiO_2$あるいは泡沫抑制剤として投入されたコークス粉末などの固体粒子が存在する．この固体粒子とスラグあるいは溶鋼とのぬれ性も重要な特性と考えられる．このように泡立ちに関連する特性を泡立ち現象と対比すると図11.30のように示される．

11.5.2 表面張力

スラグの表面性質として最も一般的なものは表面張力であり，また水溶液の泡立ち現象解明にも表面張力と溶質濃度の関係は吸着現象として関連が深い．表11.8からみるようにスラグの泡立ちはP_2O_5，Cr_2O_3，CaF_2など少量の添加物によって効果的となるが，これらの添加物は元の溶融スラグの表面張力に対してそれを低下させる効果を有している．溶融$CaO-SiO_2$の泡立ちに効果のあるP_2O_5，Cr_2O_3，Fe_2O_3，V_2O_5は図11.31のように$CaO-SiO_2$の表面張力を低下させる．また酸化鉄を含むスラグ系$FeO-CaO-SiO_2$系に関してPopelがFeO 36%-Fe_2O_3 6%-CaO 27%-SiO_2 31%の融体の表面張力におよぼす添加元素の影響を図11.32のように示している．P_2O_5，Na_2O，CaF_2の表面張力の低下に対する効果はかなり大きい．ギブスの等温吸着式を用いてこれらの添加物の表面過剰量は表11.9のように求められるが，水溶液

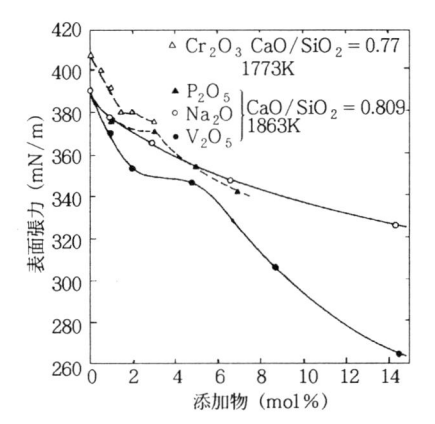

図 11.31 溶融$CaO-SiO_2$の表面張力への添加物の影響[11][14]

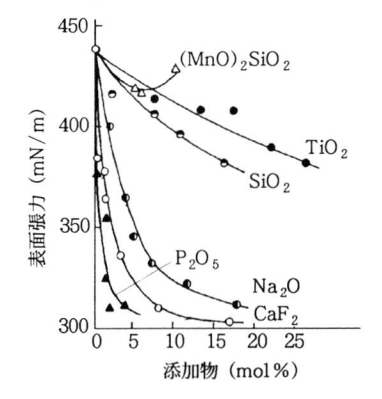

図 11.32 $FeO-Fe_2O_3-CaO-SiO_2$スラグの表面張力への添加物の影響[37]

表 11.9 溶融ケイ酸塩の表面過剰濃度

溶媒	溶質	表面過剰濃度 mol/m^2	文献
$CaO-SiO_2$	P_2O_5 1〜2mass%	2×10^{-14}	11
$CaO-SiO_2$	Cr_2O_3	1×10^{-15}	14
水溶液中発泡剤に関する代表的数値		1×10^{-13}	14

系における発泡剤の表面過剰量 10^{-13} mol/m^2 に比較してスラグ溶液では 1/10 以下と小さい。これらのことから表面吸着物質の弾性，粘性による泡立ちへの効果に対しては否定的な結果となる。

筆者ら[12]の行った FeO-CaO-SiO$_2$ スラグの表面張力と泡の寿命の関係をみると図 11.12 のように明らかに相関がみられ，表面活性でかつ泡立ちに効果的な P$_2$O$_5$ を含む場合にも図 11.10 にみるような関係を示している。このことから濃度による表面張力変化が関係する泡立ち機構を支持する結果となる。

11.5.3 粘 度

スラグの泡立ち高さ，泡立安定性は FeO-SiO$_2$，CaO-SiO$_2$-P$_2$O$_5$，CaO-SiO$_2$-Cr$_2$O$_3$ 系の測定より酸性ほど効果的である。酸性スラグの特性として粘度の大きいことが知られている。このことから泡立ち現象とスラグの粘度とか関係のあるように感じる。しかし図 11.15 に示したように，粘度の高い Na$_2$O-SiO$_2$ (70 mass%) の泡立ち高さは，同一条件の FeO-SiO$_2$ スラグに比して泡立ちは著しく小さい。このことから，単にバルクの粘度がスラグの泡立ちに関係するとは思われない。Na$_2$O-SiO$_2$ (70 mass%) の粘度は表 11.6 に示したが，図 11.15 に示すように，この系の泡立ちは粘度の大きい 1273K において小さく，粘度の小さくなる高温ほど (1373K，1573K) 泡立ちは大きい。このことは，このスラグでは先に示した泡立ちやすいスラグに比して粘度の点では全く逆の結果であることを示している。FeO-CaO-SiO$_2$ 系の泡立ち特性とバルク粘度との間には図 11.33 のように相関はみられない。

Cooper ら[11]は泡の寿命の温度依存性と粘度のそれを比較検討しているがそれによるとアレニウスプロットにて比較された図 11.34 の結果から泡の寿命の温度依存性は粘性のそれよりはるかに大きい。このことから泡の寿命にはバルクの粘性とは異なる因子が関係していると考えられる。

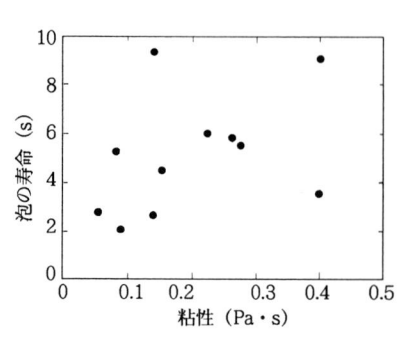

図 11.33 FeO-CaO-SiO$_2$ 系における泡の寿命と粘性との関係

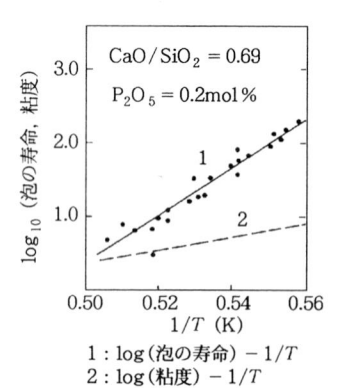

図 11.34 スラグの泡の寿命と粘度の対数と 1/T の関係[11]

1 : log(泡の寿命) − 1/T
2 : log(粘度) − 1/T

CaO/SiO$_2$ = 0.69
P$_2$O$_5$ = 0.2 mol%

11.5.4 表面粘度

水溶液の泡立ちを支配する因子として図11.30に示すように表面張力よりは表面粘度，表面弾性の重要性が指摘されている．表面活性な溶質の存在は溶液表面の溶質濃度の著しい増加を導き，その薄い膜の粘度や弾性が泡立ちを支配するといわれている．製鋼スラグについての表面粘度の測定はPopelら[38],[39]によってなされているにすぎない．またその測定結果と泡立ちとの関係については論じられていない．

筆者ら[40]は常温において使用されている表面粘度の測定装置を参考にして，高温用測定装置を試作し，溶融酸化物の表面粘度の測定を試みた．

溶融酸化物に対して得られた表面粘度とバルク粘度との関係を表11.10に示す．表からBaO-82.2mol％B_2O_3に表面とバルクとの粘度に著しい相違のあることが明らかになった．

そこで，表面粘度と表面張力の両物性より溶融酸化物の泡立ち性と物性との関係をみてみたい．表面粘度と融体組成1mol％の変化当たりの表面張力の変化$\Delta \gamma / mol$％に対してガス流量5cc/minと一定にした場合の泡立ち高さをプロットすると図11.35のように示される．図から融体の泡立ちが大きいためには，表面層において高い粘度を有するのみでは不十分であり，組成変動に伴う表面張力の変化の大きいことが必要であり，これら2つの条件が満たされるときに泡立ちが生じると考えられる．

このことはCooper, Kitchener[11], Swisher,

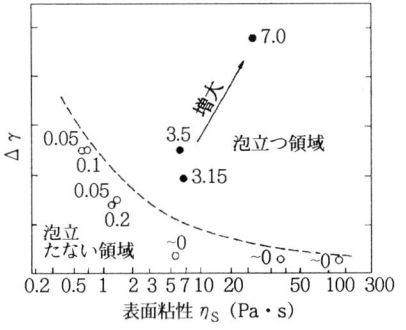

図11.35 表面粘性，表面張力の組成依存性 $\Delta \gamma$と泡立ち高さ（Ar：5cc/min）[21]

表11.10 溶融酸化物の表面粘度，バルク粘度，表面張力と泡立ち性[40]

系	温度 (K)	ガス流速5cc/min における泡立ち高さ (mm)	粘度（Pa·s） 表面	粘度（Pa·s） バルク	表面張力 γ (mN/m)	$\Delta \gamma / mol$％
$50Na_2O-50P_2O_5$	1273	2	0.125	0.117	177	2.8
$60Na_2O-40P_2O_5$	1273	1	0.038	0.037	215	5.0
$70Na_2O-30P_2O_5$	1273	0.5	0.032	0.032	228	5.0
$36.3BaO-63.7B_2O_3$	1273	31.5	0.634	0.505	235	3.2
$17.8BaO-82.2B_2O_3$	1273	70	3.28	1.42	110	9.6
$10Na_2O-90B_2O_3$	1273	35	0.60	0.470	108	5.0
$28.7Na_2O-71.3B_2O_3$	1273	0.5	0.184	0.174	176	5.0
$50Na_2O-50B_2O_3$	1473	泡立たない	0.581	0.513	294	0.7
$40Na_2O-60B_2O_3$	1473	泡立たない	—	6	287	0.7
$30Na_2O-70B_2O_3$	1473	泡立たない	—	25	280	0.7

McCarbe[14], Cooper, McCabe[41]らが指摘したように，高い粘度層の存在と表面層における局所的な濃度変化により発生する表面張力の局所的変化が泡膜に囲まれた液体の流下に抵抗力として働く場合に大きな泡立ち性を示すものと思われる．

11.5.5 ぬれ性

Kozakevitch[1]は平炉スラグの泡立ち現象の検討において，Crを多く含む溶鋼の精錬における泡立ちがCr_2O_3の懸濁による泡の安定によるものとし，平炉スラグがCa_2SiO_4晶出領域において泡立たないのと比較している．その原因としてこれら固体粒子の泡の安定性への効果の相違は，これら固相とスラグとのぬれ性によると述べている．液体のぬれ性は対象となる物質(固体，液体)との接触角で評価されるが，Cr_2O_3やCa_2SiO_4の固体酸化物とスラグとの接触角については明らかでない．

一方，転炉の泡立ちにおいてはスラグ−ガス−メタル・エマルジョン中でのCOガス発生反応が大きな役割をはたすが，このような不均一系のガス発生反応では不均質核生成によってCOが発生すると考えると，これらの系における相間の接触角の大小は重要である．今，スラグを中心にして種々な物質とのぬれ性を表11.11にまとめておく．

向井ら[32]はFeOを含むスラグと溶鉄中のCとの反応による泡立ちの研究において，FeOが多いほどスラグ−メタル間の接触角は減少し，その結果，小さな浮力で気泡がスラグ−メタル界面より離脱しやすくなることを示している．さらに，溶鉄中のSは図11.36のように接触角を大きくし，発生気泡径を増加させ，泡立ちを低下させる効果を示す．

表11.11 溶融スラグによる種々な物質のぬれ性

状態	物質	溶融スラグの形状	接触角
固体	黒鉛	$CaO-SiO_2-Al_2O_3$	114°〜123° (1673〜1803K)
	酸化物 (マグネシア)	$FeO-CaO-SiO_2$	2°〜30° (1503〜1743K)
	金属 (Ag,Cu,Ni)	Na_2O-SiO_2	55°〜70° (1173K)
	SiC	$CaO-SiO_2-Al_2O_3$	15°
液体	溶鉄	$CaO-SiO_2-Al_2O_3$	50°〜83° (1843K)
	溶鋼	$FeO-CaO-SiO_2$	28°〜38° (1833K)

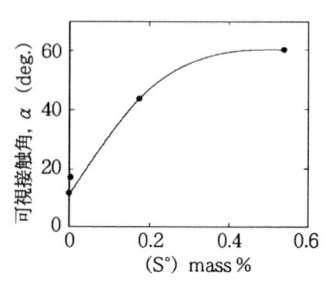

図11.36 イオウ濃度(S°)と可視接触角(α)との関係[32]

11.6 スラグの泡立ちの機構

11.6.1 X線透視法などによるスラグの泡立ち現象の観察

　泡立ちの機構を論じるにあたって，最初に取り組まねばならない問題は泡立ち現象の観察である．実験室的規模の泡立ちの観察は上方よりの肉眼観察とX線透視による横側からの観察で行われている．その場合，スラグの泡立ちの様相は均質スラグにガスを吹き込む場合と，溶鉄中のCや炭素質材料とスラグとの反応によって泡立つ場合によって相違する．

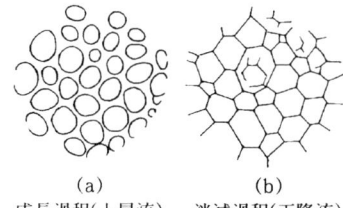

　上方からの観察は比較的容易であり，原ら[12]，天辰[23]によって報告されている．アルミナるつぼ内のCaO-SiO$_2$-Al$_2$O$_3$-FeOスラグに内径1mmのステンレス鋼管よりArガスを吹き込んだ場合の天辰の観察結果のスケッチを図11.37に示す．スラグの泡はアルミナ管内を上昇している成長過程では，プラトー境界の膜厚は厚く丸みを呈し，消滅過程では膜厚は薄く多面体を呈している．

図11.37 Arガス吹き込みによる泡立ち現象の上方よりの観察[23]
(a) 成長過程(上昇流)　(b) 消滅過程(下降流)

　一方，X線透視法による観察は固体との反応および溶鉄中のCによる場合にわけられる．スラグ中に黒鉛棒を挿入した原，荻野[24]の観察では，図11.23のようにFeO-25mass％SiO$_2$スラグは黒鉛棒と接触約600s後，スラグ上部に泡立ち層が確かめられ，時間の経過と共にこの層は厚さを増す．寺島ら[27]は同様のシリケートスラグに黒鉛ロッドを挿入した場合，スラグとロッドはぬれないのでロッド表面に大きな気泡が発生し，スラグの泡立ちはほとんど認められていないが，よくぬれるCu-Fe合金が共存する場合，スラグ－メタル界面で細かい気泡が発生し，スラグが泡立つことを報告している．

　辻野ら[26]は黒鉛るつぼ中にある炭素飽和溶鉄とCaO-SiO$_2$-Fe$_2$O$_3$-CaF$_2$-P$_2$O$_5$スラグとの反応による泡立ち現象のX線透視によって泡立ち状況を観察し，スラグの塩基度によって相違することを認めている．CaO/SiO$_2$=1ではスラグフォーミング層は二層に分離し，上層は泡の層，下層は分散気泡層であるといわれている．また，CaO/SiO$_2$=2，4のスラグでは気泡が細かく分散した一層よりなっているが，いわゆる泡沫層にはなっていない．フォーミング状況の模式図を図11.27に示す．

　一方，1～3mm程度の微細な気泡が細かく分散した状態の中に，スラグ－メタル界面や黒鉛るつぼ壁から間欠的に発生した円相当径10mm以上の大きな気泡が観察されている場合もある[28]．

この状況はスラグにガスを吹き込んだ場合と類似しているが，相違点は図11.26のように，反応によって生成する気泡直径がスラグ中の鉄濃度によって相違することである．スラグ中の鉄濃度の増加によって，すなわちガス発生速度の増加によって気泡直径が減少する．

スラグの泡立ち高さは図11.25のように反応により発生する気泡の直径の変化と関係し，細かい気泡が発生している場合に泡立ち高さは大きく，気泡径が増加すると泡立ちは急速に低下する．これはガス吹き込みの場合，気泡径が小さいほど泡立ちが大きいという観察結果とも対応しており，微細気泡が形成され，合体しながら成長し，破壊に至るプロセスが泡の寿命と関係することを示唆している．

先に示した図11.26によると炭素飽和鉄とスラグとの反応において，スラグ中の鉄濃度が増加すると発生する気泡の直径は減少することが知られている．すなわち，ガス発生反応速度が増加すると気泡径は減少する．それでは反応の激しさと気泡の大きさとはどのように関わるのであろうか．溶鉄表面上の気泡に働く浮力とそれに作用する表面張力，界面張力との力学的釣り合いから，臨界直径が計算されている[42],[44]．その力学的関係を図11.38に示すが，X線透視から観察される泡立ちに関係深い1mm以下の微細気泡の生成過程にもこの図11.38の関係が適用できるかどうかは明確でない．微細気泡発生の機構として，向井は界面撹乱を考慮した微細気泡の生成機構[45],[46]を提唱している．原ら[6]は反応界面での局所的な表面張力差に起因するマランゴニ効果による微細気泡の形成機構を考えている．向井らはスラグ−メタル界面では図11.39に示すようにロールセルタイプの界面撹乱が発生すると考えている．このロールセルのサイズは系が平衡からずれるほど小さくなる．炭素飽和溶鉄とではFeOを含むスラグとの間で平衡より離れ，ロールセルは小さい．

原ら[12]はFeOを含むスラグにガスを吹き込み泡立たせた場合，H_2を含むガスでは気泡の径は減少し，泡の寿命が増加することを見出している．すなわち図11.40(a)のようにArガスを吹き込んだ場合，ガスが反応性を持たないため成長する気泡面での気−液界面の拡張速度の局所的相違と表面活性成分の遅れによる流れがある．一方，界面での反応速度は気−液界面の移動速度に依存し，

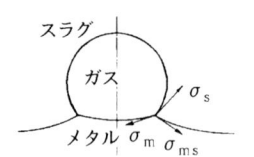

図11.38 スラグ−メタル界面における気泡[42]

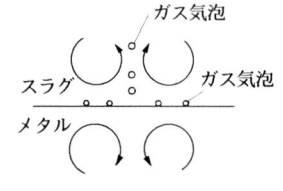

図11.39 スモールロールセルの発生によるスラグ−メタル界面におけるCO気泡の生成機構[45]

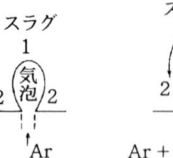

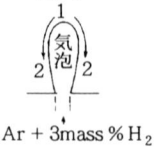

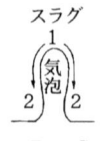

(a) Arガス吹込み (b) Ar＋3%H_2吹き込み (c) 酸化鉄の還元反応

図11.40 反応に伴う気泡サイズの変化の説明図[47]

反応速度の速い部分では酸化鉄濃度が減少する．気泡内面に表面張力の高い部分1より部分2に流れが発生し，ますます上方に向って気泡は成長する．(c)のように炭素飽和鉄と接するFeOを含むスラグとの界面では反応生成ガスはCOでありスラグ中のFeOを還元する能力をもち図(b)の場合と同様のプロセスが考えられる．

このようなプロセスを考えるとスラグ中の酸化鉄の濃度が高いと反応速度は大きくなり，より大きな濃度勾配が形成され，発生する気泡は小さくなると予想される．

反応の結果発生した気泡はスラグ層中を上昇し，その表面に堆積する．堆積した気泡は次々と下より押し上げられ，気泡間の膜の厚さは液の流下によって減少し，気泡は合体し，さらに成長し，より上昇を続け，ついに破壊する．このプロセスは泡の寿命とも関連すると考えてよい．気泡間の融液の流下は気泡間に融液が量的に多い場合，すなわち膜が厚い場合，粘度流動に支配されるが，気泡間の膜厚が薄くなるに従ってマランゴニ効果などによる安定化機構によって合体成長が進行すると思われる．そのため泡の寿命の温度依存性は図11.34に示すようにバルク粘度の温度依存性とは一致しない．

11.6.2 スラグの泡立ちのモデル

スラグの泡立ち現象は実験室的にまた実炉において泡立ちに与える種々な因子，温度，スラグ組成などの関係が明らかになり，さらに種々な物性との関係などから泡立ちの機構が明らかにされつつある．

一方，泡立ちの機構を踏まえた制御，抑制など，実操業にとって重要な手法が検討されている．この検討にあたって，泡立ちのモデル化が重要な問題になってきている．すなわち，モデル化によって，ある条件下の泡立ちの予測が可能となるためである．

立川ら[36]は2.5Mgの酸素転炉における泡立ちの研究により，泡立ち高さの時間による変化を与える式(11-6)を提示した．

$$dH_s/dt = Q - (H_s - H_0)/\tau \tag{11-6}$$

ここに，H_s, H_0は時間tと基準レベルにおけるスラグの高さ，Q, τは気泡生成の速さと泡の寿命である．

この式は単純かつ使いやすいが，泡立ちの高さを予測するには泡の寿命のデータが必要であり，困難な問題を含んでいる．

Itoら[16]はスラグの泡立ち現象が平均のガス移動時間と平均の泡の寿命によって特徴づけられるとし，特徴的パラメーターとして泡立ち指数(foaming index) Σを導入している．Σは式(11-7)で示され，スラグの塩基度，成分，温度などと関係し，その変化を介して泡立ち性を評価している．

表11.12 スラグの泡立ち現象解析のためのモデル化における素過程

小川らのモデル[43]	荻林のモデル[44]
①スラグ－メタル界面におけるCOガス気泡の形成とそれらの界面よりの離脱 ②スラグ層中の気泡の上昇とそれらのスラグ自由表面下に蓄積（泡の形成） ③泡の中における気泡の合体と泡を破壊するために役立つスラグのトップ表面における気泡の破裂	①スラグ－メタル界面での気泡離脱 ②離脱した気泡がバルクスラグ中に懸濁することによるバルクスラグ層の膨張（分散気泡層スラグ高さの増加） ③バルクスラグ最上部に浮上した気泡上からのスラグ液膜の流れ落ち ④気泡が次々に気泡上に押し上げられて泡を形成するまでの過程 ⑤形成された泡内部をスラグが流れ落ちるドレーンの過程

$$\Sigma = \frac{\Delta L}{\Delta V_g} \qquad (11-7)$$

ここに，ΔL，ΔV_gは泡の層の厚さ，ガス流速の変化である．

しかし，立川ら[36]，Itoら[16]のモデルは物理現象が明確でなく，また，スラグ－メタル界面の現象の影響が反映されていない．Ogawaら[42],[43]荻林[44]は泡立ちを物理的現象としてとらえ，いくつかの素過程にわけ理論的解析を行っている．両者による素過程を表11.12に示す．

Ogawaらは①，②，③すべての過程について，また荻林は③，④の過程について，それぞれ解析を行っている．たとえばOgawaらのモデルは，

(1) スラグ－メタル界面において発生する気泡の大きさの計算．
(2) 発生気泡径とガス発生量から，泡の中の気体分率および気体間の液膜の厚さを推定するモデル．
(3) 気泡径，気泡間の液膜厚さから気泡のスラグ表面での破裂速度を計算するモデル．

(1)のスラグ－メタル界面において発生する気泡の大きさは，図11.38に示すような界面の状態を表わすラプラスの式によって求められている．気泡径は図11.41に示すように，スラグ－メタル間の接触角が90°までは，その増加とともに直線的に増加する．寺島[27]，荻林[44]も同様の関係を求めているが，それらの結果を図11.41に併記した．

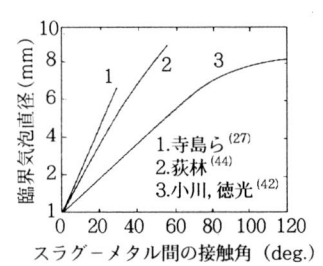

図11.41 スラグ－メタル間の接触角と臨界気泡直径との関係[6]

1. 寺島ら[27]
2. 荻林[44]
3. 小川，徳光[42]

スラグの表面張力：50mN/m
メタルの表面張力：1600mN/m
スラグの密度：2.5g/cm³

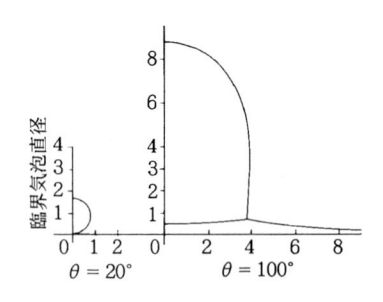

図11.42 計算によって求めたスラグ－メタル界面において形成される気泡の形状[43]

スラグ－メタル間の接触角はスラグ，メタルの組成によって大きく変化する．例えば，接触角20°と100°の場合の気泡の形状の比較を図11.42に示す．接触角20°の場合は，ガス－メタル界面の接触面積は小さく，気泡はほとんど球形に近い．一方，100°の場合，気泡は釣鐘状でガス－メタル界面の接触面積は大きい．これらスラグ－メタル界面における真の形状はX線透視法による直接観察によって確認されている．

表11.13 スラグ－メタル界面における気泡径，泡のボイド分率，気泡膜の破壊速度，泡立ち高さ [43]

	泡立ち高さ	気泡膜の破裂速度	気泡直径	泡のボイド分率
スラグの粘度 ↑	増加	↓	―	↓
スラグの表面張力 ↑	減少	↑	↑	↑
スラグ－メタル間の界面張力 ↑	減少	↑	↑	↑
メタルの表面張力 ↑	増加	↓	↑	↓

また，気泡の離脱条件は気泡の浮力とスラグ－メタル界面への付着力の静的バランスによって決定されると言われている．

(2)のスラグ層内の気泡の分布状態はX線透視法による観察の結果，図11.27に示すように上下二層に分かれる．上層は泡立ち層で，気泡分率は高く，下層はスラグ中に気泡が分散した状態で気泡分率は低い．Ogawaら[43]はこの状態に対して，一次元気液二層流の理論を適用し，計算を行っている．

Ogawaら[43]は(3)の気泡径と気泡間の液膜厚さからスラグ表面において気泡が破裂する速度を自由表面を記述できるVOF (Volume of Fluid)法によって計算を行っている．その計算結果は水溶液による実験で得られた泡からの全ガスの逸散速度は気泡径の増加とともに増大するという結果とよく一致している．Ogawaら[42]は以上のモデルによって予測される気泡の大きさ，気泡の破裂速度，泡の中の気泡分布，さらにそれらによって支配される泡立ち高さへのスラグ，メタルの諸物性の関係を表11.13のように示している．

11.7 単一気泡

泡は薄い膜で仕切られた気泡の集まりであることは，我々の日常生活において良く観察するところである．そのため，泡を構成する最も基本的な状態は，単一気泡すなわち水溶液のシャボン玉に相当する．

高温における泡の研究においても，泡を構成する最小単位としてスラグのシャボン玉の研究を必要とする．しかし，このような単一気泡に関する研究は極めて稀であり，筆者らのものを除いて例を見ない．

11.7.1 水溶液の単一気泡（シャボン玉）

水溶液の単一気泡，すなわちシャボン玉は古くから科学者の興味をひき，特にBoysが1889

年12月26日,英国王立研究所において少年少女のために行ったシャボン玉の講演は有名で,その講演は1890年「シャボン玉とシャボン玉を形づくる力」と題する本として出版されている.わが国では,「シャボン玉の世界」[48]として訳され,シャボン玉の形成,形状,結合,色と厚さなど実に分かりやすく書かれている.そのほか「シャボン玉」[49]も解説書として興味深い.

11.7.2 高温における単一気泡

原ら[50]はスラグフォーミングの基礎研究として,泡の最小単位である単一気泡を高温融体について生成させ,その寿命,泡膜の張力を測定した.さらに,気泡膜表面における流動状況,他の物質を接触させたときの気泡の状態の観察を行っている.対象とした液体は,

①水溶液(合成洗剤を含む)
②$BaO-B_2O_3$溶融酸化物
③$CaO-SiO_2-Al_2O_3-MgO$スラグ

溶融酸化物の単一気泡の研究に用いた装置を図11.43に示す.シリコニット発熱体⑧を用いた電気炉内のPtるつぼ⑩内で酸化物試料と溶解し,所定の温度に達すると,Pt毛細管⑦を降下させる.Pt毛細管の先端をPtるつぼ内の溶融酸化物に接触させて引き上げ,毛細管に空気を送り込んで,毛細管先端に溶融酸化物の単一気泡⑨を生成させる.気泡内の圧力は毛細管に連結したデジタル圧力計によって測定した.毛細管先端の気泡は,炉の側壁の観察窓を通してCCDカメラ⑤によってモニターTVの画面上に映し出され,その大きさ,気泡表面での液体の流動などの気泡の状態を観察した.さらに安定な気泡に対しては,鉄鉱石,コークス,固体鉄を気泡膜に接触させ,その破壊挙動も観察された.

① ディストリビュータ
② ボルトメーター
③ モニターTV
④ VTR
⑤ CCDカメラ
⑥ カセットメーター
⑦ Pt毛細管
⑧ SiCヒーター
⑨ 単一気泡
⑩ るつぼと溶融酸化物
⑪ 熱電対
　(Pt-Pt13%Rh)

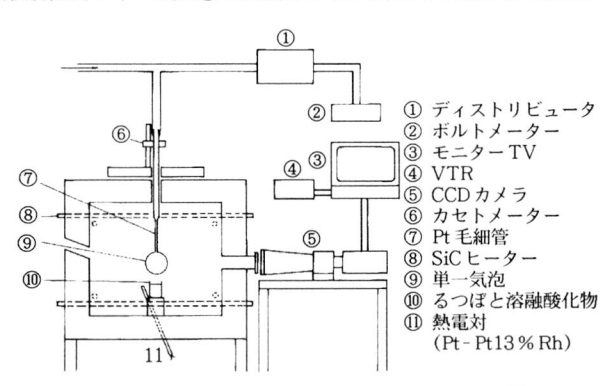

図11.43 酸化物融体の単一気泡の特性測定装置[50]

a. 単一気泡の寿命

気泡の寿命は,体積一定の条件で破壊に至る時間によって評価した.合成洗剤を含む水溶液の気泡は安定であり,その寿命は極めて長い.$BaO-B_2O_3$(82.2mol%)の寿命は1273Kにおいて20〜30secであるが,$CaO(27\%)-SiO_2(45\%)-Al_2O_3(18\%)-MgO(10\%)$スラグ(各

mass％)は高々1sと短い．溶融 $BaO-B_2O_3$ にリン酸を $3CaO \cdot P_2O_5$ の形で P_2O_5 を加えると，図11.44に示すように，1mol％以上では泡の寿命は100倍以上に増加する．このようにリン酸が気泡の寿命の増加に効果的なことは $CaO-SiO_2$ 系[11], $FeO-CaO-SiO_2$ 系[12]の泡立ち実験においてすでに報告されている．単一気泡の寿命へのリン酸以外の成分 Al_2O_3, TiO_2, Fe_2O_3 の影響は若干増加させる程度のものである．

前述の $CaO-SiO_2-Al_2O_3-MgO$ スラグに対しても，$3CaO \cdot P_2O_5$ の添加によって気泡の寿命は2～10sに増加した．

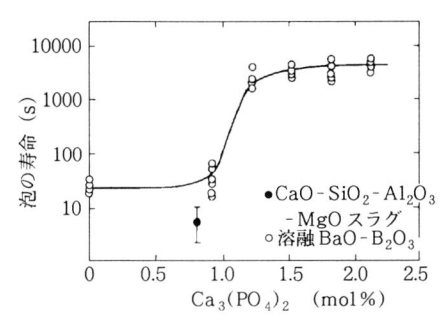

図11.44 リン酸三カルシウム添加による泡の寿命の変化[50]

b. 単一気泡の張力

単一気泡の張力は気泡の大きさを計測しながらデジタル圧力計によって気泡内圧を測定して求められている．

気泡の内外圧の差，ΔP はLaplaceの式(11-8)によって示される．

$$\Delta P = \frac{2\gamma}{(1/R_1 + 1/R_2)} \tag{11-8}$$

ここに，γ は気泡膜の表面に働く張力，R_1, R_2 は膜表面の任意の位置における曲率半径で，単一気泡では，その形状がほぼ球形であるので，$R_1=R_2=R$ と仮定できる．この場合，式(11-8)は式(11-9)のように書かれる．

$$\Delta P = \frac{\gamma}{R} \tag{11-9}$$

式(11-9)の関係より，単一気泡内外の圧力差 ΔP と気泡半径 R とを測定することによって単一気泡膜の張力が求められている．

図11.45に洗剤-水溶液系における気泡膜に働く張力を示す．洗剤の添加とともに張力は穏やかに低下する．図には表面張力も同時に示してあるが，洗剤濃度の増加による表面張力の低下は著しい．しかし洗剤濃度がより増加すると表面張力と膜に働く張力は一致する．一方，溶融 $BaO-B_2O_3$ (75.9mol％)の場合単一気泡の張力は表面張力より若干大きい．融体組成による張力の変化を図11.46に示すが，BaO

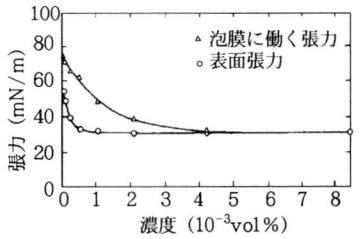

図11.45 洗剤-水溶液系における表面張力と泡膜に働く張力[50]

の増加とともに増加し,表面張力の変化も同様であり,張力の温度による変化も表面張力と同様である.

Khlynovら[51]は溶融酸化物の薄膜の強さを$CaO-SiO_2-Al_2O_3$系について測定し,SiO_2の増加とともに増大することを示した.

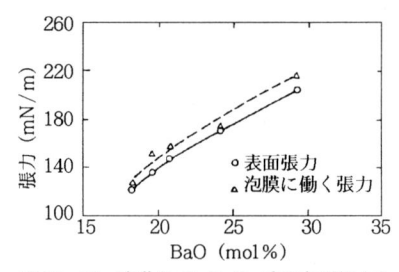

図11.46 溶融$BaO-B_2O_3$系の表面張力と泡膜に働く張力(1273K)[50]

c. 単一気泡の状況観察

金属製錬設備内では泡は,実験室においてスラグにガスを吹き込む場合のようにスラグと気体だけではなく,種々の物質,溶銑粒,鉄鉱石,あるいはフォーミングの抑制に使用されるコークスなどと共存する.これらの物質と気泡との接触状況を知ることは実炉内での泡の状態,抑制機構を知る上で最も基本的方法である.

単一気泡の外面的状況—外径,気泡表面の流れなど—は観察窓を通じ,CCDカメラによって観察されている.さらに気泡に鉄鉱石,黒鉛などを接触させた場合の気泡の状況も同様に観察されている.気泡膜内の液体の流れの状況を図11.47に示すが,不安定な泡であるスラグ系(a)では流れは常に下向きであり,毛細管近傍で膜厚が減少し気泡は破壊する.一方,安定な泡をつくるB_2O_3-BaO系では気泡の最下部を除き膜厚は均一かつ薄く,流れは上向きや下向きと変動し安定を保っている.この系の気泡の破壊は,突然,弾けるように起こる.

固体鉄,鉄鉱石,黒鉛を4mol%,Fe_2O_3を含む$BaO-82.2mol%$,B_2O_3融体の単一気泡に接触した場合,すぐ破壊は起こらず図11.48(b)に示すように,接触部で鉄鉱石の溶解が生じる.その結果,2の接触部のFe_2O_3の濃度が上昇する.$BaO-B_2O_3$に比べてFe_2O_3の増加によって表面張力は増大するから,1の部分は2に引きよせられ,1→2への流れが生じ数秒後に破壊が起こった.一方,黒鉛を近づけると2より1に向かう流れが生じ,接触の瞬間時には黒鉛を近くに置くだけで泡が破壊するのが観察された.このことは黒鉛存在が泡膜の安定化を著しく低下させているものと考えられる.

洗剤を含む水溶液,溶融$BaO-B_2O_3$酸化物,$CaO-SiO_2-MgO$系スラグのそれぞれの単一気

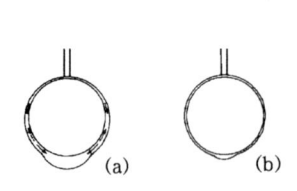

図11.47 $CaO-SiO_2-Al_2O_3$スラグ系(a)と$BaO-B_2O_3$系(b)単一気泡の形態的相違

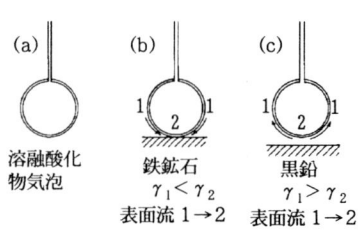

図11.48 溶融酸化物単一気泡の安定性に対する表面流の影響[50]

(a) 溶融酸化物気泡
(b) 鉄鉱石 $\gamma_1 < \gamma_2$ 表面流 1→2
(c) 黒鉛 $\gamma_1 > \gamma_2$ 表面流 1→2

表11.14 水溶液系, BaO-B₂O₃系とスラグ系における泡の状況

	水溶液系	BaO-B₂O₃系	スラグ系
表面張力 (mN/m)	30〜70	90〜200	464
泡膜の張力	>表面張力	>表面張力	≦表面張力
泡膜の厚さ	薄く, 虹色がみられる	薄く, 虹色がみられる	比較的厚く, 虹色は見られない
バブリングによる泡立ち性	流量が少なくても泡立つ	流量が少なくても泡立つ	大流量では泡立ちを示す
破壊の様子	弾ける	弾ける	消えるように破壊
泡の寿命	非常に長い	1800〜3600s*	2〜15s*
泡沫系	安定泡沫	安定泡沫	不安定泡沫

* P_2O_5添加

泡の特性を表11.14にまとめて示す.

11.8 気泡を含んだスラグの特性

既に述べたように, スラグの泡立ち現象自体の生成原因やその機構に関しては若干の報告があるが, 泡立ったスラグ自体の特性, すなわち気泡を含むスラグの特性は, スラグ自体の特性と違ってほとんど研究されていない.

11.8.1 分散系の粘度[52]

純液体(分散媒)中に粗大粒子またはコロイド粒子(分散系)が懸濁または分散している不均一液相の粘度に関しては, 古くはEinstein(1906)が剛体球粒子の希薄分散系に関し最初の理論式を提出した.

$$\eta/\eta_0 = 1 + 2.5\phi \tag{11-10}$$

ここに, ηは分散系, η_0は分散媒の粘性, ϕは粒子の容積分率 (<0.03).

その後多数の経験式[53]が作成されている. 濃厚分散系に関しては, 粒子系0.99〜435μm ($=10^{-6}$m)で体積分率$\phi \leq 0.25$の場合, 式(11-11)がよく成立する[54].

$$\eta_s/\eta_w = 1 + 2.5\phi + 0.05\phi^2 \tag{11-11}$$

ここに, η_s, η_wは分散系および水の粘度である.

11.8.2 気泡を含むスラグの粘度[55]

泡立ちスラグの粘度は底部に直径1.5〜2.0mmの孔をいくつか持ったMoるつぼ中で, Moの回転円筒法によって測定された. 気泡の分散は底部の孔よりN_2ガスを吹き出すことによって

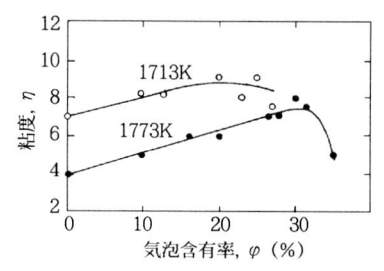

図11.49 ガスを含むスラグの粘度と気泡含有率の関係[52]

図11.50 ガスを含むスラグの粘度と温度[52]

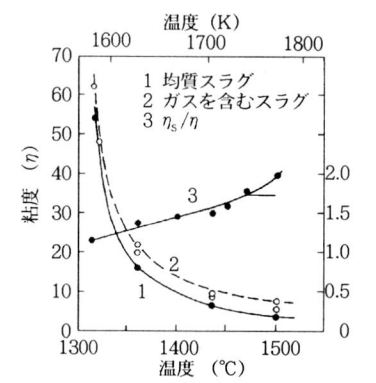

表11.15 ガスを含むスラグの粘度[52]

温度 °C	気泡含有率 φ (%)	粘度 (Pa・s)		
		η	η_s (cal)	η_s (obs)
1500	0	4.0	—	—
	10	—	5.0	5.0
	20	—	6.0	6.2
	30	—	7.0	7.5
	35	—	7.5	5.0
1440	0	7.0	—	—
	10	—	8.7	7.7
	20	—	10.5	9.9
	25	—	11.4	8.5
1360	0	16.0	—	—
	10	—	20.0	17.5
	20	—	24.0	19.0
1310	1	54.0	—	—
	10	—	67.5	57.0

得ており，泡立ちの程度は泡立った場合と泡を立てなかった場合のスラグの高さの比によって求められ，最大35％であった．$CaO(40)$-$SiO_2(45)$-$Al_2O_3(15)$スラグについて1320～1500℃において均質（泡立ちスラグ）の粘度が測定された．その結果を図11.49，図11.50に示す．スラグ中の気泡の割合の増加とともに分散系の粘度は増加し，温度依存性は図のように示される．分散系の粘度についてのEinsteinの式による計算値と実測値の比較を表11.15に示す．流動性の良好な場合には実測と計算値は一致するが，粘度の高い場合およびガス含有量の多い場合には相違が生じる．

スラグの粘度も測定温度の低下によって結晶の析出が生じ急に上昇することが多く報告されている．

引用文献

(1) P.Kozakevitch: Foam and emulsion in steelmaking, J. Metals, **16** (1969), 57~68.
(2) 中垣正幸：表面状態とコロイド状態, 1.3 コロイドの種類, 化学同人 (1968) 15~23.
(3) 荻野和己：高温における分散系, 日本学術振興会製鋼第19委員会資料 (1986.2.5)
(4) 佐野正道：製鋼プロセスと分散工学, CAMP-ISIJ, **2** (1989), 200~201.
(5) 伊東光一, 阿部晃：消泡, 気泡・液滴工学 9章, 日刊工業新聞社 (1969), 181~184.
(6) 原茂太, 荻野和己：冶金プロセスにおけるスラグフォーミング機構とその制御, 鉄と鋼, **78**

(1992), 200~208.
(7) V.I.Yavoiskii 著, 荻野和己, 森一美, 大森康男, 郡司好喜訳:鋼精錬過程の理論, 日本学術振興会, (1971), 163~168.
(8) J.A.kitchener and C.F.Cooper: Current concepts in the theory of foaming, Qurterly Rev. of the Chem. Soc., **13** (1959), 71~97.
(9) 佐々木恒孝, 伊勢崎壽三:界面化学(岩波講座, 現代化学), 岩波書店 (1956), 31~34.
(10) 近藤 保:泡と泡沫, 界面化学 第9章, 三共出版 (1980), 101~106.
(11) C.F.Cooper and J.A.Kitchener : The foaming of molten silicates, J.I.S.I., **193** (1958), 48~55.
(12) 原茂太, 生田昌久, 北村光章, 荻野和己:酸化鉄を含むスラグ融体の泡立ち現象, 鉄と鋼, **69** (1983), 1152~1159.
(13) S. I. Popel, V.I.Sokolov, V.G.Korpachev: (鉄シリケート融体の物理化学的性質へのMnOの影響と泡の耐久性), 金属融体の物理化学, ウラル工科大学紀要 No.126, (1963), 24~33(ロシア語).
(14) J. H. Swisher and C. L. McCarbe: Cr_2O_3 as a foaming agent in $CaO-SiO_2$ slags, Trans. AIME., **230** (1964), 1669~1674.
(15) 成田貴一, 尾上俊雄, 石井照朗, 植村健一郎:$SiO_2-CaO-Fe_tO$ スラグのフォーミング(Foaming)について, 鉄と鋼, **60** (1974), S445.
(16) K.Ito and R.J.Fruehan: Slag foaming in smelting reduction processes, Steel Research, **60** (1989), 151~156.
(17) J.K.Yoon and M.K.Shin: A study on the factors affecting slag foaming and the methods of suppersing, Proc. SRMC., **90** (1990), 97~106.
(18) R.Jiang and R.J.Fruehan: Slag foaming in bath smelting, Metall. Trans., **22B** (1991), 481~489.
(19) 北村信也, 大河原和男, 田中新, 平尾正純:溶銑でSiスラグのスラグフォーミング抑制に対する基礎的検討, 鉄と鋼, **69** (1983), S135.
(20) S.Ross and G.Nishioka: Foaming behaviour of partially miscible liquids as related to their phase diagrams, Foam. Proc. Symp. Foam, Academic Press, 1975 (1976), 17~32 .
(21) 原茂太, 柚木孝之, 荻野和己:酸化物融体の泡立ち性に及す表面粘性の効果, 鉄と鋼, **75** (1989), 2182~2187.
(22) 伊藤幸良, 伊藤秀雄, 河内雄二, 佐藤信吾, 井上隆, 名木稔:溶銑脱Si処理におけるスラグの泡立ち現象, 鉄と鋼, **67** (1981), S293.
(23) 天辰正義:スラグフォミング現象のX線透過法による観察, 鉄鋼基礎共同研究会界面移動現象部会報告 (1991), 12~15.
(24) 原茂太, 荻野和己:黒鉛による酸化物系溶融スラグの還元反応, 鉄と鋼, **76** (1990), 360~367.
(25) 石川英毅, 小川雄司, 徳光直樹:X線透視法によるスラグフォーミング現象の観察, 学振19

委員会製鋼反応協議会資料 (1989.10.24).
(26) 辻野良二, 荻林成章, 徳光直樹, 小川雄司, 相田英二:高温融体スラグのフォーミング現象の観察, CAMP-ISIJ., **2** (1989), 1065.
(27) 寺島英俊, 中村 崇, 向井楠宏:スラグの泡立ちに及ぼす2相間の界面性質の影響, CAMP-ISIJ., **3** (1990), 98.
(28) 中島潤二, 後藤裕規, 荻林成章, 小川雄司, 徳光直樹, 辻野良二, 相田英二:高温融体スラグのフォーミング現象の観察 (スラグフォーミングに及す炭材の影響), CAMP-ISIJ., **3** (1990), 926.
(29) Y.Ogawa and N.Tokumitsu : Observation of slag foaming by X-ray fluorscopy, Proc. 6th Intern, Iron and Steel Cong., (1990), Nagoya ISIJ., 147~151.
(30) 小川雄司, 徳光直樹:X線透視法による溶融還元時の現象観察, 鉄鋼基礎共同研究会, 界面移動現象部会報告 (1991), 16~19.
(31) 石井邦宣, 阿野俊英:FeOを含むスラグと炭素飽和鉄による還元時に発生するガスの分析と界面反応の観察, 鉄鋼基礎共同研究会, 界面移動現象部会報告 (1991), 28~31.
(32) 向井楠宏, 中村 崇, 寺島英俊:酸化鉄含有スラグ-高炭素濃度溶鉄間反応におけるスラグの泡立ち現象, 鉄と鋼, **78** (1992), 1682~1689.
(33) S.Kitamura and K.Okahiro: Influence of slag composition and temperature on slag foaming, ISIJ Intern., **32** (1992), 741~746.
(34) Yu.M.Nechkin, V.A.Kudrin, V.I.Yavoiskii: (塩基性平炉におけるスラグの泡立ち), Izv. VUZ. Chern. Met., (1964), No.3, 53~56.(ロシア語)
(35) W.Kleppe and F.Oeter: Model experiments on foaming in top blowing BOP converter, Arch. Eisenhuttenw., **48** (1977), 193~197.
(36) 立川正彬, 島田道彦, 石橋政衞, 白石 光:上吹転炉内スラグのフォーミング現象について, 鉄と鋼, **60** (1974), A19~22.
(37) S.I.Popel: (酸化物スラグの表面張力), Izv. VUZ. Chern. Met., (1958), No.10, 51~54.(ロシア語)
(38) S.I.Popel, O.A.Esin, V.G.Korpachev: (シリケート融体の表面粘性の測定法), ソ連科学アカデミー, シベリア支部報告, (1958), No.5, 66~73.(ロシア語)
(39) V.G.Korpachev, S.I.Popel, O.A.Esin: (単純酸化鉄スラグの表面および内部の粘性), Izv VUZ, Chern. Met., (1962), No.1, 41~47.(ロシア語).
(40) 原 茂太, 北村光章, 荻野和己:酸化物融体の表面粘性の測定, 鉄と鋼 **75**, (1989), 2174~2181.
(41) C.F.Cooper and C.L.McCabe: Some consideration on the nature of the surface of silicate melts, Metallurg. Soc. Conf., **7** (1981), 117~132.
(42) Y.Ogawa and N.Tokumitsu: Foaming of slags. IRSID/NSC Cooperation study, Progress Report

(1990), Nippon Steel.

(43) Y.Ogawa, D.Huin, H.Gaye and N.Tokumitsu: Physical model of slag foaming, ISIJ Intern., **33** (1993), 224~232.

(44) 荻林成章:スラグフォーミングの理論的考察, 界面移動現象部会資料 (界面10-3) (1990.6.27).

(45) 向井楠宏:鉄鋼製錬過程のスラグの泡立ちについての二, 三の考察, 鉄と鋼, **77** (1991), 856~858.

(46) 向井楠宏:スラグフォーミング機構の基礎的研究, 界面移動現象部会フォーミング, WGインフォーマルミーティング資料(1990.8.21)

(47) S.Hara and K.Ogino: Slag-foaming phemonenon in pyrometallurgical processes, ISIJ Intern., **32** (1992), 81~86.

(48) C.V.ボイス著, 野口広訳:シャボン玉の世界, 東京図書(1975)

(49) 立花太郎:しゃぼん玉, 中央公論社(1984)

(50) 原 茂太, 小林 啓, 荻野和己:溶融酸化物よりなる気泡膜の安定化機構, 鉄と鋼, **80** (1994), 306~311.

(51) V.V.Khlynov, V.N.Stratonovich, Yu.V.Sorokin: (液状酸化物フィルムの堅さについて), Zhur. Fiz. Khim., **48** (1974), 1434~1438. (ロシア語)

(52) S.V.Sharvin, I.N.Zakharov, B.V.Ipatov: (不均質スラグの粘性), 鋼生産の物理化学的基礎, ナウカ出版, モスコウ(1963), 115~120. (ロシア語)

12章 エマルジョン

　純酸素上吹き転炉の導入によって，鋼の製錬効率は飛躍的に向上した．これは，超音速で吹き込まれる酸素ジェットによる急速な反応と強力な撹拌効果によるものであるが，このような製錬条件は高温におけるエマルジョンの問題を提起している．

　お互いに溶け合わない物質が混合するとするエマルジョンの概念からいえば，高温におけるエマルジョンとして，スラグ－メタル系やメタル－介在物系などを考えることができる．ただ，鉄鋼製錬分野でいわれているエマルジョンは一般的概念として知られているエマルジョンの粒子サイズよりもかなり大きいものも対象とされているように思う．

　この分野の研究として初期にはLD転炉製鋼の製錬過程においてみられるスラグ中のメタル粒子の分散挙動に関心があった．しかし，その後，高温におけるエマルジョンの研究は実験上の困難さもあって，極めて少ないのが現状である．

　この章においては，実験室的規模でなされたスラグ－メタルエマルジョンの研究およびスラグ－メタル反応によるマイクロエマルジョンなど，高温におけるスラグ中メタルエマルジョンの基礎的研究，溶融塩系におけるエマルジョンおよび二相分離ガラスの溶融酸化物分散系について述べる．なお，実炉におけるエマルジョンは第Ⅲ編（下巻）18章で述べるので参考にされたい．

12.1　一般的概念

12.1.1　エマルジョンの定義と分類と生成[1]

　水と油のようにお互いに溶け合わない液体の一方が，他方の中に細かく分散している系をエマルジョン（emulsion）または乳濁液という．我々の日常生活において多くのエマルジョンまたは乳濁液を見ることができる．牛乳，マヨネーズ，バター，マーガリンなどがそうである．これらは，いずれも水と油がお互いに他の中に細粒となって分散している．分散の仕方は図12.1のように，水の中に油の細粒が分散する水中油滴型エマルジョン（oil-in-water emulsion），あるいは簡単にO/W型エマルジョン，と油の中に水滴が分散する油中水滴型エマ

12.1 一般的概念

ルジョン（water-in-oil emulsion），あるいは簡単にW／O型エマルジョンにわかれる．前者には牛乳，マヨネーズ，後者にはバター，マーガリンが代表例である．水と油とだけで安定なエマルジョンが得られるのではなく，乳化剤（emulsifier）の作用によって一相が他相に分散する．適当な乳化剤を用いることによって，2つの液体がエマルジョンをつくることもある．これは自然乳化といわれる．

エマルジョンとは，粒子の大きさがまちまちであるが，大体 $0.2 \sim 50\,\mu m$ の直径を持っている．常温においては，2つの液体を容器に入れ撹拌振とうによってエマルジョンを生成させる．エマルジョンが水中油滴型か，油中水滴型であるかは，分散している粒子が排液（drainage）によって，いずれの相に合併していくかで判断される．図12.1(a)のように，油は水より軽いから，粒子が大きくなりながら，上部の油相に合併する場合はO／W型，また逆に図12.1(b)のように粒子が下降しながら成長し，下方の水の層に合併する場合は油中水滴型W／O型である．

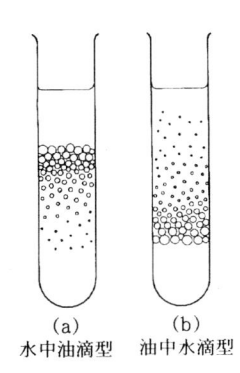

(a) 水中油滴型　(b) 油中水滴型
図12.1 水溶液系におけるエマルジョンのタイプ[1]

12.1.2　自然乳化

エマルジョンは2つの液体を強制的に撹拌，混合することによって得られるが，このような操作をしなくても，適当な乳化剤を用いることによって2つの液体がエマルジョンをつくる場合がある．これを自然乳化（spontaneous emulsification）という．例えば，水の上に約10％のメタノールを含むトルエンを静かに注入すると，上部の有機溶媒相中に重力に逆らって水滴が乳化され濁ってくる．トルエン中に40％のメタノールを含む場合は逆に水中にエマルジョン相が現れる．

この自然乳化の機構は必ずしも確立されていないが，次の3つの機構が考えられている．
1) 界面撹乱（interfacial turbulence）
2) 拡散と行きづまり（diffusion and stranding）
3) 負の界面張力（negative interfacial tension）

それらは図12.2のように示される．図12.2(a)は界面張力の局部的な減少によって，界面に激しい撹乱や拡張が生じ，糸状の液体が他方に侵入し，分裂し液滴となる．図12.2(b)は界面において撹乱が生じることなく，一方の液体の柱が他方に拡散し，この過程で持ち込まれた溶質が小さな

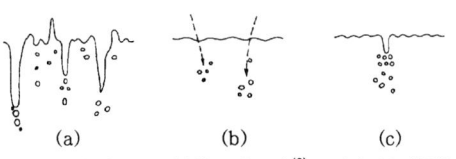

図12.2 自然乳化の機構の説明図[3]．(a)界面撹拌によって薄層が侵入し，分裂して液滴になる，(b)溶液が他相中に拡散し，溶質の液滴がそこに析出する，(c)界面張力の負のところが自然に分裂し，液滴となる．

液滴となる．図12.2(c)は界面張力が局所的に瞬間的に負になることによって液滴が形成され，界面は自然に大きさを増す．以上の機構は独立のものでなくお互いに関連性をもっているものと考えられている．

12.1.3 エマルジョンの安定度[1]

エマルジョンの安定度は，分散した液体粒子が合体して二液相に分散するのに抵抗する意味である．熱力学的な意味においては，自由エネルギーが最小の状態は二液相の完全分離であるから，エマルジョンの安定度とは真の平衡に達するまでの一種の緩和時間といえる．エマルジョンが破壊するのは，1つは粒子の融合(agglomeration)によるものと，他方2つの液相がお互いに他を排除した集り，それぞれ連続な1つの相をつくるプロセスによる．融合はお互いが凝集(flocculation)と合一(coalescence)の段階を経て行われる．

エマルジョンの安定のための条件は，
(1) 両液相の密度差をできるだけ小さくする，
(2) 連続相の粘度ができるだけ大きいこと，
(3) 両相間の界面張力ができるだけ小さいこと，
(4) 粒子の界面に比較的拡がりのある電気二重層のあること，
(5) 粒子表面における吸着層がある程度機械的に強靭性をもつこと，
である．

室温におけるエマルジョンに関する参考文献を以下に示す．
1) 伊勢崎壽三：エマルジョン，実験化学講座7 界面化学，丸善(1965)，217〜248．
2) P.シャーマン著，佐々木恒孝，花井哲也，光井武夫共訳：エマルジョンの科学，朝倉書店(1971)．
3) J.T.Davies and E.K.Rideal : Interfacial phenomena, Emulsion, Acad. Press (1961), 359〜386．
4) 近藤 保：界面化学(第2版)，第10章エマルジョン，三共出版(1980)，107〜118．
5) 中垣正幸：表面状態とコロイド状態，東京化学同人(1968)，264〜270．
6) 化学工業協会編：気泡・液滴工学，10.5液体/液体の分散系の安定性，日刊工業新聞社(1969)，208〜213．

12.2 高温におけるエマルジョン

高温において，お互いに溶け合わない物質がエマルジョン的分散をとる例としては，次の2つのタイプが考えられる．
1) スラグ，溶融塩中にメタル滴あるいはマット滴が分散するタイプ

2) メタル中にスラグや非金属介在物粒子が分散するタイプ

これらの分散系は次のような要因によって形成される．
1) 化学反応
2) 強制的外力による混合
3) スラグ中に溶けた化合物の分解や冷却によるメタルの分離

化学反応の場合でも，転炉のように超音速の酸素ガスを溶鋼に吹きつけると，激しい反応が進行するとともに，吹錬ガスによる強力な撹拌混合が生じる．このような場合，1) の化学反応だけが要因でなく，2) の要因も同時に関連する．

一方，スラグとFe-Al合金との反応によるマイクロエマルジョン形成の場合，外見的には激しい撹拌混合は見られず，単に化学反応のみによるものと考えられる．しかし，微視的領域において，撹拌が生じていても，現在のところ観察不能であり，エマルジョン形成への効果は評価できないこともある．いずれにしても，化学反応とそれに関連する強制的な外力によってスラグ中メタル滴の分散するタイプのスラグ－メタルエマルジョンが形成される．

メタル中に非金属介在物粒子が分散するケースは，脱酸プロセスがその代表的なものであり，脱酸速度を支配する溶鋼中介在物の除去プロセスが溶鋼－介在物分散系に関連するプロセスである．脱酸プロセスを含め，実炉における高温のエマルジョンについては第Ⅲ編（下巻）18章において詳細を述べる．本章では，実験室的規模のスラグ－メタルエマルジョンを中心に述べる．

12.2.1 スラグ中酸化鉄の還元プロセスにおいて生じるスラグ－メタルエマルジョン

スラグ中の酸化鉄の還元によって生じるスラグ－メタルエマルジョンに関する実験室的研究は極めて稀である．筆者の研究室においては，転炉スラグ，高炉スラグ，銑鉄粒，黒鉛粉末を表12.1に示すような割合で混合し，1773Kに加熱されたアルミナるつぼ中に投入，溶解，スラグ中酸化鉄を溶銑中のCや黒鉛粉末によって還元し，スラグ－メタルエマルジョンを生成さ

表12.1 溶鉄中Cによってスラグ中酸化鉄が還元される場合のスラグの泡立ちとエマルジョンの生成

試験 No.	炭素飽和鉄 重量 (g)	スラグ 重量(g)	スラグ組成 (mass %)					泡立ち高さ (mm)	エマルジョン	
			CaO	SiO_2	Al_2O_3	FeO			MD (mass %)	VFE (mass %)
28	10	90	34.2	37.5	16.3	10.0	CaF_2 2	9	6.7	2
29	10	90	25.7	49.2	14.1	11.0		7	4.3	1
30	10	90	18.8	46.5	9.5	25.2		5	12	2
31	10	90	35.0	38.3	16.9	10.0		14.2	14.2	3
32	10	90	34.2	37.5	16.3	10.0	B_2O_3 2	9	6	1
33	10	90	35.0	38.3	16.7	10.0		13.5	15	2
34	10	90	35.0	38.3	16.7	10.0		7	3.7	2
35	10	90	34.6	37.9	16.5	10.0	B_2O_3 1	10	7.5	1

MD：磁気選別された鉄滴，VFE：極微細なエマルジョン，スラグ中のmass %

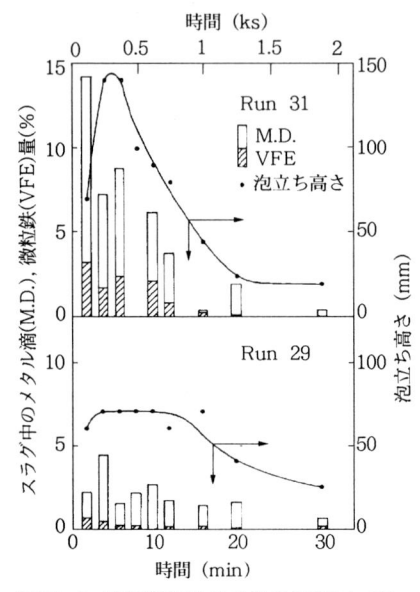

図12.3 溶融還元における泡立ち高さとスラグ中メタル滴の分布[4]

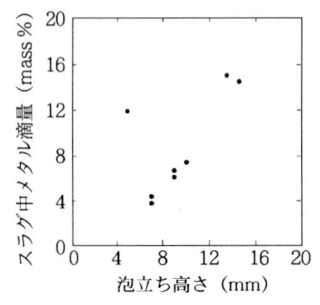

図12.4 溶融還元におけるスラグの泡立ち高さとスラグ中のメタル滴（M.D.）量との関係[4]

せ，その状況を調査した[4][5]．

反応開始後，適時スラグ試料を採取し，それに含有される鉄粒ならびに磁石によって選別できる微粒鉄について定量し，スラグ中のメタルの分散状況を調査した．スラグ相中に分散するエマルジョン状の鉄粒の割合の経時変化の一例を図12.3に示す．還元反応の活発なRun31では，スラグの泡立ちは大きく，またスラグ中の鉄粒の含有量も多い．一方，Run29では還元反応は激しくないため，スラグの泡立ちは低く，かつスラグ中の鉄粒も少ない．

これら一連の測定より，スラグの泡立ち高さの最高値とスラグ中の鉄粒量との関係を図12.4に示す．スラグの泡立ち高さの増加，すなわち還元反応の激しさとともにスラグ中の鉄粒の含有量が増加している．

12.2.2 スラグ－メタル反応によるマイクロエマルジョンと自然乳化

液－液間に化学反応が進行している場合，界面撹乱の生じることが知られている．Kozakevitch[6]はスラグによる溶鉄の脱硫の際，界面張力が著しく低下することを見いだした．この界面張力の低下は界面撹乱によるものとされているが，Riboud, Lucas[7]はこの状態の界面状況を急冷試料について顕微鏡観察を行い，スラグ－メタル界面に微小なエマルジョン状態の存在することを見出した．

彼らは，$CaO-SiO_2-Al_2O_3$スラグと$Fe-Al$（4.45mass%）合金とを反応させたが，マクロな観察においても，Fe-Al合金は滴の形状を示さず，界面は乱れた状態であった．筆者らも同様の研究を行い，Riboud, Lucasらと同様の結果を得たが，それらを総合し，界面のミクロな状態をスケッチで図12.5に示す．スラグ－メタルの界面は鋸状を示し，凹凸が激しい．この

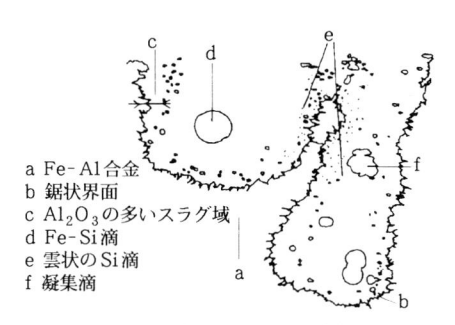

a Fe-Al合金
b 鋸状界面
c Al_2O_3の多いスラグ域
d Fe-Si滴
e 雲状のSi滴
f 凝集滴

図12.5 スラグ-メタル界面の微視的観察のスケッチ[7]

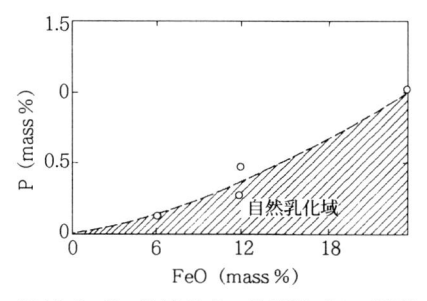

図12.6 Fe-P/含FeOスラグ系において自然乳化の生じる濃度領域[8]

表12.2 マイクロエマルジョンの生成する反応系[7]

メタル	スラグ	反応
Fe-Al	$CaO\text{-}SiO_2$	$2Al + 3/2 SiO_2 \rightarrow Al_2O_3 + 3/2 Si$
〃	$CaO\text{-}Al_2O_3\text{-}SiO_2$	
〃	$CaO\text{-}Al_2O_3\text{-}Fe_2O_3$	$2Al + Fe_2O_3 \rightarrow Al_2O_3 + 2Fe$
Fe-C-S	$CaO\text{-}Al_2O_3\text{-}SiO_2$	$S + (O) \rightarrow (S) + O$
Fe-Ti	$CaO\text{-}Al_2O_3\text{-}SiO_2$	$Ti + SiO_2 \rightarrow TiO_2 + Si$
Fe-P	$CaO\text{-}Al_2O_3\text{-}Fe_2O_3$	$2P + 5/3 Fe_2O_3 \rightarrow P_2O_5 + 10/3 Fe$
Fe-B	$CaO\text{-}Al_2O_3\text{-}SiO_2\text{-}Fe_2O_3$	$2B + Fe_2O_3 \rightarrow B_2O_3 + 2Fe$
Fe-Cr	$CaO\text{-}SiO_2\text{-}FeO$	$2Cr + 3"FeO" \rightarrow Cr_2O_3 + 3Fe$
Fe	Cu_2O	$Fe + Cu_2O \rightarrow 2Cu + "FeO"$
Fe-Si	$Cu_2O\text{-}Al_2O_3$	$Si + 2Cu_2O \rightarrow SiO_2 + 4Cu$

界面に近いスラグ相はAl_2O_3に富み,式(12-1)に示すようにスラグ中のSiO_2がFe-Al合金中のAlによって還元されたことを証明している.

$$2\underline{Al} + \frac{3}{2} SiO_2 \rightarrow \frac{3}{2}\underline{Si} + Al_2O_3 \tag{12-1}$$

また,その領域では微細なSi粒が雲状に分布している.微細なSi滴は急冷時に形成されたと考えられ,球形の大きな滴は高温において存在しており,小さな滴の合体によって生じたとされている.このSi粒の大きさは$1\mu m \sim 10\mu m$程度で球形である.

スラグ-メタル反応の初期,一般に物質移動は速く,表12.2に示す反応においては界面張力は著しく低下する時期がある.その場合,界面の破壊と拡散・行きづまり(diffusion and stranding)機構によって物質移動がエマルジョン化の原因となる.このように,高温融体中でも脱硫,脱リン,脱酸プロセスにおいて自然乳化現象が生ずるといわれている.Minaev[8]はスラグ-メタル系の脱リン反応において,自然乳化領域を図12.6のように示している.

12.2.3 強制的外力による混合によって生じるスラグ−メタルエマルジョン

常温ではエマルジョンを生じるケースとして機械的に強制的に混合される場合が多い．高温においてスラグ，メタルを強制的に機械的に混合してエマルジョンを形成させた例はみられない．Poggiら[9]は図12.7に示す装置によってスラグや溶融塩にメタルが捕らえられる機構を検討した．その場合，捕らえられるメタルはスラグや溶融塩の自由表面に浮かんだ形態のものが主体であるが，直径0.1mm以下の微細なメタル粒子は図12.8のように吹き込みガス速度に関係なく，一定量のCuが反射炉スラグ（Fe：35mass%，SiO_2：32%，Al_2O_3：6%，CaO：9%，CaF_2：2%）中に分散することが認められている．この場合，微細なCu滴の分散する状況の直接観察は不可能であるが，水−水銀系の実験結果から液−液界面を通過する気泡を覆ったCu膜が破裂し，その一部が小さな滴状になってスラグ中に分散するものと推察される．

筆者らは実験室的規模で溶鉄中にガスを吹き込みその上部のスラグ層に溶鉄粒滴を分散させることを試みたが，小規模のため（スラグ−メタル界面積約$80cm^2$）のため，エマルジョンの生成は見られなかった．ただ，実験規模をかなり大きくすれば，スラグ中に微小溶鉄滴の分散も可能と思われる．

液−液系に気泡を吹き込む以外の外力による混合によってエマルジョンが生成する例として，気体発生を伴う化学反応による場合がある．これは非鉄製錬におけるスラグロスの場合であって，マット相を通過した反応生成ガス（SO_2）はマット−スラグ界面の通過の際，スラグ中にマットの粒滴を分散し，スラグロスの原因となるといわれている．この現象の可視的な基礎研究はPoggiら[9]によって，水−Hg，グリセリン−Hg系について行われ，液−液界面を通過する気泡によってHg滴が水，グリセリン中に分散することが認められている．

図12.7 ガス吹き込み混合によるスラグ・メタル分散系の実験装置[9]

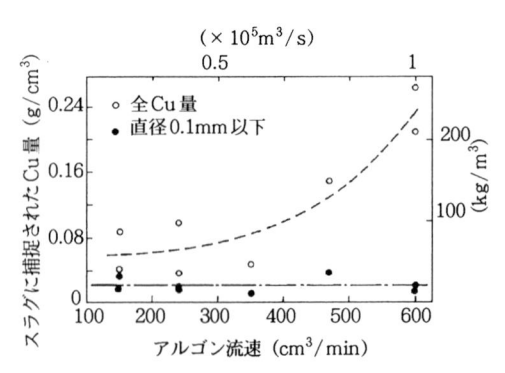

図12.8 ガス吹き込み速度と合成スラグに捕捉されたCu量との関係（1473K）[9]

このように，強制的に混合して形成されたスラグ－メタルエマルジョンは常温系におけるエマルジョンの例から明らかなように，時間経過とともに分離する傾向を有している．

一般に，沈降速度Vがストークスの法則，式(12-2)に従うとすると，

$$V = \frac{2}{9}\frac{g(\rho_D - \rho_S)r_D^2}{\mu_S} \quad (12\text{-}2)$$

ρ_D, ρ_S：メタル，スラグの密度，
r_D：メタル滴の半径，
μ_S：スラグの粘度，
g：重力加速度．

その沈降速度は粒子の大きさに大きく依存する．種々な液－液系の粒子の大きさと沈降速度との関係を図12.9に示す．図から，液－液系による相違は，スラグ，溶融塩，グリセリン，水などの媒体液体の動粘性係数によって決定される．

スラグ－メタル系においてメタル滴の沈降速度とスラグの粘性との関係は図12.10に示すように沈降速度はスラグの粘性の増加とともに低下する傾向を示している．

ただ，粒子の凝集や分離の現象を考えるにあたっては液－液間の界面エネルギーなど界面性質を考慮する必要がある．このことから，界面エネルギーの小さいスラグ－マット系のほうがスラグ－メタル系より分離しやすいと考えられる．

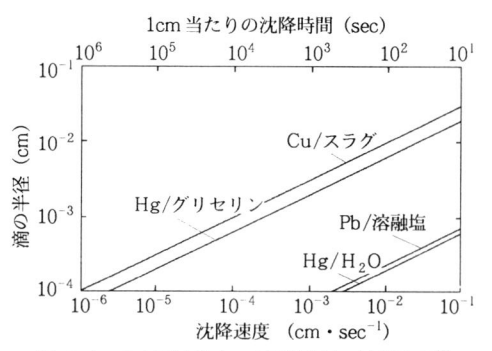

図12.9 非金属液体中の金属液体滴の沈降速度[9]

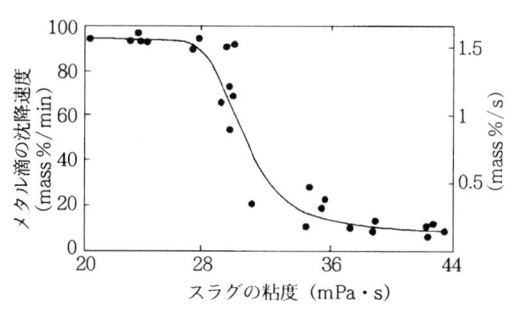

図12.10 スラグ中のメタル滴の沈降速度へのスラグの粘度の影響[10]

12.2.4 スラグ－メタルエマルジョンのミクロ構造と安定化の条件

エマルジョンは放置すると二相に分離するが，エマルジョンを安定化するために水－油系では，乳化剤が用いられる．これは水と油の両方に親和力を持ち，界面に配向吸着し，界面自由エネルギーを低下させる物質が選ばれる．

Urquhart, Davenport[11]は図12.11にO/W，W/O系エマルジョンにおける表面活性剤の挙動を示している．彼らは，液体の性質より，スラグ中にメタルの分散したエマルジョンはW/Oエマルジョンと類似していると判断している．

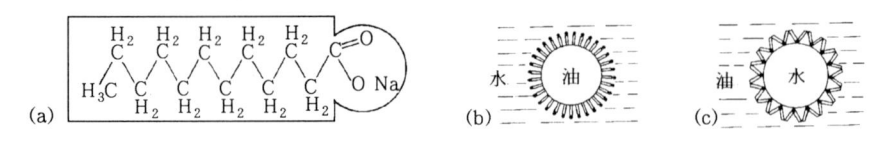

図12.11 低温系における表面活性剤[11]．(a)有極カルボキシル先端と無極炭化水素末端をもつステアリン酸ソーダ，(b)ステアリン酸ソーダによって安定化された水中油滴エマルジョン，(c)"二重端末"ステアリン酸マグネシウムで安定化された油中水滴エマルジョン．

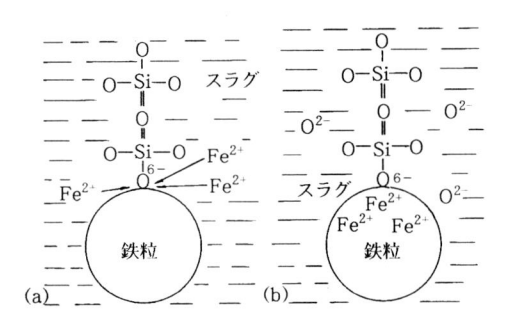

図12.12 スラグ中の溶鉄滴へのシリケートアニオンの吸収機構[11]．(a) $Si_2O_7^{6-}$ イオンの化学吸着と Fe^{2+} イオンによる安定化，(b) 酸化物コーティングからの O^{2-} イオンの置換による溶鉄滴表面における鎖状 $SiO_2O_7^{6-}$ イオンの化学吸着．

彼らは低温におけるエマルジョンの安定化機構をスラグ－メタル系エマルジョンに適用した．スラグ中には炭化水素チェーンに類似したチェーン状のケイ酸イオンが存在することが知られている．このケイ酸イオンがスラグ中Fe滴に付着して安定化すると考え，図12.12に示す2通りの機構を提唱している．この考え方はあくまでも推論の域を出ないものである．

現在，高温でスラグ中メタルエマルジョンを任意に生成させることは不可能に近い．もし，ある特定サイズのメタル粒子をスラグ中に均一に分散させることが可能であれば，エマルジョンに大きく影響を与えるスラグの粘度を一定にして，スラグの組成を変化させ，シリケートチェーンの効果を判断できる．

12.2.5 溶融塩系におけるエマルジョン

溶融塩電解や溶融塩型燃料電池においては，金属霧(metal fog)生成の問題がある．これはメタルの溶解と関連するといわれている．渡辺ら[12]は溶融LiCl中に溶解する金属Li量を測定し，雰囲気の影響を調査した．その結果の一例を図12.13に示す．密閉容器を用いると，Liの溶解度は935Kで0.66mol％であるが，雰囲気調整可能な容器を用いた場合，雰囲気中に含まれる O_2，N_2，H_2O の影響を受け，Liの溶解度は時間とともに増加し，真の溶解度よりはるかに大きい．

この現象はLiCl中へのLiの真の溶解度以外に，Liのコロイド的微粒子溶解が生じるものと考えられ，雰囲気中の O_2，N_2 がLiと反応して生成する酸化リチウム，窒化リチウムがコロイ

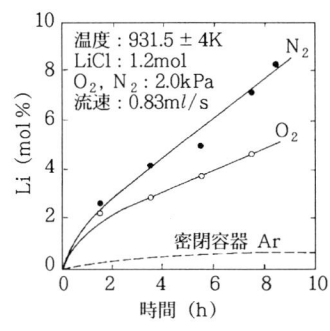

図12.13 塩化リチウム融体中に分散するLi量への雰囲気中酸素,窒素の影響[12]

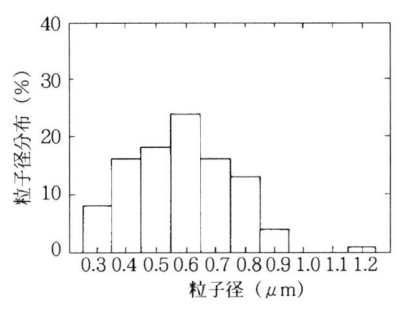

図12.14 塩化リチウム融体中に分散するLi粒子の分布[13]

ド溶液における乳化剤と同様の役割を果たしているものと考えられている.

Liのコロイド的微粒子溶解の機構に関して渡辺らは次のように述べている. Liは雰囲気中の酸素,窒素と反応し酸化リチウム,窒化リチウムを形成し,Li中を拡散し,溶液塩との界面に達し,塩中に溶解する. Li-溶液塩界面に達した酸素,窒素が配位すると界面張力は減少する. この界面張力の減少は,微視的にはLi-溶液塩界面において不均一であり,局所的に界面張力の差が生じる. そのため界面において振動,拡張が生じ,いわゆる界面撹乱が生じ,Liの微粒子が生成することになる. この微粒子に酸化物,窒化物がイオン化した形で配位し,コロイドが安定すると考えられている. LiCl中に分散するLi粒子の分布を図12.14に示す.

12.2.6 溶融ホウ化物中の液-液分散系

金属系,無機系には高温の溶融状態で二液相に分離する系を見ることができる. このような系を均一液相の状態を保つ温度から降温させ,二相分離領域の温度に保持すると液-液分離相が出現する.

Nakashimaら[14]はホットフィラメント法によりゲルマネートガラス,溶融ホウ化物の相分離過程の観察と検討を行っている. 分散系は図12.15のように時間経過とともに分散粒子は凝集し,粒子は増大,ついに,二相に分離する. この分散系における分散粒子径の増加の状況を図12.16に示す. 平均粒子径 $\bar{r}$ と保持時間 t との

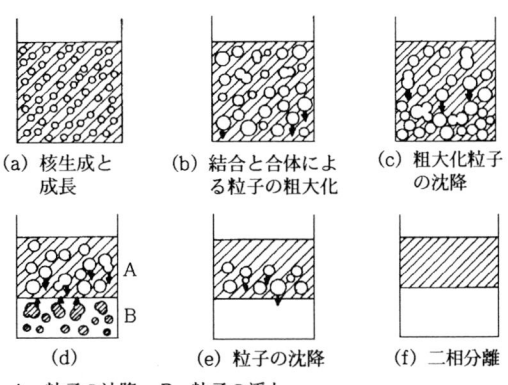

(a) 核生成と成長
(b) 結合と合体による粒子の粗大化
(c) 粗大化粒子の沈降
(d)
(e) 粒子の沈降
(f) 二相分離

A:粒子の沈降, B:粒子の浮上

図12.15 液-液相分離プロセスの模式的説明図[14]

図12.16 二液相界面の形成前における粒子の平均半径 $\bar{r}$ と保持時間との関係[14]

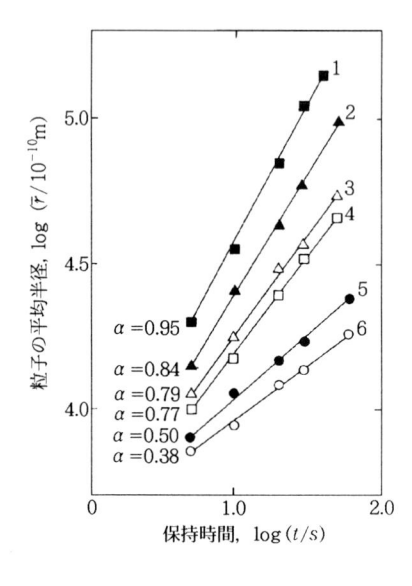

1 10CaO・90B$_2$O$_3$(1573K)
2 10SrO・90B$_2$O$_3$(1493K)
3 8SrO・92B$_2$O$_3$(1503K)
4 7BaO・93B$_2$O$_3$(1323K)
5 6SrO・94B$_2$O$_3$(1473K)
6 3SrO・97B$_2$O$_3$(1393K)

間には式(12-3)の関係が成立する．

$$\bar{r}(t) \propto t^\alpha \tag{12-3}$$

引用文献

(1) 伊勢崎壽三：エマルジョン，実験化学講座6 界面化学，丸善 (1956), 217~248.
(2) 伊勢崎壽三：乳化および可溶化，工業化学, **58** (1955), 815~820.
(3) P. シャーマン著，佐々木恒孝，花井哲也，光井武夫共訳：エマルジョンの科学，7.自然乳化，朝倉書店 (1971), 61~67.
(4) J.T.Davies and E.K.Rideal: Interfacial phenomena, Acad. Press(1961), 359~386.
(5) 河合晟：高温分散系の生成，大阪大学工学部冶金工学科 卒業論文 (1986).
(6) P.Kozakevitch, G.Urbain et M.Sage: Sur la tension interfaciale fonte/laitier et le macxanisme de desulfuration, Rev. Metall., **52** (1955), 161~172.
(7) P.V.Riboud and L.D.Lucas: Influence of mass transfer upon surface phenonena in iron and steelmaking. Cand. Metall. Q., **20** (1981), 199~208.
(8) Yu. A. Minaev: (物質移動への動的界面張力の変化の影響), 冶金プロセスにおける表面現象, 第4章, 冶金図書出版, (1984), 121~141.
(9) D.Poggi, R.Minto and W.G.Davenport: Mechanisms of metal entrapment in slags, J. Metals,

21(1969), 41~45.
(10) L.Yu.Nazyuta and A.F.Kuznetsov: Problem of stabilizas of metal‐slag emulsions, Steel in the USSR (1974), 378~380.
(11) R.C.Urquhart and W.G.Davenport: Stabilization of metal‐slag emulsions, J. Metals, **11** (1970), 36~39.
(12) 渡辺信淳, 中西浩一郎, 中島 剛:溶融塩化リチウムに対する金属リチウムの溶解現象, 日本化学会誌 (1974), 401~404.
(13) 中島 剛, 中西浩一郎, 渡辺信淳:種々な融解塩への金属リチウムの分散, 日本化学会誌 (1975), 617~621.
(14) T.Nakajima K.Nakanishi and N.Watanabe: Study of emulsions in molten salts Ⅲ. The concentration, stability and particle-size distribution of dispersed lithium in molten lithium chloride, Bull. Chem. Soc. Jpn., **49** (1976), 994~997.
(15) K.Nakashima, K.Hayashi, Y.Ohta and K.Morinaga: Liquid‐liquid phase separation process in the tow‐liquid regions of binary bolate melts, Materials Trans. JIM., **32** (1991), 37~42.

13章　界面電気現象

13.1　一般的概念 [1]〜[8]

　イオン溶液と金属が接触する場合，その界面において界面電気現象の生じることは古くから知られている．水銀と電解質水溶液が接触すると，両相の電位差が界面に現われる．これに対応して，界面に接する電解液中のイオンの分布や配向に変化を生じ，界面電気二重層が形成される．この界面電気二重層の考えかたは古く1879年Helmholtzによって示された．この電気二重層の存在のために種々の界面電気現象が生じるといわれる．界面電気現象はLippmannが1875年に見出した電気毛管性のように，これまで水銀と電解質水溶液系について多くの人々によって研究されてきた．その結果，水銀－電解質水溶液界面に関する多くの知識が得られている．

13.1.1　電気毛管現象

　電気毛管現象はイオン溶液中にある電極の表面張力（溶液との界面張力）が電極電位によって変化する現象であって，Lippmann（1875）によって発見されて以来，電極現象，電気二重層の構造の研究のために重要な現象として広く研究されてきた．従来この分野の研究は水銀－電解質水溶液系であって，これら両相間の電位と界面張力との代表的な関係は図13.1のように二次曲線で示される．この曲線を電気毛管曲線（electrocapillary curve）といい，この曲線の形状より種々の界面性質に関する知識が得られる．図13.1には数種類の曲線が同時に記入されているが，それらはそれぞれ陰イオンの種類が異なっている．すなわち電気毛管曲線の形状は陰イオンの種

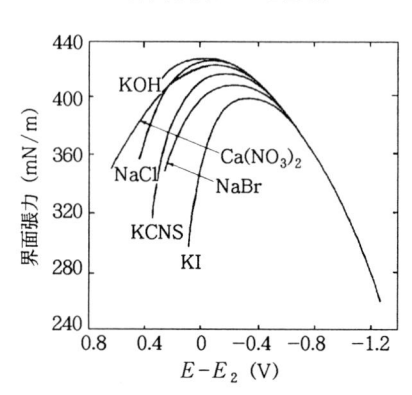

図13.1　種々の電解質溶液中におけるHgの電気毛管曲線（291K）[6]

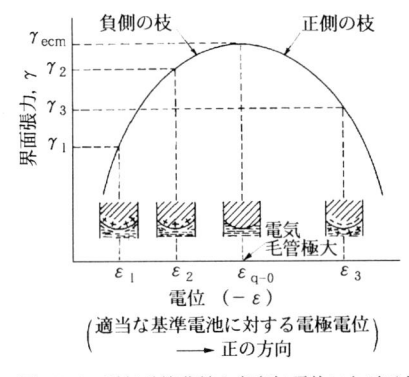

図13.2 電気毛管曲線と各印加電位における界面の電荷の分布状態の模式図[7],[8]

図13.3 電気毛管曲線（界面張力γの電位による変化）より表面電荷密度(Q)，電気二重層容量Cを求める手順[3]

類によって大きく変化をうけることを示している．一方，陽イオンについては変化は少ない．また中性分子の吸着の場合，極大の部分がカットされる．

図13.2に電気毛管曲線と各電位における界面の電荷の分布の状態を模式的に示す．

電気毛管曲線において界面張力が極大になっている点を電気毛管極大点 (electro-capillary maximum-e.c.m) といい，その点の電位を E_{ecm} で示す．この曲線の形状は界面に吸着する物質の種類によって変化するが，このことから逆に曲線の形状より吸着物質を判断することもできる．

界面張力と界面電位の間にはLippmannの式(13-1)

$$\gamma_{ecm} - \gamma = \frac{C}{2}(\psi_{ecm}{}^2 - \psi^2) \tag{13-1}$$

が成立するものとすれば，式(13-1)の微分式(13-2)によって表面電荷密度Qが求まり，式(13-2)の微分によって電気二重層容量Cを計算することができる．

$$-(\gamma/\psi) = C \cdot \psi = Q \tag{13-2}$$

$$-(\gamma^2/\psi^2) = -(Q/\psi)C \tag{13-3}$$

このプロセスを図示すると図13.3のようになる．

13.1.2 界面電気二重層の構造[1],[2]

界面電気二重層の構造は電気毛管曲線のほかに，電極-溶液間の界面インピーダンスや界面に直流分極を加えた場合の過渡現象の測定から知ることができる．これらを基にして古くから電極と電解質との界面の構造について種々な説が示されている．

最も古い電気二重層のモデルは1879年Helmholtzが提示した平板コンデンサーモデルであ

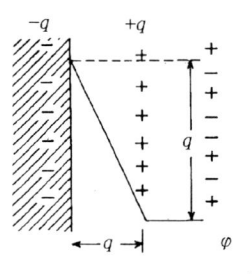

図13.4 ヘルムホルツ模型[1]

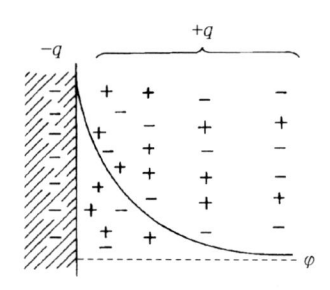

図13.5 Gouy-Chapmanの拡散二重層模型[1]

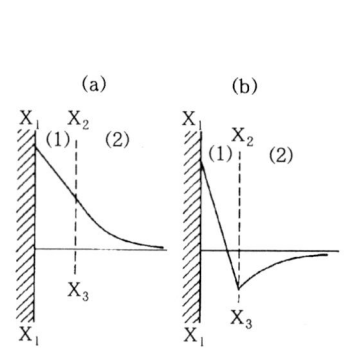

図13.6 Stern模型[1]

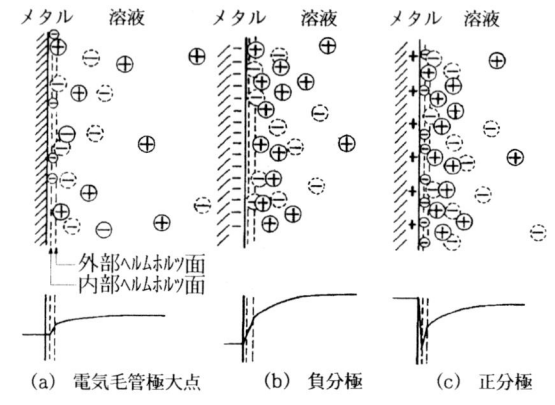

図13.7 Grahameによる電気二重層模型[6]
(a) 電気毛管極大点　(b) 負分極　(c) 正分極

る（図13.4）. これは電極と電解質溶液の界面を単位面積当たり C の容量を持ったコンデンサーとみなすものであり, この場合コンデンサーには漏洩電流を考えないので, このモデルは理想分極性の界面のみに限定される.

Gouy-Chapmanはイオンの熱運動を考慮し, 溶液側の電荷の分布を拡散的と考えて拡散二重層モデル（図13.5）を1910年に示した. この説はHelmholtzの平板コンデンサー説より事実に近いと考えられるが, 実験結果との比較において稀薄溶液でしかも電気毛管極大点近くにおいてのみ, 理論値と実験値が一致するにすぎない.

Sternは1924年, 電気二重層として電極近くではヘルムホルツ二重層があり, その外側に拡散二重層のあるモデル（図13.6）を考えた. このモデルは微分容量からは立証されないが, 界面に特異吸着層が考慮されている.

Grahameは1946年, 電極面に水和しないアニオンが特異吸着する面として内部ヘルムホル

ツ面と水和しないカチオンおよび水和したイオンの最接近面として外部ヘルムホルツ面を考え，その外側には拡散二重層が存在する図13.7のモデルを示した．このGrahamのモデルによって電極−溶液の界面におけるイオンの界面電気二重層の体系はほぼ完成されたとされている．

Ikemiyaら[9]は電気化学原子間力顕微鏡 (electrochemical atomic force microscope, ECAFM) を用いて，50mM H_2SO_4水溶液中におけるAu(100)の表面自己拡散係数D_sを測定した．測定値は図13.8に示すように印加電圧によって変化し，電位0近傍において最小値を示す．このような表面自己拡散係数の電位依存性はAu表面への陰イオン吸着によるだけでなく，Au原子間の結合力の低下によることも考えることができるといわれている．

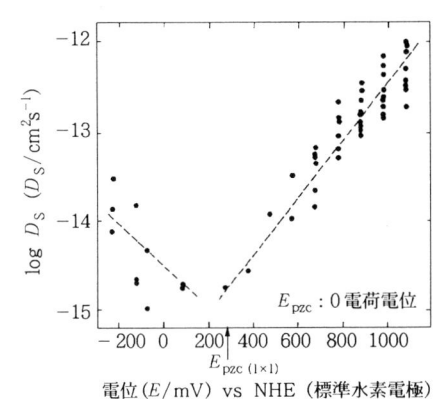

図13.8 Au原子の表面自己拡散係数D_sと電極電位との関係[9]

自己拡散係数の増加がAu原子間の結合力の低下によるものとすれば，表面エネルギーの低下を意味し，図13.8は図13.1，図13.2に示した電気毛管曲線と類似の変化を示すことを意味する．このことから，電気毛管曲線の説明がイオンの吸着のみによってなされているが，メタル電極表面の表面エネルギーの変化の影響も考慮する必要があると原[10]は述べている．

13.2 高温における界面電気現象[11],[12]

高温における界面電気現象については，Hevesy，Lorenz[13]が1910年はじめてPbやSnとKCl，NaClあるいはKCl-KI，NaCl-NaIなどの溶融塩とのメタル−溶融塩系における電気毛管曲線を決定した．以後1937年にKarpachev，Stromberg[14]によって溶融塩−メタル系の電気毛管曲線の測定がなされている．さらにイオン性溶液であるスラグとメタルとの系に対する最初の試みは1952年のEsinら[15]による高温における電気毛管現象の論文であろう．それ以来，主としてソ連の研究者によって高温のスラグ−メタル界面における電気毛管現象に対し精力的研究が行われ，現象論的研究からさらにその実体へのアプローチが発展している．我が国においても固体および液体金属とスラグ界面における界面電気現象に関する研究も進みつつある．筆者らもエレクトロキャピラリーメーターを用いて低融点金属−溶融塩間の電気毛管現象の研究を行った[16]．

D: 滴下電極　C: 甘汞電極
M: 滴の受器　P: 電位計
N: 陽極　　　T: 定温槽

図13.9 電気毛管曲線測定装置[1]

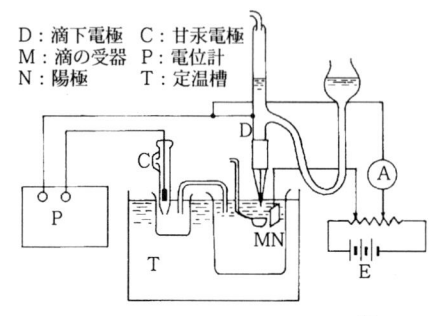

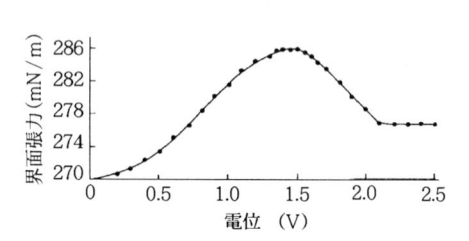

図13.10 Pb/KCl系における電気毛管曲線 (1123K)[13]

13.2.1　電気毛管曲線

　水溶液系における電気毛管曲線は図13.9に示すような水銀滴下電極を用いて測定されている．いわゆる滴重量法による水銀－水溶液間の界面張力が印加された電位を変動させて測定することによって図13.1のように求められている．

a. 溶融塩－メタル系

　高温における溶融塩－メタル系の電気毛管曲線の測定はHevesy, Lorenz[13]によってなされている．その一例として，1123KにおけるPb/KClの電気毛管曲線を図13.10に示す．この曲線は図13.1に示す水溶液の場合とは相違する．1937年，Karpachev[14]によって低溶融金属－溶融塩系に用いられた装置を図13.11(a)に示す．これはエレクトロキャピラリーメーター (electrocapillary meter) といわれ，溶融塩－メタル界面が毛管内で接触するように工夫され，電位の変動によってメタルのメニスカスの位置が変動する．この変動より界面張力の変動が求められ，電位による界面張力の変動すなわち電気毛管曲線が得られる．

　図13.11には，Karpachev以後の溶融塩－メタル系の電気毛管曲線を求めるために用いられた装置を図13.11(b), (c), (d)に示す．いずれもKarpachevと同様のエレクトロキャピラリーメーターであり，特にソ連では，この方法

(a) 文献(14)　(b) 文献(17)　(c) 文献(18)　(d) 文献(16)
1 溶融塩, 2 メタル, 3 毛細管, 4 導線

図13.11 溶融塩－メタル系用エレクトロキャピラリーメーター

13.2 高温における界面電気現象

によって溶融塩-メタル系について多くの研究がある。図13.11(d)は筆者の研究室において実施したPb, Sn, Pb-Sn/KCl-LiCl系の電気毛管曲線測定に用いた装置である。

筆者の用いたエレクトロキャピラリーメーターは石英管で作られ，毛細管部は長さ20mm，内径1mmである。測定極および対極とする液体金属電極からMo線を介してポテンショスタットにつながれている。Mo線0.5mmは内径3mmの石英管の中を通し，溶融塩と接することなく金属電極に接続されている。参照極は溶融塩に浸したMo線で，この極を参照としてデジタルボルトメーターで対極(溶融金属極)との分極電圧を測定している。

測定は，まずエレクトロキャピラリーメーターの毛管部分(内径1mm)の下半分に液体金属，上半分に溶融塩が入るように各試料を装入した。キャピラリ部分の液体金属の高さが安定したのち，所定の温度(673〜783K)において，ポテンショスタットで界面に電圧をかけ，正または負に分極させる。分極電圧が変化するにつれて，毛管部分の液体金属の高さが変化する。変化がなくなると，分極電圧を元の方向に戻し，高さと電圧が元に戻っていることを確認したのち，逆に分極させ，同じ操作を繰返す。高さの変化はカセトメーターで測定し，式(13-4)により界面張力の変化を求める。

$$\Delta \gamma = \frac{\rho g h r}{2} \tag{13-4}$$

ここに，$\Delta \gamma$：界面張力の変化，g：重力加速度，ρ：溶融金属と溶融塩の密度差，h：溶融金属の高さの変化，r：毛細管の半径。

図13.11(c)のエレクトロキャピラリーメーターによって求められたPb/NaCl系あるいはKCl系の電気毛管曲線を図13.12に示す。この場合，電気毛管曲線は図13.1に示した水溶液の電気毛管曲線に類似している。曲線は溶融塩の種類によって若干相違し，Pb/KCl系の方がPb/NaCl系より負側にシフトしている。極大点を示す電位の差は，約0.15Vである。これは界面に吸着するNa$^+$イオンのイオン半径がK$^+$イオンより小さいことによるといわれている。また筆者らの用いた図13.11(d)の装置によって得られた結果を図13.13に示す。図13.13の結果

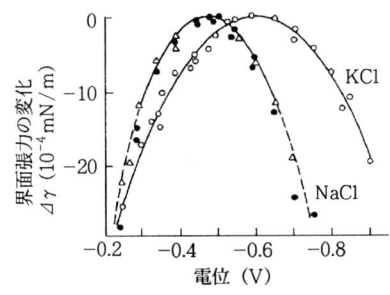

図13.12 Pbと溶融塩系の電気毛管曲線[18]
(実測点と計算によって得られた曲線)

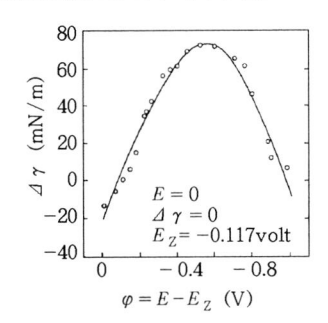

図13.13 Pb/KCl-LiCl(40.5mol%KCl)系の電気毛管曲線(673K)[16]

表13.1 溶融塩-メタル系の電気毛管曲線の測定例

メタル	溶融塩	温度(K)	電気毛管曲線	西暦	文献
Pb	(NaCl, KCl), (NaBr, KBr)	1093, 1073	塩組成変化	1963	18
Au-Sn, Bi-Tl	LiCl-KCl共晶組成	723	メタル組成変化	1949	19
Sn-Cd	LiCl-KCl共晶組成	723	メタル組成変化	1953	20
Te-Tl	LiCl-KCl共晶組成	748	メタル組成変化	1959	21
Pb	アルカリ金属塩化物(Cs, Rb, K, Na, Li)Cl	950〜1165	温度変化	1971	22
In, Bi	アルカリ金属塩化物(Cs, Rb, K, Na, Li)Cl	973〜1182	温度変化	1972	23
In, Bi	NaCl-CsCl	954〜1164	塩組成変化	1973	24
Bi	NaCl-RbCl	994〜1123	塩組成変化	1974	25
Bi	KCl-RbCl	1005〜1159	塩組成変化	1974	25
Bi	KCl-KBr	1017〜1170	塩組成変化	1976	26
Bi	NaBr-KBr, NaBr-CsBr	977〜1163	塩組成変化	1979	27
Pb	NaCl/KCl(1:1)-アルカリ, アルカリ土塁金属塩化物	423	塩組成変化	1983	28
Pb	LiCl-KCl共晶組成	673	塩組成変化	1989	16

も水溶液の結果と類似している．

　溶融塩-メタル系の電気毛管曲線の測定はソ連において多数発表されている．それらの測定条件の一例を表13.1に示す．表に示した測定においては，得られた電気毛管曲線はすべて水溶液-Hg系と同様の形状のものが多い．

b. 溶融酸化物-メタル系（スラグ-メタル系）

　スラグ-メタル系のように溶融塩-メタル系に比べてはるかに高温における電気毛管曲線の測定は困難が極めて大きく，精度の良い測定は少ない．スラグ-メタル系について最初に行われた測定はFurmkinの指導の下にEsin[15]が1952年に行った研究である．この測定は図13.14に示すようにスラグ中のメタル滴の形状を透過X線によって測定し，電位による界面張力の

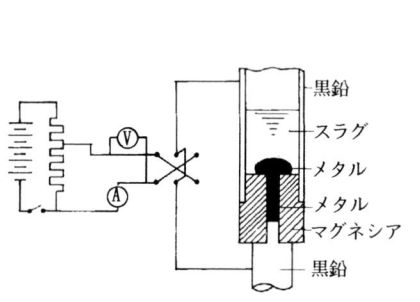

図13.14 メタル-スラグ界面における電気毛管曲線測定装置[15]

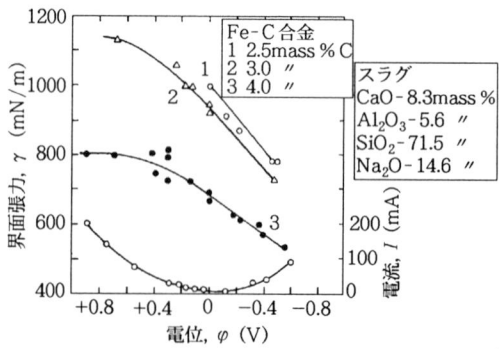

図13.15 Fe-C合金/溶融スラグ系の電気毛管曲線[15]

13.2 高温における界面電気現象

変化より電気毛管曲線を得る方法である．この方法は，静滴法による界面張力の測定(第Ⅰ編6章)に述べたように界面張力の測定精度の向上のためにはメタル静滴をあまり小さくできない．その大きさは直径14～16mm，表面積350～400mm^{2}であり，この対極の黒鉛電極を十分大きくとって分極をメタル－スラグ界面のみで生じるようにしてある．しかし，図13.15に示すように，得られた電気毛管曲線は水溶液－水銀，溶融塩－メタル系とは大きく相違し，電気毛管極大点が見られず，二次曲線の一部が測定されているようである．この点に関してPatrovは静滴の表面積が大きく，かつ高電流密度域での電流分布の悪いことを指摘している．

Esinら[15]の研究はCaO-SiO$_2$-Na$_2$O-Al$_2$O$_3$系スラグとFe-C合金とについて求められている．電気毛管曲線の形状から陰分極によって界面張力は低下しているが，陽分極では界面張力の変化は少なく，さらにSiO$_2$の添加の方が界面張力を強く低下させる．これらのことより，Esinらは，メタル面が負に帯電していると考えている．Esinらのこの研究はスラグ－メタル系において界面電気現象の研究分野を拓いたものとしてその意義は大きい．

Patrovは上述のEsinらの研究の欠点を克服するため，1959年，Narishkin[29]の使用したのと同様の毛管圧力法によってスラグ－メタル系の電気毛管曲線の研究を行った[30]～[33]．この方法は一種のエレクトロキャピラリーメーターであり，図13.16に示すように毛管内においてメタルとスラグが接触するようにしてあるため，Esinらの静滴法に比べて，スラグ－メタル界面積を著しく小さくできる利点を有している．測定は半径rの耐火材料の毛細管内の最大圧力Pを求め，式(13-5)の関係より，電位によるγ_{ms}の変化を求めるものである．

$$\gamma_{ms} = P\frac{r}{2} \tag{13-5}$$

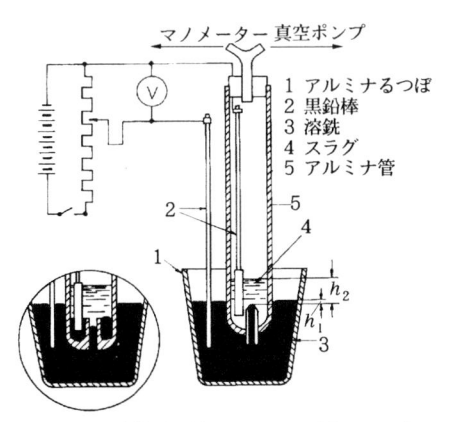

図13.16 毛管圧力法によるスラグ/メタル系の電気毛管曲線測定装置[30],[32]

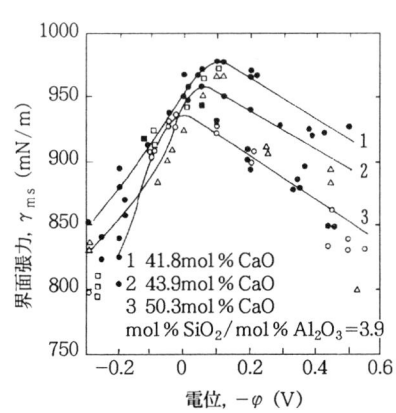

1 アルミナるつぼ
2 黒鉛棒
3 溶銑
4 スラグ
5 アルミナ管

図13.17 図13.16の装置によって測定された溶銑/CaO-SiO$_2$-Al$_2$O$_3$スラグ系の電気毛管曲線 (1693～1753K)[30],[31]

1 41.8mol% CaO
2 43.9mol% CaO
3 50.3mol% CaO
mol% SiO$_2$/mol% Al$_2$O$_3$ = 3.9

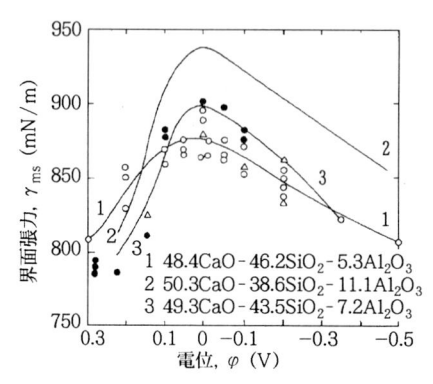

このようにして得られたFe-C合金とCaO-SiO$_2$-Al$_2$O$_3$系スラグの電気毛管曲線を図13.17に示す。図から明らかなように毛管曲線は水溶液、溶融塩と同様に明瞭な電気毛管極大点を有する二次曲線状の電気毛管曲線を得ることが認められた。この場合、図13.17に示すようにE_{ecm}はCaOの増加と共に正電荷の方に移行し、γ_{ecm}も減少している。このことはスラグ側の界面にCa^{2+}が吸着していることを示している。さらにCaOを一定としてSiO$_2$とAl$_2$O$_3$の割合を変えた場合には、図13.18のようにE_{ecm}はシフトしない。このことはスラグ側の吸着物質がCa^{2+}、Fe^{2+}、Mn^{2+}であるから、アニオンの種類が変

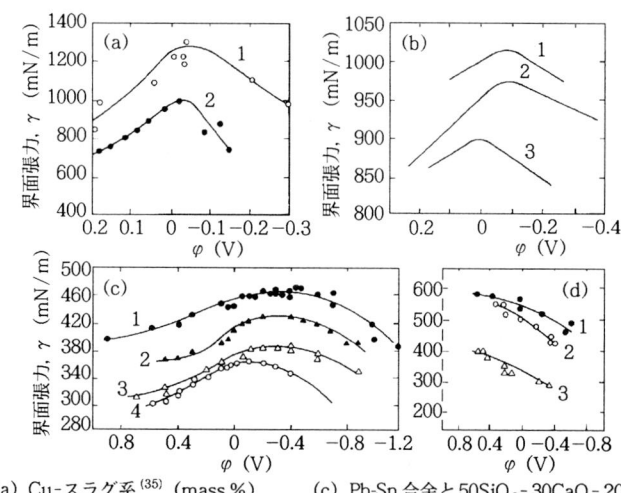

図13.18 溶銑/CaO-SiO$_2$-Al$_2$O$_3$スラグ系の電気毛管曲線、CaOをほぼ一定としてSiO$_2$とAl$_2$O$_3$との割合を変化させた場合[33]

1　48.4CaO-46.2SiO$_2$-5.3Al$_2$O$_3$
2　50.3CaO-38.6SiO$_2$-11.1Al$_2$O$_3$
3　49.3CaO-43.5SiO$_2$-7.2Al$_2$O$_3$

(a) Cu-スラグ系[35] (mass %)
 1. 40CaO-40SiO$_2$-20Al$_2$O$_3$
 2. 55CaO-45Al$_2$O$_3$
(b) 銑鉄-スラグ系[32]
 スラグ (mol %)
 41.6CaO-47.3SiO$_2$-11.1Al$_2$O$_3$
 メタル系 (at %)
 1. 14C-0.9Si-2Mn-0.06S
 2. 13C-3.5Si-0.6Mn-0.06S
 3. 13C-3.5Si-2.1Mn-0.06S
(c) Pb-Sn合金と50SiO$_2$-30CaO-20Na$_2$O スラグ系 (1523K)[36] (mass %)
 1. Sn
 2. 40Pb-60Sn
 3. 70Pb-30%Sn
 4. Pb
(d) 1. Mn-C/25CaO-12Al$_2$O$_3$-63SiO$_2$[37]
 2. Ni-S/14.6Na$_2$O-8.3CaO-5.6Al$_2$O$_3$-71.5SiO$_2$
 3. Cu-S/14.6Na$_2$O-8.3CaO-5.6Al$_2$O$_3$-71.5SiO$_2$

図13.19 高温におけるメタル-スラグ系の電気毛管曲線

わってもE_{ecm}には影響がないのであろう．

このように静滴法，最大圧力法によってスラグ－メタル系における電気毛管曲線が得られたが，これら以後この分野の研究はソ連において種々な系について活発に行われている．その電気毛管曲線の若干の例を図13.19にまとめて示す．図13.19(a)はCuと40CaO-40SiO$_2$-20Al$_2$O$_3$，55CaO-45Al$_2$O$_3$系との電気毛管曲線でこの場合，スラグの組成によって形状が異なっている．図13.19(b)はFe-Mn-Si-C合金とCaO-SiO$_2$-Al$_2$O$_3$系スラグにおいてMn，Siの影響を検討した場合であってMn，Si量によって電気毛管曲線は変化する[32]．メタル相中にMnが増加するとE_{ecm}は正電位側に移行しγ_{ecm}は低下する．これはMnがMn^{2+}としてスラグ側に移行するためと考えられる．Siの影響はE_{ecm}に現われず，γ_{ecm}のみの低下を示す．これは前にも示したように陽イオンの吸着のためSi添加によるSi-O結合の増加は E_{ecm}には影響はなくγ_{ecm}のみに影響するのであろう．図13.19(c)はPb-Sn合金とCaO-SiO$_2$-Na$_2$O系の電気毛管曲線でE_{ecm}はPb含有量の増加と共に正電位の方に移行する[36]．E_{ecm}と合金組成との間には加成性が成り立っている．図13.19(d)はNikitinらが図13.14の方法によって硫化物とスラグ系においてもスラグ－メタル系と同様の傾向を示すことが明らかである[37]．

El Gammalら[38]は滴脱離法を用いてスラグとメタル間に電位を印加し，界面張力の変化を測定している．その測定装置を図13.20に示す．この方法で得られた結果を図13.21に示すが，この場合，電気毛管曲線が得られているが，かなり拡がった形状である．これは脱離するメタル滴の寸法が静滴法の場合と類似して大きいためと考えられる．

Mukaiら[39]は溶融Pb自由表面上にあるPtワイヤーで固定されたPbO-SiO$_2$スラグ滴の形状より界面張力

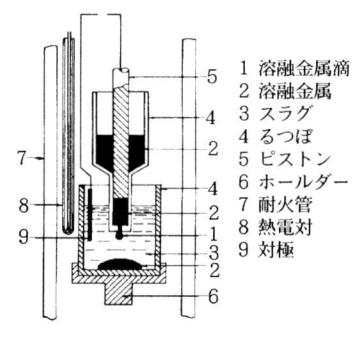

1 溶融金属滴
2 溶融金属
3 スラグ
4 るつぼ
5 ピストン
6 ホールダー
7 耐火管
8 熱電対
9 対極

図13.20 液滴重量法によるスラグ-メタル系の電気毛管曲線測定装置[38]

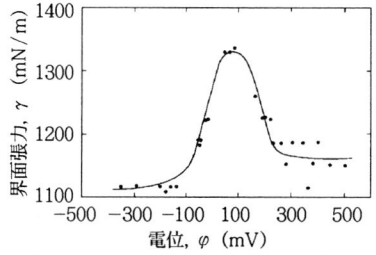

スラグ：50Al$_2$O$_3$-50CaO　温度：1813K
電流：40～60mA　　d_c = 0.75mm

図13.21 滴重量法による溶鋼の電気毛管曲線[38]

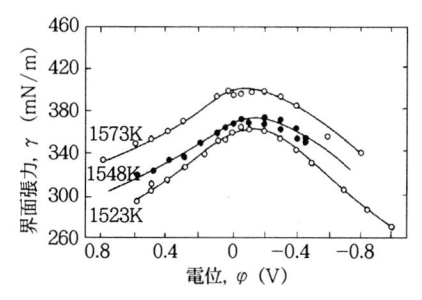

図13.22 種々な温度におけるPb－スラグ系の電気毛管曲線[36]

表13.2 溶融酸化物－メタル系（スラグ－メタル系）の電気毛管曲線の測定条件

スラグ組成				メタル	温度 (K)	測定法	西暦	文献
CaO	SiO$_2$	Al$_2$O$_3$	Na$_2$O					
8.3	71.5	3.6	14.6	Fe-C	1593～1653	S.D.	1952	15
37	45	18		銑鉄[(1)]	1723	CaP.	1959	30
39	43	18						
45	37	18						
37	45	18		銑鉄[(2)]	1723	CaP.	1962	32
40	40	20		Cu	1773	S.D.	1965	35
55	45							
40	40	20		鋼[(3)]	1593～1773	S.D.	1966	34
30	50		20	Pb-Sn	1523～1573	CaP.	1970	36
30	50		20	Cu, Cu-S	1523～1573	CaP.	1976	40
50		50		鋼[(4)]	1833	D.W.	1983	38

(1) C : 3.2 %, Si : 2 %, Mn : 0.65 %, S : 0.04 %, P : 0.36 %
(2) C : 3.2～3 %, Si : 0.49～2 %, Mn : 0.6～2.3 %, S : 0.035～0.055 %
(3) C : 3.2 %, Si : 2.0 %, Mn : 0.65 %, S : 0.04 %, P : 0.36 %
(4) C : 0.31 %, Si : 0.2 %, Mn : 0.6 %, S : 0.002 %, P : 0.24 %, O : 0.0066 %, N : 0.0055 %
S.D. : 静滴法, CaP. : 毛管圧力法, D.W. : 滴重量法　　(%はmass%)

を測定しているが，このスラグ－メタル系に電位を印加し，その影響を測定した．その結果，電位を印加することによって電気毛管現象による界面張力の変動が生じることを認めている．

　電気毛管曲線と温度との関係についてはあまり報告はみられないが，Vaniukovが先に示したPbとCaO-Na$_2$O-SiO$_2$スラグについて観察されている[(36)]．その結果は図13.22のように形状に大きな変化はなく，温度によってE_{ecm}は変わらず，温度の上昇によってγ_{ecm}が増加を示すのみである．溶融酸化物－メタル系（スラグ－メタル系）の電気毛管曲線の測定条件を表13.2にまとめて示す．

c. 固体金属－溶融電解質（溶融塩，溶融酸化物）系

　固体金属電極と溶融電解質の界面構造の解明のために固体金属－溶融電解質系の電気毛管曲線の測定がなされている．それらの測定条件を表13.3に示す．Popelら[(42)]はCu-溶融Na$_2$B$_4$O$_7$系の電気毛管曲線を図13.23に示すようなCuの棒状電極をMoるつぼ中の融体に漬け，三相境界のメニス

表13.3 固体金属と溶融電解質系の電気毛管現象測定条件

固体金属	溶融塩電解質	温度 (K)	雰囲気	西暦	文献
Fe-1.54%C	36%CaO-36%SiO$_2$	1523	He	1978	41
〃	18%Al$_2$O$_3$-10%Na$_2$O	〃	〃	〃	〃
Cu	Na$_2$B$_4$O$_7$	1173	He	1978	42
Fe-1.54%C	Na$_2$B$_4$O$_7$	1173	He	1978	43
Au	NaCl-LiCl	1013～1127	Ar	1987	44

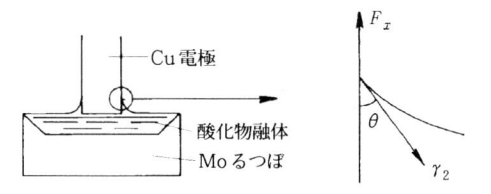

図13.23 固体金属・酸化物融体系の電気毛管曲線測定法[41]

カスの形状を観察して求めた．三相境界における力の釣り合いは，式(13-6)で示される．

$$\gamma_{12} = \gamma_1 - \gamma_2 \cos\theta \tag{13-6}$$

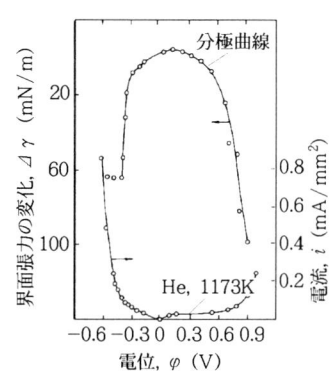

図13.24 固体Cu-($Na_2B_4O_7$)系における電気毛管曲線[42]

ここに，γ_{12}は固－液界面張力，γ_1, γ_2は固体Cu, 融体の表面張力，θは接触角．

分極が大きくない間はγ_1は変化しないと考えられるから，電位変化による界面張力の変化$\Delta\gamma_{12}$は式(13-7)で与えられる．

$$\Delta\gamma_{12} = -\Delta(\gamma_2 \cos\theta) \tag{13-7}$$

求められた電気毛管曲線を図13.24に示す．

13.2.2 界面電気二重層の容量

メタル－溶融塩，メタル－スラグ（溶融酸化物）の界面においては電気毛管現象が発生し，電気二重層が形成されることが明らかになった．この二重層の構造の解明には電気容量の測定が有効であると考えられている．

高温においてメタル－溶融塩，メタル－スラグ系の電気二重層の容量の測定は固体金属，あるいは液体金属電極を用いてなされている．

電気二重層の容量の測定は
  a) 交流ブリッジ法
  b) パルス法
  c) 電気毛管曲線より求める方法

などによって行われている．しかし，高温における測定のため困難が多く，報告は極めて少ない．

交流ブリッジ法はインピーダンスブリッジを用いて界面容量を測定するもので電解質水溶液系に対して多く用いられている方法である．本法をスラグ－メタル間の界面容量の測定に適応したのはNikitin, Esin[45]が最初である．

パルス法は一定波形のパルスを定電位的にあるいは定電流的に印加し，パルスに対する電流または電位の応答を観察して求める方法であり，最近，桜谷，江見ら[57]によって用いられている．間接的に電気毛管曲線より求める方法はEsinら[15]，Patrov[30]～[33]によって報告されている．

a. 融体-融体系（メタル-スラグ系，スラグ-マット系）

溶融金属電極を用いる場合，種々なタイプの電極が利用されている．それらを図13.25に示す．図13.25(a)はNikitin，Esin[45]が最初に高温でスラグ-メタル系について行ったタイプである．(b)はその改良型である．(c)は毛管電極をるつぼの底に2本取り付け，W線によるリードを下方に取り出したものである．(d)は毛管電極2本とるつぼを一体化したタイプであり，(e)はるつぼ中央にアルミナ管を挿入し，電極としたタイプである．

これらの測定装置を用いた測定結果を以下にまとめる．

図13.26はEsinらが図13.25(a)の装置によって求めた印加電圧と界面容量の関係であり，

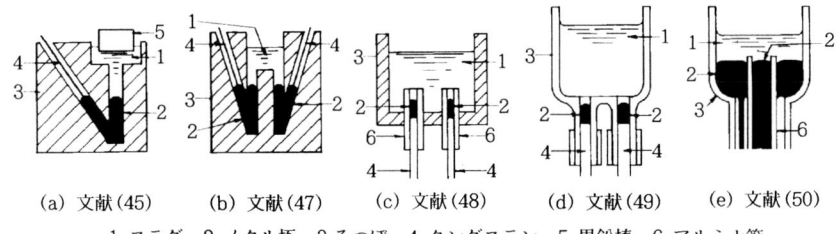

(a) 文献(45)　(b) 文献(47)　(c) 文献(48)　(d) 文献(49)　(e) 文献(50)

1 スラグ，2 メタル極，3 るつぼ，4 タングステン，5 黒鉛棒，6 アルミナ管

図13.25 スラグ-メタル系界面の電気二重層容量測定用セル

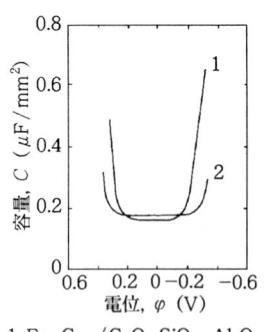

1 $Fe\text{-}C_{sat.}/CaO\text{-}SiO_2\text{-}Al_2O_3$
2 $Mn\text{-}C_{sat.}/CaO\text{-}SiO_2\text{-}Al_2O_3$

図13.26 メタル-スラグ界面の電気二重層容量[45]

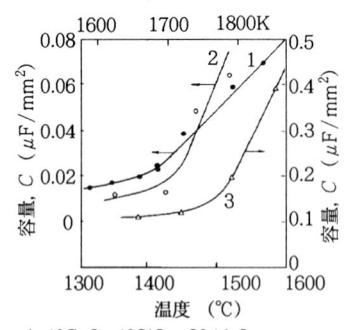

1 $40CaO\text{-}40SiO_2\text{-}20Al_2O_3$
2 $52CaO\text{-}41SiO_2\text{-}7\%Al_2O_3$
3 $47CaO\text{-}53Al_2O_3$

図13.27 溶鉄-スラグ間の界面容量と温度との関係[48]

13.2 高温における界面電気現象

これからもあきらかなように界面容量は印加電圧が$0.2～-0.2V$の電位の範囲ではほとんど変化せず, Feのスラグへの溶解やSi, Alの放電電位になると容量の増加するのがみられる. Nikitinら[47]が図13.25(b)のセルを用いて種々な金属, 合金, とスラグ系との界面電気二重層の容量を求めているが, これを表13.4にまとめて示す. 表から界面容量は電極の成分によって大きな影響をうけないことがあきらかである. しかし界面活性元

表13.4 メタル-スラグ界面の電気二重層容量

(a) メタル組成と二重層容量[45]

メタル組成	スラグ組成 (mass%)			電気二重層容量 ($\mu F/mm^2$)
	CaO	SiO_2	Al_2O_3	
Fe-4.5%C	43.5	42.5	15	0.143
Fe-44.6%Si	40.0	39.0	21	0.149
Fe-19.8%P	40.0	39.0	21	0.144
Mn-6.9%C	42.5	42.5	15	0.148

(b) スラグ組成と二重層容量[47]

メタル組成	スラグ組成 (%)							電気二重層容量 ($\mu F/mm^2$)
	CaO	BaO	MgO	Na_2O	Al_2O_3	B_2O_3	SiO_2	
Fe-4.5%C	–	–	26.3	–	24.2	–	49.5	0.218
	42.5	–	–	–	15	–	42.5	0.143
	–	42.5	–	–	10	–	47.8	0.107
	–	–	–	51	–	–	49	0.159
	–	–	–	40	–	60	–	0.155
	55	–	–	–	–	–	45	0.147
	50	–	–	–	–	50	–	0.149

素であるSをメタルに添加すると界面容量は増加する. これはスラグ-メタル間に分配されたSがO^{2-}イオンと置換してスラグ中に入るがO^{2-}イオンとは異なってSi^{4+}とケイ酸アニオンを作らず二重層を破壊する結果と考えられている.

スラグ組成の影響は表13.4(b)に示すが, この表からスラグ中の陽イオンの種類によって界面容量は変化し, $Ba^{2+} \to Ca^{2+} \to Mg^{2+}$の順に大きくなっていくことを示している.

さらに図13.27に示すようにCaO-Al_2O_3系にSiO_2を添加すると界面容量は大きく低下するのが見られるが, これはSiO_2の添加によって生じたSi-Al-Oアニオンのために電気二重層の厚さが増加し, そのため容量が減じると解釈されている.

スラグ-メタル系界面は両相組成のほか, 温度によっても影響される. Esinら[48]は交流ブリッジを用いてFe-C_{sat}合金とCaO-SiO_2-Al_2O_3スラグの界面容量を1573~1873Kの温度領域で測定した. それによると図13.27に示すように電気二重層容量は温度の上昇と共に減少する水溶液と異なり, 溶融塩中の挙動と類似している. この挙動はスラグ中に形成される電気二重層が多層であり, その有効厚さが温度の上昇と共に減じることに起因すると考えている.

b. 固体-融体系 (Pt-溶融酸化物, 黒鉛-溶融酸化物系)

Nikitinら[51]は溶融ケイ酸塩と硫化物との界面における電気二重層容量を測定している. その結果を表13.5に示す. 溶融Ni-S, Cu-Fe-SとCaO-SiO_2-Al_2O_3系スラグとの界面容量は

約 $0.15 \mu F/mm^2$ と表13.4に示したFe合金/$CaO-SiO_2-Al_2O_3$系スラグと類似の大きさを示している。しかし、スラグにFeOが添加されると容量は $1～1.05 \mu F/mm^2$ に著しく増加する。

一方、溶融スラグ－メタル界面ではなく固体電極（黒鉛, Pt）－スラグ界面においても電極に関する報告がみられる。Kukhtinら[52]は $CaO-SiO_2-Al_2O_3$, $CaO-Al_2O_3-MgO$ スラグ中におかれた炭素質電極面上でのCOガス生成の電気化学プロセスの研究を速い電極反応速度研究のための緩和法の一つであるとしてGalvano step法を用いて解析している。その際、測定される非ファラデー電流から電極界面での電気二重層容量を求めている。得られた界面二重層容量は電極として用いる炭素質電極材料の種類によって若干異なるが、いずれの場合も温度の上昇と共に上昇し百分の数 $\mu F/mm^2$（1623K）から十分の数 $\mu F/mm^2$（1823K）の値をとる。前述の交流分極法[47][51][52]やpotential step法によって二重層容量の測定がなされているが、結果は測定者によって百分の数 $\mu F/mm^2$ から数 $\mu F/mm^2$ にまで著しい相違がみられる。

表13.5 スラグ－硫化物系の電気二重層容量[51]

硫化物組成 (mass %)				スラグ組成 (mass %)				電気二重層容量 $\mu F/mm^2$
Ni	Cu	Fe	S	CaO	SiO_2	Al_2O_3	FeO	
73.5	−	−	26.5	42.5	42.5	15	−	0.149
−	77.7	1.8	20.6	42.5	42.5	15	−	0.157
73.5	−	−	26.5	37	40	18	5	1.00
−	77.7	1.8	20.5	37	40	18	5	1.05

表13.6 固体電極と種々な非金属融体との界面容量の測定例

固体電極	融体	測定法	西暦	文献
炭素	氷晶石-アルミナ系	インピーダンス法	1970	55
ガラス質炭素	氷晶石-アルミナ系	〃	1970	56
Pt	$PbO-GeO_2$	〃	1972	53
Pt, Fe	$CaO-SiO_2$	パルス法	1972	46
〃	$CaO-Al_2O_3$	〃	〃	〃
Pt	Na_2O-SiO_2	〃	1973	57
〃	$CaO-SiO_2$	〃	〃	〃
〃	$BaO-SiO_2$	〃	〃	〃
Pt	Na_2O-SiO_2	インピーダンス法	1975	54
Pt	$CaO-SiO_2$	〃	1975	58
〃	$CaO-Al_2O_3$	〃	〃	〃
〃	$CaO-SiO_2-Al_2O_3$	〃	〃	〃
〃	Na_2O-SiO_2	〃	1984	59

表13.7 種々な炭素質陽極と溶融クリオライト界面の電気二重層容量（1273K）

炭素質材料	二重層容量 $\mu F/mm^2$	範囲 $\mu F/mm^2$	備考	文献
Pyrolytic graphite			インピーダンス法	
基板面と平行	0.65	0.4～0.7		
基板面に直角	0.60	0.5～0.75		
ガラス質カーボン	0.40	0.3～0.6		55
CHBグラファイト	4.0	2 ～7		
AUCグラファイト	3.5			
焼成炭素	3.5	1.5～6		
ガラス質カーボン	0.40		インピーダンス法	56

高温における固体電極と溶融非金属との界面二重層容量の測定条件を表13.6に示す。黒鉛／クリオライト－アルミナ系の二重層容量はThonstad[55], Vetyukovら[56]によってインピーダンス法を用いて測定されている。その結果を表13.7に示すが、パイロリティックグラファイ

トとガラス質グラファイトの結果は類似の値を示したが，常用のグラファイトや焼成炭素の二重層容量は著しく大きい．これは電極の大きな表面の粗さ，不均質のためといわれている[53]．ガラス質グラファイトによる測定で測定者による相違は大きくなく，ほぼ同様の結果が報告されている．

Ptと溶融酸化物との界面二重層容量は表13.8に示すように，主として二元系融体について測定がなされている．CaO-SiO_2，CaO-Al_2O_3系とPtとの界面における二重層容量は測定者による相違はそれほど大きくない．Na_2O-

表13.8 Pt固体電極と種々な溶融酸化物界面における電気二重層の容量

スラグ組成 (mass %)				温度 K	電気二重層容量 $\mu F/mm^2$	文献
CaO	Na_2O	SiO_2	Al_2O_3			
35	—	65	—	1873	1.9	46
55	—	45	—	1873	2.8	46
55	—	45	—	1798	3.85	58
45	—	—	55	1873	3.6	46
46	—	—	54	1793	3.6	58
—	40	60	—	1473～1773	0.3	59
—	40	60	—	1779	1.3	54
—			—	1673	1.3	(注)
—			—	1581	0.96	
—			—	1488	0.92	

注) コンデンサー成分の極小値 C_{min}^{∞}

SiO_2系については約10倍の相違があるが，萬谷ら[59]は二重層容量の温度依存性を考慮すれば考え得る値としている．

高温でのメタル（固体または液体）−スラグ間の電気二重層容量の測定にあたっては交流分極法で拡散容量の寄与の分離（高温系では拡散容量は著しく大きい）を正しく行うことが必要であり，また直流分極による非定常法（potential step, Galvano step法など）では電極反応速度の速さによっては（メタル−スラグ系では高温のために，電極反応速度は相当速いことが予想される）二重層容量の充電電流と反応電流との分離の困難な場合も考えられる．このようにメタル−スラグ界面における界面電気二重層の形成については明らかになったと考えられるが，その構成について電気二重層の容量そのものが，すでに大きく相違しているために，現在種々な見解が提示されている段階である．今後，高温におけるメタル−スラグ系の電気二重層容量の測定法の確立をまって，さらにこの分野の見解が整理されるであろう．

13.2.3 表面電荷密度

前述のようにスラグ−メタル系において電気毛管現象が観察され，電気毛管曲線が得られた．このことはメタル側，スラグ側にそれぞれ相反する電荷が帯電し，界面電気二重層が形成されることである．その結果，同種イオン間にはお互いに斥力が働き界面を拡大しようとする傾向が生じる．この傾向はメタル表面の電荷密度の大きいほど大きい．したがって表面張力は小さくなる．この斥力は電荷の積に比例するから電荷密度 ε との間には $\gamma \propto \varepsilon^2$ の関係が成立する．

この表面電荷密度は前述の電気毛管曲線から計算によって求められ，また直接測定も可能で

ある．この直接測定はNikitinによって1956年に
なされている[37]．

その方法は図13.28に示すような滴下電極法を模した装置を用いメタル室内のメタルを一滴だけ毛管を通してスラグ系室内に押し出し，その時電極間に流れる電流を電流計Gで測定するもので，滴の形状と電気量とから表面電荷密度を求めている．

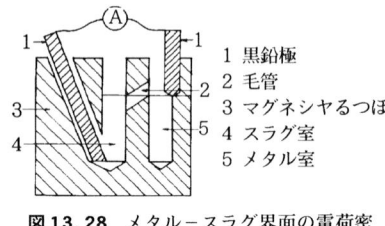

図13.28 メタル－スラグ界面の電荷密度測定装置[37]

1 黒鉛極
2 毛管
3 マグネシヤるつぼ
4 スラグ室
5 メタル室

この方法によってFe-C$_{sat.}$合金と39％CaO，41％SiO$_2$，20％Al$_2$O$_3$スラグにおける表面電荷密度として3×10^{-8}c/mm^{2}を得ている．またMn-C$_{sat.}$合金と25％CaO，63％SiO$_2$，12％Al$_2$O$_3$スラグとの場合には6×10^{-8}c/mm^{2}が得られている．このように直接測定からは10^{-8}c/mm^{2}のオーダーの値が得られているが，それ以後直接測定がなされていないので比較は電気毛管曲線より求める間接法とについてなされる．

直接，間接法によって得られた種々の系の表面電荷密度の値を表13.9に総括する．表より表面電荷密度は直接測定値に近いものもあるが，1桁大きいものも多々みられる．この電荷密度はメタルおよびスラグ組成によって変化し，E_{ecm}より正の電位の領域ではスラグ組成中塩基性酸化物の増加するのがみられる．これはCa^{2+}イオンの増加によるものである．一方負の電荷領域ではほとんど変化せず一定である．筆者らの値は炭素飽和溶鉄とCaO-SiO$_2$-Al$_2$O$_3$系

表13.9 種々なメタル-スラグ系の表面電荷密度

メタル	スラグ組成（mass％）				表面電荷密度 $\varepsilon\times10^8$ c/mm^2	測定法	文献
	CaO	SiO$_2$	Al$_2$O$_3$	Na$_2$O			
Fe-C (2.5％) Fe-C (3.0％) Fe-C (4.0％)	8.3	71.5	5.6	14.6	50 45 30	電気毛管曲線法 負電位領域	15
Fe-C (3.1％) Mn-C (6.9％)	39 25	41 63	20 12	— —	3 6	充電電流法	37
Fe-C-Mn-Si	37〜45	45〜37	18	—	16 33〜85	電気毛管曲線法 負電位領域, 正電位領域	30
Fe-C-Mn-Si Mn：0.6〜30at％ Si：0.9〜3.5at％	37	45	18	—	16〜26	電気毛管曲線法 負電位領域	32
Pb	30	50	—	20	2〜14	電気毛管曲線法 負電位領域	36
Fe-C	45	40	15	—	1.3〜1.6	電気毛管曲線法 （界面張力測定値より計算） 負電位領域	60

スラグ間の界面張力がわずかに含まれる少量の鉄イオンの量によって変化することから,種々の仮定のもとでこの系の電気毛管曲線を求め,それより界面電荷密度を計算したものである.この場合,炭素飽和溶鉄とが平衡している界面には $1.3 \sim 1.6 \times 10^{-8} c/mm^2$ 程度の過剰電荷が存在し,界面には $8 \times 10^{-12} g \cdot ion/mm^2$ 程度の Fe^{2+} イオンの吸着のあることが予想される.

13.2.4 電気毛管運動

金属製錬においてはスラグや溶融塩中にメタルやマット(金属硫化物)の微粒子が分散していることが良く見られる.いまこれらイオン性融体中を電流が流れると,それらメタルやマットの微粒子の沈降速度に影響を与える.その速度の変化は粒子表面において陽極から陰極への界面張力の勾配の存在に起因し,それが図13.29のように粒子内部の対流を増加させる.その直接的な運動は電気毛管運動といわれている.電気毛管運動の速さは電解質と粒子界面に存在する電気二重層中の電荷や吸着物質に依存している.

このように電位を印加することによってスラグや溶融塩中のメタルやマットの微粒子の移行をコントロールできる可能性があり,界面化学的興味と同時にソ連ではスラグロスのような金属製錬上の問題解決に効果的であると考えられてきた.そのためソ連において実用化の基礎研究がなされている.それらの実験条件を表13.10にまとめて示す.

電気毛管運動の測定装置を図13.30に示す.Deevら[66]は図13.30の装置によって 45% CaO-35% SiO_2-20% Al_2O_3 スラグ中の Fe 滴の電気毛管運動を測定した.アルミナろうとに入れられたメタル滴はアルミナるつぼ中のスラグに滴下され,スラグには一定電圧の場が Mo 電極によってつくられている.

電気毛管運動に関

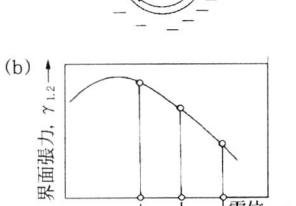

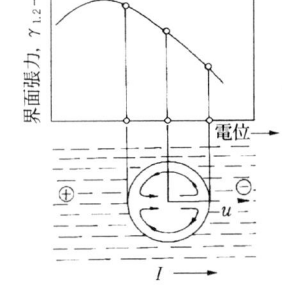

図13.29 (a)正に帯電した粒子に関する電気毛管運動の発生の概念図[63], (b)電解質中のメタル滴の電気毛管運動の説明図[61]

表13.10 種々のスラグ-メタル,スラグ-マット系における電気毛管運動の測定条件

酸化物融体の成分	メタル・化合物	温度(K)	文献
CaO-SiO_2-Al_2O_3	Cu, Ni, Mn, Ag, Ni_3S_2	1643〜1773	62
CaO-SiO_2-Al_2O_3-FeO-Na_2O	フェロモリブデン(Fe-Mo)	1873	
CaO-SiO_2-Al_2O_3-FeO	Ni_3S_2	1673	63
CaO-SiO_2-Al_2O_3-FeO-Na_2O	Ag	1373	
Na_2O-B_2O_3	酸化物(Cu-Ni-S)	1373	64
CaO-SiO_2-Al_2O_3	Ni	1823	65
	Ni-$C_{sat.}$	1793	
CaO-SiO_2-Al_2O_3	Fe	1823	66

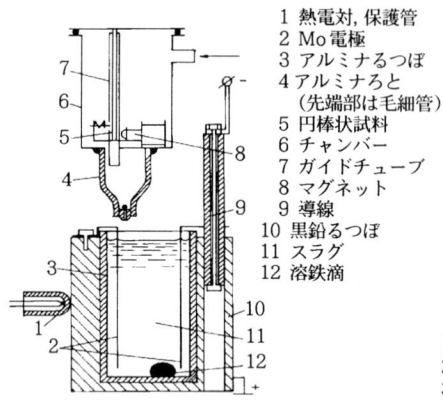

428   13章　界面電気現象

図の凡例：
1 熱電対, 保護管
2 Mo電極
3 アルミナるつぼ
4 アルミナろと
　（先端部は毛細管）
5 円棒状試料
6 チャンバー
7 ガイドチューブ
8 マグネット
9 導線
10 黒鉛るつぼ
11 スラグ
12 溶鉄滴

1 $a=1.7$ mm, 0.8mass％FeOを含むスラグと平衡するFe
2 $a=1.7$ mm, Fe
3 $a=1.7$ mm, Fe＋0.0065mss％Si
4 $a=1.9$ mm, Fe＋0.14mass％S

図13.30 溶融スラグ中の溶鉄滴の電気毛管運動測定装置[66]

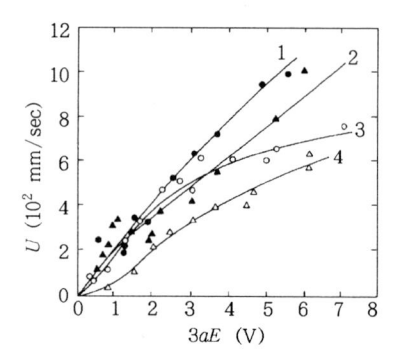

図13.31 45mass％CaO, 35mass％SiO$_2$, 20mass％Al$_2$O$_3$ スラグ中を垂直に移動する滴の速度(U)とパラメーター$3aE$の関係[66]（a：粒子径）

係する因子としては，次のものが考えられる．
 a）電位
 b）粒子径
 c）粒子の種類
 d）スラグの組成と物性

a) 印加電位

Khlynov, Esinら[64]の研究においても，スラグ中のNi$_3$S$_2$粒子の電気毛管運動の速度は印加電位の大きい方が速いと報告されている．Deevら[66]の最近の研究においても図13.31に示すように，$3aE$の増加と共に45mass％CaO-35mass％SiO$_2$-20mass％Al$_2$O$_3$スラグ中のFeあるいはFe-S合金粒子の移行速度は増加を示した．

b) 粒子径

Khlynov, Esinら[62]は52mass％CaO-41％Al$_2$O$_3$-7mass％SiO$_2$スラグ中のNi$_3$S$_2$粒子の電気毛管運動を種々な粒子径について測定している．測定の結果を表13.11に示すが，粒子径の増加とともに電気毛管運動の速度は低下している．

表13.11 スラグ中の種々な粒子径のNi$_3$S$_2$の電気毛管運動の速さ[62]

粒子径 mm	電圧 V/mm	U mm/sec	V mm/sec・V	運動の方向
0.25	0.66	75	460	陽極へ
0.5	0.66	150	460	陽極へ
0.75	0.66	150	300	陽極へ
1.6	0.66	60	57	陽極へ

13.2 高温における界面電気現象

表13.12 スラグ中のNi_3S_2 ($r = 1 \sim 1.2mm$)の電気毛管運動とスラグ組成の関係 (1400℃, $E = 0.255V/mm$)[67]

スラグ組成			塩基度	U	V	粘度
CaO	SiO_2	Al_2O_3	CaO/SiO_2	mm/sec	mm/sec・V	Pa・s
48	42	10	1.14	28	100	0.6
41	47	12	0.87	9.5	31	1.8
36	51	13	0.71	5	19.5	3.0
30	56	14	0.54	2.5	9	7.5

表13.13 スラグ中のNi_3S_2 ($r = 0.1cm$)の電気毛管運動へのFeOの影響 (1400℃, $E = 2.2v/cm$)[63]

スラグ組成				U	V	運動の方向
CaO	Al_2O_3	SiO_2	FeO	mm/sec	mm/sec・V	
52.0	41.0	7.0	−	45	200	陽極へ
50.5	40.0	7.0	2.2	45	200	陽極へ
49.5	39.1	7.1	4.3	27	135	陽極へ
47.2	37.3	7.3	8.2	0.13	0.6	陰極へ
39.5	31.2	7.7	21.4	0.036	0.15	陰極へ

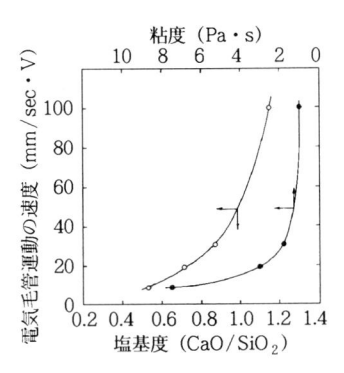

図13.32 スラグ中のNi_3S_2粒子の電気毛管運動の速度とスラグの塩基度, 粘度との関係 (表13.12参照)

c) 粒子の種類

同一条件下で粒子の種類による電気毛管運動の速度を求めた報告は見られない. しかし, 粒子の移動速度にはスラグ−粒子界面の電気二重層容量, 電荷が関与することから, 粒子の種類による移動速度に影響することも考えられる.

d) スラグの組成と物性

電気毛管運動の速度は, 粒子の移動する媒体であるスラグの状態に支配されることは言うまでもない. スラグの状態はその組成によって, ひいてはその物性によって支配される.

Esinら[68]のCaO-SiO_2-Al_2O_3スラグ中のNi_3S_2の移動速度とスラグ組成との関係を表13.12に示す. 塩基度(CaO/SiO_2)の低下とともに移行速度は図13.32に示すように, 塩基度の上昇と共に急激に増加するのがみられる. 図にはスラグの粘度との関係を併記したが, 粘度の低下とともに移動速度は急激に増大し, 塩基度と類似の傾向を示す.

スラグ中にFeOを含む場合, 移動速度との関係は表13.13に示すように, FeOが8.2mass％を越えると移動速度は1/100以下に激減する. FeO含有量が少ないときには, スラグと粒子の界面でメタルからスラグへのNiイオンの移行によって二重層が形成される.

$$Ni_{メタル} \rightarrow Ni^{2+}_{スラグ} + 2e \tag{13-8}$$

この場合, 粒子は負に帯電する. FeOが多い場合, スラグ中のFe^{2+}は硫化物と置換して,

$$\mathrm{Fe}^{2+}_{スラグ} + 2e \rightarrow \mathrm{Fe}_{メタル} \tag{13-9}$$

となり，粒子は正に帯電する．測定の結果，表13.13に示すように移行の方向はFeO含有量によって相反する．

電位を印加された電解質内の液滴の速度はFurumukin-Levichの式（13-10）によって求めることができる．

$$u = \frac{CEr}{2\eta + 3\eta' + \varepsilon^2/\chi} \tag{13-10}$$

ここに，u：粒子の速度，η，η'：スラグとメタルの粘度，χ：電気伝導度，ε：電気二重層の電荷，C：電気二重層の容量，r：粒子径，E：電位．

式（13-10）によって得られた結果と実験値を比較するとき，滴の寸法が0.05mm以下では両者の間に良好な一致が見られるといわれている．

引用文献

(1) 外島 忍：電気化学，第4章 界面電気二重層，朝倉書店 (1965), 173~220.
(2) 前田正雄：電極の化学，技報堂 (1961), 142~177.
(3) J.O'M.Bockris and A.K.N.Reddy: Modern electrochemistry, 2. Chap.7 The electrified interface, Plenum Press., NY(1970), 623~843.
(4) P.Delahay, 加藤皓一訳：電気二重層と電極反応機構，コロナ社 (1970).
(5) 北原文雄，渡辺 昌編：界面電気現象－基礎・測定・応用－，共立出版 (1972).
(6) D.C.Grahame: The electrical double layer and the theory of electrocapillarity, Chem. Rev., **41** (1947), 441~501.
(7) L.I.Antropov: 理論電気化学，高等教育出版，モスクワ (1969), 233~238.（ロシア語）
(8) H.H.Bauer 著，玉虫伶太，佐藤弦訳：電極反応－エレクトロディクス概説－，東京化学同人 (1976), 44~88.
(9) N.Ikemiya, M.Nishide, S.Hara: Potential dependence of the surface self-diffusion coefficient on Au(100) in sulfuric acid solution measured by atomic force microscopy, Surface Sci., **340** (1995), L965~L970.
(10) 原 茂太：私信
(11) 大森康男，大谷南海男：溶融金属－スラグ間の界面電位について，電気化学，**27** (1959), 161~171.
(12) 荻野和己，原 茂太：溶融金属と溶融スラグ間の界面現象と界面電気現象，日本金属学会誌，**37** (1973), 712~719.
(13) G.von Hevesy und R.Lorenz: Das Kapillarelektrische Phänomen im Schmelzfluss, Z. Phys. Chem.,

74 (1910), 443~465.

(14) S.Karpachev, A.Stromberg: (溶融電解質中における電気毛管現象の諸問題), Zhur. Fiz. Khim. **10** (1937), 739~746.(ロシア語)

(15) O.A.Esin, Yu.P.Nikitin, S.I.Popel: (高温における電気毛管現象), Doklad. N. Nauk SSSR., **83** (1952), 431~434.(ロシア語)

(16) 原 茂太, 荻野和己, 佐藤直治: 低融点金属－溶融塩系における電気毛管曲線の測定, 第23回溶融塩化学討論会, (1991, 11)

(17) S.Karpachev, A.Stromberg: (種々な液体金属に関する電気毛管現象の研究), Zhur. Fiz. Khim., **18** (1944), 47~52.(ロシア語)

(18) E.A.Ukshe, I.V.Tomskikh: (溶融塩中の Pb の電気毛管曲線への電解質の性質の影響), Doklad. Akad. Nauk SSSR., **150** (1963), 347~348.(ロシア語)

(19) S.Karpachev, E.Robigina: (Sn－Au, Bi－Te 合金の電気毛管現象の研究). Zhur. Fiz. Khim., **23** (1949), 953~958.(ロシア語)

(20) A.V.Kuznetsuov, V.P.Kochergin, M.V.Tishkhenko, E.G.Pozdnysheva: (真空中において LiCl－KCl 共晶溶融塩と境を接する Sn－Cd 合金の表面張力の研究), Doklad. Akad. Nauk SSSR., **92** (1953), 1197~1199.(ロシア語)

(21) V.A.Kuznetsov, V.I.Aksenov, M.P.Klevtsova: (Te－Ta 合金のゼロ電位ポテンシャル), Doklad. Akad. Nauk SSSR., **128** (1959), 763~766.(ロシア語)

(22) M.V.Smirnov, V.I.Stepanev., A.F.Sharov: (溶融アルカリ金属塩化物中における液体Pbの界面張力), Doklad. Akad. Nauk SSSR., **179** (1971), 631~634. (ロシア語)

(23) M.V.Smirnov, V.I.Stepanov, A.F.Shraov, V.I.Minchenko : (溶融アルカリ金属塩化物中における溶融 Bi－I への電気毛管現象), Elektrokhim, **8** (1972), 944~999.(ロシア語)

(24) M.V.Smirnov, V.P.Stepanov, A.F.Sharov: (溶融 NaCl－CsCl 中の液体 In, Bi の電気毛管現象), Elektrokhim., **90** (1973), 147~151.(ロシア語)

(25) M.V.Smirnov, A.F.Sharov, V.P.Stepanov: (液体 Bi の界面張力への溶融塩陽イオン組成の影響), 電気化学と融体, (1974), 60~67.(ロシア語)

(26) M.V.Smirnov, V.P.Stepanov, A.F.Sharov:(溶融 KCl－KBr 塩中の液体 Bi の電気毛管現象), Elektrokhim., **12** (1976), 600~602.(ロシア語)

(27) V.P.Stepanov, M.V.Smirnov, A.Ya, Korkin: (溶融二元系アルカリ金属臭化物と液体Biとの境界における電気毛管現象), Elektrokhim., **15** (1979), 691~694.(ロシア語)

(28) B.V.Patrov, A.G.Timofeev, L.T.Afanaseva, I.V.Korchemkina: (溶融アルカリ, アルカリ土類メタルの塩化物/Sn系における電気毛管現象), Izv. VUZ. Tsvet. Met., (1983), No.3, 36~38.(ロシア語)

(29) I.I.Narishkin: (メタル－溶融塩系における電気毛管現象), レーニングラード工科大学紀要,

(1957), No.188, 106~109.(ロシア語)
(30) B.V.Patrov: (銑鉄－スラグ系の電気毛管現象), Izv. VUZ. Chern. Met., (1957) No.6, 3~7.(ロシア語)
(31) O.A.Esin, P.V.Geld: (電気毛管曲線) 乾式冶金プロセスの物理化学, 冶金図書出版, (1966), 417~424.(ロシア語)
(32) B.V.Patrov:(銑鉄－スラグ系の電気毛管性質への Mn, S の影響), Izv. VUZ. Chern. Met., (1962), No.1, 48~51. (ロシア語)
(33) B.V.Patrov: (銑鉄－スラグ系の電気毛管現象), 冶金プロセスにおける表面現象, 科学技術出版, モスコウ, (1963), 150~155.(ロシア語)
(34) A.A.Deryabin, S.I.Popel: (酸化物融体と接している銑鉄, 鋼の電気毛管曲線の形状), Elektrokhim., **2** (1966), 295~302.(ロシア語)
(35) A.A.Deryabin, S.I.Popel, O.A.Esin: (溶融スラグと液体 Cu との界面力への分極の影響), Izv. VUZ. Tsuvet. Met., (1965), No.2, 32~38.(ロシア語)
(36) A.V.Vanyukov, I.I.Kirillin, V.Ya.Zaitsev: (メタル－スラグ系における電気毛管現象), Izv. VUZ. Tsvet. Met., (1970), No.4, 38~42.(ロシア語)
(37) Yu.P.Nikitin, O.A.Esin:(乾式冶金系における電気毛管現象), Doklad. Akad. Nauk SSSR., **107** (1956), No.6, 847~849.(ロシア語)
(38) El Gammal, O.R.Mayer: Electro‐Capillarity between molten slags and liquid metals, Proc. 1st. Intern. Symp. Malten salt chemistry and technology, (1983).
(39) K.Mukai, J.M.Toguri, I.Kodama and J.Yositomi: Effect of applied potential on interfacial tension between lead and Pb‐SiO_2 slags. Can Metall. Q., **25** (1986), 225~231.
(40) I.I.Kirillin, V.Ya.Zaitsev, I.I.Li: (酸化物融体中 Cu, Cu‐(S, As, Sb) 合金の電気毛管曲線), Tsvet. Met., (1976), No.6, 22~24.(ロシア語)
(41) V.V.Petrov, A.I.Sotnikov, S.I.Popel: (溶融アルミノカルシウムケイ酸ナトリウム中の Fe, Fe 合金の電気毛管曲線), 冶金プロセスにおける物理化学的研究, ウラル工科大学出版, (1978), 84~90.(ロシア語)
(42) S.I.Popel, Yu.A.Deryabin, V.V.Petrov:(溶融 $Na_2B_4O_7$ 中の固体銅の電気毛管曲線), Elektrokhim., **4** (1978), 687~691.(ロシア語)
(43) V.V.Petrov , S.I.Popel, A.I.Sofnikov, Yu.A.Deryabin: (溶融 $Na_2B_4O_7$ 中の固体鉄および鉄合金の電気毛管曲線), Elektrokhim., **14** (1978), 856~860.(ロシア語)
(44) V.S.Belyaev, M.V.Smirnov, V.P.Stepanov: Interfacial free energy of solid gold in molten binary alkali chloride mixture, Melts, **1** (1987), 263~268.
(45) Yu.P.Nikitin, O.A.Esin: (高温における電気二重層容量), Doklad. Akad. Nauk SSSR., **111** (1956), 133~135.(ロシア語)

(46) Yu.P.Nikitin, O.A.Esin, V.V.Khlymov: (溶融硫化物とケイ酸塩境界面における電気二重層の構造), 高等教育機関科学報告, (1959) No.1, 40~42.(ロシア語)

(47) Yu.P.Nikitin, O.A.Esin: (スラグーメタル相互作用の動力学的研究への交流分極法の応用), Izv. VUZ. Chern. Met., (1959), No.9, 4~14.(ロシア語)

(48) O.A.Esin, A.I.Sotnikov, Yu.P.Nikitin: (溶融酸化物中の二重層容量の温度依存性), Doklad. Akad. Nauk SSSR., **158** (1964), 1149~1151.(ロシア語)

(49) A.Adachi, K.Ogino, S.Hara: Measurement of impedance between molten copper and sodium-silicate melt., Tech. Repts. Osaka Univ., **21** (1971), 427~433.

(50) M.Hino, Y.Hirayama, T.Nitta and S.Ban-ya: A.C. impedance analysis of the kinetics of reaction between Cu or Fe and CaO-Al_2O_3 slag. ISIJ Intern. **32** (1992), 43~49.

(51) Yu.P.Nikitin, O.A.Esin, V.V.Khlymov: (溶融硫化物とケイ酸塩との境界面における電気二重層の構造について), Nauch. Doklad. Vys. Shkoly, Khim. Khim. Tekh., (1959), No.1, 40~42. (ロシア語)

(52) V.A.Kukhtin: (溶融スラグ中の炭素電極のアノードプロセス), Izv. VUZ. Chern. Met., (1969), No.8, 19~23.(ロシア語)

(53) 籠橋亘, 後藤和弘 : 固体白金と溶融酸化物との界面インピーダンス, 鉄と鋼, **59** (1973), 63~71.

(54) 芦塚正博, 大江敬三 : 白金電極と Na_2O-SiO_2 界面におけるコンデンサー成分の測定, 日本金属学会誌, **39** (1975), 399~393.

(55) J.Thonstad: The electrode reaction on the C, CO_2 electrode in cryolite-alumina melts - II. Impedance measurements, Electrochim. Acta, **15** (1970), 1581~1595.

(56) M.M.Vetyukov and F.Akgna: Relationship of vitreous carbon electric double layer capacitance to cryolite-alumina melt composition, Tsvet. Metall., **43** (1970), No.12, 30~31.

(57) 桜谷敏和, 江見俊彦 : アルカリ, アルカリ土類金属珪酸溶体の界面電気二重層容量, 鉄と鋼, **59** (1973), S111.

(58) 芦塚正博, 大江敬三 : 白金電極と CaO-SiO_2, CaO-SiO_2-Al_2O_3 および CaO-Al_2O_3 界面におけるコンデンサー成分の測定, 日本金属学会誌, **39** (1975), 1243~1249.

(59) 萬谷志郎, 日野光兀 : 電極インピーダンス法による Na_2O-SiO_2 系スラグー白金間反応の電気化学的研究, 日本金属学会誌, **48** (1984), 595~603.

(60) 荻野和己, 原茂太, 足立彰, 桑田寛 : 炭素飽和溶鉄-高炉系溶滓の界面張力に及ぼす溶滓中の酸化鉄の影響, 鉄と鋼, **59** (1973), 28~32.

(61) S.I.Popel, A.I.Sotnikov, V.N.Boronenko: (酸化物融体中におけるメタル滴の電気毛管運動), 冶金プロセスの理論, 冶金出版, モスクワ (1986), 256~260.(ロシア語)

(62) V.V.Khlynov, O.A.Esin: (溶融スラグ中の電気毛管運動), Doklad. Akad. Nauk SSSR., **120**

(1958), No.1, 134~136.(ロシア語)

(63) V.V.Khlynov, O.A.Esin:(溶融スラグ中のフェロアロイ損失現象のための電気毛管運動の応用), Izv. VUZ. Chern. Met., No.7, 3~11.(ロシア語)

(64) V.V.Khlynov, O.A.Esin, Yu. P. Nikitin:(酸化物融体中の硫化物の電気毛管運動), Izv. VUZ. Khim. Khim. Tekh., (1961) No.1, 53~56.(ロシア語)

(65) Yu.P.Nikitin, S.B.Chernavin, I.F.Khudyaov:(スラグ中 Ni, Ni 合金滴の電気毛管運動), Izv. VUZ. Tsvet., Met., (1975), No.5, 29~32.(ロシア語)

(66) A.B.Deev, A.M.Panfilov, S.I.Popel, N.A.klinskaya:(スラグ中 S を含んだ Fe, Fe 合金滴の電気毛管運動), Izv. VUZ. Chern. Met., (1980) No.9, 16~20.(ロシア語)

(67) O. A. Esin. P.V.Geld:(電気毛管運動)乾式冶金プロセスの物理化学Ⅱ, 冶金図書出版(1966), 424~430.(ロシア語)

(68) V.V.Khlynov and O.A.Esin:(スラグ中フェロアロイ小滴含有量の減少について), 鋼生産の物理化学的基礎, ソ連科学アカデミー出版, モスコウ(1961), 242~245.(ロシア語)

14章　表面流動

　現在ではほとんど経験することはなくなったが，火のついたろうそくをじっと眺めていると，ろうの溶融プール内に何かの拍子に落ち込んだ小さな軽いゴミが，ある流れに乗って動いているのを思いだされた方も多いと思う．ろうの溶融プール内で芯のところからプールの縁に向っているろうの流れは，炎直下と外周部との温度差すなわち液体ろうの表面張力の差によって発生する流れによるとされている．これは19世紀中頃，Thomson[1]によって解明された"ワインの涙"の現象と同じのものであり，のちにMarangoni[2]の名が冠せられた表面張力対流，"マランゴニ対流(Marangoni cenvection)"といわれている．

　地球上では一般に対流といえば密度差が駆動力となる"重力対流"であり，特別な例を除いて液体の表面張力差による"表面張力対流"の効果は少ないとされている．液体の表面張力は温度および濃度によって変化するから，液体表面の温度，あるいは濃度に変動が生じるとその間に流れが発生する．先に示したろうそくの例は前者，すなわち温度の変化によって生じる流れである．一方，濃度変化による表面張力対流の効果の例としては先に述べたワイングラスに入れたアルコール度の強いワインが，グラス内壁に沿ってはい上がり，そこに液滴の列があらわれる，いわゆる"ワインの涙"の現象である[3],[4]．

　この場合の現象を模式的に示すと，図14.1のようになり，気流の渦Bによって，液体表面B′より表面活性成分が除去されると，他の表面A′とは表面活性成分の濃度差が生じる．A′，B′の表面張力は$\gamma_A' < \gamma_B'$のため，表面A′はB′に引っ張られる．A′の部分へは液体内部より表面活性成分が渦となって送り込まれる．

　このような表面張力対流は融体に関しては地球上ではあまり目立った存在ではないが，宇宙空間のような重力の極めて小さい微小重力場，無重力場においては大きな効果を表わすといわれる[5],[6]．現在，宇宙空間においての新材料製造の問題が大きく取り上げられているが，

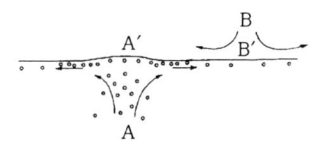

図14.1　溶液内の渦Aは表面活性成分を含む溶液の少量を溶液表面に運ぶ．それに対し，ガスBの渦は溶液表面の活性成分量を減じる．そのためA′の表面はB′の方向に拡がり，下層の溶液がそれにともなって表面に運ばれてくる[5]．

表面張力流はその点からも重要な基礎的問題である．もちろん，現在，地球上で，このような表面張力対流の影響を大きくうける現象の解明にも，表面張力流が当面の問題として重要なことはいうまでもない．

14.1 表面流動の一般的概念

対流は液体の一部に生じた温度変化を均一にしようとして，生じる熱移動に起因する．熱の移動は液体中の熱伝導による量子的な伝達と液体自身の移動という動力学的な伝達とよりなっている．このように液体内の熱的に不均一な状態を均一化しようとして生じる液体の機械的な運動を対流という．一般に，この液体の運動の駆動力は温度差に伴う液体の密度差による．すなわち重力によるもので，重力対流とよばれる．

一方，ろうそくの例のように液体自由表面において温度の不均一がある場合，その部分の表面張力が相違し，それによって温度を均一にしようとして液体が移動する．表面張力に差が生じる液体の自由表面部分はいわゆる表面層だけであるが，それに下層部分が順次引きずられて対流が生じることになる．いわゆる表面張力対流であり『マランゴニ対流』といわれている．

マランゴニ対流を数量的に表示するものとして無次元数で表わすマランゴニ数が用いられている．マランゴニ数は上記の熱伝達を構成する液体の機械的な運動に伴って伝達される熱量と，液体自体の熱伝達により熱量の比として与えられ，二つの機構のうちどちらが支配的であるかを表わす指標である[8]．

$$M_a = \left(-\frac{\partial \gamma}{\partial T}\right)\frac{\Delta T \cdot L}{\eta \cdot \chi} \tag{14-1}$$

ここに，$\partial \gamma / \partial T$：表面張力の温度勾配，$\Delta T$：温度差，$L$：代表長さ，$\eta$：粘性係数，$\chi$：温度拡散率（thermal diffusivity）である．

液体自由表面に濃度差が生じても表面張力の差による表面張力対流が発生する．その場合もマランゴニ数は式（14-2）のように表示される．

$$M_a = \left(-\frac{\partial \gamma}{\partial C}\right)\frac{\Delta C \cdot L}{\eta \cdot D} \tag{14-2}$$

ΔC は濃度差，D は拡散係数．

このマランゴニ数がある限界値以上になるとマランゴニ対流が発生することになる．以上をまとめると，マランゴニ効果を生じる駆動力は次の二つに大別できる．

1) 温度変化による表面張力の変化
2) 濃度変化による表面張力の変化

融体に関してみられる現象として，前者は溶接の溶融池の形状に代表される．また後者はスラグによる耐火物の浸食やスラグによる脱硫反応などである．

14.1 表面流動の一般的概念

表14.1 高温でみられるマランゴニ対流現象の実例

条件	実 例
温度差	単結晶の製造
濃度差	TIG 溶接の溶融池の形状 耐火物の局部損傷

表14.2 Si, $NaNO_3$ の熱マランゴニ数$Ma(T)$とプランドル数Prの比較[8]

性 質	Si	$NaNO_3$	単 位
$\partial\gamma/\partial T$	-0.43	-0.07	$dyn\cdot cm\cdot K^{-1}$
η	~ 0.01	0.0278	$g\cdot cm^{-1}\cdot s^{-1}$
λ	$\sim 3\times 10^6$	2×10^5	$erg\cdot s^{-1}\cdot cm^{-1}\cdot K^{-1}$
ρ	2.52	1.904	$g\cdot cm^{-3}$
C_v, C_p	0.93×10^7	1.88×10^7	$erg\cdot g^{-1}\cdot K^{-1}$
χ	1.3×10^{-3}	5.6×10^{-5}	$cm^2\cdot s^{-1}$
ΔT	5^*	5	K
L	3^*	0.3	mm
$Ma(T)$	500	680	
Pr	0.031	2.6	

＊仮定値

マランゴニ対流による流れの速さに対しては式(14-3)が与えられている[6]。

$$u = \frac{A\cdot(\partial\gamma/\partial T)\Delta T}{\eta} \quad (14\text{-}3)$$

Aは液体の形状に依存する定数である。

例えば, 無限大の自由表面をもつ溶融銀の自由表面間の2点間に10Kの温度差を与えると, マランゴニ対流による表面の流れの速さは約0.8m/sとなる[6]。

以上のように液体の温度, 濃度の局所的な変化によって引き起されるマランゴニ対流に関する現象に, 最近, 特に関心が高まってきている。それらをまとめて表14.1に示す。また, Si, $NaNO_3$の熱マランゴニ数とプランドル数の比較を表14.2に示す。

なお, 高温における表面流動現象に関するレビューを次に示す。

1) F.D.Richardsen : Physical chemistry of melts in metallurgy Vol Ⅱ, Acadennic press., Londen, N.Y. (1974), 452～455.
2) R.Brückner: Interfacial Convection and mass transfer, Kinetics of Metallurgical Processes in Steelmaking, Verlag Stahleisen M.B.H. Düsseldorf(1975), 459～491.
3) J.Berg : Interfacial hydrodynamics : An overview, Canad. Metall. Q., **21** (1982), 121～136.
4) F.D.Richardson : Interfacial Phenomena and metallurgical processes, Cana. Metall, Q, **21** (1982), 111～119.
5) 向井楠宏：マランゴニ効果が関与する界面現象についての最近の研究, 鉄と鋼, **71** (1985), 1435～1440.
6) P.Hammerschmid : Bedeutung des Marangeni-Effekts für Metallurgische vorgange, Stahl u. Eisen, **107** (1987), 61～66.
7) 向井楠宏：耐火物の局部溶損, 日本金属学会会報, **26** (1987), 16～23.
8) J.K.Brimacombe : Interfacial turbulence in liquid-metal system, 1754～185.
9) K.Mukai : Wetting and Marangeni effect in iron and steelmaking proceses, ISIJ. Jntern., **32** (1992), 19～25.
10) 向井楠宏：高温融体のマランゴニ効果, まてりあ, **34** (1995), 395～404.

14.2 温度の局所的変化によって駆動される表面張力流

地球上において液体は何らかの容器にいれられるかまたは何らかの支持によってその形状を保っている。高温液体でも同様であって図14.2(a) のようにるつぼに入れられるか，または (b) の溶接のように母材がるつぼの役割を果たしている場合もある。一方 (c) の帯溶解のように上下で支えられ液体が保持されていることもある。これらいずれの場合もいわゆる自由表面が上面または側面に露呈する。この自由表面において局部的に温度の変化があれば表面張力差による表面対流が発生する。

14.2.1 表面張力流の測定

図14.2に示した3つの状態の融体中にみられるマランゴニ対流の測定はそれぞれ若干相違する。

a) 浮遊帯の場合

融体は表面張力によって固体－固体間に支えられている。その内部で発生している対流を観察するためにはるつぼなど融体を入れる容器がない浮遊帯法では透明な試料を使用すれば容易である。

浮遊帯を作り出す方法として，図14.3 (a) (b) (c) の手法が用いられている。(a) は $NaNO_3$ の一部が Pt リングの加熱によって溶かされ，浮遊状態を形作っている。(b) は上側に加熱体のある浮遊溶解であり，(c) は微少試料でも使用可能なサーモカップル法の改良型である。熱電対の先端部につけた Pt 円板間に円柱状の融

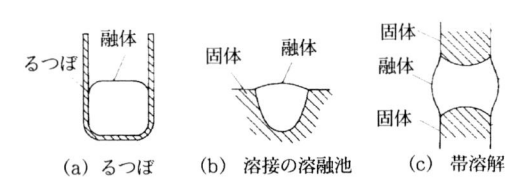

図14.2 高温で液体が保持される状況

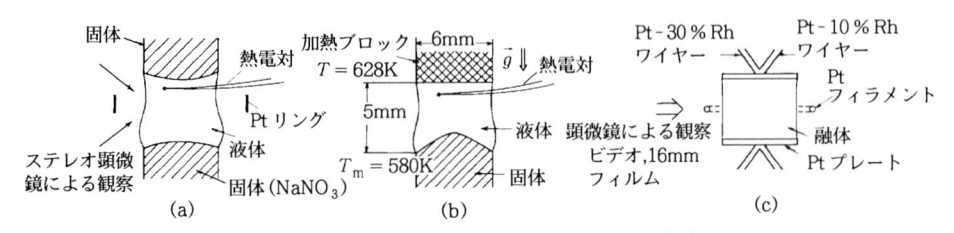

図14.3 融体中の流れを観察するための実験手法[8],[9]

14.2 温度の局所的変化によって駆動される表面張力流

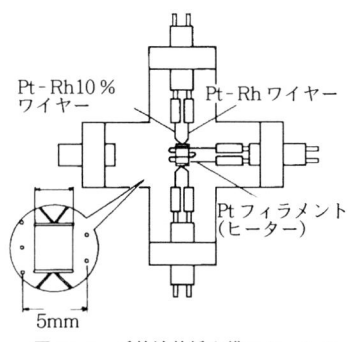

図14.4 毛管液体橋配備のホットサーモカップルセルの概念図[11]

図14.5 $NaNO_3$ 融体中の流動の直接観察装置の垂直, 水平断面図[10]

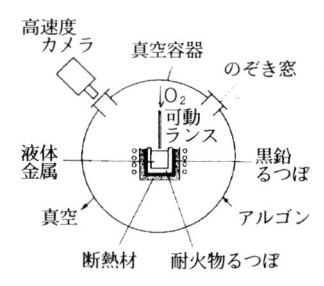

図14.6 液体金属表面の動きを観察する装置[12]

体が形成されている.

透明融体中の流れは小さな気泡や粒子の存在で可視化される. 溶融 $NaNO_3$ に対しては比重の等しい Pb-Mg 合金 (12.7%Pb, 83.3%Mg) 粒子[8]あるいは数 μm の Pt 粒子[9]あるいは中空のシリカ球粒子[10]などがマーカーとして用いられている.

融体中の流れはステレオ顕微鏡, フィルムカメラ[8]や実体顕微鏡[9]などによって観察記録されている. 炉全体のプロファイルを図14.4に示す.

b) るつぼのような上面に自由表面のある場合

このような融体内の流れの状況の把握も, 透明の容器, 透明の $NaNO_3$ を用いて Schwabe, Scharmann[10]によって行われている. その概要を図14.5に示す. 両側にそれぞれ温度調整のできる黒鉛ブロックがあり, その中間に溶融 $NaNO_3$ がある. 融体内の流線は照明された小さな中空の石英球を入れて見やすくしてある. 撮影は肉眼観察をはじめフィルムカメラ, シネカメラ, ビデオカメラによって壁側からなされている.

一方, るつぼに入った溶融金属の場合, その自由表面上の流れは上方より可能で, Brimacombe ら[12]若干の報告がある. 図14.6に Birmacombe の用いた装置を示す. この装置によって, 真空溶解炉内の溶融金属表面に O_2 ガスを吹きつけ, 自由表面の中央部で生成した酸化物がるつぼ壁に向って流れていくのが高速度カメラによって撮影, 確認されている.

図14.2(b)の溶接の場合, 状況は上記の溶融金属の場合と同様であるが, 温度が極めて高いため, 溶融プールの自由表面上の運動や流れの観察は困難が大きい. 表面流動は溶け込み状態に反映されるから, 冷却後の試料断面の観察が多くなされている.

14.2.2 浮遊帯における表面対流

浮遊帯溶解は高融点材料や単結晶の結晶成長や高純化のために生産,研究の分野で用いられる方法である.融体は図14.2(c)のようにるつぼは不要で,重力に対抗する表面張力によって保持される.その際,地球上では浮遊帯の直径に制限がある.試料は放射,電子ビーム,高周波加熱によって周囲より加熱される.加熱装置や融体と接している固体部分の移動によって溶融帯は固体試料中を移動する.溶融帯中には対流が発生するが,その根源はChangら[13]によると次の5つと考えられている.

1) 溶融帯が定常状態にあるとその中の流れは固体を通る溶融帯の移動によって固体-液体界面の1つで溶解し他の界面で凝固することによって引き起こされる.
2) 2つの固体試料の回転による対流.
3) 誘導加熱によって,多分計算は不可能な電磁撹拌によって生じる対流.
4) 温度変動によって生じる密度変動によって重力場,加速場における自然対流.
5) 融体の表面に沿う温度の変動によって生じる融体表面に沿う表面張力の変動.

溶融帯中に発生する対流は,製造される単結晶の純度,均一性に影響を与えるため,対流の状況を正しく把握することが必要である.

この問題に関しては直接観察に基づく測定とともに,理論計算によって,対流の状況を予測しえる.Chang,Wilcox[13]は溶融帯を理論的に取り扱い,計算によって表面張力流の挙動を評価し,さらに,不純物の分散についても評価した.その結果,Siに対して表面張力流が活発で,自然対流は無視されるほどであったと述べている.

Schwabeら[8]の直接観察の結果の一例を図14.7に示すが,観察された結果,次のことが明らかにされている.

1) 融体内の流線はChang,Wilcox[13]の計算結果と非常によく一致している.
2) 流線は融体自由表面近くで密で,渦の中心は自由表面近くにある.流れの方向は温度の高い融体面中央部(表面張力が小さい)から固体(表面張力が大きい)へと上下に向かっている.
3) 測定された温度分布は熱い融体の流れが界面に向う表面に沿った方向であることを示している.
4) 固-液界面の形状は,融体の表面に沿って界面の方向に流れる熱い融体によって形成される.

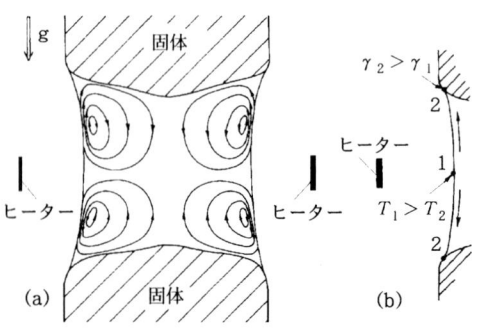

図14.7 $NaNO_3$浮遊帯域におけるマランゴニ対流(MCT)の状態(a)とその説明図(b)[8]

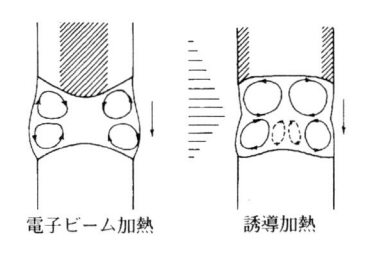

図14.8 電子ビーム加熱，誘導加熱によって形成された浮遊帯内対流[14]

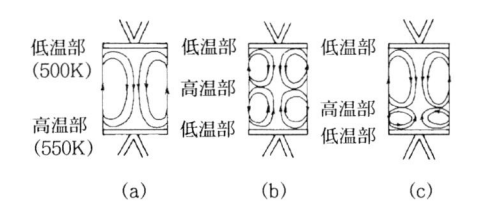

図14.9 異なった加熱パターンにおけるNaNO$_3$融体中のマランゴニ対流の流線概念図[9]

5) 融体表面の流れの速さは17〜11mm・s^{-1}程度である．

これらのことから観察された流れは，表面張力勾配によって引き起こされていることを示している．

Schwabeら[8]はマランゴニ対流の安定性についてもふれているが，図14.3(b)に示す測定装置によって同調的温度振動を伴うマランゴニ渦の振れ運動，流速の振動を観察している．さらにSchwabeらはNaNO$_3$中の表面張力を著しく低下させるCH$_3$CH$_2$COOHを1mol添加し，濃度勾配によるマランゴニ対流の状況を観察している．

Vanekら[14]は電子ビーム加熱と高周波誘導加熱による浮遊帯内対流の状況を比較した．融体内の流線の方向は図14.8のように，全く逆であり，電子ビーム加熱は表面張力によるマランゴニ対流であるのに対し，誘導加熱の場合，電磁場の影響が大きいことが明らかとなっている．

最近，中村ら[9]は図14.3(c)の装置で円柱状融体を作り，加熱条件を変え，融体内の流れを観察した．その結果を図14.9に示す．図14.9(a)では下のPt板の方が高温であり，それと接するNaNO$_3$の表面張力は上のPt板と接する融体より小さい．そのため円柱融体表面では下方より上方に融体が引っ張られそれに対応する流れが生じる．融体の中心部では逆方向の自由表面より遅い流れが生じている．(b)，(c)は高温部を円柱融体中央，あるいは1/4の位置にした場合であるが，この場合も高温部（表面張力の小さい）は低温部（表面張力の大きい）に引っ張られる流れが生じている．これらの観察結果より，この条件下において円柱融体中の対流は温度差に起因する表面張力を駆動力とするマランゴニ対流であろうと考えられている．密度対流についても種々検討されたが無視できることも明らかにされている．

14.2.3 るつぼの容器内にある液体の自由表面での表面対流

現在Siその他機能材料の単結晶製造方法は試料をるつぼ中で溶解し，それより単結晶を引き上げるチョクラルスキー法（Czochralski method）が主流である．この技術は試料の大型化のためにも有望な方法であり，Si単結晶の製造に広く用いられている．この場合，融体の自由表面は上面にあり，前述の浮遊帯の場合と様子が異なる．

Schwabe, Scharmann[10]は石英るつぼ中の溶融NaNO₃に微細なトレーサー粒子を入れ図14.5のような装置によって，融体中の流れを直接観察した．図14.10にその結果を示すが，結晶成長をモデル化して，両サイドの黒鉛と融体表面の温度を種々変化させたときの流れの変化は興味深いのもある．

図14.10(a)はボート状るつぼに融体が入れられた状態で両側より同じ温度で623Kに加熱されている．融体自由表面は放射や雰囲気によって冷され中央部は593Kである．融体自由表面では高温部（表面張力が低い）から自由表面中央部の温度の低い部分（表面張力は大きい）に引きよせられる流れが生じ，中央部の温度の低い融体（密度大）は下方に降下する．

図14.10(b)は両サイド（593K）が融体（〜623K）より温度が低い条件，融体より両サイドに結晶が析出している条件であるが，融体内の流れの方向は図14.10(a)とは逆である．

一方，チョクラルスキー法のように外側より加熱されているるつぼ内の融体より，るつぼ中央部で結晶を晶出する引き上げるタイプのモデル実験として(c), (d)が試みられている．融体自由表面では高温のるつぼ側から低温の結晶側に流れが生じている．ただ，引き上げ結晶部分が大きな領域を占める場合，対流の範囲は縮小するのがモデル実験(d)で明らかにされた．

オープンボードによる融体の自由表面における流れは，表面張力の差によって駆動されて生じるが，表面張力の差は温度差に基づいている．両サイド間の温度差と自由表面近傍での流速の関係は実測され，図14.11のように示されている．流速は両サイドの温度差ΔTとほぼ直線関係が成立している．

るつぼ中の流れの状況はチョクラルスキー法の基礎研究として重要であり，図14.12に示す

図14.10 結晶成長モデル（左側）とオープンボートモデル（右側）[10]

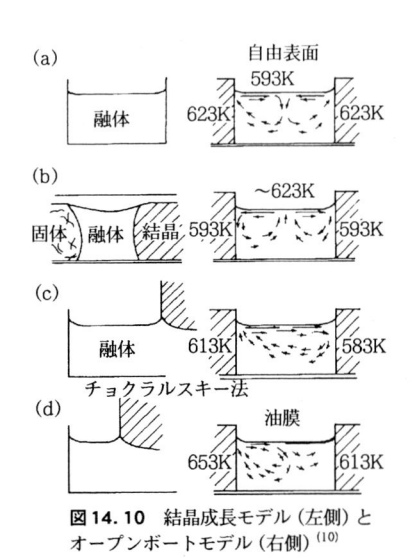

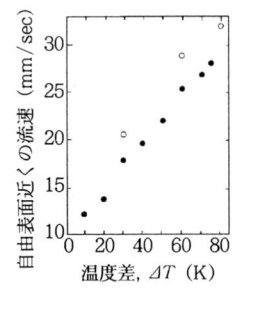

図14.11 オープンボートにおいて加熱ブロック（低温側583K）間の温度差と溶融NaNO₃自由表面近傍の流速との関係[10]

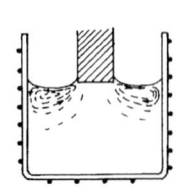

図14.12 結晶の温度（633K）がるつぼ壁（593K）より高い場合のるつぼ内の流れの状況[10]

ように，高温の結晶側より低温のるつぼ壁に向う流れが見出される[10]．

14.2.4 溶接プールにおける表面流動

溶接プールは図14.2(b)のように同質材のるつぼに入れられた融体である．アークプラズマ，電子ビームなどの熱源で上方より加熱されるが，融体表面は温度は一様でなく，一般に熱源に近いところで高く，固相と接触する周辺部では低い．また，溶接プールの形状は，熱源母材成分などの条件によって種々変化する．これらの事実より古くから溶接プールにおいてマランゴニ対流の存在が指摘されていた．ただ溶接プロセスは極めて高温であり，現象的にも多くの因子を含んでいるため正確な把握が十分とはいい難い．そのため一面的に現象をとらえることによって一つの仮説を提唱することも可能である．

例えば，母材に含まれる微量成分（特に表面活性元素）の含有量によって溶け込み特性に影響のあることは以前より指摘されていた．Sの含有量が多いと図14.13（B）のように溶け込みは深く，一方，Alの多い母材では浅く拡がっている．Alは表面活性元素ではないが，Alは鋼中Oと密接に関係し，Al-O平衡によって鋼中Oを規制する．溶接プール内の融体の流れに融体の物性が関係することはいうまでもないが，特に，マランゴニ対流を想定する場合，融体の表面張力の温度特性が重要である．表面活性元素を含む鋼の表面張力については，5.2.3に示したように

　　表面活性元素を多く含む場合　$\partial \gamma / \partial T > 0$
　　　〃　　　　含まない場合　$\partial \gamma / \partial T < 0$

である．

これらの状況を考慮して，HeipleはSを含む21-6-9ステンレス鋼によって溶け込み状態に検討を加えた[15][16]．すなわち，溶接プール内の流れを模式的に図14.13に示す．プールの中央部(c)の温度T_cは周辺部(s)の温度T_sより高い．表面活性元素の含有量の少ない鋼の表面張力の温度係数，$\partial \gamma / \partial T < 0$であるから，プール表面では中央部より周辺部に向って流れる．

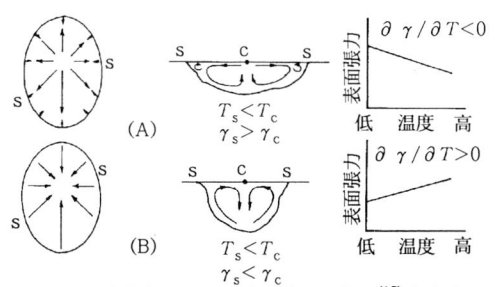

図14.13 溶融池の表面，内部の流れの状況[15]（A）表面張力の温度係数が負の場合：Al添加，（B）表面張力の温度係数が正の場合：S添加）

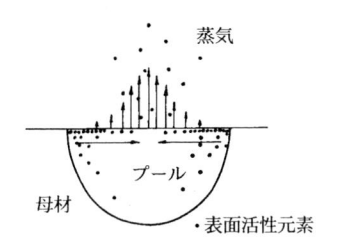

図14.14 溶融池からの蒸発による表面張力流モデル[17]

中央の温度の高い溶鋼は周辺部へ流れることによって熱移動は周辺部に向い，図14.13 (A) のように溶け込みは浅く拡がる．一方，表面活性元素Sを含む鋼は表面張力の温度係数，$\partial \gamma / \partial T > 0$であるため，温度の高い中央部が表面張力が大きく周辺部より融体を引きよせる．図14.13 (B) のような流れが生じる．中央部の温度の高い融体は下方に向うため，溶け込みは深い形状をとる．このように表面張力の温度依存性を左右する表面活性元素の存在の有無によって溶け込み形状は説明されるが，実情はこのように簡単なものでない．

この問題に対し，黄地[17]は視点をかえて，溶接プールからの表面活性元素の蒸発現象と関連させて次のような説を提唱している．図14.14にその概略を示すが，最も温度の高いプール中央では表面活性元素の蒸発が活発でプール周辺に比べて，融体表面での表面活性元素の濃度が低い．その結果，プール中央部では表面張力が周辺部より大きくなり，周辺より中央部に向う流れが生じることになる．

このように一つの現象に全く異なった見解が提唱されているが，より詳細な検討が必要である．

14.3 濃度の局所的変化によって駆動される表面張力流

融体において，濃度の局所的変化によって駆動される表面張力流の代表例としては，耐火物の局所的溶損現象がある．溶融したケイ酸塩とアルミナのような固体酸化物とを接触させるとアルミナは次第に溶融ケイ酸塩に溶解していく．この場合，接触面がすべて一様に溶解するとは限らず，特に溶融ケイ酸塩の表面すなわち固体－液体－気体の三相が接するところにおいて溶け方が多い．このことは高温では酸化物，フッ化物をアルミナるつぼで溶解する場合によく見られる現象である．この現象は融体にアルミナが溶け込むことによってアルミナと接する融体表面部分とアルミナから離れた表面部分の濃度に差が生じ，それに伴って表面張力流が発生するものと考えられている．すなわち融体表面濃度が局所的に変化することによって駆動されるマランゴニ対流によるものである．

このような現象は固体－液体－気体の三相，固体－液体－液体の三相が接触する条件のある耐火物の溶損，スラグ－メタル反応においてしばしばみられる．実操業においても大きな問題となっている．

14.3.1 研究方法

濃度の局所的変化によって引き起こされる表面張力流の研究手法は，
　a) 融体内の流れの直接観察
　b) 表面張力流の結果として生じる間接的現象の観察
に大別される．

14.3 濃度の局所的変化によって駆動される表面張力流

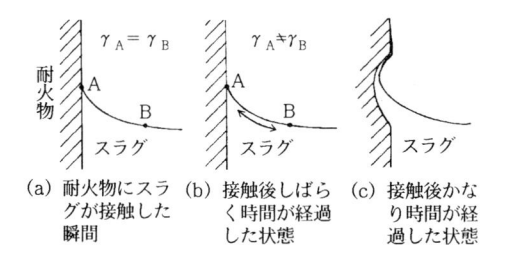

図14.15 スラグによる耐火物の局部溶損の機構

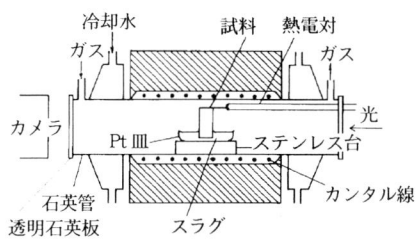

(a) 耐火物にスラグが接触した瞬間 　$\gamma_A = \gamma_B$
(b) 接触後しばらく時間が経過した状態 　$\gamma_A \neq \gamma_B$
(c) 接触後かなり時間が経過した状態

図14.16 耐火物の溶損の直接観察に用いられた実験装置[18]

この現象がみられるのは主として先に述べたように，スラグ，フラックスなど溶融非金属による固体酸化物の溶損である．固体酸化物の溶損の測定は，固体試料を融体と接触させる，あるいは浸漬させることからはじまる．その結果を図14.15に示すが，接触部（A）ではスラグ，フラックスへの溶解がはじまり，A部の融体の組成は変化する．固体との接触点から離れた自由表面上のB点では組成変化はみられないから，A点とB点の表面張力γ_A，γ_Bは相違してくる．この表面張力の差$|\gamma_A - \gamma_B| = \Delta\gamma$によって自由表面で表面張力に駆動される表面張力流が発生する．それに伴って固相が溶損する．

a. 融体内の流れの直接観察

融体内の流れは，前述の$NaNO_3$にマーカーを入れて観察する手法をスラグやフラックスに用いることはできない．浸食性の強いスラグ，フラックス自体が透明であってもそれを保持する容器に透明かつ浸食されないものを見出せないためである．そのため融体内部に直接観察は不可能であるが，これらの融体が固体酸化物によくぬれることから，向井ら[18]は図14.16に示す装置によってPt皿に入れられた$PbO-SiO_2$融体に円柱状または角柱状石英ガラス試料を浸し，1073Kにおいて石英ガラスに付着したスラグフィルム内の流れの状況を観察した．この際，試料後方より平行光線によってスラグフィルムの動きが濃淡模様として観察されている（写真撮影はモータードライブカメラによって行っている）．

b. 表面張力流の結果として生じる間接的現象の観察（固体酸化物の溶損状況の観察）

スラグやフラックスに浸漬された固体酸化物の局部溶損は，濃度変化に起因する表面張力流によるとされているが，その観察方法は，i) 高温における直接観察, ii) 冷却試料による観察, に大別される．

i) 高温における直接観察

この場合，石英の溶解を念頭においた場合は透明石英管を容器として使用し，それ自体の溶

損状況を把握することは可能である。向井ら[19]の用いた装置を図14.17に示す。この場合も後方より平行光線を照射し、溶損状態の観察がなされる。透明でない試料についてはX線透過法によって形状の変化を知ることができる[20]。この方法は時間経過と共に連続して形状変化を知ることが可能である。ただ寸法の精度については若干不利である。

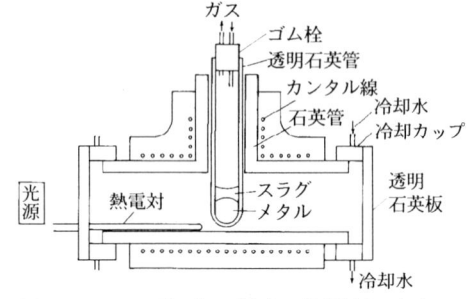

図14.17 スラグによる耐火物の溶損観察のための実験装置[19]

ii) 冷却試料による観察

冷却後試料を縦断し、溶損状態を形状変化、試料の濃度変化などより検討する。まだ試料に付着したスラグを溶解除去して形状変化を測定する。

14.3.2 固体酸化物の溶融酸化物への局所溶損現象（基礎研究）

現象論的には鉄鋼製錬やガラス製造の現場において、また実験室において酸化物るつぼでスラグを溶解したり、スラグ-メタル反応の測定において、固体耐火物のスラグによる局部溶損はしばしば見うけられる。筆者が実験室において経験した局部溶損の例を図14.18に示す。

図14.18(a)はスラグ-メタル間の界面張力を静滴法で測定するため、アルミナるつぼ中にあらかじめスラグを溶解し、溶鉄を滴下させ透過X線で滴の形状を撮影した際、浸食性の強いスラグの場合に見られた。溶鉄滴はるつぼの底部に沈み込むように、特にスラグと溶鉄滴とアルミナの接触部分から浸食が進み、溶鉄滴の形状が変化している。

図14.18(b)は(a)の実験で、たまたま滴下した溶鉄量が少なく、界面張力測定にとっては失敗実験で見出された。溶鉄滴はアルミナるつぼの底に孔をあけるように下方に移動している。

図14.18(c)はアルミナの溶解実験をアルミナ円柱を用い$FeO-SiO_2$スラグ中で行った場合に見られた現象でスラグラインのところが次第に大きく浸食されている。この現象はすでにCooper, Kingeryの報告[21]にみられる。

以上の現象はいずれも表面流動を目的とした実験における結果ではないが、

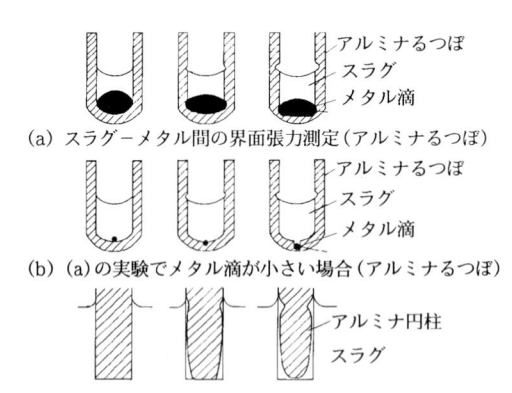

(a) スラグ-メタル間の界面張力測定（アルミナるつぼ）

(b) (a)の実験でメタル滴が小さい場合（アルミナるつぼ）

(c) アルミナ円柱のスラグによる溶解実験

図14.18 実験室でみられる固体酸化物のスラグによる局所溶損現象の経時変化

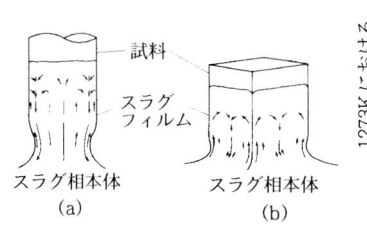

図14.19 円柱(a)(直径6mm)および角柱(b)(一辺6mm)の石英ガラス試料におけるスラグフィルムのフローパターン[23]

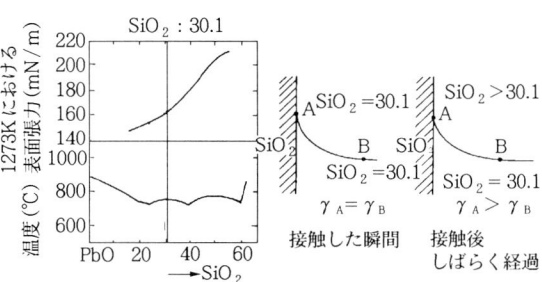

図14.20 SiO_2 が PbO-SiO_2 融体に溶解したときにみられるマランゴニ効果の説明図(SiO_2の濃度, 30.1mass%)

現象論的にみればいずれも表面流動に関連した現象と考えられる．

耐火物の局部溶損現象に関しては従来いくつかの説が発表されている．しかし，必ずしも説得力のあるものではないと考えられている．スラグによる固体酸化物の溶損現象を直接観察も含め詳細に検討を行ったのは向井ら[18][19][22]であり，固体 SiO_2-(PbO-SiO_2)系の溶損現象がマランゴニ効果によって引き起こされたスラグフィルムの活発な運動がその主要原因であることを定量的，定性的に明らかにした．

向井らの観察によると PbO-SiO_2 系スラグによる SiO_2 の溶損は，図14.19に示すように固体 SiO_2 表面に沿ってスラグ相がはい上がり，薄いスラグフィルムが活発に動く部分で進行することを確かめた．スラグフィルムの運動はフィルム表面の微少気泡マーカーとして直接観察されている．この場合のスラグフィルムのフローパターンは円柱試料と角柱試料で若干異っているが幅広い上昇流帯と幅の狭い下降流帯とが認められている．さらに，上昇流帯のフィルムにはフィルム表面の上下方向および厚さ方向に沿って SiO_2 の濃度勾配の存在を確認しており，濃度変化にともなう表面張力差が駆動力となったマランゴニ効果が発生していることを認めた．このマランゴニ効果の発端は図14.20によって説明される． SiO_2 が PbO-SiO_2 (30.1mass%) スラグと接触した瞬間，A点(固-気-液境界)とB点(気-液境界)との SiO_2 濃度は同一である．その後時間の経過とともに，A点では SiO_2 の溶解によって， SiO_2 濃度は増加する． PbO-SiO_2 系の表面張力は図14.20に示すように， SiO_2 の増加とともに増大する．そのため，A点の表面張力 γ_A はB点の γ_B より大きくなり，その結果，BよりAに向かう流れが生じると考えられている．

14.4 電位の局所的変化によって駆動される表面張力流

電位によって表面張力，界面張力の変化する現象は電気毛管現象であり，すでに13章において詳細は述べてある．

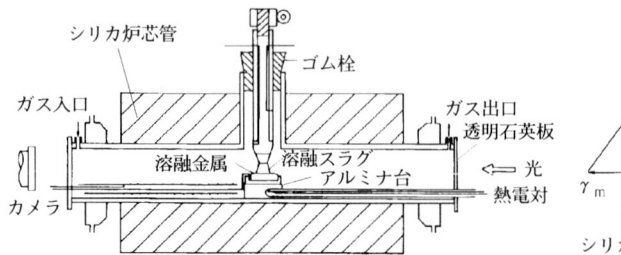

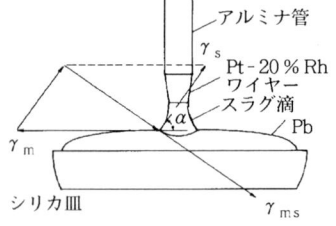

図14.21 電位の変化に基づくスラグ滴と溶融金属間の接触角の測定装置[24]

図14.22 溶融Pb表面上のスラグ滴の可視接触角(α)[24]

この現象はメタル－溶融塩系，メタル－スラグ系においても多く認められている．電位の変動による表面張力，界面張力の変化によって引き起こされる流動現象についての観察は数少ない．

14.4.1 研究方法

研究方法は界面へ電位を与え，かつそれによって生じる界面張力変化が観察できるようであればよい．その一例として向井らのPb-(PbO+SiO$_2$)系に関する装置を図14.21に示す．シリカの皿の中にPbを入れ溶解し，その自由表面と上方から釣り下げられたPt-Rhワイヤーから作られたかごで保持されたPbO-SiO$_2$融体とを接触させる．その際，図14.22に示す融体の形状が側方より観察され，接触角も求められる．この方法によって，第Ⅰ編3章に述べたようにPbとPbO-SiO$_2$融体間の界面張力も求めることができる．

14.4.2 電位の変化による溶融金属自由表面上のスラグ滴の運動

溶融Pbの自由表面にPbO-SiO$_2$系スラグを保持し印加電圧を速やかに変化させると，スラグ滴は印加電圧の変化に伴って可逆的に伸縮運動を繰り返すことが向井らによって報告されている[24]．スラグ滴が伸縮することは図14.23のスラグとメタル間の可視の接触角αの変化を生じることである．αが測定できれば式(14-4)[第Ⅰ編3章式(3-7)と同じ]

$$\gamma_{ms} = \sqrt{\gamma_m^2 + \gamma_s^2 - 2\gamma_m\gamma_s\cos\alpha} \qquad (14\text{-}4)$$

によって界面張力が求められる．向井らの測定結果によると，界面張力は図14.24に示すように印加電位によって変化し，それに伴うマランゴニ効果によってスラグ滴が伸縮運動をすると考えている．

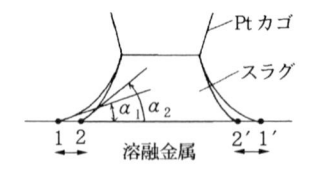

図14.23 印加電圧による溶融金属－スラグ間の接触角の変化

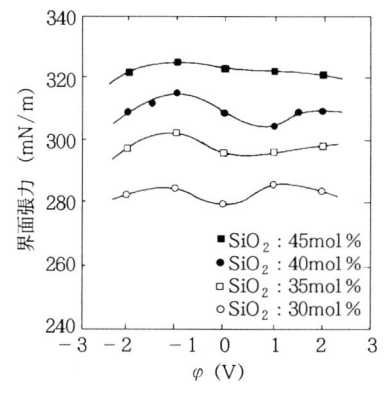

図14.24 PbO-SiO₂スラグ/Pb間の界面張力への印加電圧の影響[24]

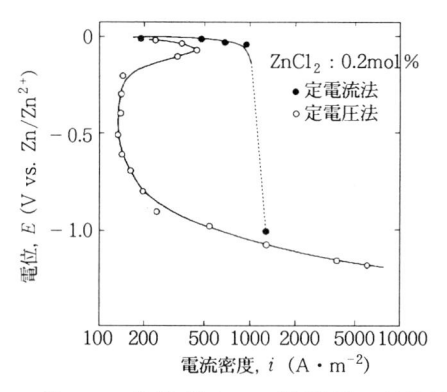

図14.25 溶融亜鉛上への亜鉛電析時の分極特性[25]

14.4.3 溶融塩−液体金属電極間の界面張力

伊藤[25]は液体金属を電極として用いる電解プロセスにおいて，溶融塩と液体金属電極に生じる界面流動が物質移動速度に大きな影響を与えることを指摘している．伊藤はLiCl-KCl共晶塩に塩化亜鉛を溶解させ，723Kで溶融金属亜鉛上に亜鉛を電析させるときの分極特性を得ている．

定電流下の測定ではかなり大きな拡散限界電流値が得られるが，定電位電解では図14.25に示すように，−0.1V付近で一旦極大を示し，その後，電流値に極小

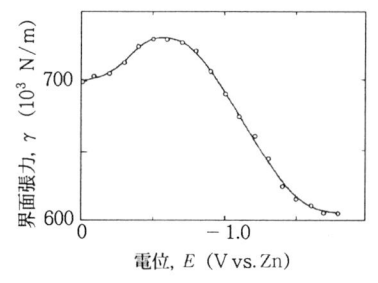

図14.26 LiCl-KCl系での溶融亜鉛の電気毛管曲線[25],[26]（723K）

が見られる．伊藤は−0.1V付近の極大を界面流動のために物質移動が促進された結果によると考え，界面流動の駆動力は電極面上での電位勾配に基づく界面張力勾配と考えている．一方，−0.5V付近の低い電流値は界面流動のほとんど起こっていない条件下のもので，図14.26に示す．これは，Karpachev[26]のLiCl-KCl/Zn系の723Kの電気毛管曲線では電気毛管極大の電位に相当するといわれ，界面張力勾配が発生せず界面流動の起こりにくい領域と一致する．

14.5 界面撹乱と物質移動

界面撹乱現象は液−液界面の界面張力を滴重量法によって測定した際，Lewis, Pratt[27]によって見出され，その定量的な取り扱いは，界面撹乱現象を図14.27のような簡単なモデルに

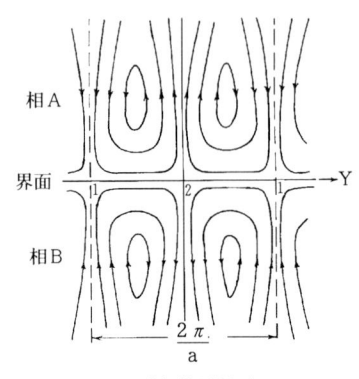

図 14.27 二液相境界断面において二次元ロールセルの循環パターンを示す流れ分布の模式図[28]

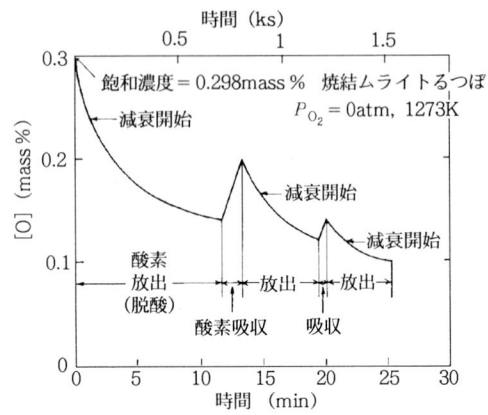

図 14.28 液体 Ag 表面へのアルゴン吹付けによる Ag 中酸素濃度と時間の関係[30]

よってシミュレートした Sternling, Scriven[28] によってなされている．

　金属製錬，溶接などの分野においては溶融金属と，ガス，スラグなどと接するガス－メタル，スラグ－メタル界面が形成され，この界面を通る物質移動があり，表面活性元素の存在する場合には表面撹乱，界面撹乱が物質移動に影響を与える．

14.5.1　ガス－メタル界面における界面撹乱と物質移動

　酸素転炉は溶鋼に上方より酸素を吹き付けて製錬を行うが，炉内の反応の状況を見ることはできない．Brimacombe ら[29] は図 14.6 に示す装置において Sn, Cu, Fe の表面に酸素ガスを吹き付け，メタル表面の状況を高速度カメラによって観察した．酸素ガスが吹き付けられたメタル表面には，酸化物斑点が生成し，半径方向に移行するのがみられた．高速度カメラによってその速度が測定されている．移行速度は，

　　Sn : 800 ～ 1500mm・s^{-1}（1373K）
　　Cu : 500 ～ 1000mm・s^{-1}（1373K）
　　Fe : 150 ～ 250mm・s^{-1}（1873K）

である．

　同様の現象は Ag[30],[31], Cu[32] について実験がなされている．佐野，森[30] は，酸素を含む溶融 Ag にアルゴンガスを吹き付け，脱酸を行った．この際の酸素濃度と時間の関係を図 14.28 に示す．この系は高周波誘導加熱され，溶融 Ag は撹拌されているにもかかわらず，酸素濃度の低下が緩慢になる領域では表面運動が減衰・停止するのを見出している．この原因としてマランゴニ効果によるものと推定している．

　Herbertson ら[31] は，溶融 Ag 表面に $N_2 + O_2$ 混合ガスを吹き付けた際，脱酸速度が 1.5 ～

3.0倍大きくなったことを見出し,マランゴニ効果によることを示唆している.

一方,大塚ら[33]も溶融Cuの表面にCO+H_2ガスを吹き付け脱酸を行った際,直接に還元ガスの吹き付けられた中央部に向って溶鋼表面が動くのを観察している.この流動も表面張力差に基づくマランゴニ効果によるものと考えている.

酸素と同様溶鋼に対し表面活性などSの影響についてもBarton,Brimacombe[34]が固体Cu_2Sを溶鋼表面に接触溶解させて行ったが,酸素ガス吹き付けと同様界面張力差に基づく表面流動を見出している.

溶融金属表面に関する現象として蒸発現象がある.山本,加藤[35]はFe-Sn,Fe-Cu,Fe-Cr真空蒸発速度を測定し,表面活性なSnが蒸発する際,マランゴニ効果による界面流動が存在することを認めている.

14.5.2 スラグ-メタル界面における界面撹乱と物質移動

Saelim,Gaskell[36]はCaOるつぼ中でCaO飽和溶融酸化鉄融体による溶鉄の脱硫速度を測定した.その結果図14.29に示すようにS濃度は時間の経過とともにかなり急激な低下を示す.図中には静止浴の拡散律速を仮定したS濃度の経時変化を併記したが,実験値はこれに比べてはるかに急激な変化を示している.この原因について彼らはSの移行に伴う界面張力変化に基づくマランゴニ効果によるものと考えている.

さらに図14.30の実験後のるつぼの断面形状から明らかなように,スラグ-メタル界面の界面流動の存在を知ることができる.

Dengら[37]はガス撹拌の条件下で溶鉄から石灰飽和$CaO-Al_2O_3-SiO_2$スラグへのSの移行の測定を行い,急冷されたスラグ-メタル界面試料の顕微鏡観察によって界面対流を確認している.

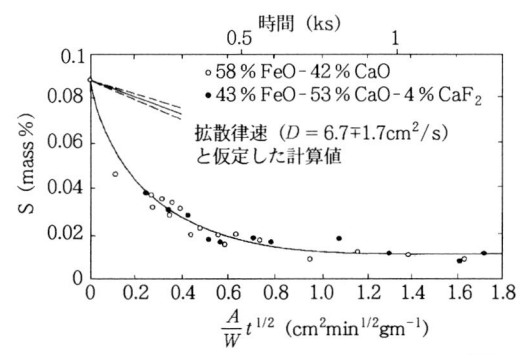

図14.29 CaOで飽和した酸化鉄による脱硫曲線[36]（スラグ成分はmass%）

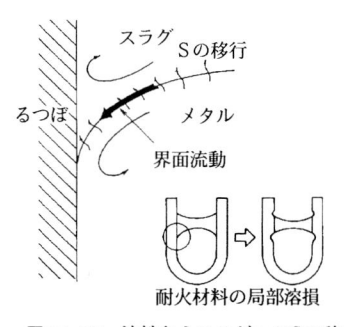

図14.30 溶鉄からスラグへのSの移行に伴って発生する界面流動とそれによる耐火材料の局部溶損[36]

(a) S < 0.001 %
表面滑らか

(b) S = 0.01 %
噴出がみられる

(c) 0.03 % < S < 0.05 %
噴出激しい
粒表面CaS相沈殿観察

(d) S > 0.1 %
粒表面CaS相で覆われる

図 14.31　スラグ中鉄粒子の表面状況 [37]

スラグ試料中に含まれる鉄粒についてのスラグ－メタル界面の挙動への界面対流の影響について検討している。スラグ試料中に見出される鉄粒の表面状況は鉄中のS含有量によって変化し，図14.31にそのスケッチを示す。

(a)のS含有量が極めて低い鉄粒はスラグ－メタル界面は滑らかである。(b)のS含有量は0.01％で，鉄粒の表面には界面対流による噴出が生じている。0.03 mass％～0.05mass％とS含有量が多くなった鉄粒 (c) では，噴出は激しくなり，灰色をしたCaSの沈殿物が鉄粒表面にみられる。S含有量＞0.1mass％の鉄粒 (c) では，ほとんど完全に表面がCaSで覆われているのが観察される。

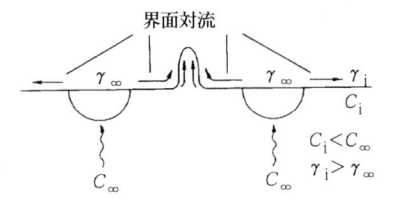

図 14.32　鉄粒表面における噴出現象発生の機構（模式図） [37]

この噴出現象は図14.32に示すようにスラグ－メタル界面へS含有量の多い部分がくることによる。界面のS濃度C_iはバルク濃度C^∞より小さい。一方，界面エネルギーγ_iはγ^∞より大きいために界面において界面張力差が生じ，界面対流が発生する。その結果，界面において溶鉄の噴出が発生すると考えられている。

引用文献

(1) J.Thomson: On certain curious motions observable at the surface of wine and ather alcoholic liquids, Phil. Mag., Ser 4, **10** (1855), 330~333.
(2) C.Marangoni: Ueber die Ausbreitung der Tropfen einor Flüssigkeit auf der Oberfläche einer anderen, Ann. d. Phys., **143** (1871), 337~354.
(3) 向井楠宏：ワインの涙, Boundary (1988), 10月号, 52~55.
(4) 甲斐昌一：化学反応に現れるパターン, 科学朝日 (1986), Nov., 30~35.
(5) F.D.Richardson: Physical chemistry of melts in metallurgy, Vol.2 12・5 Interfacial turbulence, Acad. Press., (1974), 452~455.
(6) 雀部 謙：宇宙空間でも対流はあるノダ, 金属, **53** (1983), No.9, 8~11.

(7) 宇宙における液体の挙動－表面張力によって生じる対流, 石川島播磨技報, **23** (1983), 355.
(8) D.Schwabe, A.Scharmann, F.Preisser and R.Oeder: Experiments on Surface Tension Driven Flow in Floating Zone Melting, J. Cryst. Grouwth, **43** (1978), 305~312.
(9) 中村 崇, 横山光一, 野口文男, 向井楠宏：高温融体におけるマランゴニ対流の直接観察, CAMP‐ISIJ., **3** (1990), 100.
(10) D.Schwabe and A.Scharmann: Marangoni convection in open boat and crucible, J. Cryt. Growth, **52** (1981), 435~449.
(11) 向井楠宏：温度勾配に基づく, 溶融塩, 溶融スラグの運動, 金属製錬プロセスにおける高温界面移動現象部会報告 (1991), 175~178.
(12) J.K.Brimacombe and F.Weinberg: Observations of surface movements of liquid coper and tin, Metall. Trans., **3** (1972), 2298~2299.
(13) C.E.Chang and W.R.Wilcox: Analysis of surface tension driven flow in floating zone melting, Int. J. Heat Mass Trans., **19** (1976), 355~368.
(14) P.Vanek, S.Kadeckova, M.Jurisch and W.Lose: Melt convection driven by electrodynamic forces from induction heating, J. Crystal Growth, **63** (1983), 191~196.
(15) C.R.Heiple and J.R.Roper: Mechanism for minor element effect on GTA fusion zone Geometry, Weld. Research Supp. (1982), 97s~102s.
(16) C.R.Heiple, J.R.Roper, R.T.Stagner and R.J.Aden: Surface active element effects on the shape of GTA, Laser, and electron beam welds, Welding Research Supp., (1983), 72s~77s.
(17) 黄地尚義, 井上裕史, 西口公之：メタルプールにおける対流現象, 金属製錬プロセスにおける高温界面移動現象, 部会報告 (1991), 187~192.
(18) 向井楠宏, 岩田 章, 原田 力, 吉富丈記, 藤本章一郎：溶融 $PbO-SiO_2$ スラグ表面における固体 SiO_2 の局部溶損現象の観察, 日本金属学会誌, **47** (1983), 397~405.
(19) 向井楠宏, 増田竜彦, 合田広治, 原田 力, 吉富丈記, 藤本章一郎：溶融 $PbO-SiO_2$ スラグ-Pb 界面における固体酸化物の局部溶損, 日本金属学会誌, **48** (1984), 726~734.
(20) 岸 雄治：溶鉄, 溶融スラグによる耐火物の浸食現象, 大阪大学工学部冶金学科卒業論文 (1981).
(21) A.R.Cooper Jr. and W.D.Kingery: Dissolution in ceramic systems : I Molecular diffusion natural convection and forced convection studies of sapphire dissolution in calcium aluminum silicate, J. Am. Ceram. Soc., **47** (1964), 37~43.
(22) 原田 力, 藤本章一郎, 岩田 章, 向井楠宏：各種固体酸化物－溶融スラグ系におけるスラグ表面での酸化物の局部溶損, 日本金属学会誌, **48** (1984), 181~190.
(23) 向井楠宏：耐火物の局部溶損, 日本金属学会誌, **26** (1987), 16~23.
(24) K.Mukai, J.M.Toguri, I.Kodama and J.Yoshitomi: Effect of applied Potential on the interfacial

tension between liquid lead and PbO-SiO$_2$ slags, Can Metall. Q., **25** (1986), 225~231.
(25) 伊藤晴彦：溶融塩系における対流拡散－電気化学の視点から－日本金属学会会報, **29** (1990), 457~462.
(26) S.Karpachev, A.Stromberg: (溶融電解質中における電気毛管現象の諸問題), Zhur. Fiz. Khim., **10** (1937), 739~746.(ロシア語)
(27) J.B.Lewis and H.R.C.Pratt: Oscillating droplets, Nature, **171** (1953), 1155~1156.
(28) C.V.Sternling and L.E.Scriven: Interfacial Turbulence ; Hydrodynamic in stability and the Marangoni effect, A. I. ch. E. Journal, **5** (1959), 514~523.
(29) J.K.Brimacombe and F.Weinberg: Observations of surface movements of liquid copper and tin, Metall. Trans., **3** (1972), 2298~2289.
(30) 佐野正道, 森 一美：ガス－メタル間反応速度に対する表面運動の影響, 鉄と鋼, **60** (1974), 1432~1442.
(31) J.G.Herbertson, D.G.C.Robertson and A.V.Bradshaw: Critical experiments on the role of surface tension driven flow in the kinetics of oxygen transfer between gases and liquid silver, Canad. Metall. Q., **22** (1983), 1~8.
(32) R.G.Barton and J.K.Brimacombe: Influence of surface tension-driven flow on the kinetics of oxygen absorption in molten copper, Metall. Trans. **8B** (1977), 417~427.
(33) 大塚伸也, 田辺良治, 孝塚善作：溶銅のガスによる脱酸機構, 日本金属学会誌, **41** (1977), 117~123.
(34) R.G.Barton and J.K.Brimacombe: Interfacial Turbulence during the dissolution of solid Cu$_2$S in molten copper, Metall. Trans., **7B** (1976), 144~145.
(35) 山本正道, 加藤栄一：溶融鉄合金の真空蒸発速度におよぼす界面運動の影響, 鉄と鋼, **66** (1980), 608~617.
(36) A.Saelim and D.R.Gaskell: The rates of desulfurization of liquid iron by solid CaO and CaO-seturated liquid iron oxide at 1600 ℃, Metall. Trans., **14B** (1983), 259~266.
(37) J.Deng and F.Oetters: Mass transfer of surfur from liquid iron lime-saturated CaO-Al$_2$O$_3$-MgO-SiO$_2$ slags, Steel Reserach, **61** (1990), 438~348.

15章 化学反応の進行と界面現象

 冶金反応はスラグ−メタル界面,メタル−ガス界面を通して進行する.反応の進行は物質移動を伴うことはいうまでもない.物質移動の存在する場合の界面については14章14.5において若干ふれておいた.15章ではスラグ−メタル反応を中心に界面を通じての物質移動のある場合の界面現象について述べる.なお,物質移動における界面現象として乳化現象を伴う場合があり,この現象については12章エマルジョンとも関連する.

15.1 一般的概念[1]

15.1.1 界面を通しての物質移行と界面状況

 一般に,不均一系反応である気−液反応,液−液反応または固−液反応は界面を通して進行する.界面を物質が移動するとき生じる界面現象については常温液体において多くの研究例がある.これらの研究は次のように大別される.一つは界面に吸着層のある場合,反応の進行状況がどのように変化するかという場合であり,他は化学反応が界面で生じると,界面がどのような状態になるかという問題である.前者は,液表面に単分子膜の存在によって蒸発速度が減少する現象[2],気相から水中へCO_2,H_2Sのようなガスの吸収する場合,吸収に対する単分子膜の影響である[3],[4].また後者では,界面を表面活性剤物質が移行する際に表面張力の不規則な変化が生じ,表面や界面が乱れる問題である[5][6].液−液界面においても物質移動の際,界面張力の異常な低下などによって自然乳化(spontaneous emulsification)が生じる.自然乳化は液−液相界面を第三成分が通過するときには必ず生じるといわれている[1].
 このように界面を通して物質移動のあるときに生じる現象のうち,本章では主として界面張力の低下現象について述べる.界面の乱れによる現象,マランゴニ効果についてはすでに14章において述べた.
 界面乱れは,いわゆるマランゴニ効果(Marangoni effect)であり,1955年頃より,急速に関心が高まった.この効果によって,液中にある液滴の不定常振動や液滴内に自然発生的な循

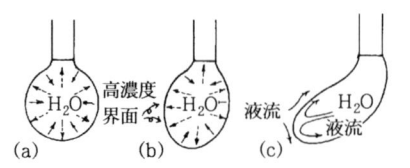

図 15.1 アセトンを含んだトルエン溶液中,H_2O の懸滴の変形[10]

図 15.2 n-ヘキサデカン/水溶液の界面張力の経時変化[11]

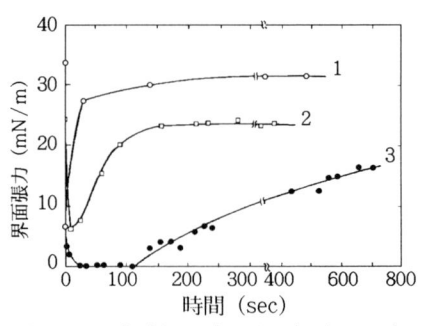

1 オイル－水（オイル中にインジェクション）
2 オイル－SDS（水溶液相にインジェクション）
3 オイル－SDS（オイル中にインジェクション）

環流動など自然乳化以外の多くの界面の異常現象が現われる[7]．この界面乱れは液相中に懸滴法によって液滴を吊り下げ，その状況を直接観察することによってなされている．例えば，トルエンとアセトンの混合液中に水の懸滴をおくと滴が不規則なすばやい振動をする[7]～[9]．液－液系において，懸滴の振動の様子を図15.1に示す[10]．

一般に，界面乱れを強化する原因として，
（1）より高い粘度を持つ液相からの移動
（2）拡散性の乏しい液相からの移動
（3）両液相の間に粘度および拡散性とにおいてはなはだしく差がある場合
（4）界面近傍における急激な濃度変化
（5）溶質の濃度に対して界面張力が著しく変化する
（6）両液相の粘性が低く，また拡散性も低いこと
（7）界面活性物質が存在しないこと
（8）表面域が極めて大きいこと
が考えられている．

液－液間に物質移動のあるとき，界面張力が異常に低下するが，一例としてGerbaciaらの結果を示す[11]．水－油系（水/n-ヘキサデカン）のどちらかにペンタノールをインジェクションするか，SDS（ソジウム・ドデシルサルフェート）を水にインジェクションする場合，界面張力の変化は図15.2のように異常に小さくなり，オイル－SDS系でオイルにインジェクションしたときは0になる．界面張力が0の間は自発的に分散が起こりうる．界面張力の低下の原因は，表面活性剤とアルコールとの相互作用に原因するといわれている．

15.1.2 自然乳化現象

自然乳化現象については12章エマルジョンを参考にされたい．

15.2 高温における融体－融体間の化学反応と界面の状況

15.2.1 スラグ－メタル間反応進行時の界面張力の変化

本来，二相間の界面張力とは二相がお互いに他相によって飽和した，すなわち平衡に達した場合に対していわれるものである．実際問題として，スラグ－メタル系においては平衡に到達する場合よりもスラグ－メタル間に反応が進行している状態がきわめて多い．そのため製錬プロセスを考えるにあたっては動的な状態における界面エネルギーの変化を知ることが特に重要である．

スラグ－メタル間に反応が進行している場合の界面エネルギーの変化に関して，古くはKozakevitchによってスラグ中にあるSを含む溶鉄滴の形状変化をX線透過法を用いて観察する方法により得られている[12]．この場合Sの移行によって図15.3に示すように溶鉄滴の形状が時間とともに変化することが見出された．この研究では界面エネルギーの変化としてはとらえられていないが，形状の変化から考えて反応の進行している場合，界面エネルギーが低下し，反応が平衡に達すると滴の形状から考えて，界面エネルギーは大きく元の状態に近くなっているものと思われる．このように反応の進行に伴って界面エネルギーが変化する現象は，最近，脱硫，脱リン，還元反応などスラグ－メタル反応の場合にみられるようになった．それらを表15.1にまとめて示す．

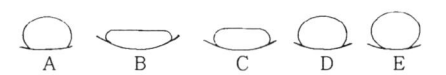

図15.3 スラグによる溶鉄滴の脱硫時の滴の形状変化[12]

表15.1 反応の進行に伴って界面張力の急激な低下が観察されるスラグ－メタル反応

反応	メタル	スラグ	文献
脱硫	Fe-S	$CaO-SiO_2-Al_2O_3$	12,13,15,
	Fe-C-S	$CaO-SiO_2-Al_2O_3$	17,18
	Fe-S	$CaO-Al_2O_3$ $CaO-Al_2O_3-CaF_2$	19,20
脱リン	Fe-P	$FeO-CaO-SiO_2-MgO-Al_2O_3$	21,23
還元	Fe-Ti	$CaO-Al_2O_3$ $CaO-SiO_2-Al_2O_3$	13,14,16,17
	Fe-Al	$CaO-Al_2O_3$ $CaO-SiO_2-Al_2O_3$	14,16,17,22

a. スラグによる溶銑の脱硫にともなう界面エネルギーの変化

スラグによって脱硫されつつある溶鉄滴の形状が反応の進行に伴って図15.3のように刻々変化することがKozakevitchによって明らかにされたが，この研究は二液相間に反応のある場合，界面張力の変化が生じることをスラグ－メタル系について初めて示した興味深い研究である．この現象の定量的な測定はDeryabinら[13]によって$CaO-SiO_2-Al_2O_3$スラグとFe-S合金

との間についてなされている．その結果は図15.4に示すように界面張力はスラグとメタルの接触直後にいったん300〜700mN/m低下し,その後2.4〜12ksで界面張力が一定になるまで増加する．

このような界面張力の時間による変化は同図の曲線1,2,3からわかるようにS濃度の多いほど界面張力の回復に時間がかかる．すなわち脱硫反応がそれだけ続いていると考えられる．界面張力の最小値は添加後2〜3分後に生じ，その最大低下値$\Delta\gamma_{max} = \gamma_{init} - \gamma_{min}$はメタル中のS濃度に依存する．このような界面張力の変化はスラグ中におけるSの拡散が妨げられることが原因といわれる．

スラグによる溶鉄の脱硫の際にみられる界面張力の異常な低下と脱硫速度との関係より，それは大井ら[17]，荻野ら[19][20]によって報告されてい

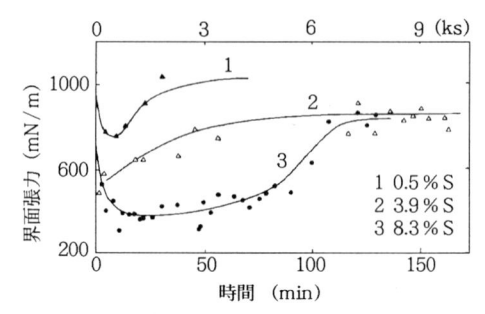

図15.4 Fe-S合金と40％CaO-40％SiO_2-20％Al_2O_3スラグ間の界面張力の経時変化[13]

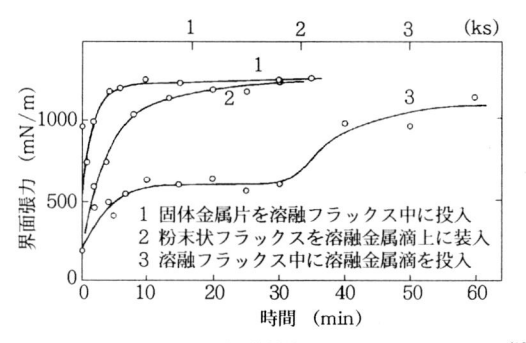

図15.5 メタルとスラグの接触状況と界面張力の時間変化[19]

る．大井は界面張力の異常低下の生じる限界としてSの移動速度が$5 \times 10^{-4} mol/m^2 \cdot s$以上の場合としている．岸本ら[24]の研究においては，脱硫速度が小さいため，界面張力の異常低下はみられなかったと報告している．また筆者らは図15.5のように同一のスラグ－メタル系においても試料の接触の方法によって界面張力の経時変化が大きく相違することを示した．

b. スラグによる溶銑の脱燐に伴う界面エネルギーの変化

スラグによる溶鋼中の脱燐はスラグ中のFeOによるPの酸化によって進行する．この場合の溶鋼－スラグ間の界面エネルギーの変化をFilippovら[21]はCaO 35％，SiO_2 45％，MgO 10％，Al_2O_3 10％スラグ(％はmass％)にFeOを6〜24％添加し，Fe-3％P溶鉄を脱リンする際に測定した．界面張力の経時変化を図15.6に示す．

図から脱Pの場合は脱Sに比べて界面張力の変化は極めて速く，わずか60sで回復状態になっている．また界面張力の低下はFeO含有量の増加とともに大きく低下している．筆者の研究室においてFilippovらと同一組成のスラグによる脱P反応を行わせ界面張力の変化を測定した

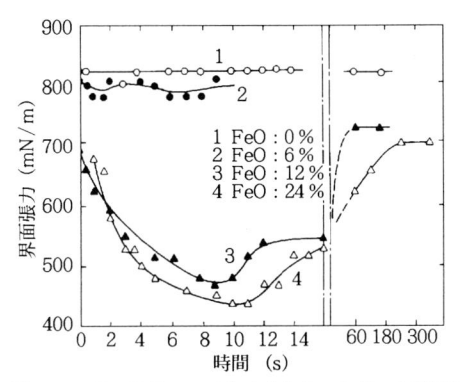

15.2 高温における融体－融体間の化学反応と界面の状況

図15.6 Fe-P(3mass%)合金からスラグへPが移行する際の界面エネルギー変化(1773K)[21]

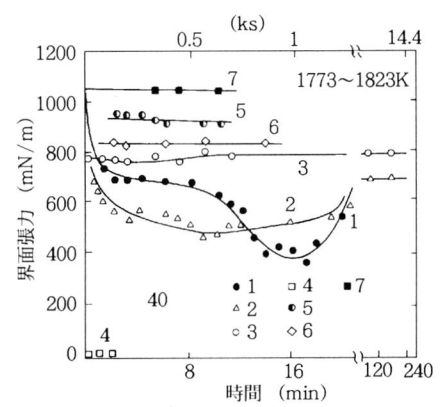

図15.7 溶鉄の脱リンの際の動的界面張力 γ_D の変化[23]

12%FeOを含むスラグの場合の Fe中のPの初期濃度
1:1%, 2:3%, 3:6%, 4;0.12, 0.25, 0.5%
FeOを含まないスラグの場合Fe中のP含有量
5:1%, 6:3%, 7:0%

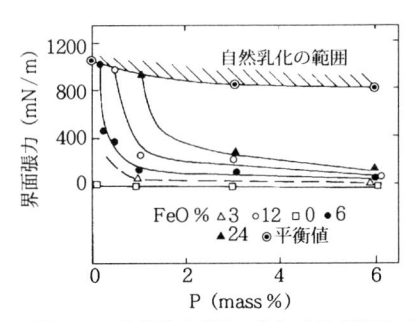

図15.8 自然乳化現象の生じる組成範囲，界面張力の最大低下量 $\Delta\gamma_{max}$ と鉄中P，スラグ中FeO量との関係[23]

が，反応後60s以内の変化を正確に透過X線によって把握することはできなかった。Filippovら[21]は脱Pと同様Fe-V合金の場合についても界面張力の変化を測定しているが，同一条件で界面張力の低下はFe-Pの場合よりかなり少ない。

Minaevら[23]はFilippovら[21]と同様CaO-SiO$_2$-MgO-Al$_2$O$_3$スラグを用い，FeO含有量を12%として，溶鉄中のPの含有量を変化させ界面張力の変化を測定した。その結果，スラグ中にFeOを含まない場合，Fe中のP量を変化させても界面張力は変化しない。しかし，FeO12%を含むスラグの場合Fe中のP量がある範囲(1%, 2%P)において界面張力が大きく低下する場合があり，その変化は図15.7の場合，同様に極めて短時間である。さらに興味深いことは，P量が0.12～0.5%において界面張力が0となり自然乳化現象が生じることである。

Minaevら[23]はFilippovら[21]の結果を合わせて，界面張力が低下する場合のスラグ中のFeO，Fe中のP量によって図15.8のように示した。この図には自然乳化現象の生じる領域が示されている。

c. スラグ-メタル間の酸化還元反応の際の界面エネルギーの変化（メタル中の元素によるスラグ成分の還元反応）

スラグ中の酸化物を構成する金属元素よりも酸素との結合力の大きい元素がメタル中にあれば，このメタルと接するスラグ中の酸化物は容易に還元される．例えば CaO-SiO_2-Al_2O_3 スラグと Fe-Al 合金が接触すると SiO_2 は Al によって還元される．

Deryabin ら[13]は CaO-SiO_2-Al_2O_3 スラグと Fe-Ti (10mass%, 20mass%) とを接触させ界面張力の変化を測定した．その結果，図15.9のようにTiが20%の場合，接触直後急激に低下し，約600s間300mN/m程度の低い状態が続くが，その後元の状態に近い値に回復を示している．Ti量が10%の場合，界面張力の著しい低下はみられていない．

その後，大井ら[17]によって Fe-Al 合金と CaO-SiO-Al_2O_3 スラグを接触させ，界面張力の測定が行われた．この場合の界面張力の変化を図15.10に示す．

接触直後，界面張力の極めて小さい状態を経て約40分後には1200mN/m近くに回復している．一方，同じ Fe-Al 合金と SiO_2 を含まない CaO-Al_2O_3 スラグを接触させると図15.11のように界面張力には変化はみられない．

界面張力の異常低下の理由について大井ら[17]は次の還元反応に起因していると考えている．

$$4\underline{Al} + 3(SiO_2) = 3\underline{Si} + 2(Al_2O_3) \quad (15-1)$$

大井らはこの反応の律速段階が反応律速であり，反応速度が 3×10^{-6} mol min^{-1} S_{SM}^{-1} 以上の移動速度で反応が進行する場合に界面張力の異常低下がみられることを明らかにしている（S_{SM} はスラグ-メタル界面積）．

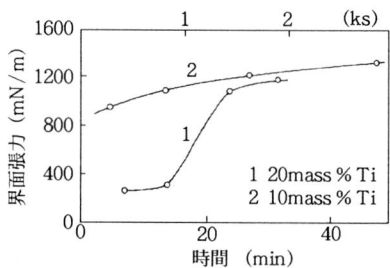

図15.9 フェロチタンとスラグ (40% CaO, 40% SiO_2, 20% Al_2O_3) との間の界面張力の経時変化 (1783K)[13]

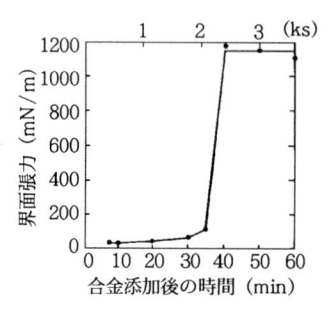

図15.10 Fe-4.01mass% Al 合金と CaO-SiO_2-Al_2O_3 スラグとの間の界面張力の経時変化 (1843K)[17]

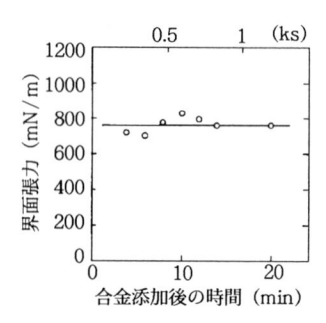

図15.11 Fe-9.8mass% Al 合金と53mass% CaO-47mass% Al_2O_3 スラグとの間の界面張力の経時変化[17]

以上のような，溶融酸化物とメタル間の界面張力が急激に低下する場合を表15.2にまとめて示す．表にはスラグーメタル間に生じる化学反応を併記した．これらのうち多くはメタル中の強力な脱酸力を有する元素の存在する場合である．

表15.2 界面張力が急激に減少するのが観察されるスラグ−メタル反応[22]

メタル	スラグ	反応
Fe-Al	$CaO-SiO_2$	$2Al + \frac{3}{2}SiO_2 \rightarrow Al_2O_3 + \frac{3}{2}Si$
	$CaO-Al_2O_3-SiO_2$	
	$CaO-Al_2O_3-Fe_2O_3$	$2Al + Fe_2O_3 \rightarrow Al_2O_3 + 2Fe$
Fe-C-S	$CaO-Al_2O_3-SiO_2$	$S + (O) \rightarrow (S) + O$
Fe-Ti	$CaO-Al_2O_3-SiO_2$	$Ti + SiO_2 \rightarrow TiO_2 + Si$
Fe-P	$CaO-Al_2O_3-Fe_2O_3$	$2P + \frac{5}{3}Fe_2O_3 \rightarrow P_2O_5 + \frac{10}{3}Fe$
Fe-B	$CaO-Al_2O_3-SiO_2-Fe_2O_3$	$2B + Fe_2O_3 \rightarrow B_2O_3 + 2Fe$
Fe-Cr	$CaO-SiO_2-FeO$	$2Cr + 3Fe \rightarrow Cr_2O_3 + 3Fe$
Fe	Cu_2O	$Fe + Cu_2O \rightarrow 2Cu + FeO$
Fe-Si	$Cu_2O-Al_2O_3$	$Si + 2Cu_2O \rightarrow SiO_2 + 4Cu$
Fe-V	$CaO-Al_2O_3-SiO_2-FeO$	$2V + 5FeO \rightarrow V_2O_5 + 5Fe$

15.2.2 界面張力変化と化学反応との量的関係

スラグーメタル反応が進行している場合，すでに述べたように界面張力が大きく変化することが知られている．この界面張力と化学反応の量的関係はMinaev[25]ら，主として旧ソ連の研究者によってなされている．

Minaevは不可逆過程の熱力学を用いて，物質移動係数βと界面張力の変化$\Delta\gamma$との関係を式(15-2)で与えている．

$$\frac{1}{\beta} = \frac{\delta}{D}\left(1 + \frac{\Delta\gamma}{B} \cdot \frac{C}{C_p - C}\right) \quad (15\text{-}2)$$

ここに，$B = MRT/\delta$，$\left(\frac{J_1}{J_2}\right)_{x_2=0} = \frac{1}{M}$

δは境界層の厚さ，Dは拡散係数，Cは移動物質の濃度，C_pは平衡濃度，J_1, J_2は質量流れ，界面流れ，$x_2 = \Delta$(勾配μ_k)，μ_kは化学ポテンシャル，Rはガス定数．

式(15-2)の関係を脱硫，脱リン反応について示すと，図15.12のようになり，$1/\beta$と$\Delta\gamma \cdot C/(C_p-C)$とは直線関係が成立する．

また，物質移動係数βと動的界面張力γ_{if}の経時変化を図15.13に示す．

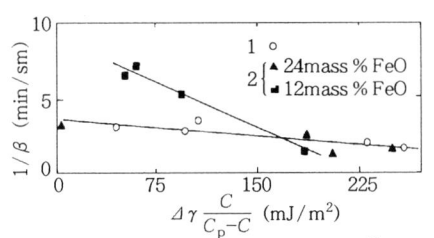

図15.12 式(15-2)における$1/\beta$と$\Delta\gamma\frac{C}{C_p-C}$との関係 (1723K)[25] (1:脱硫, 2:脱リン)

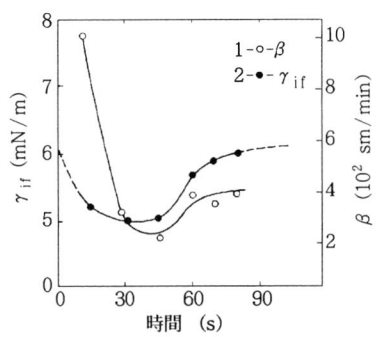

図15.13 動的界面張力γ_{if}と物質移動係数βの変化[25]

引用文献

(1) 桜井俊男, 玉井康勝：応用界面化学, 界面を通しての物質移動, 朝倉書店 (1967), 207~227.
(2) I.Langmuir and D.B.Langmuir: The effect of monomolecular films on the evaparation of ether solutions, J. Phys. Chem., **31** (1927), 1719~1731.
(3) M.Blank and F.J.W.Roughton: The permeability of monolayers to carbon dioxide, Trans. Faraday Soc., **56** (1960), 1832~1841.
(4) J.G.Hawke and A.G.Parts: A coefficient to characterize gaseous diffusion through monolayers at the air/water interface, J. Colloid Sci., **19** (1964), 448~456.
(5) J.B.Lewis and H.R.C.Pratt: Oscillating droplets, Nature, **171** (1953), 1155~1156.
(6) K.Sigwart und H.Nassenstein: Zum mechanismus des Stofftremspart durch die Grenzflachen zweier flussiger phasen, V.D.I.Z., **98** (1956), 453~461.
(7) D.A.Hayden : Oscillating droplet and spontaneous emulsification, Nature, **176** (1955), 839~840.
(8) T.V.Davies and D.A.Hydon: An investigation of droplet oscillation during mass transfer II. A dynamical investigation of oscillating spherical droplets, Proc. Roy. Soc., **A243** (1958), 492~499.
(9) F.H.Garner, C.W.Nutt and M.F.Mohtadi : Pulsation and Mass transfer of pendent liquid droplet, Nature, **175** (1955), 603~605.
(10) 藤縄勝彦：異相流体間の物質移動と界面現象III, 界面を通しての物質移動, 化学工学, **28** (1964), 513~519.
(11) W.Gerbacia and H.L.Rosano: Microemulsions : Formation and stabilization, J. Colloid Interface Sci., **44** (1973), 242~248.
(12) P.Kozakevitch, G.Urbain et M.Sage: Sur la tension interfaciale fonte/laitier et le mecxanisme de desulfuration, Rev. Metall., **52** (1955), 161~172.
(13) A.A.Deryabin, S.I.Popel, L.N.Soburov: (界面張力の非平衡値とメタル－酸化物融体系における付着), Izv. Akad. Nauk SSSR., Metall., (1968) No.5, 51~59. (ロシア語)
(14) L.N.Saburov, S.I.Popel and A.A.Deryabin: Static and dynamic values of the interfacial tension in iron-titanium and iron-aluminium alloys, Steel in the USSR., (1971), 658~660.
(15) Yu.A.Minaev, K.S.Filippov: (不均質冶金プロセスにおける動的界面張力の測定), Izv. VUZ. Chern. Met., (1971) No.7, 12~14. (ロシア語)
(16) L.N.Saburov, S.I.Popel, A.A.Deryabin: (Fe-Ti, Fe-Al合金と高アルミナスラグとの境界における静的, 動的界面張力値), Izv. VUZ Chern. Met. (1971) No.8, 14~19.(ロシア語)
(17) 大井浩, 野崎努, 吉井裕：溶鉄－$CaO \cdot SiO_2 \cdot Al_2O_3$系スラグ間の界面張力におよぼす化学反応の影響, 鉄と鋼, **58** (1972), 830~841.
(18) A. A. Deryabin, S.I.Popel, V.G.Baryshnikov: (メタルからスラグのSの移行プロセスにおける融体の表面性質の変化), Izv. Akad. Nauk SSSR, Metall, (1973), No.6, 67~70.(ロシア語)

(19) K.Ogino and S.Hara: Desulfurization of steel with electro‐slag remelting type flux, Proc. 4th. Intern. Symp. on ESR Processes, Tokyo (1973), 26~34.

(20) 原 茂太, 荻野和己: 溶鋼の溶融スラグによる脱硫過程における界面現象, 高温学会誌, **16** (1990), 75~82.

(21) K.S.Filippov, Yu.A.Minaev: (鉄の脱リン, 脱バナジウムのプロセスにおける動的界面張力), Izv. VUZ Chern. Met. (1974), No.3, 5~7.(ロシア語)

(22) P.V.Riboud and L.D.Lucus: Influence of mass transfer upon surface phenomena in iron and steelmaking, CIMM. Intern. Symp., on metallurgical slag, Halifax. N.S August, (1980), 'Preprints' session 4.

(23) Yu.A.Minaev, K.S.Filippov: (Fe‐P融体の酸化精錬時におけるスラグの自然乳化), Izv. VUZ Chern. Met., (1981), No.1, 10~12.(ロシア語)

(24) 竹内栄一, 岸本 誠, 森 克巳, 川合保治: $CaO-SiO_2-Al_2O_3$スラグによる溶鉄の脱硫速度と界面現象, 鉄と鋼, **64** (1978), 1704~1713.

(25) Ju.A.Minaev: Effect of interfacial tension change on the intensification of slag‐metal reactions, Cand. Metall. Q., **22** (1983), 301~303.

16章 気　泡

　冶金反応においてはガスの生成を伴う反応が多く見受けられる．その代表的な反応は溶鋼の脱炭反応である．平炉製鋼の時代，その脱炭の反応機構の説明には必ず炉床におけるCO気泡の形成の重要性が論じられた．すなわち，溶鋼内において均質核生成によってCO気泡の形成されることはその自由エネルギー変化から考えて極めて困難であり，炉床，炉壁などに存在する微小な隙間がCO気泡の発生サイトとなると考えるものである．最近では溶融金属内への微細ガス気泡吹込みによる精錬効果の向上をはじめ，インジェクションメタラジーの基礎的問題として，またリムド鋼製造時のブローホールの形成の問題，さらに将来宇宙空間で製造されるであろう発泡金属の問題を考えても，溶融金属中の気泡形成の重要性が理解できるであろう．一方，溶融非金属でも例えばガラスやその他の粘稠な融体からの気泡の除去についても重要な問題である．

　このように気泡の生成，成長，および融体内の移動，さらには融体－融体（スラグ－メタル）を通過する場合の挙動などについて，表面・界面に関する要素現象の一つとして加えることにした．融体内での気泡の生成，成長などに関しては，直接観察が極めて困難であるため研究は数少なく，水モデルからの推論などによるものが主体であり，正確な情報は少ないのが現状である．実際問題としては単一気泡ではなく，その集団的な挙動を問題にせねばならない場合も多いと思われる．気泡群の挙動については第Ⅲ編（下）18章6.インジェクション冶金において述べるので，本章では主として単一気泡の場合について述べる．

16.1　気泡の一般的概念

　気泡の形状が何によって決定されるか．小さな単一孔よりゆっくりと気体が液体中に押し出される場合，気泡と液体界面に働く力は，静水圧，重力および表面張力である．この力の釣り合いによって気泡の形状が決定される．これに関しては，Bashforth, Adams[1]など，19世紀以来数多くの研究がなされている．気泡を図16.1のように表わすと，第Ⅰ編2.2に示した式(2-1)と同様に次式が成立する．

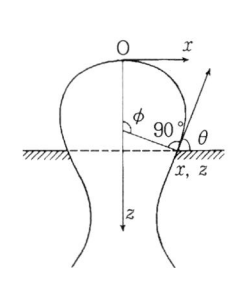

図 16.1 静止気泡の表面に対する方程式の説明図[2]

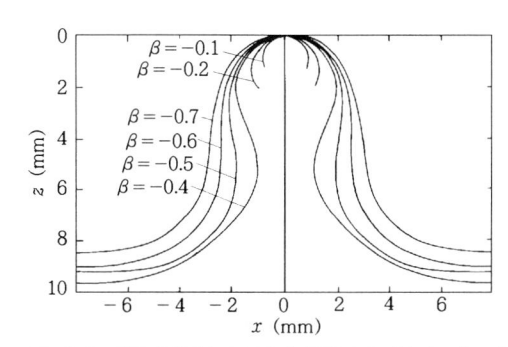

図 16.2 気泡の頂点における曲率 (R_0) をパラメーターとした気泡形状（水－空気系）[2]

$$\frac{1}{R} + \frac{\sin\phi}{x} = \frac{2}{b} + \frac{\beta z}{b^2} \tag{16-1}$$

$$\beta = \frac{g b^2 (\rho_1 - \rho_2)}{\gamma} \tag{16-2}$$

ここに，R：経線における主曲率断面の半径，z, x：回転軸方向および半径方向の座標，ϕ：経線の曲線上の垂線と回転軸とがつくる角，b：頂点Oでの曲率半径，γ：液体の表面張力，ρ_1, ρ_2：気体および液体の密度，g：重力加速度．

Bashforth, Adams[1]は数値計算によって種々なβとϕに対して (x/b), (z/b) を与え，表にしている．いわゆるBashforth, Adamsの表である．いま，水中の気泡に対して種々なβに対して計算される気泡の形状を図16.2に示す[2]．

16.2 液体中における気泡の生成

　液体内においてどのようにしてどのような形状，寸法の気泡が生成するか．その実体を把握するためには，まず直接観察によって確かめる必要がある．そのため水や水溶液のような透明の液体中では，気泡の形状，寸法をシネカメラや写真撮影やVTRによって記録する方法が一般的である．

　しかし，水銀や溶融金属のような不透明な液体中の気泡の生成状況の確認は，直接観察では極めて困難であり，X線透過，電気探針，圧力変化など間接的な方法で気泡の形状を把握することが試みられている．ただ，約5mmの厚さの薄い液体試料の入った二次元容器によって液体金属中の気泡の直接観察がなされている．本節では水中ならびに融体中の気泡の生成状況について述べることにする．

16.2.1 水中の気泡生成

　水中における気泡の生成は水中に気体を吹き込む場合と電気分解のように電極面で発生する場合とがある。気体を吹き込む場合の最も基礎的状態として，単一ノズルよりの気泡の発生が考えられ，基礎研究として，過去数多くの研究がなされてきた。主として単一ノズルで生成する気泡について述べる．

a. 単一ノズルより生成する気泡の形状

　1つのノズルより気泡が生成する状況は Siemes, Kauffmann[3]，Davidson, Schuler[4] らによる詳細な報告がある．Davidson, Schuler が用いた装置を図16.3 に示す．また用いられたノズルの3つのタイプを図16.4 に示す．図16.4(c) は低流速用であり，液体に直接挿入して気泡の生成を行うが，これと同じ方法によって気泡の生成状況を示した Siemes, Kauffmann の結果のスケッチを図16.5 に示す．

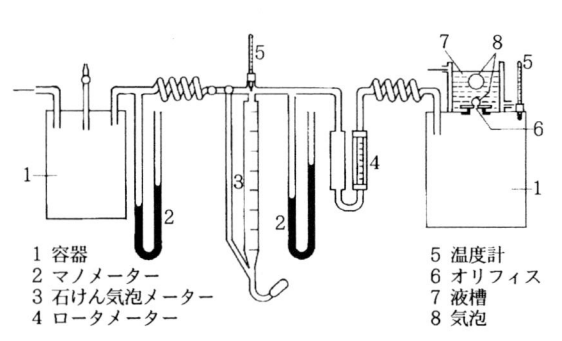

図16.3　水中における単一気泡の形成に用いられる装置図[4]

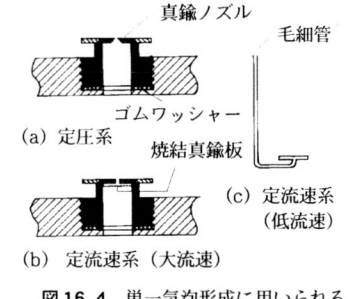

1　容器
2　マノメーター
3　石けん気泡メーター
4　ロータメーター
5　温度計
6　オリフィス
7　液槽
8　気泡

図16.4　単一気泡形成に用いられるオリフィス（図16.3の装置に使用）[4]
(a) 定圧系
(b) 定流速系（大流速）
(c) 定流速系（低流速）

(a) 水（粘度 1×10^{-3} Pa·s），気泡体積（4.6×10^{-8} m^3）

(b) 水-グリセリン（粘度 0.6 Pa·s），気泡体積（1.55×10^{-7} m^3）

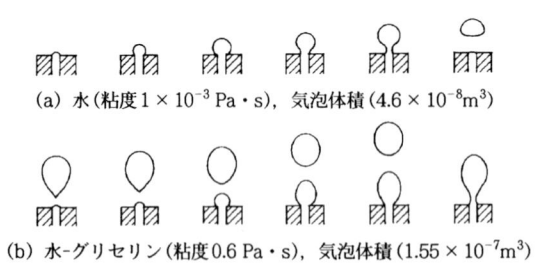

図16.5　半径 8.4×10^{-4} m の孔に 6.5×10^{-7} m^3/s で空気を吹込んだ時の気泡の生成状況[2]

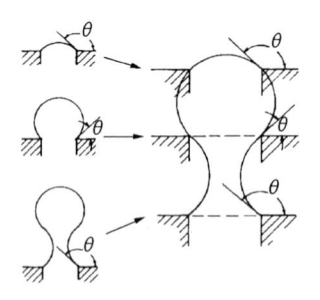

図16.6　ノズルにおける気泡の成長過程

図16.5から，ノズルの半径，空気の吹き込み速度は同一であるが，液体の物性値（粘度）が相違する場合，気泡の生成状況や大きさが相違することを示している．図16.5において，ノズル部分の気泡の状況を見ると気泡の成長に従って気－液界面は変化し，孔面とのなす角θも変化する．その様子を図16.6に示す[5]．気－液界面は孔面より次第に上昇するが，このときのθは$\pi/2$より大きい．さらに，気泡が成長すると，θは小さくなり$\pi/2$以下になる．その後，θは再び$\pi/2$より大きくなり，気泡の容積は最大になる．この場合の気泡の形状は式(16-2)のβの種々の値に対して図16.2のように示されている[2]．

b. 単一ノズルで生成する気泡の大きさ

単一ノズルで生成する気泡の大きさに影響を与える因子として，ノズルの径，材質，形状，液体の物性（粘度，密度，表面張力），ガス流量，接触角，蓄気室の容積などがある[6]．いま水中における気泡の大きさとガス流量の関係を図16.7に示す[7]．これより気泡の大きさはガス流量の変化によって次の3つに大別される．

1) ガス流量が少ないところでは均一な気泡が生じ，おおよそガス量の影響はみられない．
2) ガス流量がある程度大きくなると，生じる気泡はガス流量とともに大きくなる．
3) さらに，ガス量が大きくなると気泡は均一でなく，ある粒径分布を持ち，平均径は小さくなる．

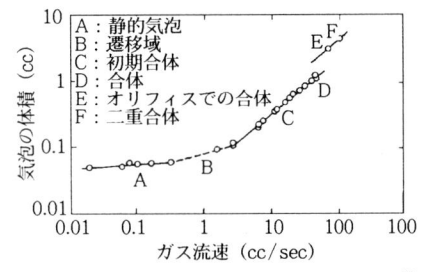

図16.7 水中の気泡の体積とガス流速の関係[7]

c. 気泡生成に対する蓄気室の影響

水中にオリフィスより吹き込む実験においては，気泡生成時の圧力変動の影響を防ぐために，図16.3に示すような大きな容積の蓄気室が用いられることが多い．しかし，高温実験においては装置の構造上，このような蓄気室を有する装置を用いることは極めて困難である．

高温融体中における気泡生成の際の蓄気室の問題について，佐野ら[8]は「鉄と鋼」誌上討論において，井口らの論文[9]に対して詳しい検討を加えている．それによると，先端をしぼったノズルの場合，内径一定のノズルと比較すると，大きい気泡を生成しやすく，かつ，蓄気室の影響をうける．特に，溶鉄のように表面張力の大きい場合には蓄気室の影響は特に大きいことが指摘されている．

16.2.2 融体中における気泡の生成

実操業において融体内での気泡の生成は，化学反応による場合と，ガス吹き込みによる場合

に大別される．化学反応には，溶鋼の脱炭反応，溶銑の脱硫反応，スラグの還元反応をはじめ，非鉄製錬において，スラグ中のマグネタイトとマットとが反応し，SO_2気泡が生成する例もある．また，アルミニウム電解においても黒鉛電極面での気泡発生がみられる．さらに，鋼の凝固時のリミング反応による鋼塊中への気泡形成もあり，多岐にわたっている．

一方，撹拌，精錬のため気体が吹き込まれる例も実操業では多くみることができる．実操業の規模においては，融体中の気泡生成の直接観察は極めて困難で実例はほとんどみられない．そのため実験室的規模において化学反応やガス吹き込みによって生成する気泡の状況が観察されている．

a. 融体中の気泡生成状況の観察

気泡生成状況は気泡の形状ならびに大きさをいうが，生成する気泡の形状を観察する手法はX線透過法によるものが主流である．X線透過法の場合，溶融金属中の気泡について明瞭な像を観察することは極めて困難である．しかし，スラグ中の気泡の形状についてはかなりはっきりとした像の観察が可能である．形状が識別できれば，それより，気泡の体積の計算も可能である．

b. 融体中の単一ノズルから生成する気泡の形状，大きさの測定

原理的には，図16.1に示した水中のノズル先端に生成する気泡の観察と同様である．

融体中の単一ノズルから気泡を生成させるため，種々のノズルが使用されている．溶融金属を対象にしたものを図16.8，スラグに用いられたものを図16.9に示す．

気泡の大きさ（体積）は気泡の形状の輪郭が明瞭であれば，透過X線，写真撮影像より求められるが，溶融金属中の気泡の形状はX線透過，高速ビデオカメラによる直接観察および間接的に，送入ガス量と気泡生成頻度とより平均体積が求められている．気泡の生成頻度は圧力変化[10]～[13]，マイクロホン[15]によって測定されている．

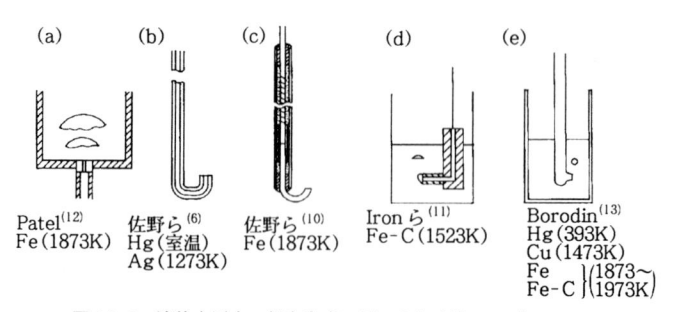

図16.8 液体金属中の気泡生成に用いられる単一ノズル

(a) Patel[12] Fe(1873K)
(b) 佐野ら[6] Hg(室温) Ag(1273K)
(c) 佐野ら[10] Fe(1873K)
(d) Ironら[11] Fe-C(1523K)
(e) Borodin[13] Hg(393K) Cu(1473K) Fe(1873～ Fe-C 1973K)

16.2 液体中における気泡の生成

(a) (c) (d) (e)：黒鉛
(b) (j) (k)　　：ステンレス
(f) (g) (h) (i)：アルミナ

単位：mm

図16.9 溶融スラグ中の気泡生成に用いられる単一気泡用ノズル[14]

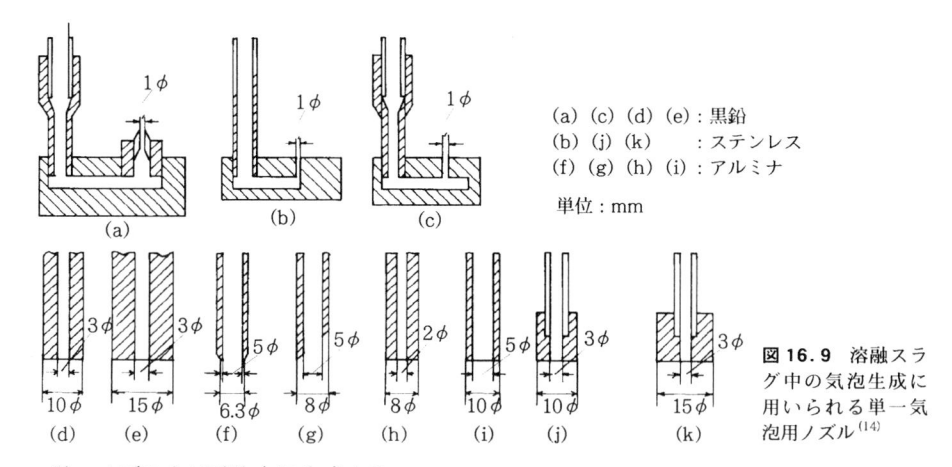

c. 単一ノズルより融体中に生成する気泡の形状

単一ノズルより融体中にガスを送り込み,融体中に生成する気泡の形状の直接観察は溶融金属の場合極めて困難である.しかし,溶融スラグ中の気泡についてはX線透過法によって観察,測定可能である.

一方,単一ノズルより生成する気泡の大きさは,どのような融体であっても送入気体の体積と生成気泡の数とより測定可能であり,生成気泡の数は圧力変化,気泡破裂などにより測定される.

i) 溶融スラグ中に生成する気泡の形状

透過X線を用いて直接観察を行うが,黒鉛るつぼ内の溶融スラグ中に図16.9に示した黒鉛およびステンレスより作られた単一ノズルにArガスを送り,気泡を生成させ,X線を照射し透過像をX線フィルム,またはX線TVに

表16.1 単一気泡の生成の観察に使用したスラグと実験条件[14]

No	スラグ組成（mass%）					ノズルの材質	温度(K)
	CaO	SiO$_2$	Al$_2$O$_3$	MgO	Na$_2$O		
I	35	40	15	10	—	黒鉛	1673
II	10	70	—	—	20	ステンレス	～1773
II	10	70	—	—	20	ステンレス	1373～1473

表16.2 高温融体に用いられる単一孔ノズルの形状[14]

単一孔の方向	単一孔の形状	材質	融体*	温度(K)
上向	1	黒鉛	I	1693～1653 / 1793～1703
	2	黒鉛	II	1593
		ステンレス	II	1503～1473
下向	3	黒鉛	I	1713
	4			1823
	5	ステンレス	II	1503～1473
	6			
	7	アルミナ	I	1743～1703
	8			1733～1653
	9			1733～1693

* 表16.1のスラグNo.

よって観察がなされている[14]．この場合の溶融酸化物中の組成ならびにノズル材料など，実験条件を表16.1に示す．単一ノズルの形状および実験条件を表16.2に示す．

溶融酸化物中で生成する気泡の形状の直接観察より，気泡の形状が単一ノズルの材質の相違によって大きく変化することが明らかになった．これら2種類の融体と黒鉛，ステンレスとのぬれ性は対称的であり，黒鉛の場合は接触角 $\theta = 130°$ でぬれにくく，一方ステンレスは $\theta = 15°$ でぬれやすい．最も比較しやすいNo.2の上向き単一孔で形成される気泡の形状のスケッチを図16.10に示す．ぬれ性の

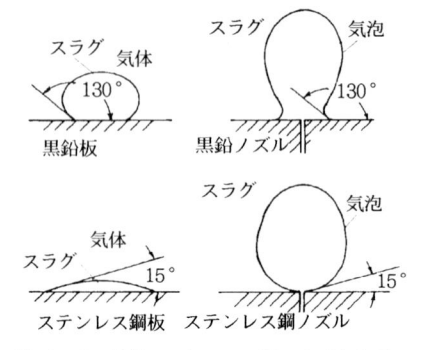

図16.10 黒鉛，ステンレス鋼のノズルを用いてスラグ中に形成される気泡と黒鉛，ステンレス鋼とスラグとのぬれ[14]

相違によって生成する気泡の形状は大きく相違する．黒鉛の場合ノズルから融体中に送り込まれたガスはノズル先端で気泡を形成，上方と同時に黒鉛と融体とのぬれが悪いためノズル孔より水平面上にも拡がって図16.10のような形状の気泡となる．参考のため同一スラグ滴を黒鉛，ステンレス表面上に置いた時のスラグ滴の形状を併記する．一方ステンレス平板面の単一孔より形成される形状は，ノズル孔の縁までスラグがぬれてきている関係で水平面上での拡がりはなく，写真にみるように気泡との底部は接触角に相当する角度で極めてシャープである．

上向き平板面の単一孔以外の形状，条件の単一孔より生成される気泡の形状も基本的には同様の解釈が成り立つ．例えば，ノズルNo.3，No.5のような下向きの場合も同様の傾向を示す．

ii）溶融金属中の単一ノズルからの気泡生成

溶融金属中の単一ノズルより生成する気泡のX線透過法による観察はIrons, Guthrie[16]によってなされている．In-Ga合金浴に側面より挿入したノズルの先端に気泡の生成する様子が観察されているが，輪郭は明瞭ではない．

向井ら[17]は黒鉛るつぼで溶解した溶融Fe-4.5％C合金中にるつぼ底部の細孔（1mm径）より生成する気泡の形状をX線透過法によって直接観察を行っている．観察された形状の輪郭はスラグほど鮮明でない．井口ら[9]によるX線透過法による溶融銑鉄中の気泡の直接観察の結果も向井らと同様であった．

d. 単一ノズルより融体中に生成する気泡の大きさ

単一ノズルより溶融金属中に生成する気泡の大きさの測定はIrons, Guthrie[11]，Patelら[18]によってなされているが，吹き込みガス流速，融体の物性などの諸条件との関係まで論じた本

16.2 液体中における気泡の生成

$N_c'(\sin\theta = 1)$	配管
○ 大	ガス供給システム→ノズル
◐ 2.34	ガス供給システム→毛細管→ノズル
● 2.34	注射器→毛細管→ノズル

○ ● 実験値（ノズル径　d_{no} = 2.5mm, d_{ni} = 1.5mm）
--- 計算値

(Ⅰ)　　(Ⅰ),(Ⅱ)　　(Ⅲ)

1273Kにおけるガス流量, V_g (cc/s)

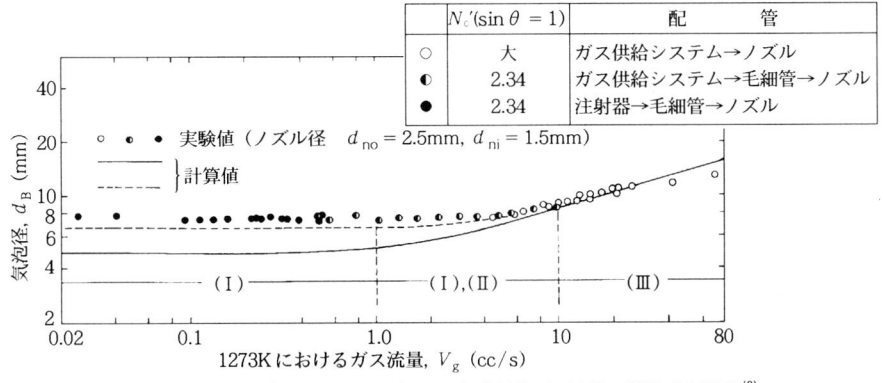

図16.11 溶融Agについて得られた気泡径とガス流量の関係（1273K）[6]

格的研究は佐野，森らによって実施された[6],[8]．その他にも若干の報告がある．

単一ノズルから生成する気泡の大きさに影響する因子として，ノズルの径，形状，材質，蓄気室の容積，液体の物性（表面張力，密度，粘性），接触角，ガス流量などがあることはすでに述べた．ガス流量と気泡の大きさとの関係について，溶融Agについてなされた佐野，森[6]の結果を図16.11に示す．この結果はHgの場合と類似の傾向を示す．単一ノズルより生成する気泡径と吹き込みガス量との関係は次の4つの領域に分けて考えられている．

i) 気泡の大きさがガス流量によって変化しない領域（領域（Ⅰ））

この領域では気泡は静力学的条件のもとに生成する．気泡の大きさはガス流量に依存せず，液体の物性（表面張力，密度）とノズル径で決まり，式(16-3)で与えられる．

$$d_B = (6\gamma d_{no}/\Delta\rho g)^{1/3} \tag{16-3}$$

ここに，d_B：気泡径，γ：表面張力，d_{no}：ノズル径（外径），$\Delta\rho$：液体と気体の密度差，g：重力加速度．

なお，ノズル径はノズルが液体によってぬれる場合は内径（d_{ni}）を，ぬれない場合は外径をとる．溶融Ag，溶鉄中の気泡の生成の場合，ノズル材とのぬれが悪いために，生成気泡の大きさはノズル外径（d_{no}）にのみに依存することが佐野らによって明らかにされている[6]．

ii) 気泡の大きさがガス流量とともに増加し，かつ液体の物性に無関係である流量域（領域（Ⅱ））

この領域では，気泡の大きさはガス流量とノズル径で決まり，実験式(16-4)で与えられる．

$$d_B = 0.54(V_g d_{no}^{0.5})^{0.289} \tag{16-4}$$

iii) 領域（I）（II）およびそれらの間の遷移領域（I）（II）を含むガス流領域（I）（II）

この領域で水銀中に生成する気泡の大きさには Mersman の式(16-5)が適用できる．

$$d_B = \left\{ \frac{3\gamma d_{no}}{\Delta\rho g} + \left(\frac{9\gamma^2 d_{no}^2}{\Delta\rho^2 g^2} + K \frac{V^2 g d_{no}}{g} \right)^{1/2} \right\}^{1/3} \tag{16-5}$$

ここに，K は定数である．しかし，溶融 Ag (1273K) について得られた実験値は $V_g < 10\text{cc/s}$ では式(16-5)による計算値より大きい．

iv) ガス流量が大きく，流量の増加とともに平均気泡径が減少する領域（領域(III)）

この流量域においては，Hg と Ag とでは若干相違する．佐野，森は水銀の場合，ノズルの内径が同一(1.7mm)であっても，外径の大きさによって気泡の大きさは相違し，外径8.2mmの方が2.6mmのものより気泡径 d_B は約1.5倍大きいことを報告している．このことはこの場合のノズル材料として石英ガラスを用いた場合，Hg と石英ガラスはぬれず気泡は外径で規制されることから明らかである．ノズルの外径をとった場合の Mersman の式(16-5)による計算値が図16.11に併記してあるが，実測値と良好な一致を示している．しかし，溶融 Ag の場合は $V_g > 10\text{cc/s}$ で式(16-5)と一致するが，$V_g < 10\text{cc/s}$ では実験値の方が式(16-5)よりかなり大きい．

佐野，森[10]は溶鉄の場合の吹き込みガス量と生成気泡の大きさの測定結果を含め，Hg，Ag の全結果をまとめて図16.12に示している．図中の実線は（I）のガス流量域に対しては式(16-3)，（II）のガス流量域に対しては式(16-4)に一致するように，2つの流量域の式を接続した式(16-6)にしたがって引かれている．

$$d_B = \left[\left(\frac{6\gamma d_{no}}{\Delta\rho g} \right)^n + \left\{ 0.54 (V_g d_n^{0.5})^{0.289} \right\}^{3n} \right]^{1/3n} \tag{16-6}$$

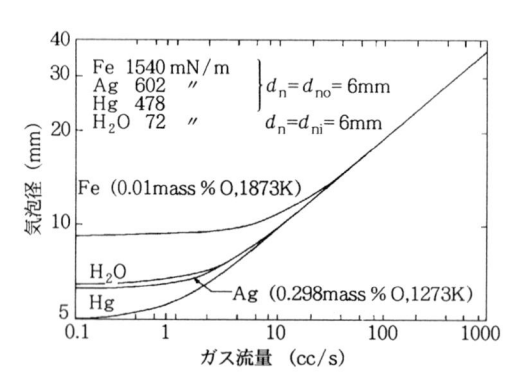

図16.12 種々な液体中で形成される気泡の大きさの比較[10]（図中の実線は計算式による）

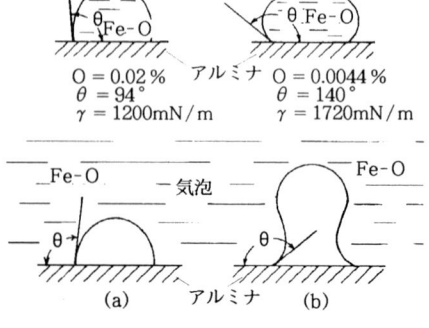

図16.13 溶鉄中の酸素量とアルミナとの接触角およびそれより考えられる溶鉄中気泡形状への酸素量の影響

図から低流量域(領域(I))では,生成するガス気泡の大きさはFe, H_2O, Ag, Hgの順で,H_2Oを除けば表面張力の順になっている.溶鉄の場合も気泡はノズル外径に支配されて生成するが,同じ程度の外径を持つノズルを用い,酸素量を変化させた場合気泡の大きさは図16.13に示すように,酸素量の多い場合の方が気泡は小さい.これは酸素量の多い(O:0.02mass%)場合の接触角は約94°で酸素量の少ない(O:0.0044mass%)では約140°と測定されている[19].そのためノズル外径で形成される気泡の形状が相違し,また,溶鉄の表面張力は酸素の含有量の多いほど小さくなるため,気泡自体も小さくなることも合わせて考えられる.遷移域(I, II)では流量の増加とともに液体の物性値の影響が見られなくなり,領域(II)に入ると各液体の気泡の大きさは同じ程度となる.

e. 反応によって融体中に生成する気泡の形状

金属製錬反応において融体の関与するガス発生反応が多くみられる.以下に例を示す.

$$C + O \longrightarrow CO \uparrow \tag{16-7}$$

$$(SiO_2) + C \longrightarrow Si + CO \uparrow \tag{16-8}$$

$$(FeO) + C \longrightarrow Fe + CO \uparrow \tag{16-9}$$

これらの各COガス発生反応において,COガスの発生状況の直接観察はスラグ中における場合,X線透過法によってなされているのみである.式(16-8),(16-9)のスラグ中のSiO_2,FeOが溶鉄中のCや黒鉛によって還元される場合,比較的反応の緩やかな場合にはX線フィルムによる直接観察が可能である.しかし,式(16-9)の反応は反応速度が大きいために高速VTRによる録画方式による観察が一般的である.

一方,溶鋼中における式(16-7)の反応を直接観察した例は見られない.この反応は溶鋼中の脱炭反応であり,古く平炉製鋼におけるCO気泡発生機構に関しては,炉床におけるクラックやくぼみがCO気泡の発生場所となると推察,説明されていた.この場合のCO気泡の発生は図16.14に示すように溶鋼と耐火物とのぬれの状態によって相違する.接触角$\theta > 90°$の場合,気泡はクラックやくぼみを越えて広がった状況を示す.一方,接触角$\theta < 90°$では気泡はクラックやくぼみに拘束された

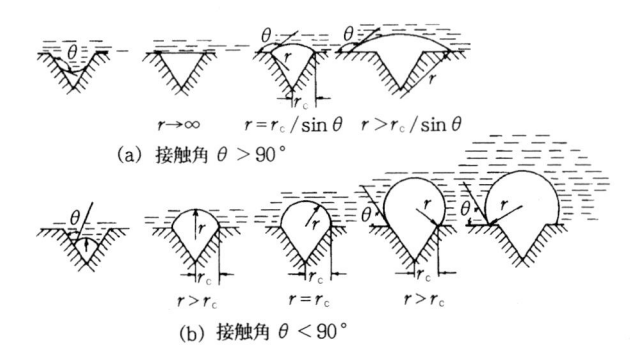

図16.14 炉床のくぼみやクラックから気泡が成長する状況のスケッチ[20]

状態で大きくなる．Elanskiiら[21]は種々の形状のくぼみについてCO気泡発生の条件の検討を行っている．

式(16-7)から式(16-9)のCOガス発生の反応速度は相違し，式(16-7)，(16-9)の反応におけるガス気泡の生成過程を直接観察することは困難が多い．式(16-8)のスラグ中のSiO_2の還元反応におけるガス気泡の発生状況はX線透過法によって観察されている[22]．式(16-8)の反応は高炉反応の基礎反応の一例として重要な反応である．式(16-8)は式(16-10)，(16-11)のカソード反応，アノード反応よりなっている．

$$Si^{4+} + 4e \rightarrow Si \tag{16-10}$$

$$C + O^{2-} \rightarrow CO + 2e \tag{16-11}$$

実験室においてスラグ-メタル反応を実現させる場合，高炉内の条件に近付けるには黒鉛るつぼを用い炭素飽和溶鉄とスラグとの反応を取り上げることになる．この場合，式(16-10)のカソード反応は，スラグ-溶鉄界面で進行し，式(16-11)のアノード反応は，スラグ-溶鉄およびスラグ-黒鉛るつぼ壁界面において進行する．

ここで問題になるCO気泡の発生する場所は液-液界面であるスラグ-溶鉄界面，液-固界面であるスラグ-黒鉛界面に分けて考える必要がある．X線透過法によって表16.3に示す条件下で気泡発生状況の観察がなされている[22]．

ガス気泡の発生状況は温度，スラグ組成によって相違し，低温においてはスラグ組成によるガス気泡の形状の相違は著しい．すなわち塩基性スラグでは比較的大きな気泡が生成するのに対し，酸性スラグでは小さな気泡が多数発生している．また黒鉛-スラグ界面と溶鉄-スラグ界面における形状にも相違がある．スラグ中に溶鉄滴（炭素飽和）がある場合，図16.15に示すように溶鉄滴-スラグ界面では界面における気体接触部が拡がっているのに反して，黒鉛-スラグ界面では接触部は狭

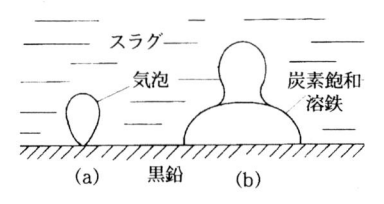

図16.15 スラグ-黒鉛(a)，スラグ-炭素飽和溶鉄(b)の界面で形成される気泡の形状[22]

表16.3 透過X線によるスラグ-メタル反応の観察条件の一例[22]

メタル：炭素飽和鉄
スラグ：CaO：35mass%，SiO_2：50mass%，Al_2O_3：15mass%
　　　　CaO：50mass%，SiO_2：35mass%，Al_2O_3：15mass%

るつぼ（黒鉛）とメタル，スラグの状態
M：メタル
S：スラグ

温度：1823～1903K
撮影：X線フィルム，X線TV

い．これはこれら界面におけるぬれ性の相違によるものと考えられている．

Fritz[23]はBashforthらの表をもとに，水平面上に着座して成長する気泡の取り得る最大体積V_{max}と接触角θとの関係を求めている．筆者らはこの取り扱いにしたがって，滑らかな界面に着座して成長する高炉スラグ中での気泡の最大体積と接触角との関係を計算し，図16.16に示した．この場合のラプラス定数aの値は$\gamma = 470$mN/m，$\rho = 2.55 \times 10^{-3}$kg/m^{3}として計算してある．

スラグ中SiO_2の還元反応において，生成，離脱する気泡の体積は透過X線によって観察され測定されている．それによると，観察された定常状態における気泡の離脱体積はスラグ－溶鉄界面では$2 \sim 4 \times 10^{-7}$m^{3}であり，スラグ－黒鉛界面では1.5×10^{-7}m^{3}以下であった．溶鉄面上のスラグの接触角θは$70 \sim 80°$であるので，図16.16から推定される値と観察値はほぼ等しい．スラグ－黒鉛間の接触角は約150°であるので，大きな気泡の発生が予想されるが，実際にはスラグが黒鉛壁をぬらす場合に気泡が発生し，その大きさは非常に小さい．黒鉛壁にカーバイド層が形成されて，SiC板上のスラグ滴の形状から推定されるように，接触角が非常に小さくなった結果と考えられている．

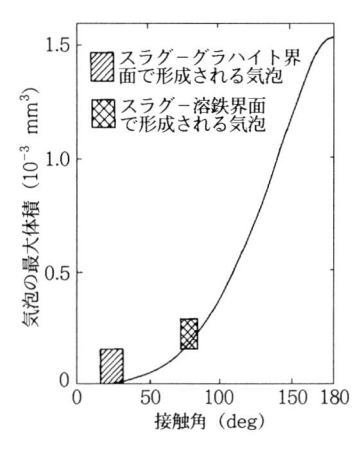

図16.16 $CaO-SiO_2-Al_2O_3$スラグと黒鉛，溶鉄との界面における気泡の最大体積と接触角[22]

g．凝固時における気孔生成

加藤ら[24]はFe－C合金の凝固時における気孔の生成について一方向凝固装置を用いて検討し，気孔になるガス気泡の生成機構を示している．凝固の進行に伴いデンドライト間の液相中の溶質は濃化していく．その結果，デンドライト間のガス発生圧が上昇し，ある固相率でミクロ気泡が発生する．高固相率でミクロ気泡が発生した場合，ミクロ気泡は図16.17(c)のように高次のデンドライト間に閉じ込められ，濃縮液からガスの供給を十分受けられず，マクロ気泡に成長できない．しかし，ある臨界の固相率より低い固相率でミクロ気泡が発生した場合，濃縮液からガスの供給を受け，図16.17(a)，(b)のように，マクロ気孔へと成長していくと考えられている．

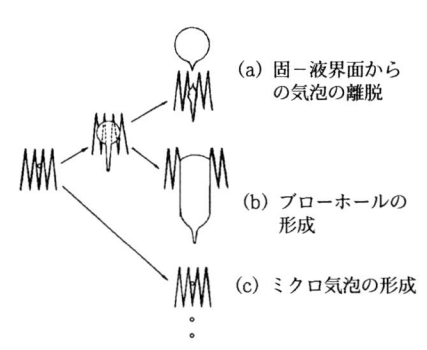

(a) 固－液界面からの気泡の離脱
(b) ブローホールの形成
(c) ミクロ気泡の形成

図16.17 凝固過程においてデンドライトにみられる気泡の挙動[24]

この場合，溶鉄中に強い表面活性元素であるSが存在すると，溶鉄の表面張力は低下し，ミクロ気泡が発生しやすくなる．このミクロ気泡はマクロ気泡の母体と考えられ，マクロ気泡の発生が促進される．

向井ら[25]は凝固進行中の界面近くの溶液側では，温度と濃度の分布の不均一による界面張力勾配が生じ，この界面張力勾配がミクロ気泡の挙動に影響することを指摘している．また，山崎ら[26]は凝固シェル気泡への付着機構について検討し，鋼中S濃度の変化に伴う溶鋼の表面張力の相違が凝固界面での気泡の付着に影響することを明らかにした．界面化学的に検討した結果S濃度が増加すると気泡はバルク中よりも凝固界面に安定して存在し，鋳物片に付着しやすくなると推定している．

16.3 液体中の気泡の運動

上底吹転炉や溶鋼の二次精錬のように近年，液体中に気体を吹き込む技術が多用されるようになり，さらに，溶鋼中に微細気泡を吹き込むことなど液体中での気泡の運動が重要な問題となってきた．

16.3.1 水中における気泡の観察と測定

液体中の気泡の運動の最も基本となす単一気泡の運動については化学工学の分野において詳しく研究されている．特に水中を運動する単一気泡は外部よりの観察が容易であるため，詳細な研究が多い．レビューの一例を次に示す．

1) 只木槙力：単一気泡の形状と運動，化学工学，**23**（1959）181～185.
2) 日比野真一：単一気泡の挙動，化学工学の進歩 3, 気泡・液滴工学，化学工学協会編，(1969) 日刊工業新聞社, 3～26.

a. 単一気泡の運動の測定

水中の単一気泡の運動の観察および測定に用いられる装置として只木ら[27]のものを図16.18に示す．原理的には透明容器(ガラス製角型水槽)の底部近くに設けられたガスホールダーにより所定の単一気泡が放出される．ガスホールダーへの気体の送入はHgによって行い，気泡の体積は水槽上部のガス採取装置およびガスビューレットあるいはスプリングバランスによって測定されている．

気泡の上昇速度の測定は，水槽内で気泡の速度が定常状態に達したところでカメラやシネカメラによって撮影して求められている．

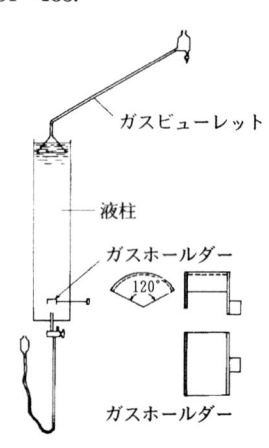

図16.18 水中における単一気泡の運動の観察，測定装置

b. 液体中を上昇する単一気泡の形状[28]

液体中を上昇する気泡の形状は一般に気泡の大きさによって球形,回転楕円体,きのこの笠状に分類される.水の場合,レイノルズ数 Re によって4つの範囲に分けられている.

- (1) 微小気泡　　　　　　　　　$Re \ll 1$
- (2) 小気泡　　　　　　　　　　$1 < Re < 500 \sim 700$
- (3) 中気泡(楕円体気泡)　　　　$500 \sim 700 < Re < 4000 \sim 5000$
- (4) 大気泡(きのこ笠状気泡)　　$Re > 4000 \sim 5000$

水以外の液体では Re の範囲は異なる.水中を上昇する単一気泡の形状および上昇の状況を図16.19に示す.

Grace ら[29]は不混和ニュートニアン液体中を上昇する液滴,気泡のレイノルズ数 Re とエトビシェ数 Eö の相互関係を求めているが,その結果を図16.20に示す.図には液体中を運動する液体,気泡の形状とその存在範囲も示されている.

c. 液体中の単一気泡の上昇速度[29]

蒸留水はじめ種々の液体中の単一気泡の上昇速度と気泡径の関係を図16.21に示す.上昇速度 U は気泡径 d の大きい場合には,液体の種類によって大きな差はみられず,液体の物性値のみを含む

形　状		気泡径	上昇の状況
○	真球に近い	<0.5mm	垂直上昇
○	ほぼ球形	0.5〜2	〃
⬭	回転楕円形	2〜10	らせんまたはジグザグ
⌒	きのこ笠形		

図16.19 液体中を上昇する単一気泡の形状,文献(28)より作成

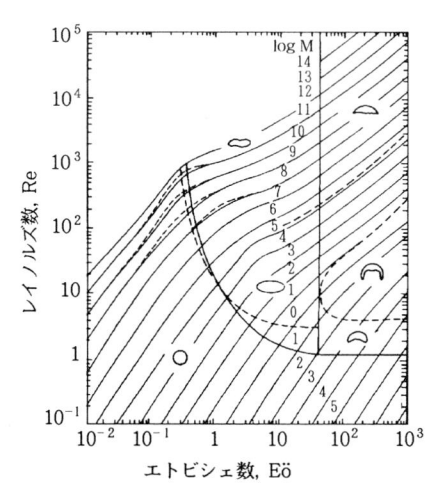

図16.20 ニュートニアン液体中を自由上昇する滴,気泡のレイノルズ数とエトビシェ数の関係[29]

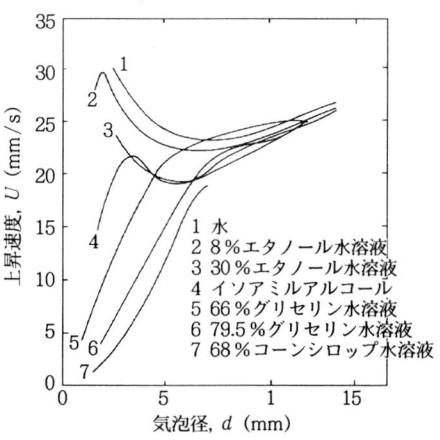

図16.21 種々の液体中の気泡の上昇速度 U と気泡径 d との関係[28]

1　水
2　8%エタノール水溶液
3　30%エタノール水溶液
4　イソアミルアルコール
5　66%グリセリン水溶液
6　79.5%グリセリン水溶液
7　68%コーンシロップ水溶液

図 16.22 種々な液体中の気泡の抵抗係数 C_D とレイノルズ数 Re との関係[28]

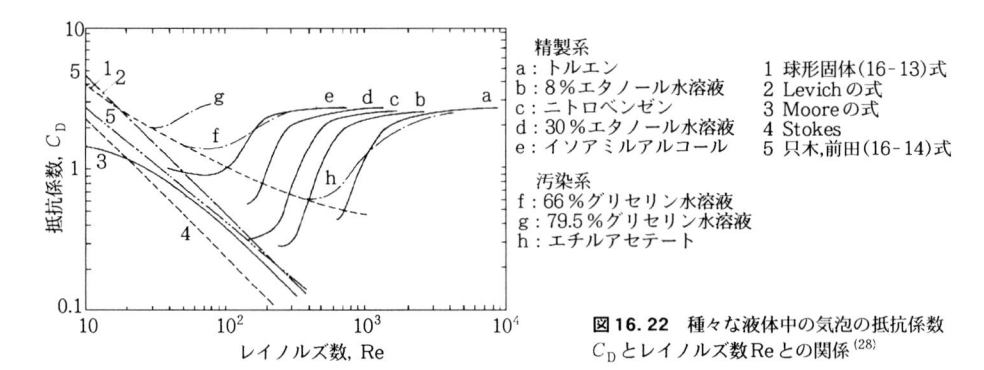

精製系
a：トルエン
b：8％エタノール水溶液
c：ニトロベンゼン
d：30％エタノール水溶液
e：イソアミルアルコール

汚染系
f：66％グリセリン水溶液
g：79.5％グリセリン水溶液
h：エチルアセテート

1 球形固体(16-13)式
2 Levichの式
3 Mooreの式
4 Stokes
5 只木,前田(16-14)式

パラメーター $M\left(=\dfrac{g\mu^4}{\rho r^3}\right)$ の大きい液体では気泡径の増加とともに単調に増加している．しかし，Mの小さい液体では極大値，極小値を有するものもあり，例えば水の場合，1回蒸留したものと大きく相違する．このように水中の気泡の上昇速度は汚染に敏感であることがわかる．

気泡に働く抵抗を広範囲の大きさの気泡について理論的に求めることは困難である．そのため抵抗係数 C_D，レイノルズ数 Re と先に示した物性値のみを含むパラメーターMを用いて結果が整理されている．その結果，抵抗係数は式(16-12)で与えられる．

$$C_D = \frac{4}{3}\frac{dg}{U^2} \tag{16-12}$$

これより，気泡径 d と上昇速度 U とから C_D を求めることができる．気泡の抵抗係数 C_D とレイノルズ数 Re との関係を図16.22に示す．図中には与えられた気泡と体積の等しい固体球の抵抗係数 C_{DS}

$$C_{DS} = \frac{24}{Re} \tag{16-13}$$

および只木ら[27]が $Re \leq 200$ に対して求めた経験式(16-14)を記入してある．

$$C_{DF} = 18.5Re^{-0.82} \tag{16-14}$$

16.3.2 融体中の単一気泡の運動

a. 融体中の単一気泡の挙動の観察と測定

水中と異なって溶融金属中の気泡の形状を直接正確に観察することは極めて困難である．Hgや溶融Ag中の単一気泡の挙動を把握するのに用いられた装置を図16.23に示す．原理的には水中の単一気泡の運動の観察に用いられた装置（図16.18参照）と同じである．ただ溶融Agを入れるための容器は Nimonic75合金（80mass％Ni-20mass％Cr合金）が用いられ

16.3 液体中の気泡の運動

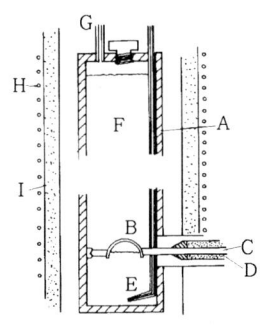

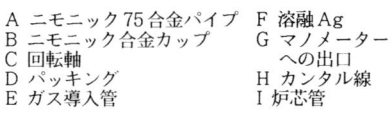

図16.23 溶融Ag中の気泡の上昇速度と物質移動係数の測定装置[30]

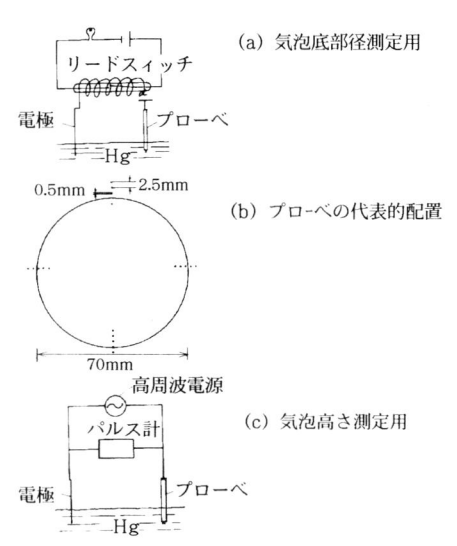

A ニモニック75合金パイプ
B ニモニック合金カップ
C 回転軸
D パッキング
E ガス導入管
F 溶融Ag
G マノメーターへの出口
H カンタル線
I 炉芯管

図16.24 気泡の形状を測定するための電気回路[30]

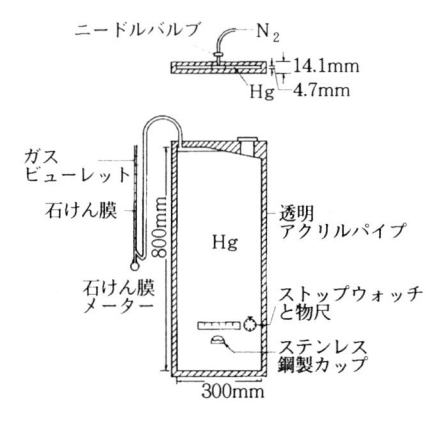

(a) 気泡底部径測定用
(b) プローベの代表的配置
(c) 気泡高さ測定用

図16.25 水銀シート中の気泡の上昇速度と形状の測定装置[32]

ている．溶融Ag中の気泡の上昇速度はマノメーターに示された圧力変化の測定によって行われている．

気泡の形状の把握は電気探針法によって行われ，気泡の最大径は図16.24に示すように20本のプローベ（外径0.5mm）によって測定される．気泡の高さは中心部にある1本のプローベでなされている．

一方，上記の三次元容器中では直接観察不可能な液体金属も，Paneni, Davenport[32]が用いた図16.25に示すような透明アクリル製の二次元容器によって薄い液体金属シートにすれば側面より気泡形状の直接観察が可能である．

溶融ホウ酸塩中の気泡の運動は融体が透明であるため直接観察が可能であり，顕微鏡による観察がPowersら[31]によってなされている．スラグ中の気泡の運動はX線透過法による荻野ら[22]の測定がある．

b. 融体中の単一気泡の上昇速度

溶融 Ag 中の気泡の上昇速度と気泡径(相当径)との関係を図16.26に示す[33]。図には Hg 中の不活性ガス,水中の空気の結果もあわせて示してある。測定範囲は球相当径 10～16 mm であるが,溶融 Ag 中の O_2, N_2 の気泡の上昇速度は気泡径の増加とともに漸次増大するが,その傾向は水中の空気の気泡の場合に類似する。しかし,同じ液体金属の Hg の結果とは大きく相違する。一方,Paneni, Davenport[32]の二次元容器による測定においても Hg 中の N_2 気泡の上昇速度は水中よりも大きい。液体による上昇速度の相違は液体の動粘性係数の差によるものと考えられる。

Andreini ら[33]は,Sn, Pb, Cu について単一孔ノズルよりの気泡の上昇速度の測定を行っている。この場合,溶融金属中へのガス吹き込みは層流条件下において行われ気泡の発生がなされている。ガス気泡の速度は図16.27に示すように気泡径の増加とともに増大し,金属による相違は大きくない。

スラグ中反応によって生成した気泡の上昇速度はX線透過法によって測定されている。1873K,CaO:35mass%,SiO_2:50mass%,Al_2O_3:15mass%のスラグ中を上昇する気泡の速度はTV観察によると表16.4のように示される。この結果は,只木ら[27]の結果をほぼ満足するものと考えられる。常温近くの液体に見出されているこれらの関係が,高温の溶融スラグにおいても,ほぼ成立するものと考えられる。

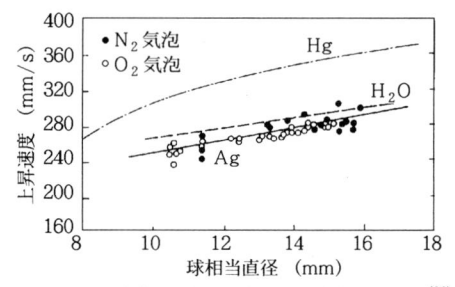

図16.26 溶融 Ag 中の気泡の上昇速度(1373K)[33] (容器直径76mm,高さ535mm)

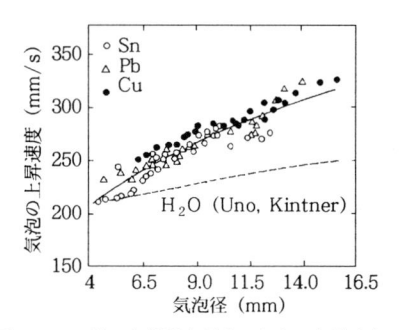

図16.27 種々な溶融金属中の気泡の上昇速度と気泡サイズとの関係 [33]

表16.4 CaO:35mass%,SiO_2:50mass%,Al_2O_3:15mass%スラグ中の気泡の上昇速度

球相当径(mm)	上昇速度(mm/s)	Re $M^{0.23}$
8	250	2.4
3	<150	<0.54

文献(22)より作成

c. 融体中の単一気泡の形状

水中や水銀中を上昇する気泡の形状は二次元容器を用い Panni, Davenport[32]によって直接観察されている。その一例を図16.28に示す。水中,水銀中の単一気泡の形状はよく類似している。図16.28の直接観察された気泡の形状から,その幅と最大高さを測定することができる。水銀中の N_2 気泡について,その大きさ(球相当径)と気泡形状(最大高さ,幅)との関係を

16.3 液体中の気泡の運動

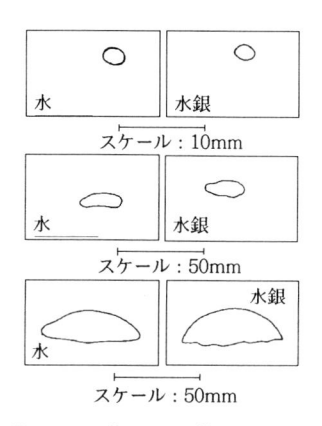

図16.28 薄いシート状の水,水銀試料中を上昇する気泡の形状[32]

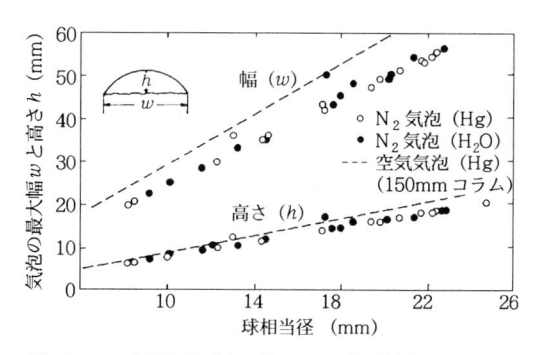

図16.29 水銀および水の薄いシート状試料中のN_2気泡の形状と気泡径との関係[32]

二次元容器(厚さ4.7mmの板状容器),三次元容器(直径150mmの円筒容器)について比較したものを図16.29に示す.図から,水銀中の気泡の形状は最大高さでは類似の傾向を示すが,幅では三次元容器の方が二次元容器より若干大きい.

スラグ層を上昇する気泡の形状は,スラグ－溶鉄界面より生成したものは,回転楕円状を呈し,6〜8mmの球相当径を持ち,スラグ－黒鉛界面で生成したものは,ほぼ球状で直径3mm以下であることが観察された.

静止液体中を上昇する気泡の形状は,只木ら[27]によると液体の種類に無関係に,レイノルズ数(Re)と融体の物性のみによって定まる無次元数(M)とによって決まり,次のようになると報告されている.

きのこ笠状:$16.5 < Re\ M^{0.23}$
回転楕円体:$2 < Re\ M^{0.23}$
球状:$Re\ M^{0.23} < 2$

ここで,$M = g\eta^4/\rho r^3$(η:粘性)である.

d. ガスホールドアップ(気泡群の運動)

近年,金属精錬において溶融金属やスラグ中にガスを吹き込むことが多くなされるようになった.インジェクション冶金のように多量の気体を融体中に高速で送り込む場合ガスホールドアップ現象が生じる.ガスホールドアップの詳細については第Ⅲ編18章6.インジェクション冶金を参考にされたい.

16.3.3 気泡の微細化

超音波によって水中の気泡が微細化することはよく知られている.富野ら[34]は溶融金属(密

度 9.600kg/m³, 粘度：
2.86×10⁻³ Pa・s, 融点：
343K) に超音波を加振し，
図 16.30 に示すように，
同一流量により形成され
る気泡径が約 1/2 になる
ことを見出している．超
音波加振に伴いホーン先
端部に生成するキャビ
テーション気泡が崩壊す
る際に発生する衝撃波によって気泡界面が破壊されるためと推定している．

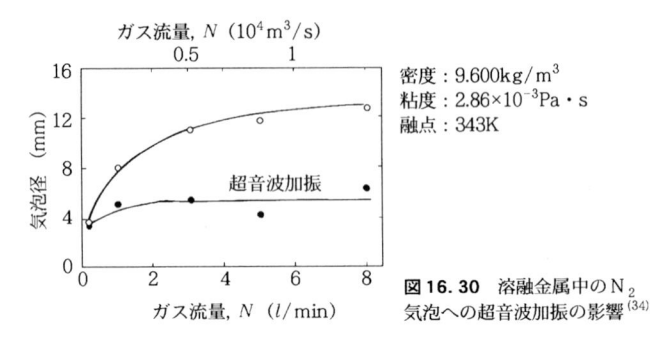

密度：9.600kg/m³
粘度：2.86×10⁻³Pa・s
融点：343K

図 16.30 溶融金属中の N_2 気泡への超音波加振の影響[34]

16.4 気－液，液－液界面を通過する気泡

16.4.1 気－液界面を通過する気泡

　水中を上昇してきた気泡が気－液界面を通過する状況は高速カメラによる撮影によって明らかにされている．水－空気の場合のスケッチ[35]を図 16.31 に示す．気泡は液表面に達してから，約 1sec で破裂するといわれるが，その際，小さな液滴を飛散する．Borodin ら[36]も気－液界面を通過する気泡の挙動を示しているが図 16.32 に併記したように，ほぼ同様の挙動を提起している．
　Borodin らは，気－液界面を通過する気泡の運動は気泡に作用する力によって

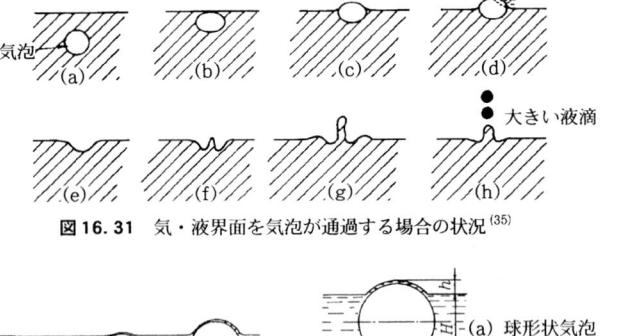

図 16.31 気・液界面を気泡が通過する場合の状況[35]

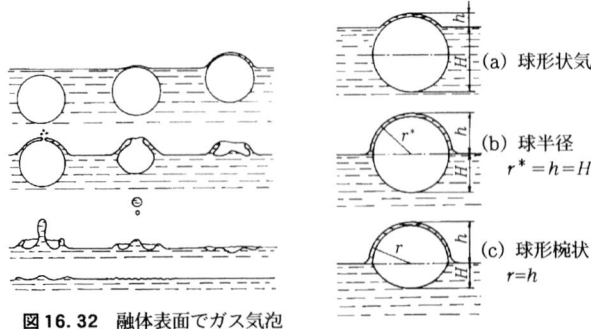

図 16.32 融体表面でガス気泡が破裂する状況の模式図[36]

図 16.33 融体表面におけるガス気泡[36]

(a) 球形状気泡
(b) 球半径 $r^* = h = H$
(c) 球形椀状 $r = h$

16.4 気-液, 液-液界面を通過する気泡

決定されるとして, 図16.33に示す気泡の脱出過程について検討を加えている. この際, 計算によって求められた気泡脱出の状況は一つの尺度としてh/Hで表されている. $h/H=$1までのh/Hと気泡径, 液体の種類との関係を図16.34に示す. 気泡の脱出状況を図示したが, 同一脱出状況にあるためには溶鉄は水銀の約2.7倍の気泡径を要することになる.

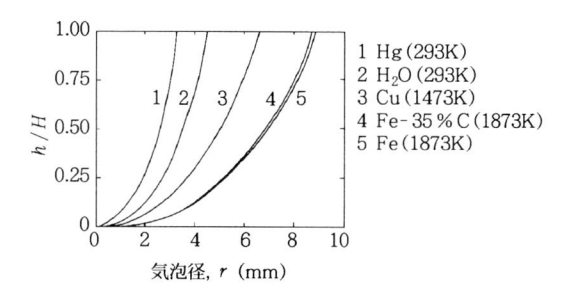

1 Hg (293K)
2 H_2O (293K)
3 Cu (1473K)
4 Fe-35%C (1873K)
5 Fe (1873K)

図16.34 融体表面にみられる球形状気泡の形状[36]

16.4.2 液-液界面を通過する気泡

室温において, お互いに混じり合わない二液体界面における気泡の挙動は容易に観察されている. Veeraburus[37]らはC_6H_6-H_2O系($\rho_{C_6H_6} < \rho_{H_2O}$), CCl_4-H_2O系($\rho_{H_2O} < \rho_{CCl_4}$)の液-液界面を通過する気泡の挙動を調査している. その結果を図16.35に示す.

C_6H_6-H_2O系においては, 界面は気泡の流れによって強くからみつき, C_6H_6中にあるH_2Oの分散はゆっくりと分離する. これは両者の密度($\rho_{H_2O}:0.998\times10^{-3}$kg/m^3, $\rho_{C_6H_6}:0.879\times10^{-3}$kg/m^3)の差が小さいことによる.

CCl_4-H_2O系においては, 図16.35(a)に示すように密度の大きいCCl_4($\rho_{CCl_4}:1595$ kg/m^3)はN_2気泡によって水の自由表面に移行する. そこでは, CCl_4は表面張力によって拡がるか, 液滴で残留する. そこで, 落下するまで懸滴状で成長する. CCl_4は安定な膜として気泡を取り巻き, 水-空気界面で気泡が破裂するときに解き放される. 小さな気泡の場合, CCl_4-H_2O界面にとどまり, 他の気泡と合体し, 表面力に打ち勝つ浮力を得て移行する.

水銀から水へ気泡が移行する場合については, Subramanianら[39]による観察がある. 気泡は水銀のフィルムをかぶって水中を移行するが, 気泡の上昇とともに, このフィルムは流れ落ちる. 気泡が大きくかつ水の層が薄い場合, 気泡を覆っている水銀のフィルムは水-空気界面で流れ落

図16.35 (a)液-液界面を気泡が通過する場合, 重い方の液体膜が気泡上に残るケース, (b)液-液界面を気泡が通過する場合, ガス-液体界面が必要なケース[37].

スラグ−メタル系のシミュレーションとして Glinkov ら[40]はケロシン−水系を用いて液−液界面を通過する気泡の挙動を観察検討した。その結果を図16.36に示すが，気泡上昇速度の遅い場合(a)と速い場合(b)についてのスケッチを示してあるが，気泡ならびにそれに付随する液滴の挙動を示す。

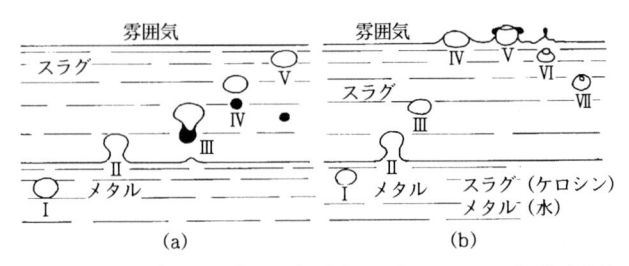

図 16.36 スラグ-メタル系のモデルとしての水−ケロシン系における気泡の上昇過程-気泡表面の薄膜の破壊の模式図[40]

Reiter ら[41][42]は液−液界面を通過する気泡の挙動を高速度カメラによって撮影し，詳細に観察している。

メタル−スラグ系のシミュレート液体系として，次の4つの系を選出している。

　水−シクロヘキサン
　グリセリン・水−シクロヘキサン
　水銀−水
　水銀−シリコノイル

これらの各系における液−液界面通過の状況はいずれもそれぞれ特色を示している。得られた結果より，

(1) 水銀を含む系では，気泡は上の相へ抜ける前に界面でしばらく停滞する。
(2) すべての系で，下の液体が上の液体中へ移行する。その機構は，気泡を覆う下の液体のフイルムの形成と気泡に引きずられるような下の液体のジェットによると考えられている。
(3) 上の相へ移項した下の液体の量は，気泡のサイズと共に増加し，さらに液−液界面の結合に強く依存する。

16.4.3 液−液界面に付着した気泡

高温の液−液系であるスラグ−メタル界面における反応，溶融スラグの溶鉄中炭素による還元反応などにおいてはスラグ−メタル界面においてCO気泡が発生する。この気泡の発生の状況はX線透過法による観察によれば，初期には小さな気泡が界面全面で高頻度で発生し，それらの気泡が集まり次第に大きな気泡がゆっくりと発生することが認められている[22]。X線透視法では，界面における気泡の形状を詳細に知ることは困難であり，シミュレーション実験，計算によって検討が加えられている。

高橋ら[43]は，メタル，スラグ両相を擬して水とフタル酸ジオクチル（DOP）を用いて，その

界面部に横から吹管を差し込んで気泡を形成させ，観察を行っている．気泡生成の状況はVTRに記録し，画像処理によって気泡径を求めている．ガス流量（気泡発生頻度×気泡体積）Qと気泡体積V_bの関係を図16.37に示す．ガス流量が0.01～10cc/minの範囲で気泡体積は0.005～0.02cm^3（径2.1～3.4mm）であった．

図16.37には水およびDOP単相における気泡形成の結果も併記し

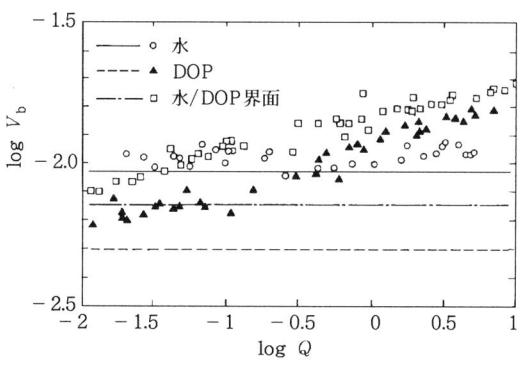

図16.37 水およびフタル酸ジオクチル（DOP）単相内および両相界面における気泡生成，ガス流量Qと気泡体積V_bの関係[43]

てあるが，水中の気泡体積はガス流量によらず，ほぼ一定である．表面張力，浮力の釣り合いから得られる関係を図中に直線で示したが，実測値はほぼこれに近い値であった．DOP中および界面で生成させた気泡の場合は，計算値より大きく，かつガス流量の増加とともに増大する傾向があり，粘度の高い液体で蓄気室の影響を反映しており，また界面での気泡体積が大きいことは，表面張力に加えて界面張力が影響しているといわれている．

寺島ら[44]はスラグーメタル界面に付着した気泡に働く表面張力，界面張力および気泡の浮力のそれぞれの垂直方向の釣り合いより式(16-15)が成立すると仮定し，あるぬれ角ϕ_sにおいて，式(16-15)の右辺の付着力が最大になる条件をϕ_{max}を変化させて求め，その条件で得られた気泡の体積を(V_1+V_2)を球近似し，臨界気泡半径Rを算出している．

$$(V_1+V_2)\rho_s - V_1(\rho_s-\rho_g) + V_2(\rho_m+\rho_g)$$
$$= -2\pi R_d(\phi_{max})[\gamma_m \sin(\phi_s+\phi_{max}-\pi) - \gamma_m \sin(\phi_g+\phi_{max})] \quad (16\text{-}15)$$

ここに，V_1，V_2：スラグ中およびメタル中での気泡体積，ρ_s，ρ_g，ρ_m：スラグ，メタルおよび気泡のガスの密度，γ_m，γ_{ms}：メタルの表面張力，スラグーメタル間の界面張力，ϕ_s，ϕ_g：スラグーガス間およびガスーメタル間のぬれ角，ϕ_{max}：ガスーメタル間の最大接触角，$R_d(\phi_s)$，$R_d(\phi_{max})$：気泡とスラグの接触半径，である．

なお，γ_{ms}はϕ_sとγ_m，γ_sよりNoimanの三角形の関係より求められている．得られた結果を図16.38に示す．臨界気泡半径Rはぬれ角ϕ_sの増加とともに増大するが，90°以上ではRの変化は少ない．気泡の形状はぬれ角によって変化し，$\phi_s=10°$ではほぼ球形であるが，$\phi_s=90°$では偏平になる．

柴田ら[45]も静力学的な釣り合い条件からスラグーメタル界面における気泡の形状を検討している．図16.39に示すように，三相境界線でのスラグおよびメタルの表面張力，スラグーメ

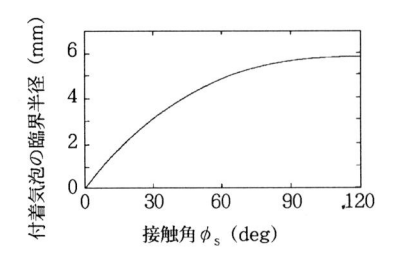

図16.38 計算によって求めたスラグ-メタル界面における付着気泡の臨界半径Rとぬれ角ϕ_sとの関係[43]

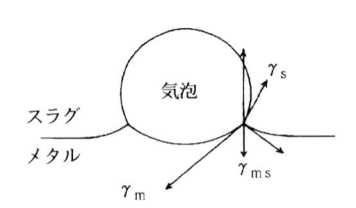

図16.39 スラグ-メタル界面にある気泡にかかる力の釣り合い[44]

タル間の界面張力の合力とメタルの自重が静的に釣り合っていると仮定し、気泡の形状が計算されている.

引用文献

(1) Beshforth, J.C.Adams: An attempt to test the theories of capillary action, Cambridge (1883).

(2) I.W.Wark: The physical chemistry of flotation Ⅰ. The significance of contact angle in flotation, J. Phys. Chem., **37** (1933), 623~644.

(3) W.Siemes und J.F.Kauffmann: Die periodische Entstehung von Gasblasen an Dusen, Chem. Eng. Sci., **5** (1956), 127~139.

(4) J.F.Davidson B.O.G.Schuler: Bubble formation at an orifice in a viscous liquid, Trans. Inst. Chem. Eng., **38** (1960), 144~154.

(5) W.Siemes: Gasblasen in Flussigkeiten: Teil : Entstehung von Gasbasen an nach oben gerichteten Kreisformigen Dusen, Chem. Ing. Tech., **26** (1954), 479~496.

(6) 佐野正道, 森 一美: 溶融金属中の単一ノズルからの気泡生成について, 鉄と鋼, **60** (1974), 348~360.

(7) 只木槙力: 単一孔よりの気泡の生成について, 化学工学, **24** (1960), 603~610.

(8) 佐野正道: 井口らによる"溶鉄浴内の気泡特性のX線透視観察"に対する誌上討論, 鉄と鋼, **81** (1995), 243~248.

(9) 井口学, 高梨智裕, 小川雄司, 徳光直樹, 森田善一郎: 溶鉄浴内の気泡特性のX線透視観察, 鉄と鋼, **80** (1994), 515~520.

(10) 佐野正道, 森 一美, 佐藤哲郎: 溶鉄中の浸漬ノズルからの気泡生成について, 鉄と鋼, **63** (1977), 2308~2315.

(11) G.A.Ironsand R.I.L.Guthrie: Bubble formation at nozgles in pig iron, Metall Trans. B. **8B** (1978), 101~110.

(12) P.Patel und G.Pal: Versuchsapparatur zur Auf-und Entistickung von flüssigem Eisen durch

aufsteigende Blasen, Stahl u. Eisen, **92** (1972), 751~752.

(13) A.N.Borodin, M.G.Krasheninnikov: (融体表面におけるガス気泡の出現と破壊の研究), Izv. VUZ. Chern. Met., (1976), No.8, 14~18. (ロシア語)

(14) 寺田 勉:スラグ中における気泡生成の直接観察, 大阪大学工学研究科冶金学専攻修士論文 (1976).

(15) V.I.Berdnikov, A.M.Levin, K.M.Shahirov: (溶融金属へのガス吹き込みの際の気泡の大きさ), Izv. VUZ. Chern. Met., (1974), No.10, 15~21.(ロシア語)

(16) G.A.Irons R.I.L.Guthrie: Bubbling behaviour in molten metals, Cand. Metall. Q., **19** (1981), 381~387.

(17) 向井楠宏, 伊豆大助, 本田和寛, 吉永周一郎:高濃度炭素溶鉄中細孔板から生成する気泡の直接観察, CAMP-ISIJ, **6** (1993), 213.

(18) P.Patel: Form und Größe von Gasblasen in Wasser, Quecksilber und flüssigen und flussigem Eisen, Arch. Eisenhuttenw., **44** (1973), 435~441.

(19) 荻野和己, 野城 清, 越田幸男:溶鉄による固体酸化物の濡れ性に及ぼす酸素の影響, 鉄と鋼, **59** (1973), 1380~1387.

(20) F.D.Richarson: Physical chemistry of melts in metallurgy Vol.2, Formation of gases in metals, Academic Press, (1974), 455~460.

(21) G.N.Elanskii, V.A.Kudrin, A.V.Popov, V.T.Karpeshin and E.I.Tyurin: Nucleation of carbon monooxide bubble in cavities in hearth of steelmaking unit , Steel in The USSR (1982), 510~412.

(22) 荻野和己, 西脇 醇:シリカ還元反応によるCO気泡の生成状況の観察, 鉄と鋼, **65** (1979), 1985~1994.

(23) W.Fritz : Berechnung des Maximalvolumens von Dampfblasen, Physik. Zeit., **36** (1935), 379~384.

(24) 加藤栄一, 平野 淳:Fe-C合金の凝固時における気孔生成に及ぼすSの影響, 鉄と鋼, **69** (1983), 1425~1432.

(25) 向井楠宏, 林 煒, 荒木隆之:濃度勾配のある溶液中での最小気泡の挙動, CAMP-ISIJ, **6** (1993), 212.

(26) 山崎久生, 別所永康, 田口整司, 佐藤道夫, 日和佐章一:介在物, 気泡の凝固シェル付着におよぼす高中硫黄濃度の影響, CAMP-ISIJ, **6** (1993), 289.

(27) 只木槙力, 前田四郎:種々な静止液体中を上昇する単一気泡の形状および上昇速度について, 化学工学, **25** (1961), 254~264.

(28) 日比野真一:単一気泡の挙動, 化学工学の進歩3, 気泡・液的工学, 化学工学協会編, (1969)日刊工業新聞社, 3~6.

(29) J.R.Grace.T.Wairegi and T.H.Nguyen: Shapes and Velocitieks of single drops and bubbles moving freely through immiscible liquids, Trans. Inst. Chem. Eng., **54** (1976), 167~173.

(30) W.G.Davenpart, A.V.Bradshaw and F.D.Richardson: Behaviour of spherical cap bubble in liquid metals, J.I.S.I., **205** (1967), 1034~1042.
(31) R.B.Jucha, B.Powers, T.Mcneil, R.S.Subramanian and R.Cole: Bubble rise in glassmelts, J. Am. Ceram. Soc., **65** (1982) 289~292.
(32) M.Paneni and W.G.Davenport: Dynamics of bubbles in liquid metals : Two－dimensional experiments, Trans AIME, **245** (1969), 735~738.
(33) R.J.Andreini, J.S.Foster and R.W.Callen: Characterization of gas bubbles injected into molten metals under Laminer flow conditions, Metal. Trans., **8B** (1977), 625~631.
(34) 富野伸一郎, 本村雅覚, 波江野 勉, 真沢正人:溶融金属中の気泡の微細化, CAMP-ISIJ, **5** (1992), 1305.
(35) 三石信雄, 松田裕二, 山本 覚, 大山義年:飛沫同伴に関する研究, 化学工学, **22** (1958), 680~686.
(36) A.N.Borodin, M.G.Krasheninnidov : (融体表面におけるガス気泡の出現と破壊の機構), Izv. VUZ Chern. Met., (1976), No.10, 9~14.(ロシア語)
(37) M.Veeraburus and W.O.Philbrook: Observations on liquid－liquid mass transfer with bubble stirring, Physical chemistry of process metallurgy, Part 1, Interscience Publishers, NY. London (1959), 559~578.
(38) V.A.Grigolian, L.S.Shvindlerman : (二相境界をとおっての微粒子の移行), ＜鋼生産の物理化学的基礎＞, 科学出版 (1974), 174~180.(ロシア語)
(39) K.N.Subramanian and F.D.Richardson: Mass transfer across interface agitated by large bubble, J. I. S. I., **206** (1968), 576~583.
(40) G.M.Glinkov, E.K.Shevtsov: (相境界面をこえる気泡の移行), Izv. VUZ Chern. Met., (1971), No.6, 168~170. (ロシア語)
(41) G.Reiter and K.Schwerdtfeger: Observations of physical phenomena occurring during passage of bubble through liquid/liquid interface, ISIJ International, **32** (1992), No.1, 50~56.
(42) G.Reiter and K.Schwerdtfeger: Characteristics of entrainment at liquid/liquid interface due to rising bubble, ISIJ International, **32** (1992), No.1, 57~65.
(43) 高橋哲仁, 中畑拓治, 柏谷悦章, 石井邦宜:二液界面における小気泡の生成挙動, CAMP-ISIJ, **3** (1990), 925.
(44) 寺島英俊, 中村崇, 向井楠宏:スラグーメタル界面における付着気泡の形状解析, CAMP-ISIJ, **2** (1989), 1132.
(45) 柴田 清, 北村壽宏, 德光直樹:$CO-CO_2$気泡を介したスラグ中酸化鉄と溶鉄中炭素の反応モデル, 鉄と鋼, **76** (1990), 2011~2018.

17章 液　　滴

　金属製錬や溶接などにおいては融滴に関連する多くの現象がみられる．高炉内では，鉄鉱石の還元によって生じた鉄はコークスより炭素を吸収し，溶融 Fe-C 合金滴となって滴下するといわれている．転炉内では激しい化学反応によって溶鋼やスラグの融滴が分散混在している．また溶鋼の真空処理においても，減圧による溶鋼滴の飛散がみられる．一方，溶鋼内部では，脱酸過程において液状非金属介在物が生成する場合，滴状となって運動し，それらが合体，浮上する現象がみられる．

　エレクトロスラグ再溶解，エレクトロスラグ溶接，アーク溶接などにおいても，金属電極の先端部が溶解し，滴状になって金属が落下する．このほかにも反応生成ガス，あるいは吹き込みガスによって，気泡が溶融金属-スラグ界面，マット-スラグ界面を通過する場合に，小さな融体滴がスラグ中に入ってくる場合もある．以上のように融体滴は高温における界面現象と密接に関係しているのが明らかであり，融滴の挙動を正しく理解することが望まれる．

　本章では高温においてみられる金属，非金属の融滴について，それらの生成およびその挙動について述べる．なお，スラグ-メタル反応の結果，極めて小さな金属滴がスラグ中に分散することもある．このような極めて小さい金属滴のスラグ中での分散はむしろエマルジョンに近い状態であるので，このような分散融滴の特性は 12 章エマルジョンにおいて述べた．

17.1　液滴に関する一般概念[1]

　自然界において液滴の形成やその運動は古くから観察され，科学的な検討がなされてきた．雨降りに，木々の葉の先において形成され，滴下する水滴あるいは蓮の葉の上の水滴などは界面化学的発想の原点ともいえる問題である．そのため水滴の形や，さらには溶融金属やガラス滴の形状，体積，表面積を科学的に求めようとする努力は前章の気泡の挙動とともに古くから数多くみることができる．特に第二次大戦後の化学工学の発展とともに単純なケースからより複雑な液滴の形成，運動，合体に対して学問的アプローチが進み，多くの知識が蓄積されてきている．

17.1.1 液滴の挙動の研究方法

常温において液滴の生成状況やその挙動を把握するには，写真機やシネカメラで直接撮影すれば良い[1]．またVTRに記録する方法もある．

高温における液滴の形状の観察は第Ⅰ編第2章，第3章において述べた表面張力，界面張力を求めるために用いた静滴法，懸滴法と同一の手法をもってすれば良い．この場合の液滴の形状はラプラスの式に支配される．

光学的に直接観察不能なものについてはX線，中性子線，γ線や超音波などによる方法が考えられるが，現在実施されているものはX線による透過撮影によってX線フィルム，またはX線テレビによるもののみである．この場合，溶融スラグ中の溶融金属滴の挙動のような場合は極端に小さな滴を除けば観察できるが，溶融金属中のスラグ滴の観察は極めて困難で，その例はみられない．

液滴の生成過程においては水滴の衝突のように極めて短時間に完了してしまうものがある．このような液滴形成の現象は超高速度カメラによる撮影が必要である．

17.1.2 ノズルの先端部で形成される液滴

ノズルの先端部にゆっくり液体を送り，液滴を形成させる場合は表面張力測定において述べた滴重量法，あるいは懸滴法であって，それらの関係式によって滴の形状，重量が決定される．

しかし，液体を速く送り込む場合には，形成される液滴の寸法，形状は液体の流速によって変化する．宝沢ら[2]はノズル内分散相流速と生成液滴径との関係と液滴生成の様子を図17.1のように示している．流速と液滴径の関係は複雑で，極大値，極小値が存在する．また，液滴

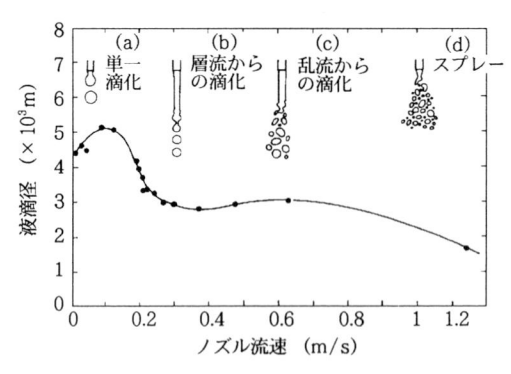

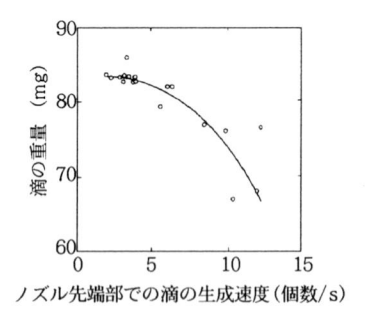

図17.1 ノズル先端から水中を滴下するニトロベンゼンの液滴径とノズル流速との関係[2]

図17.2 水銀滴の生成速度と滴重量の関係[3]

の形成状況も流速の増大とともに，単一液滴（a）から層流からの滴下（b），乱流からの滴下（c），スプレー状（d）のように変化する．

毛細管の先端より水銀を滴下した場合の滴下速度と水銀滴の重量との関係は図17.2のように示され，滴の生成速度（4個/秒）以上では，滴の重量は減少する[3]．これは，毛細管の先端で表面張力と釣り合う滴重量に達するより前に滴に液体が送り込まれるためである．

17.1.3 液滴の運動とそのときの形状[1]

自由運動をしている液滴は剛体球と違って，それ自体の変形あるいは振動現象など生をじる場合があり，また液滴内部，界面における流動現象が存在する．そのため液滴の運動の解析をより困難にしている．

終末速度U_tと液滴の大きさとの関係を図17.3に示す．径の小さい領域Aでは液滴の挙動は剛体球と一致しているが，Bの範囲では径の増大とともに液滴の変形が起り，剛体球との挙動に差を生じる．さらにCの範囲では径が増大すると振動を生じ，剛体球との差は著しくなる．

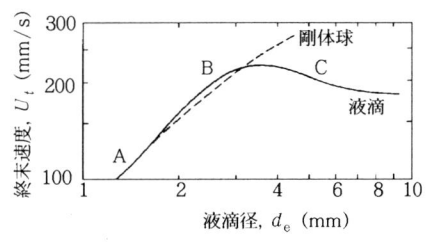

図17.3 液滴径と終末速度との関係における液滴と剛体球の比較[1]

剛体球の終末速度U_tは低レイノルズ数領域ではストークス則が適用される．

$$U_t = \frac{\Delta \rho g d_p^2}{18 \mu_c}, \qquad F = 3\pi \mu_c d_p U_t \tag{17-1}$$

ここに，$\Delta\rho$：両物質間の密度差，d_p：液滴径，μ_c，μ_d：連続相と分散相の粘度．

液滴に関しては，ストークス則に対する補正項を含むHadamard-Rybczinskiの解，式(17-2)が提出されている．

$$U_t = \frac{\Delta \rho g d_p^2}{18 \mu_c}\left(\frac{3\mu_d + 3\mu_c}{3\mu_d + 2\mu_c}\right), \qquad F = 3\pi \mu_c d_p U_t \frac{3\mu_d + 2\mu_c}{3\mu_d + 3\mu_c} \tag{17-2}$$

式(17-2)の$\frac{3\mu_d+3\mu_c}{3\mu_d+2\mu_c}$はストークス則の補正項である．

自由運動時の液滴の形状は滴がきわめて小さい場合にはほぼ完全な球状を示しているが，すでに述べたように，液滴の寸法が増加すると変形を生じる．この場合，液自体の粘度やその特性および媒体との特性の相違によって変形の様子が異なることがあるといわれるが，一般的には球状から偏平形に変化するといわれている．

17. 1. 4 液滴の合一 (Coalescence)[4]

液滴が合一するためには、まず液滴同士が接触あるいは衝突せねばならない。しかし、衝突した液滴が合一するためには
- (1) 2個の液滴間にある連続相液の排出と、これによる液滴の直接接触
- (2) 接触点における液滴表面の液膜の破壊

の過程が必要である．

(1) の過程のためには液滴の運動エネルギー，液滴間にある連続相の粘度，界面張力などが関係する．また (2) の過程には液滴表面の液膜と密接な関係を有する界面活性物質の存在などが関係する．

17. 2 高温における融体滴の形成

高温において融体滴が形成されるケースとして、大別すると次のプロセスが考えられる．
1) 加熱された固体の一部が加熱溶解し，滴状を呈し，滴下する．(ESR:Electro-Slag Remelting, エレクトロスラグ再溶解法, ESW:Electro-Slag Welding, エレクトロスラグ溶接法)
2) 融体内に送り込まれたガス気泡が融体表面あるいは融体－融体界面を通過する際に気体あるいは融体中に滴を放出分散する．(溶鋼の真空脱ガス，非鉄製錬のスラグロス)
3) 融体内の化学反応によって形成される．(鋼の脱酸)
4) 融体をノズルより吹き出す．(アトマイジング)
5) 鉄鉱石の還元より生じた鉄滴にCが吸収され溶銑滴となる．(高炉)

これらの各プロセスにおける融体滴の形成状況について述べる．

17. 2. 1 加熱された金属の一部が溶解して形成される液滴

アーク溶接や，エレクトロスラグ再溶解(ESR)，真空アーク再溶解(VAR;Vacuum Arc Remelting)などの再溶解法では固体金属の一部が高温に加熱され溶解，その先端部において滴を形成し，やがて落下する．この場合，形成される滴の形状や大きさなどについては報告は少ないが，基本的には表面張力の測定法において述べた懸滴の場合に相当する．

かつて筆者の研究室において，種々の直径 (4～19.6mmφ) のCu，炭素鋼 (0.1%C) ステンレス鋼 (SUS 304) を加熱し，その先端部において溶融滴の形成される過程をアルゴン中および $CaO-SiO_2-Al_2O_3$ スラグ中においてX線透法により観察し，滴重量の測定を行った[5]．

金属棒先端部に形成される融滴の形状は，棒の直径，金属の種類によって異なる．そのスケッチを図17.4に示す．直径の小さい金属棒の先端に生じる融滴の形状はどの金属も類似の

17.2 高温における融体滴の形成

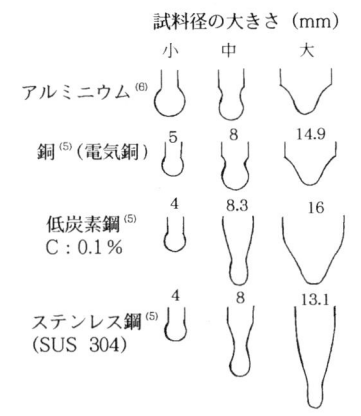

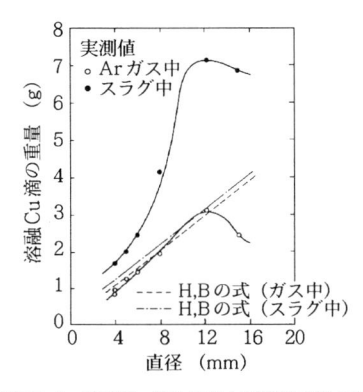

図17.4 種々な金属試料棒先端での融滴の形状[5)(6)]

図17.5 溶融Cu滴の重量と試料棒直径の関係[5]．Harkins, Brown (H,B)の式との比較

形状を示すが直径が増加するに従って融滴の形状は大きく相違する．図17.4にはLiCl-KCl溶融塩中でESR溶解されたCampbell[6]のAlの結果を併記する．Alの溶解状況はCuと類似している．

この測定において滴の重量も測定されているが，Cuの場合の試料径と滴重量の関係を図17.5に示す．図にはHarkins-Brownの式[7] (17-3)より求めた計算値を示した．アルゴン中の場合，実測値は計算値とほぼ一致する．スラグ中の実測値は浮力を加算したHarkins-Brownの式よりさらに大きい．

ESRの場合，滴の形成の状況の観察例は少ないが，石井ら[8]は小型交流ESR炉（24V，1150A：モールド径 28mmφ，電極径10, 14, 18mmφ）においてX線透過法によって観察を行っている．電極先端部に溶鋼がとどまり始め，滴生成が始まる．このとき電極先端の頂角はSUM23鋼で約90°，S43C鋼で110°である．観察によると滴は一様に成長するのではなく，伸長と膨張をくり返し，振動しながらネッキングに至るといわれる．ネッキングを始めると図17.6のように先端は球形となり，ちぎれるように滴下する．この場合，液滴の重量は図17.6に示すように界面張力，重力およびピンチ力によって決定される．ESRの液滴の重量は電流波形の変化から得られる滴生成周期および電極の溶解速度より求められている[10]．

電極先端における滴は図17.6のように3つの力の釣り合によって決定されるが，いま滴に働く力が重力，界面張力のみと考えるとHarkins-Brownの関係式が成立する．

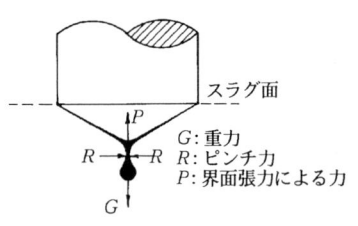

図17.6 電極先端に生じた液滴に作用する力[9]

G：重力
R：ピンチ力
P：界面張力による力

$$d_e = \frac{\gamma_{m-s} \cdot H}{(\rho_m - \rho_s)g} \tag{17-3}$$

ここに，H は滴の形状で決まる形状係数で d_s/d_e の関数で与えられる（図17.7）．

Campbell[6]は電極先端が平滑または円錐状に溶解する径の太い電極について式(17-4)に示す実験式を提出している．

$$d_e^2 = \frac{8.16\,\gamma_{m-s}}{(\rho_m - \rho_s)g} \tag{17-4}$$

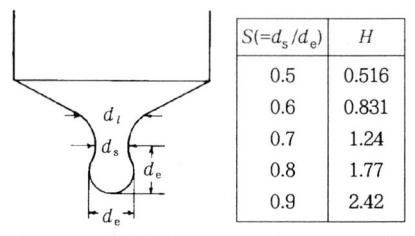

荻野ら[11]の鉄鋼基礎研究会特殊精錬部会共同利用小型交流ESR（20V，1100～2100A，電極42～47mmϕ，モールド110mmϕ）によるSUS321の実験結果より，式(17-4)は適用できず，むしろ式(17-3)において，$H = 3.27$ ($d_s/d_e = 1$) すなわち，くびれのない滴状を呈することが推察され，先に示したX線透過法による石井らの結果[8]とは相違する．なお，ESRについてのより詳細は第Ⅲ編第18章を参照されたい．

$S(=d_s/d_e)$	H
0.5	0.516
0.6	0.831
0.7	1.24
0.8	1.77
0.9	2.42

図17.7 電極先端において形成される液滴の形状[11]

17.2.2 ガス気泡によって形成される液滴

気－液界面，液－液界面を気泡が通過する際，気泡の破裂に伴って気体，液体中に液滴が形成される．これらの現象はいずれも高速度撮影による直接観察や上部液体のサンプリングによる定量に基づいて検討されている．

a．液－気界面（液体中の気泡が気－液界面で破裂し，飛沫を生成する場合）

Knelmanら[12]は気泡が水面において破裂する場合の状況を高速度カメラによって撮影し，気泡の破裂によって小さな液滴が飛散するが，さらに水面に生じたクレーター内に液柱を形成し，その先端より液滴が放出されることを認めた．この滴の形成は主に気泡の崩壊に伴う表面エネルギーによって生じると考えられる．その状況をNewittら[13]は図17.8のように示している．

Borodin[14]も同様の機構を提唱している．この場合，飛散する液滴の大きさは三石ら[15]の測定によると図17.9に示すよう

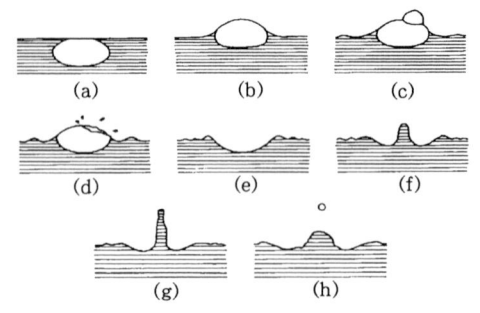

図17.8 水中の気泡が水表面で破裂したとき，小さな液滴が飛散する機構[13]

17.2 高温における融体滴の形成

に破裂する気泡径の増加とともに増大する．図17.9の直線の勾配は3/2であり，気泡径 r と放出される液滴径 D_p の関係は式(17-5)で示される．

$$D_p \propto r^{3/2} \tag{17-5}$$

また，同一気泡から生じる滴の径は，表面張力には関係なく同一であるが，粘度の増加は滴径の減少になる．なお，高温融体の表面における気泡の破裂による滴の形成の観察例はみられない．

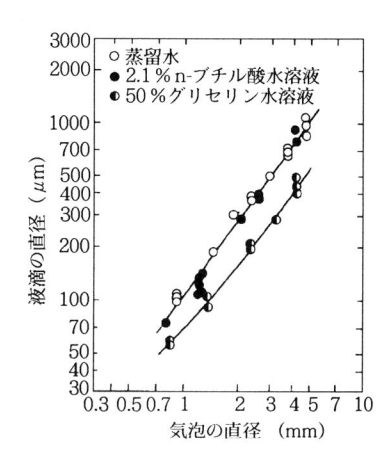

図17.9 破裂する気泡の直径と飛散する液滴の直径[15]

b. 液－液界面

お互いに溶けあわない二液体が二層になって存在する場合，下層液体内を上昇する気泡が液－液界面を通過する様子は高速カメラによって撮影，観察されている[16]．Poggiら[16]の観察によると，水銀中の気泡が水銀〜空気の界面にその一部がある場合，気泡は薄い水銀の膜によって覆われている．気泡の上昇が続くと，気泡の形状はきのこ状となり，気泡を覆っていた膜は気泡表面をずり落ちていく．その場合のスケッチを図17.10に示す．高温において液－液界面を気泡が通過する現象は銅製錬において見られ，式(17-6)の反応によって生じる SO_2 ガス気泡がマット－スラグ界面を通過する場合，マットの粒子がスラグ中に分散する．

$$3(Fe_3O_4) + [FeS] \rightarrow 10(FeO) + SO_2 \tag{17-6}$$

ここに，( )，[ ] はスラグおよびマット内を示す．

この現象は，いわゆるスラグロスの原因の一つと考えられている．

高温においては，この現象の直接観察は不可能であり，上部液体中にとらえられる（entrapment）分散総量の測定がなされている．Mintoら[16]は図17.11に示

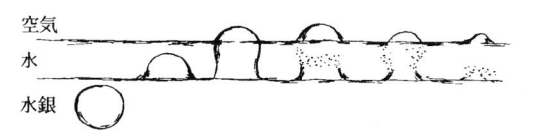

図17.10 水銀と水との界面を気泡が通過する場合，気泡の破裂によって水中に微細な水銀滴を生じる状況のスケッチ（文献(16)を参考に作成）

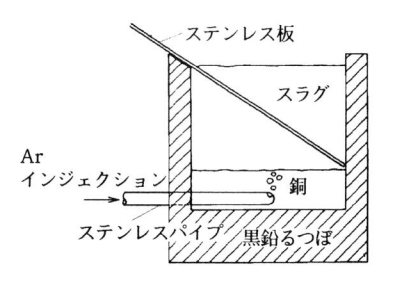

図17.11 Cu/スラグ，Pb/溶融塩系において，スラグ，溶融塩に捉えられたメタル量の測定装置[16]

す装置によってArガスを溶銅中にインジェクションし、スラグ中に銅滴を分散させ、その後ステンレス製の平板によりスラグをサンプリングし、その中に含まれる銅粒の定量を行っている。この装置でなされた液-液系を表17.1に示す。両液-液系とも下層液の分散量は図17.12のように、全量は吹き込みガス量の増加とともに増加するが、0.1mm直径以下の粒子の重量は吹き込み量による変化はPb/溶融塩系では若干見られるが、Cu/スラグ系では変化はみられない。

図から明らかなように、吹き込みガス量の増加とともに0.1mm直径以上の粒子の増加が顕著であるが、このことは液中の分散でなく上層液体表面に浮かぶ液量の増加

表17.1 図17.11に示した装置における上下二層の液体[16]

下層液体 金属液体	上層液体 非金属液体	温度 (K)
Hg	水-グリセリン	293
Pb	溶融塩 $\begin{cases} KCl \\ LiCl \\ NaCl \end{cases}$	593
Cu	スラグ $\begin{cases} Fe & 35\% \\ SiO_2 & 32\% \\ Al_2O_3 & 6\% \\ CaO & 9\% \\ CaF_2 & 2\% \end{cases}$	1473

を意味する。密度の大きな液体が密度の小さい液体の表面に浮かぶことはよく見られることで、例えば水銀を細管より水溶液表面に滴下する際にもみられる現象である。

なお、液体表面上に他の液滴の浮く現象は本章17.5に詳細を示す。

Minto, Davenport[17]は液-液界面を気泡が通過する際、上部液相に下部液滴の分散する状況を界面化学的に検討した。Mintoらはマット-スラグ界面を気泡が通過した際、スラグ層中の状況を図17.13のように3つの状態に分類した。

(a) 界面を通ってスラグ中に送り込まれた気泡はその周りをマットのフィルムによって覆われ、そのままスラグ中を上昇する。スラグから気相へ気泡が移行するときにマット膜はスラグ-ガス界面に残留する。これらはお互いに凝集し、滴状となってスラグ表面に浮く。軽い液体の表面に重い液体の小滴が表面張力によって浮かぶ現象はよく見られるである現象である。

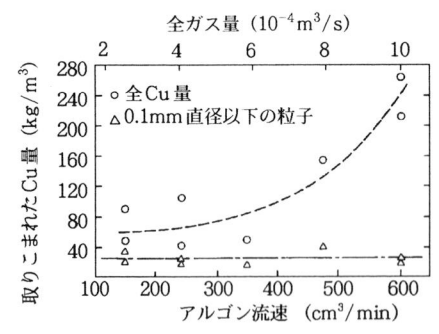

図17.12 アルゴン流速とスラグ相に取りこまれたCu量との関係（1473K）[16]

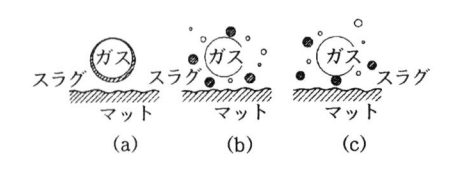

図17.13 スラグ中へのマットの移行挙動[17]。(a) 気泡表面をマットフィルムが覆う、(b) 気泡表面のマットフィルムが破裂し、マット滴がスラグ相に分散する、(c) マット滴がスラグ相中を上昇する気泡に付着。

(b) スラグ中を浮上する途中で気泡の表面のマット膜が破壊し,小滴となって分散するケースである.これは水銀－水,水銀－グリセリンにおいて高速度撮影によって観察され,確かめられている.一つは水のように粘度の低い場合には細かな滴となって分散するが,粘度の高いグリセリンの場合には膜は破裂せず気泡の表面をすべり落ち,気泡の浮上したあとに,比較的大きな滴となって分散する.

(c) 気泡の表面膜が破裂した場合,その一部が気泡の下部に付着し,気泡とともに上昇し,スラグ表面に持ち来たされるケースである.

以上の3つの形態に対して,熱力学的平衡論的立場より,界面エネルギーを比較し,エネルギー的にどの形態が起こりやすいかの条件を評価した.この系の全エネルギーは各界面の界面積とそれぞれの界面エネルギーがわかれば評価できる.いま,スラグ,マットと気相との界面エネルギーをそれぞれ γ_{slag},γ_{matte},またスラグ－マット間の界面エネルギーを $\gamma_{slag/matte}$ とする.A_B は気泡の表面積,A_D は液滴の全表面積,A_C を気泡に付着したマットと気泡の接触面積とすると,先に示した3つの形態の全エネルギーは式(17-7)～(17-9)で示される.

$$G_{(a)}^T = \gamma_{slag/matte} \cdot A_B + \gamma_{matte} \cdot A_B \tag{17-7}$$

$$G_{(b)}^T = \gamma_{slag} \cdot A_B + \gamma_{slag/matte} \cdot A_D \tag{17-8}$$

$$G_{(c)}^T = \gamma_{slag} \cdot (A_B - A_C) + \gamma_{slag/matte} (A_D - A_C) + \gamma_{matte} \cdot A_C \tag{17-9}$$

式(17-7)～式(17-9)の各形態の全エネルギーの大小関係を比較して存在しやすさを判断できる.

実際のマット,スラグなどの物性値を用いてのスラグロス現象の評価を第Ⅲ編18章11に記してあるので参照されたい.

17.2.3 化学反応によって生成する液滴

転炉製鋼においては急速かつ激しい反応のため,スラグ中に多量のメタルショットが存在する時期がある.Kozakevitch[18],Baptizmanskii[19] によると,このショットの形状は図17.14に示すようにレンズ状のくぼみや大きな空洞をもったものが報告されている.いずれも脱炭反応によって生じるCOガスに付着したために生じた形状である.

一方,スラグ－メタル反応($\underline{Al} + SiO_2 \rightarrow Al_2O_3 + \underline{Si}$)の場合にもスラグ－メタル界面近くにおいて微小なメタル融滴の形成されることがRiboud[20]によって報告されている.これら詳細は12章(エマルジョン)において述べた.

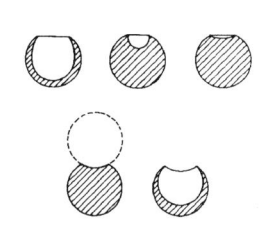

図17.14 酸素転炉にみられる鉄粒子の形状(上:Baptizmanskii et al.[19],下:Kozakevitch[18])

脱酸反応において液状脱酸生成物が生成される場合，この滴状介在物は溶鋼中で凝集合体により成長し，溶鋼中を浮上，スラグ－溶鋼界面に到達し，スラグに同化されていく．液滴が界面に到達し，界面における平衡状態の形状は，滴の寸法，界面張力，両相の密度差などの関数として計算によって求められている[21]．脱酸の過程については第Ⅲ編18章7を参考にされたい．

17.3 融体中の液滴の運動

融体中において融滴の運動する例として，エレクトロスラグ溶接やエレクトロスラグ再溶解におけるスラグ中の溶融金属滴の滴下やスラグ界面－マットスラグ界面を通過する，気泡によってもたらされるスラグやマット中の分散融滴（メタル，スラグ）の運動などがある．これらはいずれも重力によって下方に運動する．またこの場合，液滴内には流動現象が生じる．一方，電解質中の運動の場合は，電気毛管運動(electrocapillary motion)がみられるといわれている．

17.3.1 自然落下運動

鉄鋼製錬において，高炉湯溜部ではスラグ層中を溶銑滴が落下する現象がみられる．この場合，スラグとメタルの間に反応が生じるケースでは，静止状態にあるよりも反応が速いと考えられている．石井[22]は±1℃の均熱帯100mmの溶融スラグ中を種々な金属滴を滴下させ，反応速度を測定した．その結果は，図17.15のように落下滴のレイノルズ数の増加とともに物質移動係数は増大することが認められている．

一般に，液滴の大きさと終末速度の関係は図17.3に示したように，半径の小さい領域では滴の挙動は剛体球と一致しているが，径の増加とともに液滴の変形が起こり剛体球との挙動の差が生じる．溶融ホウ砂($Na_2B_4O_7$)中を固体球（鋼球）や溶融金属が落下する場合の落下速度と滴径の関係を図17.16に示す．なお，図17.16にはMushkudianiら[23]による溶融Al中のPb融滴の結果も併記した．

温度が上昇すると，ホウ砂の粘度が低下し落下速度は増加する．一方，球径の増加とともに落下速度も増

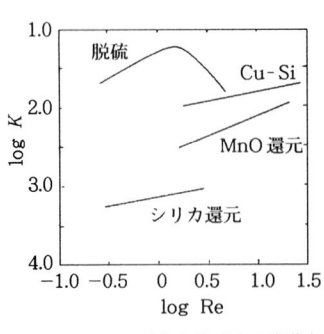

図17.15 スラグ中を落下する溶融金属滴とスラグとの液－液反応における物質移動係数(K)とレイノルズ数(Re)との関係（文献(22)より作成）

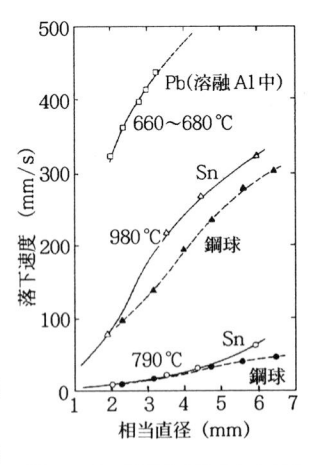

図17.16 溶融ホウ砂中におけるSn滴，鋼球の落下速度[22]および溶融Al中Pbの落下速度[23]

17.3 融体中の液滴の運動

加するが，ストークス速度の式(17-10)とは一致せず，式(17-10)よりも小さい．

$$V_{st} = \frac{(\rho_d - \rho_c) g d^2}{18 \mu_c} \quad (17\text{-}10)$$

これは球表面に働く抵抗力に対するレイノルズ数の影響と，wall effect（器壁の効果）によるものといわれている[22]．

落下球の抵抗係数とレイノルズ数との関係を水滴の場合および，溶融ホウ砂中の鋼球，溶融金属の場合を併わせて図17.17に示す．Re < 0.5程度の領域では，固体球，溶融金属ともストークス則に近い．1 < Re < 34の領域では，溶融金属の場合，固体球より小さく，溶融金属が液滴的な挙動をしていることを示している．図17.17にはストークス則の補正式，Hadamard-Rybczinskiの式による関係を併記した．

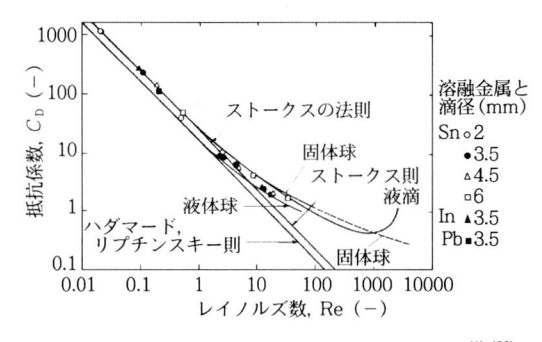

図17.17 ホウ砂中金属滴の抵抗係数とレイノルズ数[1],[22]

17.3.2 電気毛管現象によって誘導された運動

高温においては溶融スラグはイオン性融体であり，溶融金属との界面においては電気二重層の存在が確認されているから，電気毛管運動が生じる．電気毛管運動はFrumkinら[24]によって提唱され，電場内における分極した液滴の運動の速さuは式(17-11)で与えられる[25]．

$$u = \frac{E \varepsilon r \cdot 10^7}{2\eta + 3\eta'} \quad (17\text{-}11)$$

ここに，E：電位勾配，ε：二重層の電荷密度，r：滴の径，η, η'は媒体と滴の粘度．さらに，

表17.2 スラグ中におけるフェロモリブデンの電気毛管運動（1873K）[25]

スラグの組成（mass%）						メタル	半径 r mm	電圧 E V/mm	速度 U mm/s	速度 v mm/sec・v	粘度 η Pa・s	運動の方向
CaO	Al$_2$O$_3$	SiO$_2$	FeO	Na$_2$O	CaF$_2$							
7.8	9.5	72.0	7.1	0.7	0.6	A	1	1.4	3×10^{-2}	2×10^{-2}	6.3	陰極
29.0	7.3	55.4	5.4	0.5	0.4	A	1.2	1.4	1	0.6	0.18	陰極
〃	〃	〃	〃	〃	〃	B	1.2	1.1	0.33	0.25	0.18	陽極
24.2	6.9	52.5	14.2	0.5	0.4	A	1.2	1.4	3.5	2.0	0.19	陰極
〃	〃	〃	〃	〃	〃	A	1.7	1.4	2.8	1.2	0.19	陰極
〃	〃	〃	〃	〃	〃	B	1.5	1.4	0	0	0.19	
52	41	7	—	—	—	A	1.5	1.5	14	5.7	～0.1	陽極
〃	〃	〃	—	—	—	B	1.5	1.5	17.5	7.8	～0.1	陽極

メタル A：57% Mo, 40% Fe, 0.6% Si, 0.05% Cu　　メタル B：25% Mo, 64% Fe, 7.7% Si, 0.45% Cu

単位の電位勾配，電圧，半径における速度 v は式(17-12)で与えられる．

$$v = \frac{\varepsilon \cdot 10^7}{2\eta} \tag{17-12}$$

スラグ中の溶融金属滴の移動速度の一例として，Khlynovら[25]によってなされた1873Kにおける溶融スラグ中のフェロモリブデン融滴の移動速度を表17.2に示す．電気毛管運動の詳細は13章を参考にされたい．

17.3.3 融体中を運動する液滴内の挙動

液体中を落下する液滴中に液の循環の存在することは，Garner[26]によって観察され，それが界面における物質移動と密接に関係することが論じられた．Garnerの実験の結果得られた液滴内の液体の循環のスケッチを図17.18に示す[27]．この循環は液滴の粘度，界面張力などに関連し，特に界面張力は循環のはじまるレイノルズ数に明瞭に関係するといわれている[27]．

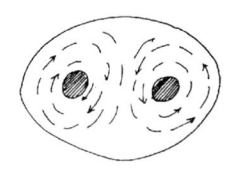

図17.18 液滴内の循環[27]

17.4 融体滴の合体

冶金プロセスにおいては反応などでスラグ中に液体金属滴が，また溶鋼中に非金属介在物が分散，浮遊し，それが時間の経過とともに他の滴と接触合体し，大きな滴になり浮上する現象を，溶融還元や転炉製鋼，非金属精錬，脱酸プロセスにおいて多く見ることができる．これらの合体現象については，第Ⅲ編第18章7脱酸において述べるので参考にされたい．

17.5 融体表面上の融体滴の形状

2種類の相混り合わない液体間において，一般に比重の大きい液体Aの自由表面上にこれより比重の小さい液体を置くと種々の形状の液滴を作ることはよく知られている．しかし，比重の大きい液体滴がこれより比重の小さい液体の自由表面に浮くことも時には経験する．ビーカー内の水中に水銀を滴下した際，小さな水銀滴が水の表面上に浮くことがみられる．

金属製錬プロセスにおいては，溶融金属の自由表面にスラグ滴が浮かんだり，また，逆にスラグの自由表面に溶融金属やマットの滴が浮かぶことはよく知られている．

17.5.1 常温における液体表面上の液滴の形状

液体表面上に他の液体滴を置いた場合の形状は浮遊レンズ（floating lense）として水－有機液体系で測定されている．Lyon[28]は種々の液体を組み合わせた場合，液体表面上に形成され

17.5 融体表面上の融体滴の形状

るレンズ滴の形状を観察している．

レンズ滴の形状は図17.19に示すようにレンズに働く3つの表面－界面エネルギーのバランスによって決定される．その間には式(17-13)，(17-14)が成立する．

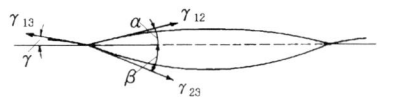

図17.19 液体表面上のレンズ状液滴[28]

$$\gamma_{12} \sin\alpha - \gamma_{23} \sin\beta + \gamma_{13} \sin\gamma = 0 \tag{17-13}$$

$$\gamma_{12} \cos\alpha + \gamma_{23} \cos\beta - \gamma_{13} \cos\gamma = 0 \tag{17-14}$$

ここに，γ_{12}，γ_{13}は液体の表面張力，γ_{23}は液－液間の界面張力，角度は図17.19に示す．

Lyonは種々な液体－液体系についてレンズ滴の形状を観察しているが，その形状，界面エネルギーなどを図17.20に示す．図のなかには高温の融体－融体系についてみられるタイプのものもいくつか存在する．

液体表面にその液体より比重の大きい液滴が浮かぶ例として，Tovdinら[29]は水面上に小さな水銀滴が浮かぶ現象を観察し，表17.3の結果を得ている．水銀滴は半径0.173～0.554mmと極めて小さいが，滴が大きくなるほど，また水溶液の表面張力が低下するほど水銀滴は沈み込

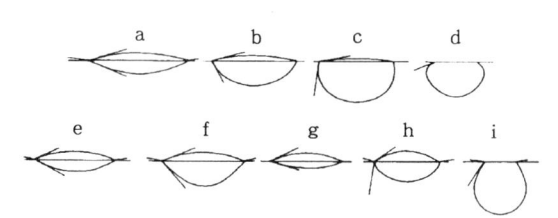

a～d：pHが1.8，5.9，6.9，9.7の水溶液上のオレイン酸の形状
e, f, h：水面上のエチレンダイブロマイドの形状
g, i：水面上のパラフィンの形状

図17.20 種々な液体系におけるレンズ滴の形状[28]

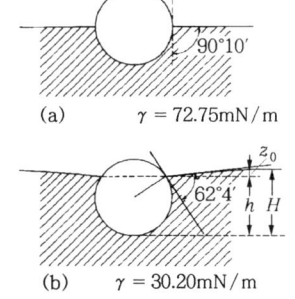

図17.21 表面張力の低下により水銀滴が水面で沈み込む様子（文献(29)より作成）

(a) $\gamma = 72.75\,\mathrm{mN/m}$
(b) $\gamma = 30.20\,\mathrm{mN/m}$

表17.3 水－アルコール溶液面上の水銀滴[29]

C kmol/m^3	γ mN/m	$R \times 10^3$ mm	β deg.	γ deg. 測定値	α deg. 測定値	α deg. 計算値	$h \times 10^2$ mm 測定値	$h \times 10^2$ mm 計算値	$H(h+z_0) \times 10^2$ mm 測定値	$H(h+z_0) \times 10^2$ mm 計算値
0.00	72.75	173	90°00′	0°00′	0°00′	0°12′	17	17	18	17
0.02	59.40	173	85°40′	2°30′	5°30′	5°20′	19	19	21	19
0.10	39.60	175	80°10′	3°50′	15°00′	15°00′	22	22	25	25
0.20	30.20	173	62°40′	5°40′	34°00′	33°00′	27	27	31	31

C：アルコール濃度

む．表17.3より得られる水面上の水銀滴のスケッチの一例を図17.21に示す．

17.5.2 高温における融体レンズの形状

a. 溶融金属表面上のスラグ滴の形状

溶融金属表面上のスラグ滴の形状は第Ⅰ編3章において述べた界面張力測定法としてよく用いられる方法によって測定される．その際，図17.19に示す角度αのみが測定される．角度βは高温での直接測定が不能であるため，式(3-5)，(3-6)の計算より求められる．筆者ら，Popelらが測定したスラグ－メタル系の接触角を表17.4，表17.5に示す[30]．溶銑－スラグ系であるFe-4.3%C/CaO-SiO$_2$，CaO-SiO$_2$-Al$_2$O$_3$，CaO-Al$_2$O$_3$系では，$\theta = \alpha + \beta = 57～83°$であり，溶鋼－スラグ系である低炭素鋼/CaO-SiO$_2$-Al$_2$O$_3$系ではFeO，MnOを含まない場合，$\theta = \alpha + \beta = 51～77°$である．

FeOを含む場合，図17.22に示すように，その増加と共にαは急激に減少する．それに比較して，βの減少は緩やかであり，β/αはFeOの増加と共に増加する．図17.22には各FeO濃度におけるスラグ滴の形状を併記する．この場合，スラグレンズの形状は図17.20の常温のものと類似の形状を示すものもある．特にFeOが70%と多量に含むスラグでは$\beta = 16°$，$\alpha = 12°$となり，図17.20(a)のように$\beta > \alpha$となる．

スラグ中にMnOが存在する場合も図17.23に示すように，MnOの増加と共にα，βともに減少する．その

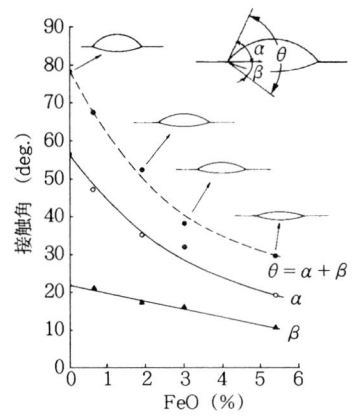

図17.22 溶鉄表面上のスラグ滴の形状とスラグ中FeOの関係（表17.5より作成）

表17.4 溶融Fe-4.3mass%C表面上のスラグ滴の形状[30][31]

スラグ			メタル	温度 K	接触角 (deg.)		
CaO	SiO$_2$	Al$_2$O$_3$			α	β	$\theta = \alpha + \beta$
54.3		45.7		1833	45°00'	27°50'	72°50'
50.5		49.5		1835	51°20'	25°50'	72°10'
47.5		52.5		1833	53°10'	29°20'	82°30'
43.9		56.1		1835	46°50'	28°30'	75°20'
40.9		59.1		1838	48°30'	29°00'	77°30'
43.3	56.7			1844	41°50'	15°50'	57°40'
48.3	51.7			1844	48°30'	17°50'	66°20'
53.3	46.7			1844	52°40'	20°00'	72°40'
25	54	21	C : 4.4	1813	43°	31°	74°
45	34	21	C : 4.4	1793	48°	35°	83°
50	29	21	C : 4.4	1803	47°	35°	82°

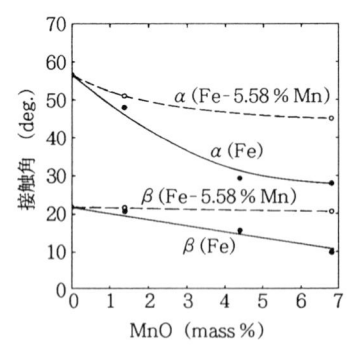

図17.23 溶鉄表面上のスラグ滴の接触角へのスラグ中MnOおよび溶鉄中Mnの影響（表17.5より作成）

17.5 融体表面上の融体滴の形状

表17.5 溶鉄表面上のスラグ滴の形状[30]

スラグ						メタル	温度 °C	接触角 (deg.)		
CaO	SiO$_2$	Al$_2$O$_3$	FeO	MnO	MgO			α	β	$\theta = \alpha + \beta$
45.8		49.6			4.6	C : 0.16	1540	56°35′	21°50′	78°25′
45.5		49.3	0.67		4.57	〃	1541	47°10′	20°50′	67°40′
44.9		48.7	1.9		4.51	〃	1540	35°10′	17°20′	52°30′
44.4		48.1	3.0		4.46	〃	1540	32°00′	16°10′	48°10′
43.3		46.9	5.4		4.35	〃	1540	19°10′	10°30′	29°40′
45.2		45.4		1.4	4.54	〃	1542	48°00′	20°30′	68°30′
43.8		44.4		4.4	4.40	〃	1542	29°20′	15°30′	44°50′
42.7		46.2		6.8	4.29	〃	1539	27°50′	14°50′	42°40′
45.2		48.9		1.4	4.54	Mn : 5.58	1541	51°10′	21°40′	72°50′
42.7		46.2		6.8	4.29	〃	1540	45°10′	20°40′	65°50′
21.6	8.4		70			C : 0.04	1560	12°	16°	28°
37.9	4.8		57.3			〃	1560	18°	20°	38°
45	34	21				C : 0.6	1570	35°	16°	57°
39	45	16				〃	1600	32°	14°	46°

傾向は図17.22のFeOの場合と同様である．この場合，溶鉄中にMnが存在すると，図17.23の点線のようにMnOの増加によって，α はわずかに減少し，βは変化がない．

これはMnの存在によって，式(17-15)の反応の進行が抑制され，スラグ-メタル間の界面張力の低下が抑えられることによると考えられる．

$$\mathrm{MnO + Fe \rightarrow FeO + \underline{Mn}} \tag{17-15}$$

b. スラグ表面上に浮く金属滴の形状

Poggiら[16]は式(17-16)のように浮遊係数(flotation coefficient)を定義している．

$$\Delta = \gamma_\mathrm{slag} + \gamma_\mathrm{metal/slag} - \gamma_\mathrm{metal} \tag{17-16}$$

金属滴がスラグに浮くためには $\Delta > 0$ でなければならない．すなわち，式(17-17)の条件が必要である．

$$\gamma_\mathrm{metal/slag} > \gamma_\mathrm{metal} - \gamma_\mathrm{slag} \tag{17-17}$$

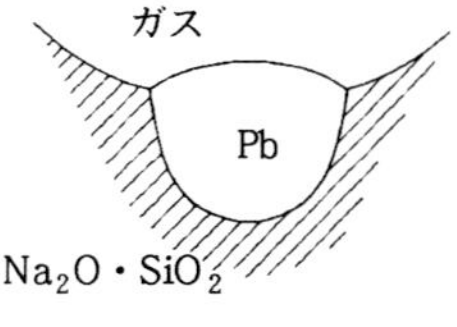

フラックス表面に金属滴が浮遊している例についてはUtigardら[32]が図17.24に示すような溶融Na$_2$SiO$_4$上に浮遊したPbのX線イメージ像を報告している．また，Utigardら[32]はNaシリケートの表面にCu滴の浮遊することを認めている．こ

図17.24 酸化物融体表面上のPb滴の形状[32]

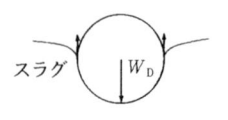

図17.25 スラグ上に浮かんでいる金属滴に作用する力の釣合い

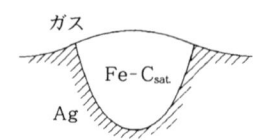

図17.26 溶融Ag表面上の溶融Fe-C$_{sat.}$滴の形状

表17.6 非金属液体表面上に浮かんでいる金属液体粒の大きさ

系	観察された粒の半径 r_D (mm)	式(17-19)より求めた半径 (mm)
Hg/水-グリセリン	1.0	0.9
Pb/溶融塩	0.8	1.0
Cu/スラグ	2.0	3.0

れらの際，フラックス，スラグの表面に浮遊できる金属滴の大きさに関し，Utigardら[32]は式(17-18)に示したNaruら[33]の関係式により求めている．

$$R = 1.27\left(\frac{\Delta\rho_{23}g(\Delta\rho_{12}-\Delta\rho_{23})}{\gamma_{23}\Delta\rho_{23}}\right)^{-1/2} \quad (17-18)$$

ここに$\Delta\rho_{ij}$はi j相間の密度差，γ_{23}は2,3相間の界面張力．

計算からNa$_2$CO$_3$上に浮遊できるBi滴を球と仮定した場合，0.41gである．測定においては0.2gの滴が浮遊可能であった．

Poggiら[16]はスラグ上に浮遊する金属滴を球形と仮定し，図17.25のように滴の重量をスラグ－メタルに働くスラグの表面張力が支えると仮定して，

$$\frac{3}{4}\pi r_D^3 \rho g = 2\pi r_D \gamma_{slag} \quad (17-19)$$

$$r_D = \left(\frac{8\gamma_{slag}}{3\rho g}\right)^{1/2}$$

式(17-19)を用いて求めたメタル滴の大きさを表17.6に示す．

c. 溶融金属表面の溶融金属の形状

一方，溶融した金属同士の場合，お互いに溶け合わない溶鉄－溶融銀系では図17.26のように常温系における図17.20の(c)(i)に近い形状を筆者らは観察した．

17.6 融体－融体分散系

融体－融体界面における気泡の破裂や融体－融体反応によって融体中に微小融滴が分散する．この分散は重力によって漸次沈降する．これらの分散系は一種のエマルジョンであり，その詳細は12章において述べた．さらに具体的な現象例として第Ⅲ編18章（脱酸，スラグロス）において述べる．

引用文献

(1) 化学工学協会編:気泡・液滴工学 3.単一液滴の挙動,日刊工業新聞社 (1969), 27~37.
(2) 宝沢光紀,只木槙力,前田四郎:単孔から生成する液滴の大きさについて化学工学, **33** (1968), 893~898.
(3) 荻野和己:溶融金属の表面張力,フラックスとの界面張力および溶融金属の拡がりについて,大阪大学工学部冶金学科卒業論文 (1953).
(4) 駒沢 勲:液滴の分散合一と反応速度,化学機械技術, 22(1970), 1~25.
(5) 小林 豊:金属棒の溶滴化現象の観察,大阪大学工学部冶金学科卒業論文 (1976).
(6) J.Campbell: Fluid flow and droplet formation in the electroslag remelting process, J. Metals, **21**(1970), 23~35.
(7) W.D.Harkins and F.E.Brown: Determination of surface tension (Free surface energy), and the weight of falling drops: The surface tension of water and benzene by the capillary height method, J. Amer. Chem. Soc., **41** (1919), 499~524.
(8) 石井邦宜,山本澄夫,佐藤修治,近藤真一,吉井周雄:小型ESRにおける電極先端溶解現象の観察,鉄と鋼, **62** (1976), S492, **64** (1978), S643
(9) Yu.V.Latash, B.I.Medovar: (エレクトロスラグ再溶解),冶金学出版, (1970), 51.(ロシア語)
(10) B.I.Medovar, Yu.V.Latash, B.I.Maksimovich, L.M.Stupak: (エレクトロスラグ再溶解), 科学技術出版,モスコウ, (1963), 32~39.(ロシア語)
(11) 荻野和己,原 茂太,木本辰二,橋本英弘:SUS321ステンレス鋼のエレクトロスラグ再溶解-電極先端における滴の生成,エレクトロスラグ再溶解の物理化学,鉄鋼基礎共研特殊部会報告(1979), 15~17.
(12) F.Knelman, N.Dombrowski and S.M.Newitt: Mechanism of the bursting of bubbles, Nature, **173** (1954), 261.
(13) D.M.Newitt, N.Dombrowski and F.H.Knelman: Liquid entrainment. 1 The Mechanism of drof formation from gas or vapar bubbles, Trans. Instn. Chem. Eng(London), **32** (1954), 244~261.
(14) A.N.Borodin, M.G.Krasheminnikov: (融体表面におけるガス気泡の出現と破壊のメカニズム), Izv. VUZ. Chern. Mrt., (1976), No.10, 9~14.(ロシア語)
(15) 三石信雄,松田裕二,山本 寛,大山義年:飛沫同伴に関する研究,化学工学, **22** (1958), 680~686.
(16) D.Poggi, R.Minto and W.G.Davenport: Mechanisms of metal entrapment in slags, J. Metals, **16** (1969), 40~45.
(17) R.Minto and W.G.Davenport: Entrapment and flotation of matte in molten slags, Trans. I. M. M., **81** (1972), C36~C42.
(18) P.Kozakevitch: Foams and emulsions in steelmaking, J. Metals, **20** (1969), 57~68.

(19) V.I.Baptizmanskii, V.B.Okhotskii, K.S.Porosvirin, G.A.Shchedrin, Yu.A.Ardelyan, A.G.Velichko: (酸素による金属生産の際の反応域の物理化学的研究), Izv. VUZ. Chern. Met., (1977), No.10, 24~26.(ロシア語)

(20) P.V.Riboud and L.D.Lucas: Influence of mass transfer upon surface phenomena in iron and steelmaking, Canad. Metall.Q., **20** (1981), 199~208.

(21) M.M.Princen: Shape of a fluid drop at a liquid-liquid interface, J. Colloid Sci., **18** (1963), 178~195.

(22) 石井邦宣 : X線透過カメラによるスラグ中溶銑滴の落下挙動の観察と解析, 第42回西山記念技術講座(1976.11)日本鉄鋼協会.

(23) Z.A.Mushkudiani et al : Influence of interfacial energy with velocity of particle in liquid phase, Conf. of 2nd Japan‐USSR Symposium (1969), 138~149.

(24) A.Frumkin, V.Levich: (液体境界における運動への表面活性物質の影響), Zhur, Fiz. Khim., **21** (1947), No.10, 1183~1204.(ロシア語)

(25) V.V.Khlynov, O.A.Esin: (スラグ中の鉄合金損失減少のための電気毛管運動の応用), Izv. VUZ. Chern. Met., (1959), No.7, 3~11.(ロシア語)

(26) F.H.Garner: Diffusion mechanism in the mixing of fluids, Trans. IZNST. Chem. Eng., **28** (1950), 88~96.

(27) 平田光穂, 早川豊彦 : 液々抽出機構と界面抵抗, 化学工学, **21** (1957), 215~219.

(28) C.G.Lyon: The angles of floating lenses, J. C. S., (1930), 623~634.

(29) M.V.Tovdin, I.I.Chesha, S.S.Dukhin: (液滴法による液体表面層の性質の研究), Kolloid Zhur., **32** (1970), 771~777.(ロシア語)

(30) 日本鉄鋼協会編 : 溶鋼溶滓物性値便覧, (1972), 158~159.

(31) S.I.Popel: (液体金属表面でのスラグの拡がり), Izv. VUZ. Chern. Met., (1962), No.2, 9~17. (ロシア語)

(32) T.Utigard, J.M.Toguri and T.Nakamura: Interfacial tension and flotation characteristics of liquid metal‐sodium flux systems, Metall. Trans., **17B** (1986), 339~346.

(33) H.C.Maru, D.T.Wasan and R.C.Kintner: Behavior of a rigid sphere at a liquid‐liquid interface, Chem. Eng. Sci., **26** (1971), 1615~1628.

Bashforth-Adams (B-A)法の解析手順

基礎式　$1/(\rho/b) + \sin\phi\,(x/b) = 2 + (z/b)\beta$　　(1)

　　　　$\beta = \rho g b^2 / \gamma$　　(2)

　　　　$\gamma = \rho\,(gb^2/\beta)$　　(3)

ただし，g: 重力加速度，β, b は B-A の表（p.508）から読みとる．(B-A法については本文p.14)

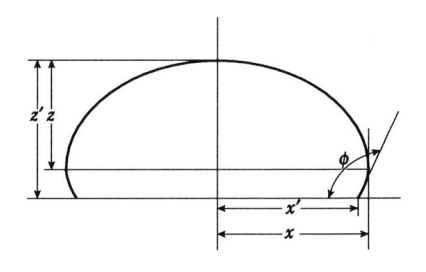

形状パラメータの計算

① 図において (z, x), (z', x'), ϕ を測定する．

② $(x/z)_{obs}$ を求め，これに対応する β 値を B-A の表（Ⅰ）より補間して求める．(β_{obs})

③ B-A の表（Ⅱ）を用い，$\phi = 90°$ の時の β_{obs} に相当する (x/b), (z/b) を補間して求める．$(x/b)_{calc}, (z/b)_{calc}$

④ $(x/b)_{calc}, (z/b)_{calc}$ の x, z に実測値を入れ，b を求め，その平均値を得る．

⑤ (gb^2/β) を計算する．

密度の計算

⑥ 滴体積を次式で求める．

$$V = (\pi b^2 x^2/\beta)(2/b - 2\sin\phi/x + \beta z/b^2)　　(4)$$

$\phi = 90°$ として x, z, β, b を代入して $V_{90°}$ が求まる．

同様に接触角 ϕ_{obs} を用い，x', z', β, b を代入すれば V_ϕ が求まる．一般に両者は一致しないので，平均値 V_{av} を取る．

⑦ V_{av} と実測の滴重量から密度を求め

$\gamma = \rho\,(gb^2/\beta)$

から表面張力 γ を求める．

接触角の計算

⑧ 実測の (x'/b), (z'/b) を用い B-A の表（Ⅱ）より β_{obs} に相当する ϕ をそれぞれ内挿して求め，平均して接触角が得られる．

なお，Ni 滴の計測値を用いた具体的な計算例が，加藤　誠　著"高温におけるスラグ及びメタルの物性測定"，コンパス社（1987），p.337 以下に記載されている．

I

$\left(\dfrac{x}{z}\right) \phi = 90°$

β	·0	·1	·2	·3	·4	·5	·6	·7	·8	·9
0	1·00000	·02180	·04149	·05942	·07589	·09115	·10542	·11880	·13140	·14333
1	·15466	·16546	·17576	·18562	·19508	·20418	·21294	·22138	·22953	·23742
2	·24507	·25248	·25967	·26666	·27345	·28006	·28650	·29278	·29890	·30488
3	1·31072	·31643	·32201	·32748	·33283	·33807	·34320	·34824	·35318	·35803
4	·36278	·36745	·37204	·37656	·38100	·38535	·38963	·39386	·39802	·40211
5	·40615	·41012	·41403	·41789	·42169	·42544	·42914	·43278	·43638	·43993
6	1·44344	·44690	·45032	·45369	·45702	·46032	·46358	·46679	·46996	·47310
7	·47621	·47928	·48232	·48533	·48830	·49124	·49415	·49703	·49988	·50270
8	·50550	·50827	·51101	·51371	·51640	·51906	·52169	·52430	·52689	·52946
9	1·53200	·53452	·53702	·53949	·54194	·54437	·54678	·54917	·55154	·55389
10	·55621	·55851	·56080	·56307	·56533	·56758	·56981	·57202	·57421	·57638
11	·57852	·58065	·58277	·58488	·58698	·58906	·59112	·59317	·59520	·59722
12	1·59923	·60122	·60320	·60517	·60712	·60906	·61099	·61290	·61480	·61669
13	·61856	·62042	·62227	·62411	·62594	·62776	·62957	·63136	·63314	·63491
14	·63667	·63842	·64016	·64189	·64361	·64532	·64702	·64871	·65039	·65206
15	1·65372	·65537	·65701	·65864	·66027	·66189	·66350	·66510	·66669	·66827
16	·66984	·67140	·67296	·67451	·67605	·67758	·67910	·68062	·68213	·68363
17	·68512	·68661	·68809	·68956	·69102	·69248	·69393	·69537	·69681	·69824
18	1·69966	·70108	·70249	·70389	·70528	·70667	·70805	·70943	·71080	·71217
19	·71353	·71488	·71623	·71757	·71890	·72023	·72155	·72287	·72418	·72548
20	·72678	·72807	·72936	·73064	·73192	·73319	·73446	·73572	·73698	·73823
21	1·73947	·74071	·74194	·74317	·74440	·74562	·74684	·74805	·74926	·75046
22	·75165	·75284	·75403	·75521	·75639	·75756	·75873	·75989	·76105	·76221
23	·76336	·76451	·76565	·76679	·76792	·76905	·77017	·77129	·77241	·77352
24	1·77463	·77574	·77684	·77794	·77903	·78011	·78119	·78227	·78335	·78443
25	·78550	·78657	·78764	·78870	·78975	·79080	·79185	·79289	·79393	·79497
26	·79600	·79703	·79806	·79908	·80010	·80112	·80213	·80314	·80415	·80515
27	1·80615	·80715	·80814	·80913	·81012	·81110	·81208	·81306	·81404	·81501
28	·81598	·81695	·81791	·81887	·81983	·82078	·82173	·82268	·82362	·82456
29	·82550	·82643	·82736	·82829	·82922	·83015	·83107	·83199	·83291	·83383
30	1·83474	·83565	·83656	·83746	·83836	·83926	·84015	·84104	·84193	·84282
31	·84371	·84459	·84547	·84635	·84722	·84809	·84896	·84983	·85070	·85156
32	·85242	·85328	·85414	·85499	·85584	·85669	·85754	·85838	·85922	·86006
33	1·86090	·86173	·86256	·86339	·86422	·86505	·86587	·86669	·86751	·86833
34	·86915	·86996	·87077	·87158	·87239	·87320	·87400	·87480	·87560	·87640
35	·87719	·87798	·87877	·87956	·88035	·88113	·88191	·88269	·88347	·88425

I

	$\left(\dfrac{x}{z}\right)\phi=90°$									
β	·0	·1	·2	·3	·4	·5	·6	·7	·8	·9
36	1·88503	·88580	·88657	·88734	·88811	·88888	·88964	·89040	·89116	·89192
37	·89268	·89344	·89419	·89494	·89569	·89644	·89719	·89793	·89867	·89941
38	·90015	·90089	·90163	·90236	·90309	·90382	·90455	·90528	·90600	·90672
39	1·90744	·90816	·90888	·90960	·91031	·91102	·91173	·91244	·91315	·91386
40	·91457	·91527	·91597	·91667	·91737	·91807	·91877	·91947	·92016	·92085
41	·92154	·92223	·92292	·92361	·92429	·92497	·92565	·92633	·92701	·92769
42	1·92836	·92904	·92971	·93038	·93105	·93172	·93239	·93306	·93372	·93438
43	·93504	·93570	·93636	·93702	·93768	·93833	·93898	·93963	·94028	·94093
44	·94158	·94223	·94288	·94352	·94416	·94480	·94544	·94608	·94672	·94735
45	1·94798	·94861	·94924	·94987	·95050	·95113	·95176	·95239	·95302	·95364
46	·95426	·95488	·95550	·95612	·95674	·95736	·95798	·95859	·95920	·95981
47	·96042	·96103	·96164	·96225	·96285	·96345	·96406	·96466	·96526	·96586
48	1·96646	·96706	·96766	·96826	·96885	·96944	·97003	·97062	·97121	·97181
49	·97239	·97298	·97357	·97415	·97473	·97531	·97589	·97647	·97705	·97763
50	·97821	·97879	·97937	·97994	·98051	·98108	·98165	·98222	·98279	·98336
51	1·98393	·98450	·98507	·98563	·98619	·98675	·98731	·98787	·98843	·98899
52	·98954	·99010	·99066	·99121	·99176	·99231	·99286	·99341	·99396	·99451
53	·99506	·99561	·99616	·99671	·99725	·99779	·99833	·99887	·99941	·99995
54	2·00049	·00103	·00157	·00211	·00264	·00317	·00370	·00423	·00476	·00529
55	·00582	·00635	·00688	·00740	·00793	·00845	·00898	·00950	·01003	·01055
56	·01107	·01159	·01211	·01263	·01314	·01366	·01418	·01470	·01521	·01572
57	2·01623	·01674	·01725	·01776	·01827	·01878	·01929	·01980	·02031	·02081
58	·02132	·02183	·02234	·02284	·02334	·02384	·02434	·02484	·02534	·02583
59	·02633	·02683	·02733	·02782	·02831	·02880	·02929	·02978	·03027	·03076
60	2·03125	·03174	·03223	·03271	·03320	·03368	·03417	·03465	·03514	·03562
61	·03610	·03658	·03706	·03754	·03802	·03850	·03898	·03945	·03993	·04040
62	·04088	·04135	·04183	·04230	·04277	·04324	·04371	·04418	·04465	·04512
63	2·04559	·04606	·04652	·04699	·04745	·04792	·04838	·04885	·04931	·04977
64	·05023	·05069	·05115	·05160	·05206	·05252	·05298	·05343	·05389	·05434
65	·05480	·05525	·05571	·05616	·05662	·05707	·05752	·05797	·05842	·05887
66	2·05932	·05977	·06022	·06067	·06111	·06156	·06200	·06245	·06289	·06334
67	·06378	·06422	·06466	·06510	·06554	·06598	·06642	·06686	·06729	·06773
68	·06817	·06860	·06904	·06947	·06990	·07034	·07077	·07120	·07164	·07207
69	2·07250	·07293	·07336	·07379	·07422	·07465	·07508	·07550	·07593	·07635
70	·07678	·07720	·07763	·07805	·07848	·07890	·07932	·07974	·08016	·08058
71	·08100	·08142	·08184	·08226	·08267	·08309	·08351	·08392	·08434	·08475

I

β	·0	·1	·2	·3	·4	·5	·6	·7	·8	·9
				$\left(\dfrac{x}{z}\right) \phi = 90°$						
72	2·08517	·08558	·08600	·08641	·08683	·08724	·08765	·08806	·08847	·08888
73	·08929	·08970	·09011	·09051	·09092	·09133	·09173	·09214	·09254	·09295
74	·09335	·09375	·09416	·09456	·09496	·09536	·09576	·09616	·09656	·09696
75	2·09736	·09776	·09816	·09855	·09895	·09935	·09975	·10014	·10054	·10093
76	·10133	·10173	·10212	·10252	·10291	·10330	·10369	·10408	·10447	·10486
77	·10525	·10564	·10603	·10641	·10680	·10719	·10758	·10796	·10835	·10873
78	2·10912	·10950	·10989	·11027	·11066	·11104	·11142	·11180	·11218	·11256
79	·11294	·11332	·11370	·11408	·11445	·11483	·11521	·11559	·11596	·11634
80	·11672	·11710	·11747	·11785	·11822	·11860	·11897	·11934	·11972	·12009
81	2·12046	·12083	·12120	·12157	·12194	·12231	·12268	·12305	·12341	·12378
82	·12415	·12452	·12488	·12525	·12561	·12598	·12634	·12671	·12707	·12744
83	·12780	·12816	·12852	·12889	·12925	·12961	·12997	·13033	·13070	·13106
84	2·13142	·13178	·13214	·13250	·13285	·13321	·13357	·13393	·13429	·13465
85	·13500	·13536	·13571	·13607	·13642	·13677	·13712	·13748	·13783	·13818
86	·13853	·13888	·13923	·13958	·13993	·14028	·14063	·14098	·14133	·14168
87	2·14203	·14237	·14272	·14307	·14341	·14376	·14411	·14445	·14480	·14514
88	·14549	·14583	·14618	·14652	·14687	·14721	·14755	·14790	·14824	·14858
89	·14892	·14926	·14960	·14994	·15028	·15062	·15096	·15130	·15164	·15197
90	2·15231	·15265	·15298	·15332	·15366	·15399	·15433	·15466	·15500	·15533
91	·15567	·15600	·15633	·15667	·15700	·15733	·15766	·15800	·15833	·15866
92	·15899	·15932	·15965	·15998	·16031	·16064	·16097	·16129	·16162	·16195
93	2·16228	·16260	·16293	·16326	·16358	·16391	·16424	·16456	·16489	·16521
94	·16554	·16586	·16619	·16651	·16684	·16716	·16748	·16780	·16813	·16845
95	·16877	·16909	·16941	·16973	·17005	·17037	·17069	·17101	·17132	·17164
96	2·17196	·17227	·17259	·17291	·17322	·17354	·17386	·17417	·17449	·17480
97	·17512	·17543	·17575	·17606	·17638	·17669	·17701	·17732	·17763	·17795
98	·17826	·17857	·17888	·17919	·17950	·17981	·18012	·18043	·18074	·18105
99	2·18136	·18167	·18197	·18228	·18259	·18290	·18320	·18351	·18382	·18412
100	·18443									

II

$\beta=$	0.125		0.25		0.50		0.75		1.0	
ϕ	$\dfrac{x}{b}$	$\dfrac{z}{b}$	$\dfrac{x}{b}$	$\dfrac{z}{b}$	$\dfrac{x}{b}$	$\dfrac{z}{b}$	$\dfrac{x}{b}$	$\dfrac{z}{b}$	$\dfrac{x}{b}$	$\dfrac{z}{b}$
5°	·08715	·00380	·08714	·00380	·08711	·00380	·08709	·00380	·08707	·00380
10	·17357	·01518	·17348	·01517	·17332	·01515	·17316	·01513	·17300	·01511
15	·25855	·03402	·25827	·03397	·25774	·03386	·25720	·03375	·25668	·03365
20	·34139	·06014	·34076	·05997	·33952	·05964	·33830	·05932	·33711	·05900
25	·42141	·09328	·42022	·09288	·41790	·09210	·41564	·09134	·41344	·09060
30	·49798	·13314	·49600	·13232	·49217	·13075	·48849	·12925	·48495	·12781
35	·57049	·17933	·56749	·17786	·56173	·17506	·55628	·17242	·55109	·16993
40	·63838	·23142	·63413	·22899	·62608	·22441	·61854	·22017	·61146	·21623
45	·70115	·28893	·69545	·28517	·68478	·27819	·67493	·27183	·66579	·26599
50	·75834	·35133	·75104	·34582	·73752	·33573	·72522	·32669	·71394	·31851
55	·80955	·41807	·80055	·41033	·78407	·39637	·76928	·38408	·75587	·37312
60	·85445	·48855	·84371	·47807	·82427	·45946	·80706	·44335	·79161	·42919
65	·89273	·56216	·88033	·54840	·85807	·52436	·83859	·50389	·82127	·48613
70	·92430	·63826	·91027	·62067	·88545	·59042	·86396	·56511	·84502	·54342
75	·94889	·71621	·93348	·69425	·90647	·65707	·88332	·62646	·86305	·60056
80	·96644	·79537	·94995	·76850	·92126	·72372	·89685	·68744	·87559	·65708
85	·97694	·87508	·95974	·84281	·92998	·78984	·90478	·74756	·88291	·71259
90	·98042	·95471	·96297	·91656	·93283	·85491	·90736	·80641	·88529	·76671
95	·97698	1·03363	·95981	·98920	·93007	·91845	·90488	·86358	·88302	·81909
100	·96677	1·11121	·95047	1·06015	·92197	·98002	·89763	·91870	·87640	·86944
105	·95001	1·18686	·93524	1·12889	·90886	1·03920	·88595	·97145	·86576	·91747
110	·92695	1·26000	·91443	1·19492	·89109	1·09562	·87018	1·02151	·85144	·96293
115	·89793	1·33008	·88841	1·25777	·86902	1·14892	·85067	1·06863	·83377	1·00561
120	·86333	1·39656	·85759	1·31699	·84306	1·19880	·82782	1·11255	·81312	1·04531
125	·82360	1·45895	·82243	1·37220	·81366	1·24498	·80201	1·15309	·78983	1·08189
130	·77923	1·51678	·78345	1·42301	·78127	1·28722	·77365	1·19006	·76428	1·11520
135	·73082	1·56962	·74122	1·46912	·74637	1·32531	·74318	1·22333	·73686	1·14514
140	·67902	1·61710	·69635	1·51026	·70949	1·35912	·71103	1·25180	·70794	1·17165
145	·62460	1·65888	·64953	1·54620	·67117	1·38855	·67765	1·27843	·67793	1·19469
150	·56842	1·69469	·60151	1·57681	·63197	1·41354	·64350	1·30020	·64720	1·21428
155	·51150	1·72434	·55310	1·60203	·59246	1·43412	·60904	1·31815	·61615	1·23045
160	·45497	1·74778	·50514	1·62192	·55321	1·45039	·57472	1·33238	·58516	1·24330
165	·40013	1·76511	·45850	1·63665	·51480	1·46252	·54096	1·34304	·55458	1·25296
170	·34830	1·77663	·41402	1·64653	·47773	1·47076	·50818	1·35032	·52476	1·25953
175	·30080	1·78298	·37245	1·65203	·44247	1·47542	·47672	1·35448	·49599	1·26338
180	·25864	1·78487	·33439	1·65372	·40941	1·47688	·44690	1·35579	·46853	1·26459

II

$\beta=$	1.5		2.0		2.5		3.0		3.5	
ϕ	$\dfrac{x}{b}$	$\dfrac{z}{b}$	$\dfrac{x}{b}$	$\dfrac{z}{b}$	$\dfrac{x}{b}$	$\dfrac{z}{b}$	$\dfrac{x}{b}$	$\dfrac{z}{b}$	$\dfrac{x}{b}$	$\dfrac{z}{b}$
5°	·08703	·00380	·08699	·00379	·08695	·00379	·08691	·00379	·08687	·00379
10	·17268	·01507	·17236	·01502	·17204	·01498	·17173	·01494	·17142	·01490
15	·25564	·03344	·25462	·03324	·25363	·03305	·25265	·03286	·25170	·03268
20	·33479	·05838	·33255	·05779	·33039	·05723	·32830	·05668	·32628	·05615
25	·40923	·08920	·40523	·08787	·40143	·08662	·39780	·08543	·39434	·08430
30	·47826	·12511	·47203	·12262	·46619	·12030	·46071	·11814	·45553	·11613
35	·54144	·16533	·53260	·16117	·52446	·15739	·51691	·15391	·50988	·15071
40	·59848	·20908	·58681	·20274	·57621	·19707	·56651	·19194	·55756	·18726
45	·64928	·25560	·63469	·24658	·62161	·23863	·60978	·23155	·59898	·22517
50	·69385	·30420	·67636	·29203	·66089	·28146	·64703	·27216	·63448	·26387
55	·73229	·35427	·71206	·33851	·69435	·32503	·67862	·31330	·66448	·30294
60	·76478	·40522	·74203	·38552	·72231	·36888	·70492	·35454	·68939	·34199
65	·79152	·45655	·76656	·43261	·74510	·41262	·72629	·39556	·70956	·38073
70	·81277	·50780	·78596	·47939	·76305	·45592	·74308	·43604	·72539	·41886
75	·82879	·55857	·80052	·52552	·77649	·49847	·75561	·47573	·73718	·45622
80	·83987	·60850	·81055	·57070	·78572	·54004	·76420	·51442	·74523	·49255
85	·84630	·65724	·81635	·61466	·79104	·58038	·76915	·55191	·74989	·52771
90	·84838	·70453	·81822	·65717	·79275	·61931	·77074	·58803	·75137	·56154
95	·84640	·75009	·81645	·69802	·79113	·65665	·76924	·62262	·74998	·59391
100	·84067	·79371	·81133	·73702	·78646	·69224	·76491	·65556	·74593	·62472
105	·83150	·83516	·80314	·77401	·77899	·72596	·75801	·68674	·73948	·65386
110	·81917	·87427	·79216	·80886	·76900	·75768	·74878	·71605	·73086	·68122
115	·80402	·91089	·77868	·84143	·75674	·78730	·73745	·74340	·72027	·70674
120	·78634	·94487	·76297	·87162	·74246	·81474	·72428	·76873	·70799	·73039
125	·76644	·97612	·74531	·89935	·72642	·83994	·70948	·79198	·69417	·75209
130	·74465	1·00453	·72598	·92456	·70886	·86283	·69328	·81310	·67906	·77182
135	·72128	1·03006	·70525	·94720	·69004	·88339	·67590	·83207	·66284	·78949
140	·69663	1·05264	·68339	·96723	·67018	·90159	·65758	·84887	·64574	·80519
145	·67105	1·07229	·66068	·98467	·64954	·91744	·63851	·86350	·62792	·81884
150	·64482	1·08901	·63738	·99952	·62834	·93095	·61893	·87599	·60963	·83050
155	·61826	1·10284	·61375	1·01183	·60681	·94217	·59901	·88636	·59101	·84020
160	·59167	1·11387	·59003	1·02166	·58518	·95113	·57898	·89467	·57223	·84798
165	·56532	1·12218	·56647	1·02910	·56364	·95793	·55901	·90097	·55353	·85390
170	·53949	1·12792	·54329	1·03425	·54240	·96265	·53927	·90535	·53500	·85802
175	·51439	1·13123	·52069	1·03723	·52164	·96538	·51994	·90790	·51684	·86041
180	·49026	1·13229	·49885	1·03819	·50151	·96630	·50116	·90872	·50914	·86117

Bashforth-Adams (B-A) の表

II

$\beta=$	4.0		4.5		5.0		5.5		6.0	
ϕ	$\dfrac{x}{b}$	$\dfrac{z}{b}$	$\dfrac{x}{b}$	$\dfrac{z}{b}$	$\dfrac{x}{b}$	$\dfrac{z}{b}$	$\dfrac{x}{b}$	$\dfrac{z}{b}$	$\dfrac{x}{b}$	$\dfrac{z}{b}$
5°	·08683	·00378	·08679	·00378	·08675	·00378	·08671	·00378	·08667	·00377
10	·17112	·01486	·17082	·01482	·17052	·01478	·17022	·01474	·16992	·01471
15	·25076	·03249	·24984	·03231	·24894	·03213	·24806	·03196	·24719	·03179
20	·32432	·05564	·32241	·05515	·32057	·05468	·31878	·05422	·31704	·05377
25	·39102	·08323	·38784	·08221	·38479	·08123	·38186	·08030	·37903	·07940
30	·45064	·11423	·44600	·11244	·44159	·11075	·43738	·10916	·43336	·10764
35	·50329	·14773	·49710	·14495	·49127	·14236	·48576	·13993	·48053	·13764
40	·54928	·18298	·54156	·17903	·53434	·17537	·52755	·17196	·52116	·16878
45	·58905	·21938	·57986	·21409	·57133	·20922	·56335	·20472	·55588	·20055
50	·62302	·25642	·61249	·24967	·60275	·24349	·59370	·23781	·58525	·23257
55	·65165	·29370	·63992	·28538	·62912	·27781	·61911	·27089	·60981	·26454
60	·67536	·33087	·66258	·32091	·65086	·31191	·64005	·30371	·63001	·29621
65	·69453	·36766	·68089	·35602	·66840	·34555	·65689	·33606	·64625	·32739
70	·70953	·40383	·69518	·39050	·68208	·37854	·67004	·36773	·65891	·35790
75	·72069	·43919	·70580	·42414	·69223	·41071	·67978	·39860	·66829	·38761
80	·72832	·47355	·71306	·45682	·69917	·44192	·68643	·42853	·67468	·41640
85	·73271	·50676	·71722	·48837	·70314	·47203	·69024	·45737	·67835	·44414
90	·73411	·53869	·71856	·51868	·70441	·50095	·69145	·48508	·67952	·47076
95	·73279	·56922	·71730	·54766	·70322	·52858	·69032	·51153	·67842	·49617
100	·72898	·59825	·71369	·57518	·69977	·55482	·68701	·53665	·67525	·52030
105	·72290	·62569	·70792	·60119	·69428	·57960	·68176	·56036	·67021	·54307
110	·71478	·65147	·70023	·62563	·68695	·60287	·67475	·58262	·66348	·56444
115	·70483	·67550	·69081	·64842	·67798	·62457	·66616	·60337	·65523	·58436
120	·69326	·69775	·67984	·66948	·66753	·64464	·65617	·62258	·64564	·60280
125	·68026	·71817	·66753	·68882	·65581	·66306	·64496	·64020	·63487	·61971
130	·66604	·73672	·65405	·70639	·64297	·67979	·63269	·65620	·62309	·63508
135	·65078	·75338	·63960	·72218	·62920	·69483	·61950	·67059	·61043	·64889
140	·63467	·76814	·62433	·73616	·61466	·70816	·60559	·68334	·59707	·66114
145	·61790	·78101	·60844	·74837	·59951	·71979	·59109	·69448	·58314	·67184
150	·60065	·79201	·59207	·75881	·58391	·72973	·57616	·70399	·56879	·68098
155	·58310	·80115	·57541	·76748	·56802	·73801	·56094	·71192	·55416	·68860
160	·56540	·80849	·55861	·77446	·55198	·74466	·54555	·71828	·53937	·69473
165	·54772	·81407	·54180	·77974	·53593	·74972	·53017	·72315	·52457	·69940
170	·53021	·81796	·52515	·78345	·52001	·75326	·51489	·72655	·50985	·70267
175	·51300	·82022	·50875	·78561	·50433	·75532	·49983	·72853	·49535	·70458
180	·49623	·82096	·49278	·78632	·48902	·75600	·48511	·72917	·48115	·70520

II

$\beta=$	6.5		7.0		7.5		8.0		8.5	
ϕ	$\frac{x}{b}$	$\frac{z}{b}$	$\frac{x}{b}$	$\frac{z}{b}$	$\frac{x}{b}$	$\frac{z}{b}$	$\frac{x}{b}$	$\frac{z}{b}$	$\frac{x}{b}$	$\frac{z}{b}$
5°	·08663	·00377	·08659	·00377	·08655	·00377	·08651	·00376	·08647	·00376
10	·16963	·01467	·16934	·01463	·16906	·01459	·16877	·01456	·16849	·01452
15	·24634	·03163	·24550	·03147	·24467	·03131	·24386	·03115	·24306	·03100
20	·31534	·05334	·31369	·05292	·31208	·05251	·31051	·05211	·30897	·05172
25	·37630	·07854	·37367	·07771	·37112	·07692	·36866	·07615	·36628	·07541
30	·42951	·10620	·42583	·10482	·42229	·10351	·41889	·10225	·41562	·10105
35	·47556	·13548	·47083	·13344	·46631	·13150	·46199	·12966	·45785	·12790
40	·51511	·16579	·50939	·16299	·50395	·16034	·49877	·15784	·49382	·15546
45	·54884	·19666	·54220	·19302	·53591	·18960	·52995	·18638	·52428	·18334
50	·57733	·22771	·56988	·22318	·56285	·21994	·55619	·21497	·54987	·21123
55	·60111	·25868	·59295	·25322	·58526	·24813	·57801	·24338	·57115	·23893
60	·62065	·28930	·61189	·28291	·60366	·27697	·59590	·27143	·58857	·26624
65	·63635	·31943	·62710	·31209	·61842	·30528	·61024	·29895	·60252	·29303
70	·64857	·34890	·63892	·34061	·62989	·33293	·62139	·32581	·61337	·31917
75	·65762	·37756	·64768	·36834	·63837	·35983	·62963	·35192	·62139	·34455
80	·66379	·40534	·65364	·39519	·64415	·38583	·63524	·37716	·62685	·36911
85	·66733	·43209	·65706	·42105	·64745	·41088	·63844	·40147	·62995	·39273
90	·66846	·45774	·65815	·44584	·64851	·43488	·63947	·42476	·63096	·41536
95	·66738	·48222	·65712	·46948	·64753	·45777	·63851	·44696	·63002	·43693
100	·66434	·50547	·65418	·49193	·64467	·47950	·63574	·46804	·62732	·45742
105	·65949	·52740	·64949	·51311	·64013	·50001	·63134	·48792	·62306	·47673
110	·65301	·54799	·64323	·53299	·63407	·51923	·62546	·50657	·61734	·49485
115	·64506	·56717	·63556	·55151	·62665	·53716	·61827	·52395	·61036	·51173
120	·63582	·58492	·62664	·56865	·61802	·55375	·60990	·54003	·60223	·52735
125	·62545	·60121	·61663	·58437	·60834	·56896	·60051	·55479	·59311	·54169
130	·61410	·61601	·60567	·59866	·59773	·58279	·59022	·56820	·58311	·55472
135	·60192	·62930	·59390	·61151	·58633	·59522	·57917	·58027	·57238	·56646
140	·58904	·64111	·58147	·62291	·57430	·60627	·56750	·59097	·56104	·57684
145	·57563	·65142	·56851	·63286	·56175	·61590	·55532	·60032	·54920	·58593
150	·56179	·66023	·55514	·64138	·54880	·62415	·54276	·60832	·53699	·59371
155	·54769	·66758	·54150	·64848	·53558	·63103	·52993	·61500	·52451	·60020
160	·53342	·67349	·52771	·65420	·52222	·63657	·51696	·62038	·51190	·60544
165	·51914	·67800	·51389	·65856	·50882	·64080	·50394	·62449	·49924	·60944
170	·50492	·68115	·50014	·66161	·49549	·64376	·49099	·62736	·48662	·61223
175	·49091	·68300	·48657	·66340	·48233	·64548	·47819	·62905	·47416	·61389
180	·47719	·68360	·47328	·66398	·46942	·64605	·46564	·62960	·46193	·61443

Bashforth-Adams (B-A) の表

II

$\beta=$	9.0		9.5		10.0		10.5		11.0	
ϕ	$\dfrac{x}{b}$	$\dfrac{z}{b}$	$\dfrac{x}{b}$	$\dfrac{z}{b}$	$\dfrac{x}{b}$	$\dfrac{z}{b}$	$\dfrac{x}{b}$	$\dfrac{z}{b}$	$\dfrac{x}{b}$	$\dfrac{z}{b}$
5°	·08643	·00376	·08639	·00376	·08635	·00375	·08631	·00375	·08627	·00375
10	·16821	·01448	·16793	·01445	·16766	·01441	·16739	·01438	·16712	·01434
15	·24228	·03085	·24151	·03070	·24075	·03056	·24000	·03042	·23927	·03028
20	·30748	·05135	·30603	·05099	·30460	·05063	·30320	·05028	·30184	·04994
25	·36397	·07469	·36173	·07400	·35955	·07333	·35743	·07269	·35537	·07206
30	·41246	·09989	·40941	·09878	·40647	·09771	·40362	·09668	·40087	·09569
35	·45388	·12623	·45006	·12463	·44639	·12310	·44285	·12163	·43944	·12022
40	·48909	·15321	·48457	·15106	·48023	·14902	·47606	·14707	·47205	·14520
45	·51887	·18046	·51371	·17773	·50877	·17514	·50404	·17267	·49949	·17032
50	·54387	·20771	·53815	·20438	·53269	·20121	·52747	·19820	·52246	·19534
55	·56463	·23474	·55843	·23078	·55252	·22703	·54688	·22348	·54148	·22011
60	·58161	·26137	·57502	·25678	·56874	·25245	·56275	·24835	·55702	·24446
65	·59522	·28748	·58829	·28226	·58171	·27734	·57543	·27269	·56944	·26829
70	·60579	·31295	·59860	·30711	·59178	·30161	·58528	·29642	·57908	·29151
75	·61360	·33767	·60622	·33122	·59921	·32516	·59254	·31945	·58618	·31404
80	·61892	·36158	·61141	·35453	·60427	·34791	·59749	·34167	·59101	·33578
85	·62194	·38458	·61435	·37694	·60715	·36979	·60030	·36306	·59377	·35670
90	·62291	·40661	·61530	·39842	·60808	·39074	·60121	·38352	·59466	·37671
95	·62200	·42760	·61441	·41888	·60721	·41071	·60036	·40303	·59383	·39579
100	·61938	·44753	·61186	·43830	·60472	·42965	·59793	·42153	·59145	·41388
105	·61523	·46632	·60781	·45661	·60077	·44752	·59407	·43899	·58768	·43095
110	·60967	·48396	·60239	·47380	·59549	·46428	·58892	·45535	·58264	·44694
115	·60288	·50038	·59578	·48979	·58903	·47989	·58260	·47060	·57646	·46186
120	·59497	·51558	·58807	·50461	·58151	·49434	·57525	·48471	·56928	·47565
125	·58609	·52953	·57942	·51820	·57307	·50760	·56701	·49767	·56122	·48832
130	·57636	·54221	·56994	·53055	·56382	·51966	·55798	·50944	·55239	·49984
135	·56592	·55363	·55977	·54167	·55389	·53050	·54827	·52003	·54290	·51019
140	·55488	·56373	·54900	·55153	·54339	·54013	·53801	·52944	·53286	·51940
145	·54336	·57258	·53778	·56015	·53243	·54854	·52731	·53767	·52239	·52744
150	·53147	·58015	·52618	·56753	·52111	·55575	·51624	·54471	·51157	·53433
155	·51932	·58648	·51434	·57371	·50955	·56178	·50494	·55060	·50051	·54010
160	·50703	·59158	·50235	·57868	·49784	·56663	·49350	·55535	·48931	·54474
165	·49470	·59547	·49032	·58247	·48609	·57034	·48201	·55897	·47806	·54829
170	·48240	·59820	·47831	·58514	·47436	·57294	·47053	·56152	·46683	·55078
175	·47025	·59982	·46645	·58671	·46277	·57447	·45920	·56301	·45573	·55224
180	·45832	·60034	·45480	·58722	·45138	·57497	·44804	·56350	·44480	·55272

II

$\beta=$	11·5		12·0		12·5		13·0		13·5	
ϕ	$\frac{x}{b}$	$\frac{z}{b}$	$\frac{x}{b}$	$\frac{z}{b}$	$\frac{x}{b}$	$\frac{z}{b}$	$\frac{x}{b}$	$\frac{z}{b}$	$\frac{x}{b}$	$\frac{z}{b}$
5°	·08623	·00375	·08619	·00374	·08615	·00374	·08611	·00374	·08607	·00374
10	·16685	·01431	·16658	·01427	·16632	·01424	·16606	·01421	·16580	·01417
15	·23855	·03014	·23784	·03000	·23714	·02987	·23645	·02974	·23577	·02961
20	·30051	·04961	·29921	·04929	·29794	·04898	·29669	·04867	·29546	·04837
25	·35337	·07145	·35142	·07086	·34952	·07029	·34767	·06973	·34586	·06919
30	·39820	·09474	·39562	·09382	·39311	·09293	·39067	·09207	·38829	·09123
35	·43615	·11887	·43296	·11757	·42988	·11631	·42689	·11510	·42400	·11393
40	·46819	·14341	·46446	·14170	·46086	·14005	·45738	·13847	·45402	·13694
45	·49512	·16807	·49093	·16592	·48689	·16386	·48298	·16188	·47921	·15998
50	·51765	·19262	·51304	·19002	·50861	·18753	·50433	·18515	·50020	·18286
55	·53630	·21690	·53134	·21384	·52657	·21092	·52198	·20813	·51756	·20546
60	·55153	·24077	·54628	·23725	·54123	·23390	·53638	·23070	·53171	·22764
65	·56371	·26412	·55821	·26015	·55293	·25637	·54787	·25276	·54300	·24931
70	·57315	·28686	·56746	·28244	·56200	·27824	·55677	·27423	·55174	·27040
75	·58010	·30892	·57428	·30406	·56870	·29944	·56335	·29504	·55820	·29083
80	·58483	·33020	·57892	·32492	·57326	·31990	·56782	·31512	·56259	·31056
85	·58753	·35068	·58157	·34498	·57586	·33957	·57037	·33442	·56510	·32951
90	·58840	·37027	·58241	·36418	·57667	·35839	·57117	·35289	·56589	·34765
95	·58759	·38895	·58162	·38248	·57591	·37634	·57042	·37050	·56514	·36494
100	·58526	·40666	·57934	·39982	·57366	·39335	·56822	·38717	·56299	·38131
105	·58157	·42336	·57572	·41618	·57012	·40938	·56474	·40291	·55957	·39675
110	·57664	·43901	·57089	·43152	·56538	·42443	·56009	·41768	·55501	·41126
115	·57059	·45362	·56497	·44582	·55958	·43843	·55440	·43142	·54942	·42475
120	·56357	·46711	·55809	·45904	·55283	·45140	·54778	·44414	·54292	·43723
125	·55568	·47951	·55036	·47119	·54525	·46331	·54034	·45583	·53561	·44871
130	·54701	·49079	·54189	·48223	·53695	·47413	·53220	·46644	·52762	·45913
135	·53774	·50091	·53279	·49216	·52802	·48388	·52344	·47601	·51902	·46853
140	·52791	·50993	·52316	·50099	·51859	·49252	·51418	·48449	·50993	·47686
145	·51766	·51780	·51311	·50870	·50873	·50008	·50450	·49191	·50042	·48415
150	·50707	·52455	·50273	·51532	·49855	·50658	·49451	·49829	·49061	·49041
155	·49624	·53020	·49212	·52085	·48814	·51200	·48429	·50361	·48057	·49564
160	·48527	·53475	·48136	·52531	·47758	·51638	·47393	·50791	·47039	·49986
165	·47424	·53823	·47055	·52872	·46698	·51972	·46351	·51119	·46015	·50308
170	·46324	·54066	·45976	·53111	·45638	·52207	·45311	·51350	·44993	·50535
175	·45236	·54210	·44908	·53252	·44589	·52346	·44280	·51486	·43979	·50669
180	·44164	·54256	·43857	·53298	·43558	·52391	·43267	·51531	·42983	·50713

II

$\beta=$	14·0		14·5		15·0		15·5		16·0	
ϕ	$\frac{x}{b}$	$\frac{z}{b}$	$\frac{x}{b}$	$\frac{z}{b}$	$\frac{x}{b}$	$\frac{z}{b}$	$\frac{x}{b}$	$\frac{z}{b}$	$\frac{x}{b}$	$\frac{z}{b}$
5°	·08604	·00373	·08600	·00373	·08596	·00373	·08592	·00373	·08588	·00372
10	·16554	·01414	·16529	·01411	·16503	·01408	·16478	·01404	·16453	·01401
15	·23509	·02949	·23443	·02936	·23377	·02924	·23313	·02912	·23249	·02900
20	·29426	·04808	·29308	·04779	·29192	·04751	·29078	·04723	·28967	·04696
25	·34410	·06866	·34237	·06815	·34069	·06765	·33905	·06716	·33744	·06669
30	·38598	·09042	·38374	·08963	·38155	·08887	·37942	·08813	·37734	·08741
35	·42119	·11281	·41847	·11172	·41582	·11067	·41325	·10964	·41074	·10865
40	·45077	·13547	·44762	·13405	·44456	·13268	·44159	·13135	·43871	·13007
45	·47556	·15815	·47203	·15639	·46861	·15469	·46530	·15305	·46209	·15147
50	·49622	·18067	·49237	·17856	·48865	·17653	·48504	·17457	·48155	·17268
55	·51329	·20289	·50917	·20042	·50519	·19805	·50134	·19577	·49761	·19358
60	·52721	·22470	·52287	·22188	·51867	·21918	·51461	·21658	·51069	·21408
65	·53831	·24601	·53379	·24285	·52942	·23981	·52520	·23689	·52112	·23409
70	·54691	·26674	·54225	·26323	·53775	·25987	·53340	·25664	·52919	·25354
75	·55325	·28682	·54848	·28298	·54387	·27930	·53942	·27577	·53513	·27238
80	·55756	·30620	·55271	·30203	·54804	·29804	·54353	·29422	·53917	·29055
85	·56002	·32483	·55513	·32036	·55042	·31607	·54588	·31195	·54148	·30801
90	·56080	·34265	·55590	·33787	·55118	·33330	·54662	·32892	·54221	·32471
95	·56007	·35963	·55518	·35456	·55047	·34971	·54592	·34506	·54152	·34061
100	·55795	·37572	·55310	·37037	·54842	·36527	·54391	·36038	·53954	·35569
105	·55459	·39089	·54980	·38529	·54517	·37994	·54070	·37482	·53639	·36991
110	·55011	·40513	·54539	·39928	·54084	·39370	·53645	·38836	·53220	·38324
115	·54462	·41839	·53999	·41232	·53553	·40652	·53122	·40097	·52705	·39566
120	·53824	·43066	·53372	·42439	·52936	·41839	·52515	·41265	·52107	·40716
125	·53106	·44193	·52666	·43546	·52242	·42928	·51832	·42337	·51435	·41771
130	·52321	·45217	·51896	·44553	·51484	·43918	·51085	·43312	·50699	·42732
135	·51476	·46140	·51064	·45460	·50666	·44811	·50280	·44191	·49907	·43596
140	·50582	·46959	·50185	·46266	·49801	·45604	·49429	·44971	·49069	·44365
145	·49648	·47676	·49267	·46971	·48898	·46298	·48540	·45654	·48193	·45037
150	·48684	·48291	·48318	·47576	·47964	·46893	·47621	·46240	·47288	·45614
155	·47697	·48805	·47343	·48081	·47009	·47390	·46680	·46729	·46361	·46096
160	·46696	·49220	·46363	·48489	·46040	·47792	·45726	·47125	·45421	·46486
165	·45689	·49537	·45372	·48801	·45065	·48099	·44766	·47427	·44475	·46784
170	·44684	·49760	·44383	·49021	·44091	·48315	·43807	·47640	·43530	·46994
175	·43687	·49892	·43403	·49151	·43126	·48443	·42856	·47766	·42593	·47118
180	·42707	·49935	·42438	·49193	·42176	·48484	·41920	·47807	·41670	·47158

II

$\beta=$	16·5		17·0		17·5		18·0		18·5	
ϕ	$\dfrac{x}{b}$	$\dfrac{z}{b}$	$\dfrac{x}{b}$	$\dfrac{z}{b}$	$\dfrac{x}{b}$	$\dfrac{z}{b}$	$\dfrac{x}{b}$	$\dfrac{z}{b}$	$\dfrac{x}{b}$	$\dfrac{z}{b}$
5°	·08584	·00372	·08580	·00372	·08577	·00372	·08573	·00371	·08569	·00371
10	·16429	·01398	·16404	·01395	·16380	·01392	·16356	·01389	·16332	·01386
15	·23186	·02888	·23124	·02877	·23063	·02865	·23002	·02854	·22942	·02843
20	·28857	·04669	·28750	·04643	·28645	·04618	·28541	·04593	·28439	·04569
25	·33587	·06622	·33433	·06577	·33282	·06533	·33134	·06490	·32989	·06448
30	·37531	·08671	·37333	·08603	·37140	·08537	·36951	·08472	·36767	·08409
35	·40830	·10769	·40592	·10675	·40361	·10584	·40135	·10496	·39914	·10410
40	·43591	·12882	·43318	·12762	·43052	·12646	·42794	·12533	·42542	·12423
45	·45898	·14994	·45595	·14846	·45301	·14703	·45014	·14564	·44735	·14430
50	·47816	·17086	·47487	·16910	·47168	·16740	·46858	·16575	·46556	·16415
55	·49400	·19146	·49050	·18942	·48710	·18745	·48379	·18554	·48057	·18369
60	·50689	·21167	·50321	·20934	·49963	·20709	·49616	·20493	·49279	·20284
65	·51717	·23139	·51334	·22879	·50962	·22628	·50602	·22385	·50252	·22151
70	·52511	·25056	·52117	·24769	·51735	·24492	·51364	·24224	·51004	·23966
75	·53098	·26913	·52696	·26599	·52306	·26296	·51927	·26004	·51559	·25723
80	·53495	·28702	·53087	·28363	·52691	·28036	·52308	·27720	·51936	·27415
85	·53722	·30422	·53311	·30058	·52913	·29707	·52526	·29368	·52150	·29041
90	·53795	·32067	·53382	·31678	·52982	·31304	·52595	·30944	·52219	·30596
95	·53727	·33634	·53315	·33223	·52916	·32827	·52529	·32446	·52153	·32078
100	·53532	·35118	·53123	·34685	·52727	·34269	·52343	·33868	·51970	·33481
105	·53222	·36520	·52818	·36067	·52426	·35631	·52046	·35211	·51677	·34886
110	·52809	·37833	·52411	·37361	·52025	·36907	·51650	·36470	·51286	·36047
115	·52301	·39057	·51910	·38567	·51531	·38096	·51164	·37642	·50807	·37205
120	·51712	·40189	·51330	·39683	·50959	·39196	·50599	·38727	·50250	·38275
125	·51051	·41228	·50679	·40707	·50317	·40206	·49966	·39723	·49625	·39258
130	·50325	·42176	·49962	·41641	·49610	·41126	·49269	·40631	·48937	·40153
135	·49545	·43025	·49194	·42478	·48853	·41952	·48522	·41446	·48200	·40958
140	·48720	·43783	·48380	·43225	·48050	·42689	·47730	·42172	·47419	·41674
145	·47856	·44446	·47529	·43878	·47212	·43331	·46903	·42807	·46603	·42302
150	·46964	·45013	·46650	·44437	·46344	·43884	·46047	·43351	·45758	·42838
155	·46051	·45489	·45750	·44907	·45456	·44347	·45171	·43808	·44893	·43289
160	·45124	·45873	·44836	·45285	·44555	·44720	·44282	·44176	·44016	·43653
165	·44192	·46167	·43916	·45575	·43648	·45006	·43386	·44459	·43131	·43931
170	·43261	·46375	·42998	·45780	·42742	·45208	·42492	·44658	·42248	·44129
175	·42337	·46496	·42087	·45900	·41843	·45327	·41604	·44775	·41371	·44244
180	·41426	·46536	·41188	·45939	·40956	·45365	·40729	·44813	·40507	·44281

Bashforth-Adams (B-A) の表

II

$\beta=$	19·0		19·5		20·0		21·0		22·0	
ϕ	$\dfrac{x}{b}$	$\dfrac{z}{b}$	$\dfrac{x}{b}$	$\dfrac{z}{b}$	$\dfrac{x}{b}$	$\dfrac{z}{b}$	$\dfrac{x}{b}$	$\dfrac{z}{b}$	$\dfrac{x}{b}$	$\dfrac{z}{b}$
5°	·08565	·00371	·08562	·00371	·08558	·00370	·08550	·00370	·08543	·00369
10	·16308	·01383	·16284	·01380	·16261	·01377	·16214	·01371	·16169	·01365
15	·22883	·02832	·22825	·02821	·22768	·02811	·22655	·02790	·22545	·02770
20	·28339	·04545	·28240	·04521	·28143	·04498	·27953	·04453	·27769	·04410
25	·32847	·06407	·32707	·06367	·32571	·06327	·32306	·06250	·32050	·06177
30	·36586	·08348	·36409	·08288	·36236	·08230	·35901	·08118	·35579	·08010
35	·39699	·10327	·39489	·10246	·39283	·10167	·38885	·10016	·38505	·09871
40	·42297	·12317	·42058	·12214	·41824	·12113	·41373	·11919	·40942	·11736
45	·44464	·14299	·44199	·14172	·43941	·14050	·43443	·13814	·42969	·13591
50	·46262	·16260	·45977	·16110	·45698	·15965	·45161	·15686	·44650	·15423
55	·47745	·18190	·47441	·18017	·47145	·17849	·46575	·17528	·46033	·17224
60	·48951	·20081	·48632	·19885	·48322	·19694	·47725	·19330	·47158	·18987
65	·49912	·21924	·49581	·21705	·49259	·21492	·48640	·21086	·48053	·20704
70	·50654	·23716	·50314	·23474	·49984	·23240	·49349	·22793	·48746	·22373
75	·51202	·25450	·50855	·25186	·50518	·24931	·49870	·24445	·49255	·23987
80	·51574	·27121	·51222	·26836	·50880	·26561	·50223	·26037	·49600	·25543
85	·51785	·28725	·51431	·28420	·51087	·28126	·50426	·27565	·49798	·27037
90	·51854	·30261	·51499	·29937	·51153	·29623	·50489	·29026	·49860	·28465
95	·51789	·31723	·51435	·31380	·51091	·31049	·50430	·30418	·49802	·29825
100	·51608	·33108	·51256	·32748	·50914	·32400	·50257	·31738	·49633	·31115
105	·51319	·34415	·50970	·34038	·50632	·33674	·49982	·32981	·49364	·32330
110	·50933	·35640	·50589	·35248	·50255	·34869	·49613	·34147	·49004	·33470
115	·50460	·36783	·50123	·36376	·49795	·35982	·49164	·35233	·48565	·34531
120	·49910	·37839	·49580	·37418	·49258	·37012	·48640	·36239	·48053	·35514
125	·49293	·38810	·48970	·38377	·48656	·37959	·48052	·37163	·47478	·36418
130	·48614	·39693	·48300	·39249	·47995	·38820	·47407	·38005	·46848	·37240
135	·47887	·40488	·47582	·40034	·47285	·39596	·46714	·38762	·46170	·37980
140	·47116	·41195	·46821	·40732	·46533	·40285	·45979	·39435	·45452	·38639
145	·46310	·41814	·46024	·41343	·45746	·40889	·45210	·40025	·44700	·39215
150	·45476	·42344	·45201	·41867	·44933	·41407	·44417	·40532	·43924	·39711
155	·44622	·42789	·44353	·42307	·44100	·41841	·43602	·40955	·43128	·40125
160	·43756	·43148	·43502	·42661	·43254	·42191	·42775	·41299	·42319	·40460
165	·42882	·43423	·42639	·42933	·42402	·42460	·41944	·41560	·41506	·40717
170	·42010	·43618	·41777	·43125	·41550	·42649	·41111	·41744	·40690	·40897
175	·41143	·43732	·40921	·43238	·40704	·42761	·40284	·41854	·39881	·41004
180	·40290	·43769	·40078	·43275	·39870	·42797	·39468	·41889	·39082	·41039

Bashforth-Adams (B-A) の表

II

	β = 23		24		25		26		27	
φ	$\frac{x}{b}$	$\frac{z}{b}$	$\frac{x}{b}$	$\frac{z}{b}$	$\frac{x}{b}$	$\frac{z}{b}$	$\frac{x}{b}$	$\frac{z}{b}$	$\frac{x}{b}$	$\frac{z}{b}$
5°	·08535	·00369	·08528	·00368	·08521	·00368	·08513	·00367	·08506	·00367
10	·16123	·01359	·16079	·01354	·16035	·01348	·15992	·01343	·15949	·01338
15	·22438	·02750	·22333	·02731	·22230	·02712	·22130	·02694	·22032	·02676
20	·27591	·04368	·27418	·04327	·27250	·04288	·27087	·04250	·26928	·04213
25	·31803	·06107	·31564	·06039	·31333	·05974	·31110	·05911	·30894	·05850
30	·35269	·07907	·34971	·07808	·34684	·07713	·34407	·07622	·34140	·07535
35	·38141	·09733	·37791	·09601	·37455	·09475	·37131	·09354	·36818	·09238
40	·40529	·11561	·40134	·11395	·39755	·11236	·39390	·11084	·39039	·10939
45	·42516	·13379	·42082	·13177	·41666	·12985	·41267	·12802	·40883	·12627
50	·44162	·15173	·43696	·14936	·43249	·14711	·42821	·14496	·42410	·14291
55	·45516	·16937	·45023	·16664	·44551	·16405	·44099	·16159	·43665	·15924
60	·46618	·18662	·46102	·18355	·45609	·18063	·45137	·17786	·44684	·17522
65	·47493	·20343	·46960	·20002	·46451	·19678	·45963	·19370	·45495	·19077
70	·48171	·21976	·47624	·21601	·47101	·21246	·46601	·20908	·46121	·20586
75	·48670	·23556	·48112	·23148	·47579	·22761	·47070	·22395	·46582	·22047
80	·49008	·25078	·48443	·24638	·47905	·24221	·47389	·23826	·46895	·23452
85	·49201	·26540	·48632	·26070	·48089	·25626	·47570	·25204	·47073	·24803
90	·49262	·27937	·48692	·27438	·48148	·26966	·47628	·26519	·47130	·26094
95	·49205	·29268	·48636	·28741	·48092	·28243	·47573	·27771	·47076	·27323
100	·49039	·30529	·48474	·29976	·47934	·29453	·47418	·28958	·46924	·28488
105	·48776	·31718	·48216	·31140	·47682	·30594	·47170	·30077	·46680	·29586
110	·48424	·32833	·47872	·32232	·47345	·31665	·46840	·31127	·46356	·30616
115	·47995	·33871	·47451	·33249	·46931	·32662	·46434	·32105	·45958	·31577
120	·47494	·34833	·46961	·34191	·46452	·33585	·45964	·33010	·45496	·32465
125	·46932	·35718	·46410	·35057	·45911	·34433	·45434	·33842	·44976	·33282
130	·46315	·36521	·45806	·35844	·45319	·35204	·44853	·34599	·44406	·34025
135	·45651	·37246	·45156	·36554	·44682	·35901	·44228	·35282	·43793	·34695
140	·44949	·37891	·44468	·37185	·44008	·36519	·43567	·35888	·43143	·35290
145	·44214	·38454	·43748	·37737	·43302	·37061	·42874	·36420	·42463	·35812
150	·43453	·38939	·43003	·38212	·42571	·37526	·42157	·36876	·41759	·36260
155	·42675	·39345	·42240	·38610	·41823	·37915	·41423	·37258	·41039	·36635
160	·41883	·39673	·41464	·38931	·41062	·38231	·40676	·37568	·40305	·36940
165	·41086	·39925	·40683	·39178	·40296	·38472	·39924	·37805	·39566	·37173
170	·40287	·40101	·39900	·39351	·39528	·38643	·39170	·37973	·38825	·37337
175	·39494	·40206	·39123	·39454	·38766	·38744	·38422	·38072	·38090	·37434
180	·38712	·40240	·38356	·39487	·38014	·38776	·37683	·38103	·37364	·37465

II

$\beta =$	28		29		30		31		32	
ϕ	$\dfrac{x}{b}$	$\dfrac{z}{b}$	$\dfrac{x}{b}$	$\dfrac{z}{b}$	$\dfrac{x}{b}$	$\dfrac{z}{b}$	$\dfrac{x}{b}$	$\dfrac{z}{b}$	$\dfrac{x}{b}$	$\dfrac{z}{b}$
5°	·08499	·00366	·08491	·00366	·08484	·00366	·08477	·00365	·08470	·00365
10	·15907	·01332	·15865	·01327	·15824	·01322	·15784	·01317	·15744	·01312
15	·21935	·02659	·21841	·02642	·21748	·02626	·21657	·02610	·21568	·02594
20	·26773	·04177	·26623	·04143	·26476	·04109	·26332	·04076	·26192	·04044
25	·30684	·05792	·30481	·05736	·30283	·05681	·30090	·05628	·29903	·05576
30	·33881	·07451	·33631	·07370	·33388	·07292	·33153	·07217	·32924	·07144
35	·36517	·09127	·36226	·09020	·35944	·08917	·35671	·08818	·35408	·08723
40	·38701	·10800	·38376	·10666	·38061	·10538	·37756	·10415	·37462	·10296
45	·40514	·12459	·40159	·12298	·39816	·12144	·39485	·11996	·39165	·11854
50	·42015	·14095	·41634	·13907	·41268	·13727	·40914	·13555	·40573	·13389
55	·43248	·15700	·42847	·15485	·42461	·15280	·42088	·15083	·41729	·14894
60	·44249	·17269	·43831	·17028	·43429	·16797	·43041	·16576	·42667	·16364
65	·45046	·18797	·44613	·18529	·44199	·18274	·43799	·18029	·43413	·17795
70	·45661	·20280	·45219	·19987	·44794	·19708	·44384	·19440	·43989	·19184
75	·46114	·21714	·45664	·21396	·45231	·21093	·44815	·20803	·44413	·20526
80	·46421	·23095	·45966	·22754	·45528	·22429	·45107	·22118	·44701	·21820
85	·46596	·24422	·46138	·24059	·45698	·23711	·45274	·23379	·44865	·23061
90	·46652	·25690	·46193	·25305	·45752	·24937	·45327	·24585	·44917	·24248
95	·46599	·26897	·46142	·26491	·45701	·26103	·45277	·25732	·44868	·25377
100	·46449	·28041	·45993	·27616	·45555	·27209	·45133	·26820	·44727	·26448
105	·46210	·29119	·45759	·28674	·45325	·28250	·44907	·27845	·44504	·27457
110	·45892	·30131	·45446	·29669	·45017	·29228	·44604	·28807	·44206	·28404
115	·45501	·31074	·45061	·30595	·44638	·30139	·44231	·29703	·43840	·29286
120	·45047	·31947	·44615	·31453	·44200	·30983	·43800	·30534	·43415	·30104
125	·44537	·32749	·44115	·32242	·43708	·31758	·43316	·31296	·42937	·30854
130	·43977	·33479	·43564	·32960	·43166	·32464	·42783	·31991	·42413	·31538
135	·43374	·34137	·42972	·33605	·42584	·33099	·42210	·32616	·41849	·32154
140	·42736	·34722	·42345	·34182	·41967	·33666	·41603	·33173	·41251	·32702
145	·42068	·35235	·41687	·34686	·41320	·34162	·40966	·33662	·40625	·33183
150	·41376	·35675	·41008	·35118	·40652	·34587	·40309	·34080	·39977	·33596
155	·40668	·36044	·40311	·35482	·39966	·34945	·39634	·34432	·39312	·33942
160	·39947	·36343	·39602	·35776	·39269	·35234	·38947	·34717	·38636	·34222
165	·39221	·36572	·38888	·36000	·38566	·35455	·38255	·34935	·37955	·34437
170	·38493	·36734	·38172	·36160	·37862	·35612	·37562	·35089	·37272	·34588
175	·37770	·36829	·37461	·36253	·37162	·35704	·36873	·35179	·36592	·34678
180	·37056	·36860	·36759	·36284	·36471	·35735	·36192	·35210	·35921	·34708

II

$\beta=$	33		34		35		36		37	
ϕ	$\dfrac{x}{b}$	$\dfrac{z}{b}$	$\dfrac{x}{b}$	$\dfrac{z}{b}$	$\dfrac{x}{b}$	$\dfrac{z}{b}$	$\dfrac{x}{b}$	$\dfrac{z}{b}$	$\dfrac{x}{b}$	$\dfrac{z}{b}$
5°	·08463	·00364	·08456	·00364	·08449	·00363	·08442	·00363	·08435	·00362
10	·15704	·01307	·15665	·01302	·15627	·01297	·15589	·01293	·15551	·01288
15	·21481	·02578	·21395	·02563	·21311	·02548	·21229	·02534	·21148	·02520
20	·26055	·04012	·25921	·03982	·25791	·03953	·25663	·03924	·25538	·03896
25	·29721	·05526	·29544	·05478	·29371	·05431	·29203	·05385	·29039	·05341
30	·32702	·07073	·32486	·07005	·32276	·06939	·32073	·06875	·31875	·06813
35	·35152	·08631	·34904	·08542	·34663	·08456	·34429	·08372	·34201	·08291
40	·37177	·10182	·36901	·10071	·36633	·09964	·36373	·09861	·36120	·09761
45	·38855	·11717	·38556	·11585	·38266	·11458	·37984	·11335	·37710	·11216
50	·40243	·13229	·39924	·13076	·39615	·12928	·39315	·12785	·39024	·12647
55	·41382	·14712	·41046	·14537	·40721	·14368	·40406	·14206	·40101	·14049
60	·42306	·16160	·41956	·15964	·41618	·15775	·41291	·15594	·40974	·15419
65	·43040	·17570	·42680	·17354	·42332	·17146	·41995	·16945	·41668	·16752
70	·43607	·18938	·43239	·18702	·42883	·18474	·42539	·18255	·42205	·18044
75	·44025	·20260	·43651	·20005	·43289	·19759	·42939	·19522	·42600	·19294
80	·44309	·21534	·43931	·21260	·43565	·20996	·43211	·20742	·42868	·20497
85	·44470	·22757	·44089	·22464	·43721	·22183	·43365	·21912	·43019	·21651
90	·44522	·23925	·44140	·23615	·43771	·23317	·43414	·23031	·43068	·22756
95	·44474	·25037	·44093	·24710	·43725	·24397	·43368	·24095	·43023	·23805
100	·44335	·26091	·43956	·25749	·43590	·25421	·43235	·25105	·42892	·24801
105	·44116	·27086	·43740	·26729	·43377	·26387	·43025	·26058	·42685	·25741
110	·43821	·28018	·43450	·27648	·43091	·27293	·42744	·26951	·42407	·26622
115	·43461	·28886	·43095	·28503	·42741	·28135	·42399	·27782	·42067	·27442
120	·43043	·29692	·42683	·29297	·42335	·28918	·41998	·28554	·41672	·28204
125	·42571	·30432	·42218	·30026	·41877	·29636	·41546	·29262	·41226	·28903
130	·42056	·31105	·41710	·30689	·41376	·30290	·41052	·29907	·40738	·29538
135	·41501	·31712	·41163	·31288	·40836	·30881	·40520	·30489	·40214	·30112
140	·40912	·32250	·40583	·31818	·40265	·31403	·39956	·31005	·39656	·30622
145	·40295	·32724	·39975	·32285	·39665	·31864	·39365	·31459	·39074	·31070
150	·39656	·33133	·39346	·32688	·39045	·32261	·38753	·31850	·38469	·31455
155	·39000	·33473	·38699	·33023	·38407	·32592	·38124	·32177	·37849	·31778
160	·38335	·33749	·38043	·33295	·37760	·32860	·37486	·32441	·37219	·32038
165	·37664	·33961	·37382	·33504	·37108	·33066	·36842	·32644	·36584	·32239
170	·36991	·34108	·36718	·33649	·36453	·33209	·36196	·32786	·35946	·32380
175	·36320	·34198	·36056	·33738	·35800	·33296	·35552	·32872	·35311	·32465
180	·35658	·34228	·35404	·33767	·35157	·33324	·34917	·32900	·34683	·32492

II

$\beta=$	38		39		40		41		42	
ϕ	$\dfrac{x}{b}$	$\dfrac{z}{b}$	$\dfrac{x}{b}$	$\dfrac{z}{b}$	$\dfrac{x}{b}$	$\dfrac{z}{b}$	$\dfrac{x}{b}$	$\dfrac{z}{b}$	$\dfrac{x}{b}$	$\dfrac{z}{b}$
5°	·08428	·00362	·08421	·00362	·08414	·00361	·08407	·00361	·08400	·00360
10	·15514	·01283	·15477	·01279	·15441	·01274	·15405	·01270	·15369	·01266
15	·21069	·02506	·20991	·02492	·20914	·02478	·20838	·02464	·20764	·02451
20	·25416	·03869	·25297	·03842	·25180	·03816	·25065	·03790	·24953	·03765
25	·28879	·05298	·28723	·05256	·28570	·05215	·28421	·05175	·28275	·05136
30	·31682	·06753	·31494	·06694	·31310	·06637	·31131	·06582	·30956	·06528
35	·33980	·08213	·33764	·08137	·33554	·08063	·33349	·07991	·33150	·07922
40	·35875	·09665	·35637	·09571	·35405	·09481	·35179	·09393	·34959	·09308
45	·37445	·11101	·37187	·10990	·36936	·10882	·36691	·10777	·36454	·10676
50	·38742	·12514	·38468	·12385	·38201	·12260	·37941	·12139	·37689	·12022
55	·39805	·13898	·39517	·13751	·39238	·13610	·38966	·13473	·38702	·13340
60	·40667	·15250	·40369	·15086	·40079	·14928	·39797	·14775	·39523	·14627
65	·41352	·16565	·41045	·16384	·40747	·16210	·40457	·16041	·40175	·15878
70	·41882	·17841	·41568	·17644	·41263	·17454	·40967	·17270	·40679	·17092
75	·42271	·19074	·41952	·18861	·41643	·18656	·41342	·18458	·41050	·18266
80	·42536	·20261	·42213	·20033	·41900	·19813	·41596	·19601	·41300	·19395
85	·42685	·21400	·42361	·21158	·42046	·20924	·41739	·20698	·41442	·20479
90	·42733	·22490	·42408	·22233	·42093	·21986	·41787	·21747	·41489	·21516
95	·42688	·23525	·42364	·23256	·42049	·22996	·41743	·22745	·41446	·22502
100	·42559	·24508	·42237	·24226	·41924	·23954	·41621	·23691	·41325	·23437
105	·42355	·25436	·42035	·25142	·41724	·24858	·41422	·24583	·41129	·24318
110	·42081	·26305	·41764	·26000	·41457	·25705	·41158	·25420	·40868	·25145
115	·41745	·27115	·41433	·26799	·41130	·26495	·40835	·26201	·40549	·25917
120	·41355	·27866	·41048	·27540	·40749	·27226	·40459	·26923	·40177	·26630
125	·40915	·28556	·40614	·28222	·40321	·27899	·40036	·27587	·39760	·27286
130	·40434	·29183	·40139	·28841	·39852	·28511	·39573	·28192	·39302	·27884
135	·39916	·29750	·39627	·29400	·39346	·29063	·39073	·28738	·38808	·28423
140	·39366	·30253	·39084	·29897	·38810	·29554	·38543	·29223	·38284	·28903
145	·38791	·30695	·38516	·30334	·38249	·29985	·37989	·29648	·37736	·29323
150	·38194	·31075	·37927	·30709	·37667	·30356	·37414	·30015	·37168	·29685
155	·37582	·31394	·37323	·31023	·37071	·30666	·36825	·30321	·36586	·29988
160	·36960	·31651	·36708	·31278	·36464	·30918	·36226	·30570	·35994	·30234
165	·36333	·31849	·36088	·31473	·35851	·31111	·35620	·30761	·35395	·30423
170	·35703	·31989	·35467	·31611	·35237	·31247	·35013	·30895	·34795	·30556
175	·35076	·32072	·34847	·31693	·34625	·31328	·34408	·30975	·34197	·30634
180	·34456	·32099	·34235	·31720	·34020	·31354	·33811	·31001	·33606	·30660

II

$\beta=$	43		44		45		46		47	
ϕ	$\dfrac{x}{b}$	$\dfrac{z}{b}$	$\dfrac{x}{b}$	$\dfrac{z}{b}$	$\dfrac{x}{b}$	$\dfrac{z}{b}$	$\dfrac{x}{b}$	$\dfrac{z}{b}$	$\dfrac{x}{b}$	$\dfrac{z}{b}$
5°	·08393	·00360	·08387	·00359	·08380	·00359	·08373	·00358	·08366	·00358
10	·15334	·01261	·15299	·01257	·15265	·01253	·15231	·01249	·15197	·01245
15	·20691	·02438	·20619	·02426	·20548	·02414	·20478	·02402	·20409	·02390
20	·24843	·03741	·24735	·03717	·24629	·03694	·24525	·03671	·24423	·03649
25	·28132	·05098	·27992	·05061	·27855	·05024	·27721	·04989	·27590	·04955
30	·30785	·06475	·30618	·06424	·30455	·06374	·30296	·06326	·30140	·06279
35	·32955	·07855	·32765	·07789	·32579	·07725	·32398	·07663	·32221	·07602
40	·34744	·09225	·34535	·09144	·34330	·09066	·34131	·08990	·33936	·08916
45	·36223	·10578	·35997	·10482	·35777	·10389	·35562	·10299	·35353	·10211
50	·37443	·11908	·37204	·11798	·36971	·11691	·36744	·11587	·36522	·11485
55	·38445	·13211	·38194	·13086	·37950	·12965	·37712	·12847	·37480	·12732
60	·39256	·14483	·38997	·14344	·38744	·14209	·38497	·14078	·38256	·13950
65	·39901	·15719	·39634	·15566	·39374	·15418	·39121	·15274	·38874	·15133
70	·40399	·16920	·40126	·16753	·39861	·16591	·39602	·16434	·39350	·16281
75	·40766	·18080	·40489	·17900	·40220	·17725	·39957	·17556	·39701	·17391
80	·41013	·19196	·40733	·19003	·40460	·18816	·40195	·18634	·39937	·18458
85	·41153	·20268	·40872	·20063	·40598	·19864	·40332	·19671	·40072	·19484
90	·41199	·21292	·40917	·21075	·40643	·20865	·40376	·20661	·40116	·20463
95	·41157	·22267	·40876	·22039	·40603	·21818	·40336	·21604	·40076	·21396
100	·41037	·23191	·40757	·22952	·40485	·22721	·40219	·22497	·39960	·22279
105	·40844	·24061	·40566	·23813	·40295	·23572	·40032	·23339	·39776	·23113
110	·40586	·24879	·40311	·24621	·40044	·24371	·39783	·24128	·39529	·23894
115	·40270	·25641	·39999	·25375	·39734	·25117	·39477	·24867	·39227	·24624
120	·39903	·26346	·39636	·26072	·39376	·25807	·39123	·25549	·38876	·25299
125	·39491	·26995	·39229	·26713	·38973	·26440	·38724	·26175	·38481	·25919
130	·39038	·27586	·38781	·27298	·38530	·27019	·38286	·26748	·38048	·26485
135	·38550	·28119	·38298	·27824	·38053	·27539	·37814	·27262	·37581	·26994
140	·38032	·28593	·37786	·28293	·37546	·28002	·37312	·27721	·37084	·27448
145	·37490	·29008	·37250	·28704	·37016	·28409	·36788	·28123	·36566	·27846
150	·36929	·29366	·36695	·29058	·36467	·28760	·36245	·28470	·36028	·28189
155	·36353	·29666	·36126	·29354	·35904	·29052	·35688	·28760	·35477	·28476
160	·35768	·29909	·35547	·29595	·35332	·29290	·35122	·28995	·34916	·28709
165	·35175	·30096	·34961	·29780	·34752	·29473	·34548	·29176	·34349	·28888
170	·34582	·30228	·34374	·29910	·34172	·29602	·33974	·29303	·33780	·29014
175	·33991	·30305	·33790	·29986	·33593	·29677	·33401	·29378	·33213	·29088
180	·33406	·30330	·33211	·30011	·33021	·29702	·32835	·29403	·32653	·29113

Bashforth-Adams (B-A) の表

II

$\beta=$	48		49		50		52		54	
ϕ	$\dfrac{x}{b}$	$\dfrac{z}{b}$	$\dfrac{x}{b}$	$\dfrac{z}{b}$	$\dfrac{x}{b}$	$\dfrac{z}{b}$	$\dfrac{x}{b}$	$\dfrac{z}{b}$	$\dfrac{x}{b}$	$\dfrac{z}{b}$
5°	·08360	·00358	·08353	·00357	·08347	·00357	·08333	·00356	·08320	·00355
10	·15164	·01241	·15131	·01237	·15099	·01233	·15035	·01225	·14972	·01217
15	·20342	·02378	·20276	·02366	·20210	·02355	·20082	·02334	·19957	·02313
20	·24323	·03627	·24225	·03605	·24128	·03584	·23940	·03543	·23758	·03504
25	·27461	·04921	·27335	·04888	·27211	·04856	·26971	·04794	·26740	·04734
30	·29987	·06232	·29837	·06187	·29691	·06143	·29406	·06058	·29133	·05976
35	·32048	·07543	·31879	·07485	·31713	·07429	·31392	·07320	·31084	·07216
40	·33746	·08843	·33560	·08773	·33378	·08704	·33026	·08571	·32689	·08445
45	·35148	·10126	·34948	·10043	·34753	·09962	·34375	·09805	·34013	·09656
50	·36305	·11387	·36094	·11291	·35887	·11198	·35487	·11018	·35105	·10847
55	·37254	·12621	·37037	·12513	·36818	·12407	·36400	·12204	·36000	·12011
60	·38022	·13826	·37793	·13705	·37570	·13588	·37138	·13363	·36725	·13148
65	·38633	·14997	·38398	·14865	·38169	·14736	·37725	·14488	·37301	·14253
70	·39104	·16133	·38865	·15989	·38630	·15849	·38178	·15580	·37745	·15324
75	·39451	·17231	·39207	·17075	·38969	·16924	·38510	·16634	·38071	·16359
80	·39685	·18287	·39439	·18121	·39199	·17959	·38736	·17649	·38293	·17355
85	·39819	·19302	·39572	·19126	·39331	·18954	·38865	·18624	·38419	·18311
90	·39862	·20271	·39614	·20084	·39373	·19903	·38906	·19555	·38459	·19225
95	·39822	·21194	·39575	·20998	·39333	·20808	·38867	·20442	·38422	·20095
100	·39707	·22068	·39460	·21862	·39220	·21663	·38756	·21281	·38313	·20919
105	·39525	·22893	·39280	·22679	·39041	·22472	·38581	·22074	·38141	·21697
110	·39281	·23667	·39039	·23445	·38803	·23230	·38347	·22817	·37911	·22426
115	·38982	·24388	·38743	·24159	·38510	·23937	·38060	·23510	·37630	·23106
120	·38635	·25056	·38400	·24820	·38170	·24591	·37726	·24152	·37302	·23736
125	·38244	·25670	·38012	·25428	·37786	·25193	·37350	·24743	·36933	·24316
130	·37815	·26230	·37588	·25982	·37366	·25741	·36938	·25280	·36528	·24843
135	·37353	·26734	·37131	·26481	·36914	·26236	·36494	·25765	·36092	·25319
140	·36862	·27183	·36645	·26926	·36433	·26676	·36023	·26197	·35630	·25743
145	·36349	·27577	·36137	·27316	·35930	·27062	·35530	·26575	·35147	·26114
150	·35817	·27916	·35611	·27651	·35409	·27394	·35018	·26902	·34644	·26436
155	·35271	·28201	·35070	·27934	·34873	·27674	·34492	·27176	·34127	·26705
160	·34716	·28431	·34520	·28161	·34329	·27898	·33958	·27396	·33603	·26921
165	·34154	·28608	·33964	·28337	·33778	·28073	·33418	·27567	·33073	·27089
170	·33591	·28733	·33406	·28461	·33225	·28196	·32875	·27688	·32540	·27207
175	·33030	·28807	·32851	·28534	·32675	·28269	·32335	·27760	·32009	·27278
180	·32475	·28831	·32301	·28557	·32131	·28291	·31801	·27782	·31485	·27300

Bashforth-Adams (B-A) の表

II

$\beta =$	56		58		60		62		64	
ϕ	$\dfrac{x}{b}$	$\dfrac{z}{b}$	$\dfrac{x}{b}$	$\dfrac{z}{b}$	$\dfrac{x}{b}$	$\dfrac{z}{b}$	$\dfrac{x}{b}$	$\dfrac{z}{b}$	$\dfrac{x}{b}$	$\dfrac{z}{b}$
5°	·08307	·00354	·08294	·00353	·08281	·00352	·08268	·00352	·08256	·00351
10	·14910	·01210	·14849	·01203	·14790	·01196	·14732	·01189	·14675	·01182
15	·19836	·02292	·19718	·02272	·19603	·02252	·19491	·02233	·19382	·02215
20	·23582	·03466	·23411	·03429	·23246	·03394	·23086	·03360	·22930	·03327
25	·26516	·04677	·26300	·04622	·26092	·04569	·25891	·04518	·25696	·04468
30	·28870	·05898	·28617	·05823	·28372	·05751	·28136	·05682	·27908	·05616
35	·30787	·07117	·30502	·07022	·30227	·06931	·29963	·06844	·29707	·06760
40	·32364	·08324	·32052	·08209	·31752	·08099	·31463	·07994	·31185	·07892
45	·33665	·09515	·33331	·09380	·33010	·09250	·32701	·09126	·32404	·09007
50	·34738	·10684	·34386	·10529	·34048	·10380	·33723	·10237	·33409	·10101
55	·35617	·11828	·35250	·11653	·34897	·11485	·34558	·11325	·34231	·11172
60	·36329	·12944	·35950	·12749	·35585	·12563	·35234	·12386	·34897	·12216
65	·36894	·14029	·36505	·13816	·36131	·13612	·35773	·13418	·35427	·13232
70	·37331	·15081	·36934	·14849	·36553	·14628	·36187	·14417	·35835	·14215
75	·37651	·16097	·37249	·15848	·36863	·15610	·36492	·15383	·36135	·15166
80	·37869	·17075	·37463	·16809	·37073	·16555	·36698	·16313	·36338	·16081
85	·37993	·18014	·37585	·17731	·37193	·17462	·36816	·17205	·36454	·16959
90	·38032	·18912	·37623	·18614	·37230	·18329	·36853	·18058	·36491	·17799
95	·37995	·19766	·37586	·19453	·37194	·19154	·36818	·18869	·36456	·18597
100	·37889	·20575	·37482	·20249	·37092	·19937	·36717	·19639	·36357	·19355
105	·37720	·21339	·37316	·20998	·36929	·20674	·36557	·20365	·36199	·20069
110	·37494	·22055	·37094	·21702	·36711	·21366	·36343	·21045	·35988	·20739
115	·37218	·22723	·36823	·22359	·36444	·22012	·36079	·21681	·35729	·21364
120	·36896	·23342	·36507	·22967	·36133	·22610	·35774	·22269	·35428	·21943
125	·36534	·23911	·36151	·23526	·35783	·23159	·35429	·22809	·35089	·22475
130	·36136	·24429	·35760	·24035	·35399	·23660	·35051	·23302	·34717	·22960
135	·35708	·24897	·35339	·24495	·34985	·24112	·34644	·23747	·34316	·23398
140	·35254	·25313	·34893	·24904	·34546	·24514	·34212	·24142	·33891	·23788
145	·34779	·25678	·34426	·25263	·34086	·24867	·33759	·24490	·33445	·24130
150	·34285	·25993	·33940	·25572	·33609	·25171	·33290	·24789	·32983	·24424
155	·33778	·26257	·33442	·25831	·33119	·25426	·32808	·25040	·32508	·24671
160	·33262	·26470	·32935	·26041	·32620	·25633	·32317	·25243	·32025	·24872
165	·32741	·26635	·32422	·26203	·32116	·25792	·31821	·25400	·31536	·25026
170	·32218	·26751	·31909	·26318	·31611	·25905	·31323	·25511	·31046	·25135
175	·31697	·26820	·31397	·26385	·31107	·25971	·30827	·25576	·30557	·25199
180	·31181	·26842	·30889	·26407	·30607	·25993	·30335	·25598	·30072	·25221

II

$\beta=$	66		68		70		72		74	
ϕ	$\dfrac{x}{b}$	$\dfrac{z}{b}$	$\dfrac{x}{b}$	$\dfrac{z}{b}$	$\dfrac{x}{b}$	$\dfrac{z}{b}$	$\dfrac{x}{b}$	$\dfrac{z}{b}$	$\dfrac{x}{b}$	$\dfrac{z}{b}$
5°	·08243	·00350	·08231	·00349	·08219	·00349	·08207	·00348	·08195	·00347
10	·14619	·01175	·14564	·01169	·14510	·01162	·14457	·01156	·14405	·01150
15	·19276	·02197	·19172	·02180	·19070	·02163	·18971	·02147	·18874	·02131
20	·22779	·03295	·22632	·03264	·22488	·03234	·22349	·03205	·22213	·03177
25	·25507	·04420	·25324	·04374	·25145	·04330	·24972	·04287	·24804	·04245
30	·27688	·05552	·27474	·05491	·27267	·05432	·27066	·05374	·26871	·05318
35	·29460	·06680	·29221	·06602	·28990	·06527	·28766	·06455	·28549	·06385
40	·30917	·07794	·30657	·07700	·30406	·07610	·30161	·07523	·29926	·07439
45	·32117	·08893	·31840	·08783	·31572	·08678	·31312	·08576	·31061	·08478
50	·33107	·09970	·32815	·09845	·32533	·09724	·32260	·09608	·31996	·09496
55	·33917	·11025	·33613	·10884	·33320	·10749	·33036	·10618	·32762	·10492
60	·34572	·12053	·34259	·11897	·33956	·11747	·33664	·11603	·33381	·11464
65	·35094	·13054	·34773	·12883	·34463	·12718	·34163	·12560	·33873	·12408
70	·35495	·14021	·35168	·13836	·34852	·13658	·34547	·13487	·34252	·13322
75	·35791	·14958	·35459	·14758	·35139	·14567	·34830	·14383	·34531	·14206
80	·35991	·15860	·35656	·15647	·35333	·15442	·35022	·15246	·34721	·15057
85	·36105	·16723	·35769	·16498	·35444	·16282	·35131	·16074	·34828	·15874
90	·36142	·17551	·35805	·17313	·35480	·17085	·35166	·16865	·34862	·16654
95	·36107	·18336	·35771	·18087	·35446	·17848	·35133	·17618	·34830	·17397
100	·36010	·19083	·35675	·18822	·35352	·18572	·35040	·18332	·34738	·18101
105	·35854	·19786	·35522	·19515	·35201	·19255	·34891	·19005	·34591	·18765
110	·35646	·20446	·35317	·20165	·34999	·19896	·34692	·19637	·34395	·19388
115	·35391	·21061	·35066	·20771	·34752	·20493	·34448	·20226	·34154	·19970
120	·35095	·21631	·34774	·21333	·34464	·21047	·34164	·20772	·33874	·20508
125	·34761	·22155	·34445	·21849	·34139	·21556	·33844	·21274	·33558	·21004
130	·34395	·22633	·34084	·22320	·33783	·22019	·33493	·21731	·33212	·21454
135	·34000	·23064	·33695	·22745	·33400	·22439	·33115	·22144	·32839	·21861
140	·33581	·23449	·33282	·23124	·32993	·22812	·32714	·22512	·32444	·22224
145	·33142	·23786	·32849	·23456	·32566	·23139	·32293	·22835	·32029	·22543
150	·32687	·24075	·32401	·23741	·32125	·23421	·31857	·23113	·31598	·22817
155	·32219	·24318	·31940	·23981	·31670	·23657	·31409	·23346	·31156	·23047
160	·31743	·24517	·31471	·24176	·31207	·23849	·30952	·23535	·30705	·23234
165	·31261	·24668	·30996	·24325	·30739	·23996	·30491	·23681	·30250	·23378
170	·30778	·24775	·30519	·24431	·30269	·24101	·30027	·23784	·29792	·23479
175	·30296	·24839	·30044	·24494	·29801	·24163	·29565	·23845	·29337	·23539
180	·29818	·24861	·29573	·24515	·29336	·24183	·29107	·23865	·28885	·23559

II

$\beta=$	76		78		80		82		84	
ϕ	$\dfrac{x}{b}$	$\dfrac{z}{b}$	$\dfrac{x}{b}$	$\dfrac{z}{b}$	$\dfrac{x}{b}$	$\dfrac{z}{b}$	$\dfrac{x}{b}$	$\dfrac{z}{b}$	$\dfrac{x}{b}$	$\dfrac{z}{b}$
5°	·08183	·00346	·08171	·00346	·08159	·00345	·08147	·00344	·08136	·00343
10	·14353	·01144	·14303	·01138	·14253	·01133	·14204	·01126	·14156	·01121
15	·18780	·02115	·18688	·02100	·18597	·02085	·18508	·02070	·18421	·02056
20	·22081	·03149	·21952	·03123	·21826	·03097	·21703	·03072	·21583	·03047
25	·24640	·04205	·24481	·04166	·24326	·04128	·24175	·04091	·24028	·04055
30	·26681	·05265	·26497	·05213	·26318	·05162	·26144	·05113	·25974	·05066
35	·28338	·06318	·28134	·06252	·27935	·06189	·27742	·06127	·27554	·06068
40	·29697	·07358	·29476	·07280	·29260	·07204	·29051	·07131	·28847	·07060
45	·30817	·08383	·30581	·08291	·30352	·08203	·30129	·08118	·29913	·08035
50	·31740	·09388	·31492	·09284	·31251	·09183	·31018	·09086	·30791	·08992
55	·32496	·10371	·32238	·10254	·31988	·10141	·31746	·10032	·31510	·09927
60	·33107	·11330	·32842	·11201	·32584	·11076	·32334	·10955	·32091	·10838
65	·33592	·12261	·33320	·12120	·33057	·11984	·32801	·11853	·32553	·11725
70	·33967	·13164	·33690	·13011	·33422	·12863	·33162	·12720	·32909	·12582
75	·34242	·14036	·33962	·13872	·33690	·13713	·33427	·13559	·33171	·13411
80	·34429	·14875	·34146	·14700	·33872	·14531	·33606	·14368	·33348	·14210
85	·34535	·15681	·34251	·15495	·33976	·15316	·33709	·15143	·33450	·14976
90	·34569	·16451	·34285	·16256	·34009	·16067	·33741	·15885	·33482	·15709
95	·34537	·17184	·34253	·16979	·33978	·16781	·33711	·16590	·33452	·16406
100	·34446	·17879	·34163	·17665	·33889	·17458	·33623	·17258	·33365	·17066
105	·34301	·18534	·34019	·18311	·33747	·18097	·33483	·17890	·33227	·17690
110	·34107	·19149	·33829	·18918	·33559	·18696	·33297	·18481	·33043	·18274
115	·33870	·19723	·33594	·19485	·33327	·19255	·33068	·19033	·32817	·18819
120	·33593	·20254	·33321	·20009	·33058	·19773	·32802	·19545	·32554	·19325
125	·33282	·20743	·33015	·20491	·32755	·20249	·32503	·20015	·32258	·19790
130	·32940	·21188	·32676	·20931	·32421	·20684	·32174	·20445	·31933	·20214
135	·32572	·21589	·32314	·21327	·32063	·21075	·31820	·20831	·31583	·20596
140	·32182	·21947	·31928	·21680	·31682	·21424	·31443	·21177	·31211	·20938
145	·31772	·22262	·31523	·21991	·31282	·21731	·31048	·21480	·30821	·21237
150	·31347	·22533	·31104	·22259	·30868	·21995	·30639	·21740	·30416	·21494
155	·30911	·22760	·30673	·22484	·30443	·22217	·30219	·21960	·30001	·21711
160	·30466	·22944	·30234	·22665	·30009	·22396	·29790	·22136	·29577	·21886
165	·30017	·23087	·29790	·22806	·29570	·22535	·29356	·22273	·29148	·22021
170	·29565	·23186	·29344	·22904	·29130	·22632	·28921	·22369	·28719	·22116
175	·29115	·23245	·28899	·22962	·28690	·22690	·28487	·22428	·28289	·22174
180	·28669	·23265	·28459	·22982	·28255	·22709	·28057	·22446	·27864	·22192

Bashforth-Adams (B-A) の表

II

$\beta=$	86		88		90		92		94	
ϕ	$\dfrac{x}{b}$	$\dfrac{z}{b}$	$\dfrac{x}{b}$	$\dfrac{z}{b}$	$\dfrac{x}{b}$	$\dfrac{z}{b}$	$\dfrac{x}{b}$	$\dfrac{z}{b}$	$\dfrac{x}{b}$	$\dfrac{z}{b}$
5°	·08124	·00343	·08113	·00342	·08101	·00341	·08090	·00340	·08079	·00340
10	·14109	·01115	·14062	·01110	·14016	·01104	·13971	·01099	·13926	·01094
15	·18336	·02042	·18253	·02029	·18172	·02016	·18092	·02003	·18013	·01990
20	·21466	·03023	·21352	·03000	·21240	·02977	·21131	·02955	·21024	·02933
25	·23885	·04021	·23745	·03987	·23608	·03954	·23475	·03922	·23345	·03891
30	·25809	·05020	·25648	·04975	·25491	·04931	·25338	·04889	·25188	·04848
35	·27371	·06010	·27192	·05955	·27018	·05901	·26849	·05849	·26684	·05798
40	·28649	·06991	·28456	·06924	·28268	·06859	·28085	·06796	·27907	·06735
45	·29703	·07955	·29498	·07877	·29299	·07802	·29105	·07729	·28916	·07658
50	·30571	·08901	·30356	·08812	·30147	·08726	·29944	·08643	·29746	·08562
55	·31281	·09825	·31058	·09726	·30842	·09630	·30631	·09537	·30425	·09446
60	·31855	·10725	·31626	·10616	·31403	·10510	·31186	·10408	·30975	·10308
65	·32312	·11601	·32077	·11482	·31849	·11366	·31627	·11254	·31411	·11145
70	·32663	·12449	·32425	·12320	·32193	·12195	·31967	·12074	·31747	·11956
75	·32923	·13268	·32681	·13130	·32446	·12997	·32217	·12867	·31995	·12741
80	·33097	·14057	·32854	·13910	·32617	·13767	·32387	·13629	·32163	·13494
85	·33198	·14815	·32953	·14659	·32715	·14508	·32484	·14361	·32258	·14218
90	·33230	·15539	·32985	·15374	·32747	·15214	·32515	·15060	·32289	·14910
95	·33200	·16228	·32955	·16055	·32716	·15888	·32485	·15726	·32260	·15569
100	·33114	·16880	·32870	·16700	·32633	·16526	·32403	·16357	·32179	·16193
105	·32978	·17496	·32736	·17309	·32501	·17127	·32272	·16952	·32049	·16782
110	·32796	·18074	·32556	·17880	·32322	·17693	·32095	·17511	·31874	·17335
115	·32573	·18612	·32335	·18413	·32104	·18220	·31879	·18033	·31660	·17851
120	·32313	·19112	·32073	·18907	·31850	·18708	·31628	·18516	·31412	·18329
125	·32020	·19572	·31789	·19362	·31564	·19158	·31345	·18960	·31132	·18768
130	·31699	·19991	·31471	·19776	·31249	·19567	·31034	·19365	·30824	·19169
135	·31353	·20369	·31129	·20149	·30911	·19936	·30699	·19730	·30493	·19530
140	·30986	·20707	·30766	·20483	·30552	·20267	·30344	·20057	·30141	·19853
145	·30600	·21002	·30385	·20775	·30176	·20555	·29972	·20342	·29773	·20136
150	·30199	·21256	·29989	·21027	·29784	·20805	·29584	·20589	·29389	·20380
155	·29789	·21471	·29583	·21238	·29383	·21013	·29187	·20795	·28996	·20584
160	·29370	·21644	·29169	·21410	·28973	·21183	·28782	·20964	·28596	·20751
165	·28946	·21777	·28750	·21542	·28558	·21314	·28372	·21093	·28190	·20879
170	·28522	·21871	·28330	·21635	·28142	·21407	·27960	·21185	·27782	·20970
175	·28097	·21928	·27910	·21691	·27728	·21461	·27550	·21239	·27376	·21023
180	·27676	·21946	·27494	·21709	·27316	·21479	·27143	·21256	·26973	·21040

II.

$\beta=$	96		97		98		99		100	
ϕ	$\dfrac{x}{b}$	$\dfrac{z}{b}$	$\dfrac{x}{b}$	$\dfrac{z}{b}$	$\dfrac{x}{b}$	$\dfrac{z}{b}$	$\dfrac{x}{b}$	$\dfrac{z}{b}$	$\dfrac{x}{b}$	$\dfrac{z}{b}$
5°	·08068	·00339	·08062	·00339	·08057	·00339	·08051	·00338	·08046	·00338
10	·13882	·01089	·13860	·01086	·13839	·01084	·13817	·01081	·13796	·01079
15	·17936	·01978	·17898	·01972	·17860	·01966	·17823	·01960	·17786	·01954
20	·20919	·02912	·20867	·02901	·20816	·02891	·20765	·02881	·20715	·02871
25	·23217	·03860	·23154	·03845	·23092	·03830	·23031	·03815	·22970	·03801
30	·25042	·04808	·24970	·04788	·24899	·04769	·24829	·04749	·24760	·04730
35	·26522	·05748	·26443	·05723	·26364	·05699	·26287	·05675	·26210	·05652
40	·27733	·06676	·27648	·06647	·27564	·06618	·27481	·06589	·27398	·06561
45	·28731	·07589	·28640	·07555	·28551	·07522	·28463	·07489	·28376	·07456
50	·29553	·08483	·29458	·08445	·29364	·08407	·29271	·08370	·29180	·08333
55	·30225	·09358	·30127	·09315	·30030	·09273	·29934	·09231	·29839	·09190
60	·30769	·10211	·30668	·10164	·30568	·10117	·30469	·10071	·30372	·10025
65	·31200	·11039	·31097	·10988	·30995	·10937	·30894	·10887	·30795	·10837
70	·31533	·11842	·31428	·11786	·31324	·11731	·31222	·11677	·31121	·11623
75	·31778	·12618	·31672	·12558	·31567	·12499	·31463	·12441	·31361	·12383
80	·31944	·13364	·31837	·13301	·31731	·13238	·31626	·13176	·31523	·13115
85	·32039	·14080	·31931	·14012	·31825	·13946	·31720	·13880	·31616	·13816
90	·32069	·14765	·31961	·14694	·31855	·14624	·31750	·14555	·31646	·14487
95	·32041	·15417	·31933	·15342	·31827	·15269	·31722	·15196	·31618	·15125
100	·31960	·16035	·31853	·15957	·31747	·15881	·31642	·15805	·31539	·15731
105	·31831	·16617	·31724	·16536	·31619	·16457	·31515	·16379	·31412	·16302
110	·31658	·17164	·31552	·17080	·31448	·16998	·31345	·16917	·31243	·16838
115	·31447	·17675	·31342	·17589	·31239	·17504	·31137	·17420	·31036	·17338
120	·31201	·18148	·31098	·18059	·30996	·17972	·30895	·17886	·30795	·17801
125	·30924	·18582	·30822	·18491	30722	·18402	·30622	·18314	·30524	·18227
130	·30620	·18979	·30519	·18886	·30420	·18795	·30322	·18705	·30226	·18616
135	·30292	·19337	·30193	·19242	·30096	·19149	·30000	·19057	·29905	·18966
140	·29944	·19656	·29847	·19560	·29752	·19465	·29657	·19371	·29564	·19279
145	·29579	·19936	·29484	·19838	·29390	·19742	·29297	·19647	·29206	·19554
150	·29200	·20177	·29107	·20078	·29015	·19980	·28924	·19884	·28835	·19790
155	·28811	·20380	·28720	·20280	·28630	·20182	·28541	·20085	·28453	·19989
160	·28414	·20545	·28325	·20444	·28237	·20344	·28150	·20246	·28064	·20150
165	·28013	·20671	·27926	·20569	·27840	·20469	·27755	·20371	·27671	·20274
170	·27609	·20761	·27524	·20659	·27440	·20558	·27357	·20460	·27275	·20362
175	·27207	·20814	·27124	·20712	·27042	·20611	·26961	·20512	·26880	·20414
180	·26808	·20831	·26727	·20729	·26646	·20628	·26567	·20529	·26489	·20431

III

ϕ	0·125	0·25	0·50	0·75	1·0	1·5	2·0	2·5	3·0	4·0
					$V \div b^3$					
5°	·00006	·00005	·00005	·00005	·00005	·00005	·00005	·00005	·00005	·00005
10	·00072	·00072	·00072	·00072	·00071	·00071	·00070	·00070	·00070	·00069
15	·00360	·00358	·00356	·00353	·00351	·00346	·00341	·00337	·00333	·00324
20	·01111	·01106	·01092	·01081	·01067	·01042	·01019	·00997	·00976	·00937
25	·02646	·02621	·02573	·02526	·02480	·02397	·02320	·02247	·02180	·02058
30	·05314	·05243	·05107	·04979	·04858	·04636	·04435	·04253	·04087	·03794
35	·09480	·09312	·08994	·08701	·08428	·07938	·07507	·07125	·06784	·06199
40	·15485	·15135	·14487	·13899	·13363	·12419	·11613	·10914	·10302	·09277
45	·23618	·22962	·21768	·20708	·19758	·18125	·16764	·15611	·14618	·12990
50	·34087	·32957	·30934	·29176	·27630	·25027	·22913	·21155	·19666	·17272
55	·47003	·45181	·41986	·39265	·36914	·33040	·29964	·27451	·25353	·22036
60	·62360	·59592	·54826	·50853	·47477	·42022	·37781	·34372	·31562	·27183
65	·80038	·76038	·69275	·63748	·59129	·51800	·46209	·41779	·38168	·32612
70	·99803	·94263	·85068	·77703	·71637	·62172	·55075	·49521	·45039	·38218
75	1·21315	1·13934	1·01898	·92431	·84743	·72928	·64202	·57450	·52048	·43903
80	1·44153	1·34646	1·19402	1·07624	·98177	·83855	·73420	·65423	·59072	·49573
85	1·67825	1·55955	1·37220	1·22968	1·11672	·94751	·82566	·73307	·66000	·55144
90	1·91816	1·77394	1·54971	1·38160	1·24972	1·05425	·91493	·80982	·72730	·60544
95	2·15591	1·98508	1·72306	1·52920	1·37848	1·15712	1·00072	·88344	·79178	·65707
100	2·38640	2·18865	1·88911	1·66998	1·50099	1·25468	1·08195	·95306	·85272	·70582
105	2·60497	2·38085	2·04507	1·80188	1·61557	1·34579	1·15773	1·01800	·90954	·75128
110	2·80760	2·55849	2·18878	1·92326	1·72095	1·42955	1·22743	1·07773	·96183	·79314
115	2·99113	2·71912	2·31860	2·03295	1·81623	1·50539	1·29059	1·13193	1·00932	·83121
120	3·15332	2·86112	2·43356	2·13024	1·90089	1·57296	1·34700	1·18041	1·05185	·86538
125	3·29302	2·98367	2·53321	2·21490	1·97477	1·63217	1·39659	1·22314	1·08941	·89565
130	3·40994	3·08677	2·61773	2·28707	2·03803	1·68318	1·43948	1·26021	1·12209	·92207
135	3·50479	3·17111	2·68767	2·34728	2·09108	1·72630	1·47593	1·29183	1·15003	·94478
140	3·57908	3·23802	2·74404	2·39631	2·13460	1·76201	1·50631	1·31831	1·17352	·96396
145	3·63503	3·28928	2·78818	2·43519	2·16942	1·79091	1·53108	1·34001	1·19284	·97983
150	3·67521	3·32703	2·82159	2·46508	2·19648	1·81367	1·55076	1·35736	1·20837	·99266
155	3·70248	3·35352	2·84588	2·48725	2·21679	1·83104	1·56591	1·37081	1·22046	1·00274
160	3·71978	3·37109	2·86270	2·50294	2·23139	1·84373	1·57712	1·38083	1·22953	1·01035
165	3·72980	3·38189	2·87361	2·51341	2·24126	1·85250	1·58495	1·38789	1·23595	1·01580
170	3·73493	3·38785	2·88002	2·51973	2·24735	1·85802	1·58994	1·39244	1·24011	1·01935
175	3·73705	3·39056	2·88315	2·52292	2·25048	1·86092	1·59261	1·39488	1·24237	1·02129
180	3·73756	3·39122	2·88398	2·52382	2·25138	1·86178	1·59340	1·39562	1·24305	1·02188

III

$V \div b^3$

φ	5	6	7	8	10	12	14	16	20	24
5°	·00005	·00004	·00004	·00004	·00004	·00004	·00004	·00004	·00004	·00004
10	·00068	·00067	·00066	·00066	·00064	·00063	·00062	·00060	·00058	·00057
15	·00317	·00309	·00302	·00296	·00283	·00272	·00262	·00252	·00235	·00221
20	·00901	·00868	·00838	·00810	·00760	·00716	·00677	·00643	·00584	·00535
25	·01950	·01854	·01767	·01689	·01553	·01439	·01341	·01257	·01117	·01006
30	·03543	·03326	·03136	·02968	·02683	·02451	·02257	·02093	·01828	·01624
35	·05713	·05303	·04951	·04645	·04139	·03736	·03407	·03132	·02699	·02372
40	·08449	·07764	·07187	·06694	·05892	·05266	·04763	·04349	·03706	·03229
45	·11707	·10665	·09801	·09071	·07902	·07006	·06294	·05715	·04827	·04177
50	·15422	·13945	·12736	·11725	·10126	·08917	·07967	·07200	·06037	·05195
55	·19519	·17536	·15930	·14599	·12517	·10960	·09747	·08776	·07314	·06264
60	·23912	·21364	·19319	·17637	·15030	·13097	·11604	·10414	·08635	·07367
65	·28515	·25356	·22840	·20784	·17620	·15292	·13505	·12088	·09981	·08488
70	·33245	·29442	·26433	·23988	·20246	·17513	·15424	·13775	·11334	·09613
75	·38020	·33556	·30041	·27198	·22871	·19727	·17335	·15452	·12676	·10727
80	·42769	·37635	·33614	·30373	·25460	·21908	·19214	·17100	·13993	·11819
85	·47424	·41627	·37105	·33471	·27984	·24030	·21042	·18702	·15272	·12878
90	·51926	·45485	·40474	·36460	·30416	·26074	·22801	·20243	·16502	·13897
95	·56227	·49166	·43689	·39310	·32733	·28022	·24477	·21710	·17672	·14867
100	·60286	·52640	·46722	·41998	·34919	·29859	·26057	·23095	·18777	·15782
105	·64072	·55880	·49551	·44507	·36959	·31574	·27533	·24388	·19809	·16637
110	·67560	·58867	·52161	·46822	·38844	·33159	·28898	·25584	·20764	·17429
115	·70736	·61589	·54541	·48935	·40565	·34608	·30147	·26679	·21640	·18155
120	·73592	·64041	·56686	·50841	·42121	·35919	·31277	·27672	·22435	·18815
125	·76126	·66220	·58596	·52540	·43510	·37091	·32289	·28561	·23147	·19408
130	·78345	·68131	·60274	·54034	·44734	·38126	·33184	·29348	·23780	·19934
135	·80258	·69783	·61727	·55330	·45799	·39028	·33965	·30036	·24333	·20395
140	·81879	·71187	·62965	·56436	·46710	·39801	·34636	·30627	·24810	·20794
145	·83227	·72357	·63999	·57363	·47475	·40452	·35202	·31127	·25214	·21131
150	·84321	·73311	·64845	·58121	·48104	·40989	·35669	·31540	·25349	·21412
155	·85185	·74067	·65516	·58726	·48607	·41419	·36044	·31873	·25819	·21639
160	·85841	·74643	·66030	·59189	·48994	·41751	·36335	·32131	·26029	·21816
165	·86313	·75059	·66402	·59526	·49277	·41994	·36548	·32320	·26184	·21947
170	·86623	·75334	·66649	·59750	·49466	·42157	·36691	·32448	·26289	·22036
175	·86792	·75487	·66786	·59875	·49571	·42249	·36772	·32520	·26348	·22086
180	·86846	·75534	·66829	·59913	·49604	·42277	·36798	·32543	·26367	·22102

III

φ	28	32	40	48	56	64	72	80	88	96	100
				$V \div b^3$							
5°	·000042	·000041	·000040	·000040	·000039	·000038	·000037	·000036	·000036	·000035	·000035
10	·000539	·000520	·000488	·000459	·000434	·000412	·000392	·000374	·000358	·000343	·000336
15	·002077	·001964	·001773	·001617	·001487	·001381	·001283	·001201	·001129	·001066	·001037
20	·004943	·004596	·004032	·003596	·003245	·002958	·002717	·002513	·002338	·002185	·002115
25	·009159	·008408	·007227	·006339	·005646	·005089	·004631	·004248	·003922	·003642	·003516
30	·014616	·013290	·011249	·009750	·008600	·007689	·006950	·006337	·005821	·005381	·005184
35	·021157	·019095	·015974	·013721	·012015	·010678	·009602	·008717	·007977	·007348	·007068
40	·028608	·025671	·021279	·018149	·015803	·013980	·012522	·011329	·010337	·009497	·009124
45	·036796	·032866	·027045	·022938	·019884	·017525	·015648	·014121	·012854	·011786	·011312
50	·045555	·040538	·033162	·027999	·024184	·021252	·018929	·017045	·015486	·014175	·013596
55	·054728	·048551	·039525	·033249	·028635	·025103	·022314	·020057	·018194	·016632	·015942
60	·064170	·056782	·046042	·038614	·033175	·029025	·025756	·023117	·020944	·019125	·018322
65	·073745	·065118	·052625	·044024	·037747	·032970	·029216	·026191	·023705	·021625	·020708
70	·083334	·073454	·059198	·049418	·042300	·036896	·032657	·029247	·026446	·024107	·023077
75	·092824	·081698	·065689	·054739	·046790	·040764	·036045	·032254	·029144	·026550	·025408
80	·102121	·089768	·072037	·059940	·051175	·044541	·039353	·035189	·031776	·028931	·027680
85	·111136	·097592	·078187	·064976	·055419	·048196	·042553	·038028	·034322	·031235	·029878
90	·119798	·105107	·084093	·069812	·059495	·051705	·045624	·040752	·036765	·033446	·031987
95	·128045	·112261	·089715	·074415	·063374	·055045	·048548	·043347	·039090	·035550	·033994
100	·135827	·119012	·095022	·078761	·067037	·058199	·051310	·045796	·041288	·037538	·035891
105	·143103	·125327	·099987	·082828	·070466	·061153	·053897	·048091	·043347	·039401	·037669
110	·149845	·131180	·104593	·086602	·073650	·063895	·056299	·050224	·045261	·041134	·039321
115	·156033	·136556	·108826	·090074	·076579	·066421	·058512	·052189	·047024	·042730	·040845
120	·161657	·141444	·112680	·093237	·079249	·068724	·060531	·053982	·048634	·044188	·042237
125	·166714	·145842	·116151	·096088	·081659	·070804	·062356	·055603	·050089	·045507	·043495
130	·171208	·149755	·119243	·098631	·083810	·072661	·063986	·057052	·051391	·046687	·044622
135	·175152	·153191	·121963	·100871	·085706	·074300	·065425	·058332	·052542	·047730	·045619
140	·178562	·156166	·124322	·102814	·087353	·075725	·066677	·059447	·053545	·048640	·046487
145	·181459	·158697	·126332	·104474	·088761	·076943	·067749	·060407	·054404	·049420	·047232
150	·183870	·160806	·128010	·105862	·089939	·077965	·068648	·061203	·055125	·050075	·047858
155	·185823	·162515	·129374	·106991	·090899	·078798	·069382	·061857	·055715	·050611	·048371
160	·187349	·163853	·130443	·107878	·091655	·079453	·069960	·062374	·056180	·051034	·048775
165	·188479	·164845	·131238	·108538	·092218	·079943	·070392	·062760	·056529	·051351	·049077
170	·189246	·165519	·131779	·108989	·092603	·080278	·070688	·063024	·056768	·051569	·049287
175	·189682	·165904	·132088	·109247	·092823	·080470	·070858	·063177	·056906	·051694	·049407
180	·189820	·166027	·132186	·109329	·092894	·080532	·070913	·063225	·056950	·051734	·049445

IV

$\beta = -0\cdot 1$

$\dfrac{s}{b}$	ϕ	$\dfrac{x}{b}$	$\dfrac{z}{b}$	$\dfrac{V}{b^2}$
0·1	5. 43. 44	·099834	·004996	0·0001
0·2	11. 27. 12	·198670	·019929	0·0012
0·3	17. 10. 10	·295526	·044639	0·0062
0·4	22. 52. 22	·389443	·078864	0·0190
0·5	28. 33. 33	·479501	·122239	0·0451
0·6	34. 13. 29	·564827	·174310	0·0901
0·7	39. 51. 57	·644608	·234533	0·1597
0·8	45. 28. 42	·718100	·302289	0·2589
0·9	51. 3. 32	·784634	·376891	0·3917
1·0	56. 36. 16	·843623	·457591	0·5602
1·1	62. 6. 41	·894566	·543597	0·7648
1·2	67. 34. 37	·937052	·634081	1·0037
1·3	72. 59. 52	·970764	·728188	1·2733
1·4	78. 22. 17	·995474	·825049	1·5679
1·5	83. 41. 41	1·011047	·923792	1·8806
1·6	88. 57. 53	1·017438	1·023553	2·2035
1·7	94. 10. 41	1·014689	1·123480	2·5281
1·8	99. 19. 51	1·002922	1·222752	2·8459
1·9	104. 25. 8	·982342	1·320578	3·1492
2·0	109. 26. 10	·953225	1·416211	3·4311

$\beta = -0\cdot 2$

$\dfrac{s}{b}$	ϕ	$\dfrac{x}{b}$	$\dfrac{z}{b}$	$\dfrac{V}{b^2}$
0·1	5. 43. 41	·099834	·004995	0·0001
0·2	11. 26. 52	·198671	·019924	0·0012
0·3	17· 9. 1	·295532	·044615	0·0062
0·4	22. 49. 38	·389468	·078788	0·0190
0·5	28. 28. 14	·479576	·122061	0·0450
0·6	34. 4. 21	·565010	·173956	0·0898
0·7	39. 37. 31	·644996	·233909	0·1592
0·8	45. 7. 18	·718838	·301286	0·2581
0·9	50. 33. 18	·785928	·375390	0·3903
1·0	55. 55. 5	·845749	·455478	0·5583
1·1	61. 12. 19	·897879	·540775	0·7624
1·2	66. 24. 39	·941991	·630481	1·0014
1·3	71. 31. 43	·977853	·723794	1·2720
1·4	76. 33. 13	1·005325	·819913	1·5694
1·5	81. 28. 48	1·024357	·918054	1·8874
1·6	86. 18. 10	1·034980	1·017458	2·2189
1·7	91. 0. 56	1·037303	1·117403	2·5565
1·8	95. 36. 45	1·031506	1·217208	2·8924
1·9	100. 5. 9	1·017835	1·316243	3·2195
2·0	104. 25. 35	·996592	1·413937	3·5312
2·1	108. 37. 25	·968134	1·509779	3·8221
2·2	112. 39. 46	·932865	1·603330	4·0881

$\beta = -0\cdot 3$

$\dfrac{s}{b}$	ϕ	$\dfrac{x}{b}$	$\dfrac{z}{b}$	$\dfrac{V}{b^2}$
0·1	5. 43. 39	·099834	·004995	0·0001
0·2	11. 26. 31	·198672	·019919	0·0012
0·3	17. 7. 52	·295538	·044590	0·0062
0·4	22. 46. 55	·389493	·078713	0·0190
0·5	28. 22. 56	·479651	·121883	0·0449
0·6	33. 55. 15	·565192	·173602	0·0896
0·7	39. 23. 9	·645381	·233286	0·1587
0·8	44. 46. 1	·719570	·300283	0·2572
0·9	50. 3. 14	·787210	·373889	0·3889
1·0	55. 14. 13	·847851	·453361	0·5562
1·1	60. 18. 27	·901148	·537936	0·7599
1·2	65. 15. 25	·946855	·626844	0·9988
1·3	70. 4. 37	·984825	·719323	1·2703
1·4	74. 45. 38	1·015003	·814631	1·5701
1·5	79. 17. 59	1·037420	·912059	1·8929
1·6	83. 41. 13	1·052187	1·010938	2·2324
1·7	87. 54. 55	1·059484	1·110649	2·5820
1·8	91. 58. 33	1·059554	1·210628	2·9350
1·9	95. 51. 35	1·052696	1·310373	3·2849
2·0	99. 33. 25	1·039258	1·409449	3·6258
2·1	103. 3. 18	1·019627	1·507487	3·9526
2·2	106. 20. 22	·994228	1·604194	4·2609
2·3	109. 23. 30	·963519	1·699349	4·5477
2·4	112. 11. 20	·927992	1·792815	4·8106
2·5	114. 42. 7	·888167	1·884534	5·0484
2·6	116. 53. 35	·844606	1·974541	5·2609
2·7	118. 42. 49	·797913	2·062965	5·4484
2·8	120. 5. 59	·748753	2·150045	5·6122
2·9	120. 58. 6	·697878	2·236135	5·7538
3·0	121. 12. 37	·646154	2·321719	5·8753
3·1	120. 41. 5	·594624	2·407419	5·9790

Bashforth-Adams (B-A) の表

IV

$\frac{s}{b}$	ϕ	$\frac{x}{b}$	$\frac{z}{b}$	$\frac{V}{b^2}$	$\frac{s}{b}$	ϕ	$\frac{x}{b}$	$\frac{z}{b}$	$\frac{V}{b^2}$
		$\beta = -0.4$					$\beta = -0.4$		
0.1	5.43.36	.099834	.004995	0.0001	4.0	79.26.59	.690340	3.344917	8.1825
0.2	11.26.11	.198673	.019914	0.0012	4.1	75.9.20	.712338	3.442443	8.3330
0.3	17.6.42	.295544	.044566	0.0062	4.2	71.4.3	.741417	3.538100	8.4915
0.4	22.44.11	.389518	.078638	0.0190	4.3	67.15.11	.777026	3.631525	8.6604
0.5	28.17.39	.479725	.121706	0.0448	4.4	63.44.45	.818532	3.722488	8.8422
0.6	33.46.10	.565374	.173249	0.0894	4.5	60.33.6	.865284	3.810872	9.0388
0.7	39.8.51	.645764	.232663	0.1583	4.6	57.39.26	.916662	3.896652	9.2525
0.8	44.24.50	.720297	.299280	0.2563	4.7	55.2.16	.972104	3.979865	9.4855
0.9	49.33.22	.788479	.372386	0.3875	4.8	52.39.43	1.031116	4.060587	9.7398
1.0	54.33.40	.849929	.451238	0.5542	4.9	50.29.49	1.093278	4.138912	10.0173
1.1	59.25.3	.904373	.535082	0.7573	5.0	48.30.40	1.158232	4.214938	10.3198
1.2	64.6.54	.951646	.623171	0.9961	5.1	46.40.30	1.225683	4.288758	10.6492
1.3	68.38.35	.991680	.714779	1.2682	5.2	44.57.42	1.295386	4.360458	11.0070
1.4	72.59.31	1.024505	.809212	1.5701	5.3	43.20.53	1.367139	4.430106	11.3947
1.5	77.9.12	1.050232	.905824	1.8972	5.4	41.48.51	1.440775	4.497760	11.8135
1.6	81.7.3	1.069048	1.004017	2.2440	5.5	40.20.32	1.516160	4.563461	12.2646
1.7	84.52.34	1.081208	1.103257	2.6047	5.6	38.55.4	1.593180	4.627237	12.7487
1.8	88.25.11	1.087023	1.203072	2.9736	5.7	37.31.43	1.671741	4.689105	13.2666
1.9	91.44.19	1.086851	1.303058	3.3450	5.8	36.9.51	1.751766	4.749069	13.8185
2.0	94.49.23	1.081094	1.402880	3.7138	5.9	34.48.58	1.833186	4.807122	14.4043
2.1	97.39.38	1.070186	1.502273	4.0754	6.0	33.28.38	1.915945	4.863251	15.0239
2.2	100.14.19	1.054592	1.601041	4.4259	6.1	32.8.32	1.999991	4.917435	15.6763
2.3	102.32.31	1.034805	1.699057	4.7622	6.2	30.48.22	2.085277	4.969645	16.3605
2.4	104.33.12	1.011338	1.796259	5.0820	6.3	29.27.57	2.171758	5.019850	17.0749
2.5	106.15.9	.984733	1.892651	5.3838	6.4	28.7.8	2.259392	5.068014	17.8175
2.6	107.36.58	.955558	1.988298	5.6668	6.5	26.45.48	2.348138	5.114098	18.5857
2.7	108.37.4	.924411	2.083323	5.9306	6.6	25.23.53	2.437953	5.158062	19.3765
2.8	109.13.38	.891926	2.177899	6.1757	6.7	24.1.22	2.528793	5.199865	20.1862
2.9	109.24.39	.858782	2.272246	6.4029	6.8	22.38.14	2.620615	5.239468	21.0107
3.0	109.7.59	.825711	2.366619	6.6132	6.9	21.14.32	2.713369	5.276832	21.8454
3.1	108.21.30	.793504	2.461290	6.8081	7.0	19.50.19	2.807009	5.311919	22.6848
3.2	107.3.13	.763016	2.556527	6.9893	7.1	18.25.40	2.901483	5.344696	23.5235
3.3	105.11.40	.735167	2.652566	7.1585	7.2	17.0.39	2.996736	5.375131	24.3548
3.4	102.46.17	.710926	2.749576	7.3177	7.3	15.35.25	3.092714	5.403198	25.1718
3.5	99.47.57	.691284	2.847616	7.4689	7.4	14.10.4	3.189358	5.428875	25.9673
3.6	96.19.25	.677195	2.946603	7.6143	7.5	12.44.45	3.286610	5.452145	26.7334
3.7	92.25.33	.669515	3.046290	7.7561	7.6	11.19.37	3.384410	5.472997	27.4620
3.8	88.13.18	.668915	3.146265	7.8965	7.7	9.54.49	3.482694	5.491426	28.1440
3.9	83.50.54	.675814	3.246002	8.0379	7.8	8.30.32	3.581403	5.507431	28.7710

IV

$\frac{s}{b}$	ϕ	$\frac{x}{b}$	$\frac{z}{b}$	$\frac{V}{b^3}$	$\frac{s}{b}$	ϕ	$\frac{x}{b}$	$\frac{z}{b}$	$\frac{V}{b^3}$
	$\beta = -0{\cdot}4$					$\beta = -0{\cdot}5$			
7·9	7. 6.55	3·680473	5·521021	29·3334	3·1	96.25.45	·991863	2·485650	7·7054
8·0	5.44. 9	3·779842	5·532210	29·8220	3·2	94.50.48	·981987	2·585158	8·0097
8·1	4.22.26	3·879451	5·541018	30·2273	3·3	92.54.51	·975171	2·684920	8·3097
8·2	3. 1.55	3·979240	5·547473	30·5400	3·4	90.39.17	·972012	2·784864	8·6071
8·3	1.42.47	4·079153	5·551609	30·7505	3·5	88. 5.59	·973058	2·884851	8·9040
8·4	0.25.14	4·179133	5·553466	30·8494	3·6	85.17.18	·978790	2·984676	9·2024
					3·7	82.15.54	·989603	3·084078	9·5046
	$\beta = -0{\cdot}5$				3·8	79. 4.42	1·005790	3·182747	9·8129
					3·9	75.46.36	1·027542	3·280338	10·1296
0·1	5.43.34	·099834	·004994	0·0001	4·0	72.24.22	1·054942	3·376496	10·4567
0·2	11.25.50	·198673	·019909	0·0012	4·1	69. 0.26	1·087976	3·470867	10·7968
0·3	17. 5.33	·295550	·044541	0·0062	4·2	65.36.52	1·126547	3·563113	11·1518
0·4	22.41.28	·389543	·078562	0·0189	4·3	62.15.13	1·170487	3·652926	11·5237
0·5	28.12.22	·479799	·121528	0·0448	4·4	58.56.37	1·219580	3·740030	11·9141
0·6	33.37. 7	·565554	·172896	0·0892	4·5	55.41.49	1·273575	3·824184	12·3247
0·7	38.54.35	·646144	·232041	0·1578	4·6	52.31.11	1·332202	3·905180	12·7563
0·8	44. 3.46	·721016	·298278	0·2555	4·7	49.24.52	1·395179	3·982842	13·2097
0·9	49. 3.40	·789734	·370883	0·3860	4·8	46.22.47	1·462225	4·057021	13·6851
1·0	53.53.24	·851981	·449110	0·5521	4·9	43.24.47	1·533062	4·127589	14·1820
1·1	58.32. 8	·907553	·532214	0·7546	5·0	40.30.37	1·607419	4·194438	14·6996
1·2	62.59. 6	·956362	·619464	0·9931	5·1	37.40. 0	1·685034	4·257477	15·2360
1·3	67.13.35	·998419	·710165	1·2657	5·2	34.52.41	1·765652	4·316628	15·7887
1·4	71.14.54	1·033831	·803663	1·5693	5·3	32. 8.24	1·849028	4·371823	16·3548
1·5	75. 2.27	1·062789	·899359	1·9002	5·4	29.26.59	1·934924	4·423010	16·9301
1·6	78.35.37	1·085557	·996716	2·2534	5·5	26.48.14	2·023109	4·470142	17·5097
1·7	81.53.51	1·102461	1·095263	2·6243	5·6	24.12. 5	2·113361	4·513188	18·0878
1·8	84.56.35	1·113880	1·194597	3·0079	5·7	21.38.26	2·205460	4·552125	18·6577
1·9	87.43.14	1·120238	1·294385	3·3993	5·8	19. 7.18	2·299194	4·586943	19·2121
2·0	90.13.15	1·121993	1·394362	3·7944	5·9	16.38.43	2·394357	4·617643	19·7428
2·1	92.26. 0	1·119635	1·494328	4·1891	6·0	14.12.45	2·490747	4·644239	20·2408
2·2	94.20.53	1·113677	1·594145	4·5803	6·1	11.49.31	2·588172	4·666758	20·6966
2·3	95.57.16	1·104653	1·693734	4·9654	6·2	9.29. 9	2·686442	4·685240	21·0999
2·4	97.14.27	1·093117	1·793064	5·3423	6·3	7.11.50	2·785378	4·699739	21·4403
2·5	98.11.45	1·079638	1·892151	5·7098	6·4	4.57.44	2·884810	4·710322	21·7070
2·6	98.48.31	1·064803	1·991044	6·0671	6·5	2.47. 6	2·984576	4·717068	21·8890
2·7	99. 4. 6	1·049215	2·089821	6·4138	6·6	0.40. 7	3·084526	4·720072	21·9753
2·8	98.57.55	1·033490	2·188577	6·7503					
2·9	98.29.34	1·018260	2·287410	7·0770					
3·0	97.38.49	1·004169	2·386412	7·3949					

Bashforth-Adams (B-A) の表

IV

$\frac{s}{b}$	ϕ	$\frac{x}{b}$	$\frac{z}{b}$	$\frac{V}{b^3}$	$\frac{s}{b}$	ϕ	$\frac{x}{b}$	$\frac{z}{b}$	$\frac{V}{b^3}$
	$\beta = -0.6$					$\beta = -0.6$			
0·1	5 . 43 . 31	·099834	·004994	0·0001	4·0	59 . 17 . 28	1·442300	3·337875	13·0155
0·2	11 . 25 . 30	·198674	·019904	0·0012	4·1	55 . 50 . 12	1·495923	3·422265	13·5873
0·3	17 . 4 . 24	·295556	·044517	0·0062	4·2	52 . 20 . 49	1·554559	3·503250	14·1787
0·4	22 . 38 . 45	·389568	·078487	0·0189	4·3	48 . 50 . 13	1·618032	3·580504	14·7890
0·5	28 . 7 . 6	·479873	·121350	0·0447	4·4	45 . 19 . 10	1·686121	3·653721	15·4164
0·6	33 . 28 . 5	·565734	·172543	0·0890	4·5	41 . 48 . 18	1·758573	3·722623	16·0531
0·7	38 . 40 . 23	·646522	·231419	0·1573	4·6	38 . 18 . 7	1·835107	3·786962	16·7102
0·8	43 . 42 . 47	·721731	·297277	0·2546	4·7	34 . 49 . 5	1·915420	3·846516	17·3676
0·9	48 . 34 . 10	·790978	·369380	0·3846	4·8	31 . 21 . 35	1·999192	3·901099	18·0240
1·0	53 . 13 . 27	·854009	·446979	0·5499	4·9	27 . 56 . 0	2·086091	3·950552	18·6717
1·1	57 . 39 . 42	·910690	·529333	0·7518	5·0	24 . 32 . 41	2·175776	3·994752	19·3017
1·2	61 . 52 . 2	·961005	·615727	0·9899	5·1	21 . 12 . 0	2·267903	4·033608	19·9037
1·3	65 . 49 . 37	1·005040	·705487	1·2628	5·2	17 . 54 . 18	2·362126	4·067063	20·4664
1·4	69 . 31 . 44	1·042979	·797992	1·5679	5·3	14 . 39 . 57	2·458103	4·095093	20·9772
1·5	72 . 57 . 43	1·075088	·892681	1·9019	5·4	11 . 29 . 22	2·555499	4·117708	21·4230
1·6	76 . 6 . 55	1·101704	·989061	2·2609	5·5	8 . 22 . 55	2·653989	4·134950	21·7898
1·7	78 . 53 . 46	1·123223	1·086707	2·6409	5·6	5 . 21 . 3	2·753262	4·146893	22·0633
1·8	81 . 32 . 43	1·140092	1·185266	3·0377	5·7	+2 . 24 . 10	2·853023	4·153640	22·2292
					5·8	−0 . 27 . 19	2·952999	4·155326	22·2731
1·9	83 . 48 . 14	1·152797	1·284449	3·4475					
2·0	85 . 44 . 51	1·161856	1·384033	3·8667		$\beta = -0.7$			
2·1	87 . 22 . 5	1·167812	1·483852	4·2924					
2·2	88 . 39 . 33	1·171230	1·583792	4·7220	0·1	5 . 43 . 28	·099834	·004994	0·0001
2·3	89 . 36 . 50	1·172688	1·683780	5·1535	0·2	11 . 25 . 9	·198675	·019899	0·0012
2·4	90 . 13 . 39	1·172776	1·783779	5·5856	0·3	17 . 3 . 15	·295562	·044492	0·0061
2·5	90 . 29 . 46	1·172094	1·883777	6·0175	0·4	22 . 36 . 2	·389592	·078412	0·0189
2·6	90 . 25 . 3	1·171246	1·983773	6·4488	0·5	28 . 1 . 51	·479947	·121173	0·0446
2·7	89 . 59 . 31	1·170839	2·083772	6·8795	0·6	33 . 19 . 5	·565913	·172191	0·0888
2·8	89 . 13 . 24	1·171474	2·183769	7·3103	0·7	38 . 26 . 14	·646897	·230798	0·1569
2·9	88 . 7 . 4	1·173746	2·283742	7·7421	0·8	43 . 21 . 56	·722438	·296276	0·2537
3·0	86 . 41 . 11	1·178232	2·383639	8·1759	0·9	48 . 4 . 51	·792208	·367876	0·3831
3·1	84 . 56 . 37	1·185485	2·483371	8·6134	1·0	52 . 33 . 49	·856012	·444843	0·5478
3·2	82 . 54 . 31	1·196025	2·582809	9·0561	1·1	56 . 47 . 44	·913783	·526440	0·7489
3·3	80 . 36 . 16	1·210325	2·681774	9·5059	1·2	60 . 45 . 40	·965574	·611960	0·9866
3·4	78 . 3 . 25	1·228805	2·780044	9·9648	1·3	64 . 26 . 42	1·011544	·700748	1·2595
3·5	75 . 17 . 41	1·251821	2·877349	10·4348	1·4	67 . 50 . 3	1·051949	·792206	1·5657
3·6	72 . 20 . 52	1·279657	2·973385	10·9179	1·5	70 . 55 . 0	1·087127	·885801	1·9024
3·7	69 . 14 . 46	1·312526	3·067816	11·4159	1·6	73 . 40 . 56	1·117483	·981072	2·2664
3·8	66 . 1 . 7	1·350560	3·160286	11·9306	1·7	76 . 7 . 16	1·143483	1·077625	2·6543
3·9	62 . 41 . 32	1·393822	3·250429	12·4634	1·8	78 . 13 . 31	1·165634	1·175135	3·0629

IV

$\dfrac{s}{b}$	ϕ	$\dfrac{x}{b}$	$\dfrac{z}{b}$	$\dfrac{V}{b^2}$	$\dfrac{s}{b}$	ϕ	$\dfrac{x}{b}$	$\dfrac{z}{b}$	$\dfrac{V}{b^2}$
	$\beta = -0{\cdot}7$					$\beta = -0{\cdot}8$			
1·9	79 . 59 . 13	1·184483	1·273339	3·4891	0·5	27 . 56 . 36	·480020	·120996	0·0445
2·0	81 . 24 . 2	1·200603	1·372028	3·9302	0·6	33 . 10 . 6	·566091	·171838	0·0886
2·1	82 . 27 . 40	1·214589	1·471044	4·3839	0·7	38 . 12 . 9	·647270	·230177	0·1564
2·2	83 . 9 . 55	1·227048	1·570264	4·8486	0·8	43 . 1 . 10	·723141	·295273	0·2528
2·3	83 . 30 . 40	1·238597	1·669595	5·3229	0·9	47 . 35 . 42	·793427	·366371	0·3817
2·4	83 . 29 . 56	1·249857	1·768959	5·8062	1·0	51 . 54 . 28	·857992	·442704	0·5456
2·5	83 . 7 . 54	1·261446	1·868285	6·2981	1·1	55 . 56 . 15	·916833	·523534	0·7460
2·6	82 . 24 . 51	1·273976	1·967496	6·7989	1·2	59 . 40 . 1	·970070	·608165	0·9830
2·7	81 . 21 . 18	1·288044	2·066500	7·3092	1·3	63 . 4 . 48	1·017931	·695950	1·2558
2·8	79 . 57 . 55	1·304227	2·165180	7·8299	1·4	66 . 9 . 48	1·060741	·786310	1·5628
2·9	78 . 15 . 33	1·323071	2·263385	8·3621	1·5	68 . 54 . 17	1·098904	·878731	1·9017
3·0	76 . 15 . 16	1·345087	2·360926	8·9072	1·6	71 . 17 . 38	1·132892	·972771	2·2698
3·1	73 . 58 . 17	1·370739	2·457573	9·4668	1·7	73 . 19 . 20	1·163229	1·068052	2·6646
3·2	71 . 25 . 57	1·400437	2·553052	10·0424	1·8	74 . 58 . 56	1·190485	1·164263	3·0834
3·3	68 . 39 . 44	1·434528	2·647052	10·6354	1·9	76 . 16 . 8	1·215257	1·261144	3·5240
3·4	65 . 41 . 9	1·473291	2·739221	11·2471	2·0	77 . 10 . 42	1·238168	1·358482	3·9842
3·5	62 . 31 . 43	1·516933	2·829181	11·8785	2·1	77 . 42 . 33	1·259854	1·456102	4·4628
3·6	59 . 12 . 57	1·565583	2·916533	12·5300	2·2	77 . 51 . 42	1·280958	1·553850	4·9584
3·7	55 . 46 . 19	1·619300	3·000863	13·2014	2·3	77 . 38 . 18	1·302122	1·651585	5·4705
3·8	52 . 13 . 10	1·678063	3·081756	13·8917	2·4	77 . 2 . 43	1·323983	1·749165	5·9990
3·9	48 . 34 . 47	1·741787	3·158801	14·5989	2·5	76 . 5 . 24	1·347162	1·846441	6·5440
4·0	44 . 52 . 21	1·810317	3·231603	15·3198	2·6	74 . 47 . 3	1·372258	1·943239	7·1061
4·1	41 . 6 . 37	1·883442	3·299787	16·0499	2·7	73 . 8 . 29	1·399837	2·039357	7·6860
4·2	37 . 19 . 35	1·960897	3·363010	16·7832	2·8	71 . 10 . 44	1·430428	2·134558	8·2848
4·3	33 . 31 . 11	2·042370	3·420962	17·5121	2·9	68 . 54 . 57	1·464511	2·228563	8·9032
4·4	29 . 42 . 37	2·127514	3·473372	18·2272	3·0	66 . 22 . 26	1·502507	2·321055	9·5424
4·5	25 . 54 . 42	2·215948	3·520017	18·9177	3·1	63 . 34 . 37	1·544771	2·411673	10·2030
4·6	22 . 8 . 15	2·307271	3·560719	19·5710	3·2	60 . 32 . 56	1·591588	2·500024	10·8852
4·7	18 . 24 . 3	2·401064	3·595350	20·1732	3·3	57 . 18 . 56	1·643162	2·585683	11·5887
4·8	14 . 42 . 50	2·496903	3·623835	20·7092	3·4	53 . 54 . 8	1·699618	2·668205	12·3125
4·9	11 . 5 . 21	2·594364	3·646149	21·1627	3·5	50 . 20 . 3	1·760995	2·747133	13·0544
5·0	7 . 32 . 22	2·693032	3·662320	21·5169	3·6	46 . 38 . 9	1·827252	2·822009	13·8110
5·1	4 . 4 . 35	2·792505	3·672424	21·7550	3·7	42 . 49 . 51	1·898268	2·892387	14·5777
5·2	0 . 42 . 43	2·892404	3·676587	21·8597	3·8	38 . 56 . 32	1·973848	2·957839	15·3478
					3·9	34 . 59 . 31	2·053726	3·017968	16·1133
					4·0	31 . 0 . 3	2·137577	3·072419	16·8638
	$\beta = -0{\cdot}8$				4·1	26 . 59 . 23	2·225024	3·120885	17·5876
					4·2	22 . 58 . 42	2·315649	3·163111	18·2706
					4·3	18 . 59 . 7	2·409001	3·198907	18·8974
					4·4	15 . 1 . 47	2·504611	3·228145	19·4510
0·1	5 . 43 . 26	·099834	·004993	0·0001	4·5	11 . 7 . 47	2·602000	3·250762	19·9134
0·2	11 . 24 . 48	·198676	·019894	0·0012	4·6	7 . 18 . 11	2·700692	3·266764	20·2659
0·3	17 . 2 . 6	·295563	·044468	0·0061	4·7	+3 . 34 . 0	2·800226	3·276219	20·4897
0·4	22 . 33 . 20	·389617	·078337	0·0189	4·8	−0 . 3 . 43	2·900164	3·279260	20·5664

IV

$\frac{s}{b}$	ϕ	$\frac{x}{b}$	$\frac{z}{b}$	$\frac{V}{b^2}$	$\frac{s}{b}$	ϕ	$\frac{x}{b}$	$\frac{z}{b}$	$\frac{V}{b^2}$
		$\beta = -0.9$					$\beta = -0.9$		
0·1	5.43.23	·099834	·004993	0·0001	4·0	18.27.46	2·415467	2·878636	17·3722
0·2	11.24.28	·198677	·019889	0·0012	4·1	14.20.42	2·511378	2·906865	17·9095
0·3	17. 0.57	·295574	·044443	0·0061	4·2	10.16.45	2·609059	2·928175	18·3474
0·4	22.30.37	·389641	·078262	0·0189	4·3	6.17.17	2·707998	2·942567	18·6660
0·5	27.51.22	·480093	·120820	0·0444	4·4	+2.23.38	2·807693	2·950119	18·8455
0·6	33. 1. 9	·566268	·171487	0·0884	4·5	−1.22.57	2·907671	2·950983	18·8667
0·7	37.58. 7	·647641	·229558	0·1559					
0·8	42.40.30	·723337	·294276	0·2519			$\beta = -1.0$		
0·9	47. 6.45	·794632	·364867	0·3802					
1·0	51.15.25	·859947	·440562	0·5433	0·1	5.43.21	·099834	·004993	0·0001
1·1	55. 5.14	·919839	·520619	0·7429	0·2	11.24. 7	·198677	·019884	0·0012
1·2	58.35. 4	·974493	·604344	0·9792	0·3	16.59.48	·295580	·044419	0·0061
1·3	61.43.57	1·024202	·691099	1·2518	0·4	22.27.56	·389666	·078187	0·0188
1·4	64.31. 1	1·069354	·780314	1·5592	0·5	27.46. 8	·480167	·120643	0·0444
1·5	66.55.34	1·110418	·871486	1·8997	0·6	32.52.14	·566444	·171136	0·0881
1·6	68.57. 2	1·147924	·964180	2·2712	0·7	37.44. 8	·648009	·228939	0·1555
1·7	70.34.56	1·182454	1·058026	2·6717	0·8	42.19.57	·724528	·293277	0·2510
1·8	71.48.57	1·214627	1·152707	3·0992	0·9	46.37.59	·795826	·363362	0·3786
1·9	72.38.55	1·245087	1·247954	3·5519	1·0	50.36.41	·861878	·438416	0·5411
2·0	73. 4.45	1·274495	1·343532	4·0285	1·1	54.14.42	·922803	·517693	0·7397
2·1	73. 6.35	1·303519	1·439227	4·5280	1·2	57.30.50	·978844	·600498	0·9753
2·2	72.44.41	1·332823	1·534837	5·0499	1·3	60.24. 7	1·030357	·686196	1·2473
2·3	71.59.28	1·363060	1·630155	5·5939	1·4	62.53.40	1·077790	·774222	1·5549
2·4	70.51.35	1·394863	1·724962	6·1602	1·5	64.58.50	1·121669	·864075	1·8965
2·5	69.21.48	1·428832	1·819012	6·7490	1·6	66.39. 5	1·162579	·955320	2·2707
2·6	67.31. 7	1·465530	1·912031	7·3608	1·7	67.54. 2	1·201151	1·047579	2·6757
2·7	65.20.39	1·505470	2·003702	7·9960	1·8	68.43.31	1·238047	1·140523	3·1101
2·8	62.51.43	1·549103	2·093672	8·6551	1·9	69. 7.29	1·273948	1·233856	3·5727
2·9	60. 5.43	1·596812	2·181546	9·3378	2·0	69. 6. 5	1·309543	1·327307	4·0627
3·0	57. 4.10	1·648903	2·266894	10·0435	2·1	68.39.39	1·345517	1·420612	4·5792
3·1	53.48.38	1·705596	2·349254	10·7710	2·2	67.48.42	1·382541	1·513505	5·1221
3·2	50.20.46	1·767023	2·428145	11·5177	2·3	66.33.56	1·421258	1·605704	5·6913
3·3	46.42.11	1·833223	2·503072	12·2799	2·4	64.56.16	1·462276	1·696900	6·2866
3·4	42.54.33	1·904146	2·573544	13·0525	2·5	62.56.48	1·506155	1·786753	6·9082
3·5	38.59.30	1·979648	2·639084	13·8283	2·6	60.36.47	1·553395	1·874884	7·5559
3·6	34.58.36	2·059505	2·699241	14·5985	2·7	57.57.39	1·604426	1·960873	8·2290
3·7	30.53.28	2·143412	2·753603	15·3521	2·8	55. 0.58	1·659597	2·044263	8·9264
3·8	26.45.37	2·231000	2·801812	16·0759	2·9	51.48.22	1·719167	2·124568	9·6460
3·9	22.36.33	2·321842	2·843566	16·7548	3·0	48.21.36	1·783300	2·201275	10·3846

IV

$\frac{s}{b}$	ϕ	$\frac{x}{b}$	$\frac{z}{b}$	$\frac{V}{b^3}$	$\frac{s}{b}$	ϕ	$\frac{x}{b}$	$\frac{z}{b}$	$\frac{V}{b^3}$
\multicolumn{5}{c}{$\beta = -1\cdot 0$}					\multicolumn{5}{c}{$\beta = -1\cdot 5$}

$\frac{s}{b}$	ϕ	$\frac{x}{b}$	$\frac{z}{b}$	$\frac{V}{b^3}$	$\frac{s}{b}$	ϕ	$\frac{x}{b}$	$\frac{z}{b}$	$\frac{V}{b^3}$
3·1	44.42.27	1·852061	2·273859	11·1375	2·5	35.22. 7	1·823965	1·577109	6·9703
3·2	40.52.45	1·925412	2·341800	11·8983	2·6	31.20.34	1·907458	1·632107	7·5711
3·3	36.54.21	2·003218	2·404588	12·6589	2·7	27. 7.29	1·994690	1·680955	8·1546
3·4	32.49. 5	2·085245	2·461748	13·4086	2·8	22.45.55	2·085332	1·723135	8·7054
3·5	28.38.47	2·171177	2·512848	14·1350	2·9	18.18.55	2·178948	1·758221	9·2057
3·6	24.25.16	2·260622	2·557515	14·8233	3·0	13.49.35	2·275015	1·785399	9·6361
3·7	20.10.19	2·353123	2·595448	15·4566	3·1	9.20.58	2·372953	1·805975	9·9758
3·8	15.55.42	2·448181	2·626423	16·0166	3·2	4.56. 3	2·472154	1·818392	10·2038
3·9	11.43. 7	2·545264	2·650304	16·4834	3·3	0.37.44	2·572013	1·823224	10·2994
4·0	7.34.16	2·643831	2·667043	16·8364	\multicolumn{5}{c}{$\beta = -2\cdot 0$}				
4·1	3.30.46	2·743344	2·676683	17·0552					
4·2	0.25.49	2·843289	2·679353		0·1	5.42.55	·099834	·004990	0·0001
					0·2	11.20.42	·198685	·019835	0·0012
\multicolumn{5}{c}{$\beta = -1\cdot 5$}					0·3	16.48.22	·295639	·044176	0·0061
					0·4	22. 1. 6	·389907	·077440	0·0186
0·1	5.43. 8	·099834	·004991	0·0001	0·5	26.54.28	·480881	·118885	0·0436
0·2	11.22.25	·198681	·019860	0·0012	0·6	31.24.23	·568158	·167646	0·0860
0·3	16.54. 4	·295609	·044298	0·0061					
0·4	22.14.28	·389787	·077813	0·0187	0·7	35.27.18	·651557	·222786	0·1508
0·5	27.20.10	·480526	·119763	0·0440	0·8	39. 0. 5	·731122	·283336	0·2420
0·6	32. 7.59	·567311	·169387	0·0871	0·9	42. 0.11	·807098	·348339	0·3631
0·7	36.35. 2	·649812	·225854	0·1531	1·0	44.25.33	·879913	·416869	0·5166
0·8	40.38.44	·727894	·288295	0·2466	1·1	46.14.41	·950142	·488052	0·7041
0·9	44.16.50	·801609	·355843	0·3710	1·2	47.26.37	1·018473	·561062	0·9265
1·0	47.27.26	·871181	·427656	0·5292	1·3	48. 0.56	1·085668	·635122	1·1842
1·1	50. 8.57	·736986	·502942	0·7228	1·4	47.57.44	1·152528	·709484	1·4768
1·2	52.20. 8	·999526	·580964	0·9529	1·5	47.17.39	1·219857	·783422	1·8037
1·3	54. 0. 7	1·059409	·661047	1·2198	1·6	46. 1.51	1·288423	·856211	2·1633
1·4	55. 8.18	1·117316	·742573	1·5233	1·7	44.11.57	1·358932	·927117	2·5535
1·5	55.44.27	1·173979	·824970	1·8632	1·8	41.50. 8	1·431991	·995388	2·9709
1·6	55.48.38	1·230159	·907697	2·2388	1·9	38.58.59	1·508082	1·060257	3·4110
1·7	55.21.17	1·286618	·990234	2·6494	2·0	35.41.32	1·587543	1·120948	3·8675
1·8	54.23. 9	1·344100	1·072060	3·0942	2·1	32. 1.11	1·670544	1·176691	4·3318
1·9	52.55.18	1·403308	1·152645	3·5718	2·2	28. 1.38	1·757087	1·226753	4·7932
2·0	50.59. 8	1·464883	1·231433	4·0807	2·3	23.46.52	1·847006	1·270458	5·2384
2·1	48.36.19	1·529382	1·307843	4·6185	2·4	19.21. 2	1·939974	1·307226	5·6519
2·2	45.48.52	1·597265	1·381259	5·1819	2·5	14.48.24	2·035536	1·336597	6·0157
2·3	42.39. 1	1·668872	1·451044	5·7662	2·6	10.13.17	2·133134	1·358260	6·3106
2·4	39. 9.12	1·744414	1·516545	6·3651	2·7	5.39.58	2·232150	1·372067	6·5163
					2·8	1.12.36	2·331946	1·378044	6·6132

IV

β = −2·5

$\frac{s}{b}$	ϕ	$\frac{x}{b}$	$\frac{z}{b}$	$\frac{V}{b^3}$
0·1	5.42.42	·099834	·004988	0·0001
0·2	11.19. 0	·198689	·019810	0·0012
0·3	16.42.40	·295668	·044054	0·0061
0·4	21.47.49	·390026	·077068	0·0185
0·5	26.29. 1	·481229	·118012	0·0432
0·6	30.41.26	·568983	·165917	0·0850
0·7	34.20.53	·653244	·219737	0·1484
0·8	37.23.57	·734212	·278404	0·2374
0·9	39.47.55	·812298	·340862	0·3550
1·0	41.30.51	·888093	·406089	0·5034
1·1	42.31.36	·962313	·473104	0·6838
1·2	42.49.48	1·035760	·540968	0·8967
1·3	42.25.50	1·109265	·608769	1·1417
1·4	41.20.49	1·183643	·675609	1·4177
1·5	39.36.39	1·259645	·740593	1·7222
1·6	37.15.54	1·337915	·802822	2·0519
1·7	34.21.49	1·418953	·861394	2·4013
1·8	30.58.15	1·503087	·915418	2·7632
1·9	27. 9.35	1·590451	·964038	3·1282
2·0	23. 0.38	1·680981	1·006464	3·4843
2·1	18.36.35	1·774423	1·042010	3·8170
2·2	14. 2.50	1·870360	1·070133	4·1097
2·3	9.24.53	1·968244	1·090463	4·3442
2·4	4.48.14	2·067449	1·102826	4·5016
2·5	0.18.16	2·167325	1·107258	4·5631

β = −3·0

$\frac{s}{b}$	ϕ	$\frac{x}{b}$	$\frac{z}{b}$	$\frac{V}{b^3}$
0·1	5.42.29	·099834	·004986	0·0001
0·2	11.17.18	·198693	·019786	0·0012
0·3	16.37. 0	·295697	·043933	0·0060
0·4	21.34.37	·390144	·076698	0·0184
0·5	26. 3.50	·481571	·117144	0·0428
0·6	29.59. 6	·569787	·164197	0·0839
0·7	33.15.48	·654875	·216708	0·1461
0·8	35.50.18	·737170	·273505	0·2328
0·9	37.39.58	·817223	·333427	0·3467
1·0	38.43.12	·895745	·395347	0·4896
1·1	38.59.28	·973546	·458171	0·6621
1·2	38.29.14	1·051477	·520835	0·8640
1·3	37.13.59	1·130361	·582291	1·0937
1·4	35.16.13	1·210941	·641502	1·3486
1·5	32.39.19	1·293823	·697437	1·6240
1·6	29.27.34	1·379437	·749087	1·9136
1·7	25.45.59	1·468001	·795487	2·2087
1·8	21.40.15	1·559514	·835750	2·4980
1·9	17.16.33	1·653759	·869111	2·7680
2·0	12.41.25	1·750328	·894977	3·0028
2·1	8. 1.35	1·848671	·912956	3·1850
2·2	+3.23.42	1·948148	·922891	3·2967
2·3	−1. 5.42	2·048103	·924869	3·3206

β = −3·5

$\frac{s}{b}$	ϕ	$\frac{x}{b}$	$\frac{z}{b}$	$\frac{V}{b^3}$
0·1	5.42.16	·099834	·004985	0·0001
0·2	11.15.36	·198697	·019761	0·0012
0·3	16.31.22	·295725	·043812	0·0060
0·4	21.21.31	·390259	·076329	0·0183
0·5	25.38.54	·481907	·116280	0·0424
0·6	29.17.23	·570571	·162489	0·0829
0·7	32.12. 1	·656450	·213701	0·1437
0·8	34.19. 6	·740000	·268640	0·2281
0·9	35.36.15	·821882	·326041	0·3382
1·0	36. 2.27	·902892	·384669	0·4754
1·1	35.37.57	·983890	·443315	0·6394
1·2	34.24.22	1·065717	·500795	0·8290
1·3	32.24.32	1·149131	·555941	1·0414
1·4	29.42.30	1·234737	·607610	1·2718
1·5	26.23.23	1·322940	·654700	1·5135
1·6	22.33.17	1·413911	·696178	1·7571
1·7	18.19. 4	1·507579	·731133	1·9909
1·8	13.48.12	1·603642	·758821	2·2008
1·9	9. 8.28	1·701615	·778716	2·3709
2·0	+4.27.49	1·800884	·790551	2·4842
2·1	−0. 6. 0	1·900786	·794331	2·5241

IV

$\frac{s}{b}$	ϕ	$\frac{x}{b}$	$\frac{z}{b}$	$\frac{V}{b^3}$	$\frac{s}{b}$	ϕ	$\frac{x}{b}$	$\frac{z}{b}$	$\frac{V}{b^3}$
	$\beta = -4\cdot 0$					$\beta = -4\cdot 0$			
0·1	5° 42′ 4″	·099834	·004983	0·0001	1·0	33° 28′ 25″	·909560	·374082	0·4608
0·2	11. 13. 54	·198701	·019737	0·0012	1·1	32. 26. 47	·993395	·428593	0·6158
0·3	16. 25. 44	·295754	·043692	0·0060	1·2	30. 34. 42	1·078583	·480959	0·7923
0·4	21. 8. 30	·390374	·075961	0·0182	1·3	27. 56. 35	1·165764	·529924	0·9858
0·5	25. 14. 14	·482236	·115420	0·0420	1·4	24. 38. 10	1·255369	·574290	1·1898
0·6	28. 36. 18	·571336	·160791	0·0818	1·5	20. 46. 27	1·347574	·612947	1·3952
0·7	31. 9. 31	·657973	·210715	0·1413	1·6	16. 29. 22	1·442295	·644937	1·5902
0·8	32. 50. 18	·742707	·263813	0·2233	1·7	11. 55. 31	1·539203	·669502	1·7612
0·9	33. 36. 42	·826286	·318716	0·3296	1·8	7. 13. 56	1·637780	·686145	1·8925
					1·9	2. 33. 44	1·737388	·694666	1·9680

IV

$\frac{s}{b}$	ϕ	$\frac{x}{b}$	$\frac{z}{b}$	$\frac{V}{b^2}$
		$\beta = -2\cdot5$		
0·1	5. 42. 42	·099834	·004988	0·0001
0·2	11. 19. 0	·198689	·019810	0·0012
0·3	16. 42. 40	·295668	·044054	0·0061
0·4	21. 47. 49	·390026	·077068	0·0185
0·5	26. 29. 1	·481229	·118012	0·0432
0·6	30. 41. 26	·568983	·165917	0·0850
0·7	34. 20. 53	·653244	·219737	0·1484
0·8	37. 23. 57	·734212	·278404	0·2374
0·9	39. 47. 55	·812298	·340862	0·3550
1·0	41. 30. 51	·888093	·406089	0·5034
1·1	42. 31. 36	·962313	·473104	0·6838
1·2	42. 49. 48	1·035760	·540968	0·8967
1·3	42. 25. 50	1·109265	·608769	1·1417
1·4	41. 20. 49	1·183643	·675609	1·4177
1·5	39. 36. 39	1·259645	·740593	1·7222
1·6	37. 15. 54	1·337915	·802822	2·0519
1·7	34. 21. 49	1·418953	·861394	2·4013
1·8	30. 58. 15	1·503087	·915418	2·7632
1·9	27. 9. 35	1·590451	·964038	3·1282
2·0	23. 0. 38	1·680981	1·006464	3·4843
2·1	18. 36. 35	1·774423	1·042010	3·8170
2·2	14. 2. 50	1·870360	1·070133	4·1097
2·3	9. 24. 53	1·968244	1·090463	4·3442
2·4	4. 48. 14	2·067449	1·102826	4·5016
2·5	0. 18. 16	2·167325	1·107258	4·5631
		$\beta = -3\cdot0$		
0·1	5. 42. 29	·099834	·004986	0·0001
0·2	11. 17. 18	·198693	·019786	0·0012
0·3	16. 37. 0	·295697	·043933	0·0060
0·4	21. 34. 37	·390144	·076698	0·0184
0·5	26. 3. 50	·481571	·117144	0·0428
0·6	29. 59. 6	·569787	·164197	0·0839
0·7	33. 15. 48	·654875	·216708	0·1461
0·8	35. 50. 18	·737170	·273505	0·2328
0·9	37. 39. 58	·817223	·333427	0·3467
1·0	38. 43. 12	·895745	·395347	0·4896
1·1	38. 59. 28	·973546	·458171	0·6621
1·2	38. 29. 14	1·051477	·520835	0·8640

$\frac{s}{b}$	ϕ	$\frac{x}{b}$	$\frac{z}{b}$	$\frac{V}{b^2}$
		$\beta = -3\cdot0$		
1·3	37. 13. 59	1·130361	·582291	1·0937
1·4	35. 16. 13	1·210941	·641502	1·3486
1·5	32. 39. 19	1·293823	·697437	1·6240
1·6	29. 27. 34	1·379437	·749087	1·9136
1·7	25. 45. 59	1·468001	·795487	2·2087
1·8	21. 40. 15	1·559514	·835750	2·4980
1·9	17. 16. 33	1·653759	·869111	2·7680
2·0	12. 41. 25	1·750328	·894977	3·0028
2·1	8. 1. 35	1·848671	·912956	3·1850
2·2	+3. 23. 42	1·948148	·922891	3·2967
2·3	−1. 5. 42	2·048103	·924869	3·3206
		$\beta = -3\cdot5$		
0·1	5. 42. 16	·099834	·004985	0·0001
0·2	11. 15. 36	·198697	·019761	0·0012
0·3	16. 31. 22	·295725	·043812	0·0060
0·4	21. 21. 31	·390259	·076329	0·0183
0·5	25. 38. 54	·481907	·116280	0·0424
0·6	29. 17. 23	·570571	·162489	0·0829
0·7	32. 12. 1	·656450	·213701	0·1437
0·8	34. 19. 6	·740000	·268640	0·2281
0·9	35. 36. 15	·821882	·326041	0·3382
1·0	36. 2. 27	·902892	·384669	0·4754
1·1	35. 37. 57	·983890	·443315	0·6394
1·2	34. 24. 22	1·065717	·500795	0·8290
1·3	32. 24. 32	1·149131	·555941	1·0414
1·4	29. 42. 30	1·234737	·607610	1·2718
1·5	26. 23. 23	1·322940	·654700	1·5135
1·6	22. 33. 17	1·413911	·696178	1·7571
1·7	18. 19. 4	1·507579	·731133	1·9909
1·8	13. 48. 12	1·603642	·758821	2·2008
1·9	9. 8. 28	1·701615	·778716	2·3709
2·0	+4. 27. 49	1·800884	·790551	2·4842
2·1	−0. 6. 0	1·900786	·794331	2·5241

V

β	120°		135°		140°		145°		150°	
	$\dfrac{x}{b}$	$\dfrac{z}{b}$	$\dfrac{x}{b}$	$\dfrac{z}{b}$	$\dfrac{x}{b}$	$\dfrac{z}{b}$	$\dfrac{x}{b}$	$\dfrac{z}{b}$	$\dfrac{x}{b}$	$\dfrac{z}{b}$
0·0	·8660	1·5000	·7071	1·7071	·6428	1·7660	·5736	1·8192	·5000	1·8660
0·1	·8641	1·4152	·7276	1·5931	·6718	1·6462	·6175	1·6862	·5580	1·7238
0·2	·8602	1·3467	·7380	1·5062	·6898	1·5513	·6413	1·5875	·5905	1·6198
0·3	·8549	1·2897	·7432	1·4355	·7005	1·4750	·6559	1·5090	·6103	1·5381
0·4	·8490	1·2411	·7457	1·3762	·7064	1·4122	·6652	1·4439	·6233	1·4707
0·5	·8431	1·1988	·7464	1·3253	·7095	1·3591	·6712	1·3885	·6320	1·4135
0·6	·8370	1·1614	·7458	1·2808	·7109	1·3129	·6749	1·3404	·6379	1·3639
0·7	·8309	1·1280	·7442	1·2414	·7111	1·2718	·6771	1·2979	·6420	1·3202
0·8	·8248	1·0979	·7421	1·2061	·7106	1·2350	·6781	1·2599	·6447	1·2812
0·9	·8189	1·0705	·7396	1·1742	·7095	1·2018	·6783	1·2257	·6464	1·2461
1·0	·8131	1·0453	·7369	1·1451	·7079	1·1716	·6779	1·1947	·6472	1·2143
1·1	·8075	1·0221	·7340	1·1185	·7060	1·1439	·6771	1·1663	·6474	1·1852
1·2	·8020	1·0008	·7309	1·0939	·7039	1·1185	·6759	1·1401	·6472	1·1584
1·3	·7966	·9809	·7277	1·0711	·7016	1·0950	·6744	1·1158	·6467	1·1335
1·4	·7914	·9623	·7245	1·0499	·6992	1·0731	·6728	1·0933	·6459	1·1105
1·5	·7863	·9449	·7213	1·0301	·6966	1·0526	·6711	1·0723	·6448	1·0890
1·6	·7814	·9285	·7181	1·0115	·6940	1·0335	·6692	1·0526	·6435	1·0689
1·7	·7766	·9131	·7148	·9941	·6914	1·0154	·6671	1·0341	·6421	1·0501
1·8	·7719	·8985	·7116	·9776	·6888	·9985	·6650	1·0167	·6406	1·0323
1·9	·7674	·8847	·7085	·9620	·6861	·9824	·6629	1·0003	·6390	1·0154
2·0	·76297	·87162	·70525	·94720	·68339	·96723	·66068	·98467	·63738	·99952
2·1	·75866	·85916	·70212	·93318	·68072	·95280	·65848	·96988	·63565	·98443
2·2	·75445	·84728	·69903	·91985	·67806	·93909	·65626	·95582	·63387	·97009
2·3	·75035	·83595	·69599	·90714	·67541	·92603	·65402	·94243	·63205	·95643
2·4	·74636	·82512	·69299	·89500	·67278	·91354	·65178	·92965	·63021	·94340
2·5	·74246	·81474	·69004	·88339	·67018	·90159	·64955	·91744	·62834	·93095
2·6	·73865	·80479	·68712	·87227	·66760	·89016	·64732	·90575	·62647	·91904
2·7	·73494	·79525	·68425	·86161	·66504	·87921	·64510	·89454	·62459	·90762
2·8	·73131	·78608	·68142	·85137	·66252	·86870	·64289	·88378	·62271	·89666
2·9	·72776	·77725	·67864	·84153	·66003	·85859	·64069	·87344	·62082	·88613
3·0	·72428	·76873	·67590	·83207	·65758	·84887	·63851	·86350	·61893	·87599
3·1	·72088	·76052	·67321	·82295	·65516	·83951	·63635	·85392	·61705	·86623
3·2	·71756	·75260	·67055	·81415	·65276	·83048	·63421	·84468	·61518	·85682
3·3	·71430	·74495	·66794	·80566	·65039	·82176	·63209	·83577	·61332	·84774
3·4	·71111	·73755	·66537	·79745	·64805	·81334	·62999	·82716	·61147	·83897
3·5	·70799	·73039	·66285	·78951	·64574	·80519	·62792	·81884	·60963	·83050
3·6	·70493	·72345	·66036	·78182	·64346	·79731	·62588	·81080	·60780	·82230
3·7	·70193	·71673	·65791	·77438	·64122	·78968	·62385	·80300	·60599	·81437
3·8	·69898	·71022	·65550	·76717	·63901	·78228	·62183	·79544	·60419	·80669

Bashforth-Adams (B-A) の表

V

β	15°		30°		45°		60°		90°	
	$\frac{x}{b}$	$\frac{z}{b}$	$\frac{x}{b}$	$\frac{z}{b}$	$\frac{x}{b}$	$\frac{z}{b}$	$\frac{x}{b}$	$\frac{z}{b}$	$\frac{x}{b}$	$\frac{z}{b}$
+										
3.9	.25094	.03253	.45160	.11460	.59097	.22050	.67805	.33300	.73741	.54301
4.0	.25076	.03249	.45064	.11423	.58905	.21938	.67536	.33087	.73411	.53869
4.1	.25057	.03245	.44969	.11386	.58716	.21828	.67272	.32879	.73088	.53448
4.2	.25039	.03242	.44875	.11350	.58529	.21721	.67011	.32676	.72771	.53038
4.3	.25021	.03238	.44783	.11314	.58345	.21615	.66756	.32477	.72460	.52638
4.4	.25002	.03234	.44691	.11279	.58164	.21511	.66505	.32282	.72155	.52248
4.5	.24984	.03231	.44600	.11244	.57986	.21409	.66258	.32091	.71856	.51868
4.6	.24966	.03227	.44510	.11209	.57810	.21309	.66016	.31903	.71562	.51497
4.7	.24948	.03223	.44421	.11175	.57637	.21210	.65778	.31720	.71274	.51134
4.8	.24930	.03220	.44333	.11141	.57466	.21112	.65543	.31540	.70991	.50780
4.9	.24912	.03216	.44246	.11108	.57298	.21016	.65313	.31364	.70713	.50434
5.0	.24894	.03213	.44159	.11075	.57133	.20922	.65086	.31191	.70441	.50095
5.1	.24876	.03209	.44073	.11042	.56969	.20829	.64863	.31021	.70173	.49764
5.2	.24858	.03206	.43988	.11010	.56807	.20738	.64644	.30854	.69909	.49440
5.3	.24841	.03203	.43904	.10978	.56647	.20648	.64428	.30690	.69650	.49122
5.4	.24823	.03199	.43821	.10947	.56490	.20559	.64215	.30529	.69395	.48811
5.5	.24806	.03196	.43738	.10916	.56335	.20472	.64005	.30371	.69145	.48508
5.6	.24788	.03193	.43656	.10885	.56182	.20386	.63798	.30215	.68899	.48210
5.7	.24771	.03189	.43575	.10854	.56031	.20301	.63595	.30062	.68657	.47918
5.8	.24754	.03186	.43495	.10824	.55881	.20218	.63394	.29912	.68418	.47632
5.9	.24736	.03183	.43415	.10794	.55733	.20136	.63196	.29765	.68183	.47351
6.0	.24719	.03179	.43336	.10764	.55588	.20055	.63001	.29621	.67952	.47076
6.1	.24702	.03176	.43258	.10735	.55444	.19975	.62809	.29479	.67724	.46806
6.2	.24685	.03173	.43180	.10706	.55302	.19896	.62619	.29339	.67500	.46541
6.3	.24668	.03170	.43103	.10677	.55161	.19818	.62432	.29201	.67279	.46280
6.4	.24651	.03166	.43027	.10648	.55021	.19741	.62247	.29064	.67061	.46024
6.5	.24634	.03163	.42951	.10620	.54884	.19666	.62065	.28930	.66846	.45774
6.6	.24617	.03160	.42876	.10592	.54748	.19592	.61885	.28798	.66634	.45528
6.7	.24600	.03157	.42802	.10564	.54614	.19518	.61708	.28668	.66425	.45286
6.8	.24584	.03154	.42729	.10536	.54481	.19445	.61533	.28540	.66219	.45048
6.9	.24567	.03150	.42656	.10509	.54350	.19373	.61360	.28414	.66016	.44814
7.0	.24550	.03147	.42583	.10482	.54220	.19302	.61189	.28291	.65815	.44584
7.1	.24534	.03144	.42511	.10455	.54091	.19232	.61020	.28169	.65617	.44357
7.2	.24517	.03141	.42440	.10429	.53964	.19163	.60853	.28048	.65422	.44134
7.3	.24500	.03138	.42369	.10403	.53838	.19095	.60688	.27929	.65229	.43915
7.4	.24484	.03134	.42299	.10377	.53714	.19027	.60526	.27812	.65039	.43700
7.5	.24467	.03131	.42229	.10351	.53591	.18960	.60366	.27697	.64851	.43488
7.6	.24451	.03128	.42160	.10326	.53469	.18894	.60207	.27583	.64666	.43280
7.7	.24434	.03125	.42091	.10300	.53349	.18828	.60050	.27471	.64483	.43075

Bashforth-Adams（B-A）の表

V

β	120°		135°		140°		145°		150°	
	$\dfrac{x}{b}$	$\dfrac{z}{b}$	$\dfrac{x}{b}$	$\dfrac{z}{b}$	$\dfrac{x}{b}$	$\dfrac{z}{b}$	$\dfrac{x}{b}$	$\dfrac{z}{b}$	$\dfrac{x}{b}$	$\dfrac{z}{b}$
3·9	·69609	·70390	·65312	·76017	·63683	·77511	·61985	·78811	·60241	·79924
4·0	·69326	·69775	·65078	·75338	·63467	·76814	·61790	·78101	·60065	·79201
4·1	·69048	·69178	·64848	·74678	·63254	·76138	·61597	·77411	·59890	·78499
4·2	·68775	·68598	·64621	·74037	·63045	·75481	·61405	·76741	·59717	·77817
4·3	·68506	·68033	·64398	·73413	·62838	·74842	·61216	·76089	·59545	·77154
4·4	·68242	·67483	·64178	·72807	·62634	·74221	·61029	·75454	·59375	·76509
4·5	·67984	·66948	·63960	·72217	·62433	·73616	·60844	·74837	·59207	·75881
4·6	·67730	·66427	·63746	·71642	·62234	·73027	·60662	·74236	·59040	·75269
4·7	·67480	·65918	·63535	·71082	·62038	·72453	·60481	·73650	·58875	·74673
4·8	·67233	·65421	·63327	·70536	·61845	·71894	·60302	·73079	·58712	·74092
4·9	·66991	·64937	·63122	·70003	·61654	·71349	·60126	·72522	·58551	·73526
5·0	·66753	·64464	·62920	·69483	·61466	·70816	·59951	·71979	·58391	·72973
5·1	·66519	·64002	·62721	·68975	·61280	·70296	·59778	·71449	·58232	·72434
5·2	·66288	·63551	·62525	·68479	·61096	·69788	·59607	·70931	·58075	·71908
5·3	·66061	·63110	·62331	·67996	·60915	·69292	·59439	·70425	·57920	·71393
5·4	·65837	·62679	·62139	·67523	·60736	·68808	·59273	·69931	·57767	·70890
5·5	·65617	·62258	·61950	·67059	·60559	·68334	·59109	·69448	·57616	·70399
5·6	·65400	·61846	·61764	·66606	·60384	·67871	·58947	·68976	·57466	·69919
5·7	·65187	·61442	·61580	·66163	·60211	·67417	·58787	·68514	·57317	·69449
5·8	·64977	·61046	·61399	·65730	·60041	·66973	·58628	·68061	·57169	·68989
5·9	·64769	·60659	·61220	·65305	·59873	·66539	·58470	·67618	·57023	·68539
6·0	·64564	·60280	·61043	·64889	·59707	·66114	·58314	·67184	·56879	·68098
6·1	·64362	·59908	·60868	·64482	·59543	·65697	·58160	·66759	·56736	·67666
6·2	·64163	·59544	·60696	·64082	·59381	·65289	·58008	·66343	·56594	·67243
6·3	·63967	·59186	·60526	·63691	·59220	·64889	·57858	·65935	·56454	·66828
6·4	·63773	·58836	·60358	·63307	·59061	·64496	·57710	·65534	·56316	·66421
6·5	·63582	·58492	·60192	·62931	·58904	·64111	·57563	·65142	·56179	·66023
6·6	·63394	·58154	·60028	·62561	·58749	·63733	·57417	·64757	·56044	·65632
6·7	·63208	·57823	·59866	·62199	·58596	·63362	·57273	·64379	·55910	·65248
6·8	·63024	·57498	·59706	·61844	·58445	·62999	·57131	·64008	·55777	·64871
6·9	·62843	·57179	·59547	·61495	·58295	·62642	·56990	·63643	·55645	·64501
7·0	·62664	·56865	·59390	·61151	·58147	·62291	·56851	·63286	·55514	·64138
7·1	·62487	·56557	·59235	·60814	·58001	·61946	·56713	·62935	·55385	·63781
7·2	·62312	·56254	·59082	·60483	·57856	·61608	·56577	·62590	·55257	·63430
7·3	·62140	·55956	·58931	·60157	·57712	·61276	·56442	·62251	·55130	·63085
7·4	·61970	·55663	·58781	·59837	·57570	·60949	·56308	·61918	·55004	·62747
7·5	·61802	·55375	·58633	·59522	·57430	·60627	·56175	·61590	·54880	·62415
7·6	·61636	·55092	·58487	·59214	·57291	·60311	·56044	·61268	·54756	·62088
7·7	·61472	·54813	·58342	·58910	·57153	·60000	·55914	·60951	·54634	·61766

Bashforth-Adams (B-A) の表

V

β	15°		30°		45°		60°		90°	
	$\frac{x}{b}$	$\frac{z}{b}$	$\frac{x}{b}$	$\frac{z}{b}$	$\frac{x}{b}$	$\frac{z}{b}$	$\frac{x}{b}$	$\frac{z}{b}$	$\frac{x}{b}$	$\frac{z}{b}$
+7.8	.24418	.03122	.42023	.10275	.53230	.18764	.59895	.27360	.64302	.42872
7.9	.24402	.03118	.41956	.10250	.53112	.18701	.59741	.27251	.64123	.42672
8.0	.24386	.03115	.41889	.10225	.52995	.18638	.59590	.27143	.63947	.42476
8.1	.24370	.03112	.41822	.10201	.52879	.18576	.59440	.27037	.63773	.42282
8.2	.24354	.03109	.41756	.10176	.52764	.18515	.59292	.26932	.63600	.42091
8.3	.24338	.03106	.41691	.10152	.52651	.18454	.59145	.26828	.63430	.41903
8.4	.24322	.03103	.41626	.10128	.52539	.18394	.59000	.26725	.63262	.41718
8.5	.24306	.03100	.41562	.10105	.52428	.18334	.58857	.26624	.63096	.41536
8.6	.24291	.03097	.41498	.10081	.52318	.18275	.58716	.26524	.62932	.41356
8.7	.24275	.03094	.41434	.10057	.52208	.18217	.58576	.26425	.62769	.41179
8.8	.24259	.03091	.41371	.10034	.52100	.18159	.58437	.26328	.62608	.41004
8.9	.24244	.03088	.41308	.10011	.51993	.18102	.58299	.26232	.62449	.40831
9.0	.24228	.03085	.41246	.09989	.51887	.18046	.58162	.26137	.62291	.40661
9.1	.24213	.03082	.41184	.09966	.51782	.17990	.58027	.26043	.62135	.40493
9.2	.24197	.03079	.41122	.09944	.51677	.17935	.57893	.25950	.61981	.40327
9.3	.24182	.03076	.41061	.09922	.51574	.17881	.57761	.25858	.61829	.40163
9.4	.24167	.03073	.41001	.09900	.51472	.17827	.57631	.25767	.61679	.40001
9.5	.24151	.03070	.40941	.09878	.51371	.17773	.57502	.25678	.61530	.39842
9.6	.24136	.03067	.40882	.09856	.51270	.17720	.57374	.25590	.61382	.39685
9.7	.24121	.03064	.40823	.09835	.51171	.17668	.57247	.25503	.61236	.39529
9.8	.24105	.03062	.40764	.09813	.51072	.17616	.57121	.25416	.61092	.39375
9.9	.24090	.03059	.40705	.09792	.50974	.17565	.56997	.25330	.60950	.39223
10.0	.24075	.03056	.40647	.09771	.50877	.17514	.56874	.25245	.60808	.39074
10.1	.24060	.03053	.40589	.09750	.50781	.17464	.56753	.25161	.60667	.38926
10.2	.24045	.03051	.40532	.09729	.50686	.17414	.56632	.25078	.60528	.38780
10.3	.24030	.03048	.40475	.09709	.50591	.17364	.56512	.24996	.60391	.38636
10.4	.24015	.03045	.40418	.09688	.50497	.17315	.56393	.24915	.60255	.38493
10.5	.24000	.03042	.40362	.09668	.50404	.17267	.56275	.24835	.60121	.38352
10.6	.23986	.03039	.40306	.09648	.50312	.17219	.56159	.24756	.59988	.38212
10.7	.23971	.03037	.40251	.09628	.50220	.17172	.56044	.24677	.59856	.38074
10.8	.23956	.03034	.40196	.09608	.50129	.17125	.55929	.24599	.59725	.37938
10.9	.23942	.03031	.40141	.09589	.50039	.17078	.55815	.24522	.59595	.37804
11.0	.23927	.03028	.40087	.09569	.49949	.17032	.55702	.24446	.59466	.37671
11.1	.23913	.03025	.40033	.09550	.49860	.16986	.55590	.24371	.59338	.37539
11.2	.23898	.03023	.39979	.09531	.49772	.16941	.55479	.24296	.59212	.37409
11.3	.23884	.03020	.39926	.09512	.49685	.16896	.55369	.24222	.59087	.37280
11.4	.23869	.03017	.39873	.09493	.49598	.16851	.55261	.24149	.58963	.37153
11.5	.23855	.03014	.39820	.09474	.49512	.16807	.55153	.24077	.58840	.37027
11.6	.23841	.03011	.39768	.09456	.49427	.16763	.55046	.24005	.58719	.36903

V

β	120°		135°		140°		145°		150°	
	$\frac{x}{b}$	$\frac{z}{b}$	$\frac{x}{b}$	$\frac{z}{b}$	$\frac{x}{b}$	$\frac{z}{b}$	$\frac{x}{b}$	$\frac{z}{b}$	$\frac{x}{b}$	$\frac{z}{b}$
+ 7·8	·61310	·54539	·58199	·58611	·57017	·59694	·55785	·60639	·54513	·61449
7·9	·61149	·54269	·58057	·58317	·56883	·59393	·55658	·60333	·54394	·61138
8·0	·60990	·54003	·57917	·58027	·56750	·59097	·55532	·60032	·54276	·60832
8·1	·60833	·53741	·57778	·57742	·56618	·58805	·55407	·59735	·54158	·60531
8·2	·60678	·53484	·57641	·57461	·56488	·58518	·55283	·59443	·54041	·60235
8·3	·60525	·53230	·57505	·57185	·56359	·58236	·55161	·59155	·53926	·59943
8·4	·60373	·52981	·57371	·56913	·56231	·57958	·55040	·58872	·53812	·59655
8·5	·60223	·52735	·57238	·56645	·56104	·57684	·54920	·58593	·53699	·59371
8·6	·60074	·52493	·57106	·56381	·55978	·57414	·54801	·58318	·53587	·59092
8·7	·59927	·52254	·56976	·56120	·55854	·57148	·54684	·58047	·53476	·58817
8·8	·59782	·52019	·56847	·55864	·55731	·56886	·54567	·57780	·53366	·58546
8·9	·59639	·51787	·56719	·55611	·55609	·56628	·54451	·57517	·53256	·58279
9·0	·59497	·51558	·56592	·55362	·55488	·56373	·54336	·57258	·53147	·58015
9·1	·59356	·51332	·56467	·55116	·55368	·56122	·54223	·57003	·53039	·57755
9·2	·59217	·51110	·56342	·54874	·55249	·55875	·54110	·56751	·52932	·57499
9·3	·59079	·50891	·56219	·54635	·55131	·55631	·53998	·56502	·52826	·57247
9·4	·58942	·50675	·56097	·54399	·55015	·55390	·53888	·56257	·52721	·56998
9·5	·58807	·50461	·55976	·54167	·54900	·55153	·53778	·56015	·52618	·56753
9·6	·58673	·50250	·55856	·53938	·54786	·54919	·53669	·55776	·52515	·56511
9·7	·58541	·50042	·55737	·53711	·54673	·54688	·53561	·55541	·52413	·56272
9·8	·58410	·49837	·55620	·53488	·54561	·54460	·53454	·55309	·52312	·56037
9·9	·58280	·49634	·55504	·53268	·54450	·54235	·53348	·55080	·52211	·55805
10·0	·58151	·49434	·55389	·53050	·54339	·54013	·53243	·54854	·52111	·55575
10·1	·58023	·49236	·55275	·52835	·54230	·53794	·53138	·54631	·52012	·55349
10·2	·57897	·49041	·55162	·52623	·54122	·53577	·53034	·54411	·51914	·55126
10·3	·57772	·48849	·55050	·52414	·54014	·53363	·52932	·54194	·51817	·54905
10·4	·57648	·48659	·54939	·52207	·53907	·53152	·52831	·53979	·51720	·54687
10·5	·57525	·48471	·54828	·52003	·53801	·52944	·52731	·53767	·51624	·54471
10·6	·57403	·48285	·54718	·51801	·53696	·52738	·52631	·53558	·51529	·54258
10·7	·57282	·48102	·54610	·51602	·53592	·52535	·52532	·53351	·51435	·54048
10·8	·57163	·47921	·54503	·51406	·53489	·52334	·52434	·53146	·51342	·53840
10·9	·57045	·47742	·54396	·51211	·53387	·52136	·52336	·52944	·51249	·53635
11·0	·56928	·47565	·54290	·51019	·53286	·51940	·52239	·52744	·51157	·53433
11·1	·56812	·47390	·54186	·50829	·53185	·51746	·52143	·52546	·51066	·53233
11·2	·56696	·47218	·54082	·50642	·53085	·51554	·52048	·52351	·50976	·53035
11·3	·56582	·47047	·53978	·50456	·52986	·51365	·51953	·52158	·50886	·52839
11·4	·56469	·46878	·53876	·50273	·52888	·51178	·51859	·51968	·50796	·52646
11·5	·56357	·46711	·53774	·50092	·52791	·50993	·51766	·51780	·50707	·52455
11·6	·56246	·46546	·53674	·49913	·52695	·50810	·51674	·51594	·50619	·52266

Bashforth-Adams (B-A) の表

V

β	15°		30°		45°		60°		90°	
	$\frac{x}{b}$	$\frac{z}{b}$	$\frac{x}{b}$	$\frac{z}{b}$	$\frac{x}{b}$	$\frac{z}{b}$	$\frac{x}{b}$	$\frac{z}{b}$	$\frac{x}{b}$	$\frac{z}{b}$
+										
11.7	.23826	.03009	.39716	.09437	.49343	.16720	.54940	.23934	.58598	.36780
11.8	.23812	.03006	.39664	.09418	.49259	.16677	.54835	.23864	.58478	.36658
11.9	.23798	.03003	.39613	.09400	.49176	.16634	.54731	.23794	.58359	.36537
12.0	.23784	.03000	.39562	.09382	.49093	.16592	.54628	.23725	.58241	.36418
12.1	.23770	.02998	.39512	.09364	.49011	.16550	.54525	.23657	.58124	.36300
12.2	.23756	.02995	.39461	.09346	.48930	.16509	.54423	.23589	.58008	.36183
12.3	.23742	.02992	.39411	.09328	.48849	.16468	.54322	.23522	.57893	.36067
12.4	.23728	.02989	.39361	.09311	.48769	.16427	.54222	.23456	.57779	.35952
12.5	.23714	.02987	.39311	.09293	.48689	.16386	.54123	.23390	.57667	.35839
12.6	.23700	.02984	.39262	.09276	.48610	.16346	.54024	.23325	.57555	.35727
12.7	.23687	.02981	.39213	.09258	.48531	.16306	.53926	.23260	.57444	.35616
12.8	.23673	.02979	.39164	.09241	.48453	.16266	.53829	.23196	.57334	.35506
12.9	.23659	.02976	.39116	.09224	.48375	.16227	.53733	.23133	.57225	.35397
13.0	.23645	.02974	.39067	.09207	.48298	.16188	.53638	.23070	.57117	.35289
13.1	.23632	.02971	.39019	.09190	.48221	.16149	.53543	.23008	.57010	.35182
13.2	.23618	.02969	.38971	.09173	.48145	.16111	.53449	.22946	.56904	.35076
13.3	.23604	.02966	.38924	.09156	.48070	.16073	.53356	.22885	.56798	.34971
13.4	.23591	.02964	.38876	.09140	.47995	.16035	.53263	.22824	.56693	.34867
13.5	.23577	.02961	.38829	.09123	.47921	.15998	.53171	.22764	.56589	.34765
13.6	.23563	.02959	.38782	.09107	.47847	.15961	.53079	.22704	.56486	.34663
13.7	.23550	.02956	.38736	.09090	.47774	.15924	.52988	.22645	.56383	.34562
13.8	.23536	.02954	.38690	.09074	.47701	.15887	.52898	.22586	.56281	.34462
13.9	.23523	.02951	.38644	.09058	.47628	.15851	.52809	.22528	.56180	.34363
14.0	.23509	.02949	.38598	.09042	.47556	.15815	.52721	.22470	.56080	.34265
14.1	.23496	.02946	.38553	.09026	.47484	.15779	.52633	.22413	.55980	.34168
14.2	.23482	.02944	.38508	.09010	.47413	.15744	.52546	.22356	.55881	.34072
14.3	.23469	.02941	.38463	.08994	.47343	.15709	.52459	.22300	.55783	.33976
14.4	.23456	.02939	.38418	.08979	.47273	.15674	.52373	.22244	.55686	.33881
14.5	.23443	.02936	.38374	.08963	.47203	.15639	.52287	.22188	.55590	.33787
14.6	.23429	.02934	.38329	.08948	.47134	.15604	.52202	.22133	.55494	.33694
14.7	.23416	.02931	.38285	.08932	.47065	.15570	.52117	.22078	.55399	.33602
14.8	.23403	.02929	.38241	.08917	.46997	.15536	.52033	.22024	.55305	.33511
14.9	.23390	.02926	.38198	.08902	.46929	.15503	.51950	.21971	.55211	.33420
15.0	.23377	.02924	.38155	.08887	.46861	.15469	.51867	.21918	.55118	.33330
15.1	.23364	.02922	.38112	.08872	.46794	.15436	.51784	.21865	.55026	.33241
15.2	.23352	.02919	.38069	.08857	.46727	.15403	.51702	.21813	.54934	.33153
15.3	.23339	.02917	.38027	.08842	.46661	.15370	.51621	.21761	.54843	.33065
15.4	.23326	.02914	.37984	.08828	.46595	.15337	.51541	.21709	.54752	.32978
15.5	.23313	.02912	.37942	.08813	.46530	.15305	.51461	.21658	.54662	.32892

Bashforth-Adams (B-A) の表

V

β	120°		135°		140°		145°		150°	
	$\frac{x}{b}$	$\frac{z}{b}$	$\frac{x}{b}$	$\frac{z}{b}$	$\frac{x}{b}$	$\frac{z}{b}$	$\frac{x}{b}$	$\frac{z}{b}$	$\frac{x}{b}$	$\frac{z}{b}$
+11.7	.56136	.46383	.53574	.49736	.52599	.50629	.51582	.51410	.50532	.52079
11.8	.56026	.46222	.53475	.49561	.52504	.50450	.51491	.51228	.50445	.51894
11.9	.55917	.46062	.53377	.49387	.52410	.50274	.51401	.51048	.50359	.51712
12.0	.55809	.45904	.53279	.49216	.52316	.50099	.51311	.50870	.50273	.51532
12.1	.55702	.45748	.53182	.49047	.52223	.49926	.51222	.50694	.50188	.51354
12.2	.55596	.45594	.53086	.48879	.52131	.49755	.51134	.50520	.50104	.51178
12.3	.55491	.45441	.52991	.48713	.52040	.49586	.51046	.50348	.50020	.51003
12.4	.55387	.45290	.52897	.48549	.51949	.49418	.50959	.50177	.49937	.50830
12.5	.55283	.45140	.52803	.48387	.51859	.49252	.50873	.50008	.49855	.50658
12.6	.55180	.44992	.52710	.48226	.51769	.49088	.50787	.49841	.49773	.50488
12.7	.55078	.44845	.52617	.48067	.51680	.48926	.50702	.49676	.49692	.50320
12.8	.54977	.44700	.52526	.47910	.51592	.48765	.50617	.49513	.49611	.50154
12.9	.54877	.44556	.52435	.47754	.51505	.48606	.50533	.49351	.49531	.49991
13.0	.54778	.44414	.52344	.47600	.51418	.48449	.50450	.49191	.49451	.49829
13.1	.54679	.44273	.52254	.47447	.51332	.48293	.50367	.49033	.49372	.49669
13.2	.54581	.44134	.52165	.47296	.51247	.48139	.50285	.48876	.49294	.49510
13.3	.54484	.43996	.52077	.47147	.51162	.47987	.50203	.48721	.49216	.49352
13.4	.54388	.43859	.51989	.46999	.51077	.47836	.50122	.48567	.49138	.49196
13.5	.54292	.43723	.51902	.46852	.50993	.47686	.50042	.48415	.49061	.49041
13.6	.54197	.43589	.51816	.46707	.50910	.47538	.49962	.48264	.48985	.48888
13.7	.54103	.43456	.51730	.46563	.50827	.47391	.49883	.48115	.48909	.48737
13.8	.54009	.43325	.51645	.46421	.50745	.47246	.49804	.47967	.48834	.48587
13.9	.53916	.43195	.51560	.46280	.50663	.47102	.49726	.47821	.48759	.48438
14.0	.53824	.43066	.51476	.46140	.50582	.46959	.49648	.47676	.48684	.48291
14.1	.53732	.42938	.51392	.46002	.50501	.46818	.49571	.47533	.48610	.48145
14.2	.53641	.42811	.51309	.45865	.50421	.46678	.49494	.47391	.48536	.48000
14.3	.53551	.42686	.51227	.45729	.50342	.46539	.49418	.47250	.48463	.47857
14.4	.53461	.42562	.51145	.45594	.50263	.46402	.49342	.47110	.48390	.47716
14.5	.53372	.42439	.51064	.45461	.50185	.46266	.49267	.46971	.48318	.47576
14.6	.53283	.42317	.50983	.45329	.50107	.46131	.49192	.46834	.48246	.47437
14.7	.53195	.42196	.50903	.45198	.50030	.45997	.49118	.46698	.48175	.47299
14.8	.53108	.42076	.50824	.45068	.49953	.45865	.49044	.46563	.48104	.47162
14.9	.53022	.41957	.50745	.44939	.49877	.45734	.48971	.46430	.48034	.47027
15.0	.52936	.41839	.50666	.44811	.49801	.45604	.48898	.46298	.47964	.46893
15.1	.52851	.41722	.50588	.44685	.49726	.45475	.48826	.46167	.47895	.46760
15.2	.52766	.41606	.50510	.44560	.49651	.45347	.48754	.46037	.47826	.46628
15.3	.52682	.41491	.50433	.44436	.49576	.45220	.48682	.45908	.47757	.46497
15.4	.52598	.41378	.50356	.44313	.49502	.45095	.48611	.45780	.47689	.46368
15.5	.52515	.41265	.50280	.44191	.49429	.44971	.48540	.45654	.47621	.46240

Bashforth-Adams (B-A) の表

V

β	15°		30°		45°		60°		90°	
	$\frac{x}{b}$	$\frac{z}{b}$	$\frac{x}{b}$	$\frac{z}{b}$	$\frac{x}{b}$	$\frac{z}{b}$	$\frac{x}{b}$	$\frac{z}{b}$	$\frac{x}{b}$	$\frac{z}{b}$
+										
15.6	·23300	·02910	·37900	·08798	·46465	·15273	·51382	·21607	·54573	·32807
15.7	·23288	·02907	·37858	·08784	·46400	·15241	·51303	·21557	·54484	·32722
15.8	·23275	·02905	·37817	·08769	·46336	·15209	·51225	·21507	·54396	·32638
15.9	·23262	·02902	·37775	·08755	·46272	·15178	·51147	·21457	·54308	·32554
16.0	·23249	·02900	·37734	·08741	·46209	·15147	·51069	·21408	·54221	·32471
16.1	·23237	·02898	·37693	·08727	·46146	·15116	·50992	·21359	·54135	·32389
16.2	·23224	·02895	·37652	·08713	·46084	·15085	·50915	·21310	·54049	·32308
16.3	·23211	·02893	·37612	·08699	·46022	·15054	·50839	·21262	·53964	·32227
16.4	·23198	·02890	·37571	·08685	·45960	·15024	·50764	·21214	·53879	·32147
16.5	·23186	·02888	·37531	·08671	·45898	·14994	·50689	·21167	·53795	·32067
16.6	·23173	·02886	·37491	·08657	·45837	·14964	·50615	·21120	·53711	·31988
16.7	·23161	·02883	·37451	·08644	·45776	·14934	·50541	·21073	·53628	·31910
16.8	·23148	·02881	·37412	·08630	·45715	·14904	·50467	·21026	·53545	·31832
16.9	·23136	·02879	·37372	·08617	·45655	·14875	·50394	·20980	·53463	·31755
17.0	·23124	·02877	·37333	·08603	·45595	·14846	·50321	·20934	·53382	·31678
17.1	·23112	·02874	·37294	·08590	·45535	·14817	·50249	·20888	·53301	·31602
17.2	·23099	·02872	·37255	·08576	·45476	·14788	·50177	·20843	·53220	·31527
17.3	·23087	·02870	·37217	·08563	·45417	·14759	·50105	·20798	·53140	·31452
17.4	·23075	·02868	·37178	·08550	·45359	·14731	·50034	·20753	·53061	·31378
17.5	·23063	·02865	·37140	·08537	·45301	·14703	·49963	·20709	·52982	·31304
17.6	·23050	·02863	·37102	·08524	·45243	·14675	·49893	·20665	·52904	·31231
17.7	·23038	·02861	·37064	·08511	·45185	·14647	·49823	·20621	·52826	·31158
17.8	·23026	·02859	·37026	·08498	·45128	·14619	·49754	·20578	·52749	·31086
17.9	·23014	·02856	·36989	·08485	·45071	·14591	·49685	·20535	·52672	·31015
18.0	·23002	·02854	·36951	·08472	·45014	·14564	·49616	·20493	·52595	·30944
18.1	·22990	·02852	·36914	·08459	·44958	·14537	·49548	·20451	·52519	·30874
18.2	·22978	·02850	·36877	·08446	·44902	·14510	·49480	·20409	·52443	·30804
18.3	·22966	·02847	·36840	·08434	·44846	·14483	·49413	·20367	·52368	·30734
18.4	·22954	·02845	·36803	·08421	·44790	·14457	·49346	·20325	·52293	·30665
18.5	·22942	·02843	·36767	·08409	·44735	·14430	·49279	·20284	·52219	·30596
18.6	·22930	·02841	·36730	·08397	·44680	·14404	·49213	·20243	·52145	·30528
18.7	·22919	·02839	·36694	·08384	·44626	·14378	·49147	·20202	·52072	·30460
18.8	·22907	·02836	·36658	·08372	·44572	·14351	·49081	·20161	·51999	·30393
18.9	·22895	·02834	·36622	·08360	·44518	·14325	·49016	·20121	·51926	·30327
19.0	·22883	·02832	·36586	·08348	·44464	·14299	·48951	·20081	·51854	·30261
19.1	·22872	·02830	·36551	·08336	·44410	·14273	·48886	·20041	·51782	·30195
19.2	·22860	·02828	·36515	·08324	·44357	·14248	·48822	·20002	·51711	·30130
19.3	·22848	·02825	·36479	·08312	·44304	·14222	·48758	·19963	·51640	·30065
19.4	·22837	·02823	·36444	·08300	·44251	·14197	·48695	·19924	·51569	·30001

Bashforth-Adams（B-A）の表

V

β	120°		135°		140°		145°		150°	
	$\dfrac{x}{b}$	$\dfrac{z}{b}$	$\dfrac{x}{b}$	$\dfrac{z}{b}$	$\dfrac{x}{b}$	$\dfrac{z}{b}$	$\dfrac{x}{b}$	$\dfrac{z}{b}$	$\dfrac{x}{b}$	$\dfrac{z}{b}$
+										
15·6	·52432	·41153	·50204	·44070	·49356	·44848	·48470	·45529	·47554	·46113
15·7	·52350	·41043	·50129	·43950	·49284	·44726	·48400	·45405	·47487	·45987
15·8	·52268	·40933	·50055	·43831	·49212	·44604	·48331	·45282	·47420	·45862
15·9	·52187	·40824	·49981	·43713	·49140	·44484	·48262	·45159	·47354	·45738
16·0	·52107	·40716	·49907	·43596	·49069	·44365	·48193	·45037	·47288	·45614
16·1	·52027	·40609	·49834	·43480	·48998	·44247	·48125	·44916	·47222	·45491
16·2	·51947	·40503	·49761	·43365	·48928	·44130	·48057	·44797	·47157	·45369
16·3	·51868	·40398	·49689	·43252	·48858	·44014	·47990	·44679	·47092	·45249
16·4	·51790	·40293	·49617	·43139	·48789	·43898	·47923	·44562	·47028	·45130
16·5	·51712	·40189	·49545	·43026	·48720	·43783	·47856	·44446	·46964	·45013
16·6	·51635	·40086	·49474	·42915	·48651	·43670	·47790	·44331	·46901	·44896
16·7	·51558	·39984	·49403	·42805	·48583	·43558	·47724	·44217	·46838	·44780
16·8	·51482	·39883	·49333	·42695	·48515	·43446	·47659	·44103	·46775	·44665
16·9	·51406	·39783	·49263	·42586	·48447	·43335	·47594	·43990	·46712	·44551
17·0	·51330	·39683	·49194	·42478	·48380	·43225	·47529	·43878	·46650	·44437
17·1	·51255	·39584	·49125	·42372	·48313	·43116	·47465	·43767	·46588	·44325
17·2	·51180	·39486	·49056	·42266	·48247	·43008	·47401	·43657	·46526	·44214
17·3	·51106	·39389	·48988	·42160	·48181	·42901	·47338	·43548	·46465	·44103
17·4	·51032	·39292	·48920	·42056	·48115	·42795	·47275	·43439	·46404	·43993
17·5	·50959	·39196	·48853	·41952	·48050	·42689	·47212	·43331	·46344	·43884
17·6	·50886	·39101	·48786	·41850	·47985	·42584	·47150	·43224	·46284	·43776
17·7	·50814	·39006	·48720	·41748	·47921	·42480	·47088	·43119	·46224	·43669
17·8	·50742	·38912	·48653	·41646	·47857	·42377	·47026	·43014	·46165	·43562
17·9	·50670	·38819	·48587	·41546	·47793	·42274	·46964	·42910	·46106	·43456
18·0	·50599	·38727	·48522	·41446	·47730	·42172	·46903	·42807	·46047	·43351
18·1	·50528	·38635	·48457	·41347	·47667	·42071	·46842	·42704	·45989	·43247
18·2	·50458	·38544	·48392	·41249	·47605	·41971	·46782	·42602	·45931	·43144
18·3	·50388	·38454	·48328	·41151	·47543	·41871	·46722	·42501	·45873	·43041
18·4	·50319	·38364	·48264	·41054	·47481	·41772	·46662	·42401	·45815	·42939
18·5	·50250	·38275	·48200	·40958	·47419	·41674	·46603	·42302	·45758	·42838
18·6	·50181	·38186	·48137	·40863	·47358	·41577	·46544	·42203	·45701	·42738
18·7	·50113	·38098	·48074	·40768	·47297	·41481	·46485	·42105	·45644	·42639
18·8	·50045	·38011	·48011	·40674	·47236	·41385	·46426	·42007	·45588	·42540
18·9	·49977	·37925	·47949	·40581	·47176	·41290	·46368	·41910	·45532	·42442
19·0	·49910	·37839	·47887	·40488	·47116	·41195	·46310	·41814	·45476	·42344
19·1	·49843	·37754	·47825	·40396	·47056	·41101	·46252	·41718	·45420	·42247
19·2	·49777	·37669	·47764	·40304	·46997	·41008	·46195	·41623	·45365	·42151
19·3	·49711	·37585	·47703	·40214	·46938	·40915	·46138	·41529	·45310	·42056
19·4	·49645	·37501	·47642	·40124	·46879	·40823	·46081	·41436	·45255	·41961

Bashforth-Adams (B-A) の表

V

β	15°		30°		45°		60°		90°	
	$\frac{x}{b}$	$\frac{z}{b}$	$\frac{x}{b}$	$\frac{z}{b}$	$\frac{x}{b}$	$\frac{z}{b}$	$\frac{x}{b}$	$\frac{z}{b}$	$\frac{x}{b}$	$\frac{z}{b}$
+										
19.5	·22825	·02821	·36409	·08288	·44199	·14172	·48632	·19885	·51499	·29937
19.6	·22814	·02819	·36374	·08276	·44147	·14147	·48569	·19846	·51429	·29873
19.7	·22802	·02817	·36339	·08264	·44095	·14123	·48507	·19808	·51359	·29810
19.8	·22791	·02815	·36305	·08253	·44043	·14098	·48445	·19770	·51290	·29747
19.9	·22779	·02813	·36270	·08241	·43991	·14074	·48383	·19732	·51221	·29685
20.0	·22768	·02811	·36236	·08230	·43941	·14050	·48322	·19694	·51153	·29623
20.1	·22756	·02808	·36202	·08218	·43890	·14026	·48261	·19657	·51085	·29562
20.2	·22745	·02806	·36168	·08207	·43840	·14002	·48200	·19619	·51017	·29501
20.3	·22734	·02804	·36134	·08195	·43789	·13978	·48140	·19582	·50950	·29440
20.4	·22722	·02802	·36101	·08184	·43739	·13954	·48079	·19545	·50883	·29380
20.5	·22711	·02800	·36067	·08173	·43689	·13930	·48019	·19509	·50817	·29320
20.6	·22700	·02798	·36034	·08162	·43640	·13907	·47959	·19473	·50751	·29261
20.7	·22688	·02796	·36000	·08151	·43590	·13883	·47900	·19437	·50685	·29202
20.8	·22677	·02794	·35967	·08140	·43541	·13860	·47842	·19401	·50620	·29143
20.9	·22666	·02792	·35934	·08129	·43492	·13837	·47783	·19366	·50554	·29084
21.0	·22655	·02790	·35901	·08118	·43443	·13814	·47725	·19330	·50489	·29026
21.1	·22644	·02788	·35868	·08107	·43395	·13791	·47667	·19295	·50424	·28968
21.2	·22633	·02786	·35835	·08096	·43347	·13769	·47609	·19260	·50360	·28911
21.3	·22622	·02784	·35803	·08085	·43299	·13746	·47552	·19225	·50296	·28854
21.4	·22611	·02782	·35770	·08075	·43251	·13723	·47495	·19191	·50233	·28797
21.5	·22600	·02780	·35738	·08064	·43203	·13701	·47438	·19156	·50170	·28741
21.6	·22589	·02778	·35706	·08053	·43156	·13679	·47382	·19122	·50107	·28685
21.7	·22578	·02776	·35674	·08042	·43109	·13657	·47325	·19088	·50045	·28630
21.8	·22567	·02774	·35642	·08031	·43062	·13635	·47269	·19054	·49983	·28575
21.9	·22556	·02772	·35611	·08021	·43015	·13613	·47213	·19021	·49922	·28520
22.0	·22545	·02770	·35579	·08010	·42969	·13591	·47158	·18987	·49860	·28465
22.1	·22534	·02768	·35547	·08000	·42923	·13570	·47103	·18954	·49799	·28411
22.2	·22524	·02766	·35516	·07989	·42877	·13548	·47048	·18921	·49738	·28357
22.3	·22513	·02764	·35484	·07979	·42831	·13526	·46994	·18888	·49677	·28303
22.4	·22502	·02762	·35453	·07969	·42786	·13505	·46939	·18855	·49617	·28250
22.5	·22491	·02760	·35422	·07958	·42740	·13484	·46885	·18822	·49557	·28197
22.6	·22481	·02758	·35391	·07948	·42695	·13463	·46831	·18790	·49497	·28144
22.7	·22470	·02756	·35360	·07938	·42650	·13442	·46778	·18758	·49438	·28092
22.8	·22459	·02754	·35330	·07927	·42605	·13421	·46724	·18726	·49379	·28040
22.9	·22449	·02752	·35299	·07917	·42561	·13400	·46671	·18694	·49320	·27988
23.0	·22438	·02750	·35269	·07907	·42516	·13379	·46618	·18662	·49262	·27937
23.1	·22427	·02748	·35239	·07897	·42472	·13359	·46566	·18631	·49204	·27886
23.2	·22417	·02746	·35208	·07887	·42428	·13338	·46513	·18599	·49146	·27835
23.3	·22406	·02744	·35178	·07877	·42384	·13317	·46461	·18568	·49089	·27784

V

β	120°		135°		140°		145°		150°	
	$\frac{x}{b}$	$\frac{z}{b}$	$\frac{x}{b}$	$\frac{z}{b}$	$\frac{x}{b}$	$\frac{z}{b}$	$\frac{x}{b}$	$\frac{z}{b}$	$\frac{x}{b}$	$\frac{z}{b}$
19·5	·49580	·37418	·47582	·40034	·46821	·40732	·46024	·41343	·45201	·41867
19·6	·49515	·37336	·47522	·39945	·46763	·40641	·45968	·41251	·45147	·41774
19·7	·49450	·37254	·47462	·39857	·46705	·40551	·45912	·41160	·45093	·41682
19·8	·49386	·37173	·47402	·39770	·46647	·40462	·45856	·41069	·45039	·41590
19·9	·49322	·37092	·47343	·39683	·46590	·40373	·45801	·40979	·44986	·41498
20·0	·49258	·37012	·47285	·39596	·46533	·40285	·45746	·40889	·44933	·41407
20·1	·49195	·36933	·47226	·39510	·46476	·40197	·45691	·40800	·44881	·41317
20·2	·49132	·36854	·47168	·39425	·46420	·40110	·45637	·40712	·44828	·41227
20·3	·49069	·36775	·47110	·39340	·46364	·40024	·45583	·40624	·44776	·41138
20·4	·49007	·36697	·47053	·39256	·46308	·39938	·45529	·40537	·44724	·41050
20·5	·48945	·36619	·46996	·39172	·46253	·39853	·45475	·40450	·44672	·40962
20·6	·48883	·36542	·46939	·39089	·46198	·39768	·45422	·40364	·44621	·40875
20·7	·48822	·36465	·46883	·39006	·46143	·39684	·45369	·40278	·44570	·40789
20·8	·48761	·36389	·46826	·38924	·46088	·39600	·45316	·40193	·44519	·40703
20·9	·48700	·36314	·46770	·38843	·46033	·39517	·45263	·40109	·44468	·40617
21·0	·48640	·36239	·46714	·38762	·45979	·39435	·45210	·40025	·44417	·40532
21·1	·48580	·36165	·46659	·38682	·45925	·39353	·45158	·39942	·44367	·40447
21·2	·48520	·36091	·46603	·38602	·45871	·39272	·45106	·39859	·44317	·40363
21·3	·48461	·36017	·46548	·38523	·45818	·39191	·45054	·39777	·44267	·40280
21·4	·48402	·35944	·46493	·38444	·45765	·39111	·45003	·39695	·44217	·40197
21·5	·48343	·35871	·46439	·38365	·45712	·39031	·44952	·39614	·44168	·40115
21·6	·48285	·35799	·46385	·38287	·45660	·38952	·44901	·39533	·44119	·40033
21·7	·48226	·35727	·46331	·38210	·45608	·38873	·44850	·39453	·44070	·39952
21·8	·48168	·35656	·46277	·38133	·45556	·38794	·44800	·39373	·44021	·39871
21·9	·48110	·35585	·46224	·38056	·45504	·38716	·44750	·39294	·43972	·39791
22·0	·48053	·35514	·46170	·37980	·45452	·38639	·44700	·39215	·43924	·39711
22·1	·47996	·35444	·46117	·37905	·45401	·38562	·44650	·39137	·43876	·39632
22·2	·47939	·35374	·46064	·37830	·45350	·38486	·44601	·39059	·43828	·39553
22·3	·47883	·35305	·46012	·37755	·45299	·38410	·44552	·38982	·43780	·39475
22·4	·47826	·35236	·45959	·37681	·45248	·38334	·44503	·38905	·43733	·39397
22·5	·47770	·35168	·45907	·37607	·45198	·38259	·44454	·38829	·43686	·39319
22·6	·47715	·35100	·45855	·37534	·45148	·38184	·44405	·38753	·43639	·39242
22·7	·47659	·35033	·45804	·37461	·45098	·38110	·44357	·38678	·43592	·39166
22·8	·47604	·34966	·45753	·37389	·45048	·38036	·44309	·38603	·43545	·39090
22·9	·47549	·34899	·45702	·37317	·44998	·37963	·44261	·38528	·43499	·39014
23·0	·47494	·34833	·45651	·37246	·44949	·37891	·44214	·38454	·43453	·38939
23·1	·47440	·34767	·45601	·37175	·44900	·37818	·44166	·38380	·43407	·38864
23·2	·47385	·34701	·45550	·37104	·44851	·37746	·44119	·38307	·43361	·38790
23·3	·47331	·34636	·45500	·37034	·44802	·37674	·44072	·38234	·43315	·38716

V

β	15°		30°		45°		60°		90°	
	$\frac{x}{b}$	$\frac{z}{b}$	$\frac{x}{b}$	$\frac{z}{b}$	$\frac{x}{b}$	$\frac{z}{b}$	$\frac{x}{b}$	$\frac{z}{b}$	$\frac{x}{b}$	$\frac{z}{b}$
+										
23.4	.22396	.02742	.35148	.07867	.42341	.13297	.46409	.18537	.49031	.27734
23.5	.22385	.02740	.35118	.07857	.42297	.13277	.46357	.18506	.48974	.27684
23.6	.22375	.02739	.35088	.07847	.42254	.13257	.46306	.18476	.48917	.27634
23.7	.22364	.02737	.35059	.07837	.42211	.13237	.46254	.18445	.48861	.27585
23.8	.22354	.02735	.35029	.07827	.42168	.13217	.46203	.18415	.48804	.27536
23.9	.22343	.02733	.35000	.07818	.42125	.13197	.46152	.18385	.48748	.27487
24.0	.22333	.02731	.34971	.07808	.42082	.13177	.46102	.18355	.48692	.27438
24.1	.22323	.02729	.34942	.07798	.42040	.13158	.46051	.18325	.48636	.27389
24.2	.22312	.02727	.34913	.07789	.41998	.13138	.46001	.18296	.48581	.27341
24.3	.22302	.02725	.34884	.07779	.41956	.13118	.45951	.18266	.48526	.27293
24.4	.22291	.02723	.34855	.07769	.41914	.13099	.45902	.18236	.48471	.27245
24.5	.22281	.02721	.34826	.07760	.41872	.13080	.45853	.18207	.48417	.27198
24.6	.22271	.02720	.34797	.07750	.41830	.13061	.45803	.18178	.48363	.27151
24.7	.22260	.02718	.34769	.07741	.41789	.13042	.45754	.18149	.48309	.27104
24.8	.22250	.02716	.34740	.07732	.41748	.13023	.45705	.18120	.48255	.27058
24.9	.22240	.02714	.34712	.07722	.41707	.13004	.45657	.18092	.48202	.27012
25.0	.22230	.02712	.34684	.07713	.41666	.12985	.45609	.18063	.48148	.26966
25.1	.22220	.02711	.34656	.07704	.41626	.12967	.45561	.18035	.48095	.26921
25.2	.22210	.02709	.34628	.07694	.41585	.12948	.45513	.18007	.48042	.26875
25.3	.22200	.02707	.34600	.07685	.41544	.12929	.45466	.17979	.47990	.26830
25.4	.22190	.02705	.34572	.07676	.41504	.12911	.45418	.17951	.47937	.26785
25.5	.22180	.02703	.34544	.07667	.41464	.12892	.45370	.17923	.47885	.26740
25.6	.22170	.02702	.34516	.07658	.41424	.12874	.45323	.17896	.47833	.26695
25.7	.22160	.02700	.34489	.07649	.41385	.12856	.45276	.17868	.47782	.26651
25.8	.22150	.02698	.34461	.07640	.41345	.12838	.45230	.17840	.47730	.26607
25.9	.22140	.02696	.34434	.07631	.41306	.12820	.45183	.17813	.47679	.26563
26.0	.22130	.02694	.34407	.07622	.41267	.12802	.45137	.17786	.47628	.26519
26.1	.22120	.02693	.34380	.07613	.41228	.12785	.45091	.17759	.47577	.26476
26.2	.22111	.02691	.34353	.07604	.41189	.12767	.45045	.17732	.47527	.26433
26.3	.22101	.02689	.34326	.07596	.41151	.12749	.44999	.17706	.47476	.26390
26.4	.22091	.02687	.34299	.07587	.41112	.12732	.44954	.17679	.47426	.26347
26.5	.22081	.02685	.34272	.07578	.41073	.12714	.44908	.17652	.47376	.26304
26.6	.22071	.02684	.34245	.07569	.41035	.12696	.44863	.17626	.47327	.26262
26.7	.22062	.02682	.34219	.07561	.40997	.12679	.44818	.17600	.47277	.26220
26.8	.22052	.02680	.34192	.07552	.40959	.12661	.44773	.17574	.47228	.26178
26.9	.22042	.02678	.34166	.07543	.40921	.12644	.44729	.17548	.47179	.26136
27.0	.22032	.02676	.34140	.07535	.40883	.12627	.44684	.17522	.47130	.26094
27.1	.22022	.02675	.34113	.07526	.40846	.12610	.44640	.17496	.47082	.26053
27.2	.22013	.02673	.34087	.07518	.40808	.12593	.44596	.17471	.47033	.26012

Bashforth-Adams (B-A) の表

V

β	120°		135°		140°		145°		150°	
	$\frac{x}{b}$	$\frac{z}{b}$	$\frac{x}{b}$	$\frac{z}{b}$	$\frac{x}{b}$	$\frac{z}{b}$	$\frac{x}{b}$	$\frac{z}{b}$	$\frac{x}{b}$	$\frac{z}{b}$
+										
23·4	·47277	·34571	·45450	·36964	·44754	·37603	·44025	·38162	·43270	·38643
23·5	·47224	·34507	·45401	·36895	·44706	·37532	·43978	·38090	·43225	·38570
23·6	·47171	·34443	·45351	·36826	·44658	·37462	·43932	·38019	·43180	·38498
23·7	·47118	·34380	·45302	·36757	·44610	·37392	·43886	·37948	·43135	·38426
23·8	·47066	·34317	·45253	·36689	·44562	·37322	·43840	·37877	·43091	·38354
23·9	·47013	·34254	·45205	·36621	·44515	·37253	·43794	·37807	·43047	·38283
24·0	·46961	·34191	·45156	·36554	·44468	·37185	·43748	·37737	·43003	·38212
24·1	·46909	·34129	·45108	·36487	·44421	·37117	·43703	·37668	·42959	·38141
24·2	·46858	·34067	·45060	·36420	·44374	·37049	·43658	·37599	·42915	·38071
24·3	·46806	·34005	·45012	·36354	·44327	·36981	·43613	·37530	·42871	·38001
24·4	·46755	·33944	·44964	·36288	·44281	·36914	·43568	·37462	·42828	·37932
24·5	·46704	·33883	·44916	·36223	·44235	·36847	·43523	·37394	·42785	·37864
24·6	·46653	·33823	·44869	·36158	·44189	·36781	·43478	·37326	·42742	·37796
24·7	·46603	·33763	·44822	·36093	·44143	·36715	·43434	·37259	·42699	·37728
24·8	·46552	·33703	·44775	·36029	·44098	·36649	·43390	·37192	·42656	·37660
24·9	·46502	·33644	·44729	·35965	·44053	·36584	·43346	·37126	·42614	·37593
25·0	·46452	·33585	·44682	·35901	·44008	·36519	·43302	·37060	·42571	·37526
25·1	·46402	·33526	·44636	·35838	·43963	·36454	·43258	·36994	·42529	·37460
25·2	·46353	·33467	·44590	·35775	·43918	·36390	·43215	·36929	·42487	·37394
25·3	·46303	·33409	·44544	·35712	·43873	·36326	·43172	·36864	·42445	·37328
25·4	·46254	·33351	·44498	·35650	·43829	·36262	·43129	·36800	·42403	·37262
25·5	·46205	·33293	·44452	·35587	·43785	·36199	·43086	·36736	·42362	·37197
25·6	·46157	·33236	·44407	·35525	·43741	·36136	·43043	·36672	·42321	·37132
25·7	·46108	·33179	·44362	·35464	·43697	·36074	·43000	·36609	·42280	·37067
25·8	·46060	·33122	·44317	·35403	·43653	·36012	·42958	·36546	·42239	·37003
25·9	·46012	·33066	·44273	·35343	·43610	·35950	·42916	·36483	·42198	·36939
26·0	·45964	·33010	·44228	·35282	·43567	·35888	·42874	·36420	·42157	·36876
26·1	·45917	·32954	·44184	·35222	·43524	·35827	·42832	·36358	·42117	·36813
26·2	·45869	·32899	·44140	·35162	·43481	·35766	·42790	·36296	·42076	·36750
26·3	·45822	·32844	·44096	·35103	·43438	·35705	·42748	·36234	·42036	·36688
26·4	·45775	·32789	·44052	·35044	·43395	·35645	·42707	·36173	·41996	·36626
26·5	·45728	·32734	·44008	·34985	·43353	·35585	·42666	·36112	·41956	·36564
26·6	·45681	·32680	·43965	·34927	·43311	·35525	·42625	·36051	·41916	·36502
26·7	·45635	·32626	·43922	·34868	·43269	·35466	·42584	·35991	·41877	·36441
26·8	·45588	·32572	·43879	·34810	·43227	·35407	·42543	·35931	·41837	·36380
26·9	·45542	·32519	·43836	·34752	·43185	·35348	·42503	·35871	·41798	·36320
27·0	·45496	·32465	·43793	·34695	·43143	·35290	·42463	·35812	·41759	·36260
27·1	·45450	·32412	·43750	·34638	·43102	·35232	·42423	·35753	·41720	·36200
27·2	·45405	·32359	·43708	·34581	·43061	·35174	·42383	·35694	·41682	·36141

Bashforth-Adams（B-A）の表

V

β	15°		30°		45°		60°		90°	
	$\dfrac{x}{b}$	$\dfrac{z}{b}$	$\dfrac{x}{b}$	$\dfrac{z}{b}$	$\dfrac{x}{b}$	$\dfrac{z}{b}$	$\dfrac{x}{b}$	$\dfrac{z}{b}$	$\dfrac{x}{b}$	$\dfrac{z}{b}$
+										
27·3	·22003	·02671	·34061	·07510	·40771	·12576	·44552	·17445	·46985	·25971
27·4	·21993	·02669	·34035	·07501	·40734	·12559	·44508	·17419	·46937	·25930
27·5	·21983	·02667	·34009	·07493	·40697	·12542	·44464	·17394	·46889	·25889
27·6	·21974	·02666	·33983	·07485	·40660	·12525	·44421	·17369	·46841	·25849
27·7	·21964	·02664	·33958	·07476	·40624	·12509	·44378	·17344	·46794	·25809
27·8	·21954	·02662	·33932	·07468	·40587	·12492	·44335	·17319	·46746	·25769
27·9	·21945	·02660	·33906	·07460	·40550	·12475	·44292	·17294	·46699	·25729
28·0	·21935	·02659	·33881	·07451	·40514	·12459	·44249	·17269	·46652	·25690
28·1	·21926	·02657	·33855	·07443	·40478	·12443	·44207	·17245	·46605	·25651
28·2	·21916	·02655	·33830	·07435	·40442	·12426	·44164	·17220	·46559	·25612
28·3	·21907	·02654	·33805	·07426	·40407	·12410	·44122	·17195	·46512	·25573
28·4	·21897	·02652	·33780	·07418	·40371	·12394	·44080	·17171	·46466	·25534
28·5	·21888	·02650	·33755	·07410	·40335	·12378	·44038	·17147	·46420	·25495
28·6	·21879	·02649	·33730	·07402	·40300	·12362	·43997	·17123	·46374	·25457
28·7	·21869	·02647	·33705	·07394	·40264	·12346	·43955	·17099	·46329	·25419
28·8	·21860	·02645	·33681	·07386	·40229	·12330	·43913	·17075	·46283	·25381
28·9	·21850	·02644	·33656	·07378	·40194	·12314	·43872	·17052	·46238	·25343
29·0	·21841	·02642	·33631	·07370	·40159	·12298	·43831	·17028	·46193	·25305
29·1	·21832	·02640	·33607	·07362	·40125	·12282	·43790	·17004	·46148	·25268
29·2	·21822	·02639	·33582	·07354	·40090	·12267	·43750	·16981	·46104	·25230
29·3	·21813	·02637	·33558	·07347	·40055	·12251	·43709	·16957	·46059	·25193
29·4	·21803	·02636	·33533	·07339	·40021	·12235	·43668	·16934	·46015	·25156
29·5	·21794	·02634	·33509	·07331	·39986	·12220	·43628	·16911	·45971	·25119
29·6	·21785	·02632	·33485	·07323	·39952	·12204	·43588	·16888	·45927	·25082
29·7	·21775	·02631	·33460	·07315	·39918	·12189	·43548	·16865	·45883	·25046
29·8	·21766	·02629	·33436	·07308	·39884	·12174	·43508	·16843	·45839	·25009
29·9	·21757	·02628	·33412	·07300	·39850	·12159	·43469	·16820	·45796	·24973
30·0	·21748	·02626	·33388	·07292	·39816	·12144	·43429	·16797	·45752	·24937
30·1	·21738	·02624	·33364	·07285	·39783	·12129	·43389	·16775	·45709	·24901
30·2	·21729	·02623	·33340	·07277	·39749	·12114	·43350	·16752	·45666	·24865
30·3	·21720	·02621	·33317	·07269	·39715	·12099	·43311	·16730	·45623	·24829
30·4	·21711	·02620	·33293	·07262	·39682	·12084	·43272	·16707	·45580	·24794
30·5	·21702	·02618	·33269	·07254	·39649	·12069	·43233	·16685	·45537	·24759
30·6	·21693	·02616	·33246	·07247	·39616	·12054	·43195	·16663	·45495	·24724
30·7	·21684	·02615	·33222	·07239	·39583	·12040	·43156	·16641	·45453	·24689
30·8	·21675	·02613	·33199	·07232	·39551	·12025	·43118	·16620	·45411	·24654
30·9	·21666	·02612	·33176	·07224	·39518	·12010	·43079	·16598	·45369	·24620
31·0	·21657	·02610	·33153	·07217	·39485	·11996	·43041	·16576	·45327	·24585
31·1	·21648	·02608	·33130	·07209	·39453	·11981	·43003	·16555	·45285	·24551

V

β	120°		135°		140°		145°		150°	
	$\frac{x}{b}$	$\frac{z}{b}$	$\frac{x}{b}$	$\frac{z}{b}$	$\frac{x}{b}$	$\frac{z}{b}$	$\frac{x}{b}$	$\frac{z}{b}$	$\frac{x}{b}$	$\frac{z}{b}$
+										
27·3	·45359	·32307	·43665	·34525	·43020	·35117	·42343	·35636	·41643	·36082
27·4	·45314	·32255	·43623	·34468	·42979	·35060	·42303	·35578	·41604	·36023
27·5	·45269	·32203	·43581	·34412	·42938	·35003	·42264	·35520	·41566	·35964
27·6	·45224	·32152	·43539	·34356	·42897	·34946	·42224	·35463	·41528	·35906
27·7	·45180	·32100	·43498	·34301	·42856	·34890	·42185	·35406	·41490	·35848
27·8	·45135	·32049	·43456	·34246	·42816	·34834	·42146	·35349	·41452	·35790
27·9	·45091	·31998	·43415	·34192	·42776	·34778	·42107	·35292	·41414	·35732
28·0	·45047	·31947	·43374	·34137	·42736	·34722	·42068	·35235	·41376	·35675
28·1	·45003	·31897	·43333	·34083	·42696	·34667	·42029	·35179	·41339	·35618
28·2	·44969	·31847	·43292	·34029	·42656	·34612	·41990	·35123	·41301	·35561
28·3	·44916	·31797	·43252	·33975	·42616	·34557	·41952	·35067	·41264	·35505
28·4	·44872	·31748	·43211	·33922	·42577	·34502	·41914	·35012	·41227	·35449
28·5	·44829	·31698	·43171	·33868	·42538	·34448	·41876	·34957	·41190	·35393
28·6	·44786	·31649	·43131	·33815	·42499	·34394	·41838	·34902	·41153	·35338
28·7	·44743	·31600	·43091	·33762	·42460	·34340	·41800	·34848	·41116	·35283
28·8	·44700	·31551	·43051	·33710	·42421	·34287	·41762	·34794	·41080	·35228
28·9	·44658	·31502	·43012	·33658	·42382	·34234	·41724	·34740	·41044	·35173
29·0	·44615	·31453	·42972	·33606	·42344	·34182	·41687	·34686	·41008	·35118
29·1	·44573	·31406	·42933	·33554	·42306	·34129	·41650	·34633	·40971	·35064
29·2	·44531	·31358	·42893	·33503	·42268	·34076	·41613	·34580	·40935	·35010
29·3	·44489	·31311	·42854	·33451	·42230	·34024	·41576	·34527	·40899	·34956
29·4	·44447	·31263	·42815	·33400	·42192	·33972	·41539	·34474	·40864	·34902
29·5	·44405	·31216	·42776	·33349	·42154	·33920	·41502	·34421	·40828	·34849
29·6	·44364	·31169	·42737	·33299	·42116	·33869	·41465	·34369	·40792	·34796
29·7	·44323	·31122	·42699	·33249	·42078	·33818	·41428	·34317	·40757	·34743
29·8	·44282	·31076	·42660	·33199	·42041	·33767	·41392	·34265	·40722	·34691
29·9	·44241	·31029	·42622	·33149	·42004	·33716	·41356	·34213	·40687	·34639
30·0	·44200	·30983	·42584	·33099	·41967	·33666	·41320	·34162	·40652	·34587
30·1	·44159	·30937	·42546	·33050	·41930	·33616	·41284	·34111	·40617	·34536
30·2	·44119	·30892	·42508	·33001	·41893	·33566	·41248	·34060	·40582	·34484
30·3	·44078	·30846	·42470	·32952	·41856	·33516	·41212	·34009	·40548	·34433
30·4	·44038	·30801	·42433	·32904	·41819	·33466	·41176	·33959	·40513	·34382
30·5	·43998	·30756	·42395	·32855	·41783	·33417	·41141	·33909	·40479	·34331
30·6	·43958	·30711	·42358	·32807	·41747	·33368	·41106	·33859	·40445	·34281
30·7	·43918	·30667	·42321	·32759	·41711	·33319	·41071	·33809	·40411	·34230
30·8	·43879	·30622	·42284	·32711	·41675	·33270	·41036	·33760	·40377	·34180
30·9	·43839	·30578	·42247	·32664	·41639	·33222	·41001	·33711	·40343	·34130
31·0	·43800	·30534	·42210	·32616	·41603	·33173	·40966	·33662	·40309	·34080
31·1	·43761	·30490	·42173	·32569	·41567	·33125	·40931	·33613	·40275	·34031

V

β	15°		30°		45°		60°		90°	
	$\frac{x}{b}$	$\frac{z}{b}$	$\frac{x}{b}$	$\frac{z}{b}$	$\frac{x}{b}$	$\frac{z}{b}$	$\frac{x}{b}$	$\frac{z}{b}$	$\frac{x}{b}$	$\frac{z}{b}$
+										
31·2	·21639	·02607	·33107	·07202	·39420	·11967	·42965	·16533	·45244	·24517
31·3	·21630	·02605	·33084	·07194	·39388	·11953	·42928	·16512	·45202	·24483
31·4	·21621	·02604	·33061	·07187	·39356	·11938	·42890	·16490	·45161	·24449
31·5	·21612	·02602	·33038	·07180	·39324	·11924	·42852	·16469	·45120	·24415
31·6	·21604	·02600	·33015	·07172	·39292	·11910	·42815	·16448	·45079	·24381
31·7	·21595	·02599	·32992	·07165	·39260	·11896	·42778	·16427	·45038	·24347
31·8	·21586	·02597	·32970	·07158	·39229	·11882	·42741	·16406	·44998	·24314
31·9	·21577	·02596	·32947	·07151	·39197	·11868	·42704	·16385	·44957	·24281
32·0	·21568	·02594	·32924	·07144	·39165	·11854	·42667	·16364	·44917	·24248
32·1	·21560	·02592	·32902	·07136	·39134	·11840	·42631	·16343	·44877	·24215
32·2	·21551	·02591	·32879	·07129	·39102	·11826	·42594	·16323	·44837	·24182
32·3	·21542	·02589	·32857	·07122	·39071	·11813	·42557	·16302	·44797	·24149
32·4	·21533	·02588	·32834	·07115	·39040	·11799	·42521	·16281	·44757	·24117
32·5	·21524	·02586	·32812	·07108	·39009	·11785	·42485	·16261	·44718	·24085
32·6	·21516	·02584	·32790	·07101	·38978	·11772	·42449	·16240	·44678	·24053
32·7	·21507	·02583	·32768	·07094	·38947	·11758	·42413	·16220	·44639	·24021
32·8	·21498	·02581	·32746	·07087	·38917	·11744	·42378	·16200	·44600	·23989
32·9	·21490	·02580	·32724	·07080	·38886	·11731	·42342	·16180	·44561	·23957
33·0	·21481	·02578	·32702	·07073	·38855	·11717	·42306	·16160	·44522	·23925
33·1	·21472	·02576	·32680	·07066	·38825	·11704	·42271	·16140	·44483	·23893
33·2	·21464	·02575	·32658	·07060	·38794	·11690	·42235	·16120	·44444	·23861
33·3	·21455	·02573	·32636	·07053	·38764	·11677	·42200	·16101	·44406	·23830
33·4	·21447	·02572	·32615	·07046	·38734	·11664	·42165	·16081	·44367	·23799
33·5	·21438	·02570	·32593	·07039	·38704	·11650	·42130	·16061	·44329	·23768
33·6	·21429	·02569	·32571	·07032	·38674	·11637	·42095	·16042	·44291	·23737
33·7	·21421	·02567	·32550	·07026	·38645	·11624	·42060	·16022	·44253	·23706
33·8	·21412	·02566	·32528	·07019	·38615	·11611	·42026	·16003	·44215	·23675
33·9	·21404	·02564	·32507	·07012	·38585	·11598	·41991	·15983	·44177	·23645
34·0	·21395	·02563	·32486	·07005	·38556	·11585	·41956	·15964	·44140	·23615
34·1	·21387	·02561	·32464	·06998	·38526	·11572	·41922	·15945	·44102	·23585
34·2	·21378	·02560	·32443	·06992	·38497	·11559	·41887	·15925	·44065	·23555
34·3	·21370	·02558	·32422	·06985	·38468	·11547	·41853	·15906	·44028	·23525
34·4	·21361	·02557	·32401	·06978	·38439	·11534	·41819	·15887	·43991	·23495
34·5	·21353	·02555	·32380	·06972	·38410	·11521	·41785	·15868	·43954	·23465
34·6	·21345	·02554	·32359	·06965	·38381	·11509	·41752	·15849	·43917	·23435
34·7	·21336	·02552	·32338	·06958	·38352	·11496	·41718	·15831	·43880	·23405
34·8	·21328	·02551	·32318	·06952	·38324	·11483	·41685	·15812	·43844	·23375
34·9	·21319	·02549	·32297	·06945	·38295	·11471	·41651	·15793	·43807	·23346
35·0	·21311	·02548	·32276	·06939	·38266	·11458	·41618	·15775	·43771	·23317

V

β	120°		135°		140°		145°		150°	
	$\dfrac{x}{b}$	$\dfrac{z}{b}$	$\dfrac{x}{b}$	$\dfrac{z}{b}$	$\dfrac{x}{b}$	$\dfrac{z}{b}$	$\dfrac{x}{b}$	$\dfrac{z}{b}$	$\dfrac{x}{b}$	$\dfrac{z}{b}$
31·2	·43722	·30447	·42137	·32522	·41531	·33078	·40896	·33564	·40242	·33981
31·3	·43683	·30403	·42100	·32475	·41496	·33030	·40862	·33516	·40208	·33932
31·4	·43645	·30360	·42064	·32429	·41461	·32983	·40828	·33468	·40175	·33883
31·5	·43606	·30317	·42028	·32382	·41425	·32936	·40794	·33420	·40142	·33835
31·6	·43568	·30274	·41992	·32336	·41390	·32889	·40760	·33372	·40109	·33787
31·7	·43529	·30231	·41956	·32290	·41355	·32842	·40726	·33324	·40076	·33739
31·8	·43491	·30189	·41920	·32244	·41320	·32795	·40692	·33277	·40043	·33691
31·9	·43453	·30146	·41884	·32199	·41285	·32748	·40658	·33230	·40010	·33644
32·0	·43415	·30104	·41849	·32154	·41251	·32702	·40625	·33183	·39977	·33596
32·1	·43377	·30062	·41813	·32109	·41216	·32656	·40591	·33136	·39945	·33549
32·2	·43340	·30020	·41778	·32064	·41182	·32610	·40558	·33089	·39912	·33502
32·3	·43302	·29979	·41743	·32019	·41147	·32564	·40525	·33043	·39879	·33455
32·4	·43264	·29937	·41708	·31975	·41113	·32518	·40492	·32997	·39847	·33409
32·5	·43227	·29896	·41673	·31930	·41079	·32473	·40459	·32951	·39815	·33362
32·6	·43190	·29855	·41638	·31886	·41045	·32428	·40426	·32905	·39783	·33315
32·7	·43153	·29814	·41603	·31842	·41011	·32383	·40393	·32859	·39751	·33269
32·8	·43116	·29773	·41569	·31798	·40977	·32338	·40360	·32814	·39720	·33223
32·9	·43079	·29733	·41535	·31755	·40944	·32294	·40327	·32769	·39688	·33178
33·0	·43043	·29692	·41501	·31712	·40911	·32250	·40295	·32724	·39656	·33133
33·1	·43006	·29652	·41466	·31669	·40877	·32206	·40262	·32679	·39625	·33087
33·2	·42970	·29612	·41432	·31626	·40844	·32162	·40230	·32634	·39593	·33042
33·3	·42934	·29572	·41398	·31583	·40811	·32118	·40198	·32590	·39562	·32997
33·4	·42898	·29532	·41364	·31541	·40778	·32075	·40166	·32546	·39531	·32953
33·5	·42862	·29492	·41330	·31498	·40745	·32032	·40134	·32502	·39500	·32908
33·6	·42826	·29453	·41297	·31456	·40712	·31989	·40102	·32458	·39469	·32864
33·7	·42790	·29414	·41263	·31414	·40679	·31946	·40070	·32415	·39438	·32820
33·8	·42755	·29375	·41230	·31372	·40647	·31903	·40038	·32371	·39408	·32776
33·9	·42719	·29336	·41196	·31330	·40615	·31860	·40006	·32328	·39377	·32732
34·0	·42683	·29297	·41163	·31288	·40583	·31818	·39975	·32285	·39346	·32688
34·1	·42648	·29259	·41130	·31246	·40551	·31776	·39943	·32242	·39316	·32645
34·2	·42613	·29220	·41097	·31205	·40519	·31734	·39912	·32199	·39285	·32601
34·3	·42578	·29182	·41064	·31163	·40487	·31692	·39881	·32157	·39254	·32558
34·4	·42543	·29144	·41031	·31122	·40455	·31650	·39850	·32114	·39224	·32515
34·5	·42508	·29106	·40998	·31082	·40423	·31608	·39819	·32072	·39194	·32472
34·6	·42473	·29068	·40965	·31041	·40391	·31567	·39788	·32030	·39164	·32430
34·7	·42439	·29031	·40933	·31001	·40359	·31526	·39757	·31988	·39134	·32387
34·8	·42404	·28993	·40900	·30961	·40327	·31485	·39726	·31947	·39105	·32345
34·9	·42369	·28955	·40868	·30921	·40296	·31444	·39695	·31905	·39075	·32303
35·0	·42335	·28918	·40836	·30881	·40265	·31403	·39665	·31864	·39045	·32261

V

β	15°		30°		45°		60°		90°	
	$\frac{x}{b}$	$\frac{z}{b}$	$\frac{x}{b}$	$\frac{z}{b}$	$\frac{x}{b}$	$\frac{z}{b}$	$\frac{x}{b}$	$\frac{z}{b}$	$\frac{x}{b}$	$\frac{z}{b}$
+										
35.1	.21303	.02547	.32255	.06933	.38238	.11446	.41585	.15756	.43735	.23288
35.2	.21295	.02545	.32235	.06926	.38209	.11433	.41552	.15738	.43699	.23259
35.3	.21286	.02544	.32214	.06920	.38181	.11421	.41519	.15720	.43663	.23230
35.4	.21278	.02542	.32194	.06914	.38152	.11408	.41486	.15702	.43627	.23201
35.5	.21270	.02541	.32174	.06907	.38124	.11396	.41453	.15684	.43591	.23172
35.6	.21262	.02540	.32153	.06901	.38096	.11384	.41421	.15666	.43555	.23144
35.7	.21253	.02538	.32133	.06895	.38068	.11371	.41388	.15648	.43520	.23115
35.8	.21245	.02537	.32113	.06888	.38040	.11359	.41356	.15630	.43484	.23087
35.9	.21237	.02535	.32093	.06882	.38012	.11347	.41323	.15612	.43449	.23059
36.0	.21229	.02534	.32073	.06875	.37984	.11335	.41291	.15594	.43414	.23031
36.1	.21220	.02533	.32053	.06869	.37957	.11323	.41259	.15576	.43379	.23003
36.2	.21212	.02531	.32033	.06862	.37929	.11311	.41227	.15559	.43344	.22975
36.3	.21204	.02530	.32013	.06856	.37901	.11299	.41195	.15541	.43309	.22947
36.4	.21196	.02528	.31993	.06850	.37874	.11287	.41163	.15523	.43274	.22920
36.5	.21188	.02527	.31973	.06844	.37846	.11275	.41131	.15506	.43240	.22892
36.6	.21180	.02526	.31954	.06837	.37819	.11262	.41099	.15488	.43205	.22864
36.7	.21172	.02524	.31934	.06831	.37791	.11251	.41068	.15471	.43171	.22837
36.8	.21164	.02523	.31914	.06825	.37764	.11240	.41036	.15453	.43136	.22810
36.9	.21156	.02521	.31894	.06819	.37737	.11228	.41005	.15436	.43102	.22783
37.0	.21148	.02520	.31875	.06813	.37710	.11216	.40974	.15419	.43068	.22756
37.1	.21140	.02519	.31855	.06807	.37683	.11205	.40943	.15402	.43034	.22729
37.2	.21132	.02517	.31836	.06801	.37656	.11193	.40912	.15385	.43000	.22702
37.3	.21124	.02516	.31816	.06795	.37630	.11181	.40881	.15368	.42966	.22675
37.4	.21116	.02514	.31797	.06789	.37603	.11170	.40850	.15351	.42932	.22649
37.5	.21108	.02513	.31778	.06783	.37576	.11158	.40819	.15334	.42899	.22622
37.6	.21100	.02512	.31758	.06777	.37550	.11147	.40788	.15317	.42865	.22595
37.7	.21093	.02510	.31739	.06771	.37523	.11135	.40758	.15300	.42832	.22569
37.8	.21085	.02509	.31720	.06765	.37497	.11124	.40727	.15284	.42799	.22542
37.9	.21077	.02507	.31701	.06759	.37471	.11113	.40697	.15267	.42766	.22516
38.0	.21069	.02506	.31682	.06753	.37445	.11101	.40667	.15250	.42733	.22490
38.1	.21061	.02505	.31663	.06747	.37419	.11090	.40637	.15234	.42700	.22464
38.2	.21054	.02503	.31644	.06741	.37393	.11079	.40607	.15217	.42667	.22438
38.3	.21046	.02502	.31625	.06735	.37367	.11067	.40577	.15200	.42634	.22412
38.4	.21038	.02500	.31606	.06729	.37341	.11056	.40547	.15184	.42601	.22386
38.5	.21030	.02499	.31587	.06723	.37315	.11045	.40517	.15167	.42569	.22360
38.6	.21022	.02498	.31569	.06717	.37290	.11034	.40487	.15151	.42536	.22335
38.7	.21015	.02496	.31550	.06712	.37264	.11023	.40458	.15134	.42504	.22309
38.8	.21007	.02495	.31531	.06706	.37238	.11012	.40428	.15118	.42472	.22283
38.9	.20999	.02493	.31513	.06700	.37213	.11001	.40398	.15102	.42440	.22258

V

β	120°		135°		140°		145°		150°	
	$\dfrac{x}{b}$	$\dfrac{z}{b}$	$\dfrac{x}{b}$	$\dfrac{z}{b}$	$\dfrac{x}{b}$	$\dfrac{z}{b}$	$\dfrac{x}{b}$	$\dfrac{z}{b}$	$\dfrac{x}{b}$	$\dfrac{z}{b}$
+										
35·1	·42301	·28881	·40804	·30841	·40233	·31362	·39634	·31823	·39015	·32220
35·2	·42267	·28844	·40772	·30801	·40202	·31322	·39604	·31782	·38986	·32178
35·3	·42233	·28807	·40740	·30762	·40171	·31282	·39574	·31741	·38956	·32136
35·4	·42199	·28771	·40708	·30722	·40140	·31242	·39544	·31701	·38927	·32095
35·5	·42165	·28734	·40677	·30683	·40109	·31202	·39514	·31660	·38898	·32054
35·6	·42131	·28698	·40645	·30644	·40078	·31162	·39484	·31620	·38869	·32013
35·7	·42098	·28662	·40614	·30605	·40047	·31122	·39454	·31579	·38840	·31972
35·8	·42064	·28626	·40583	·30566	·40016	·31083	·39424	·31539	·38811	·31932
35·9	·42031	·28590	·40551	·30528	·39986	·31044	·39394	·31499	·38782	·31891
36·0	·41998	·28554	·40520	·30489	·39955	·31005	·39365	·31459	·38753	·31850
36·1	·41965	·28518	·40489	·30451	·39925	·30966	·39335	·31419	·38725	·31810
36·2	·41932	·28483	·40458	·30413	·39895	·30927	·39306	·31380	·38696	·31770
36·3	·41900	·28447	·40427	·30375	·39865	·30888	·39276	·31340	·38667	·31730
36·4	·41867	·28412	·40396	·30337	·39835	·30850	·39247	·31301	·38638	·31690
36·5	·41834	·28377	·40365	·30299	·39805	·30812	·39218	·31262	·38610	·31650
36·6	·41802	·28342	·40335	·30261	·39775	·30774	·39189	·31223	·38581	·31611
36·7	·41769	·28307	·40304	·30224	·39745	·30736	·39160	·31185	·38553	·31572
36·8	·41737	·28273	·40274	·30186	·39715	·30698	·39131	·31146	·38525	·31533
36·9	·41704	·28238	·40244	·30149	·39685	·30660	·39102	·31108	·38497	·31494
37·0	·41672	·28204	·40214	·30112	·39656	·30622	·39074	·31070	·38469	·31455
37·1	·41640	·28169	·40183	·30075	·39626	·30584	·39045	·31032	·38441	·31417
37·2	·41608	·28135	·40153	·30038	·39597	·30546	·39017	·30994	·38414	·31378
37·3	·41576	·28101	·40123	·30002	·39568	·30509	·38988	·30956	·38386	·31340
37·4	·41544	·28067	·40093	·29965	·39539	·30472	·38960	·30919	·38358	·31302
37·5	·41512	·28033	·40063	·29929	·39510	·30435	·38932	·30881	·38330	·31264
37·6	·41481	·27999	·40034	·29893	·39481	·30398	·38903	·30843	·38303	·31226
37·7	·41449	·27966	·40004	·29857	·39452	·30361	·38875	·30806	·38275	·31189
37·8	·41418	·27932	·39975	·29821	·39423	·30325	·38847	·30769	·38248	·31151
37·9	·41386	·27899	·39945	·29786	·39394	·30289	·38819	·30732	·38221	·31113
38·0	·41355	·27866	·39916	·29750	·39366	·30253	·38791	·30695	·38194	·31075
38·1	·41324	·27833	·39887	·29714	·39337	·30217	·38763	·30658	·38167	·31038
38·2	·41293	·27800	·39857	·29679	·39309	·30181	·38735	·30622	·38141	·31001
38·3	·41262	·27767	·39828	·29643	·39280	·30145	·38707	·30585	·38114	·30964
38·4	·41231	·27735	·39799	·29608	·39252	·30109	·38679	·30548	·38087	·30927
38·5	·41200	·27702	·39770	·29573	·39224	·30074	·38652	·30512	·38060	·30890
38·6	·41170	·27670	·39741	·29538	·39196	·30038	·38624	·30476	·38034	·30854
38·7	·41139	·27637	·39713	·29503	·39168	·30003	·38597	·30440	·38007	·30817
38·8	·41109	·27605	·39684	·29469	·39140	·29967	·38570	·30405	·37980	·30781
38·9	·41078	·27573	·39656	·29434	·39112	·29932	·38543	·30369	·37953	·30745

Bashforth-Adams（B-A）の表　　563

V

β	15°		30°		45°		60°		90°	
	$\frac{x}{b}$	$\frac{z}{b}$	$\frac{x}{b}$	$\frac{z}{b}$	$\frac{x}{b}$	$\frac{z}{b}$	$\frac{x}{b}$	$\frac{z}{b}$	$\frac{x}{b}$	$\frac{z}{b}$
+39.0	.20991	.02492	.31494	.06694	.37187	.10990	.40369	.15086	.42408	.22233
39.1	.20983	.02491	.31475	.06688	.37162	.10979	.40339	.15070	.42376	.22208
39.2	.20976	.02489	.31457	.06683	.37136	.10969	.40310	.15054	.42344	.22183
39.3	.20968	.02488	.31438	.06677	.37111	.10958	.40281	.15038	.42312	.22158
39.4	.20960	.02486	.31420	.06671	.37086	.10947	.40252	.15022	.42280	.22133
39.5	.20952	.02485	.31401	.06665	.37061	.10936	.40223	.15006	.42249	.22108
39.6	.20945	.02484	.31383	.06660	.37036	.10925	.40194	.14990	.42217	.22084
39.7	.20937	.02482	.31365	.06654	.37011	.10915	.40165	.14975	.42186	.22059
39.8	.20929	.02481	.31346	.06648	.36986	.10904	.40137	.14959	.42155	.22034
39.9	.20922	.02479	.31328	.06643	.36961	.10893	.40108	.14943	.42124	.22010
40.0	.20914	.02478	.31310	.06637	.36936	.10882	.40079	.14928	.42093	.21986
40.1	.20906	.02477	.31292	.06631	.36911	.10872	.40051	.14912	.42062	.21962
40.2	.20899	.02475	.31274	.06626	.36887	.10861	.40022	.14897	.42031	.21938
40.3	.20891	.02474	.31256	.06620	.36862	.10850	.39994	.14881	.42000	.21914
40.4	.20884	.02472	.31238	.06614	.36837	.10840	.39965	.14866	.41970	.21890
40.5	.20876	.02471	.31220	.06609	.36813	.10829	.39937	.14851	.41939	.21866
40.6	.20868	.02470	.31202	.06603	.36788	.10818	.39909	.14835	.41909	.21842
40.7	.20861	.02468	.31185	.06598	.36764	.10808	.39881	.14820	.41878	.21818
40.8	.20853	.02467	.31167	.06592	.36739	.10797	.39853	.14805	.41848	.21795
40.9	.20846	.02465	.31149	.06587	.36715	.10787	.39825	.14790	.41818	.21771
41.0	.20838	.02464	.31131	.06582	.36691	.10777	.39797	.14775	.41787	.21747
41.1	.20831	.02463	.31114	.06576	.36667	.10766	.39769	.14760	.41757	.21724
41.2	.20823	.02461	.31096	.06571	.36643	.10756	.39742	.14745	.41727	.21700
41.3	.20816	.02460	.31078	.06565	.36619	.10746	.39714	.14730	.41697	.21677
41.4	.20808	.02458	.31061	.06560	.36595	.10736	.39686	.14715	.41667	.21653
41.5	.20801	.02457	.31043	.06555	.36571	.10726	.39659	.14700	.41637	.21630
41.6	.20793	.02456	.31025	.06549	.36547	.10716	.39631	.14685	.41607	.21607
41.7	.20786	.02454	.31008	.06544	.36524	.10706	.39604	.14671	.41578	.21584
41.8	.20778	.02453	.30990	.06538	.36500	.10696	.39577	.14656	.41548	.21561
41.9	.20771	.02452	.30973	.06533	.36477	.10686	.39550	.14641	.41519	.21539
42.0	.20764	.02451	.30956	.06528	.36454	.10676	.39523	.14627	.41489	.21516
42.1	.20756	.02449	.30938	.06522	.36430	.10666	.39496	.14612	.41460	.21493
42.2	.20749	.02448	.30921	.06517	.36407	.10657	.39469	.14598	.41430	.21471
42.3	.20741	.02447	.30904	.06511	.36384	.10647	.39442	.14584	.41401	.21448
42.4	.20734	.02446	.30887	.06506	.36361	.10637	.39416	.14569	.41372	.21425
42.5	.20727	.02444	.30870	.06501	.36338	.10627	.39389	.14555	.41343	.21403
42.6	.20719	.02443	.30853	.06495	.36315	.10617	.39362	.14541	.41314	.21381
42.7	.20712	.02442	.30836	.06490	.36292	.10608	.39336	.14526	.41285	.21358
42.8	.20705	.02441	.30819	.06485	.36269	.10598	.39309	.14512	.41256	.21336

Bashforth-Adams (B-A) の表

V

β	120°		135°		140°		145°		150°	
	$\frac{x}{b}$	$\frac{z}{b}$	$\frac{x}{b}$	$\frac{z}{b}$	$\frac{x}{b}$	$\frac{z}{b}$	$\frac{x}{b}$	$\frac{z}{b}$	$\frac{x}{b}$	$\frac{z}{b}$
+39°0	·41048	·27540	·39627	·29400	·39084	·29897	·38516	·30334	·37927	·30709
39·1	·41018	·27509	·39599	·29366	·39056	·29862	·38489	·30299	·37901	·30674
39·2	·40987	·27477	·39570	·29332	·39028	·29827	·38462	·30263	·37874	·30638
39·3	·40957	·27445	·39542	·29298	·39000	·29792	·38435	·30228	·37848	·30602
39·4	·40927	·27414	·39513	·29264	·38973	·29758	·38408	·30193	·37822	·30566
39·5	·40897	·27382	·39485	·29230	·38946	·29724	·38382	·30158	·37796	·30531
39·6	·40868	·27351	·39457	·29196	·38918	·29690	·38355	·30123	·37770	·30496
39·7	·40838	·27319	·39429	·29163	·38891	·29656	·38328	·30088	·37745	·30461
39·8	·40808	·27288	·39401	·29129	·38864	·29622	·38302	·30054	·37719	·30426
39·9	·40779	·27257	·39373	·29096	·38837	·26588	·38275	·30019	·37693	·30391
40·0	·40749	·27226	·39346	·29063	·38810	·29554	·38249	·29985	·37667	·30356
40·1	·40720	·27195	·39318	·29030	·38783	·29520	·38222	·29951	·37642	·30322
40·2	·40691	·27165	·39290	·28997	·38756	·29487	·38196	·29917	·37616	·30287
40·3	·40661	·27134	·39263	·28965	·38729	·29453	·38170	·29883	·37590	·30252
40·4	·40632	·27103	·39235	·28932	·38702	·29420	·38144	·29849	·37565	·30218
40·5	·40603	·27073	·39208	·28899	·38676	·29387	·38118	·29815	·37540	·30184
40·6	·40574	·27043	·39181	·28867	·38649	·29354	·38092	·29782	·37514	·30150
40·7	·40545	·27013	·39154	·28834	·38622	·29321	·38066	·29748	·37489	·30116
40·8	·40517	·26983	·39127	·28802	·38596	·29288	·38040	·29714	·37464	·30083
40·9	·40488	·26953	·39100	·28770	·38569	·29255	·38014	·29681	·37439	·30049
41·0	·40459	·26923	·39073	·28738	·38543	·29223	·37989	·29648	·37414	·30015
41·1	·40431	·26894	·39047	·28705	·38516	·29190	·37963	·29615	·37389	·29982
41·2	·40402	·26864	·39020	·28673	·38490	·29158	·37937	·29582	·37364	·29948
41·3	·40374	·26834	·38993	·28641	·38464	·29126	·37912	·29550	·37340	·29915
41·4	·40346	·26805	·38967	·28610	·38438	·29094	·37887	·29517	·37315	·29882
41·5	·40317	·26775	·38940	·28578	·38412	·29062	·37862	·29484	·37290	·29849
41·6	·40289	·26746	·38914	·28547	·38386	·29030	·37836	·29452	·37265	·29816
41·7	·40261	·26717	·38887	·28516	·38360	·28998	·37811	·29419	·37240	·29784
41·8	·40233	·26688	·38861	·28485	·38334	·28966	·37786	·29387	·37216	·29751
41·9	·40205	·26659	·38834	·28454	·38309	·28935	·37761	·29355	·37192	·29718
42·0	·40177	·26630	·38808	·28423	·38284	·28903	·37736	·29323	·37168	·29685
42·1	·40149	·26602	·38782	·28392	·38258	·28871	·37711	·29291	·37143	·29653
42·2	·40122	·26573	·38756	·28362	·38233	·28840	·37686	·29260	·37119	·29620
42·3	·40094	·26544	·38730	·28331	·38207	·28809	·37661	·29228	·37095	·29588
42·4	·40066	·26516	·38704	·28300	·38182	·28778	·37636	·29196	·37071	·29556
42·5	·40039	·26487	·38678	·28270	·38157	·28747	·37612	·29165	·37047	·29524
42·6	·40011	·26459	·38652	·28239	·38132	·28716	·37537	·29134	·37023	·29492
42·7	·39984	·26431	·38627	·28209	·38107	·28685	·37562	·29102	·37000	·29461
42·8	·39957	·26403	·38601	·28179	·38080	·28654	·37538	·29071	·36976	·29429

Bashforth-Adams (B-A) の表

V

β	15°		30°		45°		60°		90°	
	$\dfrac{x}{b}$	$\dfrac{z}{b}$	$\dfrac{x}{b}$	$\dfrac{z}{b}$	$\dfrac{x}{b}$	$\dfrac{z}{b}$	$\dfrac{x}{b}$	$\dfrac{z}{b}$	$\dfrac{x}{b}$	$\dfrac{z}{b}$
+42.9	.20698	.02440	.30802	.06480	.36246	.10588	.39282	.14498	.41228	.21314
43.0	.20691	.02438	.30785	.06475	.36223	.10578	.39256	.14483	.41199	.21292
43.1	.20683	.02437	.30768	.06469	.36200	.10569	.39229	.14469	.41170	.21270
43.2	.20676	.02436	.30752	.06464	.36177	.10559	.39203	.14455	.41142	.21248
43.3	.20669	.02435	.30735	.06459	.36155	.10549	.39177	.14441	.41113	.21227
43.4	.20662	.02434	.30718	.06454	.36132	.10539	.39151	.14427	.41085	.21205
43.5	.20655	.02432	.30701	.06449	.36109	.10530	.39125	.14413	.41057	.21183
43.6	.20647	.02431	.30684	.06444	.36087	.10520	.39099	.14399	.41029	.21161
43.7	.20640	.02430	.30668	.06439	.36064	.10510	.39074	.14385	.41001	.21140
43.8	.20633	.02429	.30651	.06434	.36042	.10501	.39048	.14372	.40973	.21118
43.9	.20626	.02428	.30635	.06429	.36019	.10491	.39022	.14358	.40945	.21096
44.0	.20619	.02426	.30618	.06424	.35997	.10482	.38997	.14344	.40917	.21075
44.1	.20611	.02425	.30601	.06419	.35975	.10472	.38971	.14331	.40890	.21054
44.2	.20604	.02424	.30585	.06414	.35952	.10463	.38946	.14317	.40862	.21032
44.3	.20597	.02423	.30568	.06409	.35930	.10453	.38921	.14303	.40834	.21011
44.4	.20590	.02422	.30552	.06404	.35908	.10444	.38895	.14290	.40807	.20990
44.5	.20583	.02420	.30536	.06399	.35886	.10435	.38870	.14276	.40779	.20969
44.6	.20576	.02419	.30519	.06394	.35864	.10425	.38845	.14263	.40752	.20948
44.7	.20569	.02418	.30503	.06389	.35842	.10416	.38819	.14249	.40724	.20927
44.8	.20562	.02417	.30487	.06384	.35821	.10407	.38794	.14236	.40697	.20906
44.9	.20555	.02416	.30471	.06379	.35799	.10398	.38769	.14222	.40670	.20886
45.0	.20548	.02414	.30455	.06374	.35777	.10389	.38744	.14209	.40643	.20865
45.1	.20541	.02413	.30439	.06369	.35755	.10380	.38719	.14196	.40616	.20844
45.2	.20534	.02412	.30423	.06365	.35734	.10371	.38694	.14182	.40589	.20824
45.3	.20527	.02411	.30407	.06360	.35712	.10362	.38670	.14169	.40562	.20803
45.4	.20520	.02410	.30391	.06355	.35690	.10353	.38645	.14156	.40536	.20782
45.5	.20513	.02408	.30375	.06350	.35669	.10344	.38620	.14143	.40509	.20762
45.6	.20506	.02407	.30359	.06346	.35647	.10335	.38596	.14130	.40482	.20742
45.7	.20499	.02406	.30344	.06341	.35626	.10326	.38571	.14117	.40456	.20721
45.8	.20492	.02405	.30328	.06336	.35604	.10317	.38546	.14104	.40429	.20701
45.9	.20485	.02404	.30312	.06331	.35583	.10308	.38522	.14091	.40402	.20681
46.0	.20478	.02402	.30296	.06326	.35562	.10299	.38497	.14078	.40376	.20661
46.1	.20471	.02401	.30281	.06322	.35541	.10290	.38473	.14065	.40350	.20641
46.2	.20464	.02400	.30265	.06317	.35520	.10282	.38449	.14052	.40323	.20621
46.3	.20457	.02399	.30249	.06312	.35499	.10273	.38424	.14040	.40297	.20601
46.4	.20450	.02398	.30234	.06307	.35478	.10264	.38400	.14027	.40271	.20581
46.5	.20443	.02396	.30218	.06302	.35457	.10255	.38376	.14014	.40245	.20561
46.6	.20436	.02395	.30202	.06298	.35436	.10246	.38352	.14001	.40219	.20542
46.7	.20430	.02394	.30186	.06293	.35416	.10238	.38328	.13988	.40193	.20522

V

β	120°		135°		140°		145°		150°	
	$\frac{x}{b}$	$\frac{z}{b}$	$\frac{x}{b}$	$\frac{z}{b}$	$\frac{x}{b}$	$\frac{z}{b}$	$\frac{x}{b}$	$\frac{z}{b}$	$\frac{x}{b}$	$\frac{z}{b}$
+42·9	·39930	·26375	·38575	·28149	·38057	·28624	·37514	·29040	·36952	·29397
43·0	·39903	·26346	·38550	·28119	·38032	·28593	·37490	·29008	·36929	·29366
43·1	·39876	·26320	·38524	·28089	·38007	·28562	·37465	·28978	·36905	·29335
43·2	·39849	·26292	·38499	·28059	·37982	·28532	·37441	·28947	·36881	·29304
43·3	·39823	·26264	·38473	·28029	·37957	·28502	·37417	·28917	·36857	·29273
43·4	·39796	·26237	·38448	·28000	·37932	·28472	·37393	·28886	·36834	·29242
43·5	·39769	·26209	·38423	·27970	·37908	·28442	·37369	·28855	·36811	·29211
43·6	·39743	·26181	·38398	·27941	·37883	·28412	·37345	·28825	·36787	·29180
43·7	·39716	·26154	·38373	·27911	·37859	·28382	·37321	·28795	·36764	·29150
43·8	·39689	·26126	·38348	·27882	·37834	·28352	·37297	·28764	·36741	·29119
43·9	·39663	·26099	·38323	·27853	·37810	·28323	·37273	·28734	·36718	·29088
44·0	·39636	·26072	·38298	·27824	·37786	·28293	·37250	·28704	·36695	·29058
44·1	·39610	·26045	·38274	·27795	·37761	·28263	·37226	·28674	·36672	·29028
44·2	·39584	·26018	·38249	·27766	·37737	·28234	·37202	·28644	·36649	·28998
44·3	·39557	·25992	·38224	·27738	·37713	·28205	·37179	·28614	·36626	·28968
44·4	·39531	·25965	·38200	·27709	·37689	·28176	·37155	·28585	·36603	·28938
44·5	·39505	·25938	·38175	·27680	·37665	·28147	·37132	·28555	·36580	·28908
44·6	·39479	·25912	·38151	·27652	·37641	·28118	·37109	·28525	·36558	·28879
44·7	·39453	·25885	·38126	·27623	·37617	·28089	·37086	·28496	·36535	·28849
44·8	·39427	·25859	·38102	·27595	·37593	·28060	·37062	·28467	·36512	·28819
44·9	·39401	·25833	·38077	·27567	·37569	·28031	·37039	·28438	·36489	·28789
45·0	·39376	·25807	·38053	·27539	·37546	·28002	·37016	·28409	·36467	·28760
45·1	·39350	·25780	·38029	·27511	·37522	·27974	·36993	·28380	·36444	·28731
45·2	·39325	·25754	·38005	·27483	·37498	·27946	·36970	·28351	·36421	·28701
45·3	·39299	·25728	·37981	·27455	·37475	·27917	·36947	·28322	·36399	·28672
45·4	·39274	·25702	·37957	·27427	·37451	·27889	·36924	·28293	·36377	·28643
45·5	·39249	·25676	·37933	·27399	·37428	·27861	·36901	·28265	·36355	·28614
45·6	·39223	·25650	·37909	·27372	·37405	·27833	·36878	·28236	·36333	·28585
45·7	·39198	·25625	·37885	·27344	·37381	·27805	·36856	·28207	·36311	·28557
45·8	·39173	·25599	·37861	·27317	·37358	·27777	·36833	·28179	·36289	·28528
45·9	·39148	·25574	·37838	·27289	·37335	·27749	·36810	·28151	·36267	·28499
46·0	·39123	·25549	·37814	·27262	·37312	·27721	·36788	·28123	·36245	·28470
46·1	·39098	·25523	·37790	·27235	·37289	·27693	·36765	·28095	·36223	·28442
46·2	·39073	·25498	·37767	·27208	·37266	·27666	·36743	·28067	·36202	·28413
46·3	·39048	·25473	·37743	·27181	·37243	·27638	·36720	·28039	·36180	·28384
46·4	·39023	·25448	·37720	·27154	·37220	·27610	·36698	·28011	·36158	·28356
46·5	·38999	·25423	·37697	·27127	·37197	·27583	·36676	·27983	·36136	·28328
46·6	·38974	·25398	·37673	·27100	·37174	·27556	·36654	·27956	·36114	·28300
46·7	·38950	·25373	·37650	·27074	·37152	·27529	·36632	·27928	·36093	·28272

データ索引

　本書に収録されている数値データを活用するためにデータ索引を設けた.

　本索引中に使用する略記号，データの配列などにつき以下に略記する.

　記述様式は測定系，物理量～物理量の相関，相当する図表をページ順にし，固体の表面エネルギー，液体の表面張力，表面過剰量，固液界面張力，接触角，付着仕事，液液界面張力，電気毛管現象，その他の物性値のグループに纏めた.

　S, L, (s), (l) で固相と液相，M, Moxd, flux で金属，金属酸化物，フラックスを示した．その他適当な省略をしている．物理量の記号ははグループの初めに示しているが，特に断らずに，T は温度，t は時間，また，相関量の欄で [X], (X) はメタル中およびスラグ（非金属）中の X 成分濃度を示している.

　以上不完全ではあるが本索引がデータブックとしての本書の利用価値，特に表面・界面の物性値の探索，に役立てば幸いである.

1. 固体表面エネルギー (E^{surf}), 固体表面張力 (γ_s)

頁	図表No.	相関量	固体系
7	T1.1	γ_s	M(s): Ag, Fe, W; Oxd: Al, Fe; Salt(s): Ca, Cu, K, Li; CCl_4, CO_2, H_2, H_2O, S
101	T4.2	γ_s	Ag, Au, Bi, Co, Cu, Fe, In, Mo, Nb, Ni, Pb, Sn, Ti, Tl, Zn, Zr(s)
254	T7.1	E^{surf}	M(s): Ag, Al, Au, Be, Bi, Cd, Co, Cr, Cu, Fe, Ga, In, Mo, Nb, Ni, Pb, Pt, Sn, Ta, Ti, Tl, W, Zn
256	F7.4	$E^{surf} \sim p_{O_2}$	Ag, Cu, Fe(s)
257	F7.6	$E^{surf} \sim$ [P], [Sb]	Cu, Fe(s)
258	T7.3	E^{surf}	Na-F, Cl; KCl
258	F7.7	$\gamma_s \sim$ [Ni]	Cu-Ni(s)
259	F7.9	E^{surf}	Na-X, K-X: X= Br, Cl, I
260	T7.4	E^{surf}	Oxd(s): Ba, Be, Ca, Cd, Fe, Mg, Mn, Pb, Sr, Th, U, Zn, Zr
260	T7.5	E^{surf}	Carbd(s): Hf, Nb, Ta, Ti, U, V, Zr
261	F7.13	$\gamma_s \sim T$	Glass(s): PbO-SiO_2, Na_2O-CaO-SiO_2
290	F8.20	$E^{surf} \sim p_{O_2}$	Fe(s)
290	F8.21	$E^{surf} \sim$ [P]	Fe(s)

2. 液体表面張力 (γ_l), 温度変化 ($d\gamma/dT$)

頁	図表No.	相関量	液体系
58	F2.69	$\gamma \sim T$	Al_2O_3(l)
60	T2.6	γ	Co, Fe, 316L
60	F2.72	$\gamma \sim T$	Cu-Sn
61	F2.73	$\gamma \sim T$	Au, Sn
62	T2.7	γ	CaO-Na_2O-SiO_2
62	T2.8	γ	Al_2O_3(l)
62	F2.75	$\gamma \sim (SiO_2)$	CaO-SiO_2
95	本文中	$\gamma \sim T$	$ZnCl_2$-Pb
128	T5.7	γ	Hg
128	F5.10	γ	Fe
129	T5.8	γ/mp	Metal elements

頁	図表No.	相関量	液体系
131	T5.9	γ	M: R.E.
140	F5.20	$\gamma \sim$ [M']	M-M': M= Ag, Cu, Ge;　M'=Au, Ni, Si
140	F5.21	$\gamma \sim$ [M']	M-M': M= Ga, Zn;　M'=Pb, Bi
141	F5.22	$\gamma \sim$ [M']	M-M': M= Au, Sn;　M'=Si, Pb
141	F5.23	$\gamma \sim$ [M']	M-M': M= Ni Pt, Mg;　M'=Al, Si, Sn
142	F5.24	$\gamma \sim$ [Si]	Fe-Si
143	F5.25	$\gamma \sim$ [M], $\gamma \sim$ [X]	Fe-M: M = Co, Cr, Mn, Ni, Si, Sn Fe-X(l): X = N, O, S, Se, Te
144	F5.26	$\gamma \sim$ [M]	Cu-M: M= Ag, Al, Ni, Sn Cu-M: M= Pb, O, S, Se, Te
144	F5.27	$\gamma \sim$ [M]	Al-M: M= Bi, Cu, Li, Mg, Pb, Sb, Si, Sn, Zn
146	F5.28	$\gamma \sim$ [Se], $\sim t$	Fe-Se
146	F5.29	$\gamma \sim$ [O]	Fe-O
147	F5.30	$\gamma \sim p_{O_2}$	Cu
147	F5.31	$\gamma \sim (p_{O_2})^{1/2}$	Ag-O
148	F5.32	$\gamma \sim$ [O]	Co, Ni; -O
148	F5.33	$\gamma \sim$ [O]	Fe-Co
148	F5.34	$\gamma \sim$ [O]	Co-O
149	F5.35	$\gamma \sim$ [S]	Fe-S
149	F5.36	$\gamma \sim$ [X]	Fe-X(l): X = O, S, Se, Te
149	F5.37	$\gamma \sim$ [X]	Pb-X(l): X = O, S, Se, Te
150	T5.15	γ	Fe-O-S
152	F5.40	iso-γ	Fe-O-S
153	F5.41	$\gamma \sim T$ (- mp -)	Co, Fe, Ni(s, l)
153	本文中	γ [in low press. or Ar]	Cu, Fe
153	T5.16	γ_{obs}, - γ_{calc}	Fe
155	T5.17	γ (mp)	Al_2O_3(l)
155	T5.18	$d\gamma/dT$	Al_2O_3(l)
156	F5.42	$\gamma \sim T$	Al_2O_3(l)
156	F5.43	$\gamma \sim p_{N_2}, p_{CO}$	Al_2O_3(l)
156	eq(5-20)	$\gamma \sim T$	BeO

頁	図表 No.	相関量	液体系
157	F5.44	$\gamma \sim T$	TiO_2, Ti_2O_3
157	eq(5-21)	$\gamma \sim T$	TiO_2
157	F5.45	$\gamma \sim T$	B_2O_3
157	eq(5-22)	$\gamma \sim T$	B_2O_3
158	T5.19	γ	Moxd: M= Al, B, Be, Bi, Cr, Fe, Ge, La, Mo, Nb, P, Pb, Si, Sm, Ta, Ti, U, V, W
158	F5.46	$\gamma \sim$(Moxd)	Moxd-SiO_2: M= Cs, K, Li, Na, Rb
159	F5.48	$\gamma \sim$(CaO)	CaO-SiO_2
160	T5.20	γ_{1773K}	Moxd-SiO_2-Al_2O_3: M= Ba, Ca, Mg
160	F5.49	$\gamma \sim$(SiO_2)	Moxd-SiO_2: M= Ca, Cs, Fe, K, Li, Mg, Mn, Na, Pb, Rb
161	F5.50	$\gamma \sim$(Moxd)	Al_2O_3-Moxd: M= Be, Ca, Cr, Mg, Si
162	F5.51	$\gamma \sim$(SiO_2)	Al_2O_3-Moxd: M= Cr, Mg, Ti
162	F5.52	$\gamma \sim$(Moxd)	Al_2O_3-CaO-Moxd: M= B, Ba, K, Li, Mg, Na, Si, Ti
162	F5.53	$\gamma \sim$(MF)	Al_2O_3-CaO-MF: M= Al, Ca, K, Li, Na, Zr
163	F5.54	$\gamma \sim$(Fe_2O_3)	FeO-Fe_2O_3
163	F5.55	$\gamma \sim$(Moxd)	Fe_xO-Moxd: M= Ca, Mn, Na, P, Si, Ti
164	F5.56	$\gamma \sim$(Moxd), (CaF_2)	FeO-Fe_2O_3-CaO-SiO_2-Moxd (or CaF_2): M= Mn, Na, P, Si, Ti
164	F5.57	$\gamma \sim$(Moxd)	Fe_2O_3-Moxd: M= Ba, Ca, Na, Sr
165	T5.21	$\gamma \sim T$	B_2O_3-Moxd: M= Ba, Ca, Pb, Sr, Zn
165	F5.58	$\gamma \sim$(Moxd)	B_2O_3-Moxd: M= Ba, Ca, Pb, Sr, Zn
166	F5.59	$\gamma \sim$(Moxd)	CaO-Moxd: M= Al, B, P, Si, V
167	T5.23	$\gamma \sim T$	BF slag
168	F5.60	$\gamma \sim$(Moxd)	Al_2O_3-SiO_2-Moxd: M= Al, Ca, Mg, Na, P, Si
168	F5.61	$\gamma \sim$(S)	Al_2O_3-SiO_2-Moxd: M= Ba, Ca, Mg
169	T5.24	γ, $d\gamma/dT$	OHF slag
169	T5.25	γ	EF slag (white)
169	T5.26	γ	CC powder
170	T5.27	γ	Weld flux
170	T5.28	γ	CaO-FeO-Fe_2O_3-SiO_2
172	F5.62	γ	Glass(1.4Na_2O · 0.9CaO · 6SiO_2)-Additive

データ索引

頁	図表No.	相関量	液体系
172	F5.63	$\gamma \sim T$	$LiNbO_3$, $LiTaO_3$
173	F5.64	$\gamma \sim T$	Rock (Magma)
176	T5.36	γ_{obs}, $-\gamma_{calc}$	Al_2O_3-CaO-SiO_2
176	T5.37	γ_{obs}, $-\gamma_{calc}$	Al_2O_3-CaO-SiO_2
177	T5.39	γ/mp, $d\gamma/dT$	MF_x: M= Ba, Ca, Cs, Gd, K, La, Li, Rb, Mg, Na, Nd, Sr, Th, U
177	F5.65	$\gamma \sim T$	$CaF_2(l)$
178	F5.66	$\gamma \sim T$	$RE \cdot F_3$: RE= Gd, La, Nd
179	F5.67	$\gamma \sim (MF_x)$	CaF_2-MF_x: M= Li, Na, Sr, Mg, Ba
179	F5.68	$\gamma \sim (MO_x)$	CaF_2-MO_x: M= Mg, Ca, Ba, Si, Ti, Zr
180	F5.69	$\gamma \sim (CaF_2)$	$CaO \cdot Al_2O_3$-CaF_2
180	F5.70	$\gamma \sim n(CaO) \cdot m(SiO_2)$	CaF_2-nCaO $\cdot$ mSiO_2: n= 0, 1, 2, 3; m= 0, 1, 2
181	本文中	γ	ZrF_4-BaF_2-LaF_3 glass (at 823 K)
182	T5.41	γ	Na_3AlF_6
182	F5.71	$\gamma \sim (Al_2O_3)$ or (Fld)	Na_3AlF_6-Al_2O_3-Fld: Fld= NaF, CaF_2, AlF_3
183	T5.43	γ	FeS, Cu_2S, Ni_3S_2
183	F5.72	$\gamma \sim (Cu_2S)$ or (PbS)	FeS-Cu_2S, -PbS
183	F5.73	$\gamma \sim (Cu_2S)$	Ni_3S_2-Cu_2S
184	F5.74	$\gamma \sim$ [Cu]	FeS-Cu_2S
184	F5.75	$\gamma \sim$ (FeO)	FeS-FeO
185	T5.44	γ	Salt: $(M^+X^-)(l)$: M^+= Ag, Ba, Bi, Ca, Cd, Cs, Cu, Ga, Hg, K, Li, Mg, Na, Pb, Rb, Sn, Sr, Zn X^-= Br, Cl, I, CO_3, NO_3, SO_4
185	F5.77	$\gamma \sim (MCl)$	NaCl-MCl: M= K, Rb, Cs
185	F5.78	$\gamma \sim (MCl)$	$CaCl_2$-MCl: M= Li, Na, K, Rb
186	F5.79	γ/mp	Moxd: M= Al, B, Be, Bi, Fe, Ge, La, Mo, Nb, P, Pb, Si, Ta, Ti, V, W; MF_x: M= Ba, Ca, Cs, Gd, K, La, Li, Mg, Na, Nd, Rb, Sr
193	F5.91	$\gamma \sim T$	Rb, Cs
195	T5.46	$d\gamma/dT$	M(l): M=Ag, Cd, Co, Cu, Fe, Ni, Pb, Sn, Zn
196	F5.95	$\gamma \sim T$	Cd
197	F5.97	$\gamma \sim T$, p_{H_2O}	Zn
197	F5.98	$\gamma \sim T$	Bi, Pb

頁	図表 No.	相関量	液体系
198	F5.99	$\gamma \sim$ [Cr]	Fe-Cr
198	F5.100	$\gamma \sim$ [O]	Fe(l)
198	F5.101	$\gamma \sim$ [O], $\gamma \sim$ [S]	Fe-O, Fe-S
198	F5.102	$d\gamma/dT \sim$ [S]	Fe-Si
199	T5.48	$d\gamma/dT$; (T range)	Moxd (l): M= Al, B, Be, Ge, P, Pb, Ti
199	F5.103	$\gamma \sim T$	Moxd: M= Al, B, Be, Ge, P, Pb, Si, Ti; Cu_2S, FeS, CaF_2, ThF_4, KF, NaCl, Li_2SO_4, $NaNO_3$
200	F5.104	$\gamma \sim T$	Moxd
200	F5.105	$d\gamma/dT \sim (SiO_2)$	Moxd-SiO_2: M= Li, Na, K, Mg, Ca, Mn, Fe
201	F5.107	$\gamma \sim T$	CaO-SiO_2-Al_2O_3
201	F5.108	$d\gamma/dT \sim$ (Moxd)	Moxd-B_2O_3: M= Li, Na, K, Ca, Sr, Ba
202	T5.49	$d\gamma/dT$	Alk-Halide, -Nitrate, -Sulfate(l)
202	T5.50	$d\gamma/dT$	FeS, Cu_2S
202	F5.110	$d\gamma/d \sim$ (MF) or (MF_2)	CaF_2-NaF, -LiF, -BaF_2, -MgF_2
208	T5.52	γ_{obs}, γ_{calc}	Alk.M: M= Li, Na, K, Rb, Cs, Al
245	T6.7	γ	Steel
245	T6.8	γ, comp.	White Slag.
247	T6.11	γ	Refn. Slag, Steel
247	T6.12	γ	Weld flux
258	F7.7	$\gamma \sim$ [Ni]	Cu-Ni
285	F8.11	$\gamma \sim$ [Cr]	Fe-Cr-C
285	F8.13	$\gamma \sim$ [O]	Fe(l)-O
285	F8.14	$\gamma \sim$ [O], T	Fe-O
286	F8.15	$\gamma \sim$ (Y)	Slag-Y: Slag=FeO, Y=ZrO_2, SiO_2, MgO, TiO_2, CaF_2, NaF; Slag-Y: Slag=CaO-Al_2O_3, Y=Al_2O_3, MnO, Na_2O, P_2O_5, TiO_2, SiO_2
289	T8.9	$\gamma \sim$ [Si]	Fe-Si
344	T10.2	γ	M(l): M= Ag, Al, Au, Co, Cu, Fe, Ga, In, Mn, Ni, Pb, Pd, Si, Sn
346	T10.3	γ	M(l): M=Ag, Al, Au, Co, Cu, Fe, Ga, In, Ni, Pb, Si, Sn
350	F10.24	$\gamma \sim t$	Fe-C(l) / Al_2O_3, MgO(s)
373	T11.6	$\gamma \sim T$	Na_2O-SiO_2

データ索引

頁	図表No.	相関量	液体系
381	F11.31	$\gamma \sim$ (Y)	$CaO\text{-}SiO_2\text{-}Y$: Y= Cr_2O_3, P_2O_5, Na_2O, V_2O_5
381	F11.32	$\gamma \sim$ (Y)	$FeO\text{-}Fe_2O_3\text{-}CaO\text{-}SiO_2\text{-}Y$: Y= $2MnO\cdot SiO_2$, Na_2O, P_2O_5, SiO_2, CaF_2, TiO_2
383	T11.10	γ	BaO-, Na_2O-Borate(l), Na_2O-Phosph.(l)
392	F11.48	$\gamma \sim$ (BaO)	$BaO\text{-}B_2O_3$

3. 表面過剰量 (Γ^{surf})

頁	図表No.	相関量	液体系
148	T5.13	Γ_O	M-O(l): M= Ag, Co, Cu, Fe, Ni
149	T5.14	Γ_S	Fe-S(l); Cu-S(l)
150	F5.38	$\Gamma_x \sim$ [X]	Fe-X: X= O, S
279	T8.1	$d\gamma/d[X]$	Fe-X(l): X= Al, As, B, C, N, O, P, S, Sb, Se, Si, Sn, Te
279	T8.3	Γ	M-X(l): M= Ag, Cu, Fe, Pb; X= O, S, Se, Te
280	T8.4	$\Gamma_O \sim$ T $\Gamma_x \sim$ T	M-O(l): M= Ag, Co, Cr, Cu, Fe, Ni, Pb, Pd, Sn M-X(l): M= Cu, Fe; X= S, Se, Te
283	本文中	ΔH_{ad}	Ag-O, Cu-S, Fe-S
283	T8.5	ΔH_{ad}	Pb-Bi; Sn-Bi, -Pb
286	T8.6	Γ_{SiO_2}	CaO-, FeO-, MnO- ; SiO_2
287	T8.7	Γ^{surf}	Fe-O(l) /gas, /slag
381	T11.9	Γ^{surf}	$CaO\text{-}SiO_2\text{-}P_2O_5$; $\text{-}Cr_2O_3$

4. 固体／液体界面張力 (γ_{SL})

頁	図表No.	相関量	固／液系
262	T7.6	γ_{SL}	M(s) / M(l): M= Al, Ag, Au, Bi, Co, Cu, Ga, Ge, Fe, Hg, In, Mn, Ni, Pb, Pd, Pt, Sb, Sn, Zn
263	F7.16	$\gamma_{SL} \sim$ [C]	Fe(s)/Fe(l)
264	T7.7	γ_{SL}	M(s) / M(l): Cu/Pb, Al/Sn; Zn/Sn, In, Bi
265	T7.8	γ_{SL}	Oxd(s) / M(l): Al_2O_3/Ag, Co, Fe, In, Ga, Ni, Sn; MgO / Fe, Ga, In, Sn; SiO_2/Ag, Ga, In, Sn; ZrO_2/ Fe, Ni; $3Al_2O_3\cdot 2SiO_2$/ Fe; UO_2/Ni
265	T7.9	γ_{SL}	Carbd(s) / M(l): TiC / Co(l), Cu(l), Fe(l), Ni(l); Carbd / Co(l); Carbd= Hf, Nb, Ta, V, W, Zr WC / Cu(l), UC / U(l)

頁	図表No.	相関量	固／液系
265	F7.20	$\gamma_{SL} \sim$ [Te]	Oxd(s)/Fe-Te(l): Oxd=Al_2O_3, $3Al_2O_3 \cdot 2SiO_2$, MgO, ZrO_2
265 288	F7.19 F8.18	$\gamma_{SL} \sim$ [X]	Al_2O_3(s) / Fe-X(l); X= O, S, Se, Te
266	F7.21	$\gamma_{SL} \sim$ (Y)	Fe(s) / CaO-SiO_2-Al_2O_3-Y: Y= CaF_2, Li_2O
266	F7.22	$\gamma_{SL} \sim$ (FeO)	Fe(s) / Slag-FeO(l)
267	F7.23	$\gamma_{SL} \sim T$	W(s) / Cu(l)
267	F7.24	$E^{\text{intf}} \sim T$	Zn-Bi, In, Pb, Sn
289	T8.8	Γ_{SL}	Al_2O_3(s) / Fe-X(l): X= S, Se, Te
289	T8.9	$\gamma_{SL} \sim$ [Si]	Al_2O_3(s) / Fe-Si(l)
289	F8.19	$E^{\text{intf}} \sim$ [Cu]Ag	Fe(s)-Ag(l)

5. 接触角（θ），レンズ角（α, β）

頁	図表No.	相関量	固／液系
289	T8.9	$\theta \sim$ [Si]	Al_2O_3(s) / Fe-Si(l)
306	T9.2	θ	Al_2O_3(s) / M(l): M= Ag, Cu, Ni
306	F9.18	$\theta \sim T$	Al_2O_3(s) / Al(l)
306	F9.19	$\theta \sim t$	MgO(s) / Sn(l)
307	T9.3	$\theta \sim p_{O_2}$	Cu(s) / Sn(l)
307	F9.20	$\cos\theta \sim T$	Oxd(s) / Sn(l): Oxd= Al_2O_3, CaO, MgO, SiO_2, ZrO_2
307	F9.22	$\theta \sim p_{O_2}$	Pt(s) / B_2O_3(l)
308	T9.4	θ	Oxd(s) / M(l): Oxd= Al_2O_3, BeO, CaO, CdO, Cr_2O_3, Fe_3O_4, MgO, NiO, SiO_2, ThO_2, TiO_2, ZnO, ZrO_2, UO_2; M = Ag, Al, Au, Bi, Cr, Co, Cu, Fe, Ni, Pb, Pd, Pt, Si, Sn, V
310	F9.25	$\theta \sim$ (Cr_2O_3), (SiO_2)	Al_2O_3-Cr_2O_3(s), Al_2O_3-SiO_2(s) / Fe(l)
311	F9.26	$\theta \sim$ [O]	Al_2O_3(s), MgO(s) / Co, Fe, Ni(l)
311	F9.27	$\theta \sim$ [X]	Al_2O_3(s) / Fe-X(l): X= O, S, Se, Te
312	T9.6	$\theta \sim T$	SiC(s) / M(l): M= Al, Cu, Fe, Ge, Pb, Sn
313	F9.28	$\theta \sim t$	SiC(s) / Pb(l)
313	F9.29	$\theta \sim T$	SiC(s) / Ge(l)
313	F9.30	$\theta \sim T$	SiC(s) / Fe(l)
313	F9.31	$\theta \sim \Delta H^0_{\text{Crbd}}$	Crbd(s)/Cu(l): Crbd= Cr, Hf, Mo, Nb, Ta, Ti, V, W, Zr

データ索引 575

頁	図表No.	相関量	固 / 液系
314	T9.7	θ	Diamond(s), Graph(s) / M(l): M= Ag, Au, Cu, Ge, In, Pb, Sb, Sn
315	F9.32	$\theta \sim$ [M]	Graph(s) / Ge-M(l): M= Cr, Mn, Nb, Ni, Ta, Ti, V
315	F9.34	$\theta \sim$ [Cr]	Graph(s) / Cu-Cr(l)
316	T9.9	θ	AlN(s), Si_3N_4(s) / Ag, Al, Cu, In, Ni, Si (l)
316	F9.35	$\theta \sim t$	AlN(s) / Ni-M(l): M= Cr, Nb, Ta, V, W, Hf, Zr, Ti
317	T9.11	$\theta \sim T$	Cu(s) / Sn(l)
318	T9.12	θ	Cu(s) / Sn(l)
319	F9.38	$\theta \sim T$	Cu(s) / Sn(l)
320	F9.39	$\theta \sim T$	Steel(s) / Na-Fe-SiO_2 gls(l)
320	F9.40	$\theta \sim T$	Fe(s) / $Na_2O \cdot 2SiO_2$ gls(l)
321	T9.14	$\theta_{adv}, \theta_{red}$	Steel(s) / Na-Fe-SiO_2 gls(l)
321	F9.41	$\theta \sim$ (FeO)	Fe(s)/Slag-FeO(l): Slag=CaO-SiO_2, CaO-SiO_2-MgO, CaO-SiO_2-Al_2O_3
322	T9.15	$\theta \sim T$	M(s) / E-glass (l): M= Pt, Pd, Ir, Rh
322	F9.42	$\theta \sim p_{O_2}$	Au(s) / Na_2O-B_2O_3 gls (l)
323	T9.16	θ	M(s) / Al_2O_3(l), BeO(l): M= Ta, W
323	T9.17	θ	M(s) / Al_2O_3(l), BeO(l), Cr_2O_3(l), Ta_2O_3(l), TiO_2(l) M= Mo, Nb, Ta, W
323	F9.44	$\theta \sim t$	Nb(s), Mo(s), Ta(s) / Al_2O_3(l)
324	T9.18	θ	M(s) / 62Li_2CO_3-38K_2CO_3(l) M = Ag, Au, Cu, Ni, Pd, Pt, Rh, Ru
324	F9.45	$\theta \sim T$	Ni(s) / Li_2CO_3-K_2CO_3(l)
325	F9.46	$\theta \sim t$	Al_2O_3(s) / CaO-Al_2O_3-SiO_2(l)
325	F9.47	$\theta \sim t$	Graph(s) / CaO-SiO_2-Al_2O_3(l)
327	F9.49	$\theta \sim t$	Al_2O_3(s) / CaO-SiO_2-Al_2O_3(l)
328	T9.20	$\theta \sim$ [Ni]	C-fiber(s) / Cu-Ni(l)
328	F9.51	$\theta \sim t$	MgO(s) / Pb(l)
329	F9.52	$\theta \sim t$	SiC(s) / Cu(l)
330	F9.55	$\theta \sim$ drop radius	C-film(s) / Sn(l)
331	T9.21	α, β, θ	Fe(l)/Slag(l): Slag=CaO-SiO_2, -Al_2O_3, -FeO, -MgO
331	F9.57	α, β, θ	Fe(l)/ CaO-SiO_2(l), -Al_2O_3(l), -FeO(l)
332	F9.58	$\theta \sim T$	Cu(l), Fe-Csat(l)/CaO-SiO_2-Al_2O_3(l)

頁	図表No.	相関量	固 / 液系
344	T10.2	θ	$Al_2O_3(s)$ / $M(l)$: $M =$ Ag, Al, Au, Co, Cu, Fe, Ga, In, Mn, Ni, Pb, Pd, Si, Sn
346	T10.3	θ	$SiO_2(s)$ / $M(l)$: $M =$ Ag, Al, Au, Co, Cu, Fe, Ga, In, Ni, Pb, Si, Sn
348	T10.4	θ	$TiO_x(s)$ / $Cu(l)$: $x = 1.5, 1.14, 0.86$
350	F10.24	$\theta \sim t$	$Al_2O_3(s)$, $MgO(s)$ / Fe-C(l)
354	F10.26	$\theta \sim$ (FeO)	Fe(s) / $Na_2O \cdot 2SiO_2$
354	T10.8	θ	$M(s)$ / Na_2O-$SiO_2(l)$: $M =$ Ag, Au, Cu, Ni, Pd, Pt
355	F10.27	$\theta \sim p_{O_2}$	Au(s) / B_2O_3
356	F10.30	$\theta \sim$(FeO)	Steel(l) / Slag(l)
502	T17.4	α, β, θ	Fe-C(l) / CaO-$Al_2O_3(l)$, -$SiO_2(l)$
502	F17.23	$\alpha, \beta, \theta \sim$(MnO)	Fe(l) / Slag-MnO(l)
503	T17.5	$\alpha, \beta, \theta \sim$(Y)	Fe(l) / Slag(l): Slag= CaO-Al_2O_3-MgO-Y Y= FeO, MnO, SiO_2

6. 付着仕事 (W_{ad}), 引きはがし強度 (σ)

頁	図表No.	相関量	固 / 液, 液 / 液系
321	F9.41	$W_{ad} \sim$ (FeO)	Fe(s) / Slag(l)
341	F10.6	W_{ad}, σ	$Al_2O_3(s)$ / Ni(l)
344	T10.2	W_{ad}	$Al_2O_3(s)$ / $M(l)$: $M =$ Ag, Al, Au, Co, Cu, Fe, Ga, In, Mn, Ni, Pb, Pd, Si, Sn
345	F10.15	$W_{ad} \sim$ [X]	$Al_2O_3(s)$ / Fe(l)-X: $X =$ O, S, Se, Te
346	T10.3	W_{ad}	$SiO_2(s)$ / $M(l)$: $M =$ Ag, Al, Au, Co, Cu, Fe, Ga, In, Ni, Pb, Si, Sn
346	F10.16	$W_{ad} \sim$ [O]	$Al_2O_3(s)$ / Ni(l)
348	T10.4	W_{ad}	Tioxd(s) / Cu(l): Tioxd= Ti_2O_3, $TiO_{1.14}$, $TiO_{0.86}$
348	T10.5	W_{ad}	MgO(s) / Bi(l), Pb(l), Sn(l)
350	F10.24	$W_{ad} \sim t$	$Al_2O_3(s)$, $MgO(s)$ / Fe-C(l)
352	F10.25	W_{ad}	Graph(s) / M-M'(l): $M =$ Au, Cu, Ga, Ge, Sn; M'= Cr, Mn, Nb, Ni, Ta, Ti, V(5at%)
353	T10.7	W_{ad}	SiC(s) / $M(l)$: $M =$ Ag, Co, Cu, Fe, Ge, Ni, Pb, Sn
354	T10.8	W_{ad}	$M(s)$ / Na_2O-SiO_2: $M =$ Ag, Au, Cu, Ni, Pd, Pt
354	F10.26	$W_{ad} \sim$ (FeO)	Fe(s) / $Na_2O \cdot 2SiO_2$
355	F10.28	$W_{ad} \sim$ (FeO)	Fe(s) / Slag(l)

データ索引

頁	図表No.	相関量	固／液，液／液系
356	F10.29	$W_{ad} \sim$ [O]	Fe(l) / Slag(l)
356	F10.30	$W_{ad} \sim$ (FeO)	Steel(l) / Slag(l)
357	T10.10	W_{ad}	M(l) / CaO-MgO-Al$_2$O$_3$(l) M(s) / Na$_2$O-SiO$_2$(l): M= Ag, Cu, Ni
357	F10.32	σ	Glass Plate(s) / Al, Au, Fe film (s)
358	F10.33	σ	Glass Plate(s) / Fe film (s)
358	F10.34	σ	M-halide(100) / M-film: Halide= NaCl, KCl, KBr; M= Ag, Al, Au, Cd, Cr, Cu, Zn

7. 液体／液体界面張力（γ_{LL}），界面過剰量（Γ^{intf}）

頁	図表No.	相関量	液／液系
95	本文中	γ_{LL}	Pb(l) / ZnCl$_2$(l)
229	T6.1	γ_{LL}	Ag(l), Cu(l), Ni(l) / CaO-Al$_2$O$_3$-MgO(l) Fe(l) / FeO(l)
230	F6.1	$\gamma_{LL} \sim$ (Oxd)	Fe(l) / CaO・MgO・Al$_2$O$_3$-Oxd(l): Oxd= BaO, FeO, MnO, Na$_2$O, P$_2$O$_5$, SiO$_2$
230	F6.2	$\gamma_{LL} \sim$ (Oxd)	Fe(l) / CaO・SiO$_2$・Al$_2$O$_3$-Oxd(l): Oxd = Al$_2$O$_3$, CaO, FeO, MnO
231	F6.4	$\gamma_{LL} \sim$ (SiO$_2$)	Fe-Csat(l), Ni(l) / CaO-SiO$_2$(l)
231	F6.5	$\gamma_{LL} \sim$ (MnO), [Mn]	Fe(l) / Slag(l)
232	F6.6	$\gamma_{LL} \sim$ [O]	Fe(l) / Slag(l)
234	F6.8	$\gamma_{LL} \sim$ (CaF$_2$)	Fe(l) / CaF$_2$-Oxd(l): Oxd= Al$_2$O$_3$, CaO, Al$_2$O$_3$-CaO
234	F6.9	$\gamma_{LL} \sim$ (Oxd)	Fe(l) / CaF$_2$-Oxd(l): Oxd= Al$_2$O$_3$, CaO, MgO, SiO$_2$, TiO$_2$, ZrO$_2$
234	F6.10	$\gamma_{LL} \sim$ [X]	Fe-X(l /CaO-MgO-Al$_2$O$_3$(l): X= O, S, Ni, Mn, P, Si
235	F6.11	$\gamma_{LL} \sim$ [O]	Fe(l) / Slag(l)
235	F6.13	$\gamma_{LL} \sim$ [S]	Fe(l) / Slag(l)
236	F6.14	$\gamma_{LL} \sim$ [S]	Fe-S-O-Si(l) / CaO-SiO$_2$-Al$_2$O$_3$-FeO$_x$(l)
236	F6.15	$\gamma_{LL} \sim$ (SiO$_2$), [C]	Fe-C(l) / CaO-SiO$_2$-Al$_2$O$_3$(l)
237	F6.16	$\gamma_{LL} \sim T$	M(l) / CaO-MgO-Al$_2$O$_3$(l): M= Ag, Cu, Ni
237	F6.18	$\gamma_{LL} \sim$ (SiO$_2$)	Pb(l) / PbO-SiO$_2$(l)
239	F6.19	$\gamma_{LL} \sim$ (NaF) / (AlF$_3$)	Al(l) / Cryolite(l)
239	F6.20	$\gamma_{LL} \sim$ [Na]	Al(l) / Fluoride Mixt.(l)

データ索引

頁	図表No.	相関量	液 / 液系
239	F6.21	$\gamma_{LL} \sim (Al_2O_3)$, (NaF) / (AlF$_3$)	Al(l) / Cryolite(l)
240	F6.22	$\gamma_{LL} \sim$ (Fld)	Al(l) / (NaF-AlF$_3$-Fld): Fld= Al, Ca, K, Li, Mg, Na
240	F6.23	$\gamma_{LL} \sim$ (Fld)	Al(l) /(NaCl-KCl-Fld): Fld= Na$_3$AlF$_6$, LiF, NaF, KF
241	T6.3	$\gamma_{LL}, \gamma(M)_L$	M(l) / Soda Flux(l): M= Ag, Bi, Cu, Pb, Sn
242	本文中	$\gamma_{LL} \sim$ (Fe-sat., no Fe)	Cu(l) / Cu$_2$S(l)
242	F6.24	$\gamma_{LL} \sim$ [Sn]	Pb-Sn(l) / ZnCl$_2$(l) Flux
243	F6.25	$\gamma_{LL} \sim$ (Cu)	Cu$_2$S(l) / SiO$_2$-Slag
243	T6.4	γ_{LL}	Cu$_2$S-PbS(l) / Slag(l); Cu-S(l) / FeO-SiO$_2$-CaO(l)
243	F6.26	$\gamma_{LL} \sim$ (Cu$_2$S), (PbS)	Cu$_2$S-FeS(l), FeS-PbS(l) / Slag(l)
244	T6.5	γ_{LL}	Steel(l) / Ni-P LD Slag(l)
245	T6.6	γ_{LL}, θ	Steel(l) / EF Slag(l)
246	T6.9	γ_{LL}	Shkh15 Steel(l) / CaO-SiO$_2$ Slag(l)
246	T6.10	γ_{LL}	15K Steel(l) / CC Powder(l)
247	T6.11	γ_{LL}	Steel(l) / Ref Slag(l)
247	T6.12	γ_{LL}	low-C Steel(l) / Weld Flux(l)
248	F6.27	$\gamma_{LL} \sim T$	Cu(l) / CaO-Al$_2$O$_3$-SiO$_2$(l)
248	F6.28	$\gamma_{LL} \sim T$	C-sat Fe(l) / CaO-SiO$_2$-Al$_2$O$_3$ Slag(l)
266	F7.22	$\gamma_{LL} \sim$ (FeO)	Fe(l) / Slag-FeO(l)
287	T8.7	Γ	Fe-O(l) / Slag(l)
287	F8.16	$\Gamma \sim$ [O]	Fe(l) / Slag(l)
287	F8.17	$\Gamma \sim$ [Na]	Al(l) / Salt(l)
356	F10.30	γ_{LL}	Steel(l) / Slag(l)
458	F15.4	$\gamma_{LL} \sim t$, [S]	Fe-S(l) / CaO-SiO$_2$-Al$_2$O$_3$(l)
459	F15.6	$\gamma_{LL} \sim t$, (FeO)	Fe-P(l) / CaO-SiO$_2$-MgO-Al$_2$O$_3$-FeO(l)
460	F15.9	$\gamma_{LL} \sim t$, [Ti]	Fe-Ti(l) / CaO-SiO$_2$-Al$_2$O$_3$(l)
460	F15.10	$\gamma_{LL} \sim t$	Fe-Al(l) / CaO-SiO$_2$-Al$_2$O$_3$(l)
460	F15.11	$\gamma_{LL} \sim t$	Fe-Al(l) / CaO-Al$_2$O$_3$(l)

8. 電気毛管現象：電位(E), 二重層容量(C_{ap}), 毛管移動速度(U), 表面電荷(ε^{surf})

頁	図表 No.	相関量	液／液系
410	F13.1	$\gamma_{LL} \sim E$	Hg(l)/Aq. Soln: Aq = NaCl, NaBr, KOH, KI, KCNS, Ca(NO$_3$)$_2$
414	F13.10	$\gamma_{LL} \sim E$	Pb(l)/KCl(l)
415	F13.12	$\Delta\gamma_{LL} \sim E$	Pb(l)/KCl, NaCl(l)
415	F13.13	$\Delta\gamma_{LL} \sim E$	Pb(l)/KCl, LiCl(l)
416	F13.15	$\gamma_{LL} \sim E$, [C]	Fe-C(l)/CaO-SiO$_2$-Al$_2$O$_3$-Na$_2$O(l)
417	F13.17	$\gamma_{LL} \sim E$, (CaO)	Fe-C(l)/CaO-SiO$_2$-Al$_2$O$_3$(l)
418	F13.18	$\gamma_{LL} \sim E$, (SiO$_2$/Al$_2$O$_3$)	Fe-C(l)/CaO-SiO$_2$-Al$_2$O$_3$(l)
418	F13.19	$\gamma_{LL} \sim E$	Cu(l)/Slag(l); Fe-C(l)/Slag(l); Pb-Sn(l)/Slag(l); Mn-C(l), Ni-S(l), Cu-S(l)/Slag(l)
419	F13.21	$\gamma_{LL} \sim E$	Steel(l)/Al$_2$O$_3$-CaO(l)
419	F13.22	$\gamma_{LL} \sim E, T$	Pb(l)/PbO-SiO$_2$(l)
421	F13.24	$\Delta\gamma_{SL} \sim E$	Cu(s)/Na$_2$B$_4$O$_7$(l)
422	F13.26	$C_{ap} \sim E$	Fe-Csat(l)/CaO-SiO$_2$-Al$_2$O$_3$(l) Mn-Csat(l)/CaO-SiO$_2$-Al$_2$O$_3$(l)
422	F13.27	$C_{ap} \sim T$	Fe(l)/CaO-Al$_2$O$_3$-SiO$_2$(l)
423	T13.4	$C_{ap} \sim$ [M] $C_{ap} \sim$ [Y]	Mn-C(l), Fe-M(l)/CaO-SiO$_2$-Al$_2$O$_3$(l): M = C, P, Si Fe-C(l)/CaO-Al$_2$O$_3$-SiO$_2$-Y(l): Y = B$_2$O$_3$, BaO, MgO, Na$_2$O
424	T13.5	C_{ap}	M-S(l)/CaO-SiO$_2$-Al$_2$O$_3$-FeO(l): M = Ni, Cu-Fe
424	T13.7	C_{ap}	Graph(s)/Cryolite(l)
425	T13.8	C_{ap}	Pt(s)/CaO-SiO$_2$(l), CaO-Al$_2$O$_3$(l), Na$_2$O-SiO$_2$(l)
426	T13.9	ε^{surf}	M(l)/Slag(l): M = Fe-C, Mn-C, Fe-C-Mn-Si, Pb; Slag = CaO-SiO$_2$, -Al$_2$O$_3$, -Na$_2$O
428	F13.31	$U \sim E$	Fe-drop(l)/CaO-SiO$_2$-Al$_2$O$_3$(l)
428	T13.11	$U \sim$ Ni$_3$S$_2$ radius	Ni$_3$S$_2$-particle(s)/CaO-Al$_2$O$_3$-SiO$_2$(l)
429	T13.12	$U \sim$ (CaO/SiO$_2$)	Ni$_3$S$_2$(s)/CaO-Al$_2$O$_3$-SiO$_2$(l)
429	T13.13	$U \sim$ (FeO)	Ni$_3$S$_2$(s)/CaO-SiO$_2$-Al$_2$O$_3$-FeO(l)
429	F13.32	$U \sim$ (CaO/SiO$_2$)	Ni$_3$S$_2$(s)/CaO-SiO$_2$(l)
449	F14.24	$\gamma_{LL} \sim E$, (SiO$_2$)	Pb(l)/PbO-SiO$_2$(l)
449	F14.26	$\gamma_{LL} \sim E$	Zn(l)/LiCl-KCl(l)
499	T17.2	U	Fe-Mo(l)/Slag(l)

9. 気泡寿命（τ）

頁	図表No.	相関量	液体系
371	F11.8	$\tau \sim T$	CaO-SiO_2-P_2O_5(l)
372	F11.9	$\tau \sim T$, (CaO/SiO_2)	CaO-SiO_2-P_2O_5(l)
372	F11.10	$\tau \sim$ (Y)	CaO-SiO_2-Y(l): Y= P_2O_5, Cr_2O_3
372	F11.12	$\tau \sim \gamma$	FeO-CaO-SiO_2(l)
374	F11.17	$\tau \sim$ (MgO)	FeO-CaO-SiO_2-MgO(l)
376	T11.7	$\tau \sim$ gas	FeO-SiO_2-CaO(l)/Gas: Gas= Ar, Ar-3%H_2
391	F11.44	$\tau \sim$ ($Ca_3(PO_4)_2$)	BaO-B_2O_3-$Ca_3(PO_4)_2$(l)

10. 密度（ρ），粘度（η）

頁	図表No.	相関量	液体系，固体系
63	F2.76	$\rho \sim T$	MgF_2(l)
65	F2.79	$\rho \sim T$	Ag, Au, Cu(s,l)
118	T5.2	η	Cu, Fe, Hg(l) Al_2O_3, SiO_2, FeO(l), FeO-, CaO-, Na_2O-,SiO_2(l) CaF_2, NaCl(l)
119	T5.3	ρ	M(s,l): M= Al, Bi, Cu, In, Na, Pb, Sb, Zn
122	F5.6	$\eta \sim$ (Al_2O_3); (SiO_2)	CaO-Al_2O_3; -SiO_2(l)
373	T11.6	$\eta \sim T$	Na_2O-SiO_2(l)
383	T11.10	η^{bulk}, η^{surf}, γ	Na_2O-Phosph(l), BaO-, Na_2O-, B_2O_3(l)
394	T11.15	$\eta \sim T$, (Gas)	Slag(l)-Gas
394	F11.49	η	Slag(l)-Gas
394	F11.50	$\eta \sim T$	Slag(l)-Gas

事項索引

あ行

- アルキメデス法（密度測定） 65
- 泡（foam） 365
- 泡立ち 365
- 泡立ち安定性化添加物 380
- 泡立ち現象とスラグの物性 380
- 泡立ちスラグの粘度 393
- 泡立ち高さ（スラグの） 373
- 泡立ちの素過程 388
- 泡立ちのモデル 387
- 泡の安定性 366
- 泡の寿命（スラグの） 371
- Antonoffの法則 228
- Jaegerの方法 27
- イオンポテンシャルと表面張力 190
- Wilhelmy法 33
- 液-液界面と気泡 483
- 液体の表面 4
- 液体の表面張力の測定法（室温） 10
- 液柱降下法 53
- 液滴 489
- 液滴径と終末速度 491
- 液滴径とノズル流速 490
- Eötvösの式 134, 192
- FEM法による固体金属の表面張力測定例 .. 108
- エマルジョン（emulsion） 398
- エマルジョンの安定度 400
- エレクトロキャピラリーメーター
  　　（electrocapillary meter） 414
- 円錐を用いた表面張力測定 34
- 温度係数と表面活性元素含有量 194

か行

- 界面撹乱現象 449
- 界面現象の分類 3
- 界面現象の分類
  　　（高温におけるメタルを中心とした） 8
- 界面張力（融体間の） 228
- 界面張力が減少するスラグ-メタル反応 .. 461
- 界面張力の計算 248
- 界面電気二重層 411
- 界面電気二重層の容量 421
- 改良型毛管法 54
- 化学反応と界面張力 457
- 拡張ぬれ（spreading wetting） 295
- 片山・Guggenheimの式 192
- 気-液界面と気泡 482
- 希薄溶液の表面張力 139
- ギブス弾性（Gibbs elastisity） 367
- Gibbs-Thomsonの式 109
- Gibbsの吸着式 138, 274
- 気泡（bubble） 366
- 気泡径と吹き込みガス量 471
- 気泡の運動 476
- 気泡の形状 464
- 気泡の最大体積と接触角 475
- 起泡力（foaming power） 365
- 吸着 273
- 吸着係数 276
- 吸着形態 281
- 吸着等温線 276
- 吸着熱 283
- 凝固時における気孔生成 475
- 凝集の仕事（work of cohesion） 297
- 局所的溶損現象 444
- Girifalco, Goodの関係式 248
- 均質核生成（Turnbullの） 110
- 金属霧（metal fog） 406
- 金属の配位数 119
- くさび効果（wedge effect） 368

Grahame 模型	412
Groose の式	193
Gouy-Chapman の模型	412
原子番号（原子量）と表面張力	133
原子容と表面張力	133
懸滴法（pending drop method）	45
高温における表面張力の測定法式（1973K 以上）	57
高温分散系の分類	364
高温融体の構造	123
高温融体の分類	117
後退接触角（receding contact angle）	298
固 - 液界面エネルギー	112
Kozakevitch	16
固体の表面張力	6, 253
固体の表面張力の測定法	98
固体 - 融体間の界面張力	98, 253

さ行

最大圧力法（maximum pressure method）	90
最大泡圧法（maximum bubble pressure method）	26
最大泡圧法（密度測定）	66
Sugden の方法	28
酸化物の特性	120
酸化物の表面張力因子	174
三相境界における接触角	94
CO 気泡発生機構	473
自然乳化（spontaneous emulsification）	399
重力対流	435
Szyszkowski の式	151
Szyszkowski の実験式	282
Stern 模型	412
Shplil'rain の浸漬円筒法の補正	39
Schrödinger の補正式	28
小滴法	14
浸潤ぬれ（immersional wetting）	295
浸漬円筒法（dipping cylinder method）	37
振動滴法（osillating drop method）	49
垂直板法（vertical plate method）	33
水平円板法（horizontal plate method）	40
ストークス則	491
スラグの泡立ち現象の観察	385
スラグの泡立ちとガス種	375
スラグの泡立ち反応	377
スラグ - メタルエマルジョン	401
スラグ - メタル系の電気毛管曲線の測定条件	420
静滴形状の記録	17
静滴法（sessile drop method）	13
静滴法（界面張力）	76
静滴法（密度測定）	64
静滴法のコンピューター計算	23
静滴法の測定精度向上	25
静滴法の測定手順	20
静滴保持	18
接合角（junction angle）	104
接触角（contact angle）	102, 296
接着機構	359
ゼロクリープ法（zero creep method）	99
繊維のぬれ測定	302
前進接触角（advancing contact angle）	298
剪断力測定（shear strength measurement）	341

た行

Tyson の式	255
大滴法	14
多相平衡法（multi-phase equilibrium method）	102
脱硫と界面エネルギー（溶銑の）	457
脱燐と界面エネルギー（溶銑の）	458
単一気泡（スラグの）	390
単一孔ノズルの形状	469
単一ノズル	466
単分子吸着	282
単分子層モデル	276
チョクラルスキー（Czochralski）法	441
抵抗係数	478
滴重量法（drop weight method）	42, 92
滴の合体	500
滴引き離し法（drop detachment method）	88

電解電子顕微鏡法
　　　（field emission microscopy method） 107
電気探針法 479
電気毛管運動 427
電気毛管現象 410
Thomson の界面平衡式 262
Dorsey 法 14

な 行

二面角（dihedral angle） 102
二面角の測定 111
ぬれ（wetting） 295
ぬれの測定 299
ぬれの分類（融体-固体系） 304

は 行

Harkins の補正（吊輪法） 38
Harkins-Brown の補正 42
Harkins-Brown の補正係数 93
Bashforth and Adams 15
Bashforth and Adams の方法 14
Hadamard-Rybczinski の式 491
引きはぎテスト（peel strength） 341
微細構造とぬれ性 327
微小粒子の融点降下 110
飛沫の生成 494
表面粗さ 305
表面応力 5
表面改質 330
表面過剰（surface excess）量 275
表面活性元素 145, 279
表面活性度 279
表面張力 5
表面張力測定法の利用温度範囲 60
表面張力対流 435
表面張力と蒸発熱 191
表面張力の温度係数 192
表面張力の温度係数の推定 203
表面張力の推算（多成分系の） 174
表面電荷密度 425

拡がり係数（spreading coefficient） 299
拡がり速度 326
Fowler の式 206
Verschaffelt の吊輪肉厚の補正 38
付着現象の分類 339
付着ぬれ（adhesional wetting） 295
付着の機構 339
付着の仕事（work of adhesion） 296, 338
付着力 338
物質移動係数と界面張力 461
部分モル表面張力 176
浮遊レンズ（floating lense） 500
浮遊レンズ法（floating lense method） 79
浮遊レンズ法による界面張力測定装置 81
Plateau 境界 368
Furumukin-Levich の式 430
分散気泡（dispersed gas） 366
分散系の分類 364
分子容と表面張力 186
へき開による測定例 107
へき開法（cleavage method） 105
ヘルムホルツ（Helmholtz）模型 412
泡沫（foam, froth） 366
Porter の式 15
ホットサーモカップルセル 439

ま 行

マイクロエマルジョン 402
マランゴニ効果（Marangoni effect） 367, 436
マランゴニ数 436
マランゴニ対流（Marangoni cenvection） 436
向井らの観察 447
メタルショット 497
メニスカス 3
メニスカス伸延法
　　　（meniscus elongation method） 85
メニスコグラフ法 301
毛管現象 3
毛管降下法（capillary depression method）
　　　（界面張力） 83
毛管低下（capillary depression） 84

毛管法（capillary method）	52
毛細管現象	3
モル蒸発熱と表面張力	136

や行

Young の式	296
融体間の界面張力	228
融体の表面張力測定法（高温における）	11
融体－融体間の界面張力の測定	74
融点と表面張力	132
溶接プール	442
溶融塩-メタル系の電気毛管曲線	416
溶融金属	119
溶融酸化物	120
溶融非酸化物	123

ら行

Laplace の式	5
ラングミュア型吸着	276
Lippmann の式	411
輪環法（ring method）	37
レビテーション法	49
連合吸着（associative adsorption）	284

著者略歴

荻野　和己（おぎの　かずみ）

1953 年	大阪大学工学部冶金学科卒業
	大阪大学工学部講師，助教授を経て
1962～92 年	大阪大学工学部教授
1989～91 年	大阪大学工学部長
1992～97 年	香川職業能力開発短期大学校長
2008 年	瑞宝中綬章受章

工学博士，経済学修士，大阪大学名誉教授

高温界面化学（上）

2008 年 8 月 31 日　初版第 1 刷発行

著　　　者	荻野　和己 ©
発 行 者	青木　豊松
発 行 所	株式会社 アグネ技術センター
	〒107-0062 東京都港区南青山 5-1-25 北村ビル
	TEL 03 (3409) 5329 / FAX 03 (3409) 8237
印刷・製本	株式会社 平河工業社

Printed in Japan, 2008

落丁本・乱丁本はお取り替えいたします。
定価の表示は表紙カバーにしてあります。

ISBN978-4-901496-43-8 C3043